普通高等教育"十一五"国家级规划教材

食 品 化 学

（第四版）

谢笔钧　主编

科 学 出 版 社
北 京

内 容 简 介

本书系统地论述了食品化学的基本知识。全书共 10 章,包括绪论,水,糖类,脂质,氨基酸、肽和蛋白质,酶,食品色素和着色剂,维生素和矿物质,风味化合物以及食品添加剂。本书阐述了食品成分的化学和生物化学组成、特征,着重讨论其结构在食品加工和储藏过程中的各种变化,结合食品的储藏加工,就如何提高食品的品质和营养、保证食品的安全等做了较详细的叙述。

本书可作为高等学校食品科学与工程等专业的本科教学用书,也可供研究生和从事食品科学研究及食品生产和食品加工的科技人员参考。

图书在版编目(CIP)数据

食品化学/谢笔钧主编. —4 版. —北京:科学出版社,2023.12
普通高等教育"十一五"国家级规划教材
ISBN 978-7-03-064026-0

Ⅰ.①食… Ⅱ.①谢… Ⅲ.①食品化学-高等学校-教材 Ⅳ.①TS201.2

中国版本图书馆 CIP 数据核字(2019)第 291044 号

责任编辑:赵晓霞 / 责任校对:杨 赛
责任印制:张 伟 / 封面设计:迷底书装

科 学 出 版 社出版
北京东黄城根北街 16 号
邮政编码:100717
http://www.sciencep.com

三河市宏图印务有限公司印刷
科学出版社发行 各地新华书店经销
*

1992 年 12 月第 一 版 开本:787×1092 1/16
2004 年 6 月第 二 版 印张:38 1/4
2011 年 6 月第 三 版 字数:850 000
2023 年 12 月第 四 版 2023 年 12 月第二十三次印刷

定价:88.00 元
(如有印装质量问题,我社负责调换)

《食品化学》(第四版)编写委员会

主　编　谢笔钧（华中农业大学）

编著者　孙智达（华中农业大学）

　　　　戚向阳（华中农业大学）

　　　　汪　兰（湖北省农业科学院农产品加工与核农技术
　　　　　　　研究所）

　　　　邓乾春（中国农业科学院油料作物研究所）

第四版前言

食品化学在食品工业和研究领域及对人体健康的作用不言而喻,特别是在现今食品科学的发展也给食品化学带来了更大的挑战。为此,编者在前三版的基础上增加了一些食品化学研究的新进展和新的研究成果,希望能给读者提供帮助和参考。

参加本次修订的有谢笔钧(第1~7章)、孙智达(第8章)、戚向阳(第9章)、汪兰(第10章)、邓乾春(第4章部分内容)。这里要感谢前三版的所有编者,尤其是武汉大学徐汉生老师为此书所做的奉献和努力,没有他们的积累也就没有本书的延续。感谢科学出版社的编辑和所有负责本书出版和再版编排、设计、校对、印刷、发行的同志所付出的精心努力。这里还要特别感谢华中农业大学教务处和食品科技学院对本书出版和再版一直以来的关心和支持。最后,对华中农业大学食品科技学院的学生在图文编排上付出的辛勤劳动和默默无闻的支持表示深深的谢意。

由于编者水平有限,书中的不妥之处在所难免,敬请读者批评指正。

编　者
2022 年 12 月

第三版前言

随着食品化学和生命科学的飞跃发展、蛋白质组学和许多新的分析技术的出现,以及面临的食品安全问题,编者在前两版的基础上对《食品化学》进行修订。希望本书能对读者有更大的帮助。

本书是在第一版和第二版的基础上完成的,积累了前两版作者的辛勤劳动和成果。承蒙科学出版社的编辑为本书出版和再版做了大量工作,还有负责编排、印刷、设计和校对的同志,有他们的精心努力,本书才得以与读者见面,借此一并致以谢意。还要特别感谢华中农业大学教务处对本书再版的支持与关心。最后,华中农业大学食品科技学院的有关研究生为本书的文字和图表工作付出了辛勤的劳动,在此表示深深的谢意。

参加本书修改的有谢笔钧(第1~7章)、孙智达(第8章)、戚向阳(第9章)、徐汉生和汪兰(第10章)、邓乾春(第4章部分内容)。

由于编者水平有限,书中难免出现疏漏及不妥之处,敬请读者批评指正。

编　者

2011 年 4 月

第二版序言

食品化学的历史虽然并不像其他化学那么久远,但是作为一门学科早在 3 个世纪以前就已出现。它与化学、生物化学和食品科学的发展密切相关,所涉及的内容和学科也十分广泛。现代分析技术和医学分子生物学前沿技术揭示了复杂食品体系中食品成分之间的相互作用,使难以解释和理解的复杂现象与反应变得容易。20 世纪 50 年代,Hassel 和 Barton 提出了构象和构象分析原理,化学家将其与反应机理和食品大分子功能特征相结合,阐明了许多食品化学中反应物-反应-产物三者之间复杂的动态立体化学关系。食品体系中的多糖、蛋白质、酶等天然高分子,以及酶催化作用的底物(往往也是高分子),还有供给人体能量的脂质在理论上都有无数的构象。底物和酶结合,生物高分子在食品中的功能性和其在体内、外反映的活性,只能以它无数构象中的一个发生反应和起作用。食品中水分子簇的构象与湍度同样对食品的特性、风味、质地和稳定性产生重要影响。固体或半固体食品的玻璃化转变温度、水分子和其他分子中 ^{1}H 弛豫时间、大分子构象和微观形貌研究也将成为现代食品化学研究的新内容。

该书作者积多年对食品化学教学和研究的成果,吸收和参考国外食品化学的最新专著和文献,精心选材,在原第一版的基础上补充了许多新的内容。既系统地介绍了食品化学的基本理论,又注意到实际应用和食品化学研究的最新成果与前沿技术,还用一定的篇幅介绍了食品化学的现代研究方法和手段,让读者从中获得更多信息和思路。该书既可作为高等学校食品科学、食品工程及相关学科的教学用书,也可作为研究生参考书。

该书写成后,请我作序,这是对我的信任与鼓舞。深盼广大读者提出不同看法,甚至提出个别错误,我想作者定会十分欢迎。

管华诗

2003 年 12 月

第二版前言

《食品化学》第一版已经时过 10 年,许多新的研究和新的揭示,必然需要在书中补充新的内容和适当调整结构。为此,在第一版的基础上,本书增加了第 6 章酶,同时还对各章内容进行了修改和补充。由于本书是在第一版基础上完成的,因此后续工作也沉积着前版作者大量的心血和劳动。

参加本书第一版编写的有胡慰望(第 1~3 章)、谢笔钧(第 4~6 章)、余若海(第 7章)、吴方元(第 8 章)、李培森(第 9 章);参加第二版编写的有谢笔钧(第 1~7 章)、孙智达(第 8 章)、戚向阳(第 9 章)、徐汉生(第 10 章)。第一版中的多数作者,由于种种原因未能参与本书的编撰工作。感谢管华诗院士审阅本书并作序。承蒙科学出版社的编辑为本书出版所做的大量工作,还有负责印刷、封面设计和校对的同志,有他们的创意和努力,本书才能与读者见面,借此一并致谢。全书在编写和出版过程中得到了华中农业大学教务处和科学出版社的支持与关心,特表谢意。最后还要感谢有关学生和食品科技学院有关老师在文字和图表工作中为本书付出的辛勤劳动。

由于编者水平有限,书中难免会出现一些错误,请读者批评指正。

作　者

第一版序言

食品化学作为一门应用化学学科,近年来随着科学技术的不断发展,它的理论体系逐渐趋于完善,研究领域也随之更为广泛。特别值得提及的是,结构化学、游离基化学和光化学理论以及电子自旋共振光谱、脉冲辐解和激光光解等先进技术在食品化学中的应用,使脂类的自动氧化、光敏氧化、热解和辐射等反应的历程与机理得到阐明。尤其令人瞩目的是,对活性氧基团、酶和金属的催化本质的认识也进入了一个新的阶段。

揭示食品成分的化学和生物化学变化及其对人体产生的效应,乃是当今食品化学、营养学、临床医学和预防医学共同关注的问题。其中人体衰老机理的游离基学说给予了生命科学和食品化学无限的活力和前景。对衰老本质问题的研究,已进入原子和分子水平,且必将从化学和物理的规则中找到答案。此外,生物活性物质有机硒、有机锗化合物、超氧化歧化酶、生物活性多糖、绿茶中抗癌物质表没食子儿茶素没食子酸酯等都是目前十分活跃的研究课题。

食品添加剂是食品化学中另一个重要研究方面。迄今,世界上使用的食品添加剂达14 000种之多,其中直接使用的就有4000余种。然而,从动物实验观测的结果证实,人工合成的食品添加剂,如油脂抗氧化剂2,6-二叔丁基化羟基甲苯(BHT)、叔丁基化羟基茴香醚(BHA),以及人工合成的食用色素存在安全性问题。为此,人们正努力从自然界筛选安全性高的天然食品添加剂。国内有不少高等院校和科研单位已研究和开发出多种这类产品。

近10年来,我国食品工业在国民经济中已发展成为支柱性产业,在许多高等院校相继设置了食品科学、食品工程、食品加工、食品化学和农产品储藏加工专业。为适应食品教学、科研和食品加工生产的需要,作者在近几年为食品科学、食品工程等专业的本科生讲授食品化学课程所用讲义的基础上,参阅了近期食品化学有关的文献和资料,编写成《食品化学》这本书。本书既介绍食品化学的基本原理又注重联系实际应用,还用适当的篇幅介绍食品化学的研究手段和方法。本书可作为高等院校食品科学、食品工程、食品加工、农畜产品加工和食品营养与卫生等专业本科生的食品化学教材或研究生的参考书,也可供食品科研和食品加工的科技人员阅读参考。

参加本书编写的有胡慰望(第1~3章)、谢笔钧(第4~6章)、余若海(第7章)、吴方元(第8章)、李培森(第9章)。全书请李青山同志做了审订,本书责任编辑也为此书的编辑出版做了大量工作,借此一并致谢。

由于编者水平有限,本书中难免存在缺点乃至错误,请读者批评指正。

胡慰望
1991年12月1日于武昌狮子山

目 录

第1章 绪 论

1.1 食品化学研究的内容

食品化学是用化学的理论和方法研究食品本质的科学,是食品科学,也可以说是应用化学的一个重要分支。它通过对食品的营养价值、质量、稳定性、安全性和风味特征及可接受性的研究,阐明食品的组成、性质、特征、结构和功能,以及食品成分在处理、加工和储藏过程中的化学和生物化学变化,乃至食品成分与人体健康和疾病的相关性。以上内容构成了这门学科的主要内容。

食品的基本成分包括人体营养所需要的糖类、蛋白质、脂质、维生素、矿物质、膳食纤维与水等,它们提供人体正常代谢所必需的物质和能量。此外,食品除了应具有足够的营养素外,还必须具有刺激人食欲的风味特征和期望的质地,同时又是安全的。早期的经典化学虽然为食品化学的起源和发展奠定了基础,但还不能解决复杂的多组分食品体系的许多问题,特别是对食品中单一成分和微量化学物质的反应本质的理解和成分的分离鉴定。自20世纪60年代以来,随着现代分析和实验技术的发展,特别是分离技术、色谱技术和光谱分析技术及光学和电子显微技术等先进实验手段的不断发展和完善,以及分子生物学、信息学和计算化学在食品科学领域的应用,不仅食品中生物活性成分、微量和超微量物质的分离、鉴定、结构分析和微观作用本质的研究得以实现,而且现代食品化学迅速发展。

食品是一个高度复杂的体系。从原料生产,经过储藏、运输、加工到产品销售,每一过程涉及一系列的化学和生物化学变化,会产生许多需宜和不需宜的反应。例如,水果、蔬菜采后和动物宰后的生理变化,食品中各种物质成分的稳定性随环境条件的变化,储藏加工过程中食品成分将发生各种复杂的作用。了解这些引起变化的原因和机制,是食品化学和食品储藏加工中人们关心的问题,同时也有助于解决具体的工艺优化和技术问题。

阐明食品成分之间的化学反应机理、中间产物和最终产物的化学结构及其对食品的营养价值、感官质量和安全性的影响,掌握食物中各种生物物质的组成、性质、结构、功能和作用机理,研究食品储藏加工的新技术,开发新产品和新的食品资源等,构成了食品化学的重要研究内容。食品化学不同于其他分支化学,关注的是特定的化合物或特定的方法,涉及非常宽的领域。食品化学与化学、生物化学、生理化学、植物学、动物学、预防医学、临床医学、食品营养学、食品安全、高分子化学、环境化学、毒理学和分子生物学等学科有着密切和广泛的联系,其中很多学科是食品化学的基础。

食品在储藏加工过程中发生的化学变化一般包括:食品的非酶褐变和酶促褐变;水活度和分子淌度改变引起的食品质量变化;脂质的水解、自动氧化和光敏氧化、热降解和辐解;蛋白质水合过程中的分子簇效应和蛋白质变性、交联和水解、空间构象变化与降解;食品中多糖的合成和化学修饰反应,低聚糖和多糖的水解;食品中大分子的结构与功能特性之间的变化;水溶液中水和多糖的分子簇效应与自卷曲;维生素的降解和损失;营养补充剂和食品添加剂的作用和影响;食品香气化合物的产生及其反应机理;酶在食品加工和储藏过程中引起的食品成分变化和催化降解反应;食品中致癌、致突变物的来源及其产生途径;包装材料特别是人工合成高分子化合物的降解产物、单体和增塑剂向食品中的迁移与毒性产生,以及环境污染给食品带来的安全性问题等。

　　氧化是食品变质的最重要原因之一,它不仅造成营养损失和产生有害物质,而且使食品产生异味、变色、质地变坏或其他损害。当食品中存在的天然物质发生氧化时,产生大量自由基和有害化合物。例如,胆固醇氧化产物中的胆固醇环氧化物和氢过氧化物,均可引起致癌和致突变。这说明食品成分氧化生成的有害物质不仅损害食品的品质,而且长期摄入还会损害人体健康或引起多种疾病。食品本身和人体内存在着多种抗氧化损伤的天然化合物和酶,如维生素 E、原花青素、β-胡萝卜素、抗坏血酸、半胱氨酸以及体内的许多抗氧化物酶等,它们都是很强的抗氧化剂。金属螯合剂抑制金属催化氧化过程,同样对抗氧化损伤起着十分重要的作用。超氧化物歧化酶、过氧化氢酶和谷胱甘肽过氧化物酶可分别阻止由超氧阴离子、过氧化氢和有机氢过氧化物等活泼物质对机体所造成的损伤。食品化学研究食品中各种活泼物质及其在不同条件下的反应机理,从而达到有效控制它们的目的。近来,对光敏氧化、直接光化学反应和自动氧化的主要反应机理与中间活性产物的分离、鉴定的研究已取得了显著进展,这无疑将有助于新的食品储藏加工技术的发展。

　　脂质氧化是食品中最主要的一种氧化反应,食品的货架期与这种反应有着密切的联系。不饱和脂肪酸含量越高的食品越容易氧化,脂质经自动氧化生成的自由基与其他化合物结合,生成过氧化物、交联过氧化物或环氧化物,并向食品体系中释放出氧,不仅破坏必需脂肪酸,而且破坏维生素和色素。脂质产生异味的主要原因是油脂中不饱和脂肪酸氧化生成的氢过氧化物进一步分解时产生了醛、醇、酮、酸等小分子化合物。此外,过氧化物与多糖、食品蛋白质或酶作用可产生不良的影响。近十几年临床医学的观察表明,油脂氧化后生成具有毒性、致癌、致突变等作用的化合物。油脂氧化并不限于富含动植物油脂的食品,而且还包括新鲜的或经过加工的豆类、谷物和某些蔬菜等低脂质食品。

　　食品中天然产物的自由基化学,无论对研究天然产物的自动氧化,还是对研究食品储藏加工过程,都是十分重要的。电子自旋共振(ESR)分析表明,氧化产生的自由基有 ROO·(烷过氧自由基)、RO·(烷氧自由基)、O_2^-·(超氧阴离子自由基)和·OH(羟基自由基)。通过脉冲辐解和激光光解途径研究模拟体系所得到的结果与实际体系非常接近。动植物中存在的低浓度自由基来源于正常的生理反应,如花生四烯酸合成固醇、硫醇化合物的氧化或通过直接的或酶催化途径引起的单电子还原。食品在光、辐射和热等的作用下可产生高浓度自由基,光使自由基通过中间激发态和单重态氧发生光敏氧化,一旦自由基大量进入人体内,将会导致 DNA 损伤并危及生存。

　　近十几年来,辐射保藏食品已在我国一些地区采用,含水食品在允许剂量射线的辐照下,如以 1000 krad① 剂量照射时,每 100 kg 食品可生成 3~6 mmol 自由基。

在食品加工和储藏中,热是一种重要的影响因素,热可使食品产生非常需宜的风味,同时又能加快自动氧化的自由基反应。例如,在 70 ℃自动氧化几小时,就能达到室温条件下几个月的氧化程度。食品在 200~300 ℃油炸时,食品成分发生热解并伴随产生自由基和反式脂肪酸。自动氧化是导致食品中产生自由基的主要原因,也是食品加工储藏过程中应重视的主要问题。

在研究食品自动氧化的过程中,对酚型和胺型化合物抗氧化剂研究较多,目前世界各国对安全性高的天然抗氧化剂研究十分重视。胡慰望、谢笔钧等报道了儿茶素和原花青素的抗氧化效果及其抗氧化机理,同时美国、日本、欧洲国家等也在这方面进行了大量研究。

食品在催化条件下产生的化学反应是一个非常值得注意的问题,催化包括金属离子催化和酶催化两大类。金属离子催化的化学反应又分为两类:一类是金属离子与具有路易斯(Lewis)碱性质的有机化合物官能团配位,导致这些官能团的极化和分子内邻近位点活化;另一类是金属离子从高氧化态向低氧化态,或从低氧化态向高氧化态转变的电子传递反应,从而可以使那些被金属离子所配位的有机化合物发生相应的氧化或还原反应。金属离子催化有机化合物出现初始变化之后,接着发生与化合物的结构有关的另一些反应,包括分子重排、消去电负性基团、与体系中其他分子进行反应,甚至碳碳键的裂解。例如,食品中脂质、肽和酰胺的水解,酮酸脱羧,抗坏血酸,维生素 E 和 β-胡萝卜素的氧化,儿茶酚的氧化,不饱和脂肪酸和氨基酸氧化等。食品中发生的另一大类催化反应是由酶引起的,这些酶包括氧化还原酶、转移酶、裂合酶、异构酶、水解酶和连接酶。在食品储藏加工中,与产品质量有密切关系的是氧化还原反应和水解反应。其中多酚氧化酶、脂氧合酶、过氧化物酶、黄嘌呤氧化酶、葡萄糖氧化酶、醇脱氢酶和醛脱氢酶是比较重要的酶。

食品的美拉德(Maillard)褐变反应是食品在热加工或长期储藏中发生的重要反应,它包括起始阶段醛(通常是还原糖)和胺(一般是氨基酸、肽和蛋白质)发生的羰胺反应,生成风味、香气化合物和对紫外吸收的物质,同时还产生深颜色聚合物,并使营养价值降低。对美拉德褐变反应,尽管进行了 100 余年之久的研究,但是对反应的全过程仍不完全了解。对于这种反应,一般是在单糖、氨基酸或其他有机胺类组成的模拟体系中进行研究。有关晚期糖基化终末产物(advanced glycation end-products,AGE)的相关研究已引起人们的极大关注,特别是与相关疾病的关系取得了很大的进展。而食源性 AGE 的研究,如 AGE 产物的精准分析、在体内的代谢和危害等问题尚不清楚。

蛋白质是食品中的重要营养成分,并具有许多重要生理功能和加工特性。蛋白质分子体积较大并具有能产生多种反应的复杂结构,所以在生物物质中占有特殊的地位。食品中的蛋白质与其他食品成分主要通过氢键、疏水相互作用和离子键形成非共价键结合,蛋白质的空间构象将影响其活性和功能作用。蛋白质的许多不可逆反应可导致食品变质,或产生有害的化合物,使蛋白质的营养价值遭受损失。蛋白质组学分析技术在食品中的应用为许多复杂的食品蛋白质体系的研究提供了新的途径。此外,动、植物或微生物来

---

① 1 rad=10^{-2}Gy,下同。

源的活性多肽,特别是海洋和水生物中的环肽,以及人们关注的正电性抗菌肽(CAP)已成为食品化学研究中的一个重要方面。

糖类食品是人类食品中热量的主要来源,在食品加工中必须重视糖类的结构和加工特性。近30年来,在这方面的研究非常活跃,如淀粉糊化和淀粉的化学修饰,以及多糖的空间结构和三维立体形貌对其性能的影响等。低聚糖的生理功能和非淀粉多糖的重要生物活性越来越引起科学工作者的极大关注。膳食纤维与益生元已成为又一热点以及研究对象。多糖的溶液行为和在水溶液中的分子簇效应已成为现今研究的重要课题。

维生素是由多种不同结构的有机化合物构成的一类营养素。目前,对许多维生素的一般稳定性已经了解,但是对于复杂食品体系中维生素保存的影响因素尚不十分清楚。例如,食品储藏加工的时间和温度,维生素降解反应与其浓度和温度的关系,氧浓度、金属离子、氧化剂和还原剂等对稳定性的影响等。近年来有关维生素 K_2 的研究和重要性不容忽视,特别是甲基萘醌 MK_7 和 $MK_8(H_2)$ 对人体健康的诸多益处与结构密切相关。

食品色素不仅赋予食品感官和消费者的可接受性,而且还具有多种功能,并显示有益的健康特性。存在于植物和动物细胞中的色素,种类繁多、结构复杂,有的存在量为痕量,容易受到环境因素的影响。因此,往往将它作为评价食品品质和安全性的一项重要指标,色素的分析也就自然成为该类物质的首要问题。此外,加工和储藏条件的影响,与其他成分的相互作用和新结构色素的发现也是色素研究的另一重要方面。

食品的风味,除新鲜水果、蔬菜外,一般是在加工过程中由糖类、蛋白质、脂质、维生素等分解或相互结合所产生的需宜或非需宜的特征。新鲜水果和蔬菜的风味来自脂质,通过被酶氧化,生成小分子化合物,如醇、醛、酮和酸类。与此同时,多酚类天然色素也可以使食品产生异味,色泽变坏;大分子交联会引起食品质地、营养发生变化。因此,控制食品的储藏加工条件,使之产生需宜的风味,防止非需宜风味的形成,进一步对风味化合物的分离、组成、结构及其反应机理进行研究,并在此基础上研究风味酶的作用机理和合成天然风味化合物,以上这些构成了食品化学中风味化学的内容。

食品中的有毒物质包括食品中存在的天然毒物、加工和储藏过程中产生的有毒物质,以及外源污染物,如蛋白酶抑制剂、红细胞凝集素、过敏原、植物抗毒素、生物碱、硫葡萄糖苷、氰化物、亚硝酸盐、真菌毒素和食物中毒毒素、有机农药和重金属污染以及加工和储藏中产生的有害物质、包装材料中的有害添加剂等。这些物质的快速灵敏分析、对食品安全性的影响和作用机理以及在各种食品中的分布和存在状况,都是食品化学重要的研究内容。总的来说,食品化学对人类至关重要。

1.2　食品化学的发展历史

食品化学是20世纪初随着化学、生物化学的发展以及食品工业的兴起而形成的一门独立学科。它与人类生活和食物生产实践密切相关。我国劳动人民早在4000年前就已经掌握酿酒技术,1200年前便会制酱,在食品保藏加工、烹调等方面也积累了许多宝贵的经验。公元4世纪晋朝的葛洪已经采用含碘丰富的海藻治疗瘿病,公元7世纪已用含维生素丰富的猪肝治疗夜盲症。我国人民在世界早期食品科学的发展中做出了重要贡献。

食品化学的历史细节没有严格的研究和记录,作为一门学科出现可追溯到 18～19 世纪。当时,食品的化学本质成为化学家研究的一个方面,如研究食品的组成,已认识到糖类、蛋白质和脂肪是人体必需的三大营养素。这为食品化学的发展奠定了基础。著名的瑞典化学家舍勒(Scheele,1742—1786)分离出乳酸并研究了其性质,还用乳糖制成黏酸;从柠檬汁和醋栗中分离出柠檬酸;从苹果中分离出苹果酸;对 20 种水果中的柠檬酸和酒石酸进行了检验。他还对动植物中新发现的一些成分做了定量分析。因此,被认为是食品化学定量研究的先驱。法国化学家拉瓦锡(Lavoisier,1743—1794)对食品化学的贡献,是确定了燃烧有机分析的原理,首先提出用化学方程式表达发酵过程,发表了第一篇有关水果中有机酸的研究论文。此后,法国化学家尼古拉斯(Nicolas,1767—1815)在拉瓦锡工作的基础上,进一步将干灰化方法用于植物呼吸过程中 CO_2 和 O_2,用燃烧分析法定量测定了乙醇的元素组成。法国化学家盖·吕萨克(Gay-Lussac,1778—1850)和塞纳德(Thénard,1777—1857)提出植物材料中碳、氢、氧、氮四种元素的定量测定方法。此外,英国化学家戴维(Davy,1778—1829)撰写的《农业化学原理》也论述了有关食品化学的内容。

随后,瑞士化学家贝采里乌斯(Borzelius,1779—1848)和苏格兰化学家汤姆森(Thomson,1773—1852)在有机分析中做出了重要贡献。法国化学家米歇尔(Michel,1786—1889)举列了存在于有机物中的多种元素($O, Cl, I, N, S, P, C, Si, H, Al, Mg, Ca, Na, K, Mn, Fe$),并确定了分析过程,成为有机分析的先驱。19 世纪德国著名化学家李比希(Liebig,1803—1873)在酵母提取物的有机化学方面有许多前瞻性的见解,早在 1837年他就指出乙醛是醋发酵过程中酒精和乙酸之间的中间产物,并于 1847 年出版了第一本关于食品化学的书——《食品化学研究》。在 1780～1850 年间,一些著名化学家在食品化学的发展中有不少重大的发现,这些工作包括近代食品化学的起源。

在 18 世纪,食品掺假事件在欧洲时有发生,到 19 世纪初,故意掺假的频率和严重程度大大增加。迫切要求有关部门建立可靠的食品检验方法,这无疑对普通分析化学和食品检验方法的发展起了很大的促进作用。直到 1920 年,世界各国相继颁布了关于禁止食品掺假的法规,并建立了相应的检验机构和制订出严格的检验方法,才使食品掺假逐渐得到控制。

到 20 世纪 50 年代末,食品工业有了较快的发展,特别是在欧美等地区工业发达国家。为了改善食品的感官质量和品质,或有利于改进食品加工处理以及延长货架期,在食品储藏加工过程中,逐渐使用天然的或人工合成的化学物质,作为食品添加剂,并得到政府法律的认可。高度加工的食品已经成为大多数人饮食的主要来源。另外,农业生产中广泛应用农药给食物带来不同程度的污染。一些严重的食品安全事件,如"苏丹红"事件、"三聚氰胺奶粉"事件给社会带来了极大的影响。因此,自 20 世纪 60 年代以来,特别是近10 年,人们对食品安全、营养和健康的要求更加迫切,食品安全和营养价值已成为食品化学、临床医学、毒理学、预防医学等学科普遍关心的重要问题。

色谱和色质联用等现代分析技术的出现,分子生物学研究的快速发展,以及与结构化学理论的结合,使食品化学在理论和应用研究方面都获得显著的进展。例如,研究食品在储藏加工过程中各种化学或生物化学的反应机理,食品各组分的性质、结构和功能,以及食品储藏加工新技术、新产品的开发,食品资源的利用,这些都为食品科学技术和食品工业的发展创造了有利条件。

为了适应人类宇航事业的需要,科学家们开始研究如何在太空飞船的有限空间实现食品元素和食品物质的小规模循环,做到主要食物的自给供应。随着仿生学和分子生物学的发展,人们将可以简化这些复杂物质分子,或模拟代谢中间产物的结构,通过人工合成食品的方法,开辟出一条新的途径。

1.3 食品化学的研究方法

食品是多种组分构成的复杂体系,在储藏和加工过程中,将发生许多复杂的变化,它将给食品化学的研究带来一定的困难。因此,一般是从模拟体系或简单体系开始,将所得实验结果应用于食品体系,以确定食品组分间的相互作用、构效关系,及其对食品营养、感官品质和安全性造成的影响。这种方法使研究的问题过于简单化,因此并非都是成功的。也许通过组学的概念逐步研究食品复杂体系的变化将更接近真实体系。

食品化学研究的内容包括四个方面:确定食品的组成、营养价值、安全性和品质等重要特性;研究食品储藏加工过程中各类化学和生物化学反应,特别是对食品品质和健康有重大影响的反应步骤和机理;在上述研究的基础上,确定影响食品品质和安全性的关键因素反应;研究化学反应的热力学参数和动力学行为及环境因素的影响。这样才能将获得的知识和理论应用于食品配方、加工和储存中遇到的各种情况。

1.3.1 食品的品质和安全性

营养是食品的基本特征,它是保证人体生长发育和从事劳动的物质基础。利用现代分析技术、现代营养学的观点对食品的营养进行评价,是食品化学最基本的任务。食品的安全性是食品的首要特征,供给人类需要的食品不应含有任何有害的化学成分或有害微生物,如黄曲霉毒素、亚硝胺、苯并芘、农药、有害重金属化合物等。

食品在储藏加工过程中各组分间相互作用对食品品质和安全性的不良影响有以下 5 方面:

(1) 质地变化。食品组分的溶解性、分散性和持水量降低,食品变硬或变软。

(2) 风味变化。酸败(水解或氧化),产生蒸煮味或焦糖味及其他异味。

(3) 颜色变化。变暗、褪色或出现其他色变。

(4) 营养价值变化。维生素、蛋白质、脂质等降解,矿物质和其他重要生物活性成分损失。

(5) 安全性的影响。产生有毒物质或形成有害健康物质。

1.3.2 化学和生物化学反应

食品在储藏加工过程中发生的许多化学和生物化学反应都会影响食品的品质与安全性。这些反应包括非酶褐变、酶促褐变、与金属离子的反应、脂质水解、异构化、环化和氧化聚合、蛋白质变性、蛋白质交联和水解、低聚糖和多糖的水解、多糖的合成和酵解,以及维生素和天然色素的氧化与降解等。反应的类型一般取决于食品的种类、储藏和加工条件、各反应之间相互影响和竞争,使食品化学研究变得十分复杂。因此,简化食品体系或采用模拟体系进行研究,是食品化学研究方法中的一个显著特点。

1.3.3 各类反应对食品品质和安全性的影响

食品的各类反应除了引起食品品质变坏,出现食品安全性问题外,有的反应则有利于食品品质的改良,如多糖或蛋白质的化学修饰和衍生物的合成。因此,在生产实践中,可以根据实际需要来控制和利用上述各种反应。

食品变质一般是由一系列初级反应引起组分的分子结构发生变化,然后导致肉眼可见或其他感官能感觉的变化,产生对人体有害甚至致癌的物质。

食品中主要成分的反应和相互作用如图 1-1 所示。

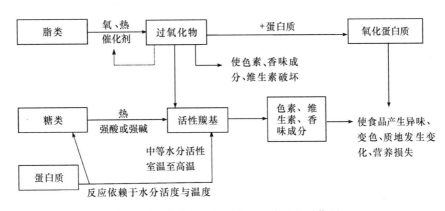

图 1-1 食品中主要成分的反应和相互作用

1.3.4 反应的动力学

食品在储藏加工过程中的各种化学和生物化学变化与温度、时间、pH、光、气体组成、处理方式、污染和损伤、食品的组成及化学特性、水活度、转化速率、玻璃化转变浓度等都有关系。在中等温度范围内,反应符合阿伦尼乌斯(Arrhenius)方程

$$K = Ae^{-\Delta E/(RT)}$$

式中:K 为温度 T 时的速率常数;A 为作用物分子间的碰撞频率;ΔE 为反应活化能;R 为摩尔气体常量;T 为热力学温度。

可见,温度是影响食品储藏加工中化学变化的主要变量。在高温或低温的情况下,上述方程会出现偏差。因为高温或低温可使酶失去活性;反应途径改变或出现竞争反应;体系物理状态改变;反应物消耗增加,引起一个或几个反应物欠缺。这些都是反应方程出现偏差的原因。

时间是影响食品储藏加工中各种变化的第二个变量。特别在食品的储藏中需要了解不同食品在特定质量水平的保藏期,以及各种化学和微生物反应随时间变化的规律与变化速率常数。此外,保藏过程中各种反应的相互影响、竞争和共同作用都将影响食品的质量。

　　pH、水活度都将影响许多化学反应和酶催化反应的速率。当在极端 pH 时,微生物生长和酶促反应能够受到极大程度的抑制。然而,较小的 pH 变化可能导致食品品质的显著改变。中等水分含量的食品,化学、生物化学或酶促反应,甚至许多微生物反应的速率都较大,在低水分活度时,大多数反应的速率相对减慢,其中脂质的氧化和类胡萝卜素的降解脱色却是特例,不符合此规律。

　　食品的成分决定参加反应的类型,因此各类反应的活化能和碰撞频率依赖于组成物质的性质与结构。此外,环境的气体组成、包装材料等都会影响食品成分之间的各类反应。只有了解和掌握各种成分对食品质量的贡献、变质反应的敏感性以及影响这些反应类型和速率的因素,才能发现食品生产、加工和储藏过程中常出现的各种问题,并提出解决这些问题的有效的方法和途径。

第 2 章　水

　　水是地球上最丰富的物质,也是研究最多的物质。因为水透明、无嗅、无味,且无处不在,被许多人认为是一种相当无趣的物质。但事实上,水的行为和功能背后的科学是如此不为人知,甚至被忽略,不仅是普通人,即便是科学家也是如此认为。水是宇宙中最常见的两种元素氢和氧组成的最简单的化合物。事实上,很少有分子比水更小或更轻。然而,水表面上是简单的分子组成,但被认为是最不寻常的物质,与它看似简单的分子式形成鲜明对比。

　　当前的科学家宣称,如果没有水的存在,地球上的生命起源是不可能的,没有水,生命无法进行和延续。所以,生命世界应该看作是生物分子和水之间的平衡伙伴关系。

2.1　概　　述

　　在人体内,水不仅是构成机体的主要成分,而且是维持生命活动、调节代谢过程不可缺少的重要物质。例如,水使人体体温保持稳定,因为水的热容量大,一旦人体内热量增多或减少也不致引起体温出现大的波动。水的蒸发潜热大,蒸发少量汗水即可散发大量热能,通过血液流动使全身体温平衡。水是一种溶剂,能够作为体内营养素运输、吸收和废弃物排泄的载体,可作为化学和生物化学反应物或反应介质,也可作为一种天然的润滑剂和增塑剂,同时又是生物大分子化合物构象的稳定剂,以及包括酶催化在内的大分子动力学行为的促进剂。此外,水也是植物进行光合作用过程中合成糖类所必需的物质。可以清楚地看到,生物体的生存是如此显著地依赖于水这种无机小分子。

　　水是食品中非常重要的一种成分,也是构成大多数食品的主要组分,各种食品都有能显示其品质特性的含水量(表 2-1)。水的含量、分布和取向及性质不仅对食品的结构、外观、质地、风味、新鲜程度和腐败变质的敏感性产生极大的影响,而且对生物组织的生命过程也起着至关重要的作用。在溶液中水分子的旋转(转动)和直线运动(平动)可以控制重要的化学和生物化学过程的速率,其中包括在大气中的液态气溶胶颗粒表面的化学反应及对呼吸和光合作用非常重要的电子转移反应。水的三相点和升华是食品工业冷冻干燥的基础。水在食品储藏加工过程中作为化学和生物化学反应的介质,又是水解过程的反应物。干燥或增加食盐、糖的浓度,可使食品中的水分除去或被结合,从而有效地抑制很多反应的发生和微生物的生长,以延长食品的货架期。水与蛋白质、多糖和脂质通过物理相互作用影响食品的质构,在大多数新鲜食品中,水是最主要的成分,若希望长期储藏这类食品,只要采取有效的储藏方法控制水分就能够延长保藏期,无论采用普通方法脱水还是低温冷冻干燥脱水,食品和生物材料的固有特性都会发生很大的变化,然而任何试图使脱水食品恢复到它原来状态(复水和解冻)的尝试都未获得成功。下面将讨论水和冰的一些特性,以控制水在食品加工储藏过程中的变化和影响。

表 2 - 1 部分食品的含水量

食 品	含水量/%
肉类	
猪肉	53～60
牛肉(碎块)	50～70
鸡(无皮肉)	74
鱼(肌肉蛋白)	65～81
水果	
香蕉	75
浆果、樱桃、梨、葡萄、猕猴桃、柿子、榅桲、菠萝	80～85
苹果、桃、橘、葡萄柚、甜橙、李子、无花果	85～90
草莓、杏、椰子、西瓜	90～95
蔬菜	
青豌豆、甜玉米	74～80
甜菜、硬花甘蓝、胡萝卜、马铃薯	80～90
芦笋、青大豆、大白菜、红辣椒、花菜、莴苣、番茄(西红柿)	90～95
谷物	
全粒谷物	10～12
面粉、粗燕麦粉、粗面粉	10～13
乳制品	
奶油	15
山羊奶	87
奶酪(含水量与品种有关)	40～75
奶粉	4
冰淇淋	65
人造奶油	15
焙烤食品	
面包	35～45
饼干	5～8
馅饼	43～59
糖及其制品	
蜂蜜	20
果冻、果酱	≤35
蔗糖、硬糖、纯巧克力	≤1

██████ 2.2　水和冰的物理特性 ██████

水与元素周期表中邻近氧的某些元素的氢化物,如 CH_4、NH_3、HF、H_2S、H_2Se 和 H_2Te 等,尽管它们具有近似的分子量或相似的原子组成,但比较它们的物理性质,除了黏度外,其他性质均有显著差异,显示出 41 种异常特征。冰的熔点、水的沸点比氢化物要高得多,介电常数、表面张力、比热容和相变热(熔融热、蒸发热和升华热)等物理常数也都异常高,但密度较低。此外,水结冰时体积增大,表现出异常的膨胀特性。水的热导值大于其他液态物质,冰的热导值略大于非金属固体。0 ℃时冰的热导值约为同一温度下水的 4 倍,这说明冰的热能传导速率比生物组织中非流动的水快得多。从水和冰的热扩散值可看出水的固态和液态的温度变化速率,冰的热扩散速率约为水的 9 倍;在一定的环境条件下,冰的温度变化速率比水大得多。水和冰无论是热传导还是热扩散值都存在着相当大的差异,因而可以解释在温差相等的情况下,为什么生物组织的冷冻速率比解冻速率更快。水的某些异常特性对于人类至关重要,以至于没有水,地球上的生命在理论上不可能存在。例如,液态水的密度大于冰,这就使得极地海洋和南极海域的冰漂浮在水面上,而不会下沉。否则海洋就会慢慢变成固体冰,使得地球不适合居住。很明显,液态水的独特性质和易变性质似乎完美地符合了生命的要求,而其他任何分子都无法做到这一点。水和冰的物理常数如表 2-2 所示。

表 2-2　水和冰的物理常数

物理量名称	物理常数值			
分子量	18.0153			
相变性质				
熔点(101.3 kPa)/ ℃	0.000			
沸点(101.3 kPa)/ ℃	100.000			
临界温度/ ℃	373.99			
临界压力	22.064 MPa(218.6 atm)			
三相点	0.01 ℃和611.73 Pa(4.589 mmHg)			
熔化热(0 ℃)	6.012 kJ(1.436 kcal)/mol			
蒸发热(100 ℃)	40.647 kJ(9.711 kcal)/mol			
升华热(0 ℃)	50.91 kJ(12.06 kcal)/mol			
其他性质(与温度相关)	20 ℃(水)	0 ℃(水)	0 ℃(冰)	−20 ℃(冰)
密度/(g/cm³)	0.99821	0.99984	0.9168	0.9193
黏度/(Pa・s)	1.002×10^{-3}	1.793×10^{-3}	—	—
表面张力(相对于空气)/(N/m)	72.75×10^{-3}	75.64×10^{-3}	—	—
蒸气压/(kPa)	2.3388	0.6113	0.6113	0.103
热容量/[J/(g・K)]	4.1818	4.2176	2.1009	1.9544
热传导(液体)/[W/(m・K)]	0.5984	0.5610	2.240	2.433
热扩散系数/(m²/s)	1.4×10^{-7}	1.3×10^{-7}	11.7×10^{-7}	11.8×10^{-7}
介电常数	80.20	87.90	～90	～98

引自:Franks F,et al. 1973. Water—A Comprehensive Treatise. 6 Volumes. New York:Plenum Press.

2.3　水和冰的结构

2.3.1　水分子

2.3.1.1　水分子的结构

水的异常物理性质表明,水分子之间存在着很强的吸引力,水和冰在三维空间中通过强氢键缔合形成网络结构。为了解释这些特性,首先从研究单个水分子的性质开始,然后再讨论体积增大的水分子簇。从分子结构来看,水分子中氧的 6 个价电子参与杂化,形成 4 个 sp^3 杂化轨道,2 个氢原子接近氧的 2 个 sp^3 成键轨道(ϕ_3'、ϕ_4')结合成 2 个 σ 共价键(具有 40% 离子特性),即形成 1 个水分子,每个键的离解能为 4.614×10^2 kJ/mol(110.2 kcal/mol),氧的 2 个定域分子轨道对称地定向在原来轨道轴的周围,因此,它保持近似四面体的结构。图 2-1(a) 和 2-1(b) 分别表示水分子的轨道模型和范德华(van der Waals)半径。液态水和冰都是高密度分子,在室温(25℃)下 1 L 水,含有大约 3.3×10^{25} 个水分子。水分子属于 C_{2v} 对称点群,有 2 个镜像对称面和 1 个 2 重旋转轴。

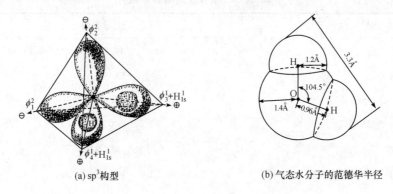

(a) sp^3 构型　　　　　　(b) 气态水分子的范德华半径

图 2-1　单个水分子的结构示意图

单个水分子(气态)的键角由于受到了氧的未成键电子对的排斥作用,压缩为 104.5°,接近正四面体的角度 109°28′,O—H 核间距为 0.96 Å,氢和氧的范德华半径分别为 1.2 Å 和 1.4 Å。

以上对水的一些描述显得过于简单化,主要是为了便于理解。在纯净的水中,除含普通的水分子外,还存在许多其他微量成分,如由 ^{16}O 和 ^1H 的同位素 ^{17}O、^{18}O 和 $^2H(D)$ 和 $^3H(T)$ 所构成的水分子,共有 18 种水分子的同位素变体。此外,水中还有离子微粒,如氢离子(以 H_3O^+、$H_9O_4^+$ 存在)和氢氧根离子,以及它们的同位素变体,因此实际上纯水中总共有 33 种以上 HOH 的化学变体。同位素变体仅少量存在于水中,大多数情况下可以忽略不计。

2.3.1.2　水分子的缔合作用

水分子中的氢、氢原子呈 V 字形排序,O—H 键具有极性,所以水分子中的电荷呈非对称分布。纯水在蒸气状态下,分子的偶极矩为 1.84 Debye[①],这种极性使分子间产生吸引力,因此水分子能以相当大的强度缔合。但是只根据水分子有大的偶极矩还不能充分解释分子间为什么存在着非常大的吸引力,因为偶极矩并不能表示电荷暴露的程度和分子的几何形状。

　　由于水分子在三维空间形成多重氢键键合,因而水分子间存在着很大的吸引力。氢键(键能 2～40 kJ/mol)与共价键(平均键能约 355 kJ/mol)相比较,其键能很小,键较长(长度范围为 1.2～2.0 Å),易发生形变,氧和氢之间的氢键离解能为 11～25 kJ/mol。氢键比室温下分子平均的热能大 4～10 倍,因此分子间通过氢键形成的复合物相对于热运动是非常稳定的。

图 2-2　四面体构型中水
分子的氢键结合
虚线表示氢键,大圈和小圈分别
表示氧原子和氢原子

　　水分子中氧原子的电负性(3,5)大于同一主族 S(2,5)、Se(2,4)、Te(2,1)和 Po(2,0),O—H 键的共用电子对强烈地偏向于氧原子一方,使每个氢原子带有部分正电荷且电子屏蔽最小,表现出裸质子的特征。氢氧成键轨道在水分子正四面体的两个轴上[图 2-1(a)],这两个轴代表正力线(氢键给体部位),氧原子的两个孤对电子轨道位于正四面体的另外两个轴上,它们代表负力线(氢键受体部位),每个水分子最多能够与另外 4 个水分子通过氢键结合,得到如图 2-2 表示的四面体排列。由于每个水分子具有相等数目的氢键给体和受体,能够在三维空间形成氢键网络结构。因此,水分子间的吸引力比同样靠氢键结合在一起的其他小分子要大得多(如 NH₃ 和 HF)。氨分子由 3 个氢给体和 1 个氢受体形成四面体排列,氟化氢的四面体排列只有 1 个氢给体和 3 个氢受体,说明它们没有相同数目的氢给体和受体。因此,它们只能在二维空间形成氢键网络结构,并且每个分子都比水分子含有较少的氢键。

　　如果还考虑同位素变体、水合氢离子和氢氧根离子,那么水分子间的缔合机理就更加复杂了。水合氢离子因为带正电荷,它比非离子化的水有更大的氢键给体潜力;氢氧根离子带负电荷,比非离子化的水有更大的氢键受体潜力(图 2-3 和图 2-4)。

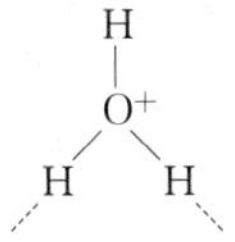

$$\begin{array}{c} H \\ | \\ O^+ \\ \diagdown \\ H \quad\quad H \end{array}$$

图 2-3　水合氢离子的结构及其
可能的氢键结构
虚线表示氢键

$$\begin{array}{c} HX \\ \diagdown \\ O—H \\ \diagup \\ HX \end{array}$$

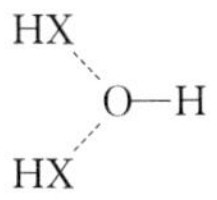

图 2-4　氢氧根离子的结构和
可能的氢键结构
虚线表示氢键,HX 代表溶质或水分子

　　根据水在三维空间形成独特的氢键网络结构,可以从理论上解释水的许多性质。例

---

①　1 Debye=3.335 64×10⁻³⁰ C·m,下同。

如,水的热容量、熔点、沸点、表面张力和相变热都很大,这些都是因为破坏水分子间的氢键需要供给足够的能量。水的介电常数也同样受到氢键键合的影响。虽然水分子是一个偶极子,但单凭这一点还不能满意地解释水的介电常数的大小。水分子之间靠氢键键合而形成的水分子簇显然会产生多分子偶极子,这将会使水的介电常数明显增大。

2.3.1.3　水分子簇

普遍认为水分子不是以单分子的形态存在,由于水的极性导致电荷的不对称分布,使水分子间产生吸引力,以相当大的程度缔合在一起,一般称为水分子簇(clustered water)或结构化的小分子簇水(small clusters of liquid structured)。在此之前尽管做了许多工作,水的许多特性还是令人费解,原因在于对水分子形成无限动态氢键网络的不同理解。很明显,地球上的生命依赖于液态水不寻常的结构和反常的性质。生物体主要由液态水组成。这种水有许多功能,它绝不仅仅是一种惰性稀释剂,而且还具有传输、润滑、反应、稳定、信号、结构和分区的作用。生物世界应该被看作是生物分子和水之间平等的伙伴关系。中等强度的氢键连接似乎非常适合生命过程,其容易形成但又不太难断开。一个经常被忽视的重要概念是,虽然液态水在宏观尺度和时间尺度上是均匀的,但在纳米尺度或纳米时间尺度上却是不均匀的。现在水分子的近程(<1nm)和远程(>100nm)结构均已被检测到,这说明水分子能以群集的结构存在。许多研究也证明水分子可以形成无限的动态氢键网络,具有局域性和结构群集性。

水分子簇最简单的是二聚体$(H_2O)_2$,分子之间通过氢键还可以形成三、四、五、六、七或八聚体,或者更高聚合度的水分子簇,如二十面体。对于六聚体似乎存在许多异构体,七聚体证明有两种笼状异构体结构,八聚体可以是环状的,也可以是立方的。水分子簇不是各向同性的集合,它的各种形态的形成以及与异常特殊的物理化学性质的关系,可能有助于解释许多异常的水特征,如高度异常的密度和温度依赖性,这与无限动态的氢键网络有关。

单环五聚体　　　　　双环八聚体　　　　　三环十聚体

下面列举了4个水分子组成的小团簇聚集形成的水双环八聚体(图2-5)。分子排列 A 出现在高密度的冰中,而 B 在低密度冰的六方晶系中发现。对于结构 A,体系产生更高的方向熵,具有更高的密度和较多的、弱的水-水结合能及最大化的氢键;而在 B 的结构中,具有更多的有序结构,呈低密度,仅有较少的、较强的水-水结合能。当液态水处于 A 结构时,在较高的温度下水分子与邻近水分子主要形成 3 个氢键,其配位数为 5;而在 B 结构时,液态水在较低的温度下,水分子是以较多的 4 个氢键和配位数为 4 的情况存在。这种平衡是由于它们的势能能垒存在两个极小值,更有利于二者互动平衡,几乎没有中间状态。近期的高能 X 射线衍射实验发现,在温度范围 254.2～365.9 K,水最近邻的数量没有变化,相邻分子在强氢键和弱氢键或非氢键之间切换,这与该模型一致。

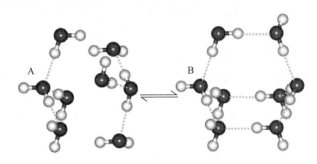

图 2-5　2 个四聚体水分子簇形成 1 个八聚体水分子簇示意图

引自:London South Bank University. 2018. Water Structure and Science.

　　密度波动的液态水氢键,虽然在本质上是有内聚的,但水分子是各自分开的。正是这两种效应之间的冲突,以及随条件的变化而变化,赋予了水许多不同寻常的特性。例如,这些双环八聚体可能进一步聚集,形成一个高度对称的 280 个水分子的二十面体水簇,在整个空间中相互连接和镶嵌,结构美观。双环五聚体和三环十聚体的混合物也可以产生相同的聚类结果。这样的集群可以动态地形成开放、低密度和浓缩结构的连续网络,并已经在充分和广泛的基础上证明了它的存在,包括解释水的所有"异常"性质的能力。

　　1998 年首次提出了二十面体水分子簇在液态水中的存在,随后在 2001 年通过 X 射线衍射在纳米水滴中独立发现了非常对称的包含 280 个水分子的二十面体水分子簇$(H_2O)_{280}$,也可以形成 3 nm 直径的二聚体。形成的水分子簇可以通过弯曲而不是断裂某些氢键可在低密度团簇(或扩展结构,expanded structure,ES)和高密度团簇(紧密结构,condensed structure,CS)的形式之间相互转换(图 2-6),结构也可能在统计和形态上等价的团簇之间闪烁,因此这种结构的水分子簇也称为水的闪烁簇(flickering cluster)。

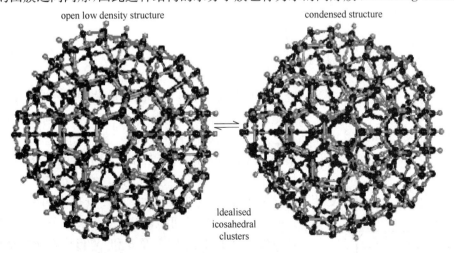

open low density structure　　　　　　　　condensed structure

ldealised icosahedral clusters

图 2-6　扩展的低密度结构与紧密的高密度结构的二十面体水簇$(H_2O)_{280}$的簇平衡图

引自:London South Bank University. 2018. Water Structure and Science.

　　氢键的高度协同性提高了团簇的形成和寿命。无论什么时候形成低密度团簇,它们都被数量相同的具有中等密度的"装饰"水分子包围。这些多面体结构在图中是被理想化了的,而在现实中却因热效应形成严重扭曲和坍塌的紧密的高密度结构,随着温度的升高,簇的平均尺寸增大,簇的完整性和低密度形式的簇的比例均减小。开放的低密度团簇被认为是 20 面体水分子簇的极端形式,它的子集簇是在深度过冷水或加入稳定的溶质中形成的。它的寿命相对较长,特别是 $(H_2O)_{20}$ 和 $(H_2O)_{100}$ 子集簇。而紧密的高密度结构远不如低密度结构及其子结构稳定。

　　这种双态结构解释了水的许多异常性质,包括它的温度-密度和压力-黏度行为、径向分布模式、五元环和六元环结构的存在、超冷水的特殊性质、离子、疏水分子、碳水化合物、高分子的溶剂化和水合作用等。水的转变可以通过拉曼散射光谱和远红外振转隧道光谱、红外-质谱联用、X 射线衍射分析表征。同时,还尚需与理论模型结合才能更好地解释和了解它们的结构。

2.3.1.4　水分子的离解

　　实际上还必须指出,在纯水中,水分子自身离解并产生离子。而在已鉴定的这些离子中,氢离子(H^+)和氢氧根离子(OH^-)是最简单的形式,尽管它们是以水合形式存在。下面方程式是纯水中水分子的离解平衡过程:

$$H_2O \Longrightarrow H^+ + OH^-$$

　　在 298 K,水分子的离解平衡常数 $K_w = 10^{-14}$,此时 pH 为 7。必须指出的是,由于水的离解将随温度升高而增加,因此,纯水的 pH 依赖于温度。当温度为 373 K 时,K_w 接近 10^{-12},此时纯水的 pH 接近 6。还应注意到,在 298 K,pH 为 6 时,OH^- 浓度为 10^{-8} mol/L。而在 373 K 和 pH 为 6 时,OH^- 浓度接近 10^{-6} mol/L。

2.3.2　冰的结构

　　事实上,人们对冰的结构比对水的结构了解得更透彻,因此首先讨论冰的结构,然后再介绍水的结构。

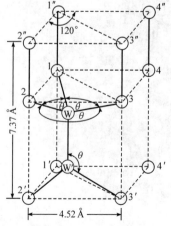

图 2-7　0 ℃时普通冰的晶胞
圆圈表示水分子中的氧原子

2.3.2.1　纯冰

　　冰是由水分子有序排列形成的结晶。水分子之间靠氢键连接在一起形成非常稀疏(低密度)的刚性结构,这一点已通过 X 射线衍射、中子衍射、电子衍射、红外和拉曼光谱分析研究得到阐明(图 2-7)。最邻近的水分子的 O—O 核间距为 2.76 Å,第二近邻的 O—O 之间距离为 4.5 Å,O—O—O 键角约为 109°,十分接近理想四面体的键角 109°28′。从图 2-7可以看出,每个水分子如 W 能够缔合另外 4 个水分子,即 1、2、3 和 W′形成四面体结构,所以配位数等于 4。

　　当从顶部沿着 c 轴观察几个晶胞结合在一起的晶胞

群时,便可看出冰的正六方形对称结构,如图 2-8(a)所示。图 2-8 中 W 和最邻近的另外 4 个水分子显示出冰的四面体亚结构,其中 W、1、2、3 四个水分子可以清楚地看见,第四个水分子正好位于 W 分子所在纸平面的下面。当在三维空间观察图 2-8(a)时即可得到如图 2-8(b)所示的图形。显然,它包含水分子的 2 个平面,这 2 个平面平行而且很紧密地结合在一起,这类成对平面由冰的基础平面组成。在压力作用下,冰"滑动"或"流动"时,如同一个整体"滑动",或者像冰河中的冰在压力的作用下所产生的"流动"。

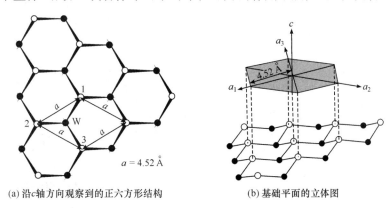

(a) 沿 c 轴方向观察到的正六方形结构　　　　(b) 基础平面的立体图

图 2-8　冰的基础平面是由两个高度略微不相同的平面构成的结合体
圆圈代表水分子的氧原子,空心和实心圆圈分别表示上层和下层的氧原子

几个基础平面堆积和延伸便得到冰的三维网络扩展结构。图 2-9 表示 3 个基础平面结合在一起形成的结构,沿着平行 c 轴的方向观察,可以看出它的外形与图 2-8(a)所表示的完全相同,这表明基础平面有规则地排列成一行。沿着这个方向观察的冰是单折射的,而所有其他方向都是双折射的,因此称 c 轴为冰的光轴。

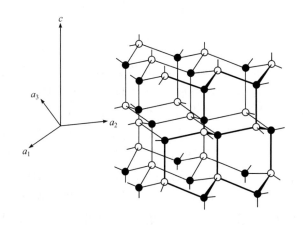

图 2-9　冰的扩展结构
○ 和 ● 分别表示基础平面的上层和下层氧原子

早在 20 世纪 50 年代末期,曾有人用衍射方法研究含氚的冰结构,并确定了冰中氢原子的位置,一般认为:① 在邻近的 2 个氧原子的每一条连接线上有 1 个氢原子,它距离共价结合的氧为(1±0.01) Å,距离氢键结合的氧为(1.76±0.01) Å。这种构型如图 2-10(a)表

示；② 如果在一段时间内观察氢原子的位置，可以得到与图 2 - 10(a)略微不同的图形。氢原子在两个最邻近的氧原子 X 和 Y 的连接线上，它可以处于距离 X 1 Å 或距离 Y 1 Å 的两个位置。这正如鲍林(Pauling)所预言，后来为皮特森(Peterson)等所证实的那样，氢原子占据这两个位置的概率相等，即氢原子平均占据每个位置各一半的时间，这可能是因为除了在极低温度以外水分子是可以协同旋转的(cooperative rotation)。另外，氢原子能够在 2 个邻近的氧原子之间"跳动"。通常把这种平均结构称为半氢、鲍林或统计结构，见图 2 - 10(b)。

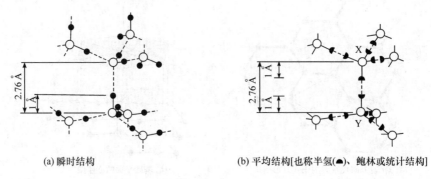

(a) 瞬时结构　　　　　　　　(b) 平均结构[也称半氢(◓)、鲍林或统计结构]

图 2 - 10　冰结构中氢原子(●)和氧原子(○)的位置

冰有 18 种左右的结晶类型，普通冰的结晶属于六方晶系的双六方双锥体。在常压和温度 0 ℃时，地球上这 18 种结构中只有六方形冰结晶才是稳定的形式。

由于开放的氢键网络结构，水分子的原子在物理上仅占冰总体积的 42% 左右，剩下的 58% 空间是空的，因此它的密度较低。而冰中水分子之间的空隙不够大，容纳不了任何其他分子，故当水溶液，如蔗糖或盐溶液被冻结时，水是作为纯冰结晶，将溶质留在未冻结的液相中。这种特性是食品工业中用于浓缩液体食品(如牛奶和果汁)的冷冻浓缩过程的基础。

冰并不完全是由精确排列的水分子组成的静态体系，也是动态的，每个氢原子也不一定恰好位于 1 对氧原子之间的连接线上。这是因为晶格中水分子的旋转/振动和质子的解离/缔合导致：① 纯冰不仅含有普通水分子，而且还有 H^+(H_3O^+) 和 OH^- 以及 HOH 的同位素变体(同位素变体的数量非常少，在大多数情况下可忽略)，因此冰不是一个均匀体系；② 冰的结晶并不是完整的晶体，通常是有方向性或离子型缺陷的。从图 2 - 11 可以看出，当 1 个水分子与另外 4 个水分子缔合并旋转时，即伴随着中性取向使质子发生位错(dislocation)，或者由于质子在两邻近水分子的连线上跳动，形成 H_3O^+ 和 OH^- 而引起质子位错。前者属于方向型缺陷，后者是离子型缺陷。冰结晶体中由于水分子的转动和氢原子的平动所产生的这些缺陷，可以为解释质子在冰中的淌度比在水中大得多，以及当水结冰时其直流电导略微降低等现象提供理论上的依据。

除晶体产生缺陷而引起原子的迁移外，冰还有其他"活动"形式。在温度为 -10 ℃时，冰中的每个 HOH 分子以大约 0.4 Å 均方根的振幅振动，以及冰的某些空隙中的 HOH 分子缓慢地扩散通过晶格。这说明冰并不是一种静态或均匀的体系。冰的 HOH 分子在温度接近 -180 ℃或更低时，不会发生氢键断裂，全部氢键保持原来完整的状态。

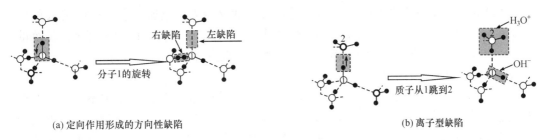

(a) 定向作用形成的方向性缺陷 (b) 离子型缺陷

图 2-11 冰中质子缺陷示意图

随着温度上升到 0 ℃时,由于热运动体系混乱程度和质子的解离/错位增大,原来的氢键平均数将会逐渐减少,一些水分子的振动能大到足以使它们从晶格中逃逸出来。食品和生物材料在低温下储藏时的变质速率与冰的"活动"程度有关。同样可以解释当水从液态转变为固态时,冰中质子的热扩散和电导率的微小降低与冰的这些结构缺陷有本质的联系。

2.3.2.2 溶质对冰晶结构的影响

溶质的种类和数量可以影响冰晶的数量、大小、结构、位置和取向。下面仅讨论溶质对冰晶结构的影响。Luyet 等研究了各种溶质[如蔗糖、甘油、明胶、清蛋白、肌球蛋白和聚乙烯吡咯烷酮(PVP)]存在时生成的冰结晶体的性质。他还根据形态、对称要素(element of symmetry)和形成各种冰结构所需的冷却速率,对冰的结构进行分类,并观察到如下 4 种主要类型:六方形、不规则树枝状、粗糙球状、易消失的球晶。此外,还存在各种各样中间形式的结晶。

六方形是大多数冷冻食品中重要的冰结晶形式,它是一种高度有序的普通结构。样品在最适度的低温冷却剂中缓慢冷冻,并且溶质的性质及浓度均不严重干扰水分子的迁移时,才有可能形成立方形冰结晶。然而,高浓度明胶水溶液冷冻时则形成具有较大无序性的冰结构。

Dowell 等在研究冰冻的明胶溶液时发现,随着冷冻速率增大或明胶浓度的提高,主要形成立方形和玻璃状冰结晶。显然,像明胶这类大而复杂的亲水性分子,不仅能限制水分子的运动,而且阻碍水形成高度有序的六方形结晶。尽管在食品和生物材料中除形成六方晶形外,也能形成其他形式的结晶,但这些晶形一般是不常见的。

2.3.3 液态水的结构

液态水是所有生物体的主要溶剂,能使生物大分子(如生物膜和蛋白质/酶)形成有组织的结构,且这些生物结构和功能往往是由液态水编辑的。因此,人们对阐明液态水的结构有极大的兴趣。虽然液态水是具有一定结构的液体,但还不足以构成长程有序的刚性结构,要阐明水的结构是一个非常复杂的问题,人们已经发现液态水的分子排列远比气态水分子更为有序,在液态水中,水的分子并不是以单个分子形式存在的,而是由若干个分子靠氢键缔合形成水分子簇$(H_2O)_n$,因此水分子的取向和运动都将受到周围其他水分子的明显影响,下面的一些事实可以进一步证明这一点。

（1）液态水是一种"稀疏"（open）液体，其密度仅相当于紧密堆积的非结构液体的60％。这是因为氢键键合形成了规则排列的四面体，这种结构使水的密度降低。从冰的结构也可以解释水密度降低的原因。冰中的水分子仅占总体积的42％左右，剩余的空间是空的，呈现出开放的结构。

（2）冰的熔化热异常大，足以破坏冰中15％左右的氢键。虽然在水中不一定需要保留可能存在的全部氢键的85％（例如，可能有更多的氢键破坏，能量变化将被同时增大的范德华相互作用力所补偿），实际上很可能仍然有相当多的氢键存在，因而使水分子保持广泛的氢键缔合。

（3）水的许多其他性质和X射线衍射、核磁共振、红外和拉曼光谱分析测定的结果，以及水的计算机模拟体系的研究，进一步证明水分子具有这种缔合作用。

Stillinger的研究结果表明，在室温或低于室温下，液态水中包含着连续的三维氢键轨道，这种由氢键构成的网络结构为四面体形状，其中有很多变形的和断裂的键。水分子的这种排列是动态的，它们之间的氢键可迅速断裂，同时通过彼此交换又可形成新的氢键网络，因此能很快地改变各个分子氢键键合的排列方式。但在恒温时整个体系可以保持氢键键合程度不变的完整网络。

水的结构目前仍然是一个复杂而具有挑战性的问题，虽然已提出了许多理论和模型，但还是不完善或是过于简单。因此，人们仍在不断研究。现介绍三种一般的结构模型：混合型结构模型、填隙结构模型和连续结构（或均匀结构）模型。混合型结构模型体现了分子之间氢键的概念，由于水分子间的氢键相互作用，它们短暂聚集成由三、四、五、六或八聚体等构成的庞大水分子簇。这些水分子簇与其他更紧密的分子处于动态平衡（水分子簇的瞬间寿命约为10^{-11} s）。分子动力学计算机模拟的结果十分接近这种模型。

连续结构模型的概念是分子间的氢键均匀地分布在整个水体系中，当冰融化时，许多氢键发生变形（更确切地说是断裂）。根据这个模型可以认为水分子的动态连续网络结构是存在的。

填隙结构模型是指水保留了一个像冰或者是笼形的结构，而未结合的水分子填满整个笼的间隙空间。以上3种模型主要的结构特征是液态水以短暂的氢键缔合形成扭曲的四面体结构，在所有这些模型中，单个水分子之间的氢键是在频繁地交换，一个氢键一旦断裂则随即迅速转变成另一个新的氢键。在恒定的温度下，从宏观观点看，整个体系的氢键缔合程度和网络结构是保持不变的；从微观角度讲，各个氢键是处在一个不停的运动状态，而且氢键的破坏和形成之间建立了一个动态平衡。

氢键的键合程度取决于温度，在0 ℃时冰中水分子的配位数为4，最邻近的水分子间的距离为2.76 Å，冰融化时一部分氢键断裂（最邻近的水分子间的距离增大）。同时，刚性结构受到破坏，水分子自身重新排列成为更紧密的网络结构，这与大量氢键的扭曲变形和融化潜热的输入有关。随着温度上升，水的配位数增多。例如，0 ℃时冰中水分子的配位数为4，水在1.5 ℃和83 ℃时的配位数分别为4.4和4.9。邻近的水分子之间的距离随着温度升高而加大，从0 ℃时的2.76 Å增至1.5 ℃时的2.9 Å和83 ℃时的3.05 Å。显然，水的密度随着邻近分子间距离的增大而降低，当邻近水分子平均数增多时其结果是密度增加，所以冰转变成水时，净密度增大，当继续温和加热至3.98 ℃时密度可达到最大值。随着温度继续上升即密度开始逐渐下降。显然,在温度 0 ℃和 3.98 ℃之间水分子的配位数增多,水的密度增大,而温度超过 3.98 ℃时,由于热膨胀,邻近水分子间的距离增大。

水的低黏度与结构有关,因为氢键网络是动态的,当分子在纳秒甚至皮秒这样短暂的时间内改变它们与邻近分子之间的氢键键合关系时,会增大分子的淌度(或流动性)。

2.4 水与溶质间的相互作用

2.4.1 一般概念

液态水中存在的各种四面体分子簇处于动态平衡状态,因此向水中添加各种不同的物质,将会使水的平衡结构发生变化。从宏观上讲,不仅会改变被添加物质的性质,水本身的性质也会发生明显的变化。也就是说,食品的水分含量变化将显著地影响食品的性质和品质。从微观上讲,亲水性物质靠离子-偶极或偶极-偶极相互作用同水强烈地相互作用,因而改变了水的结构和流动性,以及亲水性物质的结构和反应性。被添加物质的疏水基团与邻近的水分子仅产生微弱的相互作用,邻近疏水基团的水比纯水的结构更为有序。这种热力学上不利的变化过程是由熵减小引起的。为使这种热力学上不利的变化降低到最小的程度,必须尽可能使疏水基团聚集,以便让它们同水分子的接触机会减小至最低限度,这种过程称为疏水相互作用。

在讨论水与溶质相互作用的特性之前,首先介绍几个有关的术语,即水结合(water binding)、水合作用(hydration)、结合水(bound water)和持水容量(water holding capacity)。

水结合和水合作用这两个术语的含义,是说明水与亲水性物质缔合程度的强弱。这种描述适合于宏观水平。水结合或水合作用的强弱取决于体系中非水成分的性质、盐的组成、pH 和温度等许多因素。

对于结合水,在微观水平,曾有人下过几种定义,但在概念上不够清楚,容易混淆。现列举如下:

(1) 结合水是指在某一温度和相对湿度时,生物或食品样品中的平衡水分含量。

(2) 高频时结合水对介电常数不起重要作用,这说明结合水的转动迁移率受到与水缔合的物质的限制。

(3) 结合水在确定的某一低温(一般是 −40 ℃或更低)条件下不能够结冰。

(4) 结合水不能用作其他添加溶质的溶剂。

(5) 从 NMR 氢谱实验中发现,结合水使谱线变宽。

(6) 沉淀速率、黏度或扩散等实验证明,结合水和大分子是一起运动的。

(7) 结合水位于溶质和其他非水物质的附近,在性质上与同一体系中的体相水(重力水, bulk water)明显不同。

一般认为,上述定义都是正确的,但是在分析一定种类样品中的结合水含量时,几乎不可能得到相同的数值,结合水通常是指存在于溶质或其他非水组分附近的那部分水,它与同一体系中的体相水比较,分子的运动减小,并且使水的其他性质明显地发生改变。例如,在 −40 ℃时不能结冰是其主要的特征。

在考虑食品中的结合水时,应注意下面一些问题:

(1) 结合水的表观数量常因所采用的测定方法而异。

(2) 结合水的真实含水量因产品的种类而异。

(3) 水在复杂体系中,结合得最牢固的是构成非水物质组成的那些水,这部分水称为化合水,它只占高水分食品中总水分含量的一小部分。例如,位于蛋白质空隙中或者作为化学水合物中的水。第二种结合水称为邻近水,它是处在非水组分亲水性最强的基团周围的第一层位置,与离子或离子基团缔合的水是结合最紧密的邻近水。多层水是指位于以上所说的第一层的剩余位置的水和邻近水的外层形成的几个水层。尽管多层水不像邻近水那样牢固地结合,但仍然与非水组分结合得非常紧密,且性质也发生明显的变化,所以与纯水的性质也不相同。因此,这里所指的结合水包括化合水和邻近水以及几乎全部多层水。即使在结合水的每一类中以及类与类之间,水的结合程度也不相同。

(4) 一定的水分子与其他物质分子的结合方式随着体系中水分的总含量(特别在低水分食品中)的改变而变化。

(5) 结合水不应看成是完全不流动的,因为随着水的结合程度增大,水分子与邻近的水分子之间相互交换位置的速率也随之降低,但通常不会降低到零。

(6) 与亲水物质相结合的水比普通水的水分子更有序,但它不同于普通冰的结构。

(7) 除上面讨论的化学结合水外,细胞体系中有少量的水由于受到小毛细管的物理作用的限制,流动性和蒸气压均降低。当大量毛细管的半径小于 $0.1\ \mu m$ 时,蒸气压和水活度 a_w 将会显著降低。大多数食品中毛细管的半径范围为 $10\sim100\ \mu m$,因此,消除这种作用可作为降低食品水活度的一种重要方法。

(8) 虽然食品中的结合水很重要,但大多数高水分食品中结合水的含量较少。例如,每克干蛋白质中结合水的含量从 $0.3\ g$ 到 $0.5\ g$ 不等。

(9) 就低水分食品而言,水活度是一个比结合水更有意义的概念。

持水容量通常用来描述基质分子(一般是指大分子化合物)截留大量水的能力。例如,含果胶和淀粉凝胶的食品以及动植物组织中少量的有机物质能以物理方式截留大量的水。

尽管对细胞和大分子基质所截留的水的结构尚未确定,但是食品体系中这种水的特性及其对食品品质的重要性是非常清楚的。即使食品受到机械损伤,被截留的水也不会从食品中流出。另外,截留水在食品加工中表现的特性几乎与纯水相似,在干燥时容易除去,冰冻时容易转变成冰。所不同的是流动性质受到很大的限制,而单个水分子的运动特性和稀盐溶液中的水分子的运动特性基本相同。

细胞和凝胶中的水大部分是截留水,截留水的含量或持水容量的变化对食品品质的影响极大。例如,凝胶在储藏过程中因持水容量下降所引起的品质降低称为脱水收缩。生物组织在冷冻保藏过程中通常会出现持水容量减少,解冻时这部分水可大量渗出。此外,动物屠宰后伴随肌肉的生理变化,pH下降,也可以引起持水容量减少,这种变化不利于肉类食品(如香肠)保持应有的品质。

食品中水的分类和各类水的性质可参考表 2-3~表 2-5。

表 2-3 食品中化合水的性质

一般描述	化合水是非水组分的组成部分
冰点(与纯水比较)	-40 ℃不结冰
溶解溶质的能力	无
平动运动(分子水平)与纯水比较	无
蒸发焓(与纯水比较)	增大
在高水分食品(90% H_2O 或 0.9 g H_2O /g 干物质)中占总水分含量的百分数	<0.03%
与吸湿等温线(参见2.6节图2-20)的关系	
等温线区间	化合水的水活度(a_w)近似等于0,位于Ⅰ区间的左末端
通常引起食品变质的原因	自动氧化

表 2-4 食品中邻近水和多层水的种类及其性质

性 质	邻近水	多分子层水
一般描述	是指水-离子和水-偶极的缔合作用,与非水组分的特定亲水位置发生强烈相互作用的那部分水。当这类水达到最大含量时,可以在非水组分的强亲水性基团周围形成单层水膜。这类水还包括直径<0.1 μm 的小毛细管中的水	占据第一层邻近水剩余的位置和围绕非水组分亲水基团形成的另外的几层水,构成多分子层水。主要是水-水和水-溶质形成氢键
冰点(与纯水比较)	在-40 ℃时不结冰	在-40 ℃时大部分不结冰。其余可结冰的部分,冰点将大大降低
溶剂能力	无	微溶至适度溶解
平动运动(分子水平)与纯水比较	大大减小	略微至大大降低
蒸发焓(与纯水比较)	增大	略微至适度增加
在高水分食品(90% H_2O)中占总水分含量的百分数	0.5%±0.4%	3%±2%
与吸湿等温线(参见2.6节图2-21)的相互关系		
等温线区间	等温线Ⅰ区间的水包括微量的化合水和部分邻近水,Ⅰ区间上部的边界不明显,且随着食品种类和温度不同而略微有些变化	等温线Ⅱ区间的水包括Ⅰ区间的水加上Ⅱ区间边界以内增加或除去的水,后者全部是多分子层水,Ⅱ区间的边界不明显,随食品种类和温度不同而略微有些变化
通常变质的原因	最适宜食品稳定性的水活度值为0.2~0.3(单分子层值)	当水分含量增加到超过这个区间的下部范围时,几乎所有的反应速率都增大

表 2-5　食品中体相水的种类和性质

性　质	体相水(重力水)	
	自由水	截留水
一般描述	距离非水组分位置最远,水-水氢键最多。它与稀盐水溶液中水的性质相似,宏观流动不受阻碍	距离非水组分位置最远,水-水氢键最多,除流动性受食品凝胶或生物组织的阻碍外,其他性质与稀盐溶液中的水相似
冰点(与纯水比较)	能结冰,冰点略微至适度降低	能结冰,冰点略微至适度降低
溶解溶质的能力	大	大
平动运动(分子水平)与纯水比较	变化很小	变化很小
蒸发焓(与纯水比较)	基本上无变化	基本上无变化
在高水分食品(90%H_2O)中占总水分含量的百分数	约96%	约96%
与吸湿等温线(参见2.6节图2-21)的相互关系		
等温线区间	Ⅲ区间中的水包括Ⅰ、Ⅱ两个区间内的水加上在Ⅲ区间范围内增加或除去的水。在无凝胶和细胞结构存在时,后者完全是"自由水"。Ⅲ区间的下部边界不明显,随着食品种类和温度不同而略微有些变化	Ⅲ区间的水包括Ⅰ和Ⅱ区间的水,加上Ⅲ区间范围内增加或除去的水。在有凝胶或细胞结构存在时,后者全部是"截留"水。Ⅲ区间下部边界不明显,随着食品种类和温度不同而略微有些变化
食品变质的原因	微生物生长和大多数化学反应的速率快	微生物生长和大多数化学反应的速率快

　　水与溶质混合时两者的性质均会发生变化,这种变化与溶质的性质有关,也就是与水同溶质的相互作用有关。亲水性溶质可以改变溶质周围邻近水的结构和淌度,同时水也会引起亲水性溶质反应性改变,有时甚至导致结构变化。添加疏水性物质到水中,溶质的疏水基团仅与邻近水发生弱微的相互作用,而且优先在非水环境中发生。

　　水与溶质的结合力十分重要,现将它们的相互作用总结在表 2-6 中。

表 2-6　水-溶质的相互作用分类

种　类	实　例	强　度	相互作用的强度 与 H_2O-H_2O 氢键[1] 比较
偶极-离子	H_2O-游离离子	40~600 kJ/mol	较强[2]
	H_2O-有机分子中的带电荷基团		
偶极-偶极	H_2O-蛋白质 NH	5~25 kJ/mol	接近或者相等
	H_2O-蛋白质 CO	5~25 kJ/mol	
	H_2O-蛋白质侧链 OH	5~25 kJ/mol	
疏水水合	H_2O+R[3] ⟶ R(水合)	低	远小于($\Delta G > 0$)
疏水相互作用	R(水合)+R(水合) ⟶ R_2(水合)+H_2O	低	不可比较[4]($\Delta G < 0$)

1) 5~25 kJ/mol。

2) 强度依赖于离子大小和所带电荷,并受 pH 和离子强度的影响,但远低于单个共价键的强度。

3) R 是烷基。

4) 疏水相互作用是熵驱动的,而偶极-离子和偶极-偶极相互作用是焓驱动的。

2.4.2　水与离子和离子基团的相互作用

前面已经讨论过，与离子或有机分子的离子基团相互作用的水是食品中结合得最紧密的一部分水。这些离子或离子基团比其他任何类型的溶质对水分子淌度的影响都大。由于水中添加可解离的溶质，纯水靠氢键键合形成的四面体排列的正常结构遭到破坏。对于既不具有氢键受体又没有给体的简单无机离子，它们与水相互作用时仅仅是离子-偶极的极性结合。图 2-12 表示 NaCl 邻近的水分子(仅指出了纸平面上第一层水分子)可能出现的排列方式。这种作用通常称为离子水合作用。例如，Na^+、Cl^- 和离解基团—COO^-、—NH_3^+ 等靠所带的电荷与水分子的偶极矩产生静电相互作用。Na^+ 与水分子的结合能大约是水分子间氢键键能的 4 倍，然而低于共价键能。

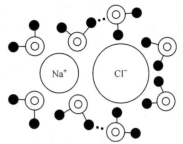

图 2-12　NaCl 邻近的水分子
可能出现的排列方式
图中仅表示出纸平面上的第一层水分子

在稀盐溶液中，离子的周围存在多层水(表 2-4)，离子对最内层和最外层的水产生的影响相反，因而使水的结构遭到破坏。第二层水由于受到围绕在第一层水(最内层水)的带电离子和更远的体相水在结构上相反的影响，水分子的结构被扰乱，最外层的体相水与稀溶液中水的性质相似。在高浓度的盐溶液中不可能存在体相水，这种溶液中水的结构与邻近离子的水相同。也就是水的结构完全由离子所控制。

在稀盐溶液中，离子对水结构的影响是不同的，某些离子，如 K^+、Rb^+、Cs^+、NH_4^+、Cl^-、Br^-、I^-、NO_3^-、BrO_3^-、IO_3^- 和 ClO_4^- 等，具有破坏水的网状结构效应，其中 K^+ 的作用很小，而大多数是电场强度较弱的负离子和离子半径大的正离子，它们阻碍水形成网状结构，这类盐溶液的流动性比纯水的更大。另一类是电场强度较强、离子半径小的离子，或多价离子，它们可与 4 个或 6 个第一层水分子发生强烈的相互作用，有助于水形成网状结构，因此这类离子的水溶液比纯水的流动性差且堆积更紧密，如 Li^+、Na^+、H_3O^+、Ca^{2+}、Ba^{2+}、Mg^{2+}、Al^{3+}、F^- 和 OH^- 等属于这一类。实际上，从水的正常结构来看，所有的离子对水的结构都起破坏作用，因为它们能阻止水在 0 ℃下结冰。

离子对水的效应显然不仅是影响水的结构，通过它们的不同水合能力，改变水的结构，影响水的介电常数和胶体粒子的双电层厚度，同时离子还显著地影响水对非水溶质和原介质中悬浮物的"好客"程度。因而，离子的种类和数量对蛋白质的构象和胶体的稳定性(按照 Hofmeister 或感胶离子序的盐溶和盐析)有很大的影响。

2.4.3　水与具有氢键键合能力的中性基团的相互作用

水与溶质之间的氢键键合比水与离子之间的相互作用弱。氢键作用的强度与水分子之间的氢键相近。与溶质氢键键合的水，按其所在的特定位置可分为化合水或邻近水(第一层水)，与体相水比较，它们的流动性极差。溶质周围的邻近水是否呈现比体相水流动性低或者其他性质改变，取决于溶质-水氢键的强度。凡能够产生氢键键合的溶质可以强化纯水的结构,至少不会破坏这种结构。然而在某些情况下,溶质氢键键合的部位和取向在几何构型上与正常水不同,因此这些溶质通常对水的正常结构也会产生破坏。像尿素这种小的氢键键合溶质,由于几何构型原因,对水的正常结构有明显的破坏作用。同样,可以预料大多数氢键键合溶质都会阻碍水结冰。但也应该看到,当体系中添加具有氢键键合能力的溶质时,每摩溶液中的氢键总数不会明显地改变。这可能是因为已断裂的水-水氢键被水-溶质氢键所代替,因此这类溶质对水的网状结构几乎没有影响。

　　水还能与某些基团,如羟基、氨基、羧基、酰氨基和亚氨基等极性基团,发生氢键键合。另外,在生物大分子的两个部位或两个大分子之间可形成由几个水分子所构成的“水桥”。图 2-13 和图 2-14 分别表示木瓜蛋白酶肽链之间存在一个 3 分子水构成的水桥,以及水与蛋白质分子中的两种官能团之间形成的氢键。

　　已经发现,许多结晶大分子的亲水基团间的距离与纯水中最邻近两个氧原子间的距离相等。如果在水合大分子中这种间隔占优势,将会促进第一层水和第二层水之间相互形成氢键。

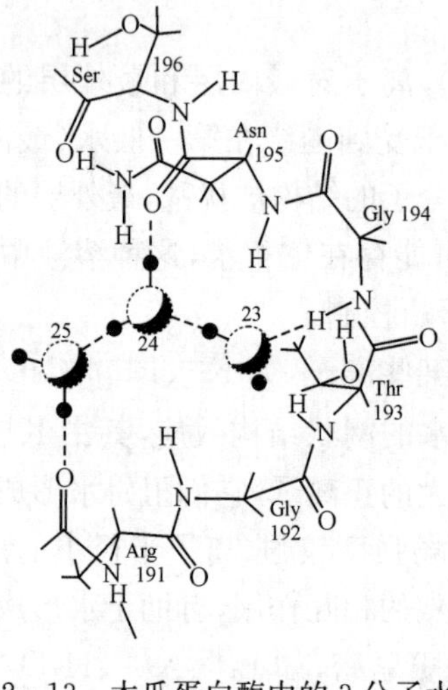

图 2-13　木瓜蛋白酶中的 3 分子水桥 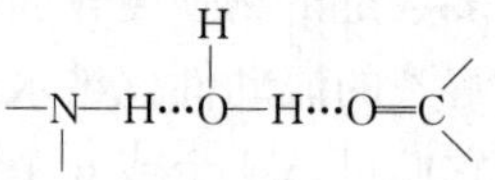　　　　图 2-14　水与蛋白质分子中两种官能团
　　　　　　　　　　　　　　　　　　　　　　　　　　　　形成的氢键(虚线)

2.4.4　水与非极性物质的相互作用

　　向水中加入疏水性物质(如烃、稀有气体)及引入脂肪酸、氨基酸、蛋白质的非极性基团,显然在热力学上是不利的($\Delta G > 0$)。它们与水分子产生斥力,从而使疏水基团附近的水分子之间的氢键键合增强。处于这种状态的水与纯水的结构相似,甚至比纯水的结构更为有序,这个过程称为疏水水合。这是熵减小引起的热力学上不利的变化。因此,体系将试图调节使疏水基团与邻近水分子产生微弱的相互作用,而疏水基团之间相互聚集,从而使它们与水的接触面积减小,结果导致自由水分子增多,以上两种作用的净结果使体系的熵增大(图 2-15)。这是热力学上有利的过程($\Delta G < 0$)。这个过程是疏水水合的部分逆转,称为疏水相互作用。非极性物质具有两种特殊的性质:一种是前文讲的蛋白质分子

产生的疏水相互作用(hydrophobic interaction);另一种是非极性物质能和水形成笼形水合物(clathrate hydrate)。

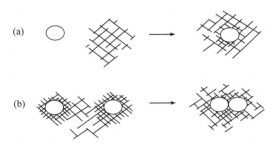

图 2 - 15　非极性物质的疏水相互作用

　　笼形水合物是像冰一样的包含化合物,水是这类化合物的"宿主",它们靠氢键键合形成像笼一样的结构,通过物理作用方式将非极性物质截留在笼中,被截留的物质称为"客体"。笼形水合物的"宿主"一般由 20～74 个水分子组成,"客体"是低分子量化合物,只有它们的形状和大小适合于笼的"宿主"才能被截留。典型的"客体"包括低分子量烃,卤烃,稀有气体,短链的一级、二级和三级胺,烷基铵盐,二氧化碳,二氧化硫,环氧乙烷,锍盐,鏻盐等。"宿主"水分子与"客体"分子的相互作用一般是弱的范德华力,在某些情况下,也存在静电相互作用。此外,分子量大的"客体"(如蛋白质、糖类、脂质和生物细胞内的其他物质)也能与水形成笼形水合物,使水合物的凝固点降低。笼形水合物实质上是水力图最大程度限制与疏水基团接触的结果。

　　笼形水合物的结构与冰的结构存在很大的差异。它是由于氢键在几何形状上的精确定位,而冰中水分子的 2 个邻近四面体通过 O—O 连线观察呈对位交叉构象。笼形水为重叠构象(图 2 - 16),这正好是冰中水分子 4 个氢键中 3 个氢键旋转 60°的结果,这就使笼形水合物的笼能形成弯曲表面。在这个结构中 4 个氢键是处于正常状态的。因此,在笼的空腔内就不可能形成氢键,也就意味着腔内没有与非极性小分子发生相互作用。这使我们注意到,腔内的非极性分子是可以自由旋转的,它们可通过空间相互作用形成比水稳定得多的结晶结构。笼形水合物晶体在 0 ℃以上和适当压力下仍能保持稳定的晶体结构。已证明生物物质中天然存在类似晶体的笼形水合物结构,它们很可能对蛋白质等生物大分子的构象、反应性和稳定性有影响。笼形水合物晶体目前尚未开发利用,在海水脱盐、溶液浓缩和防止氧化等方面可能具有应用前景。

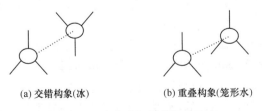

(a) 交错构象(冰)　　　　　(b) 重叠构象(笼形水)

图 2 - 16　水分子氢键的相关取向

　　在水溶液中,溶质的疏水基团间的缔合是很重要的,因为大多数蛋白质分子中大约 40% 的氨基酸含有非极性基团,所以疏水基团相互聚集的程度很高,从而影响蛋白质的功能性。蛋白质的非极性基团包括丙氨酸的甲基、苯丙氨酸的苄基、缬氨酸的异丙基、半胱氨酸的巯基、亮氨酸的仲丁基和异丁基。其他化合物(如醇类、脂肪酸和游离氨基酸)的非极性基团也参与疏水相互作用。蛋白质在水溶液环境中尽管产生疏水相互作用,但球状蛋白质的非极性基团有 40%～50%仍然占据在蛋白质的表面,暴露在水中,暴露的疏水基团与邻近的水除了产生微弱的范德华力外,它们相互之间并无吸引力。从图 2-17 可看出疏水基团周围的水分子对正离子产生排斥,吸引负离子,这与许多蛋白质在等电点以上 pH 时能结合某些负离子的实验结果一致。

蛋白质的非极性基团暴露在水中,这在热力学上是不利的,因而促使了疏水基团缔合或发生"疏水相互作用",引起了蛋白质的折叠(图 2-18),体系总的效果(净结果)是一个熵增过程。可以这样认为,疏水相互作用是蛋白质折叠的主要驱动力,同时也是维持蛋白质三级结构的重要因素,因此水及水的结构在蛋白质结构中起着重要作用。另外,必须指出,疏水相互作用与温度有关,降低温度疏水相互作用变弱,而氢键增强。

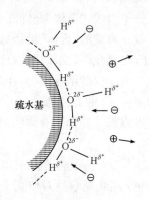
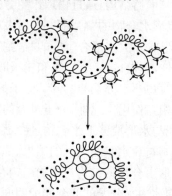

图 2-17　水在疏水表面的取向　　　　　图 2-18　球状蛋白质的疏水相互作用

如图 2-15 所示,蛋白质的疏水基团受周围水分子的排斥而相互靠范德华力或疏水键结合得更加紧密,如果蛋白质暴露的非极性基团太多,就很容易聚集并产生沉淀。

2.5　水　活　度

2.5.1　水活度的定义

人类很早就认识到食物的易腐败性与含水量之间有着密切的联系,尽管这种认识不够全面,但仍然成为人们日常生活中保藏食品的重要依据之一。食品加工中无论是浓缩或脱水过程,目的都是为了降低食品的含水量,提高溶质的浓度,以降低食品易腐败的敏感性。人们也知道不同种类的食品即使水分含量相同,其腐败变质的难易程度也存在明显的差异。这说明以含水量作为判断食品稳定性的指标不是完全可靠的。因为食品的总水分含量是在 105 ℃下烘干测定的,它受温度、湿度等外界条件的影响。再者,食品中各种非水组分与水氢键键合的能力和大小均不相同。与非水组分牢固结合的水不可能被食品的微生物生长和化学水解反应所利用。因此,用水活度(water activity,a_w)作为食品易腐败性、安全性和其他特性的指标比用含水量更为恰当,而且它与食品中许多降解反应的速率和微生物生长速率有良好的相关性。食品中的降解反应还受其他一些因素影响,如氧浓度、pH、水的流动性和食品的组分等。

物质的活性(substance activity)最早是路易斯和兰德尔(Randall)根据热力学理论严格推导后提出来的,随后被开拓性地用于食品。水溶液中的水活度与体系中水的有效浓度有关。纯水的活度是定值,在理想溶液中水活度 a_w 的定义可由式(2-1)表示:

$$a_w = \frac{n_{H_2O}}{n_{H_2O} + n_{溶质}} = \frac{p}{p_0} \tag{2-1}$$

式中:n_{H_2O} 为水的物质的量;$n_{溶质}$ 为体系中溶质的物质的量;p 为某种食品在密闭容器中达到平衡状态时的蒸气分压;p_0 为在同一温度下纯水的饱和蒸气压。

这种表示方法与根据路易斯热力学平衡最早表示水活度的方法近似,即 $a_w = f/f_0$,其中 f 为溶剂逸度(溶剂从溶液中逸出的趋势)、f_0 为纯溶剂逸度。在低温时(如室温下),f/f_0 和 p/p_0 之间差值很小(低于 1%)。显然,用 p 和 p_0 表示水活度是合理的。

严格地说,式(2-1)仅适用于理想溶液和热力学平衡体系。然而,食品体系一般不符合上述两个条件,因此式(2-1)应看为一个近似,更确切的表示是 $a_w \approx p/p_0$。由于 p/p_0 项是可以测定的,但有时又不等于 a_w,因此用 p/p_0 表示比用 a_w 更精确。尽管以相对蒸气压($RVP = p/p_0$)在食品体系中表示比用 a_w 更为科学,但是读者已经普遍接受 a_w,因此本书在大多数情况下仍然采用 a_w 表示。

少数的实例是非常重要的,而且说明溶质的特殊效应使 RVP 不宜作为食品稳定性和安全性的指标。即使在理想状态下也是如此,由图 2-19 可以看出,金黄色葡萄球菌(*Staphylococcus aureus*)生长的最低 p/p_0 与溶质的类型有关。

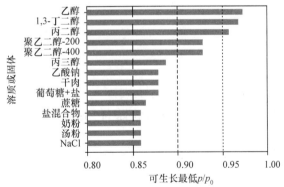

图 2-19　金黄色葡萄球菌生长的最低 p/p_0 与溶质的关系

温度接近于最适生长的温度

水活度与环境平衡相对湿度(%)和拉乌尔(Raoult)定律的关系如下:

$$a_w = \frac{p}{p_0} = \frac{ERH}{100} = N = \frac{n_1}{n_1 + n_2} \tag{2-2}$$

式中:ERH(equilibrium relative humidity)为样品周围环境的平衡相对湿度,%;N 为溶剂(水)摩尔分数;n_1 为溶剂物质的量,mol;n_2 为溶质物质的量,mol。

n_2 可通过测定样品的冰点降低,然后按式(2-3)计算求得

$$n_2 = \frac{G\Delta T_f}{1000K_f} \quad\quad\quad (2-3)$$

式中：G 为样品中溶剂的量，g；ΔT_f 为冰点降低，℃；K_f 为水的摩尔冰点降低常数 (1.86 g·℃/mol)。

必须指出，水活度是样品固有的一种特性，而平衡相对湿度是空气与样品中的水蒸气达到平衡时大气所具有的一种特性。当样品数量很少(小于 1 g)时，样品和环境之间达到平衡需要相当长的时间。对于大量的试样，在温度低于 50 ℃时，几乎不可能与环境达到平衡。

蒸气压是溶液的基本特性之一，非电解质溶质挥发性低，不显示蒸气压，因此溶液的蒸气压可看成是全部由溶剂分子产生的。随着溶液中溶质浓度增大，溶剂浓度减小，蒸气压将降低。根据拉乌尔定律，在理想溶液中，溶剂分子的蒸气压与溶剂的物质的量成比例。

食品的水活度可以用食品中水的摩尔分数表示，但食品中的水和溶质的相互作用或水和溶质分子相接触时，会释放或吸收热量，这与拉乌尔定律不相符合。当溶质为非电解质并且摩尔质量浓度小于 1 时，a_w 与理想溶液相差不大，但溶质是电解质时便出现大的差异。表 2-7 中表示理想溶液、电解质和非电解质溶液的 a_w。

表 2-7 质量摩尔浓度溶质水溶液的 a_w[1]

溶质[1]	a_w	溶质[1]	a_w
理想溶液	0.9823[2]	氯化钠	0.967
丙三醇	0.9816	氯化钙	0.945
蔗糖	0.9806		

1) 1 kg 水(55.51 mol)中溶解 1 mol 溶质。

2) $a_w = 55.51/(1+55.51) = 0.9823$。

由表 2-7 可知，纯溶质水溶液的 a_w 值与按拉乌尔定律预测的值不相同，更不用说复杂的食品体系中组分种类多且含量各异，因此用食品的组分和水分含量计算食品的 a_w 是不可行的。

样品的含水量和水活度之间存在着很重要的关系，下面介绍几种测定水活度的一般方法。

(1) 冰点测定法。先测定样品的冰点降低和含水量。然后按式(2-2)和式(2-3)计算水活度(a_w)，其误差(包括冰点测定和 a_w 的计算)很小(<0.001a_w/℃)。

(2) 相对湿度传感器测定法。将已知含水量的样品置于恒温密闭的小容器中，使其达到平衡，然后用电子或湿度测量仪测定样品和环境空气平衡的相对湿度，即可得到 a_w：

$$a_w = \frac{ERH}{100}$$

(3) 恒定相对湿度平衡室法。置样品于恒温密闭的小容器中，用一定种类的饱和盐溶液使容器内样品的环境空气的相对湿度恒定，待平衡后测定样品的含水量。

此外，还可以利用水分活度仪测定样品的 a_w。

2.5.2　水活度对温度的相依性

测定样品水活度时,必须标明温度,因为 a_w 值随温度而改变。经修改的克劳修斯-克拉贝龙(Clausius-Clapeyron)方程精确地表示了 a_w 对温度的相依性。

$$\frac{\mathrm{d}\ln a_w}{\mathrm{d}(1/T)} = \frac{-\Delta H}{R} \qquad (2-4)$$

式中:T 为热力学温度;R 为摩尔气体常量;ΔH 为样品中水分的等量净吸附热。

式(2-4)经过整理,符合广义的直线方程。显然,以 $\ln a_w$ 对 $1/T$ 作图(当水分含量一定时)应该是一条直线。图 2-20 表示不同含水量的马铃薯淀粉的水活度与温度之间的关系,说明两者间有良好的线性关系,且水活度对温度的相依性是含水量的函数。水活度起始值为 0.5 时,在 2～40 ℃,温度系数为 0.0034/ ℃。根据另外一些研究报道,富含糖类或蛋白质的食品,在 5～50 ℃ 和 起 始 a_w 为 0.5 时,温 度 系 数 为 0.003 ～ 0.02/ ℃,这表明水活度与产品的种类有关。一般来说,温度每变化 10 ℃,a_w 变化 0.03～0.2。因此,温度变化对水活度产生的效应会影响密封袋装或罐装食品的稳定性。

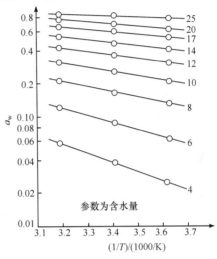

图 2-20　马铃薯淀粉的水活度和温度的
克劳修斯-克拉贝龙关系
用每克干淀粉中水的克数表示含水量

在较大的温度范围以 $\ln a_w$ 对 $1/T$ 作图时,得到的图形并非始终是一条直线,当开始结冰时曲线一般会出现断点,因此在冰点温度以下时,水活度的定义需要重新考虑。这时的 p_0 是表示过冷纯水的蒸气压还是冰的蒸气压呢?实验结果证明,用过冷纯水的蒸气压来表示 p_0 是正确的。原因在于:①只有在这时,冰点温度以下的 a_w 值才能与冰点温度以上的 a_w 值精确比较;②如果冰的蒸气压用 p_0 表示,那么含有冰晶的样品在冰点温度以下时是没有意义的,因为在冰点温度以下的 a_w 值都是相同的。另外,冷冻食品中水的蒸气压与同一温度下冰的蒸气压相等(过冷纯水的蒸气压是在温度降低至 -15 ℃时测定的,而测定冰的蒸气压、温度比前者要低得多),所以能够准确地计算冷冻食品的水活度值,即

$$a_w = \frac{p_{ff}}{p_{0(scw)}} = \frac{p_{ice}}{p_{0(scw)}} \qquad (2-5)$$

式中:p_{ff} 为未完全冷冻的食品中水的蒸气分压;$p_{0(scw)}$ 为过冷的纯水的蒸气压;p_{ice} 为纯冰的蒸气压。

表 2-8 中列举了按冰和过冷水的蒸气压计算的冷冻食品的 a_w 值。图 2-21 表示以 a_w 的对数值对 $1/T$ 作图所得的直线,图 2-21 说明:①在低于冻结温度时呈线性关系;②在低于冻结温度时,温度对水活度的影响比在冻结温度以上要大得多;③样品在冰点时,图中直线陡然不连续并出现断点。

表 2 - 8　水、冰和食品在低于冰点的各个不同温度下的蒸气压和水活度

温度/ ℃	液体水[1] 蒸气压/kPa	冰[2] 和含冰食品蒸气压/kPa	$a_w \left\{ = \dfrac{p_{冰}}{p_{水}} \right\}$
0	0.6104[2]	0.6104	1.00[4]
−5	0.4216[2]	0.4016	0.953
−10	0.2865[2]	0.2599	0.907
−15	0.1914[2]	0.1654	0.864
−20	0.1254[3]	0.1034	0.82
−25	0.0806[3]	0.0635	0.79
−30	0.0509[3]	0.0381	0.75
−40	0.0189[3]	0.0129	0.68
−50	0.0064[3]	0.0039	0.62

1) 除 0 ℃外在所有温度下的过冷水。

2) 观测的数据。

3) 计算的数据。

4) 仅适用于纯水。

引自：Lide D R. 1993/1994. Handbook of Chemistry and Physics. 74th ed. Boca Ration：CRC Press.

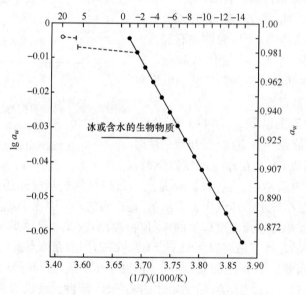

图 2 - 21　高于或低于冻结温度时样品的水活度和温度之间的关系

　　在比较高于和低于冻结温度的水活度时得到三个重要区别：第一，在冻结温度以上，a_w 是样品组分和温度的函数，前者是主要的因素。但在冻结温度以下时，a_w 与样品中的组分无关，只取决于温度，也就是说，在有冰相存在时，a_w 不受体系中所含溶质种类和比例的影响。因此，不能根据水活度值（a_w）准确地预测在低于冻结温度时体系中溶质的种类及其含量对体系变化所产生的影响。所以，在低于冻结温度时用 a_w 值作为食品体系中可能发生的物理化学和生理变化的指标，远不如在冻结温度以上更有应用价值。第二，在冻结温度以上和冻结温度以下。水活度对食品稳定性的影响是不同的。例如，一种食品在 −15 ℃和 a_w 为 0.86 时，微生物不生长，化学反应进行缓慢，可是，在 20 ℃，a_w 同样为

0.86,则出现相反的情况,有些化学反应将迅速地进行,某些微生物也能生长。第三,低于冻结温度时的 a_w 不能用来预测冻结温度以上的同一种食品的 a_w,因为低于冻结温度时 a_w 值与样品的组成无关,而只取决于温度。

2.6　水分的吸湿等温线

2.6.1　定义和区间

在恒温条件下,以食品的含水量(用每单位干物质质量中水的质量表示)对水活度(或 RVP)绘图形成的曲线,称为水分吸湿等温线(moisture sorption isotherm,MSI)。水分的吸湿等温线对于了解以下信息是十分有意义的:①在浓缩和干燥过程中样品脱水的难易程度与相对蒸气压 RVP 的关系;②配制混合食品必须避免水分在配料之间的转移;③包装材料的阻湿性;④什么样的水分含量能够抑制微生物的生长;⑤食品的化学和物理稳定性与水分的含量的关系。

图 2-22 是高水分含量食品的水分吸湿等温线,它表示食品脱水时各种食品的水分含量范围,但低水分区一些最重要的数据并未十分详细地表示出来,如果扩大到低水分含量范围,就得到如图 2-23 所示的更实用的吸湿等温线,图 2-24 表示具有不同形状等温线的物质的真实吸湿等温线。向经过干燥的样品中添加水,即可绘制出图中的这些回吸等温线(或吸湿等温线),它们有共同的解吸等温线,大多数食品的等温线呈 S 形,而水果、糖制品、含有大量糖和其他可溶性小分子的咖啡提取物以及多聚物含量不高的食品的等温线为 J 形,见图 2-24 中曲线 1。等温线形状和位置与试样的组成(包括溶质的分子量分布和亲水/疏水特性)、物理结构(如结晶或无定形)、预处理、温度和制作方法等因素相关。

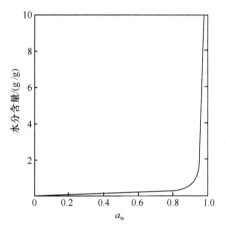

图 2-22　广泛范围水分含量的
吸湿等温线

为了深入理解吸湿等温线的含义和实际应用,可将图 2-23 中的曲线分成 3 个区间,因回吸作用而被重新结合的水从区间 I(干燥的)向区间 III(高水分)移动时,水的物理性质发生变化。下面分别叙述每个区间水的主要特性。

相当于等温线区间 I 中的水,是食品中吸附最牢固和最不容易移动的水,靠水-离子或水-偶极相互作用吸附在极性部位,蒸发焓比纯水大得多,在 -40 ℃时不结冰,不能溶解溶质,对食品的固形物不产生增塑效应,相当于固形物的组成部分。

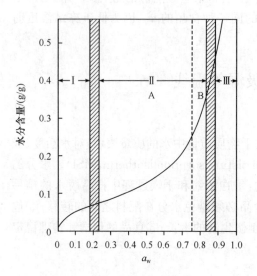

图 2-23　低水分含量范围食品的
水分吸湿等温线(20 ℃)

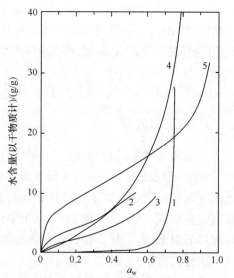

图 2-24　食品和生物材料的回吸等温线
1. 糖果(主要成分为粉末状蔗糖,40 ℃);2. 喷雾干
燥菊苣根提取物(20 ℃);3. 焙烤后的咖啡(20 ℃);
4. 猪胰脏提取物粉末(20 ℃);5. 天然稻米淀粉(20 ℃)

　　在区间Ⅰ的高水分末端(区间Ⅰ和区间Ⅱ的分界线)位置的这部分水相当于食品的
"BET 单分子层"水含量。目前对分子水平 BET 的单分子层的确切含义还不完全了解,
最恰当的解释是把单分子层值看成是在干物质可接近的强极性基团周围形成 1 个单分子
层所需水的近似量。对于淀粉,此量相当于每个脱水葡萄糖残基结合 1 个 H_2O 分子。从
另一种意义上来说,单分子层值相当于与干物质牢固结合的最大数量的水,相当于表 2-3
和表 2-4 中所示的化合水和邻近水。属于区间Ⅰ的水只占高水分食品中总水量的很小
一部分。近来用核磁共振技术研究了蛋白质中结合水的存在状态,证明其中一种是直接
与蛋白质结合的水分子,它的旋转运动速率为纯水水分子的百万分之一,属于单分子层
水;另一种是位于单分子层水外层的邻近水,邻近水的水分子旋转运动速率为纯水水分子
的千分之一,蛋白质分子中的结合水大部分属于这一种。

　　等温线区间Ⅱ的水包括区间Ⅰ的水加上区间Ⅱ内增加的水(回吸作用),区间Ⅱ增加
的水占据固形物表面第一层的剩余位置和亲水基团周围的另外几层位置,这一部分水称
为多分子层水。多分子层水主要靠水-水和水-溶质的氢键键合作用与邻近的分子缔合,
流动性比体相水稍差,其蒸发焓比纯水大,相差范围从很小到中等程度不等,主要取决于
水与非水组分的缔合程度,这种水大部分在−40 ℃时不能结冰。

　　向含有相当于等温线区间Ⅰ和区间Ⅱ边界位置水含量的食品中增加水,所增加的这
部分水将会使溶解过程开始,降低它们的玻璃化转变温度,并且具有增塑剂和促进基质溶
胀的作用。溶解作用引起体系中反应物移动,使大多数反应的速率加快。在含水量高的
食品中,属于等温线区间Ⅰ和区间Ⅱ的水一般占总含水量的 5% 以下。

　　等温线区间Ⅲ的水包括区间Ⅰ和区间Ⅱ的水加上区间Ⅲ边界内增加的水(回吸过

程)。区间Ⅲ范围内增加的水是食品中结合最不牢固和最容易流动的水(分子状态),一般称之为体相水,其性质见表 2-5。这部分水对于大分子将引起玻璃态和橡胶态的转变,使体系的黏度大大降低,从而使分子的流动性增强。在凝胶和细胞体系中,因为体相水以物理方式被截留,所以宏观流动性受到阻碍,但它与稀盐溶液中水的性质相似。假定区间Ⅲ增加一个水分子,它将会被区间Ⅰ和区间Ⅱ的几个水分子层所隔离,所以不会受到非水物质分子的作用。从区间Ⅲ增加或被除去的水,其蒸发焓基本上与纯水相同,这部分水既可以结冰也可作为溶剂,并且还有利于化学反应的进行和微生物的生长,区间Ⅲ的体相水不论是截留的还是游离的,它们在高水分含量的食品中一般占总含水量的 95% 以上。

虽然等温线划分为 3 个区间,但还不能准确地确定区间的分界线,而且除化合水外(表 2-3),等温线每一个区间内和区间与区间之间的水都能发生交换。另外,向干燥物质中增加水虽然能够稍微改变原来所含水的性质,即基质的溶胀和溶解过程,但是当等温线的区间Ⅱ增加水时,区间Ⅰ水的性质几乎保持不变。同样,在区间Ⅲ内增加水,区间Ⅱ水的性质也几乎保持不变(图 2-23)。从而可以说明,食品中结合得最不牢固的那部分水对食品的稳定性起着重要作用。

2.6.2　吸湿等温线与温度的关系

如前所述,水活度(或 RVP)依赖于温度,因此吸湿等温线对温度也存在相关性,图 2-25 中表示马铃薯在不同温度下的吸湿等温线。在一定的水分含量时,水活度随温度的上升而增大,它与克劳修斯-克拉贝龙方程一致,符合食品中所发生的各种变化的规律。

2.6.3　滞后现象

采用向干燥样品中添加水(回吸作用)的方法绘制吸湿等温线和按解吸过程绘制的等温线并不相互重叠,这种不重叠性称为滞后(hysteresis)现象(图 2-26)。很多种食品的吸湿等温线都表现出滞后现象。滞后作用的大小、曲线的形状和滞后回线(hysteresis loop)的起始点和终止点都不相同,它们取决于食品的性质和食品除去或添加水分时所发生的物理变化,以及温度、解吸速率和解吸时的脱水程度等多种因素,在 a_w 一定时,食品的解吸过程一般比回吸过程含水量更高。温度对滞后现象的影响在高温(~80 ℃)时往往察觉不到,而在较低温度时则通常变得明显。

已提出许多主要从定性方面解释吸附滞后现象的理论,这些理论包括溶胀现象、介稳态的结构域、化学吸附、相转变、扩散势垒、毛细管现象、平衡对时间的依赖性等。但明确阐明吸附滞后现象还应该用公式的形式表示。Labuza 等的研究结果证明,如果食物样品采用解吸而不是回吸方法调整到所要求的 a_w 值。例如,鸡肉和猪肉的 a_w 值在 0.7~0.84 时,脂质的氧化作用将进行得更快。如上所述,在给定 a_w 值时,样品解吸比样品回吸过程含有更多的水分。因此,高水分样品的黏性较低,催化剂流动性变大,基质发生溶胀而暴露出来的催化位点增加,与低水分(回吸)样品比较,氧的扩散作用也略微提高,结果是脂质氧化速率加快。

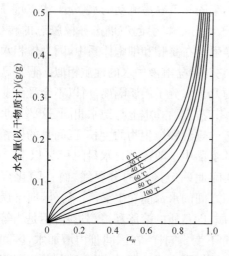

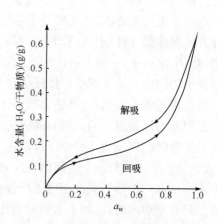

图 2-25　马铃薯在不同温度下的吸湿等温线　　图 2-26　吸湿等温线的滞后现象

2.7　水活度与食品的稳定性

　　在大多数情况下,食品的稳定性与水活度或(p/p_0)之间有着密切的联系(图 2-27 和表 2-9),表 2-9 表明了适合于各种普通微生物生长的水活度范围,还举出了按照水活度分类的部分普通食品。图 2-27 表示在温度范围 25～45 ℃几类重要反应的转化速率与 a_w 之间的关系,图 2-27(f)表示典型的等温线。曲线的形状和位置因样品的组成、物理状态和结构(毛细现象)以及环境中气体的组成(特别是氧)、温度、滞后现象等因素的影响而改变[图 2-27(a)～(e)]。

表 2-9　食品中水活度和微生物生长的关系

a_w 范围	在此范围内的最低 a_w 值一般能抑制的微生物	食　品
1.00～0.95	假单胞菌属、埃希氏杆菌属、变形杆菌属、志贺氏杆菌属、芽孢杆菌属、克雷伯氏菌属、梭菌属、产生荚膜杆菌、几种酵母菌	极易腐败的新鲜食品、水果、蔬菜、肉、鱼和乳制品罐头、熟香肠和面包。含约 40%(质量分数)的蔗糖或 7%NaCl 的食品
0.95～0.91	沙门氏菌属、副溶血弧菌、肉毒杆菌、沙雷氏菌属、乳杆菌属、足球菌属、几种霉菌、酵母(红酵母属、毕赤酵母属)	奶酪、咸肉和火腿、某些浓缩果汁、含 55%(质量分数)蔗糖或含 12% NaCl 的食品
0.91～0.87	许多酵母菌(假丝酵母、汉逊氏酵母属、球拟酵母属)、微球菌属	发酵香肠、蛋糕、干奶酪、人造黄油、含 65%(质量分数)蔗糖或 15% NaCl 的食品
0.87～0.80	大多数霉菌(产霉菌毒素的青霉菌)、金黄色葡萄球菌、德巴利氏酵母	大多数果汁浓缩物、甜炼乳、巧克力糖、枫糖浆、果汁糖浆、面粉、大米、含 15%～17%水分的豆类、水果糕点、火腿、软糖
0.80～0.75	大多数嗜盐杆菌、产霉菌毒素的曲霉菌	果酱、马茉兰、橘子果酱、杏仁软糖、果汁软糖

续表

a_w 范围	在此范围内的最低 a_w 值一般能抑制的微生物	食品
0.75～0.65	嗜干性霉菌、双孢子酵母	含10%水分的燕麦片、牛轧糖块、勿奇糖(一种软质奶糖)、果冻、棉花糖、糖蜜、某些干果、坚果、蔗糖
0.65～0.60	嗜高渗酵母(Saccharomyces rouxii)、几种霉菌(二孢红曲霉,Aspergillus echinulatus)	含水 15%～20% 的干果、某些太妃糖和焦糖、蜂蜜
0.50	微生物不繁殖	水分含量约12%的面条和水分含量约10%的调味品
0.40	微生物不繁殖	水分含量约5%的全蛋粉
0.30	微生物不繁殖	水分含量为 3%～5% 的甜饼、脆点心和面包屑
0.20	微生物不繁殖	水分含量为2%～3%的全脂奶粉、水分含量5%的脱水蔬菜、水分含量约5%的玉米花、脆点心、烤饼

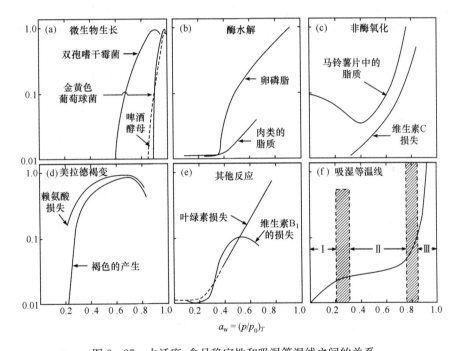

图 2-27　水活度、食品稳定性和吸湿等温线之间的关系

(a) 微生物生长与 a_w 的关系；(b) 酶水解与 a_w 的关系；(c) 氧化反应(非酶)与 a_w 的关系；

(d) 美拉德褐变与 a_w 的关系；(e) 各种转化速率与 a_w 的关系；(f) 含水量与 a_w 的关系

除(f)外,其他图的纵坐标均表示相对速率

由图 2-27 中可看出,所有的化学反应在解吸过程中第一次出现最低转化速率是在等温线区间 I 和区间 II 的边界($a_w=0.20～0.30$),除氧化反应外,其他的反应随着 a_w 的降低仍保持最低转化速率。在解吸过程中,最初出现最低转化速率的水分含量相当于"BET 单分子层"水分含量。

图 2-27(c)表示脂质氧化和 a_w 之间的相互关系,当 a_w 值非常小时,脂质的氧化和 a_w 之间出现异常的相互关系,从等温线的左端开始加入水至 BET 单分子层,脂质氧化速率随着 a_w 值的增加而降低,若进一步增加水,直至 a_w 值达到接近区间Ⅱ和区间Ⅲ分界线时,氧化速率逐渐增大,一般脂质氧化的速率最低点在 a_w 为 0.35 左右。因为十分干燥的样品中最初添加的那部分水(在区间Ⅰ)能与氢过氧化物结合并阻止其分解,从而阻碍氧化的继续进行。此外,这类水还能与催化氧化反应的金属离子发生水合,使催化效率明显降低。

当水的增加量超过区间Ⅰ和区间Ⅱ的边界时,氧化速率增大,因为等温线的这个区间增加的水可促使氧的溶解度增加和大分子溶胀,并暴露出更多催化位点。当 a_w 大于 0.80 时,氧化速率缓慢,这是由于水的增加对体系中的催化剂产生稀释效应。

从图 2-27(a)、(d)、(e)可见,在中等至高 a_w 值时,美拉德褐变反应、维生素 B_1 降解反应以及微生物生长显示最大转化速率。但在有些情况下,在中等至高含水量食品中,随着水活度增大,转化速率反而降低。例如,在水是生成物的反应中,增加水的含量可阻止反应的进行,其结果抑制了水的产生,所以转化速率降低。另一种情况是,当样品中水的含量对溶质的溶解度、大分子表面的可及性和反应物的迁移率等不再是限速因素时,进一步增加水的含量,将对提高转化速率的组分产生稀释效应,其结果是转化速率降低。

图 2-27 表示中等含水量($a_w = 0.7～0.9$)的食品中的化学转化速率,对食品的稳定性显然是不利的。

图 2-27 表示食品中水分在解吸过程中,水活度值相当于等温线区间Ⅰ和区间Ⅱ的边界位置(a_w 为 0.2～0.3)时,许多化学反应和酶催化转化速率最小。进一步降低水活度,除氧化反应外,其余所有的反应仍然保持最小的转化速率,人们把相当于解吸过程中出现最小转化速率时的食品所含的这部分水称为 BET 单分子层水。用食品的 BET 单分子层水的值可以准确地预测干燥产品最大稳定性时的含水量,因此它具有很大的实用意义。利用吸湿等温线数据按布仑奥尔(Brunauer)等提出的方程可以计算出食品的单分子层水值:

$$\frac{a_w}{m(1-a_w)} = \frac{1}{m_1 C} + \frac{C-1}{m_1 C} \cdot a_w \qquad (2-6)$$

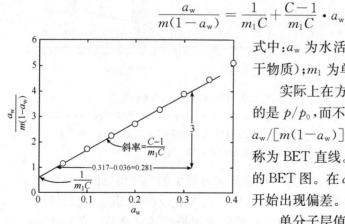

图 2-28 马铃薯淀粉的 BET 图

回吸温度为 20 ℃

式中:a_w 为水活度;m 为水含量,g H_2O/(g 干物质);m_1 为单分子层值;C 为常数。

实际上在方程式(2-6)中使用得最多的是 p/p_0,而不是 a_w。根据此方程,显然以 $a_w/[m(1-a_w)]$ 对 a_w 作图应得到一条直线,称为 BET 直线。图 2-28 表示马铃薯淀粉的 BET 图。在 a_w 值大于 0.35 时,线性关系开始出现偏差。

单分子层值计算公式如下:

$$单分子层值(m_1) = \frac{1}{Y(截距) + 斜率}$$

根据图 2-28 查得，截距 Y 为 0.6，斜率等于 10.7，于是可求出：

$$m_1 = \frac{1}{0.6+10.7} = 0.088[\text{g } H_2O/(\text{g 干物质})]$$

在这个例子中，单分子层水值对应的 a_w 为 0.2。

　　水活度 a_w 值除影响化学反应和微生物生长外，还影响干燥和半干燥食品的质地。例如，欲保持饼干、膨化玉米花和油炸马铃薯片的脆性，防止砂糖、奶粉和速溶咖啡结块，以及硬糖果、蜜饯等黏结，均应保持适当低的 a_w 值。干燥物质不致造成需宜特性损失的允许最大 a_w 为 0.35～0.5。

2.8　低于结冰温度时冰对食品稳定性的影响

　　冷冻是保藏大多数食品最理想的方法，其作用主要在于低温，而不是因为形成冰。具有细胞结构的食品和食品凝胶中的水结冰时，将出现两个非常不利的后果，即水结冰后，食品中非水组分的浓度将比冷冻前变大，同时水结冰后其体积比结冰前增加 9%。

　　水溶液、细胞悬浮液或生物组织在冻结过程中，溶液中的水可以转变为高纯度的冰晶，因此非水组分几乎全部都浓集到未结冰的水中，其最终效果类似食品的普通脱水。食品冻结的浓缩程度主要受最终温度的影响，而食品中溶质的低共熔温度以及搅拌和冷却速率对其影响较小。

　　食品冻结出现的浓缩效应，使非结冰相的 pH、可滴定酸度、离子强度、黏度、冰点、表面和界面张力、氧化-还原电位等都将发生明显的变化。此外，还将形成低共熔混合物，溶液中有氧和二氧化碳逸出，水的结构和水与溶质间的相互作用也剧烈地改变，同时大分子更紧密地聚集在一起，使之相互作用的可能性增大。上述所发生的这些变化常有利于提高转化速率。由此可见，冷冻对转化速率有两个相反的影响，即降低温度使反应变得非常缓慢，而冷冻所产生的浓缩效应有时却又导致转化速率的增大。所以，低于结冰温度时的转化速率与阿伦尼乌斯方程存在很大的偏离。

　　表 2-10 列举的非酶催化转化速率增大的例子中，氧化反应加快蛋白质溶解度降低，对食品质量产生特别重要的影响。图 2-29 阐明了蛋白质在低于结冰温度的各种不同温度下，经过 30 d 时间形成的不溶性蛋白质的量，从这些数据可以说明：①一般是在刚好低于样品起始冰点几度时冷冻速率明显加快；②正常冷冻储藏温度（-18 ℃）时的转化速率要比 0 ℃时低得多。

表 2-10　食品冷冻时加速非酶褐变反应的实例

反应类型	起作用物
酶催化水解	蔗糖
氧化	抗坏血酸、乳脂、煮熟的牛肉中的脂质、油炸马铃薯产品中的生育酚、脂肪中的 β-胡萝卜素和维生素 A、金枪鱼和牛肉中的氧合肌红蛋白、牛奶
蛋白质不溶解	牛肉、兔肉和鱼肉的蛋白质
形成 NO-肌红蛋白或 NO-血红蛋白（腌肉的颜色）	肌红蛋白或血红蛋白

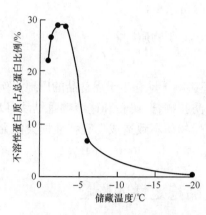

图 2-29　牛肉储藏 30 d 温度对
蛋白质不溶解性的影响

降低温度和溶质浓度对非细胞体系中转化速率的影响见表 2-11。

在冷冻过程中,细胞体系的某些酶催化转化速率也同样加快,一般认为是冷冻诱导酶底物和(或)酶激活剂发生移动所引起的,而不是因溶质浓缩产生的效应。

总之,水不仅是食品中最丰富的组分,而且对食品固有的需宜性质有很大的影响。水也是引起食品易腐败的原因,通过水能控制许多化学和生物化学反应的速率,有助于防止冷冻时产生非需宜的副作用。水与非水食品组分以非常复杂的方式联系在一起,一旦某些原因(如干燥或冷冻)破坏了它们之间的关系,将不可能完全恢复到原来的状态。

表 2-11　冷冻过程中温度和溶质浓度对转化速率的影响

状　态	降低温度	溶质浓度和冰的其他效应	两种效应的相互影响[1]	冷冻对转化速率总的影响
Ⅰ	降低	降低	协同	降低
Ⅱ	降低	略微增大	T>S	略微降低
Ⅲ	降低	中等程度增大	T=S	无
Ⅳ	降低	大大增大	T<S	增大

1) T 表示温度效应;S 表示溶质浓度效应。

2.9　分子淌度和食品稳定性

2.9.1　概述

利用水分活性(或 RVP)预测和控制食品稳定性已经在生产中得到广泛应用,而且是一种十分有效的方法。除此以外,分子淌度(molecular mobility,Mm)作为食品的一种属性,与食品的稳定性也密切相关,因此近年来引起了科学工作者越来越多的关注。分子淌度,也就是分子的流动性(包括平动和转动),关系到许多食品的扩散限制性质,这类食品包括含淀粉食品(如面团、糖果和点心)、以蛋白质为基料的食品、中等水分食品、干燥或冷冻干燥的食品。讨论 Mm 时,必须注意到体系中的关键成分水和主要的溶质。表 2-12列出了与分子淌度相关的某些食品性质和特征。

表 2-12　与分子淌度相关的某些食品性质和特征

干燥或半干食品	冷冻食品
流动性和黏性	水分迁移(冰的结晶作用)
结晶和重结晶	乳糖结晶(冰冻甜食中的砂状结晶析出)
巧克力中的糖霜	酶活力
食品在干燥时的破裂	冷冻干燥升华阶段的无定形相的结构塌陷
干燥和中等水分食品的质地	收缩(冷冻甜点泡沫状结构的部分塌陷)

续表

干燥或半干食品	冷冻食品
冷冻干燥第二阶段(解吸)时的结构塌陷	
胶囊中固体、无定形基质的挥发性物质的逃逸	
酶活力	
美拉德反应	
淀粉的糊化	
淀粉变性引起的焙烤食品的老化	
焙烤食品冷却时的破裂	
微生物孢子的热失活	

在讨论食品稳定性时,应该同时考虑水活度和分子淌度。

2.9.2　状态图

状态图(state diagram)包括平衡状态和非平衡状态的信息,不像相图是指热力学的平衡状态。讨论干燥、部分干燥或冷冻食品的分子淌度与稳定性的关系时,由于它们不存在热力学平衡状态,因此状态图比相图更适合。

图 2-30 是二元体系的温度-组成的简化状态图,相对于标准的相图增加了玻璃化转变曲线(T_g)和一条从 T_E(低共熔点)延伸到 T_g' 的曲线,这两条虚线表示亚稳状态。

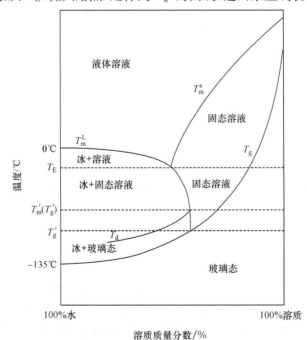

图 2-30　二元体系的状态图

假设:最大冷冻浓缩、无溶质结晶、恒压、无时间依赖性

T_m^L,熔点曲线;T_E,低共熔点;T_m^s,溶解曲线;T_g,玻璃化转变温度;T_g',特定溶质的最大冷冻浓缩的玻璃化转变温度虚线,亚稳态平衡条件;实线,平衡条件

　　状态图是在恒定压力下讨论亚稳态与时间的相关性,然而在商业上是很少或没有意义的(不是真实的不平衡状态)。大多数食品是非常复杂的,不但不能够精确地表示它们各自特点的状态图,而且也很难测定玻璃化转变曲线,同时也不易准确测得 T_g,但其估计值仍能满足商业需要的精确度。

　　对于复杂食品的平衡曲线(图 2-30 中的 T_m^l 和 T_m^s)也是很难确定的,T_m^s 是干燥或半干食品的主要平衡曲线,通常不能用一条简单的曲线准确表示,一般是采取近似的方法。首先根据水和决定复杂食品性质的溶质绘制状态图,然后推测出复杂食品的性质。例如,饼干在焙烤和储藏中的性质与特征是根据蔗糖-水的状态图预测的。然而对于不含有起决定作用的溶质的干燥或半干食品,目前还没有一个理想的方法确定它们的 T_m^s 曲线。冷冻食品的主要平衡曲线(也就是熔点曲线)一般容易确定,因此制备一个能满足商业准确度要求的复杂冷冻食品的状态图也就成为可能。

　　图 2-31 表示溶质种类对玻璃化转变曲线相位的影响的二元体系状态图,T_g 曲线的左端总是固定在纯水的玻璃化转变温度(-135 ℃)处,因此曲线位置的差异取决于 T_g 和 $T_g{}'$。

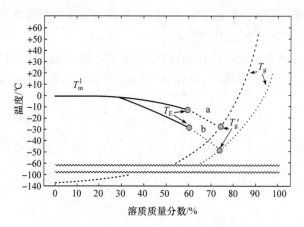

图 2-31　溶质种类对玻璃化转变曲线相位影响的二元体系状态图

T_g 曲线的左端总是固定于纯水的玻璃化转变温度(-135 ℃),中点在溶质的 $T_g{}'$,
右端在纯溶质的 T_g;a 和 b 是不同溶质的曲线,图 2-28 的假设在此图中同样适用

2.9.3　分子淌度与食品性质的相关性

2.9.3.1　化学、物理反应的速率与分子淌度的关系

　　大多数食品都是以亚稳态或非平衡状态存在的,而且食品中分子淌度取决于限制性扩散速率,可采用动力学近似研究。因为利用动力学方法一般比热力学方法能更好地了解、预测和控制食品的性质,可以根据 WLF(Williams-Landel-Ferry)方程估计玻璃化转变温度以上和 T_m^l 或 T_m^s 以下的 Mm。通过状态图可以知道允许的亚稳态和非平衡状态存在时的温度与组成情况的相关性。然而,在讨论分子淌度与食品性质的关系时,还必须注意以下例外:①转化速率不是显著受扩散影响的化学反应;②通过特定的化学作用(如改变 pH 或氧分压)达到需宜或不需宜的效应;③试样的 Mm 是根据聚合物组分(聚合物

的 T_g)估计的,而实际上渗透到聚合物中的小分子才是决定产品重要性质的决定因素；④微生物的营养细胞生长(因为 p/p_0 是比 Mm 更可靠的估计指标)。

对于溶液中的化学反应,环境温度是一个首先要考虑的因素,在室温下,有的化学反应是受扩散限制的。例如,质子转移,自由基结合反应,酸-碱中和反应,许多酶促反应、蛋白质折叠、聚合物链增长,以及血红蛋白和肌红蛋白的氧合/去氧合作用。但是也有反应不受扩散限制的。当反应在恒温、恒压下进行时,扩散因子、碰撞频率因子和活化能是决定引起化学转化速率的 3 个主要因素,对于受扩散限制的反应,活化能必须很低 (8～25 kJ/mol),而碰撞频率因子很大。例如,室温下的双分子反应扩散限制转化速率常数为 10^{10}～10^{11} L/(mol・s)。由于如此大的速率常数存在,所以溶液中的转化速率显然低于最大限制性扩散速率。

高含水量食品,在室温下有的反应是限制性扩散,而对于非催化的慢反应则是非限制性扩散,当温度降低到冰点以下和水分含量减少到溶质饱和/过饱和状态时,这些非限制性扩散反应可能成为限制性扩散反应,主要原因可能是黏度增大,此时碰撞频率因子并不强烈地依赖于黏度,或许就不是一个限制反应的决定因素。

2.9.3.2　自由体积与分子淌度的相关性

温度降低使体系中的自由体积减小,分子的平动和转动即流动性(Mm)也就变得困难,因此也就影响聚合物链段的运动和食品的局部黏度。当温度降至 T_g 时,自由体积则显著变小,以致聚合物链段的平动停止。由此可知,在温度低于 T_g 时,食品的限制扩散性质的稳定性通常是好的。增加自由体积(一般是不期望的)的方法是添加小分子量的溶剂(如水),或者提高温度,两者的作用都是增加分子的平动,不利于食品的稳定性。以上说明,自由体积与分子淌度是正相关,减小自由体积在某种意义上有利于提高食品的稳定性,但不是绝对的,而且自由体积目前还不能作为预测食品稳定性的定量指标。

2.9.4　分子淌度与状态图的相关性

食品往往是一个复杂体系,而且一般都具有无定形区(非结晶状态或过饱和溶液),在这些无定形区中包含蛋白质(如明胶、弹性蛋白和面筋蛋白)、糖类及许多小分子化合物。无定形区通常是亚稳态或非平衡状态或动力学稳定状态,因此有利于研究分子淌度与状态图的关系。

2.9.4.1　在 T_m～T_g 范围,分子淌度和限制性扩散食品的稳定性与温度的相关性

在温度 10～100 ℃范围,对于存在无定形区的食品,温度与分子淌度和黏弹性之间显示出异常好的相关性。大多数分子的淌度在 T_m 时是相当强的,而在 T_g 或低于 T_g 时被抑制,将 T_m～T_g 这个温度范围物质所处的状态称为"橡胶态"或"玻璃态"。对于 Mm 和与 Mm 相关的食品的性质与温度的依赖关系,在 T_m～T_g 温度范围内远高于 T_m～T_g 范围以下的温度。在 T_m～T_g 范围温度,不是所有的化学反应都遵循 WLF 方程和阿伦尼乌斯方程,对那些 WLF 方程和阿伦尼乌斯方程都不能适用的化学反应,当有冰存在时,

则与上述方程偏离更远。

利用 WLF 方程评价食品的物理性质是一个很有用的工具。以黏度表示的 WLF 方程为

$$\lg\left(\frac{\eta}{\eta_{\mathrm{g}}}\right) = \frac{-C_1(T-T_{\mathrm{g}})}{C_2+(T-T_{\mathrm{g}})} \qquad (2-7)$$

式中：η 为食品在 T（K）时的黏度（η 可用 $1/M_m$ 或任何其他限制性扩散的松弛过程代替）；η_{g} 为食品在 T_{g}（K）（玻璃化转变温度）时的黏度；C_1（无量纲）、C_2 为与温度无关的特定物理常数。

对于许多合成的、完全无定形的纯聚合物（无稀释剂），C_1 和 C_2 的平均值分别为 17.44 和 51.6。这些常数值随水分含量和物质类型而异，因此在实际的食品中往往测定值与平均值相差较远。Levine 和 Slade 创建了这样一个词组"食品高聚物科学方法"，来描述它们之间的相互关系。

2.9.4.2　食品的玻璃化转变温度与稳定性

凡是含有无定形区或在冷冻时形成无定形区的食品，都具有玻璃化转变温度 T_{g} 或某一范围的 T_{g}（相对于大分子高聚物）。在生物体系中，溶质很少在冷却或干燥时结晶，因此无定形区和玻璃化转变温度常常可以见到。从而，可以根据 M_m 和 T_{g} 的关系估计这类物质的限制性扩散稳定性，通常在 T_{g} 以下，M_m 和所有的限制性扩散反应（包括许多变质反应）将受到严格的限制。然而，不幸的是，许多食品的储藏温度高于 T_{g}，因而稳定性较差。

对于简单的高分子体系，T_{g} 可以采用差示扫描量热仪（DSC）测定。而大多数食品是一个复杂的体系，因而很难利用 DSC 正确测定 T_{g}，一般可以采用动态机械（或动力学）分析（DMA）和动态热机械分析（或动力学热分析）（DMTA）方法测定。

2.9.4.3　水的增塑作用和对 T_{g} 的影响

在许多亲水性食品或含有无定形区的食品中，水是一种特别有效的增塑剂，即使溶质中仅含有少量水也会显著地影响食品的 T_{g}。由于水的特殊结构和性能，在食品中的增塑作用十分明显（如面团中），因此增加水含量会引起 T_{g} 下降和大分子空间中自由体积增加，从而增加湍度。通常添加 1% 水能使 T_{g} 降低 5～10 ℃，而且只有水进入无定形区时才会产生增塑作用。

水是小分子，在玻璃态基质中仍然可以保持惊人的流动性，由于这种流动性，一些小分子参加的化学反应在低于聚合物基质的 T_{g} 时还能够继续测定转化速率，而且当冷冻干燥时温度低于 T_{g}，水仍能在第二相解吸。

2.9.4.4　溶质类型和分子量对 T_{g} 和 T_{g}' 的影响

利用食品的 T_{g}（或 T_{g}'）预测化合物的特性，讨论有关参数的相关性固然是非常重要的，但是往往不那么简单，需要进一步了解更多的信息。已知 T_{g} 显著地依赖于溶质的种类和水分含量，而 T_{g}' 则主要与溶质的类型有关，水分含量的影响很小。

已经证明,食品的结晶度、结晶类型、无定形区除水以外的物质量,以及主要的亲水分子和聚合物单体的大小等都与 Mm 有关。然而食品的玻璃化转变温度(T_g)又受到 Mm 的影响。因此,在讨论 T_g 时,首先必须注意到溶质的分子量(M)与 T_g 和 T_g' 的相关性,对于蔗糖、糖苷和多元醇(最大 M 约为 1200),T_g' 和(T_g)随着溶质 M 的增加成比例的提高,而分子的运动则随着分子的增大而降低,因此欲使大分子运动就需要提高温度。当 M 大于 3000(淀粉水解物,其葡萄糖当量 DE<6)时,T_g 与 M 无关。但有一些例外,在大分子的浓度和时间足以形成"缠结网络"(entanglement network,EN) 的形式时,T_g 将会随着 M 的增加而继续升高(图2-32)。

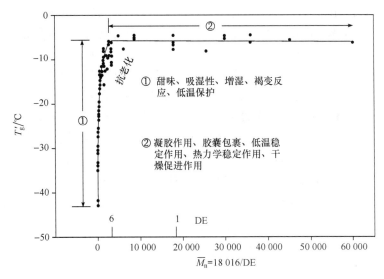

图 2-32　市售淀粉水解物的数均分子量($\overline{M}_n$)和葡萄糖当量(DE)对 T_g' 的影响
T_g 是从最大冷冻浓缩溶液测定的,溶液的起始水分含量为 80%

大多数(或许所有的)生物大分子化合物具有非常类似的玻璃化曲线和 T_g(接近 −10 ℃)。这些大分子包括多糖(如淀粉、糊精、纤维素、半纤维素、羧甲基纤维素、葡聚糖、黄原胶)和蛋白质(如面筋蛋白、麦谷蛋白、麦醇溶蛋白、玉米醇溶蛋白、胶原蛋白、弹性蛋白、角蛋白、清蛋白、球蛋白、酪蛋白和明胶等)。

2.9.4.5　大分子的缠结对食品性质的影响

当溶质分子足够大(如糖类 M>3000,DE<6),而且溶质的浓度超过临界浓度并使体系保持一定时间时,大分子的相互缠结就能够形成缠结网络(EN),从微观上通过原子力显微镜可以清楚地观察到大分子缠结的立体三维形貌。EN 对于冷冻食品的结晶速率,大分子化合物的溶解度、功能性乃至生物活性都将产生不同程度的影响,同时可以阻滞焙烤食品中水分的迁移,有益于保持饼干的脆性和促进凝胶的形成。一旦形成 EN,进一步提高 M 将不会改变 T_g 或 T_g',但是可以形成坚固的网络结构。

2.9.5　分子淌度与干燥

干燥通常是食品储藏的一种有效方法,不但可以延长货架期,而且有利于食品的稳定。在这一过程中分子淌度逐渐减小,扩散受阻,从而降低了食品中各成分之间的反应性。下面就食品中常用的干燥方法逐一进行讨论。

2.9.5.1　空气干燥

食品在恒定的空气温度下干燥的途径(温度-组成)如图2-33所示。图2-33中所指的温度低于商业上使用的温度,以便与本章的标准状态图相联系。实际上食品是一个复杂的体系,图2-33中的 T_m 曲线是以食品中对曲线位置起主要影响作用的组分为基础制作的。空气干燥是从 A 点开始,提高产品的温度和除去水分,使食品具有与 H 点(空气的湿球温度)相当的性质,然后进一步除去水分,使食品达到或通过溶解曲线上的 I 点,I 点为起决定作用的溶质(DS)的饱和点,此时仅有少量或没有溶质结晶。这个干燥过程得到了 DS 液态无定形的主要区域。除此以外,由于食品中存在的含量较少的次要溶质,其饱和温度高于 DS,因此在 DS 液态无定形区域的前面就早已经形成了次要物质的较小液态无定形区。当继续干燥至 J 点时,食品的温度达到空气干球温度。如果干燥在 J 点停止或食品冷却至 K 点,那么食品此时的温度处在玻璃化转变曲线之上,有着较强的分子流动性(即 Mm 较大),限制扩散性质的稳定性较差,且与温度有很强的依赖关系。如果干燥继续从 J 点至 L 点,然后冷却到 G 点,它将处在 T_g 曲线的下方,此时 Mm 显著被抑制,限制扩散性质也是稳定的,并且仅很小地依赖于温度。因此,在实际干燥过程中需要清楚地了解食品状态图中的干燥曲线,从而才能选择适宜的干燥温度和条件。

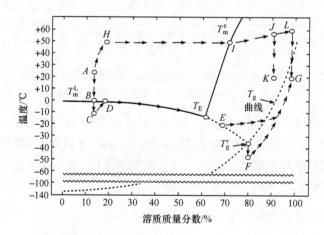

图2-33　二元体系冷冻(不稳定顺序 $ABCDE$;稳定顺序 $ABCDE\,T_g'F$)、
干燥(不稳定顺序 $AHIJK$;稳定顺序 $AHIJLG$)和冷冻干燥(不稳定顺序
$ABCDEG$;稳定顺序 $ABCDE\,T_g'\,FG$)可能途径的状态图
假设条件同图2-30

2.9.5.2　真空冷冻干燥

食品真空冷冻干燥的途径和变化也见图2-33,在真空冷冻干燥中包括干燥与升华的途径,冷冻干燥的第一阶段与缓慢冷冻的途径 $ABCDE$ 相当接近,如果冰在升华(最初

的冷冻干燥)期间温度不是在 E 点(大多数冷冻食品的保藏温度为 -20 ℃)以下,那么 EG 可能是一条理想途径。在 EG 途径的早期尽管以干燥为主,但仍然包含着冰的升华,但是在这个阶段由于食品中有冰晶存在,因而不可能产生塌陷。然而,在沿着 E 至 G 的一些点,冰升华已经完全,同时解吸期已经开始(第二阶段),这种现象一般可能出现在食品经过玻璃化转变曲线之前,此时支持结构的冰已经不存在,而且在 $T > T_g$ 时,Mm 已经足以消除刚性。因此,不仅是对于流体食品,而且对于较低组织程度的食品,在冷冻干燥的第二阶段便可能出现塌陷。这种情况在食品组织干燥时常出现,塌陷的结果造成食品的多孔性降低,复水性能较差,不能够得到最佳质量的产品,因此,防止食品在真空冷冻干燥时产生塌陷,必须按照 $ABCDEFG$ 途径进行。

　　对于能产生最大冰晶作用的食品,其结晶塌陷的临界温度 T_c 是在冷冻干燥的第一阶段($T_c \sim T_g'$),可以避免塌陷产生的最高温度。表 2-13 列出了一些糖类的 T_c,如果冰结晶作用不是最大,食品在冷冻干燥时避免塌陷的最高温度接近玻璃化转变温度 T_g。实际上在通常情况下,T 必须略大于 T_g' 或 T_g,冷冻干燥的速率才具有实际意义。

表 2-13　纯糖类的玻璃化转变温度和相关特性

糖　类	干燥特性				水合性质(水=w_g')			
	M	$T_m/$ ℃	$T_g/$ ℃[1]	T_m/T_g[2]	$T_g'(\approx T_c \approx T_r)$ / ℃[1),3)]	C_g'(质量分数)/%[1),4)]	M_w[5]	$\overline{M}_n$[6]
丙三醇	92.1	18	-93	1.62	-65	46	58.0	31.9
木糖	150.1	153	$9 \sim 14$	1.49 ± 0.01	-48	31	109.1	45.8
核糖	150.1	87	$-10 \sim -13$	1.37 ± 0.01	-47	33	106.7	44.0
葡萄糖	180.2	158	$31 \sim 39$	1.39 ± 0.02	-43	29	133.0	49.8
果糖	180.2	124	$7 \sim 17$	1.39 ± 0.02	-42	49	100.8	33.3
半乳糖	180.2	170	$30 \sim 32$	1.45 ± 0.01	$-41 \sim -42$	$29 \sim 45$	$107 \sim 151$	$35.6 \sim 50$
山梨糖	182.2	111	$-2 \sim -4$	1.45 ± 0.01	$-43 \sim -44$	19	151	66.7
蔗糖	342.3	192	$52 \sim 70$	1.40 ± 0.04	$-32 \sim -46$	$20 \sim 36$	225.9	45.8
麦芽糖	342.3	129	$43 \sim 95$	1.19 ± 0.1	$-30 \sim -41$	20	277.4	74.4
海藻糖	342.3	203	$77 \sim 79$	1.35 ± 0.01	$-27 \sim -30$	17	288.2	85.5
乳糖	342.3	213	101	1.37	-28	41	209.9	41.0
麦芽三糖	504.5	134	76	1.17	$-23 \sim -24$	31	353.5	53.7
麦芽五糖	828.9		$125 \sim 165$		$-15 \sim -18$	$24 \sim 32$	569.6	53.8
麦芽己糖	990.9		$134 \sim 175$		$-14 \sim -15$	$24 \sim 33$	666.6	52.1
麦芽庚糖	1153.0		139		$-13 \sim -18$	$21 \sim 33$	911.7	80.0

1) 最为常见的系数和范围。

2) 基于 K 的计算值。

3) T_c 为塌陷温度;T_r 为开始出现重结晶的温度。

4) C_g' 为 $T_g' = 100 - w_g'$ 时溶质的质量分数(%)。

5) M_w 为重均分子量。

6) $\overline{M}_n$ 为数均分子量。

引自:Fennema O R. 1996. Food Chemistry. 3rd ed. New York:Marcel Dekker.

2.9.6　食品货架期的预测

已知 a_w 影响食品的稳定性，对于稳定食品，T_g 与 a_w（或 p/p_0）之间存在一定的线性关系，以 T_g 对 a_w（或 p/p_0）作图得到一条直线，仅在两端略微弯曲（图 2 - 34）。

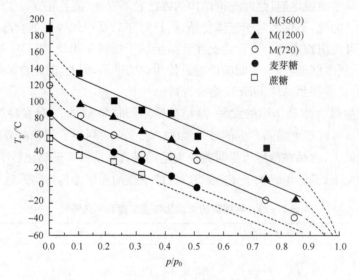

图 2 - 34　几种不同分子量的糖类的玻璃化转变温度
和 p/p_0（25 ℃）之间的关系
M 代表麦芽糊精，数字表示分子量

根据状态图可以粗略地讨论食品的相对稳定性，从而达到预测食品货架期的目的。食品稳定性依赖于扩散性质的温度和组成（图 2 - 35）。图 2 - 35 表示出食品不同稳定性的区域。根据不存在冰时的 T_g 曲线和当冰存在时的 $T_g{}'$ 区推导出稳定参数线，低于此线（区），物理性质一般是稳定的。同样，对于受扩散限制影响的化学性质也是如此。高于此线（区）和低于 T_m^s 与 T_m^s 交叉曲线，物理性质往往符合 WLF 动力学方程。当食品处在 WLF 区的上方或左方时，其稳定性显著降低，同时伴随着食品的温度升高和（或）水分含量增加。在 T_m 曲线以上，与扩散限制（Mm）相关的性质是不稳定的，因为当食品处在图的左上角时具有很高的流动性，这些性质变得更不稳定。

再次指出，食品在低于 T_g 和 $T_g{}'$ 温度下储藏，对于受扩散限制影响的食品是非常有利的，可以明显提高食品的货架期；相反，食品在高于 T_g 和 $T_g{}'$ 温度储存，则食品容易腐败和变质。在食品储存过程中，应使储藏温度低于 T_g 和 $T_g{}'$，即使不能满足此要求，也应尽量减小储藏温度与 T_g 和 $T_g{}'$ 的差别。

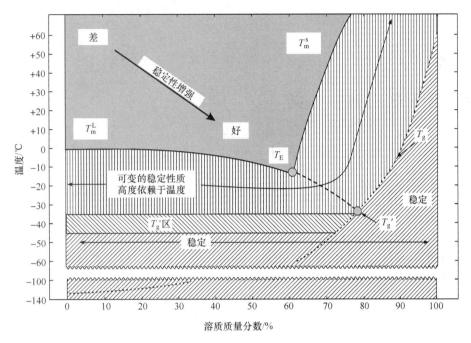

图 2-35　显示食品稳定性的二元体系状态图

第 3 章 糖 类

3.1 概 述

糖类是自然界分布广泛、数量最多的有机化合物,是食品的主要组成成分之一,也是绿色植物光合作用的直接产物。自然界的生物物质中,糖类约占 3/4,从细菌到高等动物都含有糖类,植物体中含量最丰富,占其干重的 90% 以上,其中又以纤维素最为丰富。其次是节肢动物,如昆虫、蟹和虾外壳中的壳多糖(甲壳质)。此外,糖类在动物和植物的代谢中也起到至关重要的作用。

碳水化合物的分子组成可用通式 $C_n(H_2O)_m$ 表示,统称为糖类。但后来发现有些糖如鼠李糖($C_6H_{12}O_5$)和脱氧核糖($C_5H_{10}O_4$)并不符合上述通式,而且有些糖还含有氮、硫、磷等成分,显然碳水化合物的名称已经不恰当,但由于沿用已久,至今还在使用这个名词。根据糖类的化学结构特征,糖类的定义应是多羟基醛或酮及其衍生物和缩合物。

糖类(如淀粉、乳糖、蔗糖、D-葡萄糖和 D-果糖)是生物体维持生命活动所需能量的主要来源,是合成其他化合物的基本原料,同时也是生物体的主要结构成分。人类摄取食物的总能量中大约 80% 由糖类提供,因此它是人类及动物的生命源泉。除了严格意义上的热量贡献外,糖类还以不易消化的形式为人类膳食提供有益健康的膳食纤维。我国传统膳食习惯是以富含糖类的食物为主食,但近 30 年特别是到 21 世纪,随着动物蛋白质食物产量的逐年增加和食品工业的发展与健康意识的增强,膳食的结构也在逐渐发生变化。尽管如此,糖类在食品中的应用仍然十分广泛,而且还不断通过化学和生物化学修饰,以改善它们的性质并扩大其用途。这里还要提及的就是有关稀有糖(rare sugars,如 D-阿洛酮糖、D-塔格糖、木糖醇、L-葡萄糖和 L-果糖等)的研究,包括生物转化的合成途径和在膳食、保健、医药等领域中的重要作用,已引起了人们的极大关注。

3.1.1 糖类的种类

糖类的结构相对较复杂,而且大小和形状存在很大差异,呈现多种不同的化学和物理性质,因而对人体产生的生理效应也不尽相同。糖类常按其组成分为单糖、寡糖和多糖。单糖是一类结构最简单的糖,是不能再被水解的糖单位,根据其所含碳原子的数目分为丙糖、丁糖、戊糖和己糖等,根据官能团的特点又分为醛糖和酮糖。寡糖一般由 2~10 或 2~20 个单糖分子缩合而成,水解后产生单糖。多糖由多个单糖分子缩合而成,其聚合度很大(>20)。因此,这些高分子聚合物的性质不同于单糖和低聚糖,在大多数情况下多糖不溶于水,也没有甜味,本质上是惰性的,其物理化学性质与它们的分子量大小、结构和形状相关。常见的多糖有淀粉、纤维素和果胶。由相同的单糖基组成的多糖称同聚多糖,不相同的单糖基组成的称杂聚多糖;如按其分子中有无支链,则有直链、支链多糖之分;按其功能不同,则可分为结构多糖、储存多糖、抗原多糖等。在自然界大多数天然糖类是以单糖、低聚糖(寡糖)或高聚物(多糖)和改性糖的形式存在。

3.1.2　食品中的糖类

陆地植物和海藻干重的 3/4 由糖类构成。谷物、蔬菜、果实和可供食用的其他植物都含有糖类。

大多数植物只含少量蔗糖,大量膳食蔗糖来自经过加工的食品。在加工食品中添加的蔗糖量一般是比较多的(表 3-1)。蔗糖是从甜菜或甘蔗中分离得到的,果实和蔬菜中只含少量蔗糖、D-葡萄糖和 D-果糖(表 3-2~表 3-4)。

表 3-1　普通食品中的糖含量

食　品	糖的质量分数/%	食　品	糖的质量分数/%
可口可乐	9	蛋糕(干)	36
脆点心	12	番茄酱	29
冰淇淋	18	果冻(干)	83
橙汁	10		

表 3-2　豆类中游离糖含量(以鲜重计)(单位:%)

豆　类	D-葡萄糖	D-果糖	蔗　糖
利马豆	0.04	0.08	2.59
嫩荚青刀豆	1.08	1.20	0.25
青豌豆	0.32	0.23	5.27

表 3-3　水果中游离糖含量(以鲜重计)(单位:%)

水　果	D-葡萄糖	D-果糖	蔗　糖
苹果	1.17	6.04	3.78
葡萄	6.86	7.84	2.25
桃	0.91	1.18	6.92
梨	0.95	6.77	1.61
樱桃	6.49	7.38	0.22
草莓	2.09	2.40	1.03
温州蜜橘	1.50	1.10	6.01
甜柿肉	6.20	5.41	0.81
枇杷肉	3.52	3.60	1.32
杏	4.03	2.00	3.04
香蕉	6.04	2.01	10.03
西瓜	0.74	3.42	3.11
番茄	1.52	1.51	0.12

表 3-4　蔬菜中游离糖含量（以鲜重计）（单位：%）

蔬　菜	D-葡萄糖	D-果糖	蔗　糖
甜菜	0.18	0.16	6.11
硬花甘蓝	0.73	0.67	0.42
胡萝卜	0.85	0.85	4.24
黄瓜	0.86	0.86	0.06
苣荬菜	0.07	0.16	0.07
洋葱	2.07	1.09	0.89
菠菜	0.09	0.04	0.06
甜玉米	0.34	0.31	3.03
甘薯	0.33	0.30	3.37

　　谷物只含少量的游离糖，大部分游离糖输送至种子中并转变为淀粉。玉米粒含 0.2%～0.5%的 D-葡萄糖、0.1%～0.4%的 D-果糖和 1%～2%的蔗糖；小麦粒中这几种糖的含量分别小于 0.1%、0.1%和 1%。

　　甜玉米具有甜味，是因为采摘时蔗糖尚未全部转变为淀粉。玉米和其他谷物在生长期中，由叶片光合作用获得的大部分能量用于合成蔗糖并输送至种子转变成淀粉。未完全成熟的玉米含有大量蔗糖，如果适时采摘后并迅速煮沸或冷冻，使转化蔗糖的酶系被钝化，便可保持大量蔗糖成分，提供可口的膳食。

　　市场上销售的水果一般是完全成熟之前采收的，果实有一定硬度利于运输和储藏。在储藏和销售过程中，淀粉在酶的作用下生成蔗糖或其他甜味糖，水果经过这种后熟作用而变甜变软。这种后熟现象和谷粒、块茎及根中的糖转变为淀粉的过程正好相反。

　　淀粉是植物中最普通的糖类，甚至树木的木质部分中也存在淀粉，而以种子、根和块茎中含量最丰富。天然淀粉的结构紧密，在低相对湿度的环境中容易干燥，同水接触又很快变软，并且能够水解成葡萄糖。

　　动物产品所含的糖类比其他食品少，肌肉和肝脏中的糖原是一种葡聚糖，结构与支链淀粉相似，以与淀粉代谢相同的方式进行代谢。

　　乳糖存在于乳汁中，牛奶中含 4.8%，人乳中含 6.7%，市售液体乳清中为 5%。工业上采取从乳清中结晶的方法制备乳糖。

　　食品中常见的糖类见表 3-5。

表 3-5　食品中常见的糖类

名　称	结构式	分子量	熔点/℃	$[\alpha]_D^B/(°)$	存　在
戊糖类					
L-阿拉伯糖 (L-arabinose)	HO—O OH OH HO (β)	150.1	158(α) 160(β)	+190.6(α) →+104.5	植物分泌的胶黏质及半纤维素等多糖的结构单元

名 称	结构式	分子量	熔点/℃	$[\alpha]_D^{1)}/(°)$	存 在
D-木糖 (D-xylose)	$\begin{array}{c}\text{OOH}\\ \text{OH}\\ \text{HO}\quad\text{HO}\\ (\beta)\end{array}$	150.1	145.8	$+93.6(\alpha)$ $\rightarrow+18.8$	以缩聚状态广泛存在于自然界植物(如玉米、木屑、稻草等)的半纤维素中
D-2-脱氧核糖 (D-2-deoxyribose)	$\begin{array}{c}\text{HOH}_2\text{C}\quad\text{OH}\\ \text{OH}\end{array}$	134.1	87~91	-56(最终)	脱氧核糖核酸(DNA)的重要组成部分,以呋喃糖型广泛存在于植物和动物细胞
D-核糖 (D-ribose)	$\begin{array}{c}\text{HOH}_2\text{C}\quad\text{OH}\\ \text{OHOH}\end{array}$	150.1	86~87	-23.1 $\rightarrow+23.7$	以糖苷的形式存在于酵母和细胞中,是核酸以及某些辅酶和维生素的组成成分

己糖类

名 称	结构式	分子量	熔点/℃	$[\alpha]_D^{1)}/(°)$	存 在
D,L-半乳糖 (D,L-galactose)	$\begin{array}{c}\text{CH}_2\text{OH}\\ \text{OOH}\\ \text{HO}\quad\text{OH}\\ \text{OH}\end{array}$	180.1	168(无水) 118~120 (结晶水)	$+150.7(\alpha)$ $+52.5(\beta)$ $\rightarrow+80.2$	不以游离状态存在,而是和葡萄糖结合成乳糖存在于哺乳动物的乳汁中。半乳糖的一些衍生物广泛分布于植物界或为某些多糖的糖基单元
D-葡萄糖 (D-glucose)	$\begin{array}{c}\text{CH}_2\text{OH}\\ \text{OOH}\\ \text{OH}\\ \text{HO}\quad\text{OH}\\ (\beta)\end{array}$	180.1	83(α,含结晶水)146(无水) 148~150(β)	$+113.4(\alpha)$ $+19.0(\beta)$ $\rightarrow+52.5$	以单糖、低聚糖、多糖、糖苷形式广泛分布于自然界
D-甘露糖 (D-mannose)	$\begin{array}{c}\text{CH}_2\text{OH}\\ \text{OOH}\\ \text{OHHO}\\ \text{HO}\\ (\beta)\end{array}$	180.1	133(α)	$+29.3(\alpha)$ $-17.0(\beta)$ $\rightarrow+14.2$	在生物体中主要以缩合形式存在于棕榈子、酵母、红藻、椰子、魔芋等多糖中,在桃、苹果和柑橘皮中含有少量游离的甘露糖
D-果糖 (D-fructose)	$\begin{array}{c}\text{OOH}\\ \text{HO}\\ \text{HO}\quad\text{CH}_2\text{OH}\\ \text{OH}\\ (\beta)\end{array}$	180.1	102~104 (分解)	$-132(\beta)$ $\rightarrow-92$	蔗糖、菊糖(inulin)的结构单元,在水果、蜂蜜中以游离状态存在
L-山梨糖 (L-sorbose) (L-木己酮糖)	$\begin{array}{c}\text{HO}\quad\text{OOH}\\ \text{HO}\\ \text{HO}\quad\text{CH}_2\text{OH}\\ \text{OH}\\ (\alpha)\end{array}$	180.1	165	-43.4(最终)	由弱氧化乙酸杆菌(A. Suboxydans)作用于山梨糖醇而得到。存在于果实中
L-岩藻糖 (L-fucose) (6-脱氧-L-半乳糖)	$\begin{array}{c}\text{OOH}\\ \text{OH}\\ \text{HO}\quad\text{H}_3\text{C}\\ \text{OH}\\ (\alpha)\end{array}$	164.2	145	-152.6 $\rightarrow-75.9$	较大量地存在于海藻及树胶中,在某些细菌多糖中也有发现

名　称	结构式	分子量	熔点/℃	$[\alpha]_D^{1)}/(°)$	存　在
L-鼠李糖 (L-rhamnose) (6-脱氧-甘露糖)	HO—┬—OOH (CH₃) OHOH	164.2	123～128(β) (无水)	+38.4(β) →+8.91	主要以糖苷的形式存在于黄酮类化合物及植物黏性物多糖中
D-半乳糖醛酸 (D-galacturonic acid)	COOH HO—┬—OH OH OH (β)	194.1	160(β) 分解	+31(β) →+56.7	果胶,植物黏性物质多糖
D-葡萄糖醛酸 (D-glucuronic acid)	COOH OH HO— OH (β)	194.1	165 分解	+11.7(β) →+36.3	糖苷、植物树胶、半纤维素、黏多糖等
D-甘露糖醛酸 (D-mannuronic acid)	COOH OH OH HO— (β)	194.1	165～167(β)	−47.9(β) →+23.9	海藻酸,微生物多糖
D-葡糖胺 (D-glucosamine) (2-氨基-2 脱氧-D-葡萄糖)	CH₂OH O HO—OH OH NH₂ (α)	179.2	88(α) 110(β)	+100(α) +28(β) →+47.5	大多作为甲壳质,肝素,透明质酸。乳汁低聚糖的 N-乙酰基
D-山梨(糖)醇 (D-sorbitol) (葡糖醇)	CH₂OH H—C—OH HO—C—H H—C—OH H—C—OH CH₂OH	182.1	110～112	−2.0	浆果、果实、海藻类
D-甘露(糖)醇 (D-mannitol)	CH₂OH HO—C—H HO—C—H H—C—OH H—C—OH CH₂OH	182.1	166～168	+23～+24	广泛存在于植物的渗出液甘露聚糖,海藻类
半乳糖醇 (galactitol)	$C_6H_{14}O_6$	182.1	188～189		马达加斯加甘露聚糖

1) 温度为 20～25 ℃。

3.2 糖类的结构

3.2.1 单糖

糖类分子中含有手性碳原子,即不对称碳原子,它连接 4 个不同的原子或基团,在空间形成两种不同的差向异构体(即 D-型和 L-型),立体构型呈镜面对称。

单糖的分子量较小,一般含有 5 或 6 个碳原子,分子式为 $C_n(H_2O)_n$,单糖是 D-甘油醛(仲羟基在右边,而 L-甘油醛的仲羟基在左边)的衍生物,如图 3-1 所示。

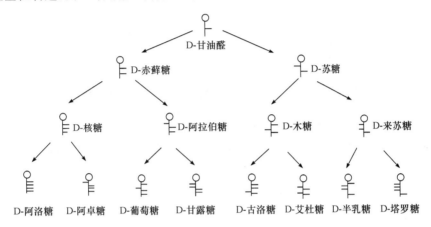

图 3-1 甘油醛产生的 8 种 D-己糖的示意图

单糖可以形成缩醛和缩酮,糖分子的羰基可以与糖分子本身的 1 个羟基发生亲核反应,形成半缩醛或半缩酮,分子内的半缩醛或半缩酮,形成五元呋喃糖环或更稳定的六元吡喃糖环。例如,葡萄糖分子的 C_5 羟基和 C_1 羟基反应(图 3-2),C_5 旋转 120°使氧原子位于环的主平面,而 C_6 处于平面的上方,当葡萄糖分子的 C_1 成为半缩醛结构中的成分时,它连接 4 个不同的基团,因而 C_1 是手性碳原子,可形成立体构型不同的 α 和 β 两种异头物。

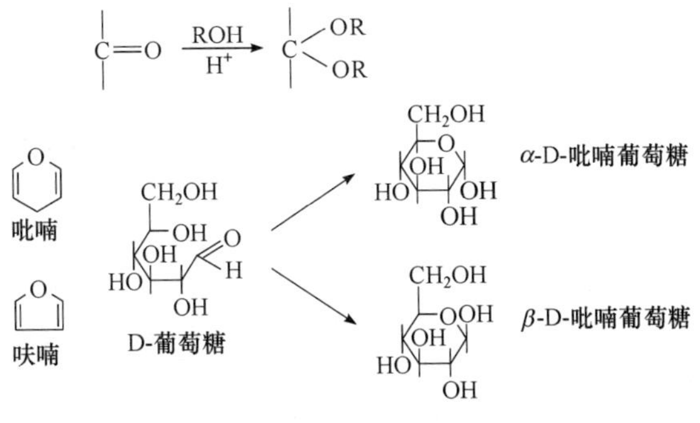

图 3-2 D-葡萄糖的环形和异头结构

天然葡萄糖是自然界中分布最广泛的单糖类化合物和有机化合物,属于 D 异构系列,它还有一个镜像分子 L 异构系列。α-D-型中异头碳原子 C_1 连接的氧原子与葡萄糖手

性碳原子 C_5 的氧原子在分子的同一侧,而 β-D-型 C_1 连接的氧原子与 C_5 的氧原子处在分子的异侧。如果用哈沃斯(Haworth)环结构表示,α-D-吡喃葡萄糖异头碳原子的氧和 C_6 在异侧,而 β-D-吡喃葡萄糖的异头碳原子的氧和哈沃斯环形的羟甲基 C_6 在同一侧。

除 C_1 外的任何一种手性构型有差别的糖都称为差向异构体,如 D-甘露糖是 D-葡萄糖的 C_2 差向异构体、D-半乳糖为 D-葡萄糖的 C_4 差向异构体。因此,一个六碳醛糖有 16 种异构体,其中 8 种为 D 异构系列,另 8 种是它们的差向异构体 L 异构系列。在自然界中 L-糖系列比 D 异构系列少很多,但具有重要的生化作用。L-阿拉伯糖和 L-半乳糖是食品中存在的两种 L-糖,均为一些多糖的糖基单元。

D-葡萄糖　　　D-甘露糖　　　D-半乳糖

~OH 表示半缩醛羟基

天然存在的糖环结构实际上并不像哈沃斯表示的投影式平面图,吡喃糖有如下所示的椅式和船式两种不同构象,其中椅式构象是最优构象。单糖的许多理化特性都可用它们的构象方程(Reeves 方程)解释。

$^4C_1$(椅式)　　　　　^1B(船式)

在吡喃糖系列中,构象自由能可以根据局部相互作用的能量(由经验数据推导而得)计算。这里只考虑到了 1,3-2 轴间相互作用(不包括 H-原子的相互作用),1,2-扭曲或交错(60°)构象中的羟基及—OH 与—CH_2OH 间的相互作用。

部分相互作用的能量列在表 3-6 中。根据这些数据计算出了各种构象的 ΔG^0(表 3-7)。

表 3-6　四氢吡喃环上 2 个取代基之间不需宜相互作用的自由能

相互作用	自由能[1]/(kJ/mol)
H_{ax}-O_{ax}	1.88
H_{ax}-C_{ax}	3.76
O_{ax}-O_{ax}	6.27
O_{ax}-C_{ax}	10.45
O_{eq}-O_{eq}/O_{ax}-O_{eq}	1.46
O_{eq}-C_{eq}/O_{ax}-c_{eq}	1.88
端基异构效应[2]	
对于 O_{eq}^{C2}	2.30
对于 O_{ax}^{C2}	4.18

1) 液相,室温。

2) 仅考虑—OH 在赤道位置(eq)的端基异构效应。

　　此外,还需考虑到端基相互作用的一种能量效应,即位于赤道取向的—OH(平伏键),由于平行偶极的排斥作用而处于不稳定状态,而轴向位置的—OH(直立键)则是稳定的,称这种效应为端基异构效应。

艾杜糖($^4C_1$)　　　　　　　　　　　　　　　　　　艾杜糖($^1C_4$)

表 3-7　吡喃糖的相对自由能

吡喃糖	构　象	$\Delta G^0/(kJ/mol)$
α-D-葡萄糖	$^4C_1$	10.03
	$^1C_4$	27.38
β-D-葡萄糖	$^4C_1$	8.57
	$^1C_4$	33.44
α-D-甘露糖	$^4C_1$	10.45
β-D-甘露糖	$^4C_1$	12.33
α-D-半乳糖	$^4C_1$	11.91
β-D-半乳糖	$^4C_1$	10.45
α-D-艾杜糖	$^4C_1$	18.18
	$^1C_4$	16.09
β-D-艾杜糖	$^4C_1$	16.93
	$^1C_4$	22.36
α-D-阿卓糖	$^4C_1$	15.26
	$^1C_4$	16.09

　　很多己糖以相当刚性的且在热力学上稳定的椅式构象存在,只有少数是韧性的船式构象,还有其他几种构象,如半椅式和邻位交叉式构象,但都因能量较高而不常见。

　　椅式构象有$^4C_1$和$^1C_4$两种,在 D-吡喃糖中以$^4C_1$占优势,这是由于$^4C_1$构象中大基团(如—OH,特别是—CH$_2$OH)处在宽敞的赤道位置,而$^1C_4$构象的大基团处在拥挤的直立位置,是一种高能量的形式,所以$^1C_4$构象存在很少。而$^4C_1$构象中的大基团相互作用较弱,具有较高的构象稳定性。例如,β-D-吡喃葡萄糖的$^4C_1$构象中的取代基都是平伏键,而$^1C_4$构象的取代基均处在轴向位置。α-D-吡喃葡萄糖的$^4C_1$构象在 C-1 有一个轴向基团,由于较远故具有较低的能量。

　　一般规律是,稳定的环构象的全部或大多数庞大基团相对环轴为平伏键,而环的最小取代成分(氢)为直立键。但这有 2 个例外,例如,α-D-艾杜吡喃糖的$^4C_1$是处在热力学上不利的状态,因为所有的取代基(除—CH$_2$OH)处在轴向位置。而它的$^1C_4$构象尽管—CH$_2$OH 在轴向位置,但在热力学上是有利的。另一例外(是相当特殊的情况)是α-D-阿卓吡喃糖(α-D-altropyranose),它的 2 种构象都特别稳定。

　　呋喃糖比吡喃糖稳定性差,因为呋喃糖构象异构体的糖环不是平面结构。在溶液中呋喃糖可迅速出现能量相近的信封式(E)和扭曲式(T)的平衡混合物。呋喃糖和吡喃糖环的构象已经用核磁共振波谱法确定,提供了很多关于单糖在溶液中的构象知识,其结构模型有助于观察和了解它的三维空间结构。

^1E　　　　　　　　$^4T_3$

3.2.2　糖苷

如上所述,糖分子的羰基与它自身的一个羟基结合生成半缩醛或半缩酮,并在原来羰基位置形成一个新的手性中心。如果将糖溶解于微酸性乙醇中,半缩醛或半缩酮形式的糖和醇反应生成缩醛或缩酮。在这种混合缩醛或缩酮产物中,溶剂醇构成分子的一部分,糖本身的醇基是另一部分,脱水形成的产物称为糖苷。糖苷中的糖部分称为糖基,非糖部分称为配基。反应如下:

D-葡萄糖　　　　　　　　　　烷基D-吡喃葡萄糖苷

糖苷通常包含一个呋喃糖环或一个吡喃糖环,新形成的手性中心有 α 或 β 型两种。因此,D-吡喃葡萄糖应看成是 α-D-和 β-D-异头体的混合物,形成的糖苷也是 α-D-和 β-D-吡喃葡萄糖苷的混合物。

在酸催化剂作用下生成糖苷的反应是可逆的,若要得到高产率糖苷,在反应过程中必须除去反应中生成的水。由于吡喃糖苷比呋喃糖苷稳定,所以它是主要的糖苷产物。反应进行一段时间后,几乎不存在呋喃糖苷,只是在糖基化反应刚开始的阶段,呋喃糖苷才占主要部分。糖基是指除去异头碳上羟基后剩下的糖残基。

形成糖苷的配基不只是醇基,如糖和硫醇 RSH 反应能够得到硫糖苷、与胺(RNH_2)反应生成氨基糖苷。

天然糖苷是糖基从核苷酸衍生物(如腺苷二磷酸和尿苷二磷酸)中转移至适当的配基上形成的产物,所生成的糖苷可以是 α 或 β 型的,这取决于酶的催化专一性。

人类膳食中除低聚糖和多糖外,还有少量糖苷存在。它们的含量虽然不多,但具有重要的生理效应,如天然存在的强心苷(洋地黄苷和洋地黄毒苷)、皂角苷(三萜或甾类糖苷),都是强泡沫形成剂和稳定剂,类黄酮糖苷使食品产生苦味或其他风味和颜色,植物中形成糖苷有利于那些不易溶解的配基变成可溶于水的物质,这对类黄酮和甾类糖苷特别重要,因为糖苷形式有利于它们在水介质中输送。

几种复杂糖苷的甜味很强,如斯切维苷、奥斯莱丁和甘草酸。但大多数糖苷,特别是当配基部分比甲基大时,则可会产生微弱以至极强的苦味、涩味。醛糖或酮糖均可形成糖苷,例如,D-甘露糖可形成缩醛、D-果糖(酮糖)可形成缩酮。

　　氧糖苷连接的 *O*-糖苷在中性和碱性 pH 环境中是稳定的,而在酸性条件下易水解,生成还原糖和羰基化合物。食品中(除酸性较强的食品外)大多数糖苷都是稳定的,糖苷在糖苷酶的作用下水解。反应如下:

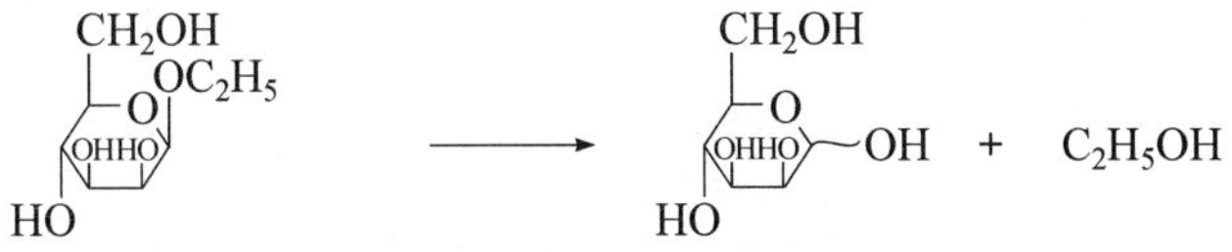

乙基-*β*-D吡喃甘露糖苷　　　　　　D-甘露糖

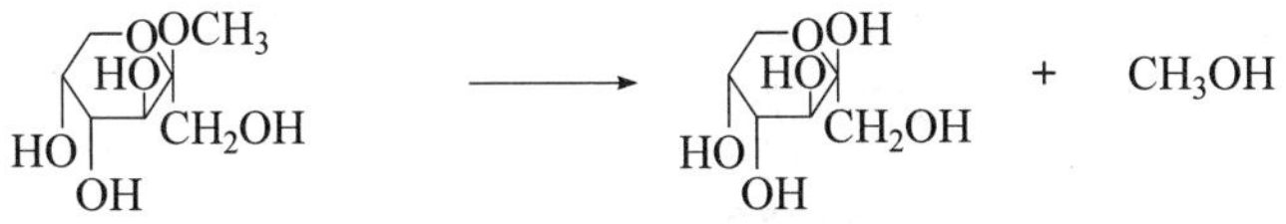

甲基-*β*-D-吡喃果糖苷　　　　　　D-果糖

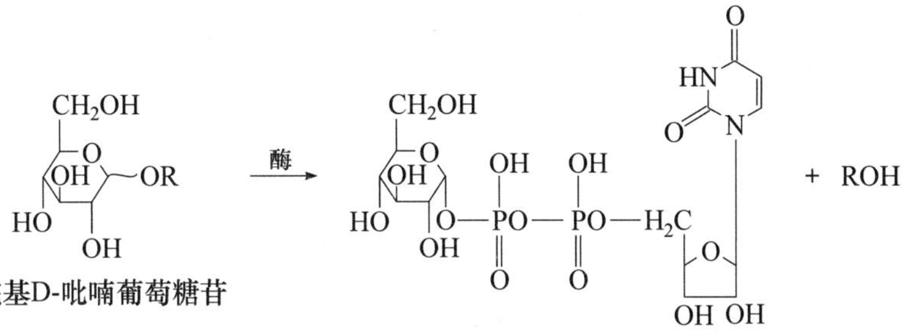

烷基D-吡喃葡萄糖苷　　　　　　　　　　　　　　　　　　尿苷二磷酸葡萄糖

　　对一种新糖苷的鉴定,可以采用化学方法和波谱方法。波谱方法中最适用的是核磁共振波谱法,用 1～50mg 材料,便可确定异头构型、环构象以及环的大小。

　　氮糖苷键连接的 *N*-糖苷不如 *O*-糖苷稳定,在水中易水解。然而,某些*N*-糖苷却十分稳定,如 *N*-葡糖胺。某些 *N*-葡糖基嘌呤和嘧啶,特别是次黄嘌呤核苷、黄嘌呤核苷和鸟嘌呤核苷的 5′-磷酸衍生物,是风味增强剂,结构如下:

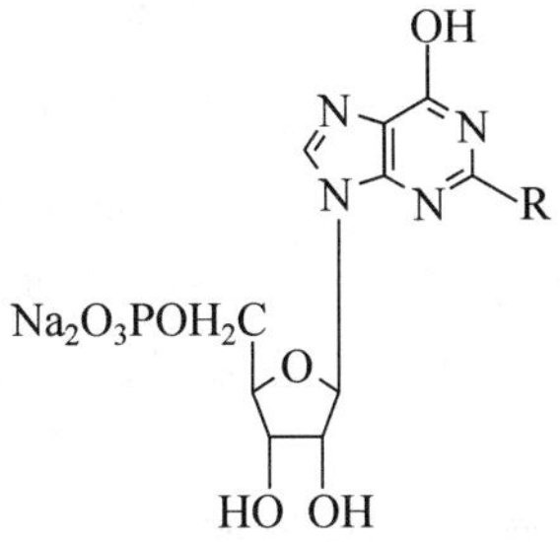

次黄嘌呤核苷 5′-磷酸　　R＝H
黄嘌呤核苷 5′-磷酸　　　R＝OH
鸟嘌呤核苷 5′-磷酸　　　R＝NH₂

　　N-糖苷(糖基胺)在水中不稳定,通过一系列复杂反应分解,同时溶液的颜色变深,由最初的黄色变为深棕色。这些反应是引起美拉德褐变的原因,关于这一点将在以后讨论。

　　S-糖苷的糖基和配基之间存在一个硫原子,这类化合物是芥子和辣根中天然存在的

成分,称为硫葡糖苷。天然硫葡糖苷酶可使糖苷配基裂解和分子重排(图 3 - 3)。芥子油的主要成分是异硫氰酸酯 $RN = C = S$,其中 R 为烯丙基、3-丁烯基、4-戊烯基、苄基或其他基团。烯丙基硫葡糖苷是 S-糖苷这类化合物中研究得最多的一种,通常称为黑芥子硫苷酸钾(sinigrin),某些食品的特殊风味是由这些化合物产生的。近来发现 S-糖苷及其分解产物是食品中的天然毒素。

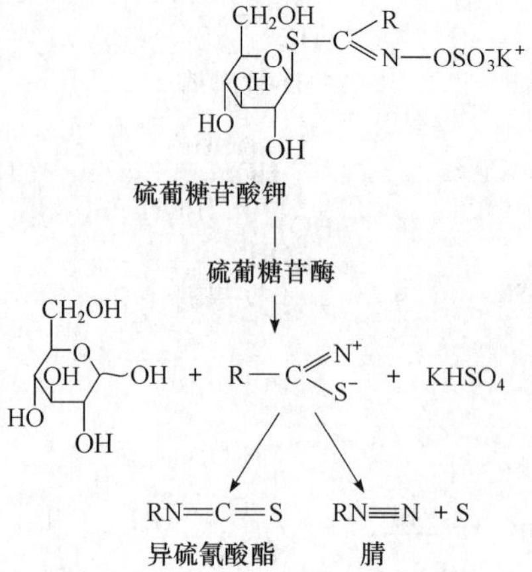

硫葡糖苷酸钾

硫葡糖苷酶

$RN = C = S$　　　$RN = N + S$

异硫氰酸酯　　　　腈

图 3 - 3　硫葡糖苷酸钾的酶分解

如果形成的 O-糖苷的供氧基是同一个糖分子内的羟基,则生成分子内糖苷,并构成一个脱水环,这可以用 D-葡萄糖热解生成 1,6-脱水-β-D-吡喃葡萄糖(左旋葡萄糖)的反应来说明。

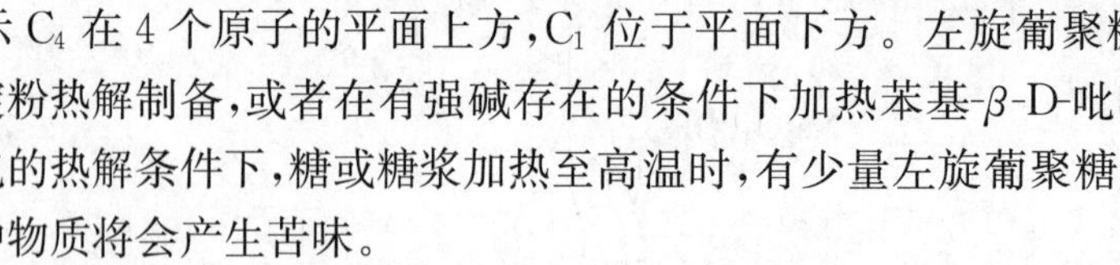

D-葡萄糖　　　　　　　1,6-脱水-β-D-吡喃葡萄糖(左旋葡萄糖)

在发生这种反应时,D-葡萄糖由原来稳定的 $^4C_1$ 构象翻转成为相当不稳定的 $^1C_4$ 构象。$^4C_1$ 表示 C_4 在 4 个原子的平面上方,C_1 位于平面下方。左旋葡聚糖可用 D-葡萄糖、纤维素或淀粉热解制备,或者在有强碱存在的条件下加热苯基-β-D-吡喃葡萄糖苷得到。在焙烤面包的热解条件下,糖或糖浆加热至高温时,有少量左旋葡聚糖形成,食品中若大量存在这种物质将会产生苦味。

某些食物中含另一类重要的糖苷,即生氰糖苷,在体内降解即产生氢氰酸,它们广泛存在于自然界,特别是杏、木薯、高粱、竹、利马豆中。苦杏仁苷(amygdalin)、扁桃腈(mandelonitrile)糖苷是人们熟知的生氰糖苷,彻底水解则生成 D-葡萄糖、苯甲醛和氢氰酸。其他的生氰糖苷包括蜀黍苷,即对羟基苯甲醛腈醇糖苷和亚麻苦苷(linamarin),后者又名丙酮氰醇糖苷。在体内,这些化合物降解生成的氰化物通常转变为硫氰酸盐而解除毒性,这种反应包括氰化物离子、亚硫酸根离子和硫转移酶(硫氰酸酶)的催化作用。人体如果一次摄取大量生氰糖苷,将会引起氰化物中毒,过去曾有很多关于人摄取木薯、利马豆、竹笋、苦杏仁等发生中毒的报道。此外,还发现牛摄入未成熟的小米或高粱引起的中毒。若进食致死剂量的氰化物食物,则出现神志紊乱、昏迷、全身发绀、偶尔肌肉颤动、抽搐、最后昏迷等中毒症状,非致死剂量生氰食品引起头痛、咽喉和胸部紧缩、肌肉无力和心悸。为防止氰化物中毒,最好不食用或少食用这类产氰的食品;也可将这些食品在收获后短时期储存,并经过彻底蒸煮后充分洗涤,尽可能将氰化物去除干净,然后方可食用。几种常见的生氰糖苷如图 3-4 所示。苦杏仁苷水解物如图 3-5 所示。

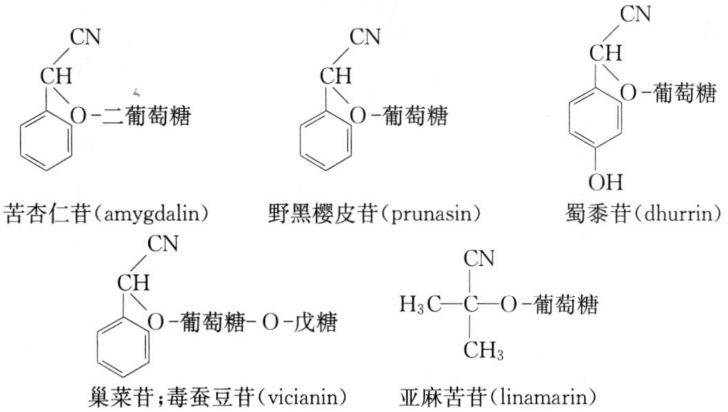

图 3-4 几种常见的生氰糖苷

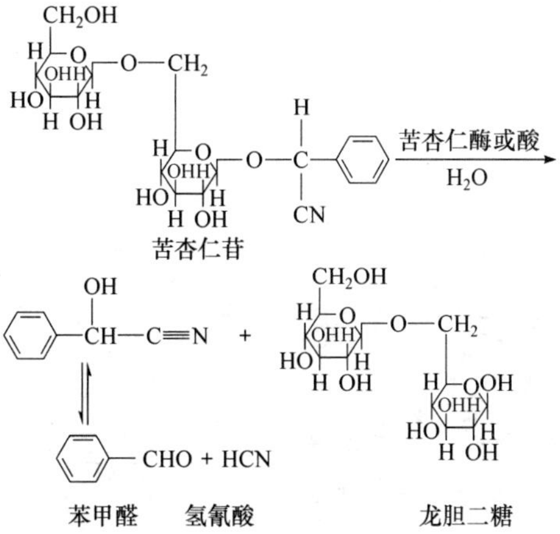

图 3-5 苦杏仁苷水解物

3.2.3 低聚糖

3.2.3.1 结构和命名

低聚糖(oligosaccharide)是由 2~10 或 2~20 个糖单位以糖苷键结合而构成的糖类,可溶于水,普遍存在于自然界。天然低聚糖通过核苷酸的糖基衍生物的缩合反应生成,或在酶的作用下,使多糖水解产生。自然界中的低聚糖的聚合度一般不超过 6 个糖单位,其中主要是双糖和三糖。低聚糖的糖基组成可以是同种的(均低聚糖),也可以是不同种的(杂低聚糖)。其命名通常采用系统命名法,此外习惯名称如蔗糖、乳糖、麦芽糖、海藻糖、棉籽糖、水苏四糖等,也经常使用。食品中常见的低聚糖见表 3-8。

表 3 - 8　食品中的低聚糖

二糖类

名　称	结　构	分子量	熔点/℃	$[\alpha]_D^{20}$/(°)	存　在
纤维二糖(cellobiose) 4-O-β-D-吡喃葡萄糖基-D-吡喃葡萄糖	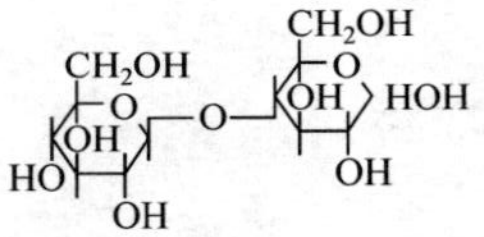	342.3	225 分解	+14.2→+36.2	纤维素、玉米嫩枝有游离的纤维二糖存在
龙胆二糖(gentiobiose) 6-O-β-D-吡喃葡萄糖基-D-吡喃葡萄糖	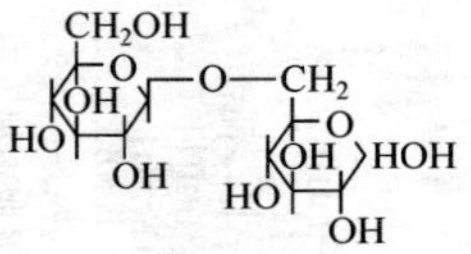	342.3	86(α) 190~195 (β)	+31(α)→+9.6 +11(β)→+9.6	树木渗出液、各种糖苷、酵母、β-葡聚糖等多糖
异麦芽糖(isomaltose) 6-O-α-D-吡喃葡萄糖基-D-吡喃葡萄糖	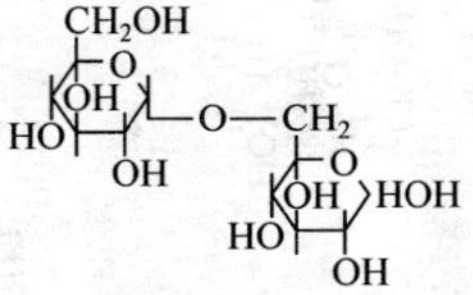	342.3	120	+119→+122	蜂蜜、葡萄糖母液、饴糖、发酵酒
曲二糖(kojibiose) 2-O-α-D-吡喃葡萄糖基-D-吡喃葡萄糖	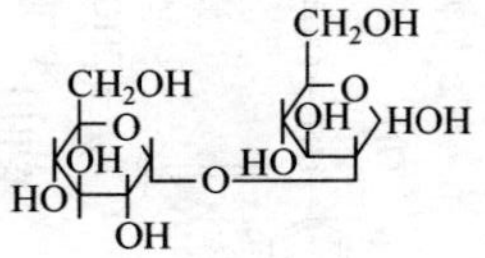	342.3	188	+162→+137	发酵酒、蜂蜜
乳糖(lactose) 4-O-β-D-吡喃半乳糖基-D-吡喃葡萄糖	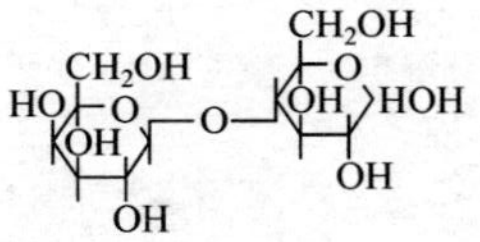	342.3	223(α) 252(β)	+89.4(α)→55.4 +34.9(β)→55.4	乳汁
昆布二糖(laminaribiose) 3-O-β-D-吡喃葡萄糖基-D-吡喃葡萄糖	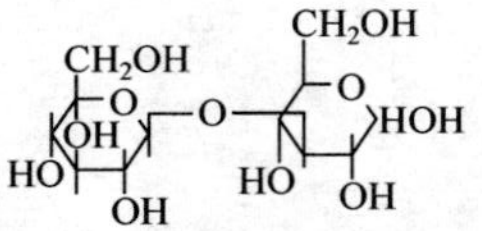	342.3	196~205	+24→+19	海藻、β-(1→3)葡聚糖

续表

名　称	结　构	分子量	熔点/℃	$[\alpha]_D^{20}/(°)$	存　在
麦芽糖(maltose) 4-O-α-D-吡喃葡糖基-D-吡喃葡萄糖		342.3	160.5 102~103(结晶水)	+111.7→+130.4	麦芽汁、蜂蜜，广泛分布各种植物中、淀粉等多糖
蜜二糖(melibiose) 6-O-α-D-吡喃半乳糖基-D-吡喃葡萄糖		342.3	82~85(β)分解	+111.7(β)→+129.5	植物树胶、可可豆
α-葡糖-β-葡糖苷又名槐二糖(sophorose) 2-O-β-D-吡喃葡糖基-D-吡喃葡萄糖		342.3	195~196(结晶水)	+33→+19	糖苷，游离形式存在于葡萄糖母液中
蔗糖(sucrose) β-D-呋喃果糖基-α-D-吡喃糖苷		342.3	184~185	+66.5	广泛分布于甘蔗、甜菜等植物中，非还原性糖
黑曲霉二糖(nigerose) 3-O-α-D-吡喃葡萄糖基-D-吡喃葡萄糖		342.3		+134→+138	葡萄糖母液、啤酒
α,α-海藻糖(α,α-trehalose)		342.3	97	+178.3	鞘翅类昆虫分泌的蜜

续表

名称	结构	分子量	熔点/℃	$[\alpha]_D^D/(°)$	存在
三糖类					
松三糖 (melezitose)	O-α-D-吡喃葡萄糖基-(1→3)-O-β-D-呋喃果糖基-(2→1)-α-D-吡喃葡萄糖苷	504.4	153~154	+88.2	松柏类树的渗出液、蜂蜜,非还原性糖
棉籽糖 (raffinose)	O-α-D-吡喃半乳糖基-(1→6)-O-α-D-吡喃葡萄糖基-(1→2)-β-D-呋喃果糖苷	504.4	118~119(无水)分解	+105.2	棉籽、大豆、甘蔗、甜菜,非还原性糖
水苏四糖 (stachyose)	α-D-吡喃半乳糖基-(1→6)-α-D-吡喃半乳糖基-(1→6)-α-D-吡喃葡萄糖基-(1→2)-β-D-呋喃果糖苷	504.4	101(结晶水)	+131~+132	大豆、甜菜,非还原性糖
环状糊精 (cyclodextrin)	⌈α-D-葡萄糖-(1→4)⌉ ╞[α-D-葡萄糖-(1→4)]n╡ ⌊α-D-葡萄糖-(1→4)⌋—O α,n=6;β,n=7;γ,n=8		α,972 β,1135 γ,1297	α,+150.5 β,+162.5 γ,+177.4	软化芽孢杆菌(Bacillus maceran)作用于淀粉形成的微生物多糖

1) 温度:20~25℃。

O-β-D-呋喃果糖基-(2→1)-α-D-吡喃
葡萄糖(蔗糖)

O-α-D-吡喃葡萄糖基-(1→4)-D-吡喃
葡萄糖(麦芽糖)

低聚糖的糖基单位几乎全部都是己糖,除果糖为呋喃环结构外,葡萄糖、甘露糖和半乳糖等均是吡喃环结构。

低聚糖也同样存在分支,1 个单糖分子同 2 个糖基单位结合可形成如下的三糖分子结构,它存在于多糖类支链淀粉和糖原的结构中。

O-α-D-吡喃葡糖基-(1→4)-D-[α-D-吡喃葡糖基-(1→6)]-D-吡喃葡萄糖

低聚糖构象的稳定主要靠氢键维持。纤维二糖、麦芽糖、蔗糖和乳糖的构象如下:

O-β-D-吡喃葡糖基-(1→4)-D-吡喃葡萄糖(纤维二糖)

O-α-D-吡喃葡糖基-(1→4)-D-吡喃葡萄糖(麦芽糖)

β-D-呋喃果糖基- α-D-吡喃葡萄糖(蔗糖)

O-β-D-吡喃半乳糖基-(1→4)-D-吡喃葡萄糖(乳糖)

从以上的构象图可知,纤维二糖和乳糖的构象主要靠糖残基 C_3 位羟基上的氢与另一糖残基环上氧原子之间形成氢键保持稳定,在水溶液中的构象与结晶状态的近乎相似。麦芽糖在结晶和非水溶液中,是由葡萄糖残基 C_3 位羟基和葡萄糖残基 C_2 位上的羟基之间形成氢键;在水溶液中则是靠葡萄糖残基上的—CH_2OH 基与葡萄糖残基的 C_3 位羟基之间建立氢键,使存在的部分构象异构体保持稳定状态,这两种构象都是符合最小能量的结构。蔗糖分子结构中存在着 2 个氢键,第 1 个氢键由果糖残基的 C_1 羟基和葡萄糖残基的 C_2 位羟基之间构成,而第 2 个氢键是由果糖残基 C_6 位羟基和葡萄糖残基环上的氧原子间产生的。

此外,还有分子量更大的低聚糖,特别应该提到的是饴糖和玉米糖浆中的麦芽糖低聚物(聚合度 DP 或单糖残基数为 4～10),以及被称为沙丁格糊精(schardinger dextrin)或环状糊精(cyclodextrin)的 6～12 单位环状 α-D-吡喃葡萄糖基低聚物(图 3-6)。它是淀粉在 α-淀粉酶的作用下降解为麦芽糊精,然后由软化芽孢杆菌得到的葡聚糖转移酶(仅裂解 α-1,4-键)作用于麦芽糊精,使葡糖基转移至麦芽糊精的非还原末端,则得到具有 6～12 个吡喃葡萄糖单位的非还原性环状低聚糖,主要产物为含有 7 个葡萄糖单位的 β-环状糊精,另外还有 α-环状糊精和 γ-环状糊精(表 3-9)。X 射线衍射和核磁共振分析证明,β-环状糊精的结构(图 3-7)具有高度的对称性,分子中糖苷氧原子呈共平面,是一个中间为空穴的圆柱体。其底部有 6 个 C_6 伯羟基,上部排列 12 个 C_2、C_3 仲羟基。内壁被C—H所覆盖,与外侧相比有较强的疏水性。因此,它能稳定的将客体化合物(如维生素、风味物质和作为营养的苦味物质等)配合在非化学计量的包合结构中,使客体化合物被截留在空腔内,从而起到稳定食品香味的作用,此外还可作为微胶囊化的壁材。

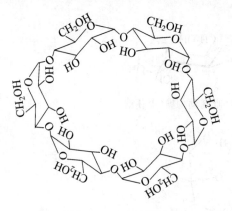

图 3-6　沙丁格糊精

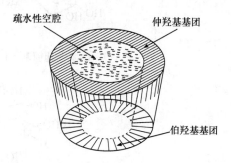

图 3-7　β-环状糊精的圆柱结构示意图

表 3 - 9　**α-、β-、和 γ-环状糊精的化学特征**

特　征	α	β	γ
葡萄糖单元数	6	7	8
分子量	972	1135	1297
溶解度/(g/100 mL,25 ℃)	14.5	1.9	23.2
腔的直径/Å	4.7～5.3	6.0～6.5	7.5～8.3

3.2.3.2　食品中重要的低聚糖

　　低聚糖存在于多种天然食物中,尤以植物类食物较多,如果蔬、谷物、豆科、海藻和植物树胶等。此外,在牛奶、蜂蜜和昆虫类中也含有。蔗糖、麦芽糖、乳糖和环状糊精是食品加工中最常用的低聚糖(表 3 - 8)。许多特殊的低聚糖(如低聚果糖、低聚木糖、甲壳低聚糖和低聚魔芋葡苷露糖)具有显著的生理功能,如在机体胃肠道内不被消化吸收而直接进入大肠内为双歧杆菌所利用,是双歧杆菌的增殖因子,有防止龋齿、降低血清胆固醇、增强免疫等功能。

　　双糖由两个单糖缩合而成,葡萄糖生成的同聚双糖包括纤维二糖、麦芽糖、异麦芽糖、龙胆二糖和海藻糖(图 3 - 8)。市售麦芽糖是采用来自芽孢杆菌属(*Bacillus*)细菌的 β-淀粉酶水解淀粉制备的,是食品中较廉价的温和甜味剂。

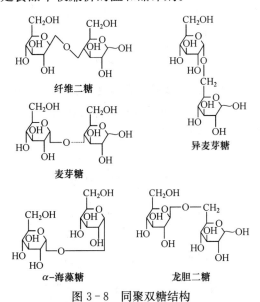

纤维二糖

异麦芽糖

麦芽糖

α-海藻糖　　　　龙胆二糖

图 3 - 8　同聚双糖结构

　　由 D-葡萄糖构成的如图 3-8 所示 5 种双糖,除海藻糖外,都含有一个具有还原性的游离半缩醛基,称为还原糖。因而具有还原银、铜等金属离子的能力,糖被氧化成糖羧酸;α-海藻糖不含游离的半缩醛基,因此不容易被氧化,是非还原糖。

　　蔗糖、乳糖、乳酮糖(lactulose)和蜜二糖是杂聚双糖(图 3 - 9),除蔗糖外其余都是还原性双糖。糖的还原性或非还原性在食品加工中具有重要的作用,特别是当食品中同时含有蛋白质或其他含氨基的化合物时,在制备、加工或保藏时易受热效应的影响。乳糖存在于牛奶(浓度为4.5%～4.8%)和其他非发酵乳制品(如冰淇淋)中,而在酸奶和奶酪等发酵乳制品中乳糖含量较少,这是因为在发酵过程中乳糖的一部分转变成了乳酸。婴儿在喂奶期,40%的能量消耗来源于乳糖。乳糖具有刺激小肠吸收和保持钙的能力。乳糖在到达小肠前不能被消化,当到达小肠后由于乳糖酶的作用水解成D-葡萄糖和D-半乳糖,因此为小肠所吸收。如果缺乏乳糖酶,会使乳糖在大肠内受到厌氧微生物的作用,发酵生成乙酸、乳酸和其他短链酸,倘若这些产物大量积累,则会引起腹泻。

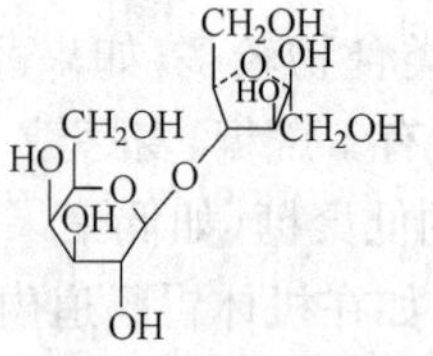

乳酮糖

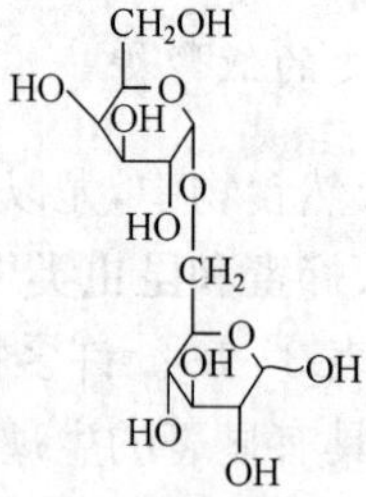

蜜二糖

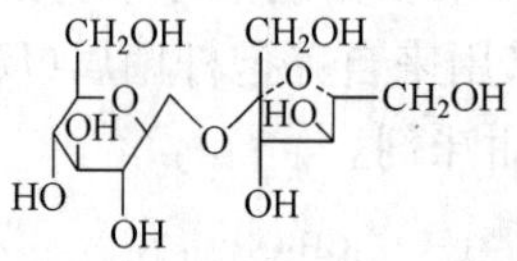

蔗糖

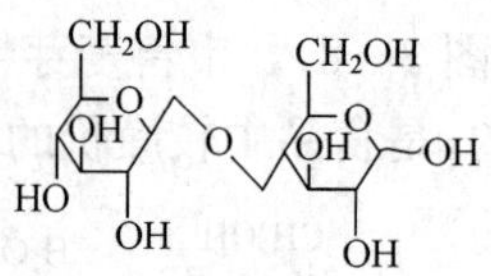

乳糖

图3-9 杂聚双糖

三糖同样也存在于食品中,有同聚三糖或杂聚三糖(图3-10)、还原或非还原性糖之分,如麦芽三糖(同聚三糖、还原性D-葡萄糖低聚物)、甘露三糖(杂三糖、D-葡萄糖和D-半乳糖还原性低聚物)和蜜三糖(属非还原性的杂聚三糖,是由D-半乳糖基、D-葡糖基和D-果糖基单位组成的杂三糖)。

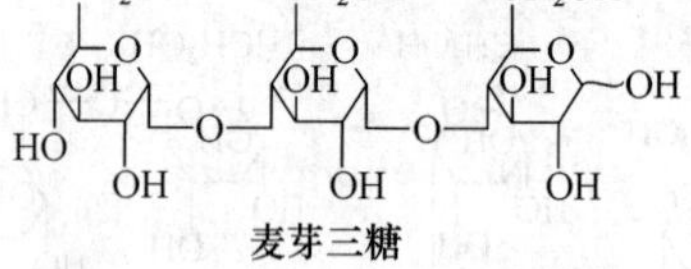

麦芽三糖

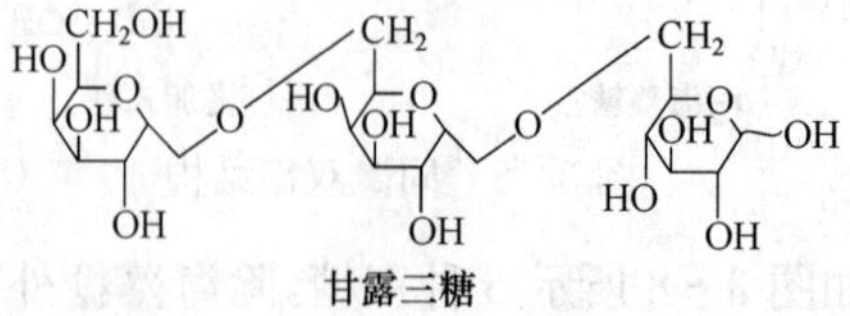

甘露三糖

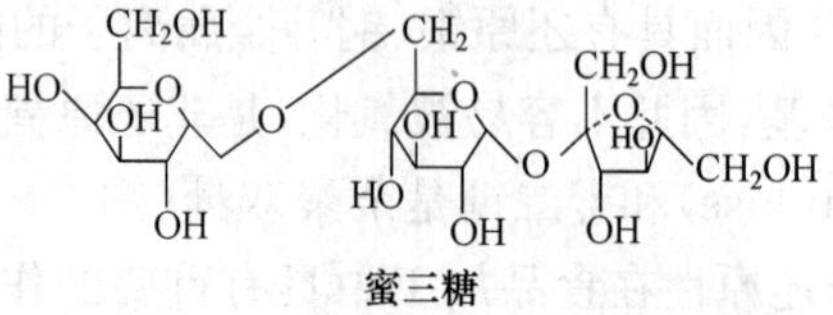

蜜三糖

图3-10 同聚三糖和杂聚三糖

3.2.3.3 特性

低聚糖如同其他糖苷一样容易被酸水解,但对碱较稳定。蔗糖水解称为转化,生成的等物质的量葡萄糖和果糖的混合物称为转化糖(invert sugar)。蔗糖的比旋光度为正值($[\alpha]_D^{20} = +66.5°$),经过水解后变成负值,因为水解产物葡萄糖的比旋光度$[\alpha]_D^{20} = +52.7°$,而果糖的比旋光度$[\alpha]_D^{20} = -92.4°$,所以蔗糖水解物的比旋光度为$-19.8°$,蔗糖没有变旋光性。从还原性双糖因水解而引起的变旋光性可以知道异头碳的构型,因为α-异头物比β-异头物的比旋光度大,β-糖苷裂解使比旋光度增大,而α-糖苷裂解却降低比旋光度。

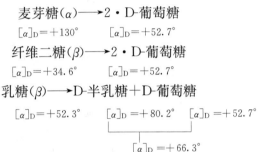

由于蔗糖和大多数低分子量糖类(如单糖、糖醇、双糖及其他低分子量寡糖)具有很强的亲水性能和极高的溶解性,因而可以形成高渗透能力的高浓度溶液,以蜂蜜为例,它不仅可以作为甜味剂,而且还可以作为防腐剂和保湿剂。

在任何糖类的溶液中,一部分水是不能结冰的,当可冻结的水结冰时,将使溶液的浓度增大,冰点降低,并导致溶液的黏度增大。最终,液相以玻璃态的形式凝固。此时,所有分子的淌度和依赖于扩散的反应均受到限制,这样水分子就不能结冰。因此,糖类可以作为低温防护剂,防止体系因结冰而引起的脱水收缩和结构与质地的破坏。

3.2.4 多糖

3.2.4.1 命名和结构

多糖(polysaccharides)是大分子聚合物(聚合度 DP 值由 20 到几万,只有少数小于100),含有各种糖基单位,一般称为聚糖。聚糖的聚合度一般为$200 \sim 3000$,其中聚合度较大的多糖如纤维素(DP 为 $7000 \sim 15\ 000$),支链淀粉的分子量更大,为 10^7(DP>60 000)。按质量计,约占天然糖类的 90% 以上。特定单糖同聚物的英文命名是用单糖的名称作为词头,词尾为 an,如 D-葡萄糖的聚合物称为 D-葡聚糖。有些多糖的英文命名过去用 ose 结尾,如纤维素和直链淀粉。其他多糖的名称现在已经做了修改,如琼脂糖 agarose 改为 agaran,有些较老的命名词尾是以 in 为后缀,如果胶和菊糖。

多糖的聚合度实际上是不均一的,分子量呈高斯(Gaussian)分布,它不像蛋白质是由酶合成的,没有 RNA 模板的帮助,因此有些多糖分子量范围狭窄。某些多糖以糖复合物或混合物形式存在,如糖蛋白、糖肽、糖脂、糖缀合物等糖复合物。几乎所有的淀粉都是直链和支链葡聚糖的混合物,分别称为直链淀粉和支链淀粉。商业果胶主要是含有阿拉伯聚糖和半乳聚糖的聚半乳糖醛酸的混合物。纤维素、直链淀粉、支链淀粉、果胶和瓜尔豆聚糖的重复单位和基本结构如下：

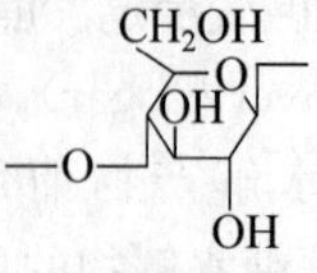

纤维素 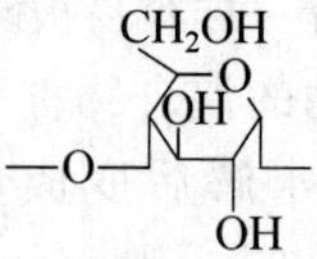　　　　　　　　　　　直链淀粉

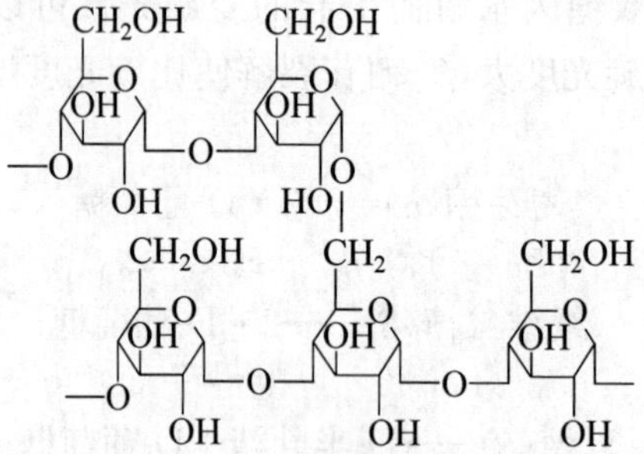

支链淀粉

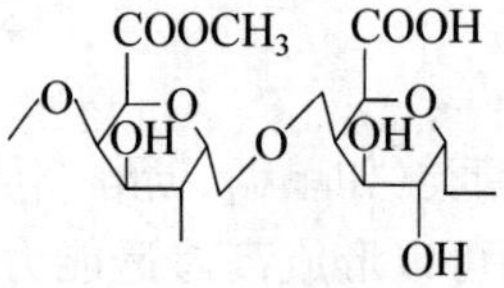

果胶

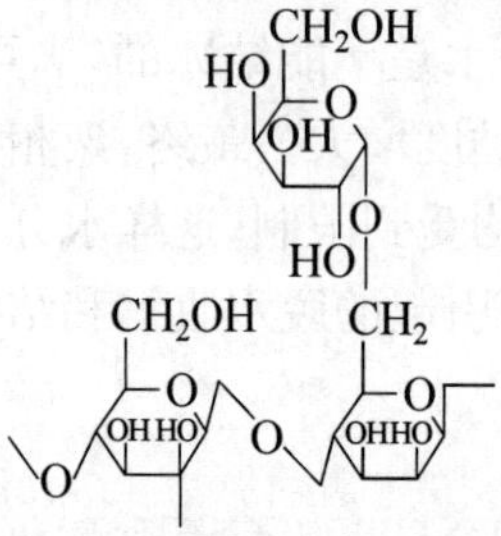

瓜尔豆聚糖

　　多糖可由一种或由几种糖基单位组成，分别称为同聚糖和杂聚糖。单糖分子间通过糖苷键连接可成线形结构（如纤维素和直链淀粉）或带支链的结构（支链淀粉、糖原、瓜尔聚糖），支链多糖的分支位置和支链长度因种类不同存在很大差异。单糖残基序列可以是周期性的，一个周期包含一个或几个交替的结构单元（纤维素、直链淀粉或透明质酸）；序列也可能包含非周期性链段分隔的较短或较长的周期性排列残基链段（海藻酸、果胶、鹿角藻胶）；也有一些多糖链的糖基序列全是非周期性的（如糖蛋白的糖类部分）。

　　多糖的糖基组成单位可以被酸完全水解成单糖，利用气相色谱法和气相-质谱联用法测定。化学和酶水解可用来了解多糖的结构，酶法水解得到低聚糖，分析低聚糖可以知道多糖序列位置和连接类型。食品中常见的多糖见表 3 - 10。

表 3-10　食品中常见的多糖

同多糖

名　称	结构单糖	结　构	分子量	溶解性	存　在
直链淀粉 (amylose)	D-葡萄糖	α-(1→4)葡聚糖直链上形成支链	$10^4\sim10^5$	稀碱溶液	谷物和其他植物
支链淀粉 (amylopectin)	D-葡萄糖	直链淀粉的直链上连有α-(1→6)键构成的支链	$10^5\sim10^6$	水	淀粉的主要组成成分
纤维素 (cellulose)	D-葡萄糖	聚β-(1→4)葡聚糖直链,有支链	$10^4\sim10^5$		植物结构多糖
几丁质 (chitin)	N-乙酰-D-葡糖胺	β-(1→4)键形成的直链状聚合物有支链		稀、浓盐酸或硫酸,碱溶液	甲壳类动物的壳,昆虫的表皮
葡聚糖 (右旋糖酐) (dextran)		α-(1→6)葡聚糖为主链,α-(1→4)(0%～50%)、α-(1→2)(0%～0.3%)、α-(1→3)(0%～0.6%)键结合在主链上构成支链,形成网状结构	$10^4\sim10^6$		肠膜状明串珠菌(Leuconostoc mesenteroides)产生的微生物多糖
糖原 (glycogen)	D-葡萄糖	类似支链淀粉的高度支化结构α-(1→4)和α-(1→6)键	$3\times10^5\sim$ 4×10^6	水	动物肝脏内的储藏多糖
菊糖 (inulin)	D-果糖	β-(2→1)键结合构成直链结构	$3\times10^3\sim$ 7×10^3	热水	菊科植物大量存在的多聚果糖,大理菊、菊芋的块茎和菊苣的根中最多
甘露聚糖 (mannan)	D-甘露糖	种子甘露聚糖:β-(1→4)键连接成主链,α-(1→6)键结合在主链上构成支链。 酵母甘露聚糖:α-(1→4)键结合成主链,具有高度支化结构	$2\times10^3\sim10^4$	碱	棕榈科植物如椰子种子胚乳,酵母
木聚糖 (xylan)	D-木糖	β-(1→4)键结合构成直链结构	$1\times10^4\sim$ 2×10^4	稀碱溶液	玉米芯等植物的半纤维素
出芽短梗孢糖或茁霉胶 (pulluan)	D-葡萄糖	⊢(1→6)α-D-吡喃葡萄糖-(1→4)α-D-吡喃葡萄糖-(1→4)-α-D-吡喃葡萄糖⊣$_n$	$\sim2\times10^5$	水	一种类酵母真菌茁霉(Pullularea pulluans)作用于蔗糖、葡萄糖、麦芽糖而产生的孢外胶质多糖

杂多糖

名　称	结构单糖与结构	分子量	溶解性	存　在
海藻酸 (alginic acid)	D-甘露糖醛酸和L-古洛糖醛酸的共聚物	$\sim10^5$	碱	褐藻细胞壁的结构多糖
琼脂糖 (agarose)	由D-半乳糖和3,6-脱水-L-半乳糖以β-(1→3)键相间隔连接而成的-(1→3)⊢β-D-吡喃半乳糖(1→4)-3,6-无水α-L-吡喃半乳糖-(1→3)⊣$_n$。主链上连接硫酸、丙酮酸和葡萄糖醛酸残基称为琼胶。琼脂为琼脂糖和琼胶的混合物	$1\times10^5\sim2\times10^5$	热水	红藻类细胞的黏性多糖

续表

杂多糖

名　称	结构单糖与结构	分子量	溶解性	存　在
阿拉伯树胶 (arabic gum)	由D-半乳糖、D-葡萄糖醛酸、L-鼠李糖、L-阿拉伯糖组成	$10^5\sim10^6$	水	金合欢属植物树皮的渗出物
鹿角藻胶 (carrageenan) (又名卡拉胶)	3,6-脱水-D-半乳糖及其2或6-硫酸酯、D-半乳糖-2,6-二硫酸酯、2,4-和6-硫酸酯构成复杂的支化结构,有κ、ι、λ、μ 4种		热水	红藻类鹿角藻细胞壁结构多糖
瓜尔豆胶 (guar gum)	D-甘露糖和D-半乳糖组成的半乳甘露聚糖,其组成比为 2∶1,甘露糖以β-(1→4)键连接构成主链,每隔一个糖单位连接一个 α-(1→6)半乳糖	$2\times10^5\sim3\times10^5$	水	瓜尔豆种子
葡甘露聚糖 (glucomannan)	D-甘露糖和D-葡萄糖以2∶1、3∶2或5∶3组成,依植物种类而异。甘露糖和葡萄糖以β-(1→4)键构成主链,在甘露糖 C_3 位上存在由β-(1→3)键连接的支链	$1\times10^5\sim1\times10^6$	水	魔芋的主要成分
果胶 (pectin)	由α-(1→4)-D-吡喃半乳糖醛酸单元组成的聚合物,主链上还存在α-L-鼠李糖残基	$2\times10^4\sim4\times10^5$	水	植物细胞壁构成多糖
黄蓍胶 (tragacanth gum)	主要含 D-半乳糖醛酸及 D-木糖和L-岩藻糖。在聚-α-(1→4)半乳糖醛酸的主链上连接有以 β-(1→3)键结合的D-木糖和L-岩藻糖-木糖	8×10^5		紫云英属的几种植物渗出液
角豆胶 (locast been gum)	D-甘露糖和 D-半乳糖按(3～4)∶1组成的甘露半乳聚糖。主链为β-(1→4)甘露糖,支链以(1→6)键连接半乳糖	$\sim3\times10^5$	热水	角豆树种子
汉生胶 (xanthan gum) (又名黄原胶)	纤维素主链上连接有 D-葡萄糖、D-甘露糖和D-半乳糖醛酸三糖单位侧链,另还有一部分乙酰基和由丙酮酸形成的环乙酰	$>10^6$	水	甘蓝黑腐黄杆菌 (xanthomonas campes-tris) 的产物

3.2.4.2　构象

单糖的结构单位在链中的构象、位置和连接类型可确定多糖的链构象,除不规则构象外,有规则的构象在多糖链中至少存在部分周期性序列,下面以葡聚糖和几种其他多糖为例解释某些有代表性的链构象。

1) 伸长或拉伸螺条构象

伸长或拉伸螺条构象(extended or stretched ribbon-type conformation)是β-D-吡喃葡萄糖残基以1→4糖苷键连接成的多糖的特征,如纤维素中存在的构象。某些β-D-葡聚糖链构象见图3-11。

从图3-11可看出,某些多糖的拉伸链构象是由于单糖以氧桥连接的锯齿形结构所

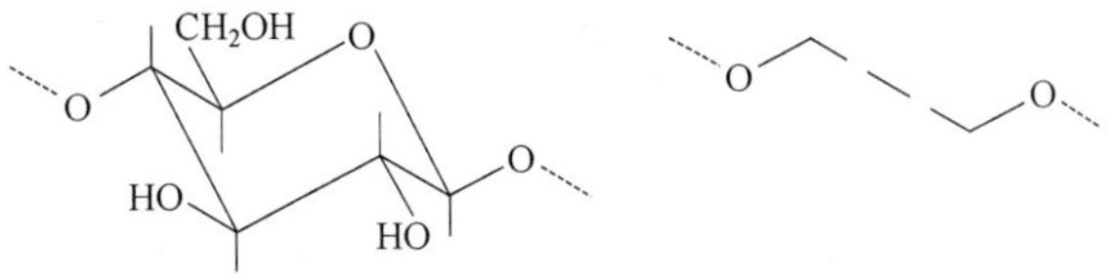

图 3 - 11 以 $(1\rightarrow4)$-β-D-吡喃葡萄糖为单位的多糖周期构象

引起的,而且链略微缩短或压缩,这样就会使邻近残基间形成氢键以维持构象的稳定。在螺条拉伸构象中,每一圈的单糖单元数目用 n 表示,n 值从 2 到 ±4,每个单糖单元的轴间螺距以 h 表示,h 为单糖单位长度。葡聚糖(如纤维素)属于这种构象。

另一种链构象是如果胶和海藻酸盐的强褶裥螺条构象(plated ribbon-type conformation)(图 3 - 12)。果胶链段是由 $1\rightarrow4$ 连接的 α-D-吡喃半乳糖醛酸单位组成,海藻酸盐链段由 $1\rightarrow4$ 连接的 α-L-吡喃古洛糖醛酸单位构成。

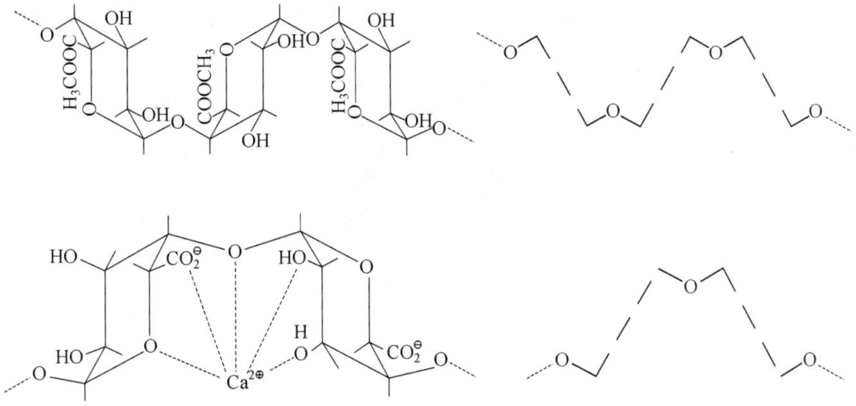

图 3 - 12 果胶和海藻酸盐的褶裥螺条构象链段

从海藻酸盐链段结构可看出,Ca^{2+} 能使构象保持稳定,两个海藻酸盐链装配成类似蛋箱的构象,通常称为蛋箱型构象(egg box type of conformation)。例如

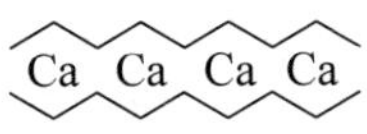

上述举例可看出,线性螺条链构象的共同特征是具有锯齿形几何形状。

2) 空心螺旋构象

苔藓植物地衣中的地衣多糖由 $1\rightarrow3$ 连接的 β-D-吡喃葡萄糖单位组成,以具有空心螺旋构象(hollow helix-type conformation)为其结构特征(图 3 - 13),这种链构象的形式与单糖单元连接的 U 形几何形状有关。直链淀粉具有这种几何形状,所以呈现螺旋构象(图 3 - 14)。

空心螺旋构象的每一圈单糖单元数目(n)和每个单糖单元轴间螺距(h)因多糖的种类不同而异,n 值在 2 和 ±10 之间,h 值可接近极限值 0。在 β-$(1\rightarrow3)$-葡聚糖的构象中,$n=5.64$,$h=3.16$ Å。

螺旋构象可通过各种不同的方式保持稳定。当螺旋直径大时能形成笼形物,较小螺

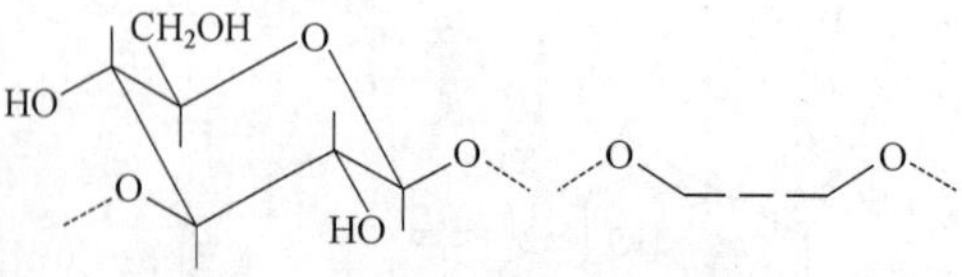

图 3 - 13　地衣多糖的链构象

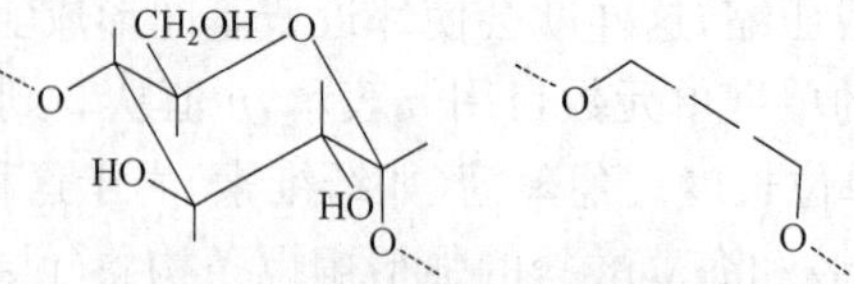

图 3 - 14　直链淀粉链构象

旋直径将产生更大的伸展或拉伸链,形成双股或 3 股螺旋,而强拉伸链使构象稳定一般是由锯齿和褶裥缔合,而不是形成股绳式螺旋。图 3 - 15 为螺旋构象的稳定作用。

(a) 笼形化合物　　　(b) 双股或3股螺旋线团　　　(c) "筑巢"

图 3 - 15　螺旋构象的稳定作用

3) 盘曲构象

盘曲构象(crumpled-type conformation)是由单体以氧桥连接呈现皱纹的几何形状所引起的,1→2 连接的 β-D-吡喃葡萄糖多糖属于这种构象,$n=2\sim4$,$h=2\sim3$ Å,但在自然界不具有重要性(图 3 - 16)。

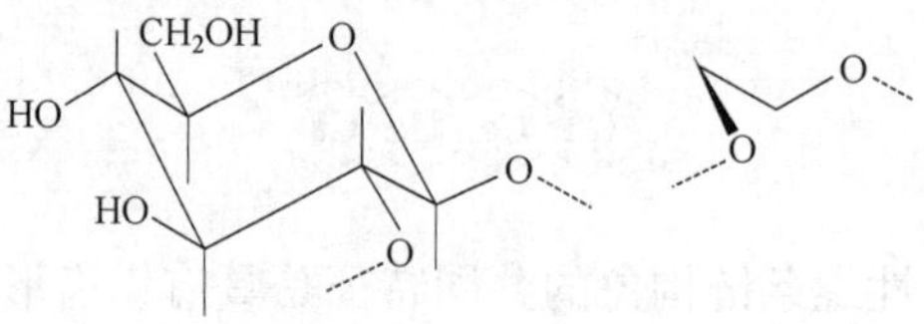

图 3 - 16　盘曲构象

4) 松散结合构象

由 1→6 连接的 β-D-吡喃葡萄糖单位构成的葡聚糖,是松散结合构象(loosely-jointed conformation)多糖结构的典型,其构象表现出特别大的易变性。葡聚糖构象(图 3 - 17)的这种很大柔顺性与连接单体间的连接桥性质有关。从上述结构形式可知,连接桥有 3 个能自由旋转的键,而且糖残基之间相隔较远。

5) 杂聚糖构象

从上面的例子可以知道,根据保持多糖的单体、单位键和氧桥的几何形状,可以预计

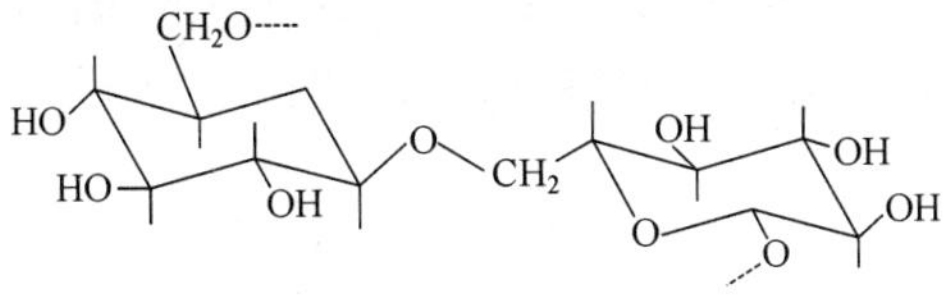

图 3-17 β-(1→6)-D-吡喃葡聚糖构象

同聚糖的构象,但很难预计包含不同构象的几个单体周期序列的杂聚糖构象,如 L-鹿角藻胶中的 β-D-吡喃半乳糖-4-硫酸酯单位呈 U 形几何形状,而 3,6-脱水-α-D-吡喃半乳糖-2-硫酸酯残基是锯齿形(图 3-18)。

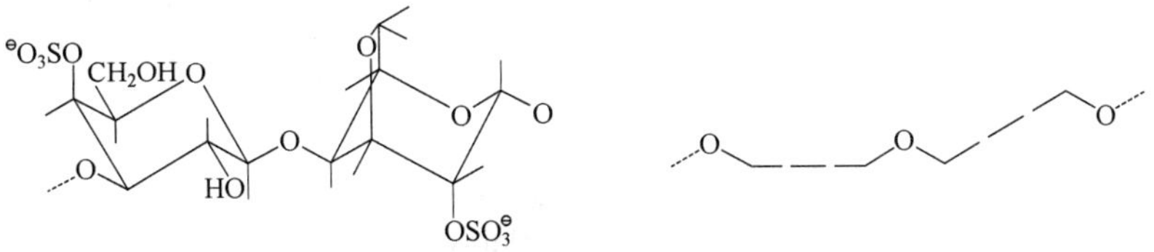

图 3-18 L-鹿角藻胶中的链构象

计算结果表明 L-鹿角藻胶的构象从短的压缩螺条形到拉伸的螺旋形不等,但实际上 X 射线衍射分析结果证明 L-鹿角藻胶存在拉伸螺旋,而且是稳定的双重螺旋构象。

6) 链间的相互作用

前面已经讲述,多糖结构中以周期排列的单糖序列可因非周期链段的嵌入而中断,这种由序列引起的干扰会导致构象无序。L-鹿角藻胶可以更详细地解释上述现象,因此它将能阐明大分子胶凝形成凝胶的机理。

L-鹿角藻胶在其生物合成反应中最初得到的是 β-D-吡喃半乳糖-4 硫酸酯($^4C_1$, Ⅰ)和 α-D-吡喃半乳糖-2,6-二硫酸酯($^4C_1$, Ⅱ)单位相互交替构成的周期序列(图 3-19)。当链生物合成完全时,由于受到酶催化反应,α-D-吡喃半乳糖-2,6-二硫酸酯(Ⅱ)大部分去掉了一个硫酸基,转变成 3,6-脱水-α-D-吡喃半乳糖-2-硫酸酯($^1C_4$, Ⅲ),这种转变与链的几何形状变化有关。某些已脱去一个硫酸酯的残基单位,在链序列中起到干扰部位的作用。

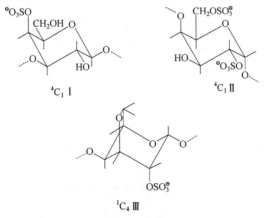

图 3-19 L-鹿角藻胶的结构单元

一个链中未发生这种转变的有序链段,可以与另一个链的相同链段发生缔合,形成双螺旋。非周期或无序的链段则不能参与这种缔合,见图3-20。

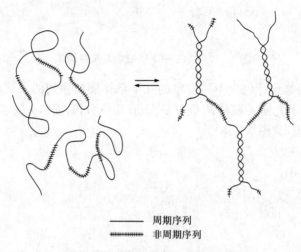

〓〓〓〓　周期序列
┼┼┼┼┼┼┼┼┼　非周期序列

图3-20　凝胶的胶凝过程示意图

　　L-鹿角藻胶由于链与链的相互作用而形成具有三维网络结构的凝胶,溶剂被截留在网络之中,凝胶强度受α-D-吡喃半乳糖-2,6-二硫酸酯残基数和分布的影响,这种结构特性与生物合成有关。L-鹿角藻胶形成凝胶的机理同样可用来解释其他大分子凝胶的凝结过程。因此,多糖形成凝胶,除分子链应有足够的长度外,同时要求大分子链结构必须存在周期序列或有规则的构象断续出现(即部分有序),这种断续的产生一般是由于多糖链上嵌入不同几何形状键合的糖残基(如鹿角藻胶、海藻酸盐、果胶),或者链中适当分布有游离的或酯化的羧基(糖醛酸),或者是嵌入了侧链的结果。当多糖胶凝时,分子的有序链段间发生缔合则可形成双螺旋[图3-21(a)]、多双螺旋族[图3-21(b)],或者拉伸螺条形构象缔合成蛋箱形[图3-21(c)]。此外,还有某些其他的类似缔合,见图3-21(d),或者是如图3-21(e)所示的双股螺旋和螺条两者结合所构成的形式。

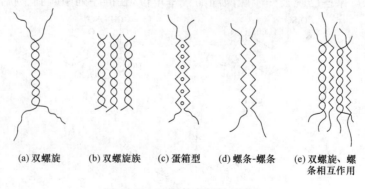

(a)双螺旋　　(b)双螺旋族　　(c)蛋箱型　　(d)螺条-螺条　　(e)双螺旋、螺条相互作用

图3-21　正规构象间链的聚集

3.2.4.3　多糖的特性

多糖在自然界分布十分广泛而丰富,主要作用是形成骨架(如植物中的纤维素,半纤维素和果胶,动物中的甲壳素,黏多糖)和保留吸收的物质(如植物中的淀粉、右旋葡聚糖和菊多糖,动物中的糖原等),还可结合大量的水(如琼脂、果胶、海藻酸盐和黏多糖)。

食品中各种多糖分子的结构、大小以及链相互作用的方式均不相同,这些因素对多糖的特性起着重要作用。膳食中有的多糖是不溶于水和不能被人体消化的,它们是组成蔬菜、果实和种子细胞壁的纤维素和半纤维素,它们使某些食品具有物理紧密性、松脆性和良好的口感。此外,还有利于肠道蠕动。食品中的多糖除纤维素外,大都是水溶性的,或者是在水中可分散的。这些多糖在食品中起着各种不同的作用,如硬性、松脆性、紧密性、增稠性、成膜性、黏着性、形成凝胶和产生口感、保留营养物质,并且使食品具有一定的结构和形状,以及松脆或柔软,溶胀或胶凝,或者完全可溶解的特性。

1) 多糖的溶解性

多糖分子链由己糖和戊糖基单位构成,链中的每个糖基单位大多数平均含有 3 个羟基,有几个氢键结合位点,每个羟基均可和 1 个或多个水分子形成氢键。此外,环上的氧原子以及糖苷键上的氧原子也可与水形成氢键,因此每个单糖单位能够完全被溶剂化,使之具有很强的持水能力和亲水性,使整个多糖分子成为水溶性的。在食品体系中多糖能控制或改变水的流动性,同时水又是影响多糖物理和功能特性的重要因素。因而,食品的许多功能性质,包括质地都与多糖和水有关。

水与多糖的羟基是通过氢键结合的,在结构上产生了显著的改变,这部分水由使多糖分子溶剂化而自身运动受到限制,通常称这种水为塑化水,在多糖中起着增塑剂的作用。它们仅占凝胶和新鲜组织食品中总含水量的一小部分,这部分水能自由地与其他水分子迅速发生交换。结合水以外的水被截留在凝胶或组织中各种毛细管腔中。

多糖是一类高分子化合物,由于自身的属性而不能增加水的渗透性和显著降低水的冰点,因而在低温下仅能作为低温稳定剂,而不具有低温保护剂的效果。例如,淀粉溶液冻结时形成了两相体系,其中一相为结晶水(冰),另一相是由大约 70% 淀粉与 30% 非冻结水组成的玻璃态。高浓度的多糖溶液由于黏度特别高,因而体系中的非冻结水的流动性受到限制。另外,多糖在低温时的冷冻浓缩效应,不仅使分子的流动性受到了极大的限制,而且使水分子不能被吸附到晶核和结合在晶体生长的活性位置上,从而抑制了冰晶的生长。上述原因使多糖在低温下具有很好的稳定性,因此在冻藏温度(−18 ℃)以下,无论是高分子量或低分子量的多糖,均能有效阻止食品的质地和结构受到破坏,从而有利于提高产品的质量和储藏稳定性。

多糖(不是所有的)除灌木丛状和交叉的支链结构外,都是以短螺旋结构存在。高度有序的多糖一般是完全线性的,在大分子糖类中只占少数,分子链因相互紧密结合而形成结晶结构,最大限度地减少了同水接触的机会,因此不溶于水。仅在剧烈条件下,例如,在碱或其他适当的溶剂中,使分子链间氢键断裂才能增溶,如纤维素,由于它的结构中 β-D-吡喃葡萄糖基单位的有序排列和线性伸展,使纤维素分子的长链和另一个纤维素分子中相同的部分相结合,导致纤维素分子在结晶区平行排列,使水不能与纤维素的这些部位发生氢键键合,所以纤维素的结晶区不溶于水,而且非常稳定。正是纤维素的这种性质使大树能够长期存活。然而,大部分多糖不具有结晶,因此易在水中溶解或溶胀。水溶性多糖和改性多糖通常以不同粒度的固体粉末在食品工业和其他工业中作为胶或亲水胶体应用,主要为天然和改性淀粉,以及非淀粉多糖。

无周期结构的无支链杂多糖和大多数支链多糖,由于它们的链段间的相互作用还不足以提供形成一定长度的结构域,因而不能形成胶束和结晶,这些不规则的链段相互间不易接近在一起,从而增加了多糖分子的水合作用,分子的可溶性也随之提高。

2) 黏度与稳定性

可溶性大分子多糖都可以形成黏稠溶液。在天然多糖中,阿拉伯树胶溶液(按单位体积中同等质量分数计)的黏度最小,而瓜尔胶(guargum)或瓜尔聚糖(guaran)及魔芋葡甘聚糖溶液的黏度最大。多糖(胶或亲水胶体)的增稠性和胶凝性是食品中的主要功能。此外,还可控制液体食品及饮料的流动性与质地,改变半固体食品的形态及提高 O/W 乳浊液的稳定性。在食品加工中,多糖的使用量一般为 0.10%～0.50%,即可产生很高的黏度甚至形成凝胶。

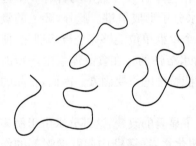

大分子溶液的黏度取决于分子的大小、形状、所带净电荷和在溶液中的构象,以及溶剂种类。多糖分子在溶液中的形状是围绕糖基连接键旋转的结果,一般呈无序状态的构象有较大的可变性。多糖的链是柔顺性的,有显著的熵运动,在溶液中为紊乱或无规线团状态(图 3 - 22)。但是大多数多糖不同于典型的无规线团,所形成的线团是刚性的,有时紧密,有时伸展,线团的性质与单糖的组成和连接方式相关。

图 3 - 22　多糖分子的无规线团

线性多糖在溶液中具有较大的屈绕回转空间,其"有效体积(effective volume)"和流动产生的阻力一般都比支链多糖大,分子链段之间相互碰撞的频率也较高。分子间由于碰撞产生摩擦而消耗能量,因此,线性多糖即使在低浓度时也能产生很高的黏度(如魔芋葡甘聚糖)。其黏度大小取决于多糖的聚合度 DP(分子量)、伸展程度和刚性,也与多糖链溶剂化后的形状和柔顺性有关。例如,羧甲基纤维素 CMC 的黏度随着聚合度 DP 大小而变,当浓度为 2% 时,黏度从小于 5 到大于 100000 mPa·s。高黏度产品主要用于增稠,而低黏度产品用于成膜或赋予食品体积和口感。

支链多糖在溶液中链与链之间的相互作用不太明显,因而分子的溶剂化程度较分子量或 DP 相同的线性多糖高,更易溶于水。特别是高度支化的多糖"有效体积"的回转空间比分子量相同的线性分子小得多(图 3 - 23),分子之间相互碰撞的频率也较低,这意味着支链多糖溶液的黏度远低于 DP 相同的线性多糖。

对于仅带一种电荷的线性多糖,通常在分子链上连接的是阴离子,如羧基、硫酸半酯基或磷酸基,由于产生静电排斥作用,分子伸展,链长增加和阻止分子间缔合,这类多糖溶液呈现高的黏度,而且 pH 对其黏度大小有较显著的影响。含羧基的多糖在 pH=2.8 时电荷效应最小,这时羧基电离受到了抑制,这种聚合物的行为如同不带电荷的分子。

由于立体化学的原因,所有线性分子无论是带电荷还是不带电荷,都比分子量相同的支链分子或灌木丛状分子具有更多的回转空间。因此,一般来说,线性多糖溶液比支链多

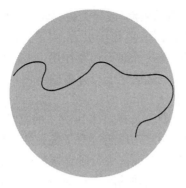

图 3-23　相同分子量的线性多糖和高
度支链多糖在溶液中占有的相对体积

糖溶液的黏性更大。多糖在食品中主要是产生黏稠性、结构或胶凝作用,所以线性多糖一般是最实用的。

一般而言,不带电荷的线性均一多糖,因其分子链中仅具有一种中性单糖的结构单元和一种键型,如纤维素或直链淀粉,分子链间倾向于相互缔合和形成部分结晶,这些结晶区不溶于水,而且非常稳定。当在剧烈条件下加热,多糖分子在水中形成不稳定的分散体系,随后分子链间又相互作用形成有序排列,产生有规律的构象。通常构象非常有规律时会出现部分结晶态,这是中性线性多糖形成沉淀和凝胶的必备条件。例如,直链淀粉在加热后溶于水,分子链伸长,当溶液冷却时,分子链段相互碰撞分子间形成氢键相互缔合,成为有序的结构,在重力的作用下会使形成的颗粒产生沉淀。淀粉中出现的这种不溶解效应,称为"老化"。伴随老化,水被排除,则称之为"脱水收缩"。面包和其他焙烤食品,会因直链淀粉分子缔合而变硬。支链淀粉在长期储藏后,分子间也可能缔合产生老化。带电荷的线性多糖会因库仑斥力阻止分子链段相互接近,同时引起链伸展,产生高黏度,形成稳定的溶液,很难发生老化现象,如海藻酸钠、黄原胶和鹿角藻胶。在鹿角藻胶分子中存在很多的硫酸半酯基,是带负电荷的线性混合物,即使溶液的 pH 很低时也不会出现沉淀,因为鹿角藻胶分子中的硫酸根在适合的 pH 范围都是完全处于电离状态。

胶体溶液是以水合分子或水合分子的集聚态分散,溶液的流动性与这些水合分子或聚集态的大小、形状、柔顺性和所带电荷多少相关。多糖溶液包括假塑性流体和触变流体两类。假塑性流体具有剪切稀化的流变学特性,流速随剪切速率增加而迅速增大,此时溶液黏度显著下降。液体的流速可因应力增大而提高,黏度的变化与时间无关。线性高分子通常为假塑性流体,具有剪切稀化的流变学特性。一般而言,多糖分子量越大,则表现出的假塑性越大。假塑性小的多糖,从流体力学的现象可知,称为"长流",有黏性感觉;假塑性大的流体为"短流",其口感不黏。

触变流体同样具有剪切稀化的特征,但是黏度降低不是随流速增加而瞬间发生的。当流速恒定时,溶液的黏度降低是时间的函数。剪切停止后一定时间,溶液黏度即可恢复到起始值,这是一个凝胶-溶液-凝胶的转变。换言之,触变溶液在静止时是一种弱的凝胶结构。

3) 凝胶

胶凝作用是多糖的又一重要特性。在食品加工中,多糖或蛋白质等大分子或颗粒(如晶

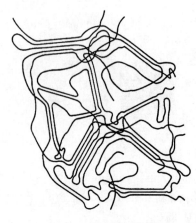

图 3-24　典型的三维网络
凝胶结构示意图

体,乳状液滴,或分子聚集体/纤维),可通过氢键、疏水相互作用、范德华引力、离子桥接(ionic cross bridge)、缠结或共价键等相互作用,在多个分子间形成多个联结区。这些分子与分散的溶剂水分子缔合,最终形成由水分子布满的连续的三维空间网络结构(图 3-24)。

凝胶兼有固体和液体的某些特性。当大分子链间的相互作用超过分子链长的时候,每个多糖分子可参与两个或多个分子连接区的形成,这种作用的结果使原来流动的液体转变为有弹性的、类似为海绵的三维空间网络结构的凝胶。凝胶不像连续液体那样完全具有流动性,也不像有序固体具有明显的刚性,而是一种能保持一定形状,可显著抵抗外界应力作用,具有黏性液体某些特性的黏弹性半固体。凝胶中含有大量的水,有时甚至高达 99%,如带果块的果冻、肉冻、鱼冻等。

凝胶强度依赖于联结区结构的强度,如果联结区不长,链与链不能牢固地结合在一起,那么,在压力或温度升高时,聚合物链的运动增大,于是分子分开,这样的凝胶属于易破坏和热不稳定凝胶。若联结区包含长的链段,则链与链之间的作用力非常强,足可耐受所施加的压力或热的刺激,使其部分表现为弹性固体。然而,在分子完全流动的连续相中,凝胶的硬度低于普通固体,它的某些方面表现为黏性液体。因此,凝胶是黏弹性半固体,即凝胶对外加应力的响应表现出弹性固体和黏性液体的特征。可以通过适当地控制联结区的长度形成多种不同硬度和稳定性的凝胶。在低温下,某些胶或亲水胶体形成的凝胶,由于联结区的增长,网络结构将变得更紧密。此时网络中的一小部分水将从联结区中渗透出来,并在凝胶表面形成液滴。这种结构收缩现象称为"脱水收缩"。

支链分子或杂聚糖分子间不能很好地结合,因此不能形成足够大的联结区和一定强度的凝胶。这类多糖分子只形成黏稠、稳定的溶胶。同样,带电荷基团的分子,如含羧基的多糖,链段之间的负电荷可产生库仑(coulomb)斥力,因而阻止联结区的形成。

亲水胶体具有许多功能特性,可在食品加工中作为黏结剂、增稠剂、浊度剂、膨松剂、结晶抑制剂、脱水收缩剂、搅打起泡剂、乳化剂和乳化稳定剂、成膜剂以及胶囊剂。其选择标准是基于加工产品所需要的黏度、结构、凝胶强度、流体特性、体系的 pH、加工温度与其他配料的相互作用,以及价格等因素综合考虑。

4) 水解

多糖在食品加工和储藏过程中不如蛋白质稳定。在酸或酶的催化下,低聚糖和多糖的糖苷键易发生水解,并伴随黏度降低。

糖苷、低聚糖和多糖水解的难易程度,除了同它们的结构有关外,还受 pH、时间、温度和酶的活力等因素的影响。在某些食品加工和保藏过程中,糖类的水解是很重要的,因为它能使食品出现非需宜的颜色变化,并使多糖失去胶凝能力。糖苷键在碱性介质中是相当稳定的,但在酸性介质中容易断裂。糖苷水解反应机理表示如下:

上述反应中,失去 ROH 和产生共振稳定碳鎓离子(碳正离子)是决定转化速率的一步。由于某些糖类对酸敏感,所以在酸性食品中不稳定,特别在高温下加热更容易发生水解。

糖苷的水解速率随温度升高而急剧增大,符合一般反应速率常数的变化规律(表 3-11)。从表 3-12 中可见,异头物的水解速率因种类而异,β-D-糖苷的水解速率小于 α-D 异头物。在低聚糖和多糖中,由于结构的差异和缔合度的不同可引起水解速率的变化,多糖的水解速率随多糖分子间的缔合度增加而明显的成比例降低。

表 3-11　温度对糖苷水解速率的影响

糖苷(0.5mol/L 硫酸溶液中)	$k^{1)}$		
	70 ℃	80 ℃	93 ℃
甲基-α-D-吡喃葡萄糖苷	2.82	13.8	76.1
甲基-β-D-呋喃果糖苷	6.01	15.4	141.0

1) 一级反应速率常数 $k \times 10^6 \, \text{s}^{-1}$。

表 3-12　异头型对各种糖苷水解速率的影响[1)]

α-D 异头物	$k^{2)}$	β-D 异头物	$k^{2)}$
曲二糖 1→2	1.46	槐糖 1→2	1.17
黑曲霉糖 1→3	1.78	昆布二糖 1→3	0.99
麦芽糖 1→4	1.55	纤维二糖 1→4	0.66
异麦芽糖 1→6	0.40	龙胆二糖 1→6	0.58

1) 温度 80 ℃,0.1 mol/L HCl。

2) 一级反应速率常数 $k \times 10^5 \, \text{s}^{-1}$。

在食品加工中常利用酶作催化剂水解多糖,如果汁加工、果葡糖浆的生产等。从 20 世纪 70 年代开始,工业上采用 α-淀粉酶和葡萄糖糖化酶水解玉米淀粉得到近乎纯的 D-葡萄糖。然后用异构酶使 D-葡萄糖异构化,形成由 54% D-葡萄糖和 42% D-果糖组成的平衡混合物,称为果葡糖浆。这种廉价甜味剂可以代替蔗糖。据报道,美国市场每年销售蔗糖约 110 亿千克,目前销售量下降,其中 25% 左右为果葡糖浆所代替。我国也生产这种甜味剂,并用于非酒精饮料、糖果和点心类食品的生产。商业上的高果葡糖糖浆的组成和相对甜度见表 3-13。用右旋糖当量(dextrose equivalent,DE)测定淀粉对 D-葡萄糖的转化度,并按干重计算还原糖质量分数。

表 3-13　高果葡糖糖浆的组成和相对甜度

组成和甜度		果葡糖浆类型		
		普通果葡糖浆(42%果糖)	55%果糖	90%果糖
质量分数/%	葡萄糖	52	40	7
	果糖	42	55	90
	低聚糖	6	5	3
相对甜度		100	105	140

　　淀粉生产玉米糖浆有三种不同方法:第一种方法是酸转化法。淀粉(30%~40%水匀浆)用盐酸调整使其浓度近似为0.12%,于140~160 ℃加热煮15~20 min或直至达到要求的DE值,水解结束即停止加热。用碳酸钠调至pH=4~5.5,离心沉淀、过滤、浓缩,即得到纯净的酸转化玉米糖浆。第二种是酸-酶转化玉米糖浆的方法,即淀粉经酸水解后再用酶处理。酸处理过程与第一种方法相同,采用的酶有α-淀粉酶、β-淀粉酶和葡萄糖糖化酶。选用何种酶取决于所得到的最终产品。例如,生产62DE玉米糖浆是先用酸转化至DE值为45~50,经过中和、澄清处理后再添加酶制剂,通常用α-淀粉酶转化,使DE值达到大约62,然后加热使酶失活。第三种高麦芽糖玉米糖浆也是一种酸-酶转化糖浆,即先用酸处理至DE值达到20左右,经过中和、澄清后添加β-淀粉酶转化至DE值达到要求为止,然后加热使酶失活。此外,还有酶-酶转化法。

3.3　糖类的性质

3.3.1　链状糖类反应

　　糖类,特别是还原糖通常用环形结构表示,但实际上仍然有很少量以开链形式存在,链状形式是某些反应所要求的存在形式,如不同大小环形结构的转变、变旋和烯醇化等反应。例如,D-葡萄糖溶解于水时,很快有葡萄糖的开链式、五元环、六元环和七元环等不同结构形式的化合物处于平衡状态,在室温下以六元环为主,七元环痕量,有5种异构体,即α-和β-D-吡喃葡萄糖、α-和β-D-呋喃葡萄糖以及开链状醛式葡萄糖(图3-25),其中开链醛式D-葡萄糖的数量只占0.003%。一定种类的糖,当它在水溶液中达到平衡时,各种异构体的数量取决于它们的相对稳定程度。纯异构体如结晶α-D-吡喃葡萄糖溶解于水,共有上述5种异构体处于平衡状态。

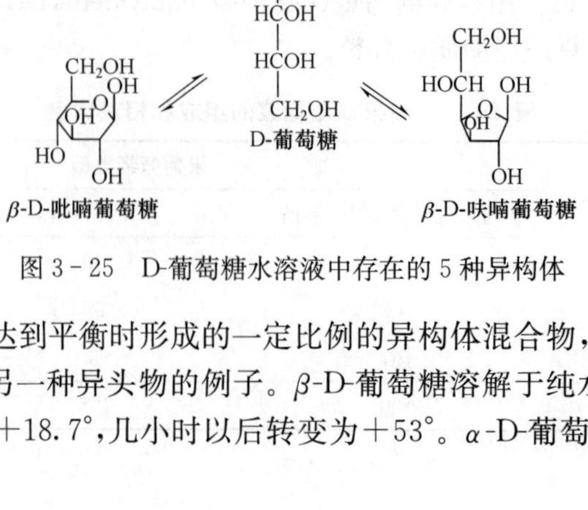

图3-25　D-葡萄糖水溶液中存在的5种异构体

　　α-或β-D-葡萄糖达到平衡时形成的一定比例的异构体混合物,可作为说明变旋现象和一种异头物转变成另一种异头物的例子。β-D-葡萄糖溶解于纯水中,用旋光法观察到最初比旋光度$[\alpha]_D$为+18.7°,几小时以后转变为+53°。α-D-葡萄糖起始比旋光度$[\alpha]_D$

为+112°,放置后也降低至+53°,这就是葡萄糖溶液的变旋现象。平衡时的比旋光度相当于体系中存在 36.2% 的 α-D-葡萄糖和 63.8% 的 β-D-葡萄糖。酸或碱可作为一种催化剂,使变旋速率大大加快。

酚类或类黄酮糖苷、烯醇与羰基共轭的糖苷以及配基能发生 β-消去反应的糖苷在碱性介质中不稳定,发生明显降解。其他大多数糖苷对碱是稳定的,只有在相当剧烈的条件下,如在 75 ℃时的 10% 氢氧化钠溶液中,糖苷键才能断裂。呋喃糖苷比吡喃糖苷更不稳定。

当酸或碱的浓度超过还原糖变旋作用所要求的浓度时,糖便发生烯醇化。这是由于碱的催化作用使糖的环状结构变为链式结构,生成如图 3 - 26 所示的 D-葡萄糖-1,2-烯二醇。在烯二醇结构中,C_2 失去了非对称性,说明 D-葡萄糖烯二醇式可以向两个方向变化,生成 D-葡萄糖及 C_2 差向异构体 D-甘露糖的混合物。假若烯二醇的双键电子对沿着碳链向下迁移则形成 C_2 羰基,D-葡萄糖或 D-甘露糖都可以通过这种方式转变为 D-果糖。同样,D-果糖的烯醇化反应生成 C_2 差向异构体 D-甘露糖,但烯二醇这种中间产物未曾分离得到。按照人工合成的途径实现这种转变所用的碱类有氢氧化钙、吡啶、铝酸钠,以及硼酸和三乙胺混合物。大多数还原糖在 pH 为 3~4 是稳定的。

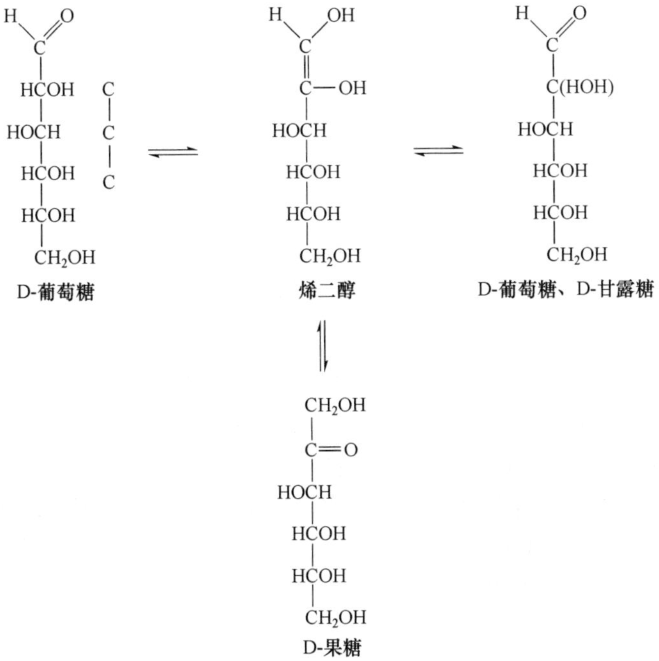

图 3 - 26 D-葡萄糖劳布莱德-阿尔贝答-范爱肯史特恩
(Lobry de Bruyn-Alberde-van Ekenstein)反应

3.3.2 氧化反应

醛糖在温和条件下用含溴水的中性或碱性缓冲液氧化,生成醛糖酸,通常将此反应用于糖的定量。其中费林(Fehling)法是早期测定糖的一种方法。在反应过程中,费林溶液

[Cu(Ⅱ)的碱性溶液]可将醛糖氧化为醛酸,而 Cu(Ⅱ)还原为 Cu(Ⅰ),生成砖红色的 CuO 沉淀。另外的试剂[如 Nelson-Somogyl 试剂和本尼迪特(Bendict)试剂],也可用于食品和其他生物材料中还原糖的测定。因为 β-吡喃糖相对 α-吡喃糖具有更强的酸性,其氧化速率更快,所以可认为反应是通过吡喃糖的活泼形式阴离子进行,氧化产物为 δ-内酯,它与 γ-内酯和游离的醛糖酸的游离形式处于平衡状态,在 pH>3 时醛糖酸的产率最高(图3-27)。

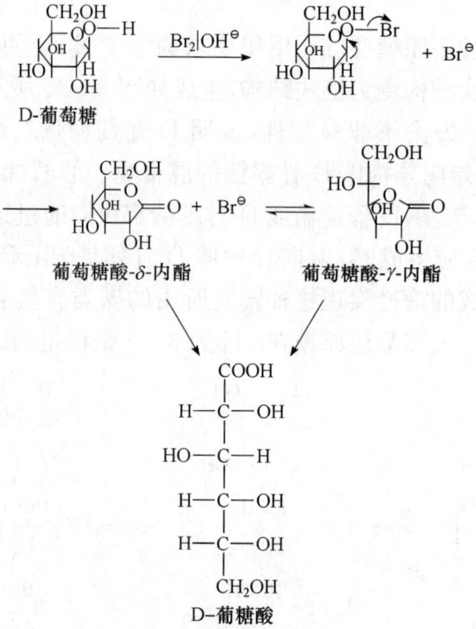

图3-27　葡萄糖氧化机理

D-葡萄糖在葡萄糖氧化酶作用下易氧化成 D-葡糖酸,商品 D-葡糖酸及其内酯的制备如图 3-28 所示。利用此反应可测定食品和其他生物材料中 D-葡萄糖的含量,以及血中 D-葡萄糖的水平。在室温下葡糖酸-δ-内酯和 γ-内酯都可以水解生成 D-葡萄糖酸,这两种内酯通过中间双环的形式相互转变。D-葡糖酸-δ-内酯(D-glucono-delta-lactone,GDL 系统命名为 D-葡萄糖-1,5-内酯),在室温下完全水解需要 3h,随着水解不断进行,pH 逐渐下降,是一种温和的酸化剂,可用于要求缓慢释放酸的食品中。例如,肉制品、乳制品和豆制品,特别是焙烤食品中作为发酵剂。

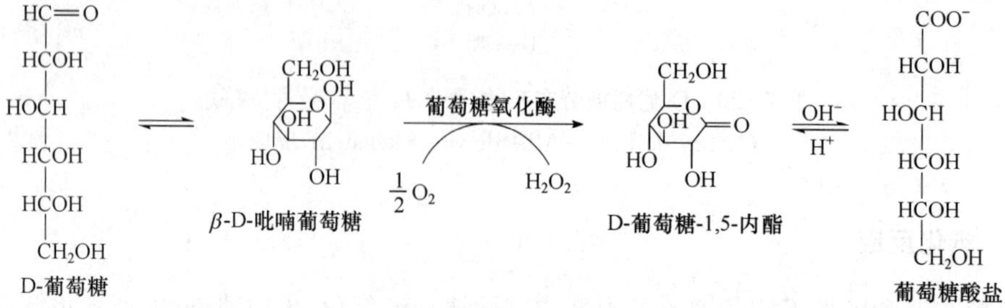

图3-28　D-葡萄糖在葡萄糖氧化酶催化下的氧化作用

3.3.3 还原反应

单糖通过电解、硼氢化钠或催化氢化可被还原成对应的糖醇，酮糖还原由于形成了一个新的手性碳原子，所以得到两种糖醇。食品加工中有重要用途的糖醇是木糖醇，此外还有外消旋核糖醇、D,L-阿糖醇、内消旋木糖醇。己糖醇总共有 10 种立体异构体（内消旋阿洛糖醇、内消旋半乳糖醇、D,L-山梨糖醇、D,L-艾杜糖醇、D,L-甘露糖醇和 D,L-阿卓糖醇），其中仅山梨糖醇和甘露醇可代替蔗糖用于保健食品、降低中等水分食品的水活度或作为软化剂、结晶抑制剂和改善脱水食品的复水特性。山梨糖醇存在于梨、苹果和李等水果中，在植物界（如藻类、高等植物及浆果中）也广泛存在，但其含量很少，它的甜度只有蔗糖的一半。一般以糖浆和结晶两种形式出售，通常用作湿润剂。

D-甘露醇一般由甘露糖直接加氢得到，而商业上制备是由蔗糖加氢，让蔗糖中的果糖发生加氢反应，同时生成 D-山梨糖醇和 D-甘露醇，但在反应中可通过控制碱的浓度获得需要的产品。D-甘露醇与山梨糖醇不一样，不能作为保湿剂，它非常容易结晶，且微溶于水，因此常用于不粘的糖果的包裹剂和甜味剂。

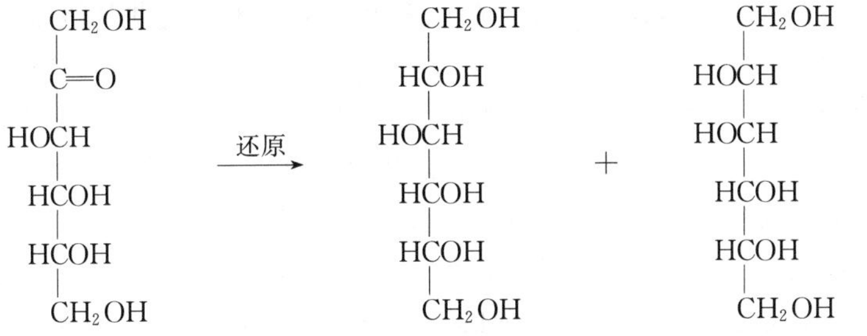

D-果糖 D-山梨糖醇 D-甘露醇

木糖醇是由半纤维素（特别是桦树中的半纤维素）制得的 D-木糖加氢后的产物。当其结晶溶解时，发生很强的吸热反应。因此在口腔中具有清凉感觉，甜度为蔗糖的 70%。代替蔗糖使用可减少龋齿的产生，这是因为它不能被口腔中的微生物代谢生成牙斑。

3.3.4 酯化与醚化反应

糖分子中的羟基与简单醇的羟基类似，能同有机酸和一些无机酸形成酯。在自然界中发现有多糖酸酯、硫酸酯、乙酸酯、琥珀酸半酯和其他羧酸酯等特殊多糖酯存在，如马铃薯淀粉中含有少量磷酸酯基、鹿角藻胶中含有硫酸酯基（硫酸半酯）。糖磷酸酯通常是代谢的中间产物（图 3 - 29）。商业上常将玉米淀粉衍生化生成单酯和双酯，最典型的是琥

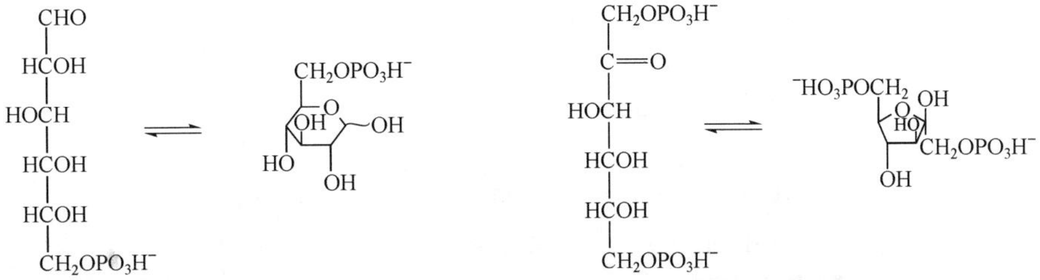

D-葡萄糖-6-磷酸酯 D-果糖-1,6-二磷酸酯

图 3 - 29 糖磷酸酯代谢中间产物

珀酸酯、琥珀酸半酯和二淀粉己二酸酯。蔗糖脂肪酸酯是食品中一种常用的乳化剂。

糖的羟基如醇羟基,除能形成酯外还可生成醚。但天然存在的多糖醚类化合物不如多糖酯那样多。然而,多糖醚化后可明显改善其性能。例如,食品中使用的羧甲基纤维素钠和羟丙基淀粉等。

在红海藻多糖特别是琼脂、κ-鹿角藻胶和 L-鹿角藻胶中存在一种特殊的醚,即这些多糖中的 D-半乳糖基的 C_3 和 C_6 之间由于脱水形成的内醚。其结构如下:

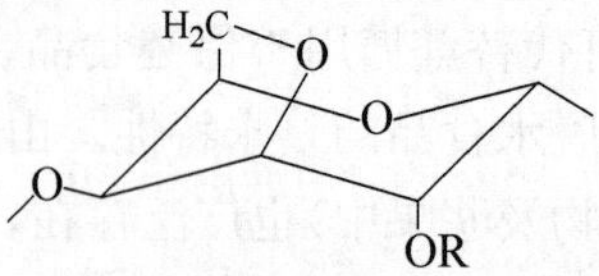

3,6-脱水-α-D-吡喃半乳糖基

3.3.5　糖类的脱水和热降解

糖的脱水和热降解是食品中的重要反应,酸或碱均能催化这类反应的进行,其中,许多属于 β-消去反应类型。戊糖脱水生成的主要产物是 2-呋喃醛,而己糖生成 5-羟甲基-2-呋喃醛(HMF)和其他产物,如 2-羟基乙酰呋喃和异麦芽酚。这些初级脱水产物的碳链裂解可产生其他化学物质,如乙酰丙酸、甲酸、丙酮醇(1-羟-2-丙酮)、3-羟基丁酮、二乙酰、乳酸、丙酮酸和乙酸。这些降解产物有的具有强烈的气味,可产生需宜或非需宜的风味。这类反应在高温下容易发生,例如,热加工的果汁中可形成 2-呋喃醛和 5-羟甲基-2-呋喃醛。用鼠进行动物实验研究这些化合物的毒性,发现呋喃甲醛的毒性比 5-羟甲基-2-呋喃醛的更强。鼠饲喂实验结果表明,即使膳食中 HMF 摄入量高达 450mg/kg 体重,也不至于有毒害作用。糖分子内脱水反应生成的一个重要中间产物是 3-脱氧脎,图 3-30 表示

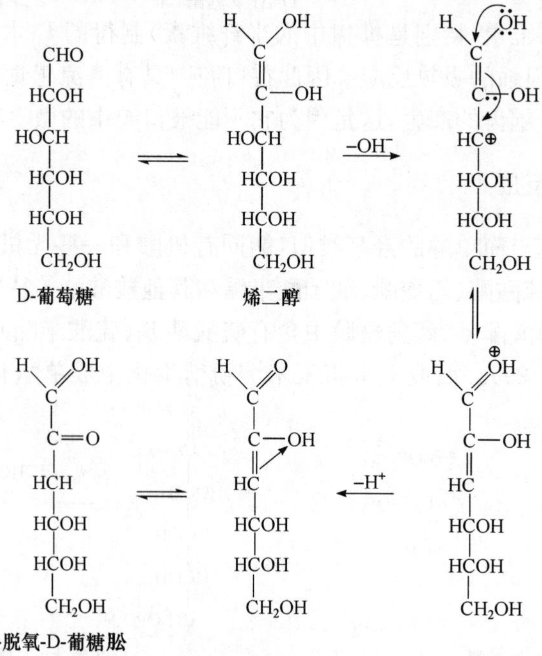

图 3-30　D-葡萄糖分解生成 3-脱氧-D-葡糖脎

D-葡萄糖形成这种化合物的反应过程。烯醇式 3-脱氧葡糖脎可继续发生 β-消去反应 (图 3-31)。顺式-3,4-烯糖闭环,脱水生成 HMF(图 3-32)。

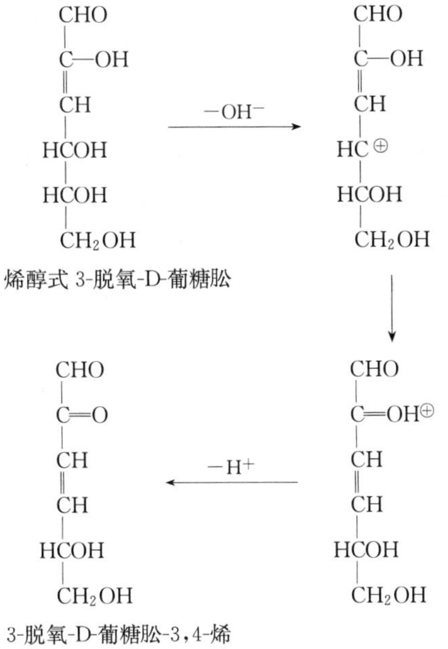

图 3-31 由烯醇式 3-脱氧-D-葡糖脎形成的 3-脱氧-D-葡糖脎-3,4-烯

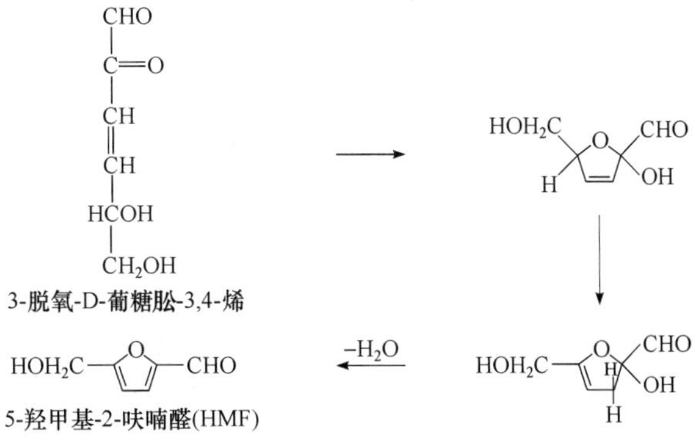

图 3-32 3-脱氧-D-葡糖脎-3,4-烯环化和脱水形成 5-羟甲基-2-呋喃醛

根据 β-消去反应原理,可以预测大多数醛糖和酮糖的初级脱水产物。就酮糖而言, 2-酮糖互变异构所生成的 2,3-烯二醇有两种 β-消去反应途径:一种途径是生成 2-羟乙酰 呋喃;另一种是生成异麦芽酚。

糖在加热时可发生碳碳断裂和不断裂两种类型的反应,后一类使糖在熔融时发生正 位异构化、醛糖-酮糖异构化以及分子间和分子内的脱水反应。

正位异构化:

$$\alpha\text{-或}\beta\text{-D-葡萄糖} \xrightarrow{\text{熔融}} \alpha/\beta\text{平衡}$$

醛糖-酮糖的互变异构如下:

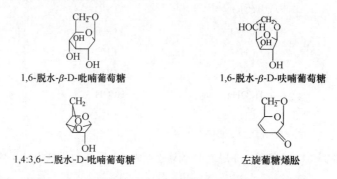

更复杂的糖类（如淀粉）在 200 ℃热解时，转糖苷反应是最重要的反应，在此温度下，α-D-(1→4)键的数目随着时间延长而减少，同时伴随有 α-D-(1→6)和 β-D-(1→6)键甚至 β-D-(1→2)糖苷键的形成。

某些食品经过热处理，特别是干热处理，容易形成大量的脱水糖。D-葡萄糖或含 D-葡萄糖单位的聚合物特别容易脱水（图 3 - 33）。

1,6-脱水-β-D-吡喃葡萄糖　　　　　　　1,6-脱水-β-D-呋喃葡萄糖

1,4:3,6-二脱水-D-吡喃葡萄糖　　　　　　左旋葡糖烯朏

图 3 - 33　D-葡萄糖或含 D-葡萄糖的聚合物的热解产物

热解反应使碳碳键断裂，所形成的主要产物是挥发性酸、醛、酮、二酮、呋喃、醇、芳香族化合物、一氧化碳和二氧化碳。这些反应产物可以利用气相色谱（GC）或气相-质谱（GC-MS）联用仪进行鉴定。

3.3.6　非酶褐变反应

食品褐变反应分为氧化褐变和非氧化褐变两种。氧化褐变或酶促褐变是多酚氧化酶催化酚类和氧之间的反应，这是新鲜苹果、香蕉、梨、土豆及莴苣在切开时所发生的普通褐变现象，这种反应与糖类无关。非氧化褐变和非酶褐变反应是食品中常见的一类重要反应。

对非氧化褐变或非酶褐变的美拉德反应（Maillard reaction）至今还没有一个确切的定义，已知美拉德反应必须有极少量氨基化合物存在，通常是氨基酸、肽、蛋白质、还原糖和少量水作为反应物。美拉德反应生成可溶和不溶的高聚物及其他化合物，有的则是风味化合物、香气和深色的高聚物等，这些色素和风味化合物有的是需宜的，有的是不需宜的。它们在储藏过程中只能缓慢产生，但在高温（如油炸、烘烤或焙烤）时则很快形成，是食品热加工或储藏过程中常见的温度反应。由于美拉德反应有还原酮和荧光物质形成，因而体系的还原能力和滴定酸度增高。产物的检测方法一般是在波长 420 nm 或 490 nm 比色定量测定所形成的黄色或棕色色素，用 HPLC-MS^2 分离鉴定产物，测定释放出的二氧化碳含量，以及紫外、荧光、红外光谱分析和核磁共振波谱法测定等。

美拉德反应包括许多反应,在初始期还原糖与胺反应生成葡基胺,以无紫外吸收的无色溶液为特征,还原能力强,随着反应不断进行,溶液变成黄色,在近紫外区吸收明显增强,同时还有少量的糖脱水变成 HMF,以及发生键断裂形成 α-二羰基化合物和开始生成色素。在很多食品的加工过程中,根据食品初期出现还原能力增大可检测氨基糖的存在。添加还原剂,如亚硫酸盐能阻止食品褐变;但在美拉德褐变的最后阶段,由于发生了复杂的醇醛缩合和聚合反应,食品或溶液开始变为红棕色或深褐色,并有明显的焦糖香味和不溶解的胶体状含氮的高分子量的类黑精高聚物出现,以及少量二氧化碳产生,这时即使再添加亚硫酸盐也不能褪色。所有的类黑精都含有芳香环和共轭双键,但具有不同的颜色、分子量、氮含量和溶解度。

美拉德褐变起始反应(图 3-34)是还原糖开链式的羰基碳原子首先受到氨基氮原子的孤对电子的亲核攻击,然后失水闭环形成葡基胺(glycosylamine),当还原糖过量时则形成二葡基胺,葡基胺经阿马道莱(Amadori)重排反应生成 1-氨基-2 酮糖(图 3-35),此化合物已在发生褐变的冷冻干燥杏干中检出。

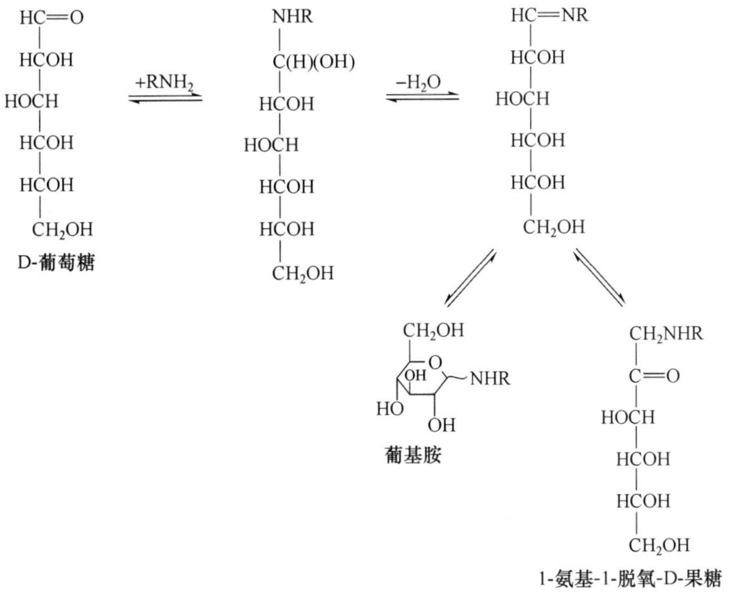

图 3-34 葡基胺的形成过程和美拉德褐变起始反应

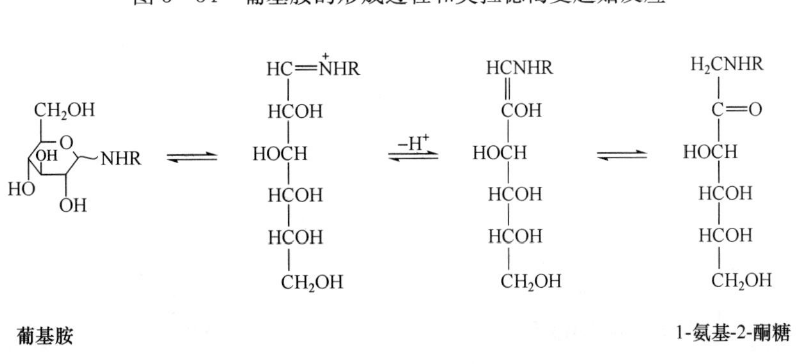

图 3-35 葡基胺的阿马道莱重排

假若起始糖反应物为酮糖,按与醛糖反应相同的机理生成葡基胺,然后发生汉斯(Heyns)重排(逆阿马道莱重排),生成 2-氨基醛糖(图 3 - 36)。

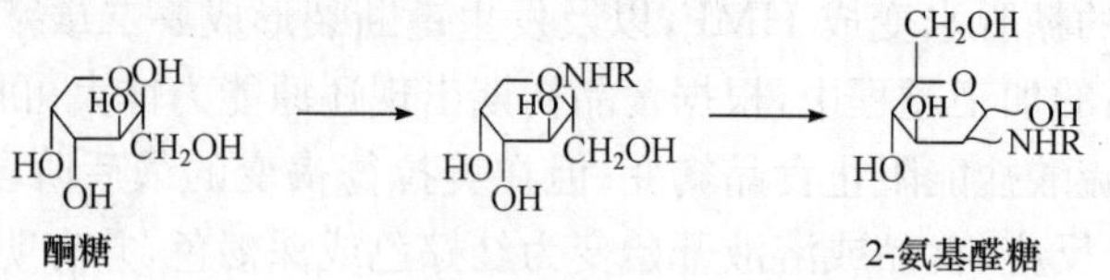

图 3 - 36　酮糖形成葡基胺和汉斯重排

形成的阿马道莱化合物至少可沿着两种途径降解:一种是 pH≤5 时首先形成 3-脱氧脘中间产物,最后生成 5-羟甲基-2-呋喃醛;另一种是在 pH>5 时,通过生成甲基-α-羰基化合物(图 3 - 37)。这两种途径生成的环状化合物迅速聚合产生不溶于水的含氮化合物类黑精色素(melanoidin),除了产生 HMF 和还原酮外,还有吡嗪和咪唑环。

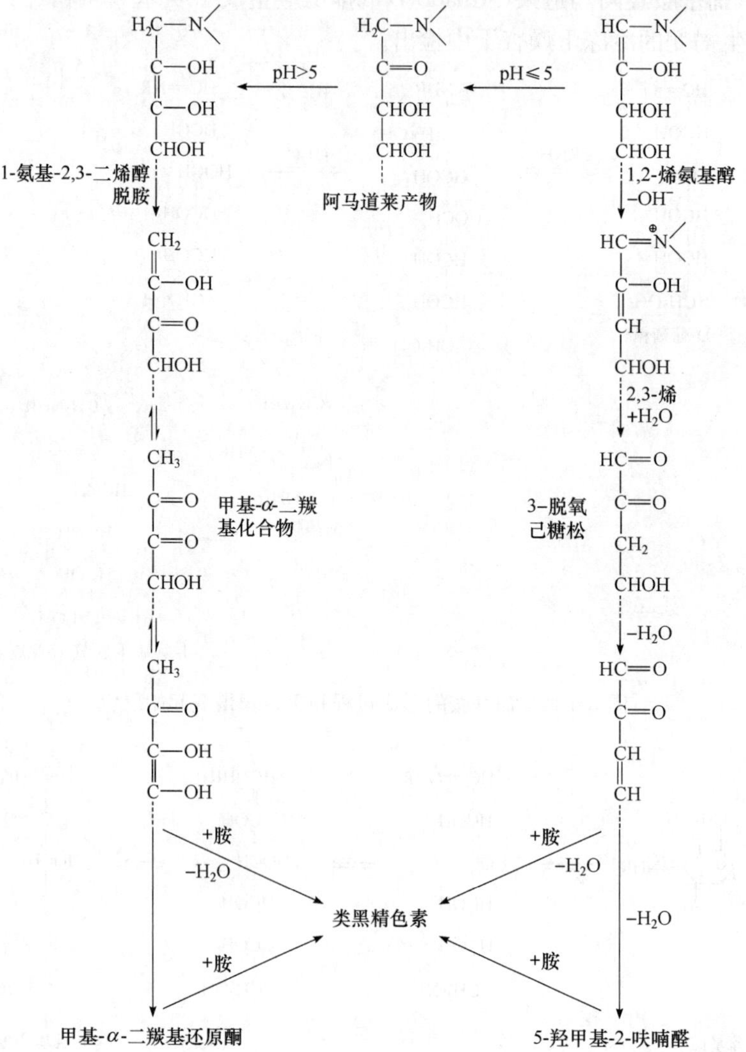

图 3 - 37　阿马道莱化合物形成类黑精色素的途径

从营养学的观点讲,当一种氨基酸或一部分蛋白质链参与美拉德反应时,显然会造成氨基酸的损失,而且蛋白质被修饰,使蛋白质的功能和消化率发生不利变化。这种破坏对必需氨基酸来说显得特别重要,其中以含有游离 ε-氨基的赖氨酸最为敏感,因而最容易损失。其他氨基酸对美拉德降解反应同样也很敏感,这些氨基酸是碱性 L-精氨酸和 L-组氨酸。碱性氨基酸侧链上有相对呈碱性的氮原子存在,所以比其他氨基酸对降解反应更敏感。值得注意的是,如果食品已发生美拉德反应,氨基酸及其营养价值都会有一些损失。但即使是没发生美拉德反应的食品,也并不能保证营养价值无损失,其原因是氨基酸降解和营养价值损失早在形成色素之前就已经发生。

美拉德反应是温度、pH、时间和反应物还原糖与氨基化合物的结构和性质的函数。凡含蛋白质和还原糖的食品,即使在较低温度下短时间加热,也可引起氨基酸损失,特别是碱性氨基酸,其中尤以 L-赖氨酸在褐变时损失最大(表 3-14)。

表 3-14　乳制品中 L-赖氨酸的降解

食品名称	温度/ ℃	时　间	L-赖氨酸降解率/%
鲜牛奶	100	几分钟	5
炼奶	—	—	20
脱脂奶粉	150	几分钟	40
脱脂奶粉	150	3h	80

美拉德反应并不是食品制备、加工或保藏中使必需氨基酸受到破坏的唯一途径,还有另一种斯特雷克尔(Strecker)降解途径,它包括 α-二羰基化合物和 α-氨基酸之间的相互作用(图 3-38)。斯特雷克尔反应产生的挥发性产物,如醛、吡嗪和糖的裂解产物,可以使食品具有香气和风味,在食品生产过程中常常利用斯特雷克尔反应,使某些食品如面包、蜂蜜、枫糖浆、巧克力等产品具有特殊的风味。食品加工中,在某些情况下美拉德反应和斯特雷克尔反应是需要的,而在另一些情况下则是非需要的反应。这就必须了解和控制发生这些反应的条件以及反应性质和程度的影响。这些条件包括温度、pH、水分含量、金属离子以及糖和氨基酸的结构与性质等。

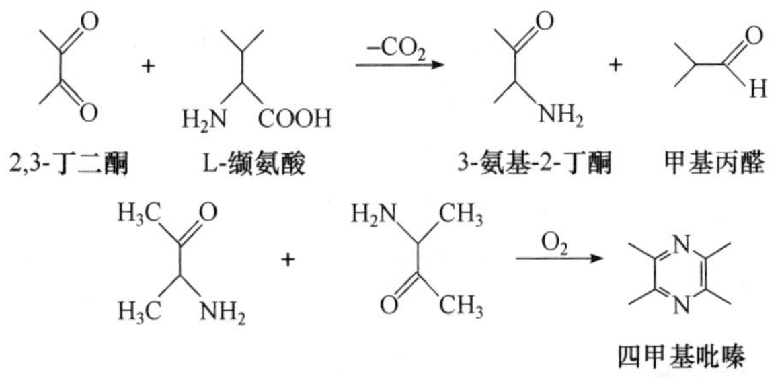

图 3-38　L-缬氨酸与 2,3-丁二酮的斯特雷克尔降解反应

控制食品中美拉德反应和斯特雷克尔反应的程度是十分重要的,这不仅是因为反应超出一定限度会给食品的风味带来不利的影响,而且还因为其降解产物可能属于有害物

质。这类反应形成的类黑精前体(premelanoidin)产物可能导致亚硝胺或者其他致突变(mutagenic)物质形成,这些产物的毒性还有待进一步研究。

pH 对美拉德褐变有很重要的影响,降低 pH 可减缓反应速率,在 pH≤6 时褐变反应程度较微弱,因为在强酸性条件下氨基被质子化,阻止了葡基胺的形成,所以美拉德褐变反应不明显。随着 pH 增大褐变转化速率加快,在中等水分含量,当 pH 为 7.8~9.2 时褐变速率最快,氨基氮将严重损失。

美拉德反应具有相对高的反应能,通常需要加热。因此,降低温度可以减小反应速率。

人们根据全蛋粉在储藏过程中出现的颜色变化,很早就开始研究水分含量对褐变的影响。有的科学工作者还观察了在预先制备的 D-葡基胺的无水甲醇溶液中,添加不同数量的盐酸和水所产生的颜色变化。发现含一定浓度酸的无水体系中褐变转化速率最快,增加水的含量则转化速率降低。在 D-木糖和甘氨酸组成的固态体系中,当相对湿度为0%或100%时并不发生褐变,而相对湿度为 30%时褐变转化速率最大。因此,可以认为食品在中等水分含量(即水分活度在 0.6~0.7 时)时褐变转化速率最快。

铜和铁等金属离子在能量有利的条件下,通过单电子氧化(在色素形成的后期)的游离基反应促进褐变反应,且 Fe^{3+} 比 Fe^{2+} 的作用更强,但 Na^+ 无影响。金属离子催化美拉德褐变反应说明褐变色素的形成属于氧化-还原反应。

美拉德曾研究过碳的结构与褐变程度的关系。他发现普通糖类褐变反应的容易程度依下列顺序逐渐增大:D-木糖>D-核糖>L-阿拉伯糖>己糖(D-半乳糖、D-甘露糖、D-葡萄糖、D-果糖)>双糖(麦芽糖、乳糖和蔗糖)。D-果糖反应活性比醛糖弱很多,因为褐变反应中,酮糖的反应机理与醛糖不同。但有一些报道认为,D-果糖比 D-葡萄糖更快反应,这是因为平衡时葡萄糖的开链式结构比例远小于果糖,而且果糖的活性高于葡萄糖。对于不同碳数单糖的反应顺序是三糖>四糖>戊糖>己糖。

每种特定糖形成色素的反应程度直接与其平衡溶液中的链式结构(游离羰基)的质量分数成正比,这充分说明在美拉德褐变时胺只能和链式结构的糖类发生反应。研究显示,胺离子比胺更容易与还原糖发生反应,仲胺发生美拉德反应的产物不同于伯胺。

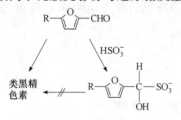

图 3-39　亚硫酸盐防止褐变的机理示意图

当不希望食品出现美拉德褐变时,只要使水活度降低至 0.2 以下就能抑制这种反应的发生,增大液体食品的稀释度或者降低 pH 和温度,也可达到同样的效果。另外,除去食品中能参与褐变反应的底物也能使褐变程度减弱,这种底物通常是糖类。例如,在全蛋粉干燥前添加葡萄糖氧化酶可使 D-葡萄糖降解;在鱼肉制品中加入一种有 D-核糖氧化酶活性的戊醋乳杆菌(*Lactobacillus pentoaceticum*)能使褐变降低至最低程度。SO_2 和亚硫酸盐是最广泛用于抑制褐变的化学物质(图 3-39)。

SO_2 或 SO_3^{2-} 虽然能够抑制食品褐变,但它们不能防止参与美拉德反应的氨基酸的营养价值受损失,因为在二氧化硫抑制褐变前,氨基酸已开始参与反应,并随之发生降解。此外,斯特克雷尔反应是引起必需氨基酸营养价值损失的重要途径,而二氧化硫和亚硫酸盐对该反应几乎无抑制作用。

控制食品加工储藏中的美拉德褐变有三个方面的重要意义:第一,褐变产生深颜色及强的香气和风味,对于许多食品在品质上,特别是感官上可能是需宜的或非需宜的。例如,一些油炸、烘烤和焙烤食品的特殊挥发性香气成分源于美拉德褐变反应,美拉德反应还赋予牛奶、巧克力、焦糖有益的风味(包括需宜的苦味)。果汁热加工时为保持其新鲜水果风味,需阻止褐变。第二,为了防止营养成分损失,特别是必需氨基酸如赖氨酸的损失,需要避免发生褐变反应。这种营养损失对于赖氨酸缺乏的食品(如谷物)是很重要的。大豆粉或大豆离析物与 D-葡萄糖一起加热时,大豆蛋白质中的赖氨酸将会大量损失,同样对于谷物焙烤食品、面包和豆类焙烤制品也会引起损失。第三,有报道美拉德反应会形成某些致突变产物。Powire 等已证实 D-葡萄糖或 D-果糖与 L-赖氨酸或 L-谷氨酸发生褐变反应所生成的某些产物可引起致突变作用,并且在沙门氏菌 TA100 菌株中得到证实,但另一些研究者用不同的模拟体系尚未证实上述这些褐变产物有致突变作用。

3.3.7 焦糖化反应

直接加热糖类特别是糖或糖浆,可产生一类称为焦糖化(caramelization)的复杂反应,少量的酸或某些盐类对这类反应有促进作用。温和加热或初期热解能引起异头移位(anomeric shift)、环的大小改变和糖苷键断裂以及生成新的糖苷键。但是,热解由于脱水主要引起左旋葡聚糖的形成或者在糖环中形成双键,后者可产生不饱和的环状中间体,如呋喃环。共轭双键具有吸收光和产生颜色的特性,在不饱和环体系中,通常可发生缩合反应使之聚合,使食品产生色泽和风味。催化剂可加速这类反应,这类反应常用于制备焦糖色素。例如,蔗糖是用于生产色素和食用色素香料的物质,蔗糖在酸或酸性铵盐存在的溶液中加热,可制得适用于食品、糖果和饮料的各种产物。商业上生产的三种焦糖色素,其中最大量的是用亚硫酸氢铵作催化剂,制备用于可乐的耐酸焦糖色素(pH=2~4.5);第二种是蔗糖溶液和铵离子溶液一起加热制成焙烤食品着色剂,其水溶液的 pH 为 4.2~4.8,并含有正电荷的胶体粒子;第三种是蔗糖直接热解形成略带负电荷胶体粒子的焦糖色素,溶液 pH=3~4,用于啤酒和其他酒精饮料。D-葡萄糖在 pH=4 左右的酸性溶液中加热,生成直径为 0.46~4.33 nm 的聚合或环状缩合物颗粒。焦糖色素是我国传统使用的天然色素之一,无毒性。但近来发现,加铵盐制成的焦糖含 4-甲基咪唑,有强致惊厥作用,含量高时对人体有毒。我国《食品安全法》规定添加量不得超过 200 mg/kg。

焦糖色素含有酸度不同的羟基、羰基、烯醇基和酚羟基,是结构不清楚的大聚合物分子,提高温度和 pH 可加快转化速率,如在 pH=8 时转化速率是 pH=5.9 时的 10 倍。

糖的某些热解反应能产生具有独特味道和香气的不饱和环状化合物。例如,麦芽酚(3-羟基-2 甲基吡喃-4-酮)和异麦芽酚(3-羟基-2 乙酰呋喃)使焙烤的面包产生香味;2-H-4-羟基-5-甲基-呋喃-3-酮有像烤肉的焦香味(图 3-40),可作为各种风味和甜味增强剂。

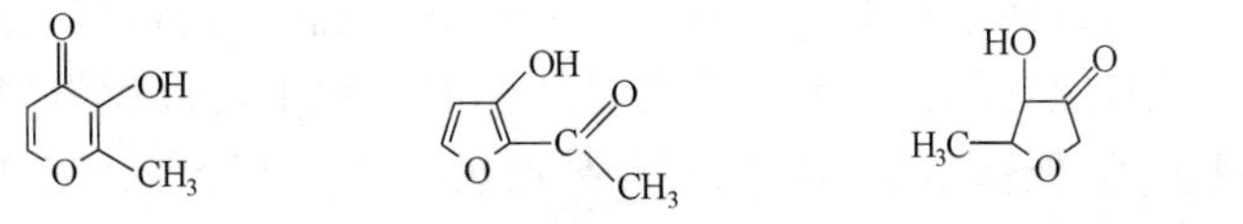

麦芽酚　　　　　异麦芽酚　　　2-H-4-羟基-5-甲基-呋喃-3-酮

图 3-40 糖的某些热降解香气化合物

3.3.8 丙烯酰胺的形成

2002 年 4 月瑞典国家食品管理局(National Food Administration, NFA)和斯德哥尔摩大学研究人员报道,在一些油炸和烧烤的淀粉类食品,如炸油条、油炸土豆片、谷物、面包等中检出丙烯酰胺之后,挪威、英国、瑞士和美国等国家也相继报道了类似结果。由于丙烯酰胺具有潜在的神经毒性、遗传毒性和致癌性,因此食品中丙烯酰胺的污染引起了国际社会和各国政府的高度重视。急性毒性实验表明,大鼠、小鼠、豚鼠和兔的丙烯酰胺 LD_{50} 为 150~180 mg/kg,属中等毒性物质。

许多食品在高温加工和制备过程中的美拉德反应已涉及丙烯酰胺的形成。丙烯酰胺在油炸、焙烤、膨化、烧烤及其他高温加工食品中的分布范围见表 3-15。据 2002~2004 年 24 个国家对食品中丙烯酰胺检测的 6752 个数据(表 3-15,其中 67.6% 数据来自欧洲,其次南美洲占 21.9%)。我国丙烯酰胺监测结果(含量)与其他国家相近。

表 3-15 丙烯酰胺在通常食品中高含量的分布范围

食品	丙烯酰胺[1]/ppb	食品	丙烯酰胺[1]/ppb
烤杏仁	236~457	蒸煮品	36~432
硬面包圈	0~343	脆点心及其相关产品	26~1540
面包	0~364	炸薯条	20~1325
早餐谷物	34~1057	土豆片	117~196[2]
可可	0~909	椒盐卷饼	46~386
咖啡	3~374	未发酵的玉米饼(采样点 1)	10~8
菊苣咖啡	380~609	未发酵的玉米饼(采样点 2)	117~196

1) 极端值,特别是极端高的值,通常是表示样本数较少。

2) 甜土豆片含丙烯酰胺 4080 ppb。

丙烯酰胺在食品中的分布范围较宽,一般<1.5 mg/kg,主要存在于油炸、焙烤、膨化、烧烤食品和其他高温加工食品,而在那些不加热或加热温度不超过 100 ℃ 的蒸煮食品(如煮土豆)中则未检出,在罐头或冷冻水果、蔬菜及植物蛋白产品(除去核成熟橄榄外剩下的部分),如蔬菜夹饼及相关产品中通常未检出,即使检出其水平也非常低,但在去核成熟橄榄中丙烯酰胺含量为 0~1925 ppb 。

丙烯酰胺是还原糖的羟基与游离 L-天冬酰胺的次级反应产物,反应要求 2 种物质都存在。油炸土豆片和薯条是特别适合丙烯酰胺的生成,因为土豆中含有游离的 D-葡萄糖和游离的 L-天冬酰胺。许多类似的反应都是通过中间产物席夫(Schiff)碱发生的,然后席夫碱通过脱羧,并随之发生 C—C 键断裂,最后生成丙烯酰胺(图 3-41)。

丙烯酰胺的反应物只能来自 L-天冬酰胺,尽管丙烯酰胺不是这些系列反应的优势产物(反应效率≈0.1%),但它们在食品连续高温加热的过程中可以积累到可测量的水平。丙烯酰胺主要在高糖类、低蛋白质的底物性食品加热(120 ℃ 以上)烹调过程中形成,反应的最低极限温度是 120 ℃,140~180 ℃ 为生成的最适合温度。在食品加工前检测不到丙烯酰胺;在加工温度较低,如用水煮时丙烯酰胺的水平相当低。水含量也是影响其形成的

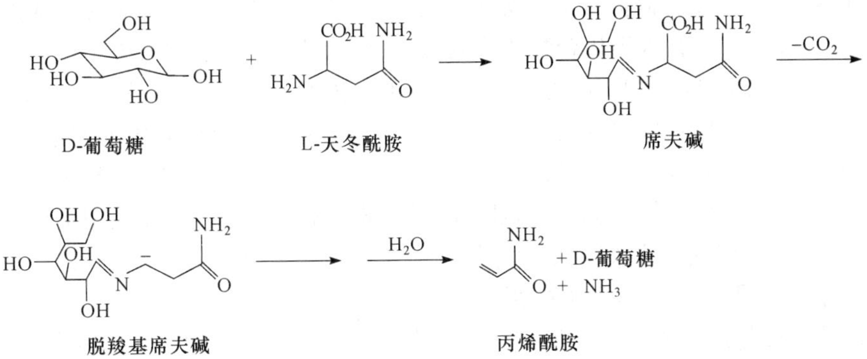

图 3-41 食品中丙烯酰胺可能的形成途径

重要因素,特别是烘烤、油炸食品最后阶段水分减少,表面温度升高后,丙烯酰胺形成更多(但咖啡除外,在焙烤后期反而下降)。这就意味着高水分含量食品不可能发生上述反应。在动力学上升高温度到接近 200 ℃上是有利的,但加热温度超过 200 ℃,丙烯酰胺的水平将通过热消去或热降解反应而降低。食品中丙烯酰胺的水平还受 pH 的影响。pH 在 4~8 增加,则有利于丙烯酰胺的形成;而在酸性范围,由于天冬酰胺的胺基质子化,其亲核能力降低。因此,降低 pH 可加快丙烯酰胺的热降解速率。丙烯酰胺水平在反应连续加热的最后阶段,将迅速增加,这是由于在温度达到 120 ℃左右时,食品表面的水被除去。具有高表面积的食品(如土豆片)在高温加热过程中,其丙烯酰胺水平是最高的。因此,增加表面积、提高反应温度和增加反应物的量有利于丙烯酰胺的形成。食品中形成的丙烯酰胺比较稳定;但咖啡除外,随着储存时间延长,丙烯酰胺含量会降低。

有效地减少食品中丙烯酰胺生成的方法有:①除去或减少形成丙烯酰胺的任何 1 个或 2 个反应物;②改变加工条件;③除去食品中生成的丙烯酰胺(如土豆在加工过程中通过热烫或将马铃薯浸泡在水中,可使丙烯酰胺水平减少 60%)。近年来常用的方法是降低食品体系的 pH 使天冬酰胺质子化,或添加天冬酰胺酶将天冬酰胺转化为天冬氨酸;也有的是在食品中加入竞争性反应物(如其他氨基酸或蛋白质),以减少天冬酰胺与葡萄糖发生反应的概率,从而达到减少丙烯酰胺生成的目的。此外,只要很好地控制或设定热加工条件(与温度相关的),也可以限制丙烯酰胺的形成。如果将以上两个方面有机地结合起来,将有效限制丙烯酰胺在食品中的形成。所提供的各种方法应根据食品体系的性质和需要确定。

尽管至今研究的数据还没有揭开丙烯酰胺与癌症、长期的致癌、致突变和神经毒性的关系,但依然认为需要致力于减少食品加工和生产中丙烯酰胺的形成。

3.3.9 晚期糖基化终末产物

晚期糖基化终末产物(advanced glycation end product,AGE)也称为糖毒素,是一类高度氧化的不同化合物,通过与细胞表面受体结合或与体内蛋白质交联,可改变其蛋白质的结构和功能,从而促进氧化应激和炎症,在糖尿病和其他几种慢性退行性疾病(如心血管疾病、肾功能衰竭、神经系统障碍)的产生、发展和进程中起着重要的作用 。AGE 是由还原糖和蛋白质、核酸或脂质的非酶糖基化反应(也称美拉德反应)和氧化反应产生的一类不可逆的非均相产物,这类化合物相当复杂,且种类繁多,由多种前体物质通过不同的机理形成,既可以是外源性的,也可以是内源性的。人们发现,在生物组织中,温度不超过37℃,当反应物(来自碳水化合物和二羰基化合物中的羰基和蛋白质中的游离氨基)的浓度很高,而且反应时间很长时,在体内可以生成与热加工食品相同的褐变产物。这于1981年在人眼睛的水晶体中被鉴定并得到证实,研究发现老化的水晶体中形成的棕色聚合物的化学特征确实非常类似于在面包外壳中发现的化合物的化学特征。这是因为蛋白质的翻转非常有限,并且这些受损的蛋白质不易消除。尽管有这些相似之处,但对食物和体内美拉德反应的研究各自独立发展了几十年。随后许多研究表明,在体内 AGE 的形成是正常代谢的一部分,但是如果过高水平的 AGE 在组织中富集和循环,会使靶标蛋白功能丧失。例如,胞外基质蛋白被修饰,特别是发生交联,很容易失去弹性和机械功能,当酶和受体被修饰后,由于蛋白质构象改变,其生物催化功能或结合位点失去,引起各种基于氧化疾病的发生和衰老。

尽管早在 1955 年 Kunkel 和 Wallenius 就发现了糖化蛋白(糖化血红蛋白),但转移到对人体的注意,还是在清楚证明转译后的糖化蛋白在体内产生不利后果的病理作用后近 30 年的时间。在体内,该过程可以发生在组织和体液中,通常与高血糖的病理生理条件有关,并涉及生成不可逆的蛋白质加合物和交联反应产生 AGE。在 19 世纪 80 年代初期 Monnier 和 Cerami 进行了开创性的研究,假设糖化蛋白在体内具有病理损害作用,并逐步详细地了解所涉及的每个反应,强调它们的积累有明确的病理生理意义。在体内,特别是当它们涉及长寿蛋白时,这种破坏性的蛋白加合物似乎会加重上述几种疾病的发生和进程。一个典型的例子是胶原蛋白,其糖基化后可导致血管增厚,并产生许多危害,包括血管弹性降低、高血压和内皮功能障碍,同时对动脉粥样硬化、肾病和视网膜病变等疾病产生明显的加速作用 。此外,糖化也能影响短肽从而引起有害的生物功能的变化,这在糖尿病动物模型的胰腺 β-细胞中糖化胰岛素的积累中得到了证实 。随后有关 AGE 在体内的损伤机理、作用途径和预防措施、流行病学调查等进行了大量的研究,并取得了卓有成效的结果。目前的研究证明,AGE 会加速人体的衰老并导致很多慢性退行性型疾病的发生。所以 AGE 也是全球医学界最为热门的领域之一,众多的科研机构、大学、医院以及制药公司纷纷加入研究 AGE 的行列,以期通过研究对 AGE 获得全面的认识和理论,限制和阻止糖化蛋白和 AGE 的产生,降低相关疾病的风险。同时,也促进了体外膳食中 AGE 的研究。

AGE 除了在体内形成外,也存在于未加工的动物源食品中,而烹饪则会在这些食物中形成新的 AGE。特别是高温加热、烘烤、烧烤、煎炸等将加速 AGE 形成,这是美拉德反应的产物。众所周知,食物加热过程中将发生非酶褐变产生黄棕色化合物,是糖和蛋白质发生一系列的降解反应产生的,储藏过程中也会继续加剧褐变。1921 年美拉德(Louis Camille Maillard,1878—1936)首次提出并描述了美拉德褐变这一反应。40 年后 Hodge 阐述了它的化学机理。多年来,对美拉德反应的研究主要集中在食品和类似食物的体系,其在加热、加工和储存过程中对食品的风味颜色、功能和营养品质产生了关键的影响。在纸张、纺织品、土壤和生物制药等领域也涉及美拉德反应,在这里不做进一步介绍。

食品加工的发展,也促进了膳食大规模加工的现代化。现代膳食在很大程度上是经过热处理的,既是为了安全和方便,也是为了增加风味、颜色和外观。但随之也会产生较高水平的且对机体不利的 AGE。可见,现代膳食作为 AGE 的一大来源这一事实现已无可非议。而在此之前,认为膳食 AGE(dietary advanced glycation end product,dAGE)在体内的吸收是较差的。因此,它们在人类健康和疾病中的潜在危害很大程度上被忽视。然而,最近的研究表明,用富含 dAGE 的膳食,以及用标明有蛋白质-AGE 或富含特定 AGE(如 MG 的饲料)喂食小鼠,都清楚地表明 dAGE 能被吸收,而且能显著增加机体中 AGE 的含量和循环,这一试验引起了科学家的高度重视。现已证明,dAGE 能显著增加氧化应激和炎症,并导致相关疾病的发生和发展,这与糖尿病和心血管疾病的现代流行病学调查的结果一致。如果降低 dAGE 的摄入,则可延长小鼠的寿命。调查结果显示,热加工食品中 dAGEs 的含量比未加热的食物高出 10~100 倍。在所有食物中,通常富含脂肪和蛋白质的动物源性食物 AGE 含量丰富,在热加工过程中容易产生新的 AGE。相比之下,富含碳水化合物的食物,如蔬菜、水果、全谷类和牛奶,即使在烹饪后也仅含有相对较低的 AGE,表 3-16 列举了一些膳食中 dAGE 的含量。对于烹饪中新形成的 dAGE 可以通过加入氨基胍、儿茶素、原花青素等抑制剂;采用控制得当的烹饪方法,如采用湿热烹饪、缩短烹饪时间和降低烹饪温度或添加酸,如柠檬汁或醋等方法。此外,还需要注意在热加工过程中除产生 AGE 外,还会导致热敏性营养物质(如维生素 C、E、B_6、硫胺素和其他活性物质等)的降解和氧化,同样会造成负面影响。研究已经证明,微量的硫胺素缺乏可以增加氧化应激和反应性二羰基标记物,维生素 B_6 也会影响 AGE 的形成。

表 3-16　一些食物中 AGE 的含量

食物种类	AGEs 含量	标记物	定量方法	参考文献
啤酒	$(2.98\pm0.01)\mu M$	FP	LC-MS/MS	Rakete et al.,2014
	$(0.305\pm0.001)\mu M$	CMP	LC-MS/MS	Rakete et al.,2014
	$(0.321\pm0.007)\mu M$	麦芽酮	LC-MS/MS	Rakete et al.,2014
咖啡	47 kU/L	CML	ELISA	Goldberg et al.,2004
	—	CML	LC-MS/MS	
	10.8~39.9 mg/kg 蛋白质	戊糖苷	HPLC	Henle et al.,1997
	50~175 $\mu mol/L$	鸟氨酸-咪唑啉酮	FAB-MS	Henle,2003
	250 mg/g 干物质	类黑素	MALDI-TOF	Borrelli et al.,2002
牛奶	345 kU/L	CML	ELISA	Goldberg et al.,2004
	50 $\mu mol/L$	CML	HPLC	Henle et al.,1997
	1015 mg/kg 干物质	CML	RP-HPLC	Drusch et al.,1999
	0.337~2.066 $\mu mol/L$	CML	LC-MS/MS	Ahmed et al.,2005
	0.662~1.537 $\mu mol/L$	CML		
	0.765~2.495 $\mu mol/L$	MG-H1		
	2~17 $\mu mol/L$	吡咯素	HPLC	Henle et al.,1997
	500~2000 $\mu mol/L$	戊糖苷	HPLC	Henle et al.,1997
	—	鸟氨酸-咪唑啉酮	FAB-MS	Henle,2003

食物种类	AGEs 含量	标记物	定量方法	参考文献
面包	3000 μmol/kg	葡糖胺重排反应产物	HPLC 或 FAB-MS	Henle，2003
	320 μmol/kg	CML		
	160 μmol/kg	吡咯素		
	1400 μmol/kg	鸟氨酸-咪唑啉酮		
食醋	0.02 g/mL	CML	LC-MS/MS	Wu et al.，2019
	0.11 g/mL	CEL	LC-MS/MS	Wu et al.，2019

AGE：晚期糖基化终末产物；FP：*N*-甲醛脯氨酸；CMP：*N*-羧甲基脯氨酸；CEL：*N*$^{\epsilon}$-羧乙基赖氨酸；CML：*N*$^{\epsilon}$-羧甲基赖氨酸；MG-H1：甲基乙二醛衍生咪唑啉酮；ELISA：酶联免疫吸附法；FAB-MS：快原子轰击质谱；HPLC：高效液相色谱；LC-MS/MS：液相色谱-串联质谱法；MALDI-TOF：基质辅助激光解吸电离-飞行时间质谱；RP：反相。

还应该注意，食物的广泛热处理可以产生美拉德衍生的抗营养和有毒化合物。这些化合物包括丙烯酰胺、杂环芳香胺和5-羟甲基糠醛都与其致癌作用相关。有研究发现在高 AGE 膳食中，丙烯酰胺和5-羟甲基糠醛的含量明显较高，它们与这些热产生的化合物密切相关。可见，食品加热将产生大量潜在的有害化合物。从膳食的整体健康状况出发，热加工食品，特别是高脂肪和热处理的膳食，被认为是许多饮食风险因素之一。对于一些高危人群，如糖尿病患者，饮食中 AGE 的含量可能比健康人群更重要。特别是降低饮食中 AGE 的形成，发挥抑制剂和降解增强剂在体内的作用是预防慢性疾病的重要措施。因此，限制饮食中 AGE 的含量摄入和抑制 AGE 的形成，不仅对健康人群是有益的，而且对患有糖尿病和肾脏疾患者更为重要。

褐变过程发生在食物，特别是菜肴加热的过程中。在加热的食物或生物体中，醛类与胺类或酰胺类初始结合后，通过美拉德反应形成 AGE。其形成机理可能包括离子途径、氧化途径和自由基途径。反应可能在蛋白质内部进行，形成高分子量（high molecular weight，HMW）AGE，或者在小分子之间进行，形成低分子量（low-molecular weight，LMW）AGE。所有的游离氨基酸都可形成 AGE，但蛋白质中赖氨酸或精氨酸侧链形成的 AGE 占主要。

在过去的 30 多年里，对高度加工食品、脂肪和糖的消费急剧增加。饮食的这些变化与接触 AGE 的增加有关，这是加热过程中食物中形成的化合物。此外，由于食物中的糖分子与蛋白质发生美拉德褐变，因此导致蛋白质交联和产物褐变，形成风味和芳香化合物。

热处理是现代食品加工的重要组成部分，它能提高食品的适口性、延长食品的保质期及降低食源性疾病。许多商业加工食品，如干制混合食品或罐装汤，通常含有大量的蛋白质和碳水化合物，在热处理过程中会发生美拉德反应，在储存过程中会继续变黄。AGE 是美拉德反应的产物，它是由羰基化合物和胺基之间的非酶反应引发的。根据反应化合物的反应进程，形成诸多具有不同分子量大小和组成的美拉德反应产物中间体，也包含 AGE（图 3-42）。

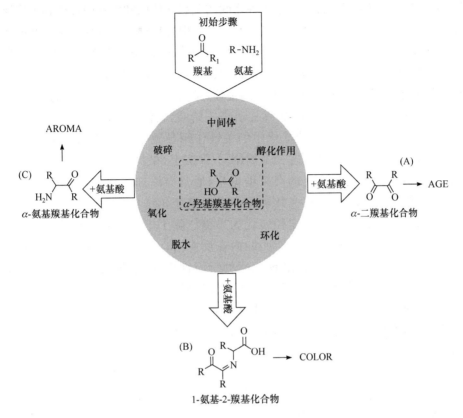

图 3-42 美拉德反应概率图

图包括羰基和氨基之间的初始反应步骤,以及生成香气、色素和 AGE 的三种 α-羟基羰基化合物关键中间体:(A)
α-二羰基化合物(α-dicarbonyl),具有高反应活性,可加速 AGE 形成,也能够与蛋白质中结合的赖氨酸或精氨酸直
接发生效联反应,同时也可参与色素的形成。(B)1-氨基-2-羰基化合物(1-amino acid-2-carbonyl),能够形成结构
不明确的含氮高聚物色素。(C)α-氨基羰基化合物(α-amino carbonyl),是形成稳定的含氮杂环芳香化合物如吡
咯、噁唑、吡嗪的前体化合物,能与醛、酮反应。

引自:Poulsen M W, Hedegaard R V, Andersen J M, et al. 2013. Advanced glycation endproducts in food and their
effects on health. Food and Chemical Toxicology,60:10-37.

在美拉德反应中,胺基,即来自胺、氨基酸、肽或蛋白质的胺基以及非蛋白质结合的氨基酸与还原糖、氧化脂质、维生素 C 或醌中的羰基发生反应,其反应速率与反应物的结构有关,其中,伯胺比仲胺反应性更强,而叔胺则无活性。因此,赖氨酸侧链中的氨基是蛋白质中活性最强的前体胺,而精氨酸胍基或任何 N 端氨基也具有活性。对于含有游离氨基酸的食物,游离氨基酸也会发生反应 。实际上反应氨基的结构将决定形成的高级美拉德衍生物的结构,包括 AGE。当羰基与蛋白质连接时,反应可导致蛋白质的交联或其他不可逆的改变,从而使其功能改变。AGE 通常是还原糖,即单糖(葡萄糖和果糖)、还原性双糖(麦芽糖和乳糖)、寡糖、多糖,以及还原性戊糖(如肉类)都参与了 AGE 的形成。糖蛋白、糖脂、植物糖苷或非还原性双糖,如蔗糖,只有在连接糖的糖苷键断裂后才能参与 AGE 的形成。在内源性方面,葡萄糖是最常见的还原糖,也是在生理条件下研究最多的羰基前体。糖的结构与美拉德反应敏感性之间的关系在体内和食品中都得到了广泛的研究。尽管在所有的糖类中,环状结构是最受欢迎的,但是单糖的反应性与单糖开链式结构的丰度直接相关,葡萄糖的开链结构为 0.0002%,果糖的开链结构为 0.7%,这很容易解释为什么葡萄糖的活性高于果糖。另外,由于吡喃糖环化学式稳定,是活性最低的糖,而呋喃糖环形式稍不稳定,其果糖的活性大约是葡萄糖的 7.5 倍。值得注意的是,美拉德反应还涉及果糖代谢物,如果糖-6-磷酸或甘油醛-3-磷酸,它们的反应活性是葡萄糖的 200 倍。由此产生的果糖在蛋白质糖基化中的关键作用导致了果糖糖基化这一术语的产生,果糖效应因其广泛地扩散而进一步加剧 。事实上,果糖是人类饮食中最常见的天然单糖,这主要是因为淀粉产生的高果糖糖浆,通常会添加到饮料和烘焙食品中。尽管葡萄糖的反应活性较低,但它在几种组织中以毫摩尔浓度存在,也能显著促进蛋白质糖化,因为它可以通过多元醇途径转化为果糖。除了丰富的开链形式,还要考虑其他因素的敏感性,如糖的长度和官能团的内在反应活性。对于醛糖比酮糖,前者比后者更容易接近,更具亲电性,因为醛糖比酮糖反应性更强,戊糖素(pentosidine)就是一个由戊糖与蛋白中的赖氨酸和精氨酸残基反应生成交联物的例子。除反应物的结构外,食品原料的组成、加工品种、方式、过程和加工条件,如加热温度、水分活度和水分含量,以及添加配料等因素都将影响美拉德反应和 AGE 的形成,详细内容参见前面美拉德褐变。

美拉德反应导致了各种芳香化合物、颜色化合物和 AGE 的形成。反应通常分为三个阶段:初始阶段、中间阶段和最终阶段。在美拉德反应中,第一个可逆的步骤是羰基与胺基的缩合,并形成席夫碱加合物。这个反应之后,席夫碱重新排列成无色的酮胺,称为阿马道里产物,在中间阶段进一步降解为更高级的产品。中间阶段的各种产物是无色或黄色的衍生物,它们高度不饱和,容易聚合。随着美拉德反应的进行,许多反应中间体,包括 AGE,通过一系列连续和平行反应产生,如烯醇化、脱水、环化、裂解和氧化反应。中间阶段的缩合产物称为前类黑精,因为它们导致最后阶段形成低分子量(LMW)或高分子量(HMW)的褐色类黑精。这个过程与 AGE 的形成同时进行 。HMW 和 LMW 的 AGE 之间的确切界限不是很清楚,HMW 的 AGE 中结合的是蛋白质,LMW 主要结合的是游离胺、多肽和氨基酸。在以葡萄糖和丙氨酸/甘氨酸为前体的模型系统中,所形成的大多数有色化合物的分子质量都小于 1000 Da。而分子质量为大于 3000 Da 的化合物仅有微量发现,这表明在 LMW 前体中不容易形成 HMW 的 AGE 或类黑素。相比之下,牛奶蛋白、酪蛋白和葡萄糖之间的反应导致最终着色产物的分子质量急剧增加,一般大于 100000 Da。像咖啡这样的产品中,类黑精占干物质的 25%。类黑精在熟咖啡中是重要的,且其具有抗氧化活性。一般来说,关于类黑素的确切分子结构和功能的信息是缺乏的。一些研究者认为它们对健康有益,但也可能带来健康风险 。

目前的 dAGE 数据库显示,通过增加鱼类、豆类、低脂奶制品、蔬菜、水果、谷物和乳清的消费量和减少摄入固体脂肪、脂肪肉类、全脂乳制品和高度加工食品,可以显著减少 dAGE 的摄入量。这些指南与美国心脏协会、美国国家癌症研究所和美国糖尿病协会等组织的建议是一致的。因此,应该有可能将这一新证据纳入各种疾病预防和医学营养治疗的既定指导方针。

在过去 20 年里,食品和营养相关疾病的 AGE 研究取得了很大进展,但它面临着需要克服的障碍,阻碍了进一步推进。这些对研究界的挑战主要包括三个方面,即对 AGE 的定义、寻找准确测量 AGE 的方法,以及理解 AGE 暴露与生物学效应之间的关系。由于导致 AGE 形成的许多不同的过程是复杂的,人们还没有完全理解。AGE 形成途径的复杂性和多样性使得许多可能的化合物被定义为 AGE。在这个广泛的概念中,关于早期和晚期糖基化终末产物的区别也缺乏共识。例如,美拉德褐变产物(Maillard reaction product,MRP)或糖毒素一词有时与 AGE 互换使用,而其他时候这些术语仅用于指早期反应产物。同时,对于 HMW 和 LMW 的 AGE 也缺乏一个统一的定义。HMW 的 AGE 和 LMW 的 AGE 区别常被用来区分蛋白结合 AGE 与肽结合 AGE 或游离 AGE。然而,当使用 MRP 这一术语时,HMW 化合物也可以是聚合的终产物,如类黑精(melanoidin)。反映活性的二羰基化合物是类黑精的前体,也是一个有争议的问题,因为它们通常被认为是 AGE。尽管它们确实是前体而不是最终产品,所有这些概念的不同使用在文献中导致了混淆,特别是在测定 AGE 暴露和调查它们的生物学效应时,认为羰基前体和羰基应激与早期反应产物不同,也对它们的反应终产物 AGE 的影响不同。此外,还应明确区分游离 AGE、LMW 肽结合 AGE 和 HMW 蛋白结合 AGE 对健康的影响。

AGE 是由蛋白质、核酸和脂质的非酶糖基化和氧化所产生的不可逆的非均相产物,代表了一类由氧化和非氧化途径产生的共价修饰蛋白,包括糖或它们的降解产物,是蛋白质非酶糖化的终末不可逆聚合物,它们是由异种前体通过不同的机理形成的。以高水平聚集在糖尿病患者体内。由于这类化合物相当复杂,产物繁多,到目前为止还没有一种分析方法能覆盖所有的 HMW 和 LMW 的 AGE。较好的研究对象是稳定的、相对惰性的 N^ε-羧甲基赖氨酸(N^ε-carboxymethyl-lysine,CML)和高度反应性的甲基乙二醛(methyl-glyoxal,MG)衍生物,常作为测定 AGE 的标记物。这两个 AGE 都可以从蛋白质和脂糖氧化中得到。常用的方法有 HPLC、串联质谱法(MS/MS)、GC-MS 和酶联免疫吸附法(enzyme linked immunosorbent assay,ELISA),但由于结构的多样性和我们对 AGE 的构成缺乏共识,技术挑战阻碍了 AGE 的量化。根据不同的分析方法,对相同食品的分析导致了报告中 AGE 含量的巨大差异,以富含脂肪的食品和软饮料为实验材料,就是一个极端的例子。免疫测定法在文献中已被广泛应用,其优点是可以同时测定样品中 HMW 和 LMW 的 AGE。然而,免疫测定法可能是非特异性的,而且仅限于测定几个 AGE,通常用于测定 CML。使用 CML 作为食物中 AGE 形成的标记物,导致了一个包含数百种食物的 CML 内容的常用数据库的开发。然而,这一数据库的结果与其他方法之间的分歧清楚地表明,AGE 分析仍然面临着相当大的挑战。另一个挑战是缺乏 HMW 和 LMW 的 AGE 标准。目前市面上能买到的化合物数量有限,而且大量用于喂养实验的成本非常高。除了精确的分析工具外,还需要一系列定义明确的游离和结合 AGE 化合物,以便更清楚地了解实际暴露和因果关系。

在试验动物和人类的研究中,高 AGE 膳食已被证明会影响炎症标志物,而在观察性研究中,饮食 AGE 与糖尿病晚期并发症密切相关。然而,几乎所有的研究都是用热处理过的食物进行的,这些食物并没有明确指出 AGE。少数动物研究表明,明确定义的甲基乙二醛-牛血清白蛋白(MG-BSA)有明显的不良反应,这表明修饰的 MG 衍生物可能是非常重要的。AGE 与体内不同的蛋白质结合,其中一些是受体,如 RAGE 和 AGER1。然而,与受体的任何相互作用的影响尚不清楚,因为似乎只有 HMW 的 AGE 与受体结合,而多肽结合的 AGE 还不确定是否能与受体相互作用,或者这种相互作用仅限于内源性形成的 AGE。在后一种情况下,最重要的可能是饮食或内源性形成 AGE 的前体。例如,反应性二羰基化合物存在于通常食用的食物中,但有关吸收和生物利用度的了解很少,应进一步研究它们对内源性 AGE 形成的重要性。AGE 和受体之间的相互作用并不是对所有的 AGE 都是相似的,而且有些 AGE 似乎根本不与受体结合,无论其分子量如何。因此,特定 AGE 受体的概念可能在一定程度上具有误导性。尽管如此,似乎在促和抗炎作用的受体之间是有区别的。RAGE 是研究最多的促炎受体,而 AGER1 是研究最多的抗炎受体。这些受体之间似乎存在一种生物开关的相互作用,这种生物开关有助于启动和抑制低度炎症。这一可能的转变可能成为未来炎症疾病研究的重要药物靶点。

总的来说,食物和健康中 AGE 的概念似乎很重要,但需要更好地定义和了解它的生物学效应水平。这个概念也需要综合的、较好的 LMW 和 HMW 的 AGE 的定量化学标准。并制定衡量整体的标准方法,明确生物学效应与不同含量 AGE 的关系。尽管在理解 AGE 的影响方面取得了很大的进步,在体内已有明确的证据表明饮食 AGE 与健康直接相关,但 dAGE 相关的生物学效应仍然缺乏。

3.4　食品中单糖和低聚糖的功能

3.4.1　亲水功能

糖类对水的亲和力是其基本的物理性质之一,这类化合物含有许多亲水性羟基,羟基靠氢键键合与水分子相互作用,使糖及其聚合物发生溶剂化或者增溶,因而在水中有很好的溶解性。糖类的结构对水的结合速率和结合量有极大的影响(表 3-17)。

表 3-17　糖吸收潮湿空气中水分的含量(单位:%)

糖	不同相对湿度(RH)和时间吸收的水(20 ℃)		
	60%,1 h	60%,9 d	100%,25 d
D-葡萄糖	0.07	0.07	14.5
D-果糖	0.28	0.63	73.4
蔗糖	0.04	0.03	18.4
麦芽糖(无水)	0.80	7.0	18.4
含结晶水麦芽糖	5.05	5.1	—
无水乳糖	0.54	1.2	1.4
含结晶水乳糖	5.05	5.1	—

虽然 D-果糖和 D-葡萄糖的羟基数目相同,但 D-果糖的吸湿性比 D-葡萄糖要大得多。在 100% 相对湿度环境中,蔗糖和麦芽糖的吸水量相同,而乳糖所能结合的水则很少。当两种糖的水合物形成稳定的结晶结构以后则不容易从环境中吸收水。实际上,结晶很好的糖完全不吸湿,因为它们的大多数氢键键合位点已经形成了糖-糖氢键。不纯的糖或糖浆一般比纯糖吸收水分更多,速率更快,"杂质"是糖的异头物时也明显产生吸湿现象,有少量的低聚糖存在时吸湿更为明显,如饴糖、玉米糖浆中存在的麦芽低聚糖。杂质可干扰糖分子间的作用力,主要是妨碍糖分子间形成氢键,使糖的羟基更容易和周围的水分子发生氢键键合。

糖类结合水的能力和控制食品中水的活性是最重要的功能性质之一,结合水的能力通常称为保湿性。根据这些性质可以确定不同种类食品是需要限制从外界吸入水分或是控制食品中水分的损失。例如,糖霜粉可作为前一种情况的例子,糖霜粉在包装后不应发生黏结,添加不易吸收水分的糖如乳糖或麦芽糖能满足这一要求。另一种情况是控制水的活性,特别重要的是防止水分损失,如糖果蜜饯和焙烤食品,必须添加吸湿性较强的糖,即玉米糖浆、高果糖玉米糖浆或转化糖、糖醇等。

3.4.2　风味结合功能

很多食品,特别是喷雾或冷冻干燥脱水的那些食品,糖类在这些脱水过程中对于保持食品的色泽和挥发性风味成分起着重要作用,它可以使糖-水的相互作用转变成糖-风味剂的相互作用。反应如下:

$$糖\text{-}水 + 风味剂 \rightleftharpoons 糖\text{-}风味剂 + 水$$

食品中的双糖比单糖能更有效地保留挥发性风味成分,这些风味成分包括多种羰基化合物(醛和酮)和羧酸衍生物(主要是酯类),双糖和分子量较大的低聚糖是有效的风味结合剂。环状糊精因能形成包合结构,所以能有效地截留风味剂和其他小分子化合物。

大分子糖类是一类很好的风味固定剂,应用最普通和最广泛的是阿拉伯树胶。阿拉伯树胶在风味物质的周围形成一层厚膜,从而可以防止水分的吸收、蒸发和化学氧化造成的损失。阿拉伯树胶和明胶的混合物用于微胶囊和微乳化技术,这是食品风味固定方法的一项重大进展。阿拉伯树胶还用作柠檬、莱姆、橙和可乐等乳浊液的风味乳化剂。

3.4.3　糖类褐变产物和食品风味

如前所述,非氧化褐变反应除了产生深颜色类黑精色素外,还生成多种挥发性风味物质,这些挥发性物质有些是需宜的,有些则是非需宜的。非氧化褐变使加工食品产生特殊的风味,如花生、咖啡豆在焙烤过程中产生的褐变风味。褐变产物除了能使食品产生风味外,本身可能具有特殊的风味或者能增强其他的风味,具有这种双重作用的焦糖化产物是麦芽酚和乙基麦芽酚。

麦芽酚　　　　　乙基麦芽酚

糖类的褐变产物(如麦芽酚、异麦芽酚和 2-*H*-4-羟基-5-甲基-呋喃-3-酮)均具有特征的强烈焦糖气味,可以作为甜味增强剂。麦芽酚可以使蔗糖甜度的检出阈值浓度降低至正常值的一半。另外,麦芽酚还能改善食品质地并产生更可口的感觉。据报道,异麦芽酚增强甜味的效果为麦芽酚的 6 倍。糖的热分解产物有吡喃酮、呋喃、呋喃酮、内酯、羰基化合物、酸和酯类等。这些化合物总的风味和香味特征使某些食品产生特有的香味。

异麦芽酚　　　　2-*H*-4-羟基-5-甲基-呋喃-3-酮

糖胺褐变反应也可以形成挥发性香味剂,这些化合物主要是吡啶、吡嗪、咪唑和吡咯。葡萄糖和氨基酸的混合物(1∶1,质量比)加热至 100 ℃时,所产生的风味特征包括焦糖香味(甘氨酸)、黑麦面包香味(缬氨酸)和巧克力香味(谷氨酰胺)。胺-羰基褐变反应产生的特征香味随着温度改变而变化,如缬氨酸加热到 100 ℃时可以产生黑麦面包风味,而当温度升高至 180 ℃,则有巧克力风味。脯氨酸在 100 ℃时可产生烤焦的蛋白质香气,加热至 180 ℃,则散发出令人有愉快感觉的烤面包香味。组氨酸在 100 ℃时无香味产生,加热至 180 ℃时则有如同玉米面包、奶油或类似焦糖的香味。含硫氨基酸和 D-葡萄糖一起加热可产生不同于其他氨基酸加热时形成的香味。例如,甲硫氨酸和 D-葡萄糖在温度 100 ℃ 和 180 ℃反应可产生马铃薯香味,盐酸半胱氨酸形成类似肉、硫磺的香气,胱氨酸所产生的香味很像烤焦的火鸡皮的气味。褐变能产生风味物质,但是食品中产生的挥发性和刺激性产物的含量应限制在能为消费者所接受的水平,因为过度增加食品香味会使人产生厌恶感。

3.4.4　甜味

低分子量糖类的甜味是最容易辨别和令人喜爱的性质之一。蜂蜜和大多数果实的甜味主要取决于蔗糖、D-果糖或 D-葡萄糖的含量。人所能感觉到的甜味因糖的组成、构型和物理形态不同而异(表 3 - 18)。

表 3 - 18　糖的相对甜度(质量分数)(单位:%)

糖	溶液的相对甜度[1]	结晶的相对甜度
蔗糖	100	100
β-D-果糖	100～175	180
α-D-葡萄糖	40～79	74
β-D-葡萄糖	<*α* 异头体	82
α-D-半乳糖	27	32
β-D-半乳糖	—	21
α-D-甘露糖	59	32
β-D-甘露糖	苦味	苦味

续表

糖	溶液的相对甜度[1]	结晶的相对甜度
α-D-乳糖	16～38	16
β-D-乳糖	48	32
β-D-麦芽糖	46～52	—
棉籽糖	23	1
水苏四糖	—	10

1）以蔗糖的甜度为 100 作为比较标准。

糖醇可用作食品甜味剂。有的糖醇（如木糖醇）的甜度超过其母体糖（木糖）的甜度，并具有低热量或无致龋齿等优点，我国已开始生产木糖醇甜味剂。一些糖醇的相对甜度见表 3-19。

表 3-19　一些糖醇的相对甜度（25 ℃，自来水中）（单位:％）

糖　醇	相对甜度[1]	糖　醇	相对甜度[1]
木糖醇	90	麦芽糖醇	68
山梨糖醇	63	乳糖醇	35
半乳糖醇	58		

1）以蔗糖的甜度为 100 作为比较标准。

3.5　食品中的多糖

多糖广泛且大量分布于自然界，在食品加工和储藏过程中有着重要的意义，它是构成动植物基体结构骨架的物质，如植物的纤维素、半纤维素和果胶，动物体内的几丁质、黏多糖。某些多糖还可作为生物代谢储备物质而存在，像植物中的淀粉、糊精、菊糖、动物体内的糖原。有的多糖则具有重要的生理功能，如人参多糖、枸杞多糖、香菇多糖、灵芝多糖和茶叶多糖等，有着显著的增强免疫、降血糖、降血脂、抗肿瘤、抗病毒等药理活性。多糖的另一个重要作用是水的结合物质，如琼脂、果胶和海藻酸以及黏多糖都能结合大量的水。多糖甚至在经过加工的食品中也仍能保持原有的功能，如作为骨架物质和同化营养物质。食品加工中利用的多糖有天然的或改性的产物，作为增稠剂、胶凝剂、结晶抑制剂、澄清剂、稳定剂（用作泡沫、乳胶体和悬浮液的稳定）、成膜剂、絮凝剂、缓释剂、膨胀剂和胶囊剂等。食品中常见的多糖见表 3-9。

3.5.1　淀粉

淀粉是大多数植物的主要储备物，在种子、根和茎中最丰富。是许多食品的组分之一，也是人类营养最重要糖类来源（人类 70％～80％ 的热量由淀粉提供）。淀粉生产的原料来源为玉米、小麦、马铃薯、甘薯等农作物，此外栗、稻和藕也用作淀粉生产的原料。

淀粉一般由两种葡聚糖即直链淀粉和支链淀粉构成。普通淀粉含 20％～39％ 的直链淀粉，有的新玉米品种可达 50％～85％，称为高直链淀粉玉米，这类玉米淀粉不易糊化,甚至有的在温度 100 ℃以上才能糊化。有些淀粉仅由支链淀粉组成,如糯玉米、糯大麦、粳稻和糯米等,它们在水中加热可形成糊状,与根和块茎淀粉(如藕粉)的糊化相似。直链淀粉容易发生"老化",糊化形成的糊不稳定,而由支链淀粉制成的糊是非常稳定的。

从淀粉浆中分离直链淀粉可采用在有 $MgSO_4$ 存在下结晶,或用极性溶剂(正丁醇、辛酸或癸酸等低级脂肪酸)使之沉淀,后一种方法是利用极性溶剂与直链淀粉生成包含物促使其沉淀。

淀粉具有独特的化学和物理性质及营养功能,主要存在于谷物、面粉、水果和蔬菜中,淀粉消耗量远远超过所有其他的食品亲水胶体。在食品工业中,淀粉是重要的增稠剂、成膜剂、黏合剂,在水果、蔬菜加工中常用于外层涂布和防止发黏及稳定剂,大量用于布丁、汤汁、沙司、色拉调味汁、婴儿食品、饼馅、蛋黄酱等。

3.5.1.1　淀粉的糊化和其他的性质

1) 淀粉颗粒的结构和特性

淀粉以淀粉颗粒的形式存在,这些颗粒是在淀粉质粒中形成的,由直链和或支链淀粉组成,呈径向排列。因此研究淀粉的物理性质需要从淀粉颗粒和分子水平两个方面考虑,淀粉颗粒包含不同密度的同心或偏心层,因来源不同,其大小($2\sim150\mu m$)各不相同。在偏光显微镜下可观察到淀粉颗粒出现的偏光十字,不同种类的淀粉颗粒其偏光十字出现的位置、形状和清晰程度均不相同,同时还可以看到淀粉颗粒能产生双折射现象,说明它具有结晶结构。从 X 射线衍射、小角中子扫描和小角 X 射线衍射分析也可以证明,淀粉粒具有半结晶结构的特点,结晶区与无定形区呈现交替的层状结构(图 3 - 43)。在淀粉颗粒中约有 70% 的淀粉处在无定形区,30% 为结晶状态,无定形区中主要是直链淀粉,但也含少量支链淀粉;结晶区主要为支链淀粉,支链与支链彼此间形成螺旋结构,并再缔合

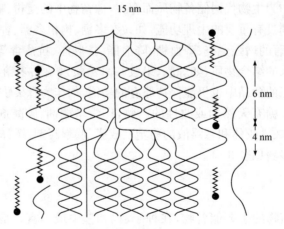

图 3 - 43　淀粉颗粒的结晶区模型

支链淀粉双螺旋ΧΧΧΧΧ;直链淀粉和支链淀粉的混合双螺旋结构～ΧΧΧ⌒;

直链淀粉的 V 螺旋和螺旋中包含的脂～Λ↗•;游离脂∿∿∿•;游离直链淀粉～

成束状。淀粉的结晶度与水含量相关。图 3-43 表明直链淀粉与支链淀粉在淀粉颗粒中呈径向排列。直链淀粉分子易形成能截留脂肪酸、烃类物质的螺旋结构,这类复合物称为包含复合物。在溶液中直链淀粉以双螺旋形式存在,甚至在淀粉颗粒中也是这种形式存在。从淀粉颗粒中分离出的直链淀粉能形成具有一定强度的透明薄膜和纤维,在外观和性质上与用纤维制成的相似。直链淀粉的聚合度为 350~1000,而支链淀粉聚合度可达到几千甚至更大,支链淀粉在淀粉粒中的排列见图 3-44。

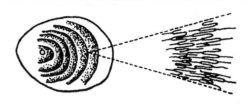

图 3-44　支链淀粉在淀粉颗粒
中的排列示意图

　　玉米淀粉,即使是同一来源,其颗粒有近似球形、多角形和锯齿形等多种形状。小麦淀粉呈小扁豆状,粒径分布为 2 个峰(<10 μm 和>10 μm),大颗粒为扁豆形,而小颗粒更似球状。大米淀粉是商业淀粉中颗粒最小的(1~9 μm),几乎与小麦淀粉中的小颗粒相近。块茎和根茎淀粉(如马铃薯淀粉和木薯淀粉)中的大多数颗粒的粒径大于种子淀粉颗粒,结构不太紧密,容易烹调。马铃薯淀粉颗粒的粒径相当大(100 μm),其磷含量为 0.06%~0.1%,这是由于在支链淀粉上存在磷酸酯基。因而,马铃薯淀粉不易老化,且黏度高,透明度好。

　　市售的所有淀粉都含有少量的灰分、脂肪和蛋白质。发现在谷物淀粉颗粒中存在内源脂,主要为游离脂肪酸和溶血磷脂酶。

　　2) 淀粉的糊化和其他性质

　　完整的淀粉颗粒不溶于冷水,但能可逆地吸水并略微溶胀。淀粉颗粒吸水溶胀时,直径增大百分数从普通玉米淀粉的 9.1% 到糯质玉米淀粉的 22.7%,随着温度上升淀粉分子的振动加剧,分子之间的氢键断裂,因而淀粉分子有更多的位点可以和水分子发生氢键缔合。水渗入淀粉颗粒,使更多和更长的淀粉分子链分离,导致结构的混乱度增大,同时结晶区的数目和大小均减小,继续加热,淀粉发生不可逆溶胀。此时支链淀粉由于水合作用而出现无规卷曲,淀粉分子的有序结构受到破坏,最后完全成为无序状态,双折射和结晶结构也完全消失,一些直链淀粉从颗粒中浸出,淀粉的这个过程称为糊化(gelatinization),可以利用偏光显微镜和 X 射线衍射分析测定。双折射开始消失时的温度为糊化点或糊化初始温度;双折射完全消失的温度为糊化末端温度。实际上糊化一般是在较窄的温度范围内进行的,先是大颗粒糊化,其后是小颗粒,各种不同来源的淀粉糊化温度不尽相同(表 3-20)。淀粉粒糊化时是充分溶胀的。在冷水中,5% 淀粉颗粒匀浆在缓慢搅拌下加热,这时大量的水渗入到淀粉颗粒内,引起淀粉颗粒溶胀并像蜂窝一样紧密地相互推挤。扩张的淀粉颗粒流动受阻使糊产生高的黏稠性,这可用 Brabender 仪记录淀粉糊的黏度-温度曲线(图 3-45)。随着温度升高,黏度增大,当在 95 ℃恒定一段时间后,则黏度急剧下降。淀粉糊冷却时,一些淀粉分子重新缔合形成不可逆的黏弹性刚性凝胶(图 3-46)。

表 3 - 20　淀粉颗粒特性

来　源	淀粉颗粒		糊化温度/ ℃
	直径/μm	结晶度/%	
链淀粉玉米	5～25	20～25	67～87
蜡质玉米	5～25	39	63～72
马铃薯	15～100	25	58～66
甘薯	15～55	25～50	82～83
木薯	5～35	38	52～64
小麦	2～38	36	53～65
稻米	3～9	38	61～78

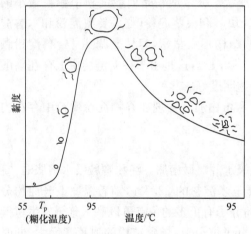

图 3 - 45　淀粉颗粒悬浮液加热到 90 ℃并恒定
在 95 ℃的黏度变化曲线（Brebender 黏度图）

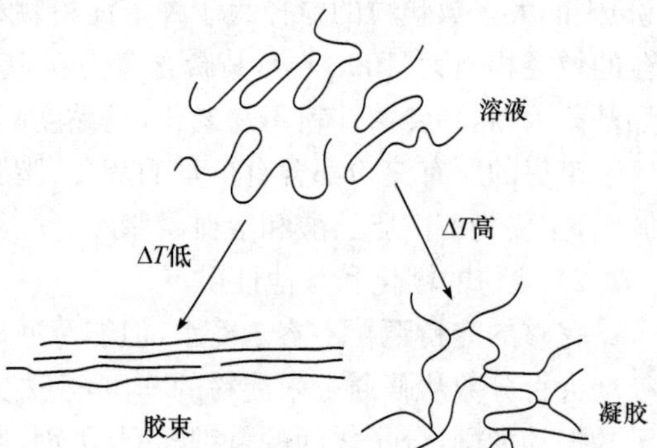

图 3 - 46　淀粉的凝胶形成示意图

　　淀粉糊化是一个吸热过程,因而也可以通过差示扫描量热计(DSC)测定糊化温度(玻璃化转变温度 T_g)和糊化焓(enthalpies),但是不同方法测定的结果存在一定差异。此外,还可以根据直链淀粉粒与脂肪形成单螺旋结构的配合物,在 DSC 图中出现熔融温度 T_m(100～120 ℃)峰,以此与蜡质玉米淀粉区别,后者由于不含直链淀粉,因此不出现熔融峰。

　　淀粉因能形成黏稠的糊,所以是许多食品加工中的重要原料。以淀粉为原料的食品在加工过程中,由于直链淀粉和支链淀粉发生部分分离,会影响淀粉糊和加工食品的特性。已糊化的淀粉混合物在温度约 65 ℃以下储存时,因直链淀粉和支链淀粉分离,老化现象更严重。直链淀粉和支链淀粉的性质概括于表 3 - 21。

表 3 - 21　直链淀粉和支链淀粉的性质

性　质	直链淀粉	支链淀粉
分子量	$10^5 \sim 10^6$	$1 \times 10^7 \sim 5 \times 10^8$
糖苷键	主要是 α-D-$(1 \rightarrow 4)$	α-D-$(1 \rightarrow 4)$，α-D-$(1 \rightarrow 6)$
对老化的敏感性	高	低
β-淀粉酶作用的产物	麦芽糖	麦芽糖，β-极限糊精
葡糖淀粉酶作用的产物	D-葡萄糖	D-葡萄糖
分子形状	主要为线性	灌木形

淀粉的糊化不仅与淀粉粒中直链淀粉与支链淀粉的含量和结构有关,而且温度、水活度、淀粉中其他共存物质、pH 等都将影响淀粉的糊化温度、达到最大黏度的时间,以及淀粉糊的最大黏度和糊化速率。

淀粉的糊化、淀粉溶液的黏稠性和淀粉的凝胶特性不仅依赖于温度,而且还与共存的其他成分的种类和含量有关,因为在很多情况下,淀粉与糖、蛋白质、脂肪、食用酸、酚类化合物和水等共存于食品中。

食品中的水不单纯是一种反应介质,而且还是一种能控制各种反应、质地以及物理和生物特性的活性成分。食品中水的总含量固然很重要,但更为重要的是水的活度,水活度受盐类、糖类和其他强的水结合剂的影响。因此,体系中如果有大量上述成分存在,将会降低水活度和抑制淀粉糊化,或仅产生有限的糊化。因为同水结合力强的成分与淀粉争夺结合水,从而阻止淀粉糊化。

糖的浓度很高时,可降低淀粉的糊化速率、最大黏度和凝胶强度,双糖推迟淀粉的糊化时间和降低最大黏度的作用比单糖更强。糖产生的可塑性及干扰联结区的形成,使凝胶的强度减弱。

脂质(脂肪和油)以及与脂质有关的物质,如食品中存在的单酰和双酰甘油乳化剂,均影响淀粉的糊化。

凡能直接与淀粉配位的脂肪都将阻止淀粉颗粒溶胀,白面包中的脂肪含量低,其中96%的淀粉可被完全糊化,因而容易消化。这已从显微镜观察和葡萄糖淀粉酶水解测定淀粉含量等方法得到了证明。馅饼皮和烤饼是高脂肪、低水分食品,其中含有 90% 未糊化的淀粉,不易消化。向糊化淀粉中加入脂肪,而不加入乳化剂时,不仅不会降低最大黏度,而且还可降低产生最大黏度的温度。例如,玉米淀粉水悬浊液的糊化,在 92 ℃才能达到最大黏度,当有 9%～12% 的脂肪存在时,在 82 ℃便可达到最大黏度。

淀粉中添加含 16～18 碳脂肪酸的单酰甘油,使糊化温度上升,并且提高产生最大黏度所要求的温度,降低形成凝胶的温度和使凝胶的强度减弱,脂肪酸或单酰甘油的脂肪组分能和单螺旋结构的直链淀粉形成配合物,如图 3 - 47 所示。熔融温度在 100～120 ℃,高于结晶有序结构的双螺旋支链淀粉,这类配合物一般不容易从淀粉颗粒中渗出,并阻止水渗入淀粉颗粒。脂质-直链淀粉复合物还干扰联结区的形成。此外,直链与支链淀粉都能与碘(I_3^-)形成配合物,配位同样发生在螺旋片段的疏水内部,常用于鉴别淀粉的存在。直链淀粉的配合物是在长螺旋段形成蓝色的长链-碘(I_3^-)配合物。直链淀粉-碘配合物含有 19％的碘,根据配合物中碘含量的测定可确定淀粉中表观直链淀粉的量。支链淀粉配合物为红褐色,这是因为支链淀粉的支链太短,以至于不能形成碘(I_3^-)聚合物。故可根据直链淀粉和支链淀粉的碘配合物颜色来区分非蜡质和蜡质基因型淀粉。

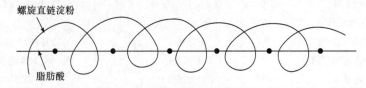

图 3-47　脂肪酸和直链淀粉形成的配合物示意图

　　由于淀粉呈中性,所以低浓度盐对糊化或凝胶的形成几乎没有影响,但马铃薯支链淀粉例外,因为它含有磷酸基团。另外,离子型变性淀粉也是例外,它们对盐敏感,依条件不同可以增加或降低淀粉粒的溶胀性。在确定以淀粉增稠的食品的加工时间、温度和方法时,必须考虑这种电荷效应。

　　酸在许多淀粉增稠的食品中是非常普通的成分,大多数食品的 pH 范围在 4～7,对淀粉溶胀或糊化的影响较小。在 pH 为 10.0 时,淀粉溶胀的速率明显增大,但此 pH 已超出食品的允许酸碱度范围。例如,低 pH 时,在色拉调味料和水果馅饼中,淀粉糊的最大黏度明显降低,并在烹调加工时迅速降低黏度(图 3-48),因为低 pH 时淀粉发生水解生成无增稠性的糊精。为防止酸对淀粉增稠的酸性食品产生降低黏度的效应,通常选用交联淀粉作为酸性食品的增稠剂,由于这类淀粉分子非常庞大,只有在完全水解时黏度才明显降低。

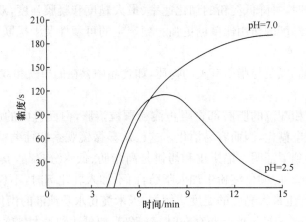

图 3-48　pH 对热淀粉糊黏度的影响(5％浓度,90 ℃)

　　在许多食品中,淀粉和蛋白质的相互作用是很重要的,特别是糊状物和面团中小麦淀粉与面筋相互作用形成的结构。面粉混合时形成面筋,在水存在下加热发生淀粉糊化和蛋白质变性等多种作用,使焙烤食品形成一定的结构。目前对食品中淀粉和蛋白质相互作用的本质仍不完全清楚,因为研究两种不同的大分子间的相互作用还存在很多困难。因此,无论研究模拟体系或真实的食品体系,都必须建立新的实验手段。

　　淀粉增稠的食品、肉汁和淀粉糊经冷冻-解冻处理后稳定性降低,主要是由于直链淀粉发生老化。樱桃饼馅用普通淀粉增稠,经过冷冻-解冻处理可产生纤维或颗粒状质地结构。在冷冻食品中,糯质淀粉的加工特性远优于含大量直链的淀粉。磷酸交联淀粉在冷冻食品中具有抗老化的能力。淀粉类食品(如面包和馒头)质地变干硬,是由于直链淀粉分子间的缔合造成的,直链淀粉和脂质物质形成复合物可阻止这种作用的发生。干硬的面包经加热可促进淀粉分子的热运动和水分的润滑作用,从而使质地变得较柔软。

3.5.1.2　淀粉的化学结构

淀粉是由葡萄糖组成的多糖,糖残基之间存在两种不同的连接方式,即直链淀粉和支链淀粉。大多数淀粉含有约 25% 的直链淀粉。直链淀粉是由 α-D-吡喃葡萄糖残基以 1→4键连接而成的线性聚合物(图 3 - 49),分子量为 $10^5 \sim 10^6$。大多数分子链上还存在很少量的 α-D-(1→6)键分支,有的支链很长,有的则很短,然而支链和支链之间的距离相隔很远,平均每 180~320 个糖单位有 1 个支链,支链占直链淀粉的 0.3%~0.5%,因此直链淀粉的性质基本上同线性大分子一样。

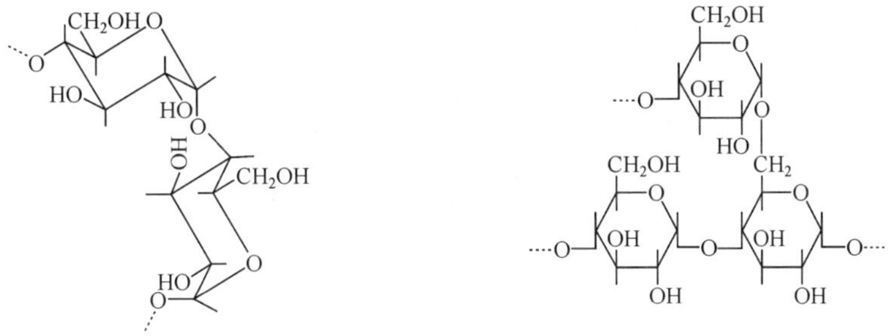

直链淀粉　　　　　　　　支链淀粉

图 3 - 49　直链淀粉和支链淀粉的结构单元

直链淀粉的分子是一个左手螺旋或螺旋形构象,螺旋的内部仅含氢原子,具有疏水亲脂性,所有羟基分布在线圈的外侧,从轴的方向往下看,非常像 α-环状糊精分子的堆积。X 射线衍射分析表明,天然淀粉粒有 3 种结晶衍射图,即 A 型、B 型和 C 型,另外在溶胀的淀粉中还观察到一种 V 型结构(图 3 - 50)。谷物淀粉通常是 A 型;马铃薯,链玉米淀粉和"老化"淀粉为 B 型;马铃薯和玉米淀粉的混合物,以及豆类淀粉显示 C 型结晶结构(混合型)。在直链淀粉的 V 型螺旋中包括脂质、游离的直链淀粉和游离脂肪酸。A 型和 B 型都是双螺旋结构,每个螺旋含有 6 个葡萄糖残基,螺旋的轴向是在 1→4 键偶合的赤道方向。二者的差别是在 A 型模式的双螺旋结构间,水分子以紧密的方式堆积;而 B 型则更开放,有更多的水分子。实质上,所有的水分子都处在中心空腔中,被 6 个双螺旋围绕。大多数淀粉含有约 25% 的直链淀粉,在市售的高直链淀粉中,2 个高直链玉米淀粉中直链淀粉含量约为 52% 和 70%~75%。

支链淀粉是一种非常大的、支化度很高的大分子(图 3 - 51)。葡萄糖通过 α-(1→4)糖苷键连接构成主链,支链通过 α-(1→6)糖苷链与主链连接,支链部分占总连接部分的 4%~7%。在支链淀粉中将含有末端还原基的线性主链称为 C 链,与 A 链或另外的 B 链相连的支链定义为 B 链,支链淀粉分子的 A 链是没有分支的。支链淀粉具有平行排列的双

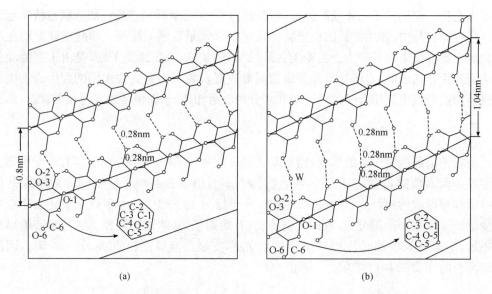

图 3-50　直链淀粉：V 型构象(a)与 B 型构象(b)柱面投影图

螺旋分支而成簇状,因此很可能淀粉粒的主要结晶部分是由支链淀粉形成的,如蜡质玉米淀粉同样存在结晶区。支链淀粉的分子量很大,为 $8 \times 10^5 \sim 6 \times 10^9$,聚合度为 $5 \times 10^3 \sim 37 \times 10^6$。在自然界中的大分子中,支链淀粉即使不是最大的,也是较大的分子之一。

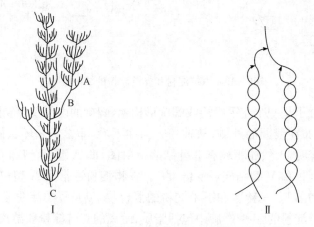

图 3-51　支链淀粉分子结构(Ⅰ)双螺旋(Ⅱ)示意图

大多数淀粉中含有大约 75% 的支链淀粉(表 3-22),蜡质淀粉中几乎完全为支链淀粉。马铃薯淀粉是唯一含有磷酸酯基的淀粉,其中 60%~70% 是在 O-6 位酯化,其余的在 O-3 位酯化。平均每 215~560 个 α-D-吡喃葡萄糖基含有 1 个磷酸酯基,大约 88% 在 B 链上。马铃薯淀粉略带负电荷,在水中加热可形成非常黏的透明溶液,一般不易老化。

表 3 - 22 一些淀粉中直链淀粉与支链淀粉的比例

淀粉来源	直链淀粉/%	支链淀粉/%	淀粉来源	直链淀粉/%	支链淀粉/%
高直链玉米	50～85	15～50	籼米	17	83
玉米	26	74	马铃薯	21	79
蜡质玉米	1	99	木薯	17	83
小麦	25	75			

3.5.1.3 淀粉的老化

热的淀粉糊冷却和储藏时,通常产生黏弹性的稳定凝胶,凝胶中联结区的形成表明淀粉分子开始结晶,并失去溶解性。淀粉糊冷却或储藏时,淀粉分子通过氢键相互作用的再缔合产生沉淀或不溶解的现象称为淀粉的老化(retrogradation)。淀粉的老化实质上是一个再结晶过程。直链淀粉(数分钟到几小时)比支链淀粉(数天及数周到数月)老化的速率大得多。因此,淀粉老化速率与淀粉中直链淀粉和支链淀粉分子的结构、二者的比例、淀粉的来源、淀粉的浓度、储藏温度,以及食品中其他组分的组成(如表面活性剂和盐)和含量有关。许多食品在储藏过程中品质变差,如面包的陈化(staling)、米汤的黏度下降并产生白色沉淀等,都是由于淀粉老化(至少部分老化)的结果。

面包的陈化表现在面包心硬度的增加和新鲜程度的降低。实际上焙烤结束和冷却时,陈化已经开始,陈化速率与产品的配方、焙烤过程和储藏条件等有关。陈化至少是淀粉颗粒的无定形区部分转化为结晶区的结果。实际上,焙烤食品冷却到室温时,大部分直链淀粉已经老化,而在随后的储藏过程中是支链淀粉的外侧支链缔合引起的老化,但其老化时间比直链淀粉长得多。这就是焙烤食品的陈化过程。

糊化淀粉在有单糖、二糖和糖醇存在时则不易老化,因此可用于阻止淀粉分子链的缔合。这类化合物之所以能防止淀粉老化主要是它们能进入淀粉分子的末端链之间,妨碍淀粉分子缔合并且本身吸水性强能夺取淀粉凝胶中的水,使溶胀的淀粉成为稳定的状态。表面活性剂或具有表面活性的极性脂[如单酰甘油及其衍生物(双甘油棕榈酸单酯,GMP)硬脂酰-α-乳酸钠(SSL)]添加到面包和其他食品中,可延长货架期。直链淀粉的疏水螺旋结构,使之可与极性脂分子的疏水部分相互作用形成配合物,从而影响淀粉糊化和抑制淀粉分子的重新排列,推迟了淀粉的老化过程。

3.5.1.4 淀粉的水解

淀粉同其他多糖一样,糖苷键在酸的催化下加热会发生不同程度的随机水解,最初生成大的片段。商业上制备低黏度淀粉(又称酸修饰淀粉)是将盐酸均匀喷洒到淀粉中,或者是用氯化氢气体处理湿润的淀粉,然后加热混合物直到所需的水解度,用碱终止反应使pH 至中性,然后洗涤、干燥,得到容易粉碎的淀粉颗粒,这个过程即为变稀。淀粉经酸修饰后,提高了凝胶的透明度和强度,不易老化,通常用作成膜剂和黏合剂。当增大酸水解的程度,则得到的是低黏度糊精,在食品加工中以高浓度使用,由于它们仍具有较好的成膜性和黏结性,通常用作焙烤果仁和糖果的涂层、风味保护剂或风味物质微胶囊化的壁材(或胶囊剂、包香剂)和微乳化的保护剂。

　　商业上生产玉米糖浆,通常是以玉米为原料,采用酶—酶转化法,首先是使玉米淀粉糊化,然后用 α-淀粉酶(或者葡萄糖糖化酶)处理糊化淀粉,达到所需要的淀粉水解度,接着用第二种酶处理。酶的种类取决于所要求的玉米糖浆类型。生产高果糖玉米糖浆,通常使用固定化 D-葡萄糖异构酶,使 D-葡萄糖转化成 D-果糖,一般可得到约含 58% D-葡萄糖和 42% D-果糖的玉米糖浆。想要制备高果糖玉米糖浆(high-fructose corn syrup, HFCS,果糖含量达到 55% 以上),可将异构化后的糖浆通过钙离子交换树脂,使果糖与树脂结合,然后回收得到富含果糖的玉米糖浆。高果糖玉米糖浆一般用作软饮料甜味剂。

　　淀粉转化为 D-葡萄糖的程度(即淀粉糖化值)可用葡萄糖当量(dextrose equivalency, DE)来衡量,其定义是还原糖(按葡萄糖计)在玉米糖浆中所占的百分数(按干物质计)。DE 与聚合度 DP 的关系如下:

$$DE = \frac{100}{DP}$$

通常将 DE<20 的水解产品称为麦芽糊精,DE 为 20~60 的称为玉米糖浆。表3-23给出了淀粉水解产品的功能性质。

表 3-23　淀粉水解产品的功能性质

水解度较大的产品[1]	水解度较小的产品[2]	水解度较大的产品[1]	水解度较小的产品[2]
甜味	黏稠性	风味增强剂	抑制糖结晶
吸湿性和保湿性	形成质地	可发酵性	阻止冰晶生长
降低冰点	泡沫稳定性	褐变反应	

1) 高 DE 糖浆。

2) 低 DE 糖浆和麦芽糖浆。

　　葡萄糖淀粉酶(又名淀粉葡萄糖苷酶或 γ-淀粉酶,简称糖化酶)为外源酶,在商业上常与 α-淀粉酶共同用于生产 D-葡萄糖(右旋葡萄糖浆)和结晶 D-葡萄糖,也常用于完全糊化的淀粉。它是从支链淀粉和支链淀粉的非还原端依次水解,释放出单个葡萄糖基,甚至还可作用于 1→6 键(但相对水解速率较慢)。总之,葡萄糖淀粉酶可将淀粉完全水解为 D-葡萄糖。但生产上常先用 α-淀粉酶将淀粉水解为寡糖片段,使之有更多的还原端。

　　β-淀粉酶和 α-淀粉酶的不同之处是从非还原性末端,逐次以麦芽糖为单位断开 α-1,4-葡聚糖链。当以支链淀粉作底物时,切断至 α-1,6 键的前面反应就停止了。因此,生成分子量较大的极限糊精(又称 β-极限糊精)。

　　常用于催化水解支链淀粉 1→6 连接键的脱支酶有异淀粉酶和普鲁蓝酶。当作用于支链淀粉时,产生许多低分子量的支链产物,也常用于测定支链淀粉的支化度。

3.5.1.5　变性淀粉

　　食品体系十分复杂,对各种各样的条件都有严格的要求,淀粉也如此。若要淀粉在高温加热、高酸性环境、高剪切混合/脱水,以及冷冻储藏过程中仍然保持其预期的功能,就需要对淀粉进行修饰,常用的方法有物理、化学或生物化学或者二者结合的改性,通过适当的改性后,可改善天然淀粉的性能,得到适合于食品特殊用途的变性淀粉。

1) 预糊化淀粉

淀粉悬浮液在高于糊化温度下加热,而后进行干燥即得到可溶于冷水和能发生胶凝的淀粉产品,常用于方便食品和焙烤食品助剂。

2) 低黏度变性淀粉

低于糊化温度时的酸水解,在淀粉颗粒的无定形区发生,剩下较完整的结晶区。玉米淀粉的支链淀粉比直链淀粉酸水解更完全,淀粉经酸处理后,生成在冷水中不易溶解而易溶于沸水的产品。这种产品称为低黏度变性淀粉(thin boiling starch)或酸变性淀粉,其热糊黏度、特性黏度和凝胶强度均有所降低,而糊化温度提高,不易发生老化,可用于增稠和制成膜。

市售酸变性淀粉是用 40% 玉米或糯玉米淀粉浆与硫酸或盐酸在温度 25~55 ℃ 条件下反应制成的,按黏度降低的程度确定处理时间,从 6 h 到 24 h 不等,水解物用碳酸钠或稀氢氧化钠溶液中和,然后过滤、干燥。酸变性淀粉可形成热的黏稠状物,放冷可转变成硬凝胶,用于生产糖果和口香糖。

3) 淀粉醚

淀粉如同所有的糖类,含有大量的羟基,但在修饰过程中仅有非常少的羟基参加反应,生成取代度(degree of substitution, DS)很低的酯基、醚基,DS 一般为 0.002~0.2,即平均每 5~500 个葡萄糖残基有 1 个取代基。虽然只有很少的羟基被修饰,但淀粉的性质却发生了相当大的变化,使淀粉的用途也得到了很大的扩展。

淀粉所发生的许多反应与醇类相同。例如,酯化和醚化,因为淀粉的 D-吡喃葡萄糖单位有 3 个游离羟基,取代度从 0 变化到最大值 3。商业上较重要的淀粉衍生物的 DS<0.1,经过这种改性产生特殊的胶体性质,能生成适于不同用途的聚合物。

取代度 0.05~0.10 的羟乙基(或羟丙基)淀粉醚是将 30%~40% 的淀粉悬乳液和环氧乙烷(或环氧丙烷)在 50 ℃、pH 为 11~13 条件下,反应生成的产物,这种淀粉衍生物容易过滤,产品纯净且成本低。反应如下:

$$R-OH + \underset{\substack{O}}{\overset{\substack{R'}}{\triangle}} \xrightarrow{OH^{\ominus}} R-O-CH_2-\underset{\substack{|\\OH}}{CHR'}$$

淀粉 　　　　　　　　　　　　　　　　　淀粉醚(R′=H,CH₃)

低取代度羟乙基淀粉的物理特性是糊化温度降低,淀粉颗粒的溶胀速率加快,淀粉糊形成凝胶和老化的趋势减弱。羟烷基淀粉如羟丙基淀粉可作为色拉调味汁、馅饼食品的添加剂和其他食品的增稠剂。

淀粉与一氯乙酸在碱性溶液中反应生成羧甲基淀粉,在冷水和乙醇中也能溶胀。用 1%~3% 的羧甲基淀粉配制的悬浮液具有像香脂一样的稠性,若浓度达到 3%~4% 则为类似凝胶的黏稠性。这类产品可作为增稠剂和凝胶的胶凝剂。反应如下:

$$R-OH + ClCH_2COO^- \xrightarrow{OH^{\ominus}} R-O-CH_2-COO^{\ominus}$$

4) 淀粉酯

淀粉和酸式正磷酸盐、酸式焦磷酸盐以及三聚磷酸盐的混合物在一定温度范围内反应可制成淀粉磷酸单酯。典型反应条件为在温度 50～60 ℃加热 1 h,取代度一般低于 0.25,制备较高取代度的衍生物需提高温度和磷酸盐浓度并延长反应时间。淀粉磷酸单酯也可在 120～175 ℃干法加热淀粉和碱性磷酸盐或碱性三聚磷酸盐制得。反应如下:

$$R—OH \xrightarrow[\text{POCl}_3/\text{碱性磷酸盐}]{\text{OH}^\ominus} R—OPO_3H^\ominus$$

淀粉磷酸单酯和未改性的淀粉比较,糊化温度更低,取代度 0.07 或更高的淀粉磷酸酯在冷水中可发生溶胀,与其他淀粉衍生物比较,淀粉磷酸酯糊状物的黏度和透明度增大,老化现象减弱。其特性与马铃薯淀粉很相似,因为马铃薯淀粉也含有磷酸酯基。

淀粉单磷酸酯因具有极好的冷冻—解冻稳定性,所以适于加工冷冻食品,通常作为冷冻肉汁和冷冻奶油馅饼的增稠剂,在这类食品中,使用淀粉单磷酸酯优于未改性淀粉。预糊化淀粉磷酸酯在冷水中易分散,适用于速溶甜食粉和糖霜的加工。

淀粉可与有机酸在加热条件下反应生成酯,如与乙酸、长链脂肪酸(C_6～C_{26})、琥珀酸、己二酸或柠檬酸反应生成的淀粉有机酸酯,其增稠性、糊的透明性和稳定性均优于天然淀粉,可用作焙烤食品、汤汁粉料、沙司、布丁、冷冻食品的增稠剂和稳定剂,以及脱水水果的保护涂层和保香剂、微胶囊包被剂。

低取代度的淀粉乙酸酯可形成稳定的溶液,因为这种淀粉只含有几个乙酰基,所以能够抑制直链淀粉分子和支链淀粉的外层长链发生缔合。在有(或无)催化剂存在下(如乙酸或碱性水溶液),用乙酸或乙酐处理粒状淀粉便可得到低取代度的淀粉乙酸酯。在 pH 为 7～11 和 25 ℃条件下,用淀粉和乙酐反应可制成取代度为 0.5 的产品。

低取代度淀粉乙酸酯的糊化温度低,形成的糊冷却后具有良好的抗老化性能,这种淀粉的糊透明而且稳定,可用于冷冻水果馅饼、焙烤食品、速溶布丁、馅饼和肉汁。取代度较高的淀粉乙酸酯能降低凝胶生成的能力。表 3-24 列举了各种玉米淀粉的性质。

表 3-24　各种玉米淀粉的性质

种　类	直链淀粉/支链淀粉	糊化温度范围/ ℃	性　质
普通淀粉	1:3	62～72	冷却解冻稳定性不好
糯质淀粉	0:1	63～70	不易老化
高直链淀粉	(3:2)～(4:1)	66～92	颗粒双折射小于普通淀粉
酸变性淀粉	可变	69～79	与未变性淀粉相比,热糊的黏性降低
羟乙基化	可变	58～68	增加糊的透明性,降低老化作用
		(DS$_{0.04}$)	
磷酸单酯	可变	56～66	降低糊化温度和老化作用
交联淀粉	可变	高于未改性的淀粉,取决于交联度	峰值黏度减小,糊的稳定性增大
乙酰化淀粉	可变	55～65	糊状物透明,稳定性好

淀粉辛烯基琥珀酸酯的应用也非常广泛,它是在多糖分子上接疏水的碳氢键。即使取

代度很低，2-(1-辛烯基)琥珀酸淀粉酯分子也会在 O/W 界面浓集发生乳化，原因在于烯基的疏水性。该产品常用作乳化稳定剂(如用在风味饮料中作稳定香气成分)和脂肪代用品。

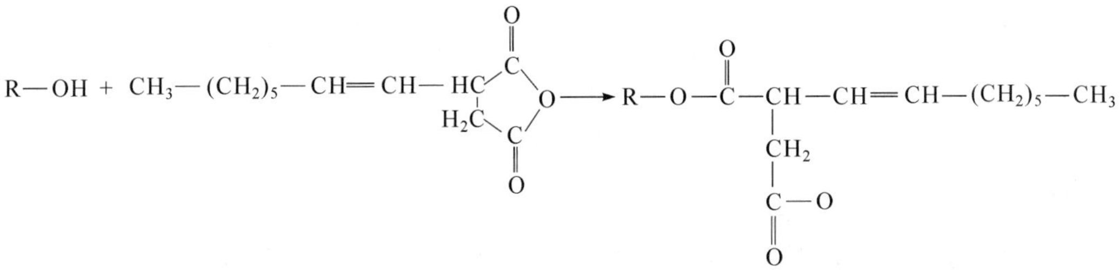

辛烯基琥珀酸酐　　　　　　2-(1-辛烯基)琥珀酸淀粉酯

5）交联淀粉

食品中使用的淀粉主要是交联淀粉。交联淀粉是由淀粉与含有双或多官能团的试剂反应生成的衍生物。常用的交联试剂有三偏磷酸二钠、三氯氧磷($POCl_3$)、表氯醇或乙酸与二元羧酸酐的混合物等。

与淀粉单磷酸酯比较，淀粉磷酸二酯有两个被磷酸酯化的羟基，通常是两条相邻的淀粉链各有一个羟基被酯化，因此在毗邻的淀粉链之间可形成一个化学桥键，这类淀粉称为交联淀粉。这种由淀粉链之间形成的共价键能阻止淀粉粒溶胀，对热和振动的稳定性更大。

淀粉的水悬浊液与磷酰氯反应生成交联淀粉，淀粉与三偏磷酸盐反应或淀粉浆与 2%三偏磷酸盐在 50 ℃和 pH 为 10～11 反应 1h，均可形成交联淀粉，其反应如下：

$$2R{-}OH + R'CO{-}O{-}CO{\leftarrow}CH_2{\rightarrow}_nCO{-}O{-}COR' \longrightarrow R{-}O{-}CO{\leftarrow}CH_2{\rightarrow}_nCO{-}O{-}R$$

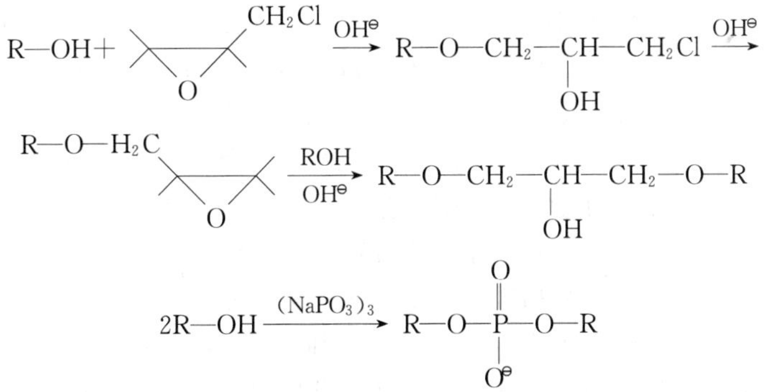

磷酸交联键能增强溶胀淀粉粒的稳定性，与淀粉磷酸单酯相反，二酯的糊不透明。交联度大的淀粉在高温、低 pH 和机械振动条件下都非常稳定，淀粉糊化温度随交联度加大成比例增大。若淀粉高度交联则可抑制溶胀，甚至在沸水中也不溶胀。

交联淀粉主要用于婴儿食品、色拉调味汁、水果馅饼和奶油型玉米食品，作为食品增稠剂和稳定剂，淀粉磷酸二酯优于未改性的淀粉，因为它能使食品在煮过以后仍然保持悬浮状态，能阻止胶凝和老化，有良好的冷冻-解冻稳定性，放置后也不发生脱水收缩。

6）氧化淀粉

淀粉水悬浮液与次氯酸钠在低于糊化温度下反应发生水解和氧化，生成的氧化产物平均每 25～50 个葡萄糖残基有 1 个羧基。氧化淀粉用于色拉调味料和蛋黄酱等较低黏度的填充料,但它不同于低黏度变性淀粉,既不易老化也不能凝结成不透明的凝胶。

$$COO^\ominus \quad CH_2OH$$

氧化淀粉

3.5.2　糖原

糖原又称动物淀粉,是肌肉和肝脏组织中的主要储存的糖类,因为它在肌肉和肝脏中的浓度都很低,糖原在食品中的含量很少。

糖原是同聚糖,与支链淀粉的结构相似,含 α-D-(1→4)和 α-D-(1→6)糖苷键,但糖原比支链淀粉的分子量更大,支链更多。从玉米淀粉或其他淀粉中也可分离出少量植物糖原(phytoglycogen),它属于低分子量和高度支化的多糖。

3.5.3　纤维素

纤维素是植物细胞壁的主要结构成分,通常与半纤维素、果胶和木质素结合在一起,其结合方式和程度对植物食品的质地产生很大的影响,而植物在成熟和后熟时质地的变化则是由果胶物质发生变化引起的。人体消化道不存在纤维素酶,纤维素连同某些其他惰性多糖构成植物性食品,如蔬菜、水果和谷物中的不可消化的糖类(称为膳食纤维),动物除草食动物能利用纤维素外,其他动物的体内消化道也不含纤维素酶。膳食纤维在人类营养中的重要性主要是维护肠道蠕动。

纤维素是由 D-吡喃葡萄糖通过 β-D-(1→4)糖苷键连接构成的高分子量、线性、不溶于水的同聚糖,纤维素的线性构象使分子容易按平行并排的方式牢固的缔合,形成单斜棒状结晶,链按平行纤维的方向取向,并略微折叠,以便在 O-4 和 O-6 以及 O-3 和 O-5 之间形成链内氢键。纤维素有无定形区和结晶区之分,无定形区容易受溶剂和化学试剂的作用,利用无定形区和结晶区在反应性质上的这种差别,可以利用纤维素制成微晶纤维素(micro crystalline cellulose,MCC),即在此过程中无定形区被酸水解,剩下很小的耐酸结晶区,这种产物商业上称为微晶粉末纤维素,分子量一般为 30 000~50 000,仍然不溶于水,用在低热量食品加工中作填充剂和流变控制剂,或风味载体。另一种 MCC 产品是胶体,可以分散在水中并具有类似于亲水胶体的功能特性。在制备 MCC 胶体时,利用相当大的机械能,使水解后结合较弱的微晶纤维素拉开,成为胶体颗粒大小的聚集体(<0.2 μm)。在干燥时为了阻止它们重新聚集,需要添加羧甲基纤维素、汉生胶或海藻酸钠等阴离子胶体助剂。

纤维素的聚合度是可变的,取决于植物的来源和种类,聚合度可从1000~14 000(相当于分子量 162 000~2 268 000)。纤维素由于分子量大且具有结晶结构,所以不溶于水,而且溶胀性和吸水性都很小。

纤维素和改性纤维素均为膳食纤维,不能被人体消化,也不能提供营养和热量,但具有重要的功能作用。纯化的纤维素常作为配料添加到面包中,增加持水力和延长货架期,提供一种低热量食品。

3.5.3.1 羧甲基纤维素

纤维素经化学改性,可制成纤维素基食物胶。最广泛应用的纤维素衍生物是羧甲基纤维素钠(纤维素—O—CH_2—$CO_2^- Na^+$),它是用氢氧化钠-氯乙酸处理纤维素制成的,一般产物的取代度 DS 为 0.3~0.9(食品配料最常用的 DS 为 0.7),聚合度为 500~2000,其反应如下:

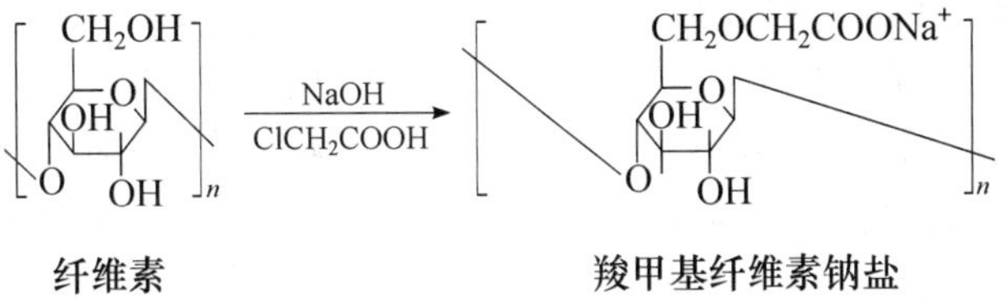

纤维素　　　　　　　　　　　羧甲基纤维素钠盐

羧甲基纤维素分子链长,具有刚性,带负电荷,在溶液中因静电排斥作用而呈现高黏度和稳定性,它的这些性质与取代度和聚合度密切相关。低取代度(DS≤0.3)的产物不溶于水而溶于碱性溶液;高取代度(DS>0.4)羧甲基纤维素易溶于水。此外,溶解度和黏度还取决于溶液的 pH。

取代度 0.7~1.0 的羧甲基纤维素(carboxymethylcellulose,CMC)可用来增加食品的黏性,溶于水可形成非牛顿流体,其黏度随着温度上升而降低,pH 为 5~10 时溶液较稳定,pH 为 7~9 时稳定性最大。羧甲基纤维素和一价阳离子形成可溶性盐,但当二价离子存在时则溶解度降低并生成悬浊液,三价阳离子可引起胶凝或沉淀。

羧甲基纤维素有助于食品蛋白质的增溶,如明胶、干酪素和大豆蛋白等。在增溶过程中,羧甲基纤维素与蛋白质形成复合物。特别在蛋白质的等电点 pH 附近,可使蛋白质保持稳定的分散体系。

羧甲基纤维素具有适宜的流变学性质、无毒以及不被人体消化等特点,因此在食品中得到广泛的应用,如在馅饼、牛奶蛋糊、布丁、干酪涂抹料中作为增稠剂和黏合剂。因为羧甲基纤维素对水的结合容量大,在冰淇淋和其他食品中用以阻止冰晶的生成,防止糖果、糖衣和糖浆中产生糖结晶。此外,还用于增加蛋糕及其他焙烤食品的体积和延长货架期,保持色拉调味汁乳胶液的稳定性,使食品疏松、增加体积,并改善蔗糖的口感。在低热量碳酸饮料中羧甲基纤维素用于阻止 CO_2 的逸出。

3.5.3.2 甲基纤维素和羟丙基纤维素

甲基纤维素是纤维素的醚化衍生物,其制备方法与羧甲基纤维素相似,在强碱性条件下将纤维素与三氯甲烷反应即得到甲基纤维素(methyl celluose,MC),取代度依反应条件而定,商业产品的取代度一般为 1.1~2.2。反应如下:

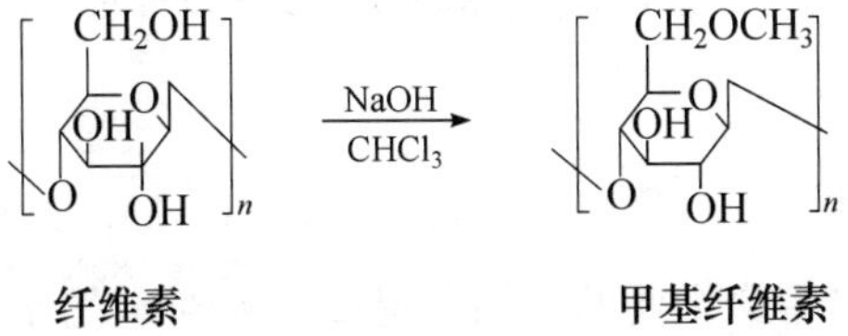

纤维素　　　　　　　　　　　甲基纤维素

甲基纤维素的特点是热胶凝性,即溶液加热时形成凝胶,冷却后又恢复溶液状态。甲基纤维素溶液加热时,最初黏度降低,然后迅速增大并形成凝胶,这是由于各个分子周围的水合层受热后破裂,聚合物之间的疏水键作用增强引起的。电解质(如 NaCl)和非电解质(如蔗糖或山梨醇)均可使胶凝温度降低,因为它们争夺水分子的作用很强。甲基纤维素不能被人体消化,是膳食中无热量多糖。

羟丙基甲基纤维素(hydroxypropylmethylcellulose, HPMC)是纤维素与三氯甲烷和环氧丙烷在碱性条件下反应制备的,取代度通常为 0.02～0.3。同甲基纤维素一样,可溶于冷水,这是因为在纤维素分子链中引入了甲基和羟丙基两个基团,从而干扰了羟丙基甲基纤维素分子链的结晶堆积和缔合,因此有利于链的溶剂化,增加了纤维素的水溶性,但由于极性羟基减少,其水合作用降低。纤维素被醚化后,使分子具有一些表面活性且易在界面吸附,这有助于乳浊液和泡沫稳定。反应如下:

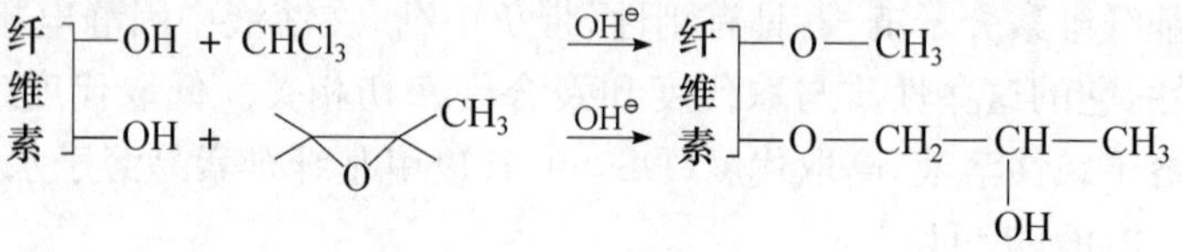

$$
\begin{array}{l}
纤维素 \begin{cases} -OH + CHCl_3 \\ -OH + \end{cases} \xrightarrow[OH^\ominus]{OH^\ominus} 纤维素 \begin{cases} -O-CH_3 \\ -O-CH_2-CH-CH_3 \\ \qquad\qquad\quad OH \end{cases}
\end{array}
$$

甲基纤维素和羟丙基纤维素的起始黏度随着温度上升而下降,在特定温度可形成可逆性凝胶,胶凝温度和凝胶强度与取代基的种类和取代度及水溶胶的浓度有关,羟丙基可以使大分子周围的水合层稳定,从而提高胶凝温度。改变甲基与羟丙基的比例,可使凝胶在较广的温度范围内凝结。

甲基纤维素和羟丙基甲基纤维素可增强食品对水的吸收和保持,使油炸食品不至于过度吸收油脂,如炸油饼。在某些保健食品中甲基纤维素起脱水收缩抑制剂和填充剂的作用;在不含面筋的加工食品中作为质地和结构物质;在冷冻食品中用于抑制脱水收缩,特别是沙司、肉、水果、蔬菜以及在色拉调味汁中可作为增稠剂和稳定剂。此外,甲基和羟丙基甲基纤维素还用于各种食品的可食涂布料和代脂肪。

3.5.4　半纤维素

植物细胞壁是纤维素、木质素、半纤维素和果胶所构成的复杂结构。半纤维素(hemicelluloses)是一类聚合物,水解时生成大量的戊糖、葡萄糖醛酸和某些脱氧糖。目前,对细胞壁组分之间结构的相互关系还不十分了解,可能物理和共价化学键两者都存在。食品中最普遍存在的半纤维素是由 β-$(1\rightarrow4)$-D-吡喃木糖单位组成的木聚糖,这种聚合物通常含有连接在某些 D-木糖基 C-3 位上的 β-L-呋喃阿拉伯糖基侧链,其他特征成分是 D-葡萄糖醛酸 4-O-甲基醚,D-或 L-半乳糖和乙酰酯基,以下是有代表性的结构:

β-$(1\rightarrow4)$-D-吡喃木糖基-$(1\rightarrow4)$-β-D-吡喃木糖基-$(1\rightarrow4)$-4-O-甲基-α-D-吡喃葡萄糖醛酸

$$\downarrow$$

β-L-呋喃阿拉伯糖基

半纤维素在食品焙烤中最主要的作用是提高面粉对水的结合能力,改善面包面团的混合品质,降低混合所需能量,有助于蛋白质的掺和,增加面包体积。含植物半纤维素的面包比不含半纤维素的可推迟变干硬的时间。

食物半纤维素对人体的重要性还不十分了解,它作为食物纤维的来源之一,在体内能促进胆汁酸的消除和降低血清中胆固醇含量,有利于肠道蠕动和粪便排泄。包括半纤维素在内的食物纤维素对减少心血管疾病和结肠失调的危险有一定的作用,特别是结肠癌的预防。糖尿病人采用高纤维膳食可减少病人对胰岛素的需要量。但是,多糖树胶和纤维素对某些维生素和必需微量矿物质在小肠内的吸收会产生不利的影响。

3.5.5 果胶

果胶广泛分布于植物体内,是由 α-(1→4)-D-吡喃半乳糖醛酸单位组成的线性聚合物,主链上还存在 1→2 连接的 α-L-鼠李糖残基,在鼠李糖富集的链段中,鼠李糖残基呈现毗连或交替的位置,在结构上必然是不规则的,这主要是限制连接区的大小和影响凝胶化。果胶的伸长侧链还包括少量的半乳聚糖和阿拉伯聚糖。通常,在果胶的结构中包含 300~1000 个糖基单元,这有助于它在水中形成凝胶,芒果中的果胶平均分子量(M_w)高达 378.4~2858 kDa,果胶存在于植物细胞的胞间层,各种果胶的主要差别是它们的甲氧基含量或酯化度不相同,这与其来源、加工方式和随后的处理关系密切。植物成熟时甲氧基和酯化度略微减少,酯化度(DE)或甲氧基程度(DM)用 D-半乳糖醛酸残基总数中 D-半乳糖醛酸残基的酯化分数×100 表示。例如,酯化度 50% 的果胶物质的结构如下:

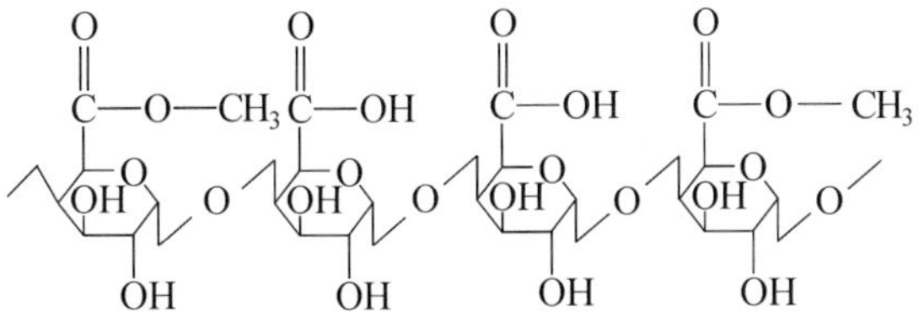

通常将酯化度大于 50% 的果胶称为高甲氧基(HM)果胶(high-methoxyl pectin),酯化度低于 50% 的是低甲氧基(LM)果胶(low-methoxyl pectin)。原果胶是未成熟的果实、蔬菜中高度甲酯化且不溶于水的果胶,它使果实、蔬菜具有较硬的质地。

果胶酯酸(pectinic acid)是甲酯化程度不太高的果胶,原果胶在原果胶酶和果胶甲酯酶的作用下转变成果胶酯酸。果胶酯酸因聚合度和甲酯化程度的不同可以是胶体形式或水溶性的,水溶性果胶酯酸又称为低甲氧基果胶。果胶酯酸在果胶甲酯酶的持续作用下,甲酯基可全部脱去,形成果胶酸。

果胶酶有助于植物后熟过程中产生良好的质地,在此期间,原果胶酶使原果胶转变成胶态果胶或水溶性果胶酯酸。果胶甲酯酶(果胶酶)裂解果胶的甲酯,生成多聚-D-半乳糖醛酸(poly-D-galacturonic acid)或果胶酸,然后被多聚半乳糖醛酸酶部分降解为 D-半乳糖醛酸单位。上述酶在果实成熟期共同起作用,因此对改善水果和蔬菜的质地起着重要的作用。

果胶能形成具有弹性的凝胶,不同酯化度类型的果胶形成凝胶的机制是有差异的,高甲氧基果胶,必须在低 pH 和高糖浓度中方可形成凝胶,一般要求果胶含量<1%;蔗糖浓

度 58%～75%；pH 为 2.8～3.5。因为在 pH 为 2.0～3.5 时可阻止羧基离解，使高度水合作用和带电的羧基转变为不带电荷的分子，从而使其分子间的斥力减小，分子的水合作用降低，结果有利于分子间的结合和三维网络结构的形成。蔗糖浓度达到 58%～75%，由于糖争夺水分子，致使中性果胶分子溶剂化程度大大降低，有利于形成分子间氢键和凝胶。果胶凝胶加热至温度接近 100 ℃时仍保持其特性。果胶分子间存在如下所示的羟基-羟基、羧基-羧基和羟基-羧基氢键键合：

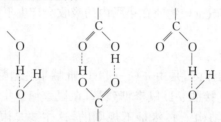

果胶的胶凝作用不仅与其浓度有关，而且因果胶的种类而异，普通果胶在浓度 1% 时可形成很好的凝胶。

果胶的高凝胶强度与分子量和分子间缔合呈正相关。一般说来，果胶酯化度从 30% 增加到 50% 将会延长胶凝时间，因为甲酯基的增加，使果胶分子间氢键键合的立体干扰增大。酯化度为 50%～70% 时，由于分子间的疏水相互作用增强，从而缩短了胶凝时间。果胶的胶凝特性是果胶酯化度的函数（表 3-25）。

表 3-25　果胶酯化度对形成凝胶的影响

酯化度/% [1]	形成凝胶的条件			凝胶形成的快慢
	pH	糖/%	二价离子	
>70	2.8～3.4	65	无	快
50～70	2.8～3.4	65	无	慢
<50	2.5～5.6	无	有	快

1) 酯化度＝(酯化的 D-半乳糖醛酸残基数/D-半乳糖醛酸残基总数)×100。

低酯化度(低甲氧基)果胶在没有糖存在时也能形成稳定的凝胶，但必须有二价金属离子(M^{2+})存在。例如，钙离子，在果胶分子间形成交联键，随着 Ca^{2+} 浓度的增加，胶凝温度和凝胶强度也增加，这同褐藻酸钠形成蛋箱形结构的凝胶机理类似，这种凝胶为热可塑性凝胶，常用来加工不含糖或低糖营养果酱或果冻。低甲氧基果胶对 pH 的变化没有普通果胶那样敏感，在 pH 为 2.5～6.5 可以形成凝胶，而普通果胶只能在 pH 为 2.7～3.5 形成凝胶，最适 pH 为 3.2。虽然低甲氧基果胶不添加糖也能形成凝胶，但加入 10%～20% 的蔗糖可明显改善凝胶的质地。低甲氧基果胶凝胶中如果不添加糖或增塑剂，则比普通果胶的凝胶更容易脆裂，且弹性小。钙离子对凝胶的硬化作用适用于增加番茄、酸黄瓜罐头的硬度，以及制备含低甲氧基果胶的营养果酱和果冻。

果胶凝胶在受到弱的机械力作用时，会出现可塑性流动，作用力强度增大会使凝胶破碎。这表明，凝胶结构中可能存在两种键：一种是容易断裂但能复原的弱键；另一种是无规则分布的较强的键。

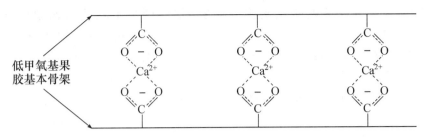

商业上生产果胶是以橘子皮和压榨后的苹果渣为原料,在 pH 为 1.5～3 和温度 60～100 ℃提取,然后通过离子(如 Al^{3+})沉淀纯化,使果胶形成不溶于水的果胶盐,沉淀用酸性乙醇洗涤以除去添加的离子。果胶常用于制作果酱和果冻的胶凝剂,生产酸奶的水果基质,以及饮料和冰淇淋的稳定剂与增稠剂。在医药中,果胶可用于降低胆固醇、降低体重、降低血压和抗肿瘤等。同时也是一种益生元,有益于肠道健康。最近研究还发现,果胶作为乳化剂可保护类胡萝卜素,并增加在体内的吸收和消化。

3.5.6　瓜尔豆胶和角豆胶

瓜尔豆胶和角豆胶是重要的增稠多糖,广泛用于食品和其他工业。瓜尔豆胶是所有天然胶和商品胶中黏度最高的一种。瓜尔豆胶或称瓜尔聚糖(guaran)是豆科植物瓜尔豆(*Cyamopsis tetragonolobus*)种子中的胚乳多糖,此外,在种子中还含有 10%～15% 的水分、5%～6% 蛋白质、2%～5% 粗纤维和 0.5%～0.8% 的灰分。瓜尔豆胶原产于印度和巴基斯坦,由(1→4)-β-D-吡喃甘露糖单位构成主链,主链上每间隔 1 个糖单位连接 1 个(1→6)-α-D 吡喃半乳糖单位侧链。其分子量约为 220 000,是一种较大的聚合物,分子结构见图 3-52。

图 3-52　瓜尔聚糖重复单位

瓜尔聚糖能结合大量的水,在冷水中迅速水合生成高度黏稠和触变的溶液,黏度大小与体系温度、离子强度和其他食品成分有关。分散液加热时可加速树胶溶解,但温度很高时树胶将会发生降解。由于这种树胶能形成非常黏稠的溶液,通常在食品中的添加量不超过 1%。

瓜尔豆胶溶液呈中性,黏度几乎不受 pH 变化的影响,可以和大多数其他食品成分共存于体系中。盐类对溶液黏度的影响不大,但大量蔗糖可降低黏度并推迟达到最大黏度的时间。

瓜尔豆胶与小麦淀粉和某些其他树胶可显示出黏度的协同效应,在冰淇淋中可防止冰晶生成,并在稠度、咀嚼性和抗热刺激等方面都起着重要作用,阻止干酪脱水收缩,焙烤食品添加瓜尔豆胶可延长货架期,降低点心糖衣中蔗糖的吸水性,还可用于改善肉食品品质,如提高香肠肠衣馅料的品质。沙司和调味料中加入 0.2%～0.8% 瓜尔豆胶,能增加黏稠性和产生良好的口感。此外在造纸、化妆品和医药工业上也被广泛应用。

角豆胶(carob bean gum)又称利槐豆胶(locust bean gum),存在于豆科植物角豆树(*Ceratonia siliqua*)种子中,主要产自近东和地中海地区,这种树胶的主要结构与瓜尔豆胶相似,重均分子量为 310 000,由 β-D 吡喃甘露糖残基以 β-(1→4)键连接成线形主链,通过(1→6)键连接 α-D-半乳糖残基构成侧链,甘露糖与半乳糖的比为(3~6):1(图 3-53)。但 D-吡喃半乳糖单位为非均一分布,在主链保留一长段没有 D-吡喃半乳糖基单位的甘露聚糖链,这种结构导致它产生特有的增效作用,特别是和海藻的鹿角藻胶、黄原胶和卡拉胶合并使用时可通过两种交联键形成凝胶。角豆胶的物理性质与瓜尔豆胶相似,两者都不能单独形成凝胶,但溶液黏度比瓜果豆胶低。

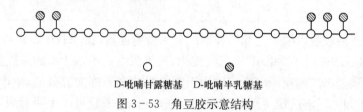

D-吡喃甘露糖基　　　D-吡喃半乳糖基

图 3-53　角豆胶示意结构

角豆胶约 85% 用于乳制品和冷冻甜食中,可保持水分并作为增稠剂和稳定剂,几乎很少单独使用,常与 CMC、卡拉胶、黄原胶和瓜尔豆胶等共用。添加量为 0.05%~0.25%。在软干酪加工中,它可以加快凝乳的形成和减少固形物损失。此外,还用于混合肉制品,如作为肉糕、香肠等食品的黏结剂。在低面筋含量面粉中添加角豆胶,可提高面团的水结合量,与能产生凝胶的多糖合并使用可产生增效作用,如 0.5% 琼脂和 0.1% 角豆胶的溶液混合所形成的凝胶比单独琼脂生成的凝胶强度提高 5 倍。

3.5.7　阿拉伯树胶

在植物的渗出物多糖中,阿拉伯树胶(gum Arabil)是最常见的一种,它是金合欢树(acacia)皮受伤部位渗出的分泌物,收集方法和制取松脂相似。

阿拉伯树胶是一种复杂的蛋白杂聚糖,分子量为 260 000~1 160 000,多糖部分一般由 L-阿拉伯糖(3.5 mol)、L-鼠李糖(1.1 mol)、D-半乳糖(2.9 mol)和 D-葡萄糖醛酸(1.6 mol)组成,占总树胶的 70% 左右。多糖分子的主链由 β-D-吡喃半乳糖残基以 1→3 键连接构成,残基部分 C_6 位置连有侧链,糖醛酸大多数作为非还原端存在于糖链的末端。其部分结构如图 3-54 所示。阿拉伯树胶以中性或弱酸性盐形式存在,组成盐的阳离子有 Ca^{2+}、Mg^{2+} 和 K^+。蛋白质部分约占总树胶质量分数的 2%,特殊品种可达 25%,多糖通过共价键与蛋白质肽链中的羟脯氨酸和丝氨酸相连接。

阿拉伯树胶易溶于水形成低黏度溶液,只有在高浓度时黏度才开始急剧增大,这一点与其他许多多糖的性质不相同,最大的特点是溶解度高,可达到 50%(质量分数),生成和淀粉相似的高固形物凝胶,溶液的黏度与黄芪胶溶液相似,浓度低于 40% 的溶液表现牛顿流体的流变学特性;浓度大于 40% 时为假塑性流体,高质量的树胶可形成无色无味的液体。若有离子存在时,阿拉伯树胶溶液的黏度随 pH 改变而变化,在低和高 pH 时黏度小,但 pH 为 6~8 时黏度最大。添加电解质时黏度随阳离子的价数和浓度成比例降低。阿拉伯树胶和明胶、海藻酸钠是配伍禁忌的,但可以与大多数其他树胶合并使用。

阿拉伯树胶既是一种好的乳化剂,又是一种非常好的 O/W 的风味乳化稳定剂,可阻止焙烤食品的顶端配料糖霜或糖衣吸收过多的水分,在冷冻乳制品,如在冰淇淋、冰水饮料、冰冻果子露中,有助于小冰晶的形成和稳定。在软饮料中,阿拉伯树胶可作为乳化剂和乳状液与泡沫稳定剂。在粉末或固体饮料中,能起到固定风味的作用,特别是在喷雾干燥的柑橘固体饮料中能够保留挥发性香味成分。阿拉伯树胶的这种表面活性是由于它对油的表面具有很强的亲和力,并有一个足够覆盖分散液滴的大分子,使之能在油滴周围形成一层空间稳定的厚的大分子层,防止油滴聚集。通常将香精油与阿拉伯树胶制成乳状液,然后喷雾干燥制备固体香精。阿拉伯树胶的另一个特点是与高浓度糖具有相容性,因此可广泛用于高糖或低糖含量的糖果,如太妃糖、果胶软糖和软果糕等,以防止蔗糖结晶和乳化、分散脂肪组分,阻止脂肪从表面析出产生"白霜"。

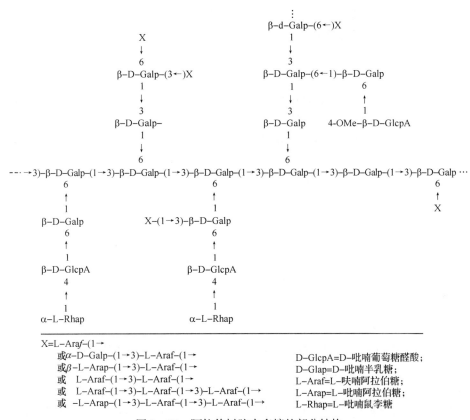

X=L-Ara$f$-(1→
或α-D-Galp-(1→3)-L-Araf-(1→
或β-L-Arap-(1→3)-L-Araf-(1→
或 L-Araf-(1→3)-L-Araf-(1→
或 L-Araf-(1→3)-L-Araf-(1→3)-L-Araf-(1→
或 -L-Arap-(1→3)-L-Araf-(1→3)-L-Araf-(1→

D-GlcpA=D-吡喃葡萄糖醛酸;
D-Glap=D-吡喃半乳糖;
L-Araf=L-呋喃阿拉伯糖;
L-Arap=L-吡喃阿拉伯糖;
L-Rhap=L-吡喃鼠李糖

图3-54 阿拉伯树胶中多糖的部分结构

3.5.8 黄芪胶

黄芪胶(gum tragacanth)是一种植物渗出液,来源于紫云英属的几种植物,这种树胶像阿拉伯树胶一样,是沿用已久的一种树胶,大约有2000多年的历史,主要产地是中东(伊朗、叙利亚和土耳其)。采集方法与阿拉伯树胶相似,割伤植物树皮后收集渗出液。

黄芪胶的化学结构很复杂,与水搅拌混合时,其水溶性部分称为黄芪酸(tragacanthic acid),占树胶质量的60%~70%,分子量约为800 000,水解可得到43%D-半乳糖醛酸、10% L-岩藻糖、4%D-半乳糖、40%D-木糖;不溶解部分为黄芪胶糖(bassorin),分子量为840 000,含有75%L-阿拉伯糖、12%D-半乳糖和3%D-半乳糖醛酸甲酯及L-鼠李糖。黄芪胶水溶液的浓度低至0.5%仍有很大的黏度,其黏度高度依赖于剪切速率,其结构如下：

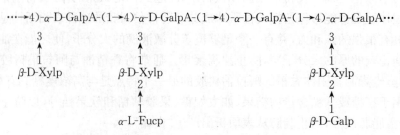

$$\cdots\to4)\text{-}\alpha\text{-D-GalpA-}(1\to4)\text{-}\alpha\text{-D-GalpA-}(1\to4)\text{-}\alpha\text{-D-GalpA-}(1\to4)\text{-}\alpha\text{-D-GalpA}\cdots$$

黄芪胶对热和酸均很稳定,可作色拉调味汁和沙司的增稠剂,在冷冻甜点心中提供需宜的黏性、质地和口感;还用于冷冻水果饼馅的增稠,并产生光泽和透明性。

3.5.9 琼脂

食品中重要的海藻胶包括琼脂(agar)、鹿角藻胶和褐藻胶(algin),琼脂作为细菌培养基已为人们所熟知,它来自红水藻($Clase\ rhodophyceae$)的各种海藻,主要产于日本海岸。琼脂是一个非均匀的多糖混合物,可分离成为琼脂聚糖(agarose)和琼脂胶(agaropectin)两个部分。琼脂糖的基本二糖重复单位是由 β-D-吡喃半乳糖(1→4)或(1→3)连接 3,6 -脱水- α-L-吡喃半乳糖基单位构成的,如下所示：

琼脂糖链的半乳糖残基约每 10 个有 1 个被硫酸酯化。

琼脂胶的重复单位与琼脂糖相似,但酯化程度较高,含 5%～10% 的硫酸酯,一部分D-葡萄糖醛酸残基和丙酮酸以缩醛形式结合,琼脂中琼脂糖和琼脂胶的含量比因来源不同相差很大,糖醛酸含量却不超过 1%。

琼脂凝胶最独特的性质是当温度大大超过胶凝起始温度时仍然保持稳定性。例如,1.5% 琼脂的水分散液在温度 30 ℃ 形成凝胶,熔点 35 ℃,琼脂凝胶具有热可逆性,是一种最稳定的凝胶。

琼脂在食品中的应用包括防止冷冻食品脱水收缩和提供需宜的质地,在加工的干酪和奶油干酪中使之具有稳定性和需宜的质地,对焙烤食品和糖霜可控制水活度和阻止其变硬。此外,还用于肉制品罐头。琼脂通常可与其他聚合物如黄芪胶、角豆胶或明胶合并使用。用量一般为 0.1%～1%。

3.5.10 鹿角藻胶

鹿角藻胶又名卡拉胶(carrageen gum),是从鹿角藻中提取的一种非均一多糖。鹿角藻产自爱尔兰、英国、法国和西班牙沿岸,大量分布在哈里法克斯-普恩士爱德华岛海岸地区。鹿角藻胶是一种结构复杂的混合物,至少含有被定为 κ- 、λ- 、μ- 、ι- 和 υ-5 种在性质上截然不同的聚合物,其中 κ- 、ι- 和 λ-鹿角藻胶在食品中是比较重要的 3 种,鹿角藻胶是由

D-半乳糖和 3,6-脱水半乳糖残基以 1→3 和 1→4 键交替连接,部分糖残基的 C_2、C_4 和 C_6 羟基被硫酸酯化形成硫酸单酯和 2,6-二硫酸酯。多糖中硫酸酯含量为 15%～40%。

κ-鹿角藻胶重复单位　　　　　　λ-鹿角藻胶重复单位　　$R = H, SO_3^-$

鹿角藻胶硫酸酯聚合物如同所有其他带电荷的线性大分子,具有较高的黏度,即使在较大的 pH 范围内都是很稳定的,溶液的黏度随着浓度增大呈指数增加。聚合物的性质明显依赖于硫酸酯的含量和位置,以及被结合的阳离子,例如,κ-和ι-鹿角藻胶,与 K^+ 和 Ca^{2+} 结合,通过双螺旋交联形成三维网络结构的热可塑性凝胶(图 3-55),这种凝胶有着较高的浓度和稳定性,即使聚合物浓度低于 0.5%,也能产生胶凝作用。

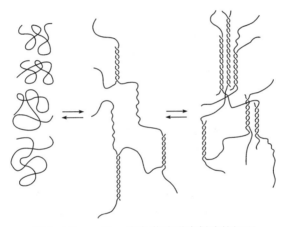

图 3-55　κ-和ι-鹿角藻胶形成凝胶的机理

鹿角藻胶因含有硫酸酯阴离子,即使在强酸条件下也是离子化的,当结合钠离子时,聚合物可溶于冷水,但并不发生胶凝。鹿角藻胶能和许多其他食用树胶产生协同效应,能增加黏度、凝胶强度和凝胶的弹性,特别是角豆胶,这种协同效应与浓度有关。在高浓度时,鹿角藻胶能提高瓜尔豆胶凝胶的强度;低浓度时仅增加黏度,茄替胶(ghatti)、黄芪胶、海藻酸盐和果胶溶液中添加鹿角藻胶则使黏度降低,这说明它们是配伍禁忌的,鹿角藻胶在以水或牛奶为基料的食品中可以对悬浮体起到稳定作用。λ-鹿角藻胶的所有盐都是可溶性的,但不能形成凝胶。

商业上的鹿角藻胶是混合物,含大约 60% κ-型(胶凝作用)和 40% λ-型(无胶凝作用)。鹿角藻胶在 pH>7 时是稳定的,在 pH 为 5～7 发生降解,pH 为 5 以下则迅速降解。κ-鹿角藻胶的钾盐是最好的胶凝剂,但生成的凝胶易碎裂并容易脱水收缩,添加少量角豆胶可以降低易碎裂性,使用瓜尔豆胶时,由于它们结构上的差异,不能产生增效作用。

鹿角藻胶稳定牛奶的能力取决于分子中硫酸酯基的数目和位置。鹿角藻胶阴离子和牛奶中的酪蛋白反应,可形成稳定的胶态悬浮体蛋白质-鹿角藻胶盐复合物,如 κ-鹿角藻胶与酪蛋白反应形成易流动的弱触变凝胶。在牛奶中的增稠效果为水中的 5～10 倍。因此,可利用鹿角藻胶的这种特性,在巧克力牛奶中添加 0.03％鹿角藻胶以阻止脂肪球分离和巧克力沉淀,也可用作冰淇淋、牛奶布丁和牛奶蛋糊的稳定剂。在干酪产品中鹿角藻胶具有稳定乳状液的作用,在冷冻甜食中能抑制冰晶形成。这些食品中鹿角藻胶一般与羧甲基纤维素、角豆胶或瓜尔豆胶配合使用。此外,鹿角藻胶还可作为面团结构促进剂,使焙烤产品增大体积、改善蛋糕的外观质量和质地、减少油炸食品对脂肪的吸收、阻止新鲜干酪的脱水收缩。在低脂肉糜制品中 κ- 和 ι-鹿角藻胶可以改善质构和提高汉堡包的质量,有时还用作部分动物脂肪的代替品。

3.5.11　褐藻胶

褐藻胶即褐藻酸盐或称海藻酸盐(alginates),是从褐藻门植物褐藻中提取得到的多糖。褐藻胶的主要来源为巨藻。褐藻胶含 D-吡喃甘露糖醛酸单位(M)和 L-吡喃古洛糖醛酸单位(G),以 β-(1→4)键连接。

M 与 G 的比例因来源不同而异,一般为 1.5,它影响藻褐胶溶液的性质。褐藻胶部分水解,主要生成由甘露糖醛酸和古洛糖醛酸组成的链碎片,以及两种糖醛酸残基以 1∶1 比例交替出现的碎片,褐藻胶为线性多糖,具有以下结构单位:

$$[→4)\text{-}\beta\text{-D-ManpA}(1→4)\text{-}\beta\text{-D-ManpA}(1→]_n$$
$$[→4)\text{-}\alpha\text{-L-GulpA}(1→4)\text{-}\alpha\text{-L-GulpA}(1→]_m$$
$$[→4)\text{-}\beta\text{-D-ManpA}(1→4)\text{-}\alpha\text{-L-GulpA}(1→]_D$$

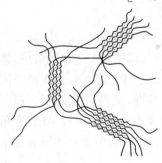

图 3-56　褐藻酸盐与钙交联形成蛋箱形凝胶结构示意图

褐藻胶的分子量为 32 000～200 000,相当于聚合度为 180～930,羧基 pK 值为 3.4～4.4,褐藻胶的碱金属盐、铵盐和低分子量铵盐易溶于热水或冷水,褐藻酸钠溶液具有黏稠性,而二价或三价金属离子的盐类不溶于水,这是因为褐藻酸盐的两条 G 链段区间很容易与 Ca^{2+} 反应自动结合成蛋箱形结构所致 (图 3-56)。褐藻胶溶液的黏稠性,依赖于 M/G、分子量和溶液中的电解质。褐藻胶溶液的黏度随温度上升而降低,在 pH 为 4～10 略微受到一些影响,pH 为 5～10 的褐藻酸盐溶液于室温下可长期保持稳定状态。在室温下和有少量 Ca^{2+} 或其他二价、三价金属离子存在,或者在 pH≤3 和没有金属离子存在时,褐藻胶可形成凝胶,其凝胶强度随着褐藻胶的浓度和聚合度增加而变大,因此控制这些条件可以制成柔软而有弹性,或者是硬而有刚性的凝胶。

褐藻胶添加在冰淇淋中,可赋予黏性、质地和阻止形成大的冰晶。在焙烤食品中用于糖霜、糕饼馅料、蛋白酥皮、糖衣和饼馅的加工,主要用以改善质地和形成凝胶。褐藻胶还用于冰冻食品调味料的增稠和使乳胶液稳定,以及作为甜点心布丁的增稠剂和啤酒泡沫的稳定剂等,一般用量为 $0.25\%\sim0.5\%$。

褐藻酸丙二醇酯(propylene glycol alginate,PGA)是褐藻酸的重要衍生物,在 pH 为 2 和有 Ca^{2+} 存在时,能形成柔软、有弹性、不易脆裂的凝胶,PGA 溶液相当稳定,在乳制品与调味品中起着乳化和稳定乳浊液的作用。

3.5.12 微生物多糖

微生物多糖是由微生物合成的食用胶,如葡聚糖和黄原胶。葡聚糖是由 α-D-吡喃葡萄糖单位构成的多糖,各种葡聚糖的糖苷键和数量都不相同,据报道,肠膜状明串珠菌 NRRL B512(L. mesenteroides NRRL B512)产生的葡聚糖(1→6)键约为 95%,其余是(1→3)和(1→4)键,由于这些分子在结构上的差别,有些葡聚糖是水溶性的,而另一些不溶于水。

黄原胶的重复单位

葡聚糖可提高糖果的保湿性、黏度和抑制糖结晶,在口香糖和软糖中作为胶凝剂。以及防止糖霜发生糖结晶,在冰淇淋中抑制冰晶的形成,可为布丁混合物提供适宜的黏性和口感。

黄原胶(xanthan gum)是几种黄杆菌(黄杆菌通常在甘蓝族植物的叶子上发现)所合成的细胞外多糖,生产上用的菌种是甘蓝黑腐病黄杆菌(X. campestris)。这种细胞外多糖的结构,是连接有低聚糖基的纤维素链,主链在 O-3 位置上连接有 1 个 β-D-吡喃甘露糖-(1→4)-β-D 吡喃葡萄糖醛酸-(1→2)-α-D-吡喃甘露糖 3 个糖基侧链,平均每隔 1 个葡萄糖残基出现 1 个三糖基侧链。大约一半的 β-D-吡喃甘露糖端基与丙酮酸缩合形成 4,6-O-(1-羟亚乙基)-D-甘露糖。分子中 D-葡萄糖、D-甘露糖和 D-葡萄糖醛酸的物质的量比为 $2.8:2:2$,部分糖残基被乙酰化,分子量大于 2×10^6。在溶液中三糖侧链与主链平行,形成稳定的硬棒状刚性结构,当加热到 100 ℃以上,这种硬棒状结构转变成无规线团结构,在溶液中黄原胶通过分子间缔合形成双螺旋,进一步缠结成为网状结构。

黄原胶易溶于热水或冷水,在低浓度时可以形成高黏度的溶液,但在高浓度时胶凝作用较弱,它是一种假塑性黏滞悬浮体,并显示出明显的剪切稀化作用(shear thinning),温

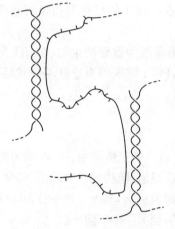

图 3 - 57　黄原胶或鹿角藻胶的双螺旋和角豆胶分子相互作用形成三维网络结构和胶凝机理

度为 0～100 ℃黄原胶溶液的黏度几乎不变化，在 pH 为 6～9 黏度也不受影响，甚至 pH 超过这个范围黏度变化仍然很小。黄原胶能够和大多数食用盐和食用酸共存于食品体系之中，这些在食品胶中是非常独特的。当与瓜尔豆胶共存时产生协同效应，黏性增大，与角豆胶合并使用则形成热可逆性凝胶(图3 - 57)。

黄原胶的水溶液分散体系、悬浮液和乳状液均有非常理想的稳定效果。溶液的黏度随温度变化很小，即使溶液冷却后也不会变稠。因此，常用于可倾倒的生菜调味品和巧克力浆料的增稠剂和稳定剂。

黄原胶可广泛应用在食品工业中，如用于饮料可增强口感和改善风味，在橙汁中能稳定混浊果汁，由于它具有热稳定性，在各种罐头食品中用作悬浮剂和稳定剂。淀粉增稠的冷冻食品如水果饼馅中添加黄原胶，能够明显提高冷冻-解冻稳定性和降低脱水收缩作用。由于黄原胶的稳定性，也可用于含高盐分或酸的调味料。黄原胶-角豆胶形成的凝胶可以用来生产以牛奶为主料的速溶布丁，这种布丁不黏结并有极好的口感，在口腔内可发生假塑性剪切稀化，能很好地释放出布丁风味，这是其他食品胶无法替代的。黄原胶的这些特性与其线性纤维素主链和阴离子三糖侧链结构有关，多糖树胶的性质概括于表3 - 26。

表 3 - 26　某些多糖树胶的性质

名 称	主要单糖组成	来 源	可供区别的性质
瓜尔豆胶	D-甘露糖 D-半乳糖	瓜尔豆	低浓度时形成高黏度溶液
角豆胶	D-甘露糖 D-半乳糖	角豆树	与鹿角藻胶产生协同作用
阿拉伯胶	D-半乳糖 D-葡萄糖醛酸 D-半乳糖醛酸	阿拉伯胶树	水中溶解性大
黄芪胶	D-半乳糖、L-岩藻糖、D-木糖、L-阿拉伯糖	黄芪属植物	在广泛 pH 范围内性质稳定
琼脂	D-半乳糖、3,6-脱水-L-半乳糖	红海藻	形成极稳定的凝胶
鹿角藻胶	硫酸化 D-半乳糖、硫酸化 3,6-脱水 D-半乳糖	鹿角藻	与 K^+ 以化学方式凝结成为凝胶
海藻酸盐	D-甘露糖醛酸、L-古洛糖醛酸	褐藻	与 Ca^{2+} 形成凝胶
葡聚糖	D-葡萄糖	肠膜状明串珠菌属(*Leuconostoc mesenteroides*)	在糖果或冷冻甜食中防止糖结晶
黄原胶	D-葡萄糖、D-甘露糖、D-葡萄糖醛酸	甘蓝黑腐黄杆菌(*Xanthomonas campestris*)	分散体为强假塑性

3.5.13　魔芋葡甘露聚糖

魔芋葡甘露聚糖是由 D-吡喃甘露糖与 D-吡喃葡萄糖通过 β-$(1{\rightarrow}4)$ 糖苷键连接构成的多糖,在主链的 D-甘露糖 C_3 位上存在由 β-$(1{\rightarrow}3)$ 糖苷键连接的支链,每 32 个糖残基约有 3 个支链,支链由几个糖单位组成,每 19 个糖基有 1 个乙酰基,是具有一定刚性的半柔顺性分子,结构如图 3-58 所示,魔芋葡甘露聚糖分子中 D-甘露糖与 D-葡萄糖的物质的量比为 $(1:1.6){\sim}(1:1.8)$,重均分子量与魔芋品种有关,一般为 $1\times10^5{\sim}1\times10^6$。

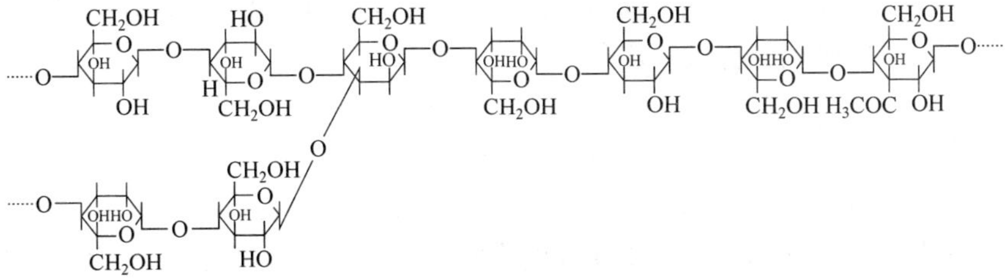

图 3-58　魔芋葡甘露聚糖结构图

魔芋葡甘露聚糖能溶于水,形成高黏度假塑性流体,在碱性条件下可发生脱乙酰反应,分子间相互聚集成三维网络结构,形成强度较高的热不可逆弹性凝胶。能与黄原胶淀粉、琼脂、R-和 L-卡拉胶等产生协同效应,生成热可逆性弹性凝胶,它们的网络结构已由原子力显微镜观察所证实。

魔芋葡甘露聚糖具有高度亲水性、胶凝性和成膜性,常用于制作魔芋食品和仿生食品,也可用于生产果冻、果酱、糖果,在乳制品、冰淇淋、肉制品和面包中作为增稠剂和稳定剂,以及食品保鲜膜。

3.5.14　膳食纤维和益生元

3.5.14.1　膳食纤维

膳食纤维是指在人类肠道中抗消化酶消化的碳水化合物,包括两类:一类是不溶性的植物细胞壁材料,主要是纤维素和木质素及抗性淀粉;另一类为非淀粉多糖。这些物质都是不能被消化的大分子聚合物,同样经过修饰的水溶性胶体(如羧甲基纤维素、羟丙基甲基纤维素、甲基纤维素等)也是不被消化的改性多糖,也属于膳食纤维。实际上,膳食纤维的定义还包括不被小肠消化的所有物质,因此,除多聚物外,还应包含不被消化的寡糖,如棉籽糖和水苏四糖等。简单地说,根据溶解性,膳食纤维分为可溶性膳食纤维,如黏性纤维或在结肠中可被发酵的纤维(如果糖),及不溶性膳食纤维,如麦麸具有膨胀作用,但在结肠被有限发酵,可用于减肥、治疗肥胖症和便秘,以及清除外源有害物质等。目前,膳食纤维的摄入量建议与年龄、性别和能量摄入有关,推荐的摄入量是 14 g/1000 kcal。这里用的能量指导对于女性为 2000 kcal/天,男性是 2600 kcal/天。因此,推荐膳食纤维的摄入量为 26 g/天(女)和 36 g/天(男)。

寡糖和多糖有可被消化的(如大多数淀粉类食品)、部分可消化的(如老化的直链淀粉)和不可消化的(基本上包括其他所有多糖)。

已知水溶性 β-葡聚糖是膳食纤维中的一种天然化合物,在燕麦和大麦中含量较高。燕麦中的 β-葡聚糖70%以 β-(1→4)糖苷键链接,约30%为 β-(1→3)糖苷链连接。(1→3)键可以单独存在,也可被2~3个(1→4)连接键分开,通常称这种(1→4,1→3)-β-葡聚糖为混合连接葡聚糖。

水溶性膳食纤维不仅能提供体积,改善食品的质地,同时还具有多种生物功能,如降血压,降低血清中胆固醇含量,降低餐后血清葡萄糖水平和胰岛素响应,抗癌等。这些作用似乎与黏度相关。大量研究证明,膳食纤维还可预防心血管疾病和风险因子,以及肠胃疾病。除燕麦、魔芋外,其他水溶性膳食纤维也具有以上典型的生理作用,只是程度上不同而已,关于其作用机理有待进一步研究。

3.5.14.2　益生元

通过调节微生物菌群来改善人类健康是一项不断发展的战略,是实现健康生活方式全面、完整方法的一部分。黏膜和皮肤表面丰富多样的微生物生态系统为维持和改善健康或治疗疾病提供了目标。通过饮食或非饮食干预,现在有可能改变这些微生物种群的组成和代谢特征。

1995年Gibson和Roberfroid等首次提出益生元概念:通过影响结肠中的一种或多种细菌的生长或活性而有益于宿主健康的非消化性食物成分。20多年来随着对益生元和肠道微生物研究的深入,益生元的定义也经过了多次修改。2016年12月,国际益生菌和益生元科学协会召集微生物学、营养学和临床研究专家小组,对益生元的定义和范围进行了回顾。基于与益生元的原始实施方案的一致性,最新的科学和临床发展,专家组更新了益生元的定义:益生元是宿主微生物选择性利用并赋予健康益处的一类物质,它们的健康意义必须被证明。根据最新定义,我们可以进行以下解读。影响微生物菌群的物质有益生元及非益生元,其中益生元可被宿主微生物选择性利用,这一定义扩展了益生元的概念,益生元不仅包括低聚糖,如人乳低聚糖(Human milk oligosaccharides)、低聚果糖(fructo oligosaccharides,FOS)和菊粉、低聚半乳糖(galacto oligosaccharides,GOS)、低聚甘露糖(mannanoligosaccharide,MOS)、低聚木糖(xylo-oligosaccharide,XOS)和完全发酵的膳食纤维等,还包括非碳水化合物的其他类物质,如共轭亚油酸和多不饱和脂肪酸、酚类化合物和植物化学类物质,可应用于胃肠道以外的身体部位,以及食品以外的各种类别,而蛋白质、脂肪、较少发酵的膳食纤维、益生菌、抗生素和维生素等物质不是益生元。由此可见新的益生元定义扩大了益生元物质范围并更加注重其功能性以及健康效益。

益生元通过肠道菌群的组成或代谢,可能有助于减轻炎症性肠病、降低结肠癌和直肠癌发生概率。例如,通过其对结肠发酵及其短链脂肪酸发酵产物的影响来增强免疫力和矿物质的吸收、降低胆固醇、控制体重、改善胰岛素响应和糖代谢紊乱、降低心血管疾病等。因此,益生元在营养和生理方面,以及在人类健康和福祉中的作用是食品科学研究中非常活跃的领域。这一节只对天然存在的几种碳水化合物益生元做简单介绍。

1) 低聚半乳糖(GOS)

低聚半乳糖是一种具有天然属性的功能性低聚糖,其分子结构一般是在半乳糖或葡萄糖分子上连接1~7个半乳糖残基,Glu α-1-4$[\beta$- Gal-1-6$]_n(n=2\sim5)$。在自然界中,动物的乳汁中存在微量的 GOS,而人母乳中含量较多,婴儿体内的双歧杆菌菌群的建立很大程度上依赖母乳中的 GOS 成分。GOS 不能被肠道酶消化,可以通过进入大肠被大肠中的微生物水解,产生短链脂肪酸(如乙酸、丙酸和丁酸)和气体(如 H_2、CH_4 和 CO_2)。GOS 水解得到可促进双歧杆菌和乳酸杆菌生长的乳酸,这些微生物可以促进维生素的合成,提高免疫功能,预防肠胃功能紊乱。

低聚半乳糖的结构

2)低聚果糖(FOS)和菊粉

菊粉是一种植物中作为营养物质储存的多糖,主要来源于植物,已发现有 36000 多种,包括双子叶植物中的菊科、桔梗科、龙胆科等 11 个科及单子叶植物中的百合科、禾本科。例如,在菊芋、菊苣的块茎、天竺牡丹(大理菊)的块根、蓟的根中都含有丰富的菊粉。

菊粉是植物中作为营养物质储存的一种多糖,1804 年德国科学家 Rose 首次从旋复花属土木香(*Inula helenium*)根茎中提取出的一种果聚糖,1818 年 Thomson 将其命名为菊粉,1864 年德国植物生理学家 Julius Sachs 利用显微镜成功地观察到大丽花属(*Dahlia*)、菊芋(H. *elianthustubeross*)和土木香块茎菊粉的球状晶体结构。菊粉通常存在于植物、细菌和一些真菌中。在许多水果和蔬菜中均有发现,尤其是菊苣、香蕉、芦笋、大洋葱和大蒜等菊苣科植物中,其中菊芋的菊粉含量是最高的。菊粉的化学结构为 Glu $(1{\rightarrow}2)$[Fru $((2{\rightarrow}1)]_n$,含有 $2\sim60$ 个果糖基,但有少数聚合度高达 100,通常在末端带有 1 个 α-葡萄糖残基。

菊粉在小肠内不能被消化,但部分菊粉在大肠内可被其菌群消化。菊粉和 FOS 在 80℃ 左右的热水中容易溶解(Tanya,2002;Kim et al.,2002),在冷水和酒精中溶解很少(Wang et al.,1993)。它们非常稳定,除了一些甜味之外,没有任何不良的感官特性,因此已被用于食品工业,以改善一些产品的感官和物理性能。例如,它们有助于保持蛋糕的新鲜和水分,以及饮料的物理稳定性。菊粉是具有调节肠道菌群、增殖双歧杆菌、促进钙的吸收、调节血脂、免疫调节、抗龋齿等保健功能的新型甜味剂,被誉为继抗生素时代后最具潜力的新一代添加剂——促生长物质;在法国被称为原生素(PPE),已在乳制品、乳酸菌饮料、固体饮料、糖果、饼干、面包、果冻、冷饮等多种食品中应用。

3)低聚甘露糖(MOS)

低聚甘露糖是一种短链碳水化合物,由甘露聚糖的酸性、碱性和酶解作用从酵母菌(如念珠菌和酵母菌)的细胞壁中产生。

低聚果糖的结构

MOS 的好处来自两个因素,一是直接增强人体的免疫系统;二是抑制致病菌附着在肠道黏膜上。据报道,MOS 具有前生物特征功能性食品的属性,能促进益生菌的生长,可以降低血压和减少脂肪在体内的吸收。一般聚合物度为 2~10,D-甘露糖是 β-1,4- 糖苷键连接聚合度为 2~10 的寡糖。基于不同来源和不同水解方法制得的 MOS,其连接方式是有差异的,除 β-1,4- 糖苷键连接外,还有 α-(1→6)-、α-(1→6)-和 α-(1→2)-及 β-(1→2)-连接的 MOS。

4) 低聚木糖(XOS)

低聚木糖是通过酶水解木聚糖而来,由木糖分子通过 β-(1→4)键连接而成的寡糖。XOS 可被双歧杆菌和乳酸菌水解,在增加益生菌种群和减少有害细菌数量方面比 FOS 更有效。低聚木糖(XOS)是木糖的低聚物,它们是由植物纤维中的木聚糖部分产生的。它们的 C_5 结构与其他以 C_6 糖为基础的益生元有着本质的不同。XOS 自 20 世纪 80 年代以来就开始商业化生产,最初由日本三得利公司生产。随着技术的进步和生产成本的下降,它们在商业上的应用越来越广泛。有些酵母菌的酶可以将木聚糖完全转化为木糖寡糖,如聚合度为 3~7 的低聚木糖常作为一种益生元,可选择性地促进消化道内的双歧杆菌和乳酸菌等有益菌的生长。XOS 已经进行了大量的临床试验,显示了多种健康益处,包括改善血糖和血脂、促进消化,以及对免疫标志物的有益改变等。XOS 仅需 14 g/天就可以观察到其对健康有益的改变,低于果糖、菊粉等益生菌所需的剂量。

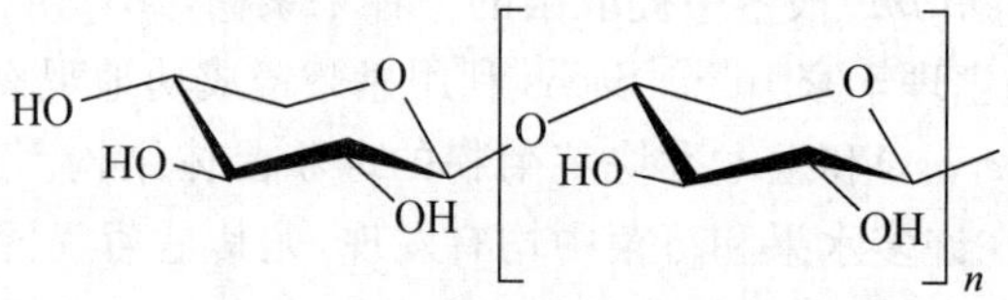

低聚木糖的结构

第4章 脂　　质

4.1 概　　述

　　脂质是生物体内一大类微溶于水,能溶于有机溶剂(如氯仿、乙醚、丙酮、苯等)的重要有机化合物。脂质主要有脂肪(三酰甘油)、磷脂、糖脂、固醇等,这些脂质不但化学结构有差异,而且具有不同的生物功能。三酰甘油占动植物脂质的99%。根据在室温下的存在状态,习惯上将固体状态的三酰甘油称为脂肪,液体状态称为油,它们是生物体内重要的储存能量的形式。在机体表面的脂质有防止机械损伤和防止热量散发的作用。磷脂、糖脂、固醇等是构成生物膜的重要物质。三酰甘油也称脂肪、中性脂肪或甘油三酯,它们是1分子甘油和3分子脂肪酸脱水结合而成的酯。若3个脂肪酸分子是相同的,则称为单纯甘油酯,若不相同,则称为混合甘油酯。用于加工组合食品的脂肪和油,如人造奶油、起酥油等几乎全是纯甘油三酯混合物。脂质按极性分为非极性脂质(如三酰甘油和胆固醇)和极性脂质(如磷脂)。

　　在食品中脂质表现出独特的物理和化学性质,因此脂质的组成、晶体结构、熔融和固化行为,以及它同水或与其他非脂质分子的缔合作用,对食品的品质起着重要的作用,如使食品具有各种不同的质地、风味、感官、口感、营养和热量密度以及加工特性。这些性质在焙烤食品、人造奶油、冰淇淋、巧克力,制作糖果点心和烹调食品中都是特别重要的。脂质经过复杂的化学变化或与食品中的其他组分相互作用,会形成很多有利于食品品质的或有害的化合物。

　　膳食脂质在营养中起着重要的作用,可供给热量和必需脂肪酸,作为脂溶性维生素载体并增加食品的风味。但是,脂质的氧化对人和动物的毒性,脂质在健康和疾病中的作用已成为长期以来人们讨论的重要问题。

4.2 命　　名

　　根据有机化学物质的命名法,下面将对脂肪酸和脂质的命名加以说明。

4.2.1 脂肪酸

　　脂肪酸是指天然脂肪水解得到的脂肪族一元羧酸。通常可以把羧酸看成是烃分子中的氢原子被羧基取代后的化合物。自然界中的大多数天然脂肪酸都为偶数碳(一般为14～24,也有少数<14),这是生物过程的需要,短链脂肪酸主要存在于热带油脂和乳脂中。根据分子中烃基是否饱和,脂肪族羧酸可以分为饱和脂肪酸和不饱和脂肪酸。饱和

脂肪酸的烃链完全为氢所饱和,如软脂酸、硬脂酸等;不饱和脂肪酸的烃链含有双键,如油酸含 1 个双键、亚油酸含 2 个双键、亚麻酸含 3 个双键、花生四烯酸含 4 个双键。

天然脂肪酸的命名有普通命名、系统命名、ω-系统命名、戊二烯结构体系命名和数字缩写体系命名等。关于脂肪酸更多的命名参见国际纯粹与应用化学联合会(International Union of Pure and Applied Chemistry,IUPAC)网站。脂肪酸常用俗名或系统命名法命名。

天然脂肪酸以偶数直链饱和与不饱和脂肪酸所占的比例最大,但现在已知其中有少量许多种其他脂肪酸存在,包括奇数脂肪酸、支链脂肪酸和羟基脂肪酸等。

4.2.1.1 普通名称或俗名

通常是根据来源命名,如酪酸、棕榈酸、月桂酸、硬脂酸和油酸。

4.2.1.2 系统命名法

(1) 选择含羧基的最长碳链为主链,按照与其相同碳原子数的烃定名为某酸(将烃中的甲基以—COOH 代替)。例如

$$CH_3CH_2CH_2CH_2CH_2CH_3 \qquad \overset{6}{C}H_3\overset{5}{C}H_2\overset{4}{C}H_2\overset{3}{C}H_2\overset{2}{C}H_2\overset{1}{C}OOH$$

　　　　烷烃　　　　　　　　　　　　链烷酸

　　　　己烷　　　　　　　　　　　　己酸

若是含两个羧基的酸,选择含两个羧基最长的碳链为主链。

(2) 主链的碳原子数及编号从羧基碳原子开始,顺次编为 1,2,3,…,也可用天干甲、乙、丙、……来表示。

(3) 主链碳原子编号除上法外,也常用希腊字母把原子的位置定为 $\alpha,\beta,\gamma,\cdots$ 以此表示碳原子的位置。

(4) 若含双键(叁键)则选择含羧基和双键最长碳链为主链,定名为某烯酸,并把双键位置写在某烯酸前面。

(5) 酸的命名是以数字标记表示碳原子数和双键数,数字与数字之间有一冒号。冒号前面的数字表示碳原子数,冒号后的数字表示双键数。

(6) 用于三酰甘油的缩写,每种酸用其名称的第一个字母表示。例如,P 和 L 分别表示棕榈酸(palmitic)和油酸(linoleic)。

根据以上命名原则,$CH_3CH_2CH_2COOH$ 称为正丁酸(n-butanoic acid),同样,CH_3CHCH_2COOH 称为 3-甲基丁酸(3-methylbutanoic acid)或 β-甲基丁酸。
　　　　　|
　　　　CH_3

表 4-1 给出天然脂肪中的某些脂肪酸的系统名称和普通名称。例如,油酸在 9,10 之间有一个不饱和双键,CH_3—$(CH_2)_7$—CH＝CH—$(CH_2)_7$—$COOH$ 即称为 9-十八(碳)烯酸(9-octadecenoic acid)。在某些情况下,可从分子甲基端的第一个双键位置区别不饱和脂肪酸,甲基碳称为 ω(omega)-碳,所以亚油酸 CH_3—$(CH_2)_4$—CH＝CH—CH_2—CH＝$CH(CH_2)_7COOH$,即称 9,12-十八碳二烯酸,也称 $18:2\omega6$ 酸。ω-3 脂肪酸

具有降低血液中三酰甘油水平的作用,在这个家族中主要的成员是二十碳五烯酸(EPA)和二十碳六烯酸(DHA)。

表 4 - 1　某些普通脂肪酸的命名

缩　写	系统名称	普通名称	符　号
4:0	n-丁酸(butanoic)	丁酸(butyric)	B
6:0	n-己酸(hexanoic)	己酸(caproic)	H
8:0	n-辛酸(octanoic)	辛酸(caprylic)	O_C
10:0	n-癸酸(decanoic)	癸酸(capric)	D
12:0	n-十二酸(dodecanoic)	月桂酸(lauric)	La
14:0	n-十四酸(tetradecanoic)	肉豆蔻酸(myristic)	M
16:0	n-十六酸(hexadecanoic)	棕榈酸(palmitic)	P
18:0	n-十八酸(octadecanoic)	硬脂酸(stearic)	St[1]
20:0	n-二十酸(arachidic)	花生酸(eicosanoic)	Ad
16:1	十六-9-烯酸(9-hexadecenoic)	棕榈油酸(palmitoleic)	Po
18:1	十八-9-烯酸(9-octadecenoic)	油酸(oleic)	O
18:2	十八-9,12-二烯酸(9,12-octadecadienoic)	亚油酸(linoleic)	L
18:3	十八-9,12,15-三烯酸(9,12,15-octadecatrienoic)	亚麻酸(linolenic)	Ln
20:4	二十-5,8,11,14-四烯酸(5,8,11,14-eicosatetraenoic)	花生四烯酸(arachidonic)	An
20:5	二十-5,8,11,14,17-五烯酸(5,8,11,14,17-eicosapentaenoic)	二十碳五烯酸(EPA)	
22:1	二十二-13-烯酸(13-docosanoic)	芥酸(erucic)	E
22:5	二十二-7,10,13,16,19-五烯酸(7,10,13,16,19-docosapentaenoic)	二十二碳五烯酸	
22:6	二十二-4,7,10,13,16,19-六烯酸(4,7,10,13,16,19-docosahexaenoic)	二十二碳六烯酸(DHA)	

1) S用于表示硬脂酸缩写,也可用于表示三酰甘油组成的饱和脂肪酸。例如,S_3 或 SSS 代表所有脂肪酸都是饱和的,Su_2 或 Suu 表示一饱和、二不饱和脂肪酸等。

　　(7) 通常用顺式(*cis-*)和反式(*trans-*)表明双键的几何构型,它们分别表示烃基在分子的同侧或异侧。

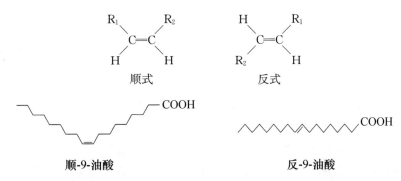

脂肪酸的顺式构型是天然存在的形式,而反式构型一般是在植物油氢化时形成,在热力学上是有利的。有 2 个顺式双键的亚油酸称为顺-9,顺-12-十八碳二烯酸,但是如果连接的 4 个基团完全不同就会产生困难,像以下的构型:

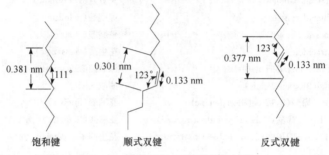

这种情况下,可根据堪恩-英戈尔德-普莱劳格(Cahn-Engold-Prelog)确定的方法,按连接在双键两个碳原子上的两个碳原子或基团的排列顺序规则,凡在双键平面的一侧有两个排位较优(high-priority)的原子或基团(原子序数较大的)用 Z(德文 zusammen,表示相同)表示构型,如果两个排位较优的原子或基团位于双键的两侧则用 E(德文 entgegen,表示相反)表示它的构型。脂肪酸中双键的几何结构见图 4-1。

饱和键　　　　　顺式双键　　　　　　反式双键

图 4-1　脂肪酸中双键的几何结构

多不饱和脂肪酸(双键数>2)通常为戊二烯结构体系,为一个亚甲基中断构象。在该体系中两个双键在 C-1 和 C-4。换句话说,两个双键被亚甲基间断,呈非共轭结构。这意味着多不饱和脂肪酸呈现 3 碳部分(如 9,12,15-亚麻酸)。因此,天然的多不饱和脂肪酸,当已知第一个双键的位置后,其他所有双键的位置都能确定。这就可以解释为什么可以采用数字缩写系统命名脂肪酸(如 9,12,15-亚麻酸=18:3, Δ^9=18:3, ω-3)。

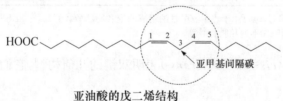

亚油酸的戊二烯结构

双键的存在及构象影响脂肪酸的熔点。在顺式构象中,由于双键的压缩和双键的旋转受阻,不饱和脂肪酸的排列呈弯曲构象,而不是线性结构。双键越多,弯曲程度越大(如油酸为 145°,亚油酸为 105°)。因此,当它们在堆积时,由于空间位阻妨碍了分子之间的紧密接触和有序结晶的形成,减少了链间的范德华力相互作用,所以 *cis*-不饱和脂肪酸的熔点比相同链长饱和脂肪酸的熔点(凝固点)低,在室温下以液体状态存在。增加不饱和脂肪酸的双键数(不饱和度),分子变得更加弯曲,范德华力相互作用进一步减弱,使之熔点进一步降低。*trans*-不饱和脂肪酸比 *cis*-不饱和脂肪酸呈较线性结构,因而其熔点较高。例如,硬脂肪酸的熔点为 70 ℃,*cis*-9-油酸是 5 ℃,*trans*-9-油酸为 44 ℃。

在 IUPAC 标准命名中,双键位置用符号 Δ^n 表示,上标 n 表示每个双键的最低编号碳原子。多不饱和脂肪酸中双键之间隔有 1 个亚基,所以不是共轭双键。常用隔开的 2 个数字表示 1 个脂肪酸。第一个数字是脂肪酸的碳数,第二个数字指的是碳碳双键数,如十六碳软脂酸写为 16:0;油酸 18:1;花生四烯酸 18:4,也可详细写作 20:4 $\Delta^{5,8,11,14}$。

4.2.2 酰基甘油

在植物和动物中 99% 以上的脂肪酸以三酰基甘油的形式存在。机体组织中通常没有游离脂肪酸,因为它们可以破坏细胞膜而产生细胞毒性。脂肪酸一旦被酯化,其表面活性降低,细胞毒性也会随之降低。

中性脂肪是甘油的脂肪酸一酯、二酯和三酯,分别称单酰基甘油、二酰基甘油和三酰基甘油,单酰甘油和二酰甘油通常作为乳化剂。下面的三硬脂酰基甘油,也称甘油三硬脂酸酯或三硬脂精。

$$CH_2OOC(CH_2)_{16}CH_3$$
$$CH_3(CH_2)_{16}COOCH$$
$$CH_2OOC(CH_2)_{16}CH_3$$

甘油本身是完全对称的分子,但如果一个伯羟基被酯化或两个伯羟基被不同的脂肪酸所酯化,则中心碳原子获得手性(不对称性)。下述两条原则用于确定甘油衍生物的绝对构型。

4.2.2.1 R/S 体系

堪恩等曾提出用 R 和 S 表示绝对构型,而 D 和 L 表示对映体的绝对构型,这种方法的缺陷在于要确定一对映体与已知 D 化合物的关系需要经过 5~6 步才能得到验证,与同一化合物的 L 对映体的关系又要经过另外的 5~6 步。所以,对 D 和 L 的确定无疑是很麻烦的。目前除糖类和氨基酸仍旧采用 D、L 体系外,其他的化合物已很少使用。

在 R/S 体系中,首先按原子序数大小确定手性碳上连接的 4 个原子或原子团的排列顺序,原子序数最大的原子最优先排列,原子序数或基团最小的远离观察者,其余基团则以三足鼎立的形式面向观察者。如果按顺序排列的其他基团是顺时针方向的,用 R 表示,若按反时针方向定位的则以 S 表示。这种体系表示的酰基甘油构型如图 4-2 所示。无论在 R 或 S 构型中,不对称碳-2 上的氢原子是排位最小的取代成分,因此,在图 4-2 中应位于纸平面的下面。碳-2 的取代成分中氧的排位最高,应优先排列,不对称中心碳

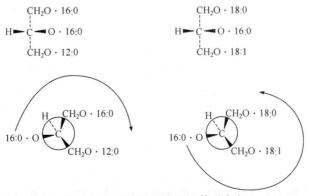

图 4-2 三酰基甘油 R/S 体系命名

原子连接的其余两个取代基是—CO—（因为氧的排位较高，可不考虑碳-1 和碳-3 上的氢），这样，必须对连接在—CO—基团上的原子作比较，长链饱和酰基比短链的排位高，不饱和碳链的排位比饱和的高，双链比支链高，两个双键的比一个的高，顺式比反式高，有支链的比没有支链的高。因而，构型 I 按优先顺序逐渐降低的顺时针方向排列，是 R 构型，同样的构型 II 为 S 构型。

虽然 R/S 体系能表示酰基甘油的立体化学构型，但用图形表示结构还必须考虑三酰甘油分子的 1 和 3 位置上的酰基是否相同。因而，这种体系不适用于这些位置上脂肪酸种类不相同时的情况。

4.2.2.2　立体有择位次编排

立体有择位次编排（stereospecific numbering，Sn）体系（Sn-系统命名）是由赫尔斯曼（Hirschmann）提出的，这种系统简明，可应用于合成脂肪和天然脂肪。甘油的费歇尔（Fisher）平面投影式中位于中间的羟基写在中心碳原子的左边，碳原子以 1～3 按自上而下的顺序编排：

$$CH_2—OH \quad Sn-1$$
$$HO▶C◀H \quad Sn-2$$
$$CH_2OH \quad Sn-3$$

例如，如果硬脂酸在 Sn-1 位置酯化，油酸在 Sn-2 位置酯化，肉豆蔻酸在 Sn-3 位置酯化，可能生成的酰基甘油是

$$CH_2OOC(CH_2)_{16}CH_3$$
$$CH_3(CH_2)_7CH=CH(CH_2)_7COOCH$$
$$CH_2OOC(CH_2)_{12}CH_3$$

上述甘油酯可称为 1-硬脂酰-2-油酰-3-肉豆蔻酰-Sn-甘油、Sn-甘油-1-硬脂酸酯-2-油酸酯-3-肉豆蔻酸酯，Sn-StOM 或 Sn-18∶0-18∶1-14∶0。

下面的词头用于指明脂肪酸在三酰基甘油分子中分布的位置。

Sn 紧接在名词甘油的前面，表明 Sn-1、Sn-2 和 Sn-3 的位置。

rac 表示两个对映体的外消旋混合物，缩写中的中间碳原子酰基连接在 Sn-2 位置，而其余两种脂肪酸酰基在 Sn-1 和 Sn-3 之间均等地分配，即 rac-StOM 表示等量的 Sn-StOM 和 SnMOSt。

β 表示缩写符号中间的脂肪酸酰基在 Sn-2 位置，而其余两种酸的位置可能是 Sn-1 或 Sn-3，如 β-StOM 表示任何比例的 Sn-StOM 和 Sn-MOSt 的混合物。

单酸酰基甘油（如 MMM）或者酸的分布位置是未知的，也可以不写词头，可能是异构体的混合物，如 StOM 用来表示 Sn-StOM、Sn-MOSt、Sn-OStM、Sn-MStO、Sn-StMO 和 Sn-OMSt 的混合物。

4.2.3　磷脂

磷脂是含磷酸的脂质，主要是磷酸甘油酯和神经鞘磷脂。前者以甘油为骨架，甘油的

1-位和 2-位的 2 个羟基与两条脂肪酰链生成酯,3-位羟基与磷酸生成酯,这是最简单的磷酸甘油酯,称为磷脂酸。磷脂酸中的磷酸基团又可与其他的醇进一步酯化,生成多种磷脂,如磷脂酰胆碱、磷脂酰乙醇胺、磷脂酰丝氨酸、磷脂酰肌醇、二磷脂酰甘油及缩醛磷脂等。甘油磷脂中含有与甘油残基连接的 O-酰基、O-烷烃基或 O-烯烃基的连接方式,普通甘油磷脂的命名是按磷脂酸衍生物命名的,例如 3-Sn 磷脂酰胆碱(俗名卵磷脂),或者按与三酰甘油相类似的系统名称命名(磷酸基表示磷酸二酯桥),如下化合物称为 1-硬脂酰-2-亚油酰-Sn-甘油-3-磷酸胆碱。

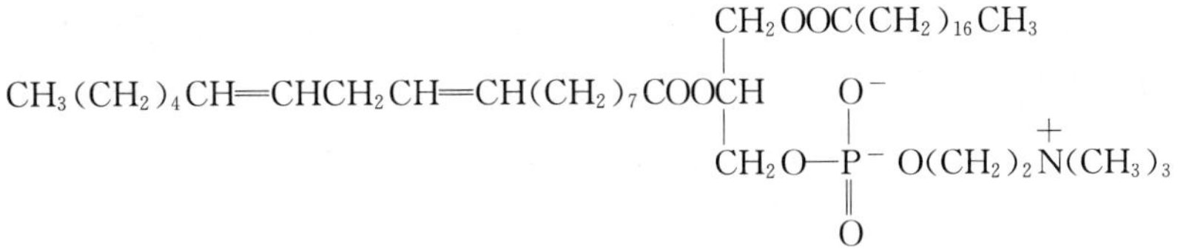

$$CH_3(CH_2)_4CH=CHCH_2CH=CH(CH_2)_7COOCH \quad \begin{matrix} CH_2OOC(CH_2)_{16}CH_3 \\ | \\ | \\ CH_2O-\overset{O^-}{\underset{O}{\overset{|}{P}}}-O(CH_2)_2\overset{+}{N}(CH_3)_3 \end{matrix}$$

　　一切脂肪和油以及含脂肪食品都含有一些磷脂,纯净动物脂肪如猪脂肪和牛脂肪中磷脂的含量最低,粗植物油如棉籽油、玉米油和大豆油中磷脂含量为 2%～3%。鱼、甲壳类和软体动物的肌肉组织含大约 0.7% 的磷脂。磷脂因含有亲水和疏水基而具有表面活性。磷脂容易被水化,在油的精炼加工中,油经过中和、漂白和脱臭等精炼加工以后,磷脂含量实际上几乎降低到零。最重要的大豆磷脂的组成如图 4-3 所示,大豆磷脂含大约 35% 的卵磷脂和 65% 脑磷脂(表 4-2),磷脂的脂肪酸组成一般不同于油,酰基通常比甘油酯更不饱和,许多植物油的磷脂含有 2 个油酸残基。乳磷脂不含乳脂三酰甘油中存在的短链脂肪酸,却含有更多的长链多不饱和脂肪酸。

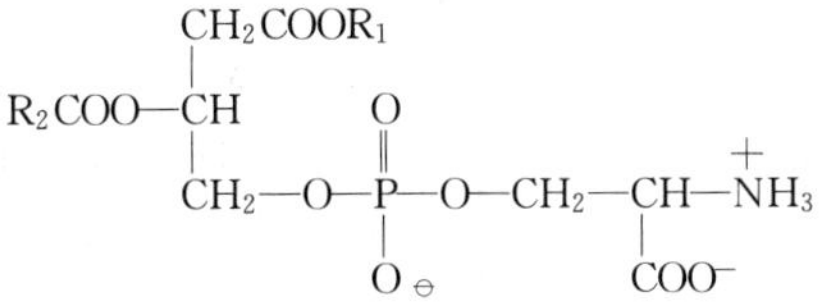

磷脂酰丝氨酸
phophatidylserine(PS)

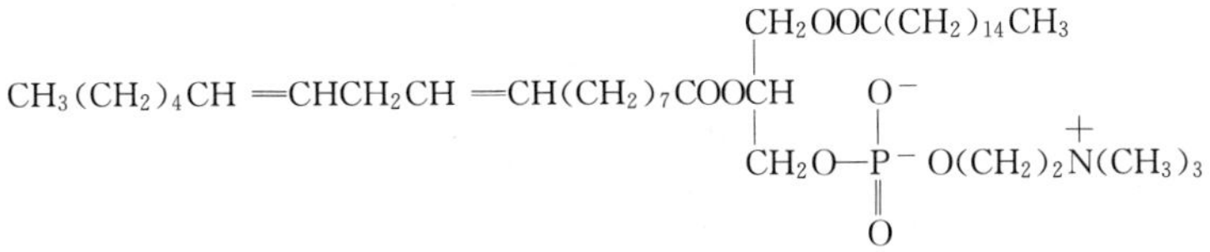

磷脂酰胆碱(卵磷脂)
phophatidylcholine(PC)(lecithin)

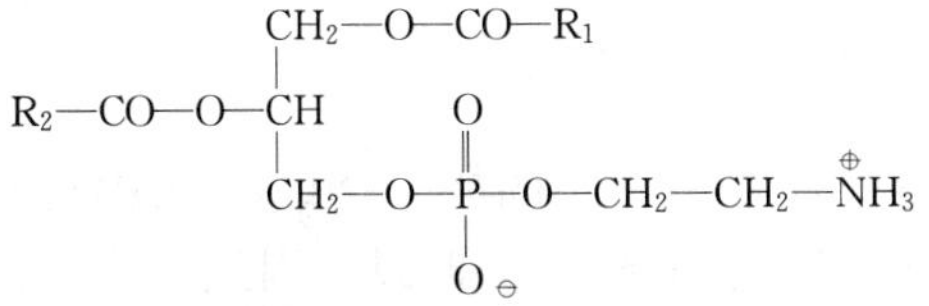

磷脂酰乙醇胺(脑磷脂)
phophatidylethanolamine(PE)(cephalin)

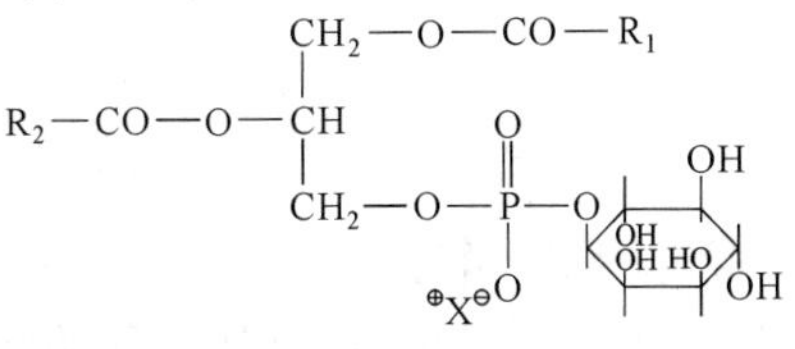

磷酸肌醇
phophatidylinositol(PI)

图 4-3 大豆磷脂的组成

表 4 - 2　商品大豆磷脂的近似组成

成　分	质量分数/%	成　分	质量分数/%
磷脂酰脂碱(PC)	20	其他磷脂	5
磷脂酰乙醇胺(PE)	15	三酰甘油	35
磷脂酰肌醇(PI)	20	糖类、甾醇、甾醇甘油酯	5

神经鞘磷脂(sphingomyelin)以神经鞘氨醇为骨架,神经鞘氨醇的第二位碳原子上的氨基与长链脂肪酸以酰胺键连接成神经酰胺。神经酰胺的羟基与磷酸连接,再与极性头胆碱式乙醇胺相连接生成如下的神经鞘磷脂,它们通常不是食品脂质的作用成分。

$$HO\!-\!CH\!-\!CH_2\!-\!CH\!-\!Ⓟ\!-\!\bigotimes$$

CH　　　　NH

CH　　　　CO

$(CH_2)_{12}$　　$(CH_2)_{14}$

CH_3　　　CH_3

Ⓟ:磷酸　　⊗:胆碱或乙醇胺

4.2.4　甾醇

甾醇(sterols)又称固醇,是类固醇衍生物,这类化合物是由 3 个六元环(A、B、C 环)及 1 个五元环(D 环)稠合而成的环己烷多氢菲衍生物。甾核 A 环的 C-3 上有一个 β 取向的羟基,C-17 上连一个含 8～10 个碳原子的烃链(图 4 - 4)。甾醇可游离存在,也可与脂肪酸成酯存在。甾醇除细菌中缺少外,广泛存在于动植物的细胞组织中,在生物体内是一种重要的天然活性物质,按原料来源可分为植物甾醇(phytosterols)、动物甾醇(zoosterols)和菌甾醇(fungisterols)。植物甾醇主要为 β-谷甾醇和豆甾醇,动物甾醇以胆固醇为主,而麦角甾醇则属于菌甾醇。

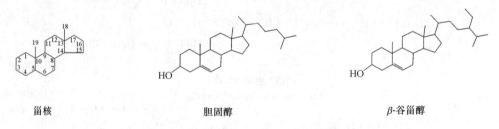

甾核　　　　　　　　胆固醇　　　　　　　　β-谷甾醇

图 4 - 4　甾核和食品中常见的甾醇结构

胆固醇又称胆甾醇,早在 1784 年从胆石中提取出了胆固醇。1816 年法国化学家米歇尔(Michelle)将这种具有脂质性质的物质命名为胆固醇。长期以来因致力于胆固醇的研究,已有十几位学者获得诺贝尔奖,足见胆固醇在医学和生物学上的重要性。胆固醇是动物脂质中的主要甾醇,是两亲分子,C-3 位上的羟基使它具有表面活性,非极性部分(甾核和 C-17 上的烷烃侧链)则呈刚性。因此,胆固醇可在细胞膜取向,并稳定膜的结构。胆固醇的另一个重要作用是合成胆酸和 7-脱氢胆固醇(产生维生素 D 的前体),以及甾体激素的前体物质。然而,胆固醇又是血中脂蛋白复合体的成分,并与粥样硬化有关,是动脉壁上形成粥样硬化板块的成分之一。已经证明,高血脂特别是低密度脂蛋白(low density lipoprotein,LDL)中的高胆固醇将增加心血管疾病的风险。基于此,需要减少食品中胆固醇的摄入量。通常是减少动物脂肪的摄入量,或是通过超临界 CO_2 流体萃取或分子蒸馏等方法,除去食品中的动物脂肪。由于植物甾醇可以减少胆固醇在肠道的吸收,因此在食品中添加植物甾醇是降低血清中胆固醇水平的有效途径之一。

4.2.5　蜡

严格的化学意义上,蜡是长链酸和长链醇的酯。实际上,工业和长链蜡,是包含蜡酯、固醇酯、酮、醛、醇和甾醇在内的混合物。蜡按照来源分为动物蜡(如蜂蜡)、植物蜡(如巴西棕榈蜡)和矿物蜡(石油蜡)。在植物和动物组织表面的蜡,作用通常是抑制水分的流失或阻止水的侵入。水果储藏时常用蜡在表面涂层,以防止水果水分蒸发。

4.2.6　其他脂质

脂溶性维生素 A、D、E 和 K,以及类胡萝卜素也属于脂质,分别在其他章节中介绍。

4.3　分　类

根据脂质的化学结构及其组成,将脂质分为简单脂质、复合脂质和衍生脂质(见表 4-3)。
1) 简单脂质
简单脂质由脂肪酸和醇类结合而成。
(1) 脂肪。脂肪酸甘油酯。
(2) 蜡类。脂肪酸与长链醇所组成的酯。
2) 复合脂质
复合脂质由脂肪酸、醇及其他基团所组成。
(1) 甘油磷脂。甘油与脂肪酸、磷酸盐和其他含氮基团组成,又名磷酸酰基甘油。
(2) 神经鞘磷脂。由鞘氨醇与脂肪酸、磷酸盐和胆碱组成。
(3) 脑苷脂。由鞘氨醇、脂肪酸和简单糖组成。
(4) 神经节苷脂。含鞘氨醇、脂肪酸和糖类(包括唾液酸)。
3) 衍生脂质
上述各种脂质的水解产物,包括脂肪酸、固醇类、糖类、类胡萝卜素、脂溶性维生素等。
食品中主要的脂质化合物是脂酰甘油,根据动物或植物脂肪和油的组成,酰基甘油习惯上分为以下几类。
(1) 乳脂。乳脂来源于哺乳动物的乳汁,主要是牛乳。乳脂的主要脂肪酸是棕榈酸、油酸和硬脂酸,它与其他动物脂肪不同的是乳脂中含有相当多的 $C_4 \sim C_{12}$ 短链脂肪酸和少量支链脂肪酸以及奇数碳原子脂肪酸。
(2) 月桂酸酯。月桂酸酯来源于某些棕榈植物,如椰子和巴巴苏(bobasu),这种脂肪的特征是月桂酸含量高达 40%～50%,C_6、C_8 和 C_{10} 脂肪酸的含量中等,不饱和脂肪酸含量少,熔点较低。

（3）植物奶油。植物奶油来源于各种热带植物的种子,是以脂肪的熔点范围窄为特征,这主要因为脂肪酸在三酰基甘油分子中的排列方式不同,饱和脂肪酸含量大于不饱和脂肪酸,但是在这些植物油中不存在三饱和酰基甘油。植物奶油广泛用于糖果生产,可可脂是这类脂肪中最重要的一种。可可脂含油酸软脂酸硬脂酸甘油酯 51.9%,油酸二硬脂酸甘油酯 18.4%,软脂酸二油酸甘油酯 8.7%,硬脂酸二油酸甘油酯 12.0%,油酸二软脂酸甘油酯和二软脂酸硬脂酸甘油酯分别为 6.5% 和 2.5%。

（4）油酸-亚油酸酯。自然界中油酸-亚油酸酯最丰富,全部来自植物界。植物油脂中,含有大量的油酸和亚油酸,饱和脂肪酸低于 20%。这类油脂中最主要的是棉籽、玉米、花生、向日葵、红花、橄榄、棕榈和芝麻油。

（5）亚麻酸酯。植物油如豆油、小麦胚芽油、大麻籽油和紫苏油均含有大量亚麻酸,其中以豆油为最重要,含大量亚麻酸是其产生生油味的原因。

（6）动物脂肪。动物脂肪包括家畜动物的储存脂肪如猪油、牛油,这类脂肪均含有大量 C_{16} 和 C_{18} 脂肪酸和中等量不饱和脂肪酸,且大部分是油酸和亚油酸,仅含少量奇数碳原子酸。此外这类脂肪还含有相当多的完全饱和的三酰甘油,所以熔点较高。

蛋脂由于具有乳化特性和高胆固醇含量而显得尤为重要,脂肪在全蛋中约占 12%,几乎全集中在蛋黄内,在蛋黄中脂肪含量高达 32%～36%,主要脂肪酸为18：1(38%)、16：0(23%)和 18：2(16%)。在蛋黄脂中三酰甘油占 66%、磷脂 28%、胆固醇 5%。

（7）海产动物油脂。海产动物油脂以含大量多达 6 个双键的长链不饱和脂肪酸为特征,如二十碳五烯酸和二十二碳六烯酸,且富含维生素 A 和维生素 D,由于高度不饱和性,所以比其他动物和植物油脂更容易氧化。

4.4　油脂的物理化学特性

本节主要介绍脂质的物理特性和脂质对食品特性的影响与作用,集中在分子结构与特性的关系、脂质的功能特性(包括熔融特性、结晶形态及相互作用等)的测定,以及这些功能特性对食品整个(宏观)理化特性和产品感官品质(如质构、稳定性、感官特性和风味等)的影响。

动、植物油脂的化学本质是酰基甘油,其中主要是三酰甘油。尽管食品体系中的脂质种类繁多,但以三酰甘油在自然界中含量最为丰富,而且对食品十分重要。因此,这里介绍的脂质特性主要是指三酰甘油。在常温下呈液态的酰基甘油称为油(oil),呈固态的称为脂(fat)。植物性酰基甘油多为油(除可可脂外),动物性酰基甘油多为脂(鱼油例外)。

已知三酰甘油分子为音叉式结构,甘油分子末端 2 个脂肪酸在同一方向,而 Sn-2 位的脂肪酸则在相反方向(图 4－5)。三酰甘油主要为非极性分子,并有多种重要的相互作用类型,与原子结构相关的主要是范德华吸引力和空间阻力。2 个非极性分子间的相互作用可以用分子间的一对势能 $w(s)$ 表示(图 4－6)。分子间的吸引或排斥力被图 4－6 中的 s 分开。

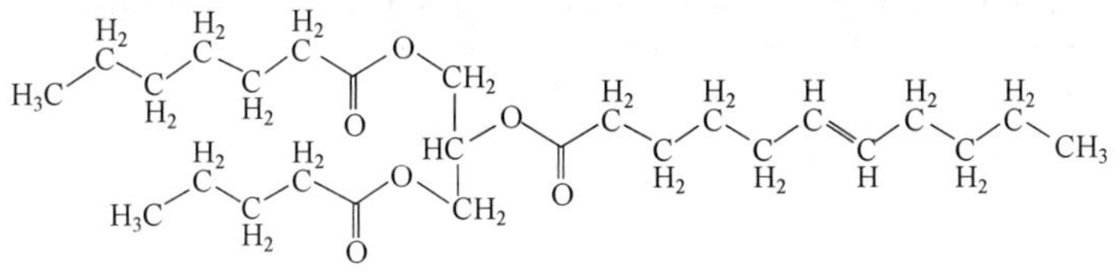

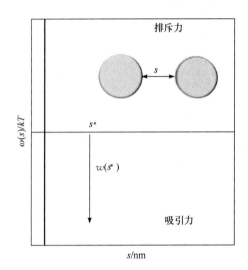

图 4-5　三酰甘油分子的化学结构

图 4-6　脂质分子间的相互吸引强度依赖于
分子的总相互作用势能的最小深度

在特定的分子分隔点 s^* 处,意味着分子间相互作用的一对势能最小,这是一个最稳定的状态。s^* 值提供了三酰甘油分子间的平均距离。深度对应的 $w(s^*)$ 值为将分子聚集在一起为固态或为液态的吸引力的强度。三酰甘油的结构主要确定物理状态。脂质在熔点以上呈液体,而在低于熔点且克服了过冷效应后才以固体状态存在。

脂质有多种不同的固态和液态,这是与它们的确定分子特性(如链长、不饱和度和极性等)有关。在固体状态,脂质分子的结构体系也是有多种不同的构成方式,包括三酰甘油分子间的整个结构组织、在晶格中分子尾部,以及碳氢链的填充。这些差别就意味着脂质有多种不同形式的结晶形式,使之物理特性和熔融行为有差异。即便在液态,三酰甘油也不是完全无序取向,而是一些分子以有序的结构进入小体(如薄片状结构)。这些结构小体的大小和数目的减少可作为温度升高的判断。

4.4.1　天然脂肪中脂肪酸的位置分布

早期研究主要的三酰基甘油的种类,是根据不饱和性(即三饱和、二饱和、二不饱和与三不饱和)通过部分结晶和氧化-离析方法进行。近来采用酶法水解立体特异性分析技术,能够准确测定许多三酰基甘油中 3 个位置的脂肪酸分布。表 4-3 中列出的数据表示植物和动物脂肪中脂肪酸的位置分布。

表 4-3　某些天然脂肪的三酰甘油中各个脂肪酸的位置分布（脂肪酸摩尔分数，%）

脂肪来源	位置	4:0	6:0	8:0	10:0	12:0	14:0	16:0	18:0	18:1	18:2	18:3	20:0	20:1	22:0	24:0
牛乳	1	5	3	1	3	3	11	36	15	21	1					
	2	3	5	2	6	6	20	33	6	14	3					
	3	43	11	2	4	3	7	10	4	5	0.5					
椰子	1		1	4	4	39	29	16	3	4						
	2		0.3	2	5	78	8	1	0.5	3	2					
	3		3	32	13	38	8	1	0.5	3	2					
可可脂	1							34	50	12	1					
	2							2	2	87	9					
	3							37	53	9						
玉米	1							18	3	28	50					
	2							2	—	27	70					
	3							14	31	52	1					
大豆	1							14	6	23	48	9				
	2							1	—	22	70	7				
	3							13	6	28	45	8				
橄榄	1							13	3	72	10	0.6				
	2							1	—	83	14	0.8				
	3							17	4	74	5	1				
花生	1							14	5	59	19	—	1	1	—	1
	2							2	—	59	39				0.5	
	3							11	5	57	10	—	4	3	6	3
牛	1						4	41	17	20	4	1				
	2						9	17	9	41	5	1				
	3						1	22	24	37	5	1				
猪	1						1	10	30	51	6					
	2						4	72	2	13	3					
	3						—	—	7	73	18					

4.4.1.1　植物三酰基甘油

一般说来，种子油脂的不饱和脂肪酸优先占据甘油酯 Sn-2 位置，在这个位置上亚油酸特别集中，而饱和脂肪酸几乎都分布在 1,3-位置。在大多数情况下，饱和的或不饱和的脂肪酸在 Sn-1 和 Sn-3 位置基本上是等量分布的。

可可脂的三酰基甘油大约有 80% 是二饱和的，18:1 脂肪酸集中于 Sn-2 位置，饱和脂肪酸只分布在第一位置(β-POSt 构成主要种类),Sn-2 位置的油酸是 Sn-1 位置上油酸的 1.5 倍。

椰子油中三酰基甘油大约有 80% 是三饱和的,月桂酸集中在 Sn-2 位置,辛酸在 Sn-3 位置,豆蔻酸和棕榈酸在 Sn-1 位置。

含芥酸的植物,例如菜籽油中脂肪酸表现相当大的位置选择性,芥酸优先选择 1,3-位置,而 Sn-3 位置上比 Sn-1 位置上的芥酸多。

4.4.1.2　动物三酰基甘油

不同动物或同一种动物的不同部位的脂肪中三酰基甘油的分布情况都不相同,改变膳食脂肪可引起储存脂肪中脂肪酸组成的变化。但一般说来,Sn-2 位置的饱和脂肪酸含量比植物脂肪高,Sn-1 和 Sn-2 位置的脂肪酸组成也有较大差异。大多数动物脂肪中,16:0 脂肪酸优先在 Sn-1 位置酯化,14:0 脂肪酸优先在 Sn-2 位置酯化。乳脂中短链脂肪酸有选择地结合在 Sn-3 位置,牛脂肪中大部分三酰基甘油属于 SUS 型。

猪脂肪不同于其他动物脂肪,16:0 主要集中在甘油基的 Sn-2 位置,18:0 主要在 Sn-1 位置,18:1 在 Sn-3 位置,而大量的油酸在 Sn-3 和 Sn-1 位置。猪油中主要的三酰基甘油是 Sn-StPSt、OPO 和 POSt。长链多不饱和脂肪酸为海产动物油的特征,它们优先在 Sn-2 位置上酯化。

4.4.2　三酰甘油的物理性质

食用油脂的物理性质主要取决于它的分子结构、相互作用以及三酰甘油的构成。特别是分子之间的相互吸引强度以及聚集体内的折叠有序性,很大程度上决定了它们的热行为、密度和流变性质(表 4-4)。

表 4-4　油(三酰甘油)与水在 20 ℃时的性质比较

性　质	油	水
分子量	885	18
熔点/℃	5	0
密度/(kg/m³)	910	998
压缩系数/(ms²/kg)	5.03×10^{-10}	4.55×10^{-10}
热导系数/[W/(m·K)]	0.170	0.598
黏度/(mPa·s)	≈50	1.002
比热容/[J/(kg·K)]	1980	4182
热膨胀系数/℃	7.1×10^{-4}	2.1×10^{-4}
介电系数	3	80.2
表面张力/(mN/m)	≈35	72.8
折光指数	1.46	1.333

4.4.2.1　流变性质

大部分油是中等黏度的牛顿流体,室温下黏度为 30～60 mPa·s。蓖麻油由于在它

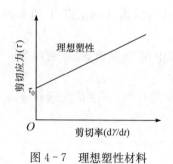

图 4 - 7　理想塑性材料
的流变行为

的主要脂肪酸上有 1 个醇基,可以与相邻的分子形成氢键,因此它的黏度比其他油高很多。液体油的黏度随着温度的升高急剧下降,二者呈对数关系。

大多数固态脂实质上是由脂肪晶体分散在液态油基质中的混合物。这些固态脂的流变性质与体系中脂肪晶体的浓度、形态、相互作用及脂肪的质构等密切相关。固态脂通常表现出可塑性的流变行为。可塑性物质在低于某一临界应力下呈现固态,而在临界应力以上则呈液态,这一临界应力称为屈服应力(τ_0)。理想的可塑性物质的流变行为称为宾汉塑性(Bingham plastic),如图 4 - 7 所示。此类型物质的流变特性可用以下公式描述:

$$\tau = G\gamma\,(\tau < \tau_0) \tag{4 - 1}$$

$$\tau - \tau_0 = \eta\dot{\Upsilon}\,(\tau \geqslant \tau_0) \tag{4 - 2}$$

式中:τ 为剪切应力;γ 为剪切应变;$\dot{\Upsilon}$ 为剪切应变的速率;G 为剪切模量;η 为剪切黏度;τ_0 为屈服应力。

在实际中,固态脂呈现的是非理想塑性行为。例如,在屈服应力以上固态脂不像理想液体那样流动,而表现出非牛顿流体行为(如剪切变稀);在屈服应力以下固态脂也不像理想固体,而是呈现一些流动特性(如黏弹性)。另外,屈服应力也许不是一个固定值,而是某一范围值,因为脂肪晶体的网络结构是个被逐步破坏的过程。随着固态脂含量(SFC)的升高,脂肪的屈服应力增大,同时在体系中更易形成三维网络的晶态结构(如小针状晶体)。塑性脂肪特性的详细讨论在其他文献中也有报道。

固态脂的塑性行为在结构上归咎于它能够以微小的脂肪晶体,形成三维网络分散在液态油中。在一定应力下脂肪会产生小的形变,但脂肪晶体间的弱键并未受到破坏;当超过临界屈服应力后,晶体间的弱键就受到破坏。此时,脂肪晶体间相互滑动而呈现出流动状态。一旦应力取消流动也就停止,相邻的脂肪晶体间又重新键合。脂肪的这种特性在产品的功能修饰上具有很重要的应用价值。

4.4.2.2　密度

油脂的密度定义为单位体积油脂的质量。通常在食品加工操作设计时,密度这一指标很重要,在加工过程中决定物料的储存容器体积,以及物料流动所经过的运输管道的大小。在某些食品的应用中油脂的密度影响体系的整体性质。例如,在水包油型乳状液中,油滴的乳化率取决于油与水的密度差。室温下液态油的密度除极少数外[如肉豆蔻油(nutmeg oil)密度高达 0.996 g/cm³],一般为 0.91~0.94 g/cm³,且随温度升高而下降。完全固化脂肪的密度在 1.0~1.06 g/cm³,也随温度的升高而下降。在许多食品中,脂肪是部分结晶的,因此其密度取决于总脂肪中固体脂肪的含量(SFC)。部分结晶的脂肪的密度随着 SFC 的增大而增大,如当在结晶温度以下进行冷却时就会产生这种情况。因此,测定部分结晶脂肪的密度,有时可用来确定脂肪的 SFC。

三酰甘油分子的薄片结构影响油脂的密度,越紧密的薄片结构其密度越高。所以,线性饱和脂肪酸的三酰甘油,比含分支或不饱和脂肪酸的三酰甘油更易填充在这些薄层结构中,其密度也更高。同样固态脂比液态油的密度高也是如此,但也并非总是这样。例如,在结晶温度范围很窄的高浓度纯三酰甘油中,实质上由于结晶产生的空隙,其体系密度降低。

1)热特性

从应用的角度来看,油脂最重要的热特性是比热容(C_p)、导热系数(R)、熔点(T_{mp})和熔化焓(ΔH_f)。这些热特性决定了是否改变温度以调节油脂体系所需的热量,以及加工完成所需的速度。大部分液态油和固态脂的比热容在 2 J/kg·K 左右,且随温度的升高而升高。油脂的导热系数[~0.165W/(m·K)]比水[~0.595W/(m·K)]低。表 4-5 列出的有关油脂的热特性,可为油脂加工提供所需的总热量和加工速度的信息。

表 4-5 某些三酰甘油分子在最稳定晶态时的熔点和熔化热

三酰甘油	熔点/℃	$\Delta H_f/(J/g)$
LLL	46	186
MMM	58	197
PPP	66	205
SSS	73	212
OOO	5	113
LiLiLi	−13	85
LnLnLn	−24	—
SOS	43	194
SOO	23	—

注:L=月桂酸(C12:0),M=肉豆蔻(C14:0),P=棕榈酸(C16:0),S=硬脂酸(C18:0),O=油酸(C18:1),Li=亚油酸(C18:2),Ln=亚麻酸(C18:3)。

引自:Walstra P. 2003. Physical Chemistry of Foods. New York:Marcel Dekker,Inc.

油脂的熔点和熔化焓取决于晶体中三酰甘油分子的结晶类型(即有序性):有序程度越高,其熔点和熔化焓越高。所以,纯三酰甘油的熔点和熔化焓随着脂肪酸的链长增加而提高。在以下几种情形中,它们的熔点和熔化焓较高:①饱和脂肪酸比不饱和脂肪酸的高;②直链脂肪酸比支链脂肪酸的高;③在甘油分子上具有对称分布的三酰甘油高;④不饱和脂肪酸中反式比顺式的高(表 4-5);⑤晶态更稳定的较高。油脂的结晶是决定食品宏观理化性质及感官特性最重要的因素,在后面将详细讨论。

对于煎炸、焙烤等应用,需要知道油脂开始热降解的温度。油脂的热稳定性可用烟点、闪点、燃点来表征。烟点是指油脂在标定实验条件下开始冒烟的温度;闪点是指油脂开始产生挥发性物质(当用火源点火时,产生火花的这种短暂燃烧,即闪燃)的最低温度;燃点是指油脂由于热降解快速的产生挥发性物质,当明火点燃时可以持续燃烧的温度。因此,在高温使用油脂时(如煎炸、焙烤),测定这些温度是相当重要的。三酰甘油的热稳定性比游离脂肪酸高,因此三酰甘油的热稳定性可通过测定加工过程中挥发性物质的量(如游离脂肪酸)进行评价。

2) 光特性

对于食品化学家来说,了解油脂的光学性质也是很重要的。第一,油脂的光特性影响许多食品材料的整体外观;第二,油脂的某些光学性质(如折光指数、吸收光谱等)可以提供关于食品组成和质量的有价值的信息。其中最重要的光学性质就是折光指数和吸收光谱特性。液态油的折光指数室温下一般为 1.43～1.45。油脂的折光指数主要是由所组成的脂肪酸的分子结构决定。随着链长、双键数目、共轭双烯的增加,油脂的折光指数增大。可用经验公式表示油脂的分子结构与其折光指数的关系。因此,根据折光指数可以得到关于油脂的平均分子量及所含脂肪酸的不饱和度,在乳化食品中油脂的折光指数很重要。通过测定油脂的紫外-可见吸收光谱,可以提供油脂组成、质量、分子特性等(双键的共轭、β-胡萝卜素及叶绿素等)信息。

油脂的吸收光谱也显著地影响食品产品的最终外观。纯三酰甘油几乎无色是因为油脂不含吸收可见光的基团。然而商品油是有颜色的,因为它们含有一定量的色素(如胡萝卜素、叶绿素等)。因此,食用油在精炼时通常有脱色这一步骤。在乳化食品中,油脂可增加产品的不透明度,这是由油与水折光指数不同,液滴产生散射光所致。另外,固体脂肪通常是不透明的,其不透明程度与脂肪的结晶度、形态、大小、和浓度有关。光散射导致的不透明性是由脂肪结晶引起的。

3) 电特性

油脂的电性质的重要性,是在于一些脂肪食品的分析技术基于它们的电特性,如脂肪的浓度和脂肪微滴大小的电脉冲数。三酰甘油分子的极性低,因而油脂的介电常数也相当低($\varepsilon_R \approx 2 \sim 4$)。纯三酰甘油的介电常数随着分子极性(如存在—OH 或被氧化)的增大及温度的降低而增大。油脂具有较高的电阻,其电导性差。

4.4.3　结晶和稠度

许多食品(如人造奶油、黄油、冰淇淋、搅打奶油和焙烤食品)的理化特性和感官特性都显著地依赖于脂肪的结晶特性。下面分别介绍影响食品脂肪结晶和稠度的因素。

4.4.3.1　脂质相转变的物理化学机理

三酰甘油分子在固态和液态中的排列模式如图 4-8 所示。三酰甘油的物理状态在特定的温度时,与它的自由能有关。自由能与焓和熵两项的关系式为 $\Delta G_{S \to L} = \Delta H_{S \to L} - T\Delta S_{S \to L}$。其中 $\Delta H_{S \to L}$ 是三酰甘油由固态转变为液态的焓变,表示在相变时三酰甘油分子间相互作用的总强度变化。$\Delta S_{S \to L}$ 为熵变,表示熔融过程中分子取向(或排列)的变化。脂质在固体状态,因为分子间的结合强度大于液态,分子能够更有效地堆积。因此,$\Delta H_{S \to L}$ 为正值(热力学上是不利的),即固态更有利。另外,在液态时溶质分子的熵大于固态,因此,$\Delta S_{S \to L}$ 为正(热力学上是有利的),即从熵的角度在液态更有利。在低温时,焓变大于熵变($\Delta H_{S \to L} > \Delta S_{S \to L}$)。因此,固态具有最低的自由能。当温度升高时,熵这一项将变得更重要。在熔点时,熵占优势($T\Delta S_{S \to L} > \Delta H_{S \to L}$),此时液态具有最低的自由能。一旦温度超过物质的熔点时,并从固态转变为液态(熔化),这是一个吸热过程。因此需要外界给体系提供能量,将分子拉开并进一步分离;相反,从液态转变为固态(结晶)是一个放热过程,因为当分子靠近在一起时将释放能量,即使固态的自由能在熔点以下达到一最低值,此时固态仍不能呈现结晶状态,这是因为自由能阻碍了晶核的形成。

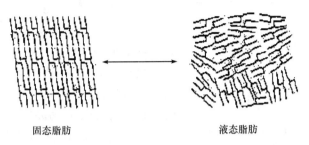

固态脂肪　　　　　　　　　　液态脂肪

图 4-8　三酰甘油在固态和液态时的排列依赖于
分子间相互吸引的取向和热能引起的取向破坏的平衡

　　总的说来,脂肪的结晶过程涉及许多步骤,如过冷、晶核的形成、晶体生长和结晶后期。

1) 过冷(supercooling)

　　尽管在温度低于熔点时,脂质的固态形式在热力学上是有利的。但是当结晶被观察到之前,仍以液态形式保持相当的一段时间。这是因为脂肪在液-固相转变之前,必须克服形成晶核的活化能(ΔG^*)(图 4-9)。如果活化能与热能相比是相当高的,那么体系将处在一个较高能级的亚稳态,此时则观察不到结晶。活化能的高低与晶核的形成能力有关。过冷度 $\Delta T = T - T_{mp}$,这里 T 表示实际结晶温度,T_{mp} 为熔点。ΔT 与脂质的结构、污染物质、冷却速率、液相的微观结构及外部作用力等有关。纯油(不含杂质)的过冷度通常大于 10 ℃。

2) 晶核形成

　　结晶过程是一个相变过程,首先是形成稳定的晶核,然后晶核不断长大。一般来说,液相开始形成晶相是很困难的。原子或分子在液相的吉布斯(Gibbs)函数很高,必须在很大程度上降低其分子熵

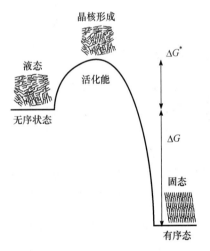

图 4-9　脂肪从液态→亚稳态→
固态时的自由能变化

才能形成晶核。晶核实质上是由分子形成小的有序结晶的簇集体,是许多脂肪分子发生碰撞后彼此相结合在一起。晶核可以通过均相成核或非均相成核两个过程形成。

　　图 4-10 是基于经典热力学的均相成核理论,描述当生成一个晶核时结合自由能的变化。在这个过程中,体系总的自由能变化(ΔG)包括两个部分:一部分是半径为 r 的晶核形成时的体系吉布斯函数的改变(ΔG_v),也就是由于晶核形成时体积变化所引起的自由能变化($\Delta G_v < 0$),这是因相变而引起的晶核内部的焓变和熵变的结果;另一部分是表面能的增加($\Delta G_s > 0$)阻碍晶核形成,这是由于晶核形成导致在固-液相间产生的新的界

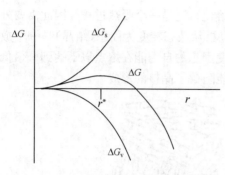

图 4-10　结晶成核过程中自由能的变化

面,因此这一部分自由能的增加是为了克服界面张力。在恒温恒压下,晶核形成时体系自由能的变化为

$$\Delta G = \Delta G_{\mathrm{v}} + \Delta G_{\mathrm{s}} = \frac{4}{3}\pi r^3 \frac{\Delta H_{\mathrm{fus}} \Delta T}{T_{\mathrm{mp}}} + 4\pi r^2 \gamma_1$$

$$(4-3)$$

式中:r 为假设晶核为球形的半径;ΔH_{fus} 为固-液相转变时,每单位体积的熔变化($\Delta H_{\mathrm{fus}} < 0$);$\gamma_1$ 为固-液相间的界面张力;ΔG_{v} 为晶核单位体积的吉布斯函数;ΔG_{s} 为晶核单位面积的表面能。

晶核形成的过程中,随着晶核半径增加,体积增加,自由能变化为负值;相反表面积增加为正值(图 4-10)。因为表面积与体积的比值随着粒径的增大而减小,因此表面的贡献是促使小晶核占优势,而体积的贡献则趋于大晶核占优势。基于以上的结果,晶核形成时总的自由能变化在临界晶核半径(r^*)存在一最大值。

$$r^* = \frac{2\gamma_1 T_{\mathrm{mp}}}{\Delta H_{\mathrm{fus}} \Delta T}$$

$$(4-4)$$

$$\Delta G^* = \frac{16\pi \gamma_1^3}{3(\Delta G_{\mathrm{v}})^2} = \frac{16\pi \gamma_1^3 T_{\mathrm{mp}}^2}{3(\Delta H_{\mathrm{fus}} \Delta T)^2}$$

$$(4-5)$$

式中:r^* 为临界晶核半径,是指 ΔG 为最大值时的晶核半径。

当 $r < r^*$ 时,ΔG_{s} 占优势,故 $\Delta G > 0$,晶核不能自动形成;

当 $r > r^*$ 时,ΔG_{v} 占优势,故 $\Delta G < 0$,晶核可以自动形成,并可以稳定生长。

这个经典的成核理论虽然人们经常引用,但由于它是将宏观的热力学(参数)用于极微小的晶核,故只是一种近似处理。

从式(4-4)可以看出,过冷度 ΔT 越大,临界半径 r^* 越小,则形成晶核的概率越大,晶核的数目增多,晶核形成速率增加,此时形成晶核所需要的能量也越小。因此,液相油必须处于一定的过冷条件方能形成结晶,也就是结晶形成前需要略低于凝固点。

晶核形成的速率(形核率)J 与自由能(ΔG^*)的关系如下:

$$J = A\exp\left(\frac{-\Delta G^*}{kT}\right) = A\exp\left(\frac{-Q}{kT}\right) \exp\left[\frac{16\pi \gamma_1^3}{3\Delta H_{\mathrm{fus}}^2} \times \frac{1}{kT} \times \frac{T_{\mathrm{mp}}^2}{\Delta T^2} \times f(Q)\right] \quad (4-6)$$

式中:J 为当温度低于熔点时,单位体积液体每秒所形成稳定的晶核数;A 为指前因子;k 为玻尔兹曼(Boltzmann)常量;T 为热力学温度;ΔG^* 为临界半径晶核的自由能;γ_1 为界面张力;ΔH_{fms} 为单位体积的热熔;T_{mp} 为熔点;Q 为原子越过固-液界面的扩散激活能(原子迁移的活化能)。

由式(4-6)可知,$J \propto e^{-1/\Delta T^2}$,随着过冷度的增大,形核率急剧增加(图 4-11)。

当温度刚好低于熔点时,形成的稳定晶核是非常少的,但当液相冷却到低于临界温度 T^* 时,J 将戏剧般地增大,并达到一最大值。过冷度大,可使形核的临界尺寸减小,有利于形核。但是随着黏度的进一步降低,形核率则反而下降。这是因为过冷使液体油黏度增大,油分子扩散受阻,使之簇集到临界尺寸非常困难。

上面介绍的是油中没有杂质存在时的形核类型,通常称这种成核为均匀形核(homogeneous nucleation)。如果液体油中存在另外的外来表面,如灰尘颗粒、脂肪晶体、油滴、气泡、反胶束离子的表面或容器壁上的油等,将促进晶核的形成。依附于这些存在的表面可使形核界面能降低,这样非均匀形核比均匀形核所需的能量低。表面促进形核的湿润接触面较大,可在较小的过冷度发生。因此,形核的温度高于纯体系,称这种在外表面存在下的形核为非均匀形核(heterogeneous nucleation)。非均匀形核分为两类:第一类是液相油中存在的外来表面的化学结构与油不同;相反第二类非均匀形核的外来

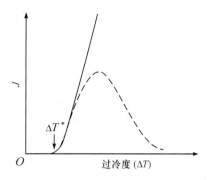

图 4 - 11　油脂的形核率与
过冷度的关系
实线为理论相关性;虚线为实际值

表面是具有与液态油化学结构相同的晶体,在这个过程中添加组成与液态油相同的三酰甘油晶体(晶种,seeding)到过冷液体中,可在较高温度形核。这里要注意的是临界半径仍然没有改变。

在异相成核时,杂质提供了一个形成稳定晶核的界面,这在热力学上比纯油更有利,因而要求成核的过冷度降低。另外,杂质又可降低油的成核速率,这是因为晶核在它们的表面生长,并阻止其他任何油分子的进入。杂质的作用是否作为晶核形成的催化剂还是抑制剂,这由杂质的分子结构和与核的相互作用来确定。这里应注意的是,关于数学模型的问题至今存在争议。因为用现有的理论预测晶核的形成速率,与实际测得的值是有很大差别的。然而,用现在的理论预测形核率与温度的关系通常还是恰当的(图 4 - 11)。

非均匀形核的形核率,除主要受过冷度的影响外,还受液相中悬浮的固体质点的性质、数量、形貌及其物理因素的影响。

(1)过冷度的影响。由于非均匀形核所需要的能量起伏比均匀形核小得多,故过冷度远低于均匀形核需要的过冷度。

(2)固体杂质的影响。相同过冷度下均匀形核和非均匀形核的临界半径完全一样。但在曲率半径相等的条件下,非均匀形核需的晶胚体积与表面积要小得多,且随润湿角 Q 的减小而减少。润湿角 Q 是判断固体杂质或界面能否促进晶胚成核及其促进程度的关键。Q 的大小主要取决于液体、晶核和固体杂质比表面能的相对大小。

(3)固体杂质表面形貌的影响。杂质表面的形貌各种各样,以凹面容易形核。

(4)物理性质的影响。液相表观流动会增加形核率,施加电场或磁场也能增加形核率。

3)晶体的生长

一旦稳定的晶核形成后,液相油的分子将在固-液相界面排列,生长为晶体。脂肪的晶体有许多不同的面,每一个面都可能以略为不同的形核率生长,在食品中呈现多种不同的晶体微观形貌。晶体生长的速率依赖于许多因素,包括分子从液相到固-液界面的质量转移、分子在晶格中的填充、结晶过程热的损失(移去)。一旦晶体尺寸较大时,表面能克服控制外形的能力就丧失了。起决定作用的是各晶面生长速率的各向异性,环境或体系的条件(如黏度、导热系数、晶体结构、温度轮廓图、机械搅拌等)都影响热和质量的转移过

程,因而也影响晶体生长速率。晶体生长速率最初是随着过冷度的增加而增加,达到最大生长速率后又随之降低。

4.4.3.2　晶体结构

目前,关于脂肪晶体结构和特性的知识大部分来自 X 射线衍射研究,应用其他技术,例如核磁共振、红外光谱、拉曼光谱、量热法、显微观察、膨胀测定法和差示扫描量热法等,特别是目前发展的核磁共振成像技术,获得了一些重要的发现。

在任何一种物质的固体或晶体中,原子或分子在它固定的位置形成一个可重复和高度有序的三维结构,一般把这种三维结构的空间排列称为空间格子(space lattice)。如果将空间格子的点连接起来,则形成一系列的面平行晶胞,每个晶胞都含有空间格子的全部要素(element),因此,完整的晶体是由晶胞在三维空间并列堆积成的,如图 4 - 12 所示。简单的空间格子,每个晶胞的每个角上有 1 个原子或分子,由于每个角为 8 个其他邻近的晶胞所共有,所以每个晶胞只有 1 个原子或分子,由此可见,空间格子的每个点与它周围所有其他的点是相似的。轴比率 $a:b:c$ 以及晶轴 Ox、Oy 和 Oz 之间的角度均为定值,通常以此来区分不同空间格子的排列。

长链有机化合物在晶体中并排堆积可产生最大的范德华相互作用力,在晶胞中可鉴别出 3 个间距,即 2 个短间距和 1 个长间距。因此,直链烷烃的长间距随着碳原子数目的增加而逐渐增大,而短间距仍保持不变。分子末端基团(如甲基或羧基)彼此连接成为平面。假若链对晶胞底倾斜,则长间距因倾斜角度而略微变小,由于羧基之间共享氢键,脂肪酸倾向于形成最适于头与头相接的双分子(图4 - 13),因而脂肪酸的长间距比碳原子数相同的烃类大 1 倍。

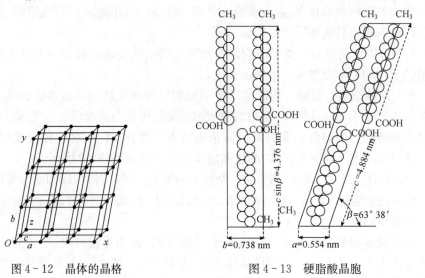

图 4 - 12　晶体的晶格　　　　　　图 4 - 13　硬脂酸晶胞

当相似的脂质化合物在混合物中共存时,可形成多种分子的晶体。在链长只相差 1 个碳原子的中等或低分子量脂肪酸所形成的复合结晶中,一对脂肪酸靠羧基和羧基相结合。另外,由一种酸排列成的结晶,分子可无规分布在另一分子的晶格内形成固体溶液。

在某些条件下,缓慢冷却可使一种结晶层沉积在另一种结晶表面形成层状结晶(layer crystal)。

4.4.3.3　同质多晶

同质多晶(polymorphism)是化学组成相同而晶体结构不同的一类化合物,但熔化时可生成相同的液相。金刚石和炭黑是同质多晶,同质多晶有时称为同质多晶变体,以具有某些特殊性质(如 X 射线间距、比体积、熔点等)为特征,从而可以和同一种化合物的其他形式相区别。根据几个因素可确定特定化合物在结晶时所出现的同质多晶类型,这些因素包括纯度、温度、冷却速率、晶核的存在和溶剂的种类。

未熔化的固态可以从一种同质多晶转变成另外一种,这取决于它们各自的稳定性。在整个存在期间,无论温度变化与否,两种晶型如果一种是稳定的而另一种是亚稳定的,则称这两种晶型是单向转变的(monotropic),即只能向更稳定的形式转变。两种晶型,当它们都有一定的稳定范围时,称为双向转变的(enantiotropic),即无论哪一种变体都是稳定的,在固态中的转变向哪一方进行取决于温度。它们的相对稳定性改变时的温度称为转变点(transition point),已知某些脂肪酸衍生物中存在双变晶现象,但天然脂肪总是单向转变的。

长碳链化合物的同质多晶现象与烃链不同的堆积排列或不同的倾斜角有关,可以用亚晶胞(subcell)概念来描述堆积的方式。

1) 亚晶胞

亚晶胞是沿着主晶胞内链轴方向重复的最小空间单元,图 4-14 表示脂肪酸晶体的亚晶胞晶格,在这种情况下,每个亚晶胞包含 1 个亚乙基,亚晶胞高度表示烃链中交错的碳原子之间的距离,即 0.254nm,甲基和羧基不属于亚晶胞晶格的组成部分。

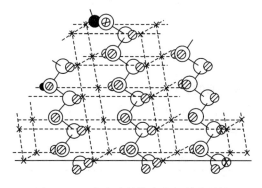

图 4-14　脂肪酸晶体中的亚晶胞晶格

已观测出烃的亚晶胞有 7 种堆积类型,最普通的是图 4-15 中的三斜晶系、普通正交晶系和六方晶系 3 种,三斜(T//)堆积(triclinic)又称为 β 型,2 个亚甲基单位一起构成亚乙基重复单元,这样每个亚晶胞都有 1 个亚乙基重复单元,并且所有锯齿形平面都是平行的。直链烃、脂肪酸和三酰甘油中均有这种亚晶胞存在。

普通正交堆积(common orthorhombic,O⊥)又称为 β' 型,每个亚晶胞中有 2 个亚乙基单位,交错的链平面与它相毗连的平面垂直,直链烷烃和脂肪酸及其酯类物质中存在这

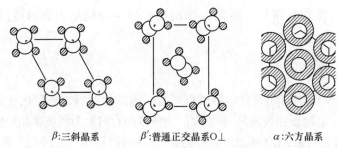

β:三斜晶系 β':普通正交晶系O⊥ α:六方晶系

图 4 - 15 烃亚晶胞堆积的普通类型

类亚晶胞堆积。

正六方形堆积(hexagonal, H)一般称为 α 型,烃类在刚好低于熔点温度时迅速冷却结晶可以出现这种堆积,链无规取向并绕其长垂直轴旋转,在烃、醇和乙酯中可观测到这种堆积。

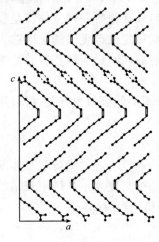

图 4 - 16 油酸的晶体结构

2) 脂肪酸

偶数碳原子饱和脂肪酸可以结晶成任何一种同质多晶型,这取决于所采用的结晶方法。长间距长度缩短(或增大链的倾斜角)时,偶数碳脂肪酸的同质多晶型物记为 A、B、C;奇数碳脂肪酸记为 A′、B′、C′。A 和 A′型为三斜亚晶胞链堆积(T//),其余的均为普通正交(O⊥)堆积。

硬脂酸的 β 型已详细地研究过,其晶胞为单斜晶系,包含 4 个分子,其轴长:$a = 0.554$nm,$b = 0.738$nm,$c = 4.884$nm。但 c 轴对 a 轴的倾斜角等于 $63°38'$时,长间距等于 4.376nm(图 4 - 13)。

就油酸而言,低熔点的每个晶胞的长度等于 2 个分子的长度,而顺式双键附近的烃基部分向相反的方向倾斜(图4 - 16)。

3) 三酰基甘油

一般来说,由于三酰基甘油的碳链较长,表现出烃类的许多特征。它们有 3 种主要同质多晶型,即 α、β' 和 β,其中 α 型在热力学上最不稳定,β 型有序程度最高,因此最稳定。表 4 - 6 中列出每种晶型的特征。

表 4 - 6　单酸三酰基甘油同质多晶型物的特征

特　性	α 型	β' 型	β 型
链堆积	正六方	正交	三斜
短间距/nm	0.415	0.38～0.42	0.46,0.39,0.37
特征红外光谱	单谱带 720cm⁻¹	双峰 727cm⁻¹ 和 719cm⁻¹	单谱带 717cm⁻¹
密度	最小	中等	最大
熔点	最低	中间	最高

由 1 种脂肪酸构成的三酰基甘油,如 StStSt,当其熔融物冷却时,可结晶成密度最小、熔点最低的 α 型。若进一步使 α 型冷却,则链更紧密的堆积,并逐渐转变为 β 型。如果 α

型加热至熔点,可迅速转变成最稳定的 β 型。α 型熔融物冷却并保持温度高于熔点几度,可直接得到 β′ 型。加热 β′ 型至熔点温度,则发生熔融,并转变成稳定的 β 型。X 射线衍射结果表明,α 型脂肪酸侧链为无序排列,β′ 型和 β 型显示有规则的排列,β 型是按同一方向排列的(图 4 - 17)。

α 型　　　　　β′ 型　　　　　β 型

图 4 - 17　α、β′ 和 β 三种晶型的有序性示意图

　　单酸三酰基甘油晶格中的分子排列是音叉式或者是椅式结构,如图 4 - 18 所示的三月桂酸甘油酯。甘油基 1,3-位置上的脂肪酸链和 2-位置上的方向相反。

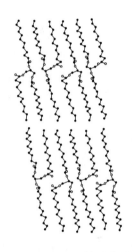

　　因为三酰基甘油可以由各种脂肪酸组成,所以不符合以上的简单同质多晶型的分类原则。对于含不同脂肪酸的三酰甘油,得到某些同质多晶型是困难的。已观测到有的甘油酯 β′ 型的结晶熔点比 β 型的高,像棉籽中的 PStP 甘油酯倾向于结晶成密度较高的 β′ 型,将这种晶型添加在油中,比用大豆中的 StStSt 甘油酯 β 型(雪花状)有更大的硬化力。

　　混合三酰基甘油的同质多晶结构更为复杂,因为碳链趋向于按长度或不饱和度分离,形成由 3 倍链长度构成的长间距结构。含不同链长脂肪酸的混合三酰基甘油可形成各种形状的音叉式结构。如果三酰基甘油分子 2-位置上的碳链比其他 2 个碳链少或多 4 个或更多碳原子,则碳链可能分离,如

图 4 - 18　三月桂酸甘油酯晶格中的分子排列

图 4 - 19(a)。不对称的三酰基甘油酯,可以形成类似图 4 - 19(b)中的链式排列,也可能根据不饱和性出现链的自身配对,如图 4 - 19(c)所示,这样的结构用希腊字母后面接一个数字来表示,如 β-3 表示具有 3 个分子脂肪酸链长度的 β 型变体(图4-20)。在液体状态观察得到了三酰甘油的层状结构,此时三酰甘油是以烃类无序的椅式构象存在。

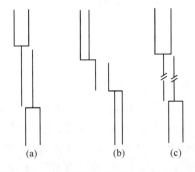

(a)　　　　　(b)　　　　　(c)

图 4 - 19　三酰甘油结晶中的分子排列

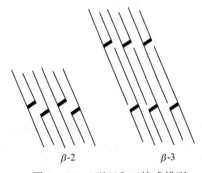

β-2　　　　　β-3

图 4 - 20　β 型双和三椅式排列

脂肪的同质多晶型变化表明,一种脂肪的同质多晶型的特征主要受三酰基甘油分子中脂肪酸的组成及其位置分布的影响。一般来说,相对有一些密切关联的三酰甘油组成的脂肪倾向于迅速转变成稳定的 β 型。相反,非均匀组成的脂肪则较缓慢地转变成稳定型,如高度无规的脂肪表现出缓慢转变成 β' 型的特性。

易结晶成 β 型的脂肪包括大豆、花生、玉米、橄榄、椰子油和红花油,以及可可脂和猪油等。棉籽油、棕榈油、菜籽油、乳脂和牛脂以及改性猪油易形成稳定的 β' 型晶体。β' 型晶体适合于制备起酥油、人造奶油,可用于焙烤食品中,因为它们有助于大量的小气泡的掺和,使产品产生更好的可塑性和奶油化性质。

可可脂中,StOSt(30%)、POSt(40%)和 POP(15%)是 3 种主要的甘油酯,已鉴定出 6 种同质多晶型(Ⅰ~Ⅵ),其熔点依顺序增大。Ⅰ型最不稳定,熔点最低。Ⅴ型最稳定,是所需要的结构,因为它使巧克力涂层外观明亮光滑,通过适当的调温可以得到这种晶型,即成型前加温使部分结晶的物料在 32 ℃左右保持一段时间,然后迅速冷却并在 16 ℃左右储存。不适当的调温或在高温下储存,都会使巧克力的 β-3Ⅴ型结晶转变为熔点较高的 β-3Ⅵ型,结果都会导致巧克力表面起霜,即表面沉积小的脂肪结晶,使外观呈白色或灰色,因此巧克力起霜与 β-3Ⅴ型变成 β-3Ⅵ型有关。

乳化剂(如山梨醇酯)添加到可可脂中,能改变熔点和同质多晶类型,同时能推迟或抑制可可脂从 β-3Ⅴ型转变为不需要的 β-3Ⅵ型或其他亚稳态的同质多晶型。这种特性不是利用山梨醇酯的表面活性,而在于其独特的化学结构。

4.4.3.4　结晶的形成和固化

溶液或熔化物转变成固体是一个复杂的过程,在这个过程中,首先必须分子间接触、取向,然后互相作用,形成高度有序的结构。正如化学反应一样,能垒(energy barrier)对抗分子聚集成晶体。同质多晶形越复杂,越稳定(如高度有序、紧密和熔点高),则越难以形成晶体。因此,在刚好低于熔点温度时,结晶一般不能形成稳定的晶体,而是处于亚稳定的过冷状态。稳定性最小和有序性最小的 α 型,在略微低于熔点温度时容易结晶。

虽然能垒的大小随着温度下降而降低,但形成晶核的速率不能随着温度降低无限制地增大,当温度降低到某一点时,由于脂质的黏度增大,严重干扰结晶过程。在过冷液体中由于形成亚微晶核,便开始结晶,向过冷液体中加入类似天然形状的小晶体也可促使晶核的形成,当这些晶核逐渐长大以后,晶体的生长速率取决于温度、搅拌。

4.4.3.5　熔化

1) 热焓曲线

图 4 - 21 中表示简单三酰基甘油的稳定 β 型和亚稳态 α 型的热焓曲线。固态变为液态时吸热,曲线 A、B、C 表示 β 型的热焓随着温度上升而增加。在熔点时吸热(熔化热)温度不上升,直至全部固体转变成液体时温度才继续上升(最终在 B 点熔化)。另外,从不稳定的同质多晶型转变成稳定形式时放出热量(图 4 - 21 中从 E 点开始延长至曲线 AB)。

同样,脂肪因熔化而膨胀或因同质多晶型转变而收缩,可用比体积的变化(膨胀率)对

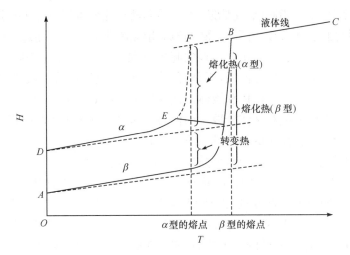

图 4 - 21 稳定(β)和不稳定(α)多晶型物的熔化热焓曲线

温度作图,由于熔化膨胀对应于熔化热,膨胀系数对应于比热容,因此,所得到的膨胀曲线(膨胀率对温度作图)与量热曲线(热焓对温度作图)很相似。膨胀法使用的仪器很简单,它比量热法更为实用,膨胀法广泛用于测定脂肪的熔化性能,如果有几种不同熔点的组分存在,则熔化温度范围大,得到与图 4 - 22 中相似的膨胀或量热曲线。

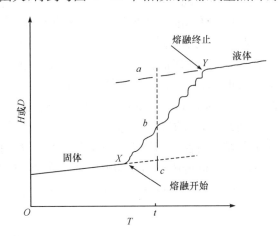

图 4 - 22 甘油酯混合物熔化热(H)或膨胀(D)曲线

点 X 表示脂肪开始熔融,在这一点下面,体系全部呈固态。点 Y 表示熔化终止,在这一点上面,脂肪全部呈液态。曲线 XY 表示体系的固体成分逐渐熔化。如果脂肪熔化温度范围小,则熔化曲线的斜率陡峭;相反,若脂肪熔化开始和终止之间的温度相差很大,这种脂肪的可塑性范围大。因此,添加熔点较高或较低的组分,能使脂肪的可塑性范围向熔化曲线两侧的任何一侧伸延。

2）固体脂肪指数

油脂食品在加工中,甘油酯的组成、构象、结晶类型固然十分重要,然而脂肪的固液比却是另一个不可忽视的因素,它显著影响脂肪的塑性。

　　在不同温度时,塑性脂肪(软化脂肪)的固体和液体比例可通过差示扫描量热法、核磁共振和绘制量热曲线,或者按与图 4-22 相似的熔化膨胀曲线进行测定。例如,用膨胀计测定比容时,从足够低的温度确定固体线的起始点和在足够高的温度确定液体线的起始点,由两者之间的间隔确定熔化曲线,于是可用外推法得到固体线和液体线。由图 4-22 所示,可计算出任何温度下的固体和液体比例(ab/bc、ab/ac 和 bc/ac 分别表示在温度 t 时的固体脂肪指数、固体分数和液体分数),固体与液体之比称为固体脂肪指数(solid fat index,SFI),它与脂肪在食品中的功能性有重要关系。

　　采用膨胀法测定 SFI 比较精确,但是费时,而且只适用于测定 SFI 低于 50％的脂肪。宽线核磁共振(NMR)法是利用固体的衰减信号比液体快,测定脂肪中固体的氢质子数与总氢质子数之比(即为固体百分量)得到 SFI,常用于食品生产的在线分析。目前普遍采用脉冲核磁共振,它比宽线 NMR 更精确。近来超声技术也用来测定 SFI,因为固体脂中的超声速率大于液体脂。脂肪的加工产品,如人造奶油、可可脂、起酥油等,对脂肪中固体含量有不同要求,固体含量的多少影响脂肪的熔化温度和可塑性,当固体含量少,脂肪容易熔化,如果固体脂含量很高,脂肪变脆。

4.4.3.6　脂肪的稠性

　　天然脂肪及其加工产品是由组成和结构不相同的多种酰基甘油构成的复杂混合物,但表现出如同只含几种成分的简单混合物的特性,每一类相似的化合物似乎起着单一组分的作用。所以只有当组分明显不相同,甘油酯才表现出不同的熔化特性,某些油脂的混合物因氢化或添加高熔点组分可使起始固化点(凝固点)降低,其低共熔曲线类似图 4-23 中液体曲线。塑性脂肪的膨胀曲线并非一条平滑的熔化曲线,而是由若干近似直线但斜率不同的线段组成的(图 4-24)。曲线的拐点用脂肪甘油酯的最终熔化点 K 表示,市售脂肪的熔化温度范围不大,因此,在膨胀曲线上只出现几个拐点,说明各个甘油酯组分的熔化行为如同单一的组分。添加高熔点脂肪酸的天然脂肪的膨胀曲线,能明显地表现出这种脂肪固体组分的熔化特性。脂肪中固体组分的相对含量按图 4-25 中垂直距离 d 确定,利用图4-24~图 4-26 的膨胀曲线能够了解塑性脂肪的熔化特性。

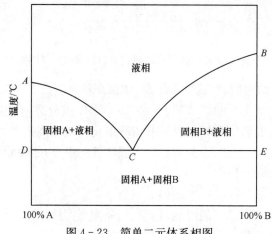

图 4-23　简单二元体系相图

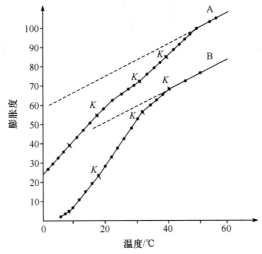

图 4 - 24 全氢化起酥油(A)和人造奶油(B)的膨胀曲线

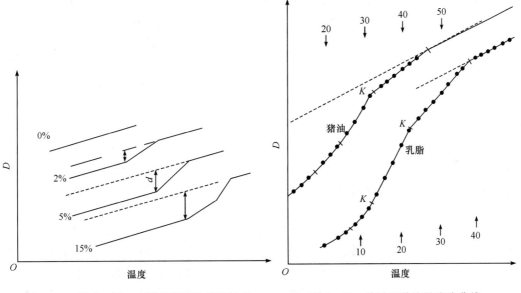

图 4 - 25 混合 0%～15%高度硬化棉籽油的 普通棉籽油膨胀曲线上部分

图 4 - 26 猪油和乳脂的膨胀曲线

黄油(硬奶油)熔化温度范围较窄,其三酰甘油组分主要是 β-POSt、β-StOSt 和 β-POP。黄油和可可脂在口腔温度能很快熔化,是适合糖果加工用的油脂,它与猪油的膨胀曲线明显不同(图 4 - 26)。

市售脂肪的稠度受到诸多因素的影响,包括脂肪中固体组分的比例、晶体的数目、大小和种类、黏度、机械作用和处理温度等。

(1)脂肪中固体组分的比例。脂肪的固体含量越高,硬度越大。

(2)晶体的数目、大小和种类。在一定含量的固体中,含大量小结晶的比含少量粗大结晶的可形成硬度更大的脂肪,而缓慢冷却则以形成大的软晶体为特征。高熔点甘油酯构成的晶体比低熔点甘油酯具有较大的硬化力。

（3）液体的黏度。由温度引起的稠度变化与熔化物的黏度变化有关。

（4）温度处理。如果一种脂肪趋向于极度过冷，可通过以下方法来防止：让脂肪在尽可能低的温度下加热熔化后，并在恰好高于熔点温度保持一段时间，然后冷却结晶，这样能形成很多晶核和小晶体，而且稠度稳定。

（5）机械作用。结晶的脂肪一般是触变的，剧烈振荡以后，脂肪可逆地变得更软。

4.4.3.7　介晶相（液晶）

固态脂质的分子在三维空间形成高度有序的结构，而在液态中，由于分子间的作用力减弱，分子自由运动成为完全无序状态。介于液态和晶态之间的相，称为介晶相（meso-morphic phase）或液晶（liquid crystal）。典型的兼（两）亲化合物，即具有极性部分又具有非极性部分，可以形成介晶相。例如，在加热一种兼亲结晶化合物时，在温度达到真熔点之前，烃区熔化，并转变成类似液态的无序状态，这种现象是因为极性基团之间存在较强的氢键键合，而烃链之间的范德华力较弱。纯晶体加热形成液晶是热致变的（thermo-tropic）。有水存在和温度超过烃区的熔点［克拉夫（Krafft）温度］时，三酰甘油的烃链转变成无序态，而水渗入有序的极性基团之间。这种借助于溶剂形成的液晶称为"溶致液晶"（lyotropic liquid crystal）。介晶结构取决于兼亲化合物的浓度、化学结构、含水量、温度以及混合物中存在的其他成分。介晶结构主要有层状、六方形和立方形三种。

（1）层状结构。这种结构相当于生物膜的双层膜，是由被水隔开的双层脂质分子构成［图 4 - 27（a）］。这种结构的黏度和透明度比其他介晶结构小。

层状相的持水能力依赖于脂质组分的性质，如单酰甘油层状液晶容纳的水达 30% 左右，相当于脂质双层间大约有 1.6nm 厚的水层。如果向水中添加少量离子型表面活性物质，层状相将发生几乎无限的溶胀，假若增加的水分含量超过层状相的膨胀极限，将会逐渐形成由脂质和水的交替层所组成的同心圆球形聚集物的分散体。

一般来说，层状液晶相在加热时易转变成六方形Ⅱ或立方介晶相，如果层状液晶相在低于克拉夫温度下冷却，可形成一种在脂质双层间保留着水和烃链的重新结晶的亚稳态凝胶，持续保持这种状态，水即被挤出，凝胶相转变成微晶水悬浮液，称为凝聚胶（coagel）。

（2）六方形。在这种结构中，脂质按正六方形排列成圆柱体，圆柱体内充满液态烃链，圆柱体之间的空隙被水所占据［图 4 - 27（b）］，这种液晶称为六方形Ⅰ或中间物，也可能形成六方形Ⅱ结构，这种结构与上述的六方形Ⅰ相反，圆柱体内部充满水并且被兼亲物质的极性基团所包围，烃链向外伸延构成圆柱体之间的连续相［图 4 - 27（c）］。六方形Ⅰ液晶如果加水稀释便形成球形胶束，可是六方形Ⅱ液晶用水稀释却不能形成这种胶束。

（3）立方形或黏性各向同性（viscous isotropic）。虽然许多长链化合物以这种状态存在，但并不具有同层状和六方形液晶完全一样的特征，Larsson 曾研究了单酸甘油酯水体系中立方相的结构。在这些体系中存在封闭水区，根据体心立方晶格中空间充满堆积的多面体，可提出一个立方介晶相模型［图 4 - 27（d）］。立方介晶相通常是很黏滞和完全透明的。

在生物体系中，介晶态对于许多生理过程都是非常重要的，如介晶态影响细胞膜的可

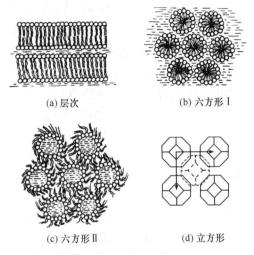

(a) 层次　　　　　　　　　　　　(b) 六方形 I

(c) 六方形 II　　　　　　　　　　(d) 立方形

图 4 - 27　脂质的介晶结构

渗透性,液晶对乳状液的稳定性也起着重要作用。

以脂质和水为基础的液晶在高黏弹态食品中非常重要,在它们的两相可以负载特殊的香气、风味或活性化合物,同时使整体保持流动特性。

4.4.4　乳状液和乳化剂

乳状液一般是由两种不互溶的液相组成的分散体系,其中一相是以直径 $0.1 \sim 50\ \mu m$ 的液滴分散在另一相中,以液滴或液晶的形式存在的液相称为"内"相或分散相,使液滴或液晶分散的相称为"外"相或连续相。介晶或液晶对于乳状液的性质是很重要的。在乳状液中,液滴和(或)液晶分散在液体中,形成水包油或油包水的乳状液,一般用缩写 O/W 和 W/O 表示。许多食品都是 O/W 乳状体系,如牛乳及其乳制品、调味汁和汤,而真正的 W/O 乳状液在食品中几乎不存在。黄油和人造黄油虽然含有液滴,但它们是嵌在塑料脂肪中的,当脂肪的结晶部分熔化时形成的 W/O 乳状液将立即分离为油、水两相(油在上面)。一些含有脂肪结晶的 O/W 乳状液液滴,严格地说至少在低温下不是乳状液。

小分散液滴的形成使两种液体之间的界面面积增大,并随着液滴的直径变小,界面面积成指数关系增加。因此,液滴的大小对乳状液稳定性有很大影响。实际上,界面面积可以变得非常大,如 1 mL 油在水中被分散成 1 μm 直径的小油滴,可形成 1.9×10^{12} 个小球,其总界面面积为 6 m^2。

食品乳状液的分散相体积百分数在一个很大范围变化,它们占据着不同的空间。如牛乳中为 2.3%,蛋黄酱中为 65%~80%,在有的乳状液中甚至可达到 99%。当大小均一的完整小球达到最大密度时,可占乳状液体积的 75%。因为液滴的大小和(或)液滴变形的能力各不相同,只有分散相的体积分布大于 74% 的乳状液才能存在。

另外,液滴表面层组成和密度,以及连续相的组成或乳化剂的性质和结构都会影响乳状液的结构和性质。当液滴分散在连续相中,由于界面面积增加,需要做功,可用式(4-7)表示:

$$\delta W = \gamma \delta A \qquad\qquad (4-7)$$

式中：γ 为界面张力。

由于液滴分散增加了两种液体的界面面积，需要较高的能量，便界面具有大的正自由能所以乳状液是热力学不稳定体系，也是液滴发生凝聚的推动力，因此，很多乳状液是不稳定的。一般失稳（破乳）不外乎以下几种类型：

（1）分层或沉降。由于重力作用，密度不相同的相产生分层或沉降，沉降速率遵循斯托克斯（Stokes）定律：

$$v = \frac{2r^2 g \Delta p}{9\eta} \qquad (4-8)$$

式中：v 为液滴的运动速率；r 为液滴半径；g 为重力加速度；Δp 为两相密度的差值；η 为连续相黏度。

液滴半径越大，两相密度差越大，且分层或沉降速率越快。在液滴形成簇时，按式（4-8）计算得到的结果可能出现极大的偏差，因此在计算时应该用簇半径代替液滴半径。

（2）絮凝或群集。乳状液絮凝时，脂肪球成群的而不是各自地运动。未均质的牛乳，脂肪球容易絮凝，絮凝会加快分层速率，但不能使包围每个脂肪球的界面膜破裂，因此脂肪球原来的大小不会改变。球表面的静电荷量不足，斥力减少，是引起絮凝的主要原因。

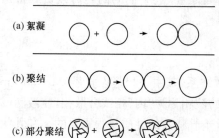

图 4-28 絮凝和聚结示意图

（3）聚结。这是乳状液失去稳定性的最重要的途径，它使界面膜破裂，脂肪球相互结合，界面面积减小，严重时导致均匀脂相和均匀水相之间产生平面界面。聚结过程中脂肪球先互相接触，然后通过絮凝、分层或沉降以及布朗（Brown）运动最终发生聚结。

絮凝和聚结示意图如图 4-28 所示。

乳状液中添加乳化剂可阻止聚结，乳化剂是表面活性物质，界面吸附时能使乳状液表面张力降低，阻碍聚结的产生，同时还能增加表面电荷。

乳状液和乳化剂在食品加工中是很重要的。牛乳、乳脂（鲜奶油）、蛋黄酱、色拉调味汁、冰淇淋和蛋糕奶油属 O/W 乳状液，而黄油和人造奶油为 W/O 乳状液。肉乳状液包含更复杂的体系，这种体系中的分散相是细小的脂肪粒（固体），连续相是含有盐及可溶性和不溶性蛋白质、肌肉纤维和结缔组织颗粒的水溶液。乳状液不仅在食品，而且在化妆品、人体消化吸收、药物和营养素递送等方面都有着广泛的应用。

4.4.4.1 乳状液稳定性

下面简略讨论影响乳状液稳定性的因素。

1）界面张力

大多数乳化剂是两亲化合物（amphiphilic compounds），它们浓集在油/水界面，明显地降低界面张力和减少形成乳状液所需的能量，因此添加表面活性剂可提高乳状液的稳定性。但应该强调的是对于乳状液的稳定性更重要的影响因素是界面膜的性质。一般认为，降低界面张力是使乳状液保持稳定的重要方法，但界面张力只是影响稳定性的因素之一;尽管添加表面活性剂可降低界面张力,但界面自由能仍然是正值,因此,还是处在热力学的不稳定状态。

2) 电荷排斥力

乳状液保持稳定主要取决于乳状液小液滴的表面电荷互相推斥作用,因此,经典胶体稳定性的 DLVO 理论通常用来解释乳状液的稳定性。根据这种理论,分散的颗粒受到两种作用力,即范德华吸引力和颗粒表面双电层所产生的静电斥力。因此,乳状液的稳定性取决于这两种作用力的平衡和净势能大小。如果排斥电势超过吸引电势(静电斥力大于分子间的范德华吸引力),则产生反向碰撞能(对抗碰撞的能垒),若能垒超过颗粒的动能,悬浮体保持稳定。仅当颗粒间的距离非常小时范德华势能(负的)才成为重要的影响因素。在中等距离时,排斥电势大于吸引势能。DLVO 理论最初是为解释无机溶胶(分散相由亚微球形固体颗粒组成)提出的,因此应用于乳状液(分散相由被乳化剂稳定的小油滴组成)时,必须慎重。例如,乳状液的聚结是由于液滴周围的吸附膜破裂,在计算油滴的相反碰撞势能能垒时应考虑油滴紧密靠近时出现的畸变或变平(distortion 或 flattening)等因素。DLVO 理论也可以用来解释静电荷对乳状液稳定性的作用。

离子表面活性剂能够在含有油滴的水相中建立起双电层,对 O/W 乳状液的稳定性产生明显影响,但对 W/O 乳状液的稳定性并不重要,因为油相一般不能提供足够的产生强电位梯度的抗衡离子。

3) 细微固体粉末的稳定作用

与分散的油滴大小相比,是非常小的固体颗粒,其界面吸附可以在液滴的周围形成物理垒(physical barrier),使乳状液保持稳定。同时,从界面驱出固体颗粒需要吸收能量,因为这样会引起油/水界面增大。具有这种作用的物质有粉末状硅胶、各种黏土、碱金属盐和植物细胞碎片等。乳状液类型及其稳定性主要取决于两相湿润固体颗粒的相对能力,容易湿润固体颗粒的相构成连续相,如果固体和油之间的界面张力(γ_{so})大于固体和水之间的界面张力(γ_{sw}),则固体和水相的接触角 θ 小于 90°,固体颗粒大部分存在于水相,这样有利于 O/W 乳状液的形成(图 4-29)。如果 $\gamma_{sw}>\gamma_{so}$,则有利于形成 W/O 乳状液。显然,若固体颗粒只能在两相的一相中存在,则不会起到稳定作用。另外,两种液体与固体表面的接触角接近 90°时,能形成最稳定的乳状液,调节 pH 和使固体表面吸附不同种类的两性化合物,都可以改变固体的表面及其接触角。对于这一点,两性化合物疏水基团的浓度和链长是重要的影响因素。

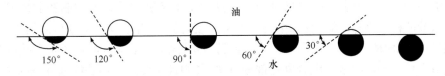

图 4-29　固体颗粒接触角

综上所述,用固体颗粒稳定乳状液所添加的表面活性剂应在最小湿润相(非连续的)中易溶解,其表面活性剂浓度应调整到能使粉末和两液相之间产生接近 90°的接触角,并在固/液界面牢固地吸附这种表面活性剂。液/液界面吸附可降低界面张力,因而减小固体颗粒转移所需要的能量,使乳状液的稳定性降低。

4) 大分子物质的稳定作用

各种大分子物质,包括某些树胶和蛋白质,都能在乳状液液滴的周围形成厚膜,因此,对聚结产生物理垒。当蛋白质被吸附时可出现伸展并在界面取向,使非极性基团朝着油相排列,同时它们的极性基团朝着水相排列。对乳状液起稳定作用主要取决于蛋白质薄膜的流变学(黏弹性)性质和厚度。

多数大分子乳化剂是水溶性蛋白质,它们一般有助于 O/W 乳状液的形成并使其保持稳定。蛋白质溶液分散体在油中一般是不稳定的。因此,增强乳状液稳定性最有效的方法是使被吸附的大分子膜分散在连续相中,而且这种膜应该具有凝胶样的弹性。

5) 液晶的稳定作用

液晶对乳状液稳定性具有重要作用,在乳状液(O/W 或 W/O)中,乳化剂、油和水之间的微弱相互作用,均可导致油滴周围形成液晶多分子层,这种界面能垒使得范德华力减弱和乳状液的稳定性提高,当液晶黏度比水相黏度大得多时,这种结构对于乳状液稳定性将起着更加明显的作用。

液晶多分子层类型在很大程度上依赖于乳化剂的性质。例如,乳化剂和油水为 1∶1 时,聚山梨酸酯(polysorbate)和水形成六方形 I 液晶。当有三酰甘油存在时,可转变成层状液晶。有水和油存在时,硬脂酰乳酸钠(和水形成层状液晶)和不饱和单酰甘油(和水形成黏稠的各向同性结构)都能生成六方形 II 液晶。如果油的添加量过多,可以和界面液晶形成 O/W 乳状液。

6) 连续相黏度增加对稳定性的影响

任何一种能使乳状液连续相黏度增大的因素都可以明显地推迟絮凝和聚结作用的发生。明胶和多种树胶,其中有的并不是表面活性物质,但由于它们能增加水相黏度,所以对于 O/W 乳状液保持稳定性是极为有利的。

除这些因素外,相和分散的小球之间的最小密度差也有利于乳状液保持稳定,可以从斯托克斯定律得到证明。

4.4.4.2　乳化剂

食品工业中目前可利用的乳化剂,其结构和性质都不相同,乳化剂可分为:阴离子型、阳离子型或非离子型;天然的或合成的;表面活性剂、黏度增强剂或固体吸附剂等。乳化剂的疏水性和亲水性是其最主要的性质。食品加工中常利用乳化剂控制脂肪球滴聚集,提高乳状液的稳定性;在焙烤食品中能够保持软度,防止“老化”,并通过与面筋蛋白相互作用,起到强化面团的作用;此外,还可控制脂肪结晶和改善以脂质为基质产品的稠度。下面介绍几种选择乳化剂或混合乳化剂的方法,其中较重要的一种是根据分子的亲水-亲脂平衡(hydrophilic-lipophilic balance, HLB)性质选择乳化剂。因为乳化剂是含疏水和亲水基团的化合物,易溶解于连续相,所以根据乳化剂的相对亲水-疏水性质可预测所形成的乳状液类型(O/W 或 W/O)。根据亲水-亲脂平衡概念,每种表面活性剂的 HLB 可以用一个数值表示。

用实验方法测定乳化剂的 HLB 值非常烦琐,但是根据乳化剂特性可以准确地计算出这个数值。格里菲(Griffin)建议采用式(4-9)计算多元醇、脂肪酸酯的 HLB：

$$HLB = 20\left(1 - \frac{S}{A}\right) \qquad (4-9)$$

式中：S 为酯的皂化值；A 为脂肪酸的酸值。

在某些情况下皂化值不容易准确测定，因此 HLB 值可按式(4-10)计算：

$$HLB = \frac{E+P}{5} \qquad (4-10)$$

式中：E 为环氧乙烷的质量分数；P 为多元醇的质量分数。

当氧化乙烯是唯一存在的亲水基团时，则式(4-10)可简化为

$$HLB = \frac{E}{5}$$

某些乳化剂的 HLB 值见表 4-7。乳化剂在水中的溶解度取决于其 HLB 值的大小。通常，HLB 值范围在 3～6 的乳化剂可形成 W/O 乳状液，数值在8～18则有利于形成 O/W乳状液。

表 4-7　某些乳化剂的 HLB 和 ADI 值

乳化剂	HLB 值	ADI/(mg/kg)
一硬脂酸甘油酯	3.8	不限制
一硬脂酸一缩二甘油酯	5.5	0～25
一硬脂酸三缩四甘油酯	9.1	0～25
琥珀酸-甘油酯	5.3	
二乙酰酒石酸-甘油酯	9.2	0～50
硬脂酰乳酸钠	21.0	0～20
三硬脂酸山梨糖醇酐酯(司班15)	2.1	0～25
一硬脂酸山梨糖醇酐酯(司班60)	4.7	0～25
一油酸山梨糖醇酐酯(司班80)	4.3	
聚氧乙烯山梨糖醇酐-硬脂酸酯(吐温60)	14.9	0～25
丙二醇-硬脂酸酯	3.4	0～25
聚氧乙烯山梨糖醇酐-油酸酯(吐温80)	15.0	0～25

HLB 值是代数加和值，因此，用简单的计算方法即可得到两种或更多种乳化剂混合物的 HLB 值，并且可以确定使乳状液产生最大稳定性的乳化剂混合物的组成。虽然 HLB 值可用来比较乳状液的稳定性，但它仍然受许多因素的限制。商品乳化剂通常不是单一的成分，而是一组化合物组成的混合物。仅根据化学性质直接计算 HLB 是非常困难的，因为 HLB 法并未考虑乳化剂的浓度、液晶特性(mesomorphic behavior)、温度、乳化剂电离与体系中其他化合物的相互作用以及油和水相的性质、相对浓度等。例如，纯单酰基甘油酯的 HLB 值近似 3.8，因此它只能形成 W/O 乳状液。但是当乳化剂浓度达到能够在小脂肪球周围形成保护性液晶层时，单酰基甘油酯便形成 O/W 乳状液。此外，通常用混合乳化剂制成的O/W乳状液要比用 HLB 值相同的单一的乳化剂制成的乳状液更稳定。

根据乳状液的相变温度(phase inversion temperature, PIT)选择乳化剂，温度是一个很

重要的因素。乳化剂在较低的温度下,优先溶解于水,而在较高温度时则会优先溶解于油,并且表现出极强的疏水相互作用。测定相变时的温度可以为乳化剂的选择提供依据。乳化剂的相变温度和乳状液的稳定性之间存在着良好的正相关。

根据毒理学研究,包括动物实验和短期及长期饲养实验,联合国粮农组织(FAO)和世界卫生组织(WHO)食品标准委员会确定了人体对大多数食品乳化剂的每日允许摄入量(ADI)。某些乳化剂的 HLB 和 ADI 值见表 4-7。

4.4.4.3　食品乳化剂

1) 甘油酯

甘油酯是一类广泛用于食品工业的非离子型乳化剂。单酸甘油酯(单酰甘油)可直接将甘油和脂肪或精炼脂肪在碱性催化剂存在下进行反应获得。商品单酸甘油酯通常是脂肪酸单酯、二酯和三酯的混合物,单酸甘油酯约占 45%,但用分子蒸馏法可以制备含 90%以上单酸甘油酯的产品。蒸馏的单酸甘油酯通常用于加工人造黄油、快餐食品、低热量涂布料、松软的冷冻甜食和食用面糊等产品。

增加单酸甘油酯中醇基部分的游离羟基数目,可以提高亲水性。因此,脂肪酸和聚甘油进行酯化反应可制成 HLB 值范围广的聚甘油酯。甘油聚合可生成含 30 个以上甘油单位的聚甘油链。

单酰基甘油-水系统的相特性,对单酰基甘油的最适功能性(functionality)是非常重要的。单酸甘油酯如 12:0 和 16:0 脂肪酸甘油酯是层状液晶,而较长碳链脂肪酸酯通常形成六方形II或立方形液晶,当含水量低时,不饱和单酰基甘油在室温下可生成层状液晶;含水量增加到约 20%,即形成黏性各向同性相;在温度超过 70 ℃时,可转变成六方形II;如果含水量增加到 40%以上,黏性各向同性相成为凝胶块状物,而且很难使其均匀地分布。

商业上生产的蒸馏单酸甘油酯通常是水溶性混合物,以便在使用时能在食品中均匀分布。中和游离脂肪酸或者添加少量离子型化合物可以明显提高蒸馏单酰甘油的溶胀性。用缓冲液调节 pH 为 7 时,可得到均匀透明的稀释分散体系,当体系冷却时形成稳定的凝胶。

25%左右的饱和蒸馏单酸甘油酯混合物水溶液加热至大约 65 ℃,生成的液晶相用乙酸或丙酸酸化至 pH 为 3,然后用刮板式热交换器冷却,这样即可制成结晶水合物产品,这种产品是极小的单酸甘油酯 β 结晶在水中的稳定分散体系,具有特别光滑的质地,可用于食品焙烤工业。

2) 乳酰单酰基甘油

用羟基羧酸酯化单酰基甘油能增加单酰基甘油的疏水性,如甘油、脂肪酸和乳酸可制成乳酰单酰基甘油。

$$\text{RCOOH} + \begin{matrix} \text{CH}_2\text{OH} \\ | \\ \text{CHOH} \\ | \\ \text{CH}_2\text{OH} \end{matrix} + \begin{matrix} \text{CH}_3 \\ | \\ \text{CHOH} \\ | \\ \text{COOH} \end{matrix} \longrightarrow \begin{matrix} \text{CH}_2\text{OCO—R} \\ | \\ \text{CHOH} \\ | \\ \text{CH}_2\text{—OCO—CHOHCH}_3 \end{matrix}$$

　　　脂肪酸　　　　　甘油　　　　　乳酸　　　　　乳酰单酰基甘油

丁二酸和苹果酸也可按相似的方法酯化单酸甘油。单酸甘油与二乙酰酒石酸酐反应生成乙酰化酒石酸单酰基甘油。

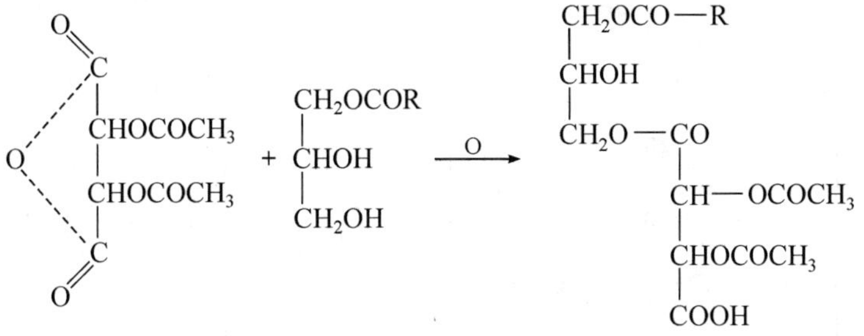

　　二乙酰酒石酸酐　　　单酰基甘油　　　　　乙酰化酒石酸单酰基甘油

二乙酰酒石酸酯和二乙酰丁二酸酯在水中均可形成一定溶胀度的层状液晶,它们和蒸馏单酰甘油酯一样,当添加 NaOH 时,其吸水能力将急剧增大。苹果酸酯可形成含水量达到 20% 的立方液晶相,在温度较高及含水较多时,则形成六方形 II 液晶相,丁二酸酯不能和水形成液晶相,但具有液晶性。

3) 硬脂酰乳酸钠

硬脂酰乳酸钠这种离子型乳化剂是一种强亲水性表面活性剂,能在油滴和水之间形成稳定的液晶相,因此可用来产生十分稳定的 O/W 乳状液。硬脂酸与两分子乳酸和氢氧化钠反应可生成这种产物

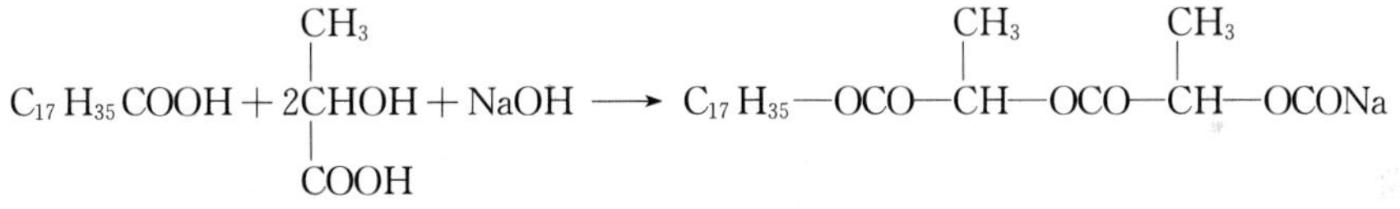

　　硬脂酸　　　乳酸　　　　　　　　　　　　硬脂酰二乳酸钠

由于这类乳化剂对淀粉有很强的配位能力,所以硬脂酰乳酸钠盐和钙盐一般用于焙烤和淀粉工业。

4) 乙二醇或丙二醇脂肪酸单酯

乙二醇或丙二醇脂肪酸单酯同样也广泛用于焙烤食品,亲水性更强的酯可以用脂肪酸和二元醇制成,如丙二醇单酯、壬乙二醇单酯。

$$CH_3—CHOH—CH_2OCOR \qquad 丙二醇单酯$$
$$H \textbf{[} CHOH—CH_2 \textbf{]}_9 \ OCOR \qquad 壬乙二醇单酯$$

5) 脱水山梨醇脂肪酸酯与聚氧乙烯脱水山梨醇脂肪酸酯

脱水山梨醇脂肪酸酯通常是脂肪酸的山梨醇酐或脱水山梨醇的混合酯,山梨醇首先脱水生成己糖醇酐和己糖二酐,然后和脂肪酸进行酯化反应,所生成的产物在商业上称为司班(Span)。

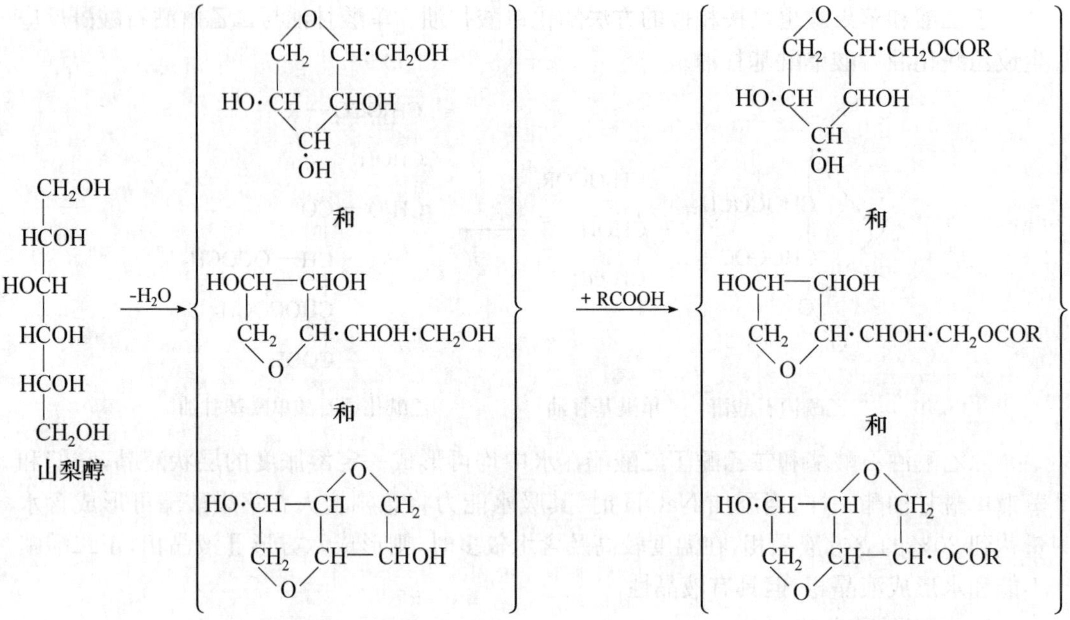

山梨醇　　　　　　　　　　　己糖醇酐和己糖二酐　　　　　　　司班(Span)

这些乳化剂可促进 W/O 乳状液的形成,脱水山梨醇酯和环氧乙烷反应生成亲水性更强的化合物,聚氧乙烯链通过醚键与羟基加成,生成聚氧乙烯脱水山梨醇脂肪酸酯,商品名称为吐温(Tween)。其结构如下:

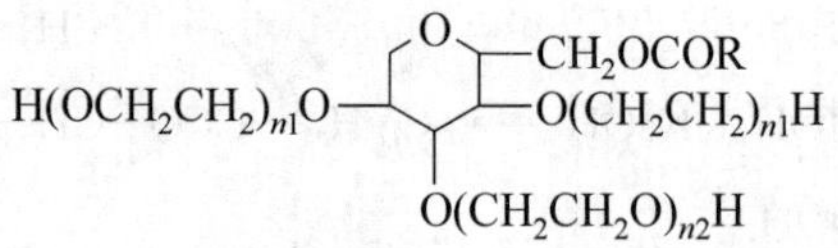

一般来说,这些化合物在水中形成六方形 I 液晶,它们能溶解少量三酰基甘油,随着三酰基甘油的增加,出现层状液晶。乳化剂增溶非极性脂质的能力对乳状液界面相平衡的形成是很重要的。

6) 卵磷脂

大豆卵磷脂和蛋黄中的磷脂是天然乳化剂,主要形成 O/W 乳状液,蛋黄含 10% 的磷脂,可用作蛋黄酱、色拉调味汁和蛋糕乳状液的稳定剂。商品大豆卵磷脂是一种磷脂的混合物,包含有大约等量的磷脂酰胆碱(卵磷脂,PC)和磷脂酰乙醇胺(脑磷脂,PE),以及部分磷脂酰肌醇及磷脂酰丝氨酸。粗卵磷脂一般含有少量三酰基甘油、脂肪酸、色素、糖类以及甾醇。在冰淇淋、蛋糕、糖果和人造奶油等加工工业中用作乳化剂,添加量一般为 0.1%~0.3%,商品卵磷脂是油脂加工的副产品,根据在乙醇中溶解度不同的分级结晶原理可以得到含不同磷脂组成和不同 HLB 特性的卵磷脂乳化剂。磷脂和单酰甘油带电荷或中性,但它们的亲水和疏水部分的混合熵非常高,因此具有典型的两亲性。

7) 各种植物中的水溶性树胶和蛋白质

植物中的水溶性树胶是典型的亲水胶体多糖,是食品软物质凝聚态物质(soft condensed matter,SCM),它们可以是带电荷的或中性的、线性的或分支的。分子质量分布范围差别很大,可以是窄的,也可以是宽的,但与合成的聚合物有本质的差别。

各种植物中的水溶性树胶,属于 O/W 乳状液的乳化剂,由于能增大连续相的黏度和(或者)在小油珠周围形成一层稳定的膜,使聚结作用受到抑制。这类物质包括阿拉伯树胶、黄芪胶、汉生胶、果胶、琼脂、甲基和羧甲基纤维素以及鹿角藻胶,在糖类这一章的有关内容中已经做过介绍。此外,蛋白质也是食品中常用的乳化剂,它无疑是食品中最复杂的大分子,它的乳化特性与蛋白质的结构,特别是氨基酸的序列和二级结构相关。关于蛋白质的乳化功能,将在第 5 章详细讨论。

4.5　脂质的化学性质

4.5.1　脂解

脂质化合物在脂肪酶作用或加热条件下发生水解,释放出游离脂肪酸。活体动物组织中的脂肪实际上不存在游离脂肪酸,因为脂肪酶的活性受到严格控制。然而动物在宰杀后由于酶的作用可生成游离脂肪酸,当动物脂肪在加热精炼过程中又使脂肪水解酶失活,从而减少游离脂肪酸的含量。脂解反应如下:

$$R-CO-O-\left[\begin{array}{l}O-CO-R\\O-CO-R\end{array}\right.+H_2O \xrightarrow[\text{酶}]{\triangle} HO-\left[\begin{array}{l}OH\\OH\end{array}\right.+3RCOOH$$

乳脂水解释放出短链脂肪酸,使生牛奶产生酸败味(水解酸败)。但添加微生物和乳脂酶能产生某些典型的干酪风味。控制和选择脂解也应用于加工其他食品,如酸牛奶和面包的加工。

与动物脂肪相反,成熟的油料种子在收获时油脂将发生明显水解,并产生游离脂肪酸,因此大多数植物油在精炼时需用碱中和。在油炸食品时,食品中大量水分进入油脂,油脂又处在较高温度条件下,因此脂解成为较重要的反应。在油炸过程中,由于游离脂肪酸含量的增加,通常引起油脂发烟点和表面张力降低、起泡性增加,以及油炸食品品质变劣。同时游离脂肪酸比甘油酯对氧化作用更为敏感。

酶催化脂解是广泛用于脂质研究的一种分析方法。胰脂肪酶和蛇毒磷酸二酯酶被用来确定脂肪酸在酰基甘油分子中的位置和分布,这些酶的专一性在某些脂质化学合成中制备中间产物是特别有用的。

4.5.2　脂质氧化

脂质氧化是食品败坏的主要原因之一,它使食用油脂及含脂肪食品产生各种异味(如植物油的 ω-6 脂肪酸氧化产生"青草味"和"豆味";鱼油中的 ω-3 脂肪酸氧化产生"鱼腥味")和臭味,统称为酸败。另外,氧化反应能降低食品的营养价值,某些氧化产物可能具有毒性。虽然三酰甘油和磷脂的挥发性低,对食品香气没有直接的贡献,但它们氧化产生的少量小分子挥发性化合物却是食品香气所需要的。在某些情况下,脂质进行有限度氧化是需要的。例如,产生典型的干酪或油炸食品香气。

对脂质氧化产物和脂质的氧化机理已做过广泛研究。食品脂质的氧化非常复杂,用较简单的模拟体系虽然可查明油酸酯、亚油酸酯和亚麻酸酯等不饱和脂质的氧化反应机理,但应用于更复杂的食品脂质体系情况就更为复杂。

4.5.2.1　自动氧化

自动氧化(autoxidation)作用是脂质与分子氧的反应,是脂质氧化变质的主要原因,同时人们也开始认识到光敏氧化反应的作用及其与自动氧化之间的相互关系。在食品中,脂质氧化分为酶催化氧化和非酶氧化。非酶氧化包括自动氧化和光敏氧化。

1) 自动氧化反应的一般特性

自动氧化相当复杂,涉及许多中间反应和中间产物,因此,一般采用模拟体系进行研究,例如,选用一种不饱和脂肪酸或者是它的中间产物在一定条件下研究其氧化过程。大量证据表明,脂肪自动氧化是典型的自由基链反应历程,并具有以下特征:凡能干扰自由基反应的化学物质,都将明显地抑制氧化转化速率;光和产生自由基的物质对反应有催化作用;氢过氧化物 ROOH 产率高;光引发氧化反应时量子产率超过 1;用纯底物时,可察觉到较长的诱导期。

根据亚油酸乙酯的实验结果,吸氧速率可表示为

$$速率 = -\frac{d[O_2]}{dt} = \frac{k_a[RH][ROOH]}{1 + \lambda[RH]/p}$$

式中:RH 为底物脂肪酸(这里 H 表示 α 亚甲基上的氢原子,受邻近双键或多个双键激活的影响容易除去);ROOH 为形成的氢过氧化物;p 为氧压;λ, k_a 为经验常数。

脂质自动氧化的自由基历程可简化成 3 步(引发、传递和终止):

$$引发剂 \xrightarrow{k_1} 游离基(R\cdot, ROO\cdot) \qquad 引发 \quad (1)$$

$$R\cdot + O_2 \xrightarrow{k_2} ROO\cdot \qquad\qquad 传递 \quad (2)$$

$$ROO\cdot + RH \xrightarrow{k_3} ROOH + R\cdot \qquad (3)$$

$$R\cdot + R\cdot \xrightarrow{k_4} \qquad (4)$$

$$R\cdot + ROO\cdot \xrightarrow{k_5} \Big\} 非自由基产物 \quad 终止 \quad (5)$$

$$ROO\cdot + ROO\cdot \xrightarrow{k_6} \qquad (6)$$

在高氧压时,$\lambda[RH]/p \ll 1$,反应(4)和反应(5)可忽略不计,于是得

$$速率 = k_3\left(\frac{k_1}{k_6}\right)^{\frac{1}{2}}[ROOH][RH]$$

因此,吸氧速率与氧压无关。

在低氧压时,$\lambda[RH]/p > 1$,反应(5)和反应(6)忽略不计,则

$$速率 = k_2\left(\frac{k_1}{k_4}\right)^{\frac{1}{2}}[ROOH][O_2]$$

实际上,食品中的脂质氧化有一个滞后阶段,因为 $RH + O_2 \longrightarrow$ 自由基是热力学上难以反应的一步(活化能约为 146 kJ/mol),所以通常靠催化方法产生最初几个引发正常传递反应所必需的自由基,如氢过氧化物的分解,金属催化或光的作用可导致第一步引发反应,产生自由基,如羟基自由基(·OH)具有非常高的能量,通常可以通过抽氢而氧化

任何分子。当有足够量自由基形成时,反应物 RH 的双键 α-碳原子上的氢被除去,生成烷基自由基 R·,开始链反应传递,于是氧在这些位置(R·)发生加成,生成过氧自由基 ROO·;这样,ROO· 又从另一些 RH 分子的 α-亚甲基上除去氢形成氢过氧化物 ROOH 和新的 R·;然后新的 R·自由基与氧作用重复以上反应步骤。由于 R·的共振稳定,反应序列通常伴随着双键位置的转移,因此通常生成含共轭双烯基的异构氢过氧化物。一旦这些自由基相互结合生成稳定的非自由基产物,则链反应终止。在油脂氧化中,滞后阶段(即诱导期)的长短对食品加工者非常重要。因为这是一个没有酸败味及食品质量高的时期,一旦达到指数阶段(即链传递的过程),油脂氧化非常迅速,添加抗氧化剂可延长诱导期。诱导期的长短与油脂的结构(如不饱和度、顺反异构体、碳链的长短)、环境因素,如温度、氧浓度和助氧化剂及抗氧化剂的特性、水分活度等密切相关。

脂质自动氧化是通过 β-断裂反应机理,主要初产物氢过氧化物是相对不稳定的,能参与很多复杂的分解和相互作用的反应,产生无数个分子量、风味阈值及生物学意义不同的化合物(图4-30)。

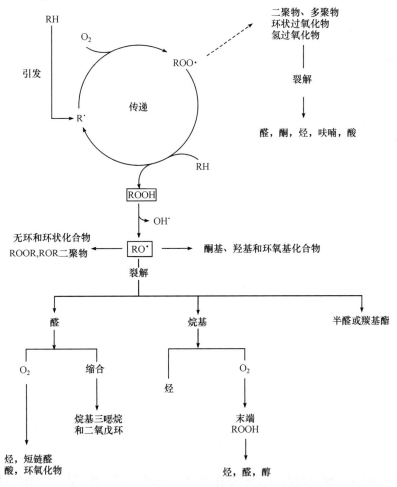

图 4-30 脂质自动氧化的图解

2) 氢过氧化物的形成

氢过氧化物是脂质自动氧化的主要初期产物,已用现代分析技术定性和定量分析了来自油酸酯、亚油酸酯和亚麻酸酯的各种氢过氧化物异构体。

(1) 油酸酯。油酸酯的碳-8 和碳-11 的氢,可导致两个烯丙基中间产物的形成,氧攻击每个基团的末端碳原子,生成 8-、9-、10- 和 11-烯丙基氢过氧化物的异构体混合物。

反应中形成的 8- 和 11-氢过氧化物略微多于 9- 和 10-异构体。在 25 ℃时,8- 和 11-氢过氧化物中,顺式和反式数量相等,但 9- 和 10- 的异构体主要是反式,即

$$
\begin{array}{c}
\overset{11}{C}-\overset{10}{C}-\overset{9}{C}-\overset{8}{C}
\end{array}
$$

$$
-\overset{11}{C}=\overset{10}{C}-\overset{9}{\underset{\cdot}{C}}- \longleftrightarrow -\overset{11}{\underset{\cdot}{C}}-\overset{10}{C}=\overset{9}{C}- \qquad
-\overset{10}{C}=\overset{9}{C}-\overset{8}{\underset{\cdot}{C}}- \longleftrightarrow -\overset{10}{\underset{\cdot}{C}}-\overset{9}{C}=\overset{8}{C}-
$$

(各经 O_2 作用生成相应氢过氧化物)

$$
\begin{array}{cccc}
-C=C-\underset{\substack{O\\O}}{C}- & -\underset{\substack{O\\O}}{C}-C=C- & -C=C-\underset{\substack{O\\O}}{C}- & -\underset{\substack{O\\O}}{C}-C=C- \\
\downarrow & \downarrow & \downarrow & \downarrow \\
-C=C-\overset{9}{\underset{\substack{O\\O\\H}}{C}}- & -\overset{11}{\underset{\substack{O\\O\\H}}{C}}-C=C- & -C=C-\overset{8}{\underset{\substack{O\\O\\H}}{C}}- & -\overset{10}{\underset{\substack{O\\O\\H}}{C}}-C=C-
\end{array}
$$

(2) 亚油酸酯。亚油酸酯的 1,4-戊二烯结构比油酸酯的丙烯体系对氧化作用更为敏感(约 20 倍),两个邻近双键使碳-11 亚甲基活化程度增大 1 倍。在此位置脱氢生成戊二烯自由基中间产物,与分子氧反应生成等量的共轭 9- 和 13-二烯氢过氧化物的混合物。9- 和 13-顺式、反式-氢过氧化物可以通过互变异构和某些几何异构化形成反式、反式异构体。因此,两种氢过氧化物(9- 和 13-)中的每一种都有顺、反和反、反式存在,即

$$
-\overset{13}{C}=\overset{12}{C}-\overset{11}{C}-\overset{10}{C}=\overset{9}{C}-
$$

$$
\downarrow
$$

$$
-C=C-\underset{\cdot}{C}-C=C-
$$

$$
\downarrow
$$

$$
\begin{array}{c}
\left[-C=C-C=C-\underset{\cdot}{C}- \right. \\
\left. -\underset{\cdot}{C}-C=C-C=C- \right]
\end{array}
$$

$$
\downarrow
$$

$$
-C=C-C=C-\overset{9}{\underset{\substack{O\\O\\H}}{C}}- \quad + \quad -\overset{13}{\underset{\substack{O\\O\\H}}{C}}-C=C-C=C-
$$

(3) 亚麻酸酯。亚麻酸酯分子中存在两个 1,4-戊二烯结构,碳-11 和碳-14 两个活性亚甲基脱氢产生两个戊二烯基,即

$$\overset{16}{C}=\overset{15}{C}-\overset{14}{C}-\overset{13}{C}-\overset{12}{C}-\overset{11}{C}-\overset{10}{C}-\overset{9}{C}-$$

氧攻击每个自由基的末端碳,结果生成异构 9-、12-、13-和 16-氢过氧化物混合物,这 4 种氢过氧化物中的每种都有几何异构体,每种都具有顺式、反式或反式、反式构型的共轭双烯体系,而隔离双键总是顺式。在反应中形成的 9-、16-氢过氧化物明显多于 12-和 13-异构体,因为氧优先与碳-9 和碳-16 反应,而 12-和 13-氢过氧化物较快的分解,或 12-和 13-氢过氧化物按如下所示反应通过 1,4-环化形成六元环过氧化物的氢过氧化物,或通过 1,3-环化形成像前列腺素(prostaglandin)的环过氧化物,即

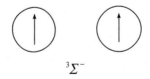

3) 单重态氧的氧化作用

正如以上所讨论的,不饱和脂肪酸氧化的主要途径为自催化自由基机理(自动氧化),它可以阐明氢过氧化物(ROOH)形成和分解的链反应。然而,很难解释开始进行反应时所必需的起始自由基是怎样产生的,活性单重态氧($^1O_2$)可引发油脂光氧化变质,则是较满意的解释。

4.5.2.2　光敏氧化

电子带电荷,它们如同具有两种不同取向的磁体,且自旋量等于 +1 和 -1,原子中的电子总角动量为 $2S+1$,原子的外层轨道因有两个未成对电子,它们可按相互自旋平行或反平行排列,形成两个不同的能态,即 $2(1/2+1/2)+1=3$ 和 $2(1/2-1/2)+1=1$,分别称为三重态氧($^3O_2$)和单重态氧($^1O_2$),三重态氧的两个电子位于 $2p_z$ 反键轨道,自旋相同而轨道不同,这些电子遵从泡利不相容原理而彼此分开。

$$^3\Sigma^-$$

所以静电排斥能量很小,处于基态。

在单重态中,两个电子自旋相反,静电排斥能量大,处于激发态。单重态氧可以有两种能态:一种是比基态能量大 94 kJ 的 $^1\Delta$,另一种是大于基态能量 157 kJ 的 $^1\Sigma$,分别按下面方式排列。

$$^1\Delta \qquad\qquad ^1\Sigma$$

单重态氧比三重态氧亲电子的能力更强,因此,能迅速和高电子密度部分如—C=C—起反应(比 $^3O_2$ 大约快 1500 倍),所生成的氢过氧化物分解,并引发自由基链反应。

单重态氧可以通过各种方式产生,最重要的是通过食品中天然色素的光敏作用,因此,单重态氧引起的脂质氧化又称光敏氧化。已知有两种光敏氧化途径,第一种是在吸收光以后,敏化剂(Sens)和底物(A)起反应生成中间产物,然后中间产物(m)和基态(三重态)氧反应生成氧化产物(P):

$$Sens + A + h\nu \longrightarrow m\text{-}I^*$$

$$m\text{-}I^* + {}^3O_2 \longrightarrow m\text{-}I + {}^1O_2 \longrightarrow P + Sens$$

第二种途径,在光辐照下与敏化剂起反应的是分子氧而不是底物:

$$^1Sens + h\nu \longrightarrow {}^1Sens \longrightarrow {}^3Sens^*$$

$$^3Sens^* + {}^3O_2 \longrightarrow {}^1Sens + {}^1O_2^* \longrightarrow m\text{-}II$$

$$m\text{-}II + A \longrightarrow P + Sens$$

其中,* 为激发态。

光敏氧化的机理与自动氧化不同,它是通过"烯"反应进行氧化。

下面是亚油酸酯的光敏化氧化机理:

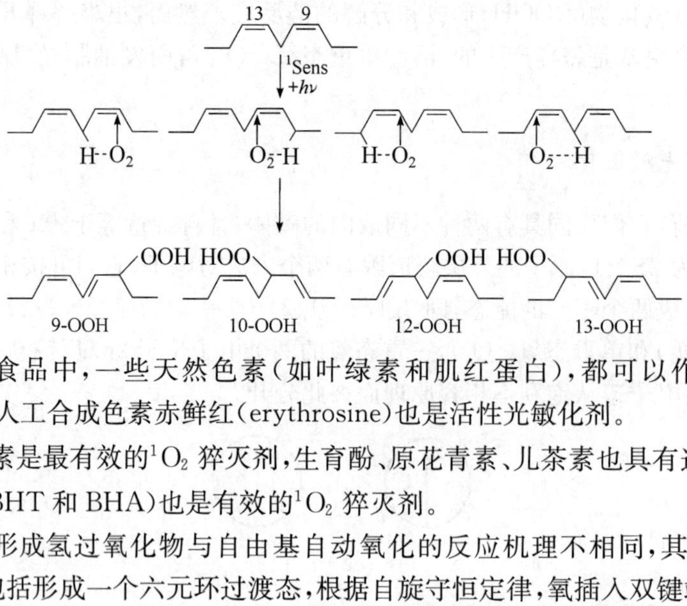

含脂肪的食品中,一些天然色素(如叶绿素和肌红蛋白),都可以作为光敏剂,产生 $^1O_2$。此外,人工合成色素赤鲜红(erythrosine)也是活性光敏化剂。

β-胡萝卜素是最有效的 $^1O_2$ 猝灭剂,生育酚、原花青素、儿茶素也具有这种作用,合成抗氧化剂(如 BHT 和 BHA)也是有效的 $^1O_2$ 猝灭剂。

单重态氧形成氢过氧化物与自由基自动氧化的反应机理不相同,其中最重要的是"烯"反应,它包括形成一个六元环过渡态,根据自旋守恒定律,氧插入双键端,而后移位生成反式构型烯丙基10-氢过氧化物,因此,油酸酯生成 9-和 10-氢过氧化物(而不是自由基自动氧化产生的8-、9-、10-和11-氢过氧化物),亚油酸酯生成9-、10-、12-和13-氢过氧化物(而不是 9-、13-),亚麻酸酯形成的是 9-、10-、12-、13-、15-和 16-氢过氧化物混合物(不是9-、12-、13-和 16-)。

实验证明,在脂质光敏氧化过程中单重态氧是自由基活性引发剂,根据单重态氧产生的氢过氧化物的分解特点可解释脂质氧化生成的某些产物。然而,一旦形成初始氢过氧化物,自由基链反应将成为主要反应机理。

4.5.2.3 脂质氧化的其他反应

1) 氢过氧化物的分解

氢过氧化物按几步进行分解,生成很多种分解产物。每种氢过氧化物产生一系列起始分解产物,它们的特征依其在母体分子的位置而定,其中有的还能进一步分解和氧化。氢过氧化物在分解过程中可产生大量自由基。许多可能的反应途径的复杂性,使氧化产物变得非常复杂,以致在大多数情况下完全不了解它们的氢过氧化物的来源。

氢过氧化物极不稳定,一经形成就开始分解,在自动氧化的第一步,生成速率超过分解速率,而在随后的几步反应中则相反。

氢过氧化物分解按下面均裂示意图进行。第一步是氧-氧键断裂,产生一个烷氧自由基和羟基自由基。

$$R-CH=CH-CH-CH_2-R'$$
$$|$$
$$O-OH$$

$$\downarrow$$

$$R-CH=CH+CH+CH_2-R'$$
$$|$$
$$O\cdot$$

$$R-CH=CH\cdot \qquad R-CH=CH-CHO$$
$$+ \qquad\qquad +$$
$$OHC-CH_2-R' \qquad \cdot CH_2-R'$$

氢过氧化物分解的第二步是烷氧自由基两端的任一端的碳碳键位置发生裂断。一般来说,酸性一侧(羧基或酯)断裂生成醛和酸(或酯),在烃(或甲基)一边断裂生成烃和含氧酸(或氧代酯)。如果这种断裂产生的是乙烯基,则形成醛,反应如下:

$$R_1-CH=CH\cdot \xrightarrow{\cdot OH} R_1-CH=CH-OH \rightleftharpoons R_1-CH_2-\overset{\overset{\displaystyle O}{\|}}{C}-H$$

例如,油酸甲酯的 8-氢过氧化物异构体,在烃基一侧(a)断裂即生成癸醛和 8-氧代辛酸甲酯;在酯基一侧(b)断裂则形成 2-十一烯醛和庚酸甲酯:

$$\overset{\qquad\qquad\quad (a)\qquad (b)}{CH_3(CH_2)_7-CH=CH-CH-(CH_2)_6COOCH_3}$$
$$|$$
$$O\cdot$$

可以预计其余 3 种油酸酯的氢过氧化物都各自按同样方式产生 4 种有代表性的产物,即 9-氢过氧化物产生壬醛、9-氧代壬酸甲酯、2-癸烯醛和辛酸甲酯;10-氢过氧化物生成辛烷、10-氧代 8-壬烯酸甲酯、壬醛和 9-氧代壬酸甲酯。

$$CH_3(CH_2)_6-CH=CH-CH-(CH_2)_7COOCH_3$$
$$|$$
$$O\cdot$$

$$CH_3(CH_2)_7-CH-CH=CH-(CH_2)_6COOCH_3$$
$$|$$
$$O\cdot$$

11-氢过氧化物可产生庚烷、11-氧代-9-十一烯酸甲酯、辛醛和10-氧代癸酸甲酯。

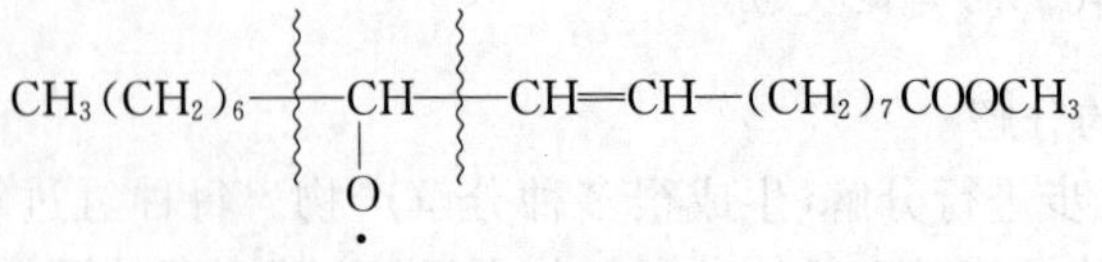

$$CH_3(CH_2)_6—CH—CH=CH—(CH_2)_7COOCH_3$$
$$O·$$

油酸酯在特殊条件下可在氢过氧化物和双键之间发生异裂。

如上所述,亚油酸酯自动氧化产生两个共轭氢过氧化物,即 9-和 13-氢过氧化物。图 4-31表示 9-烷氧基的断裂。单重态氧的氧化作用可形成 4 个异构氢过氧化物。其中两个不具有自动氧化作用的特征,10-氢过氧化物可能生成 2-辛烯、10-氧代-8-癸烯酸甲酯、3-壬烯醛和 9-氧代壬酸甲酯,12-氢过氧化物生成己醛、12-氧代-9-十二烯酸甲酯、2-庚烯醛和 9-十一烯酸甲酯。如果在加热条件下亚油酸酯自动氧化生成碳链长小于 C_9 的系列酯和氧代酯,即 C_6、C_7、C_8 醛基酯、二羧酸系列和 C_5、C_6、C_7 乙基酯系列(图 4-32)。

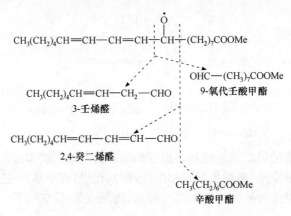

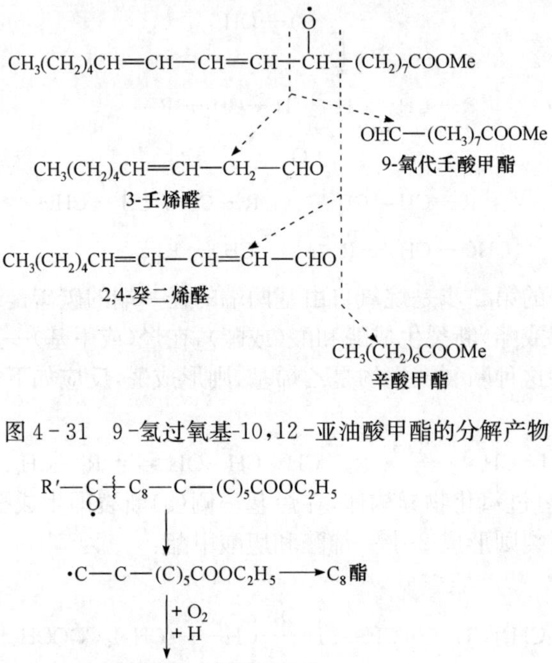

图 4-31　9-氢过氧基-10,12-亚油酸甲酯的分解产物

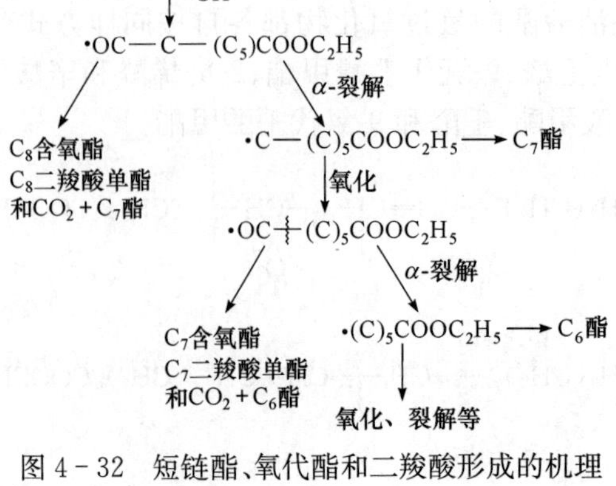

R′—C+C₈—C—(C)₅COOC₂H₅
O·
↓
·C—C—(C)₅COOC₂H₅ ⟶ C₈酯
+ O₂
+ H
HO:OC—C—(C)₅COOC₂H₅
- OH
·OC—C—(C₅)COOC₂H₅
α-裂解
C₈含氧酯
C₈二羧酸单酯
和CO₂ + C₇酯
·C—(C)₅COOC₂H₅ ⟶ C₇酯
氧化
·OC+(C)₅COOC₂H₅
α-裂解
C₇含氧酯
C₇二羧酸单酯
和CO₂ + C₆酯
·(C)₅COOC₂H₅ ⟶ C₆酯
氧化、裂解等

图 4-32　短链酯、氧代酯和二羧酸形成的机理

　　已知亚麻酸酯的 9-、12-、13-和 16-氢过氧化物生成某些裂解产物,但几种其他产物特别是较长碳链和不饱和氧代酯尚未确证,可能此化合物很快发生分解。

　　环状过氧化物或氢过氧基环状过氧化物一般是多不饱和脂肪酸氧化时形成的产物,并再分解成许多种化合物。以下表示 3,5-辛二烯-2-酮的形成:

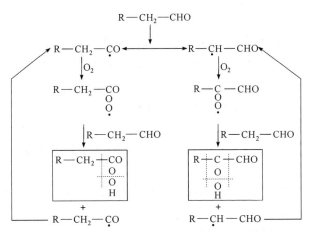

　　2) 醛类进一步分解

　　醛类是脂肪氧化过程中生成的一类主要化合物,在氧化的脂肪中存在着多种醛类化合物。饱和醛容易氧化成对应的酸,以及发生二聚和缩合反应,如 3 个己醛分子可结合成三戊基三噁烷。反应如下:

　　脂肪自动氧化生成醛、醇、酸、酯和烃及其他聚合物或双官能团氧化物,产生令人难以接受的气味,如亚油酸酯的次级氧化产物三烷基三噁烷,具有较强的气味。有研究报道油酸自动氧化生成醛、醇、烷基甲酸酯和烃的历程,认为油酸酯的 10-氢过氧化物生成的壬醛脱氢后,在两种羰基自由基之间产生共振平衡(图 4-33),导致过酸(peracid)和 α-氢过氧基醛的形成,碳碳和氧氧裂解可以产生能够引发链反应或结合成氧化产物的各种自由基。

图 4-33　推测的壬醛自动氧化机理

　　脂质氧化生成的不饱和醛的 α-亚甲基,当受到氧的攻击,可发生典型的自动氧化反应,生成短链烃、醛和二醛化合物。

$$C-C-C=C-CHO$$

$$\downarrow$$

$$C-COOH-C=C-CHO$$

$$\downarrow$$

$$R-CHO + OHC-CH_2-CHO$$
丙二醛

上述反应形成的丙二醛,可用硫代巴比妥酸(TBA)法测定。

关于含共轭双键的醛类的氧化机理,是由于氧攻击烯的中心位置生成环氧化物。以亚麻酸酯的9-氢过氧化物生成的主要醛2,4-癸二烯醛为例,产生2,3-环氧或4,5-环氧衍生物中间产物,图4-34表示2,3-环氧化物的形成和分解。

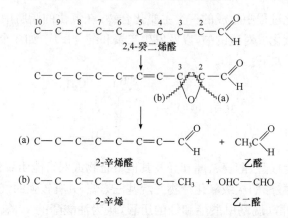

图4-34　2,4-癸二烯醛的2,3-环氧化物的形成和分解

同样,4,5-环氧化物分解生成己醛、2-丁烯醛、己烷和2-丁烯-1,4-二醛。

3) 胆固醇的氧化

胆固醇(cholesterol)氧化后可生成具有一定细胞毒性、血管紧张和致癌作用的有害物质。图4-35为胆固醇自动氧化的机理,氧化初期的产物是在C7位形成两种氢过氧化物异构体,即7α和7β-胆固醇氢过氧化物,其中7β-氢过氧化物的含量较高。氢过氧化物分解产生烷氧自由基,然后再经过环氧化和重排生成7α和7β-羟基胆固醇、胆固醇α和β-环氧化物和7-酮基胆固醇。此外,还有来自侧链衍生的20-和25-羟基胆固醇,以及通过消去反应生成的一系列酮,即胆甾-3,5-二酮和胆甾-3,5-二烯基-7-酮等。

胆固醇氧化还生成一些另外的产物,如挥发性化合物,以及分子量较高的化合物和许多低分子量氧化物。

胆固醇的氧化产物,已在干燥蛋制品、肉和乳制品、油炸食品和加热脂肪等系列加工食品中被测定证实。

4) 烷基游离基和烷氧自由基的其他反应

当烷氧自由基从甲基的一侧裂解时,生成的烷基自由基可参与多种反应,如图4-36(b)所示,例如,与羟基结合生成醇,脱氢则形成1-烯烃或氧化生成末端氢过氧化物,氢过氧化物再分解生成对应的烷氧自由基,烷氧自由基继续反应形成醛,或者进一步

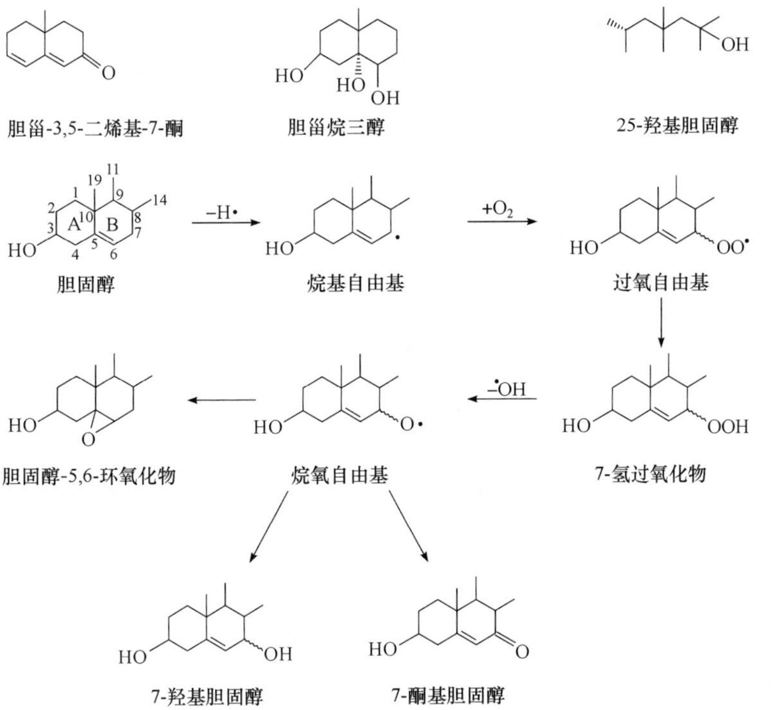

胆甾-3,5-二烯基-7-酮　　　　　　胆甾烷三醇　　　　　　　　25-羟基胆固醇

胆固醇　　　　　　$-H\cdot$　　烷基自由基　　　　$+O_2$　　过氧自由基

胆固醇-5,6-环氧化物　　　烷氧自由基　　　$\cdot OH$　　7-氢过氧化物

7-羟基胆固醇　　　　　　　7-酮基胆固醇

图 4 - 35　胆固醇自动氧化机理

裂解生成另一种烷基自由基。

烷氧自由基若夺取另一个分子的 α-亚甲基氢原子则生成羟基酸,或失去氢原子形成酮酸,即

$$CH_3(CH_2)_n-CH-(CH_2)_m-COOH$$

$$+H\cdot \qquad \overset{|}{\underset{\cdot}{O}} \qquad -H\cdot$$

$$CH_3(CH_2)_n-CH-(CH_2)_m-COOH \qquad CH_3(CH_2)_n-C-(CH_2)_m-COOH$$
$$\overset{|}{OH} \qquad\qquad\qquad\qquad \overset{\|}{O}$$

羟基酸　　　　　　　　　　　　酮酸

烷氧自由基或过氧自由基与双键反应形成下述环氧化物,见图 4 - 36(a)。

5) 形成二聚和多聚化合物

二聚和多聚反应是脂质在加热过程和氧化反应中的主要反应,通常还伴随碘值降低以及分子量、黏度和折光指数增大。

在低氧压时脂质的两个酰基之间可以按不同的方式形成碳碳键。

双键和共轭二烯通过第尔斯-阿尔德(Diels-Alder)反应生成四取代环己烯。

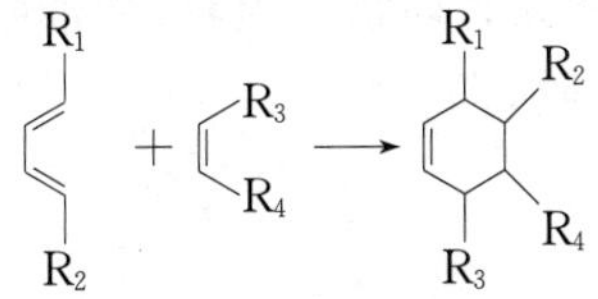

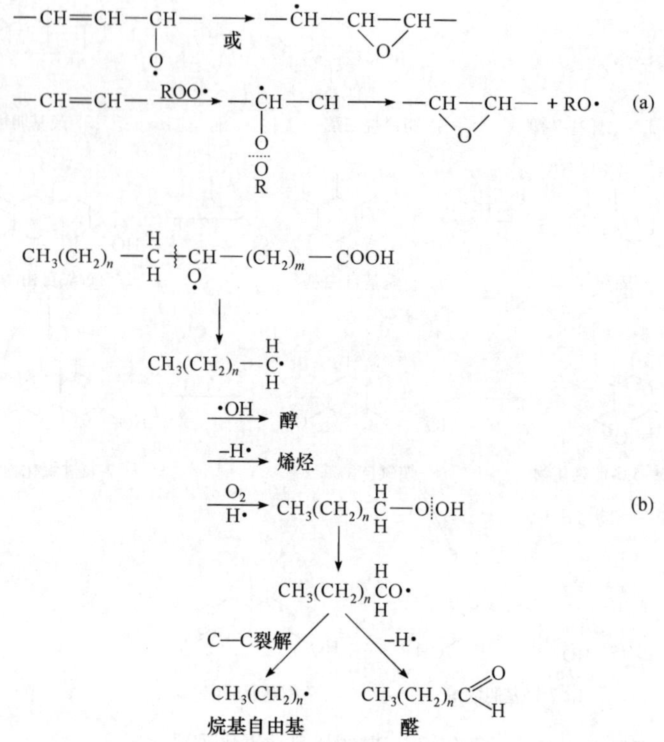

$$\begin{array}{c}
-CH=CH-CH- \longrightarrow -\overset{\cdot}{C}H-CH-CH- \\
\overset{|}{O}\cdot \qquad\qquad \underset{O}{\diagdown}\diagup \qquad 或
\end{array}$$

$$-CH=CH-\ \xrightarrow{ROO\cdot}\ -\overset{\cdot}{C}H-CH-\ \longrightarrow\ -CH-CH-\ +RO\cdot \qquad (a)$$

图 4-36 的第一部分反应式

$$CH_3(CH_2)_n-\overset{H}{\underset{H}{C}}CH-(CH_2)_m-COOH$$

$$\downarrow$$

$$CH_3(CH_2)_n-\overset{H}{\underset{\cdot}{C}H}$$

$$\xrightarrow{\cdot OH} 醇$$

$$\xrightarrow{-H\cdot} 烯烃$$

$$\xrightarrow[H\cdot]{O_2} CH_3(CH_2)_n\overset{H}{\underset{H}{C}}-O-OH \qquad (b)$$

$$\downarrow$$

$$CH_3(CH_2)_n\overset{H}{\underset{H}{C}}O\cdot$$

$$\underset{C-C裂解}{\swarrow} \qquad \underset{-H\cdot}{\searrow}$$

$$CH_3(CH_2)_n\cdot \qquad\qquad CH_3(CH_2)_n\overset{H}{\underset{}{C}}\diagup\!\!\overset{O}{=}$$

烷基自由基 醛

图 4-36 烷基自由基的某些反应

例如,亚油酸酯在热氧化时产生一个共轭双键,然后与另一个亚油酸酯分子(或油酸酯)反应,形成环状二聚物,即

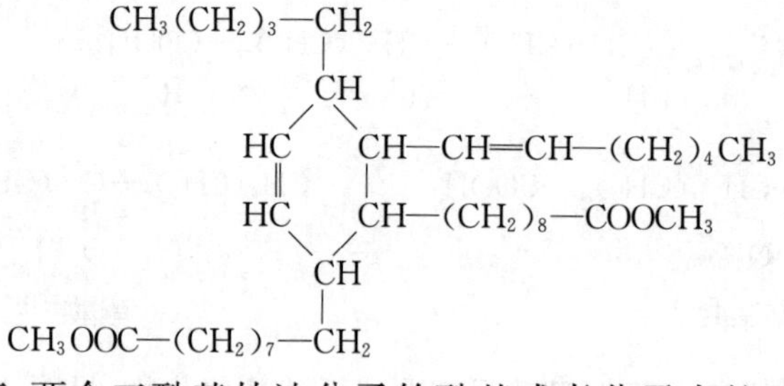

$$\begin{array}{c}
CH_3(CH_2)_3-CH_2 \\
| \\
CH \\
HC\diagup\quad\diagdown CH-CH=CH-(CH_2)_4CH_3 \\
HC\diagdown\quad\diagup CH-(CH_2)_8-COOCH_3 \\
| \\
CH \\
CH_3OOC-(CH_2)_7-CH_2
\end{array}$$

就酰基甘油而言,两个三酰基甘油分子的酰基或者分子内的两个酰基发生二聚反应,即

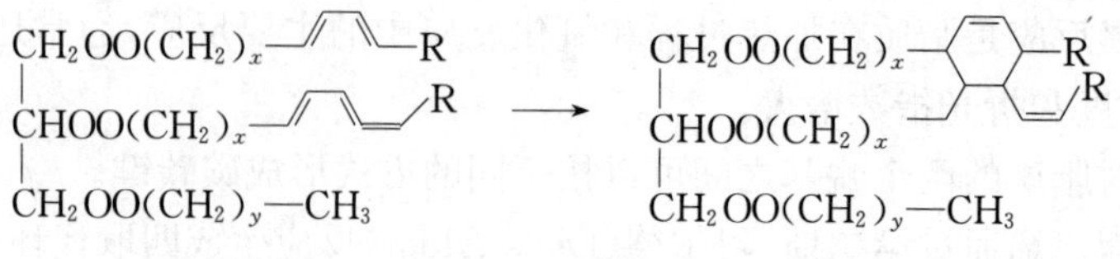

$$\begin{array}{c}
CH_2OO(CH_2)_x-R \\
| \\
CHOO(CH_2)_x-R \\
| \\
CH_2OO(CH_2)_y-CH_3
\end{array} \longrightarrow \begin{array}{c}
CH_2OO(CH_2)_x-R \\
| \\
CHOO(CH_2)_x-R \\
| \\
CH_2OO(CH_2)_y-CH_3
\end{array}$$

低氧压时自由基可相互结合成非环状二聚物,如油酸酯形成 8-,9-,10-或11-碳位偶联的二聚物(脱氢二聚物)的混合物,即

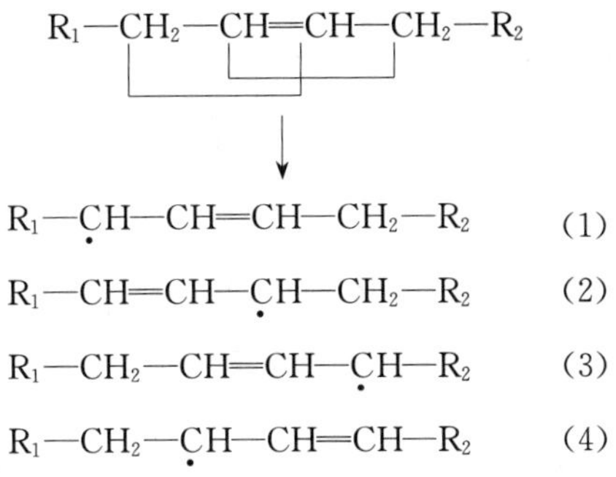

$$R_1-CH_2-CH=CH-CH_2-R_2$$

$$R_1-\overset{\cdot}{C}H-CH=CH-CH_2-R_2 \quad (1)$$

$$R_1-CH=CH-\overset{\cdot}{C}H-CH_2-R_2 \quad (2)$$

$$R_1-CH_2-CH=CH-\overset{\cdot}{C}H-R_2 \quad (3)$$

$$R_1-CH_2-\overset{\cdot}{C}H-CH=CH-R_2 \quad (4)$$

可能形成(1)(1)、(1)(2)、(1)(3)、(1)(4)、(2)(2)、(2)(3)、(2)(4)、(3)(3)、(3)(4)或(4)(4)自由基与双键加成的多种二聚物。

自由基和双键发生加成反应还可以生成二聚自由基,这种二聚自由基能够夺取另一个分子的氢原子,或者攻击另一个双键,形成无环或环状化合物,油酸酯和亚油酸酯的二聚反应分别表示在图 4-37 和图 4-38 中。在不同酰基甘油的酰基之间也可以发生类似的反应,生成二聚和三聚三酰基甘油。

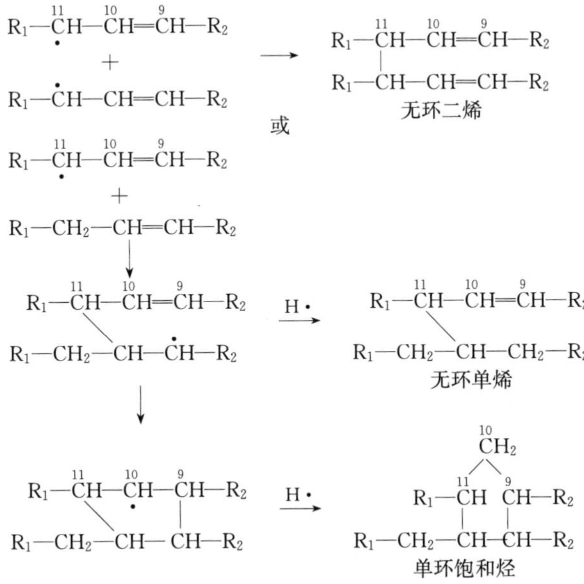

图 4-37 油酸酯二聚反应

在供氧充足的情况下,烷基或烷氧基与过氧自由基结合,生成各种各样的二聚酸和聚合酸以及碳-氧-碳或碳-氧-氧-碳交联酰基甘油(图 4-39)。

同一分子的自由基在双键上发生加成反应可生成环状单体,碳链较长的多不饱和脂肪酸易环化,如图 4-40 中所示的花生四烯酸的环化反应。

4.5.2.4 生物体系中脂质的氧化

以上主要是关于纯脂质在液相中的氧化,然而包括食品在内的生物体系中,脂质分子通常以非常有序的状态存在,分子间的距离和迁移均受到一定限制,并且和邻近的非脂质

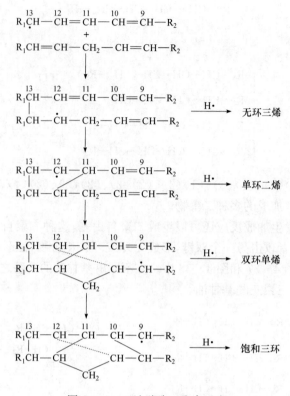

图 4 - 38 亚油酸酯二聚合反应

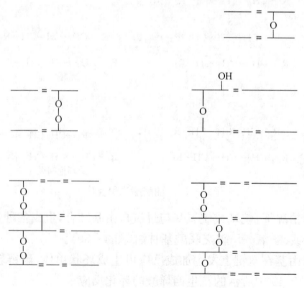

图 4 - 39 酰基甘油聚合反应

物质(如蛋白质、糖类、水、酶、盐类、维生素、抗氧化物质前体和抗氧化剂)紧密地结合在一起。显然,在这些天然体系中,脂质的氧化反应机理和产物,与纯脂质中进行的那些反应完全不相同。在生物体内脂质的氧化包括酶促氧化和非酶氧化。

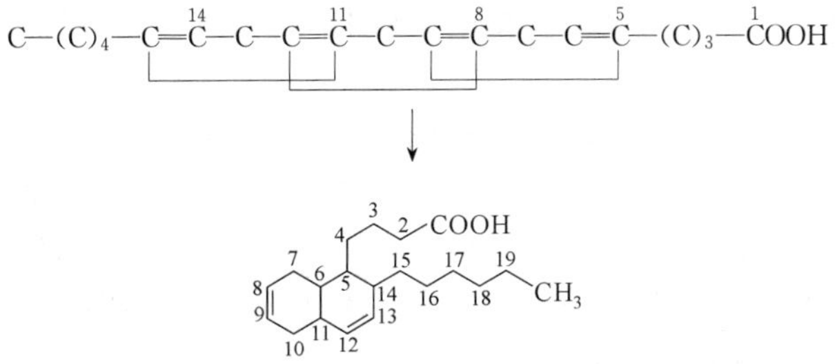

图 4 - 40　花生四烯酸环化反应

生物体组织中脂质非酶氧化反应的机理复杂,所以多采用较简单的非体相脂质体系进行研究,然后用所得的结果解释复杂的生物体系中脂质的氧化。非体相脂质模拟体系包括单分子层(水相表面或硅胶吸附)、人工脂质包囊和磷脂双层膜。Mead 等认为这些非体相的氧化作用与体相中脂质的氧化作用不同。生成的中间产物也不同,在单分子层的非体相体系中,亚油酸酯氧化主要生成顺式或反式环氧化合物,为一级动力学反应。体相脂质氧化生成的主要中间产物是氢过氧化物,其反应比非体相脂质氧化反应更为复杂。当在活性不饱和酸碳链的双键之间插有抗氧化能力的饱和碳链,倘若碳链长度足以能干扰氧的传递,则过氧化速率降低。要查明分子取向对脂质氧化反应机理和产物的影响,还必须进行更深入的研究。

脂质的酶促氧化途径,是从脂解开始的,得到的多不饱和脂肪酸被脂肪氧合酶或环氧酶氧化分别生成氢过氧化物或环过氧化物。过去认为脂肪氧合酶只限于对植物中脂质的氧化,而现在已证明动物中也存在脂肪氧合酶体系。植物和动物脂肪氧合酶都具有区域专一性(即催化特定碳原子氧合)和立体专一性(形成对应的氢过氧化物)。接下去的反应包括酶裂解氢过氧化物及环过氧化物,生成各种各样的分解产物,它们常常是许多天然产物产生特征风味的原因。在有其他成分如蛋白质或抗氧化物质存在时,脂质与非脂质的氧化产物反应,不仅可以终止氧化反应(酶或非酶的),而且还能影响转化速率。例如,某些非酶褐变产物具有抗氧化剂的作用。蛋白质的碱性基团可催化脂质氧化,并与氧化生成的羰基化合物发生醇醛缩合反应,最终也生成有抗氧化能力的褐色素。脂质氧化生成的氢过氧化物能使含硫蛋白质发生氧化,造成食品营养成分的大量损失。脂质的次级氧化产物可引发蛋白质游离基反应或者与赖氨酸的 ε-氨基形成席夫碱加成产物,此外,游离糖类也可加快乳状液中脂质的氧化速率。

4.5.2.5　脂质氧化的测定

脂质氧化是一个非常复杂的过程,包括氧化引起的各种各样的化学和物理变化,这些反应往往是同时进行和相互竞争的,而且受到多个变量的影响。由于氧化分解对食品加工产品的可接受性和营养品质有较重要的意义,因此需要评价脂质的氧化程度。下面介绍一些常用的测定方法。

1) 过氧化值

过氧化物是脂质自动氧化的主要初级产物,常用碘量法测定。该法基于过氧化物使碘化钾释放出碘:

$$ROOH + 2KI \longrightarrow ROH + I_2 + K_2O$$

或将亚铁氧化成为高铁:

$$ROOH + Fe^{2+} \longrightarrow ROH + OH^- + Fe^{3+}$$

测定过氧化物的含量,一般用每千克脂肪中氧的毫摩尔数表示。也可用比色方法测定。虽然过氧化值用于表示氧化初期产生的过氧化物,但并不十分准确可靠,因为分析结果随操作条件而变化,并且这种方法对温度的变化非常敏感。脂质在氧化过程中,过氧化值达到最高值后即开始下降。

如果将油脂的过氧化值与酸败味联系在一起考虑,有时可得到良好的相关性,但是结果往往不一致,因为产生酸败所吸收的氧或形成的过氧化物数量,随油脂的组成(饱和度高的脂肪,酸败所吸收的氧较少)、抗氧化剂和微量金属离子的存在以及氧化条件等各种因素而变化。

2) 硫代巴比妥酸法

硫代巴比妥酸(thiobarbituric acid,TBA)法是广泛用于评价脂质氧化程度的方法之一。不饱和体系的氧化产物与 TBA 反应生成有颜色的化合物,如两分子 TBA 与一分子丙二醛反应形成粉红色物质,因而可用于比色测定。

但并非所有脂质氧化体系中都有丙二醛存在,很多链烷醛、链烯醛和 2,4-二烯醛也能与 TBA 试剂反应产生黄色色素(450 nm),但只有二烯醛才产生红色色素(530 nm),因此,需要在两个最大吸收波长(黄色 450 nm,红色 530 nm)下进行测定。

一般来说,只有含 3 个或更多个双键的脂肪酸才能产生足够量与 TBA 反应的物质,反应机理如图 4-41 所示。丙二醛至少有一部分是多不饱和脂肪酸自动氧化的产物,类似前列腺素的环过氧化物的分解。

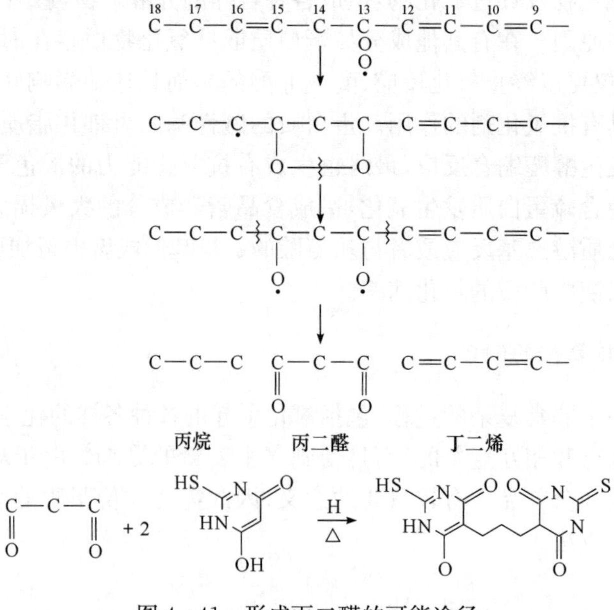

图 4-41 形成丙二醛的可能途径

除了脂肪氧化体系中存在的那些化合物以外,还发现其他化合物也能够和 TBA 试剂反应生成特征红色色素,因而干扰测定,如蔗糖和木材熏烟中的某些化合物与 TBA 反应显红色。因此,腌制和熏制的鱼肉加工品用 TBA 试剂检测脂肪的氧化程度时应进行校正。若一部分丙二醛已经与氧化体系中的蛋白质发生反应,则分析结果偏低。此外,风味评分与 TBA 值往往不一致,因一定量的油脂氧化所产生的 TBA 相对值因食品种类而异。但是,在很多情况下,TBA 检验法仍可用来对一种试样的不同氧化状态进行比较。

3）总羰基化合物和挥发性羰基化合物的测定

总羰基化合物的测定方法通常是基于脂质的氧化产物醛和酮能与 2,4 - 二硝基苯肼反应生成腙的这一原理。但是,在检验条件下,不稳定底物的分解也可产生羰基化合物,如氢过氧化物,从而干扰定量测定的结果。为使这种干扰降低至最低程度,在测定前预先使氢过氧化物还原为非羰基化合物或在低温下进行反应。

在氧化的脂肪中,羰基化合物的主要部分是分子量较大和不能直接产生香味的那些化合物。现已能用各种技术分离和测定挥发性羰基化合物,最普通的方法是在常压或减压下蒸馏回收挥发性分解产物,然后将蒸馏液和适当的试剂反应测定羰基化合物的含量。

4）茴香胺值

在乙酸存在时,茴香胺(anisidine,甲氧基苯胺)与醛反应显黄色,如果醛化合物含有一个和羰基共轭的双键,则使 350 nm 波长处摩尔吸收值增大,因此,茴香胺值主要是测定 2-链烯醛。一般用氧化值(OV)(2×过氧化值＋茴香胺值)评价油脂的氧化。

5）克雷斯实验

克雷斯实验(Kreis test)是商业、卫生监督部门最初用于评价脂肪氧化的一种检验方法。在盐酸酸性条件下脂肪的氧化产物 1,2-环氧丙醛(丙二醛异构体)和间苯三酚反应显红色。但是无氧化异味的新鲜油脂试样在加入克雷斯试剂后也可能出现颜色,并且各个实验室之间很难得到一致的检验结果。

6）光谱法

紫外光谱法是测定脂质的氧化程度的一种常用方法。通常在 234 nm(共轭双烯)和 268 nm(共轭三烯)处测定油脂吸收值,用于监测油脂的氧化过程。但是,除脂肪氧化初期外,吸收值的变化和脂肪的氧化程度没有多大联系。

红外光谱法也可用于测定脂质的氧化,根据反应过程中醛类化合物的生成及羟基含量的增加,观察 2780 cm^{-1} 的醛基吸收峰的出现与变化,以及 3400～3600 cm^{-1} 的羟基吸收峰的增加,以判断脂质的氧化程度。

7）环氧乙烷检验法

根据卤化氢和环氧乙烷基团发生加成反应的原理,在乙酸溶液中,油脂试样用 HBr 滴定至结晶紫指示剂转变至蓝绿色为滴定终点,根据 HBr 的浓度和消耗的体积计算出试样中环氧化物的含量。但这种检验方法不够灵敏,而且缺乏专一性,因为卤化氢试剂还能与 α,β-不饱和羰基和共轭二烯醇等化合物发生反应。同时对于某些反式环氧化物,这种反应并不是定量的。另外一种比色测定环氧乙烷的方法,是根据环氧乙烷和苦味酸反应的原理,其优点是灵敏度高,干扰小。

8）碘值

碘值用来表示油脂的不饱和程度,碘值降低说明油脂已发生氧化,所以有时用这种方法监测油脂自动氧化过程中二烯酸含量下降的趋势。碘值用所吸收碘的百分数表示。

9）荧光法

脂质氧化生成的羰基化合物与具有游离氨基的某些细胞组分相互作用,形成有荧光的化合物,因而用荧光法检测生物组织中的油脂氧化产物是一种较灵敏的方法。

10）色谱法

液相色谱、气相色谱、薄层色谱、高效液相色谱和凝胶渗透色谱等多种色谱技术已用于测定油脂和含脂质食品中的氧化产物。色谱法对挥发性、极性或聚合的化合物能同时完成分离和定量测定。例如,戊烷或己醛是油脂自动氧化过程中产生的特征化合物,可用气相色谱法测定。

11）感观评价

最终判断食品的氧化风味需要进行感官检验。风味评价通常是由有经验的人员组成评尝小组,采用特殊的风味评分方式进行的。

几种快速试验方法也可用于测量脂质在不同条件下耐受氧化的能力。

（1）史卡尔（Schaal）烘箱实验法。置油脂试样于 65 ℃左右的烘箱内,定期取样检验,直至出现氧化性酸败为止。也可以采用感官检验或测定过氧化值的方法判断油脂是否已经酸败。

（2）活性氧法（AOM）。这是一种广泛采用的检验方法,油脂试样保持在 98 ℃条件下,不断通入恒定流速空气,然后测定油脂达到一定过氧化值所需的时间。

（3）酸败法（Rancimat）。像 AOM 法一样,不断通入恒定流速的空气到油中,通常在 100 ℃进行实验,测定氧化产物电导值的增加,用时间表示脂质氧化"诱导期"的长短,判断氧化作用。

（4）吸氧法。按密闭容器内出现一定的压力降所需的时间测定油脂试样的吸氧量,或在一定氧化条件下测定油脂吸收预先确定的氧量的时间,作为衡量油脂稳定性的方法。这种检验特别适用于抗氧化剂的活性研究。

4.5.2.6　影响食品中脂质氧化速率的因素

食用脂肪中的脂肪酸对氧化敏感性明显不同,食品中还存在很多影响脂质氧化速率的非脂质成分,这些复杂组分可能产生共氧化,或者与其他氧化产物相互作用,以及它们对各种不同自动氧化进程的影响,使得任何精密的氧化动力学分析方法几乎都不可能在食品中得到应用。以下简要介绍有关的影响因素。

1）脂肪酸组成

脂肪酸的双键数目、位置和几何形状都会影响氧化速率。花生四烯酸、亚麻酸、亚油酸和油酸的相对氧化速率近似为 40∶20∶10∶1。顺式酸比对应的反式异构体更容易氧化,含共轭双键的比非共轭双键的活性更高,室温下饱和脂肪酸自动氧化非常缓慢,当油脂中不饱和酸已氧化酸败时,饱和脂肪酸实际上仍保持原状不变。但是,在高温下,饱和脂肪酸将发生明显的氧化。

2）游离脂肪酸与对应的酰基甘油的比例

游离脂肪酸的氧化速率略大于甘油酯中结合型脂肪酸,天然脂肪中脂肪酸的无规分布使其氧化速率降低。脂肪和油中存在少量游离脂肪酸并不会明显影响氧化稳定性,但是,当商品油脂中存在较大量游离脂肪酸时,将使炼油设备或储存罐中具有催化作用的微量金属与脂肪酸的结合量增加,从而加快脂质的氧化速率。

3）氧浓度

如前所述,油脂体系中供氧充分时,氧分压对氧化速率没有影响,而当氧分压很低时,氧化速率与氧压成正比。但氧分压对速率的影响还与其他因素有关,如温度、表面积等。

4）温度

一般来说,脂质的氧化速率随着温度升高而增加,按氧分压对氧化速率的影响,温度同样是一个很重要的因素。当温度较高时,氧化速率随着氧浓度增大而增加的趋势不明显,因为温度升高,氧的溶解度降低。

5）表面积

脂质的氧化速率与它和空气接触的表面积成正比关系,但是,当表面积与体积比例增大时,降低氧分压对降低氧化速率的效果不大。在 O/W 水包油乳状液中,氧化速率取决于氧向油相中的扩散速率。

6）水分

在脂质的模拟体系和各种含脂肪食品中,已证明脂质氧化速率主要取决于水活度。在含水量很低(a_w 值约低于 0.1）的干燥食品中,脂质氧化反应很迅速。当水分含量增加到相当于 $a_w = 0.3$ 时,可阻止脂质氧化,使氧化速率变得最小,这说明水的保护效应可降低金属催化剂的催化活性,同时可以猝灭自由基,促进非酶褐变反应（产生具有抗氧化作用的化合物）和（或）阻止氧同食品接触。在水活度较高（$a_w = 0.55 \sim 0.85$）时,氧化速率又加快进行,可能是增加了体系中催化剂的流动性引起的。

7）分子取向

脂质分子的取向对其氧化有着重要的影响。例如,在 37 ℃、pH 为 7.4 和催化剂 Fe^{2+}-维生素 C 存在的水相中,研究多不饱和脂肪酸（PUFA）的氧化稳定性,发现氧化稳定性随不饱和度的增加而增加,实际与预期的结果相反,这说明 PUFA 的氧化与在水相中存在的构象有关。脂质分子的取向对氧化速率的影响以亚油酸酯为例说明,亚油酸酯有两种取向:一种是有序状态（以单分子层吸附在硅胶表面）；另一种为体相结构。在 60 ℃时,亚油酸乙酯处在单分子层时比体相状态能结合更多的氧,因此氧化速率也就大得多;但是在 180 ℃的结果则相反,这是由于体相状态的亚油酸乙酯分子与自由基结合的运动速率明显高于单分子层,从而抵消了因结合氧能力的差异带来的影响。两种取向的主要分解产物虽然不完全相同,但它们都来自氢过氧化物的经典分解产物。

8）物理状态

胆固醇氧化的近期研究表明,物理状态对脂质氧化速率的影响也是非常重要的。将固态和液态的微晶胆固醇膜碎片悬浮在水溶液介质中,研究了在不同温度、时间、pH 和缓冲液等各种条件中的氧化稳定性,结果表明氧化类型和反应速率与条件有关,其中胆固醇的物理状态是最显著的影响因素,实际上其他因素通过基质和介质的物理状态影响胆固醇氧化。

9) 分子的湍度和玻璃化转变

脂质的氧化速率与分子的湍度(即迁移速率或流动性)有关。在玻璃化转变温度以下时,分子的运动受到扩散限制,致使氧化速率低。高于玻璃化转变温度时,温度对分子的湍度影响明显,此时氧化速率与温度有极大的相关性。

10) 乳化作用

在 O/W 水包油的乳状液中,或者是油滴分散在水介质中的食品,氧化时氧必须扩散至水相,通过油-水界面方可与脂质结合,因此氧化速率与许多因素的相互作用有关,即乳化剂的类型和浓度、油滴的大小、界面的表面积、水相黏度、水相介质的组成和多孔性,以及 pH 等。

11) 助氧化剂

过渡金属元素,特别是那些氧化-还原电位对脂质氧化适宜的二价或多价金属元素是主要的助氧化剂(pro-oxidant),如 Co、Cu、Fe、Mn 和 Ni。如果体系中有这些元素存在,甚至浓度低至 $0.1\mu g/g$ 时,也可以使诱导期缩短和氧化速率增大。大多数食用油脂中都含有微量的重金属,主要来自油料作物生长的土壤、动物体以及加工、储存所用的金属设备和包装容器。所有食品包括流体食品(蛋、奶、果汁)中均天然存在游离的和结合形式的微量金属,关于金属催化作用的机理有以下几种假设。

(1) 加速氢过氧化物的分解:

$$M^{n+} + ROOH \longrightarrow M^{(n+1)+} + OH^- + RO \cdot$$
$$M^{n+} + ROOH \longrightarrow M^{(n-1)+} + H^+ + ROO \cdot$$

(2) 与未被氧化的底物直接发生反应:

$$M^{n+} + RH \longrightarrow M^{(n-1)+} + H^+ + R \cdot$$

(3) 分子氧活化生成单重态氧和过氧化自由基:

$$M^{n+} + O_2 \longrightarrow M^{(n+1)+} + O_2^- \begin{array}{l} \xrightarrow{-e^-} {}^1O_2 \\ \xrightarrow{+H^+} HO_2 \cdot \end{array}$$

除过渡金属元素以外,存在于很多种食品中的羟高铁血红素(hematin)也是一种重要的助氧化剂。此外,辐射能,(如可见光、近紫外线和 γ 射线等)都是脂质氧化的有效促进剂。

12) 抗氧化剂

抗氧化剂在食品化学中特别重要,将在下面专门论述。

4.5.2.7　抗氧化剂

抗氧化剂是一类能延缓或减慢油脂氧化的物质,已报道有几百种具有抗氧化活性的天然和合成化合物。在食品中使用,它们应是廉价、安全的,对食品的品质如色泽、风味、质地不产生较显著的影响。但值得注意的是,由于一些合成抗氧化剂存在安全性问题,因此人们特别关注天然抗氧化剂的研究。实际上,植物源食品中含有一系列内源抗氧化剂,如茶叶中的茶多酚，番茄中的番茄红素，葡萄、蔓越橘和莲藕中的原花青素及花色苷等。但不幸的是，在食品加工和储藏中，这些抗氧化剂往往被除去或者被氧化破坏。因此，在食品加工中需要添加外源抗氧化剂，以防止加工食品氧化变质。目前在食品中允许使用的主要抗氧化剂是具有苯环取代成分的一元或多元酚类化合物（图4-42）。通常是将抗氧化剂和其他酚类抗氧化剂或各种金属螯合剂混合在一起使用，这样可以对脂质产生很好的抗氧化效果，习惯上将抗氧化剂分为两类，即主抗氧化剂和增效剂。允许使用的抗氧化剂和增效剂见表4-8。

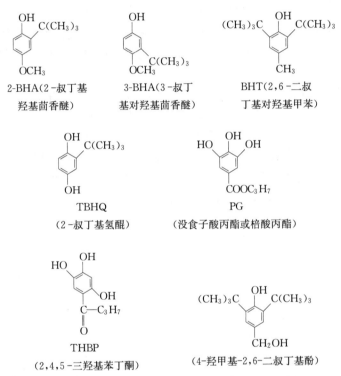

图4-42　食品中应用的几种主要抗氧化剂的化学结构

表4-8　食品中允许使用的抗氧化剂和金属螯合剂

主要抗氧化剂	增效剂
生育酚，茶多酚，原花青素，花色苷	柠檬酸和柠檬酸异丙酯、磷酸、酒石酸、卵磷脂、
愈创树脂	硫代二丙酸及其月桂基二酯和十八烷基二酯
没食子酸丙酯或棓酸丙酯（PG）	
叔丁基对羟基茴香醚（BHA）	
2,6-二叔丁基对羟基甲苯（BHT）	
2,4,5-三羟基苯丁酮（THBP）	抗坏血酸及抗坏血酸棕榈酸酯
4-羟基-2,6-二叔丁基酚	
叔丁基氢醌（TBHQ）	

1) 抗氧化效果和作用机理

抗氧化剂作用的机理是阻止引发阶段自由基的形成或中断自由基的链传递反应,推迟自动氧化。过氧化物分解剂或金属螯合剂或单重态氧抑制剂,都可以阻止自由基的引发,但由于不能从体系中完全消除微量过氧化物和金属引发剂,所以目前仍集中对自由基受体所起的作用进行研究。抗氧化剂不仅可以阻止油脂或含油食品的氧化变质,还具有许多重要的生物、生理活性,在这方面已有大量的文献报道,其对于因自由基或氧化应激引起的诸多疾病有着很好的预防与治疗作用。

Bolland 等曾用含有氢醌抑制剂的亚油酸乙酯自动氧化模拟体系对抗氧化剂作用的动力学进行了详细的研究,他们假定抗氧化剂是通过氢给体或自由基受体作用来抑制链反应,并断定自由基受体(AH)主要是与 ROO· 而不是和 R· 基起反应,即

$$ROO· + AH \longrightarrow ROOH + A·$$

还认为一个抑制剂分子最多可能终止的氧化链数目是 2,因此可将反应分两步表示,即

$$ROO· + AH_2 \longrightarrow ROOH + AH·$$
$$AH· + AH· \longrightarrow A + AH_2$$

另一些研究者对抗氧化机理曾提出过不同的看法,认为自由基中间体 AH· 由于和 ROO· 基反应形成了稳定产物,或者 ROO· 基和抑制剂(inh·)间形成复合物,而后一种复合物再同另一个 ROO· 基反应生成稳定的产物,即

$$ROO· + inh \longrightarrow [RO_2\text{-}inh·]$$
$$[RO_2\text{-}inh·] + ROO· \longrightarrow 稳定产物$$

虽然所有这些反应都可能发生,但 Bolland 等最初的观点仍然是最重要的,因此基本反应机理可看成是抑制剂反应和链传递反应之间的相互竞争。这两种反应都为放热反应,即

$$ROO· + AH \longrightarrow ROOH + A· \qquad 抑制剂反应$$
$$ROO· + RH \longrightarrow ROOH + R· \qquad 链传递反应$$

抗氧化剂的抗氧化效果与多种因素有关,包括活化能、速率常数、氧化-还原电势、抗氧化剂损失或破坏的程度和溶解性质等。活化能随 A—H 和 R—H 的离解能增大而增大,所以抗氧化剂(AH)的效果随 A—H 键能的降低而增加。但是最理想的是所形成的抗氧化剂自由基本身必须不引发新的自由基产生或者不参与链反应而被迅速氧化。在这一点上,酚类是很好的抗氧化剂,因为它们是极好的氢或电子供给体。另外,由于它们的自由基中间体的共振非定域作用(resonance delocalization)和没有适于分子氧进攻的位置,所以比较稳定。例如,氢醌与过氧化自由基反应,形成稳定的半醌共振混合物:

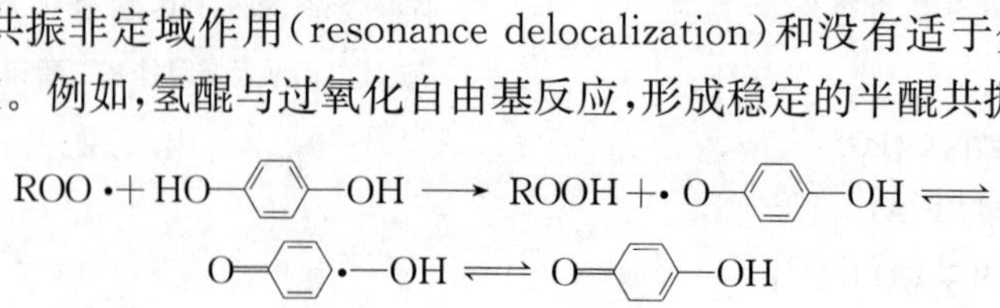

半醌自由基中间体能够进行许多种反应,形成更稳定的产物,它们又可以互相反应形成二聚物、歧化物(dismutate),重新形成原抑制剂分子的醌类化合物:

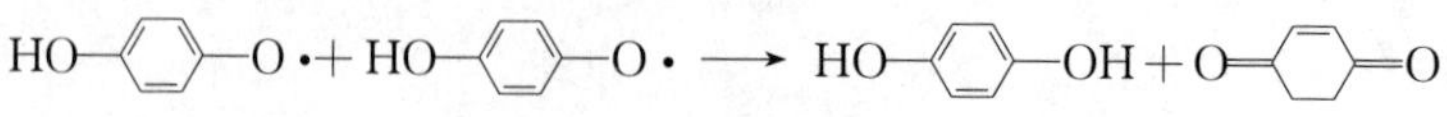

或者与另一个 ROO· 游离基反应：

$$O=\bigcirc\!\!\!-OH + ROO\cdot \longrightarrow O=\bigcirc\!\!\!\!\begin{matrix} OH \\ OOR \end{matrix}$$

一元酚不能形成半醌或醌，但它们可生成具有中等共振非定域作用的自由基中间体，并且受到空间位阻作用。以 BHT 的两个叔丁基为例，在起始氢给予作用以后，叔丁基进一步降低烃氧自由基的链引发作用。亚油酸酯和 BHA 之间的净反应（net reaction）可表示如下：

$$\underset{OCH_3}{\overset{OH\ C(CH_3)_3}{\bigcirc}} + 2\left[CH_3(CH_2)_4CH{=}CH{-}CH{=}CH{-}\overset{\overset{\cdot}{\underset{O}{O}}}{CH}{-}(CH_2)_7COOMe \right] \longrightarrow$$

$$\underset{CH_3(CH_2)_4CH{=}CH{-}CH{=}CH{-}CH{-}(CH_2)_7COOMe}{\overset{O\ \ C(CH_3)_3}{\bigcirc\underset{O}{\underset{O}{\overset{\ \ OCH_3}{}}}}}$$

$$+ CH_3(CH_2)_4CH{=}CH{-}CH{=}CH{-}\overset{\overset{H}{\underset{O}{\underset{O}{}}}}{CH}{-}(CH_2)_7COOMe$$

抗氧化剂除了化学作用外，在油脂中的溶解性和挥发性对抗氧化效果也有影响。抗氧化剂的溶解性可影响它同过氧自由基部位的接近，而抗氧化剂的挥发性影响它本身在储存或加热过程中在油脂中存在的持久性。近几年来着重研究抗氧化剂在界面的作用，特别是像膜、胶束和乳状液这类体系中。抗氧化剂分子的两亲特性的重要作用已在双相和多相体系中被证实。

2）增效作用

在抗油脂氧化体系中，使用两种或两种以上抗氧化剂的混合物比单独一种所产生的抗氧化效果更大，这种协同效应称为增效作用（synergism）。增效作用分为两类：一类是由混合的自由基受体所产生的增效作用；另一类是金属螯合剂和自由基受体的联合作用。但是在通常的情况下，所谓增效作用是指能起到一种以上的作用而言。例如，抗坏血酸既可以作为电子的给体，同时又是金属螯合剂、氧的清除剂，而且在体系中有利于形成具有抗氧化活性的褐变产物。Uri 曾提出一种假说，可解释两种混合自由基受体在体系中所起的作用。例如，AH 和 BH，假定 B—H 键的离解能小于 A—H，并且 BH因为空间位阻只能与 $RO_2\cdot$ 缓慢地起反应，于是发生以下反应：

$$RO_2\cdot + AH \longrightarrow ROOH + A\cdot$$
$$A\cdot + BH \longrightarrow B\cdot + AH$$

因此，BH 在体系中可产生备用效应（sparing effect），因为它能使主抗氧化剂再生，此外，还使 A·通过链反应而消失的趋势大为减弱。以酚类抗氧化剂和抗坏血酸结合的体系为例，因为酚类抗氧化剂是两者之中抗氧化效力较强的一种，为主抗氧化剂，而抗坏血酸为增效剂。目前，已将评价药物协同与拮抗作用的等高线图解分析法(isobologram analysis)用于评价两种抗氧化剂的协同作用。

一般来说，金属螯合剂能部分钝化微量金属元素的催化作用，这些金属通常是以脂肪酸盐的形式存在于油脂中，金属螯合剂产生的增效作用可以极大地增强自由基受体的抗氧化性质。柠檬酸、酒石酸、磷酸、多磷酸盐和抗坏血酸是常用的金属螯合剂。

3）抗氧化剂的选择

抗氧化剂的选择是一个很重要的问题，因为各种抗氧化剂的分子结构不相同，它们在各种油脂或含油脂食品中以及在不同的加工、操作条件下作为抗氧化剂使用时，抗氧化效果表现出明显的差别。除在特殊应用中只强调抗氧化剂或其混合物的抗氧化效果外，一般情况下还需要考虑其他一些因素，如在食品中是否容易掺和、抗氧化剂的持续特性(carry-through characteristics)、对 pH 的敏感性、是否变色或产生异味、有效性和价格等。实际上在选择最适合的抗氧化剂或合并使用几种抗氧化剂时，将会碰到很多具体问题。例如，食品中是否已经存在或加工过程中产生了抗氧化物质或助氧化剂，以及添加的抗氧化剂将会怎样起作用等。

近年来，十分注意研究各种抗氧化剂的应用效果以及亲水-亲脂性的复杂关系。Porter提出两种不同类型的抗氧化剂具有不同的应用方式：一种是表面积-体积比小的体系，如在散装油脂(脂质-气体界面)中，用亲水-亲脂平衡值较大的抗氧化剂(如 PG 或 VBHQ)最为有效。因为这类抗氧化剂集中于油脂的表面，而油脂与分子氧的反应主要在油脂表面发生。另一种是表面积-体积比大的体系，如具有极性脂膜、中性之类的胞内胶束和乳化油胶束的各类食品，脂质在这些高水浓度的多相体系中，往往处于中间相状态，因此，用亲脂性较强的抗氧化剂最有效。例如，BHT、BHA、高级烷基棓酸酯和生育酚。

4）常用主抗氧化剂的特性

（1）生育酚。生育酚是一种自然界分布最广的天然抗氧化剂，是植物油中主要的抗氧化剂，动物脂肪中只有少量存在。生育酚共有 7 种成分，它们是母育酚(tocol)的甲基取代物，其中 α-生育酚、γ-生育酚和 δ-生育酚三种异构体在植物油中含量最多。

母育酚

α-生育酚=5,7,8-三甲基；γ-生育酚=7,8-二甲基；β-生育酚=5,8-二甲基；δ-生育酚=8-甲基。

这些衍生物的抗氧化能力不同，其顺序为 δ-生育酚＞γ-生育酚＞β-生育酚＞α-生育酚，同时温度和光对生育酚的相对活性有明显影响。在油脂加工中，未精炼的植物油中生育酚的含量多，在精炼后的油中仍保留一部分足以保持油脂稳定性。生育酚的抗氧化能力与浓度有关,低浓度时具有抗氧化作用,如果浓度过高则得到的结果相反,将会起到助氧化剂的作用。

生育酚的抗氧化活性机制:生育酚同所有的酚类抗氧化剂一样,是通过竞争反应而起作用:

$$ROO \cdot + RH \longrightarrow ROOH + R \cdot$$

生育酚(TH_2)按下列方式与过氧自由基反应:

$$ROO \cdot + TH_2 \longrightarrow ROOH + TH \cdot$$

5,7,8-三甲基生育酚自由基相对较稳定,因为它的未成对电子是非定域的,显示如图4-43中在能量上有益的共振结构(V),因此远不如过氧自由基活泼,使5,7,8-三甲基生育酚成为一种有效的抗氧化剂。5,7,8-三甲基生育酚自由基还可猝灭另一个过氧自由基生成甲基生育酚醌(T),反应如下:

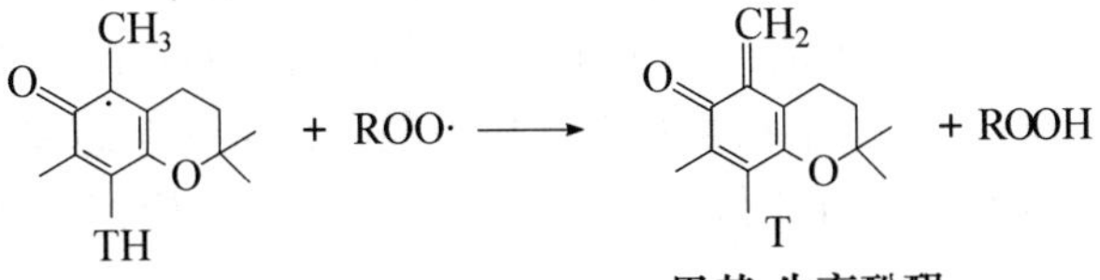

或是与另一个5,7,8-三甲基生育酚反应生成甲基-生育酚醌和产生一个生育酚分子,即

$$TH \cdot + TH \cdot \longrightarrow T + TH_2$$

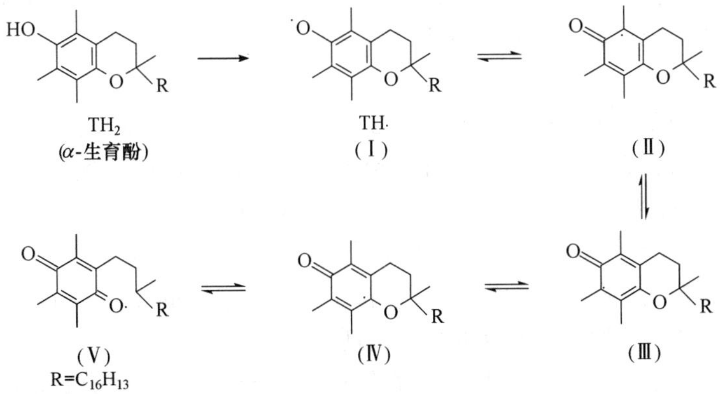

图4-43　α-生育酚自由基的共振结构

生育酚的助氧化作用:生育酚在一定条件下可起到助氧化剂的作用。通常在脂肪浓度大大超过生育酚浓度时,氧化导致生育酚几乎耗尽,然而脂肪相对于生育酚的减少仅很少变化,同时使ROOH积累,当ROOH积累的浓度较高时,反应向平衡的反方向进行,即

$$ROO \cdot + TH_2 \longrightarrow ROOH + TH \cdot$$

从而又促进了链传递反应:

$$RH + ROO \cdot \longrightarrow ROOH + R \cdot$$

当α-生育酚的浓度较高时,通过下述反应形成自由基产生助氧化作用:

$$ROOH + TH_2 \longrightarrow RO \cdot + TH \cdot + H_2O$$

(2) 愈创树脂。它是一种热带木本植物分泌出的树脂。由于它含有相当多的酚酸,

所以在动物脂肪中的抗氧化效果比在植物油中更显著。这种树脂带红棕色,在油中的溶解度很小,并产生异味。

（3）叔丁基对羟基茴香醚（BHA）。商品 BHA 是 2-BHA 和 3-BHA 两种异构体的混合物,它和二叔丁基化羟基甲苯（BHT）,都广泛用于食品工业,BHA 和 BHT 均易溶于油脂,对植物油的抗氧化活性弱,特别是在富含天然抗氧化剂的植物油中,如果将 BHA、BHT 和其他主要抗氧化剂混合一起使用,抗氧化效果可以提高。BHA 具有典型的酚气味,当油脂在高温加热时这种气味特别明显。新近的动物实验结果表明,这两种抗氧化剂对人体健康有害。

（4）去甲二氢愈创木酸（NDGA）。NDGA 是从沙漠地区的拉瑞阿属植物（*Larrea divaricata*）中提取的一种天然抗氧化剂,在油脂中溶解度为 0.5%～1%,当油脂加热时溶解度增大。NDGA 在油脂中几乎无持续性,并且在有铁存在或高温下储存时,颜色略微变深,pH 对 NDGA 的抗氧化活性有明显的影响,强碱条件下容易破坏并失去活性。这种抗氧化剂对防止脂肪-水体系和某些肉制品中羟高铁血红素的催化氧化是很有效的,由于 NDGA 价格高,目前还不可能得到广泛应用。在美国仅应用于包装材料,不允许作为食品添加剂使用。

（5）没食子酸（棓酸）及其烷基酯。从没食子酸的酚结构可以看出这种酚酸及其烷基酯具有很强的抗氧化活性。没食子酸可溶于水,几乎不溶于油脂。没食子酸酯在油脂中的溶解度随烷基链长的增加而增大,没食子酸丙酯是我国允许使用的一种油脂抗氧化剂,能阻止亚油酸酯的脂肪氧合酶酶促氧化,缺点是在碱性和有微量铁存在时产生蓝黑色,在食品焙烤或油炸过程中将迅速挥发。

（6）叔丁基氢醌（TBHQ）。TBHQ 是 20 世纪 70 年代开始应用的一种抗氧化剂。美国食品药品管理局（FDA）于 1972 年对这种抗氧化剂进行过广泛实验。TBHQ 微溶于水,在油脂中的溶解性中等,很多情况下,对多不饱和原油和精炼油的抗氧化效果比其他普通抗氧化剂更好,而且不发生变色或改变风味稳定性,在油炸食品中还具有很好的持续性。大量动物饲养试验和生物学研究表明,按正常用量水平的 1000～10 000 倍测定安全限度,证明 TBHQ 是一种安全性高的抗氧化剂。

（7）2,4,5-三羟基苯丁酮（THBP）。在结构上,THBP 与没食子酸相似,并且抗氧化性质也类似,THBP 目前尚未广泛应用。

（8）4-羟基-2,6-二叔丁基酚。4-羟基-2,6-二叔丁基酚是 BHT 甲基上的一个氢原子被羟基取代后生成的产物,挥发性比 BHT 小,抗氧化性能与 BHT 相当。

某些抗氧化剂按 100 倍以上允许用量进行动物试验,结果证明目前允许使用的各种抗氧化剂是安全的。但也有报道 BHT 能引起动物组织增生。在对天然抗氧化剂的大量研究中,发现许多生物材料中存在着抗氧化物质,如香辣味植物、油料种子、柑橘果肉和皮、燕麦、茶叶、葡萄籽、莲藕、向日葵壳、可可壳、大豆、红豆,以及动物和微生物蛋白的水解液加热和非酶褐变的产物等。

5）抗氧化剂分解

抗氧化剂在高温下会显著分解,但在食品中由于抗氧化剂的使用浓度很低,因而分解产物的含量也很少。

　　4 种酚类抗氧化剂在 185 ℃加热 1h,其稳定性秩序为 TBHQ<BHA<PG<BHT,这是根据它们在加热过程中有的是热稳定性的,而有的则易挥发,在 4 种抗氧化剂中 PG 的挥发性最小,而 BHT 和 TBHQ 的挥发性最大。

　　抗氧化剂是食品添加剂的一种,各国都有明确规定和要求,美国联邦食品、药物和化妆品法规对添加剂的使用限制严格,抗氧化剂同时还要受到肉类检验法规、家禽检验法规以及州法律的限制。

4.5.3　热分解

　　食品加热过程产生各种化学变化,从风味、外观、营养价值和毒性观点考虑,其中某些变化是很重要的,因为加热时食品中的营养成分不但发生分解,而且营养素成分之间相互作用也极为复杂,并形成很多种新的化合物。在高温下,脂质氧化是一个复杂的化学变化过程,热解和氧化两种反应同时存在,饱和与不饱和脂肪酸在氧存在下加热均发生化学分解,图 4 - 44 表示其反应机理。

　　　　　　　　　　　　　　　　　脂肪酸、酯类和三酰基甘油

　　　　　　　　　　　饱和的　　　　　　　　　　　　　　　不饱和的

　　　热解反应　　攻击 α、β、γ、δ 位　　O_2　　热解反应　　　　　　O_2

　　酸、烃、　　　长链烷烃、　　　　无环和　　　　自动氧化物
　丙烯二醇酯、　醛、酮和内酯　　　环状二　　　　的挥发性化合
　丙烯醛和酮　　　　　　　　　　　聚物　　　　　物和二聚产物

图 4 - 44　脂质热分解图解

4.5.3.1　饱和脂肪类的非氧化热反应

　　饱和脂肪酸在很高温度下加热才会进行大量的非氧化分解,因此,在 200～700 ℃加热饱和三酰基甘油和脂肪酸甲酯,能检出所生成的分解产物,主要包括烃、酸和酮。近来已用非常灵敏的测定方法检出在真空和 180 ℃下加热三酰基甘油 1 h 后所生成的热解产物。

　　图 4 - 45 表示三丁酸甘油酯(Tri-4)、三己酸甘油酯(Tri-6)和三辛酸甘油酯(Tri-8),在无氧条件下加热时所生成的产物,每种三酰基甘油都可形成下述产物,即一系列的正烷烃和链烯 1-,其中以 C_{n-1}(n 表示脂肪酸分子的碳数)链烷为主,其他的有 C_n 脂肪酸、C_{2n-1} 对称酮、C_n 氧代丙酯、C_n 丙烯、丙烯二醇二酯、C_n 二酰基甘油,以及丙烯醛、CO 和 CO_2。

　　定量分析结果表明,三酰基甘油分解产生的主要化合物是脂肪酸组分,在无水条件下经如下所示的六原子闭环反应形成游离脂肪酸,即

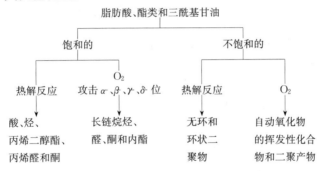

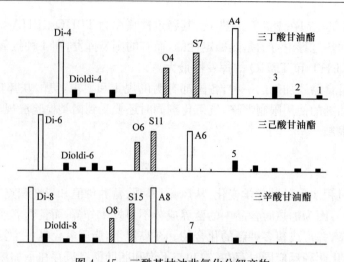

图 4 - 45　三酰基甘油非氧化分解产物

A 表示游离酸;S 表示对称酮;O 表示氧代丙酯;Dioldi 表示丙烷和丙烯二醇二酯;

Di 表示二酯酰甘油;数字表示烃或脂肪酸的碳链

这个机理还可解释丙烯二醇二酯的形成过程,三酰基甘油分子脱去酸酐便生成 1-或 2-氧代丙酯和酸酐。反应如下:

$$
\begin{array}{c}
CH_2OOCR \\
| \\
CHOOCR \\
| \\
CH_2OOCR
\end{array}
\longrightarrow
\begin{array}{c}
CH_3 \\
| \\
C=O \\
| \\
CH_2OOCR
\end{array}
+
\begin{array}{c}
O \\
\| \\
C-R \\
O \\
| \\
C-R \\
\| \\
O
\end{array}
$$

1-氧代丙酯分解生成丙烯醛和 C_n 脂肪酸,酸酐中间体脱羧即形成对称酮,是与三酰基甘油辐射分解相似的自由基机理,这在热解产物的生成过程中同样起着重要的作用,特别是在较高温度下加热油脂,主要按此机理进行。

4.5.3.2　饱和脂肪类的热氧化反应

饱和脂肪酸及其酯类比不饱和的同类物要稳定得多,然而,当加热至 150 ℃以上时,饱和脂质也会发生氧化,并生成多种产物,主要包括同系列的羧酸、2-链烷酮、直链烷醛、内酯、正烷烃和 1-链烯。

偶数碳链($C_6 \sim C_{16}$)脂肪酸系列的三酰基甘油在 180 ℃或 250 ℃空气中加热 1 h 后生成的氧化产物中,烃系列产物与无氧条件下加热得到的产物相同,产生的主要烃类化合物都是 C_{n-1} 链烷,只不过前者的生成量较多。通常在加热氧化时生成的 2-链烷酮比链烷醛更多,其中 C_{n-1} 甲基酮是最多的羰基化合物。除与脂肪酸碳数相同的内酯外,其余内酯都是 γ 内酯,在碳数与母体相同的内酯中,γ 和 δ-内酯化合物的数量较多。

饱和脂肪酸加热氧化形成氢过氧化物,脂肪酸的全部亚甲基都可能受到氧的攻击,一般在 α、β 和 γ 位优先被氧化。

氧攻击 α-碳形成 C_{n-1} 脂肪酸(通过形成 α-酮酸)、C_{n-1} 链烷醛和 C_{n-2} 烃。这些产物进

一步逐步氧化可形成一系列分子量较小的酸,这些酸本身发生氧化,生成具有它们自身特征的分解产物,形成少量短链烃、内酯和羰基化合物,即

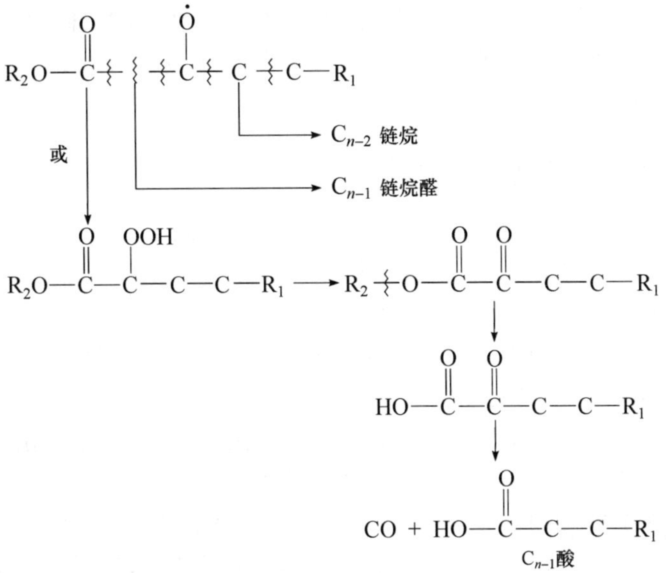

$$R_2O-C-C-\left(-C-C-C-R_1\right)$$

→ C_{n-2} 链烷

→ C_{n-1} 链烷醛

或

$$R_2O-C-C-C-C-R_1 \longrightarrow R_2-O-C-C-C-C-R_1$$

（OOH）

$$HO-C-C-C-C-R_1$$

$$CO + HO-C-C-R_1$$
C_{n-1}酸

脂肪酸 β-碳的氧化可生成 β-酮酸,脱羧后形成 C_{n-1} 甲基酮,烷氧基中间体在 α 和 β-碳间裂解生成 C_{n-2} 链烷醛,在 β 和 γ-碳间断裂则生成 C_{n-3} 烃,即

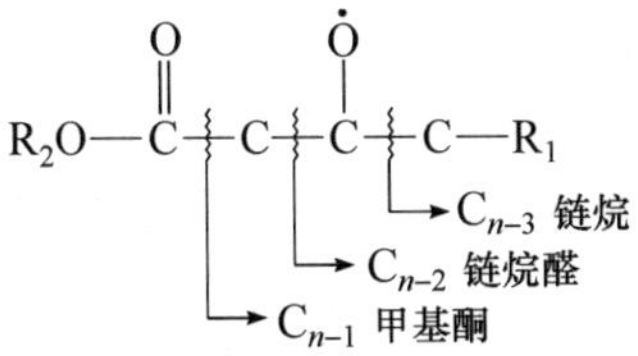

$$R_2O-C-C-C-C-R_1$$

→ C_{n-3} 链烷

→ C_{n-2} 链烷醛

→ C_{n-1} 甲基酮

氧攻击 γ 位时生成 C_{n-4} 烃、C_{n-3} 链烷醛和 C_{n-2} 甲基酮:

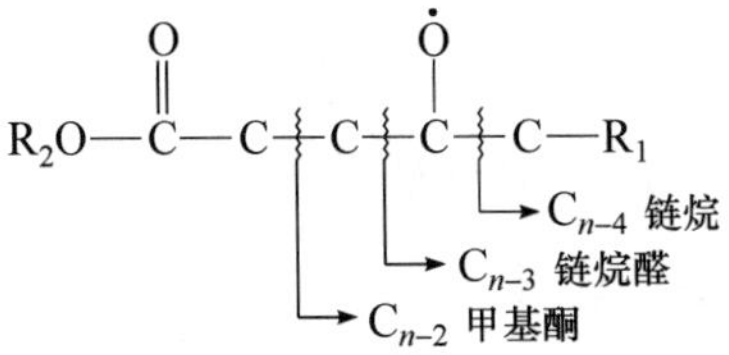

$$R_2O-C-C-C-C-C-R_1$$

→ C_{n-4} 链烷

→ C_{n-3} 链烷醛

→ C_{n-2} 甲基酮

此外,当 γ 位形成氢过氧化物时,生成的羟基酸经环化可得到 $C_n\gamma$-内酯。

4.5.3.3　不饱和脂肪酸酯非氧化热反应

不饱和脂肪酸在无氧条件下加热,主要反应是形成二聚化合物。此外,还生成一些低分子量物质,但是,这些反应都需要在较剧烈的热处理条件下才能发生,因此,油酸甲酯在 200 ℃ 以下无明显分解,若在氩气环境中 280 ℃ 加热 65 h,除生成烃、短链和长链脂肪酸酯、直链二羧酸二甲酯以外,还形成二聚物,其中很多化合物是由靠近双键位置的 C—C 键均裂产生的自由基和(或)自由基的结合所形成的。二聚化合物包括无环单烯和二烯二聚物以及具有环戊烷结构的饱和二聚物,它们都是通过双键的 α-亚甲基脱氢后形成的烯丙基产生的,这类自由基经过歧化反应可形成单烯酸或二烯酸,或与 C=C 发生分子间或

分子内的加成反应(图 4-39)。

亚油酸甲酯在上述同样的条件下加热,将生成更复杂的二聚物混合物,包括饱和三环、单不饱和双环,二不饱和单环和三不饱和的无环二聚物,以及含一个或两个双键的脱氢二聚物。亚油酸乙酯在 180 ℃真空下加热 1 h 仅生成微量的挥发性分解产物,这些化合物的含量非常小。

4.5.3.4 不饱和脂肪酸酯热氧化反应

不饱和脂肪酸比对应的饱和脂肪酸更易氧化,在高温下氧化分解反应进行得很快。虽然在高温和低温的氧化存在某些差异,但两种情况下的主要反应途径是相同的。根据双键的位置可预测氢过氧化物中间体的形成和分解,实际上这些反应能在较宽的温度范围内发生。从加热过的脂肪中已分离出很多种分解产物,脂肪在高温下生成的主要化合物,具有脂肪在室温下自动氧化产生的那些化合物的典型特征。

高温下氢过氧化物的分解和次级氧化速率非常快,在多种因素作用的净平衡下,可测定出自动氧化过程中一定时间内某一分解产物的数量。温度、氢过氧化物的分子结构、油脂自动氧化程度和分解产物本身的稳定性等因素,都将对产物的最终定量组成产生较大的影响。由于这些因素不仅影响 C—C 键的断裂,而且还影响许多与 C—C 键断裂相竞争的其他分解反应,后者反应还包括 C—O 断裂,它可导致氢过氧化物位置异构化、环氧化,形成二氢过氧化物及分子内环化和二聚反应。以上是不饱和脂肪酸热氧化聚合的作用机理。不饱和脂肪酸在空气中高温加热可生成氧二聚物或氢过氧化物的聚合物、氢氧化物、环氧化物、羰基以及环氧醚化合物。对这些化合物的精确结构、各种氧化参数,以及生成这些化合物的反应所产生的影响,仍然有许多是不了解的。由于高效液相色谱分离技术的发展和在食品中得到应用,人们对氧化聚合反应的研究重新产生了兴趣。

4.5.4 油脂在油炸条件下的化学变化

食品在有氧存在和温度约 180 ℃的油炸过程中,随食品与热油脂接触时间的不同,油炸产品通常吸收 5%～40% 的油脂。在油炸过程中,脂肪将会产生许多化学变化。

4.5.4.1 油炸过程中油脂的特性

油脂在油炸过程中产生的化合物有以下几类。

(1)挥发性化合物。油脂在油炸过程中产生饱和与不饱和醛、酮、烃、内酯、醇、酸和酯等化合物。油脂在空气中于 180 ℃下加热 30 min 以后,所形成的主要挥发性氧化产物可用气相色谱法进行鉴定。虽然各种挥发性化合物的数量大不相同,但都会出现一个平稳值(平稳值是指挥发物的生成与蒸发或分解之间达到平衡时的数值),挥发性物质的含量取决于油脂和食品的种类,以及油炸条件。表 4-9 列举出油脂在油炸过程中某些挥发性化合物的浓度。

(2)中等挥发性非聚合的极性化合物(如羟基酸和环氧酸)。这些化合物是由各种不同氧化途径形成的化合物,包括前面讨论过的烷氧基。

(3)二聚和多聚酸以及二聚和多聚甘油酯。由于聚合反应,形成多聚物使油脂黏度明显增大。

表 4 - 9　在控制起酥油的油炸条件下与加热过的玉米油中某些挥发性化合物
的浓度(mg/kg)比较

挥发物	玉米油(空气中 180 ℃ 加热 1 h)	玉米油/水(空气中 180 ℃ 加热 70 h)	油炸用油 12 周后[1]	商业油炸油 10 d 后[2]
己醛	13	11	1.7	2.2
庚烯醛	10	4.2	2.1	2.2
辛烯醛	4.3	4.9	2.2	2.7
癸二烯醛(反,顺)	6.5	7.4	5.0	5.8
癸二烯醛(反,反)	32	20	20	12
辛烷	1.8	1.2	—	4.4
十一碳烷	0.24	0.12	0.48	0.6
戊基呋喃	1.9	3.6	0.4	0.9
正十五碳烷	0.3	0.2	1.4	1.3

1) 油炸用的油和起酥油组成未进行分析测定。

2) 油炸用的起酥油组成未进行分析测定。

(4) 游离脂肪酸。三酰基甘油在有水和加热条件下水解产生游离脂肪酸。

以上是油脂在油炸过程中的各种物理和化学变化,这些变化包括黏稠性和游离脂肪酸含量的增加及有害物质丙烯酰胺的生成,颜色变深、碘值降低、折光指数改变、表面张力降低和油脂产生泡沫的趋势增大。

4.5.4.2　油炸食品的特性

在油炸过程中,食品不断向高温油脂中释放水,产生的水蒸气将油的挥发性氧化产物从体系中释放出去,被蒸发出的水同时还起到搅拌油脂的作用,并促使油脂水解,产生更多的游离脂肪酸和反式脂肪酸。但油脂表面形成水蒸气可减少油脂与氧接触,因而对油脂起保护作用。油炸过程中,食品本身或食品与油脂相互作用均可产生挥发性物质,如马铃薯产生含硫化合物和吡嗪衍生物。食品在高温油炸过程中对油脂的吸收量因食品种类而异,油炸马铃薯片可吸收大约 35% 的油脂。一般来说,淀粉类食品吸收的脂肪量最多,因此需要经常或连续向油炸容器中补充新鲜油脂,以利于使油脂在油炸条件下迅速达到稳定状态。另外,食品本身的内源脂质也不断进入到油脂中,这两种油脂混合后的氧化稳定性与原来油炸油脂不相同。

4.5.4.3　化学和物理变化

在油炸过程中无论油脂或食品都会发生多种物理和化学变化,这些变化有的可以使油炸食品具有特征的感官品质。但是,如果对油炸过程的条件控制不适当,则会引起油脂和食品大量的分解,不仅会损害油炸食品的感官品质,而且也会使营养价值降低或产生有害物质。

　　油炸过程中脂肪的物理和化学变化受到很多参数的影响,所形成的化合物种类取决于油脂和油炸食品的化学组成,显然高温下长时间的油炸和金属污染物也能促使油脂大量分解,油炸容器的种类和油炸方式(连续式或间歇式)也是一个重要的方面。例如,表面积-体积比大的油脂氧化较快,还有其他一些重要因素,如油脂的翻动速率和加热方式(连续或间歇)以及有无抗氧化剂存在等。

4.5.4.4　油炸后油脂品质的检验方法

　　油脂经过油炸过程以后,常规的测定项目包括黏度、游离脂肪酸、感官品质、发烟点、泡沫量、聚合物和降解产物的测定。油炸过程中油脂的变化很大,因此,一种检验方法可能适用于某些条件,而对其他条件可能完全不适合。以下是根据氧化分解产物的相对极性制定的检验方法。

　　1) 石油醚不溶物检测

　　油炸后的油脂如果石油醚不溶物≥0.7%和发烟点低于170 ℃,或者石油醚不溶物≥1.0%,无论其发烟点是否改变,均可认为已经变质。这种方法费时,且不准确,因为某些氧化产物也可以部分地溶解于石油醚中。

　　2) 极性化合物柱色谱测定法

　　经过加热的油脂可用硅胶柱分离,非极性部分用石油醚-乙醚混合溶剂洗脱,用它与总量的差值计算出极性部分的质量分数。根据极性组分含量的大小决定油脂能否使用,极性部分的最大允许值为27%。

　　3) 介电常数测量

　　介电常数测定是一种快速灵敏的分析方法,油脂在油炸过程中介电常数发生改变,油脂的介电常数的变化通过食用油传感器测量,介电常数随极性增强而增大。这种方法的优点是:体积小,便于携带,可以在现场测量,不需要技术熟练的专人操作,分析时间不超过5min,但在解释测定数据时必须慎重。介电常数读数表示极性和非极性组分间的平衡,油脂油炸时这两类成分都会产生,通常主要是极性部分增多,但两部分之间的净差值取决于各种复杂因素,其中有些与油脂本身的质量无关,如水分。

　　4) 二聚物酯类的气相色谱分析法测定

　　将油脂全部转变成甲酯,用一根短色谱柱进行分析,调整色谱条件的各项参数使二聚酯在色谱图上能显示出保留时间约 3 min 的双峰,而其他单酯随溶剂峰一起洗脱。结果发现,二聚化合物与热分解反应有关,特别是延长加热时间可使分解产物增多。

4.5.5　电离辐射对脂肪的影响

　　食品辐射主要是杀死微生物和延长货架期。这种方法可用来对肉或肉制品灭菌(辐射剂量 10~50 kGy,相当于 1000~5000 krad),冷藏鲜鱼、鸡、水果和蔬菜(中等剂量 100~1000 krad)辐射可延长货架期,用低剂量 100 krad 辐射处理马铃薯和洋葱能抑制发芽,推迟水果后熟,杀死谷物、豌豆、大豆中的昆虫。从食品品质和经济观点来看,辐射保藏食品已逐渐受到人们的重视。世界粮农组织、世界卫生组织和国际原子能协会专家委员会(FAO、WHO、IAEA)于 1980 年 11 月讨论了辐射食品的安全性和卫生问题,认为任何食品、农产品辐射总平均剂量达到 1000 krad,并不会产生毒性危险,因此,食品辐射不需再做毒理学试验。

食品的辐射处理,与热处理一样也可诱导化学变化,因此必须控制处理条件,使这类化学变化的性质和程度不至于损害食品品质和带来卫生问题。为确定辐射对各种食品组分的影响,已进行了广泛而深入的研究,有关脂质在辐射过程的早期研究工作,大多是关于天然脂肪或某些合成脂质体系中的辐射-诱导氧化,只是在最近才精确地研究了脂肪中的辐解变化(非氧化性变化)。

4.5.5.1 辐解产物

天然脂肪或脂肪酸及其衍生物的模拟体系,在无氧和不同剂量的辐射条件下脂肪中已鉴定的化合物种类列举于表 4-10。

表 4-10 辐射条件下脂肪中已鉴定的化合物种类

直链烷烃	甲酯和乙酯	脂肪酸	长链烷烃基酯
1-链烯烃	丙烷和丙烯二醇二酯	内酯	长链烷二醇二酯
链二烯烃	乙二醇二酯	单酰基甘油	长链酮
炔烃	氧代丙二醇二酯	双酰基甘油	二聚物
醛	甘油基醚二酯	三酰基甘油	三聚物
酮	长链烃		

表 4-10 列出的这些化合物是牛和猪的脂肪、鲭鱼油、玉米油、大豆油、橄榄油、红花油、棉籽油和纯三酰基甘油在辐射处理过程中产生的,全部处理均在真空条件下进行,辐射剂量范围 $500\sim6000$ krad。烃、醛、甲酯和乙酯以及游离脂肪酸是脂肪辐射时产生的主要挥发性产物。研究发现,经过辐射的脂肪可产生 $C_1\sim C_{17}$ 正烷烃、$C_2\sim C_{17}$ 的 1-链烯烃、不饱和单烯、一系列链烃二烯和某些情况下产生的多烯,以及 C_{16}、C_{18} 直链烷醛和 C_{16}、C_{18} 脂肪酸甲酯、乙酯。经过辐射的鱼油,只产生碳数大于 17 的不饱和烃,从辐射的椰子油中只发现比 C_{16} 链长度短的醛。

油脂辐解产物主要取决于原来油脂的脂肪酸组成,虽然产生的大多数烃类化合物的量很少,但是碳原子数比原来脂肪中主要组成脂肪酸少一个或两个碳原子的烃类化合物的数量最多。例如,猪脂肪中 18:1 酸是主要组成脂肪酸,辐射生成的 C_{17} 和 C_{16} 烃最多。椰子油的主要组成脂肪酸是月桂酸,辐解所产生的大量烃是十一烷和十一烯(表 4-11)。在辐解混合物中,主要的醛类其碳链长与原来脂肪的主要组成脂肪酸的链长相同,所生成的大量甲酯和乙酯其碳链长也和原来脂肪中最主要的饱和脂肪酸的链长一样。如果脂肪辐解前已部分氢化,由于原脂肪酸组成已经改变,因而辐解化合物的组成也将随之发生相应地变化,近来已对牛脂肪中分子量大的辐解产物进行了鉴定。

表 4 - 11　6000 krad 剂量辐射所形成的主要辐解化合物和原来脂肪中主要脂肪酸之间的关系

脂　肪	辐解产物					
	最丰富脂肪酸		最丰富烃类化合物		最丰富醛类化合物	
	碳数	%	碳数	mg/100g 脂肪	碳数	mg/100g 脂肪
猪油	18:1	60.6	16:2	6.84	18:1	
			17:1	3.96		
红花油	18:2	78.0	17:2	19.3	18:2	11.9
			16:3	18.1		
氢化红花油	18:0	90.5	17:0	59.0	18:0	2.2
			16:1	10.0		
椰子油	12:0	55.8	11:0	9.0	12:0	4.5
			10:1	5.8		

4.5.5.2　辐解的作用机理

1）基本原理

物质吸收电离辐射,首先形成离子和激化分子,由于激化分子和离子的分解,或者它们和邻近的分子发生反应,引起化学降解,激化分子不仅可解离成自由基,还能继续解离成更小的分子或自由基,而离子之间主要是中和反应。激化分子解离或离子反应所形成的自由基,在高浓度自由基区可以互相结合,或者在介质中扩散并与其他分子发生反应。

2）脂肪的辐解作用

辐解诱导的反应结果并不是化学键无规断裂的统计分布,这些反应是按照最佳途径进行的,这些途径主要受分子结构影响。正如所有含氧化合物一样,饱和脂肪的氧原子电子缺乏,所以最先在羰基附近的位置发生断裂。

在三酰基甘油分子中,羰基附近的 5 个位置优先发生裂解,而脂肪酸其余碳碳键裂解是完全无规的,即

$$\underset{e\,\text{┼}}{\overset{\displaystyle O}{\underset{\displaystyle}{CH_2 \underset{a}{\text{┼}} O \underset{b}{\text{┼}} \overset{\|}{C} \underset{c}{\text{┼}} CH_2 \underset{d}{\text{┼}} CH_2 \text{┼} CH_2 \text{┼} CH_2 \text{┼}(CH_2)_x \text{┼} CH_3}}}$$

$$CHOOCR$$
$$CH_2OOCR$$

在 a,b,c,d 和 e 位置发生裂解可形成烷基、酰基、酰氧基和酰氧亚甲基自由基,另外,还有能代表对应甘油残基的自由基。由于脱氢可使自由基反应终止,靠失去氢原子形成的不饱和键,只能较低程度终止自由基反应。因此,酰氧基-次甲基键 a 的断裂可产生游离脂肪酸和丙二醇二酯或丙烯二醇二酯,酰基-氧键 b 断裂则形成一个碳链长度与母体脂肪酸相等的醛和一个二酰基甘油,在位置 c 或 d 断裂可生成比母体脂肪酸少一个或两个碳原子的烃和一个三酰基甘油,甘油基骨架的碳原子之间发生 e 断裂,则生成母体脂肪酸

甲酯和乙二醇二酯。另外，因自由基再结合，又可生成各种辐解产物，如烷基自由基相互结合能形成链更长的烃或二聚烃：

$$R \cdot + R \cdot ' \longrightarrow R—R'$$

酰基自由基与烷基自由基结合可生成酮：

$$\underset{\substack{\| \\ O}}{R—C} \cdot + R \cdot ' \longrightarrow \underset{\substack{\| \\ O}}{R—C}—R'$$

酰氧自由基与烷基自由基结合生成酯：

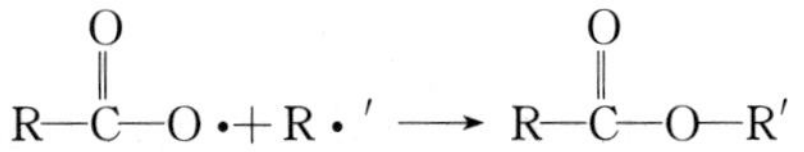

$$\underset{\substack{\| \\ O}}{R—C}—O \cdot + R \cdot ' \longrightarrow \underset{\substack{\| \\ O}}{R—C}—O—R'$$

烷基自由基与各种甘油残基自由基结合生成烷基二酸甘油酯，甘油基醚二酯。反应如下：

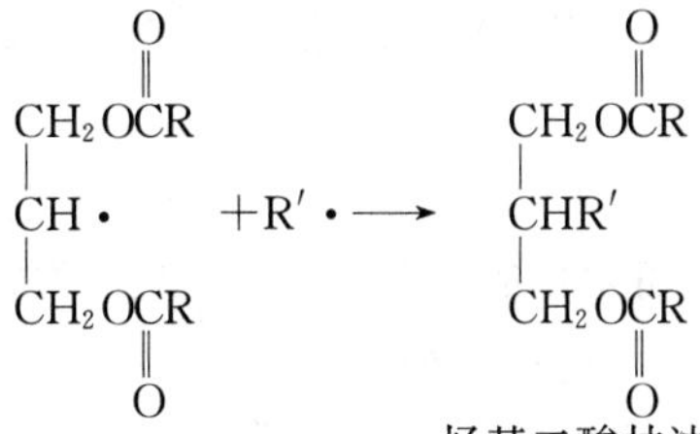

烃基二酸甘油酯

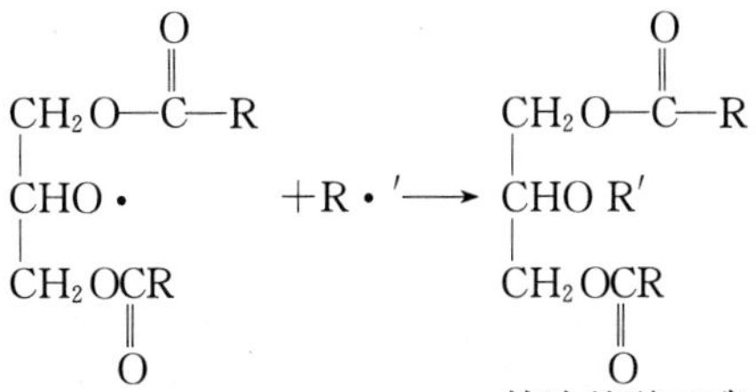

甘油基醚二酯

脂肪辐解除了以上介绍的机理外，可能还有其他一些反应途径，特别是甘油酯分子因不饱和性所引起的辐解反应，如交联、聚合和环化反应，尚需详尽地进行研究。

在有氧存在时，辐射还会加速脂肪的自动氧化过程，使脂肪自动氧化的速率变得更快，因为辐射可加速下面几种反应：形成的自由基和氧结合成氢过氧化物；氢过氧化物分解，产生多种分解产物，特别是羰基化合物；抗氧化剂遭到破坏。

3）含脂肪的和多组分的食品

含脂肪的和多组分的食品在受到电离辐射时，脂肪和其他组分都一起受到辐射。现已证明，这类辐射过的食品中也有脂肪辐解产物，但是由于其他共存物质的稀释效应使这些产物的浓度大为降低。当然，非脂质成分的辐解以及这些成分与脂质的相互作用，还会产生另外的一些变化。

辐射可降低含脂肪食品的稳定性，主要是由于抗氧化因子被破坏，因此最好是在隔绝空气的环境中进行辐射和在辐射后向食品中添加抗氧化剂。另外，也曾发现在某种情况下辐射能产生有利于提高食品稳定性的保护因子。

4.5.5.3 辐射与热效应的比较

辐射与热效应所涉及的机理不同,但是脂肪辐解产生的许多化合物与加热时形成的产物有些相似。在加热或热氧化的脂肪中已鉴定的分解产物比经过辐射的脂肪要多得多。近来,有人在脂肪酸酯和三酰基甘油的研究中发现,即使剂量高达 25 000 krad,所得到的挥发性和非挥发性产物的种类和数量都比在 180 ℃加热油炸 1 h 得到的要少得多。

4.5.5.4 生物效应

辐射可引起脂溶性维生素部分破坏,其中以生育酚最为敏感,大量实验证明按巴氏灭菌剂量辐射的含脂肪食品不存在毒性危险。

4.6　油脂加工化学

4.6.1　油脂精炼

油脂来源于植物油料种子和动物的副产物,这些原油可以通过压榨、溶剂浸出或二者结合及水酶法提取。未精炼的粗油脂中含有数量不同的、可产生不良风味和色泽或不利于保藏的物质,这些物质包括游离脂肪酸、磷脂、脂溶性异味和色素,以及非脂质物质,如糖类,蛋白质及其降解产物。其中水、色素(主要是胡萝卜素和叶绿素)以及脂肪氧化产物,在粗油脂经过逐步精炼过程以后可以除去。

4.6.1.1　沉降和脱胶

沉降包括加热脂肪、静置和分离水相,这样可使油脂中的水分、蛋白质、磷脂和糖类被清除。特别是含有大量磷脂的油,如豆油在脱胶预处理时应加入2%~3%的柠檬酸酸性水溶液,以增加磷脂的溶解度,并在温度 50~80 ℃搅拌混合,然后静置沉降或离心分离水化磷脂。

4.6.1.2　中和

原油中所含的游离脂肪酸不仅会产生异味、加速脂质氧化及形成有害物质,而且还会干扰加氢和酯化的加工过程,减少烟点并产生泡沫,影响精炼和油脂品质。因此,除去游离脂肪酸十分必要。

除去游离脂肪酸的方法是向油脂中加入适宜浓度的氢氧化钠,然后混合加热,剧烈搅拌一段时间,静置至水相出现沉淀,得到可用于制作肥皂的油脚或皂脚。油脂用热水洗涤,随后静置或离心,使中性油与残余的皂角分离。

碱处理的主要目的是除去油脂中的游离脂肪酸,但同时也能使油脂中的磷脂和有色物质明显减少。

4.6.1.3　漂白

漂白是除去原油中不需要的色素,如类胡萝卜素、棉酚和叶绿素等,漂白是将原油加热至 85 ℃左右,用吸附剂如漂白土(Fuller's earth)或活性炭、合成硅酸盐等处理,有色物质几乎全部被清除,漂白时应注意防止油脂氧化。其他物质如磷脂、皂化物和某些氧化产物也同色素一起被吸附,然后过滤除去漂白土,便得到纯净的油脂。漂白过程一般是在真空下进行。

4.6.1.4 脱臭

油脂中非需宜的挥发性化合物除存在于粗油脂中的醛、酮、醇等,多半是油脂氧化时产生的,用减压蒸汽蒸馏可以除去。通常添加柠檬酸是为了螯合微量重金属离子,这种处理方法同样也可以使非挥发性异味物质通过热分解转变成挥发性物质,然后再经过水蒸气蒸馏除去。

虽然油脂经过精炼后可提高氧化稳定性,但精炼过程中会造成油脂中天然抗氧化物质的损失。例如,粗棉籽油中含有大量的棉酚和生育酚,比精炼棉籽油的抗氧化作用强。另外,精炼过的棉籽油明显优于粗棉油的品质,无论是色泽、风味或稳定性都明显提高。此外,油脂通过精炼还能有效地清除油脂中某些毒性很强的物质,如花生油中可能存在的污染物黄曲霉毒素以及棉籽油中的棉酚。

4.6.2 油脂氢化

油脂氢化是三酰基甘油的不饱和脂肪酸双键与氢发生加成反应的过程,油脂的这种加工方法在油脂工业中是很重要的。因为它可以使液体油脂转变成更适合于特殊用途的半固体脂肪或可塑性脂肪(plastic fat),如起酥油(shortening)和人造黄油(margarine),而且还能提高油脂的熔点与氧化稳定性,也改变了三酰甘油的稠度和结晶性。但必须指出,在氢化过程中将产生对人体健康有害的反式脂肪酸。因此,需要严格控制。

油脂氢化分为全氢化和部分氢化,全氢化用骨架镍作为催化剂加热至 250 ℃,通入氢气使压力达到 $8.08×10^5$ Pa,全氢化可生成硬化型氢化油脂,主要用于生产肥皂。部分氢化是在 $(1.5~2.5)×10^5$ Pa 和 125~190 ℃用镍粉催化并不断地搅拌,因搅拌有利于氢溶解和使催化剂与油混合均匀,同时还有助于反应生成热很快散失,部分氢化生成乳化型可塑性脂肪,用于加工人造奶油、起酥油。油脂氢化前必须经过精炼、漂白和干燥,游离脂肪酸和皂的含量要低。另外,氢气还必须干燥且不含硫、CO_2 和氨等杂质,催化剂应具有持久的活性,使氢化和异构化的选择性按期望的方式进行,同时应容易过滤除去。氢化反应过程通常按油脂折光指数的变化来进行监控,因为油脂的折光指数与其饱和程度有关。当氢化反应达到所要求的终点时,将氢化油脂冷却,并过滤除去催化剂。

4.6.2.1 氢化的选择性

油脂氢化过程,不仅使双键加成变成饱和键,而且还可以改变双键的位置或使双键的顺式构型转变成为反式构型,形成的异构体称为异酸(isoacid)。因此,油脂部分氢化生成的复杂混合产物,依赖于被氢化的双键类型和异构化程度,以及这些反应的相对速率。下面是亚麻酸酯氢化时可能发生的反应:

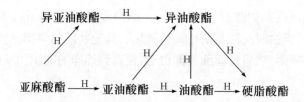

所谓选择性是指不饱和度比较大的脂肪酸与不饱和度小的脂肪酸的相对氢化速率。按阿布里特(Albright)定义的"选择性比"可定量地用式子表示：亚油酸氢化生成油酸的速率/油酸氢化形成硬脂酸的速率。根据氢化过程的起始和终止时的脂肪酸组成以及氢化时间可计算出转化速率常数(图 4 - 46)，上述反应的选择性比 SR 为

$$SR = \frac{k_2}{k_3} = \frac{0.159}{0.013} = 12.2$$

这意味着亚油酸的氢化速率比油酸快 12.2 倍。

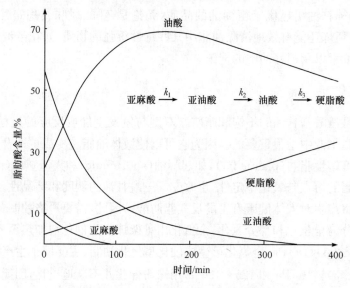

图 4 - 46　豆油氢化反应速率常数

由于每种氢化油的 SR 计算非常烦琐，因此阿布里特计算 SR 在一定时间内，各种油脂的脂肪酸组成，绘制出一组曲线。这些曲线是以碘值降低(ΔIV)对未氢化的亚油酸部分(L/L_0)作图绘制成的。虽然曲线是在假定转化速率为一级反应和异油酸与油酸的氢化速率相同的情况下计算的，但对于确定选择性来说仍然是很有用的。豆油的选择性比(k_2/k_3)曲线见图 4 - 47。同样可用类似的方法表示亚麻酸的选择性，即 $\ln SR = k_1/k_2$，式中 k_1 和 k_2 如图 4 - 47 所表示的数值，它与豆油的氢化有关，豆油的生油味是由高含量亚麻酸酯引起的。

各种催化剂有不同的选择性，操作参数对选择性有很大影响，如表 4 - 12 所示。低压、高温,高浓度催化剂和搅动强度低，都可以得到较大的 SR 值。表 4 - 12 还列举了加工条件对氢化速率和生成反式酸的影响。已有许多推测机理用来解释加工条件对氢化选择性和速率的影响。

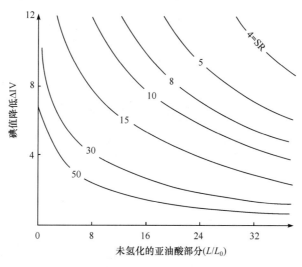

图 4-47　豆油的 SR 曲线

表 4-12　操作参数对选择性和氢化速率的影响

操作参数	SR	反式酸	速　率
高温	高	高	高
高压	低	低	高
高浓度催化剂	高	高	高
高强度搅拌	低	低	高

4.6.2.2　氢化的机理

一般认为,脂肪氢化的机理是不饱和液体油脂和被吸附在金属催化剂表面的原子氢之间的反应。反应包括 3 个步骤:首先,在双键(图 4-48)两端任何一端形成碳-金属复合物;然后这种中间体复合物与催化剂所吸附的氢原子反应,形成不稳定的半氢化态(half-hydrogenated state),即图 4-48 中的(2)或(3),处于这种状态的烯烃只用了一个键与催化剂连接,因而可以自由旋转;最后是这种半氢化合物与另一个氢原子反应,同时和催化剂分离,形成饱和的产物,见图 4-48(4)。相反地,另一种不饱和脂质加氢的情况是失去氢原子,恢复双键结构,但重新形成的双键的位置可以和原来的未氢化的化合物相同,也可能是原来双键位置的异构体,或者几何异构体,见图 4-48 中(5)和(6)。

一般来说,被催化剂吸附的氢的浓度决定选择性和形成的异构体。假定催化剂吸附氢达到了饱和,大部分活性位置已被氢原子所占据,那么处于适宜位置的两个氢原子将更可能与它们接近的双键发生反应,这样就使选择性降低,因为凡是能和两个氢原子接近的任何双键都趋向于加氢成为饱和键。另外,如果催化剂表面的氢原子分布稀少,很可能只有一个氢原子与双键反应,结果成为半氢化-脱氢链区,使异构化的可能性更大。因此,操作条件诸如氢压力、搅拌强度、温度以及催化剂的种类和浓度均影响氢对催化剂位点的比例,最终影响氢化选择性。例如,高温可增加转化速率,并使氢更快地从催化剂表面除去,

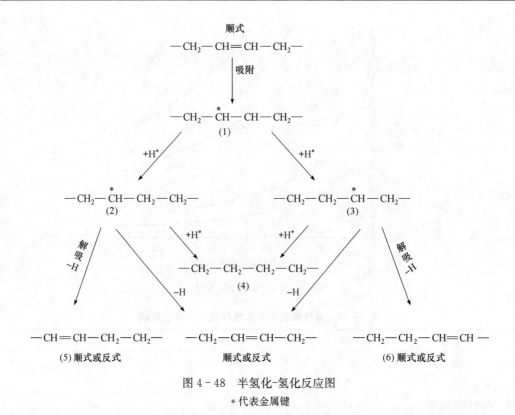

图 4 - 48　半氢化-氢化反应图

*代表金属键

结果使选择性提高。通过改变操作条件来改变 SR，能控制油脂的性质，如采用选择性更强的氢化操作条件，不仅能减少全饱和甘油酯的用量和防止油脂过度硬化，同时还能使得到的油脂产品中的亚油酸减少和稳定性提高。另外，选择性越大，生成的反式异构体数量也越多，这在营养上是不利的，因为人体的必需脂肪酸都是顺式构型。多年来，食用油脂加工部门试图研究出一种既防止形成过量全饱和油脂，同时还能使油脂最少异构化的氢化方法。

4.6.2.3　氢化的催化剂

催化剂的种类随油脂氢化选择性程度不同而异。工业上用各种载体镍作为油脂氢化催化剂，也可用其他催化剂，如铜、铜铬合金和铂。钯比镍的催化效率更高（按催化剂需要量），但是生成的产物大部分是反式异构体。此外，均相催化剂可溶于油脂，使油脂和催化剂的接触概率增大，能更好地控制选择性。

很多化合物都能使催化剂中毒失活，如磷脂、水、硫化物、油皂、部分甘油酯、二氧化碳和矿酸。这是油脂氢化工业经常遇到的问题。

4.6.3　酯交换

天然脂肪中脂肪酸在甘油酯分子中是规则分布的，每种脂肪酸都趋向于分布在一定的 Sn 位置，这种规则分布受环境和动、植物部位等因素的影响而变化。一种脂肪的物理特性在很大程度上依赖于组成它的脂肪酸的性质(链长和不饱和度),而且还取决于它们在三酰基甘油分子中的分布。某些天然脂肪中脂肪酸的分布方式限制了它们在工业上的应用。因此酯交换是提高油脂的稠度和适用性的一种加工方法,酯交换还包括脂肪酸重排,使之在脂肪的不同三酰甘油分子间无规分布。

4.6.3.1　酯交换原理

酯交换是指酯和酸(酸解)、酯和醇(醇解)或酯和酯(酯基转移作用)之间发生的酰基交换反应。酯和酯的交换反应与工业油脂酯交换反应有关(又称无规分布作用),它包括在一种三酰基甘油分子内的酯交换和不同分子间的酯交换反应。

如果一种脂肪只含 A 和 B 两种脂肪酸,根据概率法则,可能有下面 8 种三酰基甘油分子(n^3):

$$
\begin{array}{cccccccc}
\begin{array}{|c} A\\ A\\ A \end{array} &
\begin{array}{|c} A\\ A\\ B \end{array} &
\begin{array}{|c} A\\ B\\ A \end{array} &
\begin{array}{|c} A\\ B\\ B \end{array} &
\begin{array}{|c} B\\ A\\ A \end{array} &
\begin{array}{|c} B\\ A\\ B \end{array} &
\begin{array}{|c} B\\ B\\ A \end{array} &
\begin{array}{|c} B\\ B\\ B \end{array}
\end{array}
$$

不论这两种酸在原来脂肪的三酰基甘油分子中怎样分布,如 AAA 和 BBB 或 ABB、ABA、BBA,但在酯交换反应中可使脂肪酸在一种三酰基甘油分子内和三酰基甘油分子间进行"改组"(shuffling),直至形成各种可能的结合形式并最终达到平衡为止。不同种类的甘油酯分子的比例取决于原来脂肪中每种脂肪酸含量,并且可按前面讨论过的1,2,3无规分布假说计算求得。

4.6.3.2　工业酯交换方法

脂肪在较高温度(<200 ℃)下长时期加热,可完成酯交换反应,但若使用催化剂通常能在 50 ℃短时间内(30 min)完成,碱金属和烷基化碱金属是有效的低温催化剂,其中甲醇钠是最普通的一种。催化剂用量一般约为油脂质量的 0.1%,若用量较大,会因反应中形成肥皂和甲酯使油脂损失过多。

油脂酯交换时必须非常干燥,而且游离脂肪酸、过氧化物和其他任何能与甲醇钠起反应的物质都必须含量很低。在催化剂加入油脂中后的几分钟,由于甘油酯和甲醇钠之间形成复合物,油脂变为红棕色,一般认为这种复合物才是"真正的催化剂"。酯交换结束用水或酸终止反应,使催化剂失活除去。

4.6.3.3　机理

酯交换反应机理如下:

1) 形成烯醇化离子

按照这种机理,首先是形成一种具有对酯产生碱作用特性的烯醇化离子(Ⅱ),此烯醇化离子与三酰基甘油分子中的另一个酯基反应,形成 β-酮酯(Ⅲ),β-酮酯再进一步反应,可得到另一个 β-酮酯(Ⅳ),然后中间产物Ⅳ转变为分子内酯化产物Ⅴ,反应如下:

$$
\begin{bmatrix}
\text{OCOCH}_2 R_1 \\
\text{OCOCH}_2 R_2 \\
\text{OCOCH}_2 R_3
\end{bmatrix}
\text{I}
\quad + \quad \text{OCH}_3^- \quad \rightleftharpoons \quad
\begin{bmatrix}
\text{OC}{=}\text{C}{-}R_1 \\
\quad\quad\text{H} \\
\text{OCOCH}_2 R_2 \\
\text{OCOCH}_2 R_3
\end{bmatrix}
\text{II}
\quad \rightleftharpoons
$$

$$
\begin{bmatrix}
\text{OC}{-}\text{C}{-}\text{C}{-}\text{CH}_2{-}R_1 \\
\quad\quad R_1 \\
\text{O} \\
\text{OCOCH}_2 R_3
\end{bmatrix}^-
\text{III}
\rightleftharpoons
\begin{bmatrix}
\text{OC}{-}\text{C}{-}\text{C}{-}\text{CH}_2 R_2 \\
\quad\quad R_1 \\
\text{OCOCH}_2 R_3
\end{bmatrix}^-
\text{IV}
\rightleftharpoons
\begin{bmatrix}
\text{OCOCH}_2 R_2 \\
\text{OC}{-}\text{C}{-}R_1 \\
\quad\quad\text{H} \\
\text{OCOCH}_2 R_3
\end{bmatrix}^-
\text{V}
$$

在两个或更多个三酰基甘油分子之间可按同样方式进行酯交换反应,一般在反应初期主要是酯内的酯交换。

2) 羰基加成

首先是烷基化离子在极化的酯酸基上发生加成反应,形成二酯酰甘油盐(diglycerinate)中间产物:

$$
R_2\text{OCO}
\begin{bmatrix}
\text{ONa} \\
\\
\text{OCOR}_3
\end{bmatrix}
$$

二酯酰甘油钠

此中间产物再和另一个甘油酯分子起反应,除去一个脂肪酸分子,形成一个新的三酰基甘油分子;进一步反应再生成一个二酯酰甘油盐。以下表示全饱和 S_3 和不饱和 U_3 之间的酯交换反应:

$$S_3 + U_2ONa \underset{k}{\overset{3k}{\rightleftharpoons}} SU_2 + S_2ONa$$

$$SU_2 + U_2ONa \underset{3k}{\overset{2k}{\rightleftharpoons}} U_3 + SUONa$$

$$U_3 + S_2ONa \underset{k}{\overset{3k}{\rightleftharpoons}} S_2U + U_2ONa$$

$$S_2U + S_2ONa \underset{3k}{\overset{2k}{\rightleftharpoons}} S_3 + SUONa$$

$$S_2U + U_2ONa \underset{k}{\overset{2k}{\rightleftharpoons}} SU_2 + SUONa$$

$$SU_2 + S_2ONa \underset{k}{\overset{2k}{\rightleftharpoons}} S_2U + SUONa$$

4.6.3.4　定向酯交换

酯交换反应引起的随机分布,并非总是最符合食品加工的需要。如果脂肪保持在熔点温度以下,则酯交换反应是定向而不是无规的,结果使三饱和酸甘油酯选择性地结晶出来,因而可将这类甘油酯从反应混合物中不断除去并改变液相中脂肪酸的平衡。如果继续进行反应,则三饱和酸甘油酯的得率将比其他甘油酯高,由于新生成的三饱和酸甘油酯可以结晶和沉淀,因此能不断生成更多的三饱和酸甘油酯。这种过程将一直持续到脂肪中大部分的饱和脂肪酸沉淀为止。若原来脂肪是含有一定量饱和脂肪酸的液体油脂,用这种酯交换方法能够使油转变成具有起酥油稠度的产品,而不需要采用氢化或向液体油脂中掺和硬化脂肪。由于酯交换反应在低温下进行,形成晶体需要经过一段时间,而且催化剂易被覆盖,所以反应过程较缓慢。通常采用液体钠钾合金分散体,使形成的覆盖层很快脱落。

在进行酯交换反应时,添加过量的脂肪酸并不断地蒸馏所释放的强挥发性酸也可以选择性地控制重排反应。利用这种方法可除去脂肪中的全部低分子量酸。酯交换反应中,用合适的溶剂萃取脂肪中的酸,也可降低某些脂肪酸的含量。

4.6.3.5　酯交换油脂产品的应用

酯交换反应广泛应用在起酥油的生产中,猪油中二饱和酸三酰基甘油分子的碳 2 位置上大部分是棕榈酸,即使在工业冷却器中迅速固化,也会形成较大的粗粒结晶体。如果直接用猪油加工成的起酥油,不但会出现粒状稠性,而且在焙烤中表现出不良性能。然而将猪油酯交换后,得到的无规分布油脂可改善其塑性范围并制成性能较好的起酥油。若在高温下定向酯交换,则得到固体含量较高的产品(图 4 - 49),使可塑性范围扩大。

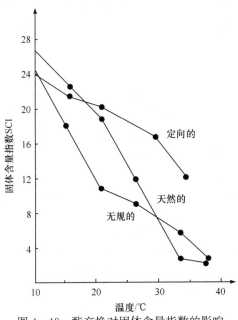

图 4 - 49　酯交换对固体含量指数的影响

棕榈油定向酯交换后可制成浊点(cloud point)较低的色拉油,酯交换还用于生产稳定性高的人造黄油和熔化特性符合要求的硬奶油。一般采用二甲基甲酰胺逆流柱进行定向酯交换,可以选择性减少豆油中亚麻酸的含量,获得商业上期望的产品。

4.7 食品脂质在风味中的作用

4.7.1 物理效应

纯净的食用脂质几乎是无气味的,它们除作为风味化合物前体外,还可以通过它对口感以及风味成分挥发性和阈值(threshold value)的影响调节许多食品的总风味。

4.7.2 作为风味前体的脂质

前面已经阐述了脂质的反应,这些反应生成多种中间产物和最终产物。这些化合物的物理和化学性质完全不同,因此它们所表现的风味效应也不一样,其中有些具有使人产生愉快感觉的香味,像水果和蔬菜的香气;另一些则有令人厌恶的臭气和味道,后者通常是食品加工和储藏中存在的主要问题。以下讨论脂质产生的异味。

4.7.2.1 酸败

脂质的水解酸败,是由于脂解作用使油脂释放出游离脂肪酸的结果,只有短链脂肪酸才有令人不愉快的气味,特别在牛乳和乳制品中常会遇到这种情况。

酸败通常指的是脂质氧化产生的异味。它因各种食品而异,即使是同一种食品氧化产生的气味,在性质上也明显不相同。肉、核桃或奶油的脂肪氧化产生完全不同的酸败味,鲜乳产生酸败味、纸板味、鱼腥味、金属味、陈腐味或粉笔味等各种异味,所有这些都是氧化变质造成的。

4.7.2.2 风味回复

风味回复(或生油味)是豆油和其他含亚油酸酯的油脂所独有的,这种异味(臭味)又称为豆腥味或草味,一般在低过氧化值(5meq[①]/kg)时出现,有几种化合物是产生风味回复的成分,从产生风味回复的豆油中鉴定出的一种化合物为 2-正戊基呋喃,它是亚油酸酯按下述自动氧化机理形成的:

$$CH_3—(CH_2)_4—CH=CH—CH_2—CH=CH—CH_2(CH_2)_6COOR$$

$$\downarrow O_2$$

$$CH_3—(CH_2)_4—CH=CH—CH_2—\overset{10}{C}H—CH=CH—(CH_2)_6COOR$$
$$|$$
$$OOH$$

$$\downarrow$$

$$CH_3—(CH_2)_4—CH=CH—CH_2CHO$$

$$\downarrow$$

$$CH_3—(CH_2)_4—CH—CH_2—CH_2—CHO$$
$$|$$
$$OOH$$

---

① eq 为非法定单位,本书为遵从读者阅读习惯,仍然保留。

$$CH_3-(CH_2)_4-\underset{OH}{C}=CH-CH-\underset{OH}{CH}$$

$$-H_2O \downarrow$$

$$CH_3-(CH_2)_4-\underset{O}{\overset{HC-CH}{\underset{C}{\underset{}{}}=CH}}$$

2-正戊基呋喃

同时还发现若将此化合物以 $2\mu g/g$ 水平添加在其他油脂中也产生同样的生油味。亚麻酸具有催化亚油酸自动氧化生成 2-正戊基呋喃的作用。亚油酸酯自动氧化反应中形成的氢过氧化物中间体是 10-氢过氧化物,它并不具有亚油酸酯自动氧化的特征,但单重态氧可以使它产生这种反应,以下是单重态氧和亚油酸甲酯反应生成氢过氧基环状过氧化物的反应机理:

$$CH_3-(CH_2)_4\underset{\qquad}{} \overset{\qquad}{CH}-\underset{OOH}{(CH_2)_7COOCH_3}$$

$$\cdot O_2 \downarrow$$

$$CH_3-(CH_2)_4\underset{O-O}{} CH-\underset{OOH}{(CH_2)_7COOCH_3}$$

$$\downarrow$$

$$CH_3-(CH_2)_4\underset{O}{} CHO \longrightarrow CH_3-(CH_2)_4\underset{O}{}$$

2-正戊基呋喃

近来,发现顺式和反式-2-(1-戊基)呋喃可能是产生生油味的化合物。另有一些人认为,3-顺和 3-反-乙烯醛、磷脂和非甘油酯等其他几种化合物是大豆生油味的重要成分。

4.7.2.3　硬化风味

氢化豆油和海鱼油在储藏过程中产生异味(臭味),这种异味是由于油脂中形成了 6-顺和 6-反壬烯醛、2-反-6-反-十八碳二烯醛、酮、醇和内酯等化合物。这些化合物可能是氢化过程中形成的异构二烯自动氧化产生的,异构二烯又称为异亚油酸酯。

4.8　脂质与健康

4.8.1　脂肪酸的生物活性

膳食脂质是人体的必需营养素之一,是人体重要的能量来源,对维持人体能量平衡起着重要的作用。膳食脂质来源以及脂肪酸的不平衡将对人的健康产生不良影响。肥胖和许多疾病(如心脏病、糖尿病等)与膳食脂质关系密切,这在于脂质的高的热量密度($9\ kcal/g$)。一些特殊的膳食脂肪由于能够提高血液中低密度脂蛋白胆固醇(LDL-C)水平,被认为与增加心脏病的风险有关,如饱和脂肪酸能够提高 LDL-C 水平,而不饱和脂肪酸能够降低 LDL-C 水平。当膳食中饱和脂肪酸摄入量低于总热量值的 7%、胆固醇低于 200 mg/d、膳食纤维的摄入量达 10~25 g/d 时,被认为能够降低 LDL-C 水平。

4.8.1.1 反式脂肪酸

反式脂肪酸由于能够提高 LDL-C 水平和降低高密度脂蛋白胆固醇(HDL-C)水平,因而引起各国科学家和政府的高度重视。反式脂肪酸的几何构型与顺式不饱和脂肪酸相比更接近于饱和脂肪酸,因此在人体内容易发生簇集,从而引起患冠心病(coronary heart disease,CHD)、癌症、Ⅱ型糖尿病、黄斑变性的风险,同时也影响女性和儿童的健康。美国食品和药物管理局(FDA)规定,自 2006 年 1 月 1 日起,除脂肪含量低于 0.5 g 的食品外,其余食品都要求在营养标签中列出反式脂肪酸的含量。

尽管越来越多的研究致力于研究膳食脂质对健康的不利影响,但研究结果表明,ω-3 脂肪酸、植物甾醇、类胡萝卜素、共轭亚油酸等膳食脂质能够降低某些疾病的风险。

4.8.1.2 ω-3 脂肪酸

由于农业的发展,西方国家膳食脂质形式也发生了很大的变化,我们的祖先所摄入的脂质中,ω-6/ω-3 接近于 1:1,而现代农业的发展增加了精炼油脂(特别是植物油)的摄入量,因此 ω-6/ω-3 超过了 7:1。膳食中 ω-3 脂肪酸的水平在改变生物膜的流动性、细胞信号转导、基因表达、类二十烷酸(类花生酸)代谢等方面发挥着重要作用。因此,ω-3 脂肪酸的摄入对促进和维持健康极其重要,尤其对于怀孕和哺乳期的妇女以及冠心病、糖尿病、免疫系统紊乱的患者。现有证据表明,目前人们对 ω-3 脂肪酸的摄入量严重不足。因此,很多食品公司正致力于通过直接添加或给家畜饲喂 ω-3 脂肪酸,以增加产品中活性脂质的含量,但这些强化食品在加工和储藏期间经常引起 ω-3 脂肪酸的氧化变质。富含 ω-3 脂肪酸的鱼类食品如表 4-13 所示,富含 ω-3 脂肪酸尤其是亚麻酸的植物油包括大豆油、菜籽油(canola)和亚麻籽油。

表 4-13 一些鱼类的 ω-3 脂肪酸的含量

种 类	g ω-3 脂肪酸/(100 g 鱼)	种 类	g ω-3 脂肪酸/(100 g 鱼)
金枪鱼	0.9	鲭鱼	0.4~1.8
轻鲔鱼	0.2	鳕鱼	0.2
大西洋鲑(家养)	1.3~2.1	比目鱼	0.5
大鳞大马哈鱼(野生)	1.4	鲶鱼	0.1
青鱼	2.0		

引自:Excer J. 1987. Composition of Foods:Finfish and Shellfish Products. Washington:USDA Handbook, 8~15.

4.8.1.3 共轭亚油酸

亚油酸分子中两个双键通常被两个单键隔开,但由于异构化作用,亚油酸的双键会变成共轭形式,这种异构化通常发生在氢化过程,而在瘤胃微生物氢化中更容易产生。共轭亚油酸(conjugated linoleic acid)因其能够降低血液胆固醇、抗癌、预防糖尿病、减肥等功效而备受重视。不同的异构体具有不同的生物活性,其中 10-*trans*、12-*cis* 亚油酸能够抑制体内脂肪的集聚,9-*trans*、11-*cis* 亚油酸异构体在乳及牛肉制品中较常见。生物活性的分子机理在于共轭亚油酸能够调节类二十烷酸形成及相关基因表达。一些临床研究已经证实了共轭亚油酸对人体健康的重要作用。

4.8.1.4 植物甾醇

食品中主要的植物甾醇有菜籽甾醇、菜油甾醇和谷甾醇,植物甾醇在胃肠道中不能被吸收,其生物活性在于它们能够抑制膳食及胆汁中胆固醇的吸收,尤其对于富含胆固醇的膳食。每天摄入 1.5 g 左右植物甾醇可使 LDL-C 水平降低 8%~15%。植物甾醇具有很高的熔点,并在室温下以结晶形式存在。通常将不饱和脂肪酸酯化来增加植物甾醇在油脂中的溶解度以减少其结晶。

4.8.1.5 类胡萝卜素

类胡萝卜素(约有 700 多种)是一种脂溶性的多烯化合物,颜色由黄至红。维生素 A 是由 β-胡萝卜素衍生出来的必需营养成分。其他类胡萝卜素的生物活性,特别是抗氧化性活性,已经成为一个备受重视的研究领域。但临床研究表明,β-胡萝卜素能够提高自由基损伤患者(吸烟者)肺癌的发生率,而对于非吸烟者的影响是否如此尚不清楚。研究表明,其他类胡萝卜素具有有益人体健康的生物活性,如叶黄素和玉米黄质能够提高视觉灵敏度和促进健康。流行病学研究表明,摄食西红柿可降低前列腺癌的发生率,这与西红柿中的胡萝卜素和番茄红素含量有关。而且熟西红柿具有更高的营养价值,可能是由于热加工导致全反式番茄红素向顺式构型转变,顺式异构体番茄红素具有更高的生物活性和生物可利用性。

4.8.2 低热量脂质

对于摄食甘油三酯的担心是因其高热量密度。低热量的食物具有和全脂食品相同的感官品质,能够在低热量值下产生与脂肪相似的特性(4 kcal/g 蛋白质相当于 9 kcal/g 脂肪)。因而它可以作为脂肪替代物代替普通脂肪。同样的方法可以用于生产无热量或低热量脂质成分(脂肪替代品)。第一个商业化生产的无热量脂质是蔗糖酯,这种化合物之所以是无热量的,是因为脂肪酸与蔗糖的酯化反应使脂肪酶不能水解酯键,抑制了游离脂肪酸释放并进入血液。蔗糖酯的非消化吸收特性,使它能够通过肠道最终以粪便形式排出体外,而这种不消化性可引起腹泻等问题。低热量的结构脂质常在食品工业中应用,这些产品 Sn-2 位上通常连接的是短链脂肪酸(≤6C),而 Sn-1、Sn-3 位是长链饱和脂肪酸(≥16C),当被胰脂肪酶水解时,三酰基甘油的 Sn-1 和 Sn-3 位上释放出的游离脂肪酸可与二价阳离子结合生成无生物活性的不溶性肥皂。而生成的 Sn-2 单酰甘油可被肠内皮细胞吸收,最终通过肝脏代谢。其产生出的热量比长链脂肪酸低。这类三酰基甘油的热量仅为 5~7 cal/g。

4.8.3　短链脂肪

短链脂肪酸(short-chain fatty acid,SCFA)也称挥发性脂肪酸(volatile fatty acid,VFA),根据碳链中碳原子的多少,将碳原子数为2~6的有机饱和脂肪酸,主要包括乙酸、丙酸、异丁酸、丁酸、异戊酸、戊酸等称为短链脂肪酸。在这里介绍的是膳食纤维经肠道微生物发酵产生的主要代谢产物——内源短链脂肪酸,它被后肠迅速吸收后,不仅能够给肠道上皮细胞提供能量、降低渗透压、维持电解质的平衡,还具有调节肠道菌群平衡、改善肠道功能、促进钠的吸收的作用,丁酸在这方面的作用比乙酸和丙酸更强,且丁酸可增加乳酸杆菌的产量并减少大肠杆菌的数量。此外,SCFA还具有抗病原微生物、抗炎、抗肿瘤、抗哮喘和调控基因表达等功能,在调节宿主代谢、免疫系统和细胞增殖方面,以及在人体微生物-肠-脑柱级联中起着关键的作用。

人体肠道中每天会产生SCFA 500~600 mmol,这与摄入饮食中不同纤维素的含量有关。SCFA浓度随肠道长度而变化,盲肠和近端结肠中SCFA浓度最高,远端结肠SCFA浓度下降,是结肠细胞能量的来源(尤其是丁酸盐),也可以通过门静脉转运到外周循环中作用于肝脏和外周组织。尽管外周循环中SCFA水平较低,但它们作为信号分子参与宿主不同的生物过程。在肠道前端,膳食纤维不被宿主消化酶分解代谢,而进入盲肠和结肠部位,该部位的微生物菌群将膳食纤维发酵代谢产生SCFA,以乙酸盐、丙酸盐和丁酸盐为主。虽然各种短链脂肪酸的相对比例依赖于基质、肠道菌群的组成和在肠道转运的时间,但它们在结肠中乙酸盐、丙酸盐和丁酸盐的摩尔比约为60:20:20。SCFA在结肠产生后,主要通过由一元羧酸转运蛋白(MCT)介导的主动转运,被结肠细胞迅速吸收。然而,当可发酵纤维素供不应求时,微生物转向对生长不太有利的能量来源,如来自膳食的氨基酸、内源蛋白质或膳食脂肪,这将导致微生物菌群的发酵活性和SCFA等产物浓度降低。蛋白质发酵可以保持SCFA池,但主要产生支链脂肪酸,如异丁酸、2-甲基丁酸、异戊酸,这源自支链氨基酸缬氨酸、异亮氨酸、亮氨酸,而这可能与胰岛素抵抗相关。补充富含膳食纤维的膳食可恢复有益微生物水平,降低有毒微生物代谢产物的水平,增加SCFA含量,也可以通过益生菌间接调节。

乙酸:SCFA的主要成分,许多肠道菌群通过乙酰辅酶A(acetyl-CoA)等途径代谢丙酮酸产生。丙酸:通过琥珀酸途径将琥珀酸转化为甲基丙二酰辅酶A产生。丙烯酸与乳酸作为前体通过丙烯酸酯途径合成丙酸,也可以通过丙二醇途径合成,该途径以脱氧己糖(如海藻糖和鼠李糖)为底物。丁酸盐:是结肠细胞的首选能量来源并且是局部消耗,而其他重吸收的SCFA被排入门静脉。丙酸是在肝脏代谢,故在外周血中保持低浓度,而乙酸是在外周循环中最丰富的SCFA。此外,乙酸盐通过中枢稳态机理穿过血脑屏障并降低食欲。尽管外周循环中丙酸和丁酸浓度较低,但它们通过激活激素和神经系统间接影响外周器官。在肠道中SCFA浓度随肠道长度而变化,盲肠和近端结肠中SCFA浓度最高,远端结肠SCFA浓度下降。SCFA浓度降低的原因可能是通过Na^+偶联单羧酸转运体SLC5A8和H^+偶联的低亲和力单羧酸转运体SLC16A1导致重吸收增加。

第5章 氨基酸、肽和蛋白质

5.1 概　述

蛋白质是一类最重要的生物大分子,它是 19 世纪中期由荷兰化学家穆耳德(Mulder)命名为 protein,源自希腊文 πρoτo,是最"原初的"、"第一重要"的意思,中文译为蛋白质。

蛋白质是生物体的重要组成部分,在生物体系中起着核心作用,占活细胞干重的 50％左右。虽然有关细胞的进化和生物组织信息存在于 DNA 中,但是维持细胞和生物体生命的化学和生物化学过程全部是由酶来完成。众所周知,每一种酶在细胞中是高度专一的催化一种生物化学反应,酶是具有催化功能的蛋白质。此外,有的蛋白质,如胶原蛋白、角蛋白和弹性蛋白等,在细胞和复杂的生物体中作为结构单元,对于细胞的结构和功能起着重要作用。蛋白质之所以具有多种功能,这是与蛋白质的化学组成和结构有关。许多种蛋白质已经从生物材料中分离提纯,其分子量为 5000 至几百万。

蛋白质由 C（50％～55％）、H（6％～7％）、O（20％～23％）、N（12％～19％）和 S（0.2％～3％）等元素构成,有些蛋白质分子还含有铁、碘、磷或锌。蛋白质完全水解的产物是 α-氨基酸,它们的侧链结构和性质各不相同,大多数蛋白质是由 20 种不同氨基酸组成的生物大分子。蛋白质分子中的氨基酸残基靠酰胺键连接,形成含多达几百个氨基酸残基的多肽链。酰胺键的 C—N 键具有部分双键性质,不同于多糖和核酸中的醚键与磷酸二酯键,因此蛋白质的结构非常复杂,这些特定的空间构象赋予蛋白质特殊的生物功能和特性。

根据蛋白质的分子组成,蛋白质可以分为两类:一类是分子中仅含有氨基酸(细胞中未被酶修饰的蛋白质)的单纯蛋白或均一蛋白(homoprotein);另一类是由氨基酸和其他非蛋白质化合物组成(经酶修饰的蛋白质)的缀合蛋白(conjugated protein),又称杂蛋白(heteroprotein)。缀合蛋白中的非蛋白质部分统称为辅基(prosthetic group)。根据辅基的化学性质不同,可以分为核蛋白(核糖体和病毒)、脂蛋白(蛋黄蛋白、一些血浆蛋白)、糖蛋白(卵清蛋白、κ-酪蛋白)、磷蛋白(α-和 β-酪蛋白、激酶、磷酸化酶)和金属蛋白(血红蛋白、肌红蛋白和几种酶)。其中糖蛋白和磷蛋白是蛋白质以共价键分别与糖类和磷酸基团连接,而其他的蛋白质则是蛋白质通过非共价键与核酸、脂质和金属离子形成复合物,这些复合物在一定条件下可以被解离。

每一种蛋白质都有其特定的三维结构。因此,也可按照蛋白质的结构分为纤维蛋白和球蛋白。纤维蛋白是由线性多肽链组成,也可以由小的球蛋白线性聚集而成(如肌动蛋白和纤维蛋白),构成生物组织的纤维部分,如胶原蛋白、角蛋白、弹性蛋白和原肌球蛋白都属于这类蛋白质。球蛋白是一条或几条多肽链靠自身折叠而形成球形或椭圆结构。虽然大多数酶都属于球蛋白,但是纤维蛋白总是起着结构蛋白的作用。

蛋白质的一级结构是指蛋白质分子中氨基酸的排列顺序,而二级结构和三级结构则与多肽链的三维结构有关,四级结构表示多肽链的几何排列,这些肽链间大多是通过非共价键连接在一起。

蛋白质具有多种功能,根据功能不同可分为三大类:结构蛋白质、有生物活性的蛋白质和食品蛋白质。

肌肉、骨骼、皮肤等动物组织中含有结构蛋白质(角蛋白、胶原蛋白、弹性蛋白等),它们的功能大多与其纤维结构有关。

具有生物活性的蛋白质是生物体的重要组成部分,它与生命活动有着十分密切的关系,生命现象和生理活动往往是通过蛋白质的功能来实现的。酶是活性蛋白中最重要的一类,已鉴定出的酶有 2000 种以上,它们都是高度专一性的催化剂。其他生物活性蛋白质包括结构蛋白、调节代谢反应的激素蛋白质(胰岛素、生长激素)、收缩蛋白质(肌球蛋白、肌动蛋白和微管蛋白)、传递蛋白质(血红蛋白、肌红蛋白、铁传递蛋白)、抗体蛋白(免疫球蛋白)、储存蛋白质(卵清蛋白、种子蛋白)和保护蛋白(毒素和过敏原)以及一些蛋白类的抗生素。有些蛋白质还具有抗营养性质(如胰蛋白酶抑制剂)。食品中存在的蛋白质抗原,可导致抗体的合成,使人体内防御机制改变并出现许多种变态反应。储存蛋白质主要存在于蛋类和植物种子中,主要为种子和胚芽的萌发和生长提供氮源与氨基酸。保护蛋白则是某些微生物和动物为了生存所建立的一部分防御机制。毒蛋白存在于一些毒素和微生物中,如肉毒素、金黄色葡萄球菌毒素、毒蛇毒液和蓖麻蛋白等。

从细菌到人类,所有物种的蛋白质本质上都由 20 种基本氨基酸构成,但有的蛋白质可能不含有其中的一种或几种。这 20 种氨基酸其结构、大小、形状、电荷、形成氢键的能力和化学活性方面都存在差异。蛋白质实现的功能范围所以如此之广,就是由于 20 种氨基酸的差异,以及它们通过酰胺键连接在一起的序列。通过改变氨基酸的顺序、种类和比例,以及多肽链的链长,将可合成数十亿种具有各种独特性质的蛋白质。

食品蛋白质包括可供人类食用、易消化、安全无毒、富有营养、具有功能特性的蛋白质。乳、肉(包括鱼和家禽)、蛋、谷物、豆类和油料种子是食品蛋白质的主要来源。蛋白质在食品中同样具有十分重要的作用,作为食品中的一种主要成分,拥有与糖类一样高的营养能量值(17 kJ/g 或 4 kcal/g)。同时还能为食品提供结构、风味(或作为风味前体物质)、色泽,并具有形成和稳定凝胶、泡沫、乳状液及纤维结构的作用。因此,随着世界人口的增长,为了满足人们对蛋白质逐渐增长的需求,不仅要寻求新的蛋白质资源和开发蛋白质利用的新技术,而且还应更充分地利用现有的蛋白质资源和考虑成本。因此,必须了解和掌握食品蛋白质的物理、化学和生物学性质,以及加工处理对这些蛋白质的影响,从而进一步改进蛋白质的性质,特别是营养品质和功能特性。

5.2　氨基酸和蛋白质的物理化学性质

5.2.1　氨基酸的一般性质

5.2.1.1　结构和分类

α-氨基酸是组成蛋白质分子的基本结构单位,有 20 种氨基酸(更确切地说是 19 种氨基酸和 1 种亚氨基酸，即脯氨酸）通常存在于蛋白质水解物中，其他种氨基酸也存在于自然界，并具有生物功能。为了了解蛋白质的性质，必须首先了解氨基酸的结构性质。

氨基酸是带有氨基的有机酸，分子结构中至少含有一个伯氨基和一个羧基，α-氨基酸含有一个 α-碳原子、一个氨基、一个羧基、一个氢原子和一个侧链 R 基团。天然 α-氨基酸具有以下结构：

$$R-\underset{NH_2}{\overset{H}{\underset{|}{\overset{|}{C_\alpha}}}}-COOH$$

R 是侧链基团，脯氨酸和羟基脯氨酸的 R 基团来自吡咯烷，它们并不符合一般结构，蛋白质中常见的 α-氨基酸见表 5-1。

表 5-1　蛋白质中常见的 α-氨基酸

名　称	简写符号		分子量	化学名称	结构式（中性 pH）
	3 个字母	1 个字母			
丙氨酸 alanine	Ala	A	89.1	α-氨基丙酸	$CH_3-\underset{\overset{|}{+NH_3}}{CH}-COO^-$
精氨酸 arginine	Arg	R	174.2	α-氨基-σ-胍基戊酸	$H_2N-\underset{\overset{\|}{+NH_2}}{C}-NH-(CH_2)_3-\underset{\overset{\|}{+NH_3}}{CH}-COO^-$
天冬酰胺 asparagine	Asn	N	132.1	天冬酸酰胺	$H_2N-\underset{\overset{\|}{O}}{C}-CH_2-\underset{\overset{\|}{+NH_3}}{CH}-COO^-$
天冬氨酸 aspartic acid	Asp	D	133.1	α-氨基琥珀酸	$^-O-\underset{\overset{\|}{O}}{C}-CH_2-\underset{\overset{\|}{+NH_3}}{CH}-COO^-$
半胱氨酸 cysteine	Cys	C	121.1	α-氨基-β-巯基丙酸	$HS-CH_2-\underset{\overset{\|}{+NH_3}}{CH}-COO^-$
谷氨酰胺 glutamine	Gln	Q	146.1	谷氨酸酰胺	$H_2N-\underset{\overset{\|}{O}}{C}-(CH_2)_2-\underset{\overset{\|}{+NH_3}}{CH}-COO^-$
谷氨酸 glutamic acid	Glu	E	147.1	α-氨基戊二酸	$^-O-\underset{\overset{\|}{O}}{C}-(CH_2)_2-\underset{\overset{\|}{+NH_3}}{CH}-COO^-$
甘氨酸 glycine	Gly	G	75.1	α-氨基乙酸	$H-\underset{\overset{\|}{+NH_3}}{CH}-COO^-$
组氨酸 histidine	His	H	155.2	α-氨基-β-咪唑基丙酸	$\underset{\overset{\|}{H}}{HN^+}=\cdots-CH_2-\underset{\overset{\|}{+NH_3}}{CH}-COO^-$

名　称	简写符号		分子量	化学名称	结构式(中性 pH)
	3个字母	1个字母			
异亮氨酸 isoleucine	Ile	I	131.2	α-氨基-β-甲基戊酸	$CH_3-CH_2-CH-CH-COO^-$ $\quad\quad\quad CH_3\ ^+NH_3$
亮氨酸 leucine	Leu	L	131.1	α-氨基异己酸	$CH_3-CH-CH_2-CH-COO^-$ $\quad CH_3 \quad\quad ^+NH_3$
赖氨酸 lysine	Lys	K	146.2	α-ϵ-二氨基己酸	$NH_2-(CH_2)_4-CH-COO^-$ $\quad\quad\quad\quad\quad ^+NH_3$
蛋氨酸 methionine	Met	M	149.2	α-氨基-γ-甲硫醇基正丁酸	$CH_3-S-(CH_2)_2-CH-COO^-$ $\quad\quad\quad\quad\quad ^+NH_3$
苯丙氨酸 phenylalanine	Phe	F	165.2	α-氨基-β-苯基丙酸	$-CH_2-CH-COO^-$ $\quad\quad\quad ^+NH_3$
脯氨酸 proline	Pro	P	115.1	吡咯烷-2-羧酸	
丝氨酸 serine	Ser	S	105.1	α-氨基-β-羟基丙酸	$HO-CH_2-CH-COO^-$ $\quad\quad\quad ^+NH_3$
苏氨酸 threonine	Thr	T	119.1	α-氨基-β-羟基正丁酸	$CH_3-CH-CH-COO^-$ $\quad\quad OH\ ^+NH_3$
色氨酸 tryptophane	Trp	W	204.2	α-氨基-β-3-吲哚基丙酸	$CH_2-CH-COO^-$ $\quad\quad\quad\quad ^+NH_3$
酪氨酸 tyrosine	Tyr	Y	181.2	α-氨基-β-对羟苯基丙酸	$HO-$$-CH_2-CH-COO^-$ $\quad\quad\quad\quad\quad ^+NH_3$
缬氨酸 valine	Val	V	117.1	α-氨基异戊酸	$CH_3-CH-CH-COO^-$ $\quad\quad CH_3\ ^+NH_3$

　　每种氨基酸具有特定的 R 侧链,它决定着氨基酸的结构和物理化学性质。根据侧链的极性不同可将氨基酸分成四类:

　　(1) 具有非极性或疏水性侧链的氨基酸(丙氨酸、异亮氨酸、亮氨酸、甲硫氨酸、脯氨酸、缬氨酸、苯丙氨酸、色氨酸)。这一组氨基酸共有 8 种,它们在水中的溶解度较极性氨基酸小(表 5 - 2),其疏水程度随着脂肪族侧链的长度增加而增大,这组氨基酸以丙氨酸的 R 基疏水性最小。

表 5 - 2　氨基酸在水中的溶解度(25 ℃)

氨基酸	溶解度/(g/L)	氨基酸	溶解度/(g/L)
丙氨酸	167.2	亮氨酸	21.7
精氨酸	855.6	赖氨酸	739.0
天冬酰胺	28.5	蛋氨酸	56.2
天冬氨酸	5.0	苯丙氨酸	27.6
半胱氨酸	—	脯氨酸	620.0
谷胺酰胺	7.2(37 ℃)	丝氨酸	422.0
谷氨酸	8.5	苏氨酸	13.2
甘氨酸	249.9	色氨酸	13.6
组氨酸	—	酪氨酸	0.4
异亮氨酸	34.5	缬氨酸	58.1

(2) 带有极性、无电荷(亲水的)侧链的氨基酸(甘氨酸、丝氨酸、苏氨酸、半胱氨酸、酪氨酸、天冬酰胺、谷氨酰胺)。这组氨基酸共 7 种,它们含有中性、极性基团(极性基团处在疏水氨基酸和带电荷的氨基酸之间)能够与适合的分子(如水)形成氢键。丝氨酸、苏氨酸和酪氨酸的极性与它们所含的羟基有关,天冬酰胺、谷氨酰胺的极性同其酰胺基有关。半胱氨酸则因含有巯基,所以属于极性氨基酸,甘氨酸有时也属于此类氨基酸。其中半胱氨酸和酪氨酸是这一类中具有最大极性基团的氨基酸,因为在 pH 接近中性时,巯基和酚基可以产生部分电离。在蛋白质中,半胱氨酸通常以氧化态的形式存在,即胱氨酸。当两个半胱氨酸分子的巯基氧化时便形成一个二硫交联键,生成胱氨酸。天冬酰胺和谷氨酰胺在有酸或碱存在下容易水解并生成天冬氨酸和谷氨酸。

(3) 带正电荷侧链(在 pH 接近中性时)的氨基酸。包括赖氨酸、精氨酸和组氨酸,它们分别具有 ε-NH$_2$、胍基和咪唑基(碱性)。这些基团的存在是使它们带有电荷的原因,组氨酸的咪唑基在 pH 为 7 时,有 10% 被质子化,而 pH 为 6 时 50% 质子化。

(4) 带有负电荷侧链的氨基酸(pH 接近中性时)。包括天冬氨酸和谷氨酸。由于侧链为羧基(酸性),在中性 pH 条件下带一个净负电荷。

除了 20 种常见的氨基酸外,从蛋白质水解物中还离析出另外的氨基酸。例如,胶原蛋白中含有羟基脯氨酸和 5-羟基赖氨酸,弹性蛋白中含锁链素(desmosine)和异锁链素(isodesmosine),肌肉蛋白中存在甲基组氨酸,ε-N-甲基赖氨酸和 ε-N-三甲基赖氨酸。氨基酸在水中的溶解度(25 ℃)见表 5 - 2。

除上述 20 种氨基酸外,一些酶(如谷胱甘肽过氧化物酶和甲酸脱氢酶)含有硒代半胱氨酸,硒代半胱氨酸已被认为是蛋白质中新的第 21 种氨基酸。此外,在动物、植物或微生物的细胞中还存在 150 种以上游离或结合的氨基酸,其中多数是重要的代谢中间产物(或前体),或者是参与传递神经冲动的化学介质。在某些抗生素中还存在 D 构型氨基酸。

5.2.1.2　氨基酸的酸碱性质

氨基酸的离子化能力在生物学上是非常重要的,这种性质可用来进行定量分析。另外,氨基酸的一些性质(熔点、溶解度、偶极矩和在水溶液中的介电常数)都是由于在水溶液中的电荷分布不均匀而产生的。因而,所有氨基酸在接近中性 pH 的水溶液中,α-羧基和 α-氨基都是离子化的,分子以两性离子(zwitterion),也称偶极离子(dipolar ion)的形式存在:

$$\begin{array}{c} R{-}CH{-}COO^- \\ | \\ {}^+NH_3 \end{array}$$

由于氨基酸同时含有羧基(酸性)和氨基(碱性),因此,当氨基酸溶解于水时,可表现为酸的行为:

$$\begin{array}{c} R{-}CH{-}COO^- \\ | \\ {}^+NH_3 \end{array} \rightleftharpoons H^+ + \begin{array}{c} R{-}CH{-}COO^- \\ | \\ NH_2 \end{array}$$

又可表现出碱的性质:

$$\begin{array}{c} R{-}CH{-}COO^- + H^+ \\ | \\ {}^+NH_3 \end{array} \rightleftharpoons \begin{array}{c} R{-}CH{-}COOH \\ | \\ {}^+NH_3 \end{array}$$

因此氨基酸是一类两性电解质。以最简单的甘氨酸(Gly)为例,在溶液中由于受 pH 的影响可能有三种不同的离解状态,即

$$ {}^+NH_3{-}CH_2{-}COOH \underset{H^+}{\overset{K_1}{\rightleftharpoons}} {}^+NH_3{-}CH_2{-}COO^- \underset{H^+}{\overset{K_2}{\rightleftharpoons}} NH_2{-}CH_2{-}COO^- $$

$$\quad\quad 酸性 \quad\quad\quad\quad\quad\quad\quad 中性 \quad\quad\quad\quad\quad\quad\quad 碱性$$

氨基酸的这种性质取决于介质的 pH,即氨基酸分子是两性的。当以完全质子化的形式存在时,α-氨基酸(-氨基,-羧基)用碱滴定可以释放出两个质子。氨基酸的等电点 pI 是指在溶液中净电荷为零时的 pH。pK_a 值是上述两个反应的离解常数的负对数,即

$$ pK_{a_1} = -\lg \frac{[H^+][R_0]}{[R^+]} \tag{5-1} $$

$$ pK_{a_2} = -\lg \frac{[H^+][R^-]}{[R_0]} \tag{5-2} $$

在式(5-1)和式(5-2)中,K_{a_1} 和 K_{a_2} 分别代表 α-碳原子上的 —COOH 和 —NH_3^+ 的表观离解常数,R 如果侧链基上有离解基团,其表观电离常数用 K_{a_3} 表示。在中性 pH 范围,α-氨基和 α-羧基都处在离子化状态,因而当用酸滴定时,—COO$^-$ 被质子化(—COOH);碱滴定时,—NH_3^+ 发生去质子化。图 5-1 是典型氨基酸两性离子电化学滴定曲线。仅含 α-氨基和 α-羧基的氨基酸(侧链是不可离解的)的 pK_{a_1} 的范围为 2.0～3.0,pK_{a_2} 为 9.0～10.0(表 5-3)。带有可离解 R 基侧链的氨基酸,如 Lys、Arg、Asp、Glu、Cys 和 Tyr,相当于三元酸,有 3 个 pK_a 值,因此滴定曲线比较复杂。绝大多数主要氨基酸的 pK_a 和 pI 值见表 5-3,氨基酸的羧基 pK_{a_1} 值比脂肪族羧酸低(乙酸的 pK_a 为 4.74),因为氨基酸的带正电荷的氨基连接在邻近羧基的 α-碳原子上。

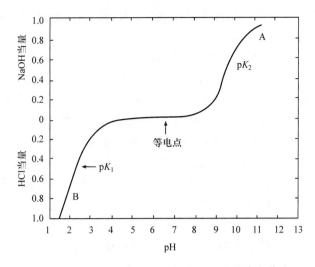

图 5-1　一种典型氨基酸两性离子电化学滴定曲线

表 5-3　氨基酸的 pK_a 和 pI（25 ℃）

名　称	pK_{a_1} ($\alpha - COO^-$)	pK_{a_2} ($\alpha - NH_3^+$)	pK_{a_R} （R＝侧链） AA	侧链[1]	pI
丙氨酸	2.34	9.69	—		6.00
精氨酸	2.17	9.04	12.48	＞12.00	10.76
天冬酰胺	2.02	8.80	—		5.41
天冬氨酸	1.88	9.60	3.65	4.60	2.77
半胱氨酸	1.96	10.28	8.18	8.80	5.07
谷氨酰胺	2.17	9.13	—		5.65
谷氨酸	2.19	9.67	4.25	4.60	3.22
甘氨酸	2.34	9.60	—		5.98
组氨酸	1.82	9.17	6.00	7.00	7.59
异亮氨酸	2.36	9.68	—		6.02
亮氨酸	2.30	9.60	—		5.98
蛋氨酸	2.28	9.21	—		5.74
赖氨酸	2.18	8.95	10.53	10.20	9.74
苯丙氨酸	1.83	9.13	—		5.48
脯氨酸	1.94	10.60	—		6.30
丝氨酸	2.20	9.15	—		5.68
苏氨酸	2.21	9.15	—		5.68
色氨酸	2.38	9.39	—		5.89
酪氨酸	2.20	9.11	10.07	9.60	5.66
缬氨酸	2.32	9.62	—		5.96

1) 蛋白质分子中可离子化基团的 pK_a 值。

pI(等电点)根据下列等式,利用氨基酸的 pK_{a_1}、pK_{a_2} 和 pK_{a_3} 值可估算氨基酸的等电点值:

不带电荷侧链的氨基酸　$pI = (pK_{a_1} + pK_{a_2})/2$

酸性氨基酸　　　　　　$pI = (pK_{a_1} + pK_{a_3})/2$

碱性氨基酸　　　　　　$pI = (pK_{a_2} + pK_{a_3})/2$

在等电点以上的任何 pH,氨基酸带净负电荷,并因此在电场中将向正极移动。在低于等电点的任一 pH,氨基酸带有净正电荷,在电场中将向负极移动。在一定 pH 范围内,氨基酸溶液的 pH 离等电点越远,氨基酸携带的净电荷越多。

在蛋白质分子中,氨基酸的 α-COOH 是通过酰胺键与邻近氨基酸的 α-NH_2 相结合,可以离解的基团只能是 N 端氨基酸残基的氨基,C 端氨基酸残基的羧基和侧链上的可离解基团。因此,蛋白质中这些可离解基团的 pK_a 值不同于相应的游离氨基酸(表 5-4)。蛋白质中的谷氨酸和天冬氨酸的酸性侧链基团的 pK_{a_3} 值大于相应的游离氨基酸的 pK_{a_3} 值,而碱性侧链的 pK_{a_3} 值则小于相应游离氨基酸的 pK_{a_3} 值。

根据 Henderson-Hasselbach 公式

$$pH = pK_a + \lg \frac{[共轭碱]}{[共轭酸]} \tag{5-3}$$

可以计算出任一 pH 条件下一种氨基酸的各种离子的离子化程度,并求出总的负电荷和正电荷之和,从而可计算出某一蛋白质在此 pH 时的净电荷数。

表 5-4　蛋白质中可离解基团的平均 pK_a 值

可离解基团	pK_a	酸形式 $\longleftrightarrow$ 碱形式
末端 COOH	3.75	—COOH $\longleftrightarrow$ —COO⁻
末端 NH_2	7.8	—NH_3^+ $\longleftrightarrow$ —NH_2
侧链 COOH(Glu、Asp)	4.6	—COOH $\longleftrightarrow$ —COO⁻
侧链 NH_2	10.2	—NH_3^+ $\longleftrightarrow$ —NH_2
咪唑基	7.0	
巯基	8.8	—SH $\longleftrightarrow$ —S⁻
酚基	9.6	
胍基	>12	

5.2.1.3　氨基酸的疏水性

蛋白质在水中的溶解度同氨基酸侧链的极性基团(带电荷或不带电荷)和非极性(疏

水)基团的分布状态有关,而且蛋白质和肽的结构、溶解性和结合脂肪的能力等许多物理化学性质,都受到组成氨基酸疏水性的影响。根据疏水性的定义:一种溶质溶解在水中的自由能与其在相同条件下溶解在有机溶剂中的自由能之差。评价氨基酸以及肽和蛋白质的疏水程度最直接和简单的方法可以根据氨基酸在水和弱极性溶剂(如辛醇或乙醇)中的相对溶解度来确定,将 1 mol 氨基酸从辛醇溶液中转移到水中,吉布斯自由能的变化(转移自由能)可由式(5-4)计算(忽略活度系数):

$$\Delta G_t = -RT\ln\frac{S_{辛醇}}{S_{水}} \tag{5-4}$$

式中:$S_{辛醇}$ 为氨基酸在辛醇的溶解度,mol/L;$S_{水}$ 为氨基酸在水中的溶解度,mol/L。

氨基酸溶解在水中的化学势可用式(5-5)表示:

$$\mu_{AA,w} = \mu_{AA,w}^{\circ} + RT\ln(\gamma_{AA,w} \times c_{AA,w}) \tag{5-5}$$

式中:$\mu_{AA,w}^{\circ}$ 为氨基酸在水溶液中的标准化学势;$\gamma_{AA,w}$ 为活度系数;$c_{AA,w}$ 为浓度;T 为热力学温度;R 为摩尔气体常量。

同样的,氨基酸溶解在辛醇中的化学势为

$$\mu_{AA,Oct} = \mu_{AA,Oct}^{\circ} + RT\ln(\gamma_{AA,Oct} \times c_{AA,Oct}) \tag{5-6}$$

在饱和溶液中,$c_{AA,w}$ 和 $c_{AA,Oct}$ 分别表示氨基酸在水和辛醇中的溶解度,此时氨基酸在水中和辛醇中的化学势是相等的,即

$$\mu_{AA,w} = \mu_{AA,Oct} \tag{5-7}$$

于是

$$\mu_{AA,Oct}^{\circ} + RT\ln(\gamma_{AA,Oct} \times c_{AA,Oct}) = \mu_{AA,w}^{\circ} + RT\ln(\gamma_{AA,w} \times c_{AA,w}) \tag{5-8}$$

氨基酸与水和辛醇的相互作用的标准化学势差值($\mu_{AA,w}^{\circ} - \mu_{AA,Oct}^{\circ}$)定义为氨基酸从辛醇溶液转移到水溶液中吉布斯自由能的变化($\Delta G_{tr,Oct \to w}^{\circ}$)。当忽略活度系数时,上述方程式表示为

$$\Delta G_{tr,Oct \to w}^{\circ} = -RT\ln(S_{AA,w}/S_{AA,Oct}) \tag{5-9}$$

式中:$S_{AA,w}$ 为氨基酸在水中的溶解度;$S_{AA,Oct}$ 为氨基酸在辛醇中的溶解度。

假若氨基酸有多个基团,则 ΔG_t 是氨基酸中各个基团的加合函数:

$$\Delta G_t = \sum \Delta G_t' \tag{5-10}$$

例如,苯丙氨酸,从水向辛醇中转移的吉布斯自由能可以分为两个部分:一部分是苄基;另一部分是甘氨酰基和羧基。即

$$\text{⬡}—CH_2 \dashv CH—COO^- \\ \underset{+NH_3}{|}$$

苄基　　　甘氨酰基

第二部分与给定甘氨酸的吉布斯转移自由能相似,因而从该氨基酸和甘氨酸的转移

吉布斯自由能之差,可以表示出侧链的疏水性,即

$$\Delta G_t(侧链)=\Delta G_t(氨基酸)-\Delta G_t(甘氨酸)$$

表 5-5 给出了某些氨基酸侧链的疏水性数值。用这些数据可以预测氨基酸在疏水性载体上的吸附行为(它可作为疏水性的一个函数),像聚苯乙烯或连接脂肪族 C_8 或 C_{18} 链的二氧化硅,吸附系数与疏水程度成正比。具有较大的正 ΔG_t 的氨基酸侧链是疏水性的,因此易溶于有机相而不是水相。蛋白质分子中的疏水氨基酸残基倾向于处在蛋白质分子内部,氨基酸侧链的 ΔG_t 为负值时则是亲水的,这些氨基酸残基趋向于蛋白质分子表面。

表 5-5　氨基酸侧链的疏水性(正辛醇→水,25 ℃)

氨基酸	ΔG_t 侧链/(kcal/mol)	氨基酸	ΔG_t 侧链/(kcal/mol)
丙氨酸	0.4	亮氨酸	2.3
精氨酸	−1.4	赖氨酸	−1.0
天冬酰胺	−0.8	蛋氨酸	1.7
天冬氨酸	−1.1	苯丙氨酸	2.4
半胱氨酸	2.1	脯氨酸	1.0
谷氨酰胺	−0.3	丝氨酸	−0.1
谷氨酸	−0.9	苏氨酸	0.4
甘氨酸	0	色氨酸	3.1
组氨酸	0.2	酪氨酸	1.3
异亮氨酸	2.5	缬氨酸	1.7

5.2.1.4　氨基酸的立体化学

蛋白质温和水解(酸或酶法)产生的所有氨基酸除甘氨酸外,都具有旋光性,这种性质(手性)是因为有不对称 α-碳原子存在,不对称碳原子轨道为 sp^3 杂化。根据碳原子上 4 种不同取代基的正四面体位置,可以得到 2 种立体异构体(或对映体)。因此,用费歇尔法表示,按 D 和 L-甘油醛类推,而不是按对线性偏振光的旋转方向确定。也就是说,L-构型不是像 L-甘油醛的左旋。实际上大多数氨基酸是右旋,而不是左旋。L-和 D-氨基酸的两种立体异构体可用下式表示:

$$\begin{array}{ccc}
& COO^- & \\
H-&C_\alpha-NH_2 & \\
& R & \\
& D\text{-氨基酸} &
\end{array}
\qquad
\begin{array}{ccc}
& COO^- & \\
NH_2-&C_\alpha-H & \\
& R & \\
& L\text{-氨基酸} &
\end{array}$$

天然存在的蛋白质中,只存在 L 型异构体。氨基酸的这种结构一致性是决定蛋白质结构的一个主要因素。异亮氨酸、苏氨酸、羟基赖氨酸和羟基脯氨酸 4 种氨基酸各有第二个不对称中心(β-碳原子),所以它们各有 4 种立体异构体,即

$$
\begin{array}{cc}
\text{COO}^- & \text{COO}^- \\
H_3\overset{+}{N}-C-H & H-C-\overset{+}{N}H_3 \\
H-C-OH & HO-C-H \\
CH_3 & CH_3 \\
\text{L-苏氨酸} & \text{D-苏氨酸} \\
\\
\text{COO}^- & \text{COO}^- \\
H_3\overset{+}{N}-C-H & H-C-\overset{+}{N}H_3 \\
HO-C-H & H-C-OH \\
CH_3 & CH_3 \\
\text{L-别苏氨酸} & \text{D-别苏氨酸}
\end{array}
$$

某些氨基酸的 D 型异构体存在于一些微生物的细胞壁和具有抗菌作用的多肽内,如放线菌素 D、短杆菌肽和短杆菌酪肽。

5.2.1.5 氨基酸的光谱特性

蛋白质分子中只有色氨酸、酪氨酸和苯丙氨酸等芳香族氨基酸是能够吸收紫外光的氨基酸,分别在波长 278 nm、275 nm 和 260 nm 处出现最大吸收(表 5 - 6)。胱氨酸在 230 nm 处有微弱吸收。所有参与蛋白质组成的氨基酸在接近 210 nm 波长处都产生吸收,但是它们在可见光区域均没有吸收。

氨基酸仅色氨酸、酪氨酸和苯丙氨酸能产生荧光(表 5 - 6),甚至蛋白质分子中的色氨酸也仍然会产生荧光(激发波长 280 nm,在 348 nm 波长处荧光最强)。这些氨基酸所处的环境极性对它们的紫外吸收和荧光性质有影响,因此常通过这些氨基酸的环境变化,对生色基团产生的微扰作用所引起的光谱变化来考查蛋白质构象的变化。

表 5 - 6 芳香族氨基酸的紫外吸收和荧光

氨基酸	最大吸收波长/nm	摩尔消光系数/[1/(cm・mol)]	荧光最大发射波长/nm
苯丙氨酸	260	190	282[1]
色氨酸	278	5500	348[2]
酪氨酸	275	1340	304[2]

1) 激发波长 260 nm。

2) 激发波长 280 nm。

5.2.2 氨基酸的化学反应

氨基酸和蛋白质分子中的反应基团主要是指它们的氨基、羧基和侧链的反应基团,即巯基、酚羟基、羟基、硫醚基(Met)、咪唑基和胍基,主要反应见表 5 - 7。其中有的反应可用来对蛋白质和肽进行化学修饰,改善它们的亲水性和疏水性或功能特性。还有一些反应被用作蛋白质和氨基酸的定量分析,如氨基酸与茚三酮、邻苯二甲醛或荧光胺反应是氨基酸定量分析中常用的反应。

表 5-7　氨基酸及蛋白质官能团的化学反应

反应类型	说　明	注　释
氨基酸的一般反应		
次氯酸钠氧化	$R{-}CH{-}COOH + NaOCl + H_2O \longrightarrow R{-}CHO + NH_3 +$ 　　　$\underset{NH_2}{\mid}$ $NaCl + CO_2$	
与碳酰氯反应	$R{-}\underset{NH_2}{\underset{\mid}{CH}}{-}COOH + \underset{Cl}{\underset{\mid}{Cl{-}C}}{=}O \longrightarrow R{-}CH{-}C=O$ 	生成的 N-羧酐能与赖氨酸残基的 $\varepsilon{-}NH_2$ 起反应
α-COOH 的反应		
酯化	$R{-}COOH + R'OH \xrightarrow[\text{沸腾}]{HCl} R{-}COOR' + H_2O$	在肽的合成时保护羧基
还原	$R{-}COOH \xrightarrow{NaBH_4} R{-}CH_2OH$	蛋白质 C 末端氨基酸的鉴定
脱羧	$R{-}\underset{NH_2}{\underset{\mid}{CH}}{-}COOH \longrightarrow R{-}CH_2{-}NH_2 + CO_2$	酶,加热,酸或碱处理
酰胺化	$R{-}COOH \xrightarrow{NH_3} R{-}CO{-}NH_2 + H_2O$	
α-氨基的反应		
酰化	$R{-}NH_2 + \underset{O}{\underset{\parallel}{R'{-}C}}{-}Cl \longrightarrow R{-}NH{-}CO{-}R' + HCl$	在肽合成时保护氨基
与醛反应	$R{-}NH_2 + \underset{O}{\underset{\parallel}{R'{-}C}}{-}H \longrightarrow R{-}N{=}CH{-}R' + H_2O$	生成的席夫碱不稳定,相当于美拉德反应的第一阶段
胍基化	$R{-}NH_2 + \underset{}{NH{=}\overset{O{-}CH_3}{\overset{\mid}{C}}{-}NH_2} \longrightarrow R{-}NH{-}\overset{NH^+_2}{\overset{\mid}{C}}{-}NH_2$	赖氨酰基侧链转移至高精氨酸
脱氨基反应	$R{-}NH_2 + HNO_2 \longrightarrow R{-}OH + N_2 + H_2O$	由释放的 N_2 可测定氨基酸
与茚三酮、荧光胺、1,2-苯二甲醛、异硫氰酸苯酯、丹磺酰氯反应		这些反应用于氨基酸的分离(如 HPLC)和测定
侧链上的反应		
巯基与碘乙酸的反应	$R{-}SH + ICH_2COOH \longrightarrow R{-}S{-}CH_2COOH$	按 S-羧甲基衍生物的形式测定半胱氨酸时防止氧化
与过甲酸反应	$R{-}SH + HCOOOH \longrightarrow R{-}SO_3H$	以磺基丙氨酸的形式测定半胱氨酸

反应类型	说　明	注　释
与对氯汞苯甲酸反应	$R-SH+ClHg-\text{〈}-COONa \longrightarrow$ $R-S-Hg-\text{〈}-COONa + HCl$	测定半胱氨酸
与 5,5′-二硫代-双(硝基苯甲酸)(Ellman 试剂)反应	$R-SH+NO_2-\text{〈}-S-S-\text{〈}-NO_2 \longrightarrow$ $^-OOC \qquad\qquad COO^-$ $R-S-S-\text{〈}-NO_2 + HS-\text{〈}-NO_2$ $COO^- \qquad\qquad COO^-$	测定半胱氨酸
氧化	$2R-SH \rightleftharpoons R-S-S-R$	半胱氨酸氧化生成胱氨酸(二硫交联键),用 β-巯基乙醇或二硫代苏糖醇还原时,反应是可逆的
赖氨酸氨基的反应		
与 1-氟-2,4-二硝基苯反应	$R-NH_2 + F-\text{〈}-NO_2 \longrightarrow R-NH-\text{〈}-NO_2$ $O_2N \qquad\qquad\qquad O_2N$ $\qquad\qquad\qquad + HF$	赖氨酸的 ε-二硝基苯基衍生物测定可能与这种氨基酸的生物有效性相关
与橙 G,2,4,6-三硝基苯磺酸或 O-甲基异脲反应		ε-NH_2 的测定(与生物的有效性相关)
与硫醚基的反应		
与碘乙酸反应	$R-S-CH_3 + ICH_2COOH \longrightarrow R-\overset{+}{S}-CH_3$ $\qquad\qquad\qquad\qquad\qquad\qquad CH_2COOH$	生成锍的衍生物可阻止硫原子氧化
与过甲酸反应	$R-S-CH_3 + HCOOOH \longrightarrow R-SO_2-CH_3$	以蛋氨酸砜的形式测定蛋氨酸

1）与茚三酮反应

在氨基酸的分析化学中,具有特殊意义的是氨基酸与茚三酮(ninhydrin)的反应。茚三酮在弱酸性溶液中与氨基酸共热,引起氨基酸氧化脱氨、脱羧反应[1 mol 氨基酸生成 1 mol 氨、醛、CO_2 和还原茚三酮(hydrindantin)],随后茚三酮与反应产物氨和还原茚三酮反应,生成鲁曼氏(Ruhemann's)紫物质,大多数是蓝色或紫色,在 570 nm 波长处有最大吸收值。仅脯氨酸和羟基脯氨酸生成黄色产物,最大吸收波长(λ_{max})为 440 nm,上述反应常用于氨基酸的比色(包括荧光法)测定。其反应原理如下：

茚三酮　　　　　氨基酸　　　　　　　　　鲁曼氏紫

2) 与荧光胺反应

氨基酸和含有伯胺基的肽与蛋白质同荧光胺(fluorescamine)反应生成强荧光衍生物,因而,可用来快速定量测定氨基酸、肽和蛋白质。此法灵敏度高,激发波长 390 nm,发射波长 475 nm。反应如下:

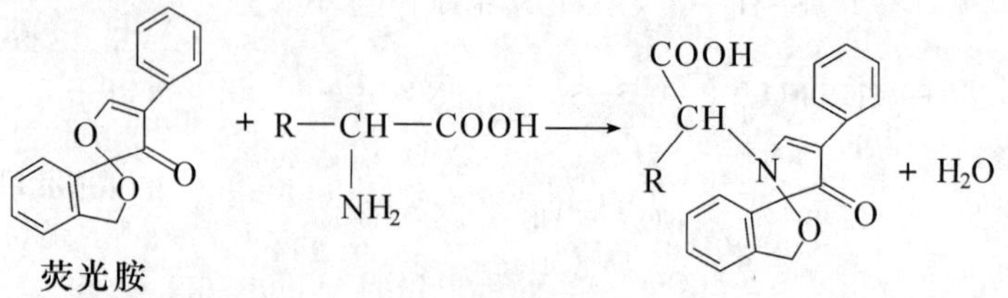

荧光胺

3) 与 1,2-苯二甲醛反应

当有巯基乙醇存在时,1,2-苯二甲醛与氨基酸反应能生成强荧光异吲哚衍生物(激发波长 380 nm,发射波长 450 nm)。反应如下:

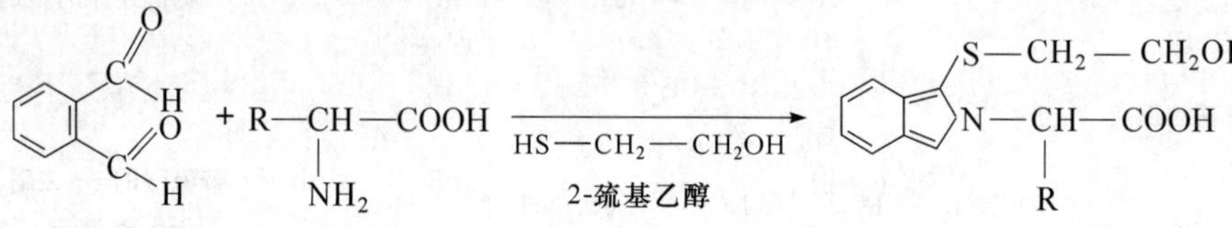

1,2-苯二甲醛　　　　　　　　　　　　　　　**2-巯基乙醇**

4) 与异硫氰酸苯酯反应

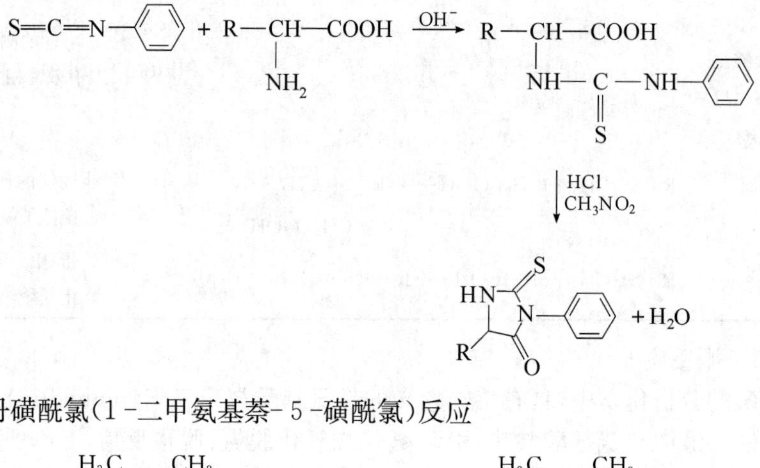

5) 与丹磺酰氯(1-二甲氨基萘-5-磺酰氯)反应

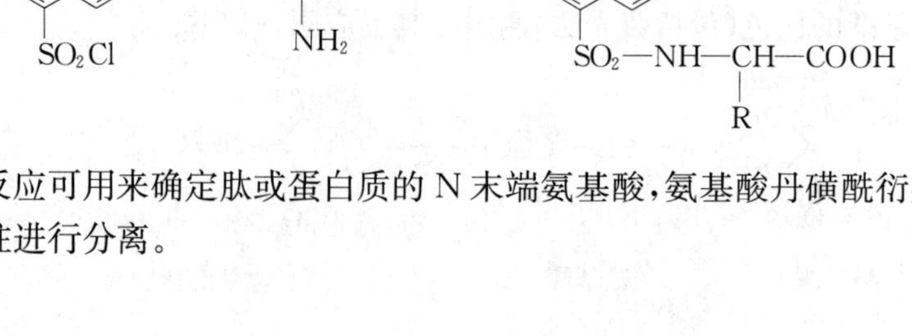

上述的氨基反应可用来确定肽或蛋白质的 N 末端氨基酸,氨基酸丹磺酰衍生物可用非极性液相色谱柱进行分离。

5.3　蛋白质的结构

5.3.1　蛋白质的结构层次

蛋白质与核酸、糖类一样,都属于生物大分子,它们和一般的合成大分子的最大差别可以归结为两点:特定结构和时空特性。本章只介绍蛋白质的结构层次。蛋白质的时空特性超出了本书的范围,这里不予阐述。与另外三类生物分子核酸、糖类和脂质相比,对蛋白质的层次结构,了解得最为清楚。

前面已经提到蛋白质的肽链是由 20 种氨基酸单体随机组成的,因此蛋白质肽链结构的复杂程度就可想而知。另外,蛋白质的肽链如同其他合成高分子一样,分子链都很长。任何一种长链分子在伸展状态时,基本上都是处于较高的能态,只有使分子的内能降低,分子才能成为更稳定的状态。因而,蛋白质的肽链就会自发地通过许多和 α-碳原子或肽平面键间的单键旋转,同时伴随着分子内大量的原子和基团间的相互作用,降低内能,折叠成为一些空间内较为稳定的立体结构。所以,蛋白质的结构并不只是描述蛋白质肽链中氨基酸的线性排列顺序。

蛋白质的立体结构是分阶段形成的,在现已查明的蛋白质立体结构中存在不同类型规则的有序结构。在此基础上,提出了蛋白质的多层次立体结构学说。

蛋白质的结构层次可分为一、二、三和四级结构。蛋白质的二、三、四级结构一般又统称为蛋白质的高级结构。关于蛋白质三维结构的研究,目前已经有60000多种蛋白质的资料,可通过相关蛋白的数据库查询。蛋白质四级结构水平的概念已经不能满足科学发展的需要,因此蛋白质化学家又在四级结构水平的基础上增加了两种新的结构层次,即超二级结构(supersecondary structure)和结构域(structure domain)。超二级结构是指几种二级结构的组合物存在于各种结构中。结构域的概念是指蛋白质分子中那些明显分开的球状部分,即是在二级或超二级结构的基础上形成独立的三级结构的局部折叠区。一条多肽链在这个域范围内来回折叠,但相邻的域常被一个或两个多肽片段连接,通常由 50～300 个氨基酸残基组成,其特点是在三维空间可以明显区分和相互独立,并且具有一定的生物功能,如结合小分子。对于这两种新结构层次在本书中不做阐述。

5.3.1.1　一级结构

蛋白质的一级结构有时也称蛋白质的共价结构,一般而言,蛋白质的一级结构是指构成蛋白质肽链的氨基酸残基通过酰胺键共价连接的线性排列顺序,有时也称为残基的序列。这一定义对只含氨基酸的简单蛋白质适用。但是在生物体内还有很多复合蛋白,它们除包含氨基酸外,还有其他的组成。对复合蛋白,完整的一级结构概念应该包括肽链以外的其他成分(如糖蛋白上的糖链、脂蛋白中的脂质部分等)以及这些非肽链部分的连接方式和位点。蛋白质的一级结构是一个无空间概念的一维结构。

目前,生物世界的蛋白质只有 L 型 α-氨基酸才能构成,氨基酸残基之间通过肽键连接(即一个氨基酸的 α-氨基与另一个氨基酸的 α-羧基结合失去一分子水,形成肽键),由 n 个氨基酸构成的蛋白质含有$(n-1)$个肽键。蛋白质的末端氨基酸与在肽链中的氨基酸不同,以游离的 α-氨基存在的一端,称之为蛋白质的 N 端,习惯上列在左侧;另一端是以游离的 α-羧基存在,则称为 C 端,习惯上在右侧,即

$$—NH—CH—COOH \quad + \quad H_2N—CH—COOH$$
$$\qquad\quad | \qquad\qquad\qquad\qquad\qquad | $$
$$\qquad\quad R_i \qquad\qquad\qquad\qquad\qquad R_{i+1}$$

$$\downarrow$$

$$—NH—CH—CO—NH—CH—COOH + H_2O$$
$$\qquad\quad | \qquad\qquad\qquad\qquad | $$
$$\qquad\quad R_i \qquad\qquad\qquad\qquad R_{i+1}$$

蛋白质的链长 n(这里 n 是指蛋白质序列中的残基数)和序列,以及肽键的顺反异构,它们决定蛋白质的物理化学性质、结构、生物活性与功能。氨基酸的序列的作用如同形成二级和三级结构的密码(code),最终决定蛋白质的生物功能。许多蛋白质的一级结构现已确定,已知的最短蛋白质链肠促胰链肽(secretin)和胰高血糖素(glacagon)含 $20\sim100$ 个氨基酸残基,大多数蛋白质都含有 $100\sim500$ 个氨基酸残基,某些不常见的蛋白质链多达几千个氨基酸残基。蛋白质的分子量范围从几千到 $1\,000\,000$ 以上,如存在肌肉中的肌联蛋白(titin)的分子量超过 100 万,而肠促胰链肽的分子量仅约为 2300。大多数蛋白质的分子量为 $10\,000\sim100\,000$。其结构如下:

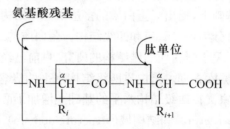

在讨论蛋白质的一级结构时,多肽链的主链可用—N—C—C$^{\alpha}$—或—$^{\alpha}$C—C—N—重复单元描述,这里—NH—$^{\alpha}$CHR—CO—(—N—C—C—) 相对于一个氨基酸残基,而—CHR—CO—NH—(—$^{\alpha}$C—C—N—)是表示一个肽单位。反应如下:

两个氨基酸连接在一起的肽键是酰胺键(图 5 - 2),虽然是将它作为一个单共价键来描述,但实际上肽键的 C—N 键具有 40% 的双键特性,而 C =O 键有 40% 左右的单键性质,这是由于电子的非定域作用结果导致产生的共振稳定结构,使之肽键的 C—N 键具有部分双键性质。

肽键的这个特性对蛋白质的结构具有重要的影响:其一,共振结构使—NH 在 pH= $0\sim14$ 不能被质子化;其二,肽键由于部分双键性质,—C—N 键不能像普通的 C—N 单键那样可以自由旋转,CO—NH 键的旋转角(ω 角)最大为 6°。由于这种限制的结果,肽键的每一个—C$_{\alpha}$—CO—NH—C$_{\alpha}$—片段(包含 6 个原子)处在同一个平面上,称之为肽平面,于是,多肽主链可描述为通过 C$_{\alpha}$ 原子连接的一系列—C$_{\alpha}$—CO—NH—C$_{\alpha}$—平面

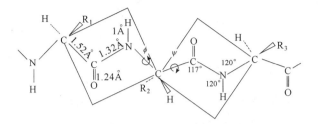

图 5-2　α-L-多肽链碎片的结构(反式构型)

原子间距离(Å)和键角度(°)。矩形中的 6 个原子在同一平
面上,φ 和 ψ 表示围绕一个 α-碳原子的可能扭转角,两个邻近
α-碳原子的肽键各位于一个平面上,R₁、R₂ 和 R₃ 处于反式位
置(φ=ψ=180°)

(图 5-2)。多肽主链的 C=O 和 N—H 基之间在适宜的条件下是可以形成氢键的。因
为肽键在多肽主链中约占共价键总数的1/3,它们限制了多肽主链的转动自由度,从而显
著减少了主链的柔顺性。从已知结构的蛋白质分析表明,尽管多数肽平面是不可扭曲的
平面,但也有一些肽平面是可扭曲的。也就是说,肽链的 C—N 链虽然带有双键的性质,
不易旋转,但也不是绝对刚性的,可在一定范围内旋转,N—C_α 和 C_α—C 键具有旋转自由
度,它们的两面角(或扭角)分别为 φ(C—N—C_α—C)和 ψ(N—C_α—C—N)(图 5-3);其
三,电子的非定域作用使羧基的氧原子带有部分负电荷,N—H 基的氢原子带有部分的正
电荷。由于上述原因,所以多肽主链上的 C=O 和 N—H 基之间可以在主链内或主链与
主链之间形成氢键(偶极-偶极相互作用)。

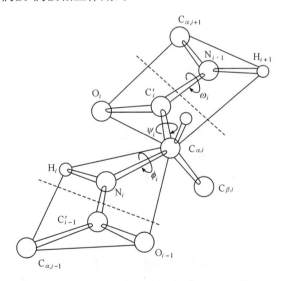

图 5-3　多肽主链的肽单位中原子的平面构型

φ 和 ψ 是 C_α—N 和 C_α—C 键的双面(扭转)角,侧链位于平面上方或下方

既然肽键具有部分双键特征,因此肽键上的取代基也就可能出现类似于烯烃那样的
顺反异构体。

$$O_{\delta\ominus} \diagdown \quad \diagup C_{\alpha,i+1}$$
$$C = N$$
$$C_{\alpha,i} \diagup \quad \diagdown H_{\delta\oplus}$$

反式(*trans*)

$$O_{\delta\ominus} \diagdown \quad \diagup H_{\delta\oplus}$$
$$C = N$$
$$C_{\alpha,i} \diagup \quad \diagdown C_{\alpha,i+1}$$

顺式(*cis*)

　　然而,蛋白质中的肽键和多数顺反异构体一样,顺式因大基团间的相互作用,而处于高能态,是不稳定的;反式则因处于较低能态,在热力学上是较稳定的。因此,蛋白质中几乎所有的肽键都是以反式构型存在,顺式和反式的比例为1∶1000,反式向顺式转变时肽键的吉布斯自由能增加34.8kJ/mol,实际上蛋白质中肽键的异构化作用是不存在的。但是在含有脯氨酸残基的肽键是例外,存在顺式构型。因为脯氨酸残基参与的肽键,反式向顺式转变的吉布斯自由能仅约为7.8kJ/mol,在高温下这些键有时能发生反式向顺式转变的异构化作用,顺式和反式出现的概率之比为2∶8。虽然 N—C_α 和 C_α—C 键确实是单键,理论上 ϕ 和 ψ 应具有 360°转动自由度,实际上它们的转动自由度由于 C_α 上侧链原子的空间位阻效应而受到限制,这些限制使多肽链的柔顺性进一步降低。

5.3.1.2　二级结构

　　蛋白质的二级结构是指多肽链骨架部分氨基酸残基有规则的周期性空间排列,即肽链中局部肽段骨架形成的构象。它们是完整肽链构象(三级结构)的结构单元,是蛋白质复杂的空间构象的基础,故它们也可称为构象单元。它不包括侧链的构象和整个肽链的空间排列。在多肽链某一片段中,当依次相继的氨基酸残基具有相同的 ϕ 和 ψ 转扭角时,就会出现周期性结构。氨基酸残基之间近邻或短程的非共价相互作用,将决定两面角 ϕ 和 ψ 的扭转,同时导致局部吉布斯自由能的降低。在多肽链的某些片段区域,当依次连接的氨基酸残基的成对 ϕ 和 ψ 双面角取不同值时,这些区域则为非周期或无规结构。

　　一般来说,在蛋白质分子中主要存在两种周期性(有规则)的二级结构,它们是螺旋结构和伸展的折叠结构。

　　各类二级结构的形成几乎全是由于肽链骨架中的羰基上的氧原子和亚胺基上的氢原子之间的氢键所维系。其他的作用力,如范德华力等,也有一定的贡献。某一肽段,或某些肽段间的氢键越多,它(们)形成的二级结构就越稳定,即二级结构的形成是一种协同的趋势。

1) 螺旋结构

　　在蛋白质二级结构中通常将螺旋看成是蛋白质复杂构象的基础,蛋白质的螺旋结构是由于依次相继的氨基酸残基的成对双面角 ϕ 和 ψ 角,分别按同一组值扭转而形成的周期性规则构象。理论上 ϕ 和 ψ 角可以选择不同的组合值,那么,蛋白质就可能产生几种不同几何形状的螺旋结构。然而,蛋白质实际上仅有 α-螺旋、3_{10}-螺旋和 π-螺旋 3 种形式的螺旋结构(图 5-4),其中 α-螺旋(α-helix)是蛋白质中最常见的规则二级结构,也是最稳定的构象。α 螺旋是在 1950 年由鲍林等提出来的。

　　α-螺旋每圈螺旋包含 3.6 个氨基酸残基,螺距(每圈所占的轴长)为 5.4 Å,每一个氨

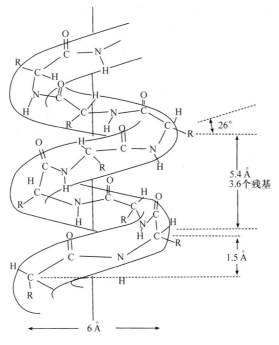

图 5 - 4 α-螺旋三维结构

基酸残基的垂直距离,即每圈螺旋沿螺旋轴上升 1.5 Å。每个残基绕轴旋转 100°
(360°/3.6),螺旋中氨基酸侧链在垂直于螺旋轴的方向取向(图 5 - 4)。在 α-螺旋中,所有
的肽单位都是刚性平面结构,其构象符合立体化学的稳定原则,氢键使 α-螺旋稳定,N—H
基的氢和位于螺旋下一圈的肽键的氧(前面第 4 个残基的 C≔O)之间形成许多氢键。由
于氢键的形成和所形成的电偶极指向相同的方向,所以螺旋结构有很高的稳定性。在 α-
螺旋的氢键封闭环内即每对氢键包含 13 个主链原子,因此,α-螺旋有时又称 3.6$_{13}$-螺旋。
氢键的方向与轴平行,从而 N、H 和 O 几乎都在一条直线上,氢键的长度,即 N—H…O 的距
离约为 2.9 Å,键的强度约为 18.8 kJ/mol。α-螺旋能以右手和左手螺旋两种形式存在,
然而右手螺旋更稳定,对于 L-氨基酸构成的左手螺旋,由于侧链和肽链骨架过于靠近,其
能量较高,构象不稳定,故而很罕见。天然蛋白质中的 α-螺旋几乎都是右手 α-螺旋。

  3$_{10}$-螺旋是一种二级结构,为非典型的 α-螺旋构象,形成氢键的 N、H、O 的 3 个原子
不在一直线上,有时存在于球蛋白的某些部位,它是每圈包含 3 个氨基酸残基的 α-螺旋,
每对氢键包含 10 个原子。最近的研究结果认为,3$_{10}$-螺旋可能是一种热力学的中间产物,
比典型的 α-螺旋更紧密。此外,还有某些不常见的螺旋,像 π 和 γ-螺旋每圈分别有 4.4
个和 5.2 个氨基酸残基,它们不如 α-螺旋稳定,π-螺旋则更松散,这些螺旋仅存在于包含
少数氨基酸的短片段中,而且它们对大多数蛋白质的结构不重要。

  脯氨酸是亚氨基酸,在肽链中其残基的丙基侧链与氨基通过共价键可形成吡咯环结
构,N—C$_α$ 键不能旋转,因此,φ 角具有一个固定体值 70°。此外,氮原子上不存在氢,也不
可能形成氢键。由于上述两个原因,含有脯氨基残基的片段部分不可能形成 α-螺旋。事
实上,脯氨酸可以看成是 α-螺旋的中断剂。含有高水平脯氨酸残基的蛋白质趋向于无规

则或非周期结构。例如,β-酪蛋白和 αs_1-酪蛋白中的脯氨酸残基分别占总氨基酸残基的 17% 和 8.5%,而且它们均匀地分布在整个蛋白质的一级结构中。因此,这两种蛋白质不存在 α-螺旋和其他有序的二级结构,而是呈无规则卷曲结构。然而,聚脯氨酸能够形成两种螺旋结构,命名为聚脯氨酸Ⅰ(PPⅠ)和聚脯氨酸Ⅱ(PPⅡ)。聚脯氨酸Ⅰ为左手螺旋,每圈螺旋沿螺旋轴上升 1.9 Å,每圈螺旋仅含 3.3 个氨基酸残基,顺式肽键构型;聚脯氨酸Ⅱ也是左手螺旋,肽键呈反式构型,两个残基之间的距离在轴上投影为 3.1 Å,每圈螺旋仅含 3 个残基。这两种结构能够相互转变,在水溶液介质中聚脯氨酸Ⅱ更稳定,存在于胶原蛋白中。胶原蛋白是最丰富的动物蛋白,由于胶原蛋白中的特征一级结构,含有很长的 Gly-x-y 三肽重复序列(这里甘氨酸残基占 1/3,x 是脯氨酸,y 为 4-羟脯氨酸)。因此不能形成像 α-螺旋和 β-折叠这样的传统结构;而是形成由 3 条称为 α 肽链或 α 链的多肽链(亚基)缠绕而成的特有左手三股螺旋(triple helix),通过氢键维持稳定,并具有高的拉伸强度。

一条多肽链能否形成 α-螺旋,以及形成的螺旋是否稳定,与它的氨基酸组成和排列顺序有极大的关系,某些氨基酸侧链的同种电荷静电排斥效应或空间位阻使得多肽链不能建立 α-螺旋结构。

2) β-折叠结构

β-折叠(β-sheet)或 β 折叠片(β-pleated sheet)也称 β-结构或 β-构象,是在 1951 年由鲍林等首先提出的,是蛋白质中又一种普遍存在的规则构象单元,它是一种具有特殊几何形状(锯齿型)的伸展结构(图 5-5),在这一伸展结构中,C═O 和 N—H 基是在链垂直的方向取向。因此,氢键只能通过较远距离的两个片段之间形成,而同一肽段的邻近肽键间很难或不能形成氢键,因此单股 β-折叠是不稳定的,比 α-螺旋更加伸展。β-链通常是

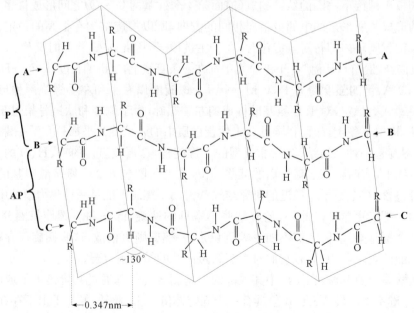

图 5-5　β-折叠片结构示意图

5～15个氨基酸残基长,分子中 β-链之间通过氢键相互作用,组合成一组 β-折叠,形成片层结构,一般称为 β-折叠片。在片层结构中残基侧链垂直于片状结构平面,位于折叠平面的上方或下方。按多肽主链中 N→C 的指向,β-折叠片存在两种类型结构,即平行 β-折叠和反平行 β-折叠。平行式(parallel)是所有肽链的 N 末端均在同一侧,即肽链的排列极性(N→C)是一顺的,例如 β-角蛋白,在平行式的 β-折叠片结构中链的取向影响氢键的几何构型。而反平行式(anti-parallel)肽链的 N 末端为一顺一反地排列,呈间隔同向,肽链的极性一顺一倒。N—H…O的 3 个原子在同一条直线上(氢键角为 0°),从而提高了氢键的稳定性。在平行式 β-折叠片结构中,这些原子不在一条直线上,而是形成一定的角度,使氢键稳定性降低。因此,反平行式 β-折叠比平行式的更为稳定。二者的结构示意图见图 5-5。电荷和位阻通常对 β-折叠片结构的存在没有很大的影响。

　　β-折叠结构一般比 α-螺旋稳定。蛋白质中若含有较高比例的 β-折叠结构,往往需要高的温度才能使蛋白质变性。例如,β-乳球蛋白(51% β-折叠)和大豆 11S 球蛋白(64% β-折叠)的热变性温度分别为 75.6 ℃和 84.5 ℃。然而,牛血清白蛋白中含有大约 64% α-螺旋结构,变性温度仅为 64 ℃。加热和冷却蛋白质溶液,通常可以使 α-螺旋转变为 β-折叠结构。但是,β-折叠向 α-螺旋转变的现象迄今在蛋白质中尚未发现。

　　β-转角(β-turn)也称回折或 β-弯曲(β-bend)是蛋白质中常见的又一种二级结构(图 5-6和图 5-7),它是形成 β-折叠时多肽链反转 180°的结果。发夹弯曲结构是反平行 β-折叠形成的,交叉弯曲则是由平行 β-折叠形成的结构。β-转角由 4 个氨基酸残基构成,通过氢键稳定。在 β-转角中常见的氨基酸有天冬氨酸、半胱氨酸、天冬酰胺、甘氨酸、脯氨酸和酪氨酸。

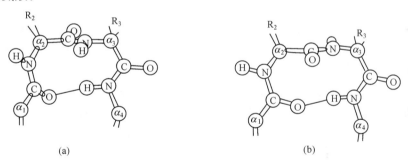

(a)　　　　　　　　　　　　　　　　　(b)

图 5-6　β-转角的 Ⅰ型(a)和 Ⅱ型(b)构象

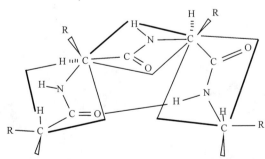

图 5-7　β-弯曲结构

一些与食品相关的蛋白质的二级结构组成见表 5-8。

表 5-8　一些与食品相关的蛋白质的二级结构组成

蛋白质	α-螺旋/%	β-折叠/%	β-转角/%	非周期结构/%
脱氧血红蛋白	85.7	0	8.8	5.5
牛血清白蛋白	67.0	0	0	33.0
α_{s1}-酪蛋白	15.0	12.0	19.0	54.0
β-酪蛋白	12.0	14.0	17.0	57.0
κ-酪蛋白	23.0	31.0	14.0	32.0
胰凝乳蛋白酶系	11.0	49.4	21.2	18.4
免疫球蛋白 G	2.5	67.2	17.8	12.5
胰岛素 C	60.8	14.7	10.8	15.7
牛胰蛋白酶抑制剂	25.9	44.8	8.8	20.5
核糖核酸酶 A	22.6	46.0	18.5	12.9
溶菌酶	45.7	19.4	22.5	12.4
卵类黏蛋白	26.0	46.0	10.0	18.0
卵清蛋白	49.0	13.0	14.0	24.0
木瓜蛋白酶	27.8	29.0	24.5	18.5
α-乳清蛋白	26.0	14.0	—	60.0
β-乳球蛋白	6.8	51.2	10.5	31.5
大豆 11S	8.5	64.5	0	27.0
大豆 7S	6.0	62.5	2.0	29.5
云扁豆蛋白	10.5	50.5	11.5	27.5

注:数值代表占总的氨基酸残基的百分数。

5.3.1.3　超二级结构

蛋白质结构分析已经证明,在蛋白质结构中,常常发现两个或几个相邻二级结构单元彼此相互作用,进一步组合成有特殊的几何排列的局域空间结构,这些局域空间结构称为超二级结构(super-secondary structrue),简称 Motif。目前发现的超二级结构有 3 种基本形式:α-螺旋组合(αα),β-折叠组合(βββ)和 α-螺旋 β-折叠组合(βαβ),其中以 βαβ 组合最为常见。图 5-8 所示的是由两个 α-螺旋与连接多肽组成的最简单的具备特殊功能的超二级结构。

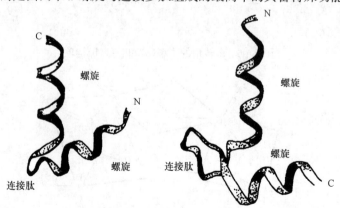

(a) DNA结合Motif　　　　(b) 钙原子结合Motif

图 5-8　由两个 α-螺旋与连接多肽组成的最简单的
具备特殊功能的超二级结构示意图

5.3.1.4 三级结构

蛋白质的三级结构(tertiary structure)是指含 α-螺旋、β-弯曲和 β-折叠或无规卷曲等二级结构的蛋白质,其线性多肽链进一步折叠成为紧密结构的三维空间排列。尽管许多蛋白质的三级结构已经充分了解,但很难用简单的方式来表示这种结构。大多数蛋白质含有 100 个以上的氨基酸残基,虽然在平面上表示的三维空间结构可以给人以深刻的印象,但这些描述仅仅是示意图(图 5-9)。

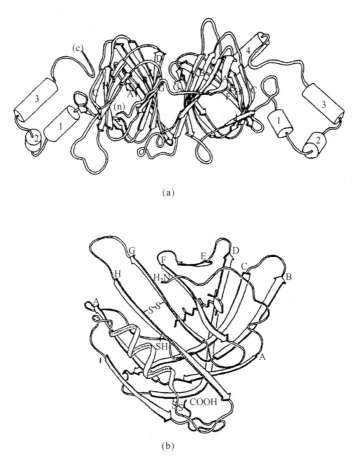

(a)

(b)

图 5-9 云扁豆蛋白(a)和 β-乳球蛋白(b)的三级结构
图中箭头表示 β-折叠结构,圆柱体表示 α-螺旋

蛋白质从线性构型转变成折叠的三级结构是一个复杂的过程。当蛋白质肽链局部的肽段形成二级结构以及它们之间进一步相互作用成为超二级结构后,仍有一些肽段中的单键在不断运动旋转,肽链中的各个部分,包括已知相对稳定的超二级结构以及还未键合的部分,继续相互作用,使整个肽链的内能进一步降低,分子变得更为稳定。因此,在分子水平上,蛋白质结构形成的细节存在于氨基酸序列中。也就是说,三维构象是多肽链的各个单键的旋转自由度受到各种限制的结果。从能量观点上看,三级结构的形成包括:蛋白质中不同基团之间的各种相互作用(疏水作用、静电作用和范德华力的相互作用)的优化;

最佳状态氢键的形成,克服了多肽链构象上的不稳定作用,使蛋白质分子的吉布斯自由能尽可能地降低到最低值。

在已知三级结构的水溶性蛋白质中,发现在三级结构形成的过程中,大多数疏水性氨基酸残基重新取向后定位在蛋白质结构的内部,而大多数亲水性氨基酸残基,特别是带电荷的氨基酸则较均匀地分布在蛋白质-水界面,同时伴随着吉布斯自由能的降低。但也发现一些例外,如电荷的各向异性分布可能出现,使得蛋白质有确定的生物功能(如蛋白酶)。就某些蛋白质而言,不溶于水而溶于有机溶剂(如作为脂质载体的脂蛋白),其分子表面分布较多的疏水性氨基酸残基。

从上述氨基酸残基在蛋白质中的分布,不难进一步推测一些富含疏水氨基酸残基的肽段多数是处于球状蛋白质的内部,富含亲水残基的肽段应该更多地出现在球状蛋白质的表面。然而,这只是简单的推测,事实上,并非完全如此。在大多数球状蛋白质中,水可达到的界面有 $40\%\sim50\%$ 被非极性基团占据,同时部分极性基团不可避免地埋藏在蛋白质的内部,而且总是能与其他极性基团发生氢键键合,以至于使蛋白质内部非极性环境中的吉布斯自由能降低到最小。另外,球状蛋白质的三级结构的特征离不开各种不同类型的二级结构在蛋白质中的分布。原则上,一些相对规则的 α-螺旋和 β-折叠分布在球状蛋白质的内部,而且压积得很紧密,致使球状蛋白成为致密的结构;那些连接 α-螺旋和 β-折叠的规则性相对差一些的二级结构,转角和环状以及特定的"无规"卷曲,则更多地分布在球状蛋白质的外围。

蛋白质从无规结构折叠为有序折叠的三级结构将伴随着蛋白质-水界面面积的减少,可以用排除体积效应理论解释。事实上,蛋白质的这种折叠作用是为了尽量减少蛋白质-水界面面积,其驱动力为溶解疏水作用力。将蛋白质所占据的三维空间的总界面面积定义为可及界面的面积 A,测定可比喻为一个半径为 1.4 Å 的球状水分子滚过蛋白质分子的整个表面。不同分子量的球状蛋白质的可及界面面积(Å²)也可用经验公式计算:

$$A_s = 6.3M^{0.73} \tag{5-11}$$

式中:M 为蛋白质分子量。

初生态完全伸展的多肽(此时无二级、三级和四级结构)的总可及界面面积,也与其分子量相关,表示为

$$A_t = 1.48M + 21 \tag{5-12}$$

蛋白质折叠形成球状三级结构的初始面积(如埋藏面积 A_b)可由式(5-11)和式(5-12)计算。

蛋白质一级结构中亲水性和疏水性氨基酸残基的比例和分布,影响蛋白质的某些物理化学性质。例如,蛋白质分子的形状可通过氨基酸的序列预测,如果一个蛋白质分子含有大量的亲水性氨基酸残基,并且均匀地分布在多肽链中,那么蛋白质分子将为伸长或呈棒状形。这是因为在分子量一定时,相对于体积而言,棒状形具有较大的表面积,于是更多的疏水性氨基酸残基分布在表面;反之,当蛋白质含有大量的疏水性氨基酸残基,蛋白质则为球形,它的表面积和体积之比最小,使更多的疏水性基团埋藏在蛋白质内部。

一些单、多肽链蛋白质的三级结构由结构域组成。结构域是独立地折叠,随后相互作用形成独特的三级结构;每个结构域的结构稳定性几乎与其他结构域无关。蛋白质的结

构域数目与蛋白质的分子量有关,分子量大的球状蛋白质,整个蛋白质的三级结构是几个结构域空间排列组合的结果,如云扁豆蛋白(图 5-9);具有 100～150 个氨基酸残基的分子量较小的单个结构域的球状蛋白质(如溶菌酶、β-乳球蛋白和 α-乳清蛋白),三级结构也就是结构域的三级结构。

5.3.1.5　四级结构

蛋白质的四级结构(quaternary structure)可定义为一些特定三级结构的肽链通过非共价键形成大分子体系时的组合方式,是指含有多于一条多肽链的蛋白质的空间排列。它是蛋白质三级结构的亚单位通过非共价键缔合的结果,这些亚单位可能是相同的或不同的,它们的排列方式可以是对称的,也可以是不对称的。稳定四级结构的力或键(除二硫交联键外)与稳定三级结构的那些键相同。

某些生理上重要的蛋白质是以二聚体、三聚体、四聚体等多聚体的形式存在。任何四级结构的蛋白质(又称四级复合物或寡聚体)都是由蛋白质亚基(或称亚单位,即单体)构成的。根据亚基的组成可分为由相同亚基和不同亚基构成的两大类型。在各个体系中亚基的数目或不同亚基的比例可能有很大的差别。相同亚基构成的多聚体称为同源(homogeneous)多聚体,如胰岛素通常是同源二聚体(homo-dimer);由不同亚基形成的多聚体则成为异源(heterogeneous)多聚体,一些糖蛋白激素(如绒毛膜促性腺激素,促甲状腺素)是异源二聚体,含有 α-和 β-亚基各 1 个。血红蛋白是异源四聚体,含有 α-和 β-亚基各 2 个。有些蛋白质的亚基类型可在 3 种或 3 种以上。有的蛋白质在不同 pH 介质中可形成不同聚合度的蛋白质,如乳清中的 β-乳球蛋白亚基是相同的,在 pH 为 5～8 时以二聚体存在,pH 为 3～5 时呈现八聚体形式,当 pH ≥8 时则以单体形式存在。

蛋白质寡聚体结构的形成是由于多肽链-多肽链之间特定相互作用的结果。在亚基间不存在共价键,亚基间的相互作用都是非共价键。例如,氢键、疏水相互作用和静电相互作用。疏水氨基酸残基所占的比例较显著地影响寡聚蛋白形成的倾向。蛋白质中的疏水氨基酸残基含量超过 30% 时,比疏水氨基酸含量较低的蛋白质更容易形成寡聚体。

从热力学观点看,使亚基中暴露的疏水表面埋藏,是蛋白质四级结构形成的首要驱动力。当蛋白质中疏水氨基酸残基含量高于 30% 时,在物理的角度上,已不可能形成将所有非极性基团埋藏的结构。通常只是有可能使疏水小区存在,这些毗连单体间小区的相互作用将导致二聚体、三聚体等的形成(图 5-10)。从动力学看,一般的寡聚体的装配过程是几个亚基随机地碰撞,因此装配过程是一个二级反应,速率和装配程度均是亚基浓度的函数。

许多食品蛋白质,尤其是谷蛋白和豆类蛋白,是由不同多肽链构成的寡聚体。可以预见,这些蛋白质中疏水氨基酸残基(Ile、Leu、Trp、Tyr、Val、Phe 和 Pro)含量应高于 35%,此外,它们还含有 6%～12% 的脯氨酸。由此可见,谷物蛋白以复杂的寡聚体结构存在。大豆中主要的储存蛋白是 β-大豆伴球蛋白和大豆球蛋白,它们分别含有大约 41% 和 39% 的疏水氨基酸残基。β-大豆伴球蛋白是由 3 种不同的亚基组成的三聚蛋白,离子强度和 pH 的变化使它呈现复杂的缔合-解离现象。大豆球蛋白由 12 种亚基构成,其中 6 种亚基是酸性的,另外 6 种亚基是碱性的,每 1 个碱性亚基通过二硫键与 1 个酸性亚基交联。6 对

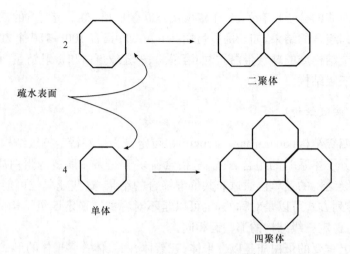

图 5 - 10   蛋白质中二聚体和寡聚体的形成示意图

酸性-碱性亚基通过非共价键相互作用压缩在一起成为寡聚状态。大豆球蛋白随离子强度的变化同样也会产生复杂的缔合-解离现象。表 5 - 9 列出了某些食品蛋白质的结构特征。

寡聚体蛋白的可及表面面积 A_s 与寡聚体的分子量 $M(4000\sim35\ 000)$ 有关,可用式(5-13)预计:

$$A_s = 6.3M^{0.73} \tag{5-13}$$

式(5-13)不适合单体蛋白。当天然寡聚体结构由组成它的多肽亚基形成时,埋藏的可及表面积可由式(5-14)计算:

$$A_b = A_t - A_s = (1.48M + 21) - 6.3M^{0.73} \tag{5-14}$$

式中:A_t 为初生态多肽亚基完全伸展时的总可及面积。

5.3.2   维持和稳定蛋白质结构的作用力

蛋白质是一大类具有特定结构的生物大分子,它的天然构象基础已被编码存在于蛋白质的氨基酸序列中。它同任何分子一样,只有在分子内存在着某些特定的相互作用时,分子中一些原子或基团间的相对位置才能得到固定,呈现某种稳定的立体结构。另外,从热力学观点看,任何一种伸展的长链分子基本上都是处于不稳定的高能态。为了使蛋白质处于热力学稳定的天然构象,必须使适合于该构象的各种相互作用达到最大,而其他不适宜的相互作用减低至最小,这样蛋白质的整个吉布斯自由能将是一个最低值。

早在 1960 年,Anfinsen 和他的同事已经证实,向变性的核糖核酸酶中加入特定的生理缓冲溶液。它将重新折叠为天然的构象并完全保持原有的生物活性。随后许多酶也显示同样的特性。这就表明,分子间的某些非共价相互作用可以自发地促使蛋白质缓慢地以伸展状态向折叠状态转变,使之在热力学上处于稳定。

蛋白质形成二级、三级和四级结构,并使之保持稳定的相互作用力包括两类:①蛋白质分子内固有的作用力,所产生的分子内相互作用(范德华相互作用和空间相互作用);②周围溶剂影响所产生的分子内相互作用(包括氢键相互作用、静电相互作用和疏水相互作用)。

表 5 - 9　某些主要食品蛋白质的结构特征

蛋白质	相对分子质量	类型：球状(G)纤维状(F)无规卷曲(RC)	二级结构 α-螺旋/%	二级结构 β-折叠/%	残基数	二硫键数	巯基数	pI	亚单位数	已知(K)和未知(U)顺序	辅基(质量分数)/%	平均疏水性/(kJ/mol)
肌球蛋白[1]	475 000	F	高		4500	0	40	4～5	6	部分已知	磷	4.25(兔)
肌动蛋白[1]	42 000	G→F				0	5～6	4～5	1～300			4.4(兔)
胶原蛋白（原胶原蛋白）[1]	300 000	F	胶原蛋白螺旋					～9	3	部分已知	磷 1.1	4.5(鸡)
αs-酪蛋白 B[1]	23 500	RC			199	0	0	5.1	1	已知	磷 0.56	5.0
β-酪蛋白 A[1]	24 000	RC			209	0	0	5.3	1	已知	糖类 5	
κ-酪蛋白 B[1]	19 000	RC			169	0	2	4.1～4.5	1	已知	磷 0.22	
β-乳球蛋白 A[1]	18 400	G	10	30	162	2	1	5.2		已知		5.15
α-乳球蛋白 B[1]	14 200	G	26	14	123	4	0	5.1		已知		4.8
卵清蛋白[2]	45 000	G	30			1 或 2	4	4.6	1		糖类 3.3；磷	4.65
血清蛋白[1]	69 000	G				17	1	4.8	1	已知		4.7
麦醇溶蛋白[3]（α-、β-、γ-）	30 000	G→F				2～4			1	部分已知		4.5
麦谷蛋白[3]	≥1 000 000	F	15	35		50			15			
大豆球蛋白[4]	350 000	G	5	35		23	2	4.6	12	未知		
伴大豆球蛋白[4]	200 000	G	5	35		2		4.6	9	未知	糖类 4	

1) 牛。
2) 鸡蛋。
3) 小麦。
4) 大豆。

1) 空间张力

从理论上说,在没有空间位阻的情况下,ϕ 和 ψ 可在 360°内自由旋转。但氨基酸残基具有大小不同的侧链,由于侧链的空间位阻使 ϕ 和 ψ 的转动受到很大限制,它们只能取一定的旋转自由度。正因为如此,多肽链的序列仅能有几个有限的构象。肽单位平面几何形状的变形或键的伸长与弯曲改变,都会引起分子自由能的增加。因此,多肽链的折叠必须避免键长和键角的畸变。

2) 范德华力

蛋白质中所有原子都在不断地运动,原子中的电子也在绕着原子核不停地运动。因此,一些原子的正负电荷在某一瞬间也可能有相对的偏移,形成瞬间偶极。这些诱导的瞬间偶极之间可能发生吸引和排斥相互作用,这种作用被称为色散力,作用力的大小与原子间的距离(r)有关,吸引力与 r^6 成反比,而相互间的排斥力与 r^{12} 成反比。因此,两个原子间的距离为 r 的相互作用能,可由式(5-15)计算:

$$E_{vdw} = E_a + E_r = A/r^6 + B/r^{12} \tag{5-15}$$

式中:A,B 为给定原子对的常数;E_a,E_r 分别为吸引和排斥相互作用能。

尽管这种色散力很弱(一般为 $-0.17\sim-0.8$ kJ/mol),只在很短的距离内有作用,超过 6 Å 可忽略不计,但是由于蛋白质分子内的原子数目是大量的,这种色散力也不容忽视(表 5-10)。就蛋白质而论,这种相互作用力同样与 α-碳原子周围扭转角(ϕ 和 ψ)有关(图 5-2)。距离大时不存在相互作用力,当距离小时可产生吸引力,距离更小时则产生排斥力。

表 5-10 蛋白质-蛋白质键合和相互作用

类 型	能量/(kJ/mol)	相互作用距离/nm	功能团	破坏溶剂	增强条件
共价键合	330~380	0.1~0.2	胱氨酸二硫键	还原剂 巯基 半胱氨酸 二硫代苏糖醇 亚硫酸盐	
氢键键合	8~40	0.2~0.3	亚酰胺 —NH—O—C 羟基,酚羟基	脲素溶液 盐酸胍 去污剂 加热	冷却
疏水相互作用	4~12	0.3~0.5	长链脂肪酸族或芳香族侧链 氨基酸残基	去污剂 有机溶剂	加热
静电相互作用	42~48	0.2~0.3	羧基(COO—) 氨基(—NH₃⁺)	盐溶液 高或低 pH	
范德华力	1~9		永久偶极 诱导和瞬时偶极		

原子间存在的范德华吸引力包括偶极-偶极作用力(如肽键和丝氨酸是偶极相互作用

力)、偶极-诱导偶极相互作用力和色散力,后者是最重要的一种力。

3) 静电相互作用

蛋白质可看成是多聚电解质,因为一些氨基酸(如天冬氨酸、谷氨酸、酪氨酸、赖氨酸、组氨酸、精氨酸、半胱氨酸)的侧链以及碳和氮末端氨基酸的可解离基团均参与酸碱平衡,肽键中的 α-氨基和 α-羧基在蛋白质的离子性中只占很小的一部分。

由于蛋白质氨基酸中可解离侧链基团很多(占残基总数的 $30\%\sim50\%$)。在中性 pH,天冬氨酸和甘氨酸残基带负电荷,而赖氨酸、精氨酸和组氨酸带正电荷;在碱性 pH,半胱氨酸和酪氨酸残基带负电荷。在中性 pH,蛋白质带净负电荷或净正电荷,取决于蛋白质分子中所带负电荷和正电荷残基的相对数目。蛋白质分子净电荷为零时的 pH 定义为蛋白质的等电点 pI。等电点不同于等离子点(isoionic point),等离子点是指不存在电解质时蛋白质溶液的 pH。在纯水中质子供体解离出的质子数与质子受体结合的质子数相等时的 pH,也就是蛋白质在纯水中的等离子点为等电点。

蛋白质分子中大部分可解离基团,也就是说,除少数例外,几乎所有带电荷的基团都是位于蛋白质分子表面。在中性 pH,蛋白质分子带有净正电荷或净负电荷,因此可以预料,蛋白质分子中带有同种电荷的基团,会因静电排斥作用而导致蛋白质结构的不稳定性。同样也有理由认为,蛋白质分子中在某一特定关键部位上,带异种电荷的基团之间,由于相互的静电吸引作用,将对蛋白质结构的稳定性有着重要的贡献。事实上,在水溶液中,由于水有很高的介电常数,蛋白质的排斥力和吸引力强度已降低到了最小值,距离为 r 的两电荷 q_1 和 q_2 的静电相互作用能 E_{ele} 为

$$E_{ele}=\pm\frac{q_1 q_2}{4\pi\varepsilon_0\varepsilon r} \tag{5-16}$$

式中:ε 为介质的介电常数;ε_0 为真空介电常数。

在真空或空气中($\varepsilon=1$),距离为 $3\sim5$ Å 的两电荷的静电相互作用能为 $\pm110\sim\pm66$ kcal/mol。然而在水溶液中,由于蛋白质的热能规律和水的高介电常数($\varepsilon=80$),在 37 ℃时的静电相互作用能降低到($\pm1.4\sim0.84$)kcal/mol。此外,蛋白质分子中电荷之间的距离大于 5 Å,因此处在蛋白质分子表面的带电基团对蛋白质结构的稳定性没有显著的影响。

蛋白质的可解离基团的电离情况和局部环境的 pH 有很大的关系,也和局部环境的介电性质有关。部分埋藏在蛋白质内部的带电荷基团,由于处在比水的介电常数低的环境中,通常能形成具有强相互作用能的盐桥。一般蛋白质的静电相互作用能与距离和环境的介电常数有关,其值为 $\pm3.5\sim\pm460$ kJ/mol。

尽管静电相互作用不能作为蛋白质折叠的主要作用力,然而在水溶液介质中,带电荷基团强烈地倾向于暴露在蛋白质的表面,因此它们也确实影响蛋白质的折叠模式。

4) 氢键相互作用

氢键键合是指具有孤电子对的电负性原子(如 N、O 和 S)与一个氢原子的结合,氢原子本身同时又与另一个电负性原子共价结合。在蛋白质中,一个肽键的羰基和另一个肽键的 N—H 的氢形成氢键。氢键距离 O···H 约 0.175 nm,键能为 $8\sim40$ kJ/mol,其大小取决于参与氢键的电负性原子的性质和键角。

在蛋白质肽链骨架中存在着大量的羰基和亚胺基团,氨基酸残基的侧链中又有许多

带有极性的基团,这些基团中某些可以作为氢原子的供体,最主要的是肽链中的亚胺基上的氢,此外,还有色氨酸侧链吲哚环上和氮原子链接的氢、组氨酸侧链咪唑环上和氮原子连接的氢、酪氨酸侧链酚基上的氢、一些酸性氨基酸的羧基和酰胺基上的氢,以及侧链羟基上的氢等。另一些则作为氢原子的接受体,彼此相互作用形成氢键(图 5-11)。在具有 α-螺旋和 β-折叠结构的肽键中,其 N—H 和羰基 C=O 之间形成氢键的数量最多。

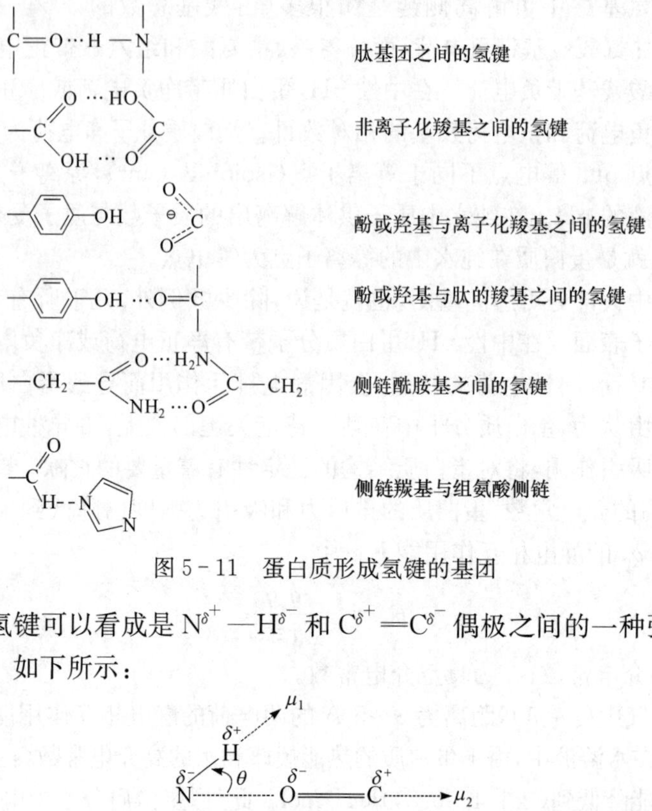

图 5-11 蛋白质形成氢键的基团

事实上,肽氢键可以看成是 N^{δ^+}—H^{δ^-} 和 C^{δ^+}=C^{δ^-} 偶极之间的一种强的永久的偶极-偶极相互作用。如下所示:

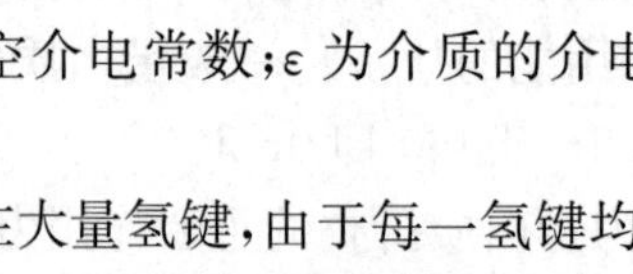

其氢键键能为

$$E_{H\text{-bond}} = \frac{\mu_1 \mu_2}{4\pi\varepsilon_0 \varepsilon r^3} \times \cos\theta \tag{5-17}$$

式中:μ_1,μ_2 为偶极矩;ε_0 为真空介电常数;ε 为介质的介电常数;r 为电负性原子间的距离;θ 为氢键键角。

已证明,蛋白质分子中存在大量氢键,由于每一氢键均能降低蛋白质的吉布斯自由能(约 -18.8 kJ/mol),因此通常可以这样假定,氢键的作用不仅是作为蛋白质形成折叠结构的驱动力,而且同时又对稳定蛋白质的天然结构起重要影响。但是研究证实,这并非一个可靠的观点,因为生物体内存在着大量的水,而水分子可以与蛋白质分子中的 N—H 和羰基 C=O 竞争发生氢键键合。因此,这些基团之间不能自发地形成氢键,而且 N—H 和羰基 C=O 之间形成的氢键也不可能作为蛋白质形成 α-螺旋和 β-折叠的驱动力。事实上 α-螺旋和 β-折叠结构中氢键的相互作用,是另外一些有益的相互作用驱动这些次级氢键结构形成的结果。

　　氢键的稳定性与环境的介电常数有关。蛋白质分子中氨基酸残基的庞大侧链可阻止水与 N—H 和羰基 C ＝O 接近形成氢键,致使非极性残基疏水相互作用产生了有限的低介电常数环境,从而使蛋白质二级结构的氢键在局部非极性环境中保持不变的情况下,才得以稳定。

　　5）疏水相互作用

　　从上面的论述可以清楚地了解到,在水溶液中多肽链上的各种极性基团之间的静电相互作用和形成氢键,是不具有足够的能量驱动蛋白质折叠。蛋白质分子中的这些极性基团的相互作用在水溶液中是非常不稳定的,它们很容易和水作用,或是形成氢键,或是融合于水环境中。欲使其稳定就必须维持一个非极性环境。因此,在非极性基团间的这种疏水相互作用才是导致蛋白质折叠的主要驱动力。

　　在水溶液中,具有非极性侧链的氨基酸残基,不表现出与水或其他极性基团相互作用的能力和倾向。它们在水溶液中,与在非极性环境中相比,在热力学上显然是不利的。因为当非极性基团溶于水,吉布斯自由能的变化(ΔG)是正值,体积变化(ΔV)和焓变(ΔH)为负值。尽管 ΔH 是负的,根据 $\Delta G＝\Delta H－T\Delta S$,则 ΔS 应是一个大的负值才能使 ΔG 为正值。可见一个非极性基团溶于水,熵减小(ΔS 为负值),这是一个热力学上不利的过程。由于熵减小引起了水在非极性基团周围形成笼形结构。ΔG 为正值极大地限制了水同非极性基团间的相互作用,因此,非极性基团在水溶液中倾向于聚集,使它们直接与水的接触面积降到最小(参见本书第 2 章),同时将非极性侧链周围多少有些规则的水分子变成可自由运动的游离的水分子,这样一个过程的吉布斯自由能改变使 $\Delta G＜0$。在水溶液中,这种由于水的结构引起的非极性基团相互作用称为疏水相互作用。

　　疏水自由能的变化与温度的关系可用以下二次方程表示:

$$\Delta G_{H\phi}＝a＋bT＋cT^2 \tag{5-18}$$

式中:a,b,c 为常数;T 为热力学温度。

　　两个球形非极性分子之间的疏水相互作用能可用式(5-18)估计:

$$E_{H\phi}＝-20\frac{R_1R_2}{R_1＋R_2}e^{-D/D_0}(\text{kcal/mol}) \tag{5-19}$$

式中:R_1,R_2 为非极性分子的半径;D 为分子间的距离,nm;D_0 为衰变长度,nm。

　　非极性基团的疏水相互作用,实际上是非极性基团溶于水的逆过程,$\Delta G＜0$,而 ΔH 和 ΔS 为正值。因此,疏水相互作用的本质是一种熵驱动的自发过程。与其他非共价键相互作用不同,疏水相互作用是一个吸热过程,在高温下作用很强,低温下较弱。而且非极性残基侧链的聚集所产生的能量变化,比上述几种分子间的相互作用大得多。为此,疏水相互作用对于稳定蛋白质主体结构是非常重要的。在蛋白质二级结构的形成中,疏水相互作用不是至关重要的,但是在蛋白质三级结构的形成和稳定中,疏水作用是位于诸多因素的首位。

　　6）二硫键

　　半胱氨酸残基侧链之间的共价交联可形成二硫键,可存在于分子内也可存在于分子之间,它不但限制可能呈现的蛋白质结构数目,维持蛋白质结构的完整性,而且还有利于所形成的结构保持稳定。因此,对于大多数蛋白质,特别是在引起不可逆变性的条件下(极端 pH 或高温),凡每 100 个氨基酸中具有 5～7 个二硫交联键组成的蛋白质分子特别稳定。

某些蛋白质含有半胱氨酸和胱氨酸残基,能够发生硫醇-二硫化物交换反应,这些反应可以在分子内或分子间发生,即

$$\diagup CyS_1—S—S—CyS_2 \diagdown \ + CyS_3S^- \rightleftharpoons \ \diagdown CyS_1—S—S—CyS_3 \diagup \ + CyS_2S^-$$

二硫键也有不同的构型,因此形成二硫键的两个半胱氨酸残基所在的肽段的相对构象,也可因二硫键的构型不同而改变。这从另一个方面突出了二硫键在蛋白质结构中的重要性。

有利于稳定多肽链的二级结构和三级结构的各种相互作用在图 5-12 中说明。

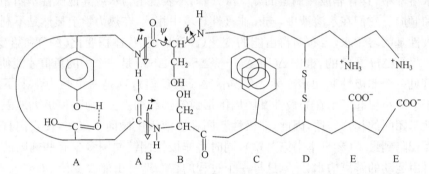

图 5-12　决定蛋白质二级、三级结构的键和相互作用
A. 氢键;B. 偶极相互作用;C. 疏水相互作用;D. 二硫键;E. 离子相互作用

7) 配位键

一些蛋白质中除了肽链以外还含有一些金属,在分类上可称为金属蛋白。在蛋白质中已发现的金属有 Fe、Ca、Zn、Cu、Mn、Mo 等。这是因为组成蛋白质的氨基酸中,可参与氢键的很多基团都能和一些金属形成配位键,如色氨酸,丝氨酸以及一些酸性氨基酸残基的侧链。已知这些金属离子-蛋白质的相互作用有利于蛋白质四级结构的稳定。蛋白质$^-$-Ca^{2+}-蛋白质$^-$型的静电相互作用对维持酪蛋白胶束的稳定性起着重要作用。在某些情况下,金属-蛋白质复合物还可能产生生物活性,使它们具有一定的功能,像铁的运载或酶活性。通常,金属离子在蛋白质分子一定的位点上结合,过渡金属离子(Cr、Mn、Fe、Cu、Zn、Hg 等)可同时通过部分离子键与几种氨基酸的咪唑基和巯基结合。

8) 蛋白质构象的稳定性和适应性

蛋白质分子中的天然状态和变性状态(或者是非折叠的)两者之间的吉布斯自由能之差(ΔG_D)可以用于判断天然蛋白质分子的稳定性。前面论述的非共价键相互作用,除静电排斥作用外,都起着稳定天然蛋白质结构的作用。这些相互作用引起的吉布斯总自由能变化每摩达到几百千焦,然而,大多数蛋白质的 ΔG_D 为20～85 kJ/mol。多肽链的构象熵(conformational entropy)主要作用是使蛋白质的天然结构失去稳定性。当一个无规状态的多肽链折叠成为紧密的状态时,蛋白质各个基团的平动、转动和振动将受到极大的限制,结果降低了构象熵,使总的吉布斯净自由能减少。蛋白质分子天然和变性状态间的吉

布斯自由能之差可用式(5-20)表示：

$$\Delta G_{D \to N} = \Delta G_{H\text{-bond}} + \Delta G_{ele} + \Delta G_{H\phi} + \Delta G_{vdw} - T\Delta S_{conf} \qquad (5-20)$$

式中：$\Delta G_{H\text{-bond}}$、ΔG_{ele}、$\Delta G_{H\phi}$、ΔG_{vdw} 分别为氢键、静电、疏水、范德华相互作用的吉布斯自由能变化；ΔS_{conf} 为蛋白质多肽链构象熵的变化。

在非折叠状态，蛋白质每个残基的构象熵为 8～42 J/(mol·K)，其平均值为 21.7 J/(mol·K)。一个具有 100 个残基的蛋白质在 310K 时的构象熵约为 672.7kJ/mol。可见，这个不稳定的构象熵，将降低蛋白质天然结构的稳定性。

ΔG_D 是蛋白质解折叠时所需要的能量，某些蛋白质的 ΔG_D 见表 5-11。从这些数值可以清楚地看到，尽管蛋白质分子内有许多相互作用，但是蛋白质仍然只是刚好处于稳定状态。例如，大多数蛋白质的 ΔG_D 只相当于 1～3 个氢键或 2～5 个疏水相互作用的能量，因此可以认为打断几个非共价键相互作用将使许多蛋白质的天然结构不稳定。

表 5-11　某些蛋白质的 ΔG_D

蛋白质	pH	$T/℃$	$\Delta G_D/(kJ/mol)$
α-乳清蛋白	7	25	18.0
牛 β-乳球蛋白 A	3.15	25	42.2
牛 β-乳球蛋白 B	3.15	25	48.9
牛 β-乳球蛋白 A+B	7.2	25	31.3
T_4 溶菌酶	3.0	37	19.2
鸡蛋清溶菌酶	7.0	37	50.2
球形肌动球蛋白	7.5	25	26.9
脂酶(来自曲酶)	7.0	—	46.0
肌钙蛋白	7.0	37	19.6
卵清蛋白	7.0	25	24.6
细胞色素 c	5.0	37	32.6
核糖核酸酶	7.0	37	33.4
α-胰凝乳蛋白酶	4.0	37	33.4
胰蛋白酶	—	37	54.3
胃蛋白酶	6.5	25	45.1
生长激素	8.0	25	58.7
胰岛素	3.0	20	26.7
碱性磷酸酶	7.5	30	83.6

注：$\Delta G_D = G_u - G_N$，其中 G_u 和 G_N 分别表示蛋白质分子变性和天然状态的吉布斯自由能。

蛋白质分子并非是刚性分子；相反，它们是高度柔顺性分子。如前文所述，蛋白质分子的天然状态属于介稳定状态。它们的结构很容易适应环境的任何变化。蛋白质结构对于介质环境的适应性是十分必要的,因为这有利于蛋白质执行某些关键的生物功能。例如,酶与底物或辅助配体的有效结合,涉及多肽链序列键合部位的重排。对于只有催化功能的蛋白质,通过二硫键使蛋白质的结构保持高度的稳定性,分子内的这些二硫键能够有效降低构象熵,减少多肽链伸长的倾向。

5.4　蛋白质分子的变性

　　蛋白质的天然结构是各种吸引和排斥相互作用的净结果,由于生物大分子含有大量的水,因此这些作用力包括分子内的相互作用和蛋白质分子与周围水分子的相互作用。然而,蛋白质的天然结构主要取决于蛋白质所处的环境。蛋白质的天然状态在生理条件下是热力学最稳定的状态,其吉布斯自由能最低。蛋白质环境,如 pH、离子强度、温度、溶剂组成等的任何变化,都会使蛋白质分子产生一个新的平衡结构,其构象会发生不同程度的变化。当这种变化仅是结构上的细微变化,而未能致使蛋白质分子结构发生剧烈改变,通常称为构象的适应性。蛋白质变性实际上是指蛋白质构象的改变(即二级、三级或四级结构的较大变化),但并不伴随一级结构中的肽键断裂。变性是一个复杂的现象,在此过程中还可出现新的构象,这些构象通常是中间状态且短暂存在的,蛋白质变性最终成为完全伸展的多肽结构(无规卷曲)。有时天然蛋白质的构象即使只有一个次级键改变,或一个侧链基团的取向不同,也会引起变性。对于那些天然状态为伸展结构的蛋白质(如酪蛋白单体),则不易发生变性。从结构观点来看,蛋白质分子的变性状态是很难定义的一个状态。结构上的较大变化意味着 α-螺旋和 β-折叠结构的增加,以及随机结构的减少。然而在多数情况下,变性涉及有序结构的丧失。蛋白质的变性程度与变性条件有关,各种变性状态之间的吉布斯自由能差别很小(图 5-13)。球蛋白完全变性时,成为无规卷曲的结构。

　　蛋白质变性可引起结构、功能和某些性质发生变化。许多具有生物活性的蛋白质在变性后会使它们丧失或降低活性,但有时候,蛋白质适度变性后仍然可以保持甚至提高原有活性,这是由变性后某些活性基团暴露所致。食品蛋白质变性后通常引起溶解度降低或失去溶解性,从而影响蛋白质的功能特性或加工特性。在某种情况下,变性又是需宜的。例如,豆类中胰蛋白酶抑制剂的热变性,可能显著提高动物食用豆类时的消化率和生物有效性。部分变性蛋白质则比天然状态更易消化,或具有更好的乳化性、起泡性和胶凝性。热变性也是食品蛋白质产生热诱导凝胶的先决条件。

　　蛋白质变性对其结构和功能的影响有如下几个方面:①由于疏水基团暴露在分子表面,引起溶解度降低;②改变对水结合的能力;③失去生物活性(如酶或免疫活性);④由于肽键的暴露,容易受到蛋白酶的攻击,使之增强了蛋白质对酶水解的敏感性;⑤特征黏度增大;⑥不能结晶。

　　完全变性的蛋白质的特征黏度[η]是其组成氨基酸残基数(n)的函数,可用式(5-21)表示:

$$[\eta] = 0.76n^{0.66} \qquad (5-21)$$

蛋白质变性的鉴定方法很多,通常是采用测定蛋白质的超离心沉降特征、黏度、电场

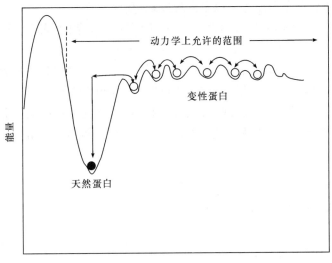

图 5 - 13　蛋白质分子构象变化与能量关系的示意图

中的迁移(电泳)、旋光性、圆二色性(CD)、X 射线衍射、紫外差示光谱、荧光光谱、红外光谱和拉曼光谱分析、热力学性质、生物或免疫性质、酶活力及某些功能基团的反应特性等检查蛋白质变性。近期研究表明,核磁共振波谱分析(^{1}H 谱)和激光扫描共聚焦显微技术,能够清楚地观察到蛋白质变性时的结构和三维立体形貌变化。

5.4.1　变性的热力学

　　蛋白质变性是生理条件下形成的折叠结构转变成为非生理条件下的伸展结构的现象,可以通过上面介绍的方法测定蛋白质的变性。图 5 - 14 显示了典型的蛋白质变性曲线,以物理或化学性质变化为纵坐标(y 轴)、变性条件(如变性剂浓度、温度或 pH)为横坐标(x 轴)作图,得到蛋白质变性程度与环境变化的相互关系。

　　大多数蛋白质在变性时,Y 在起始的某一阶段不随变性剂浓度(或温度)的升高而变化,保持一个稳定值;当超过临界点后,随着变性条件的变化,Y_N 将在一个较窄的变性剂浓度(或温度)范围内,急剧的转变为 Y_D。对于大多数单体球状蛋白质,曲线的转变是陡峭的,这表明蛋白质变性是一个协同过程。蛋白质分子一旦开始伸展或者是分子内的少数相互作用破裂,只要略微增加变性剂的浓度

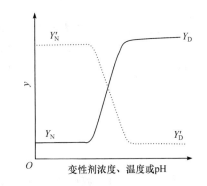

图 5 - 14　典型的蛋白质变性曲线
Y 是与蛋白质变性有关的蛋白质分子的任何物理化学性质;Y_N 和 Y_D 是天然和变性蛋白质的 Y 值

或提高温度,整个蛋白质就会完全伸展。因此,可以认为球状蛋白质变性不能存在中间状态,只可能以天然状态或变性状态存在。即所谓的"两种状态转变"模型。

　　当蛋白质受到强变性剂处理或蛋白质的摩尔质量很大时,蛋白质的变性是不可逆的。

但在某些情况下,变性蛋白质也可以不同程度地"复原"。

虽然蛋白质变性的热力学过程很复杂,对于两种状态转变的模型,仍然可以用简化的公式来讨论。

蛋白质可逆变性的平衡常数是不可能预计的,因为当变性剂(或临界热量输入)不存在时,也就是在天然状态下变性蛋白质的浓度非常低(约 $1/10^9$)。然而,在变性区的极端变性条件下,如变性剂浓度很高(或变性温度相当高)时,变性蛋白质的分子数目增加,使之测定表观平衡常数 $K_{D,app}$ 成为可能。在转变区,由于天然和变性蛋白质分子同时存在,其 y 为

$$y = f_N y_N + f_D y_D \tag{5-22}$$

式中:f_N,f_D 分别为天然和变性状态蛋白质所占的分数;y_N,y_D 分别为天然和变性蛋白质的 y 值。

根据图 5-14 可以得到下式:

$$f_N = \frac{(y - y_D)}{(y_N - y_D)} \tag{5-23}$$

$$f_D = \frac{(y - y_N)}{(y_N - y_D)} \tag{5-24}$$

根据式(5-23)和式(5-24)可以得到表观平衡常数:

$$K_{D,app} = \frac{f_D}{f_N} = \frac{(y - y_N)}{(y - y_D)} \tag{5-25}$$

变性自由能 $\Delta G_{D,app}$ 的变化为

$$\Delta G_{D,app} = -RT \ln K_{D,app} \tag{5-26}$$

以 $-RT \ln K_{D,app}$ 对变性剂浓度作图,通常是一条直线。因此,蛋白质在纯水(或不含变性剂的缓冲溶液)中的 K_D 和 ΔG_D 可以由 y 的截距得到。

同样,根据范特霍夫(van't Hoff)方程,可以计算出变性热焓 $\Delta H_D^{\ominus}$:

$$\frac{\delta \ln K_D}{\delta T} = \frac{\Delta H_D^{\ominus}}{RT^2} \tag{5-27}$$

$$\Delta H_D^{\ominus} = -R \frac{\delta \ln K_D}{\delta(1/T)} \tag{5-28}$$

几种蛋白质的参数值见表 5-12,核糖核酸酶、胰凝乳蛋白酶原和肌红蛋白的 $\Delta H_D^{\ominus}$ 和 $\Delta S_D^{\ominus}$ 是正值,$\Delta G^{\ominus}$ 值相对较小。核糖核酸酶因伸展而焓增大,表明天然状态比变性状态的吉布斯自由能低,熵增大相当于伴随伸展的无序状态。在变性时,$\Delta C_p^{\ominus}$(恒压下热容的变化)增大与脂肪族、芳香族非极性基团向水溶液中转移以及缔合水的结构被破坏有关。

表 5 – 12　蛋白质变性的热力学参数

蛋白质和变性条件	最大稳定性温度/ ℃	$\Delta G^{\ominus}$ /(kJ/mol)	$\Delta H_{D}^{\ominus}$ /(kJ/mol)	$\Delta S_{D}^{\ominus}$ /[J/(℃ · mol)]	$\Delta C_{p}^{\ominus}$ /[kJ/(℃ · mol)]
核糖核酸酶伸展(30 ℃)					
pH=1.13		−4.6	251	836	8.7
pH=2.5	−9	3.8	238	773	8.3
pH=3.15		12.9	222	690	3
胰凝乳蛋白质酶原(25 ℃)					
pH=3	10	30.5	163	439	10.9
肌红蛋白(25 ℃)					
pH=9	<0	56.8	176	397	5.9
β-乳球蛋白(25 ℃)					
pH=3,5mol/L 尿酸	35	2.5	−88	−301	9

有的单体蛋白分子中含有两个或更多不同稳定性的结构域,在变性过程中通常是多步转变。因此更确切地说变性是一个逐步变化的过程,由于蛋白质的天然状态和完全变性状态之间有许多不同程度未伸展的中间状态存在,这些中间态结构相当于在各个不同阶段蛋白质构象的改变和水分子在蛋白质中的各种分布状态。如果各步转变能彼此分开,那么可以从两种状态模型的转变图,得到各个结构域的稳定性。寡聚蛋白的变性,首先是亚基的解离,随后才是亚基的变性。

与其他化学反应的活化能 E_a 相比,蛋白质变性的 E_a 值大,例如,胰蛋白酶、卵清蛋白、过氧物酶的热变性活化能分别为 167kJ/mol、552kJ/mol、773 kJ/mol,虽然蛋白质变性时共价键(除二硫键)不断裂,但很多低能非共价键相互作用和键均遭到破坏,由于变性涉及的键能小,而且相差不大,只要在小的温度范围或变性剂浓度变化不大的情况下就可以发生变性。蛋白质从天然状态向变性状态转变看起来似乎是一个简单反应,实际上是一个非常复杂的协同过程。

蛋白质变性一般认为是可逆的,特别是单体蛋白质。当变性因素除去后,变性蛋白质又可重新回到天然构象,这一现象称为蛋白质的复性(renaturation)。是否所有的蛋白质变性都是可逆的,这一问题至今仍有疑问,至少实践中未能使所有的蛋白质在变性后都重新恢复活力。然而多数人都接受变性是可逆的概念,认为天然构象是处于能量最低的状态,大多数单体蛋白(不存在聚集)在适宜的溶液条件下,例如,pH、离子强度、氧化还原电位和蛋白质浓度等,它们可以重新折叠为原天然构象。许多蛋白质,当浓度低于 1 μmol/L 时,可以重新折叠;浓度超过 1 μmol/L 时,由于分子间产生了大量的相互作用而减少了分子内的相互作用,从而使重新折叠受到抑制。一些通过二硫键结合的蛋白质,当体系的氧化还原电位与生理液体接近时,有助于重新折叠过程中二硫键的正确配对。有些蛋白质在极端条件,如在 90~100 ℃ 较长时间加热,变性后之所以不能逆转,主要是所需条件复杂,不易满足的缘故,有的甚至产生了化学变化,如天冬酰胺的脱酰胺作用、天冬氨酸的肽键断裂、半胱氨酸和胱氨酸残基的破坏及聚集等。

5.4.2　变性因素

5.4.2.1　物理因素

1) 热

　　热是蛋白质变性最普通的物理因素，而且影响食品的功能特性。伴随热变性，蛋白质的伸展程度相当大。例如，天然血清蛋白分子是椭圆形的，长、宽比为3.1，经过热变性后长宽比变为5.5。

　　变性速率取决于温度。对许多反应来说，温度每升高10 ℃，变性速率约增加2倍。可是，对于蛋白质变性反应，当温度上升10 ℃，速率可增加600倍左右，因为维持二级、三级和四级结构稳定性的各种相互作用的能量都很低。

　　蛋白质对热变性的敏感性取决于多种因素，如蛋白质的性质、蛋白质浓度、水活度、pH、离子强度和离子种类等。变性作用使疏水基团暴露和已伸展的蛋白质分子发生聚集，通常伴随出现蛋白质溶解度降低和吸水能力增强。许多蛋白质，无论是天然的或变性的，均倾向于向界面迁移，并且亲水基保留在水相中，疏水基在非极性水相内。因为天然蛋白质在此过程发生变性，若要保持其天然构象，应避免产生界面结构，如泡沫或乳浊液中存在的界面结构。

　　即使是蛋白质用温和方法脱水，如冷冻干燥法仍然可引起某些蛋白质变性。蛋白质（或酶）在干燥条件下比含水分时热变性的耐受能力更大，说明蛋白质在有水存在时易变性。

　　热变性也会产生其他的影响，如二硫键的断裂有时会释放出硫化氢，另外，热还可以改变氨基酸残基的化学性质（丝氨酸脱水、谷氨酰胺和天冬酰胺的脱氨反应）、在分子内或分子间形成新的共价交联键（如γ-谷氨酰基-ϵ-N-赖氨酸）。这些变化均可改变蛋白质的营养价值和功能性。

　　蛋白质溶液在逐渐加热到临界温度以上时，蛋白质的构象从天然状态到变性状态有一个显著的转变，这个转变的中点温度称为熔化温度T_m或变性温度T_d；此时天然状态与变性状态浓度比为1。关于温度引起蛋白质变性的机理相当复杂，主要涉及非共价键相互作用的去稳作用。在天然状态下，蛋白质中的氢键、静电和范德华力相互作用是放热反应（焓驱动），因此，这些作用力随着温度的升高而减弱，在高温下是去稳定作用的，而在低温下起到稳定作用。已知在蛋白质分子中的大量肽氢键几乎都是埋藏在分子内部，因此它们能在一个较宽的温度范围保持稳定，但在水溶液的环境中氢键是不稳定的。因此，蛋白质的稳定主要依赖于疏水相互作用。可以这样认为，尽管极性相互作用受到温度的影响，但通常这些因素对蛋白质热变性是没有贡献的。另外，疏水相互作用是吸热反应（熵驱动），随温度升高疏水作用增强，这也是在稳定蛋白质结构的所有作用力中，唯一与温度在某一范围内呈正相关的作用力。疏水相互作用一般在70~80 ℃时达到最高值（与疏水侧链的结构有关），但温度超过一定值（>70 ℃，因侧链而异）后，又会减弱。因为超过一定温度，水的有序结构逐渐破坏，随之熵的变化有利于疏水基团进入水中，最终导致疏水相互作用去稳定。蛋白质溶液加热时，上述两种对立的作用均存在，当温度升高到一定值时,由于疏水相互作用不再增加,甚至还会减弱,最终导致蛋白质热变性。基于以上考虑,天然状态下蛋白质的稳定性,可简单认为是疏水相互作用和链构象熵引起的净自由能变化(前者有利于蛋白质的折叠状态,而后者是去折叠作用),即

$$\Delta G_{N \to D} = \Delta G_{H\phi} + \Delta G_{conf} \qquad (5-29)$$

因此,在恒压下蛋白质的稳定性与温度的关系可用式(5-30)表示:

$$\frac{\partial \Delta G_{N \to D}}{\partial T} = \frac{\partial \Delta G_{H\phi}}{\partial T} + \frac{\partial \Delta G_{conf}}{\partial T} \qquad (5-30)$$

在讨论蛋白质构象的稳定性时,已经知道多肽链的构象熵($-T\Delta S_{conf}$)是驱动蛋白质构象稳定的又一个主要的影响因素。随着温度的升高,多肽链的热动能增加,从而大大地促进了多肽链的伸展。图 5-15 显示了影响蛋白质分子稳定性的主要作用因素。总吉布斯自由能为零($k_D = 1$)时的温度称为蛋白质的变性温度 T_d。表 5-13列出了某些蛋白质的变性温度和疏水值。

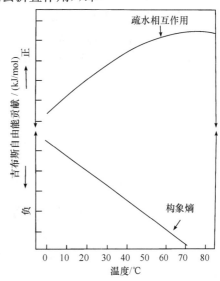

图 5-15 疏水相互作用和构象熵对稳定蛋白质的吉布斯自由能所做贡献的相对变化与温度的函数关系

通常认为,温度越低,蛋白质越稳定。然而实际并非总是如此。对于那些主要以疏水相互作用稳定的蛋白质,在室温下比冻结温度时更稳

表 5-13 某些蛋白质的热变性温度(T_d)和平均疏水性

蛋白质	T_d	平均疏水性 /[kJ/(mol·个残基)]	蛋白质	T_d	平均疏水性 /[kJ/(mol·个残基)]
胰蛋白酶原	55	3.68	卵清蛋白	76	4.01
胰凝乳蛋白酶原	57	3.78	胰蛋白酶抑制剂	77	
弹性蛋白酶	57		肌红蛋白	79	4.33
胃蛋白酶原	60	4.02	α-乳清蛋白	83	4.26
核糖核酸酶	62	3.24	细胞色素 c	83	4.37
羧肽酶	63		β-乳球蛋白	83	4.50
乙醇脱氢酶	64		抗生物素蛋白	85	3.81
牛血清白蛋白	65	4.22	大豆球蛋白	92	
血红蛋白	67	3.98	蚕豆萎蔫 11S 蛋白	94	
溶菌酶	72	3.72	向日葵 11S 蛋白	95	
胰岛素	76	4.16	燕麦球蛋白	108	

定。因此,蛋白质的最适稳定温度,是使蛋白质具有最低吉布斯自由能,这与蛋白质分子中极性和非极性相互作用对稳定的相对贡献之比有关。在蛋白质分子中极性相互作用超过非极性相互作用时,则蛋白质在冻结温度或低于冻结温度比在较高温度时稳定。图5-16是一些实际例子,肌红蛋白和 T_4 噬菌体突变株溶菌酶最稳定的温度,分别为30 ℃ 和 12.5 ℃,低于或高于此温度,两者的稳定性均下降。当在 0 ℃ 以下保存,它们均会产生低温诱导变性,而核糖核酸酶的稳定性则随温度降低而增强。

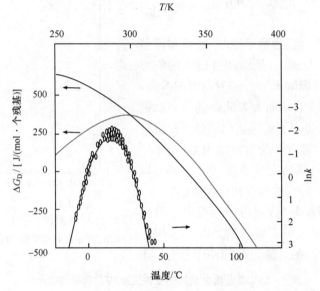

图 5-16　蛋白质稳定性(ΔG_D)与温度的关系
(…)肌红蛋白;(—)核糖核酸酶;(0)T_4 噬菌体突变株溶菌酶

　　食品在加工和储藏过程中,热处理和冷藏是最常用的加工和保藏方法。因此必须注意在热加工过程中产生的不同程度变性,以及温度效应与每种蛋白变性的关系,一旦变性就会对蛋白质在食品中的功能特性和生物活性带来影响,有的是需宜的,有的则是不需宜的。

　　氨基酸的组成影响蛋白质的热稳定性,含有较多疏水氨基酸残基(尤其是缬氨酸、异亮氨酸、亮氨酸和苯丙氨酸)的蛋白质,对热的稳定性高于亲水性较强的蛋白质。自然界中耐热生物体的蛋白质,一般含有大量的疏水氨基酸。但是,从表5-13可以看出,平均疏水性与热变性温度之间的正相关,只是一个近似值,有的并非如此。可能是受其他因素影响的结果,如蛋白质分子中存在的二硫键,或者是蛋白质中的盐桥埋藏在疏水裂缝中。15种不同蛋白质的统计分析表明,蛋白质中天冬氨酸、半胱氨酸、谷氨酸、赖氨酸、亮氨酸、精氨酸、色氨酸和酪氨酸的残基百分数与热变性温度呈正相关($r=0.98$);另外的同一组蛋白热变性温度与丙氨酸、天冬酰胺、甘氨酸、谷氨酰胺、丝氨酸、苏氨酸、缬氨酸等氨基酸的残基百分数则是呈负相关($r=-0.975$)。而其他氨基酸对蛋白质的 T_d 影响很少。对于这些关系的成因尚不清楚。蛋白质的热稳定性不仅取决于分子中氨基酸的组成,极性与非极性氨基酸的比例,而且还依赖于这两类氨基酸在肽链中的分布,一旦这种分布达到最

佳状态,此时分子内的相互作用达到最大值,吉布斯自由能降低至最小,多肽链的柔顺性
也随之减小,蛋白质则处于热稳定状态。可见,蛋白质的热稳定性与分子的柔顺性呈负
相关。

蛋白质的立体结构同样影响其热稳定性。单体球状蛋白在大多数情况下热变性是可
逆的,许多单体酶加热到变性温度以上,甚至在 100 ℃ 短时间保留,然后立即冷却至室温,
它们也能完全恢复原有活性。而有的蛋白质在 90~100 ℃ 加热较长时间,则发生不可逆
变性。

水是极性很强的物质,对蛋白质的氢键相互作用有很大影响,因此水能促进蛋白质的
热变性。干蛋白粉似乎是很稳定的。蛋白质水分含量从 0 增加至 0.35 g 水/(g 蛋白质)
时,T_d 急剧下降(图 5 - 17),当水分含量从 0.35 g 水/(g 蛋白质)增加至 0.75 g 水/(g 蛋
白质)时,T_d 仅略有下降。水分含量大于 0.75 g 水/(g 蛋白质)时,蛋白质的 T_d 与稀溶液
状态下相同。蛋白质水合作用对于热稳定性的影响,主要与蛋白质的动力学相关。在干
燥状态,蛋白质具有一个静止的结构,多肽链序列的运动受到了限制。当向干燥蛋白质中
添加水时,水渗透到蛋白质表面的不规则空隙或进入蛋白质的小毛细管,并发生水合作
用,引起蛋白质溶胀。在室温下大概当每克蛋白质的水分含量达到 0.3~0.4 g 时,蛋白
质吸水即达到饱和。水的加入,提高了多肽链的涡度和分子的柔顺性,这时蛋白质分子处
于动力学上更有利的熔融结构。当加热时,蛋白质的这种动力学柔顺性结构,相对于干燥
状态,则可提供给水更多的概率接近盐桥和肽链的氢键,结果 T_d 降低。

在蛋白质水溶液中添加盐和糖可提高其热稳定性。例如,蔗糖、乳糖、葡萄糖和甘油
能稳定蛋白质,对抗热变性。当 β-乳球蛋白、大豆蛋白、人血白蛋白和燕麦球蛋白中含有
0.5 mol/L NaCl 时,能显著提高它们的变性温度 T_d。

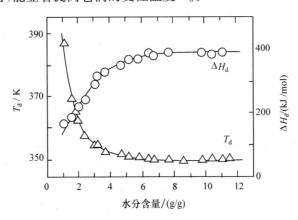

图 5 - 17　水分含量对卵清蛋白的变性温度 T_d 和变性热熔 ΔH_d 的影响

2) 低温

某些蛋白质经过低温处理后发生可逆变性,如有些酶(L-苏氨酸脱氨酶)在室温下比
较稳定,而在 0 ℃ 时不稳定。某些蛋白质[(11S)-大豆蛋白、麦醇溶蛋白、卵蛋白和乳蛋
白]在低温或冷冻时发生聚集和沉淀。例如,大豆球蛋白在 2 ℃ 保藏,会产生聚集和沉淀,
当温度回升至室温,可再次溶解。相反,低温能引起某些低聚物解离和亚单位重排,如脱

脂牛乳在 4 ℃保藏,β-酪蛋白会从酪蛋白胶束中解离出来,从而改变了胶束的物理化学性质和凝乳性质。一些寡聚体酶,如乳酸脱氢酶和甘油醛磷酸脱氢酶,在 4 ℃时由于亚基解离,会失去大部分活性,将其在室温下保温数小时,亚基又重新缔合为原来的天然结构,并恢复其原有活性。有些脂酶和氧化酶不仅能耐受低温冷冻,而且可保持活性。就细胞体系而言,某些氧化酶由于冷冻可以从细胞膜结构中释放出来而被激活。某些植物和海水动物能耐受低温,而有的蛋白质分子由于具有较大的疏水-极性氨基酸比因而在低温下易发生变性。

3) 机械处理(剪切)

机械处理,如揉捏、振动或搅打等高速机械剪切,都能引起蛋白质变性。在加工面包或其他食品的面团时,产生的剪切力使蛋白质变性,主要是因为 α-螺旋的破坏导致了蛋白质的网络结构的改变。

食品在经高压、剪切和高温处理的加工过程(如挤压、高速搅拌和均质等)中,蛋白质都可能变性。剪切速率越高,蛋白质变性程度则越大。同时受到高温和高剪切力处理的蛋白质,则发生不可逆变性。10%~20%乳清蛋白溶液,在 pH 为 3.4~3.5、温度 80~120 ℃条件下,经 7500~10000 s^{-1} 的剪切速率处理后,则变成直径为 1 μm、不溶于水的球状大胶体颗粒。

4) 静液压

静液压能使蛋白质变性,是热力学原因造成的蛋白质构象改变。它的变性温度不同于热变性,当压力很高时,一般在 25 ℃即能发生变性;而热变性需要在 0.1 MPa 压力下,温度为 40~80 ℃才能发生变性。光学性质表明大多数蛋白质在 100~1200 MPa 压力范围作用下才会产生变性。

蛋白质的柔顺性和可压缩性是压力诱导蛋白质变性的主要原因。尽管氨基酸残基是被紧密地包裹在球状蛋白质分子的内部,但是仍然存在一些恒定的空隙空间,这就使蛋白质具有可压缩性。球状蛋白平均有效体积 V^0 约为 0.74 mL/g,V^0 由三个部分组成:

$$V^0 = V_c + V_{cav} + \Delta V_{sol} \tag{5-31}$$

式中:V_c 为原子体积的总和;V_{cav} 为蛋白质内部空隙空间的体积总和;V_{sol} 为水合作用时体积的变化。

V^0 值越大,表示空隙空间对部分有效体积的贡献就越大,说明蛋白质在压力的作用下越不稳定。然而,纤维状蛋白质大多数不存在空隙空间,因此它们对静液压作用的稳定性高于球状蛋白,也就是说静液压不易引起纤维状结构的蛋白质变性。

球状蛋白质因压力作用产生变性,此时由于蛋白质伸展而使空隙不复存在。另外,非极性氨基酸残基因蛋白质的伸展而暴露,并产生水合作用。这两种作用的结果使得球状蛋白质变性过程会伴随体积减小 30~100 mL/mol。体积变化与吉布斯自由能变化的关系可用式(5-32)表达:

$$\Delta V = \mathrm{d}(\Delta G)/\mathrm{d}p \tag{5-32}$$

式中:p 为静液压。

如果球状蛋白质在压力作用下完全伸展,体积变化减小的理论值应该是 2%,然而根据实验测得的体积减小值为 30~100 mL/mol,相对体积减小百分数仅约为 0.5%,由此说明,蛋白质在高达 1000 MPa 静液压作用下,仅能部分伸展。

压力引起的蛋白质变性是高度可逆的。大多数酶的稀溶液由于压力作用而酶活降低,一旦压力降低到常压,则又可使酶恢复到原有的活性,这个复活过程一般需要几小时。对于寡聚蛋白和酶而言,变性首先是亚基在 0.1~200 MPa 压力作用下解离,然后亚基在更高的压力下变性,当解除压力后,亚基又重新缔合,几小时后酶活几乎完全恢复。

高静压在食品加工过程中作为一种工具已经引起食品科学家的广泛关注,如灭菌和胶凝化。在 200~1000 MPa 高压下灭菌,使细胞膜遭到不可逆破坏,同时引起微生物中细胞器的解离,从而达到灭菌的目的。关于压力胶凝化作用已有不少报道和应用,如将蛋清、16% 大豆球蛋白或 3% 肌动球蛋白在 100~700 MPa 静液压下,于 25 ℃加压 30 min,则可形成凝胶,其质地比热凝胶柔软。静液压也常用于牛肉的嫩化加工,一般处理压力为 100~300 MPa。压力加工,目前是一种较热加工理想的方法,加工过程中不仅必需氨基酸、天然色泽和风味不会损失,特别是一些热敏感的营养或功能成分能得到较好的保持,而且也不会产生有害和有毒化合物。但是因为成本关系,尚未得到广泛应用。

5) 辐射

电磁辐射对蛋白质的影响因波长和能量大小而异,紫外辐射可被芳香族氨基酸残基(色氨酸、酪氨酸和苯丙氨酸)吸收,导致蛋白质构象改变,如果能量水平很高,还可使二硫交联键断裂。γ 辐射和其他电离辐射能改变蛋白质的构象,同时会氧化氨基酸残基,使共价键断裂、离子化,形成蛋白质自由基、重组、聚合,这些反应大多通过水的辐解作用传递。

6) 界面

在水和空气、水和非水溶液或固相等界面吸附的蛋白质分子,一般发生不可逆变性。蛋白质吸附速率与其向界面扩散的速率有关,当界面被变性蛋白质饱和(约 2mg/m²)即停止吸附。图 5-18 表示在水溶液中球形蛋白质从天然状态[图 5-18(a)]转变成吸附在水和非水界面时的变性状态[图 5-18(c)]。

远离界面的水分子处于低能态,其不仅与另外一些水分子,而且还与蛋白质的离子和极性位点相互作用,靠近界面的水分子处于高能态,可与另外一些水分子相互作用。

蛋白质大分子向界面扩散并开始变性,在这一过程中,蛋白质可能与界面高能水分子相互作用,许多蛋白质-蛋白质之间的氢键将同时遭到破坏,使结构发生"微伸展"[图 5-18(b)]。由于许多疏水基团和水相接触,使部分伸展的蛋白质被水化和活化(P^*),处于不稳定状态。蛋白质在界面进一步伸展和扩展,亲水和疏水残基力图分别在水相和非水相中取向,因此界面吸附引起蛋白质变性,某些主要靠二硫交联键稳定其结构的蛋白质不易被界面吸附。

蛋白质在界面的吸附,包括界面吸附和变性两个阶段,可用式(5-33)表示:

$$P_N m(H_2O) + n(H_2O)^* \underset{k_{-1}}{\overset{k_1}{\rightleftharpoons}} mP^* + n(H_2O) \overset{k_2}{\longrightarrow} P_D \qquad (5-33)$$

式中:P_N 为天然蛋白质;P^* 为水合的活化蛋白质;P_D 为变性蛋白质;(H_2O) 为普通水;$(H_2O)^*$ 为高能水。

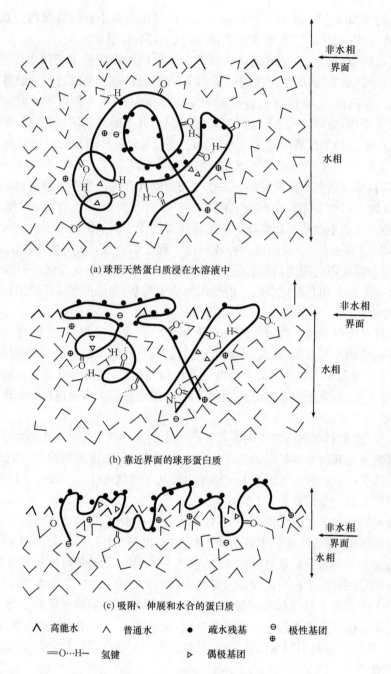

(a) 球形天然蛋白质浸在水溶液中

(b) 靠近界面的球形蛋白质

(c) 吸附、伸展和水合的蛋白质

∧ 高能水　　∧ 普通水　　● 疏水残基　　⊖ 极性基团

═O···H─ 氢键　　▷ 偶极基团

图 5-18　界面内蛋白质构象

　　蛋白质的界面性质对各种食品体系都是很重要的,如蛋白质在界面上吸附,有利于乳浊液和泡沫的形成和稳定(见 5.5)。

5.4.2.2　化学因素

1）pH

蛋白质所处介质的 pH 对变性过程有很大的影响,蛋白质在等电点时最稳定,表 5 - 14 为几种蛋白质的等电点,在中性 pH 环境中,除少数几个蛋白质带有正电荷外,大多数蛋白质都带有负电荷。

表 5 - 14　几种蛋白质的等电点(pI)

蛋白质	等电点	蛋白质	等电点
胃蛋白酶	1.0	血红蛋白	6.7
κ-酪蛋白 B	4.1～4.5	α-糜蛋白酶	8.3
卵清蛋白	4.6	α-糜蛋白酶原	9.1
大豆球蛋白	4.6	核糖核酸酶	9.5
血清蛋白	4.7	细胞色素 c	10.7
β-乳球蛋白	5.2	溶菌酶	11.0
β-酪蛋白 A	5.3		

因为在中性 pH 附近,静电排斥的净能量在水溶液中很小,这已用于解释在中性生理 pH 条件下天然蛋白质结构的形成。大多数蛋白质不中性 pH 是稳定的,然而在超出 pH 为 4～10 范围就会发生变性。在极端 pH 时,蛋白质分子内的离子基团产生强静电排斥,这就促使蛋白质分子伸展和溶胀。蛋白质分子在极端碱性 pH 环境下,比在极端酸性 pH 时更易伸长,因为碱性条件有利于部分埋藏在蛋白质分子内的羧基,酚羟基,巯基离子化,结果使多肽链解聚,离子化基团自身暴露在水环境中。pH 引起的变性大多数是可逆的,然而,在某些情况下,部分肽键水解,天冬酰胺、谷氨酰胺脱酰胺,碱性条件下二硫键的破坏,或者聚集等都将引起蛋白质不可逆变性。

2）金属

碱金属(如 Na^+ 和 K^+)只能有限度地与蛋白质起作用,而 Ca^{2+}、Mg^{2+} 略微活泼些。过渡金属(如 Cu、Fe、Hg 和 Ag 等)离子很容易与蛋白质发生作用,其中许多能与巯基形成稳定的复合物。Ca^{2+}(还有 Fe^{2+}、Cu^{2+} 和 Mg^{2+})可成为某些蛋白质分子或分子缔合物的组成部分。一般用透析法或螯合剂可从蛋白质分子中除去金属离子,但这将明显降低这类蛋白质对热和蛋白酶的稳定性。

3）有机溶剂

大多数有机溶剂属于蛋白质变性剂,它们以不同方式影响蛋白质中疏水相互作用及氢键和静电相互作用的稳定性。因为它们能改变介质的介电常数和增加蛋白质非极性侧链在有机溶剂中的溶解度,从而削弱了蛋白质的疏水相互作用,促使蛋白质变性。相反,由于蛋白质中氢键的稳定性依赖于低的介电常数和环境,某些有机溶剂实质上可加强或促进肽氢键的形成,如 2-氯乙醇能增加 α-螺旋构象的数量,这种作用也可看成是一种变性方式(二级、三级和四级结构改变),如卵清蛋白在水溶液介质中有 31% 的 α-螺旋,而在 2-氯乙醇中达到 85% 的 α-螺旋。

　　有机溶剂对静电相互作用的影响是双重的,介电常数的降低一方面可以增强相反电荷基团的相互吸引,另一方面又提高了相同电荷基团间的排斥作用,这两种作用对蛋白质结构影响的净效应依赖于各种极性和非极性基团影响的大小。在低浓度时,某些有机溶剂可以提高某些酶的稳定性,但在高浓度时,所有的有机溶剂则将引起蛋白质变性。这是由于它们进入疏水区促使非极性侧链增溶的结果。

　　4) 有机化合物水溶液

　　某些有机化合物特别是尿素和盐酸胍的水溶液能断裂氢键,从而使蛋白质发生不同程度的变性。同时,还可通过增大疏水氨基酸残基在水相中的溶解度,降低疏水相互作用。

　　在室温下 $4 \sim 6$ mol/L 尿素和 $3 \sim 4$ mol/L 盐酸胍,可使球状蛋白质从天然状态转变至变性状态的中点,通常增加变性剂浓度可提高变性程度,8 mol/L 尿素和约 6 mol/L 盐酸胍可以使蛋白质完全转变为变性状态。盐酸胍由于具有离子特性,因而比尿素的变性能力强。一些球状蛋白质,甚至在 8 mol/L 尿素溶液中也不能完全变性,然而在 8 mol/L 盐酸胍溶液中,它们一般以无规卷曲(完全变性)构象状态存在。

　　尿素和盐酸胍引起的变性包括两种机理:第一种机理是变性蛋白质能与尿素和盐酸胍优先结合,形成变性蛋白质-变性剂复合物,当复合物被除去,从而引起 $N \longrightarrow D$ 反应平衡向右移动。随着变性剂浓度的增加,天然状态的蛋白质不断转变为复合物,最终导致蛋白质完全变性。然而,由于变性剂与变性蛋白的结合是非常弱的。因此,只有高浓度的变性剂才能引起蛋白质完全变性。第二种机理是尿素与盐酸胍对疏水氨基酸残基的增溶作用。因为尿素和盐酸胍具有形成氢键的能力,当它们在高浓度时,可以破坏水的氢键结构,结果尿素和盐酸胍就成为非极性残基的较好溶剂,使之蛋白质分子内部的疏水残基伸展和溶解性增加。

　　尿素和盐酸胍引起的变性通常是可逆的,但是,在某些情况下,由于一部分尿素可以转变为氰酸盐和氨,而蛋白质的氨基能够与氰酸盐反应改变蛋白质的电荷分布。因此,尿素引起的蛋白质变性有时很难完全复性。

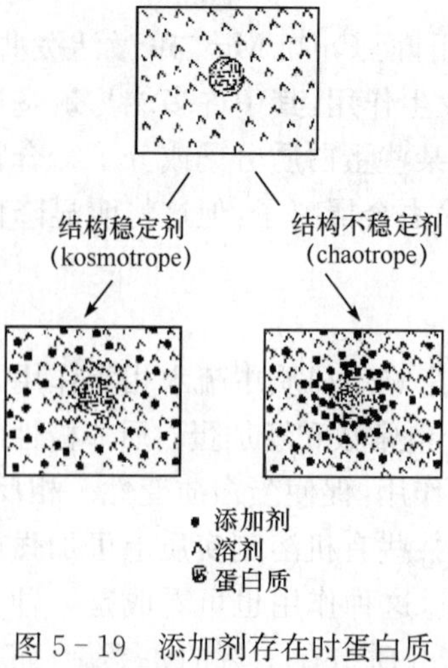

结构稳定剂
(kosmotrope)

结构不稳定剂
(chaotrope)

● 添加剂
∧ 溶剂
⬚ 蛋白质

图 5-19　添加剂存在时蛋白质
优先结合和水合作用的示意图

　　还原剂(半胱氨酸、抗坏血酸、β-巯基乙醇、二硫苏糖醇)可以还原二硫交联键,因而能改变蛋白质的构象。

　　另外的一些小分子有机化合物,如洗涤剂、糖和中性盐,也影响蛋白质在水溶液中的稳定性。其中洗涤剂同尿素和盐酸胍一样是去稳定剂;相反,糖有利于蛋白质天然结构的稳定(图 5-19)。

　　5) 表面活性剂

　　表面活性剂(如十二烷基磺酸钠,sodium dodecyl sulfate,SDS)是一种很强的变性剂。SDS 浓度在 $3 \sim 8$ mmol/L 范围可引起大多数球状蛋白质变性。由于 SDS 可以在蛋白质的疏水和亲水环境之间起着乳化介质的媒介作用,且能优先与变性蛋白质强烈地结合,因此破坏了蛋白质的疏水相互作用,促使天然蛋白质伸展，非极性基团暴露于水介质中，导致了天然与变性蛋白质之间的平衡移动。引起蛋白质不可逆变性，这与尿素和盐酸胍引起的变性不一样。球状蛋白质经 SDS 变性后，呈现 α-螺旋棒状结构，而不是以无规卷曲状态存在。

6）离液盐

盐，这里指的是离液盐（chaotropic salt），即易溶盐（lyotropic salt），对蛋白质稳定性的影响包括两种不同方式，这与盐同蛋白质的相互作用有关。在低盐浓度时，离子与蛋白质之间为非特异性静电相互作用。当盐的异种电荷离子中和了蛋白质的电荷时，有利于蛋白质的结构稳定，这种作用与盐的性质无关，只依赖于离子强度。一般离子强度≤0.2 mol/L 时即可完全中和蛋白质的电荷。然而在较高浓度（>1mol/L）时，盐具有特殊离子效应，影响蛋白质结构的稳定性。阴离子的作用大于阳离子，图 5-20 表示了各种钠盐对 β-乳球蛋白热变性温度的影响，在离子强度相同时，Na_2SO_4 和 NaCl 能提高 T_d；相反，NaSCN 和 $NaClO_4$ 使 T_d 降低。无论大分子（包括 DNA）的结构和构象差别多大，高浓度的盐对它们的结构稳定性均产生不利影响。其中 NaSCN 和 $NaClO_4$ 是强变性剂。根据感胶离子序，各种阴离子在离子强度相同时，对蛋白质（包括 DNA）结构稳定性的影响顺序如下：$F^- < SO_4^{2-} < Cl^- < Br^- < I^- < ClO_4^- < SCN^- < Cl_3CCOO^-$。这个顺序称为 Hofmeister 序列（感胶离子序）或离液序列（chaotropic series）。顺序中左侧的离子能稳定蛋白质的天然构象；右侧的离子则使蛋白质分子伸展、解离，为去稳定剂。

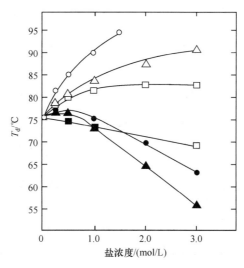

图 5-20　pH 为 7 时各种钠盐对 β-乳球蛋白质变性温度的影响

○ Na_2SO_4；△ NaCl；□ NaBr；● $NaClO_4$；▲ NaSCN；■ 尿素

盐对蛋白质稳定性的影响机理还不十分清楚，可能与盐同蛋白质的结合能力，以及对蛋白质的水合作用影响有关。凡是能促进蛋白质水合作用的盐均能提高蛋白质结构的稳定性；反之，与蛋白质发生强烈相互作用，降低蛋白质水合作用的盐，则使蛋白质结构去稳定。进一步从水的结构作用讨论，盐对蛋白质的稳定和去稳定作用，涉及盐对体相水有序结构的影响，稳定蛋白质的盐提高了水的氢键结构，而使蛋白质失稳的盐则破坏了体相水的有序结构,因而有利于蛋白质伸展,导致蛋白质变性。换言之,离液盐的变性作用可能与蛋白质中的疏水相互作用有关。

5.5 蛋白质的功能性质

食品的感官品质,如质地、风味、色泽和外观等,是人们摄取食物时的主要依据,也是评价食品质量的重要组成部分之一。食品中各种次要和主要成分之间相互作用的净结果则产生了食品的感官品质,在这些诸多成分中蛋白质的作用显得尤为重要。例如,焙烤食品的质地和外观与小麦面筋蛋白质的黏弹性和面团形成特性相关;乳制品的质地和凝乳形成性质取决于酪蛋白胶束独特的胶体性质;蛋糕的结构和一些甜食的搅打起泡性与蛋清蛋白的性质关系密切;肉制品的质地与多汁性则主要依赖于肌肉蛋白质(肌动蛋白、肌球蛋白、肌动球蛋白和某些水溶性肉类蛋白质)。表5-15列出了各种食品蛋白质在不同食品中的功能作用。

表5-15　蛋白质在食品中的功能作用

功　能	作用机理	食　品	蛋白质类型
溶解性	亲水性	饮料	乳清蛋白
黏度	持水性,流体动力学的大小和形状	汤,调味汁,色拉调味汁,肉汁、甜食	明胶
持水性	氢键,离子水合	肉,香肠,蛋糕,面包	肌肉蛋白,鸡蛋蛋白
胶凝作用	水的截留和不流动性,网络的形成	肉,凝胶,蛋糕焙烤食品和奶酪	肌肉蛋白,鸡蛋蛋白和牛奶蛋白
黏结-黏合	疏水作用,离子键和氢键	肉,香肠,面条,焙烤食品	肌肉蛋白,鸡蛋蛋白、乳清蛋白
弹性	疏水键,二硫交联键	肉和面包	肌肉蛋白,谷物蛋白
乳化	界面吸附和膜的形成	香肠,大红肠,汤,蛋糕,甜食	肌肉蛋白,鸡蛋蛋白,乳清蛋白
泡沫	界面吸附和膜的形成	搅打顶端配料,冰淇淋,蛋糕,甜食	鸡蛋蛋白,乳清蛋白
脂肪和风味的结合	疏水键,截留	低脂肪焙烤食品,油炸面圈	牛奶蛋白,鸡蛋蛋白,谷物蛋白

蛋白质的功能性质(functional property)是指食品体系在加工、储藏、制备和消费过程中,影响蛋白质对食品产生需宜特征的那些物理、化学性质。各种食品对蛋白质功能特性的要求是不一样的(表5-16)。

表5-16　各种食品对蛋白质功能特性的要求

食　品	功能性
饮料,汤,沙司	不同pH时的溶解性,热稳定性,黏度,乳化作用,持水性
形成的面团焙烤产品(面包、蛋糕等)	成型和形成黏弹性膜,内聚力,热性变和胶凝作用,吸水作用,乳化作用,起泡,褐变

续表

食　品	功能性
乳制品(精制干酪、冰淇淋、甜点心等)	乳化作用,对脂肪的保留,黏度,起泡,胶凝作用,凝结作用
鸡蛋代用品	起泡,胶凝作用
肉制品(香肠等)	乳化作用,胶凝作用,内聚力,对水和脂肪的吸收与保持
肉制品增量剂(植物组织蛋白)	对水和脂肪的吸收与保持,不溶性,硬度,咀嚼性,内聚力,热变性
食品涂膜	内聚力,黏合
糖果制品(牛奶巧克力)	分散性,乳化作用

食品的感官品质是由各种食品原料复杂的相互作用产生的。例如,蛋糕的风味、质地、颜色和形态等性质,是由原料的热胶凝性、起泡、吸水作用、乳化作用、黏弹性和褐变等多种功能性组合的结果。因此,一种蛋白质作为蛋糕或其他类似产品的配料使用时,必须具有多种功能特性。动物蛋白,如牛乳(酪蛋白)、蛋和肉蛋白等,是几种蛋白质的混合物,它们有着较宽范围的物理和化学性质及多种功能特性。例如,蛋清具有持水性、胶凝性、黏合性、乳化性、起泡性和热凝结等作用,现已广泛地用作许多食品的配料,蛋清的这些功能来自复杂的蛋白质组成及它们之间的相互作用,这些蛋白质成分包括卵清蛋白、伴清蛋白、卵黏蛋白、溶菌酶和其他清蛋白。然而植物蛋白(如大豆和其他豆类及油料种子蛋白等)和乳清蛋白等其他蛋白质,虽然它们也由多种类型的蛋白质组成,但是它们的功能特性不如动物蛋白,目前只是在有限量的普通食品中使用。对于这类蛋白质的功能以及它们的分子结构,特别是立体构象对其功能的影响,还不甚了解。

蛋白质的大小、形状,氨基酸的组成和序列、净电荷及其分布、亲水性和疏水性之比、二级、三级和四级结构,分子的柔顺性或刚性,以及分子内和分子之间同其他组分作用的能力等诸多因素,均影响与蛋白质功能有关的许多物理和化学性质,而且每种功能性又是诸多因素共同作用的结果,这样就很难论述清楚何种性质与某种特定功能作用之间的相关性。

从经验上看食品蛋白质的功能性质分为三大类:①水合特性;②表面性质;③尺寸和形状依赖于流体动力学/流变学的特性。第一类包括水吸收和保持、溶胀性、溶解性、分散性、湿润性、增稠性。第二类主要是与蛋白质的湿润性、分散性、溶解度、表面张力、乳化作用、蛋白质的起泡特性及脂肪和风味、色素的结合等有关的性质,这些性质之间并不是完全孤立和彼此无关的。例如,胶凝作用不仅包括蛋白质-蛋白质相互作用,而且还有蛋白质-水相互作用;黏度和溶解度取决于蛋白质-水和蛋白质-蛋白质的相互作用。第三类是弹性、黏度、黏附性、内聚性、咀嚼性、黏性、胶凝性、面团的形成、质构等。它们通常与蛋白质的大小形状和柔顺性有关。

根据蛋白质的结构特征和分子的性质通常不一定能预测其功能性质,因此,必须通过实验来判断,包括物理(黏度、表面张力和溶解度)、化学性质的测定和实际应用实验。例如,面包焙烤后,体积的测定或油炸食品水分损失的测定,在实验的模拟体系中当蛋白质组分是一种已知天然结构的纯蛋白质时,其功能性可得到最好的了解。然而,工业中使用的大多数蛋白质是一种混合物,含有相当多的糖类、脂质、矿物盐和多酚类物质等,尽管蛋白质的离析物比大多数其他蛋白质含有较少的非蛋白质成分,但由于受到各种加工处理,这样就影响它们原来的结构和功能性。

应用实验所需要的成本高、时间长,近来更多的是采用简单的模拟体系进行实验。但采用这种方法涉及两个问题:这些实验目前还缺乏标准化;模拟体系实验得到的结果与真实体系(应用实验)相比常常相关性不好。因此,尽快建立一套标准可靠的方法是非常必要的。

以下讨论食品蛋白质的主要功能性质及蛋白质在加工或化学修饰时功能性质的变化。

5.5.1 水合性质

5.5.1.1 概述

蛋白质在溶液中的构象主要取决于它和水之间的相互作用,大多数食品是水合(hydration)固态体系。食品中的蛋白质、多糖和其他成分的物理化学及流变学性质,不仅受到体系中水的强烈影响,而且还受到水与食品中其他成分(特别是蛋白质、多糖等食品大分子)相互作用的影响。水能改变蛋白质的物理、化学性质,如具有无定形和半结晶的食品蛋白质,由于水的增塑作用可以改变它们的玻璃化转变温度 T_g 和变性温度 T_d。玻璃化转变温度是指从脆的无弹性的玻璃态(无定形固体)转变为柔软有弹性的橡胶态(高弹态)的转变温度。熔化温度是结晶态转变为无规状态的温度。另外,干蛋白质浓缩物或离析物在使用时必须使之水合,因此食品蛋白质的水合和复水性质具有重要的实际意义。蛋白质随着水活度的增加从干燥状态开始逐渐水合,可用图 5-21 列出的顺序表示。

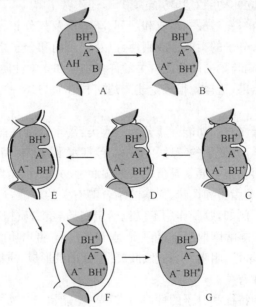

图 5-21 干蛋白质的蛋白质-水相互作用顺序

A. 未水合蛋白;B. 带电基团的初始水合;C. 在接近极性和带电部位形成水簇;

D. 在极性表面完成水合作用;E. 非极性小区的水合形成单分子层覆盖;

F. 蛋白质-缔合水与体相水之间的桥;G. 完成流体动力学作用

　　蛋白质制品的许多功能性与水合作用有关,如水吸收作用(也称水摄取、亲和性或结合性)、分散性、溶解性、溶胀、湿润性、增稠性、黏度、持水能力(或水保留作用)、凝胶化、凝结、黏附和内聚力,以及聚集、乳化、起泡性等,都与水和蛋白质的相互作用有关。分散性和黏度(或增稠力)涉及 F 和 G 两个步骤。蛋白质的最终状态,可溶性或不溶性(部分或全部)也与功能性质相关,如溶解性或速溶性。胶凝作用是指充分水合的不溶性块状物的形成,而且要求产生特殊的蛋白质-蛋白质相互作用。与表面性质有关的功能性,如乳化作用和起泡性,蛋白质也必须是高度水合和分散的。

　　在低、中等水分食品(如焙烤食品、绞碎肉制品)中,蛋白质结合水的能力是决定这些食品可接受性的关键因素。而食品的热凝胶特性却依赖于蛋白质-蛋白质和蛋白质-水相互作用的平衡能力。

5.5.1.2　蛋白质-水相互作用

　　蛋白质的水合作用是通过蛋白质的肽键(偶极-偶极或氢键),或氨基酸侧链(离子的极性甚至非极性基团)同水分子之间的相互作用来实现的。这些相互作用的方式表示在图 5-22 中,并在第 2 章详细讨论过。

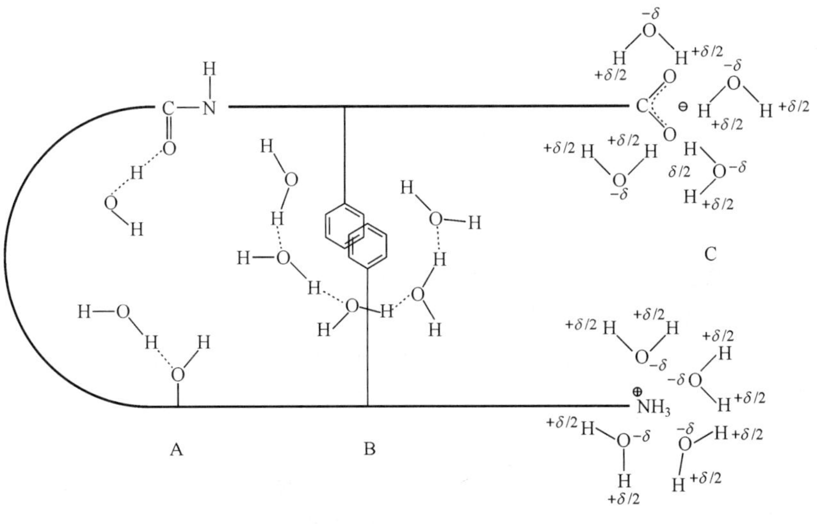

图 5-22　水同蛋白质相互作用的示意图
A. 氢键;B. 疏水相互作用;C. 离子或极性基团相互作用

　　在宏观水平上,蛋白质与水的结合是一个逐步的过程,而且与水分活度密切相关。在低水分活度(a_w 为 0.05~0.3)时,离子基团因其高亲和性而首先溶剂化,随后是极性和非极性基团与水结合,最终在蛋白质表面形成单分子水层(或“结合水”),这部分水在流动上是受阻的,即不能冻结,也不能作为溶剂参与化学反应。但是,从能量观点看,在蛋白质表面结合的单分子水层[0.07~0.27 g H_2O/(g 蛋白质)]中的水解吸时(从蛋白质表面转变为体相水),在 25 ℃时所需的解吸吉布斯自由能为 0.75 kJ/mol。可是水在 25 ℃时的热动能约为 2.5 kJ/mol,远大于解吸吉布斯自由能。因此有理由认为蛋白质单分子层中的水分子是可以流动的。在中等水分活度范围(0.3~0.7),蛋白质结合水后,除形成单分子水层外,还可以形成多分子水层。例如,在溶菌酶表面($600~\text{nm}^2$)大约覆盖了 300 个水分子,平均每 $2~\text{nm}^2$ 表面上有一个水分子。在水活度为 0.9 时,蛋白质结合的水量为 0.3～0.5 g/g(表 5－17),这部分水中的大多数在 0 ℃是不能冻结的。当 $a_w > 0.9$ 时,大量的液态水(体相水)是凝聚在蛋白质分子的裂隙中,或者截留在不溶性蛋白质(如肌纤维)体系的毛细管中,这部分水的性质类似于体相水,称为流体动力学水(hydrodynamic water),它们与蛋白质分子一起运动。

表 5－17　一些蛋白质的水合能力

蛋白质	水合能力 /(g H_2O/g 蛋白质)	蛋白质	水合能力 /(g H_2O/g 蛋白质)
纯蛋白质[1]		胶原蛋白	0.45
核糖核酸酶	0.53	酪蛋白	0.40
溶菌酶	0.34	卵清蛋白	0.30
肌红蛋白	0.44	商业蛋白质商品[2]	
β-乳球蛋白	0.54	乳清浓缩蛋白	0.45～0.52
胰凝乳蛋白酶原	0.23	酪蛋白酸钠	0.39～0.92
人血白蛋白	0.33	大豆蛋白	0.33
血红蛋白	0.62		

1) 90％相对湿度的值。

2) 95％相对湿度的值。

5.5.1.3　水合性质的测定方法

蛋白质成分的吸水性和持水容量的测定通常有以下四种方法。

1) 相对湿度法(或平衡水分含量法)

测定一定水活度 a_w 时所吸收的水量,这种方法用于评价蛋白粉的吸湿性和结块现象。

2) 溶胀法

将蛋白质粉末置于下端连有刻度的毛细管的烧结玻璃过滤器上,让其自发地吸收过滤器下面毛细管中的水,即可测定水合作用的速率和程度(图 5－23)。

3) 过量水法

过量水法是使蛋白质试样同超过蛋白质所能结合的过量水接触,随后通过过滤或低速离心或挤压使剩水同蛋白质保持的水分离的方法。这种方法只适用于溶解度低的蛋白质。对于可溶性蛋白质必须进行校正。

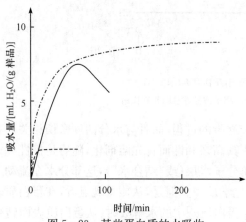

图 5－23　某些蛋白质的水吸收
作用与时间的函数关系

—— 酪朊酸钠;—·－大豆蛋白质离析物;
－－乳清蛋白质浓缩物

4）水饱和法

测定蛋白质饱和溶液所需要的水量（用离心法测定对水的最大保留性）。

方法 2）、3)和 4)可用来测定结合水，不可冻结的水以及蛋白质分子间借助于物理作用保持的毛细管水。

此外，还可以根据经验公式计算蛋白质的水合能力（是指在相对湿度为90％～95％的环境中，干燥蛋白质粉与水蒸气达到平衡时，每克蛋白质所结合水的克数）。表 5-18 指出了蛋白质分子中各种氨基酸的水合能力，带电基团的氨基酸残基约为 6 mol H_2O/(mol 残基），不带电荷的极性残基大约是 2 mol H_2O/(mol 残基），非极性残基结合水的能力最低约为 1 mol H_2O/(mol 残基）。可见，蛋白质的水合能力与其氨基酸组成有一定的相关性。具体经验公式（没有考虑毛细管作用和物理截留）如下：

$$a = f_c + 0.4f_p + 0.2f_N \qquad (5-34)$$

式中：a 为水合能力[g H_2O/(g 蛋白质)]；f_c，f_p，f_N 分别为蛋白质分子中带电、极性、非极性残基所占的分数。

实验测得的单体球蛋白的水合能力与按上述经验公式得到的计算值十分相符，然而对于寡聚蛋白计算值一般高于实验值，这是因为在寡聚蛋白质结构中亚单体-亚单体之间的界面上有部分蛋白质表面被埋藏。酪蛋白胶束相反，由于它的结构中存在大量的空隙，可以通过毛细管作用和物理截留结合水，因此实验测得的结合水远大于计算值。

表 5-18　氨基酸残基的水合能力

氨基酸残基	水合能力 /[mol H_2O/(mol 残基)]	氨基酸残基	水合能力 /[mol H_2O/(mol 残基)]
极性		Asp$^-$	6
Asn	2	Glu$^-$	7
Gln	2	Tyr$^-$	7
Pro	3	Arg$^+$	3
Ser,Thr	2	His$^+$	4
Trp	2	Lys$^+$	4
Asp(非离子化)	2	非极性	
Glu(非离子化)	2	Ala	1
Tyr	3	Gly	1
Arg(非离子化)	3	Phe	0
Lys(非离子化)	4	Val、Ile、Leu、Met	1
离子化			

注：根据核磁共振测定的氨基酸残基结合的非冻结水。

5.5.1.4　影响水合性质的环境因素

蛋白质浓度、pH、温度、时间、离子强度、盐的种类、蛋白质构象和体系中的其他成分等因素都影响蛋白质-蛋白质和蛋白质-水之间的相互作用，这些相互关系决定着蛋白质的大多数功能性质,当然也包括蛋白质结合水的能力。

蛋白质的总吸水率随蛋白质浓度的增加而增加。

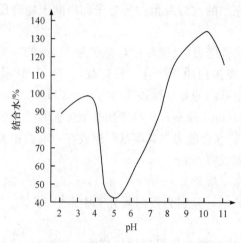

图 5-24　pH 对牛肌肉持水容量的影响

pH 的变化影响蛋白质分子的解离和净电荷量,因而可改变蛋白质分子间的相互吸引力和排斥力及其与水缔合的能力。在等电点 pH 时,蛋白质-蛋白质相互作用最强,而蛋白质-水相互作用最小,因此蛋白质的水合作用和溶胀最小。例如,宰后僵直前的生牛肉(或牛肉匀浆)pH 从 6.5 下降至接近 5.0(等电点),其持水容量显著减少(图 5-24),并导致肉的汁液减少和嫩度降低。低于或高于蛋白质的等电点 pH 时,由于净电荷和排斥力的增加导致蛋白质溶胀并结合更多的水。在 pH 为 9~10 时,许多蛋白质结合的水量均大于其他任何 pH 的情况,这是由于巯基和酪氨酸残基离子化的结果,当pH>10时赖氨酸残基的 ε-氨基上的正电荷丢失,从而使蛋白质结合水的能力下降。

蛋白质结合水的能力一般随温度升高而降低,这是因为降低了氢键作用和离子基团结合水的能力,使蛋白质结合水的能力下降。蛋白质加热时发生变性和聚集,后者可以减少蛋白质的表面面积和极性氨基酸对水结合的有效性,因此凡是变性后聚集的蛋白质结合水的能力因蛋白质之间相互作用而下降。另外,结合很紧密的蛋白质在加热时,发生解离和伸展,原来被遮掩的肽键和极性侧链暴露在表面,从而提高了极性侧链结合水的能力,一般变性蛋白质结合水的能力比天然蛋白质高约 1/10。例如,乳清蛋白加热时可产生不可逆胶凝,如果将凝胶干燥,可增加不溶性蛋白质网络内的毛细管作用,因而使蛋白质的吸水能力显著增强。此外,干蛋白颗粒的大小、表面空隙和内空隙也同样影响吸水速率和吸水程度。必须指出,大多数蛋白质变性后在水中的溶解度降低,尽管它们结合水的能力与其在天然状态相比没有发生剧烈的变化,仍然不能用蛋白质结合水的能力来预测它们的溶解特性。也就是说,蛋白质的溶解性不仅依赖于结合水的能力,还与其他的热力学因素有关。

图 5-25 表示 pH、温度同时对大豆蛋白质离析物表面吸水量的影响。

离子的种类和浓度对蛋白质的吸水性、溶胀和溶解度也有很大影响。盐类和氨基酸侧链基团通常同水发生竞争性结合。在低盐浓度(<0.2 mol/L)时,蛋白质的水合作用增强,这是由于水合盐离子与蛋白质分子的带电基团发生微弱结合的原因,但是这样低的浓度不会对蛋白质带电基团的水合壳层带来影响。实质上,增加的结合水量是来自与蛋白质结合离子的缔合水。高盐浓度时,水和盐之间的相互作用超过水和蛋白质之间的相互作用,因而可引起蛋白质"脱水。"

5.5.1.5　水合作用和其他功能性之间的关系

吸水性和黏度之间往往是关联的,但并不总是正相关,因为蛋白质的溶解度和吸水性

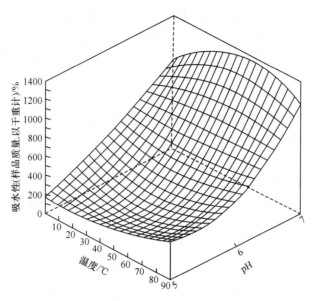

图 5-25 D-大豆蛋白质离析物表面吸水量与温度和 pH 变化的关系

之间的关系并不总是一致的,同时,pH 和温度的变化对于蛋白质的吸水性和蛋白质溶液的黏度的影响,随蛋白质种类不同而有所不同。

蛋白质成分吸收和保持水的能力在各种食品的质地性能中起着主要的作用,特别是碎肉和焙烤过的面团,不溶解的蛋白质吸水可导致溶胀和产生体积、黏度和黏合等性质的变化。蛋白质的其他功能性(如乳化作用或胶凝作用),也可使食品具有所需要的性质。蛋白质的持水能力在食品加工和保藏过程中比水合能力更为重要,持水能力是指蛋白质吸收水和抵抗重力使水保留在蛋白质基质中的能力。所保留的水包括结合水、流体动力学水和物理截留水。其中物理截留水对持水能力的贡献大于结合水与流体动力学水。研究表明,蛋白质的持水能力与水合能力呈正相关。蛋白质截留水的能力影响绞碎肉制品的多汁性和嫩度,也影响焙烤食品和其他凝胶食品需宜的质构。

5.5.1.6 溶胀

不溶性蛋白质的溶胀(swelling)相当于可溶性蛋白质的水合作用,也就是水嵌入在肽链残基之间,增加了蛋白质的体积,同时使蛋白质相关的物理性质发生变化。例如,肌原纤维的二聚体浸泡在 1.0 mol/L 的 NaCl 溶液中,体积比原有状态增加 2.5 倍,体积的增加值相当于 6 个折叠所占有的体积。蛋白质溶胀时所需要的水量通常是干重蛋白质的数倍。

5.5.2 溶解性

5.5.2.1 概述

蛋白质的许多功能特性都与蛋白质的溶解度有关,特别是增稠、起泡、乳化和胶凝作用。目前,不溶性蛋白质在食品中的应用非常有限。

溶解度特性数据不但对于确定天然资源中蛋白质分离提纯的最适条件十分有用,而且也为蛋白质的应用可能性提供了一项重要指标。因为不溶性程度,是评价蛋白质变性和聚集作用最实用的标准,蛋白质在处于最初变性和部分聚集状态时,常常会损害胶凝和乳化作用及形成泡沫的能力。此外,溶解度也是评价蛋白质饮料的一个主要特性。

蛋白质在中性或等电点 pH 时的溶解性通常是在制备和加工一种蛋白质过程中必须首先测定的功能性质。这类实验的目的是测定氮溶解指数(NSI)和找出溶解度同 pH、离子强度或热处理的关系。

蛋白质的溶解度是许多参数的函数。从热力学上讲,蛋白质溶解是一个较慢的过程,可以用蛋白质-蛋白质和蛋白质-溶剂相互作用的热力学平衡方程式表示:

$$蛋白质\text{-}蛋白质 + 溶剂\text{-}溶剂 \Longleftrightarrow 蛋白质\text{-}溶剂 \tag{5-35}$$

5.5.2.2 影响蛋白质溶解性的因素

蛋白质的溶解度除与蛋白质的氨基酸组成和蛋白质的结构有关外,溶解度大小随 pH、离子强度、温度和蛋白质浓度不同而改变。下面分别讨论影响蛋白质溶解度的各种因素。

1) 氨基酸组成与疏水性

蛋白质中氨基酸的疏水性和离子性是影响蛋白质溶解性的主要因素。疏水相互作用增强了蛋白质与蛋白质的相互作用,使蛋白质在水中的溶解度降低。离子相互作用则有利于蛋白质-水相互作用,可使蛋白质分散在水中,从而增加了蛋白质在水中的溶解度。离子化残基使溶液中的蛋白质分子间产生两种排斥力:一种是当溶液的 pH 高于或低于等电点时,由于蛋白质带有净正电荷或净负电荷而在蛋白质分子间产生静电排斥力;另一种是离子基团周围的水合壳层之间的排斥力。

Bigelow 认为,蛋白质的溶解度与氨基酸残基的平均疏水性($\Delta G_0 = \sum \Delta G_0'/n$)和电荷频率$[\sigma = (n^+ + n^-)/n]$有关,平均疏水性越小和电荷频率越大,蛋白质的溶解度越大。尽管这个经验关系对于大多数蛋白质是正确的,然而并非是绝对的。因为 Bigelow 没有考虑到蛋白质表面的亲水性和疏水性与其周围的相关性,实际上表面的亲水性和疏水性比平均疏水性和电荷频率对蛋白质溶解度的影响更大。更确切地说,蛋白质表面的疏水小区域的数目越小,蛋白质的溶解度越大。在等电点时,如果一种蛋白质的疏水基团充分暴露,它将通过疏水相互作用降低静电排斥力,导致产生沉淀;相反,当疏水相互作用很弱时,由于水合作用和空间排斥作用使蛋白质仍然保持溶解状态。

2) pH 的影响

蛋白质所带电荷的种类和大小与溶液的 pH 密切相关,当溶液的 pH 高于等电点时,蛋白质带负电荷,低于等电点则带正电荷。带电荷的蛋白质分子比不带电荷的分子溶解度大,因为水分子与电荷产生相互作用引起增溶效果。另外,带同种电荷的蛋白质链易于互相排斥、解离或展开。以蛋白质溶解度对 pH 作图,得到如图 5-26 所示的 V 形或 U 形曲线。从图 5-26 可以看出,溶解度最小的 pH 与 pI 值完全一致,这种特性可用于许多蛋白质的溶解,特别是种子蛋白(大豆、向日葵等)。在碱性 pH 介质中,蛋白质的提取率和溶解度比在酸性 pH 介质中大,增加蛋白质的净电荷可提高蛋白质的溶解度和提取率,如赖氨酸残基琥珀化或马来酰化以后,变成可解离羧基的载体,或者使蛋白质与具有疏水和可解离区的双极性分子(十二烷基硫酸钠)发生反应,氨基酸的疏水残基通过这些化合物可变成负电荷的载体。

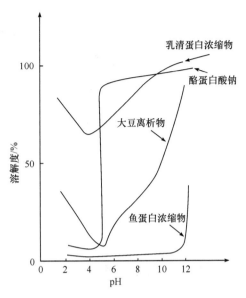

图 5-26　蛋白质溶解度与
pH(0.2 mol/L NaCl 溶液)的函数关系

pH 与 pI 值相差不大时,蛋白质分子与水分子之间的相互作用最少,所带净电荷也非常小,以致多肽链相互靠近,甚至形成聚集体,引起蛋白质沉淀,当聚集体的堆积密度(bulk density)与溶剂密度相差很大,以及聚集体的直径很大时,则沉淀速率加快。

大多数蛋白质是酸性蛋白,因为天冬氨酸和谷氨酸残基的总和大于赖氨酸、精氨酸和组氨酸残基的总和。因此,它们在 pH 为 4～5(等电点)时的溶解度最低,而在碱性 pH(一般 pH 为 8～9 时)的溶解度最大。然而,另外一些食品蛋白,如像 β-乳球蛋白(pI 为 5.2)和牛血清白蛋白(pI 为 5.3)在它们的等电点 pH 时具有高的溶解度。因为在这些蛋白质表面,亲水氨基酸残基的数量远高于非极性残基,即使在等电点(电中性)时它们也仍然带有电荷,只不过分子表面的净电荷为零。如果这些带电残基产生的亲水性水合作用的排斥力,大于蛋白质-蛋白质疏水相互作用,那么蛋白质在 pI 仍然是可溶的。

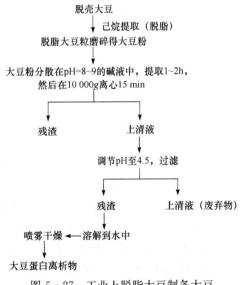

脱壳大豆
↓ 己烷提取（脱脂）
脱脂大豆粒磨碎得大豆粉
↓
大豆粉分散在pH=8~9的碱液中,提取1~2h,
然后在10 000g离心15 min
↓
　残渣　　　上清液
　　　　　↓
　　　调节pH至4.5,过滤
　　　　↓
　残渣　　　上清液（废弃物）
　↓
喷雾干燥 ← 溶解到水中
↓
大豆蛋白离析物

图 5-27　工业上脱脂大豆制备大豆
蛋白离析物的典型过程

利用大多数蛋白质在 pH 为 8～9 时的高溶解性,提取植物蛋白。例如,将大豆粉置于 pH 为 8～9 的碱性水溶液中浸提,然后利用等电点沉淀法将 pH 调至 4.5～4.8,再从提取液中回收大豆蛋白质(图 5-27)。

热变性会改变蛋白质的 pH-溶解度关系模式(图 5-28)。例如,天然的乳清蛋白离析物(whey protein isolate,WPI)在 pH= 2～9 是完全可溶的;然而当在 70 ℃加热 1～10 min,pH-溶解度关系变为 U 形曲线,在 pH=4.5 显示最小的溶解度。溶解幅度的变化在于加热变性引起蛋白质伸长造成的疏水性增加。蛋白质的伸长改变了蛋白质-蛋白质之间与蛋白质-溶剂相互作用的平衡,对前者是有利的。

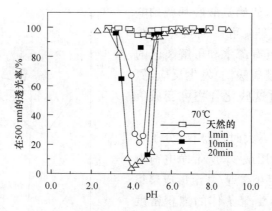

图5-28 乳清蛋白离析物溶液在70℃加热不同
时间的pH-溶解度关系图

3) 离子强度 μ 的影响

$$\mu = \frac{1}{2} \sum c_i Z_i^2 \qquad (5-36)$$

式中：c_i 为离子的浓度；Z 为离子价数。

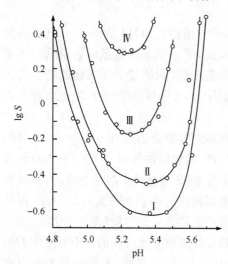

图5-29 pH和离子强度对
β-乳球蛋白溶解度的影响
离子强度：I. 0.001；II. 0.005；
III. 0.01；IV. 0.05

当中性盐的离子强度较低（<0.5）时，可增加蛋白质的溶解度（图5-29），这种效应称为盐溶效应（salting in effect）。离子与蛋白质表面的电荷作用，产生了电荷屏蔽效应，并从两方面影响蛋白质的溶解度，这与蛋白质的表面特性有关。如果蛋白质含有高比例的非极性区域，那么电荷屏蔽效应将会降低蛋白质的溶解度；反之，溶解度则提高。在上述物质的量浓度范围内，蛋白质溶解度的对数是 $\sqrt{\mu}$ 的函数，各种离子的盐溶能力是不相同的。

若中性盐的离子强度大于1.0时，盐对蛋白质溶解度的影响具有特异的离子效应，硫酸盐和氟化物将降低蛋白质的溶解度，并产生沉淀（盐析），这种盐析效应（salting out effect）是由于蛋白质和盐离子之间为各自溶剂化争夺水分子的结果。在高盐浓度时，由于大部分水分子与盐牢固地结合，使之不能满足蛋白质溶剂化所需水分子的要求。因此，蛋白质-蛋白质的相互作用比蛋白质-水的相互作用更强，这样便导致蛋白质分子聚集，继而产生沉淀。硫氰酸盐和过氯酸盐则可提高蛋白质的溶解度（盐溶）。离子强度对蛋白质溶解度的影响可表示为

在低盐浓度时 $\qquad \lg S = K_s \mu \qquad (5-37)$

在高盐浓度时 $\qquad\qquad\qquad \lg S = -K_s\mu + \lg S_0$ $\qquad\qquad$ (5-38)

或 $\qquad\qquad\qquad\qquad\qquad \lg(S/S_0) = \beta - K_s c_s$

式中：S_0 为离子强度为零时的溶解度；μ 为离子强度；c_s 为盐的摩尔浓度；β 为蛋白质的特征常数；K_s 为盐析常数(此常数不仅取决于蛋白质种类，而且更依赖于盐的性质和浓度，不同种类的盐产生的盐析作用随其水合能和空间位阻增大而增加。对盐析类盐 K 是正值，而对盐溶类盐 K 是负值)。

在相同 μ 值时，各种离子对蛋白质溶解度的影响遵从感胶离子序(hofmeister 系列)，阴离子提高蛋白质的溶解度的排列顺序为 $SO_4^{2-} < F^- < CH_3COO^- < Cl^- < Br^- < NO_3^- < I^- < ClO_4^- < SCN^-$，阳离子降低蛋白质溶解度的顺序为 $NH_4^+ < K^+ < Na^+ < Li^+ < Mg^{2+} < Ca^{2+}$。离子的性能类似于盐对蛋白质热变性时温度的影响，多价阴离子对蛋白质溶解度的影响比一价阴离子更显著，而二价阳离子比一价阳离子的影响较小。

4) 温度的影响

温度的影响(在恒定 pH 和离子强度时)通常是蛋白质的溶解度在 0 ℃ 到 40~50 ℃ 之间随温度上升而增加。然而，对高疏水性蛋白质，如 β-酪蛋白和某些谷蛋白，它们的溶解度则与温度呈负相关，超过 40~50 ℃ 时，分子运动足以使稳定的二级和三级结构的键断裂，这种变性往往伴随发生聚集(见 5.3)，在此情况下，变性蛋白质比天然蛋白质的溶解度小，已聚集的蛋白质对水的结合能力不会有大的改变，有时甚至还增大(主要由于生成的凝块或凝胶的毛细管对水的吸收作用)。

大多数蛋白质在加热时，溶解度明显地不可逆降低。有时为了使微生物钝化，去除异味、水分和其他成分，加热处理又是不可缺少的。因此，即使是较温和的加工过程，如抽提和纯化蛋白质也会产生一定程度的变性，市售大豆粉，浓缩物和离析物的 NSI 值为 10%~90%。

5) 有机溶剂的影响

某些有机溶剂，如乙醇或丙酮，使水的介电常数降低，因此，提高了蛋白质分子内和分子间的静电作用力(排斥和吸引力)。分子内的静电排斥作用使蛋白质分子伸长，有利于肽链基团的暴露和在分子之间形成氢键，并使分子之间的异种电荷产生静电吸引。这些分子间的极性相互作用，促使了蛋白质在有机溶剂中聚集沉淀或在水介质中溶解度降低。同时，由于这些溶剂争夺水分子，更进一步降低了蛋白质的溶解度，甚至在低浓度有机溶剂的水介质中，暴露残基间的疏水相互作用对于降低蛋白质溶解度也是有贡献的。

前面已经提到，蛋白质的结构状态与其溶解度之间关系密切，因此在蛋白质(或酶)的提取、分离与纯化过程中常用蛋白质溶解指数(protein solubility index, PSI)或蛋白质分散指数(protein dispersibility index, PDI)作为衡量蛋白质(或酶)变性程度的指标。这两项都表示可溶性蛋白在蛋白质样品中所占的百分数，市售分离蛋白的 PSI 一般为 25%~80%。当然，差示量热扫描(DSC)法是目前研究蛋白质变性过程中热力学函数变化的最有效方法。

5.5.2.3　蛋白质的起始溶解度

一般认为，蛋白质具有大的起始溶解度是产生其他功能性的先决条件。但这种假设不一定总是正确的,已经发现蛋白质配料的预先变性和不溶解性,有时反而可以提高蛋白质对水的吸收。另外,蛋白质变性和部分不溶,有时还可保持胶凝能力,这与乳状液、泡沫和凝胶形成过程中蛋白质出现的不同程度伸展、聚集和不溶解等现象是一致的。

要使乳清蛋白和某些其他蛋白质在乳状液、泡沫和凝胶形成中充分发挥作用,则必须具有适度大的起始溶解度。另外,可溶性酪蛋白酸盐比等电点时的酪蛋白(不易溶解的)具有更好的增稠性和乳化性。起始溶解度大的主要优点是能使蛋白质分子或颗粒迅速分散,这样就可以得到具有均匀宏观结构和高度分散的体系。起始溶解度大,还有利于蛋白质向空气/水和油/水界面扩散,从而提高表面活性。

5.5.2.4　按蛋白质的溶解度分类

Osborne 根据蛋白质的溶解度,将蛋白质分为四类:清蛋白(如人血白蛋白、卵清蛋白和 α-乳清蛋白)可溶于 pH 为 6.6 的水中;球蛋白(如 β-乳球蛋白、谷蛋白)能溶解于 pH 为 7 的稀盐溶液;醇溶蛋白(玉米醇溶蛋白和麦醇溶蛋白)可溶解于 70% 乙醇中;谷蛋白(如小麦麦谷蛋白)在上述溶剂中均不溶解,但可溶于酸(pH 为 2)或碱(pH 为 12)溶液。其中醇溶蛋白和谷蛋白为高疏水性蛋白。

5.5.3　蛋白质的界面性质

许多天然的和加工的食品都是泡沫或乳化体系的产品,它们都需要利用蛋白质的起泡性、泡沫稳定性和乳化性等功能,如焙烤食品、甜点心、啤酒、牛奶、冰淇淋、黄油和肉馅等,这些分散体系,除非有两亲物质存在,否则是不稳定的。蛋白质是两亲分子,它能自发地迁移到空气/水界面或油/水界面。研究证明,蛋白质在界面上的吉布斯自由能,相对于在体相水中是较低的,因此,体相水中的蛋白质能自发地向界面迁移,当达到平衡后,蛋白质在界面上的浓度总是高于在体相水中的浓度。然而,蛋白质作为一类天然大分子化合物,不同于小分子的表面活性剂,能够在界面上形成高黏弹性薄膜,并产生物理垒以抵抗外界机械作用的冲击,其界面体系比由小分子的表面活性剂形成的界面更稳定。正因为如此,蛋白质的这种优良特性在食品加工中被广泛得到应用。

蛋白质的表面活性不仅与蛋白质中氨基酸的组成、结构、立体构象、分子中极性和非极性残基的分布与比例,二硫键的数目与交联,以及分子的大小、形状和柔顺性等内在因素有关,而且与外界因素,甚至加工操作有关。凡是能影响蛋白质构象和亲水性与疏水性的环境因素,如 pH、温度、离子强度和盐的种类、界面的组成、蛋白质浓度、糖类和小分子表面活性剂的加入、能量的输入,以及形成界面加工的容器和操作顺序等,都将影响蛋白质的表面活性。尽管所有的蛋白质都具有两亲性,但是它们的表面活性有很大差别。如果仅仅是以蛋白质疏水残基与亲水残基数之比,解释上述现象是非常不科学的,而且有许多与实际相反。例如,许多植物蛋白质(如大豆蛋白)的疏水性氨基酸残基含量超过40%,但是它们的表面活性却比疏水残基数少(30%)的清蛋白(卵清蛋白和牛血清蛋白)差。实际上,卵清蛋白和血清蛋白是一种较好的起泡剂和乳化剂。再者,大多数蛋白质的平均疏水性是在一个较窄的范围,为此,不可能造成各种蛋白质表面活性的显著差别。因此,在讨论蛋白质的表面活性时,必须根据上述影响因素综合考虑。

蛋白质作为理想的表面活性剂必须具有 3 个属性：①快速吸附到界面的能力；②在达到界面后迅速伸展和取向；③一旦达到界面，即与邻近分子相互作用形成具有强内聚力和黏弹性的膜，能耐受热和机械的作用。

泡沫的形成和稳定性及乳状液，都要求具有能显著降低界面（空气/油/水相）张力的表面活性剂存在，这些表面活性剂包括小分子（如卵磷脂、单酰甘油和吐温 20 等）和大分子（如蛋白质）表面活性剂。蛋白质在界面降低界面张力的效果按当量浓度计，其效果低于小分子表面活性剂。大多数蛋白质在空气/水和油/水界面覆盖至饱和单分子层时，可使表面张力降低约 15 mN/m，而小分子表面活性剂则为 30～40 mN/m，这是由于蛋白质的复杂结构所致。尽管蛋白质在它的一级结构中含有亲水基团和疏水基团，但对它们的亲水头和疏水尾，相对于卵磷脂和单酰甘油是不清楚的，而且这些基团在整个蛋白质的一级结构中是无规伸长的。在蛋白质的三级折叠构象中，一些疏水残基是以分离的小碎片分布在蛋白质的表面，实质上主要的疏水残基埋藏在蛋白质内部（图 5-30）。

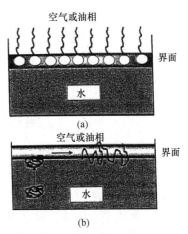

图 5-30　小分子表面活性剂（a）和蛋白质（b）在空气/水和油/水界面的吸附模式

蛋白质在搅打和均质时形成泡沫和乳状液的关键在于蛋白质必须自发和快速地吸附在新形成的界面（空气/水或油/水）上。这种能力取决于界面上疏水和亲水小区的分布模式，以及蛋白质的吸附吉布斯自由能。如果蛋白质表面是非常亲水的，而且又不存在可辨别的疏水小区，那么，蛋白质的吸附吉布斯自由能为正，也就是说，蛋白质在水相中的吉布斯自由能低于界面或非极性相，吸附则不能发生。即使蛋白质整个可及表面被非极性残基覆盖超过 40%（如理想的球蛋白），如果未形成隔离小区，仍然不利于蛋白质在界面吸附。随着蛋白质表面疏水小区的增多，蛋白质自发吸附到界面的可能性增加（图 5-31）。只有当蛋白质表面的疏水小区数目达到足以提供疏水-界面相互作用需要的能量，才能使蛋白质在界面牢固地吸附，并形成隔离的疏水小区。只有这样才能促进蛋白质吸附，并形成稳定的泡沫或乳状液。

蛋白质因为具有庞大的体积和折叠性，分子是僵硬的，在界面上吸附时，疏水残基和亲水残基具有固定的分布模式，因而蛋白质在界面吸附必须取向，以利于泡沫和乳状液的形成和稳定。通常蛋白质分子的大部分仍然保留在体相中，仅有一小部分固定在界面，然而小分子的表面活性剂，如卵磷脂和单酰基甘油酯，由于它们的亲水和疏水部分在末端，且各占一半，这样的构象就迫使它们在界面吸附，而不存在取向。蛋白质束缚在界面上的那小部分的牢固程度，依赖于固定在界面上肽段的数目和这些肽段与界面的能量。只有肽段之间和肽段与界面的相互作用的吉布斯自由能变化的总和为负值，而且其绝对值远大于蛋白质分子热运动的动能时，蛋白质才能保留在界面上。蛋白质在界面的吸附和取向与蛋白质分子构象的柔顺性有关，如像酪蛋白这样高度柔顺性分子，一旦在界面吸附时，可迅速发生构象转变，以适合界面性质的需要，因此有较多的肽段结合到界面；相反，刚性球状蛋白质(如溶菌酶和大豆蛋白)在界面上不能广泛地发生构象转变。

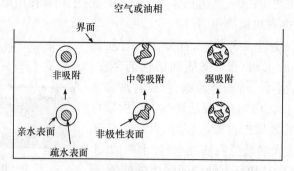

图 5-31　表面疏水小区对蛋白质在空气/水
界面吸附概率的影响示意图

在界面上柔顺性多肽链具有 3 种典型的构型(图 5-32):列车形、环形和尾形。它们可能以 1 种或多种构型同时在界面上存在。这与多肽链段的溶液行为和蛋白质的构象有关,一般列车形是多肽链段直接与界面接触形成的;多肽链段悬浮在水相时呈环形;肽链的 N 端和 C 端位于水相时呈尾形。其中列车形在界面上出现的概率较大,且与界面强烈结合,并呈现出较低的表面张力。

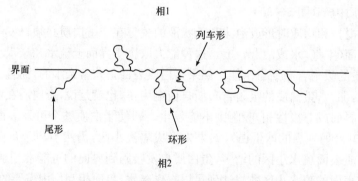

图 5-32　界面上柔顺性多肽链的各种构型

蛋白质在界面的稳定作用取决于它在界面形成膜的机械强度,而膜的强度又与分子间的相互作用、静电吸引、氢键和疏水相互作用有关。二硫键的形成可以增加蛋白质膜的黏弹性。当界面膜中蛋白质的浓度达到 $20\% \sim 25\%(w/V)$ 时,蛋白质则以凝胶状态存在。各种非共价键相互作用达到所需平衡时,才能使凝胶状膜稳定和具黏弹性。倘若疏水相互作用太强,则蛋白质会在表面絮凝、聚结甚至沉淀。当静电排斥力大大超过吸引力时,不易形成厚的内聚膜。因此,只有静电斥力、吸引力和水合相互作用达到固有的平衡后,才能形成稳定的黏弹性膜。蛋白质在吸附和形成膜时,各种分子在界面的过程总结于图 5-33。

蛋白质形成泡沫和乳状液的机理十分类似,但从能量观点考虑,这些界面相互作用是有差别的,而且它们对蛋白质结构的要求不一样。换言之,一种好的蛋白质乳化剂不一定是好的起泡剂。

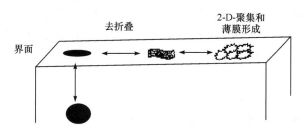

图 5-33　蛋白质膜在界面形成的过程示意图

蛋白质的界面形成非常复杂,影响因素较多,但由于对蛋白质的界面性质已经有了较清楚的了解,因此,下面分别定性讨论食品蛋白质的乳化性和起泡性。

5.5.3.1　乳化性质

1) 蛋白质在食品乳胶体中的稳定作用

许多天然和加工食品,如牛奶、蛋黄、椰奶、豆奶、黄油、人造黄油、蛋黄酱、涂抹酱、沙拉酱、冷冻甜食、腊肠、香肠和蛋糕等都是乳化产品,蛋白质作为乳化剂在这些乳化体系中起着重要的作用。天然牛乳中脂肪球是靠脂蛋白组成的膜起稳定作用。牛乳均质可以提高乳胶体的稳定性,因为均质能够使脂肪球变小,且脂蛋白膜由酪蛋白胶束和乳清蛋白组成的更强的新生蛋白膜代替。所以,均质牛乳比天然牛乳更稳定。

乳胶体的形成原理、破坏机理(分层、絮凝、聚结)以及稳定性因素在第 4 章中已经论述。蛋白质吸附在油滴和连续水相的界面,并具有能阻止油滴聚结的物理和流变学性质(稠度、黏度、柔顺性和刚性)。氨基酸侧链也能发生解离,解离度与 pH 有关,解离可产生有利于乳胶体稳定性的静电排斥力。

蛋白质一般对水/油(W/O)乳状液的稳定性较差。这可能是因为大多数蛋白质的强亲水性使大量被吸附的蛋白质分子位于界面的水相一侧。

2) 蛋白质乳化性质的测定方法

评价乳化特性的方法有油滴大小和粒度分布、乳化活力、乳化能力和乳化稳定性。

鉴别食品乳胶体的性质必须测定液滴的大小和分布(总界面面积),可以运用显微镜、光散射、激光扫描共聚焦显微镜、离心沉降或考尔计数器(Coulter counter)和激光粒度分布仪(液滴通过已知大小的小孔)测定。

测量界面吸附的蛋白质数量(表面浓度)需预先分离油滴(O/W 乳状液),如反复离心和洗涤,使松散结合的蛋白质除去。每毫升含几毫克蛋白质的乳状液相当于能使每平方米界面积吸附几毫克蛋白质。当分散相体积分数 ϕ 大和液滴很小时,需要更多的蛋白质才能形成具有稳定剂作用的吸附蛋白质膜。

下面介绍广泛用于比较蛋白质乳化性质的 4 种实验方法。

(1) 乳化活力指数(EAI)。首先采用光学显微镜,电子显微镜、光散射法或考尔计数器,测定乳状液的平均液滴大小,并按式(5-39)计算总界面面积 A:

$$A = \frac{3\phi}{R} \tag{5-39}$$

式中：ϕ 为分散相（油）的体积分数；R 为乳状液粒子的平均半径。

然后根据蛋白质的质量（m）和界面总面积（A）可计算出乳化活力指标（emulsifying activity index，EAI），即单位质量蛋白质所产生的界面面积：

$$EAI = \frac{3\phi}{Rm} \qquad\qquad (5-40)$$

浊度法也是一种测定 EAI 的简便、实用的方法，根据乳状液的浊度（透光率 T）与界面面积的关系，在测得透光率（浊度）后，再计算出 EAI。透光率计算如下：

$$T = \frac{2.303A}{L} \qquad\qquad (5-41)$$

式中：A 为吸光度；L 为光程。

根据 Mie 的光散射理论可知，乳状液的界面面积为浊度的 2 倍。假设 ϕ 是油的体积分数、C 是每个单位水相体积中蛋白质的量，则可根据式（5-42）计算 EAI：

$$EAI = \frac{2T}{(1-\phi)C} \qquad\qquad (5-42)$$

式中：$(1-\phi)C$ 为单位体积乳状液中蛋白质的总量。

（2）蛋白质负载（protein load）。蛋白质负载是指一定温度下每平方米界面面积所吸附的蛋白质质量（mg）。以蛋白质稳定的乳状液，其稳定性与乳状液油/水界面吸附的蛋白质量有关。为了测定吸附的蛋白质质量，在一定温度下将乳状液离心之后，分离除去液相乳化层，然后用水反复洗涤和离心，洗去疏松的吸附蛋白，被吸附到乳化粒子上的量等于最初乳状液中的总蛋白质量与乳化层中吸附蛋白质量之差。如果已知乳化粒子的总界面面积，即可计算出每平方米界面面积吸附的蛋白质量（蛋白质负载）。大多数蛋白质的负载一般在 1～3 mg/m²。当蛋白质的质量一定时，增加油相体积会降低蛋白质的负载量，对于高脂肪含量的乳状液和小油滴，则需要更多蛋白质适当覆盖在界面上，才能使乳状液稳定。

（3）乳化容量（emulsion capacity，EC）。乳化容量是指乳状液发生相转变之前，每克蛋白质能够乳化油的体积（mL）。在一定温度下，蛋白质水溶液（或盐溶液）或分散液在搅拌下以恒定速率不断地加入油或熔化脂肪，当黏度陡然降低或颜色变化（特别是含油溶性染料）或者电阻增大时，即可察觉出相转变，特别是当 ϕ 超过 0.74 时相转变推动力增大，在没有蛋白质存在时相转变 $\phi(\phi_i)$ 值接近 0.5，有蛋白质存在时相转变 ϕ 值一般在 0.65～0.85。在相转变时不可能立即形成连续的油相，而首先是形成 W/O/W 双乳状液。乳化容量用每克蛋白质表示，EC 值将随着蛋白质浓度增大而降低，而 ϕ_i 值开始急剧上升，然后下降达到平稳。为了比较各种蛋白质的乳化容量，通常选用 EC 对蛋白质浓度曲线代替 EC。

（4）乳状液稳定性（emulsion stability，ES）通常表示为

$$ES = \frac{\text{分离的油层体积} \times 100}{\text{最初乳浊液体积}} \qquad\qquad (5-43)$$

其中分离的油层体积是采用标准的离心法测得的。即将已知体积的乳状液置于带刻度的

离心管中,于 1300g 离心 5 min,然后测定离析出的油层体积,并以占总体积的百分数表示。为了避免油滴聚集,有时在较低的重力下(180g)离心较长时间(15 min)。

乳状液稳定性也可采用浊度法进行评价,此时以乳状液稳定指数(emulsion stability index,ESI)表示。ESI 的定义是乳状液的浊度达到起始值一半所需的时间。

蛋白质稳定的乳状液通常在数日内是稳定的。这样,样品在空气中保藏,很难在保质期内测定到乳状液分离或相转变。因此,只有在剧烈的条件下(如提高温度或在离心力作用下分离)评价乳状液稳定性。如果采用离心力的方法,可用乳状液界面面积(浊度)减少的百分数,或者分离的油层体积的分数,或者是乳脂层的脂肪含量等表示。乳状液稳定性常用式(5-43)表示。

关于评价蛋白质的乳化性质,目前尚无标准的统一方法,只能是相对比较,而且许多是经验方法,真正最基本的衡量值是界面面积。

3) 影响乳化作用的因素

许多因素影响乳状液的特性和乳化结果,如仪器设备的类型、输入能量的强度、剪切速率、加油速率、油相体积、温度、pH、离子强度、糖类和小分子表面活性剂、与氧接触、油的种类(熔点)、可溶性蛋白质的种类、浓度和蛋白质的乳化性质等。

蛋白质溶解度在 25%～80% 范围和乳化容量或乳状液稳定性之间通常存在正相关。不溶性蛋白质对乳化作用的贡献很小,然而也不需要能完全溶解的蛋白质,因此蛋白质在出现表面性质之前必须溶解,并向界面扩散。在肉馅胶体中(pH 为 4～8)有氯化钠(0.5～1 mol/L)存在可提高蛋白质的乳化容量,很可能是因为肌原纤维蛋白质发生盐溶,所以溶解度和伸展性两者都增大。热聚集形成的不溶性大豆蛋白质比可溶性的乳化效率低,但不溶性蛋白质颗粒常常能够在已经形成的乳状液中起到稳定作用。

pH 影响蛋白质的乳化性质涉及几种机理。某些蛋白质在等电点 pH 时能微溶,因而降低乳化能力,不能稳定油滴的表面电荷(排斥)。另外,在等电点或一定的离子强度时,由于蛋白质以高黏弹性紧密结构形式存在,可防止蛋白质伸展或在界面吸附(不利于乳状液的形成),但是可以稳定已吸附的蛋白质膜,阻止表面形变或解吸,后者有利于乳状液维持稳定。因为界面蛋白质膜的形变或解吸均发生在乳状液失去稳定作用之前,同时在蛋白质等电点时脂质和蛋白质的疏水相互作用加强。有些蛋白质在等电点时具有高溶解度而表现出最令人满意的乳化性质(明胶、血清蛋白和卵清蛋白),而有一些蛋白质则相反,在非等电点 pH 时乳化作用更好(大豆蛋白、花生蛋白、酪蛋白、牛血清蛋白和肌原蛋白)。此外,蛋白质的表观特性在某种程度上还取决于实验条件。

花生蛋白的乳化容量与 pH 和氯化钠浓度的关系见图 5-34。在这种情况下,表观乳化容量和蛋白质溶解度之间存在着良好的正相关。

加热通常可降低被界面吸附的蛋白质膜的黏度和刚性,结果使乳状液稳定性降低。β-乳球蛋白热处理时,可使蛋白质分子内的巯基(—SH)暴露,并与相邻分子间—SH 形成二硫交联键,在界面上发生有限聚集。可是高度水合的界面蛋白质膜的胶凝作用可提高表面的黏度和刚性,从而使乳状液保持稳定。因此,肌原纤维蛋白的胶凝作用有助于肉类乳胶体如香肠的热稳定性,其结果是提高这类食品对水和脂肪的保护力和

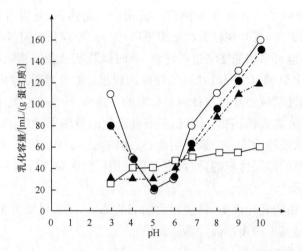

图 5-34　pH 和氯化钠浓度对花生蛋白质离析物乳化容量的影响

〇 0.1 mol/L NaCl；● 0.2 mol/L NaCl；▲ 0.5 mol/L NaCl；□ 1.0 mol/L NaCl

黏结性。

　　添加小分子表面活性剂,一般对依靠蛋白质稳定的乳状液的稳定性不利,因为它们会降低蛋白质膜的硬性,使蛋白质保留在界面的能力减弱。

　　由于某些蛋白质从水相向界面缓慢扩散和被油滴吸附,使水相中蛋白质的浓度降低,因此蛋白质起始的浓度必须较高才能形成具有适宜厚度和流变学性质的蛋白质膜。实际上,如果用 0.5%～5% 蛋白质浓度(质量分数,乳状液),界面蛋白质浓度可达 0.5～20 mg/m^2。

　　4) 蛋白质乳状液的表面特性

　　可溶性蛋白质乳化作用最重要的特性是其向油/水界面扩散和在界面吸附的能力。一般认为,蛋白质的一部分一旦与界面接触,非极性氨基酸残基则朝着非水相,于是体系的吉布斯自由能降低,蛋白质的其余部分自动在界面上吸附。大多数蛋白质在吸附时广泛伸展,如果吸附面积增大,可以扩展成单分子层(约 1 mg/m^2,1.0～2.0 nm 厚)。有研究者认为,蛋白质的疏水性越大,界面的蛋白质浓度也越大,使界面张力变小,乳状液更稳定。但是,蛋白质的总疏水性(按亲水和疏水氨基酸残基的体积比 P 或平均疏水性 $\overline{G^0}$ 确定)和乳化性质并不十分相关。根据疏水亲和色谱、疏水分配或用疏水性试剂测定的结果,增加蛋白质的表面疏水性与降低界面张力和增大乳化作用指数均存在明显的相关性(图 5-35)。然而,研究乳清蛋白质浓缩物对乳状液稳定作用时发现,在碱性 pH 时,β-乳球蛋白是在油界面上吸附的主要蛋白质,而在酸性 pH 时,被吸附的是 α-乳清蛋白,在产生吸附作用的 pH 条件下,这两种蛋白质都不显示表面疏水性和吸附作用之间有相关性。这可能是当柔顺性蛋白质在与脂质表面接触时能够伸展和扩展,并容易和脂质液滴产生疏水相互作用,因此,形成黏弹性适宜的吸附膜,使乳状液有良好的稳定性(无论是它们具有大的 $\overline{G^0}$ 值还是大的表面疏水性起始值)。

　　蛋白质的表面疏水性通常根据蛋白质结合疏水荧光探针(如顺-十八碳四烯酸)的量

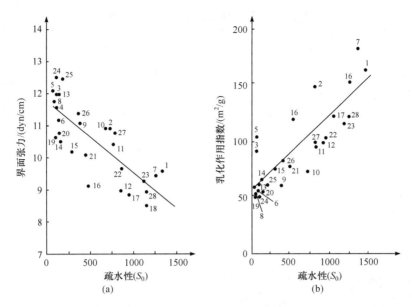

图 5-35 各种蛋白质的表面疏水性与(a)油/水界面张力和(b)乳化作用指数相互关系

表面疏水性是按单位质量蛋白质结合的疏水荧光探针(顺-十八碳四烯酸)测定,乳化作用指数是每克蛋白质形成的界面表面积。1. 牛血清白蛋白;2. β-乳球蛋白;3. 胰蛋白质;4. 卵清蛋白;5. 伴清蛋白;6. 溶菌酶;7. κ-酪蛋白;8~12. 卵清蛋白于 85 ℃分别加热 1 min、2 min、3 min、4 min 或 5 min;13~18. 溶菌酶在 85 ℃被加热 1 min、2 min、3 min、4 min、5 min 或 6 min;19~23. 每摩卵清蛋白分别结合 0.2 mol、0.3 mol、1.7 mol、5.7 mol 或 7.9 mol 十二烷基硫酸盐;24~28. 分别结合 0.3 mol、0.9 mol、3.1 mol、4.8 mol 或 8.2 mol 亚油酸酯的卵清蛋白(每摩蛋白质)

来确定。尽管这个方法能提供一些关于蛋白质表面疏水性的信息,但是对测定值是否能真实反映蛋白质的性质还是有质疑的。表面疏水性的准确定义是指与周围体相水接触的蛋白质的非极性表面部分。然而,顺-十八碳四烯酸仅能结合到疏水空穴,蛋白质的空穴只能与非极性配基结合,而不能与水结合,也不能结合油-水乳状液的任何一相。只有蛋白质在界面发生快速的构象重组,才能改变这种状况。利用荧光探针顺-十八碳四烯酸只能测定蛋白质的表面疏水性,而不能指示蛋白质分子的柔顺性,这也许是一些蛋白质的表面疏水性与其乳化性质之间不存在相关性的主要原因。在油/水界面,分子的柔顺性是决定蛋白质乳化性质的最重要的因素。

结构稳定和表面疏水性大的球蛋白(如乳清蛋白、溶菌酶和卵清蛋白)不是好的乳化剂,除非它们经过不丧失溶解性的预处理后仍然能够伸展,适度热处理似乎能够起到这样的作用。与上面提到的蛋白质相比,酪蛋白酸盐是一种较好的乳化剂,因为它们除了溶解度高外,还具有解离的和伸展的结构(无规卷曲),总疏水性也较大,而且多肽链的高度疏水和高度亲水区隔开。酪蛋白(微胶束)和脱脂奶粉、肌动球蛋白(肉和鱼肉蛋白)、大豆蛋白(特别是大豆离析物)以及血液的血浆和珠蛋白都具有很好的乳化性质(表 5-19)。

表 5 – 19　各种蛋白质的乳化作用指数值

蛋白质	乳化作用指数 [每克供试蛋白质的 界面(m²)的稳定性]		蛋白质	乳化作用指数 [每克供试蛋白质的 界面(m²)的稳定性]	
	pH=6.5	pH=8.0		pH=6.5	pH=8.0
琥珀酰化(88%)酵母蛋白	322	341	大豆蛋白离析物	41	92
牛血清白蛋白		197	血红蛋白		75
酪蛋白酸钠	149	166	酵母蛋白	8	59
β-乳球蛋白		153	溶菌酶		50
乳清蛋白粉末	119	142	卵清蛋白		49

注：蛋白质分散在 0.5% 的磷酸盐缓冲液中，pH=6.5，离子强度为 0.1，琥珀酰化(%)表示酵母蛋白中琥珀酰化的赖氨酸基数。

对水/油或水/空气界面吸附的蛋白质的行为已进行过很多研究，但关于不同蛋白质在这些界面的构象以及最初构象和在界面上的构象之间的关系同乳化或起泡性的关系仍不完全了解，产生厚和高度水化且带电荷的吸附蛋白质膜可能对稳定乳状液或泡沫最重要。

5) 蛋白质-脂质相互作用

蛋白质-脂质的相互作用对蛋白质的提取产生不利的影响，特别是从富含脂质的物质（像油料种子或鱼类）中提纯蛋白质，如油料种子用水或碱性水溶液不可能直接提取蛋白质，因为形成了稳定的蛋白质乳状液而阻碍离心。中性三酰基甘油酯通过疏水相互作用与蛋白质结合，所以只能用非极性溶液（如己烷）使之除去。可是，磷脂与蛋白质是以极性键更紧密地结合在一起，又需要极性溶剂（如乙醇或丙醇等）才能分离。

有时干燥的蛋白质物料吸附一定量的油脂是需宜的，每克大豆浓缩物和离析物分别可结合 70 mL 和 170 mL 油脂，向日葵蛋白离析物每克结合油脂可达到 400 mL，织构菜籽蛋白每克能结合 150 mL 油脂。从而可以看出，不溶性和疏水性较大的蛋白质结合油脂量最大，小颗粒低密度蛋白质比密度大的蛋白质结合油脂量更多。油脂结合量随着温度上升而减少，因为这时油脂黏度降低。植物蛋白质及其浓缩物中的糖类组分对油脂结合无明显影响，蛋白质对油脂和非极性挥发性化合物的结合存在某些相似性。

氧化的脂质不仅与食品蛋白质相互作用，而且损害蛋白质的营养价值。

5.5.3.2　起泡性

1) 食品泡沫的形成和破坏

食品泡沫通常是气泡在连续的液相或含可溶性表面活性剂的半固相中形成的分散体系。许多加工食品都是泡沫类型产品。种类繁多的泡沫其质地大小不同，如蛋白质酥皮、蛋糕、棉花糖和某些其他糖果产品、点心顶端配料、冰淇淋、蛋奶酥、啤酒泡沫、奶油冻和面包等。大多数情况下，气体是空气或 CO_2，连续相是含蛋白质的水溶液或悬浊液。某些食品泡沫是很复杂的胶态体系，如冰淇淋中存在分散的和群集的脂肪球（多数是固体）、乳胶体(或悬浊液)、分散的冰晶悬浮体、多糖凝胶、糖和蛋白质的浓缩溶液以及空气气泡。泡沫中,薄液层连续相(薄片)使气泡分散,气/液界面可调节至 1 m²/mL 液体,如乳状液一样,产生界面同样需要做功。通常用表面活性剂以保持界面,使之防止气泡聚集,因为表面活性剂能够降低界面张力,并且在气泡之间形成有弹性的保护层,某些蛋白质可通过在气/液界面吸附形成保护膜,这种情况下两个邻近的气泡之间的薄片由被液层隔开的 2 个吸附蛋白质膜所组成。各种泡沫的气泡大小很不相同,直径从 1 μm 到几厘米不等,气泡的大小取决于多种因素,如液相的表面张力和黏度、输入的能量,分布均匀的细微气泡可以使食品产生稠性、细腻和松软性,提高分散性和风味感。

产生泡沫有 3 种方法:最简单的一种方法是让鼓泡的气体通过多孔分配器(如烧结玻璃),然后通入低浓度(0.01%～2.0%,质量分数)蛋白质水溶液中,最初的气体乳胶体因气泡上升和排出而被破坏,由于气泡被压缩成多面体而发生畸变,使泡沫产生一个大的分散相体积(ϕ)(图 5-36)。如果通入大量气体,液体可完全转变成泡沫,甚至用稀蛋白质溶液同样也能得到非常大的泡沫体积。一般可膨胀 10 倍(膨胀率为 1000%),在某些情况下可能达到 100 倍,对应的 ϕ 值分别为 0.9 和 0.99(假定全部液体都转变成泡沫),泡沫密度也相应地改变。

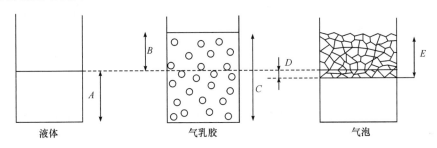

图 5-36　形成泡沫图解

A. 液体体积;B. 掺入的气体体积;C. 分散体的总体积;D. 泡沫中的液体体积(＝E－B);
E. 泡沫体积。泡沫体积定义为 100×E/A;膨胀量为 100×B/A＝100×(C－A)/A;
起泡能力为 100×B/D;泡沫相体积为 100×B/E

第二种起泡方法是在有大量气相存在时搅打(或搅拌)或振摇蛋白质水溶液产生泡沫,搅打是大多数食品充气最常用一种方法,与鼓泡法相比,搅打产生更强的机械应力和剪切作用,使气体分散得更均匀。更剧烈的机械应力会影响气泡的聚集和形成,特别是阻碍蛋白质在界面的吸附,导致对蛋白质的需要量增加(1%～40%,质量分数)。在搅打时,掺和的空气体积通常出现一最大值(动力学平衡),试样体积通常增加 300%～2000%。

第三种产生泡沫的方法是突然解除预先加压溶液的压力,如在分装气溶胶容器中加工成的掼奶油(搅打奶油)。

乳状液和泡沫之间的主要差别是泡沫中分散相(气体)的体积分散比乳状液中的变化范围更大。因为许多种泡沫都有很大的界面面积,所以它们通常是不稳定的。3 种主要失稳(泡沫破坏)机理如下:

(1) 薄片液体因重力、压力差和蒸发等原因而出现泄水(或泄漏),气泡的内压力 p 用拉普拉斯(Laplace)毛细管压力方程表示:

$$p = p_{atm} + \frac{2r}{R} \qquad (5-44)$$

式中：p_{atm}为大气压力，Pa；r为界面张力，N/m；R为气泡的曲率半径，m。

泄漏是在泡沫形成时发生的现象，低密度泡沫中由于气泡倾向于紧密压在一起，从而促使薄片泄漏，界面张力小和直径大的气泡可降低内部压力和泄漏。高度膨胀（ϕ值大）有利于泄漏的持续进行。当泡沫形成后泄漏会进一步使ϕ值增大和液体薄片的厚度和强度降低。当主体液相黏稠（如加糖时）和吸附的蛋白质膜的表面黏度很大时，泄漏将会减少；相反，蛋糕和面包类的泡沫食品，是在泡沫形成后加热，因而此时会因空气膨胀和黏度下降导致气泡破裂和解体。

（2）气体从小气泡扩散到大气泡的这种歧化作用，是因为气体溶解在水相中所引起的重新分配。

（3）隔离气泡的液体薄片破裂，可导致气泡通过聚集而变大，最终使泡沫崩溃。液体薄片的泄漏和破裂两者相互依存，因为液体薄片破裂可以增加泄漏，而泄漏会使薄片的厚度和强度变小。如果薄片的两层吸附蛋白质膜彼此接近至5~15 nm，泄漏或碰撞使膜的应力减弱，以致发生破裂。在这样的距离范围内，两个被吸附蛋白质膜之间的相互作用力究竟是静电排斥力还是分子引力起主要作用，至今还不清楚，但厚而富有弹性的吸附蛋白质膜能够阻止膜破裂。

对泡沫稳定性有利的3个重要因素是：界面张力小、主体液相黏度大，以及吸附蛋白质膜牢固并有弹性。

2）起泡性质的评价

评价蛋白质起泡性质可采用不同的方法。方法的选择取决于产生泡沫的方法是鼓泡、搅打或振摇。

气泡的平均大小是可以测定的，从而能粗略估计界面的面积。

起泡率有不同的表示方法：①"稳态"泡沫体积（steady state foam volume）（100×泡沫体积/液相最初体积），又称起泡率（over run）；②膨胀率［100×（分散体总体积－流体最初体积）/流体最初体积］％；③起泡能力（100×泡沫中气体的体积/泡沫中液体的体积）％；④泡沫中气体与鼓泡气体的体积比（鼓泡法）；⑤泡沫密度（图5-36）。此外，达到一定泡沫体积所需的时间或膨胀量也是重要的。

起泡能力（foaming power，F_p）一般随液相中蛋白质浓度（P_c）的增加而增大，直到某一最大值，这也受到泡沫形成方法的影响。各种蛋白质起泡能力的大小可以通过测定F_p最大值的一半（P_c值）进行比较（表5-20），这些数字说明在低浓度的蛋白质中明胶的起泡能力最大，但不能从一种较高浓度蛋白质（如1％，质量分数）的起泡能力的测定值推出表5-20中的这些数值。

泡沫稳定性是指蛋白质抵抗重力和机械力的能力。通常可按下述测定结果进行评价：①一定时间后，液体泄漏或泡沫崩溃（体积减小）的程度；②全部或一半泄漏（体积减小一半）的时间；③泄漏开始前的时间。

表 5 - 20　蛋白质起泡能力

蛋白质	起泡能力 (0.5%蛋白质溶液,质量分数)/%	蛋白质	起泡能力 (0.5%蛋白质溶液,质量分数)/%
牛血清白蛋白	280	β-乳球蛋白	480
乳清分离蛋白	600	血纤维素原蛋白	360
卵清蛋白	40	大豆蛋白(酶水解)	500
蛋清	240	明胶(酸法加工猪皮)	760
牛血浆	260		

泡沫强度或刚性可根据泡沫柱承受质量的能力或泡沫的黏度进行评价。

某些情况下,泡沫加热时的特性也是很重要的。例如,蛋白酥皮或蛋糕,应该在起泡前或起泡时将蔗糖加至蛋白质溶液中,随后加热泡沫。

在这些不同的实验中,蛋白质物料性能完全依赖于所用的设备和实验条件。为了比较蛋白质的起泡能力,应采用标准操作方法和一种标准蛋白质,卵清蛋白是最常用的标准,因为它具有较好的起泡性质。多数情况下,需用廉价的蛋白质物料与卵清蛋白的起泡性质进行比较。

以上都是表示蛋白质稳定性的经验方法,它们不能提供任何影响蛋白质稳定性的信息。泡沫稳定性最直接的量度是,将泡沫界面面积的减少作为时间的函数。根据拉普拉斯原理,当一个气泡的内压大于外(大气)压时,在稳定的条件下压力差 Δp 为

$$\Delta p = p_i - p_o = \frac{4\gamma}{r} \tag{5-45}$$

式中:p_i,p_o 分别为内压和外压;r 为气泡的半径;γ 为表面张力。

根据式(5-45),当泡沫坍塌时,在一个含有泡沫的密闭容器内的压力将会增加,压力的净变化为

$$\Delta p = \frac{-2\gamma\Delta A}{3V} \tag{5-46}$$

式中:V 为体系的总体积;Δp 为压力变化;ΔA 为泡沫坍塌引起的界面面积的净变化。

泡沫的最初界面面积 A_o 可由式(5-47)确定:

$$A_o = \frac{3V\Delta p_\infty}{2\gamma} \tag{5-47}$$

式中:Δp_∞ 为整个泡沫坍塌时的净压力变化;A_o 为起泡能力的量度。

A 值随时间下降的速率可作为泡沫稳定性的量度,此法已用于研究食品蛋白质的泡沫性质。假设泡沫坍塌符合一级动力学,泡沫坍塌的速率可表示为

$$(A_o - A_t)/A_o = k_t \tag{5-48}$$

式中:A_t 为 t 时间的泡沫面积;k_t 为一级速率常数。

3) 影响泡沫形成和稳定性的环境因素

蛋白质溶液的 pH、盐类、糖类、脂质和蛋白质浓度等因素,都影响泡沫的形成和稳定性。下面对这些因素分别进行讨论。

(1) pH。蛋白质溶解度大虽然是起泡能力大和泡沫稳定性高的必要条件,但不溶性

蛋白质微粒(在等电点时的肌原纤维蛋白、胶束和其他蛋白质)对稳定泡沫也能起到有利的作用,很可能是由于增大了表面黏度。虽然泡沫膨胀量一般在蛋白质的等电点 pH 时不大,但泡沫的稳定性常常是相当好的,如球蛋白(pH 为 5～6)、谷蛋白(pH 为 6.5～7.5)和乳清蛋白(pH 为 4～5)都具有这种特性。这种现象表明在等电点时,分子间的静电吸引作用使被吸附在空气/水界面的蛋白质膜的厚度和刚性增大。但也发现蛋白质在极限 pH 时泡沫的稳定性增大,可能是由于黏度增加的原因。卵清蛋白在天然状态的 pH(8～9)和接近等电点 pI(4～5)时都显示最大的起泡性能,大多数食品泡沫都是在与它们的蛋白质成分等电点不同的 pH 条件下制成的。

(2)盐类。盐类不仅影响蛋白质的溶解度、黏度、伸展和聚集,而且还改变起泡性质。因此,盐的种类和蛋白质在盐溶液中的溶解特性,影响蛋白质的起泡性。大多数球状蛋白质(如牛血清白蛋白、卵清蛋白、谷蛋白和大豆蛋白等)的起泡性和泡沫稳定性,随着 NaCl 浓度的增加而增加,这主要是由于盐对蛋白质电荷的中和作用;相反,另外一些蛋白(如乳清蛋白,特别是 β-乳球蛋白),由于盐溶效应,其起泡性和泡沫稳定性,则随着盐浓度的增加而降低。在特定盐溶液中,蛋白质的盐析作用通常可以改善起泡性;反之,盐溶使蛋白质显示较差的起泡性。NaCl 通常能增大膨胀量和降低泡沫稳定性(表 5-21),可能是由于降低蛋白质溶液的黏度的结果。二价阳离子(如 Ca^{2+} 和 Mg^{2+})在 0.02～0.04 mol/L 范围,能与蛋白质的羧基生成桥键,使之生成黏弹性较好的蛋白质膜,从而提高泡沫的稳定性。

表 5-21　NaCl 对乳清分离蛋白起泡性和稳定性的影响

NaCl 浓度/(mol/L)	总界面面积/(cm²/mL 泡沫)	泡沫面积破裂 50%的时间/s
0.00	333	510
0.02	317	324
0.04	308	288
0.06	307	180
0.08	305	165
0.10	287	120
0.15	281	120

(3)糖类。蔗糖、乳糖和其他糖类通常能够抑制泡沫膨胀,但可提高泡沫的稳定性。后者是因为糖类物质能增大体相黏度,降低了薄片流体的脱水速率;相反,在糖溶液中由于提高了蛋白质结构的稳定性,于是蛋白质不能在界面吸附和伸长,因此在搅打时蛋白质就很难产生大的界面面积和大的泡沫体积。所以,制作蛋白酥皮和其他含糖泡沫甜食,最好在泡沫膨胀后再加入糖。卵清蛋白和糖蛋白(卵类黏蛋白、卵清蛋白)有助于泡沫的稳定,因为这类蛋白质能在薄层中吸附和保持水分。

(4)脂质。脂质,特别是磷脂,当浓度大于 0.5%时,将会严重损害起泡性能,因此无磷脂的大豆蛋白质制品、不含蛋黄的蛋白质、"澄清的"乳清蛋白或低脂乳清蛋白离析物与它们的含脂(脂质污染)对应物相比,其起泡性能更好。可能是由于具有高表面活性的极性脂质化合物容易吸附在空气/水界面,干扰了蛋白质的最适宜构象,从而抑制了蛋白质在界面的吸附,使泡沫的内聚力和黏弹性降低,最终造成搅打过程中泡沫破裂。

(5)蛋白质浓度。蛋白质浓度影响泡沫的某些特性。蛋白质浓度越高,泡沫越牢固。

蛋白质浓度增加至10%时,泡沫稳定性的增加超过泡沫体积的增大。起泡能力一般随蛋白质浓度提高而增加,并在某一浓度达到最高点。一些蛋白质,如血清蛋白在1%浓度时能形成稳定的泡沫,而另一些蛋白质(如乳清清蛋白和大豆伴清蛋白)则需要2%~5%才能形成比较稳定的泡沫。一般地说,增加黏度,可在界面形成多层、黏附性蛋白质膜。初始液相中的蛋白质浓度在2%~8%(质量分数)(搅打法),一般可达到最大膨胀量,并产生适宜的液相黏度和吸附膜厚度。对于一个气泡直径为150 μm 和 $\phi=0.95$ 的典型泡沫。起泡前液相中蛋白质浓度为0.1%,如果全部被吸附,则可产生2~3 mg/m^2 的界面蛋白质浓度,形成的表面刚性能使泡沫保持稳定。增加蛋白质浓度将会产生更小的气泡和更稳定的泡沫。起泡前使蛋白质溶液陈化,有利于泡沫的稳定性,可能是由于促进蛋白质-蛋白质的相互作用能形成更厚的吸附膜。

(6)温度。蛋白质加热部分变性,可以改善泡沫的起泡性。因此在产生泡沫前,适当加热处理可提高大豆蛋白(70~80 ℃)、乳清蛋白(40~60 ℃)、卵清蛋白(卵清蛋白和溶菌酶)等蛋白质的起泡性能,热处理虽然能增加膨胀量,但会使泡沫稳定性降低。若用比上述更剧烈的条件热处理则会损害起泡能力(图5-37)。除非蛋白质的胶凝作用能使稳定泡沫的吸附膜产生足够的刚性,否则加热泡沫将会使空气膨胀、黏性降低、气泡破裂和泡沫崩溃。卵清蛋白的泡沫在加热时仍保持其结构,而乳清蛋白的泡沫是不耐热的,在70 ℃加热1 min,可以改善起泡性,但是在90 ℃加热5 min,则降低起泡性,尽管此时蛋白质仍然保持溶解,但是蛋白质分子的—SH之间会形成二硫交联键,分子间发生聚合,增加了蛋白质的分子量,使之不宜在空气/水界面吸附。

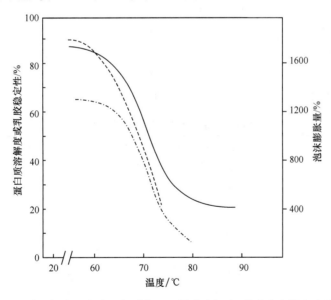

图5-37 干燥-复水的乳清蛋白受热处理影响溶解度、乳胶稳定性和泡沫膨胀量

乳清蛋白经超滤、浓缩在各种温度(横坐标)下加热30 min,干燥,然后复水。

—— 加热的乳清蛋白在 pH 为 4.6 时的蛋白质的溶解度(%);---- 加热的乳清蛋白浓缩物在 pH 为 6.6 时制成的乳胶体;---- 在 pH 为 6.6 时用加热提取的乳清蛋白浓缩物制成的泡沫的膨胀量

要想形成足够量的泡沫,必须使搅动的持续时间和强度适合于蛋白质的充分伸展和吸附。但过度强烈搅拌会降低膨胀量和泡沫的稳定性,卵清对过度搅拌特别敏感,搅打卵清或清蛋白超过 6~8 min 可引起蛋白质在空气/水界面发生聚集/絮凝。这些不溶解的蛋白质在界面不能被完全吸附,使液体薄片的黏性不能满足泡沫高度稳定性的要求。

4) 影响泡沫形成和稳定性的分子特性

蛋白质作为一类有效的起泡剂或乳化剂,同样应满足前面(5.5.3 小节)提到的三点要求。实验结果表明,泡沫的形成和稳定性对蛋白质性质的要求略有不同,泡沫的形成包括可溶性蛋白质向空气/水界面扩散、伸展、浓集和快速扩展,结果降低界面张力。影响泡沫特性的分子性质是:蛋白质分子的柔顺性、电荷密度和分布,以及疏水性。

空气/水界面的吉布斯自由能显著地高于油/水界面的吉布斯自由能。因此,要保持空气/水界面的稳定性,蛋白质就必须具有快速吸附的能力和形成新的界面,同时使界面张力降低到最低水平。吉布斯自由能的降低与分子在界面上的迅速伸展、重排和疏水残基在界面的暴露有关。

蛋白质的链构象影响泡沫特性。几乎不具有二级和三级结构的柔顺性蛋白质分子,如 β-酪蛋白是有效的表面活性剂。球蛋白伸展前经过温和加温、变性剂(如二硫化物还原剂)处理或蛋白质部分水解(若伸展不伴随聚集和溶解度降低),则有利于蛋白质在界面更好地取向和起泡能力提高。另外,溶菌酶由于分子内的 4 个二硫键,使之具有紧密折叠的结构,在界面吸附非常缓慢,仅能部分伸展,界面吉布斯自由能降低很小。因此,溶菌酶不是一种好的起泡剂。可以认为,一种优良的起泡剂在界面必须是柔顺性的。如前所述,蛋白质的表面疏水性与降低表面和界面张力的能力之间存在着直接的相关性(表 5-22、图 5-38),蛋白质的起泡能力与疏水表面呈曲线关系。一般而言,蛋白质在空气/水界面的初始吸附,至少需要其表面疏水值为 1000。一旦吸附后,蛋白质在泡沫形成中产生界面面积的能力依赖于蛋白质的平均疏水性。酪蛋白和其他蛋白质的疏水衍生物能在空气/水界面更好地取向和扩散,具有较大的起泡能力。

表 5-22　一些蛋白质的表面活性和疏水性

蛋白质种类	水/空气界面张力/(N/m)	水/油界面张力/(N/m)	相对表面疏水性
牛血清白蛋白	58×10^{-3}	10.3×10^{-3}	1400
κ_1-酪蛋白	54×10^{-3}	9.5×10^{-3}	1300
β-乳球蛋白	60×10^{-3}	11.0×10^{-3}	750
溶菌酶	64×10^{-3}	11.2×10^{-3}	100
胰蛋白酶	64×10^{-3}	12.0×10^{-3}	90
伴清蛋白	64×10^{-3}	12.1×10^{-3}	70
卵清蛋白	61×10^{-3}	11.6×10^{-3}	60

泡沫稳定性与气泡周围蛋白质膜的特性有关,要使泡沫的稳定性高,每个气泡必须有一层黏结、富有弹性而不透气的蛋白质厚膜。分子量高的球蛋白因能部分阻止表面伸展,所以适合气泡外面蛋白质膜特性的要求,它能形成具有良好表面流变学性质的吸附膜和稳定性高的泡沫,这很可能是部分伸展的几层球蛋白通过疏水、氢键、静电相互作用,首先

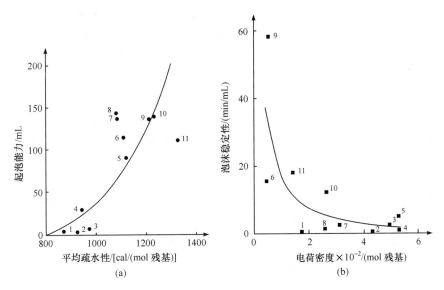

图 5-38　起泡能力和平均疏水性的相关性(a)和泡沫稳定性
与蛋白质的电荷密度之间的关系(b)

在界面缔合形成稳定的膜。显然,在使蛋白质膜稳定的蛋白质分子间的内聚相互作用和能引起蛋白质聚集或破裂的蛋白质自缔合之间存在着临界平衡。另外,蛋白质必须靠疏水相互作用在界面牢固吸附,这对于防止蛋白质解吸和随后发生液体泄漏损失是非常重要的。同时还要求蛋白质分子有足够的韧性和流动性,以阻止应力形变、界面扩大和薄片的厚度变薄。一个同时具有良好起泡能力和泡沫稳定性的蛋白质,其柔顺性和刚性必须保持适当平衡。界面扩大可导致界面的吸附蛋白质分子浓度降低和张力增大。蛋白质必须拖带位于下面的水分子一起从低界面张力区向高界面张力区移动,只有这样才能形成非常稳定的泡沫,使薄片能恢复最初厚度和蛋白质膜的极性侧链(或多肽环)与薄片内的水相互作用,以减少液体泄漏。此外,蛋白质的电荷密度与泡沫稳定性之间通常是负相关。

　　具有良好起泡性质的蛋白质有卵清蛋白、血红蛋白的珠蛋白部分、牛血清蛋白、明胶、乳清蛋白、酪蛋白胶束、β-酪蛋白、小麦蛋白(特别是麦谷蛋白)、大豆蛋白和某些蛋白质的低度水解产物,但它们不一定都是良好的泡沫稳定剂。例如,结构无序的 β-酪蛋白(柔顺无规卷曲)能迅速降低表面和界面张力,并促使泡沫的形成,可是被吸附蛋白质的膜薄使泡沫稳定性差。κ-酪蛋白形成泡沫时伸展缓慢,也许它是靠分子内的二硫键维持稳定,在界面的扩展不如 β-酪蛋白,因此,不能迅速形成泡沫,但生成的蛋白质膜既厚又牢固,使泡沫具有良好的稳定性。血清蛋白是高度有序的球形柔顺性结构,足以在泡沫界面部分地伸展和吸附,并使被吸附分子的残余蛋白质结构能产生良好的泡沫稳定性。就卵清蛋白而言,由于各种蛋白质成分不相同,物理化学性质可能互相补充,结果可迅速形成低密度、稳定、耐热的泡沫。大多数蛋白质是一种复合蛋白,因此,它们的起泡性质受吸附在界面上的蛋白质组分之间的相互作用影响。例如,蛋清之所以具有优良的起泡性能,是与它的蛋白质组成有关。酸性蛋白质如果适当与碱性蛋白结合,则可提高起泡性。乳胶体和泡沫的形成有许多相似之处,但蛋白质的乳化能力和起泡能力之间不存在紧密的相关性,可能是因为泡沫稳定性比乳胶体稳定性对残余蛋白质结构有更多的要求。

5.5.4　黏度

一些流体和半固体类食品(调味汁、汤和饮料等)的可接受性与产品的黏度或稠度密切相关。流体的黏度反映它对流动的阻力,用黏度系数 η 表示。对于理想溶液,η 为剪切应力(单位面积上的作用力,F/A)与剪切速率(两液层之间的速率梯度,$\mathrm{d}\nu/\mathrm{d}r$)的比,即

$$\frac{F}{A} = \eta\frac{\mathrm{d}\nu}{\mathrm{d}r} \tag{5-49}$$

牛顿流体服从上述关系式(5-49),具有黏度系数不随剪切力或剪切速率变化的特性。但是包括蛋白质在内的大多数亲水性大分子的溶液分散体(匀浆或悬浮体,特别是在高浓度)、乳状液、糊状物或凝胶都不符合牛顿流体的特性,其黏度系数随剪切速率的增加而降低,这种特性称为假塑性(pseudoplastic)或切变稀释(sheer thinning),表示为

$$\frac{F}{A} = m\left(\frac{\mathrm{d}\nu}{\mathrm{d}r}\right)^n \tag{5-50}$$

式中:m 为稠度系数;n 为流动特性指数。

蛋白质切变稀释的原因可以解释为:①蛋白质分子倾向于朝着流动方向的主轴取向,使摩擦阻力减小;②蛋白质的水合范围沿着流动方向形变(如果蛋白质是高度水合和分散的);③氢键和其他弱键的断裂导致蛋白质聚集体或网络结构的解离。在上述情况下,朝着流动方向的分子或颗粒的表观直径变小。

弱键的断裂是缓慢发生的,以致有时蛋白质流体在达到平衡之前,剪切应力和表观黏度(剪切速率和温度不变)随着时间而降低,当停止剪切处理时,可能(或者不能)重新恢复到原来的黏度。这依赖于蛋白质分子松弛至无规则取向的弛豫速率。如果剪切停止,蛋白质溶液很快恢复到原来的黏度,这种溶液称为是触变的(thixotropic)。例如,大豆蛋白离析物和乳清蛋白浓缩物等球状蛋白质的分散体系是触变的。然而纤维状蛋白质溶液,如明胶和肌动球蛋白,通常保持它的取向。因而不能很快地恢复至原有的黏度。

由于蛋白质-蛋白质和蛋白质分子的水合球之间的相互作用,大多数蛋白质流体的黏度系数随蛋白质浓度的增加呈指数增大(图5-39),这种相互作用还可以解释为什么蛋白质在高浓度时,剪切稀释效应更明显。只有当蛋白质-蛋白质的相互作用很大时(像蛋白质糊或凝胶中),才显示出可塑性黏弹性能,所以,流体只有在受到超过某些相互作用力(屈服应力)时才开始流动。

影响蛋白质流体黏度特性的一个主要因素是被分散的分子或颗粒的表观直径,而表观直径取决于下述参数:蛋白质分子固有的特性(如分子量、大小、形状、体积、结构和对称性、电荷)和易变形程度(环境因素,如 pH、离子强度和温度等);蛋白质-溶剂的相互作用,这种作用影响溶胀、溶解度和分子周围的流体动力学水合作用范围(流体力学体积),以及在水合状态下分子的柔顺性;蛋白质-蛋白质相互作用,决定聚集体的大小,对于高浓度蛋白质,蛋白质-蛋白质相互作用是主要因素。

当蛋白质溶于水时,吸收水并溶胀,此时水合分子的体积比原有分子的体积增大许

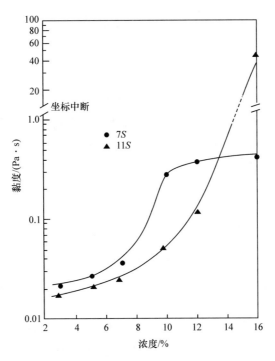

图 5 - 39　7S 和 11S 大豆蛋白溶液在 20 ℃
时浓度对黏度（或稠度指数）的影响

多。而且蛋白质缔合水后将对溶液的流动特性产生影响。

蛋白质分子的形状和大小与溶液黏度的关系，以增比黏度 η_{sp}（specific viscosity）表示

$$\eta_{sp} = \beta c (\nu_2 + \delta_1 \nu_1) \tag{5-51}$$

式中：η_{sp} 为增比黏度（溶液黏度比溶剂黏度增加的百分数，代表溶质对黏度的贡献）；β 为形状因子；c 为浓度；ν_2，ν_1 分别为未水合蛋白质和溶剂的比体积；δ_1 为每克蛋白质结合水的质量，g。

这里，ν_2 是与分子的柔顺性有关，蛋白质的比体积越大，则柔顺性越大。

对于稀蛋白质溶液的黏度，可以分别用相对黏度 η_{rel}（relative viscosity）、比浓黏度 η_{red}（reduced viscosity）（η_{sp}/c）和特性黏度 $[\eta]$（intrinsic viscosity）表示。

采用 Ostwald-Fenske 毛细管黏度计测定时，η_{rel} 表示为

$$\eta_{rel} = \frac{\eta}{\eta_0} = \frac{\rho t}{\rho_0 t_0} \tag{5-52}$$

式中：ρ，ρ_0 分别为蛋白质溶液和溶剂的密度；t，t_0 分别为指定体积的蛋白质溶液和溶剂流经毛细管的时间。

其他几种黏度的表示，可以通过相对黏度得到：

增比黏度

$$\eta_{sp} = \eta_{rel} - 1 \tag{5-53}$$

比浓黏度 η_{red}

$$\eta_{red} = \frac{\eta_{sp}}{c} \qquad (5-54)$$

式中：c 为蛋白质浓度。

特性黏度$[\eta]$．

$$[\eta] = -\lim_{c \to 0}(\eta_{sp}/c) \qquad (5-55)$$

将比浓黏度(η_{sp}/c)对蛋白质浓度(c)作图，然后外推到蛋白质浓度为零(极限)，即得到特性黏度$[\eta]$。特性黏度$[\eta]$是描述单个粒子对黏度的贡献，与粒子大小有关。$[\eta]$与分子尺寸的关系符合 Flory 黏度公式：

$$[\eta] = \varphi' \frac{\langle R^2 \rangle^{3/2}}{M} \qquad (5-56)$$

或

$$[\eta] = \varphi \frac{\langle h^2 \rangle^{3/2}}{M} \qquad (5-57)$$

式中：φ'，φ 为常数(φ 值约为 $2.1 \times 10^{23} \sim 2.7 \times 10^{23}$)；$\langle h^2 \rangle^{1/2}$ 为均方根末端距；$\langle R^2 \rangle^{1/2}$ 为均方根旋转半径。

式(5-57)很清楚地表示了蛋白质分子形状和大小与黏度的关系。通常利用特性黏度研究蛋白质变性前、后分子的尺寸和分子量，以及流体动力学行为与分子形变的关系。

蛋白质体系的黏度和稠度是流体食品的主要功能性质，如饮料、肉汤、汤汁、沙司和稀奶油。了解蛋白质分散体的流体性质，对于确定加工的最佳操作过程同样具有实际意义。例如，泵传送、混合、加热、冷却和喷雾干燥，都包括质和热的传递。

黏度和溶解度之间具有相关性，将不溶的热变性蛋白粉置于水溶液介质中并不显示高的黏度。吸水性差和溶胀度小的易溶蛋白粉(乳清蛋白)，在中性或等电点 pH 时黏度也低。起始吸水性大的可溶蛋白粉(酪蛋白酸钠和某些大豆蛋白制品)则具有高黏度。可见，对许多蛋白质来说，吸水性和黏度之间是正相关的。

5.5.5　胶凝作用

5.5.5.1　概述

首先必须把胶凝作用同蛋白质溶液分散程度的降低，即缔合、聚集、聚合、沉淀、絮凝和凝结等区别开来。蛋白质的缔合一般是指亚单位或分子水平发生的变化；聚合或聚集反应一般包括大的复合物的形成；沉淀作用是指由于溶解性完全或部分失去而引起的聚集反应；絮凝是指不发生变性的无规聚集反应，这常常是因为链间的静电排斥受到抑制而发生的一种现象；将发生变性的无规聚集反应和蛋白质-蛋白质的相互作用大于蛋白质-溶剂的相互作用引起的聚集反应，定义为凝结作用，凝结反应可形成粗糙的凝块。变性的蛋白质分子聚集并形成有序的蛋白质网络结构过程称为胶凝作用。通过扫描电镜、原子力显微镜等观察，可看出蛋白质的聚集体和网络的大小、形状、排列以及孔隙大小。

胶凝是某些蛋白质的一种很重要的功能性质，在许多食品的制备中起着主要作用，包括各种乳品、果冻、凝结蛋白、明胶凝胶、各种加热的碎肉或鱼制品、大豆蛋白质凝胶、膨化或喷丝的组织化植物蛋白和面包面团的制作等。蛋白质胶凝作用不仅可用来形成固态黏弹性凝胶,而且还能增稠,提高吸水性和颗粒黏结、乳状液或泡沫的稳定性。凝胶是一种介于固体和液体之间的中间相。严格地说,凝胶实质上是非稳态流体的一种稀释体系。

各种蛋白质胶凝的条件虽然能够确定,但是蛋白质预处理和蛋白质混合物需要的环境因素还不易达到最佳程度。

大多数情况下,热处理是蛋白质胶凝必不可少的,但随后需要冷却,略微酸化有助于凝胶的形成。添加盐类,特别是钙离子可以提高胶凝速率和凝胶的强度(大豆蛋白、乳清蛋白和血清蛋白)。可是有的蛋白质不经过加热也可以发生胶凝,仅需适度酶水解(酪蛋白胶束、卵白和血纤维蛋白)即可,或者添加钙离子(酪蛋白胶束),也可以先碱化,然后恢复到中性或等电点 pH(大豆蛋白)使蛋白质发生胶凝作用。虽然许多凝胶是由蛋白质溶液形成的(鸡卵清蛋白和其他卵清蛋白、β-乳球蛋白和其他乳清蛋白、酪蛋白胶束、血清蛋白和大豆蛋白),但是某些不溶或微溶的蛋白质的水溶液或盐水的分散体也可以形成凝胶(胶原蛋白、肌原纤维蛋白、部分或完全变性的大豆蛋白离析物和其他蛋白),因此蛋白质的溶解性不一定总是胶凝作用所必需的条件。

5.5.5.2　凝胶形成的特性和凝胶结构

迄今为止,对蛋白质胶凝的立体网络特性形成机理和相互作用还不十分清楚,但有许多研究表明,在有序的蛋白质-蛋白质相互作用导致聚集之前,蛋白质必然发生变性和伸展,这就可以解释为什么大豆蛋白质离析物预先加热或者用溶剂(或碱)处理发生变性后,即使不加热也能胶凝。

热凝结胶凝作用包括两个阶段:溶液向预凝胶的转变和凝胶网络的形成。第一阶段是加热一定浓度的蛋白质溶液,此时蛋白质发生一定程度变性和伸展,从溶液状态转变为预凝胶状态。而且一些有利于凝胶网络形成的基团(如形成氢键的基团和疏水基团)暴露,然后一定数量的基团通过非共价键结合,使之第二个阶段能发生。因此,预凝胶是不可逆的,而且存在一定程度的聚集。第二阶段是将预凝胶冷却至室温或冷藏温度,由于热动能降低,有利于各种分子暴露的功能基团之间形成稳定的非共价键,于是产生了胶凝作用。

蛋白质因其结构和形成凝胶的条件,可以生成可逆或不可逆凝胶。通常靠非共价键相互作用形成的凝胶结构是可逆的,如明胶的网络结构是靠氢键保持稳定,在加热(约30 ℃)时熔融,并且这种凝结-熔融可反复多次。靠疏水相互作用形成的凝胶网络结构是不可逆的。因为疏水相互作用是随温度升高而增加,如蛋清凝胶。含半胱氨酸和胱氨酸的蛋白质在加热时形成二硫键,这种通过共价相互作用生成的凝胶是不可逆的,卵清蛋白、β-乳球蛋白和 β-乳清蛋白的凝胶通常就是这样。对于卵清蛋白形成不可逆凝胶主要是二硫键的贡献,其次是疏水相互作用。

一般认为,蛋白质网络的形成是蛋白质-蛋白质-溶剂(水)之间的氢键、疏水和静电相互作用,以及邻近的肽链之间的吸引力和排斥力建立平衡的结果。因此,蛋白质分子的结构和性质,影响凝胶的形成。已知疏水相互作用(高温时增强)、静电相互作用(如 Ca^{2+} 或其他二价离子桥接)、氢键键合(因冷却而增强)和二硫键等的相对贡献是随蛋白质的性质、环境条件和胶凝过程中步骤的不同而异。静电排斥和蛋白质-水相互作用有利于使肽链分开。蛋白质浓度升高时,因为分子间接触的概率增大,更容易产生蛋白质分子间的吸引力和胶凝作用。例如,高浓度蛋白质溶液,甚至在对聚集作用并不十分有利的环境条件下(不加热、pH 与等电点 pH 相差很大等),仍然可以发生胶凝。

蛋白质分子的解离和伸展,一般使反应基团更易暴露,特别是球蛋白的疏水基团,因此有利于蛋白质-蛋白质的疏水相互作用,它通常是蛋白质发生聚集的主要原因。所以,分子量大和疏水氨基酸含量高的蛋白质容易形成稳固的网络。高温下可增强疏水相互作用,而冷却有利于氢键的形成,加热还可使内部的巯基暴露,促使二硫键的形成或交换。大量的巯基和二硫键存在,可使分子间的网络得到加强,有利于形成热不可逆的凝胶。此外,钙离子形成的桥键能提高许多凝胶的硬度和稳定性。

疏水氨基酸残基(Val、Pro、Leu、Ile、Phe 和 Trp)摩尔分数大(>31.5%)的蛋白质(血红蛋白、过氧化氢酶、卵清蛋白和脲酶),其胶凝 pH 范围一般取决于蛋白质的浓度,而疏水氨基酸摩尔分数小(22%~31.5%)的那些蛋白质(如 γ-球蛋白、胰凝乳蛋白酶、凝血酶原、血清蛋白、伴清蛋白、卵清蛋白、明胶和大豆蛋白),胶凝 pH 范围不因蛋白质浓度的改变而变化。这种特性的差别可作为热凝固凝胶的分类标准。

蛋白质形成的凝胶类型与其分子特性和溶液状态有关。第一类凝胶是不透明凝胶,含有大量非极性氨基酸残基的蛋白质,在变性时发生疏水聚集;第二类为半透明凝胶。如下所示。

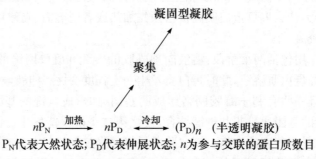

$$n\mathrm{P_N} \xrightarrow{\text{加热}} n\mathrm{P_D} \xrightarrow{\text{冷却}} (\mathrm{P_D})_n \quad \text{(半透明凝胶)}$$

$\mathrm{P_N}$代表天然状态;$\mathrm{P_D}$代表伸展状态;n为参与交联的蛋白质数目

这些不溶的聚集体发生无规缔合,并形成不可逆的凝固型凝胶。由于聚集和网络形成的速率快于变性,这类蛋白质在加热时,迅速形成了凝胶网络。这些凝胶的不透明性是在于不溶性蛋白的无序(各向同性)网络引起的光散射造成的。凝固凝胶通常是弱凝胶,容易产生脱水收缩。

疏水氨基酸残基摩尔分数>31.5%的蛋白质属于凝固凝胶,但也有一些例外,如 β-乳球蛋白,它们虽然会有 34.6%的疏水氨基酸,但其特性与第二类中的蛋白质相似,通常形成半透明凝胶。然而当加入 50mmol/L NaCl 如此低浓度的盐时,则将形成凝固凝胶。这主要是由于 NaCl 中和了 β-乳球蛋白分子中的电荷,而促使其在加热时发生疏水聚集。由此可见凝胶形成的机理和凝胶的外观形貌,通常与疏水相互作用的吸引和静电排斥作用之间的平衡有关。实质上,在凝胶体系中这两种作用力,有效地控制着蛋白质-蛋白质和蛋白质-溶剂的相互作用。如果前者大于后者,则可能形成沉淀。当蛋白质-溶剂相互作用占优势,体系不能生成凝胶;只有当疏水和亲水作用力在这两个极端之间,才能形成凝固型凝胶或半透明凝胶。

对某些不同种类的蛋白质放在一起加热可产生共胶凝作用,此外蛋白质还能通过和多糖胶凝剂相互作用形成凝胶,带正电荷的明胶和带负电荷的褐藻酸盐或果胶酸盐之间通过非特异离子相互作用可形成高熔点(80 ℃)凝胶。同样,在测牛乳 pH 时,κ-酪蛋白带正电荷的部位和多硫酸酯化 κ-鹿角藻胶之间能发生特异的离子相互作用,因此酪蛋白胶束被包藏在鹿角藻胶凝胶中。

许多凝胶以高度膨胀(稀疏)和水合结构的形式存在,通常每克蛋白质能保持 10g 以上的水,而且其他食品成分可被蛋白质的网络所截留。有些蛋白质凝胶含水量甚至高达98%,虽然这种水大部分和稀盐溶液中水的性质相似,但这些水是以物理的方式被截留,因而流动性差,不易挤出,尤以半透明凝胶能保持更多的水分,且不易发生脱水收缩。液态水固定在半固体凝胶的机理仍然是不清楚的,但曾有许多关于凝胶具有很大持水容量的假说,认为可能是因为二级结构热变性后肽键暴露的 CO 和 NH 沿着肽键分别成为负的和正的极化中心,这样就可以建立一个广泛的多层水体系,冷却时,这种蛋白质分子可通过重新形成的氢键相互作用,提供固定自由水所必需的结构;也可能是蛋白质网络的微孔通过毛细管作用来保持水分。

蛋白质的凝胶网络对热和机械力的稳定性,与其单链的交联程度和形成有关。从热力学观点看,只有当凝胶网络中各单体相互作用能量的总和大于热动能时,凝胶的网络结构才是稳定的。其稳定性与诸多内因(如分子大小,净电荷等)和外因(如 pH、温度和离子强度等)有关。研究表明,蛋白质的凝胶硬度的平方根与其分子量呈线性关系。对于球状蛋白质,当分子量<23 000 时,除非分子中至少含有 1 个游离的巯基或 1 个二硫键,否则无论蛋白质在任何浓度下都不能形成热诱导凝胶。这是因为巯基和二硫键有利于聚合作用,从而使多肽的有效分子量>23 000,而明胶制剂的有效分子量<23 000,因此不能形成凝胶。

蛋白质的浓度也显著影响胶凝化作用。对于任何蛋白质,只有当其浓度达到一个最低限量时,即最小浓度终点(least concentration end point,LCE)才能形成自动稳定的凝胶网络结构。不同的蛋白质其 LCE 是有差异的。例如,大豆蛋白、蛋清蛋白和明胶的 LCE 分别为 8%、3% 和 0.6%。凝胶强度 G 与蛋白质浓度 c 之间的关系服从以下幂定律:

$$G \propto (c - c_0)^n \tag{5-58}$$

式中:c_0 为 LCE;n 为蛋白质的变化值(为 1~2)。

此外,其他环境因素,如 pH、盐和其他添加剂也影响蛋白质的胶凝作用。在等电点或其附近的 pH,蛋白质通常形成凝固型凝胶。而在极端 pH 时,由于强的静电排斥作用,仅能够形成弱凝胶。大多数蛋白质形成凝胶的最适 pH 为 7~8。

有时限制性水解能促进蛋白质凝胶的形成,乳酪就是一个众所周知的例子。当添加凝乳酶到牛乳的酪蛋白胶束中,则引起凝固型凝胶的形成。这是因为凝乳酶引起胶束中 κ-酪蛋白组分水解,并释放出亲水部分的糖巨肽,而余下的副酪蛋白(或衍酪蛋白,para-casein)胶束则具有高疏水性表面,使之形成弱的凝胶网络。

与酶的水解作用相反,在室温下,某些酶能催化蛋白质交联,从而形成凝胶网络。常用的是转谷氨酰胺酶,它能催化蛋白质分子中的谷氨酰胺和赖氨酰基之间交联形成 $\varepsilon(\gamma)$-谷氨酰胺赖氨酰基,即使蛋白质在低浓度时也能交联成高弹性和不可逆凝胶。

二价阳离子(如 Ca^{2+} 和 Mg^{2+})与蛋白质分子中带负电荷的基团之间发生交联,常用于制备凝胶。大豆蛋白制备豆腐就是一个很好的实例(图 5 - 40)。褐藻酸盐凝胶也可通过此法制备。

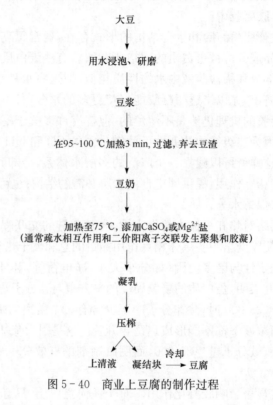

图 5 - 40　商业上豆腐的制作过程

5.5.6　面团的形成

小麦蛋白是众多食品蛋白质中唯一具有形成黏弹性面团特性的蛋白质。小麦面粉与水(约 3∶1)于室温下混合、揉搓,形成强内聚性和黏弹性的面团,再通过发酵、焙烤便制成面包,但黑麦和大麦的这种性质较差。

小麦面粉中含有可溶性和不溶性蛋白,可溶性蛋白大约占总蛋白的 20%,主要为清蛋白(溶于水)和球状蛋白酶(溶于 10% NaCl),以及少量的糖蛋白。它们对于小麦粉的面团形成特性没有贡献。面筋蛋白(即小麦中的水不溶性蛋白是一类杂蛋白混合物)约占小麦总蛋白的 80%,主要包含麦醇溶蛋白(溶于 70%~90%乙醇)和麦谷蛋白(不溶于水和乙醇,而溶于酸或碱)。小麦面粉发酵时面筋蛋白能够捕捉气体形成黏弹性面团。此外,面筋蛋白中,还含有淀粉粒、戊聚糖、极性和非极性脂质及可溶性蛋白质,所有这些成分都有助于面团网络和(或者)面包质地形成。麦醇溶蛋白和麦谷蛋白的组成及大分子体积使面筋富有很多特性。

面筋中含有独特的氨基酸组成,谷氨酰胺和脯氨酸残基含量占氨基酸残基的 40%以上。由于赖氨酸、精氨酸、谷氨酸和天冬氨酸的含量低(<10%),因此面筋蛋白质不溶于中性水溶液。面筋富含谷氨酰胺(33%以上)和含羟基的氨基酸(约 10%),因而易形成氢

键，这可用来解释面筋的吸水能力和内聚-黏合性。面筋中许多非极性疏水氨基酸(约30%)有利于蛋白质分子和脂质的疏水相互作用，使之产生聚集。另外，半胱氨酸和胱氨酸约占面筋总量的 2%～3%(摩尔分数)，可形成许多二硫交联键，这也有利于蛋白质分子之间在面团中的紧密连接。

某些小麦品种的面筋蛋白质特别适合制作面包。大多数谷物和植物蛋白质却不适宜制作面包，因此添加它们到小麦粉中常常是有害的，尽管其原因还不完全清楚，但可以解释小麦面筋蛋白质对面团的形成和在面包制作中所起的作用。

水合的面包面粉在混合和揉搓时，面筋蛋白质开始取向，排列成行和部分伸展，这样将增强疏水相互作用并通过二硫交换反应形成二硫键。由于最初的面筋颗粒转变成薄膜，形成三维空间的黏弹性蛋白质网络，于是便起到截留淀粉粒和其他面粉成分的作用。面团对网络结构破坏的抵抗能力随捏合时间的延长而增强，直至达到最大耐受值，接着随之下降，这表明凝胶网络结构已经破坏。这种损坏包括聚合物在剪切方向的取向和二硫交联键的断裂，以及由此引起的聚合物聚集体的减小。然而还原剂(如半胱氨酸)或巯基封闭剂(如 N-乙基马来酰亚胺)能极大降低面团黏度，所以具有破坏水合面筋和面包面团的内聚结构的作用。添加氧化剂如溴酸盐可增加面团的韧性和弹性。含高强度面筋的面粉需要长时间混合，才能产生黏合的面团。面筋含量低的面粉用水混合时，若用力或持续时间超过一定的限度，可使面筋网络破坏，这很可能是由于二硫键断裂(特别是没有空气存在时)的缘故。

面团强度与麦谷蛋白以及完全不溶解的"残余蛋白质"的含量有关。用不同比例麦醇溶蛋白-麦谷蛋白的均质小麦面粉进行的实验表明麦谷蛋白决定面团的弹性、黏结性和混合耐受性、麦醇溶蛋白的易流动性以及面团的延伸度和膨胀等特性，因此有利于产生大的面包松容积。两种蛋白质适当的比例对于面包制作是很重要的，面团过度黏结(麦谷蛋白)会抑制发酵过程中截留的 CO_2 气泡膨胀、面团鼓起和焙烤后面团屑中网眼状空气腔泡的存在。过大的伸长度(麦醇溶蛋白)则形成易破的和可渗透的面筋薄膜，这样不仅保留 CO_2 的能力差，而且面包会瘪塌。

麦谷蛋白和麦醇溶蛋白对面团强度、黏弹性和膨胀性产生不同的影响，是与它们各自的结构特性有关。麦谷蛋白是多聚体蛋白质，其亚基之间通过二硫交联键连接。分子量为 12 000～130 000 的异种多肽组成的蛋白质，按分子量又可分为高分子量(>90 000)麦谷蛋白和低分子量(<90 000)麦谷蛋白。在面筋中麦谷蛋白的巯基通过分子之间的相互作用，形成分子间的二硫交联键，能生成分子量高达几百万的多聚体。分子间的这些二硫键是面团具有大的弹性的原因。

麦醇溶蛋白以一条单链存在，是一种单体蛋白质，分子量为 30 000～80 000，包括 α、β、γ 和 ω 四种麦醇溶蛋白。分子中虽然含有 2%～3% 的半胱氨酸残基，但是不能够在分子之间发生巯基-二硫键交换反应形成多聚体，只能在分子内形成二硫键。在面团中二硫键仍然保持在分子内。一旦麦醇溶蛋白和淀粉被分离，面团就仅显示黏性，而不具有黏弹性。因此，麦谷蛋白和麦醇溶蛋白的适当比例，对于形成黏弹性面团结构是非常必要的。

总之，酰胺基和羧基中的氢键、疏水相互作用和二硫交换反应等都对面团的黏弹性有贡献。然而，优质面团的这些相互作用的极值，与各种蛋白质的结构特性和整个面筋结构中蛋白质的缔合结构特性密切相关。

面粉或添加在面团中的中性与极性脂质,与麦醇溶蛋白和麦谷蛋白相互作用,能削弱或增加面筋的网络结构。

焙烤不会引起面筋蛋白质大的再变性,因为麦醇溶蛋白和麦谷蛋白在面粉中已经部分伸展,在捏揉面团时使之变得更加伸展,而在正常温度下焙烤面包则将阻止其进一步伸展。温度高于 70～80 ℃,面筋蛋白质释放出的一些水分被部分糊化的淀粉粒所吸收,因此,即使在焙烤时,面筋蛋白质也仍然能使面包(含 40%～50%水)柔软和保持水分。捏合时面团达到最高强度的时间(R_{max})作为衡量小麦面粉制作面团的指标。R_{max} 越长,面粉质量越好。

可溶性小麦蛋白质(清蛋白和球蛋白)在焙烤时发生变性和聚集,这种部分胶凝作用有利于面包屑的凝结。因此,在向焙烤食品中添加外来的蛋白质往往是适宜的,如营养强化。但不是所有外源蛋白质都适于形成面筋网络。水溶性球蛋白对面包的松软体积非常不利,而热变性的大豆、乳清或乳蛋白可避免这种不良影响。添加极性脂质、小麦面粉糖脂(单和二半乳糖二酸甘油酯)或合成表面活性剂(非离子型蔗糖脂或离子型硬酯酰乳酸钠),也可以掺和更多不至于使面包结构变坏的外源蛋白质。这表明糖脂对面团网络中的疏水键形成起着重要作用,也可以在小麦面粉中添加面筋增强面团的网络。由于面筋具有黏性,还可用作各种肉制品的黏结剂。

5.5.7　风味结合

蛋白质本身是没有气味的,然而它们可以结合风味化合物,因此影响食品的感官特性。某些蛋白质食品(如油料种子蛋白和乳清浓缩蛋白),虽然在功能和营养上可以为人们所接受,但由于一些产生异味(豆腥味、哈喇味、苦味和涩味)的化合物,如醛、酮、醇、酚和氧化脂肪酸,能够与蛋白质结合,使之在烹煮或咀嚼时能感觉到这些物质的释放。然而,某些物质与蛋白质结合非常牢固,甚至蒸汽或溶剂提取也不能去除。

与消除异味完全不同的是用蛋白质作为风味载体和改良剂,如织构化植物蛋白可产生肉的风味,要使所有挥发性风味成分在储藏和加工中能始终保持不变,并在口腔内迅速全部不失真地释放,只有通过对挥发性化合物与蛋白质结合的机理研究才能得到解决。

5.5.7.1　挥发性物质和蛋白质之间的相互作用

食品的香味是由接近食品表面的低浓度挥发物产生的,挥发物浓度取决于食品和其顶空(headspace)之间的分配平衡。在水-风味模拟体系中添加蛋白质,可降低顶空挥发性化合物的浓度。

风味结合包括食品的表面吸附或经扩散向食品内部渗透,且与蛋白质样品的水分含量和蛋白质与风味物质的相互作用有关,但主要是非共价结合。固体食品的吸附分为两种类型:①范德华力或氢键相互作用,以及蛋白质粉的空隙和毛细管中的物理截留引起的可逆物理吸附;②共价键或静电力的化学吸附。前一种反应释放的热能低于 20 kJ/mol,第二种至少为 40 kJ/mol。吸附性风味结合除涉及上述机理外,还有疏水相互作用。极性分子(如醇)通过氢键结合,但非极性氨基酸残基靠疏水相互作用优先结合低分子量挥发性化合物。对于液态或高水分含量食品,风味物质与蛋白质结合的机理主要是风味物质的非极性部分与蛋白质表面的疏水性区或空隙的相互作用,以及风味化合物与蛋白质极性基团,如羟基和羧基,通过氢键和静电相互作用。而醛和酮在表面疏水区被吸附后,还可以进一步扩散至蛋白质分子的疏水区内部。

风味物质与蛋白质的相互作用通常是完全可逆的。在某些情况下,挥发性物质以共价键与蛋白质结合,这种结合通常是不可逆的,如醛或酮与氨基的结合、胺类与羧基的结合都是不可逆的结合。虽然羰基类挥发性化合物同蛋白质和氨基酸的 ε-或 α-氨基之间能形成可逆的席夫碱,但分子量较大的挥发性物质可能发生不可逆结合(在同浓度下,2-十二醛同大豆蛋白不可逆结合量是 50%,而辛醛为 10%)。这种性质可以用来消除食品中原有挥发性化合物的气味。

挥发性物质与蛋白质的结合,只能发生在那些未参与蛋白质-蛋白质或其他相互作用的位点上,挥发性化合物同蛋白质的可逆的非共价键结合遵循斯卡特卡尔(Scatchard)方程,平衡时

$$\frac{V_{结合}}{[L]} = nk - V_{结合}k \qquad\qquad (5-59)$$

式中:$V_{结合}$ 为每摩蛋白质结合挥发性化合物的数,mol;$[L]$ 为平衡时游离挥发性化合物的浓度,mol/L;k 为平衡结合常数,mol/L;n 为每摩蛋白质可用于结合挥发性化合物的总位点数。

根据平衡时的不同 $[L]$ 值,用斯卡特卡尔方程,从实验测定的 $V_{结合}$ 值即可计算出 k 和 n,或者以 $V_{结合}/[L]$ 对 $V_{结合}$ 作图,得到一条直线,k 为直线的斜率,nk 为截距。这是假设蛋白质中的所有配体的结合位点都具有相同的亲和力,而且配体与蛋白质结合时其构象不发生变化。与此相反的另一个假设,当蛋白质与风味化合物结合时,通常会产生适度的构象变化。此时,风味化合物将扩散至蛋白质的疏水内部,并破坏蛋白质链段间的疏水相互作用,从而使蛋白质的结构去稳定和改变蛋白质的溶解性。含有活性基团的风味配体(如醛),当与赖氨酸残基的 ε-氨基共价结合时,改变了蛋白质的净电荷,并引起蛋白质伸展。然而伸展的蛋白质将导致新的疏水基团的暴露,使之与配体的结合位点增加。由于这些结构的变化,斯卡特卡尔关系式在蛋白质应用中呈曲线。对于寡聚蛋白质,如大豆蛋白,构象的改变同时涉及亚基的解离和伸展,变性蛋白质通常能提供大量的具有弱结合常数的结合位点。

风味化合物与蛋白质结合的吉布斯自由能变化,可以根据 $\Delta G = -RT\ln K$ 方程得到(R 为摩尔气体常量,T 为热力学温度)。各种羰基化合物与蛋白质结合的热力学常数见表 5-23。

表 5-23　羰基化合物与蛋白质结合的热力学常数

蛋白质	羰基化合物	$n^{1)}$/(mol/mol)	$K^{2)}$/(mol/L)	ΔG/(kJ/mol)
血清蛋白	2-壬酮	6	1800	−18.4
	2-庚酮	6	270	−13.8

蛋白质	羰基化合物	$n^{1)}$/(mol/mol)	$K^{2)}$/(mol/L)	ΔG/(kJ/mol)
β-乳球蛋白	2-庚酮	2	150	-12.4
	2-辛酮	2	480	-15.3
	2-壬酮	2	2440	-19.3
大豆蛋白(天然)	2-庚酮	4	110	-11.6
	2-辛酮	4	310	-14.2
	2-壬酮	4	930	-16.9
	5-壬酮	4	541	-15.5
大豆蛋白(部分变性)	壬酮	4	1094	-17.3
大豆蛋白(琥珀酰化)	2-壬酮	4	1240	-17.6
	2-壬酮	2	850	-16.7

1) n 为天然状态时结合部位的数目;

2) K 为平衡结合常数。

从表 5-23 可看出,风味物质结合吉布斯自由能的变化为 -2.3kJ/mol(以—CH_2—计)。结合平衡常数也随—CH_2—基团的增加而增大,链长中每增加 1 个 CH_2,结合常数增大约 3 倍。由此说明在天然状态下,蛋白质与风味物质是通过疏水相互作用结合。

5.5.7.2　影响风味结合的环境因素

挥发性的风味物质与水合蛋白之间是通过疏水相互作用结合,因此,任何影响蛋白质疏水相互作用或表面疏水性的因素,在改变蛋白质构象的同时,都会影响风味的结合,如水活度、pH、盐、化学试剂、水解酶、变性及温度等。

水可以提高蛋白质对极性挥发物的结合,但对非极性化合物的结合几乎没有影响。在干燥的蛋白质成分中,挥发性化合物的扩散是有限度的,稍微提高水的活性就能促进极性挥发物的迁移和提高它获得结合位点的能力。在水合作用较强的介质(或溶液)中,极性或非极性挥发物的残基结合挥发物的有效性受到许多因素的影响。酪蛋白在中性或碱性 pH 时比在酸性 pH 溶液中结合的羰基、醇或脂质挥发性的物质更多,这是与 pH 引起的蛋白质构象变化有关。盐溶类盐由于使疏水相互作用失去稳定,降低风味结合,而盐析类盐提高风味结合。凡能使蛋白质解离或二硫键裂开的试剂,均能提高对挥发物的结合。然而低聚物解离成为亚单位可降低非极性挥发物的结合,因为原来分子间的疏水区随着单体构象的改变易变成被埋藏的结构,关于蛋白质浓度的影响已经叙述过。

蛋白质经酶彻底水解将会降低它对挥发性物质的结合,如每千克大豆蛋白能结合6.7 mg 正己醛,可是用一种酸性细菌蛋白酶水解后只结合 1 mg,因此蛋白质水解可减轻大豆蛋白的豆腥味。此外,用醛脱氢酶使被结合的正己醛转变成己酸也能减少异味。另外,还需注意的是蛋白质水解有时能产生苦味肽,这与其疏水性有关。当肽的平均疏水性小于 5.3 kJ/mol 时,不产生苦味;而平均疏水性大于 5.8 kJ/mol 时则呈苦味。这与氨基酸的组成、序列和所用酶的类型有关。例如,酪蛋白和大豆蛋白采用常用的商业蛋白酶水解,则产生苦味。当用内切酶和端解-肽酶进一步水解苦味肽,可得到平均疏水性小于

5.3 kJ/mol 的片段,从而减少或使苦味消除。

相反地,蛋白质热变性一般导致对挥发性物质的结合增强,如 10％的大豆蛋白离析物水溶液在有正己醛存在时于 90 ℃加热 1 h 或 24 h,然后冷冻干燥,发现其对正己醛的结合量比未加热的对照组分别大 3 倍和 6 倍。

将用酸沉淀的 10 g 天然大豆蛋白溶解在 100 mL 水中,添加不同量的正己醛(图 5-41):①样品在氮气条件下于 20 ℃搅拌 5 h;②样品在 90 ℃回流搅拌 1 h;③样品在 90 ℃下回流 24 h。然后使所有样品冷冻干燥,再将蛋白质溶解在 pH 为 13 的 NaOH 溶液中,使蛋白质结合的正己醛释放出,并测定其含量。

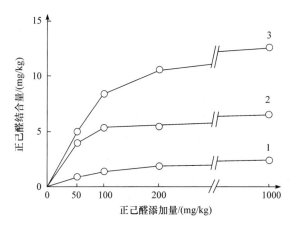

图 5-41　温度对大豆蛋白质的正己醛结合量的影响

脱水处理,例如,冷冻干燥通常使最初被蛋白质结合的挥发物质降低 50％以上,例如酪蛋白,对蒸气压低的低浓度挥发性物质具有较好的保留作用。脂质的存在能促进各种羰基挥发性物质的结合和保留,包括那些脂质氧化形成的挥发性物质。

温度对风味物质的结合影响非常小,这是因为结合过程是熵驱动,而不是焓驱动。

5.5.8　与其他化合物的结合

食品蛋白质除了与水、离子、金属、脂质和挥发性风味物质结合以外,还能通过弱相互作用或共价键结合很多其他物质,这将取决于它们的化学结构,如色素、合成染料(可用来分析测定蛋白质)和致突、致敏等其他生物活性物质,这些物质的结合可导致毒性增强或解毒。在某些情况下蛋白质的营养价值也同时受到有害的影响。

5.6　食品蛋白质在加工和储藏中的变化

食品加工通常涉及加热、冷却、干燥、化学处理、发酵、辐照或其他各种处理。加热是最常用的方法,它可以使微生物和内源酶失活,达到消毒灭菌、防止食品在储藏中氧化和水解,同时获得安全性高和感官上需宜的加工产品。此外,通过加热还能使某些蛋白质中的有害物质或非需宜成分除去,如牛 β-乳球蛋白、α-乳清蛋白和大豆蛋白中存在的某些过敏因子和抗营养因子,以及蛋白质结合的不良风味物质。虽然加热能对食品产生有益影响,但同样也会对食品的营养价值和功能特性造成损害,下面将分别进行讨论。

5.6.1　营养价值的变化和毒性

人们对食品蛋白质在烹调和加工过程中的影响已经进行了广泛深入的研究。大多数情况下,食品在加工过程中蛋白质的营养价值不至于受到不利的影响,甚至在某些情况下还可以得到改善。某些损害营养价值的反应通常是由于蛋白质的一级结构发生改变,从而造成必需氨基酸含量的降低或抗营养和有毒的衍生物的生成。

5.6.1.1　适度热处理引起的蛋白质变性

多数食品蛋白质只能在窄狭的温度范围内(60～90 ℃,1 h 或更短时间)才具有生物活性或功能性。但是适度加热仍然可引起蛋白质结构的改变和变性,球蛋白水溶液在加热时溶解度降低,同时影响与溶解度相关的某些功能特性。如果始终保持适度热处理,既不会破坏共价键也不至于形成新的共价键,说明一级结构未受到有害的影响。从营养学的观点讲,蛋白质经温和热处理所产生的变化可提高其消化率,一般是有利的。

热烫或蒸煮能使酶失活,如脂酶、脂肪氧合酶、蛋白酶、多酚氧化酶和其他氧化酶及酵解酶类,酶失活能防止食品产生不应有的颜色,也可防止风味质地变化和维生素的损失。热处理菜籽可使黑芥子硫苷酸酶(myrosinase)失活,因而阻止内源硫葡萄糖苷形成致甲状腺肿大的化合物,即 5 -乙烯基- 2 -硫■唑烷酮。

食品中天然存在的大多数蛋白质毒素或抗营养因子均可通过加热使之变性和钝化,如微生物污染所产生的大多数蛋白质毒素(肉毒杆菌毒素在 100 ℃钝化,而金黄色葡萄球菌内毒素仍不失活);豆科植物种子或叶(如大豆、花生、菜豆、蚕豆、豌豆和苜蓿等)中所含的抑制或结合人体蛋白质水解酶的蛋白质,这些蛋白质能降低膳食蛋白质的消化力和营养价值(如大豆种子中存在的胰蛋白酶抑制剂和胰凝乳蛋白酶抑制剂,能使几种动物的胰脏过度分泌和增生,并伴随出现生长缓慢,见表 5 - 24)。

表 5 - 24　生大豆粉对几种动物的生理效应

种　类	生长抑制剂	胰　脏	
		大小	酶分泌
鼠[1]	有	增大	增加
小鸡[1]	有	增大	增加
猪[1]	有	无变化	减少
小牛	有	无变化	减少
狗	无	无变化	暂时增加

1) 成年动物可保持原来体重不减轻,但对胰脏仍有影响。

豆科植物中的植物凝血素(或外源凝集素)是一种能和多糖苷结合的热不稳定性蛋白质,在膳食中能降低天然植物蛋白的营养价值。可能是由于凝集素与肠道刷状缘细胞膜多糖苷形成复合物,氨基酸的转移和消化能力减弱,并对人和动物产生毒性。因此,也可以通过加热处理的方法消除它们的不良影响。鸡蛋蛋白中的蛋白酶抑制剂,如胰蛋白酶抑制剂和卵类黏蛋白抑制剂、牛乳中的蛋白酶抑制剂、血纤维蛋白溶解酶抑制剂,当有水存在时经适度热处理,都可使这些抑制剂失活。

种子、磨粉或蛋白质浓缩物在高温条件下,如高压灭菌、膨化、消毒、蒸煮、焙烤等,所有抗营养因子都会变性失活(图5-42),由于适当热处理可明显提高植物蛋白的营养价值,因此某些植物蛋白质饲料通常需经过热处理。

许多蛋白质(如大豆球蛋白、胶原蛋白和卵清蛋白)经适度热处理后更易被消化,其原因是蛋白质伸展,被掩蔽的氨基酸残基暴露,因而使专一性蛋白酶能更迅速地与蛋白质底物发生作用。此外,大豆蛋白经热处理还可除去蛋白质结合的不良风味物质,以及因脂肪氧合酶作用产生的异味。

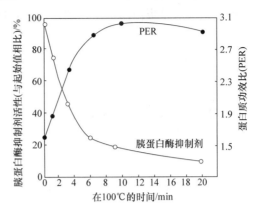

图5-42　蒸气对胰蛋白酶抑制活性和饲料大豆粉蛋白质功效比的影响

5.6.1.2　蛋白质分离引起的氨基酸损失

蛋白质在提纯、浓缩或分离过程中可发生蛋白质成分和总氨基酸含量的改变。例如,用大豆和其他植物制备的蛋白质离析物,在等电点沉淀可溶性蛋白质组分时,含硫氨基酸的蛋白质损失大于其他蛋白质部分,因而从等电点沉淀得到的分离蛋白与粗蛋白相比,蛋白质组成和营养价值均发生不同程度的变化。如蛋氨酸和色氨酸在粗椰子粉中的评分分别为100和89,而在等电点沉淀的椰子分离蛋白中化学评分仅为零。同样,采用超滤和离子交换法制备的乳清浓缩蛋白(WPC)中肮和胨的含量发生了显著的变化,结果影响其起泡性。同时也应注意,在某些情况下蛋白质抑制剂和有毒因子,可能被浓集在提纯的蛋白质制剂中。

5.6.1.3　氨基酸的化学变化

蛋白质或蛋白质食品在不添加其他物质的情况下进行热处理,可发生氨基酸脱硫、脱酰胺、异构化、水解等化学变化,有时甚至伴随有毒物质的产生,这主要取决于热处理的条件。在115 ℃灭菌,会使半胱氨酸和胱氨酸部分破坏(不可逆变性),生成硫化氢、二甲基硫化物和磺基丙氨酸。从鱼、肉的肌肉、牛乳及很多蛋白质的模拟体系中已测定出这些反应的生成物,所产生的硫化氢和其他挥发性化合物能使加热食品产生风味。

蛋白质在超过100 ℃时加热,会发生脱酰胺反应,释放出的氨主要来自谷酰胺和天冬酰胺的酰胺基。这些反应并不损害蛋白质的营养价值。

蛋白质在有氧存在下进行热处理,色氨酸被部分破坏。温度超过200 ℃的剧烈处理和在碱性pH环境中热处理都会导致L-氨基酸残基异构化,它包括β-消去反应和形成负碳离子的过程,负碳离子经质子化可随机形成L或D型氨基酸的外消旋混合物。氨基酸残基结合电子的能力影响其外消旋反应的速率,其中Asp、Ser、Cys、Glu、Phe、Asn和Thr残基比其他氨基酸更易发生外消旋反应。此外,—OH浓度影响外消旋反应的速率,但与蛋白质浓度无关。有趣的是,蛋白质发生外消旋的速率远高于游离氨基酸,前者约为后者的 10 倍。这可能是蛋白质分子内的作用力降低了反应的活化能所致。

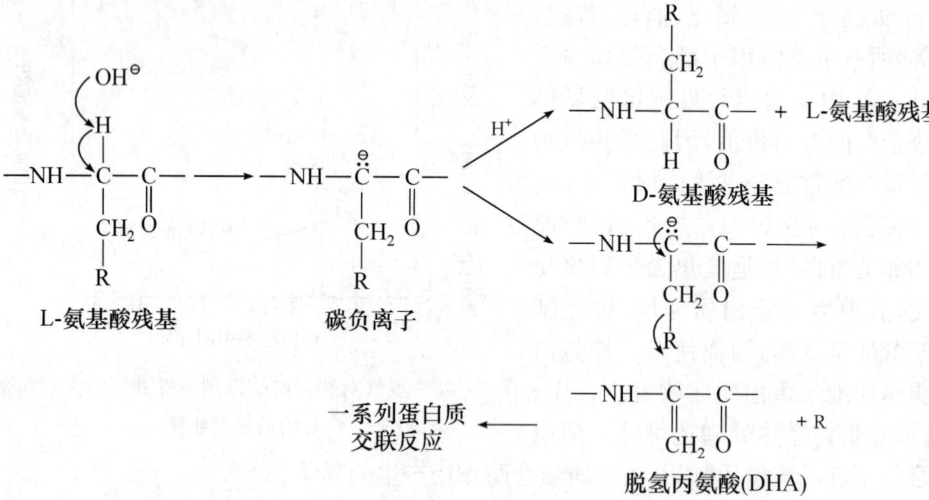

由于大多数 D-氨基酸不具有营养价值,因此,必需氨基酸残基发生外消旋反应,使营养价值降低约 50％。此外 D 型异构体的存在可降低蛋白质消化率,因为 D-残基肽键在体内比 L-残基肽键难以被胃和胰蛋白酶水解,不易通过小肠吸收,即使被吸收,也不能在体内合成蛋白质。另外,某些 D 型氨基酸(如 D-脯氨酸)还具有神经毒性,毒性的大小与肠壁吸收的 D 型氨基酸量成正比。

经剧烈热处理(如煎炸和烧烤)的蛋白质可生成环状衍生物,其中有些具有强致突变作用。肉在 200 ℃以上加热环化生成氨基咪唑基氮杂环(AIAS)类致突变化合物。其中一类是由肌酸酐、糖和某些氨基酸(如甘氨酸、苏氨酸、丙氨酸和赖氨酸)的浓缩产品在剧烈加热时生成的咪唑喹啉(IQ)类化合物。下面 3 种是在烧烤中发现的最强的致突变剂。

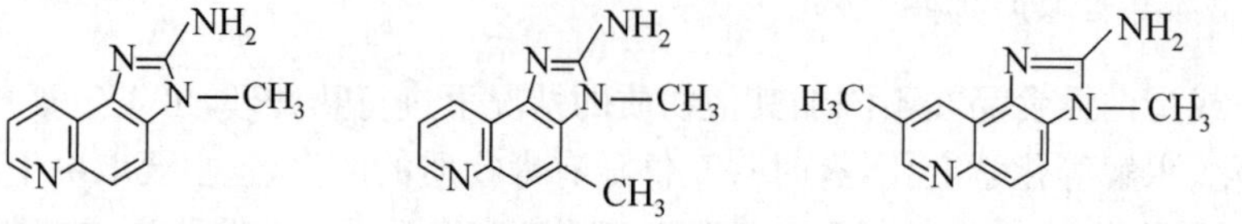

2-氨基-3-甲基咪唑-
(4,5-f)喹啉
(IQ)

2-氨基-3,4-二甲基咪唑-
(4,5-f)喹啉
(MelQ)

2-氨基-3,8-二甲基咪唑-
(4,5-f)喹啉
(MelQx)

在碱性 pH 条件下热处理时,精氨酸转变成鸟氨酸、尿素、瓜氨酸和氨,半胱氨酸转变成脱氢丙氨酸,从而引起氨基酸损失。在酸性 pH 加热时,丝氨酸、苏氨酸和赖氨酸的含量也会降低。

5.6.1.4　蛋白质交联

某些天然状态的蛋白质只部分被人体消化,因为多肽链在分子内和分子间存在着共价交联键。例如,球状蛋白、胶原蛋白、弹性蛋白、节肢弹性蛋白和角蛋白,以及由 4 个赖氨酸分子缩合而成的锁链素(赖氨素)(desmosine)和异锁链素就属于这一类。这类天然蛋白质的共价键包括 ε-N-(γ-谷氨酰)赖氨酰基或 ε-N-(γ-天冬氨酰基)赖氨酰基型的共价异肽键以及二硫键或酯键。它们在体内的功能之一是将其水解限制到最低程度。

在碱性 pH(或者接近中性)条件下进行热处理可导致赖氨丙氨酸、羊毛硫氨酸、鸟氨丙氨酸的生成,以及分子间或分子内形成共价交联键,这些交联键是由赖氨酸、半胱氨酸或鸟氨酸等残基与脱氢丙氨酸(DHA)残基发生缩合反应生成的。半胱氨酸或磷酸丝氨酸残基经 β-消去反应形成脱氢丙氨酸。反应如下:

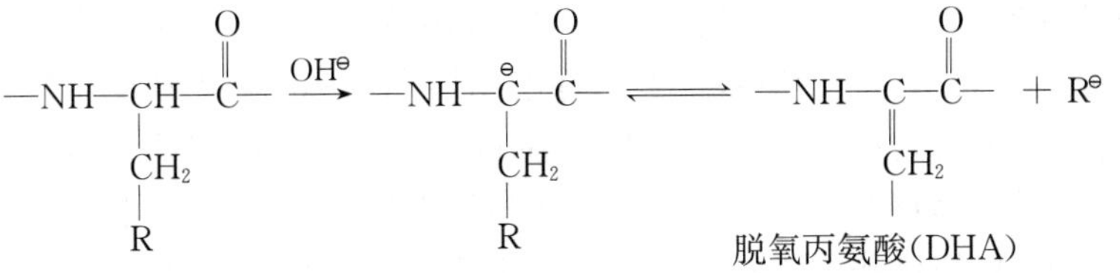

$$
\begin{array}{ccc}
\overset{\displaystyle O}{\underset{\displaystyle R}{\underset{|}{\overset{|}{\underset{\text{CH}_2}{-\text{NH}-\text{CH}-\text{C}-}}}}} \xrightarrow{\;\text{OH}^{\ominus}\;} & \cdots & \text{脱氧丙氨酸(DHA)}
\end{array}
$$

式中:R=SH 或 OPO$_3$H$_2$。

DHA 残基的反应活性很强,与赖氨酸残基的 ε-氨基、鸟氨酸残基的 δ-氨基和半胱氨酸残基的巯基容易结合,分别形成含交联键的赖氨丙氨酸(lysinoalanine, LAL)、鸟氨丙氨酸和羊毛硫氨酸。

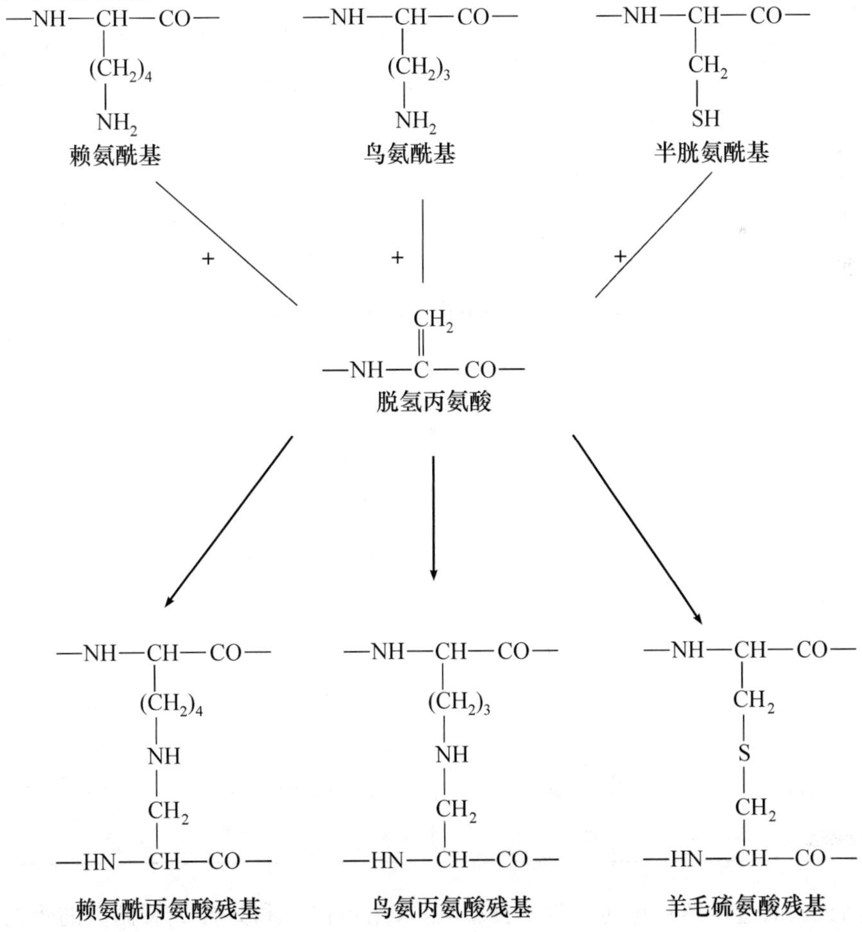

赖氨酰基　　　　鸟氨酰基　　　　半胱氨酰基

脱氢丙氨酸

赖氨酰丙氨酸残基　　　鸟氨丙氨酸残基　　　羊毛硫氨酸残基

在蛋白质中,由于存在许多可反应的赖氨酰基残基,因此在经碱处理的蛋白质中,赖氨酰丙氨酸残基是主要的交联形式。

DHA 与精氨酸、组氨酸、苏氨酸、丝氨酸、酪氨酸和色氨酸等残基通过缩合反应也可以形成不常见的衍生物。

氨可以阻止以上这些交联化合物的形成,因为 DHA 与氨反应可生成 β-氨基丙氨酸。在碱性条件下,半胱氨酸、葡萄糖、亚硫酸氢钠或连二亚硫酸钠以及预先乙酰化的赖氨酸残基也能使蛋白质中赖氨酰丙氨酸的生成量减少。氨基酸的含量和蛋白质的三维结构同样影响赖氨酰丙氨酸的生成量。当蛋白质形成这种共价键时,其营养价值往往低于天然蛋白质。研究结果表明,蛋白质的功效比、净蛋白质利用率和蛋白质的生理价值都因蛋白质交联而降低,并随着处理时剧烈程度的增加(碱度、温度和时间)成比例地降低。

鼠摄入含赖氨酰丙氨酸的蛋白质,通常伴随发生腹泻、胰腺肿大和脱毛。必需氨基酸残基形成共价键、异构化和生成有毒物质是鼠出现这些症状的原因。鼠摄入游离的(100 mg/kg)或蛋白质(3000 mg/kg)结合的赖氨酰丙氨酸可诱发肾原细胞异常增大、肾原细胞核异常增大和肾钙质沉着等疾病。经粪便排泄的蛋白质,结合型赖氨酰丙氨酸约占 50%,而被吸收的赖氨酰丙氨酸大部分经尿排出。同位素示踪法证明,用 ^{14}C 标记的赖氨酰丙氨酸,在鼠肾中部分分解,而且还发现鼠尿中含有多种分解产物,其中有些与其他动物体内已鉴定的分解产物不同。由此可见,赖氨酰丙氨酸在鼠体内的毒性作用与这些异常衍生物有关。试验表明,赖氨酰丙氨酸的形成只对鼠是重要的,而鹌鹑、仓鼠和猴在摄取赖氨酰丙氨酸后,肾脏并未造成任何损伤。

食品中在加工中用碱或较温和的热处理(植物蛋白增溶,油料种子中黄曲霉毒素脱毒,酪蛋白酸盐的制备和玉米加石灰烹煮),仅生成少量的赖氨酰丙氨酸及其相应产物。表 5-25 列出了一些市售食品中赖氨酰丙氨酸(LAL)的含量。

表 5-25 加工食品中赖氨酰丙氨酸(LAL)的含量

食 品	LAL 含量/(mg/g 蛋白质)	食 品	LAL 含量/(mg/g 蛋白质)
玉米片	390	人造干酪	1070
椒盐卷饼	500	蛋清粉(干)	160~1820
牛奶玉米粥	560	酪蛋白酸钙	370~1000
未发酵的玉米饼	200	酪蛋白酸钠	430~6900
墨西哥玉米卷皮	170	酸酪蛋白	70~190
淡炼乳	590~860	水解植物蛋白	40~500
浓炼乳	360~540	起泡剂	6500~50 000
牛乳(UHT)	160~370	大豆分离蛋白	0~370
牛乳(HTST)	260~1030	酵母提取物	120
脱脂炼乳	520		

食品灭菌时过度热处理可产生不良影响,采用蛋白质和只含少量糖类的蛋白质食品

(肉、鱼)的模拟体系,在剧烈热处理条件下进行实验,结果发现赖氨酸和谷氨酰胺或赖氨酸残基与天冬氨酸残基之间分别形成 ε-N-(γ-谷氨酰)赖氨酰基或 ε-N-(β-天冬氨酰)赖氨酰基型共价交联键异肽。参与这种反应的赖氨酸残基可达 15%。从营养学观点来看,蛋白质发生这种反应不但降低氮消化率和蛋白质的功效比,同时还影响蛋白质的生物价。另外,不只是赖氨酸,许多其他氨基酸的营养有效性也明显降低。由于谷氨酰基-赖氨酰基或天冬氨酰基-赖氨酰基交联键产生空间位阻,阻碍蛋白酶到达水解作用的位点,因而蛋白质在体内消化变得缓慢。游离的 ε-N-(γ-谷氨酰基)L-赖氨酸可作为鼠或鸡的赖氨酸来源,而 ε-N-(β-天冬酰氨基)L-赖氨酸则不能用来代替。ε-N-(γ-谷氨酰基)L-赖氨酰基的结构式如下:

$$\begin{array}{ccc}
\overset{\displaystyle |}{NH} & & \overset{\displaystyle |}{NH} \\
CH-(CH_2)_4-NH-CO-(CH_2)_2-CH \\
\underset{\displaystyle |}{CO} & & \underset{\displaystyle |}{CO}
\end{array}$$

ε-N-(γ-谷氨酰基)L-赖氨酰基

蛋白质受到 γ 辐射,或者在氧化脂质存在下储存,可发生—SH 和—S—S—的交换反应和形成分子间或分子内的共价交联键,主要是从氨基酸残基 α-碳生成的游离基开始发生聚合。反应如下:

$$\text{PH} \quad + \quad \text{LOO·} \quad \longrightarrow \quad \text{P·} \quad + \quad \text{LOOH·}$$
天然蛋白质　　脂质自由基　　　　　　　　脂质过氧化物

形成的蛋白质自由基 P·,随后发生多肽链聚合等,即

$$\text{P· + P·} \longrightarrow \text{P—P}$$

$$\text{P—P} \xrightarrow{\text{LOO}} \text{P—P· } \xrightarrow{\text{P·}} \text{P—P—P}$$

此外,γ 辐射还可以引起低水分食品中的多肽链断裂。

在 H_2O_2 和过氧化氢酶存在时,酪氨酸残基发生氧化性交联,生成二酪氨酸残基。辐照也可诱导水产生活性氧,这些活性氧将进一步诱导蛋白质氧化或聚合。

$$H_2O \xrightarrow{\text{辐照}} H_2O^+ + e^-$$
$$H_2O^+ + H_2O \longrightarrow H_3O^+ + \cdot OH$$
$$P + \cdot OH \longrightarrow H_2O + P\cdot$$
$$P\cdot + P\cdot \longrightarrow P—P$$

5.6.1.5　氧化剂的影响

氧化剂在食品加工过程中使用相当广泛,如过氧化氢是常用的杀菌剂和漂白剂;在乳品工业中用于干酪加工的牛乳冷灭菌或改善鱼蛋白质浓缩物和谷物面粉、麦片、油料种子蛋白质离析物等产品的色泽。此外,还用于含黄曲霉毒素的面粉、豆类和麦片的脱毒以及种子去皮。其他过氧化物,如过氧化苯甲酰是面粉和乳清粉常用的漂白剂。次氯酸钠具有杀菌作用所以应用也非常广泛,如肉品的喷雾法杀菌,黄曲霉毒素污染的花生粉脱毒,其主要原理是根据这种毒素的内脂环在碱性介质中开环后很容易被次氯酸所氧化,生成的衍生物是无毒的,从而达到脱毒的目的。然而上述氧化剂往往会引起蛋白质中氨基酸

残基的变化。因此,使用时必须注意。

脂质氧化产生的过氧化物及其降解产物存在于许多食品体系中,它们通常是引起蛋白质成分发生降解的原因。氨基酸残基由于光氧化反应、辐射、亚硫酸盐-微量金属-氧体系的作用、热空气干燥和发酵过程中充气等原因,也可以发生氧化。

很多植物中存在多酚类物质,这些化合物在中性或碱性 pH 条件下容易被氧化生成醌类化合物或聚合物。这种反应产生的过氧化物属于强氧化剂,因而容易引起蛋白质中氨基酸的损失。另外一些色素通过光敏氧化或碱加工处理产生的自由基等,也对蛋白质的营养性和功能性造成影响。

对氧化反应最敏感的氨基酸是含硫氨基酸和色氨酸,其次是酪氨酸和组氨酸。以下分别讨论这几种氨基酸的氧化反应。

1) 蛋氨酸的氧化

强氧化剂(如过甲酸)能使蛋氨酸残基氧化成蛋氨酸砜,过氧化氢将游离的或结合的蛋氨酸氧化成蛋氨酸亚砜,有时也被氧化成蛋氨酸砜。例如,将 pH 为 5~8 的 10 mmol/L 蛋氨酸溶液或 pH 为 7 的 5% 酪蛋白溶液与 0.1 mol/L 过氧化氢,于温度 50 ℃加热 30 min,蛋氨酸将全部转变成蛋氨酸亚砜。此外,蛋白质与次氯酸钠、亚硫酸盐-锰-氧体系、氧化的脂质或多酚类化合物共存时,也可以形成这种氧化产物。在有光、氧和敏化剂(如核黄素和次甲基蓝)存在时,蛋氨酸残基由于光氧化作用可生成蛋氨酸亚砜。在一些情况下生成高半胱氨酸(homocysteic acid)或同型半胱氨酸。结构式如下:

$$\begin{array}{cccc}
-\text{NH}-\text{CH}-\text{CO}- & -\text{NH}-\text{CH}-\text{CO}- & -\text{NH}-\text{CH}-\text{CO}- & -\text{NH}-\text{CH}-\text{CO}- \\
| & | & | & | \\
(\text{CH}_2)_2 & (\text{CH}_2)_2 & (\text{CH}_2)_2 & (\text{CH}_2)_2 \\
| & \rightarrow \quad | & \rightarrow \quad | & \rightarrow \quad | \\
\text{S} & \text{S}\rightarrow\text{O} & \text{O}\leftarrow\text{S}\rightarrow\text{O} & \text{O}\leftarrow\text{S}\rightarrow\text{O} \\
| & | & | & | \\
\text{CH}_3 & \text{CH}_3 & \text{CH}_3 & \text{OH} \\
\text{蛋氨酸残基} & \text{蛋氨酸亚砜残基} & \text{蛋氨酸砜残基} & \text{高半胱氨酸}
\end{array}$$

对氧化结合型蛋氨酸的营养效果的研究表明,蛋氨酸砜和高半胱氨酸对鼠是生理上不可利用的物质,甚至还表现出某种程度的毒性。然而,游离的或蛋白质结合的蛋氨酸亚砜可代替鼠或鸡饲料中蛋氨酸,所产生的效率依蛋氨酸构型(L-或 D-型)而异。将蛋氨酸全部氧化成亚砜的酪蛋白进行鼠喂饲试验,结果表明蛋白质功效比(或蛋白质净利用率)比对照的未氧化酪蛋白大约低 10%。这可能是因为在蛋白质消化时释放出蛋氨酸亚砜,然后在合成蛋白质之前,蛋氨酸亚砜被吸收并还原成蛋氨酸。如果用经消化的酪蛋白喂饲鼠,鼠的血液和肌肉中蛋氨酸亚砜的水平增高,这说明蛋氨酸亚砜在体内的还原过程是缓慢的。

2) 半胱氨酸和胱氨酸的氧化

半胱氨酸和胱氨酸有多种氧化衍生物,由于它们不稳定,所以难以对每一种产物进行鉴定,但是其中一些已经用核磁共振法鉴定。从营养学的观点来看,L-胱氨酸的一、二亚砜衍生物和半胱次磺酸能部分代替 L-半胱氨酸,而磺基丙氨酸和半胱亚磺酸则不能代替 L-半胱氨酸。反应如下:

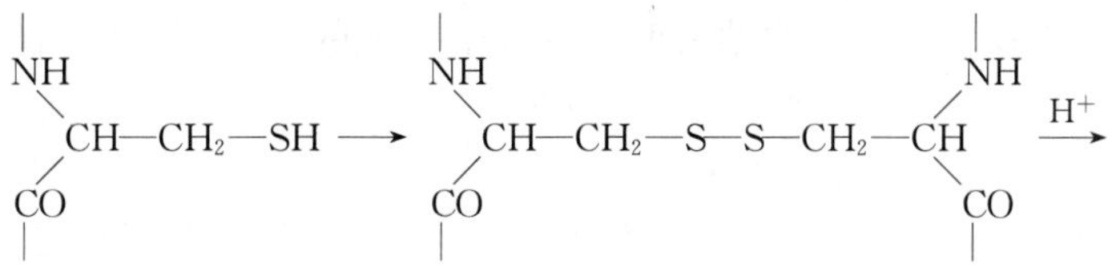

半胱氨酸 胱氨酸

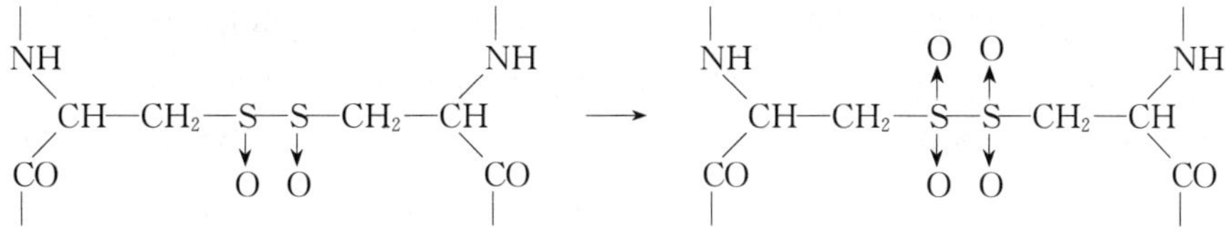

胱氨酸二亚砜
(cystine disulfoxide)

胱氨酸二砜
(cystine disulfone)

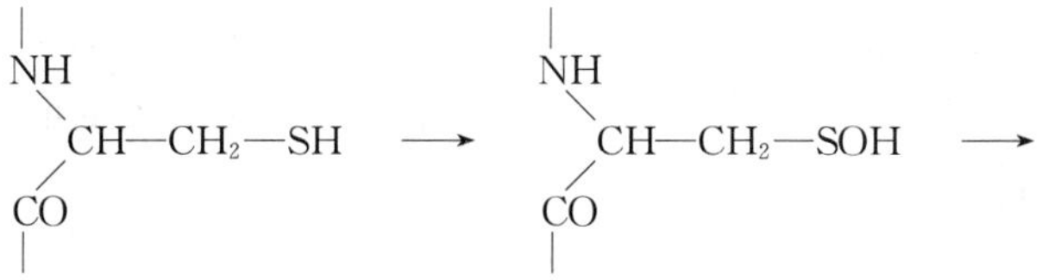

半胱氨酸

半胱次磺酸
(cysteine sulfenic acid)

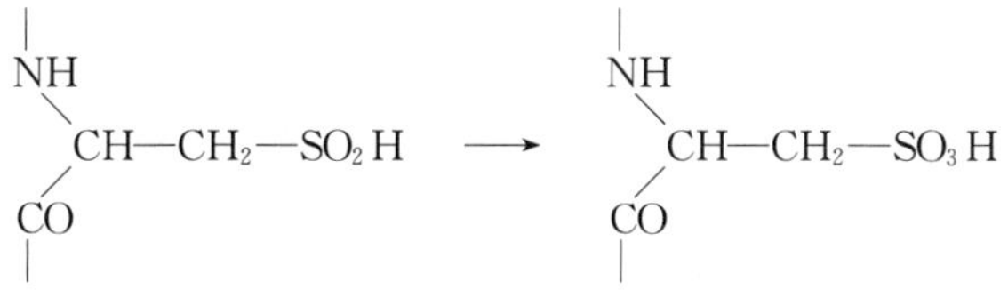

半胱亚磺酸
(cysteine sulfinic acid)

半胱磺酸(磺基丙氨酸)
(cysteine sulfonic acid)

3) 色氨酸的氧化

色氨酸是人体必需氨基酸,有着重要的生理作用,因此在食品加工中必须着重考虑。在强氧化剂存在时,游离色氨酸氧化成 β-氧吲哚基丙氨酸和 N-甲酰犬尿氨酸、犬尿氨酸等。反应如下:

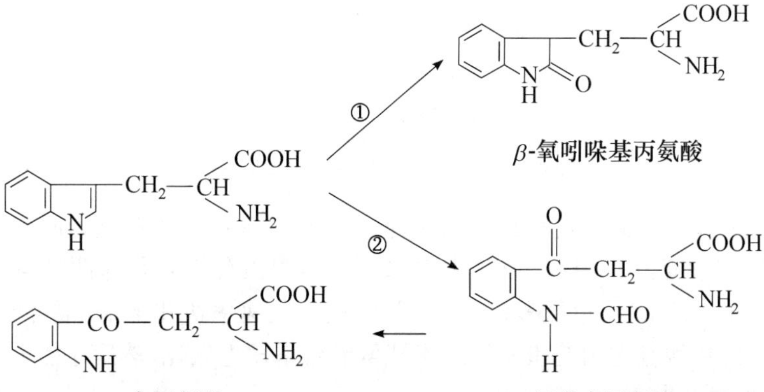

β-氧吲哚基丙氨酸

犬尿氨酸

N-甲酰犬尿氨酸

以上反应中:①是在有过甲酸(RCOOOH)、二甲基亚砜(CH_3SOCH_3)或 N-溴琥珀酰亚胺[(CH₂ CO)₂NBr]或 N-氯琥珀酰亚胺存在下形成的产物;②是在有过甲酸、碘酸钠(NaIO₄)、臭氧(O₃)和 O₂+hν 的情况下生成的产物。

色氨酸与二甲基亚砜或 N-溴琥珀酰亚胺反应,生成如反应①所示的 β-氧吲哚基丙氨酸。在强氧化剂如高碘酸钠或臭氧或光敏剂核黄素存在下,游离的或结合的色氨酸发生光氧化作用,生成 N-甲酰基犬尿氨酸和犬尿氨酸(见上述反应②),在后一种情况下,还可以形成 β-咔啉、六氢化吡咯并吲哚和喹唑啉等衍生物。此外,色氨酸也能被过氧化氢氧化,采用高效液相色谱法已检测出在 278 nm 波长处有吸收的 3、4 种衍生物,其中一种相当于犬尿氨酸,它们的极性均大于色氨酸。此外,利用离子交换色谱柱,可分离得到许多种能与茚三酮反应的化合物,说明过氧化氢氧化色氨酸,并不是一个简单的化学反应。

从营养学观点来看,犬尿氨酸无论是甲酰化或非甲酰化,至少对鼠来说它们都不能代替色氨酸的作用。更值得注意的是。犬尿氨酸注射至动物膀胱内会产生致癌作用,色氨酸的这类降解产物对培养的鼠胚胎成纤维细胞的生长有抑制作用,并且表现出致突变性。

色氨酸-核黄素的光加合物(图 5-43)对哺乳动物的细胞产生细胞毒性,并在胃肠外营养中引起肝功能障碍。

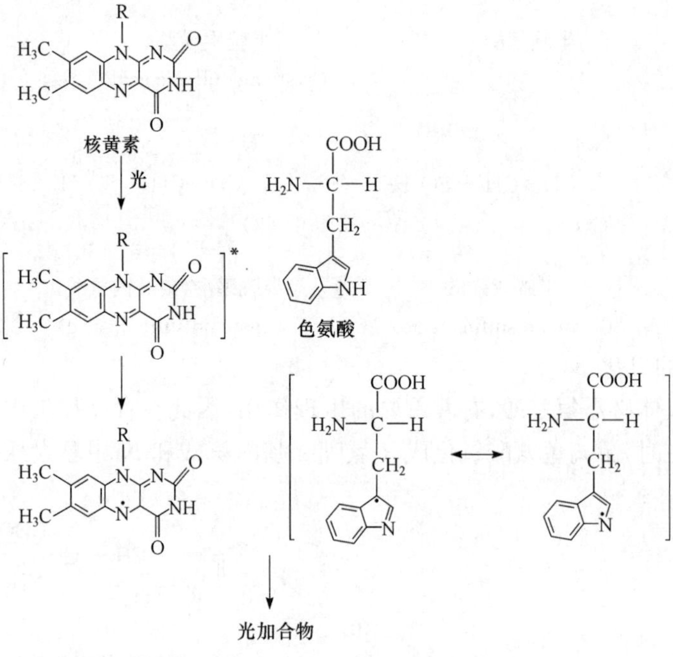

图 5-43 色氨酸-核黄素的光加合物

游离色氨酸和蛋氨酸用过氧化氢氧化,两者的转化速率大不相同,在接近中性 pH 和温度 50 ℃时,用浓度为 0.01~1 mol/L 的过氧化氢溶液分别氧化这两种氨基酸,结果发现,蛋氨酸(10 mmol/L)比色氨酸(10 mmol/L)的氧化速率快几千倍,很可能是因为过氧化物和蛋白质的接触首先引起蛋氨酸或半胱氨酸残基发生氧化,然后才能氧化色氨酸。

4) 酪氨酸的氧化

酪氨酸溶液在过氧化物酶和过氧化氢作用下氧化为二酪氨酸。这类交联产物已在天然蛋白质(如节肢弹性蛋白、弹性蛋白、角蛋白和胶原蛋白)和面团中发现。

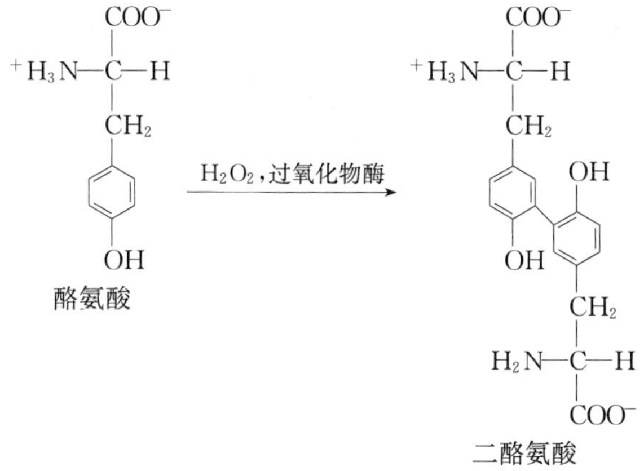
COO⁻
+H3N—C—H
CH2
OH
酪氨酸
H2O2,过氧化物酶
OH
OH
CH2
H2N—C—H
COO⁻
二酪氨酸

5.6.1.6　蛋白质与糖类或醛类的相互作用

含有还原性糖或羰基化合物(如脂质氧化产生的醛和酮)的蛋白质食品,在加工和储藏过程中可能发生非酶褐变(美拉德反应),并显著影响这类食品的感官和营养特性。因为非酶褐变中的许多反应具有高活化能,所以在蒸煮、热处理、蒸发和干燥时这些反应明显地增强。中等含水量的食品,如焙烤食品、炒花生、焙烤早餐谷物和用滚筒干燥的奶粉其褐变转化速率最大。美拉德反应不仅发生在食品加工过程中,也发生在生物系统中。在这两种情况下,氨基通常是由蛋白质和氨基酸提供,而羧基是由还原糖(醛糖和酮糖)、抗坏血酸和脂质氧化生成的羧基化合物提供。

非酶褐变的系列反应生成的羰基衍生物,很容易与游离氨基酸发生斯特雷尔(Strecker)降解反应,生成醛、氨和二氧化碳。这些醛可产生特殊的香气(表 5 - 26)。

表 5 - 26　氨基酸经斯特雷尔降解生成的醛的特征香气描述

氨基酸	典型的香气	氨基酸	典型的香气
Phe,Gly	类似太妃糖味	Met	肉汤味,豆腥味
Leu,Arg,His	类似面包味,烘烤味	Cys,Gly	烟味,焦味
Ala	坚果味	α-氨基丁酸	核桃味
Pro	烘面包味,饼干味	Arg	类似爆米花味
Gln,Lys	奶油味		

美拉德反应对营养的影响至今仍然是研究的课题。众所周知,美拉德反应造成赖氨酸的大量损失,其损失量用体内试验或快速化学方法检测。通常采用的方法是测定活性赖氨酸残基,如用 1-氟-2,4-二硝基苯(FDNB)试剂测定活性赖氨酸残基(蛋白质结合的未取代 ε-氨基赖氨酸)。赖氨酸残基与 FDNB 反应以后,接着用酸水解蛋白质,经过乙醚萃取,除去未反应的 FDNB,即可测定所释放出的 ε-*N*-二硝基苯基赖氨酸(ε-DNP 赖氨酸,λ_{max} 435 nm)(图 5 - 44)。假若用浓盐酸水解未与 FDNB 反应的蛋白质,结果赖氨酸的阿马道莱产物(ε-*N*-脱氧果糖赖氨酰基化合物)所释放出的游离赖氨酸约为最初取代赖氨酸

的 50％,剩余部分是一些新的衍生物,这些衍生物可以用离子交换色谱法进行测定,用来作为衡量取代赖氨酸残基和蛋白质损失的一项指标。

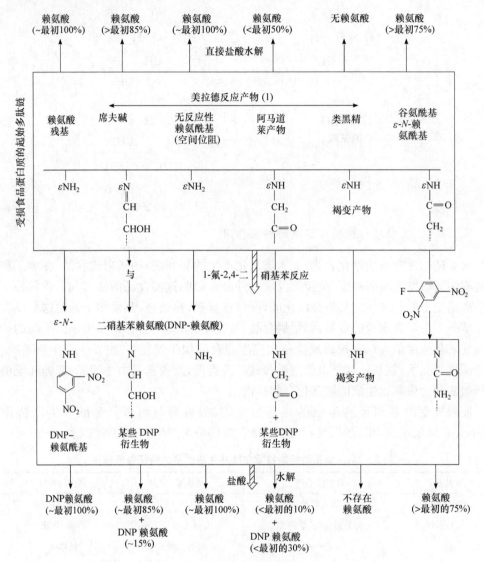

图 5 - 44　不同程度美拉德反应的赖氨酸残基与 FDNB 反应和
未反应的残基经酸水解后赖氨酸的回收率

　　按席夫碱反应的赖氨酸(美拉德反应初期)仍然是生理上的有效化合物,因为在胃内的酸性条件下它可以被释放出来。阿马道莱或汉斯产物中的赖氨酸则不能为鼠所利用,但这种产物用强酸处理后,约有 50％获得再生,说明赖氨酸以这种形式结合可导致其营养价值的大量损失,表 5 - 27 表明各种加工方法对牛乳中赖氨酸的影响。

表 5 – 27　炼乳和奶粉中的赖氨酸含量和有效性

制备方法	总赖氨酸（酸水解）/(g/16gN)	FDNB 反应/(g/16gN)	有效赖氨酸（试管中蛋白质水解）/(g/16gN)	有效赖氨酸（鼠生长分析）/(g/16gN)
冷冻干燥	8.3	8.4	8.3	8.4
喷雾干燥	8.0	8.2	8.3	8.1
蒸发	7.6	6.4	6.2	6.1
滚筒干燥（温和加热）	7.1	4.6	5.4	5.9
滚筒干燥（高温）	6.1	1.9	2.3	2.0

此外,阿马道莱产物对营养的影响还不完全了解,但有研究表明,在褐变反应中生成的反应性不饱和羰基和自由基能引起一些必需氨基酸,特别是蛋氨酸、酪氨酸、丝氨酸和色氨酸的氧化,以及蛋白质的交联,从而降低了蛋白质的溶解度及其在肠道内的可消化性。

美拉德反应后期,类黑精分子间或分子内形成共价键,能明显地损害其蛋白质部分的可消化性,加热某些蛋白质-糖类模拟体系所产生的类黑精还有致突变作用,它的效力取决于美拉德反应程度。类黑精是不溶于水的物质,肠壁仅能微弱地吸收,因此生理效应危险性减小,但是低分子量类黑精前体较容易吸收,它对动物产生的作用仍在研究之中。

除还原糖外,在食品中存在的其他醛和酮也可以发生羰氨反应。值得提及的是,棉酚、戊二醛及来自脂质氧化形式的丙二醛均可与蛋白质的氨基酸反应,并均可用来防止蛋白质饲料在反刍动物胃中发生的脱氨反应,由脂质氧化形成的丙二醛和木屑熏烟产生的醛类,通过形成共价键与蛋白质发生反应,已成为鞣革或固相酶载体的研究对象,至今尚未完全阐明其复杂的反应机理。蛋白质结合的赖氨酸 ε-氨基能与甲醛发生缩合反应,生成二羟甲基衍生物,即

$$R-\overset{\epsilon}{N}H_2+2\left[\begin{array}{c}H\\|\\C=O\\|\\H\end{array}\right] \longrightarrow R-N\overset{\displaystyle CH_2OH}{\underset{\displaystyle CH_2OH}{\big<}}$$

二羟甲基衍生物

鱼体表面的细菌繁殖可产生甲醛,结果导致蛋白质不溶、赖氨酸消化和生物功能丧失,以及蛋白质功能特性损害。甲醛和蛋白质反应被认为是鱼肌肉在冷藏中变硬的原因。

丙二醛可以与各种肽链的游离氨基反应,生成 1-氨基 3-亚氨基丙烯共价键,从而改变蛋白质的某些功能性质,如降低溶解度或持水量,同时还减少赖氨酸的消化和生物利用率。经丙二醛变性的酪蛋白不易被蛋白酶水解。反应如下:

$$2P-NH_2+\underset{\substack{|\\H}}{\overset{\substack{O\\\|}}{C}}-CH-\underset{\substack{|\\H}}{\overset{\substack{O\\\|}}{C}} \longrightarrow P-NH-CH=CH-CH=N-P+2H_2O$$

蛋白质氨基　　丙二醛　　　　蛋白质-蛋白质交联

5.6.1.7 食品中蛋白质的其他反应

1) 与脂质的反应

脂蛋白是由蛋白质和脂质组成的非共价复合物,广泛存在于活体组织中。它影响食品的物理和功能性质。在多数情况下,脂质成分经溶剂萃取分离,不致影响蛋白质成分的营养价值。脂质氧化产物与蛋白质之间可产成共价键结合,某些食品和饲料的脂质在氧化后,发生蛋白质-脂质的共价相互作用,如冷冻或干制鱼、鱼粉和油料种子。脂质的过氧化与蛋白质的共价结合和脂质诱导的蛋白质聚合反应包括以下两种机理。

(1) 自由基反应。脂质氧化生成的自由基 LO·、LOO· 和蛋白质分子发生反应,形成脂质-蛋白质自由基,即

$$LO·+PH \longrightarrow LOP·$$
$$LOO·+PH \longrightarrow LOOP·$$

此反应系多种脂质自由基引起的包含蛋白质链交联的聚合反应,即

$$·LOOP+O_2 \longrightarrow OOLOOP·$$
$$·OOLOOP+PH \longrightarrow POOLOOP$$

脂质自由基与蛋白质反应,同样可生成蛋白质自由基,即

$$LOO·+PH \longrightarrow LOOH+P·$$
$$LO·+PH \longrightarrow LOH+P·$$

在半胱氨酸残基的 α-碳原子和硫原子上可形成蛋白质自由基,蛋白质链同自由基发生直接聚合反应,即

$$P·+PH \longrightarrow P—P·(二聚物)$$
$$P—P·+PH \longrightarrow P—P—P·(三聚物)$$

(2) 羰氨反应。不饱和脂肪酸氧化生成醛衍生物,经席夫碱反应与蛋白质的氨基酸结合,如丙二醛与蛋白质反应形成共价交联键。

脂质-蛋白质作用是有害的反应,酪蛋白与氧化亚油酸乙酯反应,不仅使几种氨基酸的有效性降低,而且降低其消化率、蛋白质功效比和生理价值。

蛋白质食品中的脂质氧化在其营养价值大量破坏以前,在感官上就已不能被接受。动物饲料如鱼粉并非如此。

2) 与多酚类化合物反应

许多植物中的天然多酚类化合物,如儿茶酚、咖啡酸、棉酚、单宁、花青素、原花色素和黄酮类化合物等,在碱性或接近中性 pH 介质环境中,可被氧分子氧化,也可被植物中常存在的多酚氧化酶氧化成对应的醌。生成的醌类化合物可以聚合成巨大的褐色色素分子,或者与某些氨基酸残基巯基反应。例如,醌类化合物与赖氨酸或半胱氨酸残基发生的缩合反应,或与蛋氨酸、半胱氨酸及色氨酸残基发生的氧化反应,结果引起氨基酸的损失。

在以富含多酚的植物原料如苜蓿叶或向日葵种子制备蛋白质离析物时,多酚的氧化物和蛋白质相互作用可以使有效赖氨酸含量降低。

蛋白质与多酚的相互作用,如原花青素对葡萄糖苷酶或 α-淀粉酶的抑制作用,可通过光谱(如二维红外光谱、STD-NMR、荧光光谱及紫外光谱)、热力学参数变化[微量热滴定、微量热泳动(microscale thermophoresis,MST)]、DSC、疏水和氢键相互作用分析等分析手段,结合

分子模拟和分子对接,研究不同的化合物的结合特征及相关结合常数与构效关系。

3) 与亚硝酸盐反应

亚硝酸盐与二级和三级胺的反应,生成 N-亚硝胺,某些氨基酸如脯氨酸、色氨酸、酪氨酸、半胱氨酸、精氨酸或组氨酸(游离的或蛋白质结合的)构成反应底物。蛋白质食品在烹调或胃酸 pH 条件下,通常容易发生这种反应,已知这类反应所生成的亚硝胺或亚硝酸胺是强致癌物。色氨酸、丝氨酸和脯氨酸可发生如下反应:

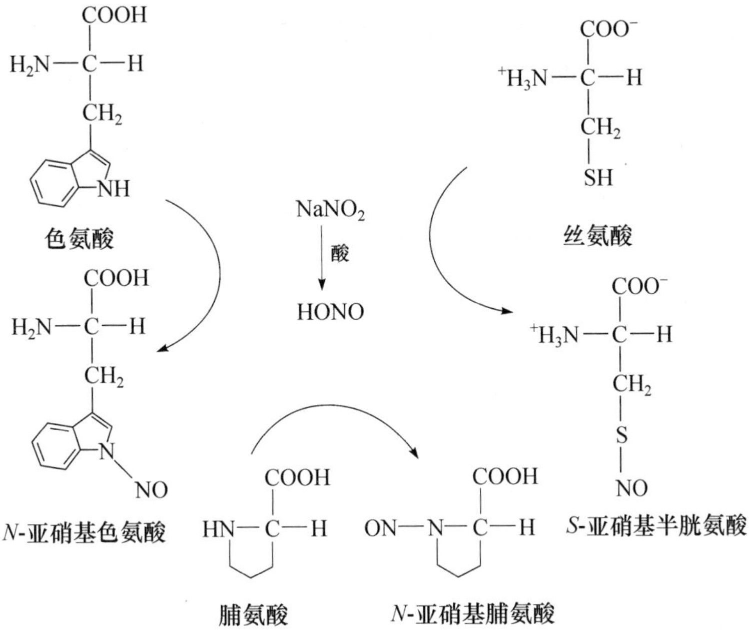

肉类食品中通常存在的极低浓度的亚硝酸盐,不致引起赖氨酸、色氨酸和半胱氨酸的含量或有效性明显降低。

4) 与卤化溶剂反应

三氯乙烯能与蛋白质巯基结合,生成的 S-二氯乙烯-L-半胱氨酸可能是用三氯乙烯溶剂提取大豆粉时产生的有毒因子,可引起牛仔再生障碍性贫血。

脂溶性溶剂,如二氯甲烷、四氯乙烷和氟碳化合物,可能都不与蛋白质起反应。

在弱碱条件下,1,2-二氯乙烷能与鱼蛋白反应,使脱氨酸、组氨酸和蛋氨酸的可利用性降低。蛋白质巯基可被烷基化,在某些情况下是通过能抗蛋白酶的硫醚键与蛋白质链发生交联。

三氯化氮曾用作面粉的成熟剂,但这种化合物与小麦蛋白质的蛋氨酸残基反应,则生成有毒物质甲硫氨酸磺基亚氨(methionine sulfoximine)。

甲基溴又名溴甲烷是谷物熏蒸剂,与谷物蛋白质的赖氨酸残基反应可生成N_ε-甲基化衍生物,可能会降低蛋白质消化率。此外,组氨酸和含硫氨酸残基也能够发生甲基化反应。

5) 与亚硫酸盐反应

亚硫酸根离子还原蛋白质中的二硫键,生成 S-磺酸盐和硫醇,在 pH 为 7 时反应加快。反应如下:

$$P\text{—}S\text{—}S\text{—}P + SO_3^{2-} \rightleftharpoons P\text{—}S\text{—}SO_3^- + P\text{—}S^-$$
$$S\text{-磺酸盐}$$

蛋白质中很多胱氨酸残基不容易受到亚硫酸盐的作用,说明这种氨基酸残基是比较稳定的。S-磺酸盐无论是在强酸或强碱溶液中都不稳定,一般被分解成二硫化物,从而可以推断亚硫酸盐对蛋白质的营养价值并无有害的影响,亚硫酸盐因为能与羰基化合物反应,因此可防止蛋白质发生不利于营养价值的美拉德反应。

5.6.2　蛋白质功能性质的变化

蛋白质作为食品配料,在配制或应用时通常要进行物理或化学处理,这些处理会影响蛋白质的功能性。例如,在提取和纯化时,应尽可能减少蛋白质结构和功能性质的损害。另外,对蛋白质有目的的化学修饰,改进蛋白质原有的性质,或使之产生一些新的性质。食品在加工过程中,应该考虑蛋白质作为掺和配料加工成食品以后所产生的功能性变化。

事实上温和的物理或化学处理方法通常只改变蛋白质构象,而剧烈热处理或使用高活性化学物质不仅改变蛋白质的构象,而且使其一级结构改变。

5.6.2.1　蛋白质二级、三级结构改变所引起的功能性变化

1) 化学处理的影响

(1) 调节蛋白质溶液至等电点 pH 或用盐析法使蛋白质沉淀,是简单而有效的分离、提纯蛋白质的方法。这些方法可以使蛋白质可逆聚集,一般不至于发生完全或不可逆伸展,特别是在低温下进行处理(酪蛋白除外),等电点集聚和沉淀均可导致其四级胶束结构破坏,因为羧基被质子化使得羧基—Ca^{2+}—羧基键变弱或者断裂,释放出磷酸钙并增加酪蛋白分子间的静电吸引力。等电酪蛋白具有抗凝乳酶水解的作用,如同天然胶束酪蛋白可以不受钙离子的影响一样。

(2) 从蛋白质溶液中去除部分水,会使所有非水组分的浓度增大,结果增强了蛋白质-蛋白质、蛋白质-糖类和蛋白质-盐类的相互作用。这类相互作用能明显改变蛋白质的功能性质,特别是在较高温度下除去水分时效果更为明显。用超滤去除牛乳中水分可以得到极易溶解的蛋白质浓缩物。乳清蛋白质浓缩物的超滤程度(或两次过滤,即超滤时向滞留物中添加水)取决于乳糖-蛋白质和盐类-蛋白质的比例。这些同样是影响乳清蛋白质热胶凝性质的因素。

(3) 乳清用阳离子交换树脂处理时,蛋白质的 Ca^{2+}、K^+ 和 Na^+ 等阳离子被除去,生成低盐乳清,用低盐乳清制成的蛋白质浓缩物具有非常好的胶凝作用和起泡性,采用电渗析和浓缩法也可得到同样良好胶凝性和起泡性的产品。

(4) 酸性或碱性 pH 能促使阴离子或阳离子与蛋白质结合,并影响蛋白质的功能性质,特别是溶解度。在中性和碱性 pH 时,Ca^{2+} 的存在使许多蛋白质的溶解度降低(图 5-45);NaCl 在等电点 pH 时增加了蛋白质的溶解度,但在碱性 pH 时溶解度降低。因此,用电渗析、离子交换、反渗透或超滤等方法预先除去阳离子,有利于植物蛋白或酪蛋白的碱性增溶。

(5) 制备蛋白质盐时采用适度的碱性 pH,可使离解的羧基之间产生静电排斥,以促进低聚蛋白质解离,因此,经喷雾干燥的酪蛋白酸钠(或钾)盐或大豆蛋白盐,其溶解度大,并具有良好的吸水性和表面性质。

大豆蛋白质在 pH 为 10～12 碱化,接着用酸中和使蛋白质分子之间完全伸展,再经喷雾干燥后于室温下复水,即可发生胶凝,这种处理看来能明显提高 7S 和 11S 两种大豆球蛋白的乳化容量和对 Ca^{2+} 的沉淀能力。

在适宜 pH 时,多价离子(或聚电解质)可以促使蛋白质分子间形成离子键,在中性或碱性 pH 时,钙离子与蛋白质离解的羧基和磷酸丝氨酰基结合,从而使蛋白质发生交联,蛋白质钙盐加热时,一般难溶解,但可以形成凝胶。而天然酪蛋白酸钙胶束易在水中溶解而且稳定,但经凝乳酶的作用后变成不易溶和不稳定的蛋白质。如果不溶性蛋白质钙盐中添加钙离子配位剂,如柠檬酸盐或聚磷酸盐加碱碱化均能使之增溶,蛋白质发生解离和伸展通常能提高吸水、溶胀和表面性

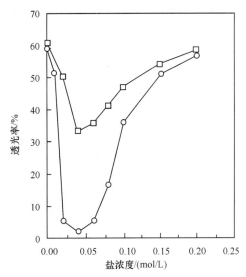

图 5-45 蛋白质功能性-溶解度

乳清蛋白离析物(5%)在 $CaCl_2$(○)和 $MgCl_2$(□)溶液中于室温温育 24 h 后的溶解度与盐浓度的关系

质。加工干酪时,添加 3% 聚磷酸盐,由于增强亚胶束与脂质成分间的疏水相互作用,酪蛋白胶束的体积变小,以保持脂肪乳状液稳定。

咸肉中添加聚磷酸盐可提高持水能力,可能是因为钙离子被配位和蛋白质发生解离,氯化钠通过对肌原纤维蛋白的部分增溶可以提高蛋白质的持水能力,同样也增加了聚磷酸盐的效果。

各种电解质还可用来使多肽链交联和沉淀,因此在微酸性 pH 时,带负电荷的羧甲基纤维素、海藻酸盐、聚丙烯酸或聚磷酸盐都能和带正电荷的蛋白质结合,用这种方法可以从乳清和血浆中沉淀和回收蛋白质。虽然这些聚电解质大部分在后续工序中可以与蛋白质分离,但仍有相当多的一部分聚电解质与蛋白质结合,因此,在这种情况下,聚电解质将使蛋白质的溶解度和功能性质发生改变。

一般用极性大小不同的溶剂可提取(或除去)蛋白质组分中的下述物质:脂质(溶剂己烷);叶绿素和血红素色素(溶剂丙酮);磷脂、水、矿物质和可溶性糖类(溶剂乙醇和异丙醇)。溶剂提取前蛋白质试样需进行干燥,为降低溶剂的残留水平需用蒸汽加热处理。这些提取的处理方法使蛋白质中原来埋藏的疏水区暴露,往往会造成蛋白质不可逆聚集和不溶解(中性或等电点 pH),同时还降低蛋白质的吸水能力。用水和极性溶剂提取时,如乙醇或异丙醇混合物,对蛋白质的损害最小,当溶剂除去后,通常能够恢复蛋白质的溶解性。

溶剂沉淀法可使蛋白质形成凝胶,向 8% 的大豆蛋白质溶液中添加乙醇,当乙醇浓度达到 20% 即形成凝胶,但超过 40% 后,由于蛋白质-蛋白质相互作用比蛋白质-水的相互作用更强,所以蛋白质产生沉淀。

2) 脱水作用

当蛋白质溶液中的水分近乎全部除去时,蛋白质-蛋白质的相互作用引起蛋白质大量聚集,特别是在高温下除去水分,可导致蛋白质溶解度和表面活性急剧降低。干燥通常是

制备蛋白质配料的最后一道工序,所以应该注意干燥处理对蛋白质功能性质的影响。

干燥条件对粉末颗粒的大小以及内部和表面孔率的影响,将会改变蛋白质的可湿润性、吸水性、分散性和溶解度。当水以蒸气的形式迅速从体系中除去时,通常可得到高孔隙度,同时使颗粒的收缩及盐类和糖类向干燥表面的迁移减少到最低程度,在冷冻干燥和喷雾干燥时均会发生这种现象。蛋白质溶液在干燥前所含的气泡和控制干燥蛋白质颗粒的吸附能力都可以用来增大颗粒的表面孔率。

3) 机械处理

充分干燥的蛋白质粉或浓缩物可形成小的颗粒和大的表面积,与未磨细的对应物相比,它提高了吸水性、蛋白质溶解度、脂肪的吸收和起泡性。充分磨细的蛋白质粉末用风力分级法可制备蛋白质含量高的部分,根据密度不同使富含蛋白质和淀粉的颗粒分离。

蛋白质悬浊液或溶液体系在强剪切力的作用下(如牛乳均质)可使蛋白质聚集体(胶束)碎裂成亚单位,这种处理一般可提高蛋白质的乳化能力。向空气-水界面施加剪切力,通常会引起蛋白质变性和聚集,而部分蛋白质变性可以使泡沫变得更稳定。某些蛋白质,如过度搅打鸡蛋蛋白时会发生蛋白质聚集,使形成泡沫的能力和泡沫稳定性降低。

机械力同样对蛋白质的织构化过程起着重要作用,例如,面团受挤压加工时,剪切力能促使蛋白质改变分子的定向排列、二硫键交换和蛋白质网络的形成(见本章5.5、5.6)。

4) 加热处理

加热处理时,蛋白质的结构发生变化(见本章5.4),肽键水解、氨基酸侧链改变和其他分子缩合。这些变化受热处理强度和持续时间、水活度、pH、盐含量、其他活性分子种类和浓度等因素影响。侧链的改变和缩合反应对营养价值不利,因此轻度热处理所引起的结构变化和肽键有限水解,不致影响蛋白质的营养价值,但明显地改变蛋白质的功能性质。

蛋白质的热变性程度(构象改变和聚集,见本章5.4和5.5.5节)主要取决于蛋白质本身的性质和环境条件。哺乳动物胶原蛋白在有大量水存在时,加热温度超过65 ℃即发生伸展、解离和溶解。经过处理的肌原纤维蛋白同样也发生收缩、聚集和保水能力降低(图5-46)。然而,对无规卷曲蛋白质如单体酪蛋白酸盐,即使经过较高温度剧烈加热也几乎没有影响。

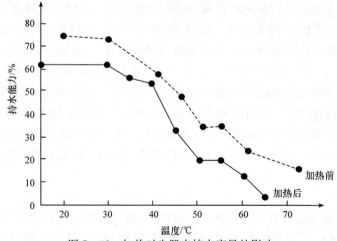

图 5-46　加热对牛肌肉持水容量的影响

可溶性球蛋白的热变性一般导致溶解度降低,但变性温度和程度受多种因素影响,从差示扫描量热法测定结果可以看出,以 7S 和 11S 大豆蛋白的变性对 pH 的函数作图,发现当 pH 偏离等电点 pH 时(图 5 - 47),蛋白质的变性转变温度(出现伸展时的温度)和变性焓(变性时吸收的热量,表示强吸热伸展程度)两者都降低。在上述 pH 范围,球蛋白以部分伸展状态存在,加热还可引起更进一步伸展。在非等电点 pH 条件下,蛋白质间静电排斥力,可以阻止或减少因加热而出现的聚集、不溶解性和胶凝等作用。

在酸性(pH 为 2～4)或微碱性(pH 为 7～8.5)pH 范围内,β-乳球蛋白和乳清蛋白受热伸展(50～80 ℃,10～15 min)可以提高功能性质,即使 pH 恢复至 6 时,与对应的天然蛋白质相比,这些蛋白质仍能大部分溶解,而且增稠、胶凝、起泡和乳化等性质也得到提高。说明发生非聚集的伸展能使最初高度亲水的蛋白质的双级性增强。

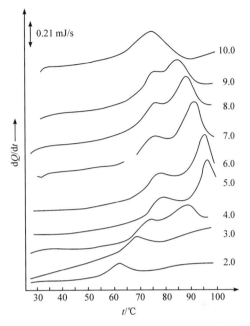

图 5 - 47　10% 大豆蛋白分散在 pH 为 2～10 的蒸馏水中的差示扫描热分析图

灵敏度为 0.21 mJ/s;加热速率为 10 ℃/min

相反地,蛋白质在等电点 pH 下热处理,将会引起大量蛋白质聚集。因此,这种方法可用于从乳清、血或血浆中定量沉淀、分离和提纯蛋白质,所得到的不溶性蛋白质离析物除具有强吸水性外,几乎不具有其他功能性质。

正如前面已经叙述的(见本章 5.5 节),浓缩的蛋白质溶液在略微偏离等电点 pH 时加热,可发生胶凝,延长加热时间某些蛋白质凝胶仍可保持稳定状态,而其他蛋白质则发生变质。

有阳离子特别是 Ca^{2+} 存在时,聚集作用超过伸展作用。絮凝或胶凝温度降低。高于等电点 pH 时,因羧基解离,从而增强了上述这些作用。已知钙离子能使热凝固凝胶的质地变硬,如大豆蛋白凝胶。

蛋白质溶液的含水量明显影响变性温度焓(见本章 5.4 节),图 5 - 48 显示抹香鲸肌红蛋白的含水量与焓的关系,含水量为 30%～50% 时,变性最低温度为 74 ℃;在干燥状态下则急剧上升(122 ℃,含水量 3%)。当含水量低于 30% 时,变性焓(ΔH_d)显著地降低。这些数据可用来控制蛋白质的功能性质。

高含水量蛋白质溶液采用真空浓缩或喷雾干燥,产物在较低温度下脱水,比板式或滚筒干燥法效果更好,产品复水后用差示扫描量热法测定,通常可观察到干燥蛋白质组分的溶解度和变性焓之间呈正相关。

低于冰点温度也会导致蛋白质变性和功能性损伤,例如鱼肌动球蛋白变硬和持水能力变小,牛乳酪蛋白胶束发生沉淀,蛋黄的脂蛋白变黏稠和发生胶凝,有些胶凝能延长冷

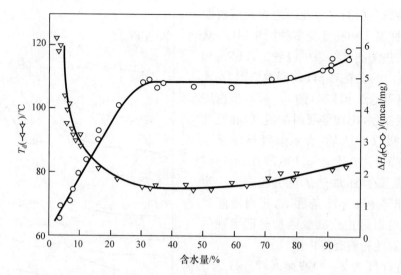

图 5-48　抹香鲸肌红蛋白含水量对变性温度(T_d)和变性焓(ΔH_d)的影响
构象变化用差示扫描量热法测定

冻保藏期并产生脱水收缩,冷冻后进行解冻使蛋白质-水氢键键合减少和蛋白质-蛋白质的相互作用增大。

植物蛋白在 1～3 mol/L 的盐溶液中,于 100 ℃条件下加热 10～15 h,可使肽键有限水解,非蛋白氮含量增加 3 倍,溶解度显著提高,从而使蛋白质配料的表面性质(如面筋蛋白)得到改善,酸水解一般会引起蛋白质侧链的改变,如天冬酰胺和谷氨酰胺残基的脱酰胺反应和磷酸丝氨酸脱磷酸基以及色胺酸残基遭到破坏等。酸水解的更为复杂的反应导致色素和肉风味物衍生物的形成,有些植物蛋白水解物,用碱中和或过滤后可用作增香剂。

蛋白质在碱性介质中加热也可以使肽键有限水解,如在 pH 为 11～12.5 的 NaOH溶液中,于 70～95 ℃加热 20 min 至几小时,这种聚集方法可用于增溶和提取不易溶解的植物蛋白、微生物蛋白或鱼蛋白。牛乳蛋白用碱部分水解能明显提高起泡性,这种方法可用来制备起泡剂,因为它们是具有疏水侧链和极性羧酸钠末端基团的双极性肽。

在碱性介质中强热处理蛋白质,半胱氨酸或胱氨酸发生脱硫,形成营养上不可以利用的赖氨酰基丙氨酸、羊毛硫胺酸和 D-氨基酸残基。

5.6.2.2　蛋白质的化学和酶法修饰

蛋白质结构中含有可以反应的侧链,可以通过化学或酶修饰,改变其结构,使之达到需要的营养性或功能性。

1) 化学修饰

蛋白质在酸性或碱性 pH 条件下加热都可引起氨基酸残基侧链的改变,例如麦谷蛋白在酸性条件下加热,使 30%的天冬酰胺和谷氨酰胺残基脱氨。这种方法能提高蛋白质的溶解度和表面性质,特别是乳化性质。产生这样效果的原因是氢键键合减少和静电排斥力增大,从而引起蛋白质构象发生变化。碱处理可以使某些半胱氨酸残基(或磷酸丝氨酸)转变成脱氢丙氨酸,若蛋白质结合的脱氢丙氨酸被还原成丙氨酸,则蛋白质的疏水性增强。

蛋白质侧链的化学修饰,主要通过酰基化、烷基化、氧化还原、酯化和醚化等反应。一定的侧链可以与几种不同的试剂反应,而一定的试剂又能与不同种类侧链发生反应,结果可以在蛋白质分子中引入相同的侧链基。实际上,一种侧链很少有专一性试剂,除非反应条件特定。例如,烷基化试剂碘乙酰胺在 pH=4 以下能和蛋氨酸硫醚基反应,而硫醇、氨基和咪唑基在上述 pH 范围并不发生反应,因为它们已被质子化。在 $-10\ ℃$ 低温下,过甲酸对硫醚和硫醇基的氧化是专一性的。

对蛋白质进行化学修饰时,某些试剂在加入蛋白质的水溶液之前,最好先用少量有机溶剂溶解,同时,必须选用温和的试剂和反应条件,以保证蛋白质构象和功能性质的变化能够达到预期的要求。此外,一定种类的蛋白质侧链,不一定对一种试剂表现相同的反应性,因为反应性与蛋白质中的邻近氨基酸种类和蛋白质构象有关。有些蛋白质侧链埋藏在蛋白质分子内部,要使这些侧链参与化学反应必须首先设法让多肽链发生伸展。

蛋白质侧链基团的改变,一般导致极性的变化,有时甚至静电荷也发生变化,当这些变化达到一定程度时,蛋白质分子可出现折叠、伸展或与另外的蛋白质分子聚集,而且还能改变蛋白质对水和其他食品成分例如脂质的作用。

利用碘乙酸烷基化(硫醇和其他基团的羧甲基化)、二羧酸内酐酰化(ε-氨基的琥珀酰化、马来酰化和柠檬酰化)或丝氨酸残基磷酸化(用 $POCl_3$)等反应,可以向蛋白质分子中引入可离解羧基。由于这些附加负电荷的存在,蛋白质产生静电排斥、伸展和解离,所以即使在等电点 pH,溶解度和分散性也仍然增大。这种修饰有利于植物或微生物蛋白的提取和与核酸或其他成分的分离,同时还可提高蛋白质对水的吸收能力与热稳定性,增强对钙离子沉淀的敏感性。像鱼蛋白、大豆蛋白、谷蛋白等,通过化学修饰可产生上述效果。鱼蛋白的浓缩物经过琥珀酰化后其胶凝性质得到显著改善,乳化和起泡性变得更好,这主要由蛋白质的溶解度增加,以及双极性构象增加引起的伸展和吸附蛋白质膜之间的静电排斥等原因所致。但经琥珀酰化或羧甲基化的蛋白质的性质变化主要取决于介质的 pH(图 5-49),在酸性 pH 几乎不发生解离。

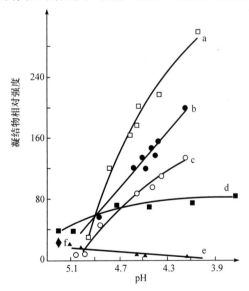

图 5-49　不同 pH 的琥珀酰化对鱼蛋白浓缩物
(FPC)凝结强度的影响

琥珀酰化 FPC(b)+玉米油(a)+Ca^{2+}(c),FPC(高 pH 提取)
(e)+玉米油(d),由凝乳酶制备的脱脂凝乳结构(f),3%蛋白
质溶液制备的凝胶乳强度(Brookfield 凝度计测定)

经过化学修饰后,蛋白质的功能性质受其化学衍生程度的影响。例如,酪蛋白中 ε-氨基的琥珀酰化低于 40% 时,虽然吸水性提高,但乳化能力降低,只有

提高琥珀酰化程度才能提高乳化能力。谷蛋白分子引入磷酸或硫酸基后，其吸水性、胶凝作用和成膜能力均明显提高。图 5-50 表示了粗乳清蛋白和磺酸化乳清蛋白的溶解能力与 pH 的关系。

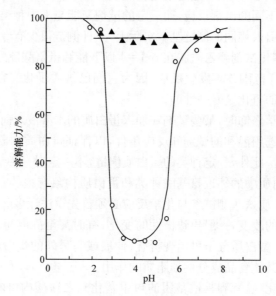

图 5-50　粗乳清蛋白(○)和磺酸化乳清蛋白(▲)的溶解能力与 pH 的关系

高度琥珀酰化将会降低赖氨酸残基的生理有效性。马来酰化和柠檬酰化在 pH 为 2 时是可逆的(如在胃酸中)，因此这两种酰化修饰对蛋白质生物利用率的损害比琥珀酰化修饰小。食品蛋白质的几种化学修饰方法如下：

酰化：酰化试剂与 α-或 ε-氨基、羟基、酚基、咪唑基和巯基反应。

用乙酸酐酰化：

$$P-\ddot{N}H_2 + \quad \xrightarrow{pH=9} \quad P-NH-C-CH_3 + CH_3COO^- + H^+$$

乙酸酐　　　　　　　　　　　　　　　　　　酰胺 (异肽)键

用琥珀酸酐酰化：

$$P-\ddot{N}H_2 + \quad \xrightarrow{pH=9} \quad P-NH-C-CH_2-CH_2-COO^-$$

琥珀酰酐　　　　　　　　　　　酰胺键

用异氰酸酯甲氨酰化：

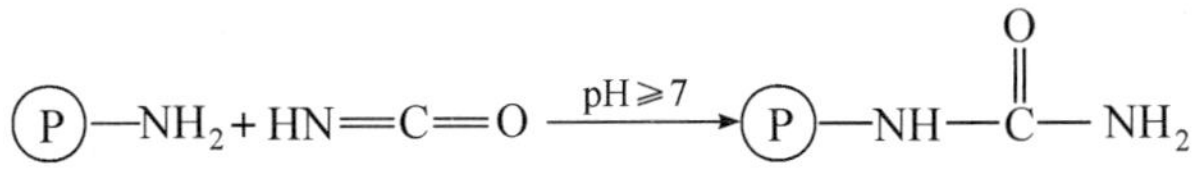

用乙酰亚胺盐胍基化:

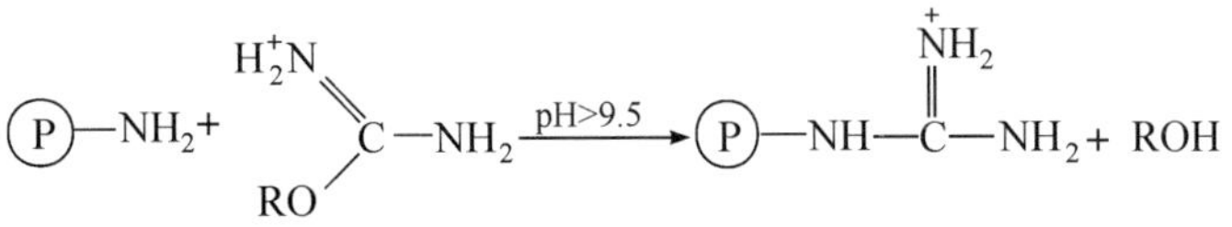

蛋白质羧基和胺之间的酰胺化反应:

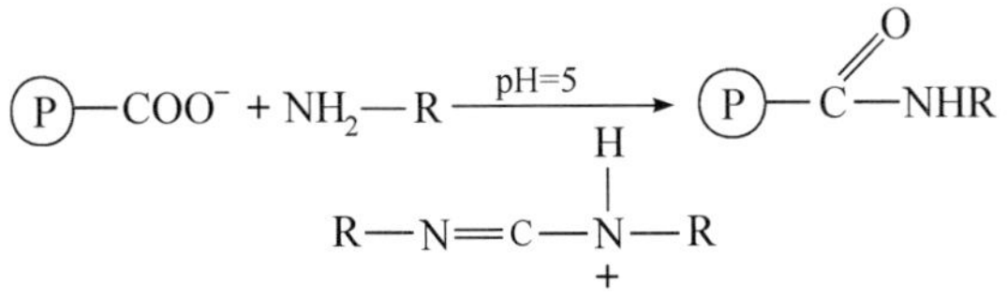

水溶性碳二亚胺(HN:C:NH)

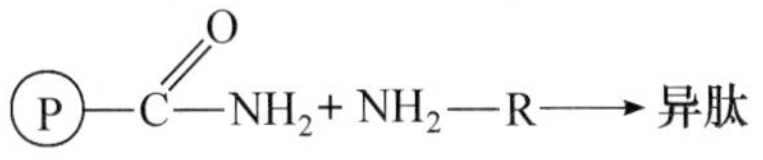

酯化:醇与羧基反应。

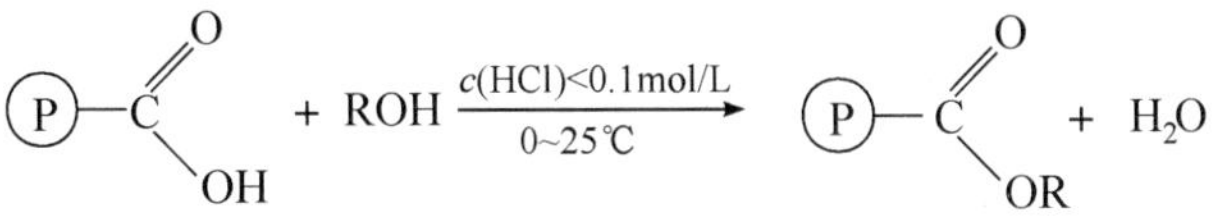

烷基化:用卤代乙酸盐或卤代烷基酰胺试剂对氨基、酚羟基、咪唑基、吲哚基、硫醇基和硫醚基的烷基化。

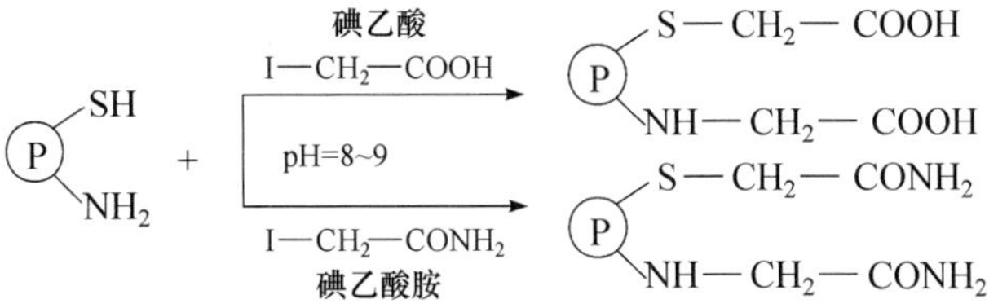

有氢化物给体还原剂存在时,氨基、吲哚基、硫醇基和硫醚基用醛或酮的还原性烷基化。

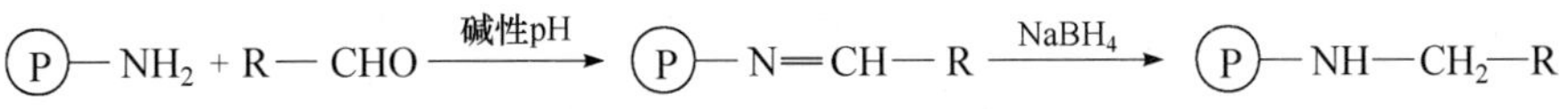

用 N-乙基马来酰亚胺(N-ethylmaleimide,NEM)烷基化,同碘乙酰胺一样,也能封闭巯基,使之由二硫键诱导的蛋白质聚合反应不能发生。

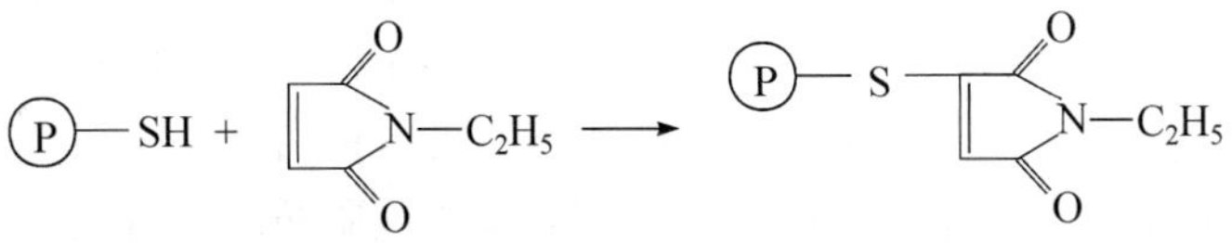

N-乙基马来酰亚胺

磷酸化:三氯氧磷是常用的磷酸化试剂。主要发生在丝氨酸和苏氨酸残基的羟基及赖氨酸残基的氨基。磷酸化作用通常增加蛋白质的电负性。

在某些特定条件下（特别是在高蛋白质浓度时），采用 $POCl_3$ 磷酸化将引起蛋白质聚合，同时增加蛋白质的电负性和将对钙离子的敏感性限制到最低程度。由于 N — P 键对酸不稳定，因此在体内的胃酸条件下，N-磷酸化蛋白质可发生去磷酸化作用，使赖氨酰残基再生，以致不显著地影响赖氨酸的消化率。

亚硫酸分解（sulfitolysis）：亚硫酸分解是在亚硫酸盐和 Cu^{2+}（或其他氧化剂）的氧化还原体系中，蛋白质分子中的二硫键转变为 S-磺酸盐衍生物的反应。其机理如下：

$$P—S—S—P + SO_3^{2-} \xrightarrow{\text{还原}} P—S—SO_3^- + P—SH$$

氧化(Cu^{2+})
O_2

亚硫酸盐添加到蛋白质中引起二硫键断裂，并形成一个 $S—SO_3^-$ 和巯基。这是一个可逆反应，其平衡常数很小。当有氧化剂（如 Cu^{2+}）存在时，释放出的—SH 又被氧化形成分子内或分子间二硫键，随后这些二硫键又重新再次被亚硫酸分解断裂。如此还原-氧化反复循环，直至所有的二硫键和巯基全部转变为 S-磺酸盐衍生物为止。

由于二硫键的断裂和 SO_3^- 的引入，蛋白质的构象发生了改变，并影响到其功能特性。

蛋白质与多羟基化合物共价结合可以增加蛋白质的极性，溶解度和抗热沉淀能力（阻止或减弱热诱导伸展引起的疏水聚集）。在席夫碱还原的条件下，羰基衍生物（如单糖或低聚糖）与 ε-氨基之间的缩合可使多元醇结合。酰化试剂可以是由一种单羧酸分子间脱水形成的酐。经修饰的蛋白质，其疏水程度取决于所用氨基酸或脂肪酸的种类（长或短链烃，预聚合或非预先聚合）和衍生程度。例如，利用酰化反应可以提高牛乳蛋白质的乳化性质，但对大豆蛋白质反而会降低其吸水性。高度疏水性能增强分子内和分子间的疏水相互作用，并促使蛋白质分子折叠、聚集。酰化反应可改善蛋白质的乳化性质，可能是因为蛋白质分子变成了高度双亲性的分子。酪蛋白在醛或酮存在下进行还原性烷基化,每个分子中可引入 16 个甲基、异丙基、环己基或苄基,因而乳化性质得到提高。大豆球蛋白用棕榈酸的 N-羧基琥珀酰亚胺酯化,在每个分子中引入 5～11 个棕榈酸分子可以提高乳化性和起泡性。

　　ε-氨基发生衍生反应后使蛋白质的营养价值遭到损害,首先是蛋白质的消化速率和程度通常会降低。因为蛋白酶(如赖氨酰键的专一酶胰蛋白酶)部分受到抑制;取代的赖氨酸衍生物,不论是从多肽中释放出来或已被人体吸收,通常都是生理上不可利用的,其利用程度取决于各种动物的肾脏或其他组织是否存在高活性酰基转移酶,因此,甲酰 ε-N-赖氨酸和乙酰 ε-N-赖氨酸可部分地用作鼠的赖氨酸来源,倘若赖氨酸残基甲基化低于 50%,在鼠中甲基酪蛋白的蛋白质功效比仍然很高。

　　蛋氨酸或聚蛋氨酸与蛋白质共价连接,所形成的异肽链可被肠道氨肽酶水解,因此,这种结合可用于使蛋白质的氨基酸富集和防止 ε-氨基发生美拉德反应。

　　共价交联键的形成方式是蛋白质的侧链首先转变成反应性很强的基团,后者可迅速参与反应,形成分子内或分子间交联键。因此,蛋白质用碱处理时,通过形成脱氢丙氨酸活性残基,在赖氨酰丙氨酸和羊毛硫氨酸之间形成稳定交联键。

　　双功能试剂,如戊二醛、丙二醛或聚甲醛,均可用于使赖氨酸残基的 ε-氨基发生交联,这种反应通常会使蛋白质的溶解度和可消化性降低。反应如下:

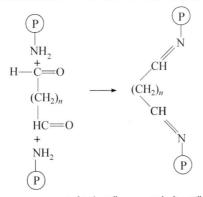

$n=1$ 为丙二醛；$n=3$ 为戊二醛

　　蛋白质交联在其他方面的应用,如制革、疫苗减毒,以及饲料蛋白质交联后减少蛋白质在反刍动物胃中变性等。

　　硫醇基在有空气或有氧化剂(如溴酸盐、氧化酶)存在下温和氧化,可促使二硫键形成。这种反应通常用于焙烤工业中提高面筋蛋白质的黏弹性(二硫交换比二硫化合物的形成更占优势)。添加还原剂(如半胱氨酸)或在强碱条件下,也可使二硫键断裂,这种还原的蛋白质更易溶解,因此,通常更容易提纯,对进一步的化学修饰也更敏感,然而,蛋白质的还原将会导致某些功能(如胶凝)的损伤。

　　显然,蛋白质的化学修饰是提高其功能性的有发展前途的方法,但化学修饰可能会引起营养降低和安全性等问题,因此有待进一步广泛深入的研究。

　　2) 酶法修饰

　　在生物体中存在一系列酶和蛋白质,许多酶对蛋白质的修饰已经了解。在体外可以通过酶的作用改善食品蛋白质的功能性,尽管在这些蛋白质中存在许多可被酶修饰的基团和反应,但是真正用于食品的还是很有限。

(1) 酶催化水解。食品中常用的水解蛋白酶有胃蛋白酶、胰蛋白酶、胰凝乳蛋白酶、木瓜蛋白酶和嗜热菌蛋白酶。如果采用非专一性酶,如木瓜蛋白酶完全水解,可能使原来溶解度低的蛋白质增溶,得到的水解物一般是为含有 2～4 个氨基酸残基的小肽。完全水解的结果会导致蛋白质的胶凝性、起泡性和乳化性等功能性质受到损害。酶水解通常用于对溶解度要求高的液态食品(如汤、酱油等)。有时也用于不易消化的人群。一些专一性水解酶(如胰蛋白酶或胰凝乳蛋白酶)常用于控制部分水解,以改善蛋白质的泡沫和乳化性质,对于某些蛋白质则会引起溶解度瞬时下降,主要由于埋藏的疏水区暴露的结果。

蛋白质水解时释放的一些寡肽已证明具有重要的生理活性,如类鸦片(opioid)活性肽的活性、免疫刺激活性和抑制血管紧张肽转化酶的活性。表 5 - 28 列出了来自人和牛酪蛋白的胃蛋白酶消化物中的生物活性肽的氨基酸序列。然而,这些肽在原来的蛋白质中不具有活性,一旦释放出来才显示其特有的生物活性。这些肽的生理作用包括镇痛、强直性昏厥、镇静、呼吸抑制、降低血压、调节体温和食物摄入、抑制胃液分泌及性行为改善。

表 5 - 28　来自酪蛋白的类鸦片肽

肽序列	名　称	来源和在氨基酸序列中的位置
Tyr-Pro-Phe-Pro-Gly-Pro-Ile	β-casornorphin 7	牛 β-酪蛋白(60—66)
Tyr-Pro-Phe-Pro-Gly	β-casornorphin 5	牛 β-酪蛋白(60—64)
Arg-Tyr-Leu-Gly-Tyr-Leu-Glu	α-casein exorphin	牛 α_{s1}-酪蛋白(90—96)
Tyr-Pro-Phe-Val-Glu-Pro-Ile-Pro		人 β-酪蛋白(51—58)
Tyr-Pro-Phe-Val-Glu-Pro		人 β-酪蛋白(51—56)
Tyr-Pro-Phe-Val-Glu		人 β-酪蛋白(51—55)
Tyr-Pro-Phe-Val		人 β-酪蛋白(51—54)
Tyr-Pro-Phe-Leu-Pro		人 β-酪蛋白(59—63)

大多数蛋白质在水解时释放出苦味肽,因此影响可食性。肽的苦味与其平均疏水性有关,通常根据肽的氨基酸组成计算平均疏水性,用以预测蛋白质水解物产生的苦味,若平均疏水性大于 5.85 kJ/mol,则水解物具有苦味,小于 5.43 kJ/mol,则水解物没有苦味。苦味的强度与氨基酸组成、排列顺序,以及水解时所使用的酶有关。亲水性蛋白质(如明胶)的水解物产生较小的或不产生苦味,而疏水性蛋白质(如酪蛋白和大豆蛋白)的水解物具有较强的苦味。嗜热菌蛋白酶水解蛋白质比胰蛋白酶、胃蛋白酶和胰凝乳蛋白酶的水解物具有较少苦味。

(2) 改制蛋白反应(类蛋白反应)。类蛋白反应(plastein reaction)是指蛋白质经酶部分水解后,再用蛋白酶(通常是木瓜蛋白酶或胰凝乳蛋白酶)使肽键再合成为一种新的多聚肽。类蛋白反应涉及以下步骤,首先用木瓜蛋白酶使低浓度的蛋白质底物部分水解,然后浓缩至水解物的浓度达到 30％～35％固含量并保温,此时酶使肽随机再结合成为一种新的多肽。类蛋白反应也可以采用一步完成,即将 30％～35％的蛋白质溶液(或糊)在 L-半胱氨酸存在下与木瓜蛋白酶一起保温。类蛋白反应得到的产物是一种结构和氨基酸序列不同于初始蛋白质的一种新多肽,于是它们的功能性也发生了改变。如果在反应混合物体系中加入 L-蛋氨酸,能够以共价结合的方式掺入至新形成的多肽中。因此,可以利用类蛋白反应改善蛋氨酸或赖氨酸缺乏的食品。

（3）蛋白质交联反应。转谷氨酰胺酶催化酰基转移,导致共价交联反应。赖氨酰胺残基(酰基接受体)与谷氨酰胺残基(酰基给予体)通过异肽键,在转谷氨酰胺酶的作用下,催化酰基转移并发生共价交联。在食品加工中利用此反应生成新形式的食品蛋白,以改善初始蛋白质的功能性质。在高浓度蛋白质的情况下,转移谷氨酰胺酶催化交联反应,使之室温下形成蛋白质凝胶和蛋白质膜。同时也利用赖氨酸或蛋氨酸与谷氨酰胺残基发生共价交联反应,提高蛋白质的营养质量。反应如下:

$$P_1-(CH_2)_2-\overset{\displaystyle O}{\overset{\|}{C}}-NH_2 + NH_2-(CH_2)_2-P_2 \xrightarrow{\text{转移谷氨酰胺酶}}$$

谷氨酰胺残基　　　　　　　赖氨酰胺残基

$$P_1-(CH_2)_2-\overset{\displaystyle O}{\overset{\|}{C}}-NH-(CH_2)_2-P_2 + NH_3$$

第6章 酶

6.1 概　　述

　　酶(enzyme)是一类具有很强催化活性的蛋白质,存在于一切生物体内,由生物细胞合成,并参与新陈代谢有关的化学反应。所以,在食品中涉及许多酶催化的反应,它们对食品的品质产生需宜或不需宜的影响和变化。例如,水果、蔬菜的成熟,加工和储藏过程中的酶促褐变引起的颜色变化,某些风味物质的形成,水果中淀粉和果胶物质的降解,肉类和奶制品的熟化,以及发酵生产的酒精饮料等。有时为了提高食品品质和产量,在加工或储藏过程中添加外源酶。例如,利用淀粉酶和葡萄糖异构酶以玉米淀粉为原料生产高果糖玉米糖浆,在牛乳中添加乳糖酶以解决人群中乳糖酶缺乏的问题。在食品储藏和热处理过程中,常常根据组织亚细胞结构中酶的分布模式和活性的变化来评价处理效果,如了解牛奶、啤酒和蜂蜜的巴氏灭菌消毒效果,区别新鲜和冷冻的肉与鱼类食品。食品成分的分析中,常利用酶的专一性和敏感性测定食品原料与产品的组成变化,达到控制质量的目的。关于酶的本质和基础理论,在生物化学中已有详细介绍,因此本章着重介绍酶在食品加工和储藏过程中的特点、作用及与此相关的一些基本知识。

6.1.1　酶的化学本质

　　人们对酶的认识起源于生产实践。我国几千年前就开始制作发酵饮料及食品,夏禹时代,酿酒已经出现,周代已能制作饴糖和酱。春秋战国时期已知道用曲治疗消化不良。西方国家19世纪初曾提取出引起某些化学反应的物质,并对酒的发酵过程进行了大量研究。1878年库尼 (W. Kühne)提出了"酶"这个名称,它来自希腊语 enzyme,已知生物体系中的化学反应很少是在没有催化剂的情况下进行的,这些催化剂被称为酶的专一蛋白质。酶的突出特征是它们的催化能力和专一性(specificity),酶加快转化速率至少是100万倍,最高可达 $10^{17} \sim 10^{19}$ 倍(如 OMP 脱羧酶)。酶在被催化的反应上以及选择被称为底物的反应物上,都是高度专一的。

　　千万种蛋白质已被提纯,并已证明它们有酶促活力。20世纪80年代以前一致相信所有的酶都是蛋白质,后来核糖酶(ribozyme)的发现,表明 RNA 分子也可能像蛋白质一样,是有高度催化活性的酶。此外,在有些酶中除蛋白质外还含有另外的一些成分,如糖类、磷酸盐和辅酶基团。实际上生物体内除少数几种酶为核糖核酸分子外,大多数的酶类都是蛋白质。但是,也还必须注意到:蛋白质不是生物催化领域唯一的物质。目前食品工业中应用的酶都是蛋白质,下面章节中提及的酶,也都专指化学本质为蛋白质的酶。

　　酶是球形蛋白质,它同其他蛋白质一样,由氨基酸组成,也具有两性电解质的性质,并具有一、二、三、四级结构。因而也受到环境因素的作用而变化或沉淀,乃至丧失酶活性。

酶的分子质量一般为 8 kDa(约 70 个氨基酸)到 4600 kDa(丙酮酸脱羧酶复合物)。酶中的蛋白质有的是简单蛋白,有的是结合蛋白,后者为酶蛋白与辅助因子结合后形成的复合物。根据酶蛋白分子的特点可将酶分为 3 类:①单体酶,只有一条具有活性部位的多肽链,分子量为 13 000～35 000,如溶菌酶、胰蛋白酶等,属于这一类的酶很少,一般都是催化水解反应的酶;②寡聚酶,由几个甚至几十个亚基组成,这些亚基可以是相同的多肽链,也可以是不同的多肽链,亚基间不是共价键结合,彼此很容易分开,分子量从 35 000 到几百万,如磷酸化酶 a 和 3-磷酸甘油醛脱氢酶等,寡聚酶通常参与宿主机体的代谢过程,亚基的存在允许细胞代谢物、变构行为(亚基的协同)与另外的细胞成分或结构相互作用,从多维角度调节机体代谢;③多酶体系,是由几种酶彼此嵌合形成的复合体,分子量一般都在几百万以上,如脂肪酸合成的脂肪酸合成酶复合体。

一些酶被要求成为辅酶因子的蛋白化合物。酶的辅助因子包括金属(如 Fe、Cu、Zn、Mg、Ca、Na、K 等)离子金属酶及有机化合物(如黄酮、生物素、脂肪酸盐及许多 B 族维生素和烟酸衍生物),它们本身无催化作用,但一般在酶促反应中运输转移电子、原子或某些功能基团,如参与氧化还原或运载酰基的作用。有些蛋白质也具有此种作用,称之为蛋白辅酶。与酶蛋白成松散结合的辅助因子,在大多数情况下,可以通过透析或其他方法将它们从全酶中除去,这种辅助因子称为辅酶(cofactor 或 coenzyme)。但是,也有少数辅助因子是以共价键和酶蛋白牢固结合在一起,不易透析除去,这种辅助因子称为辅基(prosthetic group)。

6.1.2 酶的特征

6.1.2.1 酶的催化作用

酶的显著特征是催化作用和专一性,酶是一种生物催化剂,除具有一般催化剂的性质外,还显示出生物催化剂的特性:酶的催化效率高,以分子比表示,酶催化反应的转化速率比非催化反应高 $10^8 \sim 10^{20}$ 倍,比其他催化反应高 $10^7 \sim 10^{13}$ 倍。以转换数 kcat 表示,大部分酶为 1000,最大的可达几十万,甚至 100 万以上,酶的作用具有高度的专一性,一种酶只能作用于一种或一类底物,比其他一般催化剂更加脆弱,容易失活,凡使蛋白质变性的因素都能使酶破坏而完全失去活性。所以,酶作用的条件一般都比较温和,酶活力的调控在生物体的生命活动中起着重要的作用,酶的催化活力与其辅酶、辅基和金属离子密切相关。

酶的催化反应,如同所有的化学反应一样,都需要服从热力学定律。当考虑放热反应中的催化作用时,反应底物分子 A 生成产物 P 的活化能 ΔE 是相当高的,在大多数情况下,这样的反应不能自发进行,反应物 A 处于亚稳态。在加入合适的催化剂后,A 转化为活化能较低的过渡态,形成中间产物 EA 或 EP(图6-1),最后释放出产物 P 和游离的催化剂。在催化反应过程中,反应速率常数增大几个数量级,但反应平衡常数不变。由

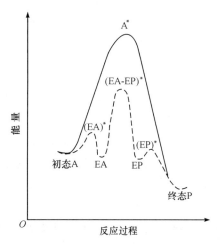

图6-1 在非催化和酶催化过程
吉布斯自由能的变化

A→P;──没有催化剂;----有催化剂 E

于酶的高度催化活性,在体外实验中,仅需要$10^{-8} \sim 10^{-6}$ mol/L 的酶,催化就已经相当显著。但是在活细胞中酶的浓度则高出很多。

表 6-1 列出了催化剂对某些反应的活化能和转化速率的影响。

表 6-1 催化剂对某些反应的活化能和转化速率的影响

反 应	催化剂	活化能/(kJ/mol)	速率常数 k_{rel} (25 ℃)
$H_2O_2 \longrightarrow H_2O + \frac{1}{2}O_2$	无	75	1.0
	I^-	56.5	$\sim 2.1 \times 10^3$
	过氧化氢酶	26.8	$\sim 3.1 \times 10^8$
酪蛋白 + $nH_2O \longrightarrow (n+1)$肽	H^+	86	1.0
	胰蛋白酶	50	$\sim 2.1 \times 10^6$
乙酸丁酯 + $H_2O \longrightarrow$ 丁酸 + 乙醇	H^+	55	1.0
	脂肪酶	17.6	$\sim 4.2 \times 10^6$
蔗糖 + $H_2O \longrightarrow$ 葡萄糖 + 果糖	H^+	107	1.0
	转化酶	46	$\sim 5.6 \times 10^{10}$
亚油酸 + $O_2 \longrightarrow$ 亚油酸氢过氧化物	无	$150 \sim 270$	1.0
	Cu^{2+}	$30 \sim 50$	$\sim 10^2$
	脂肪氧合酶	16.7	$\sim 10^7$

6.1.2.2 酶的专一性

酶除了能显著提高转化速率外,还具有很高的专一性,它只能催化一种或一类化学反应(反应专一性),而且对底物有严格的选择(底物专一性)。另外,变构酶还具有调节专一性的作用。

1) 酶的底物专一性

酶的底物专一性(substrate specificity)即特异性是指酶对它作用的底物有严格的选择性,酶专一性分为两种类型:

(1) 结构专一性。有些酶对底物的要求非常严格,只作用于一个底物,而不作用于任何其他底物,这种专一性称为"绝对专一性"。例如,脲酶只能催化尿素水解,而对尿素的衍生物不起作用。麦芽糖酶只作用于麦芽糖而不作用于其他双糖。

有些酶对底物要求比上述绝对专一性略低一些,它的作用对象不只是一种底物,这种专一性称为"相对专一性"。这些酶对键两端的基团要求程度不同,只对其中一个基团要求严格,而对另一个则要求不严格,这种专一性称为"族专一性"或"基团专一性",这方面有一些差异。对于少部分酶是基团专一性,如水解酶,其中胰蛋白酶只能水解精氨酸或赖氨酸残基的羧基形成的肽键或酯键。此性质常用于蛋白质序列的分析之中。另外一种相对专一性的酶只作用于一定的键,对键两端的基团并无严格要求,称为"键专一性",这类酶对底物的结构要求最低。例如,酯酶催化酯键的水解,而对底物 $R-C\begin{smallmatrix} O \\ \diagdown \\ OR' \end{smallmatrix}$ 中的 R 及 R′基团则没有严格的要求,它既能催化水解甘油酯类、简单脂质,也能催化丙酰、丁酰胆碱或乙酰胆碱等,只是对于不同的脂质,水解速率有所不同。大多数酶(如尿酶)催化反应仅对一种底物起作用或优先催化一种底物。酶的这种专一性评价,只有对纯酶而言才是可靠的,然而在食品中应用的酶多数是由几种酶组成的混合物,同时还含有其他杂质,因此不容易对这些酶的专一性做确切评价。

(2) 立体专一性(stereospecificity)。酶的立体专一性非常明显,对于一些含有手性基团的化合物,存在光学或立体异构体,某些酶能够识别底物的顺、反异构或旋光异构体,也就是只能催化一个对映异构体,而对另外一个对映体则没有作用。因此,可利用酶的这个性质分离手性化合物。酶的立体专一性在食品分析和加工中是非常重要的。

2) 酶反应专一性

酶反应专一性(reaction specificity)是指底物在允许的几个热力学反应中,只有一个反应可以被酶催化。酶的分类和命名是以酶反应的专一性,而不是底物专一性为依据的。

6.1.2.3 酶的催化理论

研究证明任何酶与底物作用时,酶的特殊催化作用只局限于它的大分子的一定区域,也就是酶的活性位点,它们与底物是通过共价或非共价结合发生相互作用。对于不需要辅酶的酶来说,酶的活性中心就是指起催化作用的基团在酶的三级结构中的位置,这些基团在一级结构上可能相差甚远,甚至位于不同的肽链上,但是它们通过肽链的盘绕、折叠而在空间构象上相互靠近。对于需要辅酶的酶来说,辅酶分子或辅酶分子的某一部分结构往往就是活性中心的组成部分。确定酶的活性中心有助于研究酶的专一性。

为了解释酶的催化理论,早期 Fisher 提出了"模板"(template)或"锁和钥匙"学说(lock and key theory),认为底物分子或底物分子的一部分像钥匙,将酶比喻为锁。底物专一地楔入到酶的活性中心部位,也就是说,底物分子进行化学反应的部位与酶分子上有催化效能的基团间有紧密互补的关系(图 6-2)。

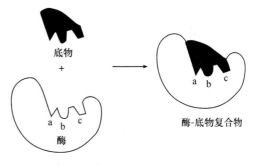

图 6-2 酶专一性的"锁和钥匙"学说

利用 Fisher 的理论还不能解释酶的结构既适合于可逆反应的底物,又适合于可逆反应的产物,而且也不能解释酶的专一性中的所有现象。在催化时,许多酶的构象在与底物结合时发生了变化。Koshland 后来在 1958年提出了"诱导契合"(induced-fit hypothesis),当酶分子与底物接近时,酶蛋白受底物分子的诱导,其构象发生有利于与底物结合的变化,酶与底物在此基础上互补契合,进行反应(图 6-3)。以后 X 射线衍射分析的实验结果支持了这一假说,证明了酶与底物结合时,确有显著的构象变化。

事实上,通过旋光测定,了解到许多酶在它们的催化循环中的确有构象变化,特别是X 射线衍射分析发现未结合的游离羧肽酶与结合了甘氨酰酪氨酸底物的羧肽酶在构象上有很大区别。

酶的催化机理除了上述基本理论外,还有一些特殊的催化机理,如结合能的作用、接近理论、共价催化、亲核催化、亲电催化、酸碱催化、张力效应和底物形变,以及其他的机理。

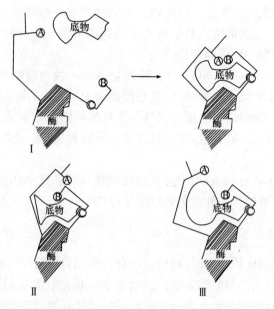

图 6-3　酶与底物专一催化作用的"诱导契合"机理示意图

6.1.3　酶的命名与分类

6.1.3.1　习惯命名法

1961 年以前使用的酶的名称都是沿用习惯命名,比较简单,应用历史较长,但缺乏系统性。有时出现一酶数名或一名数酶的情况。但由于沿用已久,尽管容易混淆,但仍然使用。习惯命名的 4 个原则是:①绝大多数酶依据其底物来命名,如淀粉酶、蛋白酶;②根据其所催化的反应性质来命名,如水解酶、转氨酶、氧化酶;③根据作用底物和反应性质两个原则来命名,如琥珀酸脱氢酶;④在上述基础上加上酶的来源或酶的其他特点进行命名,如胃蛋白酶、胰蛋白酶等。

6.1.3.2　国际系统命名法与分类

1961 年国际生化协会酶学会议上提出了一个新的系统命名与分类的原则,已为国际生化协会所采用。1992 年对此进行了修改。按照国际系统命名法原则,每一种酶有一个系统名称和习惯名称,前者必须明确标准酶的底物及催化反应的性质,每个酶有一个特定的编号。这种系统命名原则及系统编号是相当严格的。

国际系统分类的原则是将所有的酶促反应按反应性质分为 6 大类,分别用 1、2、3、4、5、6 的编号表示,再根据底物中被作用的基团或键的特点将每一大类分为若干个亚类,每一个亚类又按顺序编成 1、2、3、4、…数字,每一个亚类可再分为若干个亚-亚类,仍用 1、2、3、4、…编号。每一种酶都被指定为一个由 4 位数字组成的酶委员会编号(EC number)。例如,黄嘌呤氧化还原酶的系统命名为 EC 1.2.3.2。其中第一个数字指明该酶属于 6 大类中的哪一类;第二个数为酶属的亚类;第三个数字是该酶所属的亚-亚类;第四个数字则表明该酶在一定亚-亚类中的排号。表 6-2 列出了食品中的一些重要酶的系统分类。

表 6-2 食品中的一些重要酶的系统分类

类和亚类	酶	EC 编号
1. 氧化还原酶		
1.1 供体为 CH—OH		
1.1.1 受体为 NAD$^+$ 或 NADP$^+$	乙醇脱氢酶	1.1.1.1
	丁二醇脱氢酶	1.1.1.4
	L-艾杜糖醇-2-脱氢酶	1.1.1.14
	L-乳糖脱氢酶	1.1.1.27
	苹果酸脱氢酶	1.1.1.37
	半乳糖-1-脱氢酶	1.1.1.48
	葡萄糖-6-磷酸-1-脱氢酶	1.1.1.49
1.1.3 受体为氧	葡萄糖氧化酶	1.1.3.4
	黄嘌呤氧化酶	1.1.3.22
1.2 供体为醛基		
1.2.1 受体为 NAD$^+$ 或 NADP$^+$	醛脱氢酶	1.2.1.3
1.8 供体为含硫化物		
1.8.5 受体为醌或醌类化合物	谷胱甘肽脱氢酶(抗坏血酸)	1.8.5.1
1.10 供体为二烯醇或二酚		
1.10.3 受体为氧	抗坏血酸氧化酶	1.10.3.3
1.11 受体为氢过化物	过氧化氢酶	1.11.1.6
	过氧化物酶	1.11.1.7
1.13 作用于单一供体		
1.13.11 与分子氧结合	脂肪氧合酶	1.13.11.12
1.14 作用于一对供体		
1.14.18 与一个氧原子结合	一元酚单加氧酶(多酚氧化酶)	1.14.18.1
2 转移酶		
2.7 转移磷酸		
2.7.1 受体为 OH	己糖激酶	2.7.1.1
	甘油激酶	2.7.1.30
	丙酮酸激酶	2.7.1.40
2.7.3 受体为 N-基	肌酸激酶	2.7.3.2
3 水解酶		
3.1 切断酯键		
3.1.1 羧酸酯水解酶	羧酸酯酶	3.1.1.1
	三酰甘油酯酶	3.1.1.3

类和亚类	酶	EC 编号
3.1.1　羧酸酯水解酶	磷酸酯酶 A_2	3.1.1.4
	乙酰胆碱酯酶	3.1.1.7
	果胶甲酯酶	3.1.1.11
	磷酸酯酶 A_1	3.1.1.32
3.1.3　磷酸单酯水解酶	碱性磷酸酯酶	3.1.3.1
3.1.4　磷酸双酯水解酶	磷脂酶 C	3.1.4.3
	磷脂酶 D	3.1.4.4
3.2　水解 O-糖基化合物		
3.2.1　糖苷酶	α-淀粉酶	3.2.1.1
	β-淀粉酶	3.2.1.2
	葡糖糖化酶	3.2.1.3
	纤维素酶	3.2.1.4
	聚半乳糖醛酸酶	3.2.1.15
	溶菌酶	3.2.1.17
	α-D-糖苷酶(麦芽糖酶)	3.2.1.20
	β-D-糖苷酶	3.2.1.21
	α-D-半乳糖苷酶	3.2.1.22
	β-D-半乳糖苷酶(乳糖酶)	3.2.1.23
	β-呋喃果糖苷酶(转化酶或蔗糖酶)	3.2.1.26
	$1,3$-β-D-木聚糖酶	3.2.1.32
	α-L-鼠李糖苷酶	3.2.1.40
	支链淀粉酶	3.2.1.41
	外切聚半乳糖醛酸酶	3.2.1.67
3.2.3　水解 S-糖基化合物	葡糖硫苷酶(黑芥子硫苷酸酶)	3.2.3.1
3.4　肽酶		
3.4.21　丝氨酸肽键内切酶	微生物丝氨酸肽键内切酶如枯草杆菌蛋白酶	3.4.21.62
3.4.23　天冬氨酸肽键内切酶	凝乳酶	3.4.23.4
3.4.24　金属肽键内切酶	嗜热菌蛋白酶	3.4.24.27
3.5　作用于除肽键外的 C—N 键		
3.5.2　环内酰胺中	肌酸酐酶	3.5.2.10
4　裂解酶		
4.2　C—O—裂解酶		
4.2.2　作用于多糖	果胶酸裂解酶	4.2.2.2
	外切聚半乳糖醛酸裂解酶	4.2.2.9
	果胶裂解酶	4.2.2.10
5　异构酶		
5.3　分子内氧化还原酶		
5.3.1　醛糖和酮糖间的互变	木糖异构酶	5.3.1.5
	葡萄糖-6-磷酸异构酶	5.3.1.9

6.1.4　生物体中的酶

自然界所有的生物体中都含有许多种类的酶,一些特殊的酶仅存在于细胞内的一类细胞器中。细胞核中含有的酶主要涉及核酸的生物合成和水解降解,线粒体中含有与氧化磷酸化和生成 ATP 有关的氧化还原酶。细胞中的许多酶常常在一个连续的反应链中起作用。酶在生物体内是非均匀分布的,特定的器官含有特定的酶,在植物组织中这些酶随着生长、发育,其数量将会发生变化,有的甚至十分显著。

在完整细胞内,许多酶体系具有自我调节的能力,酶的活力一般是通过以下几种方式控制:隔离分布在亚细胞膜内,被细胞器控制;酶结合于膜或细胞壁上;酶作用的底物结合于膜或细胞壁;酶与底物分离。此外,还可通过依靠酶原的生物合成和生理上重要的内源酶抑制剂控制。

一旦组织受损将使酶与底物接近,导致食品在色泽、质地、风味和营养上的改变。因此,热处理、低温保藏和酶抑制剂的使用均有利于稳定产品质量。

食品加工的生物材料中含有数以百计的不同种类的酶,这些酶对于原料的生长、成熟、加工和保藏等均起着重要的作用。表 6-3 列举了一些食品原料中几种酶的相对含量。可见不同的植物中各种酶的含量差异较大。

多酚氧化酶是植物中最受注意的一种酶,在葡萄、洋李、无花果、枣、茶叶和咖啡豆中含量很高,它在这些果实中起着人们期望的作用。另外,多酚氧化酶在桃、苹果、香蕉、荔枝、马铃薯、莲藕和莴苣中的含量也相当高,然而它对这些果实起着不需宜的作用,易引起褐变,造成变质和腐烂,对于新鲜果实的保藏带来极大困难。胡椒中不存在多酚氧化酶。

表 6-3　一些食品原料中几种酶的相对含量

酶	来源	相对含量/%
聚半乳糖醛酸酶	番茄	1.0
	鳄梨	0.065
	欧楂果(medlar)	0.027
	梨	0.016
	菠萝	0.024
	胡萝卜	0
	葡萄	0
脂肪氧合酶	大豆	1.00
	黑绿豆(urd bean)	0.60
	绿豆	0.47
	豌豆	0.35
	小麦	0.02
	花生	0.01
过氧化物酶	青刀豆	1.00
	豆荚	0.72
	菜豆	0.62
	菠菜	0.32
	利马豆	0.15

酶在食品中的活力与其生长环境和成熟度有关,从而给生产质量的稳定性带来诸多不便。幸运的是,酶变性的速率依然遵循一级反应动力学,因此,酶失活到一定程度所需的时间与酶的浓度无关。然而不同起始浓度的酶失活,即使将酶失活到相同的百分数,剩余的绝对酶活仍然是不同的。对于起始浓度高的酶,完全失活则需要较长时间。食品原料中的同工酶往往具有不同的热稳定性。

6.1.5　酶的分离纯化与活力测定

6.1.5.1　酶的分离纯化

食品工业中使用的酶大多数对酶的纯度要求不高,然而在某些特殊的情况下却需要纯酶制剂,如在研究酶的结构、功能、生物学作用和理化性质,对酶进行鉴定,必须采用纯酶,作为生化试剂和药物酶对酶的纯度要求也高。

根据酶在体内作用的部位,可以将酶分为胞外酶和胞内酶两大类。胞外酶易于分离,而胞内酶存在于细胞内,必须破碎细胞才能进行分离。根据酶是蛋白质这一特性,可采用提纯蛋白质的方法进行分离纯化。

酶是生物活性物质,在提纯时必须考虑尽量减少酶活力的损失,全部操作需要在低温下进行。一般在 0～5 ℃范围,当用有机溶剂分级分离时应在 −20～−15 ℃进行。在抽提溶剂中加入 EDTA 可螯合重金属,以防止酶失活;对于含—SH 的酶蛋白,需要加入少量巯基乙醇防止—SH 氧化。干燥常采用真空冷冻干燥,以减少酶活的损失。酶制品一般在 −20 ℃以下低温保存。

6.1.5.2　酶活力的测定

酶活力(enzyme activity)也称酶活性,是指酶催化一定化学反应的能力。酶活力的大小可以用在一定条件下,它所催化的某一化学反应的转化速率来表示,即酶催化的转化速率越快,酶的活力就越高;反之,速率越慢,酶的活力就越低。所以,测定酶的活力就是测定酶促转化速率。酶转化速率可用单位时间内单位体积中底物的减少量或产物的增加量来表示。因此,酶的活力大小是以酶的活力单位为根据而定义的。

1961 年国际酶学会议规定采用国际单位(IU)表示酶活性的大小,1 个酶活力单位,是指在特定条件下,在 1 min 内能催化 1 μmol 底物的量,或是转化底物中 1 μmol 有关基团的酶量;国际系统单位 SI,即 Katal,规定在特定条件下,在 1 s 内催化 1 mol 底物转化的酶量。特定条件:温度选定为 25 ℃,其他条件(如 pH 及底物浓度)均采用最适条件。SI 是 1 个极大的单位,因而通常用 mKatal 或 nKatal 表示,1 Katal ＝ 6000 U,1 U ＝ 16.67 nmol · s^{-1} ＝ 16.67 nKatal。

酶活力单位只能作为相对比较,并不直接表示酶的绝对量,因此实际上还需要测定酶的比活力(specific activity),也就是酶含量的大小,即每毫克酶蛋白所具有的酶活力,一般用(U/mg 蛋白质)表示。有时也用 U/g 或 U/mL 表示。可以作为比较每单位酶蛋白的催化能力。对同一种酶而言,比活力越高,表示酶越纯。

6.2　酶的催化反应动力学

酶催化反应动力学研究酶催化反应的速率,以及影响转化速率的各种因素。食品中的酶仅能通过间接测定它们的催化活性而与其他酶区别,下面分别讨论转化速率与反应物的浓度(主要指酶和底物)、活化剂与抑制剂、pH、温度、反应介质的离子强度、水活度,以及其他环境条件的相关性。

6.2.1 底物浓度的影响

6.2.1.1 米氏学说的意义

早在 20 世纪初就已经观察到了酶被底物饱和的现象,而这种现象在非酶催化反应中则是不存在的。实际上,底物对酶转化速率的影响比较复杂。以转化速率 v 对底物浓度 [S] 作图,由图 6-4 可以看到当底物浓度较低时,转化速率与底物浓度的关系成正比,为一级反应,之后随着底物浓度的增加,转化速率不是成直线增加,这一段反应表现为混合级反应。如果再继续加大底物浓度,曲线表现为零级反应,转化速率趋向一个极限。说明酶已被底物饱和。这可以用 1913 年前后 Michaelis 与 Menten 提出的学说解释。首先考虑单一底物的反应,酶(E)与底物(S)形成复合物 E・S。然后 E・S 释放出产物 P 及游离形式的酶:

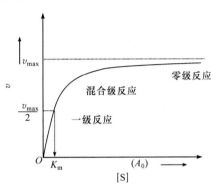

图 6-4　酶转化速率与底物浓度的关系

$$E + S \underset{k_{-1}}{\overset{k_1}{\rightleftharpoons}} E \cdot S \underset{k_{-2}}{\overset{k_2}{\rightleftharpoons}} E + P \quad (6-1)$$

已知在最高活性反应,E・S 的形成速率与 E・S 的分解速率达到平衡前,持续大约 5 ms。

在讨论上述反应时,首先假设:

(1) 底物浓度远大于酶的浓度,即 $[S]_0 \gg [E]_0$,大多数酶促反应的 $[S]_0$ 为 $10^{-4} \sim 10^{-2}$ mol/L,$[E]_0$ 为 $10^{-8} \sim 10^{-6}$ mol/L,因此被酶结合的 S 量,即 $[E \cdot S]$,它与总的底物浓度相比,可以忽略不计。

(2) 产物 P 的浓度接近 0 时,不存在逆反应,即讨论酶转化初始速率。

(3) k_2 控制生成产物 P 这一步的速率,远小于酶-底物配合物释放出底物这一步的转化速率常数 k_{-1}。因此,k_2 为限制整个转化速率的转化速率常数,k_{-2} 接近零。E 和 E・S 基本上处于平衡状态。

一般地,上述假设是符合实际情况的,当达到平衡时式(6-1)可以写为

$$k_1[E][S] = k_{-1}[E \cdot S] \quad (6-2)$$

$$[E] = \frac{k_{-1}[E \cdot S]}{k_1[S]} \quad (6-3)$$

然而,在反应中总的酶浓度 $[E]_t$ 必须等于游离酶的浓度 $[E]$ 和 $[E \cdot S]$ 之和,即 $[E]_t = [E] + [E \cdot S]$。代入式(6-3)可得

$$[E]_t = [E \cdot S]\left(1 + \frac{k_{-1}}{k_1[S]}\right) \quad (6-4)$$

由于 k_2 是限制步骤的转化速率常数,因此整个转化速率 $v = k_2[E \cdot S]$,于是

$$v = \frac{k_2[E]_t}{1 + \dfrac{k_{-1}}{k_1[S]}} = \frac{k_2[E]_t[S]}{[S] + \dfrac{k_{-1}}{k_1}} \quad (6-5)$$

式中:常数 $\dfrac{k_{-1}}{k_1}$ 称为米氏常数(Michaelis constant)或 K_m。

当底物浓度很高时,所有的酶都被底物所饱和,并变成 E·S 复合物,即[E]＝[E·S]时,酶促反应达到最大速率 v_{max},所以

$$v_{max} = k_1[E·S] = k_2[E]_t \tag{6-6}$$

用式(6-5)除以式(6-6),得

$$\frac{v}{v_{max}} = \frac{\dfrac{k_2[E]_t[S]}{[S]+K_m}}{k_2[E]_t}$$

$$v = \frac{v_{max}[S]}{[S]+K_m} \tag{6-7}$$

这就是米氏方程(Michaelis-Meten 方程),它表明了当已知 K_m 和 v_{max} 时,酶转化速率常数与底物浓度之间的定量关系。

利用米氏方程讨论与实验所得到的曲线(图 6-4)之间的关系。当[S]≪K_m 时,式(6-7)可以近似地表示为 $v=\dfrac{v_{max}[S]}{K_m}$,于是 v 与[S]成正比,即与曲线初始阶段的一级反应相符。然而,随着[S]的增加 K_m 与[S]相比可以忽略时,则 $v=v_{max}$。可见,利用米氏方程讨论的结果与实验得到的曲线是一致的。说明米氏方程为单分子酶反应提供了一个很好的模型。

当酶促反应处于 $v=1/2\,v_{max}$ 的特殊情况时

$$\frac{v_{max}}{2} = \frac{v_{max}[S]}{[S]+K_m} \tag{6-8}$$

$$\frac{1}{2} = \frac{[S]}{[S]+K_m}$$

所以

$$[S] = K_m \tag{6-9}$$

由此可知 K_m 的物理意义,即 K_m 值是当酶转化速率达到最大转化速率一半时的底物浓度,它的单位为 mol/L。

米氏常数是酶学研究中的一个极为重要的常数,现进行如下分析:

(1) K_m 是酶的特征常数之一,一般只与酶的性质有关,而与酶浓度无关。

(2) 如果一个酶有几种底物,则每一种底物对应一个特定的 K_m 值,K_m 与 pH 和温度有关。因此,K_m 作为常数是在 pH 和温度一定时,对一定底物而言。

(3) 同一种酶有几种底物时,其中 K_m 最小的底物一般称为该酶的最适底物或天然底物。

$1/K_m$ 可近似地表示酶对底物亲和力的大小,$1/K_m$ 越大,表明酶的亲和力越大,也就是说达到最大转化速率一半所需要的底物浓度就越小。

(4) K_m 不等于 $k_s\left(\text{底物常数},k_s=\dfrac{k_{-1}}{k_1}\right)$,只有在 $k_2≪k_1$、k_{-1} 时,K_m 才可看成是 k_s(这里的 k_{-1} 实际上是 E·S 的解离平衡常数,而不是 E＋S 生成 E·S 的平衡常数)。在某些酶催化反应中,形成 E·S 的平衡迅速建立,E·S 的形成速率大大地超过 E·S 分解为产

物的速率,如胰蛋白酶、转化酶、乳酸脱氢酶、脂酶等。因此,k_1、k_{-1} 远远大于 k_2,在这种情况下 $E \cdot S \xrightarrow{k_2} P$ 是整个反应中最慢的一步,也就是限制转化速率的步骤。于是 $K_m = \dfrac{k_{-1}}{k_1}$,$k_s$ 和 K_m 才有共同含义。

(5) 在没有抑制剂(或仅有非竞争性抑制剂)存在时,$E \cdot S$ 解离速率和 $E \cdot S$ 形成速率的比值符合米氏方程,称为 K_m,而在另外一些情况下(加入竞争性抑制剂和变构酶),K_m 不符合米氏方程,此时的比值称为表观米氏常数 K_m'。

(6) 根据预先要求的转化速率,利用 K_m 和米氏方程可以求出实际应用中需要加入的底物浓度和转化速率。

6.2.1.2　米氏常数的求法

从酶的 v-$[S]$ 图上可以得到 v_{max},再从 $v_{max}/2$ 可求得相应的 $[S]$,即 K_m 值,但实际上不能得到真正的 v_{max},而仅仅是一个近似值,因此也就不可能准确测定 K_m 值。为了得到准确的 K_m 值,Lineweaver 和 Eadic 等对米氏方程进行了修改,使之成为直线方程,然后用图解法求出准确的 K_m 值。

1) Lineweaver-Burk 法(双倒数作图法)

Lineweaver-Burk 法是对米氏方程的两边同时取倒数,即有

$$\frac{1}{v} = \frac{K_m}{v_{max}[S]} + \frac{1}{v_{max}} \tag{6-10}$$

然后以 $\dfrac{1}{v}$ 对 $\dfrac{1}{[S]}$ 作图,得到一条直线,外推至与 x 轴相交,直线在 $-x$ 轴和 y 轴的截距分别为 $\dfrac{1}{K_m}$ 和 $\dfrac{1}{v_{max}}$,直线的斜率为 $\dfrac{K_m}{v_{max}}$,$K_m = -\dfrac{1}{x}$。此法方便且最常用,但实验点过分集中在直线的左端,作图不易十分准确(图 6-5)。

2) Eadic-Hofstee 法

Eadic-Hofstee 法又名 v-$v/[S]$ 法,是将米氏方程改写为

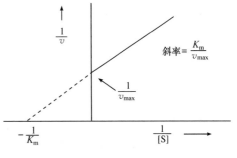

图 6-5　双倒数作图法

$$v = -K_m \frac{v}{[S]} + v_{max}$$

以 v 对 $\dfrac{v}{[S]}$ 作图,得到一条直线,其 y 轴的截距为 v_{max},x 轴截距为 $\dfrac{v_{max}}{K_m}$,斜率为 $-K_m$。

酶的 K_m 值范围很宽,一般为 $10^{-6} \sim 10^{-1}$ mol/L,表 6-4 列出了一些酶的 K_m 值。

表6-4 一些酶的 K_m 值

酶	底　物	K_m/(mol/L)	酶	底　物	K_m/(mol/L)
过氧化氢酶	H_2O_2	2.5×10^{-2}	乳酸脱氢酶	丙酮酸	1.7×10^{-5}
转移酶	蔗糖	2.8×10^{-2}	β-半乳糖苷酶	乳糖	4.0×10^{-3}
	棉籽糖	3.5×10^{-1}	溶菌酶	6-N-乙酰-葡萄糖胺	6.0×10^{-6}
谷氨酸脱氢酶	谷氨酸	1.2×10^{-4}	苏氨酸脱氨酶	苏氨酸	5.0×10^{-3}
	α-酮戊二酸	2.0×10^{-3}			
	NAD 氧化型	2.5×10^{-5}			
	NAD 还原型	1.8×10^{-5}			

6.2.2 pH 对酶转化速率的影响

　　大多数酶的活力都受其环境 pH 的影响,每种酶通常在一个较窄的 pH 范围内具有催化活性,在某一特定 pH 时,酶反应具有最大转化速率,高于或低于此值,转化速率下降,通常称此 pH 为酶的最适 pH,一般为 5.5~8.0, v 对 pH 的关系通常呈钟形曲线[图 6-6(a)],但也有另外的形状[图 6-6(b)]。

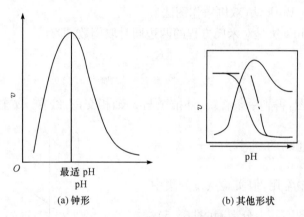

(a) 钟形　　　　　　　　(b) 其他形状

图 6-6　pH 对酶促转化速率的影响

　　pH 对酶活力的影响是一个较复杂的问题,底物和辅助因子都会影响酶的最适 pH。因此酶的最适 pH 有时因底物种类、浓度及缓冲液或成分不同而不同。酶分子中的电荷分布,也就是构成酶分子中活性位点的少数氨基酸的组成及其残基侧链的可离解状态,影响酶的催化活性及酶活性与 pH 的关系。这些氨基酸的作用是:①确定活性位点构象的稳定性;②与底物的结合;③底物的转移。但必须注意,最适 pH 常与酶的等电点不一致,所以酶的最适 pH 并不是一个常数,只是在一定条件下才有意义。一些酶的最适 pH 见表 6-5。

表 6-5　一些酶的最适 pH

酶	最适 pH	酶	最适 pH
酸性磷酸酯酶(前列腺腺体)	5	果胶裂解酶(微生物)	9.0~9.2
碱性磷酸酯酶(牛乳)	10	果胶酯酶(高等植物)	7
α-淀粉酶(人唾液)	7	黄嘌呤氧化酶(牛乳)	8.3
β-淀粉酶(红薯)	5	脂肪酶(胰脏)	7
羧肽酶 A(牛)	7.5	脂肪氧合酶-1(大豆)	9
过氧化氢酶(牛肝)	3~10	脂肪氧合酶-2(大豆)	7
纤维素酶(蜗牛)	5	胃蛋白酶(牛)	2
无花果蛋白酶(无花果)	6.5	胰蛋白酶(牛)	8
木瓜蛋白酶(木瓜)	7~8	凝乳酶(牛)	3.5
β-呋喃果糖苷酶(马铃薯)	4.5	聚半乳糖醛酸酶(番茄)	4
葡萄糖氧化酶	5.6	多酚氧化酶(桃)	6
α-葡糖苷酶(微生物)	6.6		

pH 影响酶催化活力的因素主要有以下三个方面:

(1) 极端 pH(过高或过低)都将影响蛋白质的构象,甚至使酶变性或失活。

(2) 当 pH 改变不很剧烈时,酶虽然不变性,但是活力受到影响。因为催化活性依赖于酶的质子移变基团(prototropic group)在酶的活性位点上产生的静电荷数量,而且底物分子的解离状态(影响程度与底物分子中同酶结合的那些功能基的 pK' 值有关)和酶分子的解离状态均受 pH 的影响。对于一种酶只有一种解离状态,也就是只有最适 pH 能够满足酶的活力中心与底物基团结合,以及催化位点的作用,除此 pH 外,均会降低酶的催化活力。此外,pH 还影响到 E·S 的形成,从而降低酶活性。

(3) pH 影响酶分子中其他基团的解离,因而也影响到酶分子的构象和酶的专一性,同时底物的离子化作用也受 pH 的影响,从而使底物的热力学函数发生变化,结果降低了酶的催化作用。

图 6-7 表明 pH 对几种酶的催化作用的影响,可见酶活力受 pH 的影响很大。因此,酶在提纯和应用中必须保持 pH 恒定,同时应预先确定酶的 pH 稳定范围。

对于非钟形的酶的反应性,同样受 pH 的影响。另外,底物的离子化状态、产物或抑制剂也影响酶的反应性。这些反应性依

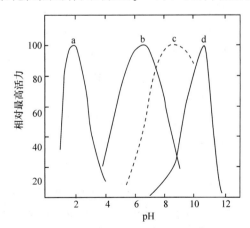

图 6-7　pH 对几种酶的催化作用的影响
a. 胃蛋白酶作用于 N-乙酰-L-苯丙氨酰-L-二碘酪氨酸;
b. 过氧化物酶作用于愈创木酚;c. 胰凝乳蛋白酶作用于酪蛋白;d. 碱性磷酸酯酶作用于对硝基苯磷酸酯

赖于相反作用的特性(酶的结合和配基的转移),以及氨基酸侧链的离解作用。因此,可以通过侧链的离解作用调节底物的选择性。例如,许多蛋白酶对于不同的蛋白质具有不同的最适 pH。

通常是测定酶催化反应的初速率和 pH 的关系来确定酶的最适 pH。然而在食品加工中酶作用的时间相当长,因此除确定酶的最适 pH 外,还应当考虑酶的 pH 稳定性。

6.2.3　温度对酶转化速率的影响

热处理在食品加工和储藏过程中是一个重要的因素。因为温度改变能够引起食品中各种成分的化学或生物化学变化,而且也会引起酶的作用和微生物发生变化。通过冷藏可以延缓或抑制食品中不利变化和反应;热处理可以促进有利的化学反应或酶反应,也可以通过使酶和微生物失活而阻止不利反应的发生。温度对酶转化速率的影响也是很大的,如图 6-8 所示呈钟形曲线,每一种酶都具有一个最适温度,在最适温度的两侧,转化速率都比较低。一般从温血动物组织中提取的酶,最适温度一般在 35~40 ℃,植物酶的最适温度稍高,在 40~50 ℃,从细菌中分离出的某些酶的最适温度可达 70 ℃,目前人们正在研究和寻找提高酶的耐热性的方法,以扩大酶在食品工业中的应用范围。

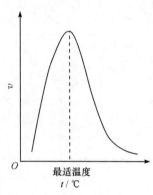

图 6-8　温度与酶转化速率的关系图

温度对酶的转化速率的影响不仅是在 E·S $\xrightarrow{k_2}$ P 这一步,而且还影响酶的稳定性、酶反应中所有的缔合或离解平衡(缓冲溶液的离子化作用、底物、产物和辅助因子的离子化)、酶-底物复合物的缔合或离解、酶的可逆反应(S ⇌ P)、底物(特别是气体)的溶解性、酶的活性部位和酶-底物复合物的质子移变基团的离子化。

温度对酶催化反应的影响通常从酶对热的稳定性、反应活化能 E_a 和酶活性位点上主要的质子移变基团的化学性质这三个方面进行讨论。

温度对酶催化转化速率的影响有双重效应。一方面是当温度升高,转化速率加快,与一般化学反应相同。对于许多酶来说,当温度从 22 ℃升高到 32 ℃时,转化速率可提高 2 倍。另一方面,随着温度升高,酶逐渐变性,从而降低酶的催化转化速率。酶最适反应温度是这两种效应平衡的净结果。大部分酶在 60 ℃以上变性,少数酶能耐受较高的温度,如细菌淀粉酶在 93 ℃时活力最高。

同样,酶的最适温度不是酶的特征物理常数,而是上述影响的综合结果,它不是一个固定值,而与酶作用的时间长短以及酶和底物的浓度、pH、辅助因子等有关。酶在干燥状态比在潮湿状态对温度的耐受力高。

酶的热失活通常遵循一级反应动力学(图 6-9),根据阿伦尼乌斯方程的对数形式 $\left(\ln K=\ln A-\dfrac{E_a}{RT}\right)$,以 $\ln K$ 对 $\dfrac{1}{T}$ 作图,可得到一直线,而且 E_a 极大地依赖于反应温度 T,

同时得到酶的变性速率常数,从而确定酶的热稳定性。酶热变性的活化能随酶的种类而异,一般在 167～418 kJ/mol。于是,当温度升高时,酶变性的速率提高很快。各种酶的热稳定性相差较大,这与酶的结构和本质有关,如牛奶中的脂酶和碱性磷酸酶是不耐热的,而酸性磷酸酶则相对稳定,马铃薯中的酶,以过氧化物酶的热稳定性最好,加热不易使之失活。对于那些能引起食品品质下降的酶,在储藏过程中需进行失活处理,如半熟的梨中脂肪氧合酶是导致其腐烂的酶,一般仅需加入较少量的漂白剂处理,便能使之失活。在食品保藏中,如果储存温度低于玻璃化转变温度 T_g 和 T'_g,则酶的活性完全被抑制。

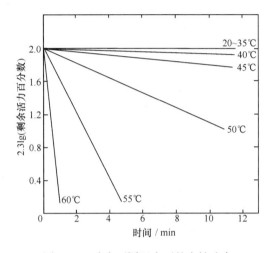

图 6-9　酶在不同温度下的变性速率

酶[E_a＝60 000cal/mol]热失活的一级速率常数 K_1 在温度 40 ℃、45 ℃、50 ℃、55 ℃和 60 ℃

时分别为 0.005min、0.020min、0.090min、0.395min 和 1.80min

在温度低于 0 ℃,特别是在溶液冷冻干燥时,酶的活性并没有完全停止。其活性差异与酶的类型有关(图 6-10)。从图 6-10(曲线 A)可以看出,在温度-19.4～49.6 ℃的范围,转化酶催化蔗糖水解,在冻结点转化速率变化出现了转折。而在温度-60.2～25 ℃的范围,β-半乳糖苷酶催化邻-或对-硝基苯-β-半乳糖苷水解,整个酶活力分别降低 10^5 和 $10^{4.3}$ 倍,但是仍然还具有活性,仅在-3 ℃时直线的斜率发生变化,同时溶液开始冻结。斜率的变化是由于体系发生相变,改变了限制速率的反应步骤,酶因冷冻浓缩缔合为聚合体或者是底物和水之间的氢键键合增加。如果水解是在 50％二甲基亚砜-水溶液中进行,则直线 B 和直线 C 的斜率没有发生改变,因为体系中没有冰出现,所以此时酶催化反应仍服从阿伦尼乌斯方程。因此,食品应尽量避免在稍低于水的冰点温度保藏,减少因冷冻而引起的酶和底物浓缩造成的酶活力增强。此外,冷冻和解冻能破坏组织结构,从而导致酶与底物更接近,图 6-11 看出鳄鱼组织中的磷脂酶在-4 ℃的活力相当于-2.5 ℃的5 倍。

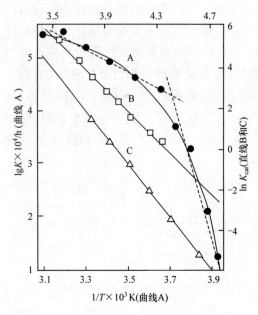

图 6-10　温度(-60.2~49.6 ℃)对酶催化
转化速率的影响

A(●).转化酶催化蔗糖在缓冲溶液中的水解,两
条虚线的交点指出了在溶液的冻结点酶催化转化
速率的变化出现了转折;B(□).β-半乳糖苷酶催化
邻硝基苯-β-半乳糖苷水解,pH 为 6.1,50%二甲
基亚砜-水;C(△).β-半乳糖苷酶催化对硝基苯-β
-半乳糖水解,pH 为 7.6,50%二甲基亚砜-水

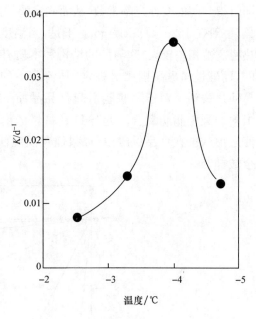

图 6-11　在冰点温度以下鳄鱼肌肉中
磷脂酶催化磷脂水解的速率常数 K

6.2.4　酶浓度对酶转化速率的影响

　　一般认为,在 pH、温度和底物浓度一定时,酶催化转化速率与酶的浓度成正比,当 [S]≫[E]时,足以使酶饱和,在大多数情况下上述关系是正确的(图 6-12)。这里酶必须是纯酶。

　　然而有些例外,即[E]与 v 之间不存在线性关系。例如,底物溶解度受到限制,底物中存在竞争性抑制剂,底物、缓冲剂或水中的不可逆抑制剂(如 Hg^{2+}、Ag^+ 或 Pb^{2+} 等重金属离子),以及溶液中酶主要辅助因子的不溶解等因素,都会造成酶催化反应与米氏方程偏离。

6.2.5　水活度对酶活力的影响

　　酶与蛋白质一样,转化速率受水活度的影响,只有酶的水合作用达到一定程度时才显示出活性(表 6-6)。例如,溶菌酶的水合作用已由红外光谱和核磁共振谱得到证实,当溶菌酶中蛋白质含水量为 0.2g/g 蛋白质时,酶开始显示催化活性,当水合程度达到 0.4g/g 蛋白质时,在整个酶分子的表面形成单分子水层,此时酶的活性提高,当含水量为

0.7g/g 蛋白质时,溶菌酶活性达到极限,这样才能保证底物分子扩散到酶的活性部位。β-淀粉酶在 a_w 为 0.8(~2% 水含量)以上才显示出水解淀粉的活力,当水活度 a_w 为 0.95(~12% 水含量)时,酶的活力提高 15 倍(图 6-13)。从上述例子可以得出如下结论:①食品原料中水分含量低于 1% 才能抑制酶的活力;②采用有机溶剂替代部分水的方法,测定酶促反应所需要的含水量。例如,以能与水混溶的甘油替代水,使混合溶剂中水含量为 75%,此时脂肪氧合酶和过氧化物酶的活力减少,当水分含量减少至 20% 和 10% 时,二者的酶活力降低至

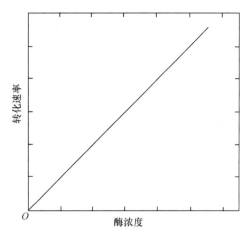

图 6-12　底物浓度、pH、温度和缓冲溶液
一定时酶浓度与转化速率的关系

0(图 6-14),甘油的黏度和特殊效应可能会影响酶的活力;③对于疏水性较强的酶,如脂肪酶可以用与水不混溶的有机溶剂替代水讨论不同水分含量对酶活力的影响。以脂肪酶催化甘油三丁酸酯在各种醇中的酯转移反应为例,将"干"的脂肪酸颗粒(0.48% 水含量),分别悬浮于含水量为 0.3%、0.6%、0.9% 和 1.1%(质量分数)的正丁醇中,其初始转化速率分别为 0.8、3.5、5 和 4μmol 酯转移/(h·100 mg 脂肪酶)。因此,猪胰脂肪酶在 0.9% 水分含量时具有最大的催化酯转移速率。

表 6-6　一些酶的活性对 a_w 的要求

酶	基质/底物	最低 a_w	酶	基质/底物	最低 a_w
淀粉酶	黑麦粉	0.75	淀粉酶	淀粉	0.40~0.76
	面包	0.36	磷脂酶	卵磷脂	0.45
磷脂酶	面条	0.45	脂肪酶	油、三酪脂	0.025
蛋白酶	小麦面粉	0.96	多酚氧化酶	儿茶酚	0.25
植酸酶	谷类	0.90	脂肪氧合酶	亚油酸	0.50~0.70
葡萄糖氧化酶	葡萄糖	0.40			

　　有机溶剂对酶的催化作用主要影响酶的稳定性和可逆反应进行的方向,亲水和疏水性有机溶剂对酶的影响是不相同的。同水不能互溶的有机溶剂,因为溶剂强烈的疏水作用,使酶的专一性发生改变,从催化水解转向催化合成。例如,脂肪酶的"干"的颗粒(水分含量约 1%)悬浮于与水不相溶的有机溶剂中时,酶催化酯基转移的速率提高 6 倍以上,而水解速率则降低 16 倍。此外,脂肪酶在有机溶剂中由于构象的变化还能够形成立体专一性。有的酶在有机溶剂中比在水相更稳定,如核糖核酸酶和溶菌酶,核糖核酸酶在水含量为 6% 时,其热转变温度(T_m)为 124 ℃,在 145 ℃时半衰期为 2.0 h。当增加水分含量时稳定性降低,其稀溶液的 T_m 为 61 ℃,而且酶的半衰期也同时缩短。

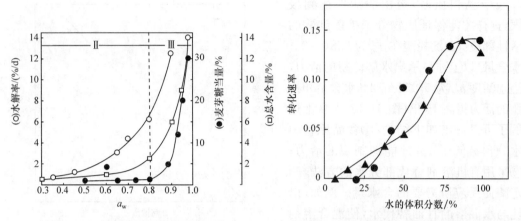

图 6-13　水分活度对酶活力的影响　　　　图 6-14　水中甘油的含量对过氧化物酶(▲)

—○— 磷脂酶催化卵磷脂水解；—●— β-淀粉酶催化淀粉水解　　　和脂肪氧合酶(●)催化转化速率的影响

—□— 蛋白质和糖类[50∶50,质量比]的总水分百分含量

Kang 等指出,酶在水-与水混溶的有机溶剂体系中的热稳定性和催化活性,不同于水-与水不混溶的有机溶剂体系中的情形。例如,蛋白酶催化酪蛋白水解,在 5%乙醇-95%的缓冲液体系或 5%乙腈-95%缓冲液体系中与仅在缓冲溶液中相比较,均能使 K_m 增加和 v_{max} 减少,以及稳定性降低(通过 CD 和 DSC 分析的结果)。这是质子溶剂(如醇和胺)在水解酶反应中的竞争作用所致。

6.2.6　激活剂对酶转化速率的影响

凡是能提高酶活力的物质,都称为激活剂。其中大部分是离子和简单有机化合物,激活剂按分子大小分为三类。

(1) 无机离子(金属离子)。金属离子对酶的作用有两个方面:一方面是作为酶必不可少的辅助因子;另一方面是它能使很多酶的构象稳定,从而作为激活剂起作用,它们不但影响底物与酶的结合,同样也影响路易斯酸形成或作为电子载体参与催化反应的过程。

作为激活剂起作用的金属离子有 K^+、Na^+、Mg^{2+}、Zn^{2+}、Fe^{2+} 和 Cu^{2+} 等,其中 Mg^{2+} 是多种激酶与合成酶的激活剂。例如,对于催化水解磷酸酯键的酶或者是将 ATP 的磷酸酯残基转移到适宜受体的酶,Mg^{2+} 通过亲电路易斯酸的方式作用,使底物或被作用物的磷酸酯基上的 P—O 键极化,以便产生亲核攻击。

激活剂对酶的作用具有一定的选择性,即一种激活剂只能对某些酶起激活作用,而对另一种酶可能有抑制作用,有时离子之间还存在拮抗效应。例如,Na^+ 抑制 K^+ 的激活作用,Mg^{2+} 激活的酶则常为 Ca^{2+} 所抑制,而有的金属离子(如 Zn^{2+} 和 Mn^{2+})可替代 Mg^{2+} 起激活作用。

金属离子浓度对酶的作用有影响,有的激活剂在高浓度时甚至可以从激活剂转为抑制剂。例如,Mg^{2+} 对 $NADP^+$ 合成酶的激活,在浓度为 $(5\sim10)\times10^{-3}$ mol/L 时具有激活作用,但在 3×10^{-2} mol/L 时则酶活力下降;若用 Mn^{2+} 代替 Mg^{2+},则在 1×10^{-3} mol/L

起激活作用,高于此浓度,酶活力下降,也不再有激活作用。

此外,阴离子和氢离子也都具有激活作用,但不明显,如 Cl⁻ 和 Br⁻ 对动物唾液中的 α-淀粉酶仅显示较弱的激活作用。

(2) 中等大小的有机分子。某些还原剂,如半胱氨酸、还原型谷胱甘肽、氰化物等能激活某些酶,使酶中二硫键还原成硫氢基,从而提高酶活力,如木瓜蛋白酶和 D-甘油醛-3-磷酸脱氢酶。

金属螯合剂 EDTA 因能螯合酶中的重金属杂质,从而消除了这些离子对酶的抑制作用。

(3) 具有蛋白质性质的大分子物质。这些物质能起到酶原激活的作用,使原来无活性的酶原转变为有活性的酶。

6.2.7　抑制剂对酶催化转化速率的影响

酶是蛋白质,因此,凡能使蛋白质变性的任何作用都能使酶失活,如剪切力、非常高的压力、辐照或是与有机溶剂混溶。同时也可以通过对酶的主活性中心基团修饰而使酶失活。在食品中,所有这些抑制方法都能有效控制酶活性。这种使酶活力丧失的作用称为失活作用。凡使酶活力下降,但并不引起酶蛋白变性的作用称为抑制作用。所以,抑制作用不同于变性作用。实际上在食品中存在一些非竞争性抑制剂,如酚类化合物和芥子油,它们可以非选择性地抑制较宽的酶谱。此外,食品中因环境污染带来的重金属、杀虫剂和其他的化学物质都可成为酶的抑制剂。

从动力学观察考虑,抑制作用可以分为两类,即可逆抑制作用和不可逆的抑制作用。

6.2.7.1　不可逆抑制作用

在不可逆抑制作用中,抑制剂通常以非常牢固的共价键与酶发生共价结合,形成不解离的 EI 复合物,而使酶分子中的一些重要基团发生持久的不可逆变化,从而导致酶失活,不能用透析、超滤等物理方法除去抑制剂而恢复酶活性。

$$E + I \xrightarrow{k_1} EI \qquad\qquad (6-11)$$

抑制剂对酶的抑制作用依赖于式(6-11)的转化速率常数 k^1、酶的浓度 $[E]$ 和抑制剂的浓度 $[I]$。这样,不可逆抑制作用就成为反应时间的函数。

有时酶的活性位点是与某些化合物结合,生成一中间产物 P,然后该中间产物与酶作用形成共价化合物 EP,从而使酶不可逆失活:

$$E + S \underset{k_{-1}}{\overset{k_1}{\rightleftharpoons}} E \cdot S \xrightarrow{k_2} E-P \xrightarrow{k_3} EP \qquad (6-12)$$
$$k_{-4} \big\Vert k_4$$
$$E + P$$

当式(6-12)中 $k_3 > k_4$ 时酶迅速失活,这里将底物称为抑制剂,或者实际上 S 不是底物。它们在医药上具有很高的价值,食品中控制酶活也是非常有用的。

另外的一类不可逆抑制剂是与酶的氨基酸侧链上的一些基团,例如巯基、氨基、羧基和咪唑基等结合,通常将这类反应称为蛋白质修饰,如—SH 与碘乙酸的反应。

6.2.7.2 可逆的抑制作用

可逆的抑制作用是指抑制剂与酶蛋白的结合是可逆的,可采用透析或胶凝法除去抑制剂,恢复酶的活性。在可逆抑制剂与游离状态的酶之间仅在几毫秒内就能建立一个动态平衡,因此可逆抑制反应非常迅速。可逆的抑制作用也可以采用动力学方法处理。通常将可逆抑制分为竞争性抑制、非竞争性抑制和反竞争性抑制三种类型。异位抑制和其他类型的可逆性抑制将不在本书中阐述。

1) 竞争性抑制

抑制剂与游离酶的活性位点结合,从而阻止底物与酶的结合,所以底物与抑制剂之间存在竞争反应。假设$[I]_0 \gg [E]_0$,这样$[I] \cong [I]_0$。

$$E+S \underset{k_{-1}}{\overset{k_1}{\rightleftharpoons}} E \cdot S \xrightarrow{k_2} E+I$$

$$E+I \underset{k_{-3}}{\overset{k_3}{\rightleftharpoons}} E \cdot I$$

根据单底物反应的稳定态理论,得到一个派生的米氏方程,即

$$v_0' = \frac{v_{\max}[S]_0}{\left(1+\dfrac{[I]_0}{K_i}\right)K_m + [S]_0} \tag{6-13}$$

式中:v_0'为在抑制剂浓度一定时的初始抑制速率;K_i为酶-抑制剂复合物的离解常数或抑制常数,是一个衡量抑制程度的标准(K_i越小,抑制剂与酶的亲和力越强。$K_i = \dfrac{k_{-3}}{k_3}$)。

如果式(6-13)按 Lineweaver-Burk 方程改写,则为

$$\frac{1}{v_0'} = \left(1+\frac{[I_0]}{K_i}\right)\frac{K_m}{v_{\max}[S]_0} + \frac{1}{v_{\max}}$$

抑制剂存在与不存在时的线性关系见图6-15,由图6-15可见,y轴截距无论是存在或不存在竞争性抑制(competitive inhibition)剂,都是相同的,且$v_{\max}$不受影响。当底物浓度很高时,抑制剂可从活性位点驱除,也就是说可以消除抑制作用的影响,而且在有抑制剂存在时的直线斜率$\left(1+\dfrac{[I]_0}{K_i}\right)$大于没有抑制剂的情况,也就是$K_m$变大。在许多情况下,竞争性抑制剂具有与底物相类似的结构,与酶形成可逆的E·I复合物,但E·I不能离解成产物P,因此酶反应速率下降。最典型的例子是丙二酸对琥珀酸脱氢酶的抑制,因为丙二酸是二羧酸化合物,与酶的正常底物琥珀酸结构很相似。

2) 非竞争性抑制

非竞争性抑制(noncompetitive inhibition)剂不与酶的活性位点结合,而是与酶的其他部位相结合。这样抑制剂就可以同等的与游离酶,或与酶-底物反应。因此,以下过程可以同时平行进行:

$$E+S \underset{k_{-1}}{\overset{k_1}{\rightleftharpoons}} E \cdot S \xrightarrow{k_2} E+P$$

$$E+I \underset{k_{-3}}{\overset{k_3}{\rightleftharpoons}} E \cdot I$$

$$E \cdot S+I \underset{k_{-3}}{\overset{k_3}{\rightleftharpoons}} E \cdot S \cdot I$$

$$E \cdot I+S \underset{k_{-3}}{\overset{k_3}{\rightleftharpoons}} E \cdot S \cdot I$$

式中：k_{-1}/k_1 为相对于 E·S 和 E·S·I 的离解常数，K_s；k_{-3}/k_3 为相对于 E·I 和 E·S·I 的离解常数，K_i。

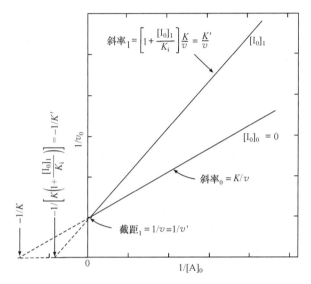

图 6-15　Lineweaver-Burk 方程的竞争性抑制剂对酶催化
反应动力学的影响

$v = v_{\max}$；$[I_0]_1 = K_i$；$[A]_0$ 为初始底物浓度

假设在 E·S·I 和 E·I 状态下，酶没有活性，且离解常数 K_i 和 K_{ESi} 在数字上相同，这样即可以得到简单的线性非竞争性抑制底物反应方程：

$$v_0' = \frac{v_{\max}[S]_0}{\left(1+\dfrac{[I]_0}{K_i}\right)(K_m+[S]_0)}$$

和相应的 Lineweaver-Burk 方程：

$$\frac{1}{v_0'} = \left(1+\frac{[I]_0}{K_i}\right)\left(\frac{K_m}{v_{\max}[S]_0}+\frac{1}{v_{\max}}\right)$$

酶的恒定方程为

$$[E]_0 = [E]+[E \cdot S]+[E \cdot I]+[E \cdot S \cdot I]$$

双倒数直线（图 6-16）表明，在非竞争性抑制存在时，对酶催化反应的 K_m 没有影响，$v_{\max}$ 减小，而简单的非竞争性抑制作用直线的斜率和在 y 轴上的截距，随 $\dfrac{1}{1+[I]_0/K_i}$ 而增加。由此可知，增加底物浓度不能消除抑制剂的影响。这也意味着，非竞争性抑制剂降低了酶的催化反应效果。

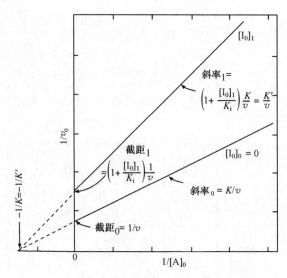

图 6 - 16　简单的非竞争性线性抑制作用图

$v = v_{max}$；$[I_0]_1 = K_i$；$[A]_0$ 为初始底物浓度

　　非竞争性抑制剂一般是具有能结合酶中—SH 基的基团,而这种—SH 基对于酶活性来说也是很重要的,因为它们有助于维持和稳定酶分子的构象。这类试剂是含有 Cu^{2+}、Hg^{2+}、Ag^+ 等金属离子的化合物。此外,EDTA 结合酶中的金属离子引起的抑制,也属于非竞争性抑制。

　　3）反竞争性抑制

　　反竞争性抑制(uncompetitive inhibition)作用不像竞争性抑制和非竞争性抑制反应,抑制剂不能直接与游离酶结合,仅能与酶-底物复合物反应,形成一个或多个中间复合物。反应如下:

$$E + S \underset{k_{-1}}{\overset{k_1}{\rightleftharpoons}} E \cdot S \overset{k_2}{\longrightarrow} E + P$$

$$E \cdot S + I \underset{-k_3}{\overset{k_3}{\rightleftharpoons}} E \cdot S \cdot I$$

式中:E·S·I 不能从底物形成产物 P,根据米氏方程,转化速率为

$$v_0' = \frac{v_{max}[S]_0}{K_m + [S]_0 \left(1 + \dfrac{[I]_0}{K_i} \right)}$$

相对于 Lineweaver-Burk 方程和恒定方程为

$$\frac{1}{v_0'} = \frac{K_m}{v_{max}[S]_0} + \frac{1 + [I]_0 / K_i}{v_{max}}$$

$$[E]_0 = [E] + [E \cdot S] + [E \cdot S \cdot I]$$

由双倒数法作图(图 6 - 17)可知,在反竞争性抑制剂存在时,最大转化速率 v_{max} 和 K_m

均减小,而 $\dfrac{K_{\mathrm{m}}}{v_{\max}}$ 的值不变,所以直线的斜率与没有抑制剂时相等。反竞争性抑制作用,在单底物存在的情况下相当罕见,而以双底物催化反应中发生较多。

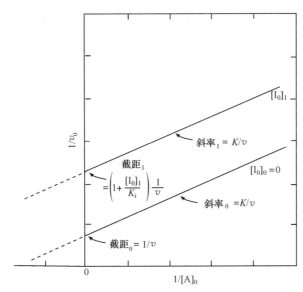

图 6-17　线性反竞争抑制作用图

$v = v_{\max}$;$[I_0]_1 = 2K_i$;$[A]_0$ 为初始底物浓度

无抑制剂和有抑制剂存在的各种情况下,酶催化的最大转化速率 $v_{\max}$ 和 K_{m} 值见表 6-7所示。

表 6-7　有无抑制剂存在时酶催化反应的 $v_{\max}$ 和 K_{m} 值

类　型	公　　式	$v_{\max}$	K_{m}
无抑制剂	$v_0 = \dfrac{v_{\max}[\mathrm{S}]_0}{K_{\mathrm{m}} + [\mathrm{S}]_0}$	$v_{\max}$	K_{m}
竞争性抑制	$v_0' = \dfrac{v_{\max}[\mathrm{S}]_0}{\left(1+\dfrac{[\mathrm{I}]_0}{K_i}\right)K_{\mathrm{m}} + [\mathrm{S}]_0}$	不变	增加
非竞争性抑制	$v_0' = \dfrac{v_{\max}[\mathrm{S}]_0}{\left(1+\dfrac{[\mathrm{I}]_0}{K_i}\right)(K_{\mathrm{m}} + [\mathrm{S}]_0)}$	减小	不变
反竞争性抑制	$v_0' = \dfrac{v_{\max}[\mathrm{S}]_0}{K_{\mathrm{m}} + [\mathrm{S}]_0\left(1+\dfrac{[\mathrm{I}]_0}{K_i}\right)}$	减小	减小

注:在正常情况下非竞争性抑制存在时,K_{m} 为米氏常数;竞争性抑制剂和变构酶存在时,K_{m}' 为表观米氏常数。

6.3 酶在食品中的作用

酶对于食品的质量有着非常重要的作用。实际上,没有酶就没有生命,也就没有食品。食物的生长和成熟过程无不与酶活性相关,甚至有时生长的环境条件也影响包括酶在内的食物的组成成分。Bray 报道了植物在生长和成熟期间,由于水分缺乏会影响到基因的表达。

成熟之后的采收、保藏和加工条件都将显著影响食品变化的速率,从而影响食品的品质。由酶催化的反应,有的是需宜的,有的则是不需宜的。因此,控制这些酶的活力则有利于提高食品的质量和延长货架期。

在食品加工中添加外源酶以改善食品的特性和用于许多产品的生产。早在古代,人们便开始不知不觉地在食品加工过程中采用酶催化反应,这些酶可能是存在于食品中的内源酶,也可能来自微生物。目前,已有几十种酶成功地在食品工业,如葡萄糖、饴糖、果葡糖浆的生产、蛋白质制品加工、果蔬加工、食品保鲜以及改善食品的品质和风味等方面得到应用。在这些酶中大多数用于碳水化合物的水解,其用量占总酶使用量的一半以上,许多糖苷酶都是多结构域的,它们的结构域中有一部分是作为催化单元,另外的一部分有替换功能或结合延伸多糖底物,连在另一种功能结构域上。

6.3.1 内源酶在食品质量中的作用

食品的色泽是众多消费者首先关注的感官指标和是否接受的标准。任何食品,无论是新鲜的还是经过加工的,都具有代表自身特色和本质的色泽,多种原因乃至环境条件的改变,即可导致颜色的变化,其中酶是一个敏感的因素。众所周知,新鲜的瘦肉应该是红色,而不是紫色或褐色。因为红色是肌肉的主要色素,仅来自氧合肌红蛋白。只有当氧合肌红蛋白发生氧化还原反应或其他反应,才能改变肉的颜色,如肌肉中的酶催化竞争氧的反应,使之改变了氧合肌红蛋白的氧化-还原状态和水分含量,从而使肉的颜色由原来的红色转变为脱氧肌红蛋白的紫色和高铁血红蛋白的褐色。莲藕由白色变为粉红色后,其品质下降,这是由于莲藕中的多酚氧化酶和过氧化物酶催化氧化了莲藕中的多酚类物质的结果。

绿色常常作为人们判断许多新鲜蔬菜和水果质量标准的基础,在成熟时,水果的绿色减退而代之以红色、橙色、黄色和黑色。青刀豆和其他一些绿叶蔬菜,随着成熟度增加导致叶绿素含量降低。以上所述的颜色变化都与食品中的内源酶有关,其中最主要的是脂肪氧合酶(lipoxygenase)、叶绿素酶(chlorophyllase)和多酚氧化酶(polyphenol oxidase)。

1) 脂肪氧合酶

脂肪氧合酶(亚油酸酯:氧　氧化还原酶,EC 1.13.11.12)对于食品有 6 个方面的影响,其中有的是需宜的,有的则是不需宜的。两个有益的功能是用于小麦粉和大豆粉的漂白;制作面团时在面筋中形成二硫键。然而,脂肪氧合酶对亚油酸酯的催化氧化则可能产生一些负面影响,破坏叶绿素和胡萝卜素,从而使色素降解而发生褪色;或者产生具有青草味的不良异味;破坏食品中的维生素和蛋白质类化合物;食品中的必需脂肪酸,如亚油酸、亚麻酸和花生四烯酸遭受氧化性破坏。

　　脂肪氧合酶的上述所有反应结果,都是来自酶对不饱和脂肪酸(包括游离的或结合的)的直接氧化作用,形成自由基中间产物,其反应机理如图 6-18 所示。在反应的第 1、2 和 3 步包括活泼氢脱氢形成顺,顺-烷基自由基、双键转移,以及氧化生成反,顺-烷基自由基与烷过氧自由基;第 4 步是形成氢过氧化物。然后,进一步发生非酶反应导致醛类(包括丙二醛)和其他不良异味化合物的生成。自由基和氢过氧化物会引起叶绿素和胡萝卜素等色素的损失、多酚类氧化物的氧化聚合产生色素沉淀,以及维生素和蛋白质的破坏。在蛋白质中对氧化作用敏感的氨基酸残基是半胱氨酸、酪氨酸、组氨酸和色氨酸。抗

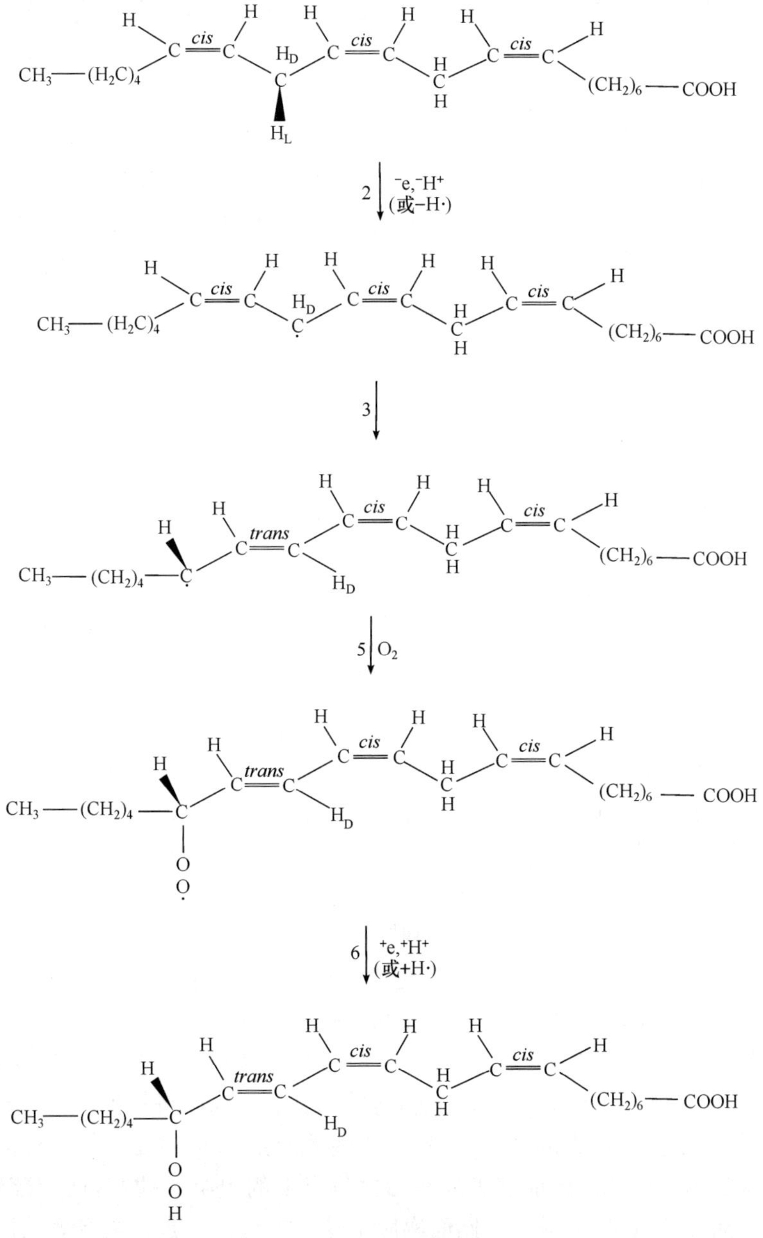

图 6-18　脂肪氧合酶的催化反应机理

氧化剂如维生素 E、没食子酸丙酯、去甲二氢愈创木酸等,能有效阻止自由基和氢过氧化物引起的食品损伤。

2) 叶绿素酶

叶绿素酶(叶绿素 脱植基叶绿素-水解酶,EC 3.1.1.14)存在于植物和含有叶绿素的微生物中,水解叶绿素生成植醇和脱植基叶绿素。尽管将此反应归之于植物绿色的损失,然而还没有足够证据说明,脱植基叶绿素仍然具有绿色,而且也无根据说明脱植基叶绿素脱色(即失去 Mg^{2+})的稳定性低于叶绿素。叶绿素酶在植物体内的作用至今仍然还是不清楚。关于叶绿素酶在植物食品原料保藏期中对于叶绿素的催化水解很少有研究涉足。

3) 多酚氧化酶

多酚氧化酶(1,2-苯二酚:氧 氧化还原酶,EC 1.10.3.1)通常又称为酪氨酸酶(tyrosinase)、多酚酶(polyphenolase)、酚酶(phenolase)、儿茶酚氧化酶(catechol oxidase)、甲酚酶(cresolase)或儿茶酚酶(catecholase),这些名称的使用是由测定酶活力时使用的底物,以及酶在植物中的最高浓度所决定。多酚氧化酶存在于植物、动物和一些微生物(特别是霉菌)中,它催化两类完全不同的反应,即

对甲酚　　　　　　　4-甲基儿茶酚

儿茶酚　　　　　　　邻苯醌

这两类反应一类是羟基化,另一类是氧化反应。前者可以在多酚氧化酶的作用下氧化形成不稳定的邻-苯醌类化合物,然后再进一步通过非酶催化的氧化反应,聚合成为黑色素(melanin),并导致香蕉、苹果、桃、马铃薯、蘑菇、虾发生非需宜的褐变和人的黑斑形成。然而,对茶叶、咖啡、葡萄干和梅干,以及人的皮肤色素形成产生需宜的褐变。当邻苯醌与蛋白质中赖氨酸残基的 ε-氨基反应,可引起蛋白质的营养价值和溶解度下降,同样由于褐变反应也将会造成食品的质地和风味的变化。

据估计,热带水果 50% 以上的损失都是由酶促褐变引起的。同时酶促褐变也是造成新鲜蔬菜(如莴苣)和果汁的颜色变化、营养和口感变劣的主要原因。因此,科学工作者提出了许多控制果蔬加工和储藏过程中酶促褐变的方法,如驱除 O_2 和底物酚类化合物以防止褐变,或者添加抗坏血酸、亚硫酸氢钠和硫醇类化合物等,将初始产物、邻苯醌还原为原来的底物,从而阻止黑色素的生成。另外,这些还原剂都能直接引起酶失活,从而抑制酶促褐变。这是因为抗坏血酸能够破坏酶活性位点上的组氨酸残基,而亚硫酸氢钠和硫醇可以除去酶活性位点中的 Cu^{2+}。然而实际上这些方法都不是行之有效的措施。

4-己基间苯二酚、苯甲酸和其他一些非底物酚类化合物,也可作为多酚氧化酶的有

效竞争性抑制剂,其 K_i 一般为 $1\sim10$ μmol/L。

6.3.2 质地

质地对于食品的质量是一项至关重要的指标,水果和蔬菜的质地主要与复杂的糖类有关,如果胶物质、纤维素、半纤维素、淀粉和木质素。然而,影响各种糖类结构的酶可能是一种或多种,它们对食品的质地起着重要的作用。如水果后熟变甜和变软,是酶催化降解的结果。蛋白酶的作用可使动物和高蛋白植物食品的质地变软。

6.3.2.1 果胶酶

果胶酶(pectic enzyme)有 3 种类型,它们作用于果胶物质都产生需宜的反应。其中果胶甲酯酶(pectin methylesterase)和聚半乳糖醛酸酶(polygalacturonase)存在于高等植物和微生物中,而果胶酸裂解酶(pectate lyase)仅在微生物中发现。

果胶甲酯酶(果胶 果胶基水解酶,EC 3.1.1.11)水解果胶的甲酯键,生成果胶酸和甲醇,即

果胶甲酯酶又称为果胶酯酶(pectin esterase)、果胶酶(pectase)、脱甲氧基果胶酶(pectin demethoxylase)。当有二价金属离子,如 Ca^{2+} 存在时,果胶甲酯酶水解果胶物质生成果胶酸,由于 Ca^{2+} 与果胶酸的羧基发生交联,从而提高了食品的质地强度。

聚半乳糖醛酸酶(聚-α-1,4-半乳糖醛酸苷聚糖-水解酶,EC 3.2.1.15)水解果胶物质分子中脱水半乳糖醛酸单位的 α-1,4-糖苷键。

聚半乳糖醛酸酶有内切和外切酶两种类型存在,外切型是从聚合物的末端糖苷键开

始水解，而内切型是作用于分子内部。由于植物中的果胶甲酯酶能迅速裂解果胶物质为果胶酸，因此关于植物中是否同时存在聚半乳糖醛酸酶（作用于果胶酸）和聚甲基半乳糖醛酸酶（作用于果胶），目前仍然有着不同的观点。聚半乳糖醛酸酶水解果胶酸，将引起某些食品原料物质（如番茄）的质地变软。

果胶酸裂解酶［聚-$(1,4-\alpha-$D-半乳糖醛酸苷)裂解酶，EC 4.2.2.2］在无水条件下能裂解果胶和果胶酸之间的糖苷键，其反应机理遵从 β-消去反应。它们存在于微生物中，而在高等植物中没有发现。反应如下：

$$(6-14)$$

由上述反应式可见，果胶裂解酶裂解糖苷键后生成一个含还原基的产物和另一个含双键的产物，其中前一个产物与聚半乳糖醛酸酶作用于果胶生成含还原基的产物相同，同时二者都能降低食品质地强度，因此不可能用这种方法区别它们。然而，果胶裂解酶因生成的第二个产物含有双键，在 235 nm 波长的摩尔消光系数为 $4.80 \times 10^3/[L/(mol \cdot cm)]$。因此，可以根据反应体系在 235 nm 处的吸光度变化区别果胶裂解酶和聚半乳糖醛酸酶。果胶裂解酶也包括内切酶和外切酶两种类型。同样也可以根据作用底物的专一性将果胶裂解酶分为两种类型，即作用于果胶或果胶酸的果胶裂解酶。

原果胶酶（protopectinase）是第 4 种类型的果胶降解酶，仅存在于少数几种微生物中。原果胶酶水解原果胶生成果胶。然而，植物中原果胶酶的活力是否源于果胶甲酯酶和聚半乳糖醛酸酶两者共同作用的结果，或是真实的原果胶酶的作用，这一问题仍然还不清楚。

6.3.2.2 纤维素酶和戊聚糖酶

众所周知，树和棉花中富含纤维素，而水果、蔬菜中含量却很少。纤维素在细胞结构中起着重要的作用。关于纤维素酶（cellulase）在豆类变软中的作用尚无定论。但是在果蔬汁加工中却常利用纤维素酶改善其品质。关于微生物纤维素酶的研究报道较多，主要在于它能将纤维素转化为可溶性葡萄糖的潜在能力。半纤维素存在于高等植物中，它是木糖、阿拉伯糖或木糖与阿拉伯糖以及少量其他戊糖和己糖聚合而成的聚合物。

戊聚糖酶（pentosanase）存在于微生物和一些高等植物中，能够水解木聚糖、阿拉伯聚糖和木糖与阿拉伯糖的聚合物为小分子化合物。在小麦中存在浓度很低的内切和外切水解戊聚糖酶，然而对它们的特性了解较少。

6.3.2.3 淀粉酶

淀粉酶（amylase）不仅存在于动物中，而且也存在于高等植物和微生物中，能够水解淀粉为小分子化合物。因此,食品在成熟、保藏和加工过程中淀粉被降解也就不足为奇了。淀粉在食品中主要提供黏度和质地,如果在食品的储藏和加工中淀粉被淀粉酶水解,将显著影响食品的品质。淀粉酶包括 α-淀粉酶、β-淀粉酶和葡糖淀粉酶 3 种主要类型,此外还有一些降解酶。淀粉酶家族(包括 13 个糖苷酶家族成员)的特征是在蛋白质中至少有 3 个独特的结构域,一个结构域用于催化,另一个结构域作为淀粉颗粒的结合位点,第三个结构域用于结合钙和连接另外两个结构域。表 6-8 列出了一些淀粉和糖原降解的酶。

表 6-8　一些淀粉和糖原降解的酶

名　称	作用的糖苷键	说　明
内切酶(保持构象不变)		
α-淀粉酶(EC 3.2.1.1)	α-1,4	反应初期产物主要是糊精;终产物是麦芽糖和麦芽三糖
异淀粉酶(EC 3.2.1.68)	α-1,6	产物是线形糊精
异麦芽糖酶(EC 3.2.1.10)	α-1,6	作用于 α-淀粉酶水解支链淀粉的产物
环状麦芽糊精酶(EC 3.2.1.54)	α-1,4	作用于环状或线性糊精,生成麦芽糖和麦芽三糖
支链淀粉酶(EC 3.2.1.41)	α-1,6	作用于支链淀粉、生成麦芽三糖和线形糊精
异支链淀粉酶(EC 3.2.1.57)	α-1,4	作用于支链淀粉生成异潘糖,作用于淀粉生成麦芽糖
新支链淀粉酶(EC 3.2.1.125)	α-1,4	作用于支链淀粉生成异潘糖,作用于淀粉生成麦芽糖
淀粉支链淀粉酶	α-1,4 α-1,6	作用于支链淀粉生成麦芽三糖,作用于淀粉生成聚合度为 2~4 的产物
支链淀粉-6-葡萄糖水解酶(EC 3.2.1.41)	α-1,6	仅作用于支链淀粉,水解 α-1,6-糖苷键
外切酶(非还原端)		
β-淀粉酶(EC 3.2.1.2)	α-1,4	产物为 β-麦芽糖
α-淀粉酶	α-1,4	产物为 α-麦芽糖,对于专一外切 α-淀粉酶的产物是麦芽三糖、麦芽四糖、麦芽五糖和麦芽六糖,并保持构象不变
葡糖糖化酶(EC 3.2.1.3)	α-1,6	产物为 β-葡萄糖
α-葡萄糖苷酶(EC 3.2.1.20)	α-1,4	产物是 α-葡萄糖
转移酶		
环状麦芽糊精葡萄糖转移酶(EC 2.4.1.19)	α-1,4	由淀粉生成含 6~12 个糖基单位的 α-和 β-环状糊精

α-淀粉酶(EC 3.2.1.1)存在于所有的生物体中,是糖苷酶家族的代表成员,能水解淀粉(直链淀粉和支链淀粉)、糖原和环状糊精分子内的 α-1,4-糖苷键,水解物中异头碳的 α-构型保持不变。由于水解是在分子的内部进行,因此 α-淀粉酶对食品的主要影响是降低黏度,同时也影响其稳定性,如布丁、奶油沙司等。唾液和胰 α-淀粉酶对于食品中淀粉的消化吸收是很重要的,一些微生物中含有较高水平的 α-淀粉酶,它们具有较好的耐热性。

β-淀粉酶从淀粉的非还原末端水解 α-1,4-糖苷键,生成 β-麦芽糖。因为 β-淀粉酶是外切酶,只有淀粉中的许多糖苷键被水解,才能观察到黏度降低。它主要存在于高等植物中,它不能水解支链淀粉的 α-1,6-糖苷键,但能够完全水解直链淀粉为 β-麦芽糖。因此,支链淀粉仅能被 β-淀粉酶有限水解。麦芽糖浆聚合度大约为 10,在食品工业中,应用十分广泛,麦芽糖可以迅速被酵母麦芽糖酶裂解为葡萄糖,因此β-淀粉酶和α-淀粉酶在酿造工业中非常重要。β-淀粉酶是一种巯基酶,它能被许多巯基试剂抑制。在麦芽中,β-淀粉酶可以通过二硫键与另外的巯基以共价键连接,因此,淀粉用巯基化合物处理,如半胱氨酸,可以增加麦芽中β-淀粉酶的活性。β-淀粉酶最适 pH 5.0~7.0,不需要 Ga^{2+},最适温度为 45~75 ℃,与来源有关。

葡萄糖淀粉酶又名葡糖糖化酶(EC 3.2.1.3)具有多种异构体,没有辅酶因子,是从淀粉的非还原末端水解 α-1,4-键生成葡萄糖,其中对支链淀粉中的 α-1,6-糖苷键的水解速率比水解直链淀粉的 α-1,4-糖苷键慢 30 倍,糖化酶在食品和酿造工业上有着广泛的用途,如果葡糖浆的生产。

Ⅰ型普鲁兰酶(EC 3.2.1.41)又名普鲁兰 6-葡聚糖水解酶或脱支酶,专门水解普鲁兰糖的 α-1.6-糖苷键,也能够专一地切开支链淀粉分支点中的 α-1.6-糖苷键,切下整个分支结构形成直链淀粉。该酶是由 1150 个氨基酸组成的脂蛋白,分子质量约为 145 kDa,是一种在低 pH 下应用的热稳定脱支酶,与糖化酶一起使用,可用于果葡糖浆和啤酒的生产。Ⅱ型普鲁兰酶(EC 3.2.1.41)具有 α-淀粉酶和普鲁兰酶的活性,可以水解淀粉中的 α-1.4 和 α-1.6-糖苷键。

6.3.2.4　蛋白酶

蛋白酶在食品生产中,不仅用于提高食品的质地和风味,而且也常用于肉制品和乳制品的加工,如利用凝乳酶形成酪蛋白凝胶制造干酪。这些酶可以从动物、植物或微生物中分离得到。当明胶中加入菠萝,由于菠萝中的菠萝蛋白酶的作用使之不能形成凝胶,而凝乳酶能够水解 κ-酪蛋白中的 Phe_{105}-Met_{106} 单个肽键,使牛乳形成凝胶,κ-酪蛋白的专一性水解使酪蛋白胶束失稳,并引起聚集和形成凝乳(农家干酪)。有时也添加微生物酶改善干酪的风味。在焙烤食品加工中,将蛋白酶作用于小麦面团的谷蛋白,不仅可以提高混合特性和需要的能量,而且还能改善面包的质量。蛋白酶另外一个显著的作用是在肉类和鱼类加工中分解结缔组织中的胶原蛋白、水解胶原、促进嫩化。动物屠宰后,肌肉将变得僵硬(肌球蛋白和肌动蛋白相互作用引起伸展的结果),在储存时(7~21d),通过内源酶(Ca^{2+}-激活蛋白酶,或组织蛋白酶)作用于肌球蛋白-肌动蛋白复合体,肌肉将变得多汁。添加外源酶,例如木瓜蛋白酶和无花果蛋白酶,由于它们的选择性较低,主要是水解弹性蛋白和胶原蛋白,从而使之嫩化。组织蛋白酶存在于动物组织细胞的溶菌体内,在酸性 pH 具有活性,当动物宰后其 pH 下降,这些酶释放出来,可能导致肌肉细胞中的肌原纤维及胞外结缔组织分解。

啤酒中的沉淀与蛋白质沉降有关,可以通过加入植物蛋白酶水解消除。特别应该强调的是,利用酶水解蛋白质应该尽量避免产生苦味肽或氨基酸。

6.3.3　风味

对食品中风味和异味有贡献的化合物不计其数,然而评价这些化合物的结合却不是一件容易的事情。鉴定酶在产生食品风味的生物合成途径和形成不需宜风味的历程,同样也是相当困难的,许多风味物质的形成都与多种酶的作用途径有关。食品在加工和储藏过程中酶还可以改变食品的风味或增色,特别是风味酶的发现和应用,使之更能真实地让风味再现、强化和改变。例如,将奶油风味酶作用于含乳脂的巧克力、冰淇淋、人造奶油等食品,可增强这些食品的奶油风味。

食品在加工和储藏过程中,酶的作用可能使原有的风味减弱或失去,甚至产生异味。例如,不恰当的热烫处理或冷冻干燥,由于过氧化物酶、脂肪氧合酶等的作用,会导致青刀豆、玉米、莲藕、冬季花菜和花椰菜等产生明显的不良风味。这些酶在各种植物中的酶活性是有差异的,大豆和马铃薯中的脂肪氧合酶活性相对较高。即使经热处理后的过氧化物酶,当在常温下保存,酶活力仍能部分恢复。过氧化物酶的再生是它又一个重要特征,这一点对于新鲜水果和蔬菜储藏是特别值得注意的。过氧化物酶是一种非常耐热的酶,广泛存在于所有高等植物中,其中对辣根的过氧化物酶研究最为清楚。通常将过氧化物酶作为一种控制食品热处理的温度指示剂,同样也可以根据酶作用产生的异味物质作为衡量酶活力的灵敏方法。过氧化物酶从风味、颜色和营养的观点看似乎也是重要的,如过氧化物酶能导致维生素 C 的氧化降解。当不饱和脂肪酸不存在时,它能催化胡萝卜素和花色素苷失去颜色,过氧化物酶还能促进不饱和脂肪酸的过氧化物降解,产生挥发性的氧化风味化合物。此外,过氧化物酶在催化过氧化物分解的历程中,同时产生了自由基,已经知道,反应中产生的自由基能引起食品许多组分的破坏。因此,关于酶催化氧化风味的形成和其他异味的产生,过氧化物酶与脂肪氧合酶的影响机理仍不十分清楚。但有一点可以肯定,二者对氧化风味均有贡献,有时往往是共同作用的结果。除此之外,未经热烫的冷藏蔬菜所产生的异味,不仅与过氧化物酶和脂肪氧合酶有关,而且还与过氧化氢酶、α-氧化酶(α-oxidase)和十六烷酰-辅酶 A 脱氢酶有关。

Whitaker 和 Pangborn 等研究认为,青刀豆和玉米产生不良风味和异味主要是脂肪氧合酶催化氧化的作用,而冬季花菜却主要是在半胱氨酸裂解酶的作用下形成不良风味。然而,另外的研究表明,尽管过氧化物酶还不是完全决定食品产生异味的酶,但是,它以较高的水平在自然界存在。优良的耐热性能,使其仍能用于判断一种冷冻食品风味稳定性和果蔬热处理是否充分。

柚皮苷是葡萄柚和葡萄柚汁产生苦味的物质,可以利用柚皮苷酶处理葡萄柚汁,破坏柚皮苷从而脱除苦味,也有采用 DNA 技术去除柚皮苷生物合成的途径达到改善葡萄柚和葡萄柚汁口感的目的。

6.3.4 营养质量

酶对食品营养影响的研究相对报道较少。已知脂肪氧合酶氧化不饱和脂肪酸会引起亚油酸、亚麻酸和花生四烯酸这些必需脂肪酸含量降低,同时产生过氧自由基和氧自由基,这些自由基将使食品中的类胡萝卜素(维生素 A 的前体物质)、维生素 E(生育酚)、维生素 C 和叶酸含量减少,破坏蛋白质中的半胱氨酸、酪氨酸、色氨酸和组氨酸残基,或者引起蛋白质交联。一些蔬菜(如西葫芦)中的抗坏血酸能够被抗坏血酸酶破坏。硫胺素酶会破坏氨基酸代谢中必需的辅助因子硫胺素。此外,存在于一些微生物中的核黄素水解酶能降解核黄素。多酚氧化酶不仅引起褐变,使食品产生不需宜的颜色和风味,而且还会降低蛋白质中的赖氨酸含量,造成营养价值损失。

6.4　食品加工中的固定化酶

酶的固定化是 20 世纪 50 年代发展起来的一项技术,人们基于生物体内的酶固定在细胞壁和膜的现象,提出酶的固定化,希望酶能重复使用,同时又能稳定酶、改变酶的专一性、提高酶活力,从而改善酶的各种特性。前面已经提到,食物中的内源酶或添加的外源酶,能够改变食品的色泽、风味、质地和营养,乃至影响加工过程和食品的货架期。因此,食品加工中酶的应用越来越广泛。

所谓固定化酶(immobilized enzyme),是指在一定空间内呈闭锁状态存在的酶,能连续地进行反应,反应后的酶可以回收重复使用。根据 1971 年第一届国际酶工程会议对酶的分类,酶可分为天然和修饰酶,固定化酶属于修饰酶。

在食品加工中固定化酶的使用显得尤为重要。食品是一个相当复杂的物理体系,而不是一个复杂的化学问题。由于酶的高度专一性,只能作用于特定底物,如葡萄糖,因此,葡萄糖氧化酶能从这复杂的混合物中选择性地与葡萄糖反应,生成共价化合物。然而,数以百计的化合物则不发生变化。在固定化酶体系中,特定的排列对于酶与底物结合是必需的,这就可能制备固定化酶和循环使用。固定化酶在食品分析中也有着特别的价值。

酶的固定化,可以通过将酶包裹于聚合基质或连接于载体分子而限制酶的移动;也可以采用酶的交联,通过蛋白质交联或无活性材料的加入,从而产生无数不同材料的固定方法;连接于合成材料载体上;最近还报道了交联酶晶体的方法。

固定化酶依不同用途有颗粒、线条、薄膜和酶管等形状,其中颗粒状占绝大多数。食品工业上固定化酶的使用,能将酶和反应物分开,使产物不含酶,因此不需要加热使酶失活,有助于提高食品的品质,同时也能产生更大的经济效益。

6.4.1　酶的固定化方法

酶固定有多种方法,根据固定化酶的应用目的、应用环境不同,可用于固定化制备的物理、化学手段、材料等多种多样。然而,固定化酶的制备和方法选择,需要遵循下面的基本原则。

(1) 必须注意维持酶的催化活性和专一性。酶蛋白的活性中心是酶的催化反应必需的,酶蛋白的空间构象与酶活力密切相关,因此在酶的固定化过程中应避免酶蛋白的高级结构发生变化,同时要保证酶活性部位不与载体结合。由于蛋白质的高级结构保持稳定是氢键、疏水相互作用和离子键等弱相互作用的结果,因此,固定化时应尽量采取温和的条件,保护好酶蛋白的活性基团。

(2) 固定化的载体必须有一定的机械强度,才能使其在制备过程中不易破坏或受损,而且酶与载体必须牢固地结合,以利于反复使用,同时应尽可能降低生产成本。

(3) 固定化酶应有最小的空间位阻,有利于酶与底物接近,以提高产品质量和增加反应性。

(4) 固定化酶的载体应具有最大的稳定性,在应用过程中不与任何废物、产物或反应液发生化学反应。

酶的固定化方法有多种,按照结合的方法分为三类:非共价结合法(包括结晶法、分散法、物理吸附法和离子结合法)、化学结合法(交联法和共价结合法)与包埋法(微囊法和网络法)。

6.4.1.1　非共价结合法

结晶法,是通过酶结晶实现固定化的,因此,对于晶体来说,载体就是酶蛋白本身,它提供了非常高的酶浓度。对活力较低的酶来说,这一点更具优越性。这种方法是酶在反复使用时,由于酶耗损而使固定化酶浓度降低。

分散法,是将酶分散或悬浮于水不相溶的有机相中,然后通过离心或过滤的方法将酶固定。这种方法可能引起酶活力降低或影响酶的构象与稳定性。Ottolina 等报道了脂肪酶(LPL)在催化乙酰化反应体系中的作用,酶在水体系中有较高的乙酰化活力,而在甲苯中活力较低,脂肪酶在冻干的过程中失去活力,添加聚乙二醇可显著提高活力。

物理吸附法,是将酶吸附在不溶性载体上的一种固定方法。所用的载体一般是多孔玻璃、活性炭、酸性白土、漂白土、高岭土、氧化铅、硅胶、膨润土、羟基磷灰石、磷酸钙、金属氧化物等无机载体,以及淀粉、白蛋白等天然高分子载体。最近,大孔合成树脂、陶瓷、单宁和疏水基载体(丁基-或己基-葡聚糖凝胶)也引起了人们的关注。物理吸附的最大优点是酶活性中心不易被破坏,而且酶的高级结构变化较少,因而酶活损失很小。若能找到适当的载体,这是最理想的方法。但是,酶与载体之间是以弱的相互作用结合,酶易脱落,也易受 pH、浓度和离子强度的影响,使酶从载体上解吸。

离子结合法,是酶通过离子键结合在具有离子交换基的水溶性载体上的固定化方法。常用的阴离子交换剂载体有 DEAE-纤维素,DEAE-葡聚糖凝胶,Amberlite IRA-193、IRA-410、IRA-900;阳离子交换剂载体如 CM-纤维素,Amberlite CG-50、IRC-50、IR-120,Dowex-50 等。离子结合法操作简单、条件温和,酶的高级结构和活性中心不易被破坏,而且酶活回收率较高。但是,酶同载体结合力较弱,容易受离子强度和 pH 的影响。

6.4.1.2　化学结合法

化学结合法是酶通过共价键与载体结合的固定化方法,该法报道较多。一般有两种结合的方式:一是将载体先活化,然后与酶的相关基团发生偶联反应,常选用的载体包括纤维素、葡聚糖、交联葡聚糖、琼脂糖、魔芋葡甘聚糖、胶原、聚丙烯酰胺、尼龙、聚酯、玻璃和陶瓷等;另一种是将载体接上双官能试剂,如戊二醛、1,5-二氟-2,4-二硝基苯,然后将酶偶联上去。可与载体共价结合的酶的官能团有 α-氨基或 ε-氨基,α-、β-或 γ-位的羧基、巯基、羟基、咪唑基、酚基等。参与共价结合的氨基酸残基不应是酶的活化部位。

共价结合因为比较牢固,即使当底物浓度较高或存在盐等原因时,酶也不易脱落。因此,如何选择性地进行反应是酶固定化的关键。由于反应条件比较激烈,常会出现酶蛋白高级结构的变化或破坏部分活性中心,这样酶活回收率较低,一般为 30% 左右,甚至底物的专一性也会发生变化。

6.4.1.3　包埋法

包埋法分为网络型和微囊型两种,前者是将酶包埋在高分子凝胶网络中,后者是将酶包埋在高分子的半透膜中。包埋法一般不需要与酶蛋白的氨基酸残基进行结合反应,很少改变酶的高级结构,酶活回收率较高。但是在包埋时发生的化学聚合反应,使酶容易失活。因为只有小分子才能在高分子凝胶网络的微孔中扩散,并且这种扩散阻力会导致固定化酶的动力学行为改变,从而降低酶的活力。因此,包埋法只能适合作用于小分子的底物和小分子产物的酶,对那些作用于大的底物和产物的酶则是不适宜的。

通常采用的载体材料有聚丙烯酰胺、聚乙烯醇、光敏树脂、淀粉、高纯度魔芋葡甘露聚糖、明胶、胶原、海藻酸和鹿角藻胶等。载体上结合的酶一般为载体质量的 0.1%～10%,酶活力为 0.1～500U/mg。微囊型固定化酶通常是直径为几微米到几百微米的球状体。颗粒比网络型小得多,有利于底物和产物扩散,但是制备成本较高,反应条件要求也较严格。

6.4.2　固定化酶的性质

酶固定化实际上是酶的一种修饰,因此,酶本身的结构必然随着固定化的不同而受到不同程度的影响和变化,同时,酶固定化后,其催化作用由均相转变为异相。再者,酶、底物和载体可能带有电荷,因此产生静电相互作用,上述原因带来的扩散限制效应、空间效应、电荷效应及载体性质造成的分配效应等因素都必然会对酶的性质产生影响。

6.4.2.1　固定化后酶活力和稳定性的变化

固定化酶的活力在大多数情况下比天然酶小,其专一性也可能发生变化。例如,胰蛋白酶用羧甲基纤维素载体固定后,对酪蛋白的活力降低 30%。这主要是由于在固定化过程中酶的空间构象发生变化或因空间位阻及内扩散阻力受阻,直接影响到活性中心和底物的定位,以及酶在包埋后,使大分子底物不能透过膜与底物接触。然而,也有极少数情况,酶与载体交联后因酶在偶联过程中得到化学修饰或酶稳定性提高而使酶活力增加。

大多数情况下酶固定化后其稳定性都有不同程度增加,这是十分有利的。Merlose曾对 50 种固定化酶的稳定性进行了研究,发现其中有 30 种酶固定化后稳定性提高,只有 8 种酶的稳定性降低。固定化酶的稳定性提高主要表现在耐热性增强,以及对有机试剂和酶抑制剂耐受性的提高。酶固定化后也可能使最适反应 pH 的范围改变,这是由于酶在固定化时与载体多点连接,从而防止了酶蛋白分子的伸展,而且减少了与其他分子反应的基团。此外,酶固定化后其活力可缓慢释放,因此使酶的稳定性比天然状态高。

6.4.2.2　固定化酶最适条件的变化

酶固定化后由于热稳定性提高,因而最适反应温度发生变化,一般比固定以前提高,但也有少数报道例外。

酶的催化能力对环境 pH 非常敏感。固定化酶对底物作用的最适 pH 变化可达 1～2个 pH 单位,而且酶活力- pH 曲线也会发生一定的偏移,一般两者的曲线关系已不再是钟形曲线。这主要是微环境表面电荷带来的影响所致。通常,带负电荷的载体,其最适pH 较游离酶偏高。这是由于载体的聚阴离子效应,使固定化酶扩散层的 H^+ 浓度比周围外部溶液高,这样外部溶液的 pH 只有向碱性偏移,才能抵消微环境作用;反之,使用带正电荷的载体其最适 pH 向酸性偏移。

6.4.2.3 固定化酶对米氏常数的影响

固定化酶的表观米氏常数 K'_m 随载体的带电性能而变化。当酶结合于电中性载体时,由于扩散限制造成 K'_m 上升。然而对带电载体,由于载体和底物之间的静电相互作用,将引起底物分子在扩散层和整个溶液之间的不均匀分布,产生电荷梯度效应,结果造成与载体电荷相反的底物,在固定化酶微环境中的浓度高于整体溶液。因此,固定化酶即使在溶液的底物浓度较低时,也可达到最大转化速率,即固定化酶的表观米氏常数 K'_m 低于溶液的 K_m 值。当载体与底物电荷相同时,就会造成固定化酶的表观米氏常数 K'_m 值显著增加,这是根据 Hornby 等提出的固定化酶催化反应扩散动力学方程得到的。采用流动柱状反应器时固定化酶的转化速率和表观米氏常数分别为

$$v = \frac{v_{max}[S]}{K'_m + [S]}$$

$$K'_m = \left(K_m + \frac{x v_{max}}{D}\right)\frac{RT}{RT - xzFV}$$

式中:x 为能斯特边界层厚度;D 为底物扩散系数;z 为底物的价数;F 为法拉第常量;V 为酶载体附近的电位梯度。

$\left(K_m + \frac{x v_{max}}{D}\right)$ 项称为扩散项。严格地说,其中 K_m 和 v_{max} 不是扩散系数,而只有 x 和 D 才是与扩散有关的参数。由扩散项可知,K'_m 随 x/D 减小而降低,当 x/D 的极限值趋于零时,K'_m 接近 K_m,通常采用小的载体和提高流动速率(或搅拌速率)可使扩散层厚度 x 减小。其中 D 与反应体系组成有关。$\frac{RT}{RT - xzFV}$ 为静电项。如果 z 与 V 具有相同符号,即底物和载体带有相同电荷,则静电项大于 1,K'_m 增大;如果 z 与 V 符号相反,那么静电项小于 1,相应 K'_m 减小;如果 z 与 $V=0$。那么静电项等于 1,此时 K'_m 仅是扩散因素的函数。

这里必须指出,在上述固定反应器中,酶的催化转化速率 v 不再是 v_0,然而实际工作中总是期望底物尽可能多地转变成产物。酶在反应器中所遵从的转化速率动力学,取决于反应时间,可表示如下:

$$k_2[E]_0 t = K'_m \ln([S]_0/[S]_t) + ([S]_0 - [S]_t)$$

式中:k_2 为速率常数;$[E]_0$ 为酶的总浓度;t 为底物在反应器中停留的时间。

载体引起的电荷效应使 K'_m 发生变化,实际上,这是由于酶蛋白分子的高级结构发生变化和载体的静电相互作用影响了酶与底物的亲和力,从而使 K'_m 发生变化。K'_m 的变化程度与溶液中的离子强度有关。一般在高离子强度时,K'_m 接近原酶的 K_m 值。

6.4.3 固定化酶在食品中的应用

固定化酶尽管有许多优点,但是真正用于食品加工中的却很少,然而在食品分析中应用较多。淀粉转化为果糖是最有意义的体系。在淀粉转化的过程中需要将淀粉颗粒加热到 105 ℃ 使之被破坏,但是由于淀粉溶胀,溶液的黏度太高,不利于酶的催化反应进行,如果此时使用热稳定性相对较高的地衣形芽孢杆菌(*Bacillus lichenformis*)产生的 α-淀粉

酶,将淀粉水解到 DP=10,但是,在如此高的温度下,淀粉和溶剂中的任何微生物都会遭到破坏,因此上述途径毫无实际意义。如果将葡萄糖淀粉酶和葡萄糖异构酶固定在柱状反应器上,对淀粉进行水解和异构化催化反应,则是十分有利的,而且相对较稳定,至于柱子的污染和再生也不存在问题。此外,在食品加工中应用的还有氨酰基转移酶(amino-acylase)、天冬氨酸酶(aspartase)、富马酸酶(fumarase)和 α-半乳糖苷酶(α-galactosi-dase)等固定化酶。一些国家将乳糖酶固定在载体柱上,用以水解牛奶中的乳糖为半乳糖和葡萄糖,生产不含乳糖的牛奶以满足乳糖酶缺乏的人群的需要。

6.5 食品加工中的酶制剂

自然界有许许多多的生物质,如淀粉、纤维素、木质素、脂质、核酸和蛋白质需要转化,那么首先需要的是淀粉酶、纤维素酶、木质素过氧化物酶、脂肪酶、核酸酶和蛋白酶,其需要量是如此之大。然而存在的主要问题是以上列举的潜在底物的不溶性或溶解性差,使酶不能有效催化。虽然有些方法可以增加溶解度和水解速率,但是需要消耗价值昂贵的能量,使之在目前不经济。在生物质的转化过程中必须是环境上可接受的,而且产品是无害的。

在食品加工中所用的酶制剂,目前已有几十种。例如,葡萄糖、饴糖、果葡糖浆等甜味剂与啤酒、酱油等的生产,蛋白质制品和果蔬的加工,乳制品和焙烤食品中的应用,食品保鲜以及食品品质和风味的改善等。应用的酶制剂主要有 α-淀粉酶、糖化酶、蛋白酶、葡萄糖异构酶、果胶酶、脂肪酶、纤维素酶和葡萄糖氧化酶等,这些酶主要来自可食的或无毒的植物、动物,以及非致病、非产毒的微生物。世界食品用酶有 50%以上是由 Novo Nordisk 公司提供的,其中有 60%的酶是由基因改组的微生物生产的,但必须指出,对于基因重组的酶在食品工业中应用要进行严格的安全评价,目前食品工业中主要应用的酶制剂见表 6-9。

表 6-9 食品工业中应用的酶制剂

酶	来源	主要用途
α-淀粉酶	枯草杆菌,米曲霉,黑曲霉	淀粉液化,生产葡萄糖、醇等
β-淀粉酶	麦芽,巨大芽孢杆菌,多黏芽孢杆菌	麦芽糖生产,啤酒生产,焙烤食品
糖化酶	根霉,黑曲霉,红曲霉,内孢酶	糊精降解为葡萄糖
蛋白酶	胰脏,木瓜,菠萝,无花果,枯草杆菌,霉菌	肉软化,奶酪生产,啤酒去浊,香肠和蛋白胨及鱼胨加工
纤维素酶	木霉,青霉	食品加工、发酵
果胶酶	霉菌	果汁、果酒的澄清
葡萄糖异构酶	放线菌,细菌	高果糖浆生产
葡萄糖氧化酶	黑曲霉,青霉	保持食品的风味和颜色
橘苷酶	黑曲霉	水果加工,去除橘汁苦味
脂肪氧化酶	大豆	焙烤中的漂白剂
橙皮苷酶	黑曲霉	防止柑橘罐头和橘汁浑浊
氨基酰化酶	霉菌,细菌	DL-氨基酸生产 L-氨基酸
乳糖酶	真菌,酵母	水解乳清中的乳糖
脂肪酶	真菌,细菌,动物	乳酪的后熟,改良牛奶风味,香肠熟化
溶菌酶		食品中的抗菌物质

6.5.1　甜味剂生产使用的酶制剂

玉米淀粉的转化已经有许多成功的产品,如采用 α-淀粉酶、糖化酶和葡萄糖异构酶催化玉米淀粉生产不同聚合度的糖浆、葡萄糖和果糖以及饴糖、麦芽糖等。在这些甜味剂的生物催化加工中,酶起着极为关键的作用,因此必须保证酶的高度专一性,同时除去影响酶作用的有毒成分,使之得到理想的食品配料和满足食品加工所需的功能特性。例如,淀粉在糖化过程中所采用的 α-淀粉酶和糖化酶要求达到一定的纯度,应不含或尽量少含葡萄糖苷转移酶,因为葡萄苷转移酶会生成不需要的异麦芽糖。反应如下

$$淀粉 \xrightarrow{\alpha\text{-淀粉酶}} 糊精 \xrightarrow{糖化酶} 葡萄糖 \xrightleftharpoons{葡萄糖异构酶} 果糖$$

在甜味剂的生物技术生产中,高果糖玉米糖浆的生产就是一个成功的实例。生产过程使用的酶都是固定化的,因为 α-淀粉酶固定化后,不存在外部扩散限制,可以多次连续反应,因此只有通过酶的固定化才能提高酶的耐热性。表 6-10 列出了生物催化生产的某些甜味剂。

表 6-10　生物催化生产的某些甜味剂

原料	产品	酶
淀粉	玉米糖浆	α-淀粉酶,支链淀粉酶
	葡萄糖	α-淀粉酶,糖化酶
	果糖	α-淀粉酶,糖化酶,葡萄糖异构酶
淀粉＋蔗糖	蔗糖衍生物	环状糊精葡萄糖基转移酶和支链淀粉酶(或异构酶)
蔗糖	葡萄糖＋果糖	转化酶
蔗糖	异麦芽寡糖	β-葡萄糖基转移酶和异麦芽寡糖合成酶
蔗糖＋果糖	明串珠菌二糖	α-1,6-糖基转移酶
乳糖	葡萄糖＋半乳糖	β-半乳糖苷酶
半乳糖	半乳糖醛酸	半乳糖氧化酶
	葡萄糖	半乳糖表异构酶
几种化合物	L-天冬氨酰-L-苯丙氨酸甲酯	嗜热菌蛋白酶,青霉素酰基转移酶
斯切维苷	α-糖基化斯切维苷	α-葡萄糖苷酶
	Ribandioside-A	β-糖基转移酶

此外,在焙烤食品的生产中,为了保证面团的质量,通常添加 α-淀粉酶,以调节麦芽糖的生成量,使产生的二氧化碳和面团气体的保持力相平衡。制造糕点中加入转化酶,使蔗糖水解为转化糖,防止糖浆中的蔗糖结晶析出。

6.5.2　纤维素酶和果胶酶在食品加工中的应用

纤维素酶的作用是水解纤维素,增加其溶解度和改善风味,如在焙烤食品、水果和蔬菜泥生产、茶叶加工和马铃薯泥的生产中经常使用。目前的纤维素酶主要是由微生物生产的,而且非常有效,它的结构和功能可以通过基因或克隆确定。纤维素酶根据它作用于

纤维素和降解的中间产物可以分为四类。

（1）内切纤维素酶（endoglucanase）[1,4(1,3;1,4)-β-D-葡聚糖 4-葡聚糖水解酶，EC 3.2.1.4]作用于棉花和微晶粉末纤维素的结晶区是没有活性的，但是它们能水解底物（包括滤纸和可溶性底物，如羧甲基纤维素和羟甲基纤维素）的无定形区。它的催化特点是无规水解 β-葡萄糖苷键，使体系的黏度迅速降低，同时也有相对较少的还原基团生成。反应后期的产物是葡萄糖、纤维二糖和不同大小的纤维糊精。

（2）纤维二糖水解酶（cellobiohydrolase）（1,4-β-D-葡聚糖纤维二糖水解酶，EC 3.2.1.91）是外切酶，作用于无定形纤维素的非还原末端，依次切下纤维二糖。纯化的纤维二糖水解酶对棉花几乎没有活性，但是能水解大约 40% 微晶粉末纤维素中可水解的键。相对于还原基团的增加，黏度降低较慢。内切纤维酶和纤维二糖水解酶催化水解纤维素的结晶区，具有协同作用。有关机理尚不清楚。

（3）外切葡萄糖水解酶（exoglucohydrolase）（1,4-β-D-葡聚糖葡萄糖水解酶，EC 3.2.1.74）从纤维素糊精的非还原末端水解葡萄糖残基，水解速率随底物链长的减小而降低。

（4）β-葡萄糖苷酶（β-glucosidase）（β-D-葡萄糖苷葡萄糖水解酶，EC 3.2.1.21）裂解纤维二糖和从小的纤维素糊精的非还原末端水解葡萄糖残基。它不同于外切葡萄糖的水解酶，其水解速率随底物大小的降低而增加，以纤维二糖为底物时水解最快。

果胶酶在水果加工中是最重要的酶，广泛存在于各类微生物中，可以通过固体培养或液体深层培养法生产。主要用于澄清果汁和提高产率。通过降低黏度，悬浊物质失去保护胶体而沉降。脱果胶的果汁即使在酸、糖共存的情况下也不致形成果冻，因此可用来生产高浓缩果汁和固体饮料，如苹果、无花果、葡萄汁的生产，在果肉破坏后有较高的黏稠度，很难过滤和提高果汁的产率。一旦加入果胶酶后即可使黏度降低，有利于汁、渣分离。此外，在橘子罐头加工中，常使用果胶酶和纤维素酶脱囊衣，以代替碱处理。

6.5.3　脂肪酶在食品加工中的作用

脂肪酶水解三酰甘油为相应的脂肪酸、甘油单酯、甘油双酯和甘油。根据立体专一性将脂肪酶分为 1,3-型专一性、2-型专一性或非专一性脂肪酶。脂肪酶广泛分布在植物、动物和微生物中，一般是以液体形式存在，固体脂肪酶催化水解较慢、脂肪酶主要用于食品的特殊风味形成，如乳酪、面包以及焙烤食品的保鲜。在巧克力奶的制作中，利用脂肪酶对牛乳中的脂肪进行限制性水解，可以增强产品的"牛乳风味"。特别是在定向酯交换和三酰基甘油位置分析中脂肪酶具有重要的意义，但在酯合成的实际应用中还有相当大的距离。

脂肪酶一般按下列方式水解三酰基甘油：

$$三酰基甘油 \diagdown \!\!\!\!\!\!\!\!\!\diagup \begin{matrix} 1,2\text{-二酰基甘油} \\ 2,3\text{-二酰基甘油} \end{matrix} \!\!\!\!\!\!\!\diagdown \!\!\!\!\!\diagup 2\text{-单酰基甘油} \rightarrow 甘油 + 脂肪酸$$

然而，也存在一些例外，这取决于酶的位置专一性和脂肪酸专一性。

6.5.4　蛋白质食品加工中使用的酶制剂

蛋白质是食品中的主要营养成分之一，所有的生物质中都含有蛋白质，在肉、豆类、坚果、谷物中含 $2\%\sim35\%$ 的蛋白质。通常蛋白质在水中溶解度较小,可以被来自植物和微生物中的蛋白酶迅速水解。几乎在所有的生物材料中都含有内切和外切蛋白酶。在啤酒、奶酪、酱油和肉制品生产中蛋白酶的应用较为普遍。蛋白质和肽序列分析中蛋白酶的应用也十分广泛。

蛋白酶一般来源于动物、植物和微生物,不同来源的蛋白酶在反应条件和底物专一性上有很大差别。在食品加工中应用的蛋白酶主要有中性和酸性蛋白酶。这些蛋白酶包括木瓜蛋白酶、菠萝蛋白酶、无花果蛋白酶、胰蛋白酶、胃蛋白酶、凝乳酶、枯草杆菌蛋白酶、嗜热菌蛋白酶等。

蛋白酶催化蛋白质反应后生成小肽和氨基酸,有利于人体消化和吸收。蛋白质水解后溶解度增加,其他功能特性(如乳化能力和起泡性)也随之改变。如果蛋白质的平均疏水性较高,则水解可能产生苦味物质。因此,加工过程中必须控制酶对蛋白质的水解程度,或者几种蛋白酶共同作用,使苦味肽进一步分解,以除去苦味。通常利用木瓜蛋白酶或菠萝蛋白酶配制肉类嫩化剂,分解肌肉结缔组织的胶原蛋白。凝乳酶水解牛乳中的 κ -酪蛋白生产干酪。在啤酒发酵完后,添加木瓜蛋白酶、菠萝蛋白酶或霉菌酸性蛋白酶降解蛋白质,以防止啤酒浑浊,延长啤酒的货架期。酱油和豆浆生产中,利用蛋白酶催化大豆水解,不仅使生产周期大大缩短,而且还可提高蛋白质的利用率和改善产品风味。此外,在牛肉汁和鸡汁的生产中常用蛋白酶提高产品收率,如果将酸性蛋白酶在中性 pH 条件下处理冻鱼类,可以脱除腥味。在面包制作过程中,添加适量的 α -淀粉酶和蛋白酶,可以缩短面团的发酵时间和改善面包质量及防止老化。

6.6　酶在食品分析中的应用

酶法分析是一种经常采用的方法,相对化学分析具有快速、专一、高灵敏度和高精确度等优点。通常的食品分析需要对样品进行分离、纯化,特别是对含量很低的化合物,往往会带来较大误差。然而,采用酶法分析却无需将待测物和其他组分分离,如测定血液、尿和植物中的葡萄糖含量,不需要任何分离步骤,只要除去干扰吸光度的不溶物,即可以直接采用葡萄糖氧化酶比色。酶的催化反应的条件一般较温和,大多数在接近室温和中性 pH 条件下进行,仅需要在几分钟内即可完成。因此,可以避免或限制非酶引起的化合物变化。对于非需宜的酶促反应可以通过污染或失活的方法除去。固定化酶由于能重复使用,在食品分析中应用较广,目前使用的有固定化酶柱、酶电极、含酶的薄片和酶联免疫分析(ELISA)。

酶法分析中最好选择分光光度法和电化学方法测定反应物和底物。当这两种方法不适用时,可以采用复合酶分析。复合反应中包括一个辅助反应和一个指示反应,前者是将食品成分中的反应物转变为产物,后者涉及一个指示酶或它的反应物或产物,在整个反应中是形成还是分解是很容易分析的。在大多数情况下,指示剂的反应是在辅助反应之后发生。反应如下:

$$A+B \xrightarrow{\text{辅助反应}} P+Q$$

$$P+C \xrightleftharpoons{\text{指示剂}} R+S$$

式中：A 为被分析的食品成分；C，R，S 为被测定物。

复合反应的平衡状态与浓度有关，但反应必须通过某些方法进行调整。也可以通过几个依次发生的辅助反应和一个指示反应，同时测定食品成分中的几个组分。例如，测定食品中的葡萄糖、乳糖和蔗糖含量。其辅助反应是葡萄糖用 ATP 磷酸化，以及乳糖和蔗糖分别在 β-半乳糖苷酶和 β-果糖苷酶的作用下裂解为葡萄糖和半乳糖及葡萄糖和果糖，然后再将葡萄糖磷酸化。最后根据葡萄糖-6-磷酸是 NADP 依赖的指示剂反应的底物进行反应，从而测定食品中葡萄糖、乳糖和蔗糖的含量。

食品酶学分析包括测定食品成分和食品中的酶活，所测定的食品成分可以作为酶的底物，也可以作为酶的抑制剂。同时必须了解影响酶活力的所有因素。

6.6.1　被测化合物是酶的底物

当被测化合物是酶的底物时，根据底物消耗的情况，可以分别采用终点测定法和动力学的方法。

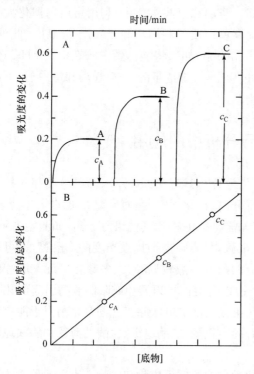

图 6-19　底物浓度对吸光度的影响

A. c_A、c_B 和 c_C 3 个底物浓度对吸光度变化的影响，吸光度最初变化快，以致反应在几分钟内即可完成，在此方法中仅需要知道最初和最终吸光度；B. 根据 A 中的数据，得到底物浓度和吸光度总变化的相关图

6.6.1.1　终点测定法

终点测定法又称为总的变化方法（图 6-19），只有当反应进行比较完全时，该方法才是一种可靠的分析方法。根据反应前后酶反应体系的吸光度或荧光强度的总变化，测定产物（或底物）的量。与动力学方法比较，食品中待分析的底物浓度绝对不能低于酶催化辅助反应的米氏常数 K_m。当酶反应遵循一级反应动力学时，转化速率是很容易计算的。

终点法的优点是不需要精确地控制酶反应的 pH 和温度，然而需要较多的酶使反应在 2～10 min 内完成，表 6-11 列出了在终点法中所用的酶浓度。在某些情况下，酶催化反应不能进行完全就已达到平衡，此时可以通过提高反应物浓度或去除反应的某一产物，从而打破平衡，使其向有利于产物的方向进行。例如，在乳酸脱氢酶催化反应中，乳酸和 NAD^+ 是底物，反应生成丙酮酸，可以加入草氨酸除去，使反应向产物方向进行。另外，可以在完全相同的反应条件下，制作标准曲线,然后通过标准曲线得到待测化合物的浓度。

表 6-11　食品酶学分析中,采用终点法所需要的某些酶的浓度

底　　物	酶	K_m	酶浓度/(μcat/L)
葡萄糖	己糖激酶	$1.0\times10^{-4}(30\ ℃)$	1.67
甘油	甘油激酶	$5.0\times10^{-5}(25\ ℃)$	0.83
尿酸	尿酸氧化酶	$1.7\times10^{-5}(20\ ℃)$	0.28
富马酸	富马酸酶	$1.7\times10^{-6}(21\ ℃)$	0.03

6.6.1.2　动力学方法

动力学方法是根据测量转化速率,以得到底物浓度。尽管 v_0 和 $[S]_0$ 不是线性的,但是一条相对正常的双曲线。当 $[S]_0>100K_m$ 时,酶催化转化速率与底物无关,显然不能从测定酶催化反应的速率,计算作为酶底物的待测物浓度。因此,被测定化合物的浓度必须小于 $100K_m$[一般在 $(0.1\sim10)K_m$,最好小于 $5K_m$],这样即可根据方程(6-15)求出 $[S]_0$。

$$v_0 = \frac{v_{max}[S]_0}{K_m+[S]_0} \tag{6-15}$$

根据 Lineweaver-Burk 方程,以 $1/v_0$ 对 $1/[S]_0$ 作图制作标准曲线,然后从标准曲线测定待测物浓度。该方法不易受干扰,可以进行自动分析,但是对反应条件(如酶浓度、pH 和温度)要求严格控制,待测物的测定和标准曲线制作的条件应完全相同。另外,要求分析使用的酶具有高的 K_m,以便测定较高的底物浓度。动力学方法对裂解酶和异构酶特别适宜,当水含量保持不变时,水解酶催化的水解反应也可以认为是单底物反应。

6.6.2　被测化合物是酶的激活剂或抑制剂

某些酶,但不是所有的酶,必须要有辅助因子存在才显示活性。辅助因子可以是有机化合物,如磷酸吡哆醛或 NAD^+,也可以是金属离子如 Zn^{2+} 或 Mg^{2+}。因此,当一个酶催化反应加入激活剂后,则 v_0 以可重现的方式增加,食品分析即是建立在此理论基础之上的。反应如下:

$$E+Act \underset{K_d}{\rightleftharpoons} E\cdot Act \underset{k_{-1}}{\overset{k_1,S}{\rightleftharpoons}} E\cdot Act\cdot S \overset{k_2}{\rightleftharpoons} E\cdot Act+P \tag{6-16}$$

式中:Act 为激活剂。

从式(6-16)可以看出激活剂浓度与 v_0 之间的关系,如果激活剂牢固地与酶结合(辅基),如 $K_d<10^{-9}$ mol/L,那么 v_0 与 $[Act]$ 呈线性关系;如果激活剂与酶是松散地结合,$K_d>10^{-8}$ mol/L,则 v_0 与 $[Act]$ 的关系是曲线。待测化合物是松散结合的激活剂,那么就十分类似于测定底物浓度。

当食品中的待测化合物是酶法分析中使用的酶的抑制剂时,则降低转化速率 v_0。这些化合物与酶能可逆与不可逆地结合,因而要设计一个实验解释反应的结果,这与测定酶、底物或活化剂的浓度相比,则是相当复杂的。

6.6.3　食品烫漂和灭菌效果的酶指示剂

前面已经强调,酶是鉴定食品热处理的理想指示剂。当然,这并不完全是测定酶活的真正意义,实际上在对未加工食品的品质评价、优化特定食品中的加工参数及酶制剂使用之前的分析,酶活的测定都是十分重要的。表6-12列出部分评价食品质量的酶指示剂。

表6-12　评价食品质量的酶指示剂

目　的	酶	食品原料
适度热处理	过氧化物酶	水果和蔬菜
	碱性磷酸酶	乳,乳制品,火腿
	β-乙酰氨基葡萄糖苷酶	蛋
冷冻和解冻	苹果酸酶	牡蛎
	谷氨酸草酰乙酸转氨酶	肉
细菌污染	酸性磷酸酶	肉,蛋
	过氧化氢酶	乳
	谷氨酸脱羧酶	乳
	过氧化氢酶	青刀豆
	还原酶	乳
昆虫污染	尿酸酶	保藏谷物
	尿酸酶	水果产品
新鲜程度	溶血卵磷脂酶	鱼
	黄嘌呤氧化酶	鱼中次黄嘌呤
成熟度	蔗糖合成酶	马铃薯
	果胶酶	梨
发芽	淀粉酶	面粉
	过氧化物酶	小麦
色泽	多酚氧化酶	咖啡,小麦
	多酚氧化酶	桃,鳄梨
	琥珀酸脱氢酶	肉
风味	蒜氨酸酶	洋葱,大蒜
	谷氨酰胺酰基转肽酶	洋葱
	蛋白酶	消化能力
营养价值	蛋白酶	蛋白质抑制剂
	L-氨基酸脱羧酶	必需氨基酸
	赖氨酸脱羧酶	赖氨酸

蔬菜和水果烫漂是一种温和的热处理,主要是为了防止酶引起的食品变质和保藏过程中微生物生长。因此食品的有限加工是为了使食品在1～2周内冷冻保藏,或干制品储

存 1～2 年能保证安全和质量。蔬菜中的微生物在低温下比大多数酶更易破坏。因此,食品在冷冻和解冻过程中,酶会因为细胞的完整性被破坏而释放出来。这样,就可以根据测定释放出的酶的酶活力,检测食品原料在冷冻和解冻时的质量变化。

同样也可以根据温和热处理和灭菌前后酶活力的变化,指示品质的变化和热处理是否充分。例如,水果和蔬菜中的过氧化物酶、牛乳制品和火腿中的碱性磷酸酶、蛋品中的 β-乙酰氨基葡萄糖苷酶,尽管它们对食品质量不会带来影响,然而由于这些酶相对其他酶具有更高的热稳定性,而且又容易正确测定它们的酶活力,因而它们是很重要的指示剂(表 6-12)。

水果的成熟度与许多酶的活力变化相关,可以果胶酶作为判断梨成熟度的指示剂。颜色和风味是评价食品质量,乃至新鲜程度的重要指标,多酚氧化酶的活力反映了富含多酚类的水果、蔬菜褐变的程度,如桃、鳄梨、莲藕和苹果等,可以用多酚氧化酶指示它们在加工和储藏过程的褐变度。同样,一些特殊风味酶可以作为某些蔬菜、水果特征风味强弱的指示剂,当洋葱和大蒜的细胞受损后,由于蒜氨酸酶的作用,使风味增强。以上说明,各类食品原料都可以选用特征的酶作为它们加工、储藏过程中品质变化的指标。

酶活力的测定,实际上是测定酶催化转化速率,因此应该在酶的最适反应条件下测定其活力,包括缓冲液的类型、离子强度、pH、温度和底物浓度等,其中温度是一个尤为重要的参数,对测定结果影响很大。温度的变化对转化速率影响非常显著,如温度上升 1 ℃会导致反应活性增加 10%,因此在可能的情况下尽量将温度恒定在 25 ℃。此外,在酶活力分析中也要注意底物浓度的调整,使其满足酶催化反应方程。

第 7 章 食品色素和着色剂

食品的质量除营养价值和卫生安全性外,还包括颜色、风味和质地。颜色是食品感官质量最重要的属性,可以解释为大脑对来自光信号的解读。食品的颜色不仅能引起人产生食欲,而且是鉴别食品质量优劣的一项重要感官指标,同时还影响人们对风味和甜味的感觉。因此,了解食品色素和着色剂的种类、特性及其在加工和储藏过程中如何保持食品的天然颜色,防止颜色变化,是食品化学中值得重视的问题。

天然色素一般对光、热、酸、碱和某些酶是敏感的,所以在食品加工中广泛使用合成色素以达到食品着色的目的。近来合成色素的安全性问题已引起人们的关注,合成色素颜色鲜艳稳定,但一般都具有不同程度的毒性,甚至有的还有致癌作用,在使用过程中各个国家都有严格的规定。因此,天然资源中无毒色素的开发利用已成为食品科学的重要研究课题。

食品中的天然色素按来源分为动物色素、植物色素和微生物色素三大类。按其化学结构可分为卟啉类衍生物(如叶绿素、血红素和胆色素)、异戊二烯衍生物(如类胡萝卜素)、多酚类衍生物(花青素、类黄酮、儿茶素和单宁等)、酮类衍生物(如红曲色素、姜黄色素)和醌类衍生物(虫胶色素和胭脂虫红等);若按色素溶解性可分为脂溶性色素和水溶性色素。

7.1 食品固有的色素

7.1.1 叶绿素

7.1.1.1 结构

叶绿素是高等植物和其他所有能进行光合作用的生物体(如藻类、光合细菌)含有的一类绿色色素,它们是由卟吩衍生而来的镁络合物。在讨论叶绿素之前先对其结构(图 7-1)和有关的名词加以介绍。

(1) 吡咯(pyrrole):即氮杂茂,是卟啉环的 4 个环状组分之一。

(2) 卟吩(porphine):即通过 4 个亚甲桥连接的 4 个吡咯环组成完全共轭的 4 个吡咯环骨架。

(3) 卟啉(porphyrin):在叶绿素化学中,卟啉包括闭合、完全共轭的四吡咯类化合物,卟吩是这类化合物的母体,可被各种基团(如甲基、乙基或乙烯基)所取代。卟吩的所有其他亚类是指这种化合物的氧化状态。因此,仅在吡咯环周围发生还原反应时才形成双四(ditetra)或六氢卟吩,若在亚甲基碳上发生还原作用,则生成一类称为卟啉原(还原卟啉)的化合物。

(4) 二氢卟酚(chlorin):即二氢卟吩。

(5) 脱镁叶绿素母环类(phorbin):在卟啉分子上增加一个 $C_9 \sim C_{10}$ 环。

(6) 脱镁叶绿素环类(phorbide):所有天然存在的卟啉其 7-位上都有一个丙酸残基,

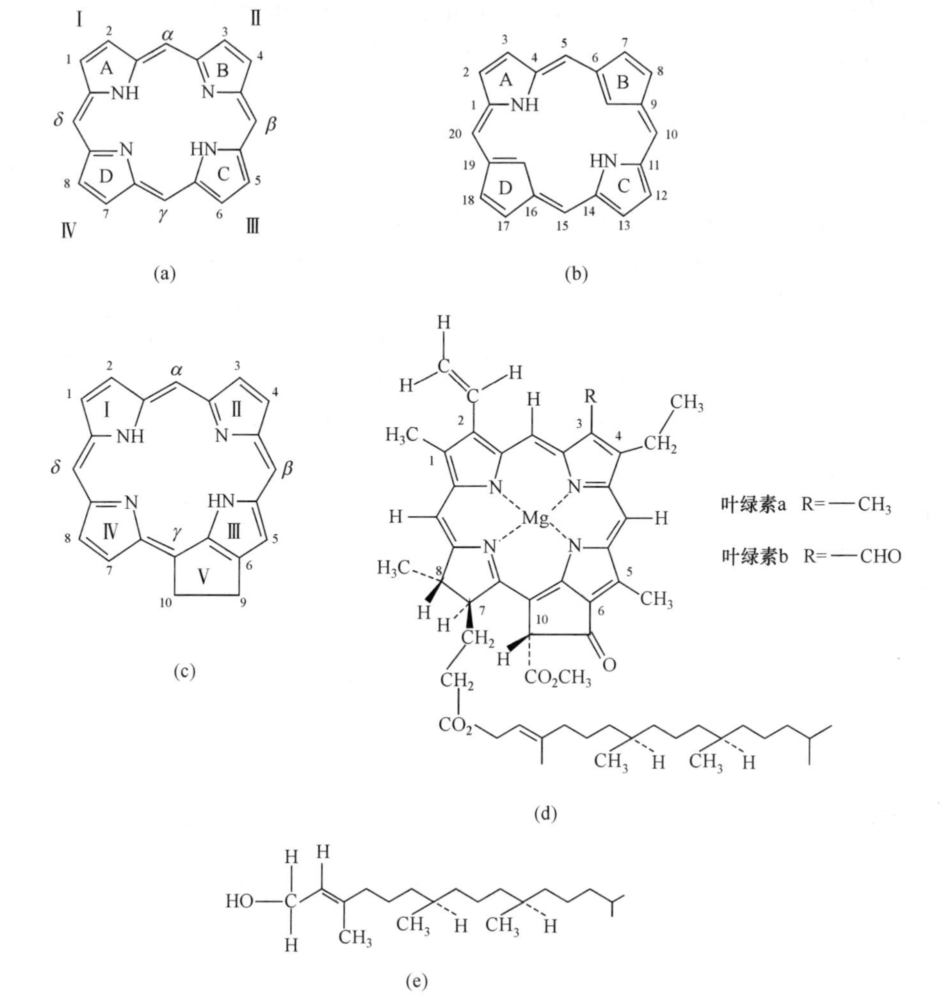

图 7-1　卟吩(a)和(b)，脱镁叶绿素母环类(c)，叶绿素 a 和叶绿素 b(d)以及植醇(e)的结构式

在叶绿素中这个位置被长链醇(植醇或法呢醇)酯化，如果不含镁原子，对应的带有游离酸的结构称为脱镁叶绿素环类。

(7)植醇(phytol)：属于具有类异戊二烯结构的二十碳醇。

(8)叶绿素 a(chlorophyll a)：为四吡咯螯合镁原子的结构，在 1-、3-、5-和 8-位上有甲基取代，2-位上有乙烯基，4-位上有乙基，7-位上的丙酸被植醇所酯化，9-位上有酮基，10-位置上有甲酯基。分子式为 $C_{55}H_{72}O_5N_4Mg$。

(9)叶绿素 b(chlorophyll b)：除了 3-位为甲酰基而不是甲基外，其余与叶绿素 a 的构型相同，分子式为 $C_{55}H_{70}O_6N_4Mg$。

(10)脱镁叶绿素 a(pheophytin a)：不含镁原子的叶绿素 a。

(11)脱镁叶绿素 b(pheophytin b)：不含镁原子的叶绿素 b。

(12)脱植基叶绿素 a(chlorophyllide a)：不含植醇的叶绿素 a。

(13)脱植基叶绿素 b(chlorophyllide b)：不含植醇的叶绿素 b。

（14）脱镁叶绿甲酯一酸 a(pheophorbide a)：不含镁原子的脱植基叶绿素 a。

（15）脱镁叶绿甲酯一酸 b(pheophorbide b)：不含镁原子的脱植基叶绿素 b。

7.1.1.2 植物中的叶绿素

叶绿素有多种，如叶绿素 a、叶绿素 b、叶绿素 c 和叶绿素 d，以及细菌叶绿素和绿菌属叶绿素等。与食品有关的主要是高等植物中的叶绿素 a 和叶绿素 b 两种，两者含量比约为 3∶1。叶绿素存在于叶片的叶绿体内。叶绿体为有序的精细结构，在光学显微镜下观察像一个绿色浅碟，长 5～10μm，厚 1～2μm。叶绿体内较小的颗粒称为基粒(grana)，直径 0.2～2μm，它由 0.01～0.02μm 大小不等的薄片组成。基粒之间是叶绿体基质(stroma)。叶绿素分子被嵌在薄片内并和脂质、蛋白质、脂蛋白紧密地结合在一起，靠相互吸引和每个叶绿素分子的植醇末端对脂质的亲和力，以及每个叶绿素分子的疏水平面卟啉环对蛋白质的亲和力，结合而成单分子层。因此，在叶绿体内，叶绿素可看成是嵌在蛋白质层和带有一个位于叶绿素植醇链旁边的类胡萝卜素脂质之间。当细胞死亡后，叶绿素即从叶绿体内游离出来，游离叶绿素很不稳定，对光或热都很敏感。植物性食品在加工时叶绿素可能产生的某些降解产物如图 7-2 所示。

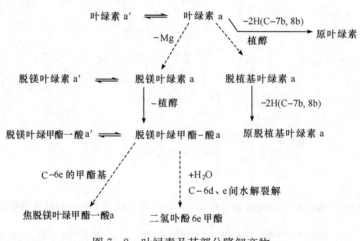

图 7-2 叶绿素及其部分降解产物

7.1.1.3 物理化学性质

叶绿素 a 和脱镁叶绿素 a 均可溶于乙醇、乙醚、苯和丙酮等溶剂，不溶于水，而纯品叶绿素 a 和脱镁叶绿素 a 仅微溶于石油醚。叶绿素 b 和脱镁叶绿素 b 也易溶于乙醇、乙醚、丙酮和苯，纯品几乎不溶于石油醚，也不溶于水。因此，极性溶剂（如丙酮、甲醇、乙醇、乙酸乙酯、吡啶和二甲基甲酰胺）能完全提取叶绿素。

叶绿素 a 纯品是具有金属光泽的黑蓝色粉末状物质，熔点为 117～120 ℃，在乙醇溶液中呈蓝绿色，并有深红色荧光。叶绿素 b 为深绿色粉末，熔点 120～130 ℃，其乙醇溶液呈绿色或黄绿色，有红色荧光，叶绿素 a 和叶绿素 b 都具有旋光活性。菠菜是含叶绿素最丰富的蔬菜。每千克新鲜植物叶用丙酮可提取出叶绿素 0.9～1.2g，每千克干叶用石油醚提取可得到5～10g叶绿素。

脱植基叶绿素和脱镁叶绿素甲酯一酸分别是叶绿素和脱镁叶绿素的对应物,两者都因不含植醇侧链,而易溶于水,不溶于脂。

叶绿素在食品加工中最普遍的变化是生成脱镁叶绿素,在酸性条件下叶绿素分子的中心镁原子被氢原子取代,生成暗橄榄褐色的脱镁叶绿素,加热可加快反应的进行。单用氢原子置换镁原子还不足以解释颜色急剧变化的原因,很可能还包含卟啉共振结构的某些移位。

叶绿素在酶的作用下或稀碱溶液中水解,脱去植醇部分,生成颜色仍为鲜绿色的脱植基叶绿素、植醇和甲醇,加热可使水解反应加快。脱植基叶绿素的光谱性质和叶绿素基本相同,但比叶绿素更易溶于水。如果脱植基叶绿素除去镁,则形成对应的脱镁叶绿素甲酯一酸,其颜色和光谱性质与脱镁叶绿素相同。这些化合物之间的相互关系如图7-3所示。

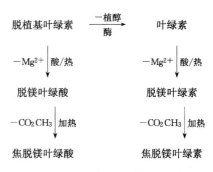

图7-3　叶绿素形成脱镁叶绿素和焦脱镁叶绿素的途径

叶绿素及其衍生物在极性上存在一定差异,可以采用HPLC进行分离鉴定,也常利用它们的光谱特征进行分析,叶绿素a、叶绿素b及其衍生物的光谱特征见表7-1。

表7-1　叶绿素a、叶绿素b及其衍生物的光谱性质

化合物	英文名称	最大吸收波长/nm		吸收比 "蓝"/"红"	摩尔吸光系数/ [L/(mol・cm)] ("红"区)
		"红"区	"蓝"区		
叶绿素a	chlorophyll a	660.5	428.5	1.30	86 300
脱植基叶绿素a甲酯	methyl chlorophyllide a	660.5	427.5	1.30	83 000
叶绿素b	chlorophyll b	642.0	452.5	2.84	56 100
脱植基叶绿素b甲酯	methyl chlorophyllide b	641.5	451.0	2.84	—
脱镁叶绿素a	pheophytin a	667.0	409.0	2.09	61 000
脱镁叶绿酸a甲酯	methyl pheophorbide a	667.0	408.5	2.07	59 000
脱镁叶绿素b	pheophytin b	655.0	434.0	—	37 000
焦脱镁叶绿素a	pyropheophytin a	667.0	409.0	2.09	49 000
脱镁叶绿素a锌	zinc pheophytin a	653.0	423.0	1.38	90 000
脱镁叶绿素b锌	zinc pheophytin b	634.0	446.0	2.94	60 200
脱镁叶绿素a铜	copper pheophytin a	648.0	421.0	1.36	67 900
脱镁叶绿素b铜	copper pheophytin b	627.0	438.0	2.57	49 800

7.1.1.4　叶绿素的变化

1) 酶促变化

叶绿素酶是目前已知的唯一能使叶绿素降解的酶。叶绿素酶是一种酯酶,在体外能

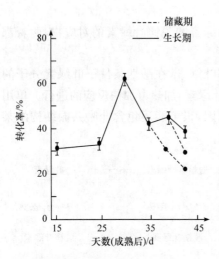

图 7-4 菠菜在生长期和在 5℃
储藏时,叶绿素酶活力的变化
叶绿素酶活力以叶绿素转化为
脱植基叶绿素的分数表示

催化叶绿素和脱镁叶绿素脱植醇,分别生成脱植基叶绿素和脱镁脱植基叶绿素。当卟啉环 C-10 位上带有 1 个甲酰基和 C-7、C-8 位上带有氢原子时,叶绿素酶的活性受到限制。对于叶绿素的其他衍生物,因其结构不同,叶绿素酶的活性显示明显的差别。叶绿素酶在水、醇和丙酮溶液中具有活性,当溶液中含有大量甲醇或乙醇时,将发生脱植醇反应,生成脱植基叶绿素甲酯或脱植基叶绿素乙酯。在蔬菜中的最适反应温度为 60～82.2 ℃,因此植物体采收后未经热加工,脱植基叶绿素不可能在新鲜叶片上形成。如果加热温度超过 80 ℃,酶活力降低,达到 100 ℃时则完全丧失活性。图 7-4 是菠菜生长期和在 5 ℃储藏时,叶绿素酶活力的变化。

2) 化学变化

叶绿素具有官能侧基,所以能够发生许多其他反应,碳环(isocyclic ring)氧化形成加氧叶绿素(allomerized chlorophyll),四吡咯环破裂形成无色的终产物。在食品加工中,这类反应很可能进行到某种程度,但是与叶绿素的脱镁反应比较不是主要的。在适当条件下,分子中的镁原子可被铜、铁或锌等取代。

叶绿素在加热或热加工过程中可形成两类衍生物,即四吡咯环中心有无镁原子存在。含镁的叶绿素衍生物显绿色,脱镁叶绿素衍生物为橄榄褐色。后者还是一种螯合剂,在有足够的锌或铜离子存在时,四吡咯环中心可与锌或铜离子生成绿色配合物,其中叶绿素铜钠的色泽最鲜亮,对光和热较稳定,是一种理想的食品着色剂。

叶绿素分子受热首先发生异构化(表 7-2),形成叶绿素 a′和叶绿素 b′,当叶片在 100 ℃加热 10 min,5％～10％的叶绿素 a 和叶绿素 b 异构化为叶绿素 a′和叶绿素 b′。叶绿素中镁原子易被氢取代,形成脱镁叶绿素,极性小于母体化合物,反应在水溶液中是可逆的。叶绿素 a 的转化速率比叶绿素 b 快,在加热时叶绿素 b 显示较强的热稳定性,因为叶绿素 b C_3-位甲酰基的吸电子效应和叶绿素的大共轭结构,使电荷从分子的中心向外转移,结果四吡咯氮上的正电荷增加,从而降低了反应中间产物形成的平衡常数。此外,叶绿素 b 降解反应的活化能较高,为 52.7～147.4 kJ/mol(随介质 pH 和温度而异),因此,叶绿素 b 具有较高的热稳定性。图 7-5 为新鲜菠菜和烫漂菠菜提取液中叶绿素及其衍生物的 HPLC 分析结果。

表 7 - 2　菠菜在新鲜、烫漂和在 121 ℃加热处理不同时间时,叶绿素、
脱镁叶绿素和焦脱镁叶绿素含量(mg/g 干重)[1]

项　目	叶绿素		脱镁叶绿素		焦脱镁叶绿素		pH[2]
	a	b	a	b	a	b	
新鲜	6.98	2.49					
烫漂	6.78	2.47					7.06
加热处理时间[3]							
2min	5.72	2.46	1.36	0.13			6.90
4min	4.59	2.21	2.20	0.29	0.12		6.77
7min	2.81	1.75	3.12	0.57	0.35		6.60
15min	0.59	0.89	3.32	0.78	1.09	0.27	6.32
30min		0.24	2.45	0.66	1.74	0.57	6.00
60min			1.01	0.32	3.62	1.24	5.65

1) 估计误差±2%,每个值为 3 次测定的平均结果。

2) pH 是在处理以后,色素提取前测定的值。

3) 时间是在内部温度达到 121 ℃后开始计算。

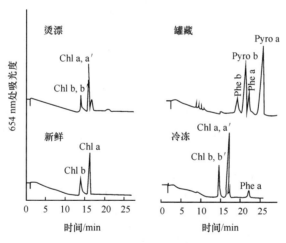

图 7 - 5　新鲜、烫漂、罐藏、冷冻菠菜中
叶绿素及其衍生物的 HPLC 图

　　pH 影响蔬菜组织中叶绿素的热降解,在碱性介质中(pH 为 9.0),叶绿素对热非常稳定,然而在酸性介质中(pH 为 3.0)易降解。植物组织受热后,细胞膜被破坏,增加了氢离子的通透性和扩散速率,于是由于组织中有机酸的释放导致 pH 降低 1 个单位,从而加速了叶绿素的降解。盐的加入可以部分抑制叶绿素的降解,有实验表明,在烟叶中添加盐(如 $NaCl$、$MgCl_2$ 和 $CaCl_2$)后加热至 90 ℃,脱镁叶绿素的生成分别降低 47%、70% 和 77%,这是由盐的静电屏蔽效果所致。表 7 - 3 列出了某些市售蔬菜罐头中叶绿素的降解产物含量。

表 7 - 3　市售蔬菜罐头中叶绿素降解产物的含量

产品	脱镁叶绿素(以干重计)/(μg/g)		焦脱镁叶绿素(以干重计)/(μg/g)	
	a	b	a	b
菠菜	830	200	4000	1400
绿豆	340	120	260	95
芦笋	180	51	110	30
绿豌豆	34	13	33	12

叶绿素在受热时的转化过程按下述动力学顺序进行:叶绿素→脱镁叶绿素→焦脱镁叶绿素(图 7 - 6)。

3) 金属配合物的形成

不含镁的叶绿素衍生物的四吡咯核的 2 个氢原子容易被锌或铜离子置换形成绿色的金属配合物。脱镁叶绿素 a 和脱镁叶绿素 b 由于金属离子的配位,使之在"红"区的最大吸收波长向短波方向移动,而"蓝"区则向长波方向移动。不含植醇基的金属配合物与其母体化合物的光谱特征相同。

金属离子与卟啉环的配位为双分子反应。反应首先是金属附着在卟啉环的氮上,随后迅速脱去 2 个氢原子。由于四吡咯核的高度共振结构,因而金属配合物的形成受取代基的影响。

锌和铜的配合物在酸性溶液中比在碱性溶液中稳定。前面已经指出,当在室温时添加酸,叶绿素中的镁易被脱除,而锌的配合物在 pH 为 2 的溶液中则是稳定的。铜被脱除只有在 pH 低至卟啉环开始降解才会发生。已知植物组织中,叶绿素 a 的金属配合物的形成速率高于叶绿素 b 的金属配合物。这是因为叶绿素 b 的甲酰基具有拉电子效应。叶绿素的植醇基由于空间位阻降低了金属配合物的形成速率,在乙醇中脱镁叶绿酸盐 a 比脱镁叶绿素 a 和叶绿素铜钠 a 的反应速率快 4 倍。Schanderl 比较了蔬菜泥中铜和锌金属螯合物的形成速率,结果表明,铜比锌更易发生螯合,当铜和锌同时存在时,主要形成叶绿素铜配合物。pH 也影响配合物的形成速率,将豌豆浓汤在 121 ℃加热 60 min,pH 从 4.0 增加到 8.5 时,焦脱镁叶绿素锌 a 的生成量增加 11 倍。然而在 pH 为 10 时,由于锌产生沉淀而使配合物的生成量减少(图 7 - 7)。

叶绿素铜配合物由于在食品加工的大多数条件下具有较高的稳定性及安全性,因而我国和欧盟也相继批准作为色素使用。

4) 叶绿素酊的氧化与光降解

叶绿素溶解在乙醇或其他溶剂后并暴露于空气中会发生氧化,将此过程称为叶绿素酊的氧化(allomerization)。当叶绿素吸收等物质的量氧后,生成的加氧叶绿素呈现蓝绿色。叶绿素加氧作用的产物为 10-羟基叶绿素和 10-甲氧基内酯叶绿素。叶绿素 b 的加氧作用产物为 10-甲氧基内醌叶绿素的衍生物(图 7 - 8)。

植物正常细胞进行光合作用时,叶绿素由于受到周围的类胡萝卜素和其他脂质的保护,而避免了光的破坏作用。然而,一旦植物衰老或从组织中提取出色素,或者是在加工过程中导致细胞损伤而丧失这种保护,叶绿素则容易发生降解。当有上述条件中任何一

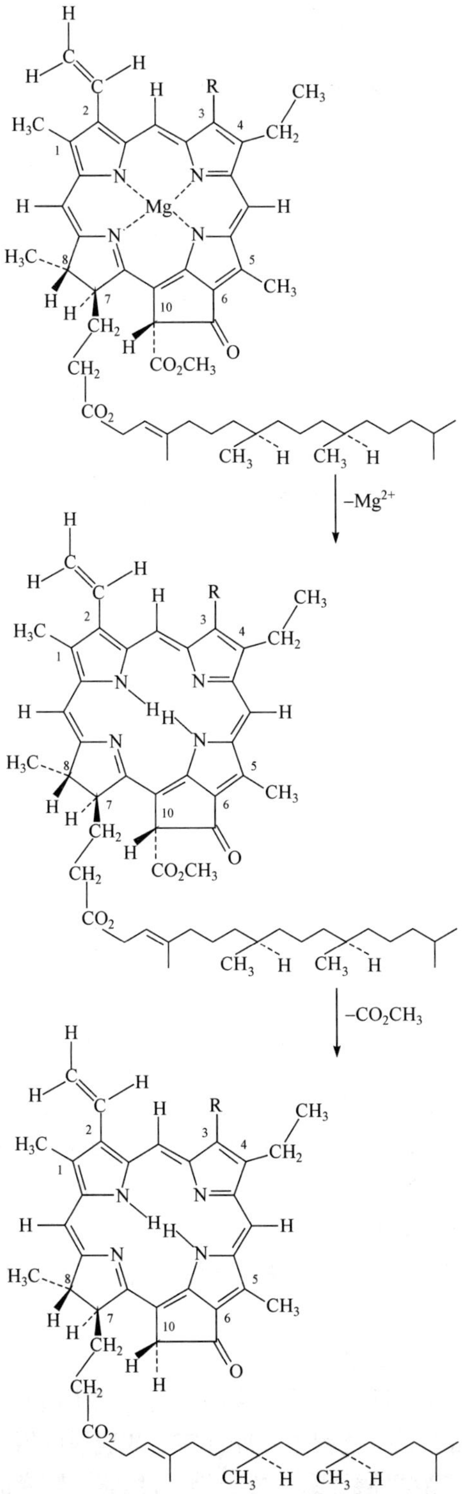

叶绿素

Chl a　R= —CH_3

Chl b　R= —CHO

脱镁叶绿素

Phe a　R= —CH_3

Phe b　R= —CHO

焦脱镁叶绿素

Pyro a　R= —CH_3

Pyro b　R= —CHO

图 7-6　叶绿素受热时的动力学转化(叶绿素→脱镁叶绿素→焦脱镁叶绿素)过程

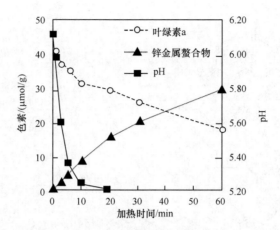

图 7-7　豌豆浓汤在 121 ℃加热 60 min,
pH 变化与叶绿素 a 转变为锌金属螯合物的关系图

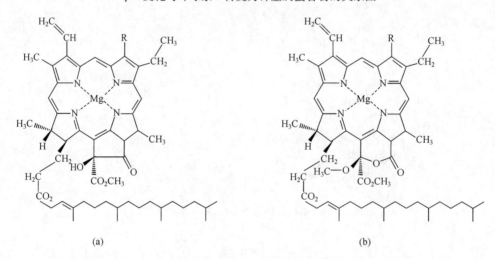

图 7-8　10-羟基叶绿素(a)和 10-甲氧基叶绿素(b)的结构

种情况和光、氧同时存在时,叶绿素将发生不可逆的褪色。

叶绿素的光降解是四吡咯环开环并降解为低分子量化合物的过程,主要的降解产物为甲基乙基马来酰亚胺、甘油、乳酸、柠檬酸、琥珀酸、丙二酸和少量的丙氨酸。已知叶绿素及类似的卟啉在光和氧的作用下可产生单重态氧和羟基自由基。一旦单重态氧和羟基自由基形成,即会与四吡咯进一步反应,生成过氧化物及更多的自由基,最终导致卟啉降解及颜色完全消失。

5) 在食品处理、加工和储藏过程中的变化

食品在加工或储藏过程中都会引起叶绿素不同程度的变化。如用透明容器包装的脱水食品容易发生光氧化和变色。食品在脱水过程中叶绿素转变成脱镁叶绿素的速率与食品在脱水前的烫漂程度有直接关系。菠菜经烫漂、冷冻干燥,叶绿素 a 转变成脱镁叶绿素 a,比对应的叶绿素 b 的转化快 2.5 倍,并且这种变化是水活度(a_w)的函数。

许多因素都会影响叶绿素的含量。绿色蔬菜在冷冻和冻藏时颜色均会发生变化,这

种变化受冷冻前热烫温度和时间的影响。有人发现豌豆和菜豆中的叶绿素由于脂肪氧合酶的作用而降解生成非叶绿素化合物,脂肪氧合酶还会使叶绿素降解产生自由基。食品在 γ 射线辐照及辐照后的储藏过程中叶绿素和脱镁叶绿素均发生降解。黄瓜在乳酸发酵过程中,叶绿素降解成为脱镁叶绿素、脱植基叶绿素和脱镁叶绿素甲酯一酸。

绿色蔬菜在酸作用下的加热过程中,叶绿素转变成脱镁叶绿素,因而颜色从鲜绿色很快变为橄榄褐色。在热加工菠菜、豌豆和青豆时,发现有 10 种有机酸存在,色素降解产生的主要酸是乙酸和吡咯烷酮羧酸。

6) 绿色的保持

叶绿素使许多新鲜蔬菜呈现明亮的绿色,对于蔬菜在热加工时如何保持绿色的问题,曾有过大量的研究,但没有一种方法真正获得成功。例如,采用碱性钙盐或氢氧化镁使叶绿素分子中的镁离子不被氢原子所置换的处理方法,虽然在加工后产品可以保持绿色,但经过储藏后仍然变成褐色。

早在 1882 年 Borodin 就已认识到,在一定条件下叶绿素是能够"固定的",但这些条件都有利于叶绿素酶的作用,所以他所指的固定叶绿素很可能是脱植基叶绿素。

1928 年以后,Tomas 等获得了关于绿色蔬菜加工前于温度 67 ℃烫漂 30 min 可保持产品绿色的专利。Clydesdale 和 Francis 证明菠菜的脱植基叶绿素比叶绿素更稳定,但所得到的脱植基叶绿素量太少,对产品颜色的保持并无实际意义。人们还应用高温短时灭菌(HTST)加工蔬菜,这不仅能杀灭微生物,而且比普通加工方法使蔬菜受到的化学破坏小。在商业上,目前还采用一种复杂的方法,采用含锌或铜盐的热烫液处理蔬菜加工罐头,结果可得到比传统方法更绿的产品。

Clydesdale 等曾试图以碱处理和酶法相结合使叶绿素转变成脱植基叶绿素,以及采用 HTST 加工方法保持菠菜的绿色,但储藏后很快改变原来的颜色。目前保持叶绿素稳定性最好的方法,是挑选品质良好的原料,尽快进行加工并在低温下储藏。

7.1.2　血红素

动物肌肉中由于肌红蛋白的存在而呈红色。肌红蛋白和血红蛋白都是血红素与球状蛋白结合而成的结合蛋白,因此,肉的色素化学实际上是血红素色素化学。

肌红蛋白是由一条多肽链组成的球状蛋白,分子质量为 16.8 kD,由 153 个氨基酸组成。多肽链和血红素结合的物质的量比为 1:1,而血红蛋白所结合的血红素为肌红蛋白的 4 倍。

活动物体中肌红蛋白的铁含量仅占体内总铁量的 10%,在屠宰放血时大部分铁以血红蛋白的形式除去,在完全放血的牛骨骼肌肉中,肌红蛋白所含的铁占剩余总铁量的 95% 或更多,肌红蛋白此时在肉组织中占总色素的 90% 以上。肌肉组织中肌红蛋白的含量因动物种类、年龄和性别及部位的不同相差很大。肌红蛋白及其各种化学形式并不是肌肉中唯一的色素,也不是生物学上最重要的色素,但它却是使肉类产生颜色的主要色素,其他肌肉色素含量少不足以呈色,它包括细胞色素类(类似卟啉-蛋白质复杂结构中含铁的红色血红素)、维生素 B_{12}(比肌红蛋白的结构要复杂得多,含有与血红素和细胞色素同样的卟啉环,但配位原子是钴原子而不是铁原子)、辅酶黄素(与细胞中的电子传递体系有联系)及血红蛋白。不同加工肉类中的主要色素如表7-4所示。

表7-4 鲜肉、腌肉和熟肉中存在的主要色素

色素	形成方式	铁的价态	羟高铁血红素环的状态	珠蛋白状态	颜 色
肌红蛋白	高铁肌红蛋白还原,氧合肌红蛋白脱氧合作用	Fe^{2+}	完整	天然	略带紫红色
氧合肌红蛋白	肌红蛋白氧合作用	Fe^{2+}	完整	天然	鲜红色
高铁肌红蛋白	肌红蛋白和氧合肌红蛋白的氧化作用	Fe^{3+}	完整	天然	褐色
亚硝酰肌红蛋白	肌红蛋白和一氧化氮结合	Fe^{2+}	完整	天然	鲜红(粉红)
高铁肌红蛋白亚硝酸盐	高铁肌红蛋白和过量的亚硝酸盐结合	Fe^{3+}	完整	天然	红
珠蛋白血色原	加热、变性剂对肌红蛋白、氧合肌红蛋白的作用,高铁血色原的辐照	Fe^{2+}	完整	变性	暗红色
珠蛋白血色原	加热、变性剂对肌红蛋白、氧合肌红蛋白、高铁肌红蛋白、血色原的作用	Fe^{3+}	完整	变性	棕色
亚硝酰血色原	加热、盐对亚硝基肌红蛋白的作用	Fe^{2+}	完整	变性	鲜红色(粉红)
硫肌红蛋白	硫化氢和氧对肌红蛋白的作用	Fe^{3+}	完整但被还原	变性	绿色
胆绿蛋白	过氧化氢对肌红蛋白或氧合肌红蛋白的作用,抗坏血酸或其他还原剂对氧合肌红蛋白的作用	Fe^{2+}或Fe^{3+}	完整但被还原	变性	绿色
氯铁胆绿素	过量试剂对硫肌红蛋白的作用	Fe^{3+}	卟啉环开环	变性	绿色
胆汁色素	大大过量的试剂对硫肌红蛋白的作用	不含铁	卟啉环开环被破坏;卟啉链	不存在	黄色或无色

肌红蛋白是一种肌肉蛋白质,与血红蛋白的功能相似,两者都能同动物代谢所需要的氧配位。红细胞中的血红蛋白含有4条多肽链和4个血红素基团,血红素的中心含有铁原子。血红素基团的功能是和分子氧可逆地结合,并通过血液将结合的氧从肺部输送至全身组织。肌红蛋白的大小为血红蛋白的1/4,由一条含大约153个氨基酸和1个血红素基团的多肽链组成,它存在于细胞内,作为向血液中血红蛋白提供氧的临时储藏库。

7.1.2.1 结构

血红蛋白和肌红蛋白都是结合蛋白质,除了多肽链部分以外,还有与肽链配位的非肽部分。肌红蛋白的蛋白质部分称为珠蛋白,非肽部分称为血红素。血红素由2个部分(1个铁原子和1个平面卟啉)所组成,卟啉是由4个吡咯通过亚甲桥连接构成的平面环,在色素中起发色基团的作用。中心铁原子以配位键与4个吡咯环的氮原子连接,第5个连接位点是与珠蛋白的组氨酸残基键合,剩下的第6个连接位点可与各种配位体中带负

电荷的原子相结合。

　　血红蛋白可粗略地看成是由 4 个肌红蛋白分子连接在一起构成的四聚体,因此,在讨论这些色素的化学结构和性质时可以肌红蛋白为例。图 7-9 表示血红素基团的结构,它与珠蛋白连接时则形成肌红蛋白(图 7-10)。

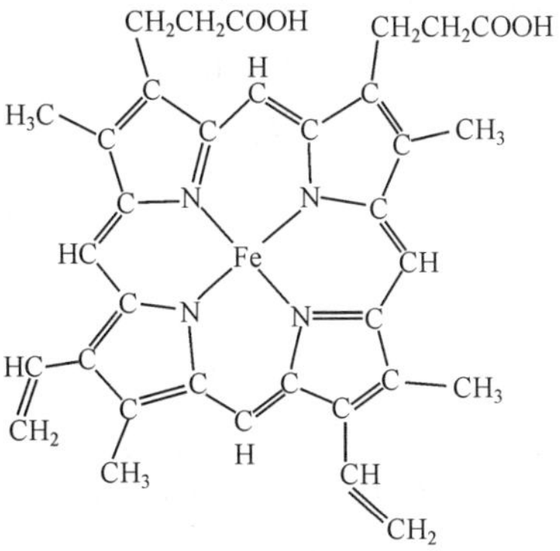

图 7-9　血红素基团的结构 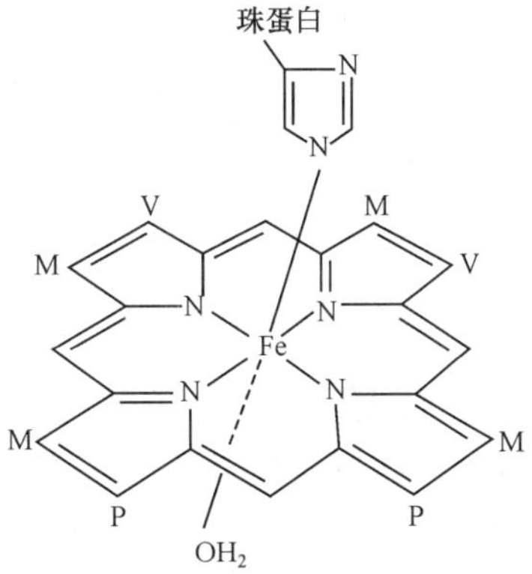　　　　　　　　图 7-10　肌红蛋白结构简图

　　肌红蛋白可看成是在血红素基团的铁原子周围有 8 股折叠的 α-螺旋肽段的复杂分子,图 7-11 表示肌红蛋白分子肽链的三级结构。图 7-11 上部中心位置的圆圈表示血红素铁。

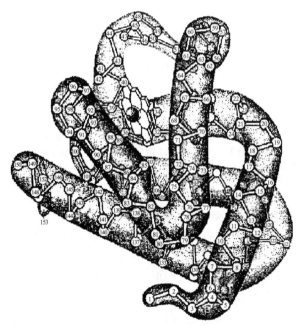

图 7-11　肌红蛋白分子肽链的三级结构

7.1.2.2　物理性质

肌红蛋白是肌肉中肌浆蛋白的一部分,可溶于水和稀盐溶液。

解释肌肉组织基质中肌红蛋白的颜色不仅应该考虑色素的光谱特性,还应考虑肌肉基质的散射特性。肉的总反射特性取决于两个主要因素:一个是肉色素的吸收,用符号 K 表示;另一个是肌肉纤维基质的散射系数,用 S 表示,K/S 表示吸收和散射两者对眼睛产生的总效应。

鲜艳红色肉块的 K 值大于 S 值,K 值逐渐降低时肌红蛋白的光谱曲线特征吸收峰下降,当 K 值较小时,则曲线偏离肌红蛋白的特征光谱。这些参数在讨论肌红蛋白时一般不予考虑,但是当肉类颜色作为一项主要的品质因素来考虑时,这些物理参数却是非常重要的。

7.1.2.3　化学性质

在讨论肉的色素和品质的关系时,主要应涉及在氧化态或还原态铁周围的血红素、与血红素键合的配位体类型、珠蛋白的状态和其他各种配合物。卟啉环内的血红素以 Fe^{2+} 或 Fe^{3+} 状态存在。肌红蛋白和分子氧之间形成共价键结合为氧合肌红蛋白的过程称为氧合作用,它不同于肌红蛋白氧化(Fe^{2+} 转变为 Fe^{3+})形成高铁肌红蛋白(MMb)的氧化反应。肌红蛋白和氧合肌红蛋白都能发生氧化,使 Fe^{2+} 自动氧化成 Fe^{3+},产生不需宜的高铁肌红蛋白(MMb)的红褐色。这些复合物可分为离子型和共价键型,共价键复合物产生肉类需宜的鲜红色。例如,氧合肌红蛋白、亚硝基肌红蛋白(nitrosomyoglobin)和碳氧肌红蛋白(carboxymyoglobin),它们分别是肌红蛋白的亚铁和分子氧、一氧化氮以及一氧化碳形成的共价复合物。这些复合物如变肌红蛋白和肌红蛋白,光谱上分别以在 $535\sim545$ nm 和 $575\sim588$ nm 处显示最大吸收为特征。

珠蛋白　　　　　　珠蛋白　　　　　　珠蛋白
氧合肌红蛋白　　　肌红蛋白　　　　　高铁肌红蛋白
(oxymyoglobin)　　(myoglobin)　　　(metmyoglobin)
鲜红色　　　　　　红紫色　　　　　　褐色

氰变肌红蛋白(cyanmetmyoglobin)和高铁肌红蛋白氢氧化物(metmyoglobin hydroxide)是具有特征红色的三价铁离子的共价复合物,在三价铁离子的共价复合物中,概念上可认为离子的负电荷被三价离子的第三个正电荷中和。一般来说,如果配位剂是中性的,可认为是一对电子和肌红蛋白(亚铁)形成稳定的红色共价复合物;如果是带负电荷的,则与氰变肌红蛋白(三价铁离子)形成共价复合物。

在没有强共价配位剂存在时,肌红蛋白和氰变肌红蛋白同水形成离子复合物。在这些复合物中,水分子的氧靠偶极和离子相互作用与铁结合,因为氧原子不像氧分子那样具有强的电子对供体。

肌红蛋白的特征光谱是在绿色部分 555 nm 波长处出现最大吸收谱带,外观呈红紫色。变肌红蛋白的主峰位移至光谱的蓝色末端 505 nm 波长处,并在红色 627 nm 波长处出现较小的吸收峰,外观呈褐色。

新鲜肉呈现的色泽,是氧合肌红蛋白、肌红蛋白和高铁肌红蛋白三种色素不断地互相转换产生的,这是一种动态和可逆的循环过程。已被氧化的色素或三价铁形式的褐色高铁肌红蛋白,即使是通过肌红蛋白转变成氧合肌红蛋白(氧合作用)的途径,也不能实现和氧结合。图 7-12 指出了氧分压与各种血红素的百分比之间的关系,在有氧存在时,红紫色肌红蛋白可被氧合成鲜红色的氧合色素的氧合肌红蛋白,形成类似有霜的鲜肉或者氧化成氰变肌红蛋白,产生非需宜的褐色。图7-13表示鲜肉、咸肉和肉加工品中血红素的变化,在高氧分压时肌红蛋白(Mb)向着形成氧合肌红蛋白(O_2Mb)的方向进行反应(图 7-13)。红色 O_2Mb 一旦形成,由于产生高度共振的结构,能保持稳定的状态,所以只要血红素保持氧合状态就不会再发生颜色的变化。血红素与氧是一个不断地结合和分离的过程,许多条件都可加快这个过程的进程。在低氧分压时,肌红蛋白(血红素,Fe^{2+})被氧化变成高铁肌红蛋白(Fe^{3+})(图 7-13),至今还不了解在结合或分离时是否会发生氧化,如图 7-13 虚箭头所示。然而已知变成 MMb 是一个缓慢和连续的氧化过程,过渡金属离子特别是铜能催化血红素的自动氧化,Mb 的氧化速率大于 MbO_2。鲜肉中由于本身产生的还原物质不断地使 MMb 还原为 Mb。因此,只要有氧存在,这个循环过程即可以连续进行。过氧化氢与血红素中

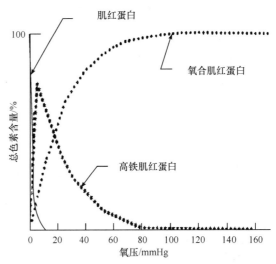

图 7-12　氧分压对 3 种肌红蛋白的影响
(引自 Forrest, et al. ,1975;1 mmHg=1.333 22×10² Pa,下同)

的 Fe^{2+} 和 Fe^{3+} 反应生成绿色的胆绿色素(choleglobin),细菌繁殖产生的硫化氢在有氧存在下能形成绿色的硫肌红蛋白(sulfomyglobin)。表 7-4 列出了血红素的变化和性质。

7.1.2.4　肉类食品在处理、加工和储藏中的变化

1) 腌肉色素

图 7-13 表示在硝酸盐、一氧化氮和还原剂同时存在时形成腌肉色素亚硝酰血色原的反应途径,所有反应都用体外试验方法进行过观测。其中大部分反应只能在非常强的还原条件下发生,因为反应中的许多中间产物在空气中是不稳定的。如果在形成腌肉色素的体系中含有强氧化剂亚硝酸盐,血红素最初将呈氧化态。一般来说,腌肉发色团或色素的形成可看成是两个过程:第一个是亚硝酸盐还原成一氧化氮及血红素中的高价铁还原成亚铁;第二个是珠蛋白的热变性,仅在腌肉制品加热至 66 ℃或更高温度时才发生此变性反应。此外,还包括血色素和肉中其他蛋白质的共同沉淀。虽然对肉或肉制品中的全部反应机理尚未确定,但是已证实未烹调腌肉中的最终产物是亚硝酰肌红蛋白,而烹调的腌肉中为变性珠蛋白亚硝酰血色原。当有还原剂存在时,硝基肌红蛋白转化为绿色的硝基氧化血红素,在无氧状态下,一氧化氮与肌红蛋白形成的复合物相当稳定;在有氧条

件下,对光敏感。如果加入还原剂(抗坏血酸或巯基化合物),亚硝酸盐将还原为一氧化氮,并迅速生成亚硝酰肌红蛋白。

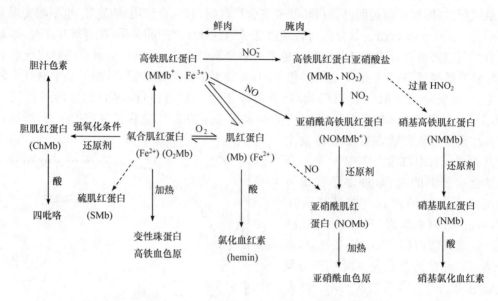

图 7-13　鲜肉和腌肉制品中血红色素的反应

Fox 等发现,制作牛肉香肠时,由于氧存在,颜色的形成出现后滞期,如果在氮气条件下将肉切碎,或真空下混合,或者添加抗坏血酸或半胱氨酸,则可缩短产生颜色所需的时间。他还发现烹调温度对颜色形成的速率、生成腌肉色素的百分率和储藏中颜色的保存率等都起着决定性的作用。此外,当有微量铜存在时肉变黑色。例如腌制牛舌,在含铜0.5 mg/kg 的热溶液中呈黑色,若烹调前用食用酸处理可防止变色。

2) 包装

肉品包装有五个方面的作用:防止产品受微生物和污物的污染;防止或减缓产品的水分损失;避免产品同氧与光接触;便于运输;增进对消费者的吸引力。

鲜肉用膜包装时,低氧分压会加快血红素的氧化速率。如果薄膜对氧穿透小而且肉组织耗氧超过透入的氧,则可造成低氧分压,促使氧合肌红蛋白变成褐色氰变肌红蛋白。如果薄膜包装材料完全不透气,肉类的血红素将全部还原成紫红色肌红蛋白,当打开包装膜使肉品暴露于空气中时,即形成鲜红色的氧合肌红蛋白。因此,加入抗氧化剂,不但可阻止脂质氧化,还有利于延长和稳定鲜肉及肉制品的颜色,防止血红素氧化。

3) 色素的稳定性

评价肉的消费者接受性主要是肌肉的颜色。在复杂的食品体系中,许多外界因素,如光照、温度、相对湿度、pH 和特定细菌的存在,甚至加工和保藏的操作因素等,都影响肌肉色素的稳定性。必须指出的是,各种因素之间的相互作用,其影响更为复杂,使之很难确定其影响的相互关系。

改进卫生条件、自动操作工艺和消毒灭菌方法,可延长鲜肉商品货架期。但是,必须在对影响肉类色素稳定性的各种因素以及色素氧化和还原的机理进行深入研究和了解的基础上,才能逐步实现上述愿望。

同色素稳定性有关的其他因素,以牛肉包装封口为例,在封口前用含 CO 的空气充入袋内,然后封口,这样处理可以使牛肉色泽稳定性保持 15 d。但应注意的是,当使用 CO 作为充气气体时需考虑毒性问题。曾试验过许多种包装材料对保持色素稳定性的效果,发现以偏氯纶-聚酯-聚乙烯袋(saran-mylar-polyethylene pouch)为最好。

光照对鲜肉颜色也有影响,当包装的鲜肉暴露在白炽灯或荧光灯下时,都会发生颜色的变化。

当有金属离子存在时,会促进氧合肌红蛋白的氧化并使肉的颜色改变,其中以铜离子的作用最为明显,其次是铁、锌、铝等离子。

脂质的过氧化产物也会加速肌肉色素的氧化速率,而抗氧化剂如抗坏血酸、维生素 E、BHA 或 PG 等,可改善肉色素的稳定性。研究表明,维生素 E 和维生素 E 与莲原花青素的复合物添加到火腿肠中,可有效提高脂肪和肉色素的稳定性。

肉品色素及其加工储藏过程中的变化是关系到食品品质的一个复杂问题,有关这些方面的基础研究,主要是了解肉类颜色变化的机理,以期能延长鲜肉的货架期。

7.1.3　类胡萝卜素

类胡萝卜素(carotenoid)是一类使动物食品显现黄色、橙色和红色的脂溶性色素,是自然界最丰富的天然色素。当其与蛋白质结合时,还可产生绿色、蓝色和紫色,这些色素大部分是由海洋藻类生物合成的。据估计,自然界类胡萝卜素每年的生物合成量达 1 亿吨以上,其中大部分存在于高等植物中。绿叶中的三种主要类胡萝卜素是叶黄素(lutein)、堇菜黄质(violaxanthin)和新黄质(neoxanthin),以及各种藻类中的岩藻黄质(fucoxanthin)。其他类胡萝卜素化合物在自然界中虽然也广泛存在,但数量较少,如 β-胡萝卜素(β-carotene)和玉米黄素(zeaxanthin)。还有一些属于此类化合物的色素,如番茄中的番茄红素(lycopene)、红辣椒中的辣椒红(capsanthin),以及胭脂橙中的胭脂树素(bixin),它们存在于某些植物中。目前我国已有厂家生产辣椒红色素。

类胡萝卜素和叶绿素同时存在于陆生植物中,类胡萝卜素的黄色常常被叶绿体的绿色所覆盖,在秋天当叶绿体被破坏之后类胡萝卜素的黄色才会显现出来。

人们早已知道,类胡萝卜素在植物组织的光合作用和光保护作用中起着重要的作用,它是所有含叶绿素组织中能够吸收光能的第二种色素。类胡萝卜素能够猝灭和(或)使活性氧失活(特别是单重态氧),因此起到光保护作用。植物的叶和根中存在的某些特定的类胡萝卜素是脱落酸的前体物质,脱落酸的功能是作为一种化学信使和生长调节剂。类胡萝卜素在人和其他动物膳食中主要是作为维生素 A 的前体物质,β-胡萝卜具有 2 个 β-紫罗酮环,是最有效的维生素 A 原,其他类胡萝卜素(如 α-胡萝卜素和 β-玉米黄质),也具有维生素 A 原的活性。水果蔬菜中具有维生素 A 原活性的类胡萝卜素,可以提供人体需要维生素 A 的 $30\%\sim100\%$。

1981 年,Peto 等注意到类胡萝卜的生理活性,他们在流行病学中调查发现,大量摄取富含类胡萝卜素的蔬菜、水果的人群中,某些癌症发病率较低。近来,加工过程中产生的类胡萝卜素的顺式异构体及其生理作用更进一步引起了人们的关注。

7.1.3.1　结构

　　类胡萝卜素包括烷烃类胡萝卜素及含氧衍生物叶黄素两类,它们的结构特征是具有共轭双键,构成其发色基团,这类化合物由 8 个异戊二烯单位组成,异戊二烯单位的连接方式是在分子中心的左右两边对称。从番茄红素的基本结构可知,在中心碳原子对的周围呈对称排列(图 7-14),两端环化生成 β-胡萝卜素,以 15-15′ 这对碳原子形成分子的中心。另一些类胡萝卜素也具有相同的中心结构,但末端基团不相同。氧合类胡萝卜素包含多种衍生物,通常含有羟基、羧酸、环氧基醛和酮。自 19 世纪初发现类胡萝卜素以来,已知大约有 60 种不同的末端基,构成超过 700 种已知的类胡萝卜素,并且还不断报道新发现的这类化合物,如在欧洲奶酪中发现的芳香类胡萝卜素,最近又在北极海洋红球菌(*Rhodococcus.* sp B7740)中发现,还伴生有在端基苯环上带二羧酸的稀有类胡萝卜素,它们的端基不是紫罗兰环,而是芳香环。此外,若考虑到顺(Z)或反(E)几何异构体或 R 和 S 对映体,其类型将更多。早期报道的大部分类胡萝卜素化合物都具有一个由 40 个碳原子构成的中心骨架,有一些化合物的骨架则小于 40 个碳,如胭脂素和 β-辅基-8′-胡萝卜素(β-apo-8′-carotenol),近来还发现有的含 40 个以上的碳原子,它们都称为取代 C_{40} 类胡萝卜素。

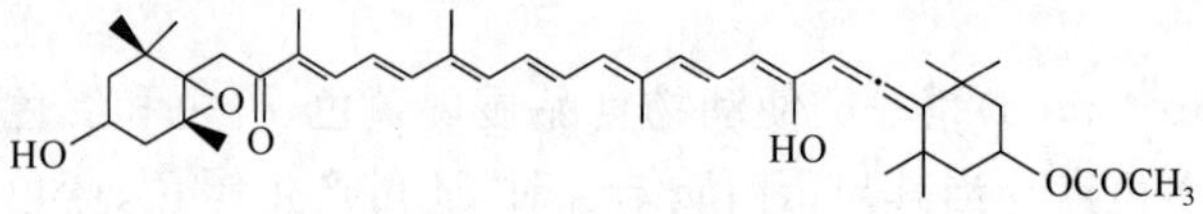

岩藻黄质(fucoxanthin) ($C_{42}H_{58}O_6$)

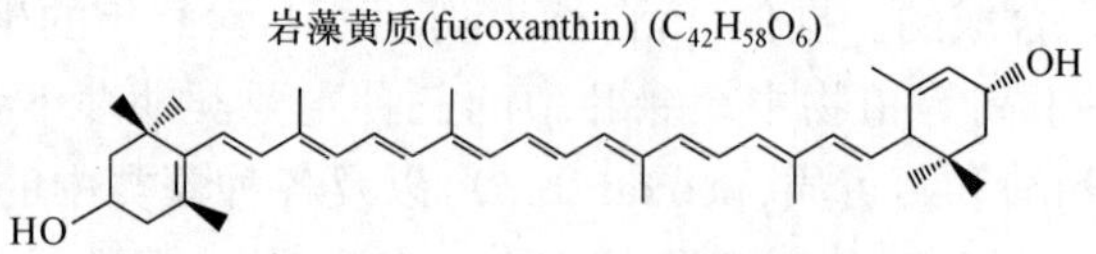

叶黄素 (lutein)($C_{40}H_{56}O_2$)

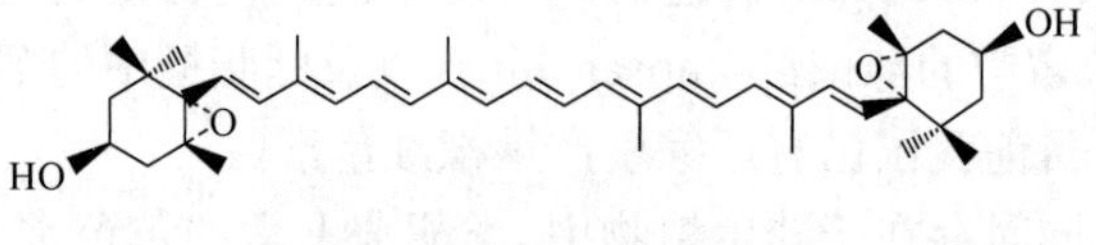

堇菜黄质 (violaxanthin)($C_{40}H_{56}O_4$)

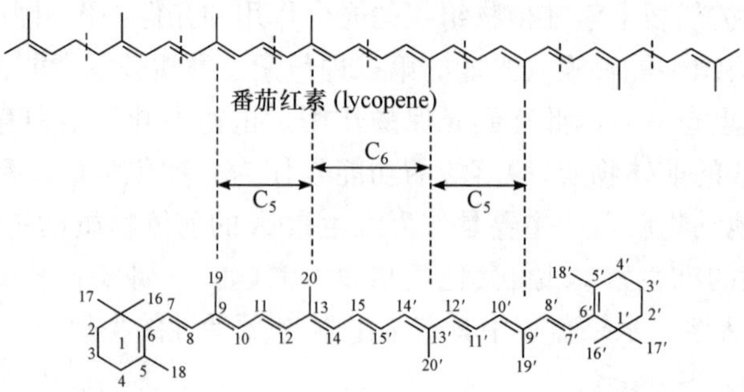

番茄红素 (lycopene)

β-紫罗酮环(β-ionone ring)　　　　　β-紫罗酮环(β-ionone ring)

β-胡萝卜素(β-carotene)

番茄红素和 β-胡萝卜的结构关系[表示 15-15′碳和 C_5(异戊二烯)对称]

图 7-14　常见的类胡萝卜素结构及番茄红素和 β-胡萝卜素的结构

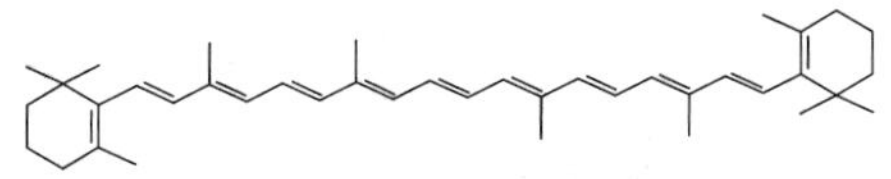

β-紫罗酮环 (β-ionone ring)　　　β-紫罗酮环 (β-ionone ring)

β-胡萝卜素 (β-carotene)($C_{40}H_{56}$)

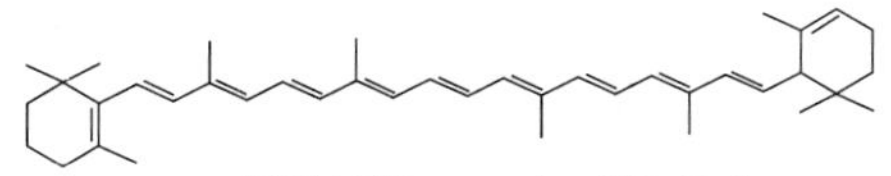

α-胡萝卜素 (α-carotene)($C_{40}H_{56}$)

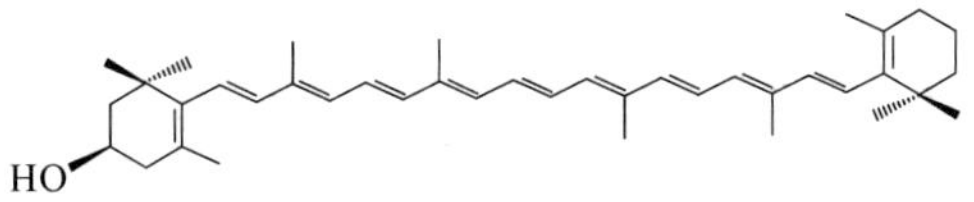

β-玉米黄素 (β-zeaxanthin)($C_{40}H_{56}O$)

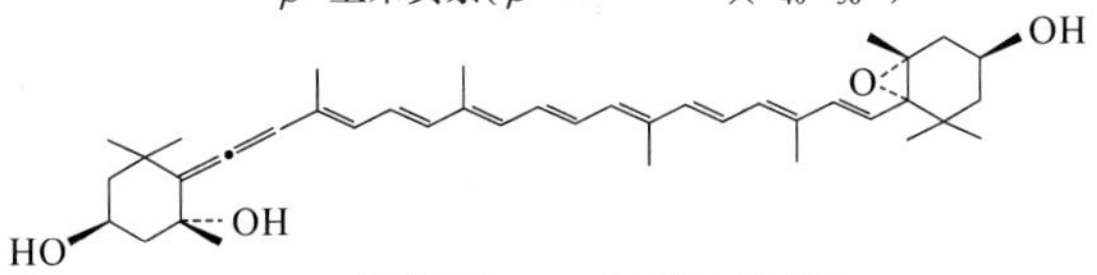

新黄质 (neoxanthin)($C_{40}H_{56}O_4$)

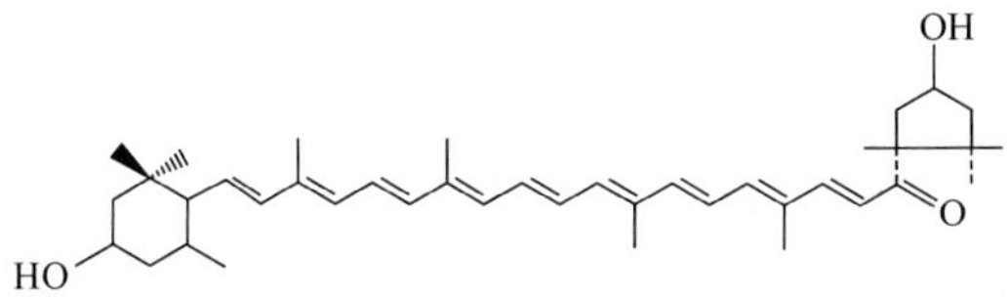

辣椒红 (capsanthin)($C_{40}H_{56}O_3$)

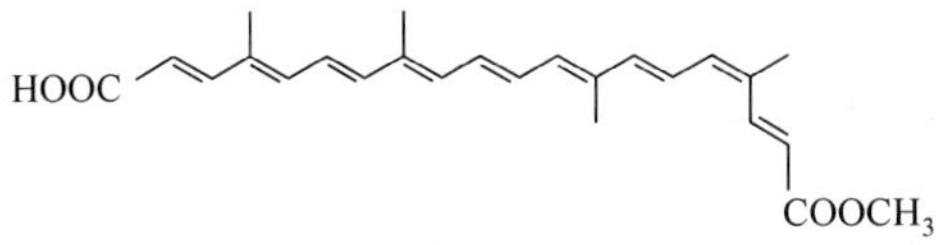

胭脂素 (bixin)($C_{25}H_{30}O_4$)

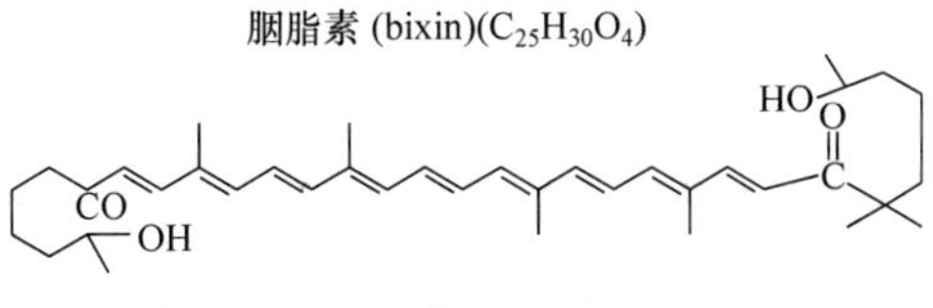

辣椒玉红素 (capsorubin)

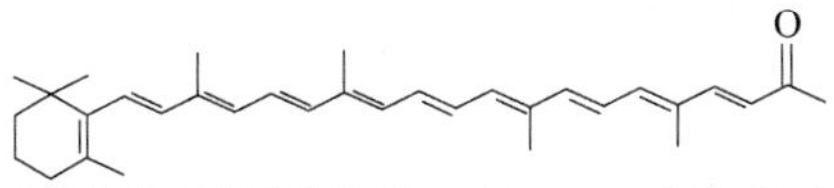

β-脱辅基-8′-胡萝卜醛 (β-apo-8′-carotenal)($C_{30}H_{40}O$)

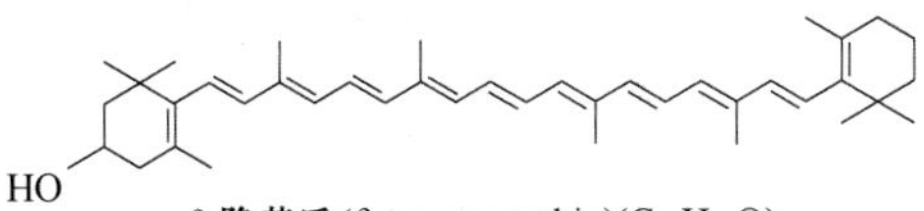

β-隐黄质 (β-cryptoxanthin)($C_{40}H_{56}O$)

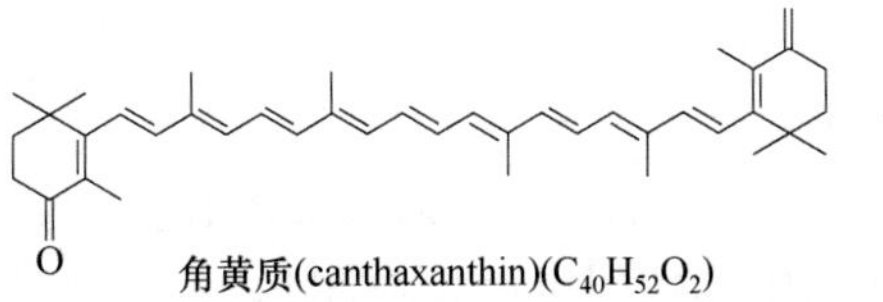

角黄质 (canthaxanthin)($C_{40}H_{52}O_2$)

图 7-14(续)

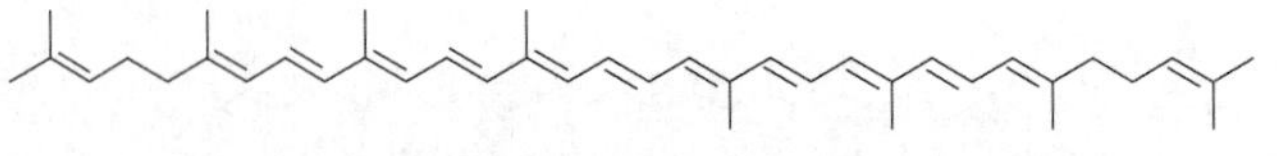

番茄红素 (lycopene)($C_{40}H_{56}$)

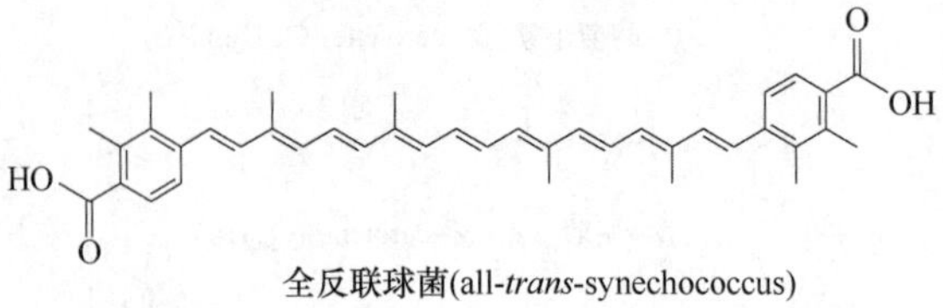

全反联球菌(all-*trans*-synechococcus)

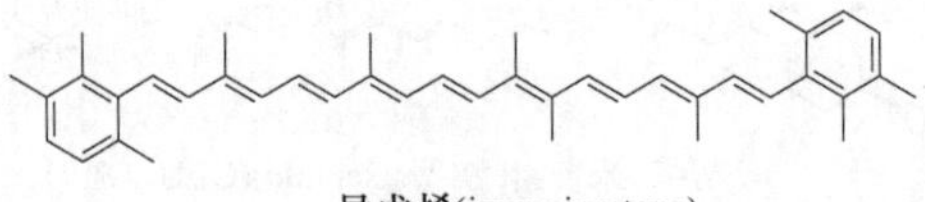

异戊烯(isorenieratene)

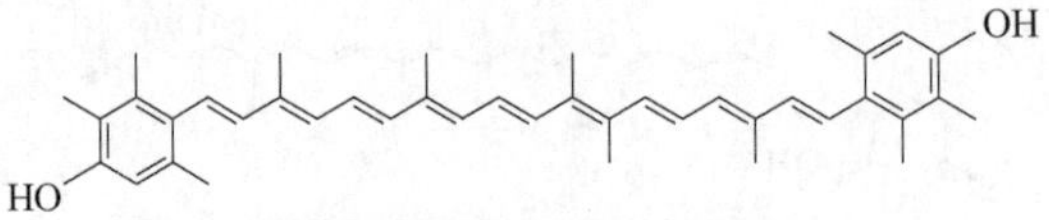

3,3′-二氢氧异戊烯酸酯(3,3′-dihyroxyisorenieratene)

图 7 - 14(续)

　　类胡萝卜素能以游离态(结晶或无定形)存在于植物组织或脂质介质溶液中,也可与糖或蛋白质结合,或与脂肪酸以酯类的形式存在。例如,秋天树叶的叶黄素分子结构中的3-和3′-两个位置上结合棕榈酸和亚麻酸,辣椒中辣椒红素以月桂酸酯存在,类胡萝卜素酯在花、果实、细菌体中均已发现。

　　近来,对各种无脊椎动物中的色素研究表明,类胡萝卜素与蛋白质结合不仅可以保持色素稳定,而且可以改变颜色,如红色类胡萝卜素虾青素(astaxanthin)与蛋白质配位时龙虾壳显蓝色。另一个例子是龙虾卵中的虾卵绿蛋白是一种绿色色素。类胡萝卜素-蛋白复合物还存在于某些绿叶、细菌、果实和蔬菜中。

　　类胡萝卜素还可通过糖苷键与还原糖结合,如藏花素是多年来唯一已知的这种色素,它是由 2 个分子龙胆二糖和藏花酸结合而成的化合物,它是藏红花中的主要色素。近来已从细菌中分离出许多种类胡萝卜素糖苷。

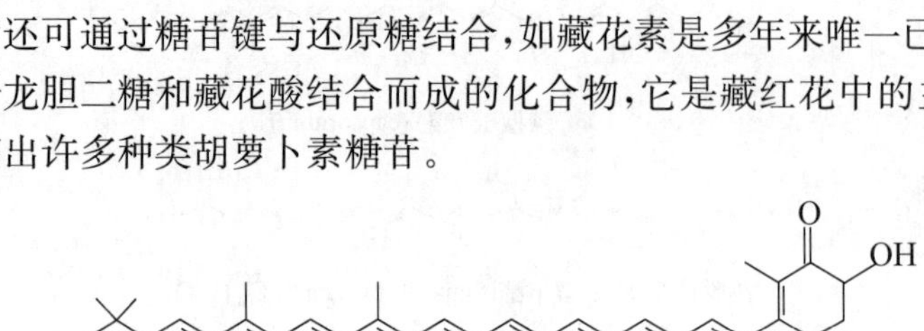

虾青素(astaxathin)($C_{40}H_{52}O_4$)

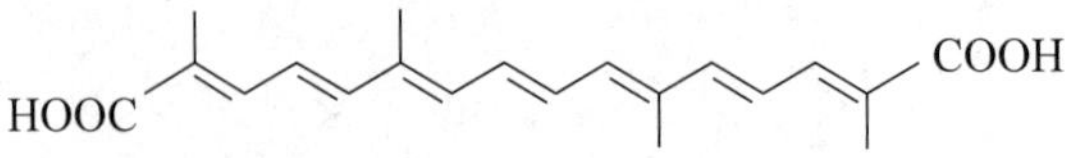

藏花酸(crocetion)($C_{20}H_{24}O_4$)

　　类胡萝卜素分子中有高度共轭双键的发色团和—OH 等助色团,可产生不同的颜色,分子中含有 7 个以上共轭双键时呈现黄色。这类色素因双键位置和基团种类不同,其最大吸收峰也不相同。此外,双键的顺、反几何异构也会影响色素的颜色,如全反式化合物的颜色较深,顺式双键的数目增加,颜色逐渐变淡。自然界中类胡萝卜素均为全反式结构,仅极少数的有单反式或双反式结构。β-胡萝卜素是植物组织中最常见的类胡萝卜素,无论天然的或合成的β-胡萝卜素都可以作为食品着色剂使用。

天然的类胡萝卜素可看成是番茄红素的衍生物,番茄红素是番茄的主要色素,也广泛存在于西瓜、南瓜、柑橘、杏和桃等水果中。自然界的食用植物组织,如红色、黄色及橙色水果,根类作物和蔬菜,特别是绿色蔬菜(如菠菜、甘蓝、芦笋、绿豆和豌豆)及富含叶绿素的组织,都含有类胡萝卜素,其含量与很多因素有关。有的水果不同成熟期含量差异很大,如番茄中的番茄红素,在成熟过程中增加很多,即使采收后仍会继续合成类胡萝卜素。此外,光照、植物生长的气候条件、土壤性质、肥料、杀虫剂等都将不同程度影响类胡萝卜素的生物合成。

7.1.3.2 物理性质与分析

所有类型的类胡萝卜素(烃类胡萝卜素和氧合叶黄素)都是脂溶性化合物,能溶于油和有机溶剂,具有适度的热稳定性,易发生氧化而褪色,在热酸或光的作用下很容易发生异构化。类胡萝卜素的颜色在黄色至红色范围,其检测波长一般为 $430\sim480$ nm。为了防止叶绿素的干扰,叶黄素的检测波长选择在较高波长。许多试剂能与类胡萝卜作用产生光谱位移,因此可用于类胡萝卜素的鉴定。

类胡萝卜素通常采用己烷-丙酮混合溶剂提取,可较为有效地与其他脂溶性杂质分离。目前采用的分离方法还有 HPLC 法,能对类胡萝卜素酯,顺、反异构体和光学异构体进行分离和鉴定。

7.1.3.3 化学性质

类胡萝卜素早已受到人们的重视,因为β-胡萝卜素是维生素 A 的前体。β-胡萝卜素的分子中心位置发生断裂可生成 2 个分子维生素 A。α-胡萝卜素只有一半的结构与β-胡萝卜素是相同的,所以它只能生成 1 个分子维生素 A,番茄红素没有维生素 A 活性。在三种类胡萝卜素中,β-胡萝卜素在自然界中含量最多,分布最广。

1) 氧化

类胡萝卜素在食品中降解的主要原因是氧化作用,包括酶促氧化、光敏氧化和自动氧化三种机理。氧化程度与类型依赖于色素处在体内或体外以及环境条件。在未损伤的活体组织中,色素的稳定性很可能与细胞的渗透性和起保护作用的成分存在或被隔离有关,例如番茄红素在番茄果实中非常稳定,但提取分离得到的纯色素很不稳定。类胡萝卜素由于高度共轭与不饱和结构,降解产物非常复杂。以 β-胡萝卜素为例,在氧化反应初期生成环氧衍生物与羰基化合物,进一步氧化形成短链的单环氧或双环氧化合物,包括环氧β-紫罗酮(图 7-15)。通常环氧结构是在末端形成,然而在链的其他任何位置都可发生氧化反应。一旦类胡萝卜素的环被环氧化后,则失去维生素 A 原的活性,当自动氧化程度严重时将使类胡萝卜素褪色或完全失去颜色。亚硫酸盐或金属离子的存在将加速 β-胡萝卜素的氧化。许多组织中存在着能迅速降解类胡萝卜素的酶体系,特别是脂肪氧合酶。例如,绿叶在室温下浸渍 20 min 有一半的类胡萝卜素损失,在许多食品中由于脂肪氧合

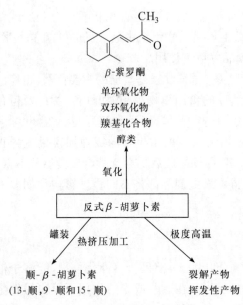

CH_3

β-紫罗酮

单环氧化物
双环氧化物
羰基化合物
醇类

氧化

| 反式β-胡萝卜素 |

罐装　热挤压加工　极度高温

顺-β-胡萝卜素
(13-顺，9-顺和15-顺)

裂解产物
挥发性产物

图 7-15　全反式β-胡萝卜素降解

酶的作用而加速类胡萝卜素降解，这是一种间接机理引起的。脂肪氧合酶首先催化不饱和或多不饱和脂肪酸氧化，产生过氧化物，随即过氧化物快速与类胡萝卜素反应，使颜色褪去。

2）抗氧化活性

食品中类胡萝卜素被破坏主要是由于光敏氧化作用，双键过氧化后发生裂解，即失去颜色，裂解后的终产物中有一种具有紫罗兰花气味的紫罗酮，其分子中的环状部分称为紫罗酮环。因此，某些类胡萝卜素可以作为一种单重态氧猝灭剂。研究证明，类胡萝卜素在细胞内和体外都能保护组织免受单重态氧的攻击，这种作用与氧分子层的大小有关。在低氧分压时，类胡萝卜素能抑制脂质的过氧化。但是在高氧分压时，β-胡萝卜素具有助氧化的作用。当有分子氧、光敏化剂（叶绿素）和光存在时可能产生具有高反应活性的单重态氧。关于类胡萝卜素能够猝灭单重态氧，保护细胞免受氧化损伤，作为化学保护剂的作用，并不是所有的类胡萝卜素都具有此功效，其中番茄红素是最有效的单重态氧猝灭剂。类胡萝卜素的抗氧化活性使之具有抗癌、抗衰老和防止白内障、防止动脉粥样硬化等作用。

在食品加工中类胡萝卜素的氧化机理较复杂，它取决于多种因素。色素同氧发生自氧反应的速率取决于光、热及有无助氧化剂和抗氧化剂的存在，自由基的形成分为三步。类胡萝卜素在有脂质存在时发生偶合氧化，其转化速率依体系而定，一般在高度不饱和体系中更稳定，可能是因为脂质体系本身比类胡萝卜素更容易接受自由基。相反地，类胡萝卜素在高度饱和的脂质体系中不太稳定，但文献报道有几个例外。类胡萝卜素可因存在的体系不同而起到抗氧化剂或助氧化剂的作用。

β-胡萝卜素在脂质存在的体系中，自由基和β-胡萝卜素起反应的主要位置很可能是紫罗酮环中双键的 α-碳原子，经过开环和β-氧化而逐步进行氧化。从类胡萝卜素结构的变化和它们与周围介质的相互作用来看，食品体系中很可能发生许多氧化历程。

3）顺/反异构化

类胡萝卜素的异构化也是一个值得注意的问题。在通常情况下，天然的类胡萝卜素是以全反式构型存在，但在植物组织，尤其是藻类中发现了少量顺式异构体，目前藻类已被用作提取类胡萝卜素的原料。在热加工过程或有机溶剂提取，以及光照（特别是碘存在时）和酸性环境等，都能导致异构化反应。因此常用胡萝卜素研究光的异构化反应。理论上可以这样认为，类胡萝卜素由于有许多双键，因此异构化反应后可能形成大量的几何异构体，如β-胡萝卜素从理论上分析具有 272 种顺式异构体，这些顺式异构体的维生素 A 原活性比全反式β-胡萝卜素降低 13%～53%。

7.1.3.4　加工过程中的稳定性

大多数水果和蔬菜中的类胡萝卜素在一般加工和储藏条件下是相对稳定的。冷冻几乎不改变类胡萝卜素的含量,热烫通常可以增加类胡萝卜素的含量,因为植物组织中的水溶性成分在热烫过程中减少或被除去,所以提高了色素的提取率。红薯采用的碱去皮几乎不会引起类胡萝卜素的异构化。

加热或热灭菌会诱导顺/反异构化反应,为减少异构化程度,应尽量降低热处理的程度。油脂在挤压蒸煮和高温加热的精炼过程中,类胡萝卜素不仅会发生异构化,而且产生热降解,当有氧存在时则加速反应进行。因此,精炼油中类胡萝卜素含量往往降低。气流脱水容易引起类胡萝卜素大量降解,如胡萝卜片和甜土豆片的脱水产品。由于它们具有大的比表面积,因而在干燥或在空气中储藏时,非常容易发生氧化分解。

必须指出,类胡萝卜素异构化时,产生一定量的顺式异构体,是不会影响色素的颜色,仅发生轻微的光谱位移,然而却降低了维生素 A 原的活性。因此,在选择分析方法时,尤其需要考虑营养价值的变化。

7.1.4　花色素苷

花色素苷(anthocyanin)是一类在自然界分布最广泛的水溶性色素,许多水果、蔬菜和花之所以显鲜艳的颜色,就是由于细胞汁液中存在着这类水溶性化合物。植物中的许多颜色(包括蓝色、红紫色、紫色、红色及橙色等)都是由花色素苷产生。花色素苷这个词是来自两个希腊字 *anthos*(花)和 *kyanos*(蓝)的合成词。一个多世纪以来,这些化合物的结构和特性,已引起了化学家和食品化学家的普遍关注,Robinson(1886—1975)爵士和Willstätter(1872—1942)教授由于他们对植物色素的杰出贡献而获得诺贝尔化学奖。花色素苷的化学结构目前已完全了解,但对其物理、化学性质和降解反应尚需进一步研究,特别是关于花色素苷的重要健康意义和在食品色素中的应用,已引起了科学家的关注。

7.1.4.1　结构

花色素苷被认为是类黄酮的一种,具有 C_6—C_3—C_6 碳骨架结构。所有花色素苷都是花色锌(flavylium)阳离子基本结构的衍生物。自然界已知有 27 种花色素苷,食品中重要的有 6 种,即花葵素(天竺葵色素,pelargonidin)、花青素(矢车菊色素,cyanidin)、飞燕草色素(花翠素,delphinidin)、芍药色素(peonidin)、3′-甲花翠素(牵牛花色素,petunidin)和二甲花翠素(锦葵色素,malvidin)(表 7 - 5),其他种类较少,仅存在于某些花和叶片中。由于花色素苷中的羟基和甲氧基的数目不同,连接到分子中糖的类型、数目和位置也有差异,且这些糖连接的脂肪族或芳香族酸的种类和数目巨多,所造成的结构多样性不言而喻。因而,在植物中发现了 700 多种不同的花色素苷是不足为奇的。

表 7-5　6 种主要花色素苷

花色素（结构）	发生取代的碳位[1]		
	3′-	4′-	5′-
花葵素（天竺葵色素）	H	OH	H
花青素（矢车菊色素）	OH	OH	H
飞燕草色素（翠雀素、花翠素）	OH	OH	OH
芍药色素（甲基花色素）	OMe	OH	H
3′-甲花翠素（牵牛花色素）	OMe	OH	OH
二甲花翠素（锦葵色素）	OMe	OH	OMe

1) 6 种化合物的 3-、5-和 7-碳位上各有 1 个羟基，其他碳原子上有氢原子，OMe 为甲氧基。

　　花色锌阳离子由苯并吡喃和苯环组成的 2-苯基-1-苯并吡喃阳离子，A 环、B 环上都有羟基存在，花色素苷颜色与 A 环和 B 环的结构有关，羟基数目增加使蓝紫色增强，而随着甲氧基数目增加则吸收波长红移（图 7-16）。花色素苷和花色素的颜色与分子被激发难易程度和分子结构中电子的迁移率相关。由于花色素苷和花色素富含双键，因此非常容易被激发，它们的存在对颜色来说是必不可少的。这里必须指出，当增加分子 B 环上的取代度，将导致颜色加深，这主要是红移的结果，即可见光谱中的光吸收带从一个较

花色锌阳离子

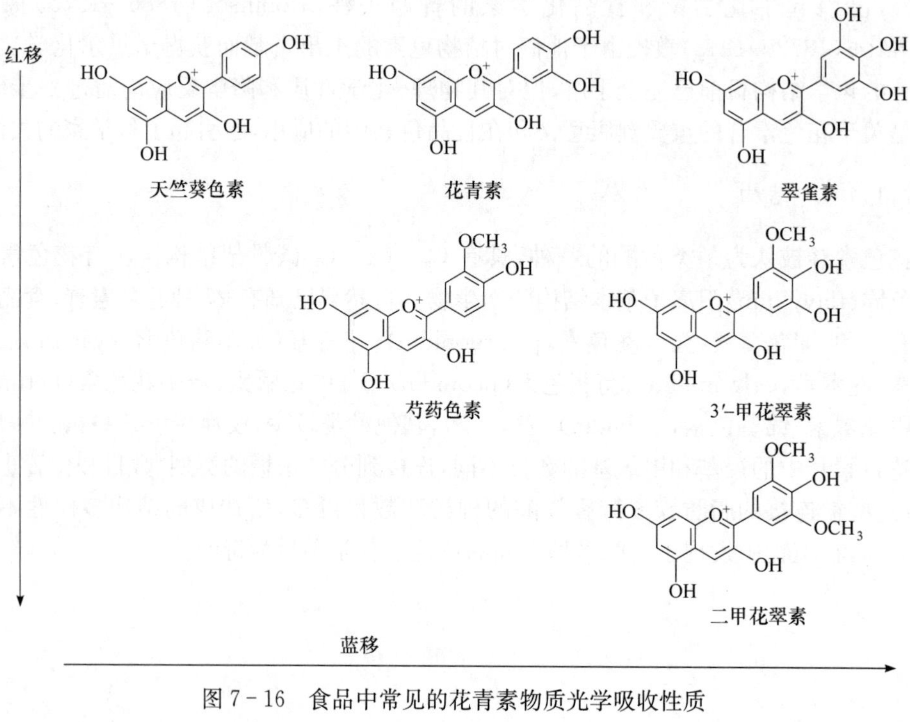

图 7-16　食品中常见的花青素物质光学吸收性质

短的波长向一个较长的波长移动,由此导致的颜色变化从橙色/红色到在酸性条件下的紫色。相反的变化则称为蓝移,即低色度变化。红移效应是由助色基团引起的,助色基团本身没有生色效应,但附着在分子上能导致颜色加深。助色基团是供电子基团,在花色素中它们通常是羟基和甲氧基。甲氧基比羟基能引起更大的红移效应,因为它们的供电子能力比羟基大。

花色素苷由配基(花色素)与 1 个或几个糖分子结合而成。游离配基的水溶性比糖苷低,高度不稳定,在食品中很少存在,仅在降解反应中才有微量产生,自然界中只有 3-脱氧花色素苷作为苷元存在。目前仅发现 5 种糖构成花色素苷分子的糖基部分,按其相对丰度大小依次为葡萄糖、鼠李糖、半乳糖、木糖和阿拉伯糖。花色素苷的颜色与糖基的类型、数目及位置有关。花色素还可以酰化使分子增加第三种组分,即糖分子的羟基可能被 1 个或几个对-香豆酸(p-coumaric acid)、阿魏酸(ferulic acid)、咖啡酸(caffeic acid)、丙二酸(malonic acid)、香草酸(vanillic acid)、苹果酸(malic acid)、琥珀酸(succinic acid)或乙酸分子所酰化,酰基的类型和数目也影响色素的颜色和稳定性。从植物中鉴定出的花色素苷中超过 65% 是酰化的。这些酰基化反应通常发生在糖基的 C_3-位上,而酯化则在 C_6—OH 上,C_4—OH 酯化较少。据报道,不同糖基上的花青素酰化模式是相当复杂的。

花色素苷按其所结合的糖分子数可分成许多种类:单糖苷只含 1 个糖基,几乎都连接在 3-碳位上;二糖苷含 2 个糖基,2 个可以都在 3-碳位,或 3-和 5-碳位各有 1 个,但很少在 3-和 7-碳位,5-碳位连接糖基可使颜色加深;三糖苷的 3 个糖基通常 2 个在 3-碳位和 1 个在 5-碳位的,有时 3 个在 3-碳位上形成支链结构或直链结构,但很少 2 个在 3-碳位和一个在 7-碳位的;含 4 个糖残基的花色素苷,已有一些证据说明它确实存在。已经报道含有 5 个残基和 4 个酰基成分的花色素苷。文献上报道大约有 700 种花色素苷,并且已建立了分离、鉴定和分析花色素的方法。植物中花色素苷的含量一般为 20 mg/100 g 鲜重至 600 mg/100 g 鲜重范围不等,有的甚至高达几 g/100 g。

7.1.4.2　花色素苷的颜色和稳定性

花色素苷分子中吡喃环(或称花色𬭩环)的氧原子是四价的,所以非常活泼,在加工和提取时通常不稳定,引起的反应常使色素褪色。这是水果、蔬菜加工中通常不希望出现的。花色素苷的破坏速率除自身结构外,花色素的种类、糖苷取代的数目和种类,以及酰基化模式主要受 pH、温度和氧浓度的影响,其次酶、还原剂、金属离子和糖也影响花色素苷的稳定性。此外,共色素形成作用也会影响花色素苷的降解速率。在酸性环境中花色素苷非常稳定,在 pH 较高时破坏速率较快。转化速率还随无色甲醇碱型色素含量的改变而变化,并且与温度有关。草莓酱色素的半衰期在 20 ℃时为 1300 h,38 ℃为 240 h。关于花色素苷分子同空气,以及水果和蔬菜中的许多成分的反应性对花色素苷稳定性的影响已引起食品化学家的重视。

花青素-3-鼠李葡糖苷
(cyanidin-3-rhamnoglucoside)

醌型或脱水基质
(quinoidal,anhydrobase)

1) 结构变化和 pH

　　花色素苷的降解速率与其结构关系密切。分子中羟基数目增加则稳定性降低,而甲氧基化程度提高则增加稳定性。C_3位糖基化后,其稳定性和溶解性显著增加,这是在分子内形成的氢键网络所致。食品中富含花葵素、花青素和翠雀素配基的花色素苷的颜色的稳定性,低于富含花色素和锦葵色素配基花色素苷,这是因为后者的活性羟基被封闭。同样糖基化也有利于色素稳定,在储藏中半乳糖蔓橘花色素苷比阿拉伯糖蔓橘花色素苷更稳定。由此说明取代基的性质对花色素苷的稳定性有重要影响。花青素-3-(2)-葡萄糖、鼠李糖苷在 pH=3.5、50 ℃时的半衰期为 26 h,而同样条件下花青素-3-鼠李糖的半衰期仅为 16 h。花色素苷的颜色随着 pH 改变而发生明显的变化,图 7-17 表示花青素-3-鼠李葡糖苷的吸收光谱,花青素-3-鼠李葡糖苷受 pH 变化的影响,在 pH 为 0.71 时为深红色,pH 升高色素转变成蓝色醌式碱。

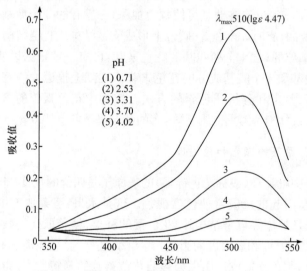

图 7-17　花青素-3-鼠李葡糖苷在 pH 为 0.71～4.02 缓冲液中的吸收

光谱色素浓度为 1.6×10^{-2} g/L

　　水溶液介质中(包括食品),花色素苷随 pH 不同可能有 4 种结构,图 7-18 表示二甲花翠素-3-葡糖苷在 pH 为 0～6 变化出现的结构改变及不同 pH 时 4 种结构的平衡分布曲线,在 4 种结构中只有 2 种形式是主要的。低 pH 时,以二甲花翠素-3-葡糖苷锌阳离子占优势;而在 pH 为 4～6 时主要为无色甲醇假碱结构;当溶液在 pH 为 6 时呈现无色。而在 4'-甲氧基-4-甲基-7-羟基花色锌盐酸盐的溶液中,花色锌阳离子与醌型碱之间存在平衡,因此在 pH 为 0～6 溶液的颜色随着 pH 增加,由红色到蓝色。

蓝色醌式碱(图 7-19)质子化生成红色花色锌阳离子(AH⁺),然后水解形成无色甲醇假碱(B),甲醇假碱与无色查耳酮(C)处于平衡状态,可表示如下:

$$A \underset{H^+}{\rightleftharpoons} AH^+ \underset{H_2O}{\rightleftharpoons} B \rightleftharpoons C$$

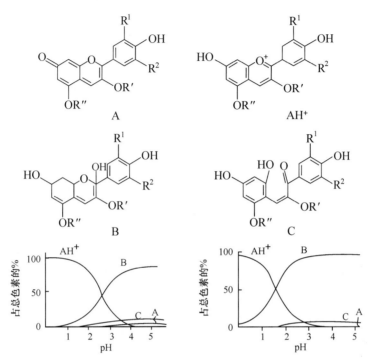

图 7-18 pH 对花色素苷结构的影响

左图表示二甲花翠素-3-葡糖苷;右图表示二甲花翠素-3,5-二糖苷;

A、B、C 和 AH⁺ 分别代表醌型碱、甲醇假碱、查耳酮和花色锌阳离子

最近,Brouillard 等确定了不同 pH 下这些色素的相对含量,并报道吊竹梅属花色素苷(zebrina anthocyanin)特别稳定,它是鸭拓草科植物中存在的花色素苷,这种花色素苷之所以稳定是由于 3 个酰基的位阻使之不能转变成无色假碱和查尔酮型。这类色素 B 环上的糖取代物也具有不同的特性。

近来还发现一类在 B 环上有糖取代的新型花色素苷,它在不同 pH 时呈现出不同的取代形式,这些化合物 B 环上的糖取代成分,可多达 2 个或更多个酰基。迄今报道的这类化合物有 5 种,其中三咖啡酰基花青素-3,7,3′-三葡萄糖苷的性质特别稳定,因为酰基位阻而不能形成甲醇假碱型。

2) 热和光

食品中花色素苷的稳定性与温度关系较大。花色素苷的降解遵循一级动力学,一般而言,凡是能增加对 pH 稳定的结构同样能提高热稳定性。高度羟基化的花色素苷比甲基化、糖基化或酰基化的花色素苷的热稳定性差。例如,3,4′,5,5′,7-五羟基黄锌盐在 pH=2.8 时的半衰期为 0.5 d,而 3,4′,5,5′,7-五甲氧基黄锌盐的半衰期为 6 d。同样条件下,花青素-芸香糖苷的半衰期长达 65 d。然而未糖基化的花青素的半衰期为 12 h。这

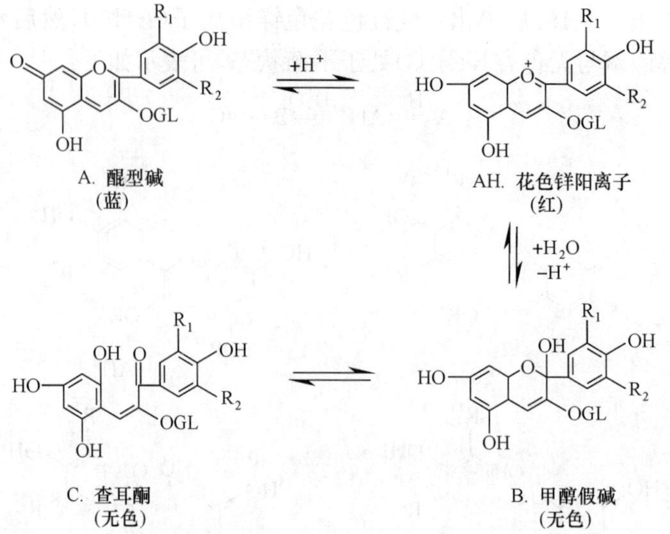

图 7 - 19　花色素苷在 pH 改变时的结构变化(25 ℃, 0.2 mol/L)

里需要提醒注意的是,对于文献报道的数据,一般很难比较。因为实验条件不尽相同。另外,还需考虑花色素苷在不同 pH 条件下的 4 种平衡(图 7 - 18)。升高温度平衡向查耳酮方向移动,其逆反应速率比正反应慢。因此,测定色素的保留量要在二者达到平衡后测定。研究表明,花色素苷的热降解机理与花色素苷的种类、降解温度和时间有关。

植物暴露在光中可诱导花色素苷形成和积累。然而,光通常会加速花色素的降解,已在红葡萄酒和几种果汁得到证实,同时发现花色素苷的结构影响其对光的稳定性,酰化和甲基化的二糖苷比未酰化的稳定,双糖苷比单糖苷更稳定。共色素形成作用(包括花色素苷自身缩合或与另外的有机化合物结合)可以加速或延缓降解。

3) 氧与还原剂

花色素苷结构的不饱和特性使之容易受到氧分子的攻击。因此对于富含花色素苷的果汁,如葡萄汁一直采用热充满罐装,以减少氧对花色素苷的破坏作用,只有尽量将瓶装满,才能减缓葡萄汁的颜色由红色变为暗灰色,现在工业上也有采用充氮罐装或真空条件下加工含花色素苷的果汁,达到延长果汁保质期的作用。

水活度对花色素苷稳定性的影响人们还了解不多,但一般认为最适 a_w 为 0.63~0.79(表 7 - 6)。

表 7 - 6　加热时 a_w 对花色素苷色素的稳定性[1]的影响

在 43 ℃时的保留时间/min	不同 a_w 的吸光值						
	1.00	0.95	0.87	0.74	0.63	0.47	0.37
0	0.84	0.85	0.86	0.91	0.92	0.96	1.03
60	0.78	0.82	0.82	0.88	0.88	0.89	0.90
90	0.76	0.81	0.81	0.85	0.86	0.87	0.89
160	0.74	0.75	0.78	0.84	0.85	0.86	0.87
吸光值的变化(0~160 min)/%	11.9	10.5	9.3	7.6	7.6	10.4	15.5

1) 色素稳定性以吸光值表示。

用亚硫酸处理水果,是加工果酱、果脯等产品前大量储藏水果的重要方法。近几年来由于采用冷冻方法保藏水果使加工成的产品品质提高,所以果酱加工前原料的储藏已经不用亚硫酸。由于储藏和加工时添加亚硫酸盐或二氧化硫(浓度为 500～20000 mg/kg)可导致花色素苷迅速褪色,同时水果中存在其他色素而产生黄色,这个过程是简单的亚硫酸加成反应,花色素苷

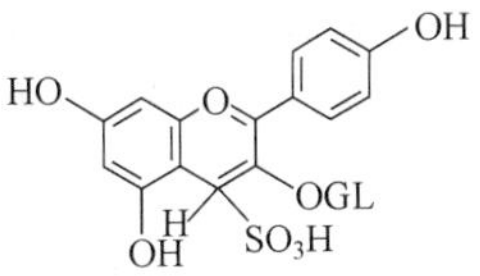

图 7-20　无色花色素
苷-硫酸盐复合物

的 2-或 4-碳位因亚硫酸加成反应后形成十分稳定的无色化合物(图 7-20),在加工果酱时煮沸和酸化可使亚硫酸除去,于是又重新形成花色素苷。二氧化硫能使花色素苷褪色,是因为二氧化硫与花色素苷的 C_4 结合生成无色化合物的结果。二氧化硫与花青素-3-葡糖苷反应的速率常数为 25700 L/μAmp,这意味着少量的二氧化硫可使大量的花色素苷失去颜色。二氧化硫使花色素苷褪色的过程可以是可逆或不可逆的,一般添加量为 500～2000 mg/kg。反应如下:

$$AH^+ + SO_2 \rightleftharpoons AHSO_2^+ \qquad K = \frac{[AHSO_2^+]}{[AH^+][SO_2]} = 25\,700 \text{ L/μAmp}$$

花色素苷与抗坏血酸相互作用导致降解,二者同时消失,已为许多研究者所证实。例如,每 100 g 蔓越橘汁鸡尾酒中,含花色素苷和抗坏血酸分别为 9 mg 和 18 mg 左右,室温下储存 6 个月,花色素苷损失约 80%。由于降解产物有颜色,所以汁仍呈棕红色。这是因为抗坏血酸降解产生的中间产物过氧化物能够诱导花色素苷降解。人们早已知道,过氧化物和花色素苷的反应是鉴别花色锌化合物 3-碳位上糖类方法的原理。过氧化物氧化花色锌盐依条件不同可形成一系列不同的化合物。铜和铁离子催化抗坏血酸氧化,并使花色素苷的破坏速率加快,甚至在花色素苷较稳定的 pH(2.0)下,与抗坏血酸降解产生的过氧化物反应,引起的破坏作用也是相当大的。当果汁中存在黄酮类化合物时,如槲皮糖苷、槲皮素等,能抑制氧化反应,在果汁中如果存在不适宜抗坏血酸形成过氧化氢的条件,则花色素苷稳定,不易褪色。过氧化氢能在花色素苷 C_2-位发生亲核攻击,使花色锌环断裂开环形成无色的酯和香豆素衍生物,这些裂解产物进一步降解或聚合,最后在果汁中出现常见的褐色沉淀。

在抗坏血酸、氨基酸、酚类、糖衍生物等存在时,由于这些化合物与花色素苷发生缩合反应可使褪色加快。反应产生的聚合物和降解产物可能是十分复杂的,有些反应生成褐红色栎鞣红(phlobaphene)的化合物。例如,草莓酱在室温储藏两年后未检出剩留的花色素苷,但颜色仍然呈褐红色。这类化合物可产生陈酿红葡萄酒色。酶(如糖苷酶或酚酶)能使花色素苷褪色,糖苷酶使保护的 3-糖苷键水解生成不稳定的配基,酚酶与邻二羟基酚相互作用引起花色素苷褪色。

4) 糖及其降解产物

水果罐头中的高浓度糖有利于花色素苷稳定,主要因为降低了水分活度。但是当糖的浓度很低时,糖及其降解产物会加速花色素苷的降解,而且与糖的种类有关,其中果糖、阿拉伯糖、乳糖和山梨糖对花色素苷的降解作用大于葡萄糖、蔗糖和麦芽糖。在果汁中美拉德反应和抗坏血酸的氧化降解往往是伴随花色素苷降解反应同时发生,花色素苷的降解速率与糖转化为糠醛的速率一致,而且戊醛糖转化的糠醛和乙酮糖转化的羟甲基糠醛

都能与花色素苷缩合形成褐色化合物,在果汁中这类反应非常明显,其反应机理不清楚。但可以肯定,缩合反应与温度密切相关,氧能加速反应进行。

尽管花色素苷的热降解机理目前尚不完全清楚,但目前仍提出了 3 种降解途径:香豆素-3,5-二葡萄糖苷是花色素(花青素、甲基花青素、翠雀素、3′-甲花翠素和二甲花翠素)-3,5-二糖苷最常见的降解产物。途径 1:花色锌阳离子首先转变为醌式碱,然后生成几种中间产物,最后得到香豆素衍生物和 1 个对应的 B 环化合物。途径 2(图 7-21):花色锌离子首先转变为甲醇碱,经查耳酮途径生成褐变降解产物。途径 3(图 7-21):与途径 2 类似,仅最终产物变成查耳酮的裂解产物。以上 3 种降解途径与初始反应物花色素苷的类型和降解浓度有关。

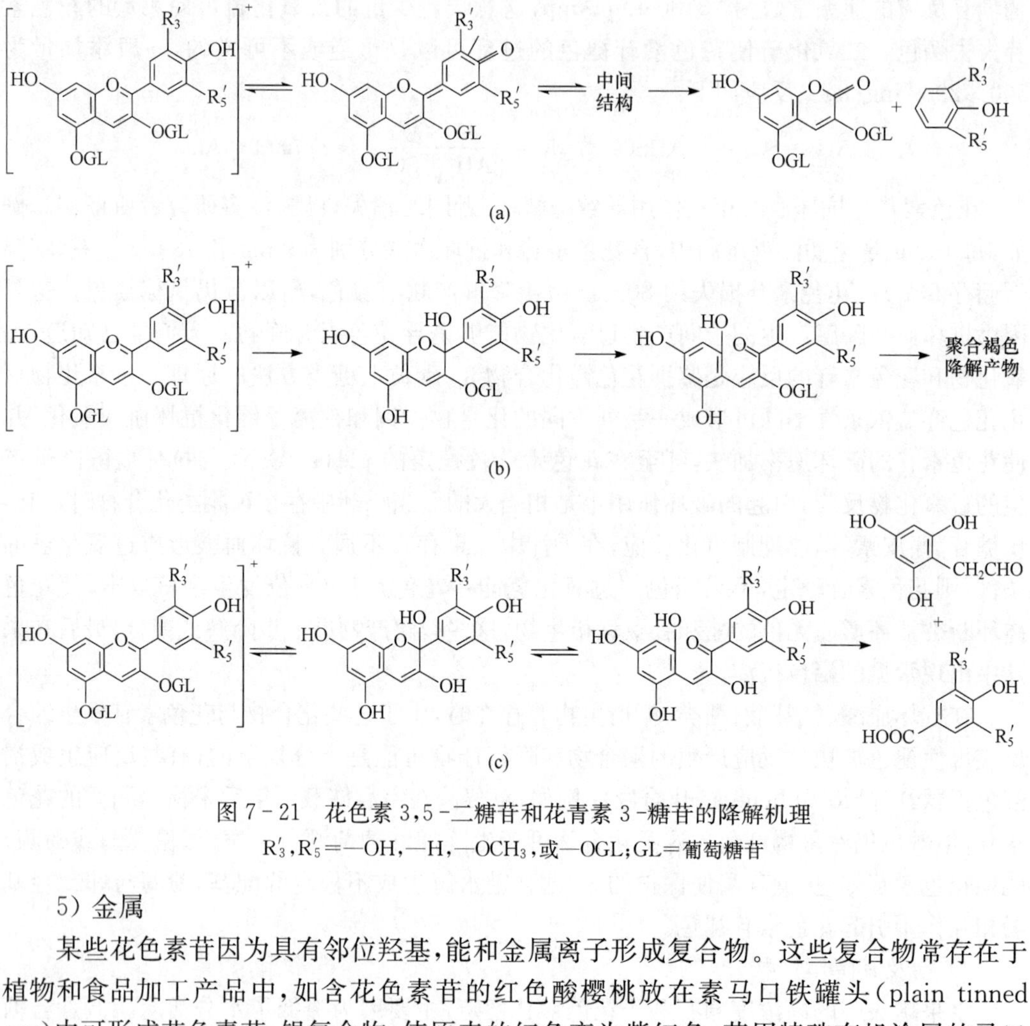

(a)

(b)

(c)

图 7-21　花色素 3,5-二糖苷和花青素 3-糖苷的降解机理

R_3',R_5'=—OH,—H,—OCH$_3$,或—OGL;GL=葡萄糖苷

5) 金属

某些花色素苷因为具有邻位羟基,能和金属离子形成复合物。这些复合物常存在于植物和食品加工产品中,如含花色素苷的红色酸樱桃放在素马口铁罐头(plain tinned can)内可形成花色素苷-锡复合物,使原来的红色变为紫红色,若用特殊有机涂层的马口铁罐则可防止这种复合物出现。也常利用 AlCl$_3$ 能与具有邻位羟基的花青素-3-甲花翠素和翠雀素形成复合物,而与不具邻位羟基的花葵素、芍药色素和二甲葵翠素区别开来。还必须注意的是,Ca^{2+}、Fe^{2+}、Fe^{3+} 和 Sn^{2+} 等金属离子也能和花色素苷形成复合物,对色

素可起到一定的保护作用,同时也能引起果汁变色,尤其是加工梨、桃和荔枝等水果时,在酸性条件下加热,由于原花青素转变为花色素,继而与金属离子结合形成复合物,呈现粉红色,将这种现象称为"红变"。

限制使用合成红色食用色素,使人们对可能作为食品着色剂的花色素苷类化合物产生兴趣。Jurd 叙述了 3-位碳有不同取代成分的全部化合物,但遗憾的是这些化合物易与二氧化硫、抗坏血酸和其他试剂反应,并且受 pH 变化的影响。Timberlake 和 Bridle 近来报道,在 4-位碳上带有甲基或苯基的花色素,在有上述化合物存在时性质非常稳定,甚至超过某些允许使用的人工合成的红色色素。然而,利用这类 4-位碳取代花色鎓新型化合物作为色素,还必须进行毒性实验。

6）共色素形成作用

从蓝色的花(如玉米花)中可分离出红色花色素苷。人们曾对能产生蓝色的花色素苷的结构进行了大量研究,认为颜色的产生是由于花色素苷与黄色类黄酮和其他多酚化合物的共色素形成作用(copigmentation),以及同许多成分形成复合物。从分离出的许多这类复合物中鉴定发现,它们含有阳离子,如 Al^{3+}、K^+、Fe^{2+}、Fe^{3+}、Cu^{2+}、Ca^{2+} 和 Sn^{2+},以及氨基酸、蛋白质、果胶、糖类或多酚类物质。所有这些复合物都存在于花朵中。van Teeling 等还报道从越橘罐头中分离出分子量很大(77 000 000)的复合物。

尽管组成这些复合物的后者是无色的,但它们可引起花色素苷的吸收波长发生红移而增加对光的吸收值,使色素变得更稳定。在果酒加工过程中,花色素苷通过一系列反应,形成更稳定的酒复合物色素,这个稳定的酒色素是由于花色素苷自身通过共价缔合的结果。这些多聚物对 pH 的敏感性降低,因为缔合发生在 C_4-位上,从而阻止了因 SO_2 产生的脱色作用。此外,在酒中还发现了花色素苷衍生物的色素(Vitisin A 和 B),它们分别是由二甲花翠素与丙酮酸和乙醛反应生成的,其光谱吸收在可见区,相对于二甲花翠素发生蓝移,颜色比二甲花翠素的蓝色更显橙红色。然而 Vitisin 对葡萄酒的色素贡献是很小的,红葡萄中色素的稳定性是由于花色素苷自身结合的结果。

花色素鎓阳离子与醌型碱能吸附在果胶或淀粉等底物上,从而起到稳定色素的作用,因而这种稳定复合物可视为一种潜在的食品色素添加剂。但是其他的一些缩合反应却能引起颜色损失,某些亲核化合物如氨基酸、间苯二酚和儿茶素与花色素鎓阳离子缩合生成无色的 4-取代-黄-2-乙烯。

7）酶促反应

糖苷酶和多酚氧化酶能引起花色素失去颜色,因此有时将它们称为花色素苷酶。糖苷酶的作用是水解花色素苷的糖苷键,生成糖和配基花色素,颜色的损失是由于花色素苷在水中的溶解度降低和转变为无色化合物。多酚氧化酶是在有氧和邻二酚存在时,首先将邻二酚氧化成为醌,然后邻苯醌与花色素苷反应形成氧化花色素苷和降解产物,从而导致褪色。

烫漂在水果加工中虽然不常采用。但是为了抑制破坏花色素苷的酶,常采用短时热烫处理(在 90～100 ℃处理 45～60 s)使酶失活。例如,酸樱桃在冻藏前的热烫处理,低浓度的 SO_2(30 mg/kg)可抑制樱桃中酶引起的花色素苷降解。同样,$NaSO_3$ 对花色素苷也有热稳定效应。此外,一些酶,如浸解酶(macerating enzyme)通常用于水果加工以提高果汁的产量。由于该酶是复合酶(包含果胶酶、半纤维素酶、木聚糖酶、蛋白酶和淀粉酶等,有的还含有糖苷酶),因此使用时应注意筛选,避免花色素苷脱糖基化或失去颜色。

7.1.5 类黄酮

7.1.5.1 结构

类黄酮(flavonoids)广泛分布于植物界,是一大类水溶性天然色素,呈浅黄色或无色,化学结构类似花色素苷。目前已知的类黄酮化合物有6000种以上。

类黄酮存在于可食的花、叶类植物,如蔬菜、根、块茎和球茎植物、中草药、香料、豆类、茶叶、咖啡和红酒中。食品的黄色虽然大多数来自类胡萝卜素,但也有一些黄色为非花色素苷类的类黄酮所致。此外,在自然界含酚羟基的类黄酮的氧化产物赋予食品棕色或黑色。植物材料中有的类黄酮使之呈白色。花黄素(黄酮)源于希腊词中的 anthos(花)和 xanthos(黄色),有时也用它命名一些黄色类黄酮。除此之外,类黄酮在植物的生长、繁殖、抵抗病原体及捕食动物中均发挥着重要的作用。

类黄酮的基本结构是2-苯基苯并吡喃酮,最重要的类黄酮化合物是黄酮(flavone)和黄酮醇(flavonol)的衍生物,而噢哢(aurone)、查耳酮(chalcone)、黄烷醇(flavanol)即儿茶素(catechin)、黄烷酮(flavanone)、黄烷酮醇(二氢黄酮醇,flavanonol)、异黄酮(isoflavone)、异黄烷酮(isoflavanone)和双黄酮(biflavonyl)等的衍生物也是比较重要的。

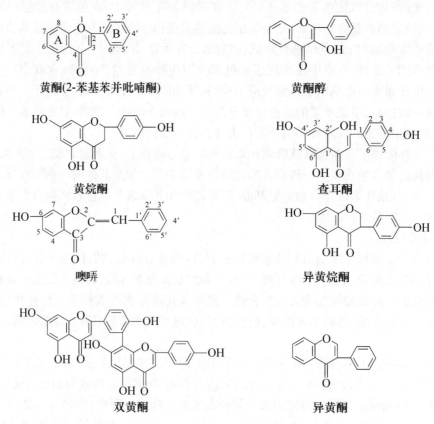

黄酮(2-苯基苯并吡喃酮)　　　　黄酮醇

黄烷酮　　　　查耳酮

噢哢　　　　异黄烷酮

双黄酮　　　　异黄酮

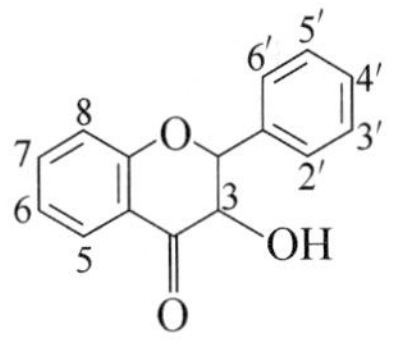

二氢黄酮醇 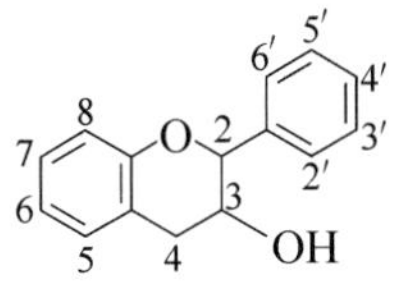　　　　　　　　　黄烷醇

　　黄酮醇是类黄酮中主要的一类,如莰非醇(kaempferol,3,5,7,4′-四羟基黄酮醇)、槲皮素(querein,3,5,7,3′,4′-五羟基黄酮)和杨梅黄酮(myricetin,3,5,7,3′,4′,5′-六羟基黄酮)。

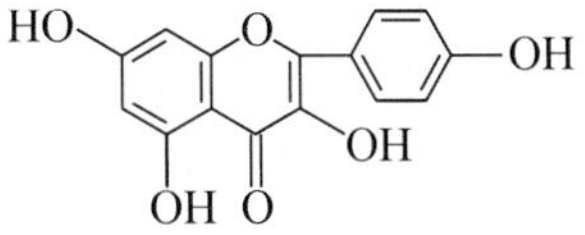

莰非醇 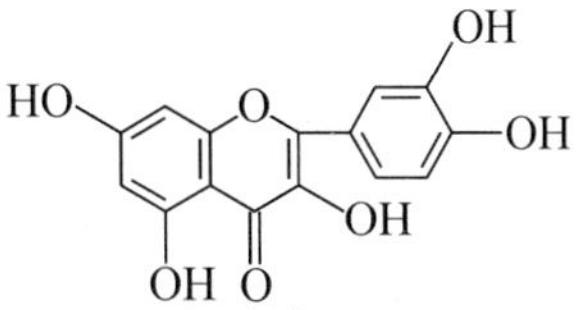　　　　　　　　　槲皮素

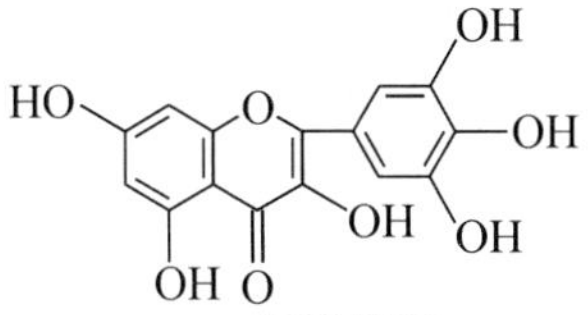

杨梅黄酮

　　另一类不及黄酮醇普遍的化合物是黄酮,包括芹菜素(apigenin,5,7,4′-三羟基黄酮)、木犀草素(luteolin,5,7,3′,4′-四羟基黄酮)和5,7,3′,4′,5′-五羟黄酮(tricetin)。这些化合物的结构与花葵素、花青素和花翠素相似。除上述化合物外,已知其他配基有60种之多,它们是黄酮醇和黄酮的羟基和甲氧基衍生物。

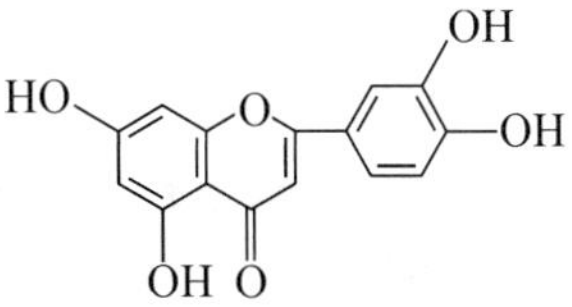

木犀草素 (黄酮类) 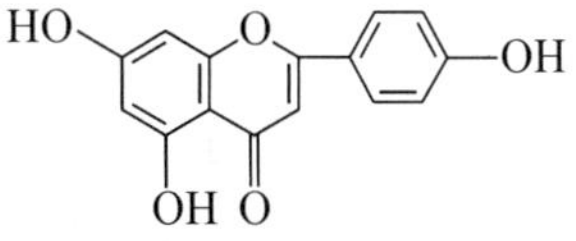　　　　　　　　　芹菜素 (黄酮类)

　　类黄酮配基通常和葡萄糖、鼠李糖、半乳糖、阿拉伯糖、木糖、芹菜糖或葡萄糖醛酸以糖苷的形式存在,取代位置各不相同,一般是在7-,5-,4′、7-,4′和3-碳位,与花色素苷相反,最常见的是在7-位碳上取代,因为7-位碳的羟基酸性最强。类黄酮化合物还可以类似于花色素苷的方式和酰基取代成分酯化,所分离出的化合物中的葡萄糖是在6-或8-位碳以碳-碳键连接。这类化合物完全不能被酸水解,严格说它不属于糖苷化合物,但是有密切相关的性质。两种最普遍的这类化合物是牡荆素(vitexin)和异牡荆素(isovitexin),一般称为碳链黄酮类化合物。关于类黄酮化合物的分离和鉴定方法有许多种。

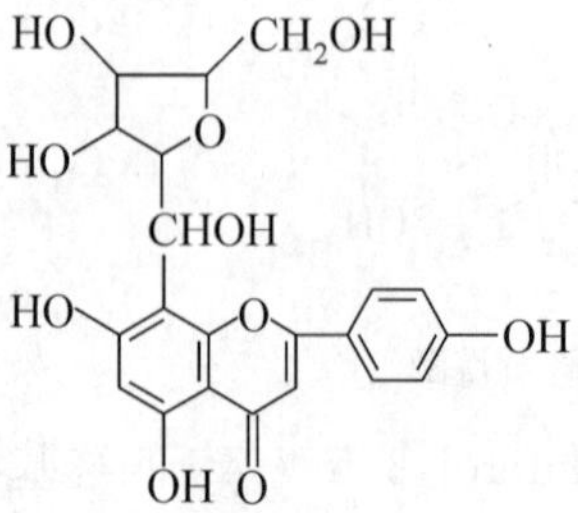

牡荆素

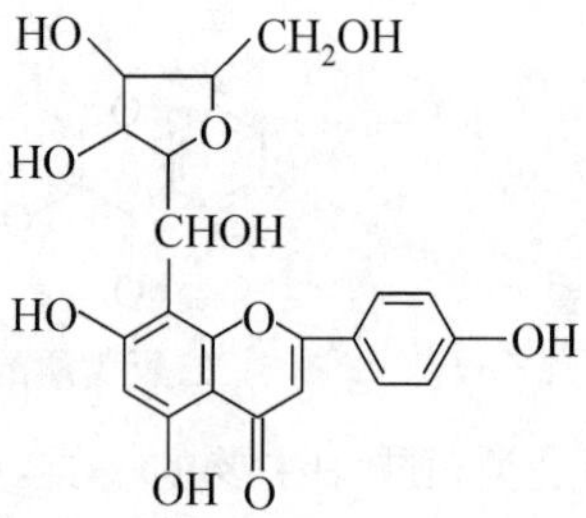

异牡荆素

7.1.5.2　化学性质

类黄酮的羟基呈酸性,因此,具有酸类化合物的通性,分子中的吡酮环和羰基构成了生色团的基本结构。其酚羟基数目和结合的位置对色素颜色有很大影响,在 3′-或 4′-位碳上有羟基(或甲氧基)多呈深黄色,而在 3-位碳上有羟基显灰黄色,并且 3-位碳上的羟基还能使 3′-或 4′-位碳上有羟基的化合物颜色加深。

类黄酮化合物遇三氯化铁,可呈蓝、蓝黑、紫、棕等各种颜色。这与分子中 3′-、4′-、5′-位碳上的羟基数目有关。3-位碳上的羟基与三氯化铁作用呈棕色。

在碱性溶液中类黄酮易开环生成查耳酮型结构而呈黄色、橙色或褐色。在酸性条件下,查耳酮又恢复为闭环结构,于是颜色消失。例如,马铃薯、稻米、小麦面粉、芦笋、荸荠等在碱性水中烹煮变黄,即是黄酮物质在碱作用下形成查耳酮结构的原因。黄皮种洋葱变黄的现象更为显著,在花椰菜和甘蓝中也有变黄现象发生。反应如下:

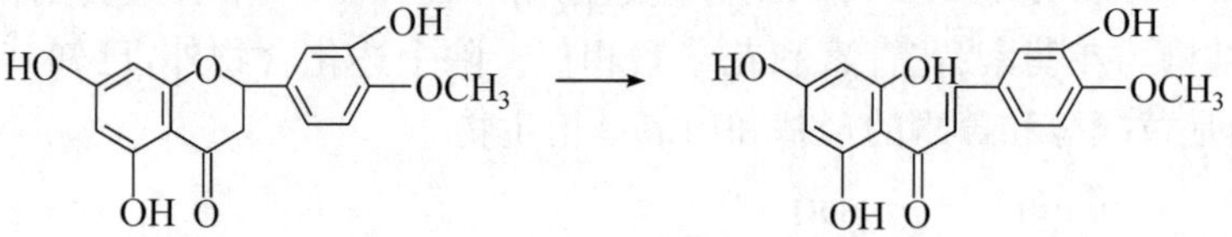

橙皮素 (白色)　　　　　　　　　　橙皮素查耳酮 (金黄色)

类黄酮色素在空气中放置容易氧化产生褐色沉淀,因此一些含类黄酮化合物的果汁存放过久便有褐色沉淀生成。黑色橄榄的颜色是类黄酮的氧化产物产生的。

7.1.5.3　物理特性

类黄酮的光谱特性和颜色依赖于分子中的不饱和度和助色基团。对于儿茶素和原花青素,因含有多个酚羟基,且 2 个苯环之间的不饱和双键没有联系,其最大吸收波长在 275～280 nm(图 7-22),与酚的光谱特性类似。柚皮素的羟基仅与 C-4 的羰基发生共轭,因而不具备有助色特性,其光谱吸收与黄烷类似。木犀草素的羟基通过 C-4 与 2 个苯环共轭,显示出助色性质,使光谱向长波方向移动(350 nm)。因此,黄酮醇显黄色。如果酰化和(或)糖基化,光谱吸收将进一步发生移动。

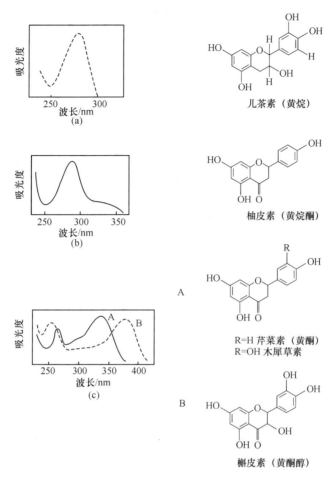

图 7 - 22　几种类黄酮物质的光谱特性

如前面所提及的,类黄酮可与金属离子发生螯合,产生共色素形成作用。自然界中的许多色彩都与这有关。如木犀草素与铝螯合形成诱人的黄色(390 nm)。

7.1.5.4　在食品中的重要性

许多食品中都存在类黄酮,通常叶、花和水果或其他植物中含有黄酮糖苷,而木材组织主要含有黄酮苷元,种子中可能二者皆有。

黄酮醇槲皮素和茨非醇的糖苷几乎普遍存在于植物界中,发现受检测的植物50%以上含有这些化合物,10%以上的植物含杨梅黄酮糖苷。由于这些化合物在植物分类学上有参考价值,所以有许多关于它们的研究报道。

除少数例外,食品中的类黄酮化合物(除花色素苷以外)对色素的贡献不大,一般颜色很淡。它们主要是通过共色素作用产生颜色,这些类黄酮由于螯合特征而对食品颜色产生正的或负的影响。类黄酮在波长为 300~400 nm 有特定吸光值,可与 $AlCl_3$ 试剂产生荧光。目前采用 HPLC 法或 HPLC-MS^2 对类黄酮化合物进行定性、定量分析。食品中主要的类黄酮见表 7 - 7。

表 7-7　食品中的主要类黄酮

分　类	糖苷名称	配　基	糖残基	存在的食品
黄烷酮	橙皮苷	橙皮素	7-β-芸香糖苷	温州蜜橘,葡萄柚
	柚皮苷	柚皮素	7-β-新橙皮糖苷	夏橙,柑橘类
	新橙皮苷		7-β-新橙皮糖苷	枳壳,臭橙,夏橙
黄酮	芹菜苷	芹菜(苷)配基	7-β-芹菜糖苷	荷兰芹,芹菜
黄酮醇	芸香苷(芦丁)	槲皮素	3-β-芸香糖苷	葱头(洋葱),茶叶,荞麦,柑橘
	栎皮苷(槲皮苷)		3-β-鼠李糖苷	茶
	异栎苷		3-β-葡糖苷	茶,玉米,西兰花,浆果
	杨梅苷	杨梅黄酮	3-β-鼠李糖苷	野生桃
	紫云英苷	莰非醇	3-葡糖苷	草莓,杨梅,蕨菜
异黄酮	黄豆苷		7-葡糖苷	大豆
黄烷醇	(-)表儿茶素			茶

　　黄酮醇的 3 种配基槲皮素、莰非醇和杨梅黄酮大量存在于速溶茶制品中,使茶产生涩味,绿茶中这 3 种化合物及其糖苷占干重的 30%。芦丁(芸香苷即槲皮素-3-鼠李葡萄

糖苷)在柑橘和芦笋中含量较多,是一种类黄酮,与铁离子配位形成的化合物可引起芦笋罐头变为难看的暗色;相反,这种类黄酮的锡复合物能产生很好看的黄色。熟黑橄榄在发酵和储存过程中存在的颜色部分来自于类黄酮木犀黄素-7-葡萄糖苷的氧化产物。

　　类黄酮在植物界中广泛存在,已成为人类膳食的组成部分。在美国,估计成年人每日摄取的类黄酮为 345 mg。这些类黄酮主要来自黄烷-3-醇、原花青素、黄烷酮、黄酮醇、花青素、异黄酮和黄酮。

　　黄烷酮主要存在于柑橘类植物中,虽然是较少的一类类黄酮,但它们有可能作为合成甜味剂而显得重要。柚皮苷(naringin)是黄烷酮的 7-位碳上连有新橙皮糖基,它具有强烈的苦味,若在 7-位碳上为芸香糖则无苦味。新橙皮糖是由鼠李糖和葡萄糖以 α-1→2 键连接而成的,而芸香糖为 α-1→6 键。当柚皮苷环状结构开环时形成含有新橙皮糖基的查耳酮结构。另外一种是利用柚皮苷进行人工合成的衍生物新橙皮素二氢查耳酮(neohesperidin dihydrochalcone),其甜度约为蔗糖的 2000 倍。反应如下:

β-新橙皮糖苷　　新橙皮苷二氢查耳酮

　　几乎所有的类黄酮都具有重要的生理活性和化学特性:①抗氧化活性;②抑制活性氧的能力;③抑制亲电子试剂的能力;④抑制亚硝基化作用的能力;⑤螯合金属(如 Fe 和 Cu)的能力;⑥阻止过渡金属离子存在所引起的氢过氧化物的产生;⑦调节细胞酶的活性。由于类黄酮的这些特性,因此富含类黄酮的食品可预防心脑血管疾病、神经变性疾病和某些癌症的产生。

　　儿茶素[包括表没食子儿茶素没食子酸酯(EGCG)、表没食子儿茶素(EGC)、表儿茶素-3-没食子酸酯(ECG)]大量存在于绿茶、乌龙茶和红茶中,使茶产生涩味。在绿茶中儿茶素占其干重约 30%~40%。红茶中的主要色素是儿茶素的氧化产物茶黄素(theaflavin)和茶红素(thearubigin)。它们分别占干重的 2%~6% 和 20% 多,而儿茶素仅占 3%~10%。

　　柑橘类黄酮称为生物黄酮,即维生素 P,很久以前已报道过,它们和抗坏血酸对降低毛细血管脆性具有协同作用。生物类黄酮有保持毛细血管壁完整和正常通透性的作用。此外,柑橘类黄酮还应用于室内除臭和消毒。在柑橘中还存在着一类特殊的多甲氧基黄酮,具有较强的活性。柑橘皮已作为中草药,尤其是在亚洲已使用了几个世纪,其生物活性包括抗肿瘤、抗炎、抗动脉粥样硬化、抗病毒和抗氧化等。

　　类黄酮的多酚性质和螯合金属的能力,有可能作为脂肪和油的抗氧化剂,因而引起人们的注意。由于它在油脂中溶解度低,应用受到限制,已发现有几种类黄酮衍生物在油脂中溶解度较大。

类黄酮在水溶液罐头食品的热加工中较稳定,这方面的研究还不多。

生物类黄酮是一类重要的化合物,它的配基通常为芹菜配基,是由 8→8、8→3′ 和 8→4′ 键构成的 3 个母体基团的二聚体,它们在食品中的作用大部分还不了解。现已从存活2.5 亿万年的活化石银杏树中分离出槲皮素、莰非醇和异鼠李亭 3 种黄酮醇苷元。食品中的主要类黄酮如表 7-7 所示。

7.1.6　原花色素

原花色素(proanthocyanidin)是无色的,结构与花色素相似,在食品处理和加工过程中可转变成有颜色的物质。这类化合物的名称除了无色花色素或无色花色素苷(leucoanthocyanidin 或 leucoanthocyanin)外,还称为黄酮(花黄色素 anthoxanthin)、花氰(anthocyanogen)等,但似乎以原花色素名词最恰当,无色花色素仅限于黄烷-3-醇或黄烷-3,4 二醇的寡聚物。

原花色素的基本结构单元是黄烷 3-醇或黄烷 3,4-二醇以 4→8 或 4→6 键或黄烷链形成的二聚体,但通常也有三聚体等低聚体(聚合度≤5)或高聚体(聚合度>5)。原花青素有 A-型和 B-型两种构型,后者是以 C—C(C_4→C_8 或 C_4→C_6)连接,而前者在 C_2 和 C_7 间通过 C—O—C 连接(图 7-23)。由于结构单元的多样性和连接方式的不同,原花青素有多种异构体,仅二聚体就有 8 种。这些物质在无机酸存在下加热都可生成花色素,如花葵素、花青素、3′-甲花翠素或飞燕草素。苹果中主要的原花色素是两个 L-表儿茶素单体以 C_4—C_8 键连接的二聚物。近期发现莲,特别是其非可食部分富含原花青素,其结构单元主要为儿茶素,也含有少量的棓酸酯,通过 C_4—C_8 或 C_4—C_6 连接。这种化合物在酸性条件下加热水解可产生花色素和(-)-表儿茶素(图 7-23),即花青素存在于苹果、梨、柯拉果(cola nut)、可可豆(cocoa bean)、葡萄、莲、高粱、荔枝、沙枣、蔓越橘、山楂属浆果和其他果实中。其中关于葡萄籽和皮中原花青素的结构和功能的研究最多。现已证实,原花青素具有很强的抗氧化活性,同时还具有抗心肌缺血、调节血脂、抗衰老、改善糖代谢、改善老年记忆和保护皮肤等多种功能。因此,原花青素的研究越来越引起人们的重视。

特别是"法国悖论"(French paradox)现象已被体内和体外试验所证明。红葡萄酒中含有的原花色素和白藜芦醇,具有保护心脏和预防心血管疾病的作用。研究表明,原花青素在人体内很难吸收和转化,其聚合物通过小肠不变化,随后在大肠中被结肠中的微生物菌群分解为小的酚酸。蔓越橘原花青素可以有效地预防尿路感染。近期研究发现,原花青素具有很强的抑菌活性和抗腹泻效果,当其与羧甲基茯苓多糖或鼠李糖乳杆菌联用,可显著提高抑菌和抗腹泻作用。同时,还可促进益生菌的生长,有益于保护肠道屏障。

原花色素化合物在食品中的重要性在于它能产生收敛性,苹果汁中这类化合物可产生特征的口味,对增加许多水果和饮料(如柿、蔓越橘、橄榄、香蕉、巧克力、茶、葡萄酒等)的风味和颜色都是很重要的。另外,这类化合物的邻位羟基在水果和蔬菜中可引起酶促褐变反应和在空气中或光照下降解成稳定的红褐色衍生物,使啤酒及葡萄酒产生浑浊和涩味。这主要是原花青素的二至八聚体与蛋白质作用的结果。原花青素与蛋白质的相互

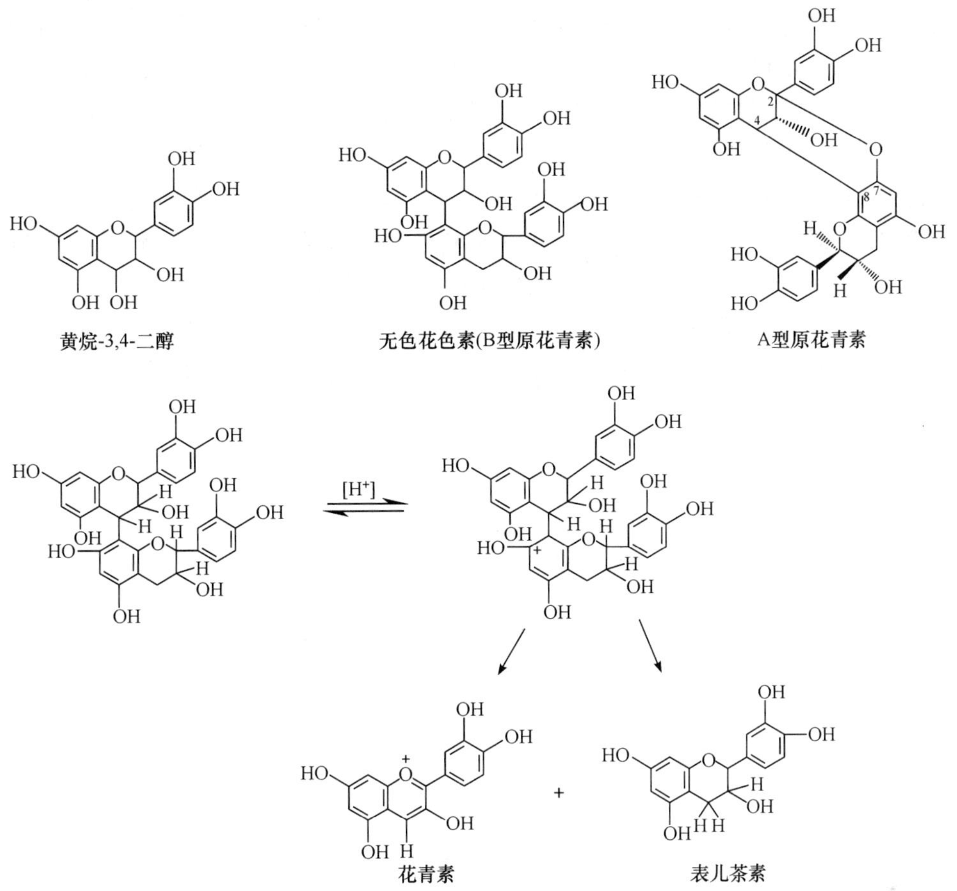

图 7 - 23　原花青素的结构单元和水解机理

作用可以通过多种光谱分析,如紫外光谱、荧光光谱、红外光谱、拉曼光谱、质谱和核磁共振光谱等,再结合微热泳、微热量滴定法及分子对接或分子模拟,可确定其相关的结合常数、结合位点和作用方式。

　　自然界的原花色素水解生成常见的花葵素、翠雀素和 3′-甲花翠素等花色素。可根据它们各自的特征吸收波长确定。如在 0.01％HCl 的甲醇溶液中,花葵素的最大吸收波长为 520 nm,花青素为 535 nm,翠雀素为 557 nm,3′-甲花雀素为 543 nm。

7.1.7　单宁

　　单宁(tannin)又名单宁酸、倍单宁酸(鞣酸),通常称为鞣质,是特殊的酚类化合物,之所以这样命名是因为它们能同蛋白质和多糖等大分子化合物相结合。它是栎树、漆树植物和诃子等植物树皮中的一种复杂混合物,外观从无色到黄色或棕黄色,使食品产生涩味。我国和土耳其产的五倍子分别含 70％ 和 50％ 的单宁。市售单宁酸的分子式为 $C_{75}H_{52}O_{46}$,分子量为 1701,由 9 分子没食子酸和 1 分子葡萄糖组成。单宁的结构很复杂,水解生成没食子酸或其他多元酚酸与葡萄糖,它的结构和组成因来源不同而有差异。单宁种类较多,最普通的是焦性没食子酸。

食品中单宁包括两种类型：一类是缩合单宁，如上所述的 4-,8-或 4-,6-碳-碳连接的低聚物或儿茶素和有关化合物的 3,3-醚键低聚物，以及 2-C、7-O 或 4-C、7-O 键的化合物；另一类是包括倍单宁和鞣花单宁在内的水解单宁（hydrolyzable tannin），它们是由酚酸和多元醇通过苷键或酯键形成的，可被酸、碱或酶水解。鞣花单宁为没食子酸和鞣花酸的聚合物。典型的鞣花单宁含有没食子酸、鞣花酸和一个葡萄糖分子，称为诃黎勒鞣花酸（chebulagic acid）。已报道过由两种单宁结合而成的化合物，例如茶叶发酵时可能存在的中间产物茶黄素没食子酸酯（theaflavin gallate）。这类单宁分子的芳核是通过酯键连接的，因此在温和条件下（稀酸、酶、煮沸等）极易水解成单体。分子量为 500～3000 的水溶性单宁能沉淀生物碱、明胶和其他蛋白质，因而可作为澄清剂。

没食子酸（棓酸）　　　　鞣花酸
(gallic acid)　　　　　　(ellagic acid)

诃黎勒鞣花酸

单宁使食品具有收敛性涩味，并产生酶促褐变反应，其作用机理尚不完全了解。

7.1.8　甜菜色素

甜菜色素（betalain）是一类颜色上看来类似花色素苷的水溶性色素，与花色素苷不同，它们的颜色不受 pH 的影响。甜菜色素包括甜菜色苷（红色）和甜菜黄质（黄色）两种类型的化合物。过去文献中不正确地称之为含氮花色素苷。这类化合物仅存在于石竹目的 10 个科的种子植物中，其中最熟知的是红甜菜、苋菜、莙达菜（chard）、仙人掌果实、商陆浆果（pokeberry）和多种植物的花，如鲍水母属和苋属，含甜菜色素植物的颜色与含花色素苷类似。

7.1.8.1　结构

已知大约有 70 多种甜菜色素,它们的基本结构相同,[图 7 - 24(a)],由伯胺或仲胺与甜菜醛氨酸[图 7 - 24(b)]缩合而成。所有甜菜色素都可表示为 1,2,4,7,7 -五取代- 1,7 二氮杂庚胺系统表示。甜菜色素存在两个手性碳原子 C - 2 和 C - 15(图 7 - 25),具有光学活性,结构中 R 和 R′为氢原子或芳香取代基,这类色素的颜色是由共振结构所引起的。如果 R 或 R′不扩展共振,则此化合物呈黄色,称为甜菜黄素(betaxanthin)(图 7 - 24);如果 R 或 R′扩展共振,则此化合物显红色,称为甜菜色苷或 β-花青苷(betacyanin)。例如,红甜菜中的甜菜苷配基称为甜菜配基或甜菜红素(betanidin),这种配基与葡萄糖结合成的苷称为甜菜红苷或甜菜苷(betanin)。能与甜菜配基形成糖苷的糖仅有葡萄糖和葡萄糖醛酸。甜菜色苷的结构见图 7 - 25。甜菜碱(betaine)也可以酰基的形式天然存在,类似于花色素苷和类黄酮,但结构更为复杂,已知有丙二酸、阿魏酸、对香豆酸、芥子酸、咖啡酸和 3 -羟基-3 -甲基戊二酸等,可连接在甜菜苷的糖基上。

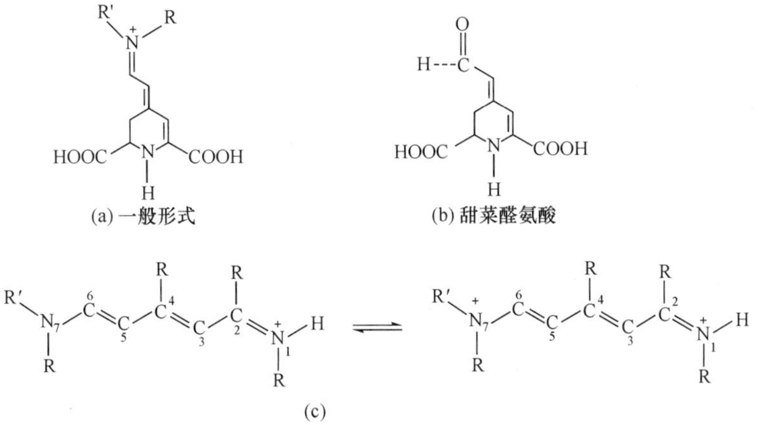

图 7 - 24　甜菜色素的共振结构

花色素苷和甜菜色素在植物中不能共存,是互相排斥的。它们的化学结构不同,光谱吸收也不同,因此很容易区别,花色素苷在 270 nm 波长处有吸收峰,而甜菜色素在此波长无吸收,甜菜黄素和甜菜色苷的最大吸收波长分别为 480 nm 和 538 nm。甜菜色苷的颜色几乎不随 pH 变化而变化。花色素苷容易用甲醇提取,但用水提取效果很差;甜菜色苷正好相反。在弱酸性缓冲液电泳体系中,花色素苷向阴极迁移,而甜菜色素向阳极迁移,电泳可以选择性地分离甜菜色苷的同系物。

7.1.8.2　物理性质

甜菜色素对光有很强的吸收,摩尔吸收值为 1120,有很强的着色能力。在 pH=4～7 甜菜苷溶液的光谱特性没有变化,最大吸收波长为 537～538 nm。在 pH 低于 4.0 时,最大吸收波长则向长波方向移动;pH=9.0 时,为 544 nm。

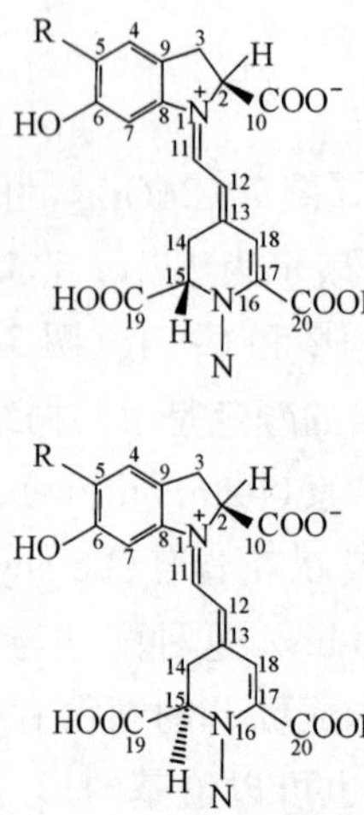
R
HO
COO$^-$
HOOC
COOH
H
N

(1) 甜菜色苷配基，R= — OH
(2) 甜菜色苷 (甜菜红素)，R= — 葡萄糖
(3) 苋菜红素，R= 2′- 葡糖醛酸-葡萄糖

(4) 异甜菜色苷配基，R= — OH
(5) 异甜菜色苷(异甜菜红素)，R= — 葡萄糖
(6) 异苋菜红素，R=2′— 葡糖醛酸 — 葡萄糖

图 7－25　甜菜色苷结构

7.1.8.3　化学性质

甜菜色素和其他天然色素一样，在加工和储藏过程中都会受到 pH、水分活度、加热、氧和光的影响。

1) 热和酸

甜菜色素在 pH 为 4.0～5.0 最稳定，在温和的碱性条件下甜菜苷降解为甜菜醛氨酸(BA)与环多巴-5-*O*-葡萄糖苷(CDG)(图 7－26)。甜菜苷溶液和甜菜制品在酸性条件下加热也可能形成上述两种化合物，但降解速率较慢。必须指出降解反应需要在水介质

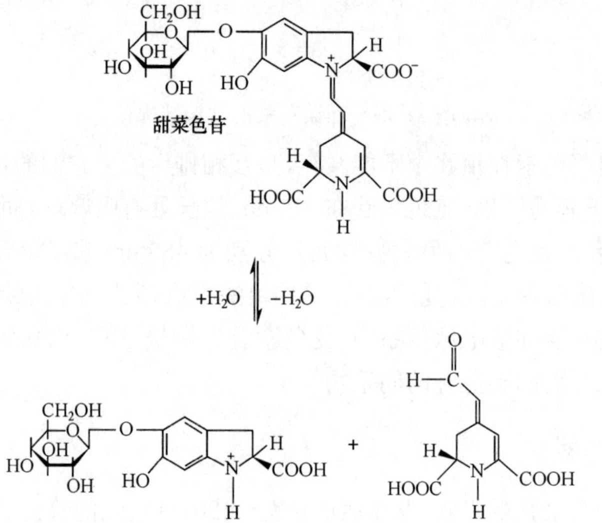
甜菜色苷
+H$_2$O
–H$_2$O
环多巴–5–O–葡萄糖苷
(cyclodopa–5–O–glucoside,CDG)
甜菜醛氨酸
(betalamic acid,BA)

图 7－26　甜菜苷的降解反应

中进行,当没有水存在或水分含量很低时,甜菜色素是最稳定的。因此,甜菜粉储存的最适 a_w 为 0.12(以干重计水分含量为 2%)。

甜菜苷降解为 BA 和 CDG 的反应是一个可逆过程,因此色素在加热数小时以后,BA 的醛基和 CDG 的亲核胺基发生席夫碱缩合,重新生成甜菜苷,最适 pH 为 4.0~5.0。甜菜罐头的质量一般在加工后几小时检查就是这个道理。甜菜苷在加热和酸的作用下可引起异构化,在 C-15 位的手性中心可形成两种差向异构体,随着温度的升高,异甜菜苷的比例增高(图 7-27)。

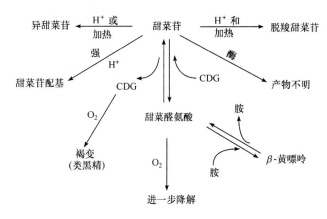

CDG: 环多巴-5-O-葡萄糖苷

图 7-27　甜菜苷的酸和(或)热降解

2) 氧和光

早已知道,甜菜罐头顶空的氧会加速色素的褪色。当溶液中的氧含量超过甜菜苷含量 1 mol 时,甜菜苷的损失遵从一级反应动力学;当氧的浓度降低到与甜菜苷浓度接近时,降解偏离一级反应,无氧时稳定性增强。因此,可以认为分子氧是甜菜苷氧化降解的活化剂,$^1O_2$ 和 $O_2^-\cdot$ 不能参与反应,pH 影响氧化反应(表 7-8)。

表 7-8　甜菜苷水溶液在 90 ℃时,氧和 pH 对其半衰期的影响

pH	甜菜半衰期/min	
	氮	氧
3.0	56±6	11.3±0.7
4.0	115±40	23.3±1.5
5.0	106±8	22.6±1.0
6.0	41±4	12.6±0.8
7.0	48±0.8	3.6±0.3

光加速甜菜色素降解,抗氧化剂(如抗坏血酸和异抗坏血酸)可提高甜菜色素的稳定性;铜离子和铁离子可以催化分子氧对抗坏血酸的氧化反应,因而降低了抗坏血酸对甜菜色素的保护作用。加入金属螯合剂 EDTA 或柠檬酸可以提高甜菜色素的稳定性。

甜菜苷在热加工过程中(如罐头生产)虽然易降解,但食品(如甜菜)中通常含有足够量的色素,所以仍具有吸引人的暗红色。甜菜色素在 pH 为 3.5~7.0 最稳定,温度

100 ℃和 pH 为 5～7 时热稳定性好,光和氧能促使甜菜色素降解。

3) 甜菜色苷转化为甜菜黄素

在 1965 年发现,真空条件下当甜菜色苷和甜菜苷脯氨酸过量时,可转化为甜菜黄素。这是首次证明了甜菜色苷和甜菜黄素之间的结构联系。随后又进一步证明,甜菜苷通过降解产物甜菜醛氨酸与氨基酸缩合,生成甜菜黄素。

$$\text{甜菜苷} \rightleftharpoons \text{BA+CDG} \begin{cases} \longrightarrow \text{进一步降解} \\ \longrightarrow \text{进一步降解} \end{cases}$$

$$\begin{array}{cc} \text{脯氨酸} & \text{梨果仙人掌黄质} \\ \text{(或其他胺)} & \text{(或其他甜菜黄素)} \end{array}$$

尽管有关甜菜黄素稳定性的资料非常有限,但其稳定性仍与 pH 有关。加入过量的氨基酸可减少降解产物甜菜醛氨酸的含量,从而提高甜菜黄素的稳定性。

7.1.9　醌和呫吨酮

7.1.9.1　醌类

醌类(quinone)是开花植物、真菌、细菌、地衣和藻类细胞液中存在的一类黄色色素,醌的分子量不等,有单体(如 1,4 -苯醌)、二聚体(如 1,4 -萘醌)、三聚体(如 1,4 -蒽醌)及以金丝桃素为代表的多聚体。许多醌类物质都有苦味。目前已知的约 200 种以上,颜色从淡黄到近似黑色。其中以蒽醌(antraquinone)类最多,这类化合物有些常被用于染料和医药的泻剂,有代表性的是大黄中的大黄素,此类化合物广泛分布于真菌、地衣和高等植物中。另一组是包括大约 20 种化合物的萘醌类,其中有几种化合物被用作染料,如指甲花红(henna)。胡桃中的胡桃醌(juglone)和石苁蓉萘醌(plumbagin)是典型的萘醌。蒽醌通常以糖苷的形式存在,萘醌则不是。另一较大的组是苯醌,主要存在于真菌和开花植物中, 如紫黑色小刺青霉素(spinulosin)。还有一组红色色素属苯并四醌(napthacenequinone),只存在于放线菌菌体内,与四环抗生素密切相关。此外,还有许多其他的化合物,例如,菲醌、类异戊二烯醌和一些结构更复杂的种类。

1,4-苯醌　　　　　　　　　　1,4-萘醌

9,10-蒽醌　　　　　　　　　　金丝桃素

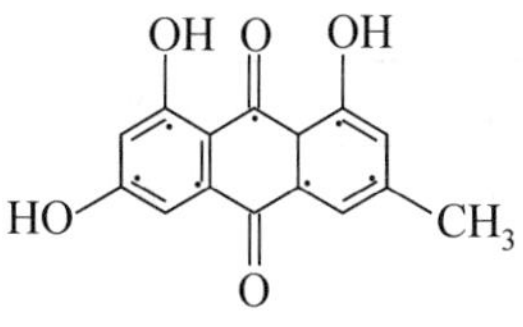

大黄素 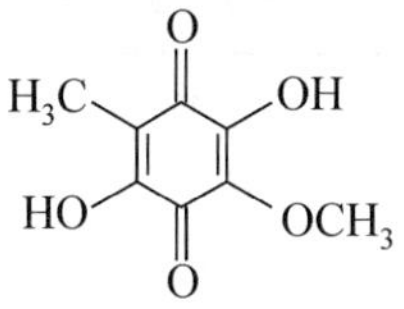　　　　　　　小刺青霉素 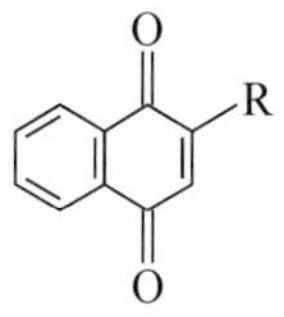　　　　　萘醌
　　　　　　　　　　　　　　　　　　　　　(R=H，胡桃醌；
　　　　　　　　　　　　　　　　　　　　　R=Me,石苁蓉萘醌)

7.1.9.2　呫吨酮类

呫吨酮(xanthone)黄色色素大约有 20 种,通常易与醌类和黄酮类混淆,其中最为人们熟知的是芒果中的芒果苷(mangiferin),它属于糖苷化合物,根据光谱特征可与黄酮和醌类区别。

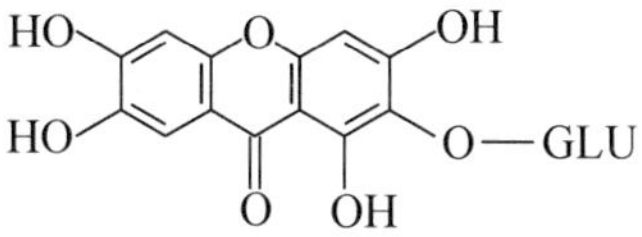

芒果苷

7.1.10　其他天然色素

很多色素化合物的结构不同于一般类胡萝卜素、黄酮、醌类、卟啉色素,化合物在结构上发生较小的变化即可使特征吸收光谱移向可见区而成为有颜色的分子。芳香酮可作为一个例子,简单酮类化合物是无色的,而复杂的衍生物如棉酚显黄色。棉酚是有毒的物质,这类化合物存在于棉籽粕中。棉籽粕有可能作为人类蛋白质食物来源而引起重视,目前的研究工作着重于从品种选育方面降低棉籽的棉酚含量,另外在棉籽加工时采用"液体旋流"(liquid cylone)方法去除棉酚。我国对棉酚利用的研究主要是在男性避孕药物方面,已制成各种适合用于避孕的药物。但过去几年的研究尚处于试验阶段。

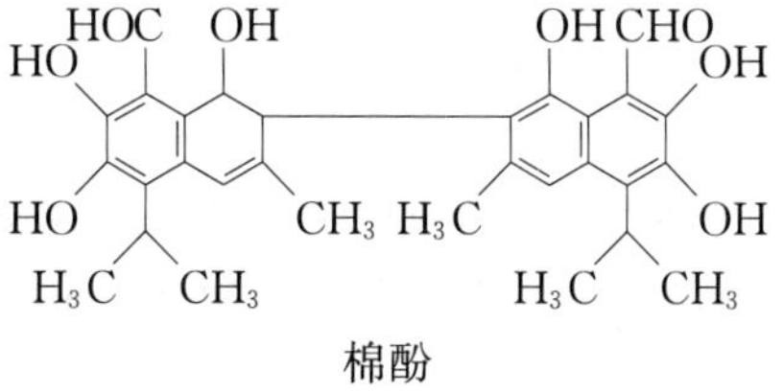

棉酚

真菌中发现多种二烯酮化合物,如一种类似黄酮的环状二烯酮和龙血树脂的色素龙玉红(dracorabion)。龙血树脂是某些棕榈树的渗出物。此外,还有一些色素,如周萘酮(perinaphthenone)、γ-吡喃酮、核丛青霉素(sclerotiorin)、枕酸甲酯(vulpinic acid)色素、吡咯、吩嗪、吩噁嗪酮(phenoxazone)、抗生素、黑素(melanin)和核黄素(表 7-9)。

表 7-9 天然色素的特性

色素	种类	颜色	来源	溶解性	稳定性
花色素苷	150	橙,红,蓝	植物	水溶性	对 pH、金属敏感,热稳定性不好
类黄酮	1000	无色,黄	大多数植物	水溶性	对热十分稳定
原花色素苷	20	无色	植物	水溶性	对热较稳定
单宁	20	无色,黄	植物	水溶性	对热稳定
甜菜苷	70	黄,红	植物	水溶性	热敏感
醌	200	黄至棕黑	植物,细菌,藻类	水溶性	对热稳定
咕吨酮	20	黄	植物	水溶性	对热稳定
类胡萝卜素	450	无色,黄,红	植物,动物	脂溶性	对热稳定,易氧化
叶绿素	25	绿,褐	植物	有机溶剂	对热敏感
血红素色素	6	红,褐	动物	水溶性	对热敏感
核黄素	1	绿黄	植物	水溶性	对热和 pH 均稳定

7.2 食品中添加的着色剂

本节主要叙述食品加工中目前允许使用的一些天然色素和人工合成色素。天然色素已在前面做过介绍,这一节再给予一些补充。

7.2.1 天然色素

7.2.1.1 叶绿素铜钠盐

叶绿素铜钠盐称为铜叶绿素钠盐。它是以富含叶绿素的菠菜、蚕粪或其他植物等为原料,首先用乙醇提取,经过皂化后添加适量硫酸铜,叶绿素卟啉环中镁原子被铜置换,即生成叶绿素铜钠盐。

7.2.1.2 胭脂虫色素

胭脂虫(cochineal)是一种寄生在胭脂仙人掌(*Napalea coccinelifera*)上的昆虫,此种昆虫的雌虫体内存在一种蒽醌色素,名为胭脂红酸(carminic acid)。胭脂仙人掌原产于墨西哥、秘鲁、约旦等地。

胭脂红酸作为化妆品和食品的色素沿用已久。这种色素可溶于水、乙醇、丙二醇,在油脂中不溶解,其颜色随 pH 改变而不同,pH 为 4 以下显黄色,pH 为 4 时呈橙色,pH 为 6 时呈现红色,pH 为 8 时变为紫色。与铁等金属离子形成复合物也会改变颜色,因此在添加此种色素时可同时加入能配位金属离子的配位剂,如磷酸盐。胭脂红酸对热、光和微生物都具有很好的耐受性,尤其在酸性 pH 范围,但染着力很弱,一般作为饮料着色剂,用量约为 0.005%。

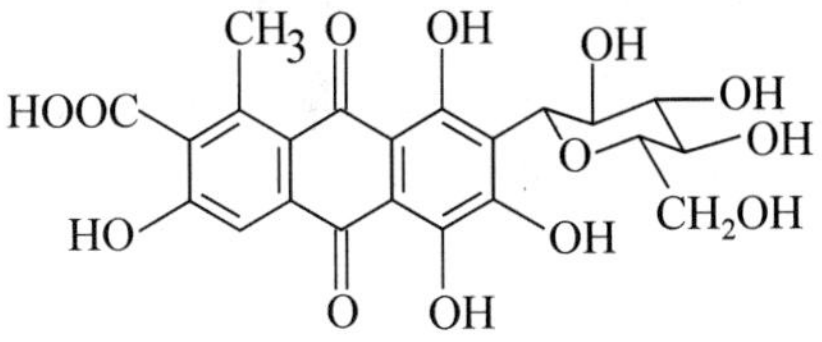

胭脂红酸

7.2.1.3　紫胶虫色素

紫胶虫（*Coceus lacceae*）是豆科黄檀属（*Dalbergia*）、梧桐科芒木属（*Eriolaena*）等属树上的昆虫，其体内分泌物紫胶可供药用，中药名称为紫草茸。我国西南地区四川、云南、贵州以及东南亚均产紫胶。目前已知紫胶中含有五种蒽醌类色素，紫胶红酸蒽醌结构中的苯酚环上羟基对位取代不同，分别称为紫胶红酸 A、B、C、D、E，紫胶红酸一般又称为虫胶红酸（laccaic acid）。

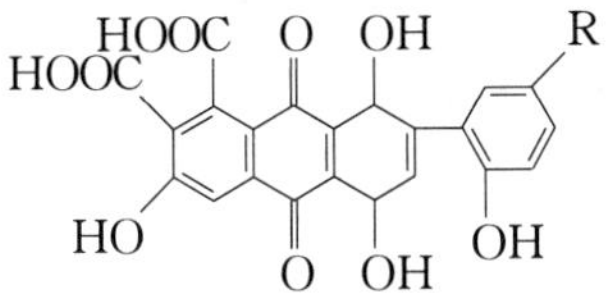

紫胶红酸 A、B、C、E

A　R＝CH₂CH₂NHCOCH₃（*N*-乙酰乙胺基）
B　R＝CH₂CH₂OH（乙醇基）
C　R＝α-氨基丙酸基
E　R＝CH₂CH₂NH₂（乙胺基）

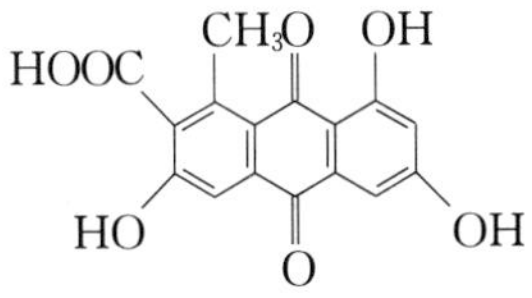

紫胶红酸 D

紫胶红酸与胭脂红酸性质相类似，在不同 pH 时显不同颜色，即在 pH＜4 及 pH＝4、6 和 8 时，分别呈现黄、橙、红和紫色。

7.2.1.4　红曲色素

红曲色素（monascin）为红曲菌（*Monascus* sp.）产生的色素，这种色素早在我国古代就是用于食品着色的天然色素。目前已证实红曲色素为混合物，并对其中的 6 种进行了化学结构鉴定，表明属于氧茚并类化合物，其中显黄色、橙色和紫红色的各有 2 种。

红曲色素均不溶于水，但在培养红曲菌时，若培养基中的氨基酸、蛋白质和肽的含量比例增大，便可以得到水溶性的红曲色素，这可能是红曲色素与蛋白质之间形成了溶于水的复合物。

红曲色素可溶于乙醇水溶液、乙醇和乙醚等溶剂，具有较强的耐光、耐热等优点，并且对一些化学物质（如亚硫酸盐、抗坏血酸）有较好的耐受性。在 0.25% 色素溶液中，添加 100 mg/kg 抗坏血酸或亚硫酸钠、过氧化氢，放置 48 h 后仍然不变颜色。但强氧化剂次氯酸钠易使其漂白。Ca^{2+}、Mg^{2+}、Fe^{2+} 和 Cu^{2+} 等对色素的颜色均无明显影响。

红曲色素是我国食品卫生法规定允许使用的食用色素之一，广泛用于肉制品、豆制品、糖、果酱和果汁等的着色。其结构如下：

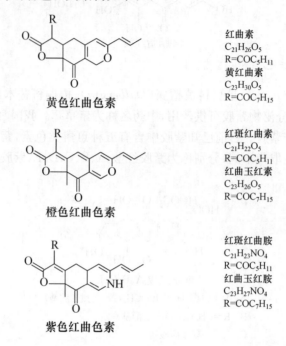

红曲素
$C_{21}H_{26}O_5$
R=COC$_5$H$_{11}$
黄红曲素
$C_{23}H_{30}O_5$
R=COC$_7$H$_{15}$
黄色红曲色素

红斑红曲素
$C_{21}H_{22}O_5$
R=COC$_5$H$_{11}$
红曲玉红素
$C_{23}H_{26}O_5$
R=COC$_7$H$_{15}$
橙色红曲色素

红斑红曲胺
$C_{21}H_{23}NO_4$
R=COC$_5$H$_{11}$
红曲玉红胺
$C_{23}H_{27}NO_4$
R=COC$_7$H$_{15}$
紫色红曲色素

7.2.1.5　姜黄色素

姜黄色素（curcumin 或 turmeric yellow）是从多年生草本植物姜黄（*Curcuma longa*）根茎中提取的黄色色素（纯品为橙黄色结晶粉末，有胡椒气味并略微带苦味），主要成分为姜黄素、脱甲基姜黄素和双脱甲基姜黄素。不溶于水，溶于醇或醚，显鲜艳黄色，在碱性溶液中呈红色，经酸中和后仍恢复原来的黄色。

着色性（特别是对蛋白质）较强，不易被还原，但这种色素对光、热稳定性较差，易与铁离子结合而变色。一般用于咖喱粉和蔬菜加工产品等着色和增香。我国允许的添加量因食品种类不同而异，具体允许使用量参见我国《食品添加剂使用卫生标准》（GB 2760—2007）规定。

姜黄色素

7.2.1.6　焦糖色素

焦糖色素是糖类，如蔗糖、糖浆等加热脱水生成的复杂的红褐色或黑褐色混合物，是我国传统使用的色素之一。我国已经明确规定加胺盐制成的焦糖色素因毒性问题不允许使用,非胺盐法生产的焦糖色素可用于罐头、糖果和饮料等。

7.2.2　人工合成色素

食用色素除天然色素外,还有为数较多的人工合成色素。人工合成色素用于食品着色有很多优点,如色彩鲜艳、着色力强、性质较稳定、结合牢固等,这些都是天然色素所不及的。但人工合成色素有很多是对人体有害的,如煤焦油染料。我国目前允许使用的人工合成色素主要有以下 9 种,而且在各类食品中的使用都有严格规定。

7.2.2.1　苋菜红

苋菜红(amaranth)即食用红色 2 号,又名蓝光酸性红,化学名称为 $1-(4'-$磺酸基$-1-$萘偶氮$)-2-$萘酚$-3,6-$二磺酸三钠盐,其化学结构式如下:

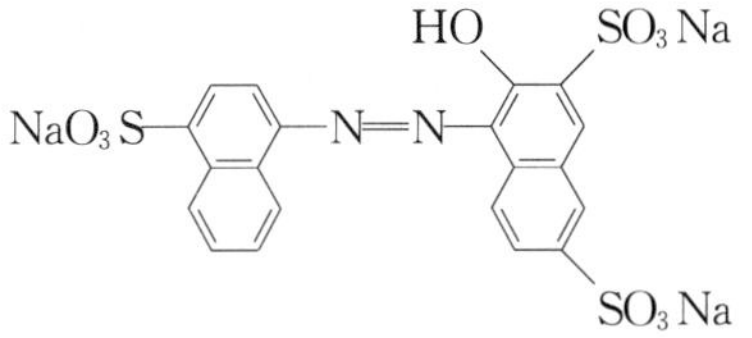

分子式: $C_{20}H_{11}N_2Na_3O_{10}S_3$

M_w: 604.48

苋菜红属偶氮磺酸型水溶性红色色素,为红色颗粒或粉末状,无臭味,可溶于甘油及丙二醇,微溶于乙醇,不溶于脂质。0.01% 苋菜红水溶液呈红紫色。对光、热和盐类较稳定,且耐酸性很好,但在碱性条件下容易变为暗红色。此外,这种色素对氧化还原作用较为敏感,不宜用于有氧化剂或还原剂存在的食品(如发酵食品)的着色。

最近几年对苋菜红进行的毒性慢性试验,发现它能使受试动物致癌致畸,因而对其安全性问题产生争议。我国和其他很多国家目前仍广泛使用这种色素,我国卫生法规定苋菜红在食品中的最大允许用量为 50 mg/kg 食品,主要限用于糖果、汽水和果子露等种类。

7.2.2.2　胭脂红

胭脂红(ponceau 4R)即食用红色 1 号,又名丽春红 4R,其化学名称为 $1-(4'-$磺酸基$-1-$萘偶氮$)-2-$萘酚$-6,8-$二磺酸三钠盐,是苋菜红的异构体。二者都具有较大的共轭体系,易产生荧光。但二者的空间位阻效应存在差异,因此最大吸收波长也有所不同。基态时,苋菜红的平面性优于苋菜红,其结构式如下:

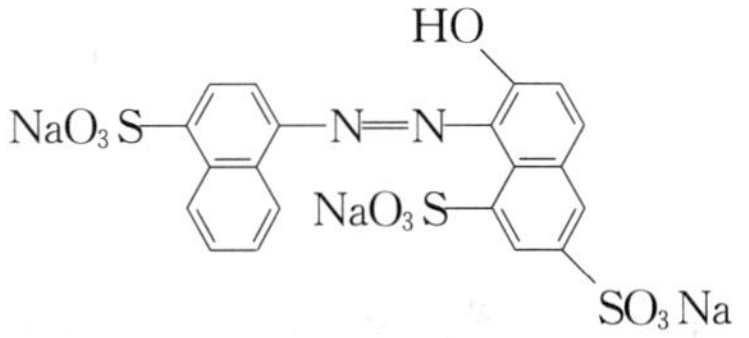

胭脂红为红色水溶性色素,难溶于乙醇,不溶于油脂,为红色至暗红色颗粒或粉末状物质,无臭味,对光和酸较稳定,但对高温和还原剂的耐受性很差,能被细菌所分解,遇碱变成褐色。大白鼠喂饲试验结果表明,这种色素无致肿瘤作用。我国食品添加剂使用卫生标准规定胭脂红最大允许用量为 50 mg/kg 食品。主要用于饮料、配制酒、糖果等。

7.2.2.3　柠檬黄

柠檬黄(tartrazine)又名酒石黄肼,化学名称为 3 -羧基- 5 -羟基- 1 -(对-磺苯基)- 4 -
(对-磺苯基偶氮)-邻氮茂的三钠盐,其结构式如下:

分子式:$C_{16}H_9N_4Na_3O_9S_2$
M_w:534.36

柠檬黄即食用黄色 5 号,为水溶性色素,也溶于甘油、丙二醇,稍溶于乙醇,不溶于油
脂,对热、酸、光及盐均稳定,耐氧性差,遇碱变红色,还原时褪色。人体每日允许摄入量
(ADI)$<$7.5 mg/kg 体重。最大允许使用量为 100 mg/kg 食品。

7.2.2.4　日落黄

日落黄(sunset yellow,FCF)的化学名称为 1 -(4′-磺基- 1′-苯偶氮)- 2 -萘酚- 6 -磺
酸二钠盐,呈橘黄色,化学结构式如下:

分子式:$C_{16}H_{10}N_2Na_2O_7S_2$
M_w:452.38

日落黄是橙黄色均匀粉末或颗粒。耐光、耐酸、耐热,易溶于水、甘油,微溶于乙醇,不
溶于油脂。在酒石酸和柠檬酸中稳定,遇碱变红褐色。ADI 为 0～2.5 mg/kg 体重。可
用于饮料、配制酒、糖果等,最大允许使用量为 100 mg/kg 食品。

7.2.2.5　靛蓝

靛蓝(indigo carmine)又名靛胭脂、酸性靛蓝或磺化靛蓝,其化学名称为 5,5′-靛蓝素
二磺酸二钠盐,是世界上使用最广泛的食用色素之一,结构式如下:

分子式:$C_{16}H_8N_2Na_2O_8S_2$
M_w:466.36

靛蓝的水溶液为紫蓝色,在水中溶解度较低,温度 21 ℃时溶解度为 1.1%,溶于甘油、
丙二醇,稍溶于乙醇,不溶于油脂,对热、光、酸、碱、氧化作用均较敏感,耐盐性也较差,易为
细菌分解,还原后褪色,但染着力好,常与其他色素配合使用以调色(表 7 - 10)。用[35]S 标记
的靛蓝做动物试验,静脉注射 10 h 后,发现此色素 63% 在尿中出现,10% 在胆汁中。但口服
的色素在 3 d 中仅有 3% 的放射性[35]S 出现在尿中,60%～80% 色素在粪便中,说明在消化道
吸收很少。ADI$<$2.5 mg/kg 体重。我国规定最大允许使用量为 100 mg/kg 食品。

表 7 - 10　4 种食用合成色素性能比较

名　称	溶解度			坚牢度[1]							
	水/%	乙醇	植物油	耐热性	耐酸性	耐碱性	耐氧化性	耐还原性	耐光性	耐食盐性	耐细菌性
苋菜红	17.2(21 ℃)	极微	不	1.4	1.6	1.6	4.0	4.2	2.0	1.5	3.0
胭脂红	23(20 ℃)	微	不	3.4	22.0	4.0	2.5	3.8	2.0	2.0	3.0
柠檬黄	11.8(21 ℃)	微	不	1.0	1.0	1.2	3.4	2.6	1.3	1.6	2.0
靛蓝	1.1(21 ℃)	不	不	3.0	2.6	3.6	5.0	3.7	2.5	34.0	4.0

1) 坚牢度项中,1.0~2.0 表示稳定,2.1~2.9 为中等程度稳定,3.4~4.0 为不稳定,4.0 以上是极不稳定。

7.2.2.6　亮蓝

亮蓝(brillant blue)又名蓝色 1 号,其化学名称为 4 -[N -乙基- N -(3′ -磺基苯甲基)-氨基]苯基-(2′ -磺基苯基)-亚甲基-(2,5 -亚环己二烯基)-(3′ -磺基苯甲基)-乙基胺二钠盐。化学结构式如下:

分子式: $C_{37}H_{34}N_2Na_2O_9S_3$
M_w: 792.86

亮蓝是紫红色均匀粉末或颗粒,有金属光泽。有较好的耐光性、耐热性、耐酸性和耐碱性,溶于乙醇、甘油。可用于饮料、配制酒、糖果和冰淇淋等,最大允许使用量为 25 mg/kg 食品。

7.2.2.7　赤藓红

赤藓红(erythrosine,BS)又名樱桃红或新酸性品红,即食用红色 3 号,其化学名称为 2,4,5,7 -四碘荧光素,结构式如下:

分子式: $C_{20}H_6H_{14}Na_2O_5$
M_w: 897.87

赤藓红为水溶性色素,溶解度 7.5%(21 ℃),对碱、热、氧化还原剂的耐受性好,染着力强,但耐酸及耐光性差,在 pH<4.5 的条件下,形成不溶性的酸。在消化道中不易吸收,即使吸收也不参与代谢,故被认为是安全性较高的合成色素。ADI<2.5 mg/kg 体重 (FAD/WHO,1972)。用于饮料、配制酒和糖果等,最大允许使用量为 50 mg/kg 食品。

7.2.2.8 新红

新红(new red)的化学名称为 2-(4'-磺基-1'-苯氮)-1-羟基-8-乙酸氨基-3,6-二磺酸三钠盐,结构式如下:

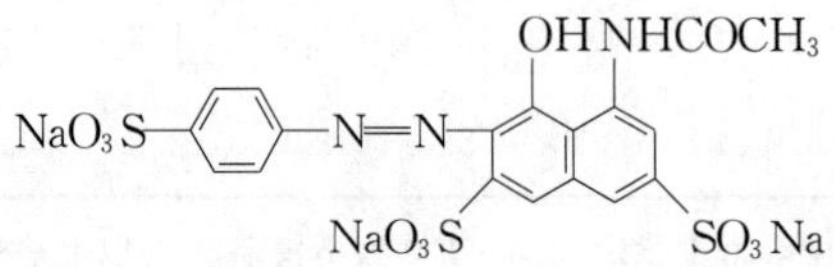

分子式: $C_{18}H_{12}O_{11}N_3Na_3S_3$

M_w: 611.47

新红为红色粉末,易溶于水,微溶于乙醇,不溶于油脂,可用于饮料、配制酒、糖果等,最大允许使用量 50 mg/kg 食品。

7.2.2.9 诱惑红

诱惑红(fancy red/allura red)的化学名称为 6-羟基-5-(2-甲氧基-4-磺酸-5-甲苯基)偶氮奈-2-磺酸二钠盐,结构式如下:

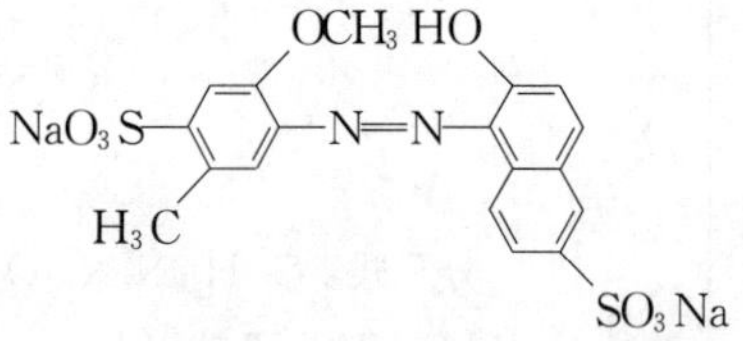

分子式: $C_{18}H_{14}N_2Na_2O_8S_2$

M_w: 496.43

诱惑红为深红色粉末,无臭,溶于水,也溶于甘油与丙二醇,微溶于乙醇,不溶于油脂,耐光、耐热性强,耐碱与耐氧化还原性差。用于糖果包衣、冰淇淋、肠衣、果干、果酒和饮料等,食品中最大允许剂量不超过 85 mg/kg 食品。

第8章 维生素和矿物质

8.1 概 述

食品中维生素和矿物质的含量是评价食品营养价值的重要指标之一。人类在长期进化过程中,不断地发展和完善对营养的需要,在摄取的食物中,不但需要蛋白质、糖类和脂肪,而且需要维生素和矿物质,如果维生素或矿物质供给量不足,就会出现营养缺乏的症状或某些疾病,摄入过多也会产生中毒。维生素是多种不同类型的低分子量有机化合物,它们有着不同的化学结构和生理功能,是动植物食品的组成成分。人体每日需要量很小,但却是机体维持生命所必需的要素。目前已发现有几十种维生素和类维生素物质,但对人体营养和健康有直接关系的约为20种。其主要的维生素的分类、功能及来源见表8-1。

表8-1 主要维生素的分类、功能及来源

分 类		名 称	俗 名	生理功能	主要来源
水溶性维生素	B族维生素	维生素 B_1	硫胺素,抗神经炎维生素	抗神经炎,预防脚气病	酵母,谷类,胚芽,肝
		维生素 B_2	核黄素	预防唇、舌发炎,促进生长	酵母,肝
		维生素 PP、B_5	烟酸,尼克酸,抗癞皮病维生素	预防癞皮病,形成辅酶I、II的成分	酵母,米糠,谷类,肝
		维生素 B_6	吡哆醇,抗皮炎维生素	与氨基酸代谢有关	酵母,米糠,谷类,肝
		维生素 B_{11}	叶酸	预防恶性贫血	肝,植物的叶
		维生素 B_{12}	钴胺素,氰钴素	预防恶性贫血	肝
		维生素 H	生物素	预防皮肤病,促进脂质代谢	肝,酵母
		维生素 H_1	对氨基苯甲酸	有利于毛发的生长	肝,酵母
	C族维生素	维生素 C	抗坏血酸,抗坏血病维生素	预防及治疗坏血病,促进细胞间质生长	蔬菜,水果
		维生素 P	芦丁,渗透性维生素,柠檬素	增加毛细血管抵抗力,维持血管正常透过性	柠檬,芸香
脂溶性维生素		维生素 A(A_1,A_2)	抗眼干燥症醇,抗眼干燥症维生素,视黄醇	替代视觉细胞内感光物质,预防表皮细胞角化、促进生长、防治眼干燥症	鱼肝油,绿色蔬菜,胡萝卜
		维生素 D(D_2,D_3)	骨化醇,抗佝偻病维生素	调节钙、磷代谢,预防佝偻病和软骨病	鱼肝油,奶油
		维生素 E	生育酚,生育维生素	预防不育症	谷类的胚芽及其中的油
		维生素 K(K_1,K_2,K_3)	止血维生素	促进血液凝固	菠菜,肝

食品加工(如烹调)虽然有悠久的历史,但工业化的食品加工仅有几十年历史。随着科学的进步、加工技术的改进、交通运输的发达及冷冻技术的发展,人们可以在任何一个地区或一年中的任何季节获得有营养价值的各种食品。因此,由于营养不均衡所造成的疾病已逐渐减少。本章主要讨论各种维生素的化学性质以及在食品加工、储藏过程中导致维生素和矿物质损失的基本原因。

8.2　维生素的稳定性

维生素是有机体中极其重要的微量营养素,它的生物活性表现在许多方面,如辅酶或它们的前体物质(包括烟酸、硫胺素、核黄素、生物素、泛酸、维生素 B_6、维生素 B_{12} 和叶酸等)。维生素还是很好的抗氧化物质,如抗坏血酸、某些类胡萝卜素和维生素 E 等。有的维生素(如维生素 A 和维生素 D 等)是遗传调节因子。而有的维生素具有某些特殊功能,如维生素 A 与视觉有关,血凝过程中许多凝血因子的生物合成依赖于维生素 K。然而,维生素在食品中的含量非常低,食品经过收获、储藏、运输和加工处理后,维生素都会有不同程度的损失。因此,食品在加工过程中除必须保持营养素最小损失和食品安全外,还需考虑加工前的各种条件对食品中营养素含量的影响,如成熟度、生长环境、肥料的使用、水的供给,以及采后或宰杀后的处理等因素。关于维生素的性质虽然已经知道了很多,但是对于它们在复杂食品体系中的特性却了解很少。研究维生素的稳定性大多数采用的是模拟体系,这与复杂的食品体系有很大的差别。但这对于了解食品的性质仍然是有帮助的。表 8-2 总结了维生素在不同条件下的稳定性。每一种维生素有各种不同的形式,因此稳定性也各不相同。

表 8-2　维生素的稳定性

营养素	一般条件	酸	碱	空气或氧	光	热	烹饪时损失率/%
维生素 A	S	U	S	U	U	U	40
抗坏血酸	U	S	U	U	U	U	100
生物素	S	S	S	S	S	U	60
胡萝卜素	S	U	S	U	U	U	30
维生素 B_{12}	S	S	S	S	S	S	10
维生素 D	S	S	U	U	U	U	40
叶酸	U	U	U	U	U	U	100
维生素 K	S	U	U	S	U	S	5
烟酸	S	S	S	S	S	S	75
泛酸	S	U	U	S	S	U	50
维生素 B_6	S	S	S	S	U	U	40
核黄素	S	S	U	S	U	U	75
硫胺素	U	S	U	U	S	U	80
维生素 E	S	S	S	U	U	U	55

注:S 表示稳定;U 表示不稳定。

8.2.1 成熟度的影响

关于成熟度对食品中营养素含量影响的资料不多,目前仅对番茄(西红柿)有较多的研究。抗坏血酸含量随成熟期的不同而变化,番茄中维生素 C 的含量在其未成熟的某一个时期最高(表 8-3)。

表 8-3 不同成熟时期番茄中抗坏血酸含量的变化

花开后的周数	单个平均质量/g	颜 色	抗坏血酸/%
2	33.4	绿	10.7
3	57.2	绿	7.6
4	102.5	绿~黄	10.9
5	145.7	红~黄	20.7
6	159.9	红	14.6
7	167.6	红	10.1

8.2.2 采后及储藏过程中的影响

食品从采收或屠宰到加工这段时间,营养价值会发生明显的变化。因为许多维生素的衍生物是酶的辅助因子(cofactor),它易受酶,尤其是动、植物死后释放出的内源酶所降解。细胞受损后,原来分隔开的氧化酶和水解酶会从完整的细胞中释放出来,从而改变维生素的化学形式和活性。例如,维生素 B_6、硫胺素或核黄素辅酶的脱磷酸化反应、维生素 B_6 葡萄糖苷的脱葡萄糖基反应和聚谷氨酰叶酸酯的去共轭作用都会导致植物或动物采收或屠宰后的维生素的分布和天然存在的状态发生变化,其变化程度与储藏加工过程中的温度高低和时间长短有关。一般而言,维生素的净浓度变化较小,主要是引起生物利用率的变化。相对来说,脂肪氧合酶的氧化作用可以降低许多维生素的浓度,而抗坏血酸氧化酶则专一性地引起抗坏血酸含量损失。对豌豆的研究表明,从采收到运往加工厂储水槽的 1h 内,所含维生素会发生明显的还原反应。新鲜蔬菜如果处理不当,在常温或较高温度下存放 24h 或更长时间,维生素也会造成严重的损失。

植物组织经过修整(如水果除皮)均会导致营养素的部分丢失。据报道,苹果皮中抗坏血酸的含量比果肉高,菠萝心比食用部分含有更多的维生素 C,胡萝卜表皮层的烟酸含量比其他部位高,马铃薯、洋葱和甜菜等植物的不同部位也存在营养素含量的差别。因而,在修整这些蔬菜和水果以及摘去菠菜、花椰菜、绿豆芽、芦笋等蔬菜的部分茎、梗和侧梗时,会造成部分营养素的损失。在一些食品去皮过程中由于使用强烈的化学物质,如碱液处理,将使外层果皮的营养素破坏。

食品在加工、储藏过程中,许多反应不仅会损害食品的感官性状,而且也会引起营养素的损失。除了前面已提及的酶反应,还要考虑食品在配料时,由于其他原料的加入而带来酶的污染,如加入植物性配料会将抗坏血酸氧化酶带入成品,用海产品作为配料可带入硫胺素酶。当食品中的脂质成分发生氧化时,产生的过氧化氢、氢过氧化物和环氧化物能够氧化类胡萝卜素、生育酚、抗坏血酸等物质,导致维生素活性的损失。对其他易被氧化的维生素,如叶酸、维生素 B、维生素 H 和维生素 D 等的反应虽然研究不多,但是导致的损失是可以预见的。氢过氧化物分解产生的含羰基化合物,能造成其他一些维生素(如硫胺素、维生素 B 和泛酸等)的损失。此外,糖类中的非酶褐变反应生成的高活性羰基化合物,它们也能以同样的方式破坏某些维生素。

8.2.3　谷类食物在研磨过程中维生素的损失

　　谷类在研磨过程中,营养素不同程度会受到损失,其损失程度依种子内的胚乳与胚芽同种子外皮分离的难易程度而异,难分离的研磨时间长,损失率高;反之则损失率低。因此,研磨对每种种子的影响是不同的,即使同一种子,各种营养素的损失率也不尽相同(图 8 - 1)。

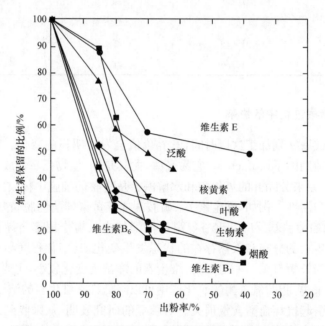

图 8 - 1　小麦出粉率与面粉中维生素保留比例之间的关系

　　人们对谷类在研磨过程中所造成的维生素和矿物质的损失十分重视,早在 20 世纪 40 年代就提出了在食品加工的最后阶段增补或添加营养素的设想。经过长期的讨论,许多国家的食品药物管理局规定了用精制面粉制作的面包中添加营养素的标准,规定了硫胺素、烟酸、核黄素和铁的需要量,但钙和维生素 D 的添加量却视情况而定。

8.2.4　浸提和烫漂

　　食品中水溶性维生素损失的一个主要途径是经由切口或易受破损的表面而流失。此外,在加工过程中洗涤、水槽传送、烫漂、冷却和烹调等也会造成营养素的损失,其损失特性和程度与 pH、温度、水分含量、切口表面积、成熟度以及其他因素有关。

　　在食品加工过程中,如食物暴露在空气中,易受空气的氧化或微量元素的污染,有时在浸渍过程中,也可增加食品的矿物质含量,如浸渍在硬水中,会增加食品中钙的含量。

在上述加工过程中,烫漂可导致许多重要的营养素损失。烫漂通常采用蒸气或热水两种
方法,其方法的选择则依食品种类和以后的加工操作而定。一般来说,蒸气处理引起的营
养素损失最小。食品在工厂加工,如果是在良好的操作条件下进行,其浸提、烫漂、烹调造
成的营养素损失,一般不会大于家庭操作的平均损失。罐装食品中维生素含量的有关数
据(表 8-4)已经证实了这一点。

表 8-4 维生素在罐装食品中的损失(单位:%)

产 品	生物素	叶酸	维生素 B_6	泛酸	维生素 A	硫胺素	核黄素	烟酸	维生素 C
芦笋	0	75	64	—	43	67	55	47	54
利马豆	—	62	47	72	55	83	67	64	76
青豆	—	57	50	60	52	62	64	40	79
甜菜	—	80	9	33	50	67	60	75	70
胡萝卜	40	59	80	54	9	67	60	33	75
玉米	63	72	0	59	32	80	58	47	58
蘑菇	54	84	—	54		80	46	52	33
豌豆	78	59	69	80	30	74	64	69	67
菠菜	67	35	75	78	32	80	50	50	72
番茄	55	54	—	30	0	17	25	0	26

注:包括漂白。

8.2.5 化学药剂处理的影响

由于储藏和加工的需要,常常向食品中添加一些化学物质,其中有的能引起维生素损
失。例如,漂白剂或改良剂在面粉加工中常使用,它会降低面粉中维生素 A、维生素 C 和
维生素 E 等的含量,即使传统的面粉加工方法,由于天然氧化作用也会造成同样的损失。
二氧化硫(SO_2)及其亚硫酸盐、亚硫酸氢盐和偏亚硫酸盐常用来防止水果和蔬菜中的酶
或非酶褐变,作为还原剂它可防止抗坏血酸氧化,但作为亲核试剂,在葡萄酒加工中它又
会破坏硫胺素和维生素 B_6。

在腌肉制品中,亚硝酸盐常作为护色剂和防腐剂。它既可以是人工添加于食品中,又
可由微生物还原硝酸盐而产生。例如,菠菜、甜菜等一些蔬菜本身就含有高浓度的硝酸
盐,常通过微生物作用而产生亚硝酸盐。亚硝酸盐不但能与抗坏血酸迅速反应,而且还能
破坏类胡萝卜素、硫胺素及叶酸。

此外,亚硝酸盐还可作为氧化剂:

$$NO + H_2O \Longrightarrow H^+ + HNO_2 + e^- \qquad E_o = -0.99V$$

也可在 N 或 S 原子上发生亲核取代反应,或者参与双键加成反应。由于反应产物为
N_2O_3,所以反应对 pH 相当敏感,反应式如下:

$$H^+ + NO_2^- \Longleftrightarrow HNO_2 \qquad pK_a = 3.4$$
$$H^+ + NO_2^- + HNO_2 \Longleftrightarrow N_2O_3 + H_2O$$

因此,当 pH 高于 6 时,抗坏血酸几乎不发生反应,而在 pH 接近或低于 3.4 时,反应相当迅速。通常在肉制品中添加抗坏血酸以防止 N -亚硝酸盐的形成。

$$抗坏血酸 + HNO_2 \longrightarrow 2 \text{-亚硝酸抗坏血酸酯}$$
$$\longrightarrow 半脱氢抗坏血酸自由基 + NO$$

生成的 NO 与肌红蛋白结合生成腌肉的红色,半脱氢抗坏血酸残基也仍有部分维生素 C 活性,可防止亚硝酰的生成。环氧乙烯(ethylene oxide)和环氧丙烯(propylene oxide)主要用作消毒剂,使蛋白质和核酸烷基化,并以类似的反应机理同硫胺素类维生素反应导致它们失去活性。蛋白质常在碱性条件下提取,当用碱性发酵粉时,pH 增高,食物在烹调过程中,常见到这种情况。例如,蛋类中 CO_2 的溢出,使 pH 近于 9,在这种碱性条件下,对硫胺素、抗坏血酸和泛酸这类维生素的破坏大大增加。食品呈强酸性的情况甚为少见,而且维生素对此种条件反应不敏感。

8.2.6　维生素的潜在毒性

除了了解维生素有益的一面,认识它们的潜在毒性也很重要,特别是维生素 A、维生素 D、维生素 B_6,维生素中毒一般均与营养增补剂的过量使用有关。维生素 D 强化奶就曾发生过中毒事件,需要对维生素的使用进行规范和监督。食品内源性维生素引发的中毒事件很少见。

8.3　维生素的每日参考摄入量

如何正确评估维生素每日的摄入量应该根据不同人群个体的差异来决定。综合考虑国际上对每日膳食中营养素供给量(recommended dietary allowance,RDA)的局限性和膳食营养素参考摄入量(dietary reference intake,DRI),中国营养学会和中国预防医学科学院营养与食品卫生研究所制定出了中国居民的 DRI 值(表 8 - 5)。DRI 是在 RDA 的基础上发展起来的一组每日平均膳食营养素摄入量的参考值,包括 4 项内容:平均需要量(estimated average requirement,EAR)、推荐摄入量(recommended nutrient intake,RNI)、适当摄入量(adequate intake,AI)和可耐受最高摄入量(tolerable upper intake level,UL)。

在研究维生素的摄入量时,必须考虑维生素的生物利用率和影响生物利用率的因素。因此,在食品加工和储藏过程中必须注意上述问题。维生素的生物利用率与机体的吸收代谢等有关,这个概念不是指维生素的损失,而主要是指可能存在的消耗利用作用。对于一种食品的营养充足性描述必须注意以下三点:①食品在消费时维生素的含量;②食品在消费时维生素的存在状态和特性;③食品在食用时维生素的生物利用率。

表8-5 中国居民膳食营养素参考摄入量[(Ⅰ)～(Ⅳ)]

(Ⅰ) 中国居民膳食常量元素参考摄入量

(单位:mg/d)

年龄(岁)/生理状况	钙 EAR	钙 RNI	钙 UL	磷 EAR	磷 RNI	磷 UL	镁 EAR	镁 RNI	钾 AI	钠 AI	氯 AI
0~	—	200[a]	1000	—	100[a]	—	—	20[a]	350	170	260
0.5~	—	250[a]	1500	—	180[a]	—	—	65[a]	550	350	550
1~	500	600	1500	250	300	—	110	140	900	700	1100
4~	650	800	2000	290	350	—	130	160	1200	900	1400
7~	800	1000	2000	400	470	—	180	220	1500	1200	1900
11~	1000	1200	2000	540	640	—	250	300	1900	1400	2200
14~	800	1000	2000	590	710	—	270	320	2200	1600	2500
18~	650	800	2000	600	720	3500	280	330	2000	1500	2300
50~	800	1000	2000	600	720	3500	280	330	2000	1400	2200
65~	800	1000	2000	590	700	3000	270	320	2000	1400	2200
80~	800	1000	2000	560	670	3000	260	310	2000	1300	2000
孕妇(1~12周)	650	800	2000	600	720	3500	310	370	2000	1500	2300
孕妇(13~27周)	810	1000	2000	600	720	3500	310	370	2000	1500	2300
孕妇(≥28周)	810	1000	2000	600	720	3500	310	370	2000	1500	2300
乳母	810	1000	2000	600	720	3500	280	330	2400	1500	2300

注:"—"表示未制定。

a. AI值。

（Ⅱ）中国居民膳食微量元素参考摄入量

年龄(岁)/生理状况	铁/(mg/d)			碘/(μg/d)			锌/(mg/d)			硒/(μg/d)			铜/(mg/d)			钼/(μg/d)			铬/(μg/d)
	EAR	RNI	UL	EAR	RNI	UL	EAR	RNI	UL	EAR	RNI	UL	EAR	RNI	UL	EAR	RNI	UL	AI
0~	—	0.3a	—	—	85a	—	—	2a	—	—	15a	55	—	0.3a	—	—	2a	—	0.2
0.5~	7	10	—	—	115a	—	2.8	3.5	—	—	20a	80	—	0.3a	—	—	15a	—	4.0
1~	6	9	25	65	90	—	3.2	4.0	8	20	25	100	0.25	0.3	2.0	35	40	200	15
4~	7	10	30	65	90	200	4.6	5.5	12	25	30	150	0.30	0.4	3.0	40	50	300	20
7~	10	13	35	65	90	300	5.9	7.0	19	35	40	200	0.40	0.5	4.0	55	65	450	25
11~(男)	11	15	40	75	110	400	8.2	10.0	28	45	55	300	0.55	0.7	6.0	75	90	650	30
11~(女)	14	18	40	75	110	400	7.6	9.0	28	45	55	300	0.55	0.7	6.0	75	90	650	30
14~(男)	12	16	40	85	120	500	9.7	12.0	35	50	60	350	0.60	0.8	7.0	85	100	800	35
14~(女)	14	18	40	85	120	500	6.9	8.5	35	50	60	350	0.60	0.8	7.0	85	100	800	35
18~(男)	9	12	42	85	120	600	10.4	12.5	40	50	60	400	0.60	0.8	8.0	85	100	900	30
18~(女)	15	20	42	85	120	600	6.1	7.5	40	50	60	400	0.60	0.8	8.0	85	100	900	30
50~(男)	9	12	42	85	120	600	10.4	12.5	40	50	60	400	0.60	0.8	8.0	85	100	900	30
50~(女)	9	12	42	85	120	600	6.1	7.5	40	50	60	400	0.60	0.8	8.0	85	100	900	30
孕妇(1周~12周)	15	20	42	160	230	600	7.8	9.5	40	54	65	400	0.7	0.9	8.0	92	110	900	31
孕妇(13周~27周)	19	24	42	160	230	600	7.8	9.5	40	54	65	400	0.7	0.9	8.0	92	110	900	34
孕妇(≥28周)	22	29	42	170	240	600	7.8	9.5	40	54	65	400	0.7	0.9	8.0	92	110	900	36
乳母	18	24	42	170	240	600	9.9	12	40	65	78	400	1.1	1.4	8.0	88	103	900	37

注："—"表示未制定。
a. AI 值。

（Ⅲ）中国居民膳食脂溶性维生素参考摄入量

年龄（岁）/生理状况	维生素 A/(μg RAE/d)					维生素 D/(μg/d)			维生素 E/(mgα-TE/d)		维生素 K/(μg/d)
	EAR		RNI		UL	EAR	RNI	UL	AI	UL	AI
	男	女	男	女							
0~		—		300[a]	600	—	10[a]	20	3	—	2
0.5~		—		350[a]	600	—	10[a]	20	4	—	10
1~		220		310	700	8	10	20	6	150	30
4~		260		360	900	8	10	30	7	200	40
7~		360		500	1500	8	10	45	9	350	50
11~	480	450	670	630	2100	8	10	50	13	500	70
14~	590	450	820	630	2700	8	10	50	14	600	75
18~	560	480	800	700	3000	8	10	50	14	700	80
50~	560	480	800	700	3000	8	10	50	14	700	80
65~	560	480	800	700	3000	8	15	50	14	700	80
80~	560	480	800	700	3000	8	15	50	14	700	80
孕妇（1 周~12 周）		480		700	3000	8	10	50	14	700	80
孕妇（13 周~27 周）		530		770	3000	8	10	50	14	700	80
孕妇（≥28 周）		530		770	3000	8	10	50	14	700	80
乳母		880		1300	3000	8	10	50	17	700	85

注："—"表示未制定。
a. AI 值。

（Ⅳ）中国居民膳食水溶性维生素参考摄入量

年龄（岁）/生理状况	维生素 B₁ EAR/(mg/d) 男	女	AI/(mg/d)	RNI/(mg/d) 男	女	维生素 B₂ EAR/(mg/d) 男	女	AI/(mg/d)	RNI/(mg/d) 男	女	维生素 B₆ EAR/(mg/d)	AI/(mg/d)	RNI/(mg/d)	UL/(mg/d)
0~	—	—	0.1	—	—	—	—	0.4	—	—	—	0.2	—	—
0.5~	—	—	0.3	—	—	—	—	0.5	—	—	—	0.4	—	—
1~	0.5	0.5	—	0.6	0.6	0.5	0.5	—	0.6	0.6	0.5	—	0.6	20
4~	0.6	0.6	—	0.8	0.8	0.6	0.6	—	0.7	0.7	0.6	—	0.7	25
7~	0.8	0.8	—	1.0	1.0	0.8	0.8	—	1.0	1.0	0.8	—	1.0	35
11~	1.1	1.0	—	1.3	1.1	1.1	0.9	—	1.3	1.1	1.1	—	1.3	45
14~	1.3	1.1	—	1.6	1.3	1.3	1.0	—	1.5	1.2	1.2	—	1.4	55
18~	1.2	1.0	—	1.4	1.2	1.2	1.0	—	1.4	1.2	1.2	—	1.4	60
50~	1.2	1.0	—	1.4	1.2	1.2	1.0	—	1.4	1.2	1.3	—	1.6	60
65~	1.2	1.0	—	1.4	1.2	1.2	1.0	—	1.4	1.2	1.3	—	1.6	60
80~	1.2	1.0	—	1.4	1.2	1.2	1.0	—	1.4	1.2	1.3	—	1.6	60
孕妇(1周~12周)		1.0	—		1.2		1.0	—		1.2	1.9	—	2.2	60
孕妇(13周~27周)		1.1	—		1.4		1.1	—		1.4	1.9	—	2.2	60
孕妇(≥28周)		1.2	—		1.5		1.2	—		1.5	1.9	—	2.2	60
乳母		1.2	—		1.5		1.2	—		1.5	1.4	—	1.7	60

注："—"表示未制定。有些维生素未制定 UL，主要原因是研究资料不充分，并不表示过量摄入没有健康风险。

(Ⅳ)（续1）

年龄(岁)/生理状况	维生素 B₁₂			泛酸	叶酸				烟酸						烟酰胺
	EAR/(μg/d)	AI/(μg/d)	RNI/(μg/d)	AI/(mg/d)	EAR/(μgDFE/d)	AI/(μgDFE/d)	RNI/(μgDFE/d)	UL/(μg/d)	EAR/(mgNE/d) 男	EAR/(mgNE/d) 女	AI/(mgNE/d)	RNI/(mgNE/d) 男	RNI/(mgNE/d) 女	UL/(mgNE/d)	UL/(mg/d)
0~	—	0.3	—	1.7	—	65	—	—	—	—	2	—	—	—	—
0.5~	—	0.6	—	1.9	—	100	—	—	—	—	3	—	—	—	—
1~	0.8	—	1.0	2.1	130	—	160	300	5	5	—	6	6	10	100
4~	1.0	—	1.2	2.5	150	—	190	400	7	6	—	8	8	15	130
7~	1.3	—	1.6	3.5	210	—	250	600	9	8	—	11	10	20	180
11~	1.8	—	2.1	4.5	290	—	350	800	11	10	—	14	12	25	240
14~	2.0	—	2.4	5.0	320	—	400	900	14	11	—	16	13	30	280
18~	2.0	—	2.4	5.0	320	—	400	1000	12	10	—	15	12	35	310
50~	2.0	—	2.4	5.0	320	—	400	1000	12	10	—	14	12	35	310
65~	2.0	—	2.4	5.0	320	—	400	1000	11	9	—	14	11	35	300
80~	2.0	—	2.4	5.0	320	—	400	1000	11	8	—	13	10	30	280
孕妇(1周~12周)	2.4	—	2.9	6.0	520	—	600	1000		10	—		12	35	310
孕妇(13周~27周)	2.4	—	2.9	6.0	520	—	600	1000		10	—		12	35	310
孕妇(≥28周)	2.4	—	2.9	6.0	520	—	600	1000		10	—		12	35	310
乳母	2.6	—	3.2	7.0	450	—	550	1000		12	—		15	35	310

注："—"表示未制定。有些维生素未制定 UL，主要原因是研究资料不充分，并不表示过量摄入没有健康风险。

（Ⅳ）（续 2）

年龄(岁)/生理状况	胆碱 AI/(mg/d) 男	胆碱 AI/(mg/d) 女	胆碱 UL/(mg/d)	生物素 AI/(mg/d)	维生素 C EAR/(mg/d)	维生素 C AI/(mg/d)	维生素 C RNI/(mg/d)	维生素 C UL/(mg/d)
0~	120	120	—	5	—	40	—	—
0.5~	150	150	—	9	—	40	—	—
1~	200	200	1000	17	35	—	40	400
4~	250	250	1000	20	40	—	50	600
7~	300	300	1500	25	55	—	65	1000
11~	400	400	2000	35	75	—	90	1400
14~	500	400	2500	40	85	—	100	1800
18~	500	400	3000	40	85	—	100	2000
50~	500	400	3000	40	85	—	100	2000
65~	500	400	3000	40	85	—	100	2000
80~	500	400	3000	40	85	—	100	2000
孕妇(1 周~12 周)		420	3000	40	85	—	100	2000
孕妇(13 周~27 周)		420	3000	40	95	—	115	2000
孕妇(≥28 周)		420	3000	40	95	—	115	2000
乳母		520	3000	50	125	—	150	2000

注:"—"表示未制定。有些维生素未制定 UL,主要原因是研究资料不充分,并不表示过量摄入没有健康风险。

影响维生素利用率的因素包括：①膳食的组成会影响其在肠道停留的时间、黏度、乳化特性和 pH 等；②维生素的存在形式和状态不同，使之在体内的吸收速率、吸收程度与转变为代谢活性形式（如辅酶）的难易程度，或者代谢功能作用的大小等都会有所差别；③维生素和其他食物成分（如蛋白质、淀粉、膳食纤维、脂质物质）之间的反应会影响维生素在肠道内的吸收。

8.4　水溶性维生素

8.4.1　抗坏血酸

8.4.1.1　结构和化学性质

抗坏血酸（ascorbic acid）即维生素 C，是一种十分重要的生物活性物质。L-抗坏血酸是高度水溶性化合物，极性很强，具有酸性和强还原性，这些性质是由于其结构中的 2,3-烯二醇与内酯环羰基共轭所决定的。抗坏血酸主要以还原型的 L-抗坏血酸存在于水果和蔬菜中，在动物组织和动物加工产品中含量较少。抗坏血酸的双电子氧化和氢离子的解离反应，使之转变为 L-脱氢抗坏血酸（DHAA），DHAA 在体内可以完全还原为抗坏血酸，因此具有与抗坏血酸相同的生物活性。L-异抗坏血酸和 L-抗坏血酸的差别在于 C_5-位上羟基所处的位置，它们是 C_5-位的光学异构体，L-异抗坏血酸具有与 L-抗坏血酸相似的化学性质，但不具有维生素 C 的活性。L-异抗坏血酸和 L-抗坏血酸在食品中广泛作为抗氧化剂使用，抑制水果和蔬菜的酶促褐变。自然界存在的抗坏血酸主要是 L-异构体，而 D-异构体的含量很少。在食品中使用时，D-异构体不是作为维生素的用途而是作为抗氧化剂添加到食品中的。L-异构体又有氧化型和还原型两种，L-抗坏血酸和 L-脱氢抗坏血酸的异构体，如下所示：

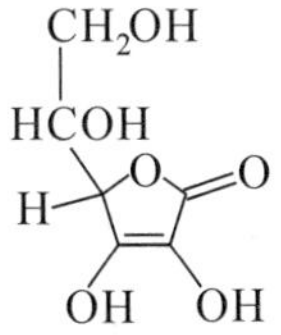

L-抗坏血酸(还原型) 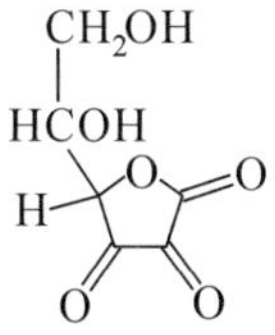　　L-脱氢抗坏血酸(氧化型)

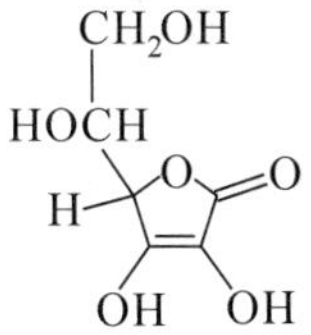

L-异抗坏血酸 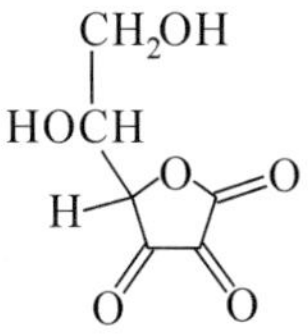　　L-异脱氢抗坏血酸

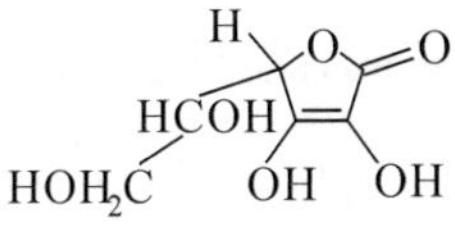

D-抗坏血酸 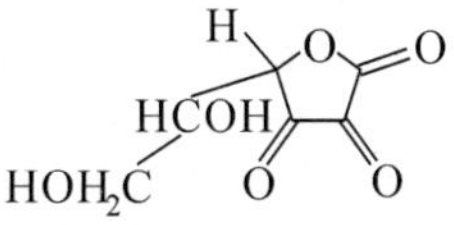　　D-脱氢抗坏血酸

表 8 - 6　抗坏血酸紫外光吸收特征

pH	最大吸收光波长(λ_{max})/nm
2	244
6～10	266
>10	296

抗坏血酸在水溶液中,C_3-位上的羟基易电离($pK_{a_1}=4.04,25\ ℃$),其游离酸水溶液 pH 为 2.5,C_2-位上的羟基较难电离($pK_{a_2}=11.4$)。在不同的 pH 条件下抗坏血酸能吸收不同波长的紫外光(表 8 - 6)。

8.4.1.2　稳定性

抗坏血酸极易受温度、盐、糖、pH、氧、酶、金属催化剂,特别是 Cu^{2+} 和 Fe^{3+}、水分活度、抗坏血酸的初始浓度以及抗坏血酸与脱氢抗坏血酸的比例等因素的影响而发生降解。由于多种因素影响抗坏血酸的降解,因此,除了反应机理中的最初产物外,要想确切弄清前体物与产物的关系很困难。现在提出的反应机理是基于动力学和物理化学测定,以及对游离产物的结构鉴定所得出的。这些研究大多是在 pH 低于 2 的模拟体系或高浓度有机酸中进行的,因此它们与发生在含有抗坏血酸特定食品中准确的降解模式不可能完全相同。

图 8 - 2 表明了氧和重金属对降解反应途径和产物的影响。在有氧存在下,抗坏血酸首先降解形成单阴离子(HA^-),可与金属离子和氧形成三元复合物,按照 Buettner 的观点,单阴离子 HA^- 的氧化有多种途径,取决于金属催化剂(M^{n+})的浓度和氧分压的大小。一旦 $[HA^-]$ 生成后,很快通过单电子氧化途径转变为脱氢抗坏血酸(A),A 的生成速率近似与 (HA^-)、$[O_2]$ 和 $[M^{n+}]$ 的一次方成正比。当金属催化剂为 Cu^{2+} 或 Fe^{3+} 时,速率常数要比自动氧化大几个数量级,其中 Cu^{2+} 催化转化速率比 Fe^{3+} 大 80 倍。即使这些金属离子含量为百万分之几,也会引起食品中维生素 C 的严重损失。在真实的食品体系中,当金属离子与其他组分(如氨基酸)结合或催化其他反应时,可能生成活泼的自由基或活性氧,从而加速抗坏血酸的氧化。在氧分压低时,非催化氧化反应与氧浓度不成正比(表 8 - 7),当氧分压低于 40.52 kPa(0.4 atm)时,转化速率几乎趋向稳定,这表明它是一种不同的氧化途径,可能是由于氢过氧自由基($HO_2 \cdot$)或氢过氧化物直接氧化的结果。与此相反,在催化反应机理中,当氧分压在 101.3～40.52 kPa(1.0～0.4 atm)时,转化速率与氧分压成正比,而在氧分压低于 20.26 kPa(0.20 atm)时,氧化速率与溶解氧分压无关。这一反应机理是这样假定的,即在催化氧化反应中,金属与阴离子形成复合物 $MHA^{(n-1)+}$,此复合物与氧结合成为金属-氧-配位体三元复合物 $MHAO_2^{(n-1)+}$,后一种复合物含有一个双自由基共振结构(图 8 - 2),能迅速分解为半脱氢抗坏血酸自由基($AH \cdot$)及原来的金属离子(M^{n+})和($HO_2 \cdot$)。半脱氢抗坏血酸自由基($AH \cdot$)迅速与 O_2 反应生成脱氢抗坏血酸(A)。可见,在催化反应中,氧与催化剂的依赖关系是确定反应机理的关键,而 $MHAO_2^{(n-1)+}$ 的形成是该氧化反应机理中的限速步骤。在解释糖和其他溶质对抗坏血酸稳定性的影响时,氧是相当重要的,高浓度的溶质对溶解氧有盐析效应。

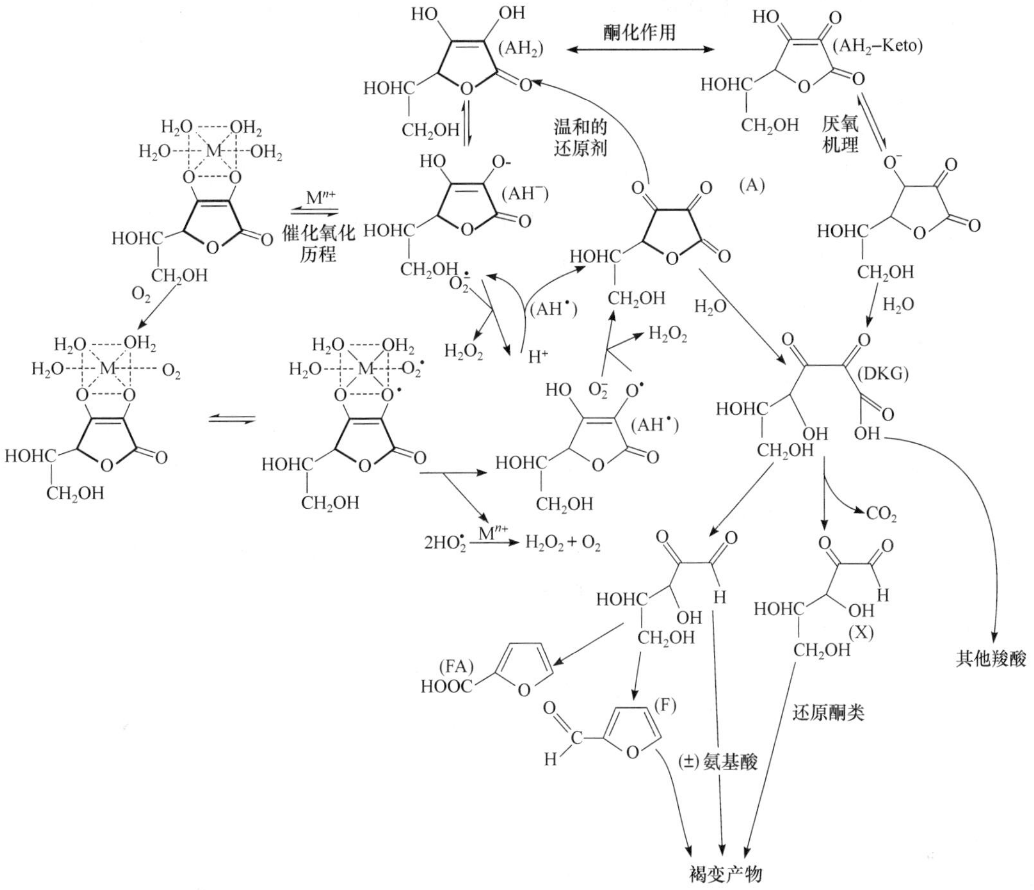

图 8 - 2　抗坏血酸的厌氧降解路线

粗线结构为有维生素活性的物质；H_2A. 还原性抗坏血酸；HA^-. 单阴离子抗坏血酸；A. 脱氢抗坏血酸；
AH·. 半脱氢抗坏血酸自由基；DKG. 2,3-二酮基古罗糖酸；M^{n+}. 金属催化剂；HO_2·. 氢过氧基自由基；
F. 糠醛；FA. 2-呋喃甲醛；X. 木酮糖；DP. 3-脱氧戊糖酮

表 8 - 7　抗坏血酸非催化反应的速率常数 (s^{-1}) 随氧分压的变化

氧分压/atm	抗坏血酸负离子的速率常数 $\times 10^{-4}$	氧分压/atm	抗坏血酸负离子的速率常数 $\times 10^{-4}$
1.00	5.87	0.19	2.01
0.81	4.68	0.10	1.93
0.62	3.52	0.05	1.91
0.40	2.75		

　　在非催化氧化反应机理中，抗坏血酸单阴离子（HA^-）在限速步骤中是直接与分子氧起化学反应，首先生成自由基（AH·）和氢过氧基自由基（HO_2·），随后又迅速生成（A）和 H_2O。

　　从上述反应机理可以看出，催化反应和非催化反应机理都有共同的中间体，用分析产物的方法是很难区分的。由于抗坏血酸易氧化成脱氢抗坏血酸，脱氢抗坏血酸又易经温和的还原反应再还原成抗坏血酸。而脱氢抗坏血酸的氧化是不可逆的,尤其在碱性介质中,它可以使内酯水解形成2,3-二酮基古罗糖酸(DKG),只是在这时才引起维生素活性的损失。

非催化氧化降解反应速率与pH之间是非线性关系,其两者的相关性曲线呈S形,抗坏血酸pK_1值随着pH增大而相应地不断增加,当pH大于6时,曲线趋向平坦,速率常数为$6×10^{-7}s^{-1}$,说明在中性pH时,抗坏血酸的氧化降解可以忽略不计。但是当有痕量的金属离子存在时,将加快抗坏血酸的降解。同时也表明首先是单阴离子(monoanion)发生氧化。在催化氧化反应中,转化速率与$[H^+]$成反比,这表明H_2A和HA^-要争夺O_2,HA^-的速率常数比H_2A大$1.5～3.0$数量级。不同离子状态的抗坏血酸对H^+的亲和力大小依次为:$H_2A<HA^-<A^{2-}$。

在厌氧反应条件下,抗坏血酸的氧化速率在pH为4时达到最大,这是因为25 ℃时抗坏血酸的$pK_1=4.04$,pH为2时降到最小,然后随着酸度的增加而增加,pH低于2时的特征反应在食品中毫无意义。但是,pH为4时的转化速率最大具有相当重要的意义。当pH≥8时由于体系中存在足够的A^{2-}($pK_2=11.4$,25 ℃),因此氧化速率提高。

图8-2为推测的抗坏血酸的厌氧降解路线。Kurata和Sakurai认为,抗坏血酸是经过酮基互变异构体(H_2A-Keto)进行反应的,该互变异构体与其负离子(HA^--Keto)达到平衡时,HA^--Keto经去内酯化作用生成DKG。尽管在有氧存在下厌氧途径仍能使抗坏血酸降解,然而在常温下非催化氧化转化速率比厌氧转化速率大$2～3$个数量级。因此,在有氧存在下,两个反应都起作用,而其中以氧化途径占优势。在无氧条件下,金属催化剂不会对反应产生影响,可是一些Cu^{2+}和Fe^{3+}的螯合物仍会产生催化作用,催化转化速率在某种程度上是不依赖于氧的浓度,其催化效力是金属螯合物稳定性的函数。

图8-2也显示了DKG的进一步降解。由于营养价值已经损失,所以这些反应就显得不重要了。但是这些降解产物会参与非酶褐变,最终形成风味化合物的前体物质。不过在一些食品中,抗坏血酸的分解与非酶褐变有着密切的关系。已有证据表明,抗坏血酸降解形成的产物取决于分解作用是否发生了氧化反应。在DKG形成以后,发生不同途径的分解,其反应本身又不需要分子氧,这两者似乎相互矛盾。然而,在氧化降解过程中,抗坏血酸有相当多的部分迅速转化为A,而A通过相互作用又影响反应。

木酮糖(X)可由DKG脱羧形成,而3-脱氧戊糖酮(DP)是DKG的C_4发生β-消去反应后,再脱羧形成的。影响分解反应的方式可能是DKG的累加速率,或者是与A更特殊的相互作用。无论是哪一种情况,在这个阶段从反应开始都显示出其他糖类非酶褐变反应的特性。木酮糖继续降解生成还原酮和乙基乙二醛,而DP降解则得到糠醛(F)和2-呋喃甲酸(FA),所有这些生成物又都可以与氨基结合而引起食品褐变。某些糖和糖醇能防止抗坏血酸氧化降解,这可能是因为它们能够结合金属离子,从而降低了金属离子的催化活性,有利于食品中维生素C的保护,其机理尚需进一步研究。

Sparyar和Kevei完成了当时争议最大的研究课题,即影响抗坏血酸降解的因素:Cu^{2+}催化反应与氧浓度的关系;Fe^{3+}的催化;pH和温度;脱氢抗坏血酸和异抗坏血酸的浓度;半胱氨酸与谷氨酸以及多酚类物质等。如果半胱氨酸浓度相当高,抗坏血酸离子可以完全得到保护,即使半胱氨酸物质的量浓度过量也是如此,这种保护作用与半胱氨酸和铜相互作用有关。此外,某些糖和糖醇也能保护抗坏血酸免遭氧化降解,可能是由于它们结合金属离子而降低其催化活性的原因。

研究表明,将 L-脱氢抗坏血酸在 pH 为 2、4、6 和 8 的磷酸缓冲液中加热回流 3 h,或在 25 ℃保温 200 h,可分离出挥发性降解产物。在已鉴定的 15 个产物中,有 5 个主要产物,即 3-羟基-2-吡喃酮、2-呋喃甲酸、2-呋喃甲醛、乙酸和 2-乙酰呋喃。这些化合物的生成取决于 pH 和温度,与氧的存在没有明显的关系。抗坏血酸易被亚硝酸迅速氧化,因此在食品中添加抗坏血酸可防止含有亚硝酸钠的产品形成亚硝胺,所添加的抗坏血酸量则取决于 pH 和氧的浓度。

8.4.1.3　分析方法

测定食品中抗坏血酸的方法有很多,但缺乏专一性,兼之许多食物中有多种干扰物质,因此选择合适的方法在测定中很重要。抗坏血酸最大吸光值在 245 nm 波长处,但直接用分光光度法测定抗坏血酸并不常用。

现在常使用的分光光度法是用还原染料对抗坏血酸进行氧化测定,如 2,6-二氯靛酚(2,6-dichlorophenolindophenol),但该方法没有将脱氢抗坏血酸考虑在内,故测定值中仅有 80% 抗坏血酸的维生素活性。因此,在氧化还原过程中,常将样品加入还原剂后再进行测定,如通入 H_2S 等。另一种常用的方法是利用 A 的羟基与苯肼反应生成二苯腙来测定抗坏血酸含量,其缺点是食品中含有无维生素活性的羰基物质也可发生同样反应,从而引起测定误差。

HPLC 法现常被用来测定抗坏血酸的总量,而且也可同时测定 L-抗坏血酸和还原型的抗坏血酸的含量。

8.4.1.4　加工的影响

抗坏血酸具有强的还原性,因而在食品中是一种常用的抗氧化剂,被广泛作为食品添加剂使用,如利用抗坏血酸的还原性使邻醌类化合物还原,从而有效抑制酶促褐变而作为面包中的改良剂。由于抗坏血酸具有较强的抗氧化活性,常用于保护叶酸等易被氧化的物质。此外抗坏血酸还可以清除单重态氧、还原以氧和碳为中心的自由基,以及使其他抗氧化剂(如生育酚自由基)再生。但因抗坏血酸对热、pH 和氧敏感而且易溶于水,很易通过扩散或渗透过程从食品的切口或破损表面浸析出来,在热加工过程中造成损失。增大表面积、水流

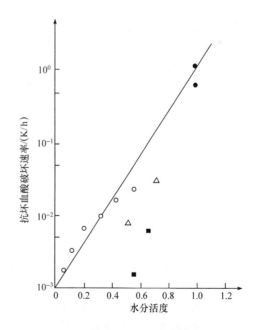

图 8-3　水分活度与抗坏血酸破坏速率的关系

○ 橙汁晶体;● 蔗糖溶液;
△ 玉米,大豆乳混合物;■ 面粉

速和升高水温均可使食品中的抗坏血酸的损失大为增加,然而在加工食品中,造成抗坏血酸最严重损失的还是来自化学降解。

富含抗坏血酸的食品,如水果制品,通常由于非酶褐变引起维生素的损失和颜色变化,所以在食品加工过程中,用含量表估计抗坏血酸的浓度来作为食品加工的指标是不可靠的。在罐装果汁食品中,抗坏血酸的损失是通过连续的一级反应进行的,初始转化速率依赖于氧,反应直到有效氧消耗完,然后进行厌氧降解。在脱水橙汁中,抗坏血酸降解是温度和水分含量的函数。关于水分活度对各种食品中的抗坏血酸稳定性的影响,可参见图 8-3。

水分活度非常低时,食品中的抗坏血酸仍可发生降解,只是转化速率非常缓慢,以致在长期储藏过程中,也不会导致抗坏血酸过多损失。各种食品和饮料中的抗坏血酸的稳定性数据见表 8-8。

表 8-8　在 23 ℃储藏 12 个月后强化食品和饮料中抗坏血酸稳定性

产品	样本数	保留率/%	
		平均	范围
方便米饭	4	71	60~87
干果汁饮料混合物	3	94	91~97
可可粉	3	97	80~100
全脂奶粉(空气包装)	2	75	65~84
全脂奶粉(充气包装)	1	93	
干豆粉	1	81	
薯片	3	85	73~92
冻桃	1	80	
冻杏	1	80	
苹果汁	5	68	58~76
红莓汁	2	81	78~83
葡萄汁	5	81	73~86
菠萝汁	2	78	74~82
番茄汁	4	80	64~93
葡萄饮料	3	76	65~94
橙饮料	5	80	75~83
碳酸饮料	3	60	54~64
浓炼乳	4	75	70~82

注:在 23 ℃储藏 6 个月,冷藏 5 个月后解冷。

抗坏血酸的稳定性随温度降低而大大提高,但是少数研究表明,在制冷或冷冻储藏过程中,会加速其损失。当冷冻储藏温度高于 -18 ℃时,最终也会导致严重损失。

食品在加热时浸提,其抗坏血酸损失远比其他加工步骤带来的损失大,这一观察结果,也可类推于大多数水溶性营养素。通常非柑橘类产品在加热时抗坏血酸大量损失。豌豆经各种技术加工后抗坏血酸的损失情况见图 8-4。

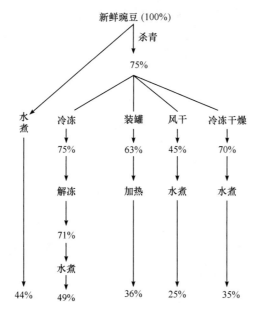

图 8-4 豌豆加工中抗坏血酸的保留率

另外,一种可减少抗坏血酸损失的加工方法是用二氧化硫(SO_2)进行处理,果品蔬菜产品经 SO_2 处理后,可减少在加工储藏过程中抗坏血酸的损失。此外,糖和糖醇也能保护抗坏血酸免受氧化降解,这可能是它们结合金属离子从而降低了后者的催化活性,其详细的反应机理有待进一步研究。

8.4.1.5 维生素 C 的生理功能

维生素 C 是一种必需维生素,具有以下较强的生理功能:

(1) 促进胶原的生物合成,有利于组织创伤的愈合,这是维生素 C 最被公认的生理活性。

(2) 促进骨骼和牙齿生长,增强毛细血管壁的强度,避免骨骼和牙齿周围出现渗血现象。一旦维生素 C 不足或缺乏会导致骨胶原合成受阻,使得骨基质出现缺陷,骨骼钙化时钙和磷的保持能力下降,结果出现全身性骨骼结构的脆弱松散。因此,维生素 C 对于骨骼的钙化和健全是非常重要的。

(3) 促进酪氨酸和色氨酸的代谢,加速蛋白质或肽类的脱氨基代谢作用。

(4) 影响脂肪和类脂的代谢。

(5) 改善对铁、钙和叶酸的利用。

(6) 作为一种自由基清除剂。

(7) 增加机体对外界环境的应激能力。

8.4.2 硫胺素

8.4.2.1 硫胺素的化学结构

硫胺素(thiamin)又称维生素 B_1,它由一个嘧啶分子和一个噻唑分子通过一个亚甲基连接而成。广泛分布于植物和动物体中,在 α-酮基酸和糖类的中间代谢中起着十分重要的作用。硫胺素的主要功能形式是焦磷酸硫胺素,即硫胺素焦磷酸酯,然而各种结构式的硫胺素(图 8-5)都具有维生素 B_1 活性。

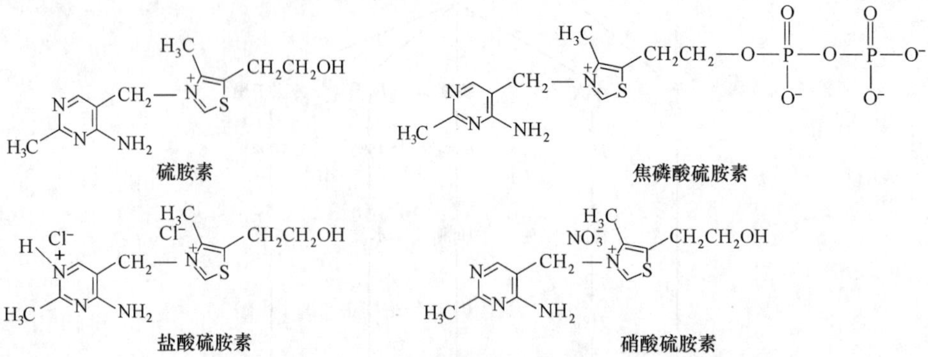

图 8-5　硫胺素的化学结构式

硫胺素因为含有一个季氮原子,故具有强碱性,在食品的整个正常 pH 范围内,都是完全离子化的。此外,嘧啶环上的氨基也可因 pH 不同而有不同程度解离,嘧啶环 N 位上质子电离($pK_{a_1}=4.8$)生成硫胺素游离碱。硫胺素的辅酶作用是通过噻唑环上第二位上的氢解离成强的亲核基,其原因是 3-位上 N^+ 的正电荷有助于 C_2 失去质子而具负电性的缘故,通过研究氚在该位置的交换表明,在室温和 pH 为 5 时,硫胺素的半衰期为 2 min,在 pH 为 7 时,交换反应进行极快,以至于用常规技术也无法跟踪。在碱性范围内,硫胺素游离碱再失去一个质子(表观 $pK_a=9.2$)生成硫胺素假碱。

8.4.2.2　分析方法

虽然利用微生物培养法可测定食品中硫胺素的含量,但这种方法并不常用。最常用的方法是荧光法和高效液相色谱法。硫胺素在稀酸的条件下从加热的食物匀浆中提取出来,用磷酸酯酶水解磷酸化硫胺素,然后用层析法去掉非硫胺素的荧光成分,再用氧化剂把它转化成强荧光的脱氢硫胺素,这种形式的硫胺素容易测定。另外,用磷酸酯酶处理后,用 HPLC 法测定总硫胺素的含量也是可行的。硫胺素变成脱氢硫胺素后用荧光分光光度计来检测。

8.4.2.3　稳定性

硫胺素是所有维生素中最不稳定的一种。其稳定性易受 pH、温度、离子强度、缓冲液以及其他反应物的影响,其降解反应遵循一级反应动力学机理。由于几种降解机理同时存在,因此,许多食品中硫胺素的热降解损失随温度的变化关系不遵从阿伦尼乌斯方程。典型的降解反应是在两环之间的亚甲基碳上发生亲核取代反应,因此强亲核试剂如 HSO_3^- 易导致硫胺素的破坏。硫胺素在碱性条件下发生的降解和与亚硫酸盐作用发生的降解反应是类似的(图 8-6),两者均生成降解产物 5-(β-羟乙基)-4-甲基噻唑以及相应的嘧啶取代物(前者生成羟甲基嘧啶,后者为 2-甲基-5-磺酰甲基嘧啶)。

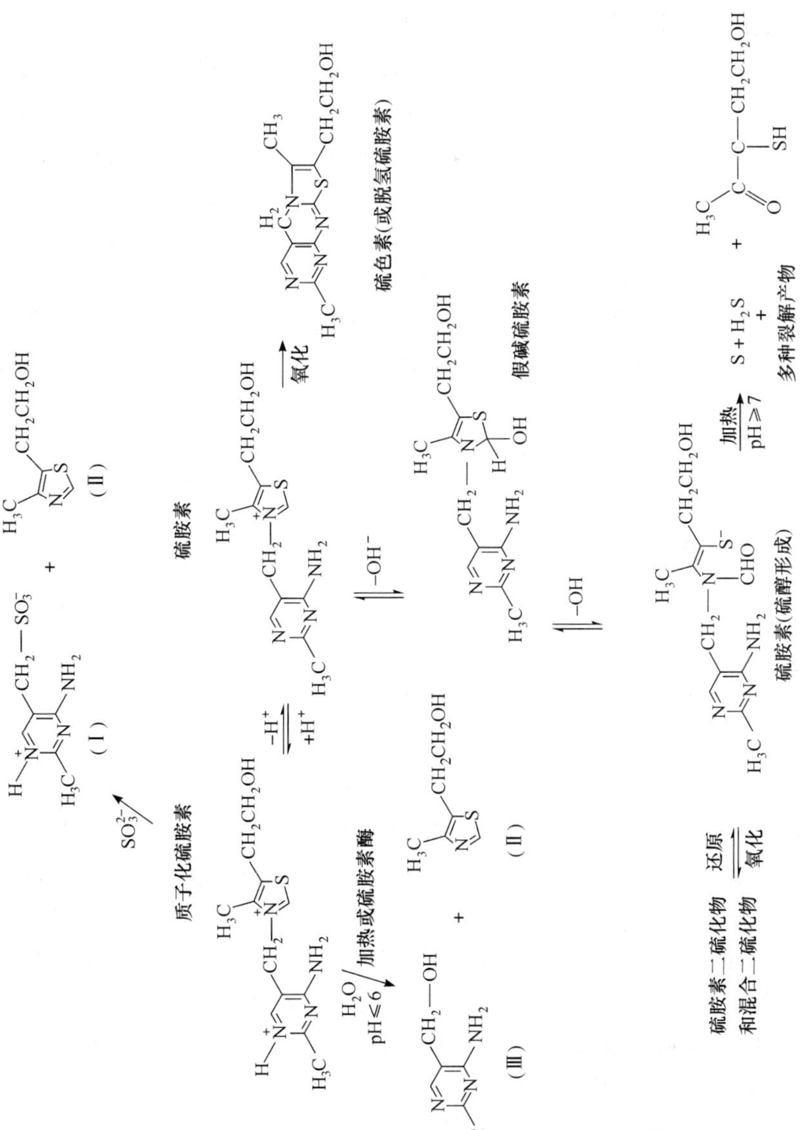

图 8-6 硫胺素降解

　　在低水分活度和室温时,硫胺素相当稳定。例如,早餐谷物制品在水分活度为 0.1～0.65 和 37 ℃以下储存时,硫胺素的损失几乎为零。在 45 ℃时反应加速。当 $a_w \geqslant 0.4$ 时,硫胺素的降解更快,在 a_w 为 0.5～0.6 时,其降解达到最大值(图 8-6),然后水分活度继续增加至 0.85 时,硫胺素降解速率下降。亚硝酸盐也能使硫胺素失活,其原因可能是 NO_2^- 与嘧啶环上的胺基发生反应。此外,人们很早就注意到,在肉制品中添加 NO_2^- 后,硫胺素的失活比在缓冲液中微弱,其原因可能与蛋白质的保护作用有关。酪蛋白和可溶性淀粉也可抑制亚硫酸盐对硫胺素的破坏作用。虽然对保护效应的机理还不清楚,但其中必有其他降解机理存在。硫胺素以多种不同形式(如游离型、结合型、蛋白质磷酸复合型等)存在于食物中,其稳定性取决于各种形式的相对浓度,在一定的动物种类中各种形式之间的比例则取决于动物死亡前的营养状态,且各种肌肉也不同。植物采后和动物立即宰杀后的生理应力不同,也会造成含量比的差异。一些研究表明,硫胺素与硫胺素酶结合后产物的稳定性比游离态差。Farter 指出,谷物中的硫胺素可因烹调和焙烤造成严重损失,肉类、蔬菜和水果中的硫胺素损失是由于加工和储藏等操作引起的。硫胺素的稳定性受系统性质和状态的影响很大。温度是影响硫胺素稳定性的一个重要因素(表 8-9)。

表 8-9　储存食品中硫胺素的保留率

品　种	储藏 12 个月后的保留率/%		品　种	储藏 12 个月后的保留率/%	
	35 ℃	1.5 ℃		35 ℃	1.5 ℃
杏	35	72	番茄汁	60	100
绿豆	8	76	豌豆	68	100
利马豆	48	92	橙汁	78	100

　　正如前述,硫胺素降解的速率对 pH 极为敏感。图 8-7 是高温下 pH 对游离硫胺素和脱羧辅酶速率的关系。图 8-7 还显示出,谷物制品中的淀粉及蛋白质在被检测的 pH 范围以外时的保护效应,脱羧辅酶比硫胺素更敏感,其敏感程度的差异是 pH 的函数,但在 pH 为 7.5 以上则不存在差异。在酸性 pH 范围内(pH<6),硫胺素降解较为缓慢,而在 pH 为 6～7 时,硫胺素降解加快,噻唑环破坏增加,当 pH 为 8 时,体系中已不存在噻唑环,硫胺素经分解或重排生成具有肉香味的含硫化合物。这是因为硫胺素嘧啶环上的氨基和噻唑环 2-位上易受到 pH 的强烈影响,在这两个位置上都有发生降解反应的可能。根据次级产物的性质,嘧啶环更易发生降解反应。一般在中等水分活度及中性和碱性 pH 条件下,硫胺素降解速率最快。

　　硫胺素像其他水溶性维生素一样,在烹调过程中会因浸出而带来损失(表8-10);在脱水玉米、豆乳、淀粉中,硫胺素降解受水含量影响极大(图 8-8)。例如,体系中含水量低于 10%时,在 38 ℃储存 182 d,产品中的硫胺素几乎不受损失,而在水分含量增至 13% 时,则有大量损失。由于硫胺素的物理流失和化学降解的方式多,因此在食品加工储藏过程中必须极为小心;否则会造成硫胺素的大量损失。

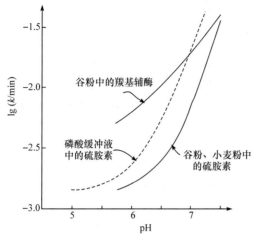

图 8-7　硫胺素和脱羧辅酶降解速率
与 pH 的关系

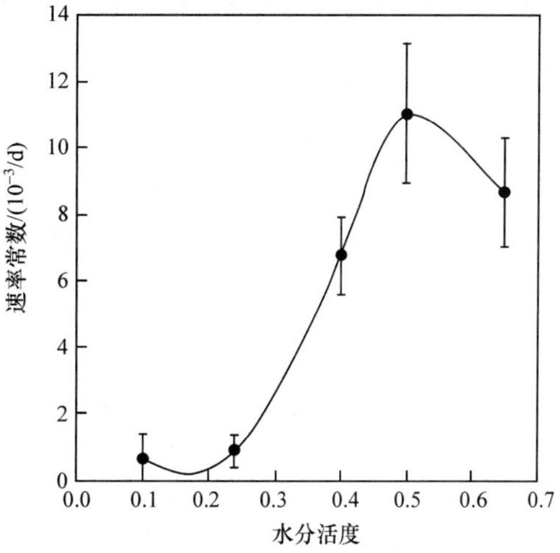

图 8-8　早餐谷物食品在 45 ℃储藏条件下模拟
脱水体系中硫胺素的降解速率与体系中水分活度
的关系

表 8-10　各类食品经加工处理后硫胺素的保留率

产　品	加工处理	保留率/%
谷物	挤压烹调	48～90
马铃薯	水中浸泡 16 h 后油炸	55～60
	在亚硫酸溶液浸泡 16 h 后油炸	19～24
大豆	用水浸泡后在水中或碳酸盐中煮沸	23～52
粉碎的马铃薯	各种热处理	82～97
蔬菜	各种热处理	80～95
冷冻、油炸鱼	各种热处理	77～100

已发现在各种鱼和甲壳动物的提取物中硫胺素遭到破坏,过去认为是具有酶活性的抗硫胺素作用所致,然而最近从鲤鱼内脏得到的抗硫胺素因子是对热稳定的,并证实它不是酶,而是一种氯化血红素或类似的化合物。同样,证明在鲔鱼、猪肉以及牛肉中的各种血红素蛋白也都具有抗硫胺素的活性。

8.4.2.4　加工的影响

硫胺素热分解可形成具有特殊气味的物质,它可在烹调的食物中产生"肉"的香味。在图 8-5 中总结了可能发生的某些反应,并说明在释放噻唑环后,再进一步降解产生元素硫、硫化氢、呋喃、噻吩和二氢硫酚等产物,虽然对反应生成这些物质的机理不清楚,但在反应中必然会有噻唑环的严重降解和重排。

8.4.2.5　硫胺素的生理功能

食品中的硫胺素几乎能被人体完全吸收和利用,可参与糖代谢、能量代谢,并具有维持神经系统和消化系统正常功能,以及促进发育的作用。

8.4.2.6 生物利用率

虽然维生素 B_1 的生物利用率目前还不能完全评价,但在大多数的食品检测中维生素 B_1 的利用率可接近完全。食品加工中硫胺素的硫化物和二硫化物混合物的形成对维生素 B_1 的生物利用率影响很少。在动物体内鉴定时,硫胺素二硫化物体现出 90% 的硫胺素活性。

8.4.2.7 分析方法

虽然微生物培养的方法可用于检测食品中的硫胺素,但常用于测定硫胺素的方法为荧光法和 HPLC 法。硫胺素从食品中提取,是通过在稀酸中加热食品然后均质得到。为了分析总硫胺素含量,通常将缓冲液的提取物用磷酸酶处理,以水解磷酸酯形式的维生素,通过分离除去非硫胺素的荧光结合物,用氧化剂处理将硫胺素羧化为强荧光的脱氢硫胺,使之易被检出,总硫胺素可在磷酸酶处理后用 HPLC 法检测。

8.4.3 核黄素

8.4.3.1 结构

核黄素(riboflavin)即维生素 B_2,其结构式如图 8-9 所示。

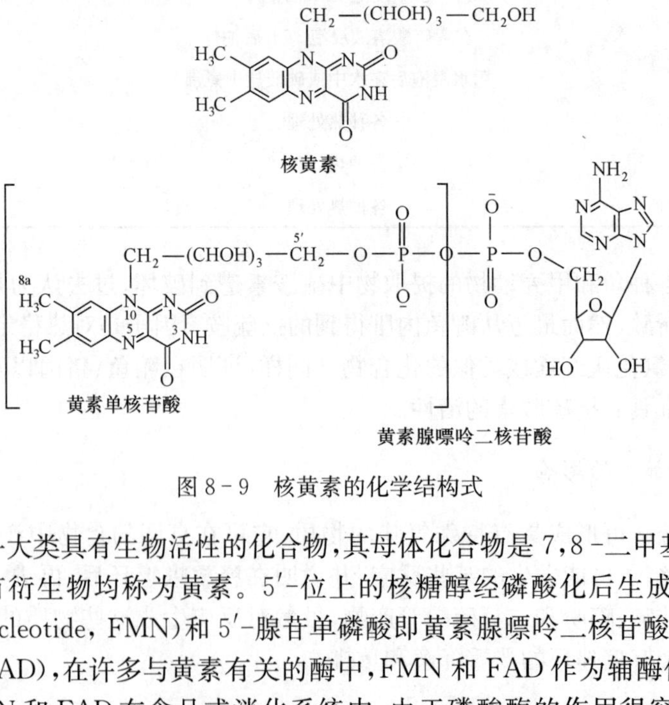

图 8-9 核黄素的化学结构式

核黄素是一大类具有生物活性的化合物,其母体化合物是 7,8-二甲基- 10 (1′-核糖醇)异咯嗪,所有衍生物均称为黄素。5′-位上的核糖醇经磷酸化后生成黄素单核苷酸(flavin mononucleotide,FMN)和 5′-腺苷单磷酸即黄素腺嘌呤二核苷酸(flavin adenine dinucleotide,FAD),在许多与黄素有关的酶中,FMN 和 FAD 作为辅酶催化各种氧化-还原反应。FMN 和 FAD 在食品或消化系统中,由于磷酸酶的作用很容易转变成核黄素。生物材料中存在少量的通过共价键与酶结合的 FAD,它能在 8α-位上与氨基酸残基结合。核黄素与其他黄素的化学性质相当复杂,每种黄素能以多种离子状态存在于氧化体系中，核黄素在氧化还原体系中作为游离维生素和辅酶，常以 3 种状态存在并发生氧化还原循环（图 8-10）。它们包括了其母体即全氧化型的黄色的黄醌（flavosemiquinone），在不同 pH 下的红色的或蓝色的黄半醌（flavosemiquinone）以及无色的氢醌。这些型式的变化都包含了一个电子的得失或获得一个 H^+。黄半醌 N^5 的 $pK_a=8.4$ 而黄氢醌 N^1 的 $pK_a=6.2$。

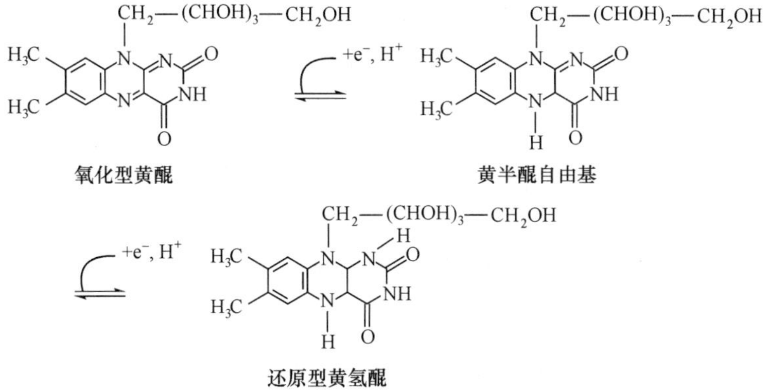

图 8-10　核黄素的氧化还原

牛乳和人乳中的 FAD 和游离的核黄素含量占总核黄素的 80% 以上（表 8-11）。核黄素中的 10-羟乙基黄素是哺乳类黄素激酶的抑制剂，能抑制组织吸收核黄素。光黄素（lumiflavin）是核黄素的拮抗剂，这几种黄素衍生物含量很少。在食品中 FAD、FMN 等活性物质是和拮抗物共存，所以只有能准确测定核黄素的各种形式才能判断食品的营养价值。某些形式的核黄素存在于食品中，但它们在营养学上的重要性还没有被人们充分认识。

表 8-11　核黄素类化合物在新鲜人乳和牛乳中的分布

化合物	含量/%	
	人乳	牛乳
FAD	38~62	23~46
核黄素	31~51	35~59
10-羟乙基黄素	2~10	11~19
10-甲酰基甲黄素	痕量	痕量
7α-羟基核黄素	痕量~0.4	0.1~0.7
8α-羟基核黄素	痕量	痕量~0.4

8.4.3.2　稳定性

核黄素具有热稳定性，不受空气中氧的影响，在酸性溶液中稳定，但在碱性溶液中不稳定，光照射容易分解。若在碱性溶液中辐射，可导致核糖醇部分的光化学裂解生成非活性的光黄素及一系列自由基（图 8-11），在酸性或中性溶液中辐射，可形成具有蓝色荧光的光色素和不等量的光黄素。光黄素是一种比核黄素更强的氧化剂,它能加速其他维生素的破坏,特别是抗坏血酸的破坏。在出售的瓶装牛乳中,上述反应会造成营养的严重损失,并产生不适宜的味道,称为"日光臭味"。如果用不透明的容器装牛乳,就可避免这种反应的出现。

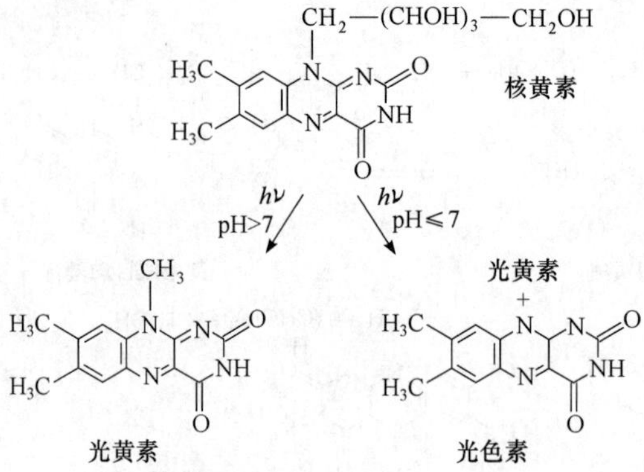

图 8-11　核黄素的光化学变化

在大多数加工或烹调过程中,食品中的核黄素是稳定的。一些报道研究了各种加热方法对 6 种新鲜或冷冻食品中核黄素稳定性的影响,结果表明核黄素的保留率常大于90%,其中豌豆或利马豆无论是经过热烫或其他加工,核黄素保留率仍在 70% 以上。从检测通心粉中的核黄素的光化学降解可知,它是温度、光和水活度的函数。核黄素分解反应分为两个阶段:第一阶段是在光辐照表面的迅速破坏阶段;第二阶段为一级反应,是慢速阶段。光的强度是决定整个转化速率的因素。

8.4.3.3　分析方法

核黄素在 440~500 nm 波长下产生黄绿色荧光,在稀溶液中荧光强度与核黄素浓度成正比,故可采用荧光法进行检测。也可用干酪乳酸杆菌(*Lactobacillus casei*)微生物法或 HPLC 法进行测定。

8.4.3.4　生物利用率

到目前为止,我们对于自然状态下各种形式的核黄素的生物利用率了解很少。用FAD 辅酶的共价形式喂养大鼠,其生物利用率低,膳食中核黄素的衍生物本身具有潜在的抗维生素活性。

8.4.4　烟酸

8.4.4.1　结构

烟酸(niacin)为 B 族维生素成员之一,包括尼克酸(吡啶 β-羧酸)和尼克酰胺,或称为烟酸和烟酰胺,通称为烟酸,结构式见图 8-12。

它们的天然形式均有同样的烟酸活性。在生物体内,烟酰胺是带氢的辅酶烟酰胺腺嘌呤二核苷酸(NAD)及烟酰胺腺嘌呤二核苷脂磷酸(NADP)的组分。烟酸是一种最稳

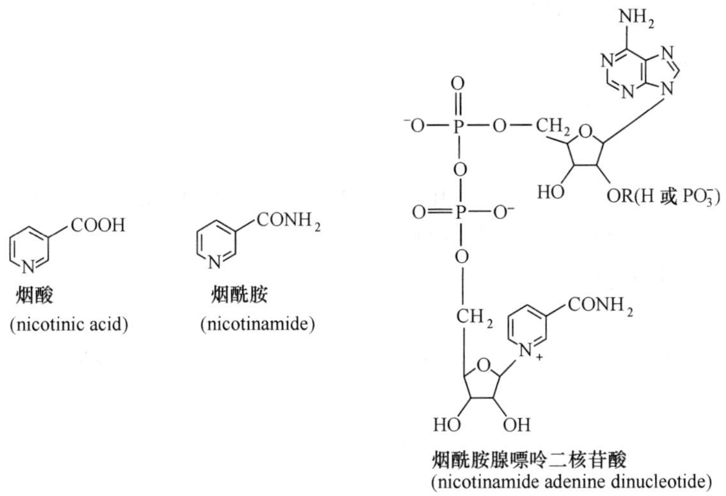

图 8 - 12　烟酸、烟酰胺和烟酰胺腺嘌呤二核苷酸的结构

定的维生素,对热、光、空气和碱都不敏感,在食品加工中也无热损失。烟酸广泛存在于蔬菜和动物来源的食品中,高蛋白膳食者对烟酸的需求量减少,这是由于色氨酸可代谢为烟酰胺。在咖啡中存在相当多的葫芦巴碱(trigonelline)或 N-甲基烟酸,而在绿叶蔬菜和豆类中含量较少。当咖啡在温和的碱性条件下焙炒,葫芦巴碱脱甲基生成烟酸,结果使咖啡中的烟酸含量和活性提高 30 倍。烟酸在食品烹调的过程中,通过转化反应,也可改变食品中烟酸的含量。例如,玉米在沸水中加热,可从 NAD 和 NADP 中释放出游离的烟酰胺。NADP 和 NADPH 的还原态,在胃液中不稳定,所以生物利用率很低。食品中键合态的烟酸含量直接影响烟酸的生物利用率。

8.4.4.2　分析方法

测定烟酸需首先用硫酸水解食品,使烟酸从结合状态(作为辅酶)中释放出来,烟酸的吡啶环在溴化氰的作用下开环,形成的裂解产物与磺胺酸结合生成黄色染料,其最大吸收波长为 470 nm,吸光度与浓度成正比,可用来测定含量。如果采用碱萃取,由于释放出游离烟酸而使测定结果远高于生物测定法。此外也可采用 HPLC 法测定食品中游离的或结合的烟酸或烟酰胺。

8.4.4.3　稳定性

烟酸在食品中是最稳定的维生素。但蔬菜经非化学处理,如修整和淋洗,也会产生与其他水溶性维生素同样的损失。猪肉和牛肉在储藏过程中产生的损失是由生物化学反应引起的,而烤肉则不会带来损失,不过烤出的液滴中含有肉中烟酸总量的 26%,乳类加工中似乎没有损失。

8.4.4.4　生物利用率

许多植物性食品中都存在着营养非利用型的烟酸,一些其他形式的烟酸也可导致其在植物性食品中的不完全利用。

8.4.5 维生素 B_6

8.4.5.1 结构

维生素 B_6 指的是在性质上紧密相关,具有潜在维生素 B_6 活性的 3 种天然存在的化合物吡哆醛(pyridoxal,Ⅰ)、吡哆素或称吡哆醇(pyridoxine 或 pyridoxol,Ⅱ),以及吡哆胺(pyridoxamine,Ⅲ),其结构式如图 8 - 13 所示。

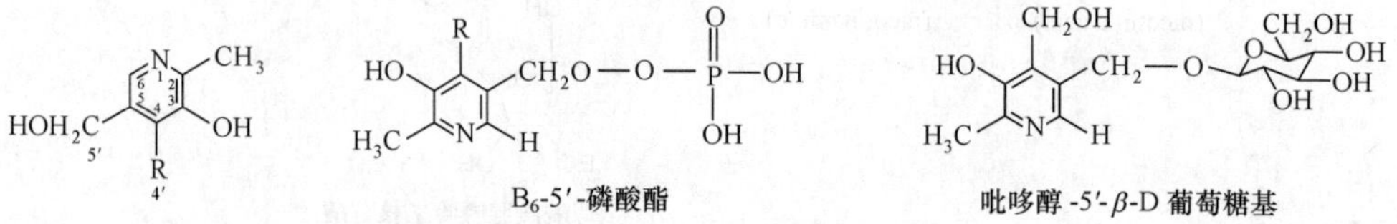

吡哆醛 (PL,Ⅰ)　R = CHO
吡哆醇 (PN,Ⅱ)　R = CH₂OH
吡哆胺 (PM,Ⅲ)　R = CH₂NH₂

图 8 - 13　维生素 B_6 及其复合物的结构

这些化合物以磷酸盐形式广泛分布于动植物中。磷酸吡哆醛是许多氨基酸转移酶中的一种辅酶(如转氨基、消旋和脱羧反应中酶的辅酶)。它作为辅酶的作用是通过与氨基酸发生羰-氨缩合反应,生成席夫碱,再与金属离子螯合形成一个稳定的物质Ⅳ。

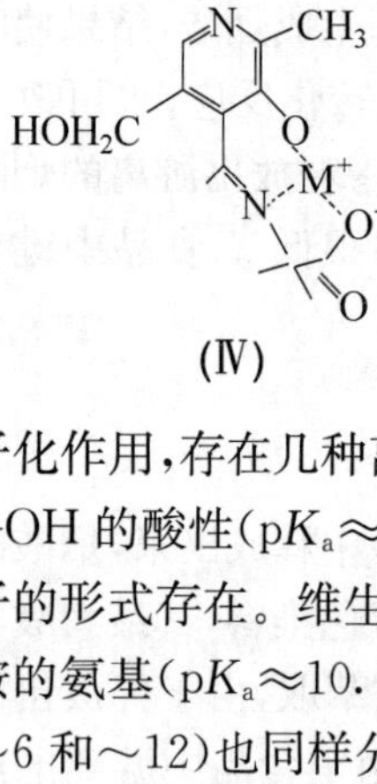

大多数情况下,水果、蔬菜和谷类中的维生素 B_6 是以吡哆醇-5′-β-D-葡萄糖苷的形式存在,占维生素 B_6 的 5%~75%,只有被 β-葡萄糖苷酶水解后才具有营养活性。维生素 B_6 显示复杂的离子化作用,存在几种离子状态(表 8 - 12)。由于吡哆鎓($C_5H_5NH^+$)N 的碱性($pK_a \approx 8$)和 3-OH 的酸性($pK_a \approx 3.5 \sim 5.0$),因此在 pH 中性时,维生素 B_6 的吡啶体系主要以两性离子的形式存在。维生素 B_6 的净电荷数目明显依赖于 pH。此外,吡哆胺和 5′-磷酸-吡哆胺的氨基($pK_a \approx 10.5$),以及 5′-磷酸-吡哆醛及 5′-磷酸-吡哆胺的 5′-磷酸酯($pK_a < 2.5$,~6 和~12)也同样分别对维生素 B_6 的这些形式的电荷有贡献。

表 8 - 12　维生素 B_6 化合物的 pK_a

项 目	pK_a				
	PN	PL	PM	PLP	PMP
3-OH	5.00	4.20~4.23	3.31~3.54	4.14	3.25~3.69
吡哆鎓 N	8.96~8.97	8.66~8.70	7.90~8.21	8.69	8.61
4′-氨基			10.4~10.63		ND
5′-磷酸酯					
pK_{a_1}				<2.5	<2.5
pK_{a_2}				6.20	5.76
pK_{a_3}				ND	ND

注:PN 表示吡哆醇;PL 表示吡哆醛;PM 表示吡哆胺;PLP 表示 5′-磷酸-吡哆醛;PMP 表示 5′-磷酸-吡哆胺;ND 表示未检测。

8.4.5.2　稳定性

维生素 B_6 的 3 种形式都具有热稳定性,遇碱则分解,其中吡哆醛最为稳定,通常用来强化食品。维生素 B_6 在氧存在下,经紫外光照射后即转变为无生物活性的 4 - 吡哆酸。

吡哆醛溶液与谷氨酸一起加热生成吡哆胺和 α - 酮戊二酸的混合物。氨基酸、吡哆醛和多价金属离子,经 100 ℃ 加热得到同样的产物。半胱氨酸和吡哆醛在与灭菌相同的条件下反应,其反应产物对鼠不显示维生素 B_6 活性,但对卡尔斯酵母菌(*Sacharomyces carlsbergensis*)尚有近 20% 活性,其反应产物为双 - 4 - 吡哆二硫化物,它可能是通过噻唑烷(V)形成的。

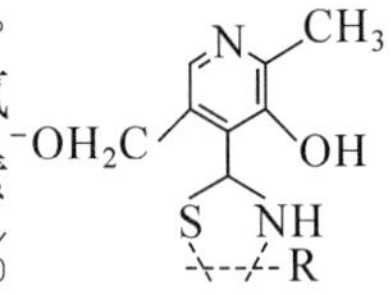

吡哆醛与 5′ - 磷酸-吡哆醛同蛋白质的巯基直接反应的机理(图 8 - 14)与上述的反应相似。

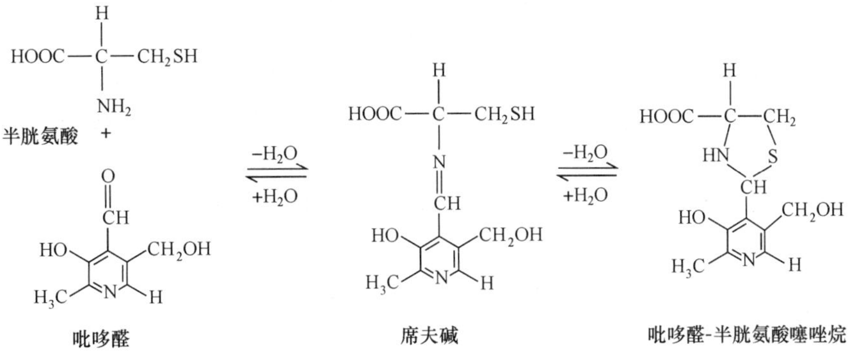

图 8 - 14　吡哆醛及与蛋白质反应产物

维生素 B_6 与氨基酸、肽或蛋白质的氨基相互作用生成席夫碱可认为是吡哆醛和吡哆胺之间的相互转换的结果。吡哆醛、吡哆胺的席夫碱结构形成见图 8 - 15。5′ - 磷酸-吡哆醛由于磷酸根能够阻止分子内半缩醛的生成,使羰基仍保持反应的形式,因此 5′ - 磷酸-吡哆醛生成的席夫碱比吡哆醛生成的席夫碱相对多些。当在酸性条件下,维生素 B_6 席夫碱会进一步解离生成吡哆醛、5′ - 磷酸吡哆醛、吡哆胺和 5′ - 磷酸吡哆胺,如在胃液环境中维生素 B_6 将完全解离。此外,这些席夫碱还可以进一步重排生成多种环状化合物。B_6 与半胱氨酸的这种反应对于食品在热加工时维生素 B_6 的稳定性是重要的。

8.4.5.3　分析方法

食品中维生素 B_6 含量的测定通常是采用酸水解样品提取维生素 B_6,然后用卡尔斯酵母进行微生物学检测,也可用 HPLC 法进行测定。

8.4.5.4　加工的影响

虽然可以从食品中得到维生素 B_6 的 3 种形式的纯化合物,但是尚未对食品在加工过程中维生素 B_6 的破坏进行过系统的研究,但可以肯定,食品在加热、浓缩、脱水等加工过程中,维生素 B_6 的 3 种形式的化合物及其含量必然会发生变化。

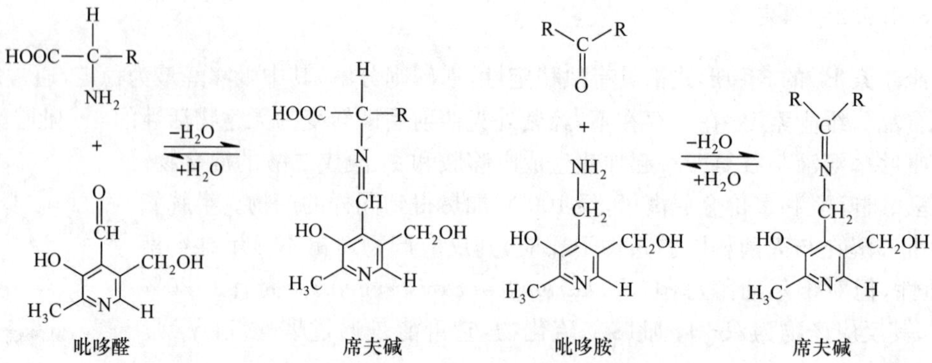

图 8-15　吡哆醛、吡哆胺的席夫碱结构的形成

　　从上面提到的化学反应,便不难发现维生素 B_6 的各种形式在新鲜和加工的食品中的分布是完全不同的。通过对 Polansky 和 Toepfer 的某些数据的换算,就能清楚地知道蛋在脱水过程中,吡哆醛含量增加而吡哆胺减少。牛乳中的天然维生素 B_6 主要是吡哆醛,在乳粉中也同样如此。不过鲜乳中有较多的吡哆胺,淡炼乳中,则吡哆胺是主要形式,说明牛乳在加工过程中 3 种形式的维生素 B_6 的稳定性是有差别的。乳制品在热加工中,维生素 B_6 的稳定性已引起人们极大的关注。据研究,液体牛乳和配制牛乳在灭菌后,维生素 B_6 活性比加工前减少一半,且在储藏 7~10 d 仍继续下降。但添加吡哆醇的牛乳,在灭菌过程中则是稳定的。此外用小鼠做动物饲养试验,其维生素 B_6 活性降低,甚至比用卡尔斯酵母试验更显著。用高温短时巴氏消毒(HTST,192 ℃,2~3s)和煮沸 2~3 min 消毒,维生素 B_6 仅损失 30%,但瓶装牛乳在 119~120 ℃消毒 13~15 min,则维生素 B_6 减少 84%,当用 143 ℃蒸气通过预热牛乳 3~4s 进行超高温短时灭菌,维生素 B_6 的损失几乎可以忽略。牛乳加热使维生素 B_6 失去活性,其原因可能是维生素 B_6 与牛乳蛋白中释放出来的半胱氨酸反应所致。维生素 B_6 能发生光降解,光的波长和反应速率之间的关系尚不清楚,可能是自由基诱发氧化使 PL 和 PM 转变为无营养的 4 -吡哆酸。由于起始反应无需氧参与,因此维生素 B_6 的光降解速率与有无氧存在无关,但强烈地依赖于温度,而水活度影响较少(表 8-13)。

表 8-13　温度、水活度及光强度对脱水模拟体系食品中的吡哆醛降解的影响

光强/(lm/m²)	水活度 a_w	温度/℃	k/d^{-1}	$t_{1/2}/d$
4300	0.32	5	0.092	7.4
		28	0.1085	6.4
		37	0.2144	3.2
		55	0.3284	2.1
4300	0.44	5	0.0880	7.9
		28	0.1044	6.6
		55	0.3453	2.0
2150	0.32	27	0.0675	10.3

注:k 为一级反应常数;$t_{1/2}$ 表示降解 50%所需时间。

对许多加工食品中的维生素 B_6 的损失情况进行分析表明:罐装蔬菜中维生素 B_6 损失 $60\%\sim80\%$,冷藏损失 $40\%\sim60\%$;海产品和肉制品在罐装过程中,约有 45% 的维生素 B_6 损失;水果和水果汁冷藏时,损失约 15%,罐装时损失 38%;谷物加工成各类谷物产品时,维生素 B_6 损失为 $50\%\sim95\%$;碎肉损失为 $50\%\sim75\%$。

在食品加工过程中,一般食品中的维生素 B_6 都较易损失。1952 年曾对一些小儿麻痹症患者进行调查,发现有 $50\%\sim60\%$ 是由液态或固态的加工食品中维生素 B_6 成分的损失所引起的。液体食品中乳蛋白的存在易导致吡哆醛的不稳定,当用维生素 B_6 的稳定形式——吡哆醇进行强化后,这一问题就迎刃而解了。

不同形式的维生素 B_6 在模拟体系和食品中,热破坏时的动力学和活化能是不同的,在非光化学降解中,维生素 B_6 的形式、温度、溶液 pH 和其他反应物(如蛋白质、氨基酸和还原糖)的存在均影响维生素 B_6 的降解速率,在低 pH 条件下(如 0.1 mol/L HCl)所有形式的维生素 B_6 都是稳定的。当在 pH$>$7 时,PM 损失较大;而 pH 为 5 时 PL 损失较大(表 8-14)。在 $110\sim145$ ℃温度范围内测定了吡哆醛(Ⅰ)、吡哆醇(Ⅱ)和吡哆胺(Ⅲ)在 0.1mol/L 磷酸缓冲液(pH 为 7.2)中的降解速率,表明Ⅲ、Ⅱ、Ⅰ降解反应动力学分别遵循假1级、1.5 级、2 级,活化能也随维生素 B_6 的不同形式而在 $167.2\sim355.3$ kJ/mol 范围内变化。用花菜菜汤进行类似实验,结果明显低于模拟体系的活化能(122.86 kJ/mol),动力学为假 1 级的非线性反应。

表 8-14　pH 和温度对水溶液中吡哆醛和吡哆胺降解的影响

化合物	温度/ ℃	pH	k/d^{-1}	$t_{1/2}/\mathrm{d}$
吡哆醛	40	4	0.0002	3466
		5	0.0017	407
		6	0.0011	630
		7	0.0009	770
	60	4	0.0011	630
		5	0.0225	31
		6	0.0047	147
		7	0.0044	157
吡哆胺	40	4	0.0017	467
		5	0.0024	289
		6	0.0063	110
		7	0.0042	165
	60	4	0.0021	330
		5	0.0044	157
		6	0.0110	63
		7	0.0108	64

注:在 pH 为 4~7 和 40 ℃或 60 ℃,140 d 内吡哆醛无明显损失;k 为一级反应常数;$t_{1/2}$ 表示降解 50% 所需时间。

膳食中所有维生素 B_6 的形式都能被有效吸收和发挥维生素 B_6 的功能,即便是转变

为席夫碱的维生素 B_6 在胃酸条件下仍能降解和显示较高生物利用率。

8.4.6　叶酸酯

8.4.6.1　结构

叶酸酯(folate)类似于蝶酰-L-谷氨酸的结构和营养活性,其结构式见图8-16。叶酸酯的结构中 N^3 和 C^4 原子之间处于共振稳定结构。

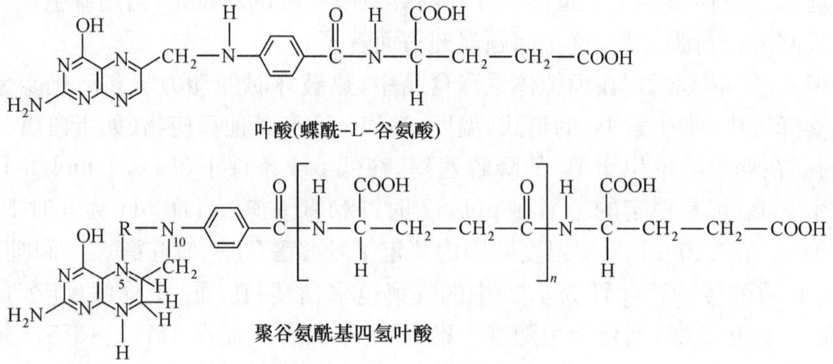

叶酸(蝶酰-L-谷氨酸)

聚谷氨酰基四氢叶酸

取代基(R)		位置
—CH₃	甲基	5
—CHO	甲酰基	5或10
—CH=NH	亚胺甲基	5
—CH₂	亚甲基	5和10
—CH=	次甲基	5和10

图 8-16　叶酸酯的结构

叶酸是由 α-氨基-4-羟基蝶啶与对氨基苯甲酸相连接,再以—NH—CO—键与谷氨酸连接组成。在生物体系中,叶酸酯以各种不同的形式存在,只有谷氨酸部分为 L-构型和 C^6 为 $6S$ 构型的叶酸酯和四氢叶酸酯才具有维生素活性。蝶啶环可被还原生成二氢或四氢叶酸酯,在 N^5-和 N^{10}-位上有 5 种不同的一碳取代物,谷氨酸残基能伸展为不同长度的多-γ-谷氨酰侧链。假如多谷氨酰侧链不超过 6 个残基,那么叶酸化合物的理论数可能超过 140 种,但目前还只分离和鉴定出 30 种。

叶酸是一种暗黄色物质,不易溶解于水,其钠盐溶解度较大。天然存在的量很少,从人体对叶酸的需要量看,叶酸是维生素中需求量最大的维生素。从肝脏和酵母分离出的叶酸主要是含有 3 个谷氨酸或 7 个谷氨酸的衍生物,食品中 80% 的叶酸以聚谷氨酰叶酸的形式存在,具有维生素活性的只有叶酸及其叶酸的多谷氨酸酯衍生物。叶酸的活性形式是四氢叶酸(THFA),叶酸还原酶将叶酸还原为四氢叶酸时需在蝶啶核的 5-、6-、7-、8-位共加上 4 个氢原子。四氢叶酸的主要作用是进行单碳残基的转移,这些单碳残基可能是甲酰基、亚胺甲基、亚甲基或甲基等。单碳残基渗入到四氢叶酸的 N^5-或 N^{10}-位置。叶酸以这种方式在嘌呤与嘧啶的合成、氨基酸的相互转换作用以及某些甲基化的反应中起着重要作用。例如,四氢叶酸携带的甲酰基团可用于下列各种反应:嘌呤 2-、5-和 8-位碳的合成;甘氨酸转变为丝氨酸;高半胱氨酸甲基化形成蛋氨酸;由尿嘧啶合成胸腺嘧啶;由乙醇胺合成胆碱;尼克酰胺甲基化形成 N'-甲基尼克酰胺苷。

8.4.6.2　稳定性

叶酸在厌氧条件下对碱稳定。但在有氧条件下,遇碱会发生水解,水解后的侧链生成氨基苯甲酸-谷氨酸(PABG)和蝶啶-6-羧酸,而在酸性条件下水解则得到 6-甲基蝶啶。叶酸酯在碱性条件下隔绝空气水解,可生成叶酸和谷氨酸。叶酸溶液暴露在日光下也会发生水解形成 PABG 和蝶呤-6-羧醛,此 6-羧醛经辐射后转变为 6-羧酸,然后脱羧生成蝶呤,核黄素和黄素单核苷酸(FMN)可催化这些反应。

食品加工中使用的亚硝酸盐和亚硫酸能与食品中的叶酸发生相互作用,现已引起人们的重视。因亚硫酸能导致叶酸侧链解离,生成还原型蝶呤-6-羧醛和 PABG。在低温条件下亚硝酸与盐酸反应生成 N^{10}-亚硝基衍生物,在高温条件下,2-氨基也可参与反应,生成 2-羧基-10-硝基衍生物。近来还证明,N^{10}-亚硝基叶酸对鼠类有弱的致癌作用,可见对于人体是有害的。

二氢叶酸(FH_2)和四氢叶酸(FH_4)在空气中容易氧化,对 pH 也很敏感,在 pH 为 8～12 和 pH 为 1～2 最稳定。在中性溶液中,FH_4 与 FH_2 同叶酸一样迅速氧化为 PABG、蝶啶、黄嘌呤、6-甲基蝶呤和其他与蝶呤有关的化合物。在酸性条件下,能够观察到 PABG 的定量解离。当 FH_4 的 N^5 位被取代后,由于空间位阻稳定性提高,在硫醇、半胱氨酸或抗坏血酸盐存在时,将明显降低空气对 FH_4 的氧化作用。FH_2 比 FH_4 稍稳定,但仍能发生氧化降解,FH_4 在酸性溶液中比在碱性溶液中氧化更快,其氧化产物为 PABG 和 7,8-二氢蝶呤-6-羧醛。硫醇和抗坏血酸这类还原剂能使 FH_2 和 FH_4 的氧化减缓。

四氢叶酸的几种衍生物稳定性顺序为:5-甲酰基四氢叶酸＞5-甲基-四氢叶酸＞10-甲基-四氢叶酸＞四氢叶酸。叶酸的稳定性仅取决于蝶啶环,而与聚合酰胺的链长无关。食品中叶酸酯主要以 5-甲基-四氢叶酸形式存在,经氧化降解转变为如图 8-17 的两种产物,其中 5-甲基-二氢叶酸易被巯基和抗坏血酸还原为 5-甲酰基四氢叶酸,因此仍具有维生素活性。

曾应用许多分析方法都未能完全分离叶酸酯降解所形成的复杂产物,Reed 和 Archer 则成功地采用 HPLC 法研究了 FH_4 复杂的氧化反应,证明在 pH 为 4.7 和 10 的水溶液中 FH_4 被空气氧化的主要产物是对氨基苯甲酰谷氨酸,由此可见,氧化主要导致四氢叶酸酯的裂解,在 pH 为 4 时含蝶呤环的产物主要为蝶呤,pH 为 7 和 10 时为 6-甲酰蝶呤。仅测定了 FH_2 在 pH 为 10 时的反应。FH_2 和蝶呤的形成机理见图 8-18。

5,10-亚甲基-FH_4 不如-FH_4 易被氧化,然而在高 pH 和有胺或氨盐存在时,稳定性降低。10-甲酰-FH_4 同 FH_4 一样对氧和氧化剂都不稳定。此外,5-甲酰-FH_4 在中性或弱碱性溶液中时对氧稳定,而在弱酸性溶液中,与碘或二铬酸盐缓慢反应;5-甲酰-FH_4 在碱性溶液中非常稳定,不易水解,而 10-甲酰-FH_4,遇碱则迅速失去甲酰基,在酸性条件下,5-甲酰和 10-甲酰 FH_4 都脱去一分子水形成 5,10-亚甲基-FH_4。在有空气或氧化剂存在时,5-甲基 FH_4 在碱性范围内容易氧化,磷酸盐缓冲液和 Cu^{2+} 可加速氧化降解,其中后者可使氧化速率提高 20 倍。氧化生成产物可能为 5,6-二氢-5-甲基叶酸酯,这种产物只有还原型才具有维生素活性。

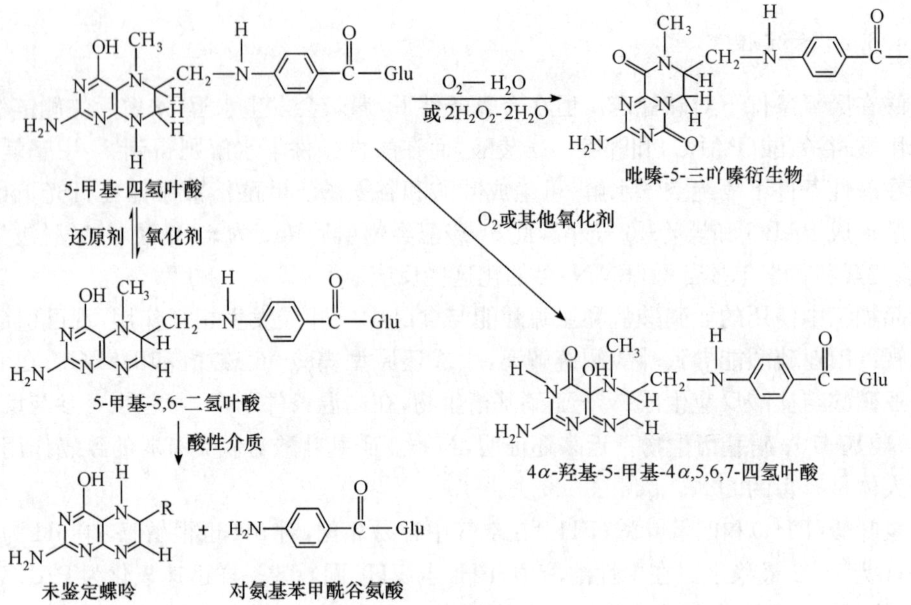

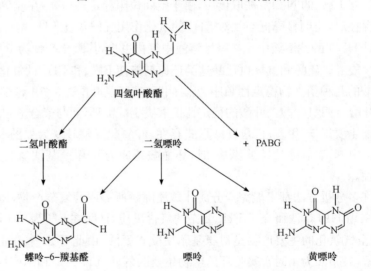

图 8-17　5-甲基-四氢叶酸酯的氧化降解

图 8-18　由四氢叶酸酯形成蝶呤和 7,8-二氢叶酸酯

8.4.6.3　分布及分析方法

在最近完成了多谷氨酸酯衍生物的合成后,测定自然界叶酸衍生物的分布才成为可能。Stockstad 和他的研究小组证明,卷心菜中 90% 以上叶酸酯是以含有 5 个氨基酸残基的多谷氨酸酯的形式存在的,主要为 5-甲基衍生物。他们还指出大豆中的叶酸酯主要含 52% 单谷氨酸酯和 16% 的双谷氨酸酯,其次是戊谷氨酸酯。大豆中叶酸酯的总活性有 65%~70% 来自 5-甲酰-FH_4;牛乳中的叶酸酯含有大约 60% 的单谷氨酸酯,其余部分为 2~7 谷氨酸酯,在这种情况中,叶酸酯总活性的 90%~95% 来自 5-甲基-FH_4。某些

动物性食品如肝脏中的叶酸有 35％左右为 10-甲酰-四氢叶酸。

研究还表明,叶酸酯在肠道中的吸收率与 γ-谷酰基侧链的长度成反比。因此,在确定一种食品能否作为这类维生素的来源之前,必须估测链的长度。可惜现在对大多数食品还不能提供这方面的资料。

食品中叶酸的含量测定,通常采用微生物学方法进行。测定前,先将食品中的多谷氨酸酯衍生物在结合酶的作用下裂解生成游离叶酸。此外,也可用 HPLC 法测定叶酸酯。

8.4.6.4　营养稳定性

最近研究了某些食品的一谷酰基型四氢叶酸酯衍生物在溶液中的营养稳定性,并同叶酸进行比较。通过叶酸溶液促进干酪乳酸杆菌生长的能力来测定它的营养稳定性。当四氢叶酸中含有 1％抗坏血酸时,在 121 ℃保温 15 min,仍能保持 67％的活性;若抗坏血酸浓度降低到 0.05％进行上述同样处理,活性全部损失;抗坏血酸浓度为 0.20％时,在相同条件下,5-甲基-FH$_4$ 能完全得到保护;若不存在抗坏血酸时,5-甲基-FH$_4$ 在碱性条件下,也具有最大的营养稳定性;室温下,在 pH 为 9 的 0.1 mol/L 三羟甲基氨基甲烷(Tris)缓冲溶液中,其半衰期为 330 h,而在 pH 为 1.0 的 0.1 mol/L HCl 溶液中则为25 h。已证明最稳定的还原型叶酸是 5-甲酰基-FH$_4$,在室温下 pH 为 4~10,半衰期约为 30 d;10-甲酰基-FH$_4$,在 pH 为 7.0 时,半衰期为 100 h 左右,比预期的更稳定。这可能是由转变为更稳定的氧化产物 10-甲酰叶酸所致。通过对体系进行含量测定,证明10-甲酰叶酸具有营养活性。叶酸本身是相当稳定的,在室温下,pH 为 7.0 的0.05 mol/L柠檬酸盐-磷酸盐缓冲溶液中,叶酸的半衰期超过 700 h。然而,叶酸在没有柠檬酸盐存在时,很不稳定,在上述同样条件下,半衰期仅有 48 h。另外,还有研究表明,固体状态的纯叶酸在正常条件下储存,每年分解率为 1％(25 ℃,相对湿度 75％)。

叶酸酯经蝶酰聚谷氨酸酶水解除去聚谷氨酰后,在肠内可被吸收。食品中天然叶酸酯的生物利用率平均约为 50％左右或更低。而聚谷氨酰基叶酸酯的生物利用率更低,只有单谷氨酰基叶酸酯的 70％。其生物利用率低的原因是:①叶酸酯是通过非共价键与食品基质结合;②四氢叶酸酯在胃液中易降解;③肠内缺乏专一转化酶,使叶酸酯中的聚谷氨酰基转化为容易吸收的单谷氨酰基叶酸酯,或许该酶活性被食品中其他组分抑制。如果水果、蔬菜和肉类经过均质、冷冻(解冻)或其他处理,由于细胞破损,水解酶被释放从而提高了聚谷氨酰基叶酸酯的生物利用率。

8.4.6.5　加工的影响

食品在加工过程中叶酸衍生物损失的程度和机理尚不清楚。通过研究加工和储藏的牛乳表明,初期的失活过程是氧化作用,叶酸的破坏量与抗坏血酸平行进行的,添加抗坏血酸能增加叶酸的稳定性。牛乳在经过脱氧作用后能增加这两种维生素的稳定性,但是在 15~19 ℃储藏 14 d,二者皆明显降低。

牛乳经高温短时巴氏消毒(92 ℃,2~3 s)总叶酸酯大约有 12％损失;经煮沸(2~3 min消毒)其损失为 17％;瓶装牛乳消毒(在 119~120 ℃,13~15 min)产生的损失很大,约 39％;牛乳经预热后再通入 143 ℃蒸气 3~4 s 进行高温短时消毒,总叶酸酯量只有 7％

损失。

小鸡豆(garbanzo)在加工过程中,叶酸会受到不同程度的损失。如冲洗、浸泡,叶酸损失约 5%,经水煮热烫的豆中,叶酸会随杀青时间的增加而保留值下降,在热烫时间由 5 min 增至 20 min 时,总叶酸含量则从 75% 下降到 54%。如采用蒸气烫漂则在某种程度上可提高叶酸的保留值。小鸡豆中所含的叶酸对热加工相当稳定,在 118 ℃ 加热灭菌 30 min,游离叶酸和总叶酸酯其保留值分别为干豆中原始量的 60% 和 70%,即使在 118 ℃ 将加工时间从 30 min 增加到 53 min,其中叶酸含量减少也不明显。

以鸡肝为例,测定其在储藏和加工过程中叶酸多谷氨酸酯的损失,发现在未受损伤的组织中,叶酸多谷氨酸酯在 4 ℃ 受内源结合酶作用 48 h,仅发生轻微降解。若完全降解则需要 120 h,而均质组织则在保存 48 h 后,几乎完全降解成叶酸单谷氨酸酯和少量的叶酸二谷氨酸酯。如果肝脏在储藏或者其他操作前加热到 100 ℃ 以上,则氧合酶失活,叶酸多谷氨酸酯变得稳定。

对鸡肉采用生物学、微生物学和 HPLC 等分析方法测定液相模拟体系经热加工时对叶酸生物利用率的影响,发现这些方法测得的结果基本上是一致的。熟牛肝中,叶酸得到完全利用,而在熟卷心菜中,则仅有 60% 得到利用。

各种食品在加工过程中,叶酸损失情况可参见表 8－15。

表 8－15　各种加工引起食品中叶酸的损失情况

食 品	加工方法	叶酸活性的损失率/%
蛋类	油炸、煮炒	18～24
肝	烹调	无
大西洋庸鲽	烹调	46
花菜	煮	69
胡萝卜	煮	79
肉类	γ 辐射	无
葡萄柚汁	罐装或储藏	可忽略
番茄汁	罐装	50
	暗处储藏(1 年)	7
	光照储藏(1 年)	30
玉米	精制	66
面粉	碾磨	20～80
肉类或菜类	罐装和储藏(3 年)	可忽略
	罐装和储藏(5 年)	可忽略

8.4.7　维生素 B_{12}

8.4.7.1　结构

维生素 B_{12} 由几种密切相关的具有相似活性的化合物组成,这些化合物都含有钴,故又称为钴胺素,维生素 B_{12} 为红色结晶状物质,是化学结构最复杂的维生素。它有两个特征组分:一是类似核苷酸的部分,是 5,6 -二甲苯并咪唑通过 α -糖苷键与 D-核糖连接,核糖 $3'$ -位上有 1 个磷酸酯基;二是中心环的部分,是 1 个类似卟啉的咕啉环系统,由 1 个钴原子与咕啉环中 4 个内氮原子配位。在通常离析出的形式中,钴原子的第 6 个配位位置被氰化物取代,生成氰钴胺素。与钴相连的氰基,被 1 个羟基取代,产生羟钴胺素,它是自然界中 1 种普遍存在的维生素 B_{12} 形式,这个氰基也可被 1 个亚硝基取代,从而产生亚硝钴胺素,它存在于某些细菌中。在活性辅酶中,第 6 个配位位置通过亚甲基与 5 -脱氧腺苷连接。结构式见图 8 – 19。

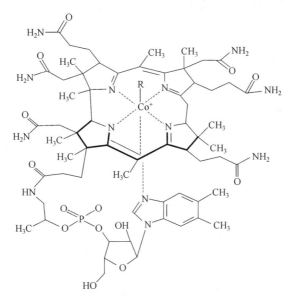

图 8 – 19　维生素 B_{12} 结构

维生素 B_{12} 主要存在于动物组织中(表 8 – 16),它是维生素中唯一只能由微生物合成的维生素。许多酶的作用需要维生素 B_{12} 辅酶。如甲基丙二酰变位酶和二醇脱水酶,以及同叶酸一起参与由高半胱氨酸形成甲硫氨酸。维生素 B_{12} 的合成产品是氰钴胺素,为红色结晶,非常稳定,可用于食品和营养补充。

表 8 - 16　食品中维生素 B_{12} 的分布

含　量	食　品	维生素 B_{12} 含量/(μg/100 g 湿重)
丰富	器官(肝,肾,心脏),贝类(蛤,蠔)	>10
中等以上	脱脂浓缩乳,某些鱼,蟹,蛋黄	3~10
中等	肌肉,鱼,乳酪	1~3
其他	液体乳,赛达乳酪,农家乳酪	<1

8.4.7.2 稳定性

氰钴胺素水溶液在室温并且不暴露在可见光或紫外光下是稳定的,最适宜 pH 范围是 4～6,在此范围内,即使高压加热,也仅有少量损失。在碱性溶液中加热,能定量地破坏维生素 B_{12}。还原剂如低浓度的巯基化合物,能防止维生素 B_{12} 破坏,但用量较多以后,则又起破坏作用。抗坏血酸或亚硫酸盐也能破坏维生素 B_{12}。在溶液中,硫胺素与尼克酸的结合可缓慢地破坏维生素 B_{12};铁与来自硫胺素中具有破坏作用的硫化氢接合,可以保护维生素 B_{12},三价铁盐对维生素 B_{12} 有稳定作用,而低价铁盐则导致维生素 B_{12} 的迅速破坏。

8.4.7.3 生物利用率

对于维生素 B_{12} 的测定主要为了诊断维生素 B_{12} 缺乏所造成的吸收不良症。至于食物组成对维生素 B_{12} 生物利用率影响的研究非常少,一些研究显示,在大鼠体内脂质或口香糖类似物会降低维生素 B_{12} 的生物利用率。

8.4.7.4 分析方法

维生素 B_{12} 的含量,通常是通过赖氏乳杆菌(*Lactobacillus leichmannii*)用微生物学的方法进行检测。各种形态的维生素 B_{12} 均可用色谱法分离得到,HPLC 法分析食物中的维生素 B_{12} 并不是很好,因为浓度太低。一般来说,测定维生素 B_{12} 首先将食物样品在缓冲液中匀浆,然后在 60 ℃的条件下,用木瓜蛋白酶和氰化物的盐类使之反应,这样使维生素 B_{12} 去掉蛋白质而转变成氰钴胺素从而得到更多的稳定的蓝色氰钴胺素,这样就可以测定其含量。

8.4.7.5 加工的影响

除在碱性溶液中蒸煮外,维生素 B_{12} 在其他情况下,几乎都不会遭到破坏,肝脏在 100 ℃煮沸 5 min 维生素 B_{12} 损失 8%,肉在 170 ℃焙烤 45 min 则损失 30%。用普通炉加热冷冻方便食品,如鱼、油炸鸡、火鸡和牛肉,其维生素 B_{12} 可保留 79%～100%。牛乳在加工的各种热处理过程中,维生素 B_{12} 的稳定性见表 8-17。

表 8-17 牛乳在热处理过程中维生素 B_{12} 的损失

处 理	损失/%	处 理	损失/%
巴氏消毒 2～3 s	7	在 143 ℃灭菌 3～4 s(通入蒸气)	10
煮沸 2～5 min	30	蒸发	70～90
在 120 ℃灭菌 13 min	77	喷雾干燥	20～30

8.4.8 泛酸

8.4.8.1 结构、稳定性和分布

泛酸(pantothenic acid)又称维生素 B_5,是人和动物所必需的,是辅酶 A(CoA)的重要组

成部分,在人体代谢中起重要作用。泛酸是泛解酸和 β-丙氨酸组成的,学名为 D-$(+)$-N-$(2,4$-二羟基-$3,3$-二甲基-丁酰$)$-β-丙氨酸,其结构式见图 8-20。

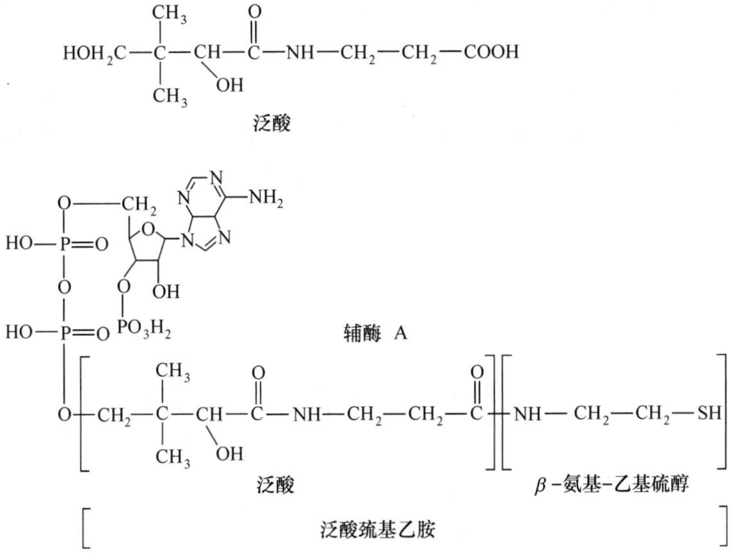

图 8-20 泛酸不同形式结构图

泛酸在 pH 为 $4\sim7$ 的范围稳定,在酸和碱的溶液中水解,在碱性溶液中水解生成 β-丙氨酸和泛解酸,在酸性溶液中水解成泛解酸的 γ-内酯。泛酸广泛分布于生物体中,主要作为辅酶 A 的组成部分,参与许多代谢反应,因此是所有生物体的必需营养素。一些食品中泛酸的分布见表 8-18。

表 8-18 一些食品中的泛酸含量

食 品	泛酸含量/(mg/g)	食 品	泛酸含量/(mg/g)
干啤酒酵母	200	荞麦	26
牛肝	76	菠菜	26
蛋黄	63	烤花生	25
肾	35	全乳	24
小麦麸皮	30	白面包	5

8.4.8.2 分析方法

泛酸在天然物质中含量很低,通常用微生物学的方法进行检测。常用卡尔斯酵母菌(检测 10 ng)和植物乳杆菌(*Lactobacillus plantarum*,检测 1 ng)作为实验生物体。

8.4.8.3 加工的影响

泛酸的热加工降解过程遵循动力学第一曲线。在缓冲溶液中,泛酸的降解速度随 pH 的减小而增大,且在这个范围内所需的活化能也减少。

曾对 507 种食品中泛酸的含量进行分析,在肉罐头中泛酸损失 20%～35%;蔬菜食品中损失 46%～78%;冷冻食品中也有较大的损失,其中肉制品损失21%～70%、蔬菜食品损失 37%～57%;水果和水果汁经冷冻和罐装,泛酸损失分别为 7%和50%;稻谷在加工成各种食品时,泛酸损失 37%～74%;而肉加工成碎肉产品时,则损失 50%～70%。牛乳经巴氏消毒和灭菌,泛酸损失一般低于 10%,干乳酪比鲜牛乳中泛酸损失要低。泛酸热降解遵循一级动力学机理,在 pH 为 6～4 时,速率常数随 pH 降低而增加。膳食中泛酸在人体内的生物利用率约为 51%,然而还没有证据显示这会导致严重的营养问题。

8.4.9　生物素

8.4.9.1　结构和分布

生物素(biotin)和硫胺素一样,是一种含硫维生素。是由脲和噻吩 2 个五元环组成。它的结构中含有 3 个不对称中心,另外 2 个环可以为顺式或反式稠环,在 8 个可能的立体结构中,只有顺式稠环 D-生物素具有维生素活性。生物素和生物胞素(biocytin)是 2 种天然维生素(图 8-21)。

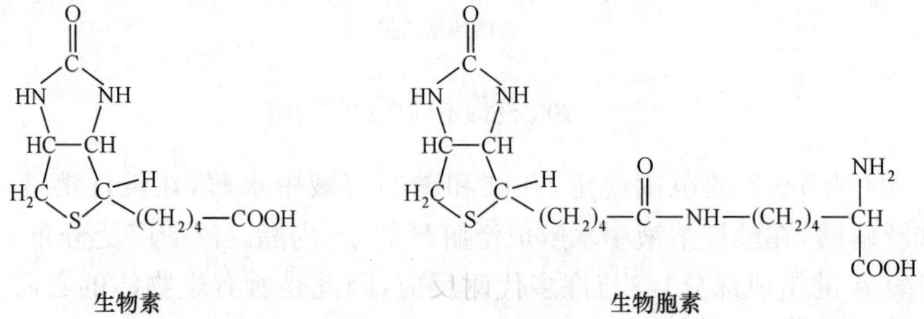

图 8-21　生物素和生物胞素结构

生物素广泛分布于植物和动物体中(表 8-19),很多动物包括人体在内都需要生物素维持健康。在糖类、脂肪和蛋白质代谢中具有重要的作用。主要功能是作为羧基化反应和羧基转移反应中的辅酶,以及在脱氨作用中起辅酶的作用。以生物素为辅酶的酶是用赖氨酸残基的 ε-氨基与生物素的羧基通过酰胺键连接的。

表 8-19　一些食品中生物素的含量

食　品	生物素含量/(μg/g)	食　品	生物素含量/(μg/g)
苹果	0.9	蘑菇	16.0
豆	3.0	柑橘	2.0
牛肉	2.6	花生	30.0
牛肝	96.0	马铃薯	0.6
乳酪	1.8～8.0	菠菜	7.0
莴苣	3.0	番茄	1.0
牛乳	1.0～4.0	小麦	5.2

8.4.9.2　分析方法

通常采用波依法霉样真菌(*Alleseheria boydii*,检测 0.5 ng)或阿拉伯糖乳酸杆菌(*Lactobacillus arabinosus*,检测 0.05 ng)以微生物学的方法对生物素进行定量分析。HPLC 法测定生物素的研究也正在进行,但方法都不是很成熟。微生物法和配基测定法适用于游离的生物素,但操作时需十分小心,因为在酸解时生物素容易降解。

8.4.9.3　稳定性

纯生物素对热、光、空气非常稳定。在微碱性或微酸性(pH 为 5～8)溶液中也相当稳定,即使在 pH 为 9 左右的碱性溶液中,生物素也是稳定的,极端 pH 条件下生物素环上的酰胺键可能发生水解。在乙酸溶液中用高锰酸盐或过氧化氢氧化生物素生成砜,遇硝酸则破坏其生物活性,形成亚硝基脲衍生物,遇甲醛也能使其失活。

在谷粒的碾磨过程中生物素有较多的损失,因此完整的谷粒是这种维生素的良好来源,而精制的谷粒产品则损失多。生物素对热稳定,在食品的制备过程中损失不大。

在生蛋清中发现一种蛋白质,即抗生物素蛋白,它能与生物素牢固结合形成抗生物素的复合物,它使生物素无法被生物体利用。但抗生物素蛋白遇热易变性,失去与生物素结合的能力,因此鸡蛋烹调时,抗生物素蛋白活性受到破坏。人体肠道内的细菌可合成相当量的生物素,故人体一般不缺乏生物素。

8.4.9.4　生物素的利用率

人们对生物素的利用率知之甚少,但它在平时的膳食中含量较充足。大部分食物中的生物素都以蛋白质的生物素形式存在,通过胰腺分泌物和肠黏膜中的酶的作用分解转化为具有功能活性的生物素形式,也有些生物素以生物基多肽的形式被吸收。鸡蛋的卵清蛋白中含有抗生物素蛋白,可以完全抑制生物素的吸收。抗生物素蛋白是鸡蛋卵清蛋白中的一种四聚体糖蛋白,每个亚基可以结合一分子生物素,很难被吸收。实验室可以利用其培养生物素缺陷型的微生物。

8.5　脂溶性维生素

8.5.1　维生素 A

8.5.1.1　结构及化学性质

具有维生素 A 活性的物质包括一系列 20 个碳和 40 个碳的不饱和碳氢化合物。它们广泛分布于动植物体中,其结构见图 8-22。

维生素 A 醇的羟基可与脂肪酸结合成酯,也可氧化成醛和酸。动物肝脏含维生素 A 最高,以醇或酯的状态存在。植物和真菌中,以具有维生素 A 活性的类胡萝卜素形式存在,经动物摄取吸收后,类胡萝卜素经过代谢转变为维生素 A。在近 600 种已知的类胡萝卜素中有 50 种可作为维生素 A 源,其中常见的类胡萝卜素结构和维生素 A 前体的活性见表 8-20。最有效的维生素 A 前体是 β-胡萝卜素,经水解可生成两个分子的维生素 A。

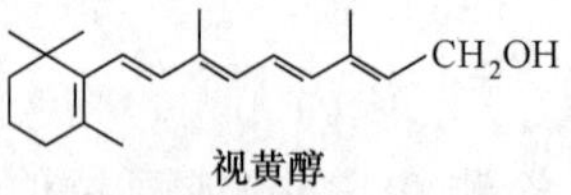

视黄醇

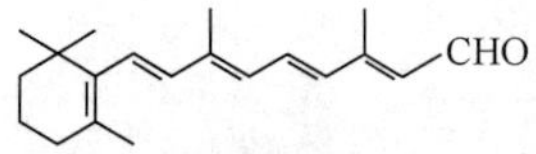

视黄醛

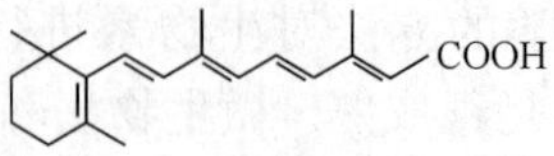

视黄酸

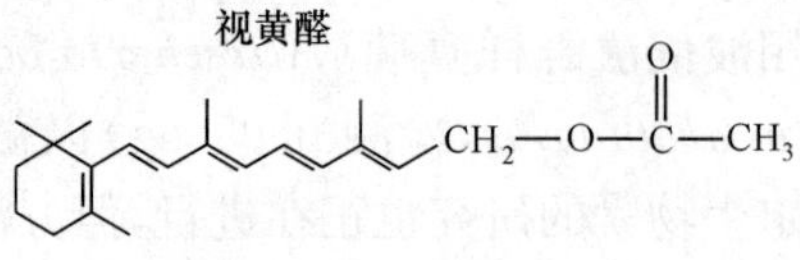

视黄醇乙酸酯

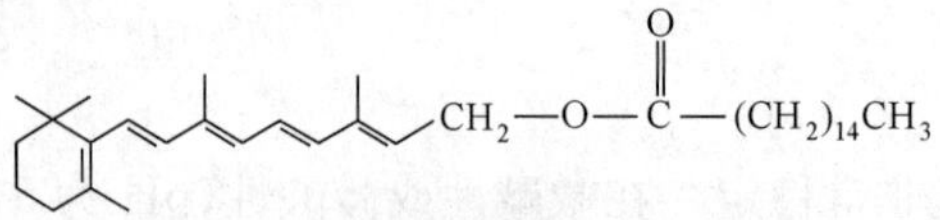

视黄醇棕榈酸酯

图 8-22　常见类视黄素结构

表 8-20　类胡萝卜素结构及维生素 A 前体活性

化合物	结　构	相对活性
β-胡萝卜素	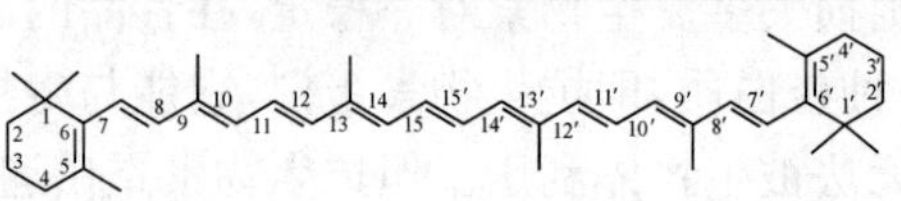	50
α-胡萝卜素	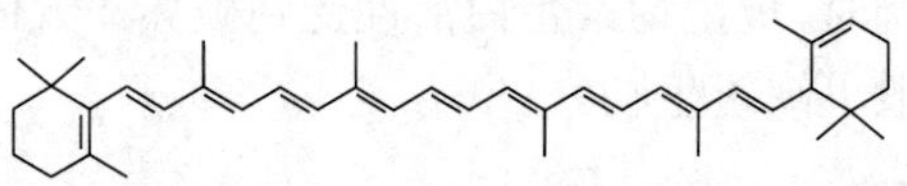	25
β-阿朴-8′-胡萝卜醛	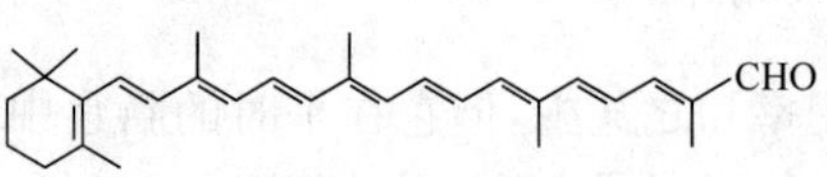	25～30
玉米黄素（又名隐黄质）	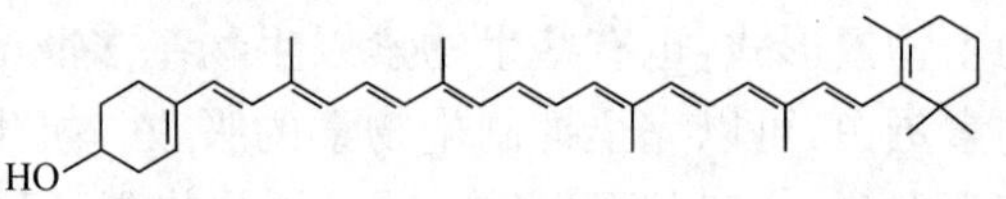	25
角黄素（又名海胆酮）	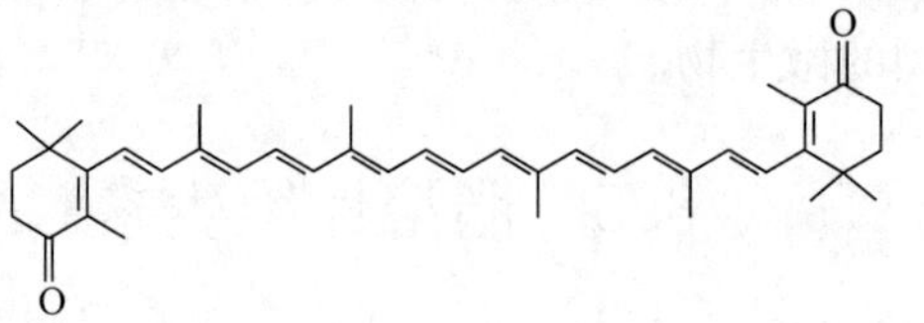	0
虾红素	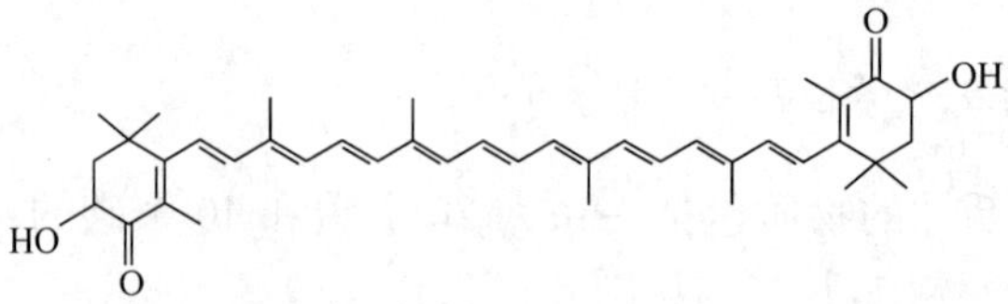	0
番茄红素	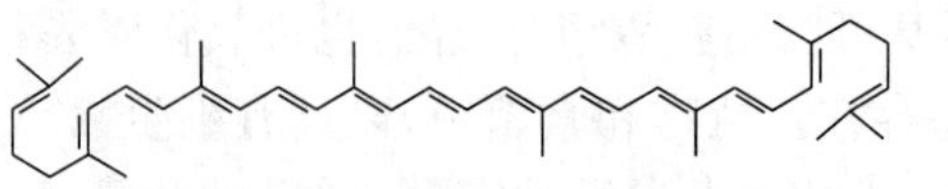	0

　　具有维生素 A 或维生素 A 原活性的类胡萝卜素,必须具有类似于视黄醇(图 8 - 22)的全反式结构,即在分子中至少有一个无氧合的 β-紫罗酮环。同时在异戊二烯侧链的末端应有一个羟基或醛基或羧基,β-胡萝卜素是类胡萝卜素中最具有维生素 A 原活性,在肠黏液中受到酶的氧化作用后,在 C^{15}—$C^{15\prime}$ 键处断裂,生成两个分子的视黄醇。若类胡萝卜素的一个环上带有羟基或羰基,其维生素 A 原的活性低于 β-胡萝卜素,若两个环上都被取代则无活性。

　　由于类胡萝卜素主要是由碳氢组成的化合物,类似脂质结构,故不溶于水,而是脂溶性的。只有胡萝卜素与蛋白质结合后才能溶于水。高浓度不饱和的类胡萝卜素体系能产生一系列复杂的紫外和可见光光谱(300～500 nm),从而可以解释它的淡橙——黄色素的原因。

8.5.1.2　分析方法

　　目前,测定食品中维生素 A 活性的最理想方法是先将类胡萝卜素进行色谱分离,然后将各种不同立体异构体的活性进行累加。早期的含量测定方法是利用维生素与三氯化锑反应(Carr-Price 反应)进行检测,但得到的结果偏高,而且对加工过程中引起的顺-反异构化作用不敏感,现在多采用 HPLC 法分析。

8.5.1.3　稳定性

　　天然存在的类胡萝卜素都是以全反式构象为主,当食品在热加工时转变为顺式构象,也就失去了维生素 A 活性。类胡萝卜素的这种异构化在不适当的储藏条件下也常发生。HPLC 分析表明,在许多食品中类视黄醇和类胡萝卜素含有全反式和顺式异构体(表 8 - 21),水果和蔬菜的罐装将会显著引起异构化和维生素 A 活性损失。此外,光照、酸化、次氯酸或稀碘溶液都可能导致热异构化,使类视黄醇和类胡萝卜素全反式转变为顺式结构。

表 8 - 21　某些新鲜加工果蔬中的 β-胡萝卜素异构体分布

| 产 品 | 状 态 | 占总 β-胡萝卜素的比例/% | | |
		13-顺	反式	9-顺
红薯	新鲜	0.0	100.0	0.0
	罐装	15.7	75.4	8.9
胡萝卜	新鲜	0.0	100.0	0.0
	罐装	19.1	72.8	8.1
南瓜	新鲜	15.3	75.0	9.7
	罐装	22.0	66.6	11.4
菠菜	新鲜	8.8	80.4	10.8
	罐装	15.3	58.4	26.3
羽衣甘蓝	新鲜	16.6	71.8	11.7
	罐装	26.6	46.0	27.4
黄瓜	新鲜	10.5	74.9	14.5

产品	状态	占总 β-胡萝卜素的比例/%		
		13-顺	反式	9-顺
腌黄瓜	巴氏灭菌	7.3	72.9	19.8
番茄	新鲜	0.0	100.0	0.0
	罐装	38.8	53.0	8.2
桃	新鲜	9.4	83.7	6.9
	罐装	6.8	79.9	13.3
杏	脱水	9.9	75.9	14.2
	罐装	17.7	65.1	17.2
油桃	新鲜	13.5	76.6	10.0
李	新鲜	15.4	76.7	8.0

　　食品在加工过程中,维生素 A 前体的破坏随反应条件不同而有不同的途径(图 8-23)。缺氧时,有许多可能的热转换,特别是 β-胡萝卜素的顺-反异构作用,这已从蔬菜在烹调和罐装中得到说明。厌氧灭菌造成的维生素活性的总损失为 5%～6%,损失的程度取决于温度、时间和类胡萝卜素的性质。在高温时,β-胡萝卜素分解成一系列的芳香族碳氢化合物,其中最主要的分解产物是紫罗烯(Ionene)。

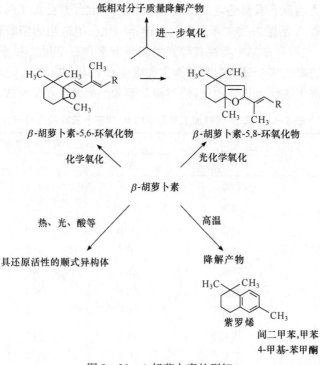

图 8-23　β-胡萝卜素的裂解

　　若有氧存在,类胡萝卜素受光、酶和脂质氢过氧化物的共氧化或间接氧化作用而导致严重损失。β-胡萝卜素发生氧化作用,首先生成 5,6-环氧化物,然后异构化为 β-胡萝卜素氧化物,即 5,8-环氧化物(metachrome)。高温处理时,β-胡萝卜素可能分解成许多小分子的挥发性化合物,而影响食品的风味。维生素 A 的光化学异构化作用,可以通过直接的或间接的光敏化剂产生,所生成的顺式异构体的比例和数量与光学异构化的途径有关。在异构化过程中还伴随一系列的可逆反应和光化学降解。光催化氧化主要生成 β-胡萝卜素氧化物。例如,橙汁中的 5,6-环氧化物经异构化作用转变为 β-胡萝卜素氧化物,此产物进一步裂解生成与脂肪酸氧化产物相似的一系列复杂化合物。维生素 A 的氧化可导致维生素活性的完全丧失。

从以上可见,食品中维生素 A 和类胡萝卜素发生的氧化降解,存在着两种途径:一种是直接过氧化作用;另一种是脂肪酸氧化产生的自由基导致的间接氧化。β-胡萝卜素和其他类胡萝卜素在低氧分压(<0.197 atm O_2)时显示抗氧化作用,但在氧分压较高时可起到助氧化剂的作用。β-胡萝卜素能抑制单重态氧、羟基自由基和超氧阴离子自由基,以及与 ROO·作用生成 ROO-β-胡萝卜素,从而起到抗氧化剂的作用。

脱水食品在储藏过程中,易被氧化而失去维生素 A 和维生素 A 前体的活性。表 8-22 列举了胡萝卜素经不同方法脱水后其 β-胡萝卜素的含量,从中可以看出它的损失情况。

表 8-22　新鲜胡萝卜与经不同方法脱水后胡萝卜中的 β-胡萝卜素含量

胡萝卜	浓度范围/(mg/kg)
新鲜胡萝卜	980~1860
真空冷冻干燥胡萝卜	870~1125
常规空气风干胡萝卜	636~987

像脂肪氧化一样,维生素 A 的损失速率是酶、水活度、储藏气压和温度的函数。因此,在储藏过程中维生素 A 的损失主要取决于干燥脱水的方法和避光情况,水分和氧浓度对类胡萝卜素活性的影响参见表 8-23。即使在氧气浓度极低的条件下,损失量仍可测出。虽然小虾储藏时的损失速率随含水量增加而下降,但是其他食品(如玉米)并不如此,显得很复杂。一般来说,在同一食品中的类胡萝卜素的稳定程度与不饱和脂肪酸相似。

表 8-23　类胡萝卜素破坏速率

产　品	水分含量	气体状态	破坏速率常数 k/h^{-1}
胡萝卜片 20 ℃	5	空气	6.1×10^{-1}
		2%氧气	1.0×10^{-3}
虾制品 37 ℃	<0.5	空气	1.1×10^{-3}
	3	空气	0.9×10^{-3}
	5	空气	0.6×10^{-3}
	8	空气	0.1×10^{-3}

注:$E_a=79.4$ kJ/mol。

8.5.1.4　生物利用率

除了少数情况下,维生素 A 能高效吸收,视黄醇乙酸酯和视黄醇棕榈酸酯和非酯化的视黄醇一样被利用,不能吸收的疏水物质如脂肪替代品,可能会引起维生素 A 吸收不良。很多食物中的类胡萝卜素在肠内的吸收率低。吸收率低可能是该物质与蛋白质结合或被不易消化的基质包围。

8.5.1.5 维生素 A 的生理功能

维生素 A 是复杂机体必需的一种营养素,它以不同方式几乎影响机体内的一切组织细胞。维生素 A(包括胡萝卜素)最主要的生理功能是:维持视觉、促进生长、增强生殖力和清除自由基。

β-胡萝卜素有很好的抗氧化作用,能通过提供电子抑制活性氧的生成达到清除自由基的目的。但必须指出,在高氧分压时显示助氧化作用。将它与亚油酸过氧化物共同温育的实验表明,β-胡萝卜素能有效地保护小鼠对抗血卟啉的致死性光敏作用,而血卟啉的光敏作用就在于自由基攻击了表皮溶酶体膜。另有研究表明,β-胡萝卜素不仅能清除游离态氧以减少光敏氧化作用,而且还是单线态氧的猝灭剂。美国波士顿大学的 Palozza 等在一项用肝微体膜进行的实验中发现,β-胡萝卜素与维生素 E 两者在抑制脂质过氧化反应过程中有协同增效作用。β-胡萝卜素的自由基清除作用,使得它在延缓衰老、防止心血管疾病和肿瘤方面发挥作用,这已被部分研究和临床实验所证实。

8.5.2 维生素 K

维生素 K 是脂溶性萘醌类的衍生物。天然的维生素 K 有两种形式:维生素 K_1(叶绿醌或叶绿基甲基萘醌),仅存在于绿色植物中,如菠菜、甘蓝、花椰菜和卷心菜等叶菜中含量较多;维生素 K_2(聚异戊烯甲基萘醌),由许多微生物包括人和其他动物肠道中的细菌合成。此外,还有几种人工合成的化合物具有维生素 K 活性,其中最重要的是 2-甲基萘醌,4-二甲基萘醌,又称为维生素 K_3-甲基萘醌,在人体内变为维生素 K_2,其活性是维生素 K_1 和维生素 K_2 的 2~3 倍。图 8-24 是它们的结构式,统称为维生素 K。

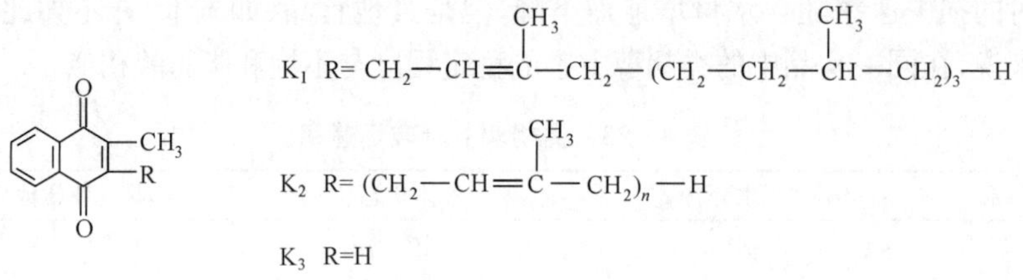

$$K_1 \ R= CH_2-CH=C-CH_2-(CH_2-CH_2-CH-CH_2)_3-H$$

$$K_2 \ R= (CH_2-CH=C-CH_2)_n-H$$

$$K_3 \ R=H$$

图 8-24 维生素 K 的结构式

天然存在的维生素 K 是黄色油状物,人工合成的是黄色结晶。所有 K 类维生素都耐热和水,但易受酸、碱、氧化剂和光(特别是紫外线)的破坏。由于天然维生素 K 相对稳定,又不溶于水,在正常的烹调过程中损失很少。然而,人工合成的维生素 K 溶于水。关于维生素 K 在食品中的作用机理尚不太清楚,仅知道它具有光反应活性。维生素 K 存在于绿色蔬菜中,并能由肠道中的细菌合成,所以人体很少有缺乏的。它的生理功能主要是有助于某些凝血因子的产生,即参与凝血过程,故又称为凝血因子。

甲基萘醌作为一种脂溶性的维生素 K_2，因其类异戊二烯链的长短不同，而呈现出不同程度的黄色，但因共轭双键数目一般不如类胡萝卜素多，颜色多呈现为淡黄色。由于其特殊的甲基萘醌头部，因此这类化合物具有比类胡萝卜素更高的稳定性，且对抗氧气、pH 等条件的能力更强。同时，甲基萘醌 MK_n 的极性与其类异戊二烯链长度有关，一般来说，类异戊二烯链越长，极性越低。

当甲基萘醌侧链上的双键被不同程度质子化后，简写为 $MK_n(H_m)$，这里的 m 代表质子化的数目，常见的有 $MK_n(H_2)$ 和 $MK_n(H_4)$。近期文献报道北极海洋红球菌 *Rhodococcus* sp. B7740 可产生质子化的 $MK_8(H_2)$，其特性与未质子化的 VK_2 相比发生了显著的变化，一般认为侧链质子化的甲基萘醌具有更高的稳定性。

对于甲基萘醌的代谢研究，多数集中于其作为维生素 K_2 进入人体内以后结构的变化。研究证实，MK_n 进入机体内可与维生素 K 依赖性蛋白，包括若干参与凝血级联反应的凝血因子(凝血因子 Ⅱ、Ⅶ、Ⅸ 和 Ⅹ)、循环抗凝物蛋白(蛋白 C、S 和 Z)以及参与骨和软组织矿化的蛋白(如骨钙素和基质 Gla 蛋白等)相互作用。而维生素 K_1 则在体内转化为甲基萘醌 K_2 进一步发挥它的某些功能。

8.5.3　维生素 D

维生素 D 是甾醇类衍生物，虽然已鉴定出许多具有维生素 D 活性的甾醇类化合物，但是在食物中出现的只有两种，即麦角钙化甾醇(维生素 D_2)和胆钙化甾醇(维生素 D_3)，具有实用性。其结构式如图 8-25 所示。

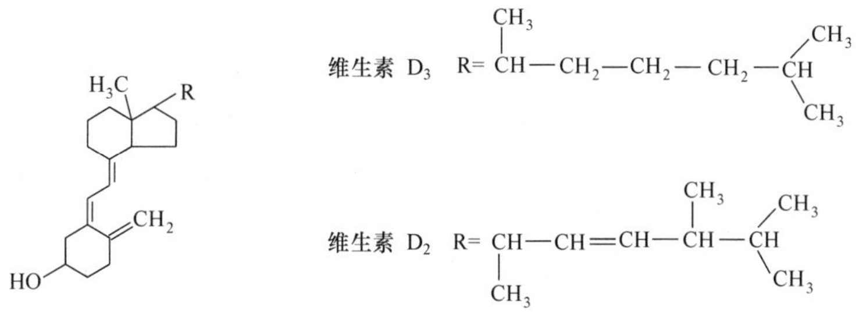

图 8-25　维生素 D 的结构式

维生素 D 前体(麦角固醇和 7-脱氢胆固醇)经紫外辐射可产生维生素 D_2 和维生素 D_3。酵母和真菌含麦角固醇，而 7-脱氢胆固醇则是在鱼肝油及人体和其他动物的皮肤里发现的。人的皮肤在日光下暴露可生成维生素 D_3，这是一个多步骤形成过程，它包括脱氢胆固醇的光化学修饰和非酶异构化。由于是在体内合成，因此，膳食中维生素 D 的需求量与受光照的程度有关。生命体中维生素 D_2 和维生素 D_3 有几种羟基取代保护物，胆钙化甾醇的 1,25-二羟基衍生物是 D_3 具有生理活性的主要形式。肉类与乳制品富含维生素 D_3 及其 25-羟基衍生物，在食品中通常与维生素 A 共存，7-脱氢胆固醇在鱼、蛋黄、奶油中含量丰富。尤其是海产鱼肝油中含量特别丰富。维生素 D 是脂溶性的，对氧和光敏感，一般在加工中不会引起维生素 D 的损失，但油脂氧化酸败可引起维生素 D 破坏。

维生素 D 的生理功能是促进钙、磷的吸收，维持正常血钙水平和磷酸盐水平；促进骨骼和牙齿的生长发育;维持血液中正常的氨基酸浓度;调节柠檬酸的代谢。

维生素 D 的分析方法:维生素 D 的测定主要用 HPLC 法进行,碱性条件会使维生素 D 迅速降解,所以不能多用脂溶性物质分析中常用的皂化反应,在 HPLC 分析前应尽量纯化维生素 D 提取物。

8.5.4　维生素 E

8.5.4.1　结构与化学性质

在自然界中发现的许多生育酚和生育三烯醇,统称为维生素 E,都具有维生素 E 活性。它们之间的区别在于分子环上甲基(—CH_3)的数量和位置,分别为 α、β、γ、δ-生育酚(图 8-26),α-、β-、γ 和 δ-生育三烯醇。α-生育酚具有最高维生素 E 活性,其他生育酚具有 α-生育酚的 1%～50% 的生物活性。通常食物中非 α-生育酚提供的维生素 E 活性相当于各种食品中标明的 α-生育酚总量的 20%。α-生育酚为多异戊间二烯衍生物(苯并二氢吡喃醇核),其分子中都含有饱和 C_{16} 侧链(叶绿基),不对称中心在 2-、$4'$-和 $8'$-位置上,甲基可能被不同的 R_1、R_2、R_3 取代,结构式见图 8-26。

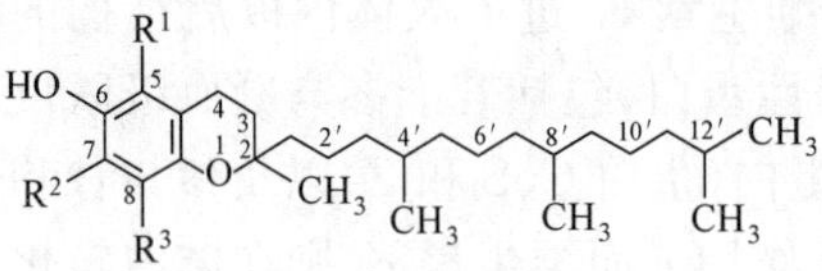

	R_1	R_2	R_3
α			
β	CH_3	CH_3	CH_3
γ	CH_3	H	CH_3
δ	H	CH_3	CH_3
生育酚母核	H	H	CH_3
	H	H	H

图 8-26　维生素 E 的结构式

自然界中的立体异构体 D-α-生育酚,具有 2D、$4'$D 和 $8'$D 3 种构型,许多对映立体异构体(diastereoisomer)可由化学合成得到。维生素 E,特别是 α-生育酚在食品中研究最为深入,因为它们是优良的天然抗氧化剂。能够提供氢质子和电子以猝灭自由基,而且它们是所有生物膜的天然成分,通过其抗氧化活性使生物膜保持稳定,同时也能阻止高不饱和脂肪酸氧化,与过氧自由基反应,生成相对稳定的 α-生育酚自由基,然后通过自身聚合生成二聚体或三聚体,使自由基链反应终止。相对而言,生育酚乙酯因其酚羟基被酯化而不再具有抗氧化活性,但是在体内其酯键被酶切断后,又恢复了抗氧化活性。

8.5.4.2　分析方法和分布

维生素 E 在人体和动物体中具有多种功能,但对它的生化功能尚不十分清楚,可以利用各种生物学性质进行生物测定。Ames 按生物学测定中使用的生理学过程进行了如下归类:

(1) 涉及生物学功能的生物测定。例如,预防鼠类胎儿死亡和吸收作用,以及鸡脑软化症。

(2) 用生物学参数的测定。例如,防止红细胞溶血作用。

(3) 体内维生素 E 水平的测定。例如,肝脏和血浆中的含量。

在自然界中已发现 8 种生育酚,因此仅用简单的比色分析方法测定食品中维生素 E 的含量是不可靠的。其分析步骤包括萃取、皂化及非皂化部分的薄层(TLC)和气相(GC)色谱分析。HPLC 法是目前采用最多的分析方法。

维生素 E 广泛分布于种子和种子油(菜油)、谷物、水果、蔬菜以及动物产品等各类食品中,在大多数动物性食品中,α-生育酚是维生素 E 的主要形式,而在植物性食品中却存在多种形式,随品种不同有很大差异。食品中天然存在的 α-生育酚的生物活性是最重要的。但是其他天然存在的异构体也具有重要的维生素活性和抗氧化活性。某些谷物中各种生育酚的含量参见表 8 - 24。

表 8 - 24　植物油和某些食品中各种生育酚的含量

食　品	α-T	α-T$_3$	β-T	β-T$_3$	γ-T	γ-T$_3$	δ-T$_3$
植物油/(mg/100 g)							
向日葵籽油	56.4	0.013	2.45	0.207	0.43	0.023	0.087
花生油	0.013	0.007	0.039	0.396	13.1	0.03	0.922
豆油	17.9	0.021	2.80	0.437	60.4	0.078	37.1
棉籽油	40.3	0.002	0.196	0.87	38.3	0.089	0.457
玉米胚芽油	27.2	5.37	0.214	1.1	56.6	6.17	2.52
橄榄油	9.0	0.008	0.16	0.417	0.471	0.026	0.043
棕榈油	9.1	5.19	0.153	0.4	0.84	13.2	0.002
其他食品/(μg/mL 或 g)							
婴儿配方食品(皂化)	12.4		0.24		14.6		7.41
菠菜	26.05	9.14					
牛肉	2.24						
面粉	8.2	1.7	4.0	16.4			
大麦	0.02	7.0		6.9		2.8	

注:T 表示生育酚;T$_3$ 表示生育三酚。

8.5.4.3　稳定性

维生素 E 在无氧和无氧化脂质存在时显示良好的稳定性,罐装加工对维生素 E 活性影响很小,分子氧使维生素 E 降解加速,当有过氧自由基和氢过氧化物存在时维生素 E 失活更快,其反应机理如图 8 - 27 所示。食品在加工、储藏和包装过程中,一般都会造成维生素 E 的大量损失,在谷物加工过程中,机械加工和氧化作用能导致维生素 E 活性的损失。例如,将小麦磨成面粉及加工玉米、燕麦和大米时,维生素 E 损失约 80%。在分离、除脂或脱水等加工步骤中,以及油脂精炼和氧化过程中也能造成维生素 E 损失。例如,脱水可使鸡肉和牛肉中 α-生育酚损失 36%～45%,但猪肉却损失很少或不损失。制作罐头导致肉和蔬菜中生育酚量损失 41%～65%,炒坚果破坏 50%。食物经油炸损失32%～70%的维生素 E。然而,通常家庭烘炒或水煮不会大量损失。生育酚不溶于水,不会随水流失,然而水分活度影响维生素 E 的降解,影响规律与不饱和脂肪酸相似,在单分子水层值时降解速率最小,高于或低于此水分活度,维生素 E 的降解速率均增大。马铃薯片在储存过程中,生育酚大量损失。有研究表明,在 23 ℃下储存一个月的马铃薯片加工后生育酚损失 71%,储存两个月损失 77%。当把马铃薯片冷冻于-12 ℃下,一个月损失 63%,两个月损失 68%。氧化损失通常伴随着脂肪氧化,其原因可能是由于食品在加工过程中使用了化学药剂,如加入苯甲酰基过氧化物或过氧化氢所造成的维生素 E 的损失;脱水食品是极易对维生素 E 造成破坏的,其机理同维生素 A 所述。生育酚被氧化后其产物有二聚物、三聚物和二羟基化合物及醌类,如 α-生育酚与亚硝酸发生氧化反应生成的产物(图 8-28)。

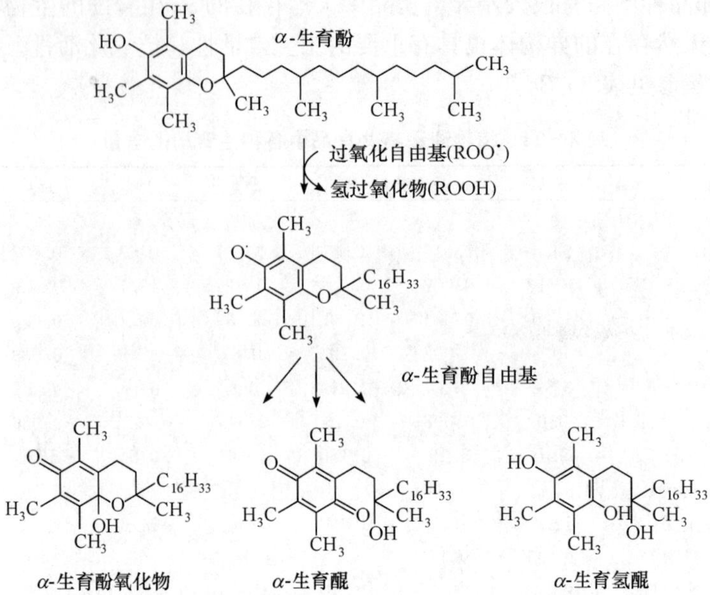

图 8-27　维生素 E 降解途径

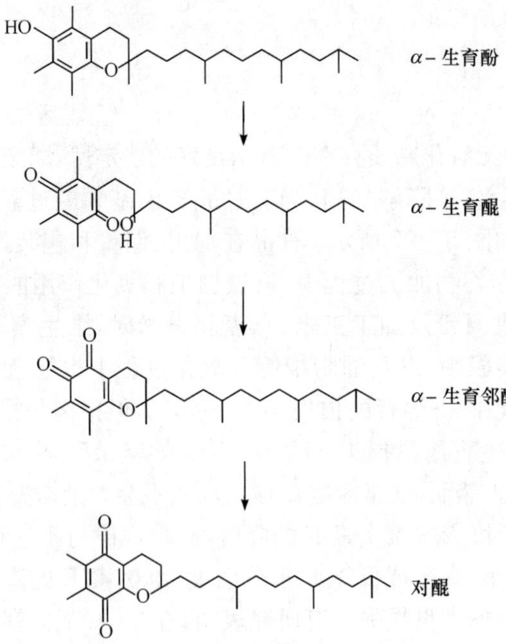

图 8-28　硝酸氧化 α-生育酚产物

α-生育酚在 pH=5 以下经空气氧化生成的产物同生育酚与亚硝酸反应生成物是相似的。生育酚被亚油酸甲酯氢过氧化物氧化时,pH、水分含量和温度也对其产生影响。

无氧条件下,生育酚与亚油酸甲酯氢过氧化物反应形成加成化合物。初始氧化产物很明显是半醌,随后半醌进一步氧化生成生育醌,或与烷氧游离基进行厌氧性反应形成加成化合物。此外,单重态氧还能攻击生育酚分子的环氧体系,使之形成氢过氧化物衍生物,再经过重排,生成生育醌和生育醌-2-3-环氧化物(图8-29),因此维生素E是一种单重态氧抑制剂。用抗坏血酸和 α-生育酚可作为保护剂防止亚硝胺的形成,在这个实验中,α-生育酚在 pH 为 5 以下与亚硝酸盐反应生成的产物与它经空气氧化生成的产物是相同的。

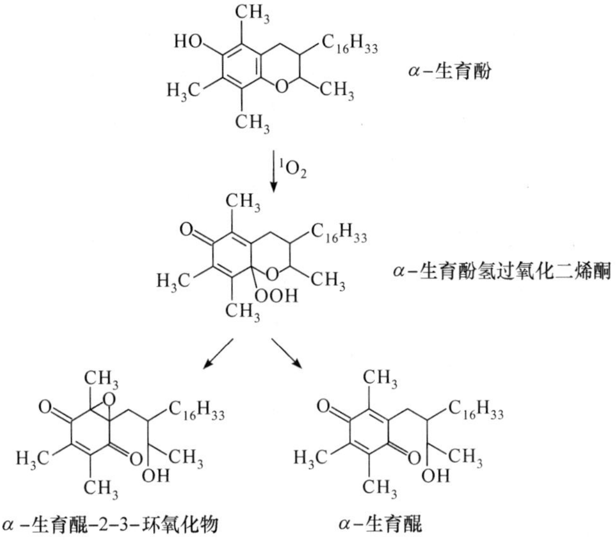

图 8-29　α-生育酚与单重态氧反应途径

8.5.4.4　维生素 E 的生理功能

维生素 E 是生命有机体的一种重要的自由基清除剂,具有较强的抗氧化活性,能有效地阻止食物和消化道内脂肪酸酸败,保护细胞免受不饱和脂肪酸氧化产生毒性物质的伤害,同硒能产生协同效应,并可部分代替硒的功能。同样硒也能够治疗维生素 E 的某些缺乏症。此外,还能提高机体的免疫能力,保持血红细胞的完整性,调节体内化合物的合成,促进细胞呼吸,保护肺组织免遭空气污染。

8.6　矿　物　质

8.6.1　概述

食品中的矿物质是由不同种类的元素和离子组成的,其中有许多是人类营养必不可少的,特别是一些微量元素,但是当摄入过量时则又成为有害的因素。我国的 DRI 列于表 8-4。矿物质中参与人体生命代谢的约有 25 种,其中氮、氢、氧、碳占人体矿物质原子总量的 99%,微量元素(如铁、碘、锌、硒、铜、铬、氟、铅、锡等)对人体健康起着重要作用,一旦缺乏将会造成多种疾病。然而,人体对矿物质的需求其个体差异较大,不同的人群、种族和工作性质等也影响对矿物质的需求量,因此很难设定一个固定的界限。但是实际上是可以提供一个最佳健康需求浓度或安全浓度范围。

人们对必需矿物质元素有了一定的了解,其中一些矿物元素对维持生命健康起着重要的作用,如果缺乏这些必需元素,可能会引发生理功能障碍。

人体对必需矿物质元素的需求从几 mg/d 到 1 g/d 不等,如果摄入不足,会引起某种元素缺乏症;反之,摄入过多则会产生毒性作用。但大多数矿物质元素的推荐摄入量范围较宽,且在日常食物中呈现多样性,所以缺乏症或毒性作用发生的概率相对较小。

矿物元素的推荐摄入量范围较宽,是因为生物体具有自身的调节功能,可以暂时解决必需营养素摄入不均衡引起的问题。如果生物体长期处于营养不均衡的状态,其内稳态会被破坏,人们对矿物质长期摄入不足是一种常见的现象,尤其在贫困地区,人们很难实现饮食多样化。虽然饮食中摄入高钠是引起高血压的一个主要原因,但大量摄取必需矿物质元素产生毒性作用的现象较为少见。

食品中矿物质含量的变化主要取决于环境因素,如植物赖以生长的土壤成分或动物饲料的性质。化学反应导致食品中矿物质的损失不如物理去除或形成生物不可利用的形式所导致的损失那样严重。矿物质最初是通过水溶性物质的浸出以及植物非食用部分的剔除而损失掉的。矿物质主要在谷物碾磨过程中损失。许多研究指出,膳食中食品加工步骤越多,导致矿物质的损失就越严重。因此,在饮食中必须补充微量矿物质。但是,微量矿物质固有的营养毒性,使这种补充复杂化。矿物质与食品中其他成分之间的相互影响是同样重要的。多价负离子,如乙二酸根和植酸根能与二价金属离子形成盐,这些盐极难溶解,不能被肠道所吸收,因此,测定矿物质的生物利用率就显得非常必要。

8.6.2　物理和化学性质

为了充分合理地利用矿物质,首先必须了解矿物质的性质、存在状态及在食品加工或储藏过程中的变化。下面就其相关的物理和化学性质做简单介绍。

8.6.2.1　溶解性

在所有的生物体系中都含有水,大多数营养元素的传递和代谢都是在水溶液中进行的。因此,矿物质的生物利用率和活性在很大程度上依赖于它们在水中的溶解性。镁、钙、钡是同族元素,仅以 +2 价氧化态存在。虽然这一族的卤化物都是可溶性的,但是其重要的盐,包括氢氧化物、碳酸盐、磷酸盐、硫酸盐、乙二酸盐和植酸盐都极难溶解。食品在受到某些细菌分解后,其中的镁能形成极难溶的络合物 $NH_4MgPO_4 \cdot 6H_2O$,俗称鸟粪石。铜以 +1 价或 +2 价氧化态存在并形成络离子,它的卤化物和硫酸盐是可溶性的。各种价态的矿物质在水中有可能与生命体中的有机质,如蛋白质、氨基酸、有机酸、核酸、核苷酸、肽和糖等形成不同类型的化合物,这有利于矿物质的稳定和在器官间的输送。

8.6.2.2　酸碱性

任何矿物质都有正离子和负离子。但从营养学的角度看,只有氟化物、碘化物和磷酸盐的负离子才是重要的。水中氟化物成分比食品中更常见，其摄入量极大地依赖于地理位置，碘以碘化物(I^-)或碘酸盐(IO_3^-)的形式存在，磷酸盐以多种不同形式存在，其中包括磷酸盐(PO_4^{3-})、磷酸氢盐(HPO_4^{2-})、磷酸二氢盐($H_2PO_4^-$)或者是磷酸(H_3PO_4)，它们的电离常数分别为：$k_1 = 7.5 \times 10^{-3}$，$k_2 = 6.2 \times 10^{-8}$，$k_3 = 1.0 \times 10^{-12}$。各种微量元素参与的复杂生物过程，可以利用路易斯的酸碱理论解释，由于不同价态的同一元素，可以通过形成多种复杂物参与不同的生化过程，因而显示不同的营养价值。

8.6.2.3　氧化还原性

碘化物和碘酸盐与食品中其他重要的无机负离子(磷酸盐、硫酸盐和碘酸盐)相比是比较强的氧化剂。正离子比负离子种类多，结构也更复杂，它们的一般化学性质可以通过它们所在的元素周期表中的族来考虑。有些金属离子从营养学的观点来说是重要的，而有些则是非常有害的毒性污染物，甚至产生致癌作用。碳酸盐和磷酸盐则比较难溶解。其他一些金属具有多种氧化态，如锡和铅($+2$ 和 $+4$)、汞($+1$ 和 $+2$)、铁($+2$ 和 $+3$)、铬($+3$ 和 $+6$)，锰($+2$、$+3$、$+4$、$+6$ 和 $+7$)。这些金属中有许多能形成两性离子，既可作为氧化剂，又可作为还原剂。钼和铁最为重要的性质是能催化抗坏血酸和不饱和脂质的氧化。微量元素的这些价态变化和相互转换的平衡反应，都将影响组织和器官中的环境特性，如 pH、配位体组成、电效应等，从而影响其生理功能。

8.6.2.4　微量元素的浓度

研究表明，微量元素的浓度和存在状态，影响各种生化反应，许多原因不明的疾病(如癌症和地方病)都与微量元素相关，但实际上对必需微量元素的确认并非一件易事，因为矿物元素的价态和浓度，乃至排列的有序性和状态，对生命活动都会产生不同的作用。

8.6.2.5　螯合效应

许多金属离子也可作为有机分子的配位体或螯合剂，如血红素中的铁、细胞色素中的铜、叶绿素中的镁，以及维生素 B_{12} 中的钴。具有生物活性结构的铬称为葡萄糖耐量因子(GTF)，它是三价铬的一种有机络合物形式。在葡萄糖耐量生物检测中，它比无机 Cr^{3+} 的效能高 50 倍。葡萄糖耐量因子除含有约 65% 的铬外，还含有烟酸、半胱氨酸、甘氨酸和谷氨酸。精确的结构还不清楚，Cr^{6+} 无生物活性。金属离子的螯合效应与螯合物的稳定性受其本身结构和环境因素的影响。一般五元环和六元环螯合物比其他更大或更小的环稳定。金属离子的路易斯碱性也会影响其稳定性，一般碱性越强越稳定。带电荷的配位体有利于形成稳定的螯合物。不同的电子供给体所形成的配位键强度不同，对于氧，$H_2O > ROH > R_2O$；对于氮，$H_3N > RNH_2 > R_3N$；对于硫，$R_2S > RSH > H_2S$。此外，分子中的共轭结构和空间位阻有利于螯合物的稳定。

8.6.3　功能特性及存在状态

钙在成人体内总含量约为 1200 g，近 99% 存在于骨骼内。骨矿物质含有两个物理及化学特性不同的磷酸钙池，即无定形相和疏松结晶相。骨钙不断被吸收和沉积，骨组织不断处于更新过程。在儿童和青少年期,骨钙沉积速率大于吸收速率。在晚年,则吸收速率高于沉积速率。所以,随着年龄增加,钙将逐渐流失。在钙摄入不足或吸收不良时,机体动用骨骼钙,而软组织钙维持恒定。在这种情况下年轻人不仅骨骼钙化不充分,而且由于脱钙可造成骨强度降低。

磷是骨组织的一种必需成分,其与钙的比值为 1:2。成人体内近 85%(700 g)的磷分布于骨骼。磷在软组织中以可溶性磷酸盐离子形式存在,在脂肪、蛋白质和糖类及核酸中以酯类或苷类化合物键合形式存在。在酶内则以酶活性调节因子形式存在。磷也在机体许多不同的生化反应中发挥重要作用。代谢过程中所需要的能量大部分来源于三磷腺苷、磷酸肌酸盐及类似化合物的磷酸键。

镁在成人体内含量为 20~28 g,其中 40% 分布于肌肉及软组织中,约 1% 分布于细胞间液,其余则分布于骨骼中。血浆镁的平均浓度为 0.85 mmol/L。健康人体内镁水平由激素调节而维持恒定,但其平衡机理尚不清楚。许多疾病伴有体内镁水平降低,但只有部分病例表现有镁缺乏症状。

铁是血红蛋白、肌红蛋白以及多种酶的组成成分,因此它是一种人体必需的营养素。除了这些功能形式外,体内约 30% 的铁以储存形式存在,如铁蛋白和含铁血黄素,还有一小部分在血液转铁蛋白中。

锌是许多重要代谢途径的酶的成分之一,是植物、动物和人类共同必需的元素。相当大的一部分锌储存在骨骼和肌肉中,但这些储备不易达到其他部位以满足生理需要。动物实验表明,体内可供利用的锌储备较少,而且很快发生代谢转化,因此一旦发生锌缺乏,机体很快出现生理和生化变化。

碘是人类必需的微量元素之一,它是甲状腺激素-甲状腺素和三碘甲状腺酪原氨酸的主要组成成分。碘在食物和水分子中主要以碘分子形式存在,少量以有机形式与氨基酸结合。碘能完全、迅速地被机体吸收,并被运输到甲状腺用于合成甲状腺激素。碘缺乏可以引起一系列疾病,如伴有智力低下的严重呆小症,以及甲状腺肿大等。

硒是人体必需的元素,其生化基础是它存在于谷胱甘肽过氧化物酶的活性部位。

食品中的矿物质的含量受各种因素的影响。以铜为例,土壤中铜含量、地区、季节、水源、化肥、杀虫剂、农药和杀菌剂的使用以及膳食的性质等因素都影响人体对铜的吸收。此外,矿物质在加工过程中作为直接或间接添加剂进入食品,这是一种十分易变的因素。因此,食品和水分中的矿物质含量可以变化很大(表 8-25 和表 8-26)。

表 8-25　饮用水和食品中微量元素的浓度

元　素	浓　度
砷	0~100 $\mu g/L$,每日食品中 137~330 μg
钡	<1 mg/L
铍	<1 $\mu g/L$
镉	<10 $\mu g/L$
铬	<100 $\mu g/L$
钴	在每千克绿叶菠菜中可高达 0.5 mg

续表

元　素	浓　度
铜	存在于动物和植物食品中，1～280 μg/L
铅	20～600 μg/L
锰	0.5～1.5 mg/L
镁	6～120 mg/L
汞	<1 μg/L，每天由食物中摄入 10 μg
钼	<100 μg/L，每千克食物中含有 100～1000 μg
镍	1～100 μg/L，每日食品中含有 300～600 μg
硒	<10 μg/L，在每千克粮食、肉和海产品中含量 100～300 μg
银	痕量
锡	1～2 μg/L，每日食品中含有 1～30 μg
钒	2～300 μg/L
锌	3～2000 μg/L

表 8-26　部分食品中矿物质组成

食　品	供给量 /g	热量 /kcal	矿物质								
			Ca	Mg	P	Na	K	Fe	Zn	Cu	Se
炒鸡蛋	100	157	57	13	269	290	138	2.1	2.0	0.06	8
白面包	28	75	35	6	30	144	31	0.8	0.2	0.04	8
全麦面包	28	70	20	26	74	180	50	1.5	1.0	0.10	16
无盐通心粉	70	99	5	13	38	1	22	1.0	0.4	0.07	19.0
米饭	98	108	10	42	81	5	42	0.4	0.6	0.01	13.0
速食米饭	88	108	10	42	81	5	42	0.4	0.6	0.01	13.0
熟黑豆	86	113	24	61	120	1	305	2.0	1.0	0.18	6.9
红腰果	89	112	25	40	126	2	356	3.0	0.9	0.21	1.9
全脂乳	244	150	291	33	228	120	370	0.1	0.9	0.05	3.0
脱脂乳/无脂乳	245	86	302	28	247	126	406	0.1	0.9	0.05	6.6
美国乳酪	43	159	261	10	316	608	69	0.2	1.3	0.01	3.8
赛达乳酪	43	171	305	12	219	264	42	0.3	1.3	0.01	6.0
农家乳酪	105	108	63	6	139	425	89	0.1	0.4	0.03	6.3
低脂酸乳	227	144	415	10	326	150	531	0.2	2.0	0.10	5.5
香草冰淇淋	67	134	88	9	67	58	128	0.1	0.7	0.01	4.7
带皮烤马铃薯	202	220	20	55	115	16	844	2.8	0.7	0.62	1.8
去皮煮马铃薯	135	116	10	26	54	7	443	0.4	0.4	0.23	1.2
椰菜,生的茎	453	126	216	114	297	123	1470	4.0	2.0	0.40	0.9
椰菜,熟的新茎	540	151	249	130	318	141	1575	4.5	2.1	0.23	1.1

续表

食品	供给量 /g	热量 /kcal	矿物质								
			Ca	Mg	P	Na	K	Fe	Zn	Cu	Se
生碎胡萝卜	55	24	15	8	24	19	178	0.3	0.1	0.03	0.8
熟的冻胡萝卜	73	26	21	7	19	43	115	0.4	0.2	0.05	0.9
鲜整只番茄	123	26	6	14	30	11	273	0.6	0.1	0.09	0.6
罐装番茄汁	183	31	17	20	35	661	403	1.0	0.3	0.18	0.4
橘汁(解冻)	187	83	17	18	30	2	356	0.2	0.1	0.08	0.4
橘汁	131	60	52	13	18	0	237	0.1	0.1	0.06	1.2
带皮苹果	138	80	10	6	10	1	159	0.3	0.1	0.06	0.6
香蕉(去皮)	114	85	7	32	22	1	451	0.4	0.1	0.12	1.1
烤牛肉(圆听)	85	205	5	21	176	50	305	1.6	3.7	0.08	—
烤小牛肉(圆听)	85	160	6	28	234	68	389	0.9	3.0	0.13	—
烤鸡脯	85	140	13	25	194	62	218	0.9	0.8	0.04	—
烤鸡腿	85	162	10	25	156	77	206	1.1	2.4	0.07	—
煮熟鲑鱼	85	183	6	26	234	56	319	0.5	0.4	0.06	—
罐装带骨鲑鱼	85	130	203	25	277	458	231	0.9	0.9	0.07	—

注:表中矿物质组成除 Se 为 μg/份外,其余均为 mg/份。

　　碘可作为一个易变性的特殊例子来讨论。第一,食品中碘的含量依赖于地理位置。住在沿海地区的人,通过食用海产品、乳制品和蔬菜,容易从饮食中摄入较大量的碘。此外,碘还可大量通过大气转移到土壤中,动物在食用含碘量高的饲料可导致乳品中的碘含量高。第二,食品中碘的一个重要来源是碘盐,以碘化钾或碘酸盐的形式存在的碘稳定性高。第三,食品中各种形式碘的损失还没有广泛进行研究,但是,浸滤造成的损失是普遍的。例如,煮沸加工时,鱼中碘损失多达 80%,若不使用水来进行加工,则损失量较小。

8.6.4　加工过程中的损失与获取

　　在烹调或热烫过程中由于水的作用而引起的矿物质损失是不可忽视的(表8-27和表8-28)。矿物质的损失是其溶解度的函数,在某些情况下,有的矿物质含量在加工过程中可以增加(表8-29中的钙)。从人体健康以及减少金属罐的腐蚀观点出发,硝酸盐的损失可以认为是有益的。

表8-27　铬在小麦和小麦产品中的分布

产　品	相对生物价	产　品	相对生物价
麦粒	3	面包	3.6
麦胚	4	白面包	3

表 8 - 28　蛋和乳品中的矿物质分布（单位：mg/100g）

食　品	Ca	P	Mg	Na	K	Fe	Cu	Mo	Zn
全蛋	26	103	5.3	79	54	1.1	29	<20	1
蛋白	1	3	3.1	56	43	0.03	1.6	<10	0.003
蛋黄	12	43	0.7	3	15	0.36	1.7	<20	0.25
全奶	252	197	22	120	348	0.07	12	<10	1.0
脱脂奶	259	197	22	134	408	0.07	12	<10	1.1
干酪	74	159	6	444	89	<0.1	<20	<40	0.4

表 8 - 29　热烫对菠菜中矿物质损失的影响

矿物质	未热烫损失量/(g/100g)	热烫损失量/(g/100g)	损失/%
钾	6.9	3.0	56
钠	0.5	0.3	43
钙	2.2	2.3	0
镁	0.3	0.2	36
磷	0.6	0.4	36
亚硝酸盐	2.5	0.8	70

各种食品的制作方法对马铃薯中铜含量的影响见表 8 - 30。从表 8 - 31 中还能够发现水煮豆类中的一些矿物质损失稍有不同，与菠菜不同的是豆中钙的损失与其他主要矿物质的损失程度大约相当。

表 8 - 30　加工的马铃薯中的铜含量

类　型	铜/(mg/100g 新鲜质量)	类　型	铜/(mg/100g 新鲜质量)
原料	0.21±0.10	马铃薯泥	0.10
水煮	0.10	法式炸薯片	0.27
焙烤	0.18	快餐薯	0.17
油炸薯片	0.29	去皮薯	0.34

表 8 - 31　生海军豆和煮过的海军豆中矿物质的含量

矿物质	含量/(mg/100g) 生	含量/(mg/100g) 煮	损失/%
钙	135	69	49
铜	0.80	0.33	59
铁	5.3	2.6	51
镁	163	57	65
锰	1.0	0.4	60
磷	453	156	65
钾	821	298	64
锌	2.2	1.1	50

食品中的微量元素和矿物质还能够通过对加工设备,加工使用的水及包装材料的接触而得到。表 8 - 32 中列举了罐装食品中液体和固体部分中矿物质的分布以及不同包装引起微量元素和矿物质的差异。

表 8 - 32 蔬菜罐头中微量金属元素的分布

蔬 菜	罐	组 分	含量/(g/kg)		
			铝	锡	铁
绿豆	La	L	0.10	5	2.8
		S	0.7	10	4.8
菜豆	La	L	0.07	5	9.8
		S	0.15	10	26
小粒青豌豆	La	L	0.04	10	10
		S	0.55	20	12
旱芹菜心	La	L	0.13	10	4.0
		S	1.50	20	3.4
甜玉米	La	L	0.04	10	1.0
		S	0.30	20	6.4
蘑菇	P	L	0.01	15	5.1
		S	0.04	55	16

注:La 表示涂漆罐头;P 表示素铁罐头;L 表示液体;S 表示固体。

8.6.5 食品中矿物质的利用率和安全性

8.6.5.1 矿物质的利用率

营养学家提出了营养素生物利用率的概念,是指经机体摄入的营养素能够在机体代谢过程中被利用或能在体内储存的营养素的比例。对于矿物质类营养素,生物利用率主要取决于它从小肠吸收到血液中的相对剂量和速率。然而,某些被机体吸收了的营养素可能会以机体不能利用的形式存在。例如,铁能与某些物质紧密螯合在一起,即使该螯合物能被机体吸收,铁也不会被释放到细胞中与铁蛋白结合,而是以完整的螯合物形式随尿液排出体外。

不同矿物质类营养素的生物利用度差异很大,如铁元素的生物利用率不到 1%,而钠和钾的生物利用率却超过 90%。造成这种差异的原因复杂多样,因为一种营养物质的最终生物利用率取决于多种因素之间的相互作用,其中一个最重要的因素就是矿物质在小肠中的溶解度。由于不溶性化合物不能扩散到肠细胞的绒毛膜上,导致其不能被机体吸收。因此,许多增强因子或者抑制因子似乎都是通过对矿物质溶解度的影响起作用。

测定特定食品或膳食中一种元素的总量,仅能提供有限的营养价值,而测定为人体所利用的食品中这种元素的含量却具有更大的实用意义。食品中铁和铁盐的利用率不仅取决于矿物质的存在形式,而且还取决于影响它们吸收或利用的各种实验条件,测定矿物质生物利用率的方法有化学平衡法、生物测定法、体外试验和同位素示踪法。这些方法已广泛用于测定家畜饲料中矿物质的消化率。

在检测人体对矿物质利用的研究中,同位素示踪法是一种理想的方法。这种方法是在生长植物的介质中加入放射性铁,或在动物屠宰以前注射放射性示踪物质(^{55}Fe和^{59}Fe),通过生物合成制成标记食品,标记食品食用后,测定示踪物质的吸收,这称为内标法,也可用外标法研究食品中铁和锌的吸收,即将同位素加入到食品中。用外标法测定铁和锌的生物利用率也是行之有效的。铁的价态影响吸收,二价铁盐比三价铁盐易于利用。元素铁微粒的大小以及食品的类型也影响铁的吸收。人体对动物食品利用率最高,而谷物食品则最低(图 8 - 30)。另外,维生素能增强铁的吸收,磷酸盐在钙含量很低的情况下,降低铁吸收,糖也降低铁的吸收,这可能是由于含植酸盐的原因。蛋白质、氨基酸和糖类均都影响铁的利用率。

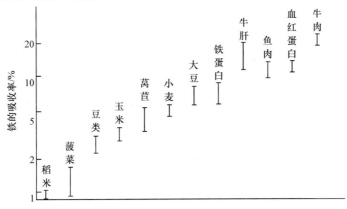

图 8 - 30　成人对各种食品中铁的吸收

结果以平均数±标准偏差表示

饮食铁的吸收与个体或生理因素有关。在缺铁者或缺铁性贫血病人群中,对铁的吸收率提高。妇女对铁的吸收比男人高,儿童随着年龄的增大铁的吸收减少。锌的利用率同样受到各种饮食和个体因素的影响。钙、锌、铁的利用率与某些食品中植酸盐(肌醇六磷酸酯)的存在紧密相关的。对动物中锌的平衡研究表明,植酸盐能降低饮食中锌的吸收和内分泌锌的重吸收,同时也发现铁、铜和锰的含量减少。另外,植酸单铁与硫酸亚铁铵具有相同的利用率,由于植酸酶在肠中分解植酸复合物使吸收情况变得更为复杂。

制订合理的、有效的食品强化计划,需要有关食物来源和膳食中矿物质利用率的完整资料,这些资料在评价替代食品和类似食品的营养性质时也是重要的。关于测定人体营养必需的各种微量元素的生物利用率,以及弄清在现代膳食中影响矿物质利用率的各种因素,都有待进一步研究。

8.6.5.2　矿物质的安全性

从营养的角度来看,有些矿物质不但没有营养价值,而且对人体健康有危害,汞和镉就属于这样的矿物质,同时,所有矿物质在超过一定量以后,对人体具有毒性。

第9章 风味化合物

9.1 概 述

风味化学通常被认为是食品化学中采用气相色谱法和快速扫描质谱法而发展起来的一门新分支。早期的经典化学方法也曾较好地应用于某些风味研究,特别是在香精油和香料提取物方面的应用。

风味是指以人口腔为主的感觉器官对食品产生的综合感觉(嗅觉、味觉、视觉、触觉)。鼻腔黏膜的嗅觉细胞对痕量挥发性气体具有察觉能力,口腔中的味蕾主要分布于舌表面的味乳头中,一小部分分布于软腭、咽喉与咽部,使人能够察觉到甜、酸、咸和苦味。三叉神经系统不但能感觉辣、冷、美味等属性,而且也能感觉由化学物质引起的而至今尚未完全清楚的风味。非化学的或间接感觉(视觉、听觉和触觉)也会影响味觉和嗅觉的感觉。

本章主要讨论产生味觉或气味反应的物质,食品体系中具有重要特征效应化合物的化学性质以及风味化合物的活性与结构关系。存在于不同食品中的风味化合物这里不详细讨论,有关食品中主要成分的风味化学,如美拉德反应所产生的风味、脂质自身氧化产生的风味、低热量甜味素与大分子结合的风味等都已在糖类和脂质物质章节中提及。

9.2 味觉和非特殊滋味感觉

9.2.1 味觉

人们对糖的代用品产生了越来越浓厚的兴趣,并希望能开发出新的甜味剂。由于苦味与甜味物质的分子结构有密切关系,因此对苦味机理的研究主要放在甜味方面。蛋白质水解物和成熟干酪中出现的苦味是令人讨厌的,这便促进了人们对肽的苦味原因的研究。由于目前国外提倡在膳食中减少钠的含量,因此,近来人们又重新对咸味机理的研究产生兴趣。

9.2.1.1 甜味物质的结构基础

在提出甜味学说以前,一般认为甜味与羟基有关,因为糖分子中含有羟基。可是这种观点不久就被否定,因为多羟基化合物的甜味相差很大。再者,许多氨基酸、某些金属盐和不含羟基的化合物,如氯仿($CHCl_3$)和糖精也有甜味。显然在甜味物质之间存在着某些共同的特性。多年来,逐渐发展成一种从物质的分子结构来阐明与甜味相关的学说,以便解释一些化合物呈现甜味的原因。

Shallenberger 曾首先提出关于风味单位的 AH/B 理论,对能引起甜味感觉的(图 9 - 1)所

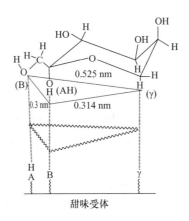

图 9-1　β-D-吡喃果糖甜味
单元中 AH/B 和 γ 位置之间的关系

有化合物都适用。最初认为,这种风味单位是由共价结合的氢键键合质子和距离质子大约 0.3 nm 的电负性轨道结合产生的。因此,化合物分子中有相邻的电负性原子是产生甜味的必需条件。同时,其中一个原子还必须具有氢键键合的质子。氧、氮、氯原子在甜味分子中可以起到这个作用,羟基氧原子可以在分子中作为 AH 或 B,如氯仿、邻磺酰苯亚胺和葡萄糖。

氯仿　　　　邻磺酰苯亚胺

葡萄糖

图 9-1 所示的是甜味单位 AH/B 的组成部分加上立体化学条件。通常将有甜味的单个分子的活性基团和味觉感受器之间的相互作用看成是 AH/B 的组成部分在味觉感受器结构上发生的氢键键合。最近,对这种学说还增加了第三个特性,以补充解释强甜味物质的作用机理。甜味分子的亲脂部分通常称为 γ,一般是亚甲基(—CH$_2$—)、甲基(—CH$_3$)或苯基(—C$_6$H$_5$),可被味觉感受器类似的亲脂部位所吸引。强甜味物质能产生完美的甜味,其立体结构的全部活性单位(AH、B 和 γ)都适合与感受器分子上的三角形结构结合,这就是目前甜味学说的理论基础。

γ 位置是强甜味物质的一个非常重要的特征,但是对糖的甜味作用是有限的。可能由于某些分子容易和味觉感受器接近而发生作用,从而影响对甜味的感受程度。用甜味单位的组成来解释不同甜味物质的甜味变化本质,不仅对确定甜味持续时间、强度或暂时甜味感觉方面是重要的,而且与辨别某些化合物的甜味和苦味之间的某些相互作用有关。

甜味-苦味糖的结构和感受器相互作用,会产生一种复合的味道感觉。尽管试验溶液的浓度低于苦味感觉的阈值,但其化学结构产生的苦味仍然可以抑制甜味。糖的苦味是由异头中心结构、环氧、己糖的伯醇基和取代成分所产生的总效应。往往糖分子的结构和立体结构的改变会导致失去甜味,或抑制甜味甚至产生苦味。

9.2.1.2　苦味物质

苦味和甜味同样依赖于分子的立体化学结构,两种感觉都受到分子特性的制约,从而使某些分子产生苦味和甜味感觉。糖分子必须含有两个可以由非极性基团补充的极性基团,而苦味分子只要求有一个极性基团和一个非极性基团。有些人认为,大多数苦味物质具有和甜味物质分子一样的 AH/B 部分和疏水基团,位于感觉器腔扁平底部的专一感觉器部位内的 AH/B 单位的取向,能够对苦味和甜味进行辨别。适合苦味化合物定位的分子,产生苦味响应;适合甜味定位的分子引起甜味响应,如果一种分子的几何形状能够在两个方位定位,那么将会引起苦味-甜味响应。这样一种模式对氨基酸显得特别正确,氨基酸 D-异构体呈甜味,而 L-异构体呈苦味。甜味感受器的疏水或 γ 位置是非方向性的亲脂性,它可能参与甜味或苦味响应。大分子有助于每个感受器腔内的感受位置的立体化学选择性。大多数有关苦味和分子结构的关系可以通过这些学说加以解释。

9.2.1.3　食品中重要的苦味化合物

苦味在食品风味中有时是需要的。由于遗传的差异,每个人对某种苦味物质的感觉能力是不一样的,而且与温度有关。一种化合物是苦味或是苦甜味,这要依个体而定。有些人对糖精感觉是纯甜味,但另一些人会认为它有微苦味或甜苦,甚至非常苦或非常甜。对许多其他化合物,也显示出个体感觉上的明显差异。苯基硫脲(PTC)是这一类苦味化合物中最明显的例子,不同的人对它的感觉就有很大差异。

苯基硫脲

肌酸是肌肉食品中的一种成分,人对肌酸也表现出类似上述的味觉灵敏度特性。正像其他苦味物质一样,肌酸分子也含有引起苦味感觉的 AH/B 部分。每克瘦肉中含肌酸达到毫克级时,则足以使人对某些肉汤感到苦味。

肌酸

奎宁是一种广泛作为苦味感觉标准的生物碱,盐酸奎宁的阈值大约是10 $\mu g/g$。一般来说,苦味物质比其他呈味物质的味觉阈值低,比其他味觉活性物质难溶于水。食品卫生法允许奎宁作为饮料添加剂,如在有酸甜味特性的软饮料中,苦味能跟其他味道调和,使这类饮料具有清凉兴奋作用。

盐酸奎宁

除某些软饮料外,苦味是饮料中的重要风味特征,其中包括咖啡、可可和茶叶等。咖啡因在水中浓度为 150~200 $\mu g/g$ 时,显中等苦味,它存在于咖啡、茶叶和可拉坚果中。可可碱(theobromine,3,7 -二甲基黄嘌呤)与咖啡因很类似,在可可中含量最多,是产生苦味的原因。可乐软饮料中添加咖啡因,浓度相当于 200 $\mu g/g$。大部分用作添加剂的咖啡因是用溶剂从生咖啡豆中提取得到的,这也是制取脱咖啡因咖啡的加工过程。

咖啡因　　　　　　　　　　　可可碱

　　酒花大量用于酿造工业,使啤酒具有特征风味。某些稀有的异戊间二烯衍生化合物产生的苦味是酒花风味的重要来源。这些物质是葎草酮或蛇麻酮的衍生物,啤酒中葎草酮(humulone)最丰富,在麦芽汁煮沸时,它通过异构化反应转变为异葎草酮(isohumulone)。反应如下:

酿造 →

葎草酮　　　　　　　　　　　　　　　　　异葎草酮

　　异葎草酮是啤酒在光照射下所产生的臭鼬鼠臭味或日晒味化合物的前体,当有酵母发酵产生的硫化氢存在时,异己烯链上与酮基邻位的碳原子发生光催化反应,生成一种带臭鼬鼠味的 3-甲基-2-丁烯-1-硫醇(异戊二烯硫醇)化合物,在预异构化的酒花提取物中酮的选择性还原可以阻止这种反应的发生,并且采用清洁的玻璃瓶包装啤酒也不会产生臭鼬鼠味或日晒味。挥发性酒花香味化合物是否在麦芽汁煮沸过程中残存,这是多年来一直争论的问题。现已完全证明,影响啤酒风味的化合物确实在麦芽汁充分煮沸过程中残存,它们连同苦味酒花物质所形成的其他化合物一起使啤酒具有香味。

　　柑橘加工产品出现过度苦味是柑橘加工业中一个较重要的问题。以葡萄柚来说,有稍许苦味是需宜的,但是新鲜的和待加工的水果,其苦味往往超过许多消费者所能接受的水平。脐橙和巴伦西亚橙的主要苦味成分是一种称为柠檬苦素的三萜系二内酯化合物(A 和 D 环),它也是葡萄柚中的一种苦味成分。在无损伤的水果中,并不存在柠檬苦素,由酶水解柠檬苦素 D 环内酯所产生的无味柠檬苦素衍生物是主要的形式(图 9-2)。果汁榨取后,酸性条件有利于封闭 D 环而形成柠檬苦素,从而推迟苦味的出现。

　　采用节杆菌属(Arthrobacter sp.)和不动细菌属(Acinetobacter sp.)的固定化酶去除橙汁苦味的方法是一种解决苦味的临时办法,因为在酸性条件下环又可以重新关闭。然而,使用柠檬苦素酸脱氢酶打开 D 环可使化合物转变成无苦味的17-脱氢柠檬苦素酸 A 环内酯(图 9-2),这是一种有效的橙汁脱苦味方法,但这种方法至今还没有用于大量生产。

　　柑橘类果实还含有多种黄酮苷,柚皮苷是葡萄柚和苦橙(Citrus aurantium)中主要的黄酮苷。柚皮苷含量高的果汁非常苦,经济价值很小(除非用大量低苦味的果汁稀释)。柚皮苷的苦味与由鼠李糖和葡萄糖之间形成的 1→2 键的分子构象有关。柚皮苷酶是从商品柑橘果胶制剂和曲霉(Aspergillus)中分离出来的,这种酶水解 1→2 键(图 9-3)生成无苦味产物。固相酶体系还扩大到对柚皮苷含量过高的葡萄柚汁的脱苦味。商业上还

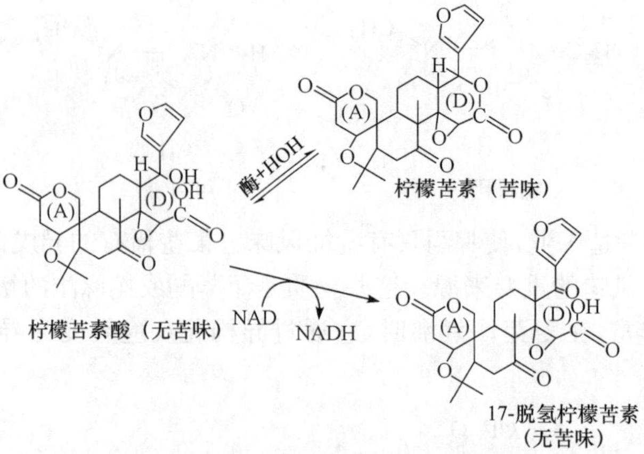

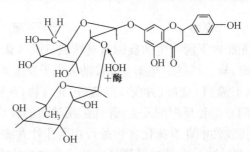

图 9 - 2　柠檬苦素结构和酶导致的无苦味衍生物反应
（分子的其余部分,包括 A 环在内仍保持不变）

从葡萄柚皮中回收柚皮苷,并应用于一些食品中以代替苦味的咖啡因。

图 9 - 3　柚皮苷生成无苦味衍生物的酶水解部位结构

　　蛋白质水解物和干酪有明显非需宜的苦味,这是肽类氨基酸侧链的总疏水性所引起的。所有肽类都含有相当数量的 AH 型极性基团,能满足极性感受器位置的要求,但各个肽链的大小和它们的疏水基团的性质极不相同,因此这些疏水基团和苦味感觉器主要疏水位置相互作用的能力也大不相同。已证明肽类的苦味可以通过计算疏水值来预测。一种蛋白质参与疏水缔合的能力与各个非极性氨基酸侧链的疏水贡献总和有关,这些相互作用主要对蛋白质伸展的吉布斯自由能产生影响。因此,根据 $\Delta G = \sum \Delta g$ 的关系,用式(9 - 1)可计算出蛋白质平均疏水值。

$$Q = \sum \Delta g / n \qquad\qquad (9 - 1)$$

式中:Δg 为每种氨基酸侧链的疏水贡献;n 为氨基酸残基数。

　　各个氨基酸的 Δg 值按溶解度数据测定得到,其结果列于表 9 - 1。Q 值大于 1400 的肽可能有苦味,低于 1300 的无苦味。肽的分子量也会影响产生苦味的能力,只有那些分子量低于 6000 的肽类才可能有苦味,而大于这个数值的肽由于几何体积大,显然不能接近感受器位置。

表 9-1　各种氨基酸的计算 Δg 值

氨基酸	Δg 值/(kJ/mol)	氨基酸	Δg 值/(kJ/mol)	氨基酸	Δg 值/(kJ/mol)
甘氨酸	0	精氨酸	3052.6	脯氨酸	10 955.8
丝氨酸	167.3	丙氨酸	3052.6	苯丙氨酸	11 081.2
苏氨酸	1839.9	蛋氨酸	5436.1	酪氨酸	12 001.2
组氨酸	2090.8	赖氨酸	6272.4	异亮氨酸	12 419.4
天冬氨酸	2258.1	缬氨酸	7066.9	色氨酸	12 544.8
谷氨酸	2299.9	亮氨酸	10 119.5		

图 9-4 表明 αs1 酪蛋白在残基 144～145 和残基 150～151 断裂得到的肽,其计算 Q 值为 2290 kcal(1 kcal＝4.186 kJ),这种肽非常苦。从 αs1 酪蛋白得到强疏水性肽,是成熟干酪中产生苦味的原因。曾有人用这种方法预测了脂质衍生物和糖类的苦味。

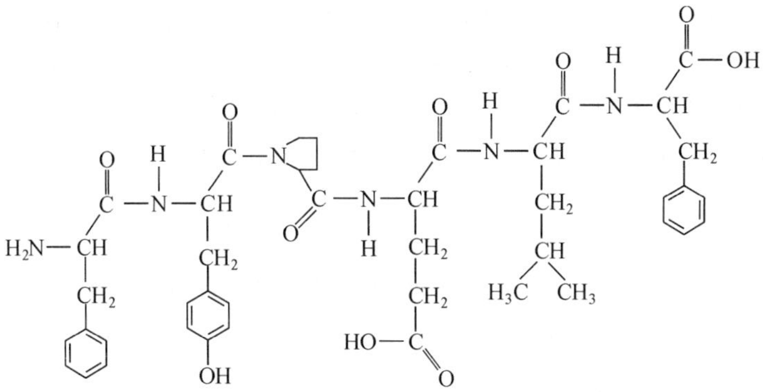

苦味肽
(phe-tyr-pro-glu-leu-phe)

图 9-4　强非极性 αs1 酪蛋白衍生物的苦味肽

羟基化脂肪酸,特别是一些羟基衍生物常带苦味,可以用分子中的碳原子数与羟基数的比值或 R 值来表示这些物质的苦味。甜化合物的 R 值是 1.00～1.99,苦味化合物为 2.00～6.99,大于 7.00 时无苦味。

盐类的苦味与盐类阴离子和阳离子的离子直径有关。离子直径小于 0.65 nm 的盐显示纯咸味(LiCl 0.498 nm,NaCl 0.556 nm,KCl 0.628 nm),因此有些人对 KCl 感到稍有苦味。随着离子直径的增大(CsCl 0.696 nm,CsI 0.774 nm),盐的苦味逐渐增强,因此氯化镁(0.860 nm)是相当苦的盐。

9.2.1.4　咸味和酸味物质

氯化钠和氯化锂是典型咸味的代表。近来一些国家主张降低膳食中食盐的量,引起人们对食品中的钠盐替换物产生兴趣,特别是用钾离子和铵离子来代替。

食品中采用的氯化钠的替换物的风味不如添加 NaCl 调味的食品风味,目前正在进一步了解咸味的机理,希望找到一种接近 NaCl 咸味的低钠产品。

从化学结构上看,阳离子产生咸味,阴离子抑制咸味。钠离子和锂离子产生咸味,钾离子和其他阳离子产生咸味和苦味。在阴离子中,氯离子对咸味抑制最小,它本身是无味的。较复杂的阴离子不但抑制阳离子的味道,而且它们本身也产生味道。长链脂肪酸或长链烷基磺酸钠盐产生的肥皂味是由阴离子所引起的,这些味道可以完全掩蔽阳离子的味道。

月桂酸钠   月桂磺酸钠

描述咸味感觉机理最满意的模式是:水合阳、阴离子复合物和 AH/B 感觉器位置之间的相互作用。这种复合物各自的结构是不相同的,水的羟基和盐的阴离子或阳离子都与感受器位置发生缔合。

同样,酸味化合物感觉也涉及 AH/B 感受器,但目前的资料还不足以确定水合氢离子(H_3O^+)、解离的无机或有机阴离子或未解离的分子在酸味反应中的作用。同一般概念相反,一种酸溶液的强度似乎不是酸味感觉的主要决定因素,而其他尚不了解的分子特性似乎是最重要的决定因素,如质量、大小和总的极性等。

9.2.2 风味增强剂

在烹调和加工食品的过程中,人们已经利用了风味增强剂,但对风味增强的机理并不清楚。风味增强剂对植物性食品、乳制品、肉禽、鱼和其他水产食品风味的作用是很显著和需宜的。人们最熟知的这类物质是 L-谷氨酸钠(MSG)、$5'$-核苷酸和 $5'$-肌苷一磷酸($5'$-IMP),但 D-谷氨酸盐和 $2'$ 或 $3'$-核糖核苷酸并不具有增强风味的活性。MSG、$5'$-IMP 和 $5'$-鸟苷一磷酸是商业上已经出售的风味增强剂,而 $5'$-黄嘌呤一磷酸和几种天然氨基酸,包括 L-鹅膏蕈氨酸(L-ibotenic acid)和 L-口蘑氨酸(L-tricholomic acid)是商业上有应用前景的产品。酵母水解物在食品中产生的很多风味,均是由于 $5'$-核糖核苷酸的存在而引起的。食品工业中大量使用的纯风味增强剂是来源于微生物,其中包括核糖核酸所产生的核苷酸。

$5'$-肌苷一磷酸($5'$-IMP)   L-谷氨酸钠(MSG)

已研究出的几种很强的增强风味的 $5'$-核糖核苷酸的人工合成衍生物,一般是嘌呤 2-位的取代物。风味强化活性主要与这些物质的感受器位点有联系,可能是共同占有专门感受甜味、酸味、咸味和苦味感觉的感受器位点。事实证明,在产生可口味道和增强风味时,MSG 和 $5'$-核糖核苷酸之间发生协同作用。这表明在活性化合物之间存在某些共同的结构特征,其作用机理有待进一步研究。

除了 5′-核糖核苷酸和 MSG 外,还有其他增强风味的化合物存在,其中麦芽酚和乙基麦芽酚是必须提到的两种化合物,因为它们已在商业上作为甜味食品和果实的风味增强剂产品出售。高浓度麦芽酚具有使人感到愉快的焦糖风味并在稀溶液中产生甜味,当使用浓度约为 550 μg/g 时,可使果汁具有温和可口、饮用舒适的感觉。麦芽酚属于一类以平面烯醇酮式存在的化合物,平面烯醇酮式优于环状二酮式,因为烯醇酮式能发生强的分子间氢键键合。

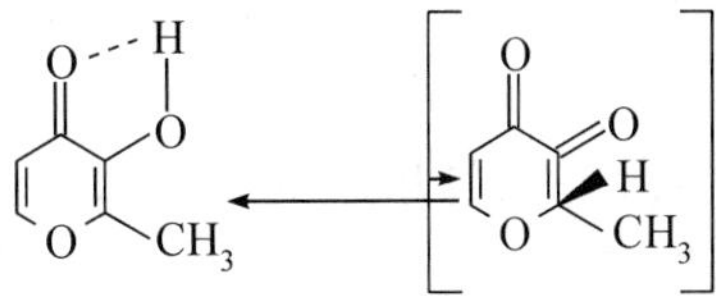

稳定的烯醇酮　　　　　　　　二酮式

麦芽酚和乙基麦芽酚(—C_2H_5 代替环上—CH_3,)两者都能适合甜味感受的 AH/B 部位(图 9-1),而乙基麦芽酚是比麦芽酚更有效的甜味增强剂,这些化合物的风味增强作用的机理目前尚不清楚。

9.2.3　涩味

涩味可使口腔有干燥感觉,同时能使口腔组织粗糙收缩。涩味通常是由单宁或多酚与唾液中的蛋白质缔合而产生沉淀或聚集体而引起的。另外,难溶解的蛋白质(如某些干奶粉中存在的蛋白质)与唾液的蛋白质和黏多糖结合也产生涩味。涩味常常与苦味混淆,这是因为许多酚或单宁都可以引起涩味和苦味感觉。

单宁(图 9-5)具有适于蛋白质疏水缔合的宽大截面,还含有许多可转变成醌结构的酚基,这些基团同样也能与蛋白质形成化学交联键,这样的交联键被认为是对涩味起作用的键。

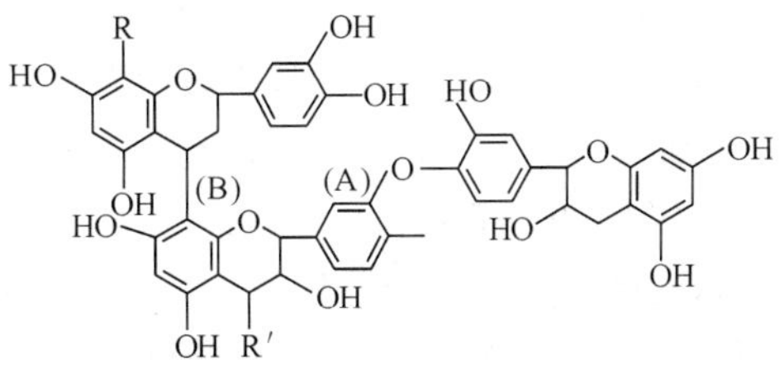

图 9-5　原花色素苷单宁结构的缩合单宁键(B)和水解单宁键(A),
以及能与蛋白质缔合引起涩味的大疏水区

涩味也是一种需宜的风味,如茶叶的涩味。如果在茶中加入牛乳或稀奶油,多酚便和牛乳蛋白质结合,使涩味去掉。红葡萄酒是涩味和苦味型饮料,这种风味是由多酚引起的。考虑到葡萄酒中涩味不宜太重,通常要设法降低多酚单宁的含量。

9.2.4 辣味

调味料和蔬菜中存在的某些化合物能引起特征的辛辣刺激感觉,这称之为辣味。虽然这些感觉和一般的化学刺激或催泪作用引起的感觉难以分开,但是这些化合物确实具有味的感觉。某些辣味成分(如红辣椒、黑胡椒和生姜中存在的)是非挥发性的,它们能作用于口腔组织。某些香调味料和蔬菜所含的辣味成分中具有微弱的挥发性,产生辣味和香味,如芥末、辣根、小萝卜、洋葱、水田芥菜和芳香调味料丁香等。所有这些调味料和蔬菜在食品中能提供特征风味,并使口味增强。在加工食品中添加少量这类物质,可以使人感到需宜的风味。

红辣椒(*Capsicum*)含有一类称为辣椒素的化合物,该物质属于不同链长($C_8 \sim C_{11}$)的不饱和一元羧酸的香草酰胺。辣椒素是这些辣味成分中的代表。人工合成的几种含有饱和直链酸成分的辣椒素化合物可代替天然辣味提取物或辣椒油。不同辣椒品种中的总辣椒素含量变化非常大。例如,红辣椒含 0.06%,红辣椒粉含 0.2%,印度的山拉姆辣椒含 0.3%,非洲的乌干达含 0.85%。甜红辣椒中辣味化合物含量很低,主要用于着色和增加菜肴的风味。红辣椒还含有挥发性芳香化合物,成为食品风味中的一部分。黑胡椒和白胡椒是由胡椒浆果加工制得,所不同的是黑胡椒由未成熟的青浆果制成,而白胡椒由成熟的浆果制成。胡椒的主要辣味成分是胡椒碱,一种酰胺。分子中不饱和结构的反式构象是强辣味所必需的,在光照和储藏时辣味会损失,这主要是由这些双键异构化作用所造成的。胡椒还含有挥发性化合物,其中 1-甲酰胡椒碱和胡椒醛(3,4-亚甲二氧基苯甲醛)为含胡椒调味料或胡椒油的食品提供风味。胡椒碱可以人工合成,并已用于食品中。

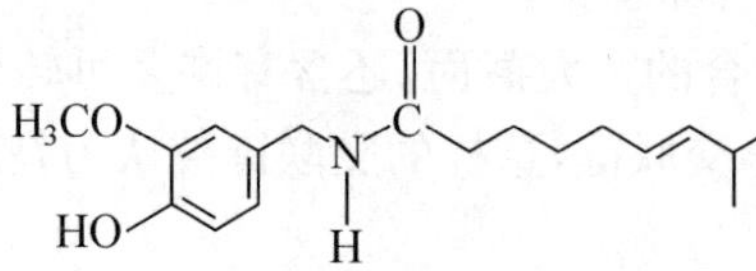

辣椒素 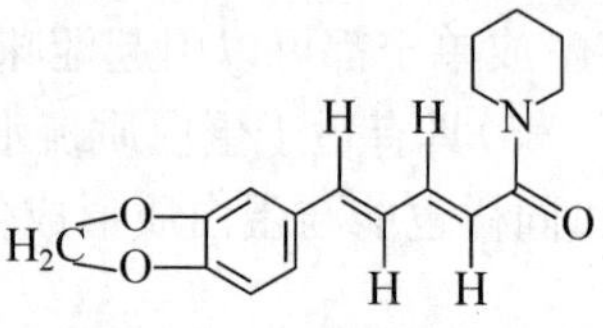　　　　　　　　　　　　　　胡椒碱

姜是一种多年生的块茎植物,含有辣味成分和某些挥发性芳香成分。新鲜生姜的辣味是由一类称为姜醇的苯烃基酮所产生的,6-姜醇是其中最有效的一种。在干燥和储存时,姜醇脱水形成一个和酮基共轭的外部双键,反应的结果是生成一种生姜酚的化合物,它比姜醇辣味更强。6-姜醇加热到高温时会导致所连接的羟基裂解成为酮基,生成甲基酮(β-3-甲氧基-4-羟苯基丁酮)、姜油酮,从而显示出温和的辣味。

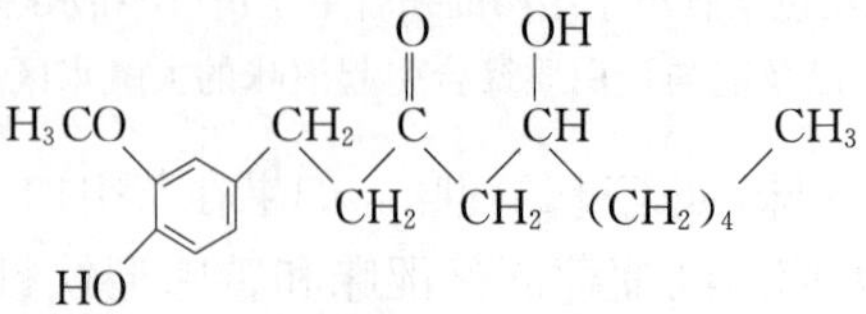

6-姜醇(6-gingerol)

9.2.5　kokumi 风味

kokumi 是继酸、甜、苦、咸、鲜 5 种基本味觉之后的第 6 种味觉,是一种令人愉快的美味,具有浓厚、扩展、持久、集中等味道,增加了味的持续性和延伸性,使食物整体的感觉更加饱满平衡。人们常将鲜味和 kokumi 味混淆,与鲜味相比,kokumi 味偏重于浓厚感、持续感和复杂感以及饱满感。此外,与酸、甜、苦、咸、鲜这些基本味不同,kokumi 物质没有具体的接收器和传导途径,且不同食物的 kokumi 成分传导途径不同。

呈味特征复杂且模糊的 kokumi 味感研究较晚,20 世纪 90 年代,日本科学家在大蒜和洋葱提取物中首先发现一些含硫化合物具有连续性、饱满感、浓厚感等呈味特性,如 S-烯丙基-半胱氨酸亚砜(蒜氨酸),(+)-S-甲基-L-半胱氨酸亚砜和 γ-L-谷氨酰基-S-烯丙基-L-半胱氨酸等,并将此风味特征定义为 kokumi。进一步研究发现,大蒜和洋葱中的 kokumi 感物质都有含硫氨基酸半胱氨酸,是引起 kokumi 感的关键物质,其原因可能是半胱氨酸侧链上的巯基在舌尖上产生轻微收敛感而增加了味觉的厚重感。

kokumi 物质在日本的研究较为广泛而深入,近年来我国 kokumi 物质风味的研究也逐渐增多。食品中的 kokumi 物质大致可以分为肽类和非肽类两大类。其中最常见的为肽类呈味物质。γ-谷胱甘肽(GSH)就是一种典型 kokumi 肽,已发展成为一种常用的食品添加剂。目前,从酒精饮料、发酵酱类、肉类和乳制品等风味食品中不断发现一些新的 kokumi 肽。例如,从成熟奶酪中鉴定出一系列具有 kokumi 味的 γ-L-谷氨酰二肽,这些肽有效地增加了奶酪口感的复杂性和连续性。赋予食品 kokumi 感的肽类多含有 Gly、Glu、Arg、Ala 和 Cys,如 γ-谷氨酰肽类以及一些低分子肽类等。随着肽链长度、氨基酸组成、种类以及排列方式不同,其在食品中的呈味作用差异较大,多数 kokumi 味较高的肽通常为分子质量小于 500 Da 的二肽或三肽。kokumi 肽与其他成味物质还具有协同作用,可显著增强混合溶液的口感、复杂性和持续性。且 kokumi 肽的强度与 pH 有关,pH 在中性时,kokumi 肽的厚重感强度最高,这可能与肽的结构有关,肽含有氨基和羧基两亲性基团,在中性 pH 附近有较强的缓冲能力,而肽的厚重感与肽的缓冲作用相关。非肽类 kokumi 感物质除了洋葱、大蒜中的含硫化合物、植物甾醇类之外,还在鱼肉、鳄梨中发现肌酸酐、肌氨酸,以及一些烃类也具有 kokumi 风味特性。

9.2.6　清凉风味

当某些化学物质接触鼻腔或口腔组织刺激专门的味感受器时,会产生清凉感觉,效果很类似薄荷、留兰香卷(叶)薄荷和冬青油等薄荷风味。虽然许多化合物都能引起这种感觉,但以天然形式(L-异构体)存在的(一)-薄荷醇是最常用的,对此芳香成分总的感觉还是樟脑味。樟脑除产生清凉感觉外,还具有一种由(d)-樟脑产生的特有樟脑气味。与薄荷有关的化合物所产生的清凉作用和结晶多元醇甜味剂(如木糖醇)所产生的凉味机理有稍许不同,后者一般认为是物质吸热溶解所引起的。

(−)-薄荷醇[(−)-menthol]　　　(d)-樟脑[(d)-camphor]

9.3　蔬菜、水果和调味料风味

9.3.1　葱属类中的含硫挥发物

葱属类植物以具有强扩散香气为特征。主要种类有葱头、大蒜、韭葱、细香葱和青葱。在这些植物组织受到破碎和酶作用时,它们才有强烈的特征香味,这说明风味前体可以转化为香味挥发物。在葱头中,引起这种风味和香味化合物的前体是 S-(1-丙烯基)-L-半胱氨酸亚砜,韭葱中也有这种前体存在。用蒜氨酸酶可迅速水解前体,产生一种假的次磺酸中间体以及氨和丙酮酸盐(图 9-6),次磺酸再重排即生成催泪物硫代丙醛-S-氧化物,呈现出洋葱风味。酶水解前体化合物时生成的丙酮酸是一种性质稳定的产物,形成葱头加工产品的风味。不稳定的次磺酸还可以重排和分解成大量的硫醇、二硫化物、三硫化物和噻吩等化合物。这些化合物对熟葱头风味也起到有利作用。

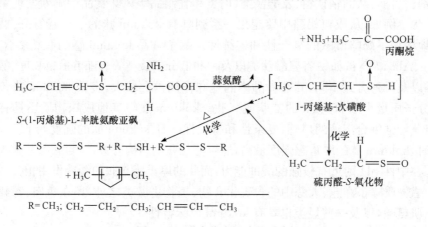

图 9-6　形成葱头风味的反应

大蒜的风味形成一般与葱头风味形成机理相同。除前体 S-(2-丙烯基)-L-半胱氨酸亚砜外,二烯丙基硫代亚磺酸盐(蒜素)(图 9-7)使鲜大蒜呈现特有风味,而不能形成葱头中具有催泪作用的 S 氧化物。大蒜中的硫代亚磺酸盐风味化合物的分解和重排几乎与葱头中化合物的分解和重排(图 9-6)相同,生成的甲基丙烯基和二烯丙基二硫化物,使蒜油和熟大蒜产生风味。

9.3.2　十字花科中的含硫挥发物

十字花科植物,如甘蓝(*Brassica oleracea*)、龙眼包心菜(*Brassica oleracea* L.)、芜菁(*Brassica rapa*)、黑芥子(*Brassica juncea*)、水田芥菜(*Nasrurtium officinake*)、小萝卜

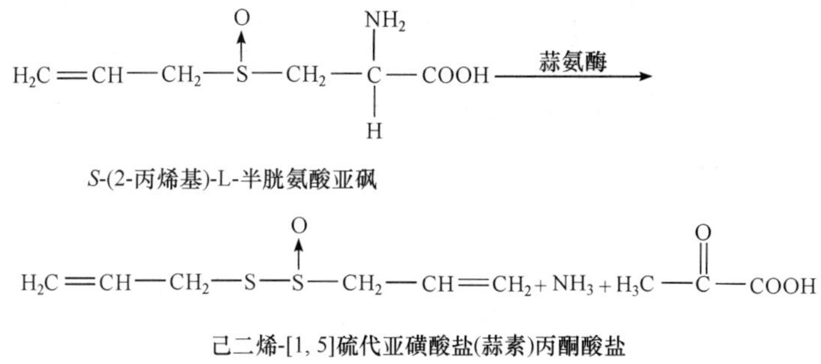

$$H_2C=CH-CH_2-\overset{\overset{\displaystyle O}{\uparrow}}{S}-CH_2-\overset{\overset{\displaystyle NH_2}{|}}{\underset{\underset{\displaystyle H}{|}}{C}}-COOH \xrightarrow{\text{蒜氨酶}}$$

S-(2-丙烯基)-L-半胱氨酸亚砜

$$H_2C=CH-CH_2-\overset{\overset{\displaystyle O}{\uparrow}}{S}-S-CH_2-CH=CH_2+NH_3+H_3C-\overset{\overset{\displaystyle O}{\parallel}}{C}-COOH$$

己二烯-[1, 5]硫代亚磺酸盐(蒜素)丙酮酸盐

图 9-7　鲜大蒜中主要风味化合物

(*Raphanus sativus*)和辣根(*Armoracia lapathifolia*)中的活性辣味成分也是挥发性物质,具有特征风味。辣味常常是刺激感觉,刺激鼻腔和催泪。在这种食物组织破碎以及烹煮时作用更加明显。这种食物组织的风味主要是硫葡糖苷酶作用于硫葡糖苷前体所产生的异硫氰酸酯所引起的(图 9-8)。

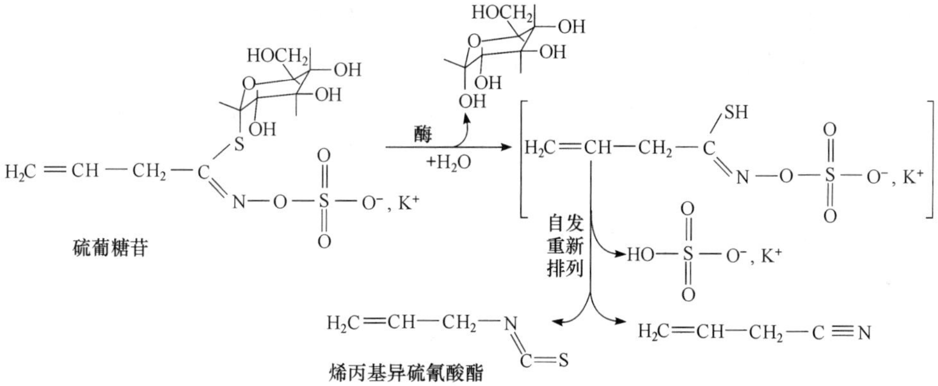

图 9-8　十字花科植物风味的形成过程

十字花科植物中存在多种其他硫葡糖苷,都产生特征风味。小萝卜中的轻度辣味是由香味化合物 4-甲硫基-3-叔丁烯基异硫氰酸酯产生的。除异硫氰酸酯外,硫葡糖苷还产生硫氰酸酯(R—S≡C≡N)和腈(图 9-8),辣根、黑芥末、甘蓝和龙眼包心菜含有烯丙基异硫氰酸酯和烯丙基腈,各种物质浓度的高低随生长期、可食用的部位和加工条件不同而有所不同。在温度比室温高很多时,加工(烹煮和脱水)往往会破坏异硫氰酸酯,提高腈含量并促进其他含硫化合物的降解和重排。几种芳香异硫氰酸酯存在于十字花科植物中,如 2-苯乙基异硫氰酸酯是水田芥菜中一种主要香味化合物。这种化合物能使人产生一种兴奋的辣味感觉。

9.3.3　香菇类蘑菇中特有的硫化物

香菇(*Letinus edodes*)中已发现一种罕见的 C-S 裂解酶体系。提供风味的香菇多糖酸(lentine acid)前体是一个结合成 γ-谷氨酰胺肽的 S-取代 L-半胱氨酸亚砜。在风味形成过程,首先是酶水解 γ-谷氨酰胺肽键释放出半胱氨酸亚砜前体(蘑菇糖酸),然后蘑菇糖酸受到 S-烷基-L-半胱氨酸亚砜裂解酶作用,生成具有活性的风味化合物蘑菇香精(lenthionine)(图 9-9),这些反应只有在植物组织破坏后才发生,而风味是在干燥和复水或新鲜组织短时间浸渍时出现的。除蘑菇香精外,还生成聚噻嗯烷,但风味主要是由蘑菇香精产生的。

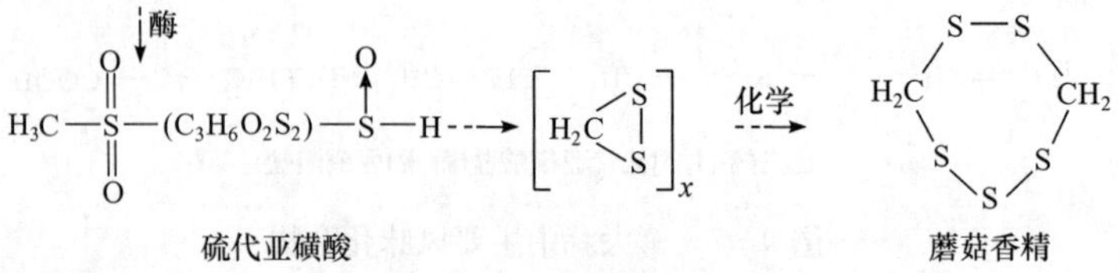

图 9-9　香菇型蘑菇中的蘑菇香精的形成

9.3.4　蔬菜中的甲氧基烷基吡嗪挥发物

许多新鲜蔬菜可以散发出清香——泥土香味,这种香味对识别它们是否新鲜有很大的作用。甲氧基烷基吡嗪类化合物使蔬菜散发出芬芳的香味,如 2-甲氧基-3-异丁基吡嗪,它可产生一种很强的甜柿子椒香味,其可感觉出的阈值水平是 0.0002 ng/g。生马铃薯、青豌豆和豌豆荚的大部分香味是由 2-甲氧基-3-异丙基吡嗪产生的,2-甲氧基-3-仲丁基吡嗪是红甜菜根的香味物质。这些化合物是植物体内生物合成的,某些微生物菌株(如 *Pseudomonas perolens*、*Pseudomonas tetrolens*)也能合成这些特征性物质,图 9-10 表示酶作用形成甲氧基烷基吡嗪的反应机理。

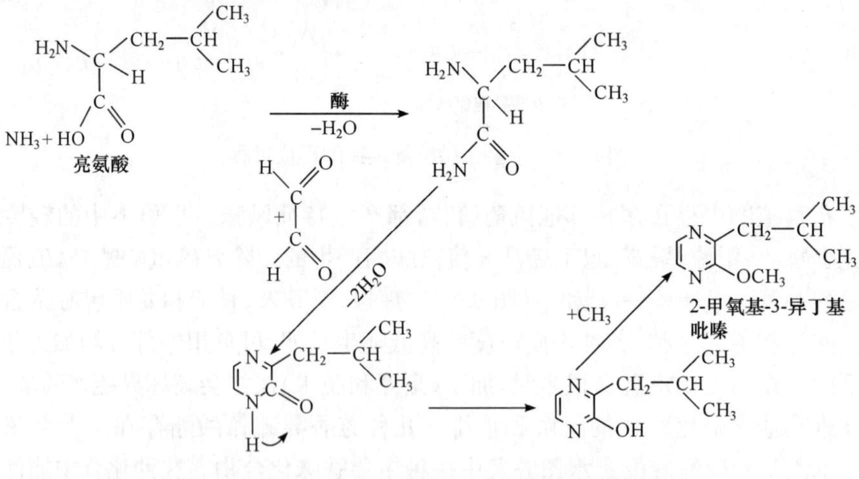

图 9-10　酶作用形成甲氧基烷基吡嗪的途径

9.3.5　脂肪酸的酶作用产生的挥发物

9.3.5.1　植物中脂肪氧合酶产生的风味

在植物组织中,由酶诱导的不饱和脂肪酸氧化和分解产生的特征香味,与某些水果的成熟和植物组织破坏有关。这与脂质化合物自动氧化形成风味化合物不同。由这种酶作用所产生的化合物可显示特殊风味(图 9－11)。脂肪酸专一性氢过氧化作用所产生的 2－反－己烯醛和 2－反－6－顺壬二烯醛受脂肪氧合酶的催化，而脂肪酸分子裂解还生成含氧酸，含氧酸不会影响风味。由于发生连续反应，所以香味随时间而变化。例如，脂肪氧合酶所产生的醛和酮转换成相应的醇时(图9－12)，通常比母体羰基化合物有更高的感觉阈值，而且香味更浓。通常 C_6 化合物产生像刚割的青草植物一样的香味，C_9 化合物类似黄瓜和西瓜香味，C_8 化合物类似蘑菇或紫罗兰或志鹳草叶的气味。这种 C_6 和 C_9 化合物是伯醇和醛，C_8 化合物为仲醇和酮。

2－反－己烯醛　　2－反－6－顺－壬二烯醛

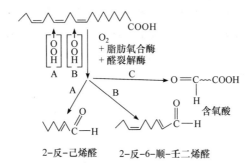

图 9－11　亚麻酸在脂肪氧合酶作用下形成醛的反应

A. 新鲜番茄中的主要形式；B. 黄瓜中的主要形式

2-*t*-6-*C*-壬二烯醛　　2-*t*-6-*C*-壬二烯醇

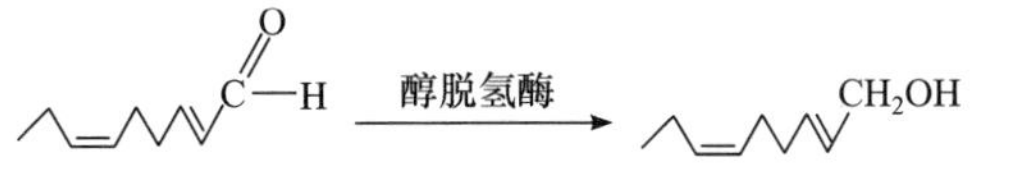

图 9－12　黄瓜和甜瓜中的醛转化为醇引起的微妙风味变化

9.3.5.2　长链脂肪酸 β-氧化作用产生的挥发物

成熟的梨、桃、杏和其他水果散发出一种令人愉快的香味，一般是由长链脂肪酸的 β－氧化生成的中等链长($C_8 \sim C_{12}$)挥发物引起的。图 9－13 说明了用这种方法生成的癸二烯－2－反－4－顺－酰乙酯反应，但没有表明过程中含氧酸($C_8 \sim C_{12}$)的生成及含氧酸环化产生的 γ－和 δ－内酯。乳脂降解时，也会出现类似的反应。$C_8 \sim C_{12}$ 内酯化合物具有类似椰子、桃的香味。

癸二烯-2-反-4-顺-酰乙酯
(梨)

图 9－13　梨中亚油酸 β-氧化后酯化生成的主要风味物质

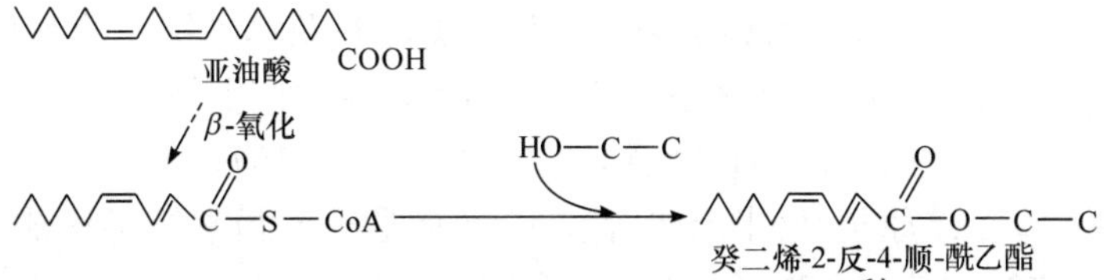

9.3.6 支链氨基酸产生的挥发物

支链氨基酸与某些果实成熟有关,产生重要的风味前体,香蕉和苹果是这种过程的典型例子。这些果实的成熟风味大多是由氨基酸挥发物引起的,这种风味形成过程的最初反应称为酶催化斯特雷克尔降解反应,因为出现的氨基酸转移和脱羧基作用与非酶褐变发生的反应相似。包括酵母和产生啤酒风味的乳酸链球菌株(*Streptoccus lactis*)在内的若干种微生物,也能按类似于图 9-14 表示的形式改变大多数氨基酸。植物还可以从氨基酸(除亮氨酸外)中产生类似的衍生物 2-苯乙醇,它具有玫瑰或丁香花香味。虽然这些反应生成的醛、醇和酸直接赋予成熟果实风味,但酯类也是起决定性的特征效应化合物。很早就知道,乙酸异戊酯在香蕉风味中起重要作用,但还需其他化合物才能产生完美的香蕉风味。2-甲基丁酸乙酯比 3-甲基丁酸乙酯(图 9-14)更像苹果的风味,前者是成熟的红香蕉苹果香味的主要成分。

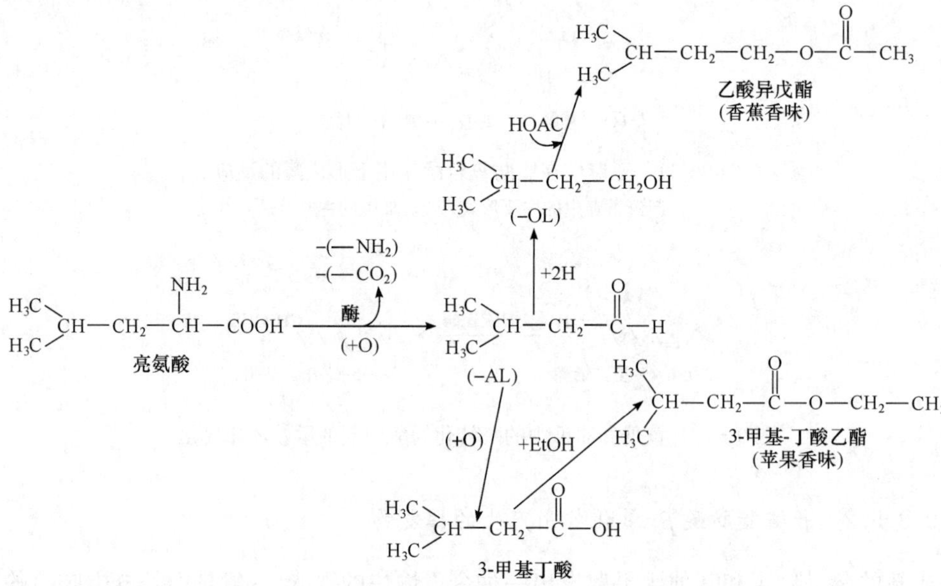

图 9-14 后熟果实中酶转化亮氨酸成为香味化合物

9.3.7 挥发性萜类化合物的风味

植物中含有丰富的萜烯,可以用于香精和香料工业。人们往往对萜烯提供风味的重要性估计过低,而实际上它们大多对柑橘果实和许多调味料及草本植物的香味有很大作用。在许多果实中,萜烯的浓度低,生胡萝卜风味大部分是由萜烯产生的。

萜烯是由异戊间二烯化合物通过生物途径合成(图 9-15)。

单萜烯含有 10 个碳原子,倍半萜烯含有 15 个碳原子。虽然萜烯构成一些天然风味挥发物中的某些支链烷基化合物,但它们也可以转化成芳香化的环状化合物。异丙苯醛(1-甲酰-4-异丙基苯)是枯茗香料中一种特征性的化合物,它属于萜烯芳香衍生物。香精油或含萜烯的香味提取物可用硅胶柱色谱法分离,分离成不含氧烃和含氧烃两个部分。

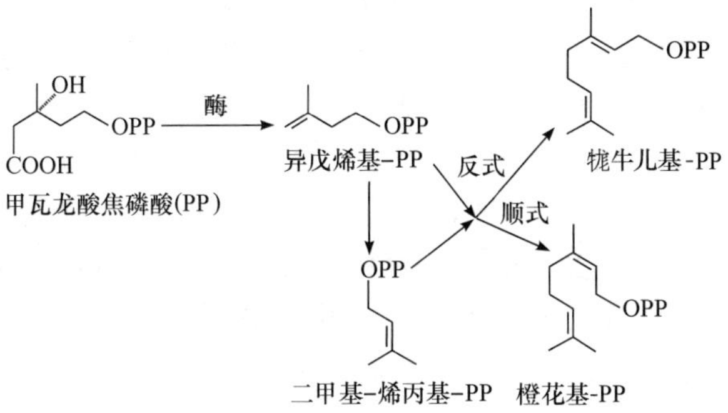

图 9-15　异戊间二烯化合物生物合成单萜烯

含氧萜烯通常比不含氧的萜烯产生更需宜的风味,因此前者用于食品时其风味更受人们欢迎。

萜烯往往具有很强的特征效应,因此对天然产物香味的识别有丰富经验的人不难鉴别它们。例如,单萜烯、柠檬醛和苧烯分别具有柠檬和酸橙特有的香味。

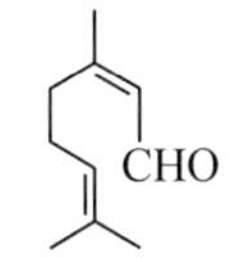

柠檬醛(柠檬) 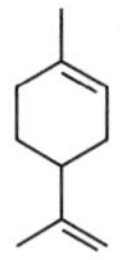　　　　苧烯(酸橙)

萜烯对映异构物具有很不同的气味特征,L-香芹酮[(4R)-(-)-香芹酮]具有强烈的留兰香特征香味,而(d)-香芹酮[(4S)-(＋)-香芹酮]具有芷茴香香料(调味料)的特征香味。

倍半萜烯也是重要的特征香味化合物,β-二甲基亚甲基十二碳三烯醛和诺卡酮属于这类化合物,分别使橙和葡萄柚有特征风味。二萜烯(C_{20})分子太大且不挥发,因此不能直接产生香味。

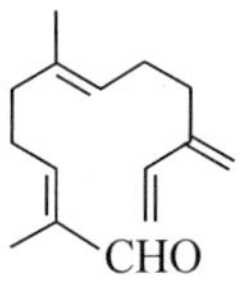

β-二甲基亚甲基十二碳三烯醛（橙） 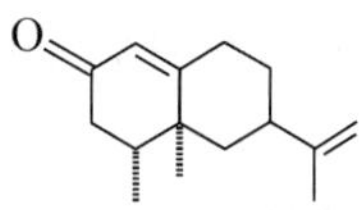　　　诺卡酮（葡萄柚）

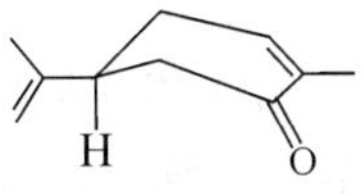

(4S)-(+)-香芹酮（芷茴香）　　　(4R)-(-)-香芹酮（留兰香）

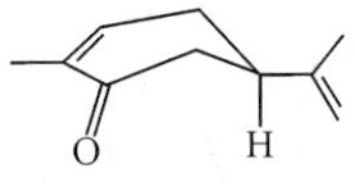

9.3.8　莽草酸合成途径中产生的风味

在莽草酸合成途径中能产生与莽草酸有关的芳香化合物,如苯丙氨酸和其他芳香氨基酸。除了芳香氨基酸产生风味化合物外,莽草酸还产生与香精油有关的其他挥发性化合物(图9-16)。同时还为木质素聚合物提供苯基丙醇化合物。木质素在高温热解时,生成许多酚类化合物,用于产生食品烟熏的特殊香味,这些香味多是由莽草酸途径前体形成的化合物引起的。从图9-16中还可明显看出,香草提取物中最重要的特征化合物香草醛,在自然界可以经过莽草酸途径或处理木料浆料和纸加工中的副产品得到。本章中讨论过的生姜、胡椒和辣椒的辣味成分中的甲氧基芳香环也具有图9-16中所示的那些化合物的主要特征。肉桂醇是桂皮香料中的一种重要香气成分,丁香中的丁子香酚是主要的香味和辣味成分。

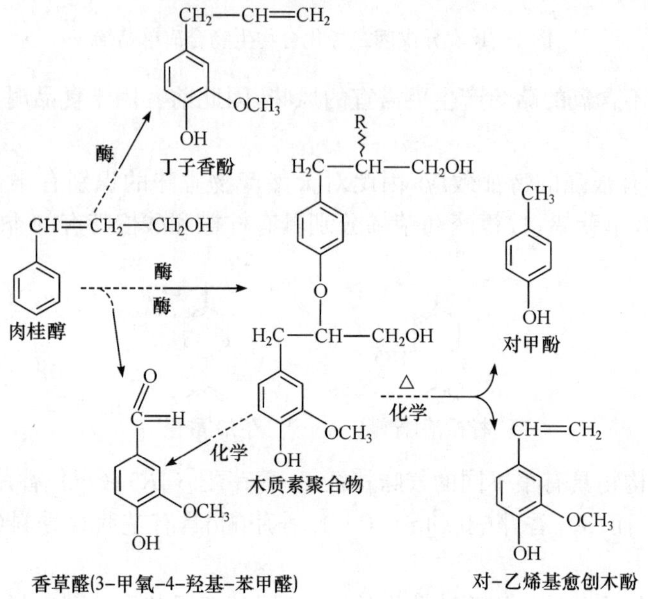

图9-16 莽草酸途径的前体物产生的某些重要风味化合物

9.3.9 柑橘类风味

许多受欢迎的新鲜水果和饮料中都有柑橘风味。关于天然柑橘风味的化学知识大多来源于对加工果汁、果皮香精油、香精油及添加饮料中的含水香精等的研究。萜烯、醛、酯、乙醇和已鉴定的不同柑橘提取物中大量挥发性物质是形成柑橘风味最主要的成分。但是柑橘类水果中具有特征效应的化合物却相对较少,在一些主要柑橘类水果中起重要作用的风味成分见表9-2。橘子和橙子的风味很宜人,但极易变味。由表9-2可以看出,虽然其他风味物质大量存在,但含量相对较少的萜烯和醛却是形成这些风味所必需的化合物。橘子和橙子中均有α-和β-二甲基亚甲基十二碳三烯醛,其中α-二甲基亚甲基十二碳三烯醛是橙子呈现成熟橘子风味的最重要风味物质。葡萄柚中含有诺卡酮和1-对薄荷烯-8-硫醇两种特征风味物,后者是影响柑橘风味的含硫化合物之一,诺卡酮已广泛用于葡萄柚风味的人工合成。

表 9-2　柑橘风味中起重要作用的挥发性化合物

橙　子	橘　子	葡萄柚	柠　檬
乙醛	乙醛	乙醛	乙醛
辛醛	辛醛	癸醛	香叶醛
壬醛	癸醛	乙酸乙酯	β-蒎烯
柠檬醛	α-甜橙醛	丁酸甲酯	牻牛儿萜醇
丁酸乙酯	γ-萜品烯	丁酸乙酯	乙酸牻牛儿酯
(d)-苧烯	β-蒎烯	(d)-苧烯	乙酸橙花酯
α-蒎烯	麝香草酚	诺卡酮	香柠檬烯
	甲基-N-氨茴酸甲酯	1-对薄荷烯-8-硫醇	丁子香烯
			香芹乙醚
			里哪基乙醚
			小茴香乙醚
			表茉莉酮酸甲酯

柠檬风味是大量重要成分共同作用产生的,尤其是几种萜烯醚的作用。同样,莱姆酸橙也含有很多产生风味的挥发性物质,并有两种莱姆酸橙香精油得到广泛应用,其中由蒸馏提取的墨西哥莱姆酸橙油,因具有较强的莱姆酸橙油风味而大量用于莱姆酸橙柠檬汽水和可乐饮料。冷榨处理的波斯莱姆酸橙油和离心处理的墨西哥莱姆酸橙油因其天然风味越来越受到欢迎。同蒸馏法相比,冷榨和离心处理过程较温和,从而保留了易于感受的重要新鲜莱姆酸橙风味物质,这些宜人的清新香气化合物(如柠檬醛),在酸性条件下蒸馏时会降解生成具有刺鼻气味的对伞花烯和 α-对-二甲基苯乙烯,从而使蒸馏得到的莱姆酸橙油有较强的刺鼻气味。

含有萜烯的柑橘香精油和风味提取物可通过硅酸色谱柱及极性和非极性溶剂洗脱后分离成无氧和含氧化合物两个部分,橙油中得到的无萜橙油主要含有氧化萜烯、乙醇和醛,与无氧化合物部分相比,风味中的含氧化合物部分更重要。

9.3.10　草本香料和调味料风味

尽管国内、国际标准协会和工业标准协会关于草本香料和调味料的定义有所不同,但都被当作调味料和辛辣调味品,即作为风味调料、调味品和增加食品香味的天然蔬菜产品。美国食品药物管理局并没有把葱蒜味的产品(如洋葱、大蒜)作为调味料,但是国际上和工业中关于调料的分类一般都包括此类物质。辛辣调味料曾被定义为增加食品风味的物质或辛辣调味品,但该定义对于芳香植物材料并没有提出一个该分类体系的依据,因此有些情况下仍保留此说法。在植物学的基本分类体系中,将适于烹调的草本香料同调味料划分开,包括芳香的软茎植物,如甘牛茎、迷迭香、麝香、罗勒、薄荷和芳香的灌木(鼠尾草)和树(月桂树)。按此分类,调味料包括所有能作食品调味和增加食品风味的芳香植物材料。调味料一般没有叶绿素,包括根茎或块茎植物(姜)、树枝(肉桂)、花蕾(丁香)、果实(莳萝、胡椒)和种子(肉豆蔻、芥子)。

调味料和草本香料可用于增加料味、烟熏味和辛辣滋味及赋予食品和饮料特有的风味。这些物质中有的已广泛用于医药和化妆品,其中有许多物质表现出抗氧化和抑菌作用。虽然全世界有许多草本香料和调味料,但仅有70多种被认为是食品中有用的成分。因为调味料的风味特征随其产地及遗传性的改变而变化,因此,这类调味料可赋予食品多种风味。这里仅讨论食品工业中广泛应用的草本香料和调味料。

调味料一般来自热带植物,而草本香料主要来自亚热带或非热带植物。调味料还包括来自莽草酸途径的高浓度苯丙酚(如丁香中的丁香酚),草本香料包括由萜烯生物合成的高浓度对薄荷醇(p-menthaniod)(如胡椒薄荷醇)。

丁香酚　　　　　　薄荷醇

调味料和草本香料中含有大量的挥发性化合物,但大多数情况下,这些能提供特征风味和香味化合物的含量很丰富,但有的含量也极低。表9-3和表9-4中列出了应用于食品工业的草本香料和调味料中的重要风味化合物。

表9-3　应用于食品工业的草本香料中最重要的风味化合物

草本香料	植物部分来源	重要的风味化合物
罗勒,甜味剂	叶	甲基-对烯丙基苯酚,沉香醇,甲基丁子香酚
月桂	叶	1,8-桉树脑
马郁兰	叶,花	顺/反-桧烯水合物,萜-4-醇
甘牛茎	叶	香芹酚,麝香草酚
迷迭香	叶	马鞭草烷酮,1,8-桉树脑,樟脑,沉香醇
鼠尾草,番月参	叶	鼠尾草-4(14)-烯-1-酮,沉香醇
鼠尾草(产于达尔马提亚)	叶	苧酮,1,8-桉树脑,樟脑
鼠尾草(产于西班牙)	叶	顺/反-乙酸桧酯,1,8-桉树脑,樟脑
香草薄荷	叶	香芹酚
龙蒿	叶	甲基佳味酚,茴香脑
麝香	叶	麝香草酚,香芹酚
胡椒薄荷	叶	1-薄荷醇,薄荷酮,薄荷呋喃
绿薄荷	叶	1-香芹酮及其衍生物

表 9 – 4　应用于食品工业的调味料中的主要风味化合物

调味料	植物部分来源	主要风味化合物
甘椒	浆果,叶	丁子香酚,β-丁子香烯
茴香芹	果实	(E)-茴香脑,甲基莠叶酚
辣椒	果实	辣椒素,二氢辣椒素
藏茴香或贡蒿	果实	(d)-香芹酮,香芹酮衍生物
小豆蔻	果实	α-萜乙酯,1,8-桉树脑,沉香醇
肉桂,中国肉桂	皮,叶	肉桂醛,丁香酚
丁香	花蕾	丁香酚,丁子香乙酯
芫荽	果实	(d)-沉香醇,$C_{10}\sim C_{14}$ 2-烯缩醛
枯茗	果实	枯茗醛,p-1,3-肉豆蔻二缩醛
小茴香	果实,叶	(d)-香芹酮
茴香	茴香	(E)-茴香脑,小茴香酮
姜	根茎	橙花醛,萜醛,姜醇,生姜酚
肉豆蔻种衣	假种皮	桧烯,α-蒎烯,1-萜-4-醇
芥子	种子	烯丙基异硫氰酸盐
肉豆蔻	种子	桧萜(sabinine),α-蒎烯,肉豆蔻醚
荷兰芹	叶,种子	芹菜脑
辣椒	果实	胡椒碱,δ-3-蒈烯,β-胡萝卜菲烯
番红花	眼点(柱头)	藏红花醛
姜黄	根茎	姜黄酮,1,8-桉树脑,姜烯
香草	果实,种子	香草醛,对-羟基苄甲醚

9.4　乳酸-乙醇发酵中的风味

　　微生物产生的风味是很广泛的,但对它们在发酵风味化学中的特殊作用并不完全了解。在干酪中,甲基甲酮和仲醇可使蓝霉干酪具有特征风味,某些硫化物可使表面成熟干酪具有适宜的风味性质。在干酪中由微生物产生的特征风味化合物一般不能归入"特征效应"化合物。虽然酵母发酵广泛地用于啤酒、葡萄酒、乙醇和酵母发酵面包,但并不能产生强烈的特征效应风味化合物,然而在酒精饮料中的乙醇可以认为是具有特征效应的物质。

　　异质发酵的乳酸细菌(如明串珠球菌属)的主要发酵产物中(图 9–17),乙酸、丁二酮和乙醛的混合物为发酵奶油和乳酪提供大部分特征香味。同质发酵的乳酸菌(如链球乳酸菌)仅产生乳酸、乙醛和乙醇。乙醛是酸牛乳同质发酵过程中产生的"特征效应"化合物,丁二酮是大多数混合菌株乳汁发酵中的"特征效应"香味化合物,一般称为乳品或奶油型增香剂;乳酸为加工或发酵的乳制品提供酸味。尽管 3-羟基丁酮基本上无气味,但它可以氧化成丁二酮。

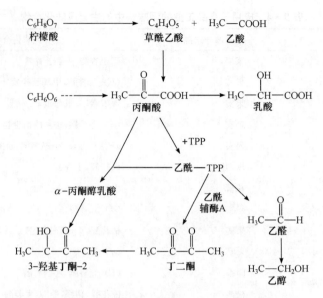

图 9-17 乳酸菌异质发酵代谢产生的主要挥发性产物

乳酸菌产生极少量的乙醇(百万分之几),它们以丙酮酸作为代谢的主要最终 H 受体,但酵母产生的乙醇是代谢中的主要最终产物。乳酸链球菌啤酒株和所有啤酒酵母(Saccharomyces cerevisiae、Saccharomyces carlsbergensis)同样也可以通过转氨和脱羧使氨基酸转变为挥发性化合物(图 9-18)。虽然某些被氧化的化合物(醛和酸)也可以出现,但这些有机体主要生成还原形式的衍生物(醇类)。葡萄酒和啤酒的风味可直接归于发酵作用,它们的风味物质是这些挥发物质及其与乙醇相互作用形成的混合酯和缩醛,这些混合物产生发酵饮料中的酵母风味和水果味道。

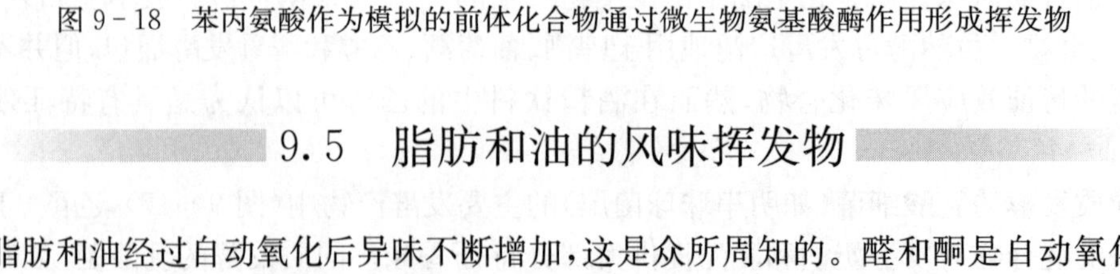

图 9-18 苯丙氨酸作为模拟的前体化合物通过微生物氨基酸酶作用形成挥发物

9.5 脂肪和油的风味挥发物

脂肪和油经过自动氧化后异味不断增加,这是众所周知的。醛和酮是自动氧化的主要挥发物,当食品中这些化合物的浓度足够高时,产生油漆、脂肪、金属、纸和蜡的味道。在烹调和加工食品中,当这些化合物浓度适合时,则产生需宜的风味。

9.5.1 脂肪和油水解产生的风味

植物甘油酯和动物储存的脂肪水解,主要产生肥皂味的脂肪酸。另外,乳脂能产生多种挥发性化合物(图 9-19),影响乳制品的风味。偶数碳短链脂肪酸($C_4 \sim C_{12}$)在干酪和其他乳制品中可产生非常重要的风味,其中丁酸是最主要的。羟基脂肪酸水解可形成焙烤食品中类似水果风味的内酯,但会引起储藏和灭菌的炼乳变味。β-酮酸水解后加热生成甲基酮,使乳制品的风味几乎与内酯相同。

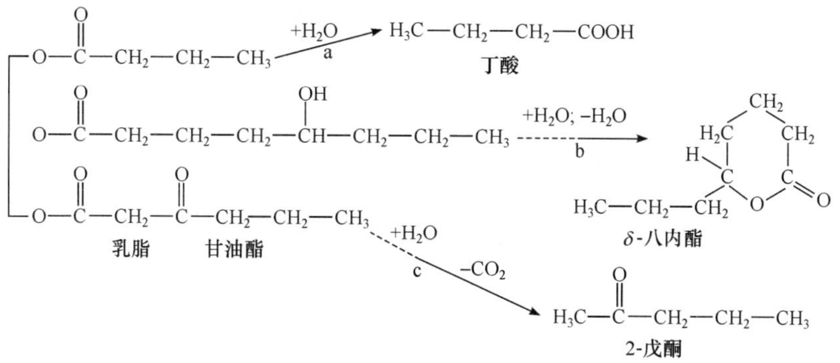

图 9-19 三酰基甘油水解裂解对乳脂中挥发性风味化合物生成的影响

脂肪水解(除乳脂外)不能产生上述特征风味,但是动物脂肪具有肉的特征风味。

9.5.2 长链多不饱和脂肪酸的特征风味

采用动物脂肪(如猪油、牛油)加工的食品比采用植物油脂具有更好的风味,这可能是由于其脂肪酸组成以及溶解在脂肪酸中的化合物不同。

陆地上的植物性食用油脂目前仅发现含有 C_{18}(主要是 18:2:ω6 和 18:3:ω3)或链更短得多的多不饱和脂肪酸。尽管动物性脂肪及其产品含有大量与植物性油脂相似的多不饱和脂肪酸,但它们还含有大量的长链多不饱和脂肪酸,如花生四烯酸(20:4:ω6)。近期的研究发现,主要的呈味氧化产物是由花生四烯酸生成的。这些研究为探明动物和植物油脂在风味化学上的差异提供了一定的思路。氧化花生四烯酸可以产生特征性的、令人不愉快的未煮熟家禽或动物的气味,这些气味主要是由反,顺,顺-2,4,7-十三碳四烯醛产生的(图 9-20)。由于花生四烯酸氧化产物的气味强烈而明显,它可能是"许多白肉吃起来像鸡肉"这个现象的特征化合物。

动物脂肪也含有 ω3 长链多不饱和脂肪酸,但含量较低,不过鱼油中含有相当多的这类脂肪酸,包括二十二碳六烯酸(22:6:ω3,DHA)和二十碳五烯酸(20:5:ω3,EPA)。它们氧化后都会产生各种产物,如反,顺,顺-2,4,7-癸三烯醛,可产生强烈的类似氧化鳕鱼肝油或者不新鲜鱼的味道(图 9-20)。在过高的浓度下,反,顺,顺-2,4,7-癸三烯醛可产生非常难以接受的鱼的味道,但若在可接受的浓度,它可赋予鱼和海产品典型的风味特征。因此,ω3 长链多不饱和脂肪酸的氧化产物为水生和陆生动物食品之间的风味辨别提供了一定的化学基础。此外,ω3 长链多不饱和脂肪酸也有可能会导致植物和动物油脂之

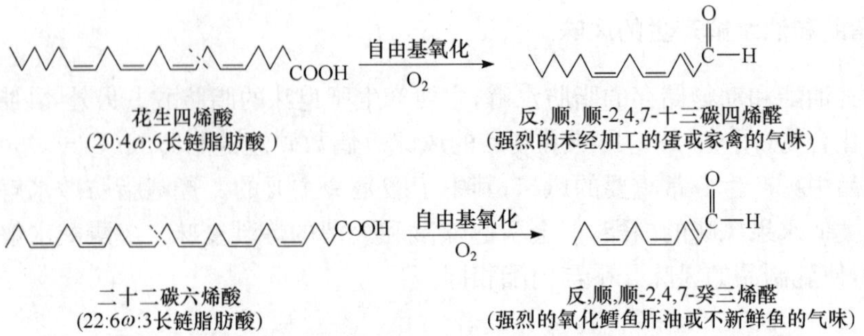

图 9-20　长链不饱和脂肪酸的特征挥发性风味物质的形成

间的风味差异。因此,随着商业藻类的培植和基因工程的发展,辨别植物和动物油脂之间风味特征的传统方法将被取代。

9.6　肉品的风味挥发物

肉的风味引起人们很大的注意,尽管进行了大量的研究,但是对各种肉中引起强"特殊效应"的风味化合物的了解还是很有限的。

9.6.1　反刍动物肉及乳中的特征风味

肉的特征风味与类脂化合物有密切联系。羊肉中产生的汗气味是与某些中等链长的挥发性脂肪酸有关,其中几种甲基支链脂肪酸是非常重要的。羔羊肉和羊肉中最重要的一种支链脂肪酸是 4-甲基辛酸(图 9-21)。反刍动物胃中发酵能产生乙酸酯、丙酸酯和丁酸酯,而由乙酸酯生物合成的大多数脂肪酸是非支链的。丙酸酯会导致甲基支链脂肪酸的产生,当饲料和其他因素导致反刍动物胃中丙酸化合物的浓度增高时,脂肪酸分子中会出现较大的甲基支链。Ha 和 Lindsay 发现几种带甲基支链的中等链长的脂肪酸与种属紧密相关,其中 4-乙基辛酸(在水中阈值为 1.8 mg/kg)是使肉和乳制品产生类似于羊肉风味的重要成分。此外,几种烷基苯酚(甲基苯酚的异构体、乙基苯酚的异构体、异丙基苯酚的异构体和甲基-异丙基苯酚的异构体)可使肉和乳产生典型的类似牛肉和羊肉的特征风味。烷基苯酚在肉和乳中一般以共轭结合或游离形式存在,是莽草酸途径中的生化中间产物,已发现饲料中存在此组分。烷基苯酚硫酸酯、磷酸酯及葡萄糖酸酯的共轭化合物在体内形成,并由循环系统输送,该共轭化合物在酶解及热解的作用下可释放出苯酚,从而大大提高了乳制品及肉在烹调和发酵过程中的风味。

9.6.2　非反刍动物肉的特征风味

非反刍动物肉的风味,特别是对猪肉和家禽肉的风味还不太了解。已证明,γ-C_5、C_6 和 C_{12} 内酯在猪肉中的含量相当丰富,这些化合物可以使猪肉产生某些似甜味的风味。

猪肉、猪油和猪油渣中明显的猪肉风味是由猪小肠内氨基酸在微生物作用下生成的对甲基苯酚及异戊酸引起的,而色氨酸产生的类似于吲哚和甲基吲哚结构的物质可加强

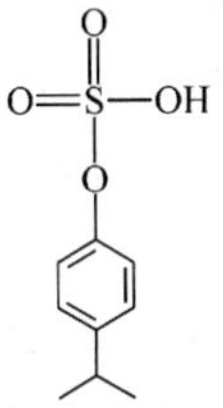

对异丙基苯酚硫酸酯

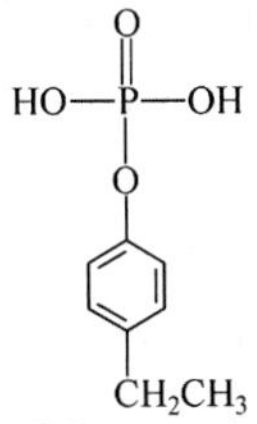

对乙基苯酚磷酸酯

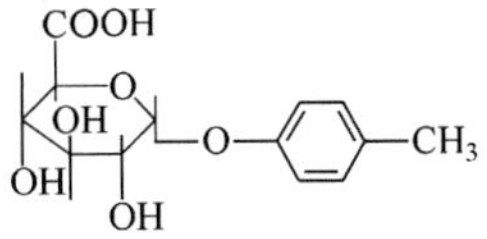

对甲苯酚葡萄糖酸酯

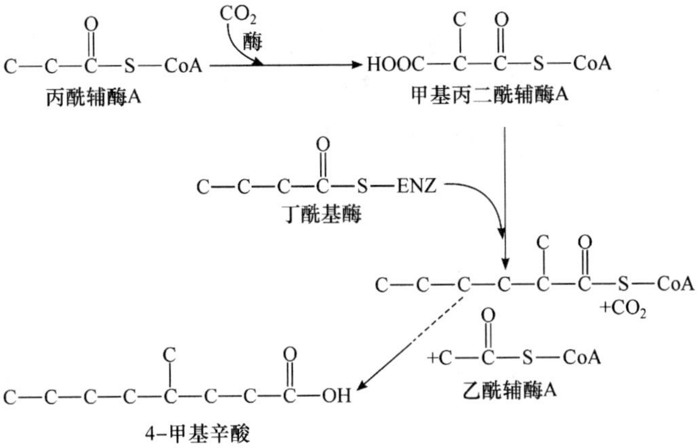

图 9 - 21　反刍动物甲基支链中等链长脂肪酸的生物合成

肉中令人不愉快的猪肉味。目前，主要集中研究与猪性别特征气味有关的风味化合物，它可使猪肉产生强烈的异味。散发尿味的 5α -雄- 16 -烯- 3 -酮(图 9 - 22)和呈麝香味的 5α -雄- 16 -烯- 3α -醇是产生这种异味的两种主要化合物。这些与猪性别气味有关的风味化合物主要存在于雄性猪中，但雌性及阉割的雄性猪中也有。这种类固醇化合物令一些人尤其是女性感到恶心，但有一些人因遗传原因对此气味毫无感觉。由于这些与猪性别气味有关的化合物只能使猪肉风味变坏，因此，可作为与猪种属有关的特征风味化合物。

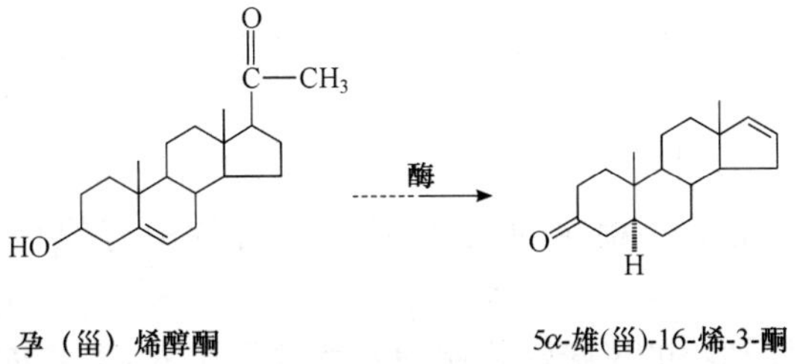

图 9 - 22　与猪性别气味有关的呈尿味的类固醇类化合物的形成

许多研究者对家禽的特殊风味进行了研究,现已证实,脂质氧化可产生鸡的"特征效应"化合物,羰基-顺-4-癸烯醛、反-2-顺-5-十一碳二烯醛和反-2-顺-4-反-7-十三碳三烯醛使鸡汤产生特有的风味,这几种化合物是由花生四烯酸和亚油酸产生的,小鸡能积累α-生育酚(抗氧化剂),而火鸡却不能,烘烤的火鸡肉中形成的羰基化合物比小鸡中多。此外,脂质自动氧化的产物受环境的影响很大,铜离子和α-生育酚的存在可导致乳脂选择性氧化生成1,顺-5-二烯-3-辛酮,这是由金属离子污染奶油所引起的。金属离子对家禽也同样可以引起脂质化合物的氧化,所形成的风味与化合物的种类有关。

9.6.3　鱼和海产食品风味的挥发物

海产食品的特征风味比其他肉类食品的风味更广泛,像鱼翅、贝类和蟹类等海产的风味和每种食品的新鲜度有密切关系。三甲胺氧化物通过酶降解会产生三甲胺和二甲胺(图9-23),在海产品中发现有大量的这类物质存在。十分新鲜的鱼基本上不含三甲胺,这种化合物产生腐鱼气味,三甲胺氧化物成为海鱼体内缓冲体系的一部分,伴随二甲胺产生的甲醛容易使蛋白质发生交联,因而使冷藏的鱼肌肉变硬。

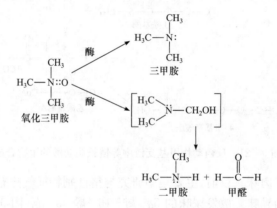

图9-23　新鲜海鱼中微生物形成的主要挥发物

像鳕鱼肝油所呈现的鱼风味,一部分是由ω-3-不饱和脂肪酸自动氧化产生的羰基所引起,其特征香味似乎来自2,4-癸二烯醛类和2,4,7-癸三烯醛的混合物,而顺-4-庚烯醛可以使冷冻鳕鱼产生香味。

从市场上得到的新鲜、冷冻和加工海产品,其新鲜风味和香味往往明显地减少或损失,然而,十分新鲜的海产品呈现的风味明显不同于"商业新鲜"的海产品风味。最近发现了由一组酶产生的醛、酮和醇可供鉴定鲜鱼的特征香味,这些物质很类似植物脂肪氧合酶所产生的C_6、C_8和C_9化合物。氢过氧化作用后紧接着的是歧化反应,虽然首先产生醇(图9-24),但最后还是形成相应的羰基,这些化合物中有的具有烹调新鲜鱼的特征风味。

甲壳类动物和软体动物的风味除依靠挥发物的作用外,主要依靠非挥发性物质。例如,熟雪白蟹肉风味可用12种氨基酸、核苷酸和盐离子的混合物来模拟,二甲基硫化物可为熟蛤肉和牡蛎提供极好的特征香味。

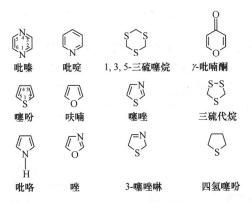

图 9 - 24　新鲜鱼香味中长链 ω - 3 - 不饱和脂肪酸经酶产生的重要挥发物

9.7　加工过程中风味挥发物的产生

各类食品,无论是来源于动物、植物还是微生物,在烹调或加工中都会出现风味化合物,一些反应物在适宜的条件(热、pH 和光)下通过反应产生风味。

9.7.1　热加工引起的风味

在加工食品过程中,还原糖和氨基化合物的作用会导致褐变色素的生成,褐变反应可产生风味。无论是热加工,还是焦化反应的降解产物和食品其他成分之间的相互作用均可产生热风味。

虽然许多化合物都可作为加工过程中的需宜风味,但是这些化合物中只有较少的物质才真正具有特征效应风味,它们一般呈现坚果味、肉味、烘烤味、焦味、烤面包味、花味、植物味或焦糖味。一些食品在加工过程中产生的风味化合物是非环状的,但也有许多是含氮、硫或氧取代基的杂环化合物(图 9 - 25)。它们存在于许多食品和饮料中(如烤肉、煮肉、咖啡、烤坚果、啤酒、饼干、快餐食品、可可粉)。然而,这些化合物的产生取决于形成风味物质的前体、温度、时间和水活度等因素。因此可以通过选择反应混合物和反应条件来得到加工风味浓缩物。原料选择常常包括还原糖、氨基酸和含硫化合物(表 9 - 5)。若加工处理时的温度较高,可以产生具有特征风味的化合物。硫胺素就是一种常用的原料,因为在它的结构中有氮和硫两种原子。

图 9 - 25　通常与食品加热或褐变有关的风味化合物中的某些杂环结构

表 9-5　产生肉风味的某些常用原料

水解植物蛋白质	维生素 B_2
酵母自溶物	半胱氨酸
牛肉提取物	谷胱甘肽
特殊动物脂	葡萄糖
鸡蛋固形物	阿拉伯糖
甘油	$5'$-核糖核苷酸
谷氨酸钠	蛋氨酸

　　一般食品在加工或模拟加工时产生大量的风味化合物,目前还难以从化学的角度来解释它们的形成机理,因此只好从一些较重要的风味挥发物质和它们的形成机理加以说明。烷基吡嗪是所有焙烤食品、烤面包或类似的加热食品中的重要风味化合物,它们形成的最直接途径是 α-二羰基化合物与氨基酸的氨基缩合,发生斯特雷克尔降解反应。一般选用蛋氨酸作为斯特雷克尔降解反应的氨基酸,因为它含有一个硫原子,可生成甲二磺醛,它是煮马铃薯和干酪饼干风味的重要特征化合物(图 9-26)。甲二磺醛容易分解为甲烷硫醇和二甲基二硫化物,从而使风味反应中的低分子量硫化物含量增加。

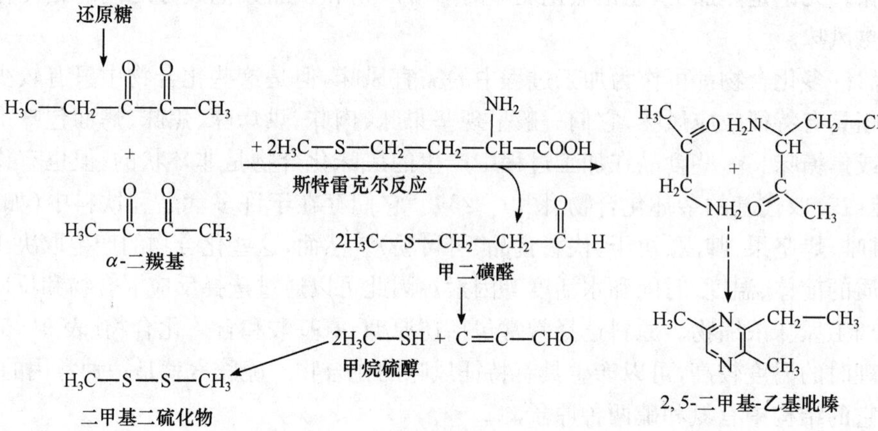

图 9-26　食品加工中生成的烷基吡嗪及小分子硫化物

　　硫化氢和氨容易发生反应形成风味化合物,模拟体系中常含有硫化氢和氨,因而往往利用它们来研究反应机理。半胱氨酸热降解(图 9-27)产生氨、硫化氢和乙醛,随后乙醛和 3-羰基-2-丁酮(来自美拉德反应)巯基衍生物反应产生煮牛肉风味的噻唑啉。

　　某些杂环风味化合物容易发生降解反应或进一步与食品(或反应混合物)中的成分相互作用。反应如下:

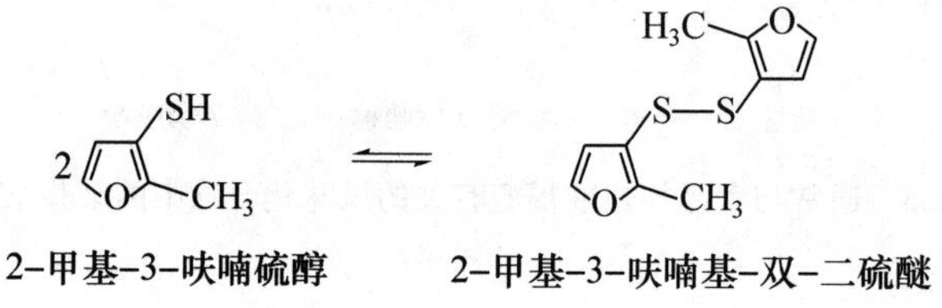

2-甲基-3-呋喃硫醇　　　　2-甲基-3-呋喃基-双-二硫醚

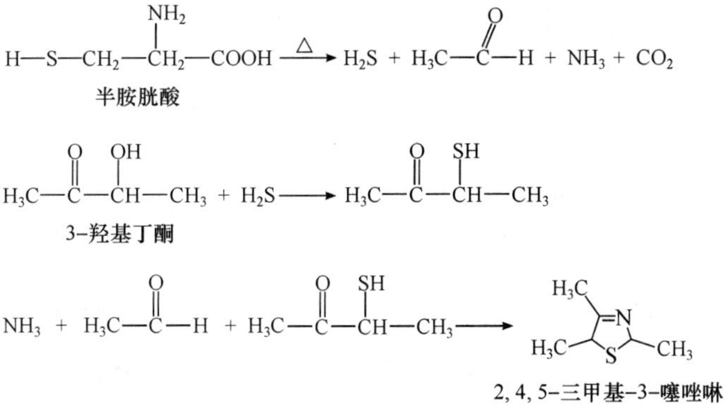

图 9-27　在烹调的牛肉中由半胱氨酸和糖-氨基产生褐变反应生成的噻唑啉

上式中两种化合物的不同性质,使之各自具有不同的肉香味。其中,2-甲基-3-呋喃硫醇(还原形式)产生烤肉香味,当它氧化成二硫化物(2-甲基-3-呋喃基-双-二硫醚)时,其风味完全呈现出烹调好的肉风味,并能保持一些时间。

加工成分复杂的食品时,硫、硫醇或多硫化合物可以与各种化合物结合产生新的风味。虽然加工的食品中常常有二甲基硫醚生成,但它一般不容易反应。在植物中,蛋氨酸首先转化为 S-甲基蛋氨酸锍盐,此盐容易受热分解为二甲基硫醚(图 9-28)。在新鲜的和罐装甜谷物、番茄汁、煨牡蛎和蛤肉中,由于生成二甲基硫醚而产生极好的特征香味。

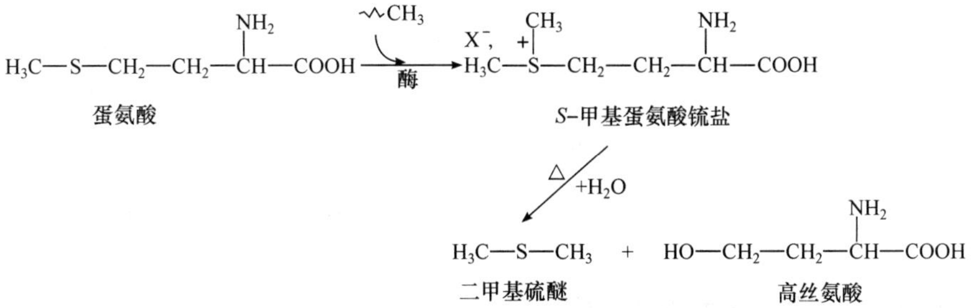

图 9-28　S-甲基蛋氨酸锍盐热降解产生的二甲基硫醚

图 9-29 表明某些化合物能在加工过程中产生需宜香味,如焦糖香味,存在于许多加工的食品中。平面烯醇-环酮结构是由糖的前体产生,引起像焦糖的风味。环烯广泛作为合成槭糖浆的风味物质,麦芽酚也广泛作为甜食品和饮料的一种风味增强剂。在煮牛肉中已发现两种呋喃酮,它们能增加肉的香味。4-羟基-5-甲基-3(2H)-呋喃酮有时称为"菠萝化合物",因为它首先是从加工菠萝中分离出来的,具有强烈的特征风味。

巧克力和可可粉的风味已受到人们的极大关注。然而可可豆在收获后,若条件控制不当则会发酵,因此可可豆需要烘烤,有时也加碱处理,使涩味减少,颜色变暗。在可可豆发酵阶段,蔗糖水解成为还原糖,游离出氨基酸,某些多酚类物质也被氧化。烘烤可可豆时,生成许多吡嗪和其他杂环化合物。斯特雷克尔降解反应产生的醛之间的相互作用,使可可粉具有独特风味。图 9-30 表示苯基乙醛(来自苯基丙氨酸)和 3-甲基丁醛(来自亮

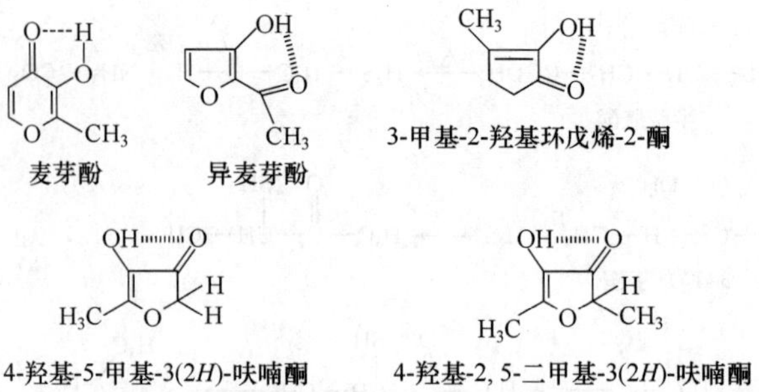

麦芽酚　　　　异麦芽酚　　　　3-甲基-2-羟基环戊烯-2-酮

4-羟基-5-甲基-3(2H)-呋喃酮　　　　4-羟基-2,5-二甲基-3(2H)-呋喃酮

图 9-29　一些重要的像焦糖香味的化合物结构

氨酸)之间发生反应形成可可粉中一种重要的风味。这种醇醛缩合的产物 5-甲基-2-苯基-2-己烯醛具有一种特征持久的巧克力香味。这个例子说明,加工过程中产生风味的反应并不总是生成杂环芳香化合物。

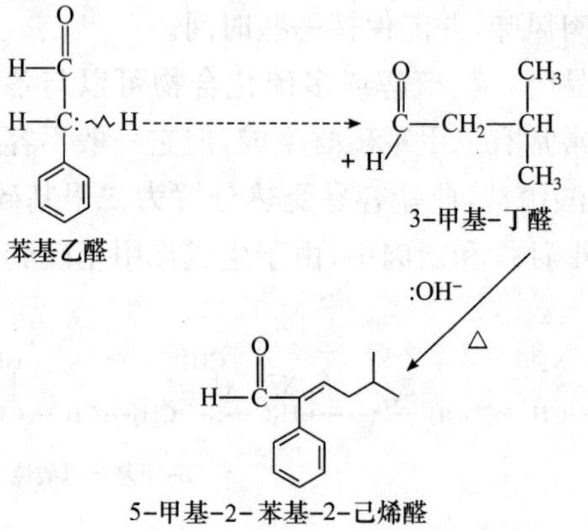

苯基乙醛　　　　3-甲基-丁醛

5-甲基-2-苯基-2-己烯醛

图 9-30　两个醛间的醇醛经缩合生成重要的可可粉香味挥发物

9.7.2　类胡萝卜素氧化分解的挥发物

由氧化类胡萝卜素(异戊间二烯)产生的许多香味化合物,其中不少是重要的烟草特征香味物质。图 9-31 中的化合物是很重要的食品风味化合物。这些化合物都具有独特的甜味,像花和水果的风味,其浓郁程度变化很大。它们与食品混合能产生微妙的效果,这种效果可能是很需宜的也可能是非需宜的。β-大马士革酮在葡萄酒中显示的风味很明显,但在啤酒中,这种化合物仅含十亿分之几就会产生一种不新鲜的葡萄干味。β-紫罗酮具有一种与水果风味协调的愉快的紫罗兰花的芬芳气味,但它也是氧化、冻干的胡萝卜中的主要臭味化合物。此外,这些化合物也为红茶提供了明显风味。

茶螺烷及其有关的衍生物具有甜味、水果味和茶叶的泥土特征味。虽然这些化合物及有关其他化合物的浓度都很低,但分布却很广泛,可使许多食品具有完美的混合风味。

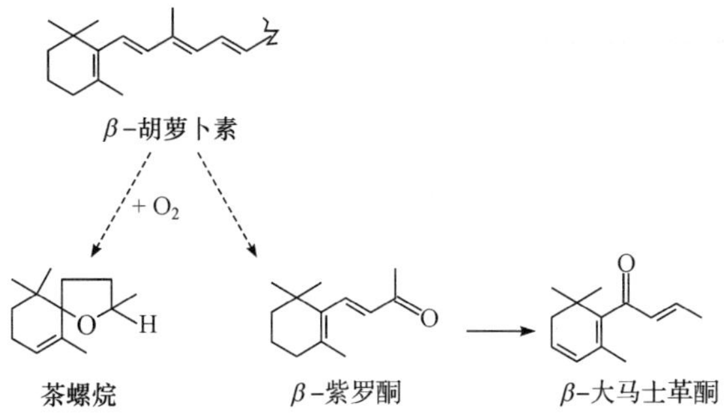

图 9-31　类胡萝卜素氧化裂解形成茶叶风味的某些重要化合物

9.8　风味分析

风味化学分析常常与色质联用仪分析挥发性化合物联系起来,但是这种看法过于局限。由于食品中风味物质的浓度低(mg/kg,$1 : 10^6$;μg/kg,$1 : 10^9$ 和 ng/kg,$1 : 10^{12}$)、风味混合物的复杂性(如咖啡中已经确证的挥发物超过 450 种)、挥发性极大(蒸气压大)和某些风味化合物的不稳定性,以及风味化合物和食品中的其他成分处于动力学平衡状态等因素给食品分析带来的复杂因素使风味物质的定量和定性分析相当困难。此外,风味化合物的鉴定以及阐明其化学结构和感官特性之间的关系则更难解决。要成功地鉴别风味化合物,除了先将它们与食品的众多组分分离,还需将风味物质分离成单个的组分,采用毛细管电泳或毛细管气相色谱法等现代分析技术才能达到此目的。同时,HPLC 的高速发展也为许多较高沸点化合物的分离和分析提供了有效的方法。

风味分析的结果是评价加工过程的适宜性以及原料、中间产品和成品质量的重要指标。同时,食品风味的研究也可以丰富合成香味的种类,这些物质的化学性质与发现的天然风味物质的成分相同,即"等天然风味"。

9.8.1　风味成分的提取分离

原料中风味成分的分析应选择那些风味阈值较低,且对食品风味影响较大,但在食品中含量较低(十亿分之一级)的风味物质。欲将这些微量的挥发性化合物完全分提出来,并保持原有结构,尚存在许多难以解决的问题,如对不同的挥发性化合物采用的分离方法不一样,而各种方法都存在某些不足,这样往往使风味化合物的质谱分析结果不一致(表9-6)。

表 9-6　利用 Likens 和 Nikerson 蒸馏提取戊烷的装置从高度稀释的
水溶液(0.6 mg/kg)中分离得到的挥发性化合物的产率(单位:%)

碳原子数	1-烷醇	2-烷醇	醛	烷
3	痕量			
4	痕量	痕量	痕量	

碳原子数	1-烷醇	2-烷醇	醛	烷
5	93	79	101	
6	97	104	91	64
7	101	101	101	94
8	102	94	94	103
9	99	97	83	94
10		102		90
11		101		94
12				104

此外,分析和了解食品中的风味酶,以及能引起风味改变的酶的活力,同样也是一个难以解决的问题,如水果、蔬菜在均质过程中,水解酶会破坏风味中的酯类物质;而脂肪氧合酶、过氧化氢水解酶却能形成新的挥发物而增加风味。虽然可以通过在组织捣碎时加入酶抑制剂或采取尽量快速制备样品的方法减少干扰,但这些物质仍影响分析结果。另外,添加乙醇或甲醇也可有效达到抑制酶催化反应的目的,但是醇可与酸和醛反应生成酯和缩醛,同样又会使风味发生变化。

当水果的 pH 极低时,非酶反应产生的产物(表 9-7)干扰风味物质的分离。食品离析物的溶液(尤其是肉)在加热浓缩时,硫醇、醛和胺等反应物质可缩合形成杂环类及其他风味。风味分离中另一个不可忽视的因素就是风味物质与固态食品基质的结合,同样也给风味化合物的完全分离带来了困难。因此,风味化合物的分离在风味成分的分析中十分重要。

表 9-7　挥发性化合物分离过程中风味的变化

条件	反应
酶存在时	1. 酯的水解
	2. 不饱和脂肪酸的氧化分解
	3. 醛的氢化
非酶反应	1. 糖苷的水解
	2. 羟基酸的内酯化
	3. 二元醇、三元醇和多元醇的结晶
	4. 三烯丙醇(tert-allyl alcohol)的脱水和重排
	5. 风味物质浓缩时,硫醇、胺和醛之间的反应

顶空分析(headspace analysis)常用于检测食品顶空中的香气成分。然而食品中一些

重要风味成分含量极低,以致无法利用该方法进行气相色谱(GC)分析,仅能通过嗅觉检测载气中的这些物质。以白面包皮为例,其风味物质的检测灵敏度如图 9-32 所示,其中对风味起重要作用的物质(如 2-乙酰-1-吡咯和 2-乙基-3,5-二乙基吡嗪)在 FD 色谱中有较高的风味稀释系数,但气相色谱却不能检出,只有从相对多的食品中提取浓缩后,方可鉴定出这些风味成分。

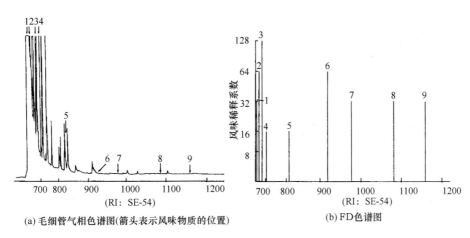

(a) 毛细管气相色谱图(箭头表示风味物质的位置)   (b) FD色谱图

图 9-32 白面包皮中风味物质的顶空分析

风味物质:1. 甲基丙醛;2. 丁二酮;3. 3-甲基丁醛;4. 2,3-戊二酮;5. 丁酸;6. 2-乙酰-1-二氢吡咯;7. 1-辛烯酮;8. 2-乙基-3,5-二甲基吡嗪;9.(E)-2-壬烯醛

9.8.1.1 蒸馏、抽提

真空蒸馏常用于挥发性风味物质分离。蒸馏出的挥发性化合物通过高效冷阱浓缩,得到含水的馏出液经有机溶剂抽提,最后回收溶剂。利用 Liken-Nickerson 装置可完成这种连续蒸馏抽提过程(图 9-33)。表 9-6 中列举的一组化合物的实验数据表明,该装置对于 $C_5 \sim C_{11}$ 的同系物有很高的回收率。然而,这种方法对易溶于水的极性化合物的抽提却不完全。如表 9-6 中列举的小分子同系物或 3(2H)-呋喃。另外,当化合物分子量大于 150 时,挥发性减小,从而使回收率大大降低。

在蒸馏、抽提同时进行的过程中,常使用低沸点溶剂以便于风味物质的连续浓缩。因此,在标准大气压或真空条件下即可完成该过程。食品的热处理引起的反应(表 9-7)可改变风味成分,从表 9-8 中可看出蒸馏、抽提同时进行时,糖苷释放的风味物质浓度很高。

表 9-8 草莓汁中风味物质的分离,真空蒸馏(Ⅰ)与蒸馏提取(Ⅱ)比较

风味物质	Ⅰ	Ⅱ	风味物质	Ⅰ	Ⅱ
苯甲醛	202	5260	沉香醇	1.1	188

通过使用冷阱(图 9-34)从脂肪和油脂中回收挥发性物质可使浓缩物中不含水。

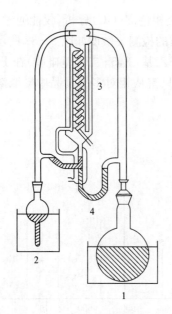

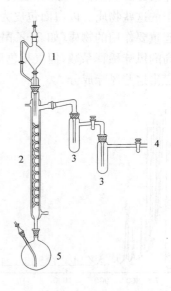

图 9 - 33　同时抽提及蒸馏挥发性
化合物的 Liken-Nickerson 装置
1. 装有水溶性样品,需水浴加热的圆底烧瓶;
2. 装溶剂的水浴加热的玻璃瓶;
3. 冷凝管;4. 浓缩分离器

图 9 - 34　从脂肪、油脂及其他高沸点
溶剂中分离挥发性化合物的装置
1. 样品;2. 有保护套(40～60 ℃)的螺旋旋转式玻璃
柱(以便大面积分散样品);3. 使用液氮、干冰或丙酮制
冷的浓缩冷阱;4. 接真空泵;5. 挥发性化合物接收瓶

对于溶解在易挥发溶剂中的风味物质需要在极温和的条件下进行浓缩,否则易形成其他的产物(表 9 - 7)。稀释样品必须首先进行感官检测,这样才能保证风味物质的分析结果同原料中存在的情况一致,否则将产生不同程度的误差。

9.8.1.2　气体提取

气体抽提是从食品中分离提取挥发性成分常用的一种方法,利用惰性气体(N_2、CO_2 或 He)将挥发性成分吸附到多孔粒状聚合材料上(Tenax GC,Porapak Q,Charomosorb 105),然后通过程序升温使挥发物逐步解析。低温时,洗脱剂带走痕量的水分,随着温度的逐步升高,使释放出的挥发物随载气进入与气相色谱相连的冷阱后进行分析(表 9 - 9)。

表 9 - 9　以 Porapak Q 为固定相,利用气相色谱分离出的一些化合物的相对保留时间(单位:min)

化合物	相对保留时间	化合物	相对保留时间
水	1.0	甲硫醇	2.6
甲醇	2.3	乙硫醇	20.2
乙醇	8.1	二甲硫(甲硫醚)	19.8
乙醛	2.5	甲酸乙醚	6.0
丙醛	15.8		

注:Porapak 为苯乙烯-二乙烯苯聚合物,$T=55$ ℃。

9.8.1.3　顶空分析

顶空分析的过程很简单,将食品样品密封在容器内,在适宜的温度下放置一段时间,待食品基质结合的挥发性物质和存在于蒸气中的挥发物达到平衡后,从顶空取样进行分析(静态的顶空分析)。

由于容器顶空过大和水的存在不利于分离,因此样品量要求适宜,该方法仅能检测出一些较主要的挥发物质。若将容器顶空中的挥发物通过聚合物吸附和浓缩,可提高分析的灵敏度。然而,该方法很难获得同原顶空气体组成完全一致的代表性样品。下面的系统分析模型(图 9-35)可以说明这个问题。其中样品 e 和 f 都是通过不同聚合物的吸附获得的,它们互不相同,而 b 是直接进行顶空分析的结果。虽然在很大程度上可通过改变气体流出参数(流速、时间)使结果一致,但仍存在很大的差异。图 9-35 中样品 a 和 g 的比较表明,在混合物模型中,通过蒸馏提取得到的结果,除乙醇外,都有很好的重现性。

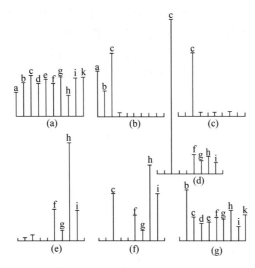

图 9-35　风味化合物分离方法的比较

(a) a. 乙醇;b. 2-戊酮;c. 庚烷;d. 戊醇;e. 己醇;f. 己酸;g. 2-辛酮;h. (d)-柠檬烯;i. 庚酸;k. γ-庚醛内酯。(b)、(a)风味混合物的顶空分析;(c) 风味混合物 10 μL 溶解在 100 mL 水中的容器顶空分析;(d)与(c)的方法大致相同,但采用 80% 饱和氯化钠溶液;(e)与(c)法相同,但用氮气纯化和 Porapak Q 捕获;(f)与(e)法相同,但用 Tenax GC 法捕获;(g)与(e)法相同,但用 Likens-Nickerson 装置蒸馏提取

9.8.1.4　固相微萃取

固相微萃取是 20 世纪 90 年代才发展起来的一种复杂样品分析前预处理技术,其利用微纤维表面少量的吸附剂从样品中分离和浓缩分析物,集采样、富集和进样于一体,可直接与气相色谱-质谱(GC-MS)、高效液相色谱等联用,极大地加快了分析检测的速度。与其他的提取分析食品中挥发性风味物质的方法相比,固相微萃取技术具有不使用溶剂、操作简单、样品用量少、灵敏度高等特点,为样品预处理开辟了一个全新的局面。已成功地用于分析酒类、肉类、水果、蔬菜、香辛料、植物油等挥发性风味化合物。

9.8.1.5 超临界流体萃取技术

超临界流体萃取技术是一种用超临界流体代替常规有机溶剂对食品中风味物质进行提取分离的新技术。在超临界状态下,将超临界流体与待分离的物质接触,使其有选择性地把极性大小、沸点高低和不同分子量的物质依次萃取出来,然后通过降压或升温的方式降低超临界流体的密度,从而改变超临界流体对萃取物的溶解度,使萃取物得到分离。超临界流体的密度可通过调节体系的温度和压力来控制,该萃取技术比传统的提取方式具有更多的操作优势,可以在接近室温下进行,防止热敏性物质的氧化和逸散,能有效地保持食品风味多种成分,且萃取无溶剂残留、流体可重复多次使用、提取效率高、能耗低,既提高了生产效率,又降低了成本。

9.8.2 分离

在浓缩含有酚、有机酸或碱的风味物质时,首先用有机酸或碱进行提取,以便将这些化合物从中性挥发物中分离出来。然后分别分析酸、碱和中性物质,由于中性物质含有许多化合物,因此在大多数情况下,即使使用高效的气相色谱柱也不能将它们完全分离成单峰。然而,利用气相、液相色谱分离可以将挥发性化合物分离成相应的级分,如图 9 - 36 中对白兰地风味的分析。

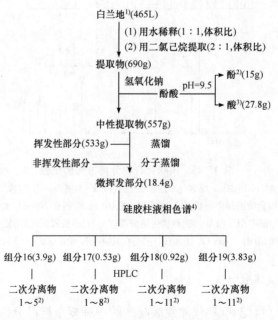

图 9 - 36 白兰地中的挥发性化合物

1) 分析仅限于对白兰地风味有重要贡献的组分;2) GC/MS 方法可鉴定 18 种乙缩醛、59 种醇、28 种醛、35 种酮、3 种内酯、8 种酚和 44 种其他的化合物;3) 酸的 GC/MS 分析;4) 收集的 22 种组分中,其中的 4 种进一步用 HPLC 分析

9.8.3　化学结构

　　质谱仪已成为风味物质结构分析中不可缺少的仪器,因为气相色谱洗脱出的物质量足以进行质谱分析。若能得到相关的参考物质,则通过比较两者的质谱,至少两种不同极性的毛细管柱的保留时间,以及经过气相色谱/风味检测得出的风味阈值,从而可以鉴定风味的组成物质,如果检测值与标准不符,则需结合[1]H-NMR 等方法重新鉴定风味物质的结构。事实上,^{1}H-NMR 还常常用来鉴定一些质谱难以确定的物质的结构。如图 9-37 中的两种化合物,它们的质谱非常相似,只有通过[1]H-NMR 才能发现它们的差异。因此,^{1}H-NMR 是鉴别风味化合物结构常用的方法。

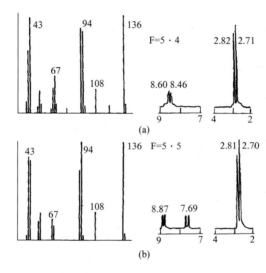

图 9-37　质谱及[1]H-NMR 谱

选自 2-乙酰-3-甲基吡嗪(a)和 4-乙酰-2-甲基嘧啶(b)的记录结果

9.8.4　与风味的相关性

　　早期常将挥发性化合物当作风味物质,尽管在许多食品中已列出百余种化合物,但它们中到底哪些对风味真正有贡献,以及含量极低的重要风味物质仍然还不清楚。

　　现在的研究越来越集中在那些对风味有贡献的化合物,可以利用风味值(aroma value)进行描述。在对易挥发组分进行定性和定量分析的基础上,根据风味阈值可计算风味值。

　　通过该方法测定了番茄酱中最重要的 7 种风味物质的风味值,结果见表 9-10。

表 9-10　番茄酱中的风味物质

化合物	浓度/($\mu g/kg$)[1]	风味阈值($\mu g/kg$)[2]	风味值
二甲基硫醚	2000	0.3	6.7×10^3
β-大马士革酮	14	0.002	7.0×10^3

续表

化合物	浓度/(μg/kg)[1]	风味阈值(μg/kg)[2]	风味值
3-甲基丁醛	24	0.2	1.2×10^2
1-硝基-2-苯基乙烷	66	2	33
丁子香酚	100	6	17
甲醛	3	0.2	15
3-甲基丁酸	2000	250	8

1) 干物质,28%～30%(质量分数)。

2) 在介质中。

将这些风味物质以一定浓度溶解在水中后,结果发现该模型的风味与番茄酱的风味很接近,产生的细微差别仅在于番茄酱中有着较高风味值的风味物质——二甲基硫醚。研究表明番茄酱中有 400 多种挥发性化合物,但仅有少量的物质与风味有关。

9.8.5　风味的感官评价

风味化合物和食品的感官评价在风味研究中十分重要,在某些情况下,需由经验丰富的风味品尝专家或研究者对样品进行感官评价。有时还需专业人员进行感觉分析以及有意义的数据统计分析,同时在风味评价中,还需掌握更多的有用信息和资料。由于阈值体现了化合物风味的强度,因此风味评价中阈值的测定很重要。阈值是由总体中个体代表所决定的,在一个规定的介质(如水、牛乳、空气等)中,将选定的风味物质配成一系列浓度,然后由风味感官评价人员感觉其最低浓度,评论小组中一半(或大多数)评论员所能感觉到的这种化合物的最低浓度范围称为阈值。化合物的风味或气味强度差异很大,往往有着很低阈值的痕量化合物,却比一个有着高阈值且含量很高的化合物对食品风味的影响更大。根据风味单位 OU(OU=风味化合物的浓度/阈值浓度)能估计风味化合物对风味的贡献。香味提取物稀释分析(aroma extract dilution analysis, AEDA)已被用于鉴别食品中最有效力的气味物质,该方法是首先将待测风味化合物从食品中提取出来,然后经多次稀释后用气相色谱测定相应的浓度,得到风味稀释因子,随后对稀释后的风味化合物进行感官评定。这些方法虽然为食品和饮料中最具有效力的风味化合物的鉴定提供了信息,但不能说明食品基质和心理反应对风味化合物综合感觉的影响,因此,用于推测实际的食品系统,这些方法还远远不够。

长期以来,化学风味参数测定所提供的食品风味的强度和质量的准确资料,一直是风味研究中感兴趣的问题。虽然利用主观感觉信息与客观风味化学数据的相互关系来评价食品风味已取得很大进展,但是单纯靠分析方法进行常规的风味特征评价仍然还有一定局限。

能够提供"特征"或"特征效应"风味化合物的种类是相当有限的,而且它们的浓度一般非常低,且极不稳定。因此,在早期欲确定"特征效应"化合物是不可能的。虽然现代分析技术灵敏度很高,可以发现很多风味化合物,但目前还没有能力鉴定不稳定的风味化合物,如焙烤坚果中的二氢吡嗪和新鲜泡制咖啡中的呋喃基硫醛。

9.9　风味化学及工艺学的发展前景

在过去的 60 年中,随着对风味化学认识的日益增多和现代分析技术的发展,食品中许多风味的调节及控制成为可能。同时相信,在不久的将来,风味化学一定会在许多方面取得更大的发展和更多的成果,如风味与大分子的结合、利用计算机分析和评价结构与风味活性的关系、控制产生植物风味的前体糖苷和调控风味化学反应,以及与风味相关的植物栽培遗传学和细胞培养(微生物和组织培养)的研究等领域。

有关天然风味真实性的观点一直是人们关注的焦点。同时人们也注意进一步研究有关风味化合物的真实分析和阐述结构与风味的相互关系,从而更深入认识微妙的分子结构,特别是光学异构体对风味产生的影响。同位素(如^{13}C 和重氢)质谱技术在很多方面可以区分天然分子和合成分子,但是合成分子中的^{13}C 的丰度变化常常不能有效测定掺杂物。然而,近代核磁共振技术的发展使得人们不仅可以测定分子中特定位置的天然同位素,而且还能提供同位素的指纹图谱,这样就能清楚地检测出天然原始风味物中的杂质。

对于对映体和其他手性化合物独特气味和风味特性的深入了解,使人们对天然合成物质的精确性产生了质疑。对映体之间气味性质的差异不仅会影响食品风味,而且也将显著影响嗅觉过程中对分子结构和功能关系的认识。这些都将有待于进一步研究。

毫无疑问,酶技术在食品及其组成成分中风味形成的应用必将成为风味工艺学中重要的研究领域。早在 50 多年前就提出风味酶概念,即将其作为食品加工过程中风味再生的物质,这种技术已变得越来越重要。然而,由于天然风味物质的性质非常复杂,风味酶在食品中的应用还会遇到很多困难。近期,对风味酶采取的包埋技术使得酶和底物能很好接合,从而有效地控制风味化合物的产生量,也避免了不协调风味的产生。总之,随着对高质量标准化复合食品的日益重视,利用酶技术提高风味显得越来越重要。同时,对于风味化合物,尤其是具有重要特征的风味化合物的鉴别尚需进行更深入的研究。

第 10 章　食品添加剂

10.1　概　　述

食品添加剂(food additive)通常是人们为了改善食品质量和保持或提高营养价值,在食品加工或储藏过程中添加的少量天然或合成的物质,既可以是单一成分,也可以是混配物。这些物质首先必须是有益的和安全无毒害,而且是受消费者欢迎的物质。它们在食品中一般具有以下三个方面的特定功能:①能保持食品质量,防止食品腐败变质,延长储藏期;②提高食品营养价值,改善色、香、味或质地;③便于食品加工,能直接使用,也能间接使用。各个国家对食品添加剂都有严格的规定和限量,新研制的食品添加剂也必须经有关专家和部门的严格审查批准后才能使用。如果采用经济、良好的制作方法和先进的加工工艺,能得到同样或相似的效果时,最好不使用食品添加剂。

有关食品添加剂的定义,由于各国饮食习惯、加工方法、使用范围和种类的差异,因此在定义上有所不同。

根据我国《食品卫生法(试行)》规定,对于食品添加剂的定义是指"为改善食品品质和色、香、味以及为防腐和加工工艺的需要而加入食品中的化学合成或天然物质"。营养强化剂是指"为增强营养成分而加入食品中的天然或人工合成的属于天然营养范围的食品添加剂"。

联合国粮农组织(FAO)和世界卫生组织(WHO)联合组成的食品法规委员会(CAC)在集中各国意见的基础上曾于 1983 年规定:食品添加剂是指其本身通常不以食用为目的,也不作为食品的主要原料物质,这种物质并不一定具有营养价值。在食品的制造、加工、调制、处理、罐装、包装、运输和保藏过程中,由于技术上(包括调味、着色和赋香等感官)的目的,有意识加入到食品中,同时直接或间接地导致这些物质或其副产品成为食品的一部分,或者改善食品的性质。它们不包括污染物或者为了保持、提高食品营养价值而加入食品中的物质。

食品添加剂品种繁多,据不完全统计,目前世界上使用的食品添加剂达14000种以上,其中直接使用的约 4000 种(不包括香料在内),间接使用的约为 1000 种。

各国对食品添加剂的分类方法差异很大,通常是按其在食品中的功能进行分类的。其实,按使用功能划分类别也并非十分完美,因为不少添加剂具有多种功能,如抗坏血酸既是一种广泛使用的天然抗氧化剂,又是营养强化剂。因此,只能考虑以它主要使用的功能和习惯来划分。

多数国家与地区将食品添加剂按其在食品加工、运输、储藏等环节中的功能分为以下6类:①防止食品腐败变质的添加剂有防腐剂、抗氧化剂和杀菌剂;②改善食品感官性状的添加剂有鲜味剂、甜味剂、酸味剂、色素、香料、香精、着色剂、漂白剂和抗结块剂；③保持和提高食品质量的添加剂有组织改良剂、面粉面团质量改良剂、膨松剂、乳化剂、增稠剂和被膜剂；④改善和提高食品营养的添加剂有维生素、氨基酸和无机盐；⑤便于食品加工制造的添加剂有消泡剂、净化剂；⑥其他功能的添加剂有胶姆糖基质材料、酸化剂、酶制剂、酿造用添加剂和防虫剂等。

我国高度重视食品安全，早在 1995 年就颁布了《食品卫生法》。在此基础上，2009 年 2 月 28 日，第十一届全国人民代表大会常务委员会第七次会议通过了《食品安全法》。《食品安全法》是适应新形势发展的需要，为了从制度上解决现实生活中存在的食品安全问题，更好地保证食品安全而制定的，其中确立了以食品安全风险监测和评估为基础的科学管理制度，明确食品安全风险评估结果作为制定、修订食品安全标准和对食品安全实施监督管理的科学依据。

《食品安全标准》是强制执行的标准（第三章第十九条），第三章第四十三条至四十八条中明确规定了食品添加剂的生产许可、安全性评估、使用范围、用量及标签等。

我国将食品添加剂划分为 23 类，美国 FDA 规定的有 40 类，欧盟有 9 类，日本将食品添加剂划分为 30 类。《食品安全国家标准 食品添加剂使用标准》（GB 2760—2014）规定了食品添加剂的使用原则、允许使用的食品添加剂品种、使用范围及最大使用量或残留量。《食品安全国家标准 食品接触材料及制品用添加剂使用标准》（GB 9685—2016）规定了食品接触材料及制品用添加剂的使用原则、允许使用的添加剂品种、使用范围、最大使用量、特定迁移限量或最大残留量、特定迁移总量限量及其他限制性要求。《食品安全国家标准 食品添加剂 标识通则》（GB 29924—2013）规定了食品添加剂包装上的标识，应包括名称、成分或配料表、使用范围、用量和使用方法、生产日期、储存条件、净含量和规格、制造者或经销者的名称和地址、产品标准代号、生产许可证编号、警示标识等信息。

本书就主要和通常使用的食品添加剂分别予以介绍。

10.2　酸和发酵酸

10.2.1　酸和食品

自然界中广泛存在着有机酸和无机酸。酸的重要特性是产生氢离子或水合离子 H_3O^+，因而具有酸味。酸在生物体中作为中间代谢物或与其他物质构成复杂的缓冲系统的成分，具有多种功能。在食品和食品加工中，酸有多种用途。

酸和酸盐大量用于化学缓冲系统，后面将做详细讨论。在食品保存中酸有特异性的抑制酸性微生物的作用，因而酸是常用的抗菌剂，如山梨酸、苯甲酸。某些酸离解后对特定的金属离子有螯合作用，形成配合物，使食品保持稳定，延长储藏期，如柠檬酸及其衍生物。酸可使果胶凝固，酸还可作消泡剂和乳化剂。在乳酪和乳制品生产中（如酸奶），酸可以使乳蛋白凝结。在天然培养过程中，由链球菌和乳酸杆菌产生的乳酸使 pH 降低至接近酪蛋白的等电点而引起凝结。将凝乳酶和酸性物质（如柠檬酸）加入冷牛乳（4～8 ℃）可以生产乳酪，然后再加热到 35 ℃便生成均匀的凝胶。将酸加入温热牛乳中会产生蛋白质沉淀而不是凝胶。

在水果和蔬菜罐头食品中，添加柠檬酸使 pH 降低到 4.5 以下，可以达到灭菌的目的，同时还可抑制有毒微生物(梭菌肉毒杆菌)的生长。

酸对食品除了能产生酸味之外，还有调节和强化人的味觉能力，成为重要的调味剂。此外，用来制造奶油软糖和奶油巧克力软糖的酸，如酒石酸氢钾，可引起蔗糖的有限水解(转化)产生果糖和葡萄糖。这些单糖由于增加了糖浆组成的复杂性，降低了平衡相对湿度，抑制蔗糖晶体的过分生长，从而有效地改善了软糖的质量。

应当指出，短链游离脂肪酸($C_2 \sim C_{12}$)对食品的味道有重要影响。例如，丁酸本身有难闻的气味，浓度较高时产生强烈的水解酸败味；在浓度低时，会有乳酪和黄油这类食品的典型香味。

在食品加工中，有时为了控制转化速率，需要使酸缓慢释放。例如，δ-葡糖酸内酯和丙交酯的水解就是这样(图 10-1 和图 10-2)。

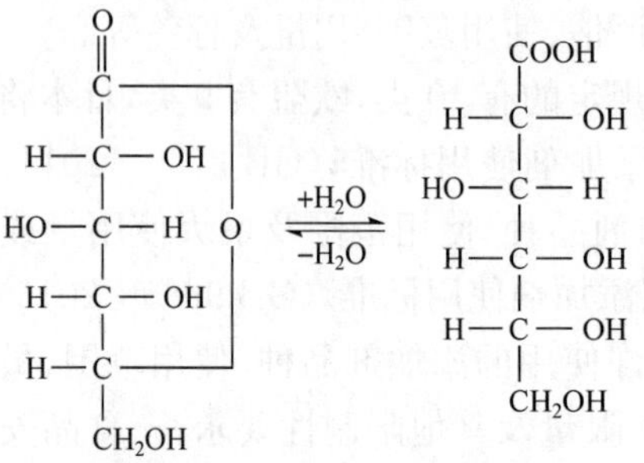
δ-葡萄糖内酯　　葡萄糖酸

图 10-1　δ-葡糖酸内酯水解

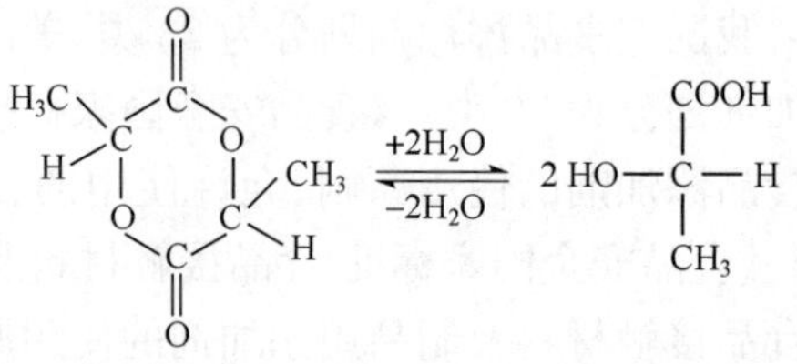
丙交酯　　乳酸

图 10-2　丙交酯水解

δ-葡糖酸内酯在乳制品和某些化学发酵系统的含水系统中可发生缓慢水解，生成葡萄糖酸，用于缓慢产酸。

丙交酯是乳酸脱水生成的环状双内酯，它也可用在水溶液系统中缓慢释放酸。脱水反应是在低水活度和升温条件下发生的，而将丙交酯加入高水活度的食品中，则发生逆反应(水解)生成 2mol 的乳酸。

常用于食品的有机酸如下：

乙酸	CH_3COOH
柠檬酸	$HOOC—CH_2—COH(COOH)—CH_2—COOH$
苹果酸	$HOOC—CHOH—CH_2—COOH$
乳酸	$CH_3—CHOH—COOH$
富马酸	$HOOC—CH═CH—COOH$
琥珀酸	$HOOC—CH_2—CH_2—COOH$
酒石酸	HOOC—CHOH—CHOH—COOH

磷酸是唯一作为食品酸化剂使用的无机酸。在有香味的碳酸饮料，特别是可乐和类似啤酒的无醇饮料中，磷酸是广泛使用的一种重要酸化剂。

一些食用酸的离解常数见表 10 - 1。

表 10 - 1　某些食用酸的离解常数(25 ℃)

酸	离解步数	pK_a	酸	离解步数	pK_a
有机酸			苹果酸	1	3.40
乙酸		4.75		2	5.10
乙二酸	1	4.43	丙酸		4.87
	2	5.41	琥珀酸	1	4.16
苯甲酸		4.19		2	5.61
正丁酸		4.81	酒石酸	1	3.22
柠檬酸	1	3.14		2	4.82
	2	4.77	无机酸		
	3	6.39	碳酸	1	6.37
甲酸		3.75		2	10.25
富马酸	1	3.03	正磷酸	1	2.12
	2	4.44		2	7.21
己酸		4.88		3	12.67
乳酸		3.08	硫酸	2	1.92

摘自:Weast R C. 1988. Handbook of Chemistry and Physics. Boca Raton:CRC Press:D161~D163.

10.2.2　化学发酵系统和发酵酸

发酵酸是化学发酵系统的重要组成部分。它和碳酸氢钠、淀粉及其他补充剂制成发酵粉,成为家庭和面包饼干厂所大量使用的化学发酵剂。

化学发酵系统是一个复杂体系,它在适当水分和温度条件下,能在生面团或面糊中反应释放出二氧化碳。二氧化碳的释放连同带入的空气和水汽使之膨胀,使加工制品具有特殊的多孔蜂窝状结构。

二氧化碳通常来自碳酸氢钠,有时也来自其他碳酸盐。在极少数情况下,也可以用碳酸铵$(NH_4)_2CO_3$ 和碳酸氢铵 NH_4HCO_3。但这两种铵盐对温度不稳定,在焙烤温度下即分解:

$$(NH_4)_2CO_3 \xrightarrow{\triangle} 2NH_3 + H_2O + CO_2$$

$$NH_4HCO_3 \xrightarrow{\triangle} NH_3 + H_2O + CO_2$$

因此,它们和碳酸氢钠不同,不需要外加发酵酸即可起作用。

在无钠食物中,可用碳酸氢钾 $KHCO_3$ 代替碳酸氢钠作为发酵体系的一种成分。缺点是它有吸潮性和稍带苦味,使其应用受到限制。碳酸氢钠易溶于水(619 g/100mL),溶液呈弱碱性。它在水中完全离解成 Na^+ 和 HCO_3^-。碳酸氢根又进行水解和进一步离解:

$$HCO_3^- + H_2O \Longleftrightarrow H_2CO_3 + OH^-$$

$$HCO_3^- \Longleftrightarrow H^+ + CO_3^{2-}$$

这些仅适用于简单溶液的反应,在含水的面团物料体系中,由于蛋白质和其他天然存在的各类离子参与反应,体系中离子的分布变得更加复杂,难于进行理论计算。

发酵酸提供的氢离子与面团中的碳酸氢钠反应放出二氧化碳气体:

$$R-O^-H^+ + NaHCO_3 \longrightarrow R-O^-Na^+ + H_2O + CO_2 \uparrow$$

重要的是要注意保持发酵酸和碳酸氢钠(发酵盐)的适当比例。碳酸氢钠过量会使焙烤食品带肥皂味,而过量酸又会使食品带酸味,若比例很不适当有时还带苦味。

一般来说,发酵酸经常是以盐或酯的形式存在,包括强酸弱碱盐、酸式盐和内酯。在含水物料体系中,它们通过水解或解离可提供氢离子与发酵盐(主要是碳酸氢钠),反应释放出二氧化碳,这种反应实质上是中和反应。然而,发酵酸的中和能力各不相同,其相对活度取决于它的中和值。发酵酸的中和值,是由中和 100 份质量的碳酸氢钠的质量分数来确定。应当指出,在天然面粉中焙烤食品达到中性或任何预定 pH 所需发酵酸的量与从简单水溶液测定的理论量可能很不相同。尽管如此,中和值对于确定发酵体系起始配方是有用的。完全平衡的发酵过程中适当的剩余盐能起到缓冲作用,有助于稳定最终产品的 pH。

发酵酸大多是在室温下水溶性很有限的酸类,溶解度的差异决定着室温下释放二氧化碳起始速率的差异,并且这种速率的差异正是发酵酸分类的基础。一般来说,发酵酸室温下溶解度的大小与释放二氧化碳的快慢有着平行的关系。发酵酸一般在焙烤前放出一部分二氧化碳,其余部分则是在高温焙烤过程中释放出来。

研究在室温下不同发酵酸与碳酸氢钠反应产生二氧化碳的起始速率对于食品加工工艺有重要意义。图 10 - 3 表示 $NaHCO_3$ 与 3 种发酵酸作用释放 CO_2 量(%)的情况。曲线 a 是作用快的磷酸二氢钙一水合物$[Ca(H_2PO_4)_2 \cdot H_2O]$,曲线 c 是作用慢的磷酸铝钠$[NaH_{14}Al_3(PO_4)_8 \cdot 4H_2O]$,而曲线 b 则是从无水磷酸二氢钙$[Ca(H_2PO_4)_2]$放出 CO_2 的曲线。曲线表明:反应 10 min,有 60% 以上的 CO_2 很快从磷酸二氢钙一水合物中放出,而作用慢的磷酸铝钠仅释放出约 20% 的 CO_2,这是因为水合铝覆盖层起阻隔作用,使覆盖层下面的发酵酸在加热活化之前仅有一小部分能发生反应。气体释放时间的推迟与水分渗透穿过覆盖层所需要的时间大体上是一致的。这一性质可以用来解释某些面制食品为什么在焙烤前需要放置一段时间。

焙烤是食品加工中的重要工艺过程。在焙烤期间,从发酵体系中释放出的二氧化碳对食品的质地产生最后的完善和修饰作用。因此需要很好地控制焙烤温度和时间。已知转化速率随温度升高而增大,绝大部分的发酵体系都是如此。图10 - 4表示温度对慢作用

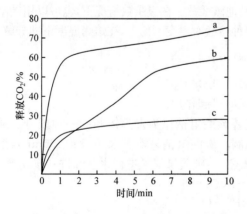

图 10 - 3　27 ℃时 $NaHCO_3$ 与 3 种发酵酸
分别作用对 CO_2 速率的影响
(a) 磷酸二氢钙一水合物;(b) 覆盖的无水磷酸
二氢钙;(c) 磷酸铝钠

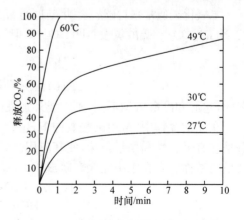

图 10 - 4　$NaHCO_3$ 与酸式焦磷酸盐慢速
反应时,温度对释放 CO_2 速率的影响

焦磷酸氢钠（$Na_2H_2P_2O_7$）发酵酸释放二氧化碳速率的影响。可以看出,温度略微升高（从 27 ℃升至 30 ℃）,气体产生明显加快,温度更高则气体释放速率急剧增加（见 49 ℃的曲线）,温度接近 60 ℃时,二氧化碳在 1 min 内几乎全部释放。

不同的发酵酸对温度的敏感程度是不一样的。对温度不太敏感的发酵酸,只有在接近最高焙烤温度时,才显示出较剧烈的作用。例如,磷酸氢钙（$CaHPO_4$）,它是一种微碱性酸式盐,在室温下并不与碳酸氢钠发生反应。可是,在焙烤温度升至 60 ℃以上时,它可在水的作用下释放出氢离子,因而使发酵过程活化。作用很慢的发酵酸只能用作较高焙烤温度和较长焙烤时间的食品生产,如某些特别类型的饼干。人们常采用由多种发酵酸成分组成的发酵酸配方。对于某些特殊的生面团和糊状物,有必要使用特别的发酵粉配方体系。

通常使用的发酵酸包括酒石酸氢钾、硫酸铝钠、δ-葡糖酸内酯、各种磷酸氢钙、磷酸铝钠、酸式焦磷酸钠等正磷酸盐、焦磷酸盐和磷酸盐。它们的某些性质见表 10 - 2。

表 10 - 2　常用发酵酸的某些性质

发酵酸	化学式	中和值[1]	室温下相对转化速率[2]
硫酸铝钠	$Na_2SO_4 \cdot Al_2(SO_4)_3$	100	慢
磷酸氢钙二水合物	$CaHPO_4 \cdot 2H_2O$	33	无
磷酸二氢钙一水合物	$Ca(H_2PO_4)_2 \cdot H_2O$	80	快
磷酸铝钠	$NaH_{14}Al_3(PO_4)_8 \cdot 4H_2O$	100	慢
酸式焦磷酸钠	$Na_2H_2P_2O_7$	72	慢
酒石酸氢钾	$KHC_4H_4O_6$	50	中等
δ-葡糖酸内酯	$C_6H_{10}O_6$	55	慢

1) 在简单模拟体系中,中和 100 份质量的发酵酸所需 $NaHCO_3$ 的质量分数。

2) $NaHCO_3$ 存在下释放 CO_2 的速率。

资料来源:Stahl 和 Ellinger(1971)。

关于发酵粉的规格,各国有不同的规定。例如,美国的标准,要求配方必须产生按发酵粉质量分数计为 12％的有效二氧化碳,并且含有按质量分数计为 26％～30％的碳酸氢钠。

最后介绍一些实际应用例子。

方便食品的崛起刺激了配制发酵混合物和冷冻生面团的大量销售。在白色和黄色蛋糕粉中,最广泛使用的发酵酸配料包含无水磷酸二氢钙［$Ca(H_2PO_4)_2$］和磷酸铝钠［$NaH_{14}Al_3(PO_4)_8 \cdot 4H_2O$］;巧克力蛋糕粉则通常包含无水磷酸二氢钙和酸式焦磷酸钠（$Na_2H_2P_2O_7$）。

饼干和面包卷制品所用的冷冻生面团,要求在制备和包装期间以较慢的起始速率释放二氧化碳,而在焙烤期则大量释放气体。饼干配方按总生面团质量计算,通常含 1％～1.5％的 $NaHCO_3$ 和 1.4％～2.0％作用缓慢的发酵酸,如有覆盖层的磷酸一氢钙和酸式焦磷酸钠。

典型的酸配料一般含有 10％～20％作用快的无水磷酸二氢钙和 80％～90％作用较

慢的磷酸铝钠或酸式焦磷酸钠。在已制好的饼干配料中,发酵酸通常包含 30%～50%无水磷酸一氢钙和 50%～70%磷酸铝钠或酸式焦磷酸钠。

焦磷酸盐在生面团中的作用是,它能生成具有大范围反应活性的正磷酸盐。例如,面粉中的焦磷酸酶能使酸式焦磷酸钠水解成正磷酸盐(图 10-5)。

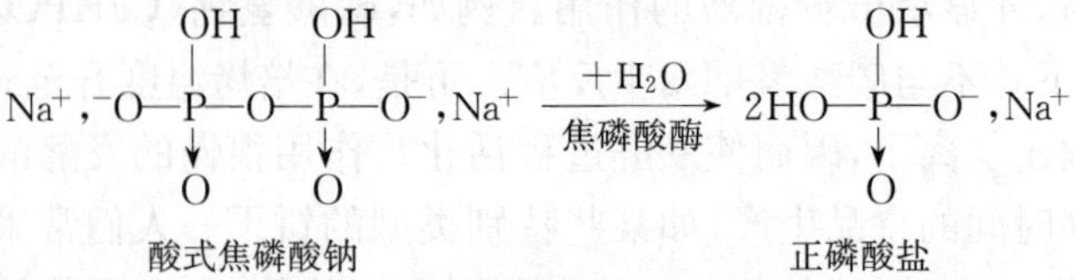

图 10-5　酸式焦磷酸钠的酶水解

碳酸氢钠和焦磷酸盐反应生成若干焦磷酸一氢三钠,后者也可水解生成正磷酸盐。但必须指出,这种酶作用可导致气体的生成,有助于使冷冻生面团的包装密封,但它也可导致正磷酸盐大晶体的生成而被消费者误认为是玻璃碎片,所以应尽量设法避免产生大晶体。

10.3　碱在食品加工中的作用

在食品和食品加工中碱和碱性物质(多是碱性盐类)有多种应用,它们包括对过量酸的中和、体系 pH 的调节、食品颜色和风味的改善、与某些金属离子的螯合、二氧化碳气体的产生以及各种水果和蔬菜的去皮。在生产像发酵奶油这类食品过程中,需要用碱中和过量的酸。在用搅乳器搅拌前,加入乳酸菌使奶油发酵,产生按乳酸计大约 0.75%的可滴定酸度。然后用碱中和至约 0.25%的可滴定酸度。减小酸度可以提高搅拌效率并阻止产生氧化性臭味。许多碱和碱性物质可单独使用或混合使用作为中和剂,但在选择它们时要注意考虑溶解度、碱的强度、是否会产生气泡等有关性质。特别是要考虑碱性试剂或碱的过量是否会产生异味。在有相当量的游离脂肪存在时,更应该注意。

有时需要用碱将食品调节到较高的 pH 以便获得更稳定更满意的性质。例如,在干酪加工中加入适量的(1.5%～3.0%)碱性盐,如磷酸氢二钠、磷酸三钠和柠檬酸三钠,使 pH 从 5.7 提高到 6.3,并且能使蛋白质(酪蛋白)分散。这种盐与蛋白质的相互作用能改善乳酪蛋白的乳化和对水的结合量,这是由于盐与酪蛋白胶束中的钙组分相结合,形成不溶性的磷酸盐或可溶性螯合物(柠檬酸盐)的缘故。

普通速溶牛乳凝胶布丁的制作是将含有预糊化淀粉的干混料与冷牛乳混合,然后在冰箱中放置一定时间,添加碱性盐如焦磷酸四钠($Na_4P_2O_7$)和磷酸氢二钠(Na_2HPO_4),使牛乳酪蛋白钙与预糊化淀粉结合形成凝胶。布丁形成的最适 pH 应在 7.5～8.0,虽然碱性的磷酸盐可提供某种必需的碱性,但通常还需加入适当的其他碱化剂。

磷酸根和柠檬酸根对钙、镁等金属离子有配位作用。加入的磷酸盐和柠檬酸盐,可与酪蛋白的钙、镁离子形成络合物,从而改变液体牛乳中盐的平衡。随所加盐的类型和浓度不同,在乳蛋白质体系中可起到稳定作用、胶凝作用或去稳定作用,其机理比较复杂,至今还不十分了解。

应当着重指出的是,为了改善加工食品的颜色和风味,使消费者更加喜爱,常需进行碱处理。例如,成熟的橄榄用氢氧化钠溶液(0.25%～2.0%)处理,有助于除去它的苦味成分和显现较深的颜色。在焙烤前将椒盐卷饼浸入 87～88 ℃的 1.25%氢氧化钠溶液中,由于发生美拉德褐变反应,使之表面变得光滑并产生深褐色。一般认为,用氢氧化钠处理生产玉米粥和玉米面饼的生面团,可以破坏其中的二硫键。大豆蛋白质经过碱处理后可增溶并引起某些营养成分的损失。在脆花生的生产中使用少量碳酸氢钠溶液处理,可促使羰氨褐变,并且通过二氧化碳的释放使之具有孔状结构和松脆感。碳酸氢钠也用于加工可可粉生产深色巧克力。

在食品加工中,强碱还大量用于各种水果和蔬菜的去皮。只要它们与氢氧化钠的热溶液(约 3%,60～82 ℃)接触,随后稍加摩擦即可达到去皮的目的,与其他传统去皮技术相比,此种去皮法可减少工厂的大量废水。强碱引起细胞和组织成分不同程度的增溶作用(溶解薄层间的果胶质)是腐蚀性去皮工艺的理论依据。

前面讨论的食品在焙烤期间,利用发酵粉中的碳酸氢盐和碳酸盐与发酵酸反应产生二氧化碳,也是碱在食品加工中的重要应用。

10.4　缓冲体系和盐类

10.4.1　食品中的缓冲液和 pH 控制

人们把能够抵抗少量外加酸、碱或稀释的作用,而本身的 pH 不发生显著变化的作用称为缓冲作用,具有缓冲作用的体系称为缓冲体系(buffering system)。因为绝大多数食品都是生物来源的复杂物质,它们都是天然缓冲体系。生物要维持生命活动,其 pH 必须保持在一定范围内,否则就会导致死亡。在生物来源的物质中参与 pH 控制或构成缓冲体系的物质有蛋白质、有机酸和弱的无机酸及其盐。在植物中还有柠檬酸(柠檬、番茄、大黄)、苹果酸(苹果、番茄、莴苣)、乙二酸(大黄、莴苣)以及酒石酸(葡萄、菠萝),它们都是构成缓冲体系的物质。它们一般与磷酸盐一起作用来控制 pH。牛乳是一个复杂的缓冲体系,它含有二氧化碳、蛋白质、磷酸盐、柠檬酸盐和其他成分。

在食品加工过程中,要使体系的 pH 稳定在预期的水平,必须通过缓冲体系。乳酪和腌菜发酵产生乳酸时,是自然完成的过程。有些情况下,要使产品味道更为可口而又不损失风味,需要在食品和饮料中使用相当数量的酸,但必须建立一个缓冲体系,才能做到这一点。缓冲体系的主要成分是弱有机酸和它的盐,同离子效应(common ion effect)是体系 pH 稳定的基础。弱有机酸盐的酸根是该酸的共轭碱。弱有机酸-共轭碱组成缓冲体系,可以用 HA-A⁻ 表示。

$$pH = pK'_a + \lg \frac{[A^-]}{[HA]} \tag{10-1}$$

缓冲溶剂具有一定的缓冲作用,是由于体系中含有浓度较大的缓冲剂(弱酸和它的共轭碱),可以使少量外加酸或碱对 pH 的影响减少。当然,一个体系的缓冲能力是有一定限度的。当外加酸或碱的量接近缓冲剂的量时,体系就会逐渐失去缓冲作用。所以,每个缓冲体系都有一定的缓冲容量。缓冲容量的大小取决于缓冲剂的总浓度($c_总 = c_{HA} +$

c_{A^-})和缓冲组分浓度的比值(c_{A^-}：c_{HA})。缓冲剂的总浓度越大,缓冲容量越大。当缓冲剂组分浓度比值等于1时,缓冲容量最大,离1越远容量越小。缓冲体系的有效缓冲范围是 pH$\approx$p$K_a'\pm1$。

在食品工业中,葡萄糖酸、乙酸、柠檬酸和磷酸的钠盐经常用于控制 pH 和调节酸味。在调节酸味上,柠檬酸盐优于磷酸盐,其酸味显得更为平和。需要低钠或无钠产品时,可用钾盐代替钠盐。但是不可使用钙盐,因钙盐难溶并与系统中其他组分不相容。

常见酸-盐体系的缓冲范围是:

柠檬酸和柠檬酸钠	pH 为 2.1～4.7
乙酸和乙酸钠	pH 为 3.6～5.6
磷酸二氢钠和磷酸氢二钠	pH 为 6.0～8.0
碳酸氢钠和碳酸钠	pH 为 9.0～11.0

10.4.2　盐类在乳制品和肉类加工中的应用

前面 10.2 节介绍的发酵盐和发酵酸以及 10.3 节介绍的许多碱性物质,严格地讲都是盐类在食品和食品加工中的应用。本节只简要地补充介绍盐类在乳制品和肉类加工食品中的作用。

在加工乳酪和人造乳酪中广泛使用盐类来改善其内部结构,使之具有均匀柔嫩的质地。人们常常把这些添加剂看成是乳化盐,因为它们有助于脂肪的分散和体系的稳定。虽然对盐的乳化机理仍不完全清楚,但很可能是当盐加入乳酪中时,盐的阴离子与钙结合导致乳酪蛋白的极性和非极性区的重排和暴露,这些盐的阴离子成为蛋白质分子间的离子桥,因而成为捕集脂肪的稳定因素。乳酪加工使用的盐包括磷酸一钠、磷酸二钠、磷酸三钠、磷酸二钾、六偏磷酸钠、酸式焦磷酸钠、焦磷酸四钠、磷酸铝钠、柠檬酸三钠、柠檬酸三钾、酒石酸钠和酒石酸钾钠。向炼乳中加入一定量的磷酸盐(如磷酸三钠)能阻止乳脂和水相的分离,加入量随季节不同和牛乳来源不同而变化。经高温短时消毒的炼乳在存放时常会发生胶凝,加入多磷酸盐(如六偏磷酸钠和三聚磷酸钠),可通过蛋白质变性和增溶机理阻止凝胶的生成,这一机理涉及磷酸盐对钙和镁的络合。

加入适量的磷酸盐可以增大猪肉、牛肉、羊肉、家禽和海味品对水的保持能力,从而可减少水分的损失。三聚磷酸钠($Na_5P_3O_{10}$)是最常使用在加工肉类、家禽和海味中的磷酸盐。它常与六偏磷酸钠$[(NaPO_3)_n, n=10\sim15]$掺和使用,以便增加肉类对腌制用盐水中钙、镁等离子的耐受能力。因为如果盐水中含有较多的钙、镁等离子时,正磷酸盐和焦磷酸盐常常会发生沉淀。需要加以说明的是六偏磷酸钠,常称为格氏盐,它是将磷酸二氢钠加热到 973K,然后骤然冷却制得的直链多磷酸盐玻璃体:

$$nNaH_2PO_4 \xrightarrow{973K} (NaPO_3)_n + nH_2O$$

它易溶于水,能与钙、镁等离子发生络合反应。过去曾把格氏盐看成是具有($NaPO_3$)的组成,因而被称为六偏磷酸钠,实际上并不存在($NaPO_3$)$_6$这样的独立单位,而是一个长链聚合物,即

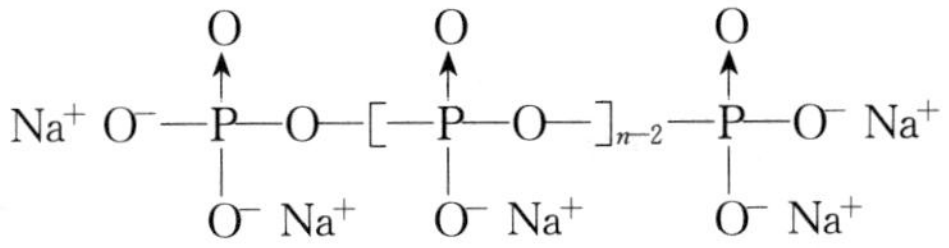

$$\text{Na}^+\ \text{O}^-\!-\!\overset{\overset{\displaystyle O}{\|}}{\underset{\underset{\displaystyle O^-\ \text{Na}^+}{|}}{P}}\!-\!O\!-\![\overset{\overset{\displaystyle O}{\|}}{\underset{\underset{\displaystyle O^-\ \text{Na}^+}{|}}{P}}\!-\!O\!-\!]_{n-2}\overset{\overset{\displaystyle O}{\|}}{\underset{\underset{\displaystyle O^-\ \text{Na}^+}{|}}{P}}\!-\!O^-\ \text{Na}^+$$

对碱式磷酸盐和多磷酸盐增强肉类水合作用的机理虽不少人做过大量研究,但现在仍不很清楚,它可能与下列因素有关:离子强度效应、pH 变化的影响,以及磷酸根阴离子同二价阳离子的配位和它与心肌纤维蛋白质的特殊相互作用等。也有人认为是多磷酸根阴离子与蛋白质的结合使肌动蛋白与肌浆球蛋白之间交联键同时断裂,造成了肽键间静电排斥力增大和肌肉体系的溶胀所致。如果外面存在可以利用的水,它便被吸收在松散的蛋白质网络内,呈固体状态。另外,由于离子强度增大,可能使蛋白质的相互作用减弱,使部分肌肉纤维蛋白形成胶体溶液。在碎肉制品中,如大红肠和香肠,添加氯化钠(2.5%~4.0%)和多磷酸盐(0.35%~0.5%)有助于形成更稳定的乳胶,在烹煮后则形成凝聚蛋白质构成的黏结网络。例如,用多磷酸盐浸过的(6%~12%溶液,保留量 0.35%~0.50%)鱼片、甲壳类动物和家禽,烹调时在表面形成一层可增进水分保持的凝聚蛋白,可以认为盐引起的增溶作用主要发生在组织表面。

10.5　螯　合　剂

10.5.1　螯合物和螯合剂

螯合物又称内配合物,它是由配合物的中心离子和配位体的两个或两个以上配位原子键合而成的具有环状结构的配合物。

根据螯合物形成的条件,凡含有两个或两个以上能提供孤对电子的原子的配位体称为螯合剂。一般配位体都含有下述功能基团:—OH、—SH、—COOH、—PO_3H_2、$\diagdown C\!=\!O\diagup$ 、—NR_2、—S—、—O—。这些功能基团彼此处于合适的几何位置,能以一种有利的空间环境螯合金属离子。金属螯合物由于具有环形结构呈现特殊的稳定性。一般来说,以五元环和六元环最为稳定。作为配位体的螯合剂绝大多数是有机化合物,但也有极少数无机化合物,如上面提到过的三聚磷酸钠可与钙离子形成螯合物,其结构如下:

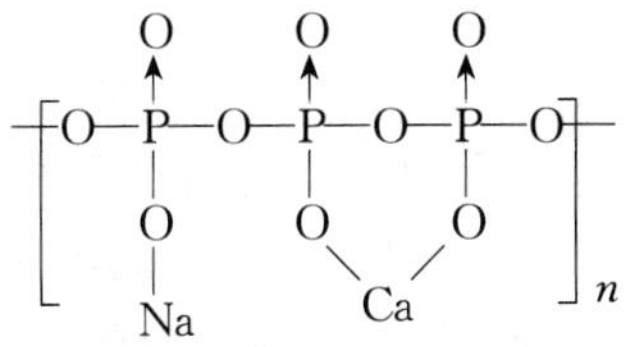

$$\left[\ O\!-\!\overset{\overset{\displaystyle O}{\uparrow}}{\underset{\underset{\displaystyle Na}{|}}{P}}\!-\!O\!-\!\overset{\overset{\displaystyle O}{\uparrow}}{\underset{\underset{\displaystyle Ca}{|}}{P}}\!-\!O\!-\!\overset{\overset{\displaystyle O}{\uparrow}}{P}\!-\!O\ \right]_n$$

柠檬酸和它的衍生物,各种磷酸盐和乙二胺四乙酸盐(EDTA)是食品中广泛使用的螯合剂。例如,EDTA 与钙形成高度稳定的螯合物,配位包含 2 个氮原子的电子对和 4 个羟基的氧原子上的 4 个自由电子对。这 6 个电子供体基团与钙离子形成 1 个具有多个五元环的极其稳定的螯合物,如图 10-6 所示。

体系的 pH 也会影响金属螯合物的形成。不电离的羧酸基团不是一个有效的供体基

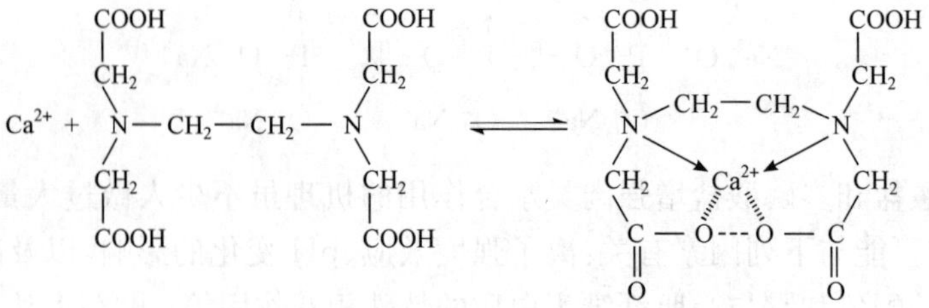

图 10-6 EDTA 螯合钙

团,但羧酸根离子起着有效的作用。适当提高 pH 让羧基解离,可增强螯合能力。但是,在有的情况下,OH⁻争夺金属离子反而使螯合效力降低。金属离子一般是以水合配合物形式存在于溶液中,这些配合物的分解速率会影响螯合剂对金属离子的螯合速率。生成螯合物反应的平衡常数也称为螯合物的生成常数。该常数越大表示生成螯合物的倾向越大。螯合物的生成常数又称为稳定常数。计算公式如下:

$$金属离子 + 螯合剂 = 金属离子·螯合剂$$

$$K_稳 = \frac{[金属离子·螯合剂]}{[金属离子][螯合剂]}$$

例如,对钙而言,EDTA 的 $lgK_稳$ 为 10.7,焦磷酸盐为 5.0,柠檬酸盐为 3.5。

10.5.2　螯合物在食品中的作用

螯合物对食品的稳定起着重要的作用。食品工业中应用的许多螯合剂是天然物质,如多元羧酸(柠檬酸、苹果酸、酒石酸、乙二酸和琥珀酸)、多磷酸(三磷腺苷和焦磷酸盐)和大分子(卟啉和蛋白质)。许多金属在生物体中心以螯合状态存在,如叶绿素中的镁;各种酶中的铜、铁、锌和锰;蛋白质中的铁,如铁蛋白;肌红蛋白和血红蛋白中卟啉环中的铁。当这些离子由于水解或其他降解反应被释放时,会引起一些反应并导致食品变色、氧化性酸败、浑浊以及味道改变。在食品中有选择地适量加入螯合剂,可使这类金属离子形成螯合物,从而使食品保持稳定。

螯合剂也可依靠链终止或作为氧的清除剂而阻止氧化作用,仅从这个意义上讲,螯合剂不能说成是抗氧化剂。然而,它们都是有效的抗氧化剂的增效剂,因为它们能除去那些能催化氧化作用的金属离子。当选择一种螯合剂作为抗氧化剂的增效剂时,首先必须考虑的是它的溶解度,因为不溶解将是无效的。柠檬酸和柠檬酸酯(20～200 mg/kg)丙二醇溶液可使脂肪和油增溶,因此是全部脂质体系的有效增溶剂。另外,Na_2EDTA 和 Na_2CaEDTA 的有限溶解性在纯脂肪体系中是无效的。可是,EDTA 盐(达到 500 mg/kg)在乳胶体系中却是很有效的,如色拉调料、蛋黄酱以及人造黄油,因为它们在水相中可以起作用。

多磷酸盐和 EDTA 用于海产品罐头的加工,可阻止鸟粪石或磷酸铵镁($MgNH_4PO_4$·$6H_2O$)的玻璃状晶体的生成。海味含有相当数量的镁离子,在存放期间镁离子可能与磷酸铵反应生成晶体,此晶体往往误认为是碎玻璃污染。螯合剂可以螯合镁并减少鸟粪石的生成。螯合剂也可用来螯合海产食品中的铁、铜和锌离子以及阻止它们反应,特别是与硫化物反应会引起产品变色。

对动物有特殊生理功能的必需微量元素除 Mn、Fe、Co、Mo、Cu、I、Zn 之外,还有 V、Cr、F、Si、Ni、Se、Sn 等,它们都以配合物的形式存在于动物体内。微量元素又是酶和蛋白质的关键成分,参与激素的作用(如 Zn、Ni),有些影响核酸代谢(如 V、Cr、Ni、Fe、Cu 等),因此在动物食品中加入适量的螯合剂,可以起到稳定作用。

在蔬菜漂洗前加入螯合剂可以抑制金属离子引起的变色,并能除去细胞壁中果胶中的钙,从而增进鲜嫩度。

柠檬酸和磷酸常用作饮料中的酸化剂,它们也能螯合金属离子,避免这些金属离子催化萜烯这类香料化合物的氧化和变色反应。螯合剂使铜螯合,对发酵麦芽饮料可起到稳定作用。游离铜能催化多酚化合物的氧化,进而与蛋白质反应生成永久性糊状物而变浑浊。

EDTA 有极强的螯合能力,但在食品中过多地使用可能导致人体内钙或其他矿物质缺乏。因此,对它的使用量和使用范围已有所规定。在某些情况下,食品中通常是使用 $Na_2CaEDTA$,而不用全钠(Na、Na_2、Na_3 或 Na_4EDTA)或 EDTA。可是,根据食品中天然存在的钙和其他二价阳离子的含量,在控制用量的条件下使用这类螯合剂仍然是可以的。

10.6　抗氧化剂

在生物体系和食品中,氧化还原反应普遍存在。虽然有的氧化还原反应可以消除食品中的有害细菌,但同时也带来某些有害的影响。食品中维生素、色素和脂质的降解反应,不仅会造成营养价值损失,而且往往产生臭味,导致食品变质。为防止或延缓食品的氧化,在储藏加工和包装工艺过程中,一般可采用冷冻、隔氧或添加适量化学试剂的方法。抗氧化剂是指能抑制或阻止食品发生氧化反应的所有物质。一般抗氧化剂都是还原性物质。例如,抗坏血酸被认为是一种抗氧剂,用于抑制水果和蔬菜切割表面的酶促褐变。在这种应用中,抗坏血酸作为还原剂将氢质子转移到被酶氧化的酚类化合物中将其还原。在封闭体系中,抗坏血酸易与氧反应,因此可作为去氧剂。同样,亚硫酸和亚硫酸盐易氧化成磺酸盐和硫酸盐,是干果类食品中有效的抗氧化剂。最常用的食品抗氧化剂是酚类物质。最近,“食品抗氧剂”一词多用于指那些能阻止脂质氧化的自由基链反应的一类物质,然而,这个词并不只限于此种意义。

各种抗氧化剂的抗氧化效果不同,常常发现几种抗氧化剂的组合有更大的保护作用,显示出协同效应,但此协同效应的机理还不清楚。例如,一般认为抗坏血酸可以使参与脂质氧化链反应的酚类抗氧化剂获得再生或形成大的供氢体。但是,抗坏血酸不溶于脂肪,要使它达到上述效果,必须使之减小极性以增大亲油性。其方法是将抗坏血酸用脂肪酸酯化形成诸如棕榈酰抗坏血酸酯这类化合物。

铜和铁这类金属离子可以催化脂质氧化,是脂质氧化的助氧化剂。加入螯合剂,如柠檬酸或 EDTA,可使之钝化,因此螯合剂可作为抗氧化剂的增效剂,它们大大增强了酚类抗氧剂的效果。可是,把它们单独作为抗氧化剂使用,往往是无效的。

　　许多天然产物具有抗氧化能力,如生育酚。存在于棉籽中的棉酚也是一种抗氧化剂,但是它有毒性。天然抗氧化剂中还有松柏醇(发现于植物中)、愈创木酯以及愈创木脂酸(来自愈创树脂胶)。所有这些化合物在结构上都与人工合成抗氧化剂[叔丁基化羟基茴香醚(BHA)、2,6-二叔丁基化羟基甲苯(BHT)、没食子酸丙酯(PG)、2-叔丁基氢醌(TB-HQ)]相似。目前,它们已在食品加工和储藏中得到广泛应用。此外,近几年来,对茶叶中茶多酚作为油脂天然抗氧化剂应用的研究也取得了重大进展。

　　Kubo 对以没食子酸为基础的抗氧化剂与抗微生物剂的分子设计做了详述,Walker与 Ferrar 对于食品中酶促褐变的控制进行了讨论。

10.7　抗　菌　剂

　　许多化学防腐剂具有抗菌作用,能防止食物腐坏,在保证食品安全性方面有重要作用。下面分别介绍主要的抗菌剂。

10.7.1　亚硫酸盐和二氧化硫

　　二氧化硫(SO_2)及其衍生物早已是普遍使用的食品防腐剂。它们添加到食品中,作为抗氧化剂与还原剂以阻止非酶褐变(nonenzymic browning)和酶催化反应(enzyme cat-alyzed reaction)以及控制微生物。通常 SO_2 及其衍生物代谢成为硫酸盐,并经过尿液排出体外,不产生明显的病理效应。然而由于最近了解到二氧化硫及其衍生物的剧烈反应导致敏感性哮喘,所以它们在食品中的使用近来受到控制并要求严格地在标签上注明。尽管有以上情况,它们在当前的食品保护中仍占主要地位。

　　在食品中,一般使用的形式包括 SO_2 气体和钠、钾、钙的亚硫酸盐(SO_3^{2-})、亚硫酸氢盐(HSO_3^-)、偏亚硫酸盐($S_2O_5^{2-}$)。最常用的亚硫酸盐是偏亚硫酸钠与偏亚硫酸钾。因为它们在固态的氧化反应中也有非常好的稳定性。不过,当滤去固体有问题或气态也能控制 pH 时,则使用气态二氧化硫。

　　在酸性介质中,二氧化硫是最有效的抗菌剂,这种抗菌作用是未离解的亚硫酸产生的。溶液酸度增加至 pH 为 3.0 以下时,主要存在形式是不解离的亚硫酸,并有部分二氧化硫气体逸出。酸度高时二氧化硫可产生强的抗菌效果,因为未解离的亚硫酸更容易穿透细胞壁。亚硫酸抑制酵母、霉菌和细菌的程度各不相同,特别是酸度低时更是如此。在低酸度时 HSO_3^- 离子对细菌有效,但对酵母无效。对革兰阴性菌的效果远远超过对革兰氏阳性菌的效果。

　　二氧化硫作为食品保鲜剂,从微生物学与化学的应用来看,推测其效果都是由亚硫酸离子的亲核性所致。含四价硫和氧的离子与核酸之间的反应,可引起微生物失活或被抑制,认为是酸性亚硫酸与乙醛在细胞中的反应;还原酶中的二硫键,以及生成亚硫酸加成物,使细胞代谢所必需的酶反应不能发生;SO_2 与酮基反应生成羟基磺酸盐(酯),使之抑制烟酰胺二核苷酸(nicotinamide dinucleotide)参与的呼吸机理中的几步反应。

　　在已知的食品非酶褐变抑制剂中,二氧化硫可能是最有效的。其化学机理复杂,如二氧化硫阻碍非酶褐变(图 10-7),最重要的是含四价硫和氧的阴离子(酸性亚硫酸)与还原糖和其他参与褐变反应化合物的醛基反应。这种可逆的酸性亚硫酸加成物因为结合了羰基而延缓了褐变过程,不过也有认为此反应除去了类黑精结构中的羰基发色团从而产生了漂白效果。含亚硫酸根与羟基的反应是不可逆的,尤其是在褐变反应中与糖的 4-位羟基以及抗坏血酸中间体作用生成了相对稳定的磺酸酯($R—CHSO_3^- —CH_2R'$),从而延缓了整个反应,特别是倾向于产生有色颜料的反应。

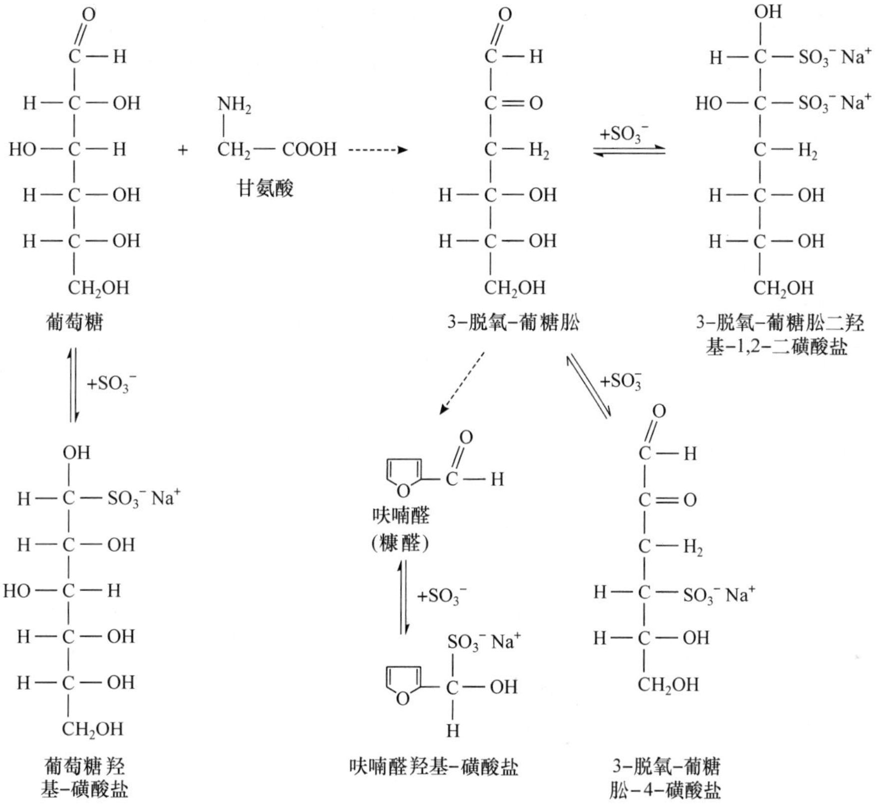

图 10-7　某些硫(Ⅳ)氧阴离子(HSO_3^-、SO_3^{2-})阻止美拉德褐变反应的机理

二氧化硫也能抑制某些酶催化反应,特别是酶促褐变。在处理新鲜水果和蔬菜过程中,常常发现由于酚类物质由酶催化氧化引起的褐变,严重影响质量。应用亚硫酸盐或偏亚硫酸氢盐溶液喷洒或浸渍,可以得到良好效果。在处理前需预先剥皮或切开马铃薯、胡萝卜或苹果,不论柠檬酸存在与否,此种方法均可使酶促褐变得到有效的控制。

二氧化硫在多种食品中具有抗氧化作用,但也有副作用。例如,将二氧化硫通入啤酒中,在存放期间会明显阻止氧化风味的形成。鲜肉在二氧化硫存在时,虽能有效地保持红色,但此种方法会掩盖变质的肉制品,所以规定禁止使用。

面粉经二氧化硫作用,会使蛋白质的二硫键发生可逆性断裂。这对面包生面团的焙烤性质有好的影响。水果干燥前常用二氧化硫处理,此种处理虽能防止褐变,但会引起花青素苷色素的氧化漂白。利用二氧化硫的氧化漂白可用于制造白葡萄酒和糖水樱桃。

二氧化硫和亚硫酸盐在人体内经过代谢可转变成硫酸盐,然后从尿中排出,而无任何明显的病理学变化,然而,对二氧化硫及其衍生物的有关安全性问题,还正在观察之中。

因为有报道认为,某些气喘患者进食亚硫酸氢盐食物后,有剧烈反应并可能导致突变。另外,二氧化硫有明显带刺激性的令人讨厌的味道并污染空气,应值得注意。

10.7.2　亚硝酸盐和硝酸盐

亚硝酸和硝酸的钠盐和钾盐通常用于肉类腌制。它们的作用是保持肉类的颜色、抑制微生物的生长及产生特殊风味。实际起作用的是亚硝酸盐而不是硝酸盐。肉中的亚硝酸盐分解形成一氧化氮,它与血红素反应生成亚硝基肌红蛋白,使腌制的肉类呈现粉红色。感官评价表明,亚硝酸盐显然是通过抗氧剂的作用使腌肉产生风味,但其机理尚不清楚。另外,亚硝酸盐($150\sim200\ \mu g/g$)能抑制碎肉罐头和腌肉中的梭状芽孢杆菌。亚硝酸盐的抑制作用在 pH 为 $5.0\sim5.5$ 比在较高 pH 时更为有效。对亚硝酸盐的抗菌机理还不清楚。有人认为亚硝酸盐与巯基反应可形成在厌氧条件下不被生物代谢转化的化合物,从而起到抗菌的作用。

研究证明亚硝酸盐在腌肉中生成少量而且能显毒性的亚硝胺。

硝酸盐存在于多种植物中,如菠菜。过度施肥的土壤所生长的植物组织中可累积大量硝酸盐。硝酸盐在肠道中被还原成亚硝酸盐而被吸收,这样会由于形成高铁血红蛋白而导致青紫症,所以人们对在食品中使用亚硝酸盐和硝酸盐产生了异议。

10.7.3　山梨酸

直链脂肪族酸一般显示出抗霉菌活性,其中 α-不饱和脂肪酸同系物特别有效。山梨酸(2,4-己二烯酸)和它的钠盐及钾盐广泛用于乳酪、焙烤食品、果汁、葡萄糖、蔬菜等各类食品以抑制霉菌和酵母菌。山梨酸阻止霉菌的生长特别有效,而且浓度高达 0.3%(按质量计)也几乎无味道。山梨酸的使用方法包括直接加入、表面涂抹或掺入包装材料中。活性随 pH 降低而增强,表明未解离形式比解离形式抑菌力更强。山梨酸有效范围为 pH<6.5,明显高于丙酸和苯甲酸的有效 pH 范围。

山梨酸的抗霉菌作用是由于霉菌不能代谢脂肪族链中 α-不饱和二烯体系。山梨酸的二烯结构可干扰细胞中的脱氢酶,脱氢酶使脂肪酸正常脱氢,这是氧化作用的第一步。可是,在高等动物体内并不产生此种抑制效应。所有证据均表明,人和动物对山梨酸和天然脂肪酸的代谢完全一样。但也曾出现几种霉菌能代谢转化山梨酸,并认为这种代谢是通过 β-氧化作用进行的,与哺乳动物的代谢相似。

短链($C_2\sim C_{12}$)饱和脂肪酸对许多霉菌也有中等程度抑制效力。然而,有些霉菌能促进饱和脂肪酸的 β-氧化生成相应的 β-酮酸,特别是当酸浓度恰好显示抑制作用时,生成的 β-酮酸通过脱羧反应生成相应的甲基酮,如图 10-8 所示。

甲基酮不显示抗霉菌性质。

关于抗菌机理有人认为抗霉菌酸附着在细胞表面可引起细胞通透性的变化;又有人认为不饱和脂肪酸可发生氧化,生成的自由基附着在细胞膜的关键位置显示抑制作用。可是,上述这些机理都是推测性的,缺乏足够的根据。

山梨酸的抗菌性质也可通过酶转化反应而受到破坏。由山梨酸直接脱羧生成碳氢化合物 1,3-戊二烯(H_3C—CH =CH—CH =CH$_2$)已经得到证明。

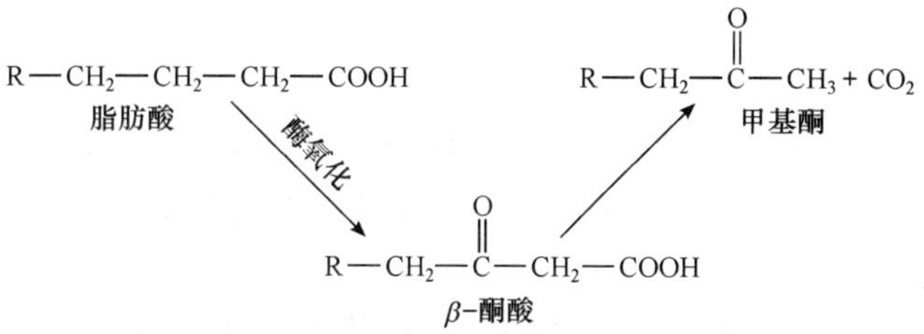

图 10 - 8　脂肪酸通过霉菌酶氧化生成 β-酮酸,随后脱羧成甲基酮

含有山梨酸的葡萄酒在瓶中经乳酸菌作用腐败后,会散发出像老鹤草的臭气味。人们认为其机理可能是乳酸菌将山梨酸还原成 2,4 -己二烯醇,然后由它们的酸性环境,引起重排生成仲醇。最终反应生成乙氧基化己二烯,它具有一种强烈的、易辨认的老鹤草叶气味。上述破坏山梨酸抗菌性质的酶转化如图 10 - 9 所示。

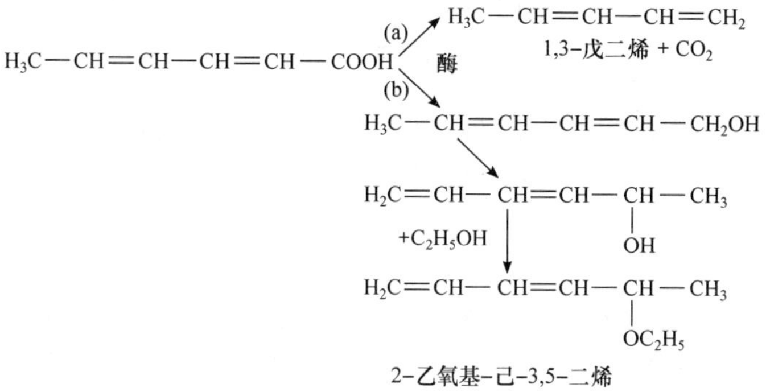

图 10 - 9　破坏山梨酸抗菌性质的酶转化

(a)脱羧作用;(b)还原羧基,随后进行重排并产生醚

经研究确定,山梨酸盐有广泛的抗菌活性,对与新鲜家禽、鱼和肉腐败有关的多种细菌均有抗菌活性。对于咸肉和在减压下包装的冷冻鲜鱼,它在阻止产生肉毒杆菌毒素方面特别有效。

10.7.4　纳他霉素

纳他霉素(Natamycin)或匹马菌素(Pimaricin)是一个多烯抗霉菌的大环内酯(Ⅰ),可用来防止加工干酪时霉菌的生长。这种霉菌抑制剂的商业名称为 Delvocid。当它用在直接同空气接触和易生长霉菌的食品表面是高效的。纳他霉素应用于发酵食物,如加工乳酪,因为它选择性地只抑制霉菌而让催熟的细菌正常生长和代谢。

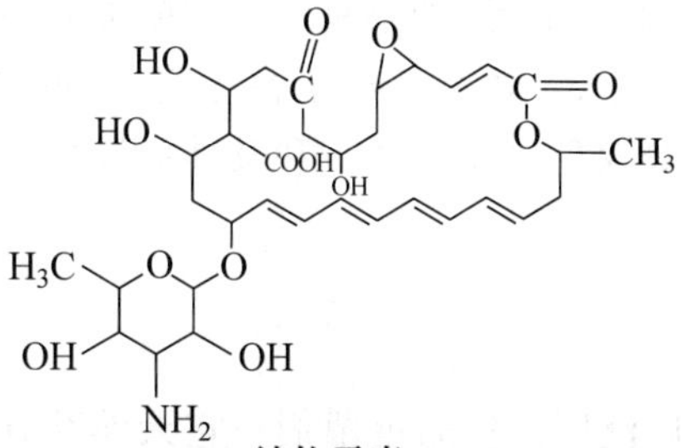

纳他霉素

(Delvocid, Ⅰ)

10.7.5　甘油酯

许多游离脂肪酸和酰基甘油对革兰氏阳性细菌和某些酵母菌表现出强烈的抗菌活性。不饱和化合物,特别是那些 C_{18} 的化合物,可显示强的脂肪酸活性;中等链长(C_{12})对甘油酯化的抑制作用最强。

单月桂酸甘油酯(Ⅱ),商业名称 Monolaurin,当以浓度 $15\sim250\ \mu g/g$ 存在时,能抑制几种潜在致病的葡萄球菌和链球菌。由于它的脂质性质,能用在某些含脂食品中。

$$HC-O-\overset{\displaystyle O}{\overset{\displaystyle \|}{C}}-(CH_2)_{10}-CH_3$$
$$| $$
$$CHOH$$
$$| $$
$$CH_2OH$$

单月桂酸甘油酯

Ⅱ

这类亲油药剂对肉毒梭状芽孢杆菌也显抑制作用。具有此种功能的单月桂酸甘油酯在腌(熏)肉和冷冻包装鲜鱼中得到了应用。

10.7.6　丙酸

丙酸(CH_3-CH_2-COOH)是丙酸菌产生的,它天然存在于瑞士乳酪中(达 1%)。丙酸和它的钠盐、钙盐对霉菌和某些细菌具有抗菌活性。丙酸在面包、糕点以及饼干生产中有广泛用途。它不仅可以有效抑制霉菌,而且对胶黏的面包微生物芽孢杆菌属的肠膜菌也是有效的。一般用量可达到 0.3%。正如其他羧酸抗菌剂一样,其未解离形式是有效的。在大多数应用中,有效性范围可提高到 pH 为 5.0。丙酸对霉菌和某些细胞的毒性与它们不能代谢 C_3 骨架有关。可是,在哺乳动物中,丙酸的代谢与其他脂肪酸相似,尚未证明在上述用量水平产生毒性效应。

10.7.7　乙酸

乙酸(醋酸)是醋的主要成分。醋对食物的防腐作用古人早已利用。除了利用醋(含 4%乙酸)和乙酸之外,在食品防腐方面也可应用乙酸钠(CH_3COONa)、乙酸钾、乙酸钙 $[(CH_3COO)_2Ca]$ 以及二乙酸钠($CH_3COONa \cdot CH_3COOH \cdot 1/2\ H_2O$)。将这些盐用于面包和其他焙烤食品(加入量 0.1%~0.4%)以阻止胶黏和霉菌生长而对酵母菌无害。

醋和乙酸可用于腌肉和腌鱼制品,如果有发酵的糖类存在,至少必须添加 3.6%的酸方可阻止乳酸菌和酵母菌的生长。乙酸还用于番茄酱、蛋黄酱和腌菜这类食品。它能表现出双重功能,既抑制微生物又能产生香味。和其他脂肪酸一样,乙酸的抗菌活力随 pH 减小而增大。

10.7.8　苯甲酸

苯甲酸(C_6H_5COOH)广泛用作食品抗菌剂。它天然存在于酸果蔓、梅干、肉桂和丁香中。未解离酸具有抗菌活性,在 pH 为 2.5~4.0 范围内呈现最佳活性,因而适合用于酸性食品,如果汁、碳酸饮料,腌菜和泡菜。在食品中添加少量苯甲酸时,对人体并无毒害。因它与人体内的甘氨酸结合后形成马尿酸(甘氨酸苯甲酰)易于从体内排掉(图10-10)。

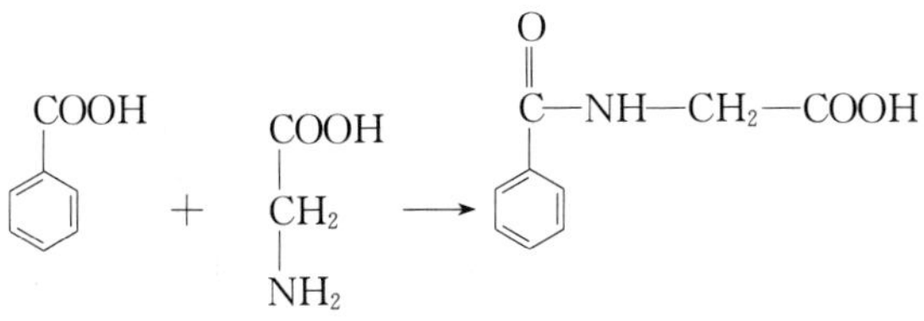

图 10-10　苯甲酸与甘氨酸结合反应

这种解毒作用使苯甲酸不会在体内蓄积。

苯甲酸的钠盐比苯甲酸更易溶于水,故一般使用钠盐。它在食品中部分转变为有活性的酸的形式。它抑制酵母菌和细菌的作用强,而对霉菌的作用小。通常将苯甲酸与山梨酸(己二烯酸)或对羟基苯甲酸烷基酯(Parabens)合并使用,使用范围为 0.05% ~ 0.1%(质量分数)。

10.7.9　对羟基苯甲酸烷基酯

对羟基苯甲酸烷基酯商业名称为 Parabens。它包括从甲基到庚基的一系列物质,如

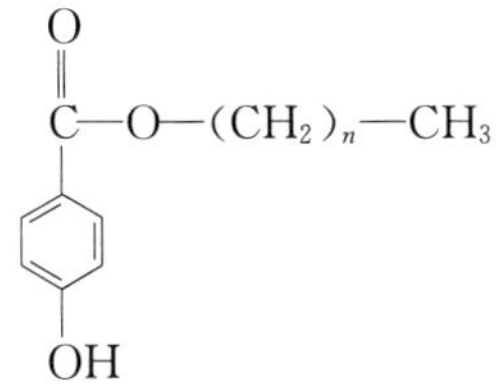

对羟基苯甲酸烷基酯(n 为 0~6)

各国采用的烷基种类不完全相同。例如,美国使用的是甲基、丙基和庚基酯;其他一些国家也有采用乙基和丁基酯的。Parabens 可用作焙烤制品、软饮料、啤酒、小肉片菜卷、腌菜、果酱、肉冻以及糖浆中的微生物防腐剂。它们几乎不影响食品的香味,是霉菌和酵母菌的有效抑制剂,用量范围是 0.05% ~ 0.10%(质量分数);但对细菌、特别是革兰氏阴性细菌无作用。随着对羟基苯甲酸酯类烷基链长的增加,其抗菌活性增大,但在水中的溶解度却降低。故通常使用烷基链较短的化合物,因它易溶于水。与其他抗真菌剂比较,这类化合物在 pH 为 7 或更高时仍具有活性,显然表明在这个 pH 范围内化合物仍有相当部分保持不解离状态。酚羟基使分子具有弱酸的特性。酯链甚至在消毒温度下对水解也是稳定的。对羟基苯甲酸与苯甲酸有许多共同性质,并且它们常常合并使用。它对人毒性很小,经酯基水解和随后的代谢共轭作用,使它们可以经尿排泄到体外。因此,这类添加剂可安全地使用。

10.7.10　环氧化物

环氧乙烷和环氧丙烷是活泼的环醚,它们可破坏包括孢子甚至病毒在内的各种微

生物。

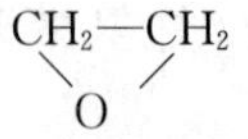

$$CH_2 \!-\! CH_2 \qquad\qquad CH_2 \!-\! CH \!-\! CH_3$$
$$\diagdown\!O\!\diagup \qquad\qquad\qquad \diagdown\!O\!\diagup$$
环氧乙烷 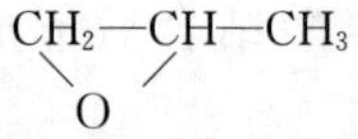　　　　　　　　环氧丙烷

这些烯烃氧化物与绝大多数食品抗菌剂不同,它们在所用浓度范围内不仅对微生物有抑制作用,而且有致死效应。它们常用于处理某些低水分食品和无菌包装材料的消毒。为了使这类抗菌剂和微生物能保持紧密接触,可先用蒸汽熏蒸,然后用冲洗和抽真空方法除去绝大部分剩余未反应的环氧化物。

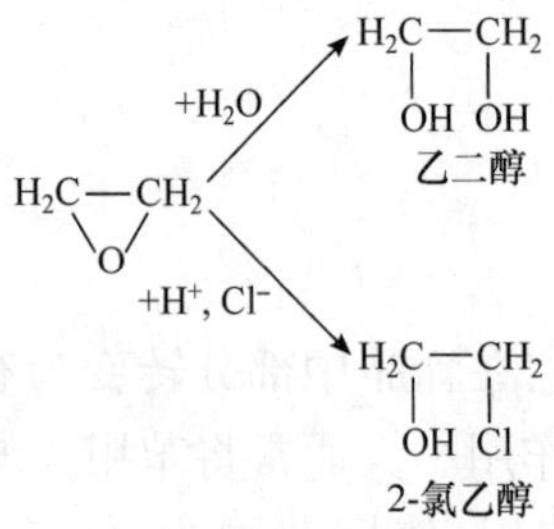

关于环氧化物的作用机理,目前还不甚了解。对环氧乙烷而言,曾假定一个羟乙基基团（—CH_2—CH_2—OH）与主要中间代谢物进行烷基化,可以解释致死效应。攻击位置可以是代谢体系中任何不稳定的氢。环氧化物还可以与水反应生成乙二醇（图 10 - 11）。然而,乙二醇毒性低,因此并不能解释其抑制效应。

此外,环氧化物可能对维生素 B_2、维生素 PP 和维生素 B_6 等有不利影响。

图 10 - 11　环氧乙烷与水和氯离子反应

环氧乙烷比环氧丙烷的反应性强,挥发性（沸点 13.2 ℃）和可燃性也比环氧丙烷大。为了安全,环氧乙烷通常以混合物的形式提供,混合物组成为 10% 的环氧乙烷和 90% 的二氧化碳。将需消毒的产品放在密闭室中,先抽真空,然后用环氧乙烷-二氧化碳混合气将容器升压到 13.6 kg,以提供足以在一定时间内可杀死微生物的环氧乙烷浓度所需的压力。当使用环氧丙烷时,因其沸点稍高（沸点 34.3 ℃）,必须充分加热使环氧化物处于气态。

环氧化合物由于不仅具有较强的杀菌能力,而且还能消除食品中的大部分活性氧,反应后生成的二乙醇类化合物毒性又较低,因此在食品中得到广泛应用。但它们的使用范围主要局限在干制食品,如坚果和香料等。对于高水分食品,环氧化合物因首先与水反应而耗尽,而像香料类中的风味化合物,因沸点低、易挥发,又是热不稳定的,因此不宜热杀菌。

按规定环氧乙烷处理的产品中,残留量不能超过 500 $\mu g/g$,环氧丙烷的残留量应低于 300 $\mu g/g$。

10.7.11　抗生素

抗生素是由各种微生物天然产生的一大组抗菌剂组成的。它们具有选择性的抗菌活性。抗生素在控制动物致病微生物方面的成功使它们有可能应用于食品防腐方面。可是,由于担心经常使用抗生素会产生微生物抗药性,有的国家已禁止在食品中使用。但是,有的国家却允许限制性地使用少量的抗生素。它们包括乳酸链球菌肽、氯四环素和氧四环素。食品中抗生素的大多数实际应用都涉及将它们作为食品保藏的辅助物。这包括推迟冷冻易腐食物和降低加热过程的剧烈程度。对于新鲜肉类、鱼和家禽这一类易腐食物,广谱抗生素具有较好的作用。事实上,近几年来,有的国家的食品和药物管理局允许将宰杀家禽整体浸入氯四环素或氧四环素溶液中。这样就可延长它们的货架期,残留抗生素可用一般烹煮方法破坏。

乳酸链球菌肽应用于食品防腐已进行过广泛地探索。发现这个多肽抗生素对革兰氏阳性微生物是有效的,特别是阻止孢子的增生。目前医药上尚未使用此种抗生素。

乳酸链球菌肽是由乳酸链球菌产生的,世界上有些地区用它来阻止乳制品腐败,例如用于加工乳酪和炼乳,乳酸链球菌肽对革兰氏阴性腐败菌无效,并且有些梭状芽孢杆菌株有抗药性。然而,它对人体基本无毒,不会导致对医药抗生素有交叉抗药性,并且能在肠道中无害地降解。

10.7.12　焦碳酸二乙酯

焦碳酸二乙酯已用作饮料类食品的抗菌剂,如果汁、酒和啤酒。它的优点是可用于水溶液的冷巴氏消毒法(cold pasteurization process),并易水解成乙醇和二氧化碳,即

$$H_5C_2-O-\overset{O}{\overset{\|}{C}}-O-\overset{O}{\overset{\|}{C}}-O-C_2H_5 + 2H_2O \longrightarrow 2C_2H_5OH + 2CO_2$$

在酸性饮料中(pH 低于 4.0)其用量范围为 120~300 mg/kg,在此条件下大约 60 min 内可杀灭全部酵母菌。对其他有耐受力的微生物如乳酸菌,只有当微生物数量很少(<500 个/mL)和 pH 低于 4.0 时,才能达到消毒的目的。低 pH 的好处是能降低焦碳酸二乙酯的分解速率和增强它的杀菌效力。

浓焦碳酸二乙酯有刺激性,但在酸性饮料中 24h 内基本上完全水解,几乎无直接毒性。焦碳酸二乙酯与一些化合物反应有可能生成乙酯基衍生物和乙酯。

焦碳酸二乙酯易与氨反应生成尿烷(氨基甲酸乙酯):

$$H_5C_2-O-\overset{O}{\overset{\|}{C}}-O-\overset{O}{\overset{\|}{C}}-O-C_2H_5 + 2NH_3 \longrightarrow 2H_5C_2-\overset{O}{\overset{\|}{C}}-NH_2$$

焦碳酸二乙酯　　　　　　　　　　　　　　　　尿烷

尿烷是一种已知的致癌物质。虽然尚未见到食品经焦碳酸二乙酯处理后生成尿烷的报道,但有人采用灵敏的同位素稀释示踪技术已发现曾用焦碳酸二乙酯处理过的橙汁、啤酒和葡萄酒含有 0.17~2.6 μg/g 的尿烷。由于氨普遍存在于动、植物组织中,因此用焦碳酸二乙酯处理过的食品有可能含有极少量尿烷。基于这一点,有的国家已明令禁止在食品中使用焦碳酸二乙酯。

10.8　非营养性和低热量甜味剂

非营养和低热量甜味剂包括一大类可产生甜味的物质,它们能增强甜味。美国对于环己烷氨基磺酸盐的禁用和糖精的安全性评价等问题,促使人们更深入地研究新的低热量甜味剂,以满足人们对低热量食品与饮料的需求。因而发现了许多有甜味的化合物,增加了一批有潜在商业应用价值的低热量甜味剂,它们的相对甜度列于表 10-3 中。

表 10 - 3　一些甜味剂的相对甜度

甜味剂	相对于蔗糖的甜度 （蔗糖＝1，按单位质量计）
阿瑟休发姆 K(acesulfame K)	200
阿里塔姆(alitame)	2000
阿斯巴甜(aspartame)	180～200
环己烷氨基磺酸盐(cyclamate)	30
甘草甜(glycyrrhizin)	50～100
蒙利灵(monellin)	3000
新橙皮苷二氢查耳酮(neohesperitin dihydrochalcone)	1600～2000
糖精(saccharin)	300～400
斯切维苷(stevioside)	300
三氯蔗糖(sucralose)	600～800
索马甜(thaumatin)	1600～2000

注：相对甜度是指相对于蔗糖的甜度，在浓缩或饮料加工时，其相对甜度值可能发生变化。

10.8.1　环己基氨基磺酸盐

美国在 1949 年批准环己基氨基磺酸盐（cyclamate，又称甜蜜素）作为食品添加剂，环己基氨基磺酸及其钠盐、钙盐作为调味剂得到广泛的应用，直到 1969 年底美国食品医药管理局（Food and Drug Administration，FDA）宣布禁止使用为止。它比蔗糖甜 30 倍，味道与蔗糖相似，没有感到明显的异味，而且热稳定性高。其甜味的持久性比蔗糖高。

有些早期对小鼠的实验证明环己基氨基磺酸盐及其水解产物可引起膀胱癌（bladder cancer）。反应如下：

环己氨基磺酸钠　　　　　　　环己胺

然而后来的实验并没有证实早期的报道结果，于是陆续向美国政府申请重新认可为甜味剂。尽管通过深入地实验研究，证实环己基氨基磺酸盐与环己胺都不是致癌物质或基因毒物。但由于种种原因，美国 FDA 至今仍未重新批准它们在食品中使用。1982 年，FAO/WHO 经食品添加剂联合专家委员会（JECFA）再次评价，并规定其 ADI 为 0～11 $\mu g/g$，此后，许多国家又开始许可使用。现在已有包括加拿大在内的 40 余个国家允许环己基氨基磺酸盐用在低热量食品中。

我国规定，环己基氨基磺酸盐可用于酱菜类、调味酱汁、配制酒、糕点、饼干、面包、馄饨、冰淇淋、饮料，最大使用量 0.65 g/kg。浓缩果汁按浓缩倍数 80% 加入。用于蜜饯最大用量为 1.0 g/kg。

环己基氨基磺酸盐常与糖精钠按 9∶1 比例混合使用。

10.8.2　糖精

目前市场上大量使用糖精作为非营养甜味剂出售。用量取决于所期望的甜度。可是,较高浓度时通常略带苦味。根据公认的经验,糖精比同样浓度的蔗糖甜 300 倍左右,曾经有人对糖精的安全性产生过怀疑,这刺激了对另一些低热量甜味剂的寻求。糖精在人体中很快被吸收,然后经尿迅速排出。现已证明使用糖精是安全的。目前世界上有 90 多个国家允许使用。其结构式如下:

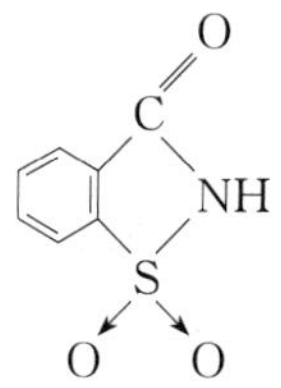

1984 年,由 JECFA 评价后暂定 ADI 为 0~2.5 $\mu g/g$。但终因其安全性问题,实际应用逐渐减少。1992 年,我国轻工业部宣布控制、压缩糖精的生产,限制食品、饮料中使用糖精,故糖精有逐渐被取代的趋势。

10.8.3　阿斯巴甜

最近,美国允许用阿斯巴甜(aspartame)作为干食品混合物和软饮料中的甜味剂,并且仍在不断扩大应用范围,其他国家也已经准许使用。阿斯巴甜的学名是 L-天冬酰基-L-苯基丙氨酸甲基酯,其立体化学构型如下:

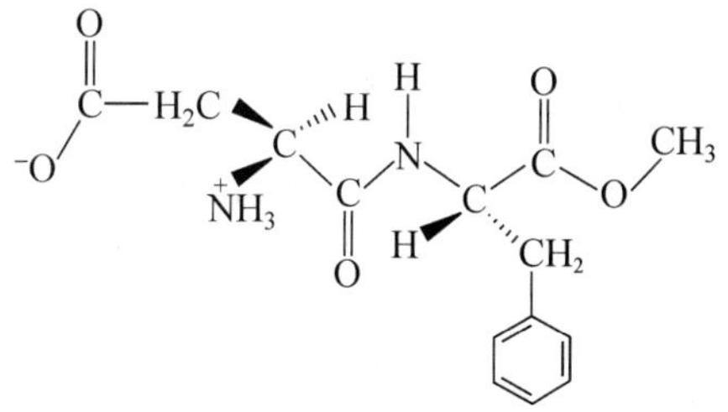

阿斯巴甜虽是一种热量物质(一种二肽),食用后完全消化,但由于它的强甜度(大约比 4‰蔗糖浓度甜 200 倍),用量很小,所以产生的热量也很少。

阿斯巴甜具有肽的性质,对水解和其他化学作用以及微生物降解作用等都很敏感,因此在水体系中存放的有效期受到限制。除了由于苯基丙氨酸的甲基酯,或两个氨基酸之间肽键发生水解而引起甜味损失之外,还会出现分子内的缩合,生成哌嗪二酮(5-苄基-3,6-二氧代-2-哌嗪乙酸),如图 10-12 所示。

在中性和碱性 pH(pH>6)条件下,此反应特别容易发生,因为非质子化氨基更容易参与反应。同样,碱性 pH 可促使羰基-氨基反应。在此条件下,阿斯巴甜容易与葡萄糖和香草醛起反应。与葡萄糖反应使之失去甜味,而与香草醛反应,则主要失去香草风味。

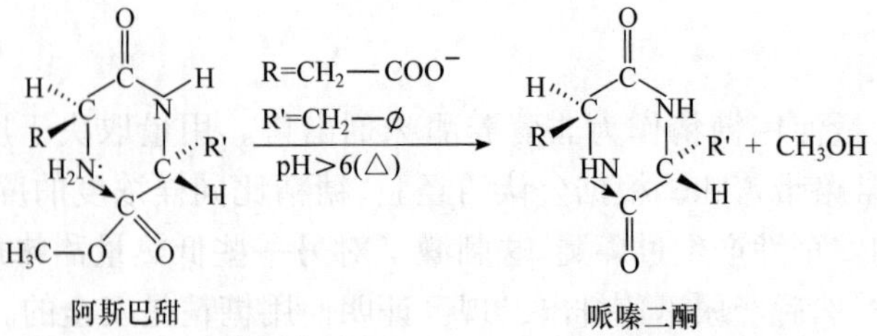

图 10 - 12　阿斯巴甜分子内缩合产生哌嗪二酮产物

　　阿斯巴甜是由天然存在的氨基酸组成的,规定其每日摄入量很小(每人不超过 0.8 g),已有大量证据表明,将它用于软饮料时,在限制用量条件下不会产生危险。但是,用阿斯巴甜作为甜味剂,必须标明其苯基丙氨酸的含量,以避免苯酮尿症病人食用。实验证明,在食品中可能遇到的浓度条件下,哌嗪二酮对人体是无害的。阿斯巴甜的 ADI 是 $0\sim 40\ \mu g/g$,其中杂质哌嗪二酮的 ADI 为 $0\sim 7.5\ \mu g/g$。

　　我国规定阿斯巴甜可按正常生产需要应用于各类食品,通常的用量为 0.5 g/kg,常与蔗糖或其他甜味剂并用。

　　关于二肽类甜味剂的研究很多,出了一些较好的产品,对结构与甜味之间的关系也有一定的了解,目前比较有应用价值的有以下两种:

　　(1) 超阿斯巴甜(superaspartame)。它是在阿斯巴甜的游离氨基上代入(对氰苯基)氨甲酰基[(p-eyanophenyl)carbamoyl],即

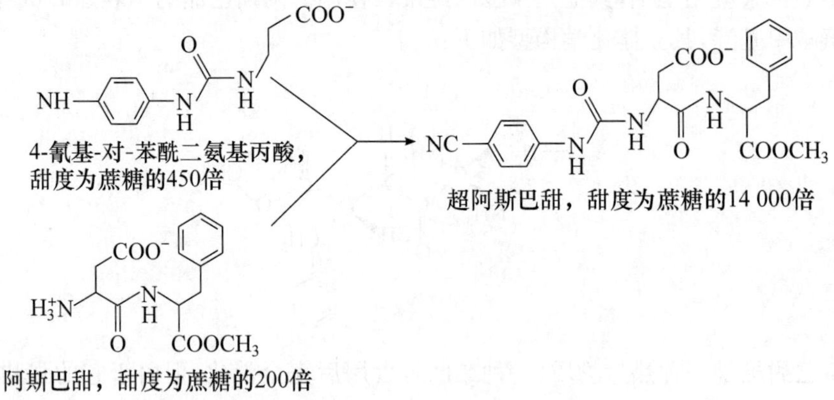

4-氰基-对-苯酰二氨基丙酸,
甜度为蔗糖的450倍

超阿斯巴甜,甜度为蔗糖的14 000倍

阿斯巴甜,甜度为蔗糖的200倍

　　从上式可以看出它可认为是两个甜味分子的组合,因而起了增甜作用。其甜度是蔗糖的 14 000 倍。

　　(2) 阿里塔姆(alitame)。它是由 L-天冬氨酸和 D-丙氨酸结合而成的二肽甜味剂。其化学名称是 L-天冬- D-丙氨酸- $N - 3 -(2,2,4,4 -$四甲基)-硫代四环酰胺。[N-3-(2, 2,4,4-tetramethyl)-thietanylamide of L-Asp-D-Ala]。结构式为

$$
\begin{array}{c}
\text{CH}_3 \\
\text{CO—NH—CH} \\
\text{H}_2\text{N—CH} \qquad\qquad \text{CO—NH} \diamond \text{S} \\
\text{HOOC—CH}_2
\end{array}
$$

它是无规则结晶,水溶性好,其甜度为蔗糖的 2000 倍。甜味纯正,极似蔗糖,无后味,与阿斯巴甜相比,具有较高的热稳定性和水解稳定性,因此它在冷冻甜食、酸奶、饮料和糕点制作中得到了广泛应用。

纽甜(甜味素){L-苯丙氨基,N-[N-(3,3-二甲基丁基)-L-α-天门冬氨酰]-,1-甲酯}结构与阿斯巴甜有关,于 2002 年批准在美国使用。纽甜作为一种成分发展迅速因为它在食品加工环境中表现出增强的稳定性,而且具有极高的甜度(蔗糖的 7000～13000 倍),在苯酮尿症患者使用时不需要警告标志。与阿斯巴甜比较,高强度甜味剂纽甜在天门冬氨酸的天门冬氨基部分增加了 3,3-二甲基丁基。在阿斯巴甜增加的 γ-基团具有强疏水性增加了甜度。由于使用非常低剂量的纽甜会对食品的风味有益,因此纽甜也是一种风味增强剂。

10.8.4　阿瑟休发姆 K

最近,英国已批准阿瑟休发姆 K[acesulfame K,6-甲基 1,2,3,-氧杂噻嗪-4(3H)-酮-2,2-二氧化物]可用作非营养甜味剂。它们商品名称 acesulfame K,是根据其结构与乙酰乙酸和氨基磺酸及其钾盐的结构之间的联系命名的(图 10-13)。

图 10-13　阿瑟休发姆 K 结构相关化合物

阿瑟休发姆 K 的甜度是 3‰蔗糖溶液甜度的 200 倍左右,它的甜度品质介于环己烷氨基磺酸盐和糖精之间,广泛实验证明它对动物无毒,并且在食品中特别稳定。用较低成本的合成方法可以制得很高纯度的阿瑟休发姆 K(图 10-14)。

阿瑟休发姆 K 作为一种可应用的非营养甜味剂,在食品应用方面取得了一些经验,已经成为人们感兴趣的甜味剂。

10.8.5　三氯蔗糖

在糖类上结合选择性氯化作用及其他综合方法合成氯化糖类,如直接浓缩以获得可能有高甜度的分子。氯化糖类,三氯蔗糖(1,6-二氯-1,6-二脱氧-β-呋喃果糖基-4-氯-α-吡喃葡糖苷)于 1998～1999 年在美国食品中允许广泛的使用,现在已经被超过 40 个国家批准使用。

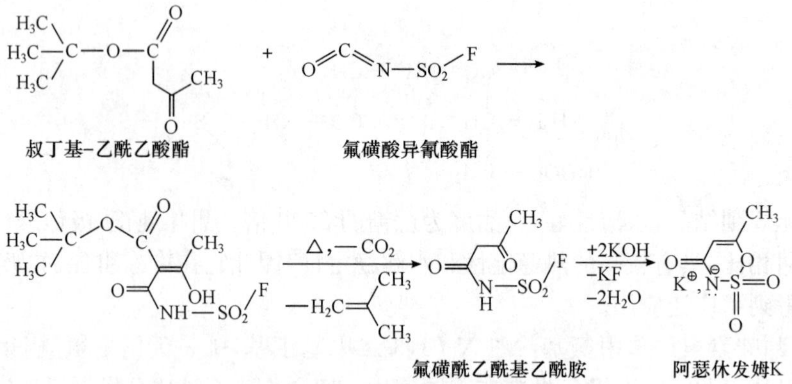

图 10-14 阿瑟休发姆 K 的一种工业合成方法

三氯蔗糖的甜度是蔗糖的 600 倍。三氯蔗糖有与蔗糖类似的甜味时间-强度分布,无苦味和不愉快的后味,表现为高结晶度、高水溶性,并且耐高温。三氯蔗糖在碳酸饮料的 pH 中也很稳定,只是在处理和储藏这些商品时需要限制单糖单元的水解。三氯蔗糖分子被设计为抗消化、抗新陈代谢,由于其分子特征难以被必要的消化酶识别。

三氯蔗糖分子上除了氯原子取代三个羟基外,它还有连接半乳糖和果糖的 β-糖苷键,与蔗糖和乳糖相对应的部分比较,发现三氯蔗糖是两种基础结构的混合,排除被常规的消化和新陈代谢酶识别性。然而,三氯蔗糖分子被报道在消化过程中部分水解,介于酸解和微生物酶解之间。

10.8.6 其他非营养性和低热量甜味剂

下面介绍几种从天然物质中提取的甜味剂。

甘草酸是一种天然的甜味物质,它存在于甘草根中。一般只准许将它作为香料使用,而不用作甜味剂。它的根部提取物含甘草酸的钙盐和钠盐。甘草酸是一种植物糖苷,水解时生成 2 mol 的葡萄糖醛酸和 1 mol 的甘草亭酸。在蔗糖甜味阈值的 1/50 仍可检查到甘草酸的甜味,可见它的临界甜味阈值极低。

甘草酸主要用在烟草产品中,也可用于食品和饮料。它的类似甘草的香味影响它在某些应用中的适应性。对结构上与甘草酸相似的物质已进行过探索。甜菊苷是甜叶菊叶子中发现的一种天然存在的糖苷甜味剂,其甜度是蔗糖的 300 倍。

新橙皮苷二氢查耳酮也是一种非营养甜味剂,它是从柑橘属水果的苦味黄酮制得的。这个强甜味物质以及其他类似化合物都是由下列物质经氢化生成的,产生柚(皮)苷二氢查耳酮的柚(皮)苷;产生新橙皮苷二氢查耳酮的新橙皮苷;产生橙皮苷二氢查耳酮 $4'-O$-(葡萄)糖苷的橙皮苷。所有这些甜味物质都和它们含有(1→2)-键合的二糖有关。这些二氢查耳酮还必须进行动物喂养实验,在取得可靠的安全性之后才准许用于食品。

热带非洲的一种甜水果卡姆费(Kafemfe),含有很甜的可作为低热量甜味剂的物质。这种物质称为 ThaumatinⅠ和Ⅱ,属于碱性蛋白质,分子量约为20 000。按物质的量计算这种蛋白质的甜度大致是蔗糖的 10^5 倍。卡姆费甜水果的提取物是以商业名称 Talin 出售的,在日本用它作甜味剂和香味增强剂也已得到了批准。Talin 的甜度是 4%蔗糖溶液的 5000 倍,但是显示略微带甘草味的持久甜味。蒙利灵(monellin)是偶然发现的一种浆果中含有的一种有甜味的蛋白质物质,分子量约为 11 500,它具有类似卡姆费中发现的那些甜味剂的性质。这些物质价格昂贵,对热不稳定,并且在室温下当溶液 pH 低于 2 时,则甜度完全丧失,故其应用会受到一定限制。

另一种碱性蛋白质米拉考林(miraculin)是从奇迹果(*Synsepalum dulcificum*)中分离出来的。它没有味道,具有使酸味食品带甜味的特殊性质。此物质的分子量为 42 000,是一种糖蛋白。与其他蛋白质甜味剂相似,它对热不稳定,并且在低 pH 时无活性。此外,米拉考林的味感效应持续时间长,这可能会限制它的应用。

L-α-天冬氨酰-N-(2,2,4,4-四甲基-3-硫化三亚甲基)-D-丙氨酰胺(又名阿力甜)是 L-二肽酰胺合成物,是 L-天冬氨酰-D-丙氨酸系列的成员,其末端是一种胺基酰胺。阿力甜极易溶于水或含羟基的溶剂,而难溶于亲油性有机溶剂。25 ℃时,阿力甜在等电点 pH 5.7 时的溶解度为 13%。将阿力甜与阿斯巴甜同时放入 0.01% 水溶液(pH 7~8)中 100 ℃加热 30 min,阿力甜的甜度基本不变,而阿斯巴甜在同一条件下甜度迅速下降,并水解。在同样添加量下,阿力甜的甜度是蔗糖的 2000 倍,WHO 规定阿力甜日允许摄入量可达 0.1 mg/kg。目前已得到澳大利亚、墨西哥政府的批准,可作为食品添加剂使用,我国国家卫生健康委员会于 1994 年批准使用。

甜菊糖甙(俗称甜菊糖、甜菊糖苷)是一类来源于甜叶菊叶片的四环二萜类糖苷物质,是继甘蔗、甜菜之后的"第三类"健康绿色糖源。甜菊糖甙类物质甜度高、热量低、易溶于水和乙醇、性质稳定、耐酸碱、不易发生褐变且在食品加工过程中不易影响食品的物理性质。其甜度高(约为蔗糖的 150~300 倍),热量低(约为蔗糖的 1/250),对高血压、糖尿病、肥胖病、龋齿等具有一定的辅助治疗作用。日本、韩国等亚洲国家和地区,以及原产地巴西已将甜菊糖甙作为甜味剂,1985 年 6 月,我国国家卫生健康委员会批准将甜菊糖甙用作食品添加剂。

阿洛酮糖(D-psicose)在自然界,极少量存在于甘蔗糖蜜、小麦和鼠刺属植物中,是 D-果糖(D-fructose) C-3 的差向异构体。D-阿洛酮糖食用后几乎不产生热量,属于低热量甜味剂,它具有调控血糖、减少能量摄入、减肥等生理功能。D-阿洛酮糖在分类上属于己糖与酮糖,可溶于水、甲醇、乙醇,基本不溶于丙酮。熔点为 109 ℃,常温常压稳定。D-阿洛酮糖具有等量蔗糖 70% 的甜度,但却仅有蔗糖 0.3% 的能量。每克产生 0.2 kcal 的热量。

罗汉果具有清热润肺功能。甜苷是罗汉果中的天然甜味成分。罗汉果甜苷结构为葫芦烷四环三萜类化合物,该成分安全无毒,具有甜度高、热量低的特点,其甜度为蔗糖 200~300 倍,在功能性食品中可作为蔗糖的替代品,尤其适合糖尿病的防治。罗汉果甜苷具有甜度大(约为蔗糖 300 倍)、热量低、无毒无吸收、易溶于水、稳定性好(连续 25 h 处于 120℃中仍不被破坏)、使用时其性质不受 pH 影响等特点。美国 FDA 于 1995 年批准罗汉果甜苷应用于食品,我国于 1996 年批准该产品为食品添加剂。

10.9 质构化形成剂和组织硬化剂

10.9.1 质构化形成剂

质构化形成剂有增加结合水、增大黏度和改善质地以及松软度的作用。质构化形成剂主要是多元醇，它是糖类的衍生物，羟基是多元醇的唯一功能团，因此它们一般是水溶性的吸湿材料，浓度较高时出现中等大小的黏度。尽管多元醇为数不少，但用于食品的仅有少数几种，它们是丙二醇（$CH_2OH—CHOH—CH_3$）、丙三醇（$CH_2OH—CHOH—CH_2OH$）、山梨醇和甘露醇[$CH_2OH—(CHOH)_4—CH_2OH$]。大多数多元醇是天然存在的，但也有例外，如丙二醇。游离的甘油存在于发酵的葡萄酒和啤酒中；山梨醇存在于梨、苹果和梅干这类水果中。

多元醇由于多羟基结构，还有控制黏度、增加容积、保留水分、降低水活度、控制结晶、改善脱水食品的复水性以及用作风味化合物溶剂等作用。多元醇在食品中的许多应用依赖于糖、蛋白质、淀粉和树胶的功能性质，例如糖含有醛基和酮基，这些基团的化学稳定性差，特别是在高温情况下容易发生缩合、脱水和其他反应。

多元醇虽然一般显甜味，但远不及蔗糖，而短链多元醇在高浓度时略带苦味。但使用量少时（2%～10%），影响不大。可是用量多时，如在中等水分食品（甘油 25%）和无糖膳食中（不含蔗糖的糖果，山梨醇，40%），这些多元醇对产品的味道有相当大的影响。

近来，食品应用方面已注意发展多元醇的聚合物。乙二醇（$CH_2OH—CH_2OH$）是有毒的，聚乙二醇（分子量为 6000）允许在某些食品的涂层和增塑中使用。甘油经碱催化聚合制成聚甘油[$CH_2OH—CHOH—CH_2—(O—CH_2CHOH—CH_2)_n—O—CH_2CHOH—CH_2OH$]，也具有良好的性质。它可以进一步用脂肪酸酯化加以改性，生成像类脂化合物性质的材料。这些聚甘油物质允许用于食品，因为它的水解产物为甘油和脂肪酸可参与正常代谢。

多元醇对中等水分食品的稳定性有重要性影响。这类食品含有相当数量的水分（15%～30%）。虽然这类食品不经冷冻，微生物也不会使其变质。干果、果酱、果冻、果汁软糖、水果蛋糕以及牛肉干等中等水分的食品具有稳定性。其中有的在食用前可以复水，但所有这类食品均具有可塑质地，可以直接食用。

大部分中等水分含量的食品的水活度为 0.70～0.85，而那些含有保湿剂的食品每 100 g 固体含大约 20 g 水（按质量为 17% 水）。如果用解吸法制成水活度为 0.85 的中等水分食品，仍然易受霉菌和酵母菌的侵袭。要克服这个困难，可以在加工时将各种成分加热并添加山梨酸这样的抗霉菌剂。近来发现用吸附法制成的中等水分食品，不需加入化学合成抑制剂，因此生产稳定的中等水分食品应该是可以办到的。

要使食品获得所期望的水活度，通常须加入一种能结合水的保湿剂。这类保湿剂为数不多，主要是甘油、蔗糖、葡萄糖、丙二醇和食盐。图 10-15 表示甘油对纤维素模拟体系的水活度的影响。

从等温线可看出在 37 ℃ 10% 甘油体系中，水活度 0.9 相当于 100 g 固体的水分含量为 25 g，而在 40% 甘油体系中同样水活度却相当于 100 g 固体水分含量为 75 g。

甘油的主要风味缺陷是甜中带苦的感觉。蔗糖和葡萄糖用于中等水分食品时甜味又过高。因此,对于中等水分食品中可将甘油、盐、丙二醇和蔗糖以适当比例混合使用。

10.9.2 组织硬化剂

食品体系中果胶物质的游离羧基通过与多价阳离子(如钙离子或铝离子)的交联作用使结构稳定,增加硬度。植物组织热加工或冷冻时由于细胞结构改变会变软。这些组织的稳定性和完整性取决于细胞受损伤的程度和细胞壁成分之间分子键合的程度。通常采用加入钙盐的方法(0.1%～0.25%钙)促进游离羧基间的交联使难溶的果胶酸钙和果胶酯酸钙的数量增多,结构稳定,这些稳定

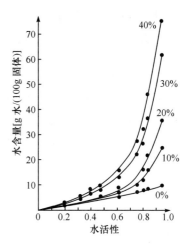

图 10-15 37 ℃时不同质量甘油的纤维素模拟体系水分吸附等温线

的结构支撑组织团块,甚至在经受热加工以后仍然能保持结构的完整性。番茄、浆果和苹果的切片,在装罐或冷冻前加入一种或多种钙盐,可使它变硬。最常用的钙盐是氯化钙、柠檬酸钙、硫酸钙、乳酸钙以及磷酸一钙。大多数钙盐微溶于水,有的还带苦味。

把某些铝盐添加到发酵后的盐水酸菜中,这样加工成的黄瓜要比不加这些盐的黄瓜脆硬得多。变脆过程与三价铝离子和果胶物质生成配合物有关,所用铝盐有酸性矾盐、硫酸铝钠[$NaAl(SO_4)_2 \cdot 12H_2O$]、硫酸铝钾、硫酸铝铵以及硫酸铝[$Al_2(SO_4)_3 \cdot 18H_2O$]。可是,近期研究证明,硫酸铝对刚装罐或低温消毒的泡菜有软化作用,可能抵消体系中的乙酸或乳酸,因此在这些食品中不宜添加这种盐。软化原因还不太清楚。同时还发现,在加工期间不直接加入添加剂也可控制某些蔬菜和水果的硬度和质地,方法是控制酶的活力,例如,果胶甲酯酶在低温烫漂时(70～82 ℃经 3～15 min)可被活化,而不要采用使酶失去活力的烫漂方法(88～100 ℃经 3 min)。低温烫漂后产品的硬度,可通过在高压灭菌前保持适当时间来加以控制。保持时间长短控制着产品酶水解程度的大小。保持时间长,酶水解的量大,时间短酶水解的量小。酶水解果胶的甲氧基生成果胶酯酸和果胶酸。这些酸拥有大量的游离羧基,可与内部原有的或外加入的钙离子(产生交联)作用,形成更稳定的结构导致硬化效应。相反地,未经酶水解的果胶与果胶甲酯酶结合得不紧,果胶的游离羧基少,易溶于水,因此能从细胞壁中自由移出。已经发现青豆、马铃薯、花菜和酸樱桃的果胶甲酯酶被活化可以产生硬化效应。采用添加钙离子和酶活化相结合的方法能使硬化效应更大。

10.10 稳定剂和增稠剂

许多亲水性的胶体物质对于乳浊液、悬浊液和泡沫具有稳定作用,并且有增稠性质。它们独特的结构和功能特性在食品加工和保藏中被广泛使用。这些物质大多数来自天然树胶,或经过化学改性以后获得所需的特性。它们许多属于多糖类,如阿拉伯树胶、瓜尔

豆胶、羧甲基纤维素、鹿角藻胶、琼脂、淀粉和果胶。明胶来自胶原蛋白,属于广泛应用的少数非糖类的稳定剂。所有稳定剂、增稠剂都是亲水的,能以溶胶形式分散在水中,故称为亲水胶体物质。可增大黏度,有些情况下还能形成冻胶。亲水胶体除能稳定胶体分散体系外,还能抑制结晶(糖和冰),改进(减小黏结)焙烤制品的糖霜,以及提高香料和风味的保存效力。亲水胶体一般使用浓度约为2%或更小。亲水胶体在许多应用中的功效,直接取决于它们增大黏度的能力。例如,亲水胶体稳定水包油型乳浊液正是根据这一性质。它们不是起真正乳化剂的作用,因为它们的分子不具有一端亲水、另一端亲油的双亲性分子的特性。

10.11　食品中的软物质简介

软物质是指介观结构的分散复杂流体,如气泡、胶体颗粒、凝胶、乳剂液滴、液晶、复杂流体、两亲物或聚合物、有机无机杂化物,它们的尺度在微米数量级,与人体舌头可以感知的尺度相当,因此常用该尺度设置结构化食物。我们日常生活中的许多食品都是属于典型的软物质体系,如鱼糜、果冻、面团、人造黄油、花生酱、番茄酱和干酪等,既具有液体状又具有弹性的特性。软物质食品的定义排除了容易流动的食物及真正的固体食物,软物质显示最多的是弹性,在受力的状态下发生形变,但可完全恢复。在极端情况下,食品是宏观的,而在另一个极端情况下,它是由分子和原子组成的,以分子长度尺度为特征。食品的组成,以及在确定产品特性时占主导地位的分子尺度范围决定产品特征,而食品产品却处在宏观尺度范围,介于微观和宏观尺度之间的不同聚集状态将不可避免地影响真实的食品(图 10-16)。乳化食品,如蛋黄酱的液滴大小约 1 mm,而乳制品的特征尺度是指酪蛋白胶束的尺度(50 nm)和单个酪蛋白亚基的尺度(2 nm),食品粉体颗粒的确切长度

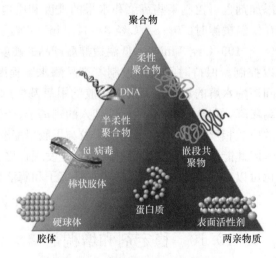

图 10-16　不同类型软物质示意图

各种类型的软物质可以排列成一个三角形,表示在分散相中有一个连续体,可以通过大小,柔韧性和两亲性来表征

引自:van der Sman R G M. 2012. Soft matter approaches to food structuring. Advances in Colloid and Interface Science,(176-177):18-30.

尺度通常为 10～500 mm,而对淀粉的结构是在分子层面(大分子分子的大小 1 nm)和淀粉颗粒大小(1 mm)层面的尺度来描述(图 10-17)。必须注意的是,在食品中甚至也存在平均尺度小于 1 nm 的情况。例如,水与无定形糖类的相互作用仅在几埃;水与风味化合物在分子水平的扩散形为,以及溶致液晶或微乳液中脂质头部极性基团的结合水尺度也小于 1 nm。

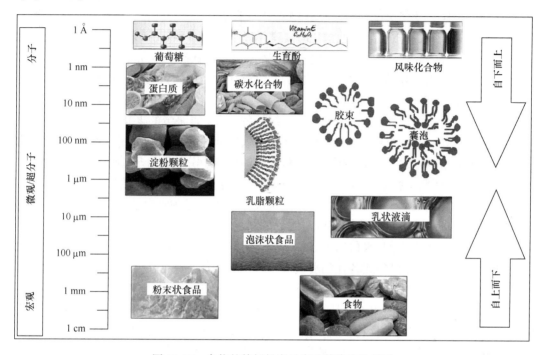

图 10-17　食物的特征长度量表及其代表性例子

引自:Palak M,Bandhu B M,Kamlesh P. 2023. Food physics insight:the structural design of foods. Journal of Food Science and Technology.

　　软物质食品的物化特性,如外观、流变学、风味和稳定性,取决于它们所含组分的类型,如水、蛋白质、碳水化合物、脂质和矿物质的数量和结构组织。所有软物质食品都是由复合组分或多种成分组成,这意味着它们在介观尺度上,甚至在宏观尺度上都是不均匀的。基于特征尺度,生物聚合物相互作用可以分为 4 个结构层次:超分子、大分子、大分子亚层和宏观层面。换而言之,食物中大分子的构象势(conformational potential,CP)有 4 个层次,其中 3 个在微观层次,1 个在宏观层次。构象势意味着生物聚合物形成分子间结合区的能力,它赋予食品体系所需的特性,如流变性、结构以及其他物理化学性质。结合区的大小、强度和大分子间作用力的性质是食品层次结构的重要特征。大分子亚层结构的形成取决于单体尺寸,包括现有官能团之间的相互作用,如分子内和分子间二硫键、氢键和疏水键。超分子层与胶体尺寸相关,涉及大分子聚集的相互作用及衍生的三维网络结构(凝胶)。食物的超分子、大分子和大分子亚层结构是通过生物聚合物的非特异性相互作用和同时产生的形成食物系统的非平衡结构。这 4 个层次的结构形成是密切相关的,对食品的性质有很大的影响。在介观尺度以上,可食用的软物质的性质在很大程度上与其组成的化学组分无关,这是由于介观结构的尺寸和化学分子尺寸之间的差距较大。这样的结果使得介观尺寸的相互作用主要受熵驱动而不是由化学键支配,这也使软物质食品更容易受到外部场的作用而发生形变,如机械应力的影响。分析软物质的粗粒化特性,如大小、柔韧性和两亲性是介观结构的最佳表征手段。利用这些特性,可以证明所有经典的软物质体系都是体系连续相的一部分。由于食品组成的复杂性、异质性(各向异性)、状态的多样性及多尺度性给食品软物质物理学提出了一个非常重要的挑战。食品尺度跨度很大,对于软物质食品在结构化时要遵循以下 3 个步骤:①破坏食品原料原始的自然结构;②创建新的食品结构;③将结构化食品置于"卡"状态(jammed state)。这里有两种基本的组织食物微观结构的不同方法:①专门设计的结构的自组装,自组装在软物质食品中非常重要;②在强外场作用下形成的非平衡结构。将食品原料置于"卡"状态后,它们被认为是货架稳定的。然而,食品经常发生缓慢的劣化,如面包的老化、冰淇淋储藏过程中冰晶的生长,因此在设计食品结构时都要考虑这些问题。当人们食用食物时,食物结构被破坏,开始于口腔,并在消化道中完成,食物在消化道中分解为分子结构单元,这时的尺度最小,可被人体肠道吸收。近来,设计控释载体已经成为新的食物结构,其可让食物在人体消化道指定的位置分解。因此,食品结构破坏的研究正在成为重要的研究方向,它将影响食品中功能性成分的生物利用度与农业原料的可持续利用性,为我们提供了食品结构的基础。以姜黄素为例,水包油型(O／W)乳化方法一直是递送姜黄素的最佳选择,在过去十年里,早已设计出各式各样的姜黄素胶囊化乳液体系递送姜黄素,如通过表面活性剂、单层或多层生物聚合物(蛋白质,多糖)、纳米乳液和 Pickering 乳液等。

食品是最复杂的软凝聚态物质(soft condensed matter,SCM),它们的复杂性来自于几个因素:组分的复杂性、食物存在不同的聚集状态,以及大量相关的特征时间和长度尺度。因为食品必须服从 SCM 的物理学规则,但它又是非常复杂的实际体系,加工后它已经不是原来的自然状态。因此,虽然 SCM 物理学的实验和理论会加深我们对它们的性质和行为的理解,但仍然具有相当大的挑战性,有许多我们需要研究和解决的问题。食品软物质的研究涉及凝聚态物理学、化学、结构学、热力学、信息学和许多先进的分析手段,如最近引入的正电子湮没寿命谱(positron annihilation lifetime spectra,PALS)(已作为研究非晶和结晶碳水化合物基质的分子结构的技术)、动态光散射(dynamic light scattering,DLS)或光子相关光谱(photon correlation spectroscopy,PCS)是分析胶体悬液最常用的方法。DLS 分析时是抑制光的多重散射,而扩散波光谱(diffusing wave spectroscopy,DWS)则是在非常强的多重散射的极限下工作,主要用于研究高度浑浊不透明介质粒子的大小、结构及其之间的相互作用。在这种情况下,可以使用扩散模型来描述光在样品中的传播。DLS 或 DWS 在软物质的基础研究以及食品科学中的应用是"光学微流变学"。此外常用透射和扫描电镜(transmission and scanning electron microscopy TEM-SEM)及激光扫描共共聚焦显微镜(confocal laser scanning microscopy,CLSM)观察软物质的微观结构。表面等离子体共振(surface plasmon resonance scattering,SPR)、NMR 和红外显微镜、生物膜干涉(bio-layer interferometry technology,BLI)、微量热泳动(microscale thermophoresis,MST)等技术可用于分子层面上研究物质的相互作用。多学科的结合和模拟及计算信息学等都将有益于食品软物质的研究和发展。

10.12　代　脂　肪

虽然脂肪是一种重要的常规食物组分,但食物中的过多的脂肪会有引发冠心病和癌症的危险。消费者受到劝告去吃瘦肉,特别是鱼和无皮的家禽等低脂食品。并且限制消费油炸食品、高脂肪焙烤的食品和调料、调味品等。不过,消费者还是要求有丰富的,具有传统高脂食品口感的低热量食品。

在发达国家很容易得到丰富多彩的高脂肪食物制品,同时也为提供仿高脂食品的低脂食品生产技术与产品大量进入市场提供了机会。在过去的 20 年内,低脂肪代用品的开发有了很大的进展。有许多种类的化学品被建议用于制造低脂食品,包括糖类、蛋白质、磷脂以及合成的产品。

当食品中少用或完全不用脂肪时,品质产生了变化,因此需要有其他的组分来替代。于是,"脂肪替代物"(fat replacer)这个词就出现了,它是泛指能替代脂肪功能的组分,它们具有相同的物理结构与口感而不产生热量,称之为"脂肪取代品"(fat substitute),这类物质能同时保留食品具有类似脂肪的口感以及各种加工应用中的特性(如油炸食品)。

另一类物质,它们不具有与脂肪完全等同的功能,被称为"仿脂肪"(fat mimetic)。因为它们能在某些应用中起到模拟脂肪的效果。一个例子是用假润湿剂(pseudomoistness)来模拟高脂肪焙烤食品中由于脂肪带来的润湿效果。有些物质如专用的改良淀粉可带来膨松润湿的口感。

10.12.1　糖类代脂肪

经过适当处理过的淀粉、树脂、半纤维素与纤维素,以各种方式用在低脂肪食品中,部分起着油脂的作用。关于这类物质的化学已在第 3 章和 10.9 节与 10.10 节中讨论过。有关它们在低脂肪食品中应用的情况也有评述。一般而言,有些拟脂肪的糖类基本不产生热量(如树脂、纤维),另外有些为 16.7 kJ/g(4 kcal/g),如改性淀粉,不像常用的油脂有 37.6 kJ/g(9 kcal/g)热量。这些物质凭借其能保留湿度与固态蓬松的性状,在食品中模拟光洁或乳酪状以增加油煎食品或冰淇淋的口感。这些产品的商品名称有 Avicel、Oatrim、Kelcogel 与 Slendid 等。

10.12.2　蛋白质代脂肪

有许多蛋白质(第 5 章)已开发成为代脂肪并已得到 GRAS 的安全论证。但是它们不能在高温下用来油炸食品,所以在应用上受到一些限制,不过这些蛋白质[16.7 kJ/g(4 kcal/g)]在食品中替代脂肪还是很有价值的,尤其是作为水包油乳化剂。为此,可将它们制成各种微粒($\phi < 3\ \mu m$),像所说的活动球形滚珠那样来模拟脂肪的物理性能。蛋白质溶液也有增稠作用、润滑作用与封口涂层的功能。明胶(gelatin)是个功能较全的低脂固体产品,如人造奶油(margarin)在制造过程中具有热可逆的凝胶性。最后增稠为人造奶油。

制造蛋白质代脂肪有许多方案,其中每一个都要用可溶性蛋白质作为起始原料。从可溶蛋白得到微粒状蛋白,由下列过程之一来促成:①内部疏水反应;②等电点沉淀;③加热变性和(或)凝集作用;④形成蛋白质-蛋白质配合物;⑤形成蛋白质-多糖的配合物。这些过程常伴随着物理剪切作用,足以保证形成微粒。某些蛋白质代脂肪的商品名称有Sinmplesse、Traiblazer 和 Lita。

10.12.3　合成低热量的三酰甘油脂肪替代物

近年来,出现了某些甘油三酯(triglyceride),虽然它们具有同样的结构特征,但是当人类与其他单胃动物食用时却不产生足够的热量。这些甘油三酯是用氢化、直接酯化或酯交换等不同的方法来合成的。其中之一是中等链长的甘油三酯(medium-chain triglyceride,MCT),它早已用来治疗某些脂质代谢紊乱。MCT 是由有 $C_6 \sim C_{10}$ 链长的脂肪酸构成,它们产生的热量约为 34.7 kJ/g(8.3 kcal/g)。正常甘油三酯产生的热量约为37.6 kJ/g(9 kcal/g)。

在同一个甘油三酯分子中混有饱和的短链脂肪酸($C_2 \sim C_5$)与长链脂肪酸($C_{14} \sim C_{24}$)是另一种方案,这样一来就大大地降低了热值。热值降低的原因部分是由于短链脂肪酸每单位质量的产热量要低于长链脂肪酸的产热量。此外,甘油分子中长链脂肪酸的位置影响到吸热量。某种饱和脂肪酸长短链的组合甚至可影响到降低一半以上的热量。

按照上述原则构成的甘油三酯家族,其商品名称为 Salatrim(短和长链酰基甘油三酯分子,short and long acyltriglyceride molecular),最近已推荐申请 GRAS 用于食品中。Salatrim 是混合的甘油三酯,主要由植物油氢化得到的硬脂酸(C_{18})作为长链脂肪酸,以及不同比例的乙酸(C_2)、丙酸(C_3)、丁酸(C_4)作为短链酸(Ⅲ)。人们知道不同 Salatrim产品的热量在 19.6~21.3 kJ/g(4.7~5.1 kcal/g),而且可以调控脂肪酸的组分来得到所需的物理性质,如熔点。

Salatrim isomer (Ⅲ)
1-丙酰-2-丁酰-3-硬脂酰-Sn-甘油
(1-Propiony1-2-butyry1-3-stearoy1-Sn-glycerol)

Caprenin 是一种类似合成的甘油三酯的商品名[约 20.9 kJ/g(5 kcal/g)],含有中等长度链的脂肪酸[己酸(C_6)、癸酸(C_{10})]与长链脂肪酸山嵛酸(二十二碳酸,C_{22})(Ⅳ),己酸与癸酸来自椰子油和棕榈油,山嵛酸则来自海生动物油、氢化菜籽油与花生油,花生油约含 3%的山嵛酸。菜籽油中含约 35%芥酸($C_{22:1}$)它经氢化得山嵛酸。海生动物油中含有 10%以上的二十二碳己烯酸(docosahexaenoic acid,DHA),它经氢化后得山嵛酸。Caprenin用于糖果条,并已申请 GRAS 用于食品中。

Caprenin isomer （Ⅳ）
异构体
1-己酰-2-癸酰-3-二十二碳酰-Sn-甘油(1-caproyl-2-capryl-3-behenyl-Sn-glyceaol)

（1-caproyl-2-capryl-3-behenyl-Sn-glyceaol）

10.12.4　合成脂肪替代物

　　已发现一大类合成的化合物具有模拟脂肪与替代脂肪的性能。其中多数含有类似三酰基化甘油的结构与功能基,如 trialkoxycarballate,事实上其酯基与经典的脂肪中是相反的(一个三元羧酸与饱和醇酯化而不是甘油与脂肪酸发生酯化)。由于它们合成上的特性,这些化合物能抑制酶的水解,而且在肠道内多数不消化。美国 FDA 批准了许多这类化合物,证明它们很难得到,并且期望它们在食品中发挥最大作用。

10.12.4.1　聚右旋葡萄糖

　　聚右旋葡萄糖(polydextrose)作为低热量糖类,有时候作为模拟脂肪应用。因为它只产生 4.18 kJ/g(1 kcal/g)热量,所以它作为低热量的糖和脂肪双重目标特别诱人。商品名为 Litesse 的聚右旋葡萄糖是由葡萄糖(最低是 90%)、山梨醇(最高是 2%)和柠檬酸经过无规聚合而制得,其中含少量葡萄糖单体与 1,6 -葡糖酐,保持适当的水溶性,聚合物的分子量控制在 22 000 以下。

聚右旋葡萄糖

10.12.4.2　蔗糖多元酯

蔗糖多元酯(sucrose polyester，商品名 Olestra)是糖类脂肪酸多元酯家族中之一员，它的物理和化学性质与天然脂肪一样，具有亲脂性，不消化与不吸收。蔗糖多元酯的制造是用植物油得来的脂肪酸与蔗糖经过各种方法酯化而制得，用作替代脂肪的蔗糖多元酯需要高度酯化反应来制造。用作乳化剂的制品只需要低度酯化。美国在 1983 年已批准用作乳化剂的蔗糖多元酯，经过 20 多年的安全和健康试验，1996 年又批准了高度酯化的蔗糖多元酯在食品中有限使用。

蔗糖多元酯

10.13　咀 嚼 物 质

咀嚼物质(masticatory substance)，是用来提供持久的柔顺性能的咀嚼用胶。这类物质是不易分解的天然或合成品。合成的咀嚼胶是由一氧化碳、氢与催化剂通过 Fischer-Tropsch 法的合成产品，在除去小分子量化合物之后加氢而生成合成胶。化学改性的咀嚼物质是将树脂(它们多数由二萜组成)经过部分氢化，然后与季戊四醇或甘油发生酯化反应而制成。另外一些高聚物(如合成橡胶)也可用作咀嚼物质，它们是由乙烯、丁二烯或乙烯基单体等合成的。

多数的咀嚼用胶是直接来自植物的树胶，它们是经过加热、离心及过滤等深加工处理得到的纯化胶。广泛使用的天然咀嚼糖胶有来自 *Sapotaceae(sapodilla)* 类的糖胶树脂(chiele)Gutta Katiau，来自 *Palaquium* sp. 的树胶，以及来自 *Henea brasiliensis* 的天然树胶等。

10.14　表观控制剂和澄清剂

啤酒、葡萄酒以及许多果汁在储藏期间可能会有雾状物或沉淀生成。参与形成雾状胶体的物质可能有天然酚类物，其中包括花色素苷、类黄酮、原花色素，以及单宁、蛋白质、果胶等物质。利用特殊的酶使蛋白质部分地水解可减少雾状物的形成。可是，在某些情况下，如酶活性过高时，相反地又会产生不利影响，如啤酒中出现泡沫。

处理多酚混合物的一种重要方法是使用澄清剂(或称净化剂)和吸附剂。已经使用的许多澄清剂是非选择性的，而吸附剂则是选择性的。由多酚类形成的雾状物也可以用过滤助剂(如硅藻土)除去。

当多种物质同时存在时,溶解度越小的物质越容易被吸附。悬浮的或几乎不溶的物质如单宁-蛋白质复合物,趋向于集中在界面上,因而优先地被吸附。

膨润土是澄清剂的典型代表,它是一种蒙脱土的黏土。蒙脱土是一种复杂的水合硅酸铝,含有可以交换的阳离子,通常是钠离子。膨润土由不溶性带负电荷的硅酸盐小片组成,当以水悬浮体的形式存在时具有很大的比表面积,可达750 m^2/g。它选择性地优先吸附蛋白质,这种吸附作用是蛋白质的正电荷与硅酸盐负电荷之间的相互吸引引起的。同时,被吸附蛋白质覆盖的膨润土颗粒又可吸附一些酚和单宁,当然也不排除它们和蛋白质一起被膨润土颗粒吸附。膨润土常用来作为葡萄酒的澄清剂或净化剂以清除蛋白质悬浮物,每吨添加量为 1 kg 左右。它通常可使蛋白质含量从 50~100 mg/L 降低并稳定在 10 mg/kg 以下。膨润土迅速形成重而紧密的沉淀,最后用过滤法除去沉淀。

某些蛋白质的合成树脂也是重要的澄清剂,如明胶和鱼胶是用来净化饮料的最常用的蛋白质。苹果汁中加入少量明胶可使明胶-单宁复合物聚集和沉淀,复合物沉淀时能捕集除去其他悬浮物固体。明胶的用量必须在加工时确定。多酚物质含量低的果汁,可补充加入单宁或鞣酸(0.005%~0.01%)以促进明胶凝聚。这种凝聚作用与蛋白质中的酰胺键和酚羟基之间的氢键键合可能有关系。

需要指出的是,在低浓度时明胶和其他可溶性澄清剂具有保护胶体的作用,但浓度升高时,它们又能引起沉淀,浓度更高时则又不会引起沉淀,用胶体澄清剂和水之间的氢键键合作用可以解释它们的溶解性。而溶解性和胶粒水合作用大小的变化,取决于澄清剂和多酚化合物的比例。可以设想水和蛋白质或多酚化合物之间氢键几乎全被破坏时,会产生最完全的沉淀。这种情况只有当溶解的澄清剂的量和除去的单宁量大致相等时才有可能发生。

聚酰胺和聚乙烯吡咯烷酮等合成树脂能够防止白葡萄酒褐变和除去啤酒中的雾状物。这些聚合物有可溶和不溶两种形式。在饮料中通常使用不溶的高分子交联型物质,以避免饮料中有残留聚合物的存在。合成树脂在酿造工业中特别有用,因为可逆冷冻引起的雾状物(冷雾)和与产生氧化风味有关的永久性雾状物是非常麻烦的问题。这些雾状物是由发芽大麦中的原花青素和天然蛋白质之间生成的复合物所引起的,过度地除去蛋白质会损害泡沫特性,但有选择地除去多酚化合物可以延长啤酒的稳定期。最初应用的是聚酰胺(尼龙 66),但采用交联聚乙烯吡咯烷酮(PVP)效率更高。每 10 t 啤酒用 1.5~2.5 kg 不溶性 PVP 处理便可控制冷雾和改进储藏稳定性。一般在发酵以后和过滤之前加入 PVP 能很快吸附多酚物质。

聚乙烯吡咯烷酮

10.15　面粉漂白剂和面包改良剂

刚磨好的小麦面粉带淡黄颜色,形成的生面团呈现黏结性,不便于加工或焙烤。面粉储藏时会慢慢变白并经过老化或成熟过程,可以改善其焙烤性能。实际上,可采用化学处理方法以加速这些自然过程,并且用其他添加剂以增强酵母的发酵活性和防止陈化。

面粉的漂白主要与类胡萝卜素色素的氧化有关。氧化导致类胡萝卜素共轭双键体系的破坏。一般认为,氧化剂对生面团的改良与谷蛋白中巯基的氧化有关,氧化剂或者只起漂白作用,或者既可漂白又能改善生面团性能,或者仅有改善生面团的效果。例如,一种常用的面粉漂白剂过氧化苯甲酰$[(C_6H_5CO)_2O_2]$,具有漂白或脱色作用,但不影响焙烤性能。既可作漂白剂同时又是改良剂的物质包括氯气(Cl_2)、二氧化氯(ClO_2)、氯化亚硝酰($NOCl$)以及氮的氧化物[二氧化氮(NO_2)、四氧化二氮(N_2O_4)]。这些氧化剂都是气态的,与面粉接触可立即起作用。

主要作为生面团改良剂的氧化剂,发挥作用是在生面团阶段而不是在面粉中。属于这种物质的有溴酸钾($KBrO_3$)、碘酸钾(KIO_3)、碘酸钙$[Ca(IO_3)_2]$和过氧化钙(CaO_2)。

面粉厂通常将过氧化苯甲酰加入面粉(0.015%～0.075%)。过氧化苯甲酰是粉状物质,一般是和稀释剂或稳定剂一道加入。这些物质包括硫酸钙、碳酸镁、磷酸二钙、碳酸钙以及磷酸铝钠。过氧化苯甲酰是自由基引发剂,加入以后需要几小时方可分解成能够引发类胡萝卜素氧化所需的自由基。

氧化面粉的气态物质的漂白能力各不相同,但都能有效地改进面粉的焙烤品质。例如,面粉经二氧化氯处理,可得到良好的加工性质。含少量氯化亚硝酰的氯气广泛用作软化小麦糕点面粉的漂白剂和改良剂。在氯的氧化作用中生成的盐酸使 pH 降低,从而改善焙烤蛋糕的质量。空气通过强电弧所产生的四氧化二氮和其他氮的氧化物仅是中等有效的漂白剂,但它们能提高面粉的焙烤品质。

作为生面团改良剂的氧化剂在面粉中的添加量为 10～40 $\mu g/g$。通常把它们掺入含有许多无机盐的生面团改良剂混合物中,而后在面包加工时添加进去。溴酸钾是广泛用作生面团改良剂的氧化剂,只有在酵母发酵作用使生面团的 pH 降低,充分活化时才起反应。因此在加工过程起作用较晚,使面包体积增大,面包对称性、团粒和组织特性均有所改善。

对氧化剂处理改善焙烤品质的原因,新近的看法是:改良剂在适当条件下氧化谷蛋白中的巯基(—SH)产生大量的分子间二硫键(—S—S—)这种交联作用使谷蛋白形成薄而黏结的蛋白质膜网,其中包含发酵的小泡。结果得到更强韧、更干燥、更富于伸展性的生面团和良好特性的最终产品。但必须避免面粉的过度氧化,因为过度氧化会使产品略带灰色,生产出颗粒不均匀和体积减小的次品面包。

为了得到用酵母发酵的生面团,一般是在小麦面粉中加入少量的大豆粉。大豆粉含有大豆脂肪氧合酶。加入这种酶是引发类胡萝卜素产生自由基氧化的最好方法。加入大豆脂肪氧合酶也可大大改善生面团的流变性质,但其机理尚不清楚。虽然曾经认为谷蛋白—SH 的氧化涉及脂质氢过氧化物,但有证据表明:其他蛋白质与脂质的相互作用,也与用氧化剂改良生面团有关。

在生面团调节剂中通常掺入的无机盐有氯化铵(NH_4Cl)、硫酸铵[$(NH_4)_2SO_4$]、硫酸钙($CaSO_4$)、磷酸铵[$(NH_4)_3PO_4$]和磷酸氢钙($CaHPO_4$)。它们加入生面团中可促进酵母生长和有助于控制 pH。铵盐的主要作用是为酵母的生长提供可直接利用的氮源。磷酸盐是利用它的缓冲作用将酸度控制在略低于正常的 pH，以改进生面团的品质。当供应的水呈碱性时，这一点特别重要。

在面包生产工业中，也用其他类型的物质作为生面团的改良剂。例如，用硬脂酰-2-乳酸钙[$C_{17}H_{35}$—$COOC(CH_3)HCOOC(CH_3)HCOO]_2Ca$ 和低含量（0.5%）的乳化剂来改善生面团的混合性能和增大面包体积。也可用亲水胶态树胶来改善生面团的持水容量和改善生面团及焙烤产品的其他性质。鹿角藻胶、羧甲基纤维素、角豆胶和甲基纤维素都是发酵工业中较有用的亲水胶体。已发现甲基纤维素和羧甲基纤维素不仅可阻止面包老化和陈化，而且还能阻止面包在储藏期间水分向面包表面迁移。鹿角藻胶（0.1%）可以软化甜面团产品的外层质地。将亲水胶体（如 0.25%羧甲基纤维素）掺入油炸面饼混合料中，能明显减少油炸饼的脂肪吸着量。这些优点显然是由于生面团品质的改善和油炸面饼表面形成了水合阻挡层的缘故。

10.16　抗结剂和调节剂

阻止粉状颗粒彼此黏结成块的物质称为抗结剂，能改善流动性能，使混合料便于加工的物质称为调节剂。实际上，抗结剂往往就是调节剂。一般作为抗结剂或调节剂的添加剂，附着在颗粒表层使之具有一定程度的憎水性。它们多是硅酸、脂肪酸、磷酸等的钙盐和镁盐。例如，硅酸钙($CaSiO_3 \cdot xH_2O$)用来阻止发酵粉（达到 5%）、食盐（达到 2%）以及其他食品发生结块。研细的硅酸钙吸收 2.5 倍自身质量的液体而仍然保持自由流动。除吸收水分以外，硅酸钙还可有效地吸收油和其他非极性有机物质。这一特性使之能用于成分复杂的粉状混合物和某些含有游离香精油的香料。

从动物油脂制得的食品级长链脂肪酸的钙盐和镁盐可用作调节剂。通常将硬脂酸钙加到粉状食品中以阻止凝聚或黏结，并且在加工时增大流动性及保证最终产品在储存有效期内不结块。硬脂酸钙不溶于水并能很好地黏附在颗粒表面使之具有憎水性外层。商业硬脂酸盐粉末的体积密度大（约 0.32 g/mL），比表面大，这使它作为调节剂使用（0.5%～2.5%）是相当经济的。在生产片状果糖时，硬脂酸钙可用作脱模润滑剂（1%）。

食品工业中使用的其他抗结剂包括硅铝酸钠、磷酸三钙、硅酸镁和碳酸镁等。它们的使用量与其他抗结剂相似（如硅铝酸钠用在粉状蔗糖中的用量约为 1%）。微晶纤维素粉可用来阻止格栅状乳酪结块。抗结剂要求能通过代谢除掉（淀粉和硬脂酸盐）或是在规定用量条件下无毒害作用。

10.17　气体和推进剂的应用

食品工业中使用的气体包括可参加反应的气体和惰性气体，如氢气用来氢化不饱和脂肪、氯气用来漂白面粉和消毒设备、二氧化硫用来抑制干果的酶促褐变、乙烯用来催熟水果、环氧乙烯用作香料和杀菌剂、空气用于氧化成熟橄榄使之呈现好的颜色等。此外，食品中还广泛使用惰性气体。

惰性气体用在某些除氧过程或需要防止氧气的场合。例如，用氮气或二氧化碳冲刷液面空气，去除喷雾液体；在加工期间或加工后，用惰性气体覆盖产品防止空气氧化等。二氧化碳能在产品上方形成一种稠密的、比空气重的覆盖层，因而在许多加工应用中受到重视。但它并不是完全不产生化学影响的气体，因为它较容易溶于水并在某些食品中能产生强烈的碳酸气味。氮气在常温下是完全惰性的。氮气覆盖时应彻底冲洗容器排掉空气，随后保持适当的正压以阻止空气扩散进入系统，或者采用先彻底抽真空，然后充氮密封产品的办法，这样可提高抗氧化能力和延长食品有效期。

将二氧化碳加入液态产品中（碳酸化），可加工成碳酸化软饮料。它们包括各类果汁、啤酒和某些葡萄酒，使它们变成能产生气泡、有浓厚气味、略带酸味和刺激性的饮料。二氧化碳的用量和引入方式随产品类型不同而异。例如，啤酒在发酵过程中已部分碳酸化，装瓶前还要再进行碳酸化处理。啤酒通常含有 3～4 倍体积的二氧化碳（在 16 ℃ 和 101.3 kPa 时，1 体积啤酒在相同温度和压力下含 3～4 倍体积的二氧化碳气体）。碳酸化通常在较低温度（4 ℃）和增大压力下进行，以增加二氧化碳的溶解度。由于胶体的表面吸附和化学结构，在常压下溶液中保留有大量二氧化碳。某些产品中由于二氧化碳同氨基酸和蛋白质的自由氨基之间的快速可逆反应可以产生部分氨甲酰化合物。另外，碳酸和碳酸氢根离子的形式，也有助于二氧化碳体系的稳定。啤酒中痕量金属杂质和作为气泡核心的乙二酸盐微晶体的存在引起啤酒自发释放二氧化碳（涌出）。

推进剂通常在食品工业中主要用来分装流体食品，使工艺流程自动化。推进剂有气体推进剂和液体推进剂两类。它们必须符合无毒、不可燃和经济的条件。

推进剂通常与食品紧密接触，可能成为食品的附带成分。用于压力分装食品的推进剂主要有一氧化二氮（N_2O）、氮气（N_2）和二氧化碳（CO_2）。泡沫和喷洒液型产品通常用 N_2O 和 CO_2 进行分装，因为这些推进剂易溶于水，并且分装时发生膨胀，有助于形成喷雾或泡沫。二氧化碳也用于乳酪涂层材料类产品，因为这类产品容许浓气味和酸味。氮气在水中和脂肪中溶解度小，常用来分装避免产生泡沫的流体食品，如番茄酱、果酱、食用油和糖浆。所有这些气体用作食品推进剂都必须遵守温度和压力的有关规定，避免操作时液化。规定在 21 ℃ 时压力不得超过 7 kg/cm²，或 54 ℃ 时压力不得超过 9.5 kg/cm²，在这些条件下，上述气体均不会液化。应注意的是，产品分装时避免压力降低，因压力降低会给产品均匀性和分装的完善性造成困难。气体推进剂一般不会产生使人讨厌的颜色和风味，可是，单独使用二氧化碳会给某些食品带来不好的味道。

液体推进剂虽然已广泛用于非食品产品，但由于有臭味、腐蚀性或毒性，一般不准许在食品工业中应用液体推进剂。允许用于食品的仅有八氟环丁烷或氟利昂 318、$CF_2—CF_2—CF_2—CF_2$、一氯五氟乙烷或氟利昂 115。在容器中，这些推进剂以液层形式位于食品上面，容器顶部空间存在气体推进剂。使用液体推进剂能使分装工作在恒压下进行，但是装料必须先摇动成乳胶，以便从容器放出时成为泡沫或喷雾状。这种推进剂是无毒的，并且不会使食品产生异味，可是，与气体推进剂比较，它们价格昂贵。液体推进剂除应用于喷油液产品外，还常与一氧化二氮一道用于分装搅打乳脂和发泡的顶端配料。

10.18　冷冻保护剂

冷冻食品的最终质量取决于很多因素,如冷冻过程中形成的冰晶大小、冷冻速度,以及待冷冻的原料特性等。在冷冻过程中,食物中的水冻结形成冰晶,体积膨胀会导致食物基质破裂,在食用前解冻,水分很容易从食物基质中分离出来并导致质地软化和滴水损失,产品整体质量会下降。冷冻对植物的细胞或细胞组分最不利的影响是组织的物理损伤。植物组织中存在的水在冷冻过程中结冰,与细胞外介质中存在的水形成冰晶,并通过细胞质生长,导致细胞膜失去渗透性。随后冷冻融化,水果和蔬菜的质地因为细胞壁破裂,水分从细胞基质中分离,导致组织软化,脱水收缩,整体质量下降。冻结诱导细胞膜的损伤导致产品的新鲜特征丧失、脱水收缩和随之而来的细胞活力丧失。冷冻对动物组织的损伤通常是通过破坏肌肉蛋白质和诱导蛋白质变性而导致蛋白质功能丧失,这使动物组织的持水能力丧失且形成橡胶化质地,影响了感官可接受性和可销售性。特别是水产品中,鱼肌肉蛋白质因肌原纤维蛋白的溶解度降低、ATP 诱导的肌纤维收缩消失和肌球蛋白 ATP 酶活性降低而冷冻变性。

在食物体系中,通过控制食品冷冻冰晶附近的浓缩基质的物理化学和热机械特性来保持食品结构的完整性,可以最大程度保护食物组织免受冷冻损害。下面对几种常见的冷冻保护剂做简单介绍。

10.18.1　糖类

糖类亲水胶体除来自海藻的琼脂、藻酸盐、角叉菜胶等之外,还来自树干渗出物,包括阿拉伯树胶、刺梧桐树胶、黄芪树胶、亚榄仁树胶和种子胶(包括刺槐豆和瓜尔胶等)。此外,糖类还包括果胶、淀粉,以及一些合成类碳水化合物,如纤维素衍生物。例如,Alvarez 等(2009)研究表明在冷冻/解冻的土豆泥中加入低浓度的角叉菜胶和黄原胶可以提高总体可接受性。黄原胶既提供了适当的质地,同时又赋予了黄原胶的乳脂感产物,并减少了淀粉回升,这与黄原胶-水相互作用量的增加有关。冷冻保护剂还可以改善冷冻/解冻土豆泥流变性。添加冷冻保护剂不仅可以提高解冻土豆泥保水性,还可以改善冷冻/黏弹性行为。Maity(2011)等报道了果胶、羧甲基纤维素、黄原胶和海藻酸盐可应用在保存预切胡萝卜中,保持冷冻保存期间的质地和感官可接受性。果胶在冷冻期间在木薯淀粉-果胶混合物模型中抑制淀粉凝沉和脱水收缩。使用较高浓度的果胶作为预处理可以使冷冻和解冻后草莓的细胞液体损失、质地及溶液黏度(Reno et al.,2011)保持不变。

10.18.2　抗冻蛋白和抗冻肽类

研究表明,来自海洋的明胶和其他蛋白质水解产物在冷冻储存或冻融环境时具有低温保护作用。抗冻蛋白(antifreeze protein,AFP)于 1969 年由 DeVries 和 Wohlschlag 在南极鱼类 *Trematomus bernacchii* 的血液中发现。随后在微生物、植物、昆虫和鱼类中发现了其他几种 AFP。这些 AFP 在结构上呈现多样性,并且在其冷冻保护活性方面差异很大。AFP 是一种冰结合蛋白,可以帮助极地海洋鱼类在冰点(−1.9 ℃)的海水中生存。这是因为冷冻对于细胞生物是致命的,其可使机体生物过程所需的水环境的流动性丧失,并导致生物分子的变性和细胞膜破裂,而 AFP 可以抑制鱼类体液中冰晶生长。AFP 可能会结合冰晶表面并阻碍水分子与冰晶结合,从而降低冰晶凝固点。AFP 主要是从自然生物中分离出来的,可用的有限性限制了它们的应用。

抗冻肽(antifreeze peptides,APP)也能延缓冰晶生长。Mishra 和 Shah(2013)报道了4 种类型的蛋白质,包括酪蛋白酸钠、乳清蛋白浓缩物、脱脂乳和大豆蛋白分离物,在冷冻期间保持长双歧杆菌的高稳定性。由木瓜蛋白酶水解产生的胶原/明胶水解产物能够抑制冰淇淋混合物中的冰再结晶。胶原蛋白水解物中某些分子量的肽具有保护保加利亚乳杆菌免受低温损伤的能力。

10.18.3　冷冻保护机理

糖类具有多羟基结构,在蛋白溶液中添加糖(乳糖/葡萄糖)会产生不利的自由能变化,这种影响随蛋白质表面积的增加而增加,蛋白质优先被水合,在蛋白质与溶剂的优先作用中糖起主要作用。另一方面 Mastsumoto(1982)假设冷冻保护剂分子可以与蛋白质中的功能基团通过离子键或氢键缔合,从而代替蛋白质极性基团周围的水分子,这样可保护氢键的连接位置不会直接暴露在周围环境中,稳定蛋白质的高级结构。还有人认为高分子量的聚合物作为冷冻稳定剂是将蛋白质置于玻璃态中,延缓其变性过程。Carvajal等(1999)在研究不同分子量的麦芽糊精对鱼肉蛋白的低温保护机理后,发现高分子量多糖而超低温保护作用与低分子量糖类的溶液排除机理不同,高分子量的多糖可以固定水分子或形成玻璃态结构使水附近的其他组分,如蛋白质更加稳定。

抗冻蛋白与抗冻肽的冷冻保护作用可能与其氨基酸组成有关。鱼中 AFP 中发现重复的-Ala-Ala-Thr-序列,而 Damodaran(2008)发现一定分子量范围的胶原蛋白肽能够抑制冰淇淋混合物的重结晶。最突出的特点胶原肽是其三肽重复序列,描述为-(Gly-Z-X) $_n$-,其中X是任何氨基酸残基,Z总是被 Pro 或 Hyp 占据,与来自雪蚤的两种抗冻蛋白中发现的 Gly-X-X 重复序列非常相似。胶原肽中的-Gly-Z-X-三肽重复序列可能在它们的冷冻保护中起作用。

10.19　食品添加剂安全性评价

10.19.1　安全性评价方法

目前中国现行的标准《食品安全国家标准 食品安全性毒理学评价程序》(GB 15193.1—2014)规定了食品安全性毒理学评价的程序,适用于评价食品生产、加工、保藏、运输和销售过程中所涉及的可能对健康造成危害的化学、生物和物理因素的安全性,检验对象包括食品添加剂。食品安全性毒理学评价试验的内容包括急性经口毒性试验、遗传毒性试验、28 天经口毒性试验、90 天经口毒性试验、致畸试验、生殖毒性试验和生殖发育毒性试验、毒物动力学试验、慢性毒性试验、致癌试验、慢性毒物和致癌合并试验等。而《食品安全国家标准 食品安全性毒理学评价中病理学检查技术要求》(GB 15193.24—

2014)规定了食品安全性毒理学评价中常规病理学检查技术要求,适用于食品安全性毒理学评价中常规病理学检查。

10.19.2　维生素中毒

维生素中毒即服用过量的维生素后所发生的中毒性病症。维生素除了营养作用外,它们也有潜在的毒性。在这方面,维生素 A、D 和 B_6 受到特别关注。在食物中内源性发生的维生素中毒的实例是非常罕见的,维生素毒性的发作总是与过度食用营养补充剂有关,无意中过度强化也会带来潜在的毒性。公共卫生监管机构需要进行持续的监测。

10.20　食品添加剂的分类和选择

食品添加剂可分为食品加工用添加剂和最后产品添加剂两大部分。

食品加工用添加剂,是指食品在加工期间为了促进反应、方便操作、控制反应条件、有利于分离和清洗等加工过程必须使用的添加剂。它们包括发泡剂、消泡剂、发酵剂和发酵助剂、pH 控制和调节剂、催化剂、材料操作助剂、胶囊包裹剂、冷冻剂、净化剂和凝聚剂、氧化还原剂、卫生处理和熏烟剂、分离和过滤助剂、洗涤和表面清除剂等。

最后产品添加剂,则是为了延长储存期、改善外表、调整补充营养、增进色香味、改善质地等使用的添加剂。当然,每种加工食品并不要求都使用上述各类添加剂,考虑的出发点主要是提高产品质量、保证使用安全以及符合经济原则。至于每类中究竟挑选何种添加剂更为合适,需要由食品加工设计人员确定。

为了提供参考,挑选部分常用食品添加剂列于表 10-4。

表 10-4　部分常用食品添加剂

类别和功能	化学名称	功　能
A. 加工用添加剂		
催化剂(包括酶)	镍	类脂化合物的还原反应
	淀粉酶	淀粉转化
	葡糖氧化酶	氧清除剂
	脂肪酶	乳品产味剂
	木瓜蛋白酶	冰镇啤酒,肉柔嫩剂
	胃蛋白酶	肉柔嫩剂
	凝乳酶	乳酪生产
充气和发泡剂	二氧化碳	碳酸化,发泡
	氮气	发泡
	碳酸氢钠	发泡

类别和功能	化学名称	功　能
消泡剂	硬脂酸铝	酵母发酵过程
	硬脂酸铵	甜菜糖加工
	硬脂酸丁酯	甜菜糖,酵母
	癸酸	甜菜糖,酵母
	二甲基聚硅氧烷	一般用途
	十二烷酸	甜菜糖,酵母
	矿物油	甜菜糖,酵母
	油酸	一般用途
	硬脂酸	甜菜糖,酵母
净化剂和凝聚剂	膨润土	吸附蛋白质
	明胶	络合多酚
	鞣酸	络合蛋白质
	聚乙烯吡咯烷酮	络合多酚
颜色控制剂	葡糖酸亚铁盐	深色橄榄
	氯化镁	豌豆罐头
	硝酸或亚硝酸盐(Na,K 盐)	加工肉
	异抗坏血酸钠	加工肉增色剂
冰冻和冷冻剂	液态二氧化碳	
	液氮	
	冰冻剂—12(Cl_2CF_2)	
发酵助剂	氯化铵	酵母营养料
	硫酸铵	
	碳酸钙	
	氯化钾	
材料加工助剂	磷酸铝	抗黏结,自由流动
	硅酸钙	抗黏结,自由流动
	硬脂酸钙	抗黏结,自由流动
	磷酸二钙	抗黏结,自由流动
	高岭土	抗黏结,自由流动
	硅酸镁	抗黏结,自由流动
	硬脂酸镁	抗黏结,自由流动
	羧甲基纤维素钠	使结实,使增大
	硅铝酸钠	抗黏结,自由流动
	淀粉	抗黏结,自由流动
	黄原胶(和其他树胶)	增稠,膨胀

续表

类别和功能	化学名称	功　能
氧化剂	过氧化丙酮	自由基引发剂
	过氧化苯甲酰	自由基引发剂
	过氧化钙	自由基引发剂
	过氧化氢	自由基引发剂
	二氧化硫	干果漂白
pH 控制和调节酸度剂（酸）	乙酸	抗菌剂
	柠檬酸	螯合剂
	富马酸	抗菌剂
	δ-葡糖酸内酯	发酵剂
	盐酸	
	乳酸	
	苹果酸	螯合剂
	磷酸	
	酒石酸氢钾	发酵剂
	琥珀酸	螯合剂
	酒石酸	螯合剂
（碱）	碳酸氢铵	CO_2 源
	氢氧化铵	
	碳酸钙	
	碳酸镁	
	碳酸氢钾	CO_2 源
	氢氧化钾	
	碳酸氢钠	CO_2 源
	碳酸钠	
	柠檬酸钠	乳化剂盐
	磷酸三钠	乳化剂盐
缓冲盐	磷酸铵（一元、二元）	
	柠檬酸钙	
	葡糖酸钙	
	磷酸钙（一元、二元）	
	酒石酸氢钾	
	柠檬酸钾	
	磷酸钾（一元、二元）	
	乙酸钠	
	焦磷酸氢钠	

类别和功能	化学名称	功　能
	柠檬酸钠	
	磷酸钠(一元、二元、三元)	
	酒石酸钾钠	
抗结剂	单酰甘油	乳化剂
	蜂蜡	
	硬脂酸钙	
	硅酸镁	
	矿物油	
	单酰与二酰化甘油	乳化剂
	淀粉	
	硬脂酸	
	滑石粉	
卫生处理剂与熏蒸剂	氯气	氧化剂
	溴甲基	昆虫熏烟剂
	次氯酸钠	氧化剂
分离和过滤助剂	硅藻土	
	离子交换树脂	
	硅酸镁	
溶剂、载体	丙酮	溶剂
	甘油	溶剂
	二氯甲烷	溶剂
	丙二醇	溶剂
	柠檬酸三乙基酯	溶剂
	纤维素	载体
胶囊包囊剂	琼脂	
	阿拉伯半乳聚糖	
	瓜耳豆胶	
洗涤和表面清除剂	十二烷基苯磺酸钠	去垢剂
	氢氧化钠	碱液去皮
B. 最后产品添加剂		
抗菌剂	乙酸(和盐)	抗细菌,酵母
	苯甲酸(和盐)	抗细菌,酵母
	环氧乙烷	一般消毒
	对羟基苯甲酸烷基酯	抗霉菌,酵母
	硝酸盐,亚硝酸盐	C. 肉毒杆菌

续表

类别和功能	化学名称	功 能
	（K，Na 盐）	（*C. botulinum*）
	丙酸（和盐）	抗霉菌
	环氧丙烷	一般消毒
	山梨酸（和盐）	抗霉菌，酵母，细菌
	二氧化硫和亚硫酸盐	一般消毒
抗氧化剂	抗坏血酸（和盐）	还原剂
	软脂酸抗坏血酸酯	还原剂
	丁基化羟基茴香醚（BHA）	自由基终止剂
	丁基化羟基甲苯（BHT）	自由基终止剂
	愈疮木树胶	自由基终止剂
	没食子酸丙基酯	自由基终止剂
	亚硫酸盐和偏亚硫酸氢盐	还原剂
	硫二丙酸（和酯）	氢过氧化物分解剂
C. 表观控制剂		
颜料和颜色调整剂	胭脂树红	乳酪，黄油，烘制品
	甜菜粉	糖霜，软饮料
	焦糖	糖果点心
	胡萝卜素	人造黄油
	虫红提取物	饮料
	FD&C 绿 No. 3	薄荷冻
	FD&C 红 No. 3（赤鲜红）	罐头水果，开胃小吃
	二氧化钛	透明水果糖，意大利乳酪
其他外观改进剂	蜂蜡	平滑光洁
	甘油	平滑，光洁
	油酸	平滑，光洁
	蜡，巴西棕榈蜡	平滑，光洁
	蔗糖	结晶形浇糖浆
D. 调味剂及调味改进剂		
调味剂	精油	一般
	香料和香草植物提取物	一般
	合成香料化合物	一般
香味增强剂	鸟苷酸二钠盐	肉和蔬菜
	肌苷酸二钠盐	肉和蔬菜
	麦芽粉	面包，甜食
	谷氨酸一钠盐	肉和蔬菜

类别和功能	化学名称	功　能
水分控制剂	氯化钠	一般
	甘油	增韧剂,保温剂
	金合欢胶	
	转化糖	
	丙二醇	
	甘露糖醇	
	山梨糖醇	
E. 营养补充剂		
氨基酸	丙氨酸	
	精氨酸	主要的
	天冬氨酸	
	半胱氨酸	
	胱氨酸	
	谷氨酸	
	组氨酸	
	异亮氨酸	主要的
	亮氨酸	主要的
	赖氨酸	主要的
	蛋氨酸	主要的
	苯基丙氨酸	主要的
	脯氨酸	
	丝氨酸	
	苏氨酸	主要的
	缬氨酸	主要的
矿物质	硼酸	硼源
	碳酸钙	早餐谷类食物
	柠檬酸钙	玉米粉
	磷酸钙类	营养面粉
	焦磷酸钙	营养面粉
	硫酸钙	面包
	碳酸钴	钴源
	氯化钴	钴源
	硫酸钴	钴源
	氧化铜	铜源
	葡糖酸铜	铜源

类别和功能	化学名称	功　能
	氧化铜	铜源
	硫酸铜	铜源
	氟化钙	水的氟化
	磷酸铁	铁源
	焦磷酸铁	铁源
	葡糖酸亚铁盐	铁源
	硫酸亚铁	铁源
	碘	碘源
	碘化物,亚铜	精制食盐
	碘酸盐,钾	碘来源
	氧化镁	镁来源
	硫酸镁	镁来源
	氯化镁	镁来源
	柠檬酸锰	锰来源
	氧化锰	锰来源
	钼酸盐,铵	钼来源
	硫酸镍	镍来源
	磷酸,钙,钠	磷来源
	氯化钾	代替 NaCl
	氯化锌	锌来源
	硬脂酸锌	锌来源
维生素	对氨基苯甲酸	B 复合因子
	生活素	
	胡萝卜素	维生素 A 前体
	叶酸	
	维生素 PP(烟酸)	
	烟酸铵	营养面粉
	泛酸盐,钙	复合维生素 B
	盐酸维生素 B_6	复合维生素 B
	核黄素	复合维生素 B
	盐酸硫胺	维生素 B_1
	乙酸生育酚	维生素 E_1
	乙酸维生素 A	
	维生素 B_{12}	
	维生素 D	

续表

类别和功能	化学名称	功 能
混杂营养素	盐酸甜菜碱	饮食补充
	氯化胆碱	饮食补充
	肌醇	饮食补充
	亚油酸	主要脂肪酸
	芦丁	饮食补充
螯合剂	柠檬酸钙	
	EDTA 二钠钙	
	葡糖酸钙	
	磷酸钙（一元）	
	柠檬酸	
	EDTA 二钠	
螯合剂	磷酸	
	柠檬酸钾	
	磷酸钾（一元、二元）	
	焦磷酸氢钠	
	柠檬酸钠	
	葡糖酸钠	
	六偏磷酸钠	
	磷酸钠（一元、二元、三元）	
	酒石酸钾钠	
	酒石酸钠	
	三聚磷酸钠	
	酒石酸	
表面张力控制剂	硫代琥珀酸钠二辛基酯	
	牛胆汁提取物	
	磷酸钠（二元）	
F. 甜味剂		
非营养型	阿瑟休发姆 K	
	糖精铵	
	糖精钙	
	糖精	
	糖精钠	
营养型	阿斯巴甜	
	葡萄糖	
	山梨糖醇	

续表

类别和功能	化学名称	功　能
G. 质构和稠度控制剂		
乳化剂和乳化剂盐类	硬脂酰-2-乳酸钙	干蛋白,面包
	胆酸	干蛋白
	脱氧胆酸	干蛋白
	硫代琥珀酸二辛基酯	通用
	脂肪酸($C_{10} \sim C_{18}$)	通用
	脂肪酸的乳酸酯	缩短
	卵磷脂	通用
	一酰基甘油和二酰基甘油	通用
	牛胆提取物	通用
	多甘油酯	通用
	聚氧乙烯山梨糖醇酯	通用
	丙二醇一酯,丙二醇二酯	通用
	磷酸钾(三元)	加工乳酪
	聚偏磷酸钾	加工乳酪
	焦磷酸钾	加工乳酪
	磷酸铝钠,碱性	加工乳酪
乳化剂和乳化剂盐类	柠檬酸钠	加工乳酪
	偏磷酸钠	加工乳酪
	磷酸钠(二元)	加工乳酪
	磷酸钠(一元)	加工乳酪
	磷酸钠(三元)	加工乳酪
	焦磷酸钠	加工乳酪
	山梨醇单油酸酯	食品
	山梨醇单硬脂酸酯	风味分散
	山梨醇单棕榈酸酯	通用
	山梨(糖)醇三硬脂酸酯	点心表皮
	硬脂酰-2-乳酸酯	面包表面松脆油脂
	硬脂酰单甘油柠檬酸酯	糕饼松脆油脂
	牛磺胆酸(盐)	蛋白质
坚韧剂	硫酸铝	腌菜
	碳酸钙	通用
	氯化钙	番茄罐头
	柠檬酸钙	番茄罐头
	葡糖酸钙	苹果切片

类别和功能	化学名称	功　能
	氢氧化钙	水果商品
	乳酸钙	苹果切片
	磷酸钙(一元)	番茄罐头
	硫酸钙	马铃薯,番茄罐头
	氯化镁	豌豆罐头
发酵剂	碳酸氢铵	CO_2 源
	磷酸铵(二元)	
	磷酸钙	
	葡糖酸-δ-内酯	
	焦磷酸氢钠	
	磷酸铝钠	
	碳酸氢钠	CO_2 源
咀嚼物	石蜡(合成)	咀嚼树胶基质
	五丁四醇酯	咀嚼树胶基质
推进剂	二氧化碳	
	氟利昂-115	
	氧化亚氮	
稳定剂和增稠剂	金合欢胶	泡沫稳定剂
	琼脂	冰淇淋
	海藻酸	冰淇淋
	鹿角藻胶	巧克力饮料
	瓜尔豆树胶	乳酪食品
稳定剂和增稠剂	羟基丙甲纤维素	通用
	洋槐豆树胶	色拉用调味料
	甲基纤维素	通用
	果胶	果冻类
	羧甲基纤维素钠	冰淇淋
	黄芪胶	色拉用调料
质构剂	鹿角藻酸	
	甘露醇	
	果胶	
	酪蛋白钠盐	
	柠檬酸钠	
示踪剂	二氧化钛	蔬菜蛋白质补充剂

参 考 文 献

陈亚淑,汪荣,谢笔钧,等. 2016. 北极海洋红球菌(*Rhodococcus* sp.)B7740 产类胡萝卜素的提取条件优化及甲基萘醌类类胡萝卜素鉴定. 食品科学,37(2):25-30.

顾惕人,朱珏瑶,李外郎. 1994. 表面化学. 北京:科学出版社.

国家卫生和计划生育委员会. 2013. 食品安全国家标准 食品添加剂标识通则(GB 29924—2013). 北京:中国标准出版社.

国家卫生和计划生育委员会. 2014. 食品安全国家标准 食品安全性毒理学评价程序(GB 15193.1—2014). 北京:中国标准出版社.

国家卫生和计划生育委员会. 2014. 食品安全国家标准 食品安全性毒理学评价中病理学检查技术要求(GB 15193.24—2014). 北京:中国标准出版社.

国家卫生和计划生育委员会. 2014. 食品安全国家标准 食品添加剂使用标准(GB 2760—2014). 北京:中国标准出版社.

国家卫生和计划生育委员会. 2016. 食品安全国家标准 食品接触材料及制品用添加剂使用标准(GB 9685—2016). 北京:中国标准出版社.

国家卫生健康委员会. 2017. 中国居民膳食营养素参考摄入量 第1部分:宏量营养素(WS/T 578.1—2017). 北京:中国标准出版社.

国家卫生健康委员会. 2017. 中国居民膳食营养素参考摄入量 第2部分:微量元素(WS/T 578.3—2017). 北京:中国标准出版社.

国家卫生健康委员会. 2018. 中国居民膳食营养素参考摄入量 第2部分:常量元素(WS/T 578.2—2018). 北京:中国标准出版社.

国家卫生健康委员会. 2018. 中国居民膳食营养素参考摄入量 第4部分:脂溶性维生素(WS/T 578.4—2018). 北京:中国标准出版社.

国家卫生健康委员会. 2018. 中国居民膳食营养素参考摄入量 第5部分:水溶性维生素(WS/T 578.5—2018). 北京:中国标准出版社.

沈同,王镜岩. 1990. 生物化学. 北京:高等教育出版社.

王镜岩,朱圣庚,徐长发. 2002. 生物化学. 3版. 北京:高等教育出版社.

夏其昌. 1999. 蛋白质化学研究技术进展. 北京:科学出版社.

叶秀林. 2001. 立体化学. 北京:北京大学出版社.

Abrams S A,Griffin I J,Hawthorne K M,et al. 2005. A combination of prebiotic short- and long-chain inulin-type fructans enhances calcium absorption and bone mineralization in young adolescents. The American Journal of Clinical Nutrition,82(2):471-476.

Acevedo N C,Schebor C,Buera M P,et al. 2006. Water-solids interactions,matrix structural properties and the rate of nonenzymatic browning. Journal of Food Engineering,77(4):1108-1115.

Acosta-Montaño P,García-González V. 2018. Effects of dietary fatty acids in pancreatic beta cell metabolism,implications in homeostasis. Nutrients,10(4):393.

Agudelo A,Varela P,Sanz T,et al. 2014. Formulating fruit fillings. Freezing and baking stability of a tapioca starch-pectin mixture model. Food Hydrocolloids,40:203-213.

Aguerre R J,Suarez C,Viollaz P E. 1989. New BET type multiplayer sorption isotherms. Part Ⅱ. Modelling water sorption in foods. Lebensmittel-Wissenchaft and Technology,22:192-195.

Ahmed N,Mirshekar-Syahkal B,Kennish L,et al. 2005. Assay of advanced glycation endproducts in selected beverages and food by liquid chromatography with tandem mass spectrometric detection. Molecular Nutrition & Food Research,49(7):691-699.

Aida R, Kishimoto S, Tanaka Y,et al, 2000. Modification of flower color in torenia (*Torenia fournieri* Lind.) by genetic transformation. Plant Science, 153(1):33-42.

Akkerman R,Faas M M,de Vos P. 2019. Non-digestible carbohydrates in infant formula as substitution for human milk oligosaccharide functions:effects on microbiota and gut maturation. Critical Reviews in Food Science and Nutrition,59(9):1486-1497.

Al Nabhani Z,Dulauroy S,Marques R,et al. 2019. A weaning reaction to microbiota is required for resistance to immunopathologies in the adult. Immunity,50(5):1276-1288,e5.

Alonso L,Fraga M J. 2001. Simple and rapid analysis for quantitation of the most important volatile flavor compounds in yogurt by headspace gas chromatography-mass spectrometry. Journal of Chromatographic Science, 39 (7): 297-300.

Alvarez M D,Fernandez C,Canet W. 2009. Enhancement of freezing stability in mashedpotatoes by the incorporation of kappa-carrageenan and xanthan gum blends. Journal of the Science of Food and Agriculture,89(12):2115-2127.

Alvarez M D,Fernandez C,Canet W. 2010. Oscillatory rheological properties of fresh and frozen/thawed mashed potatoes as modified by different cryoprotectants. Food and Bioprocess Technology,3(1):55-70.

Al-Ismail K M,Humied M A. 2003. Effect of processing and storage of brined white (Nabulsi) cheese on fat and cholesterol oxidation. Journal of the Science of Food and Agriculture,83(1):39-43.

Al-Muhtaseb A H, McMinn W A M, Magee T R A. 2004. Water sorption isotherms of starch powders. Part 1. Mathematical description of experimental data. Journal of Food Engineering, 61(3):297-307.

Anderson J W,Baird P,Davis R H,et al. 2009. Health benefits of dietary fiber. Nutrition Reviews,67(4):188-205.

Anessa C, Roberto A, Rafael V D, et al. 2006. Effect of temperature and pH on the secondary structure and processes of oligomerization of 19kDa alpha-zein. Biochimica et Biophysica Acta, 1764(6):1110-1118.

Anneke H,Grolle M K,Martin A,et al. 2002. Network forming properties of various proteins adsorbed at the air/water interface in relation to foam stability. Journal of Colloid and Interface Science,254(1):175-183.

Araiza-Calahorra A,Akhtar M,Sarkar A. 2018. Recent advances in emulsion-based delivery approaches for curcumin: From encapsulation to bioaccessibility. Trends in Food Science & Technology,71:155-169.

Arakawa T,Timasheff S N. 1982. Stabilization of protein structure by sugars. Biochemistry,21(25):6536-6544.

Arias J L, Fernndez M S. 2008. Polysaccharides and proteoglycans in calcium carbonate-based biomineralization. Chemical Reviews, 108 (11):4475-4482.

Ashby M F. 2006. The properties of foams and lattices. Philosophical Transactions Mathematical Physical and Engineering Sciences,364(1838):15-30.

Atkins P W. 1994. Physical Chemistry. 5th ed. Oxford: Oxford University Press.

Augustin M A,Hemar Y. 2009. Nano- and micro-structured assemblies for encapsulation of food ingredients. Chemical Society Reviews,38(4):902-912.

Bauernfeind J C. 1981. Carotenoids as Colorants and Vitamin A Precursors. New York:Academic Press.

Bechtold T,Mussak R. 2009. Handbook of Natural Colorants. New York:John Wiley and Sons.

Belitz H D, Grosh W. 1999. Food Chemistry. 2nd ed. Berlin:Springer.

Belitz H D,Grosch W,Schieberle P,et al. 2004. Food Chemistry. 3rd ed. Berlin:Springer.

Belitz H D, Grosch W, Schieberle P. 2009. Food Chemistry. 4th ed. Berlin:Springer.

Benga G. 2012. Foreword to the special issue on water channel proteins (aquaporins and relatives) in health and disease:25 Years after the discovery of the first water channel protein,later called aquaporin 1. Molecular Aspects of Medicine,33(5/6):511-513.

Benga G. 2012. On the definition, nomenclature and classification of water channel proteins (aquaporins and relatives). Molecular Aspects of Medicine, 33(5-6):514-517.

Benga G. 2012. The first discovered water channel protein, later called aquaporin 1:molecular characteristics, functions and medical implications. Molecular Aspects of Medicine, 33(5-6):518-534.

Beopoulos A, Cescut J, Haddouche R, et al. 2009. *Yarrowia lipolytica* as a model for bio-oil production. Progress in Lipid Research, 48(6):375-387.

Berger C, Marti N, Collin S, et al. 1999. Combinatorial approach to flavor analysis. 2. Olfactory investigation of alibrary of *S*-methyl thioesters and sensory evaluation of selected components. Journal of Agricultural and Food Chemistry, 47(8):3274-3279.

Bernalte M J, Hernandez M T, Vidal-Aragon M C. 1999. Physical, chemical, flavor and sensory characteristics of two sweet cherry varieties grown in 'valle del jerte'(Spain). Journal of Food Quality, 22(4):403-416.

Bobbio F O, Bobbio P A, Oliveira P A, et al. 2002. Stability and stabilization of the anthocyanins from *Euterpeoleracea* Mart. Acta Alimentaria, 61:371-377.

Bohn T, Desmarchelier C, Dragsted L O, et al. 2017. Host-related factors explaining interindividual variability of carotenoid bioavailability and tissue concentrations in humans. Molecular Nutrition & Food Research, 61(6):1613-4125.

Boire A, Renard D, Bouchoux A, et al. 2019. Soft-matter approaches for controlling food protein interactions and assembly. Annual Review of Food Science and Technology, 10:521-539.

Borrelli R C, Visconti A, Mennella C, et al. 2002. Chemical characterization and antioxidant properties of coffee melanoidins. Journal of Agricultural and Food Chemistry, 50(22):6527-6533.

Bouillon R, Marcocci C, Carmeliet G, et al. 2019. Skeletal and extraskeletal actions of vitamin D:current evidence and outstanding questions. Endocrine Reviews, 40(4):1109-1151.

Boyce M C. 2001. Determination of additives in food by capillary electrophoresis review. Electrophoresis, 22(8):1447-1459.

Brake N C, Fennma O R. 1999. Lipolysis and lipid oxidation in frozen minced mackerel as related to T'_g, molecular diffusion, and presence of gelatin. Journal of Food Science, 64(1):25-32.

Braudo E E, Plashchina I G, Semenova M G, et al. 1998. Structure formation in liquid solutions and gels of polysaccharides——A review of the authors work. Food Hydrocolloids, 12(3):253-261.

Briand L, Salles C. 2016. 4-Taste Perception and Integration// Etiévant P, Guichard E, Voilley A, et al. Flavor From to Behaviors, Wellbeing and Health. Amsterdam:Elsevier.

Brini E, Algaer E A, Ganguly P, et al. 2013. Systematic coarse-graining methods for soft matter simulations - a review. Soft Matter, 9(7):2108-2119.

Britton G, Liaaen-Jensen S, Pfander H, et al. 2004. Carotenoids Handbook. Basel:Birkhauser Verlag.

Britton G, Liaaen-Jensen S, Pfander H, et al. 2009. Carotenoids Volume 5:Nutrition and Health. Basel:Birkhauser Verlag.

Broussard J L, Devkota S. 2016. The changing microbial landscape of Western society:diet, dwellings and discordance. Molecular Metabolism, 5(9):737-742.

Bucking M, Steinhart H. 2002. Headspace GC and sensory analysis characterization of the influence of different milk additives on the flavor release of coffee beverages. Journal of Agricultural and Food Chemistry, 50(6):1529-1534.

Burokas A, Arboleya S, Moloney R D, et al. 2017. Targeting the microbiota-gut-brain axis:prebiotics have anxiolytic and antidepressant-like effects and reverse the impact of chronic stress in mice. Biological Psychiatry, 82(7):472-487.

Calder P C. 2010. ω-3 fatty acids and inflammatory processes. Nutrients, 2(3):355-374.

Calder P C. 2012. Mechanisms of action of (*n*-3) fatty acids. The Journal of Nutrition, 142(3):592S-599S.

Canfeld L M, Krinsky N I, Olson J A. 1993. Carotenoid in Human Health. New York:New York Academy of Sciences.

Caporaso N, Genovese A, Burke R, et al. 2016. Physical and oxidative stability of functional olive oil-in-water emulsions formulated using olive mill wastewater biophenols and whey proteins. Food & Function, 7(1):227-238.

Capuano E, Fogliano V. 2011. Acrylamide and 5-hydroxymethylfurfural (HMF): a review on metabolism, toxicity, occurrence in food and mitigation strategies. LWT-Food Science and Technology, 44(4):793-810.

Capuzzo A, Maffei M, Occhipinti A. 2013. Supercritical fluid extraction of plant flavors and fragrances. Molecules, 18 (6):7194-7238.

Carle R, Schweiggert R M. 2016. Handbook on Natural Pigments in Food and Beverages, Industrial Applications for Improving Food Color. Amsterdam: Woodhead Publishing.

Carvajal P A, MacDonald G A, Lanier T C. 1999. Cryostabilization mechanism of fish muscle proteins by maltodextrins. Cryobiology, 38(1):16-26.

Caunii A, Butu M, Rodino S, et al. 2015. Isolation and separation of inulin from Phalaris arundinacea roots. Revista De Chimie, 66:472-476.

Chapwanya M, Misra N N. 2015. A soft condensed matter approach towards mathematical modelling of mass transport and swelling in food grains. Journal of Food Engineering, 145:37-44.

Chatakanonda P, Dickinson L C, Chinachoti P, et al. 2003. Mobility and distribution of water in cassava and potato starches by ^{1}H and ^{2}H-NMR. Journal of Agricultural and Food Chemistry, 51(25):7445-7449.

Chaves P F P, Iacomini M, Cordeiro L M C. 2019. Chemical characterization of fructooligosaccharides, inulin and structurally diverse polysaccharides from chamomile tea. Carbohydrate Polymers, 214:269-275.

Chemical Weekly Group. 2002. Consumers interest drives growth for US food additives demand. Chemical Weekly, 48 (19):151.

Chen Y S, Guo M Y, Yang J F, et al. 2019. Potential TSPO ligand and photooxidation quencher isorenieratene from Arctic Ocean Rhodococcus sp. B7740. Marine Drugs, 17(6):316.

Chen Y S, Mu Q, Hu K, et al. 2018. Characterization of MK8(H$_2$) from Rhodococcus sp. B7740 and its potential antiglycation capacity measurements. Marine Drugs, 16(10):391.

Chen Y S, Xie B J, Yang J F, et al. 2018. Identification of microbial carotenoids and isoprenoid quinones from Rhodococcus sp. B7740 and its stability in the presence of iron in model gastric conditions. Food Chemistry, 240:204-211.

Chen Y S, Zhou Y F, Chen M, et al. 2018. Isorenieratene interaction with human serum albumin: multi-spectroscopic analyses and docking simulation. Food Chemistry, 258:393-399.

Cheung M S, Klimov D, Thirumalai D, et al. 2005. Molecular crowding enhances native state stability and refolding rates of globular proteins. Proceedings of the National Academy of Sciences of the United States of America, 102 (13):4753-4758.

Chi Z M, Zhang T, Cao T S, et al. 2011. Biotechnological potential of inulin for bioprocesses. Bioresource Technology, 102(6):4295-4303.

Chu B S, Ichikawa S, Kanafusa S, et al. 2007. Preparation of protein-stabilized β-carotene nanodispersions by emulsification-evaporation method. Journal of the American Oil Chemists' Society, 84(11):1053-1062.

Crouzier T, Picart C. 2009. Ion pairing and hydration in polyelectrolyte multilayer films containing polysaccharides. Biomacromolecules, 10(2):433-442.

Dalile B, Van Oudenhove L, Vervliet B, et al. 2019. The role of short-chain fatty acids in microbiota-gut-brain communication. Nature Reviews Gastroenterology and Hepatology, 16(8):461-478.

Damodaran S, Parkin K L. 2016. Fennema's Food Chemistry. 5th ed. Boca Raton: CRC Press.

Damodaran S. 1998. Water activity at interfaces and its role in regulation of interfacial enzymes: a hypothesis. Colloids and Surface B: Biointerfaces, 11(5):231-237.

Dars A G, Hu K, Liu Q D, et al. 2019. Effect of thermo-sonication and ultra-high pressure on the quality and phenolic profile of mango juice. Foods,8(8):298.

Davidson M H,Maki K C,Synecki C,et al. 1998. Effects of dietary inulin on serum lipids in men and women with hypercholesterolemia. Nutrition Research,18(3):503-517.

de Vrese M,Schrezenmeir J. 2008. Probiotics,prebiotics,and synbiotics. Advances in Biochemical Engineering/Biotechnology,111:1-66.

de Wrachien D,Lorenzini G. 2012. Quantum mechanics applied to the dynamic assessment of a cluster of water particles in sprinkler irrigation. Journal of Engineering Thermophysics,21(3):193-197.

Dehghani S,Hosseini S V,Regenstein J M. 2018. Edible films and coatings in seafood preservation:a review. Food Chemistry,240:505-513.

Delgado G T C,Tamashiro W M S C,Pastore G M. 2010. Immunomodulatory effects of fructans. Food Research International,43(5):1231-1236.

Delgado-Andrade C,Fogliano V. 2018. Dietary advanced glycosylation end-products (dAGEs) and melanoidins formed through the Maillard reaction:physiological consequences of their intake. Annual Review of Food Science and Technology,9:271-291.

Delgado-Andrade C. 2016. Carboxymethyl-lysine:thirty years of investigation in the field of AGE formation. Food & Function,7(1):46-57.

Derbyshire H M,Feldman Y,Bland C R, et al. 2002. A study of the molecular properties of water in hydrated mannitol. Journal of Pharmaceutical Sciences,91(4):1080-1088.

Dibildox-Alvarado E, Marangoni A G, Toro-Vazquez J F. 2010. Pre-nucleation structuring of triacylglycerols and its effect on the activation energy of nucleation. Food Biophysics,3(5):218-226.

Ding H F,Wu X Q,Pan J H,et al. 2018. New insights into the inhibition mechanism of betulinic acid on α-glucosidase. Journal of Agricultural and Food Chemistry,66(27):7065-7075.

Drusch S,Faist V,Erbersdobler H F. 1999. Determination of N^ε-carboxymethyllysine in milk products by a modified reversed-phase HPLC method. Food Chemistry,65(4):547-553.

Dunkel A,Köster J,Hofmann T. 2007. Molecular and sensory characterization of γ-glutamyl peptides as key contributors to the kokumi taste of edible beans (*Phaseolus vulgaris* L.). Journal of Agricultural and Food Chemistry,55(16):6712-6719.

EdigerI D, Soydemir N, Kideys A E. 2006. Estimation of phytoplankton biomass using HPLC pigment analysis in the southwestern Black Sea. Deep-sea Research Part II, 53 (17~19):1911-1922.

Ehlers F,Scholz M,Oum K,et al. 2018. Excited-state dynamics of 3,3'-dihydroxyisorenieratene and (3R,3'R)-Zeaxanthin:observation of vibrationally hot S_0 species. Archives of Biochemistry and Biophysics,646:137-144.

Elkins M H,Williams H L,Shreve A T,et al. 2013. Relaxation mechanism of the hydrated electron. Science,342(6165):1496-1499.

Ellis R P,Dale M F B,Duffus C M,et al. 1998. Starch production and industrial use review. Journal of the Science of Food and Agriculture,77(3):289-311.

Esfanjani F A,Assadpour E,Jafari S M. 2018. Improving the bioavailability of phenolic compounds by loading them within lipid-based nanocarriers. Trends in Food Science & Technology,76:56-66.

Farrokhpay S. 2009. A review of polymeric dispersant stabilisation of titania pigment. Advances in Colloid and Interface Science,30(151):24-32.

Fennema O R. 1996. Food Chemistry. 3rd ed. New York:Marcel Dekker Inc.

Ferranti P,Roncada P,Scaloni A. 2016. Foodomics - Novel insights in food and nutrition domains. Journal of Proteomics,147:1-2.

Finegold S M,Li Z P,Summanen P H,et al. 2014. Xylooligosaccharide increases bifidobacteria but not lactobacilli in human gut microbiota. Food & Function,5(3):436-445.

Fisher M C,Hawkins N J,Sanglard D,et al. 2018. Worldwide emergence of resistance to antifungal drugs challenges human health and food security. Science,360(6390):739-742.

Flint H J, Bayer E A, Rincon M T, et al. 2008. Polysaccharide utilization by gut bacteria: potential for new insights from genomic analysis. Nature Reviews Microbiology,6:121-131.

Food and Nutrition Board, Institute of Medicine. 2001. Vitamin E In Dietary Reference Intakes for Vitamin C, Vitamin E, Selenium and Carotenoids. Washington, DC: National Academy Press.

Forrest J C,Aberle E D,Hedrick H B,et al. 1975. Principles of Meat Science. Seattle:Kendall Hunt Publishing.

Fournier J A,Johnson C J,Wolke C T,et al. 2014. Vibrational spectral signature of the proton defect in the three-dimensional $H^+(H_2O)_{21}$ cluster. Science,344(6187):1009-1012.

Gary Reineccius. 2006. Flavor Chemistry and Techinology. 2nd ed. Boca Raton:CRC Press.

George Kerry R,Patra J K,Gouda S,et al. 2018. Benefaction of probiotics for human health:a review. Journal of Food and Drug Analysis,26(3):927-939.

Gharibzahedi S M T,Jafari S M. 2017. The importance of minerals in human nutrition:bioavailability,food fortification,processing effects and nanoencapsulation. Trends in Food Science & Technology,62:119-132.

Ghosh S K,Bharadwaj P K. 2004. A dodecameric water cluster built around a cyclic quasiplanar hexameric core in an organic supramolecular complex of a cryptand. Angewandte Chemie International Edition,43(27):3577-3580.

Giannakourou M C, Taoukis P S. 2003. Kinetic modeling of vitamin C loss in frozen green vegetables under variable storage conditions. Food Chemistry, 83(1):33-41.

Gibson R S,Bailey K B,Gibbs M,et al. 2010. A review of phytate,iron,zinc,and calcium concentrations in plant-based complementary foods used in low-income countries and implications for bioavailability. Food and Nutrition Bulletin,31(2):S134-S146.

Gil J V,Valles S. 2001. Effect of macerating enzymes on red wine aroma at laboratory scale:exogenous addition or expression by transgenic wine yeasts. Journal of Agricultural and Food Chemistry,49(11):5515-5523.

Glenn R G, Robert H, Mary E S, et al. 2017. The International Scientific Association for Probiotics and Prebiotics (ISAPP) consensus statement on the definition and scope of prebiotics. Nature Reviews,14(8):491-502.

Goldberg T,Cai W J,Peppa M,et al. 2004. Advanced glycoxidation end products in commonly consumed foods. Journal of the American Dietetic Association,104(8):1287-1291.

Gompper G,Dhont J K G,Richter D. 2008. Editorial [24pt] A unified view of soft matter systems? The European Physical Journal E,26(1-2):1-2.

Gonçalves J,Figueira J,Rodrigues F,et al. 2012. Headspace solid-phase microextraction combined with mass spectrometry as a powerful analytical tool for profiling the terpenoid metabolomic pattern of hop-essential oil derived from Saaz variety. Journal of Separation Science,35(17):2282-2296.

Goodwin T. 1980. Functions of Crotenoids// Goodwin T W,The Biochemistry of Carotenoids. Vol. II:Animal. New York:Chapman and Hall.

Gosling A,Stevens G W,Barber A R,et al. 2010. Recent advances refining galactooligosaccharide production from lactose. Food Chemistry,121(2):307-318.

Granado F, Olmedilla B, Blanco I. 2003. Nutrtional and clinical relevance of lutein in human health. Brit J Nutr, 90:487-502.

Grane F L. 2001. Biochemical functions of coenzyme Q_{10}. Journal of the American College of Nutrition, 20(6):591-598.

Griffin N W,Ahern P P,Cheng J Y,et al. 2017. Prior dietary practices and connections to a human gut microbial meta-community alter responses to diet interventions. Cell Host & Microbe,21(1):84-96.

Grisdale-Helland B,Helland S J,Gatlin D M. 2008. The effects of dietary supplementation with mannanoligosaccharide,fructooligosaccharide or galactooligosaccharide on the growth and feed utilization of Atlantic salmon (*Salmo sal-*

ar). Aquaculture,283(1/2/3/4):163-167.

Guichard E. 2002. Interactions between flavor compounds and food ingredients and their influence on flavor perception review. Food Reviews International,18(1):49-70.

Gunstone F D, Norris F A. 1983. Lipids in Foods: Chemistry, Biochemistry and Technology. Oxford: Pergamon Press.

Haber B. 2002. Carob fiber benefits and applications. Cereal Foods World,47(8):365-369.

Haider S H,Oskuei A,Crowley G,et al. 2019. Receptor for advanced glycation end-products and environmental exposure related obstructive airways disease:a systematic review. European Respiratory Review,28(151):0096-2018.

Hardas N,Danviriyakul S,Foley J L, et al. 2002. Effect of relative humidity on the oxidative and physical stability of encapsulated milk fat. Journal of the American Oil Chemists Society,79(2):151-158.

Harris T K,Zhao Q,Mildvan A S. 2000. NMR studies of strong hydrogen bonds in enzymes and in a model compounds. Journal of Molecular Structure,552(1/3):97-109.

Hartel R W. 2001. Crystallization in Foods. Gaithersburg, MD: Aspen Publishers, Inc.

Haward L R, Pandjaitan N, Morelock T, et al. 2002. Antioxidant capacity and phenolic content of spinach as affect by genetics and growing season. J Agric Food Chem, 50:5891-5896.

Headrick J M,Diken E G,Walters R S,et al. 2005. Spectral signatures of hydrated proton vibrations in water clusters. Science,308(5729):1765-1769.

Hendrickx M,Ludikhuyze L,van den Broeck I,et al. 1998. Effects of high pressure on enzymes related to food quality. Trends in Food Science & Technology,9(5):197-203.

Henle T,Schwarzenbolz U,Klostermeyer H. 1997. Detection and quantification of pentosidine in foods. Zeitschrift Für Lebensmitteluntersuchung Und -Forschung A,204(2):95-98.

Henle T. 2003. AGEs in foods:do they play a role in uremia? Kidney International,63:S145-S147.

Herruzo E T, Perrino A P,Garcia R. 2014. Fast nanomechanical spectroscopy of soft matter. Nature Communications,5:3126.

Hill C,Guarner F,Reid G,et al. 2014. Expert consensus document:the International Scientific Association for Probiotics and Prebiotics consensus statement on the scope and appropriate use of the term probiotic. Nature Reviews Gastroenterology & Hepatology,11(8),506-514.

Hiratsuka T,Furihata K,Ishikawa J,et al. 2008. An alternative menaquinone biosynthetic pathway operating in microorganisms. Science,321(5896):1670-1673.

Ho K K H Y,Ferruzzi M G,Wightman J D. 2020. Potential health benefits of (poly)phenols derived from fruit and 100% fruit juice. Nutrition Reviews,78(2):145-174.

Hodge J E. 1953. Dehydrated foods,chemistry of browning reactions in model systems. Journal of Agricultural & Food Chemistry,1(15),928-943.

Hordur G,Kristinsson,Barbara A, et al. 2000. Fish protein hydrolysates:production,biochemical,and functional properties. Critical Reviews in Food Science and Nutrition,40(1):43-81.

Hu K,Dars A G,Liu Q D,et al. 2018. Phytochemical profiling of the ripening of Chinese mango (*Mangifera indica* L.) cultivars by real-time monitoring using UPLC-ESI-QTOF-MS and its potential benefits as prebiotic ingredients. Food Chemistry,256:171-180.

Ipsen R,Olsen K,Skibsted L H,et al. 2002. Gelation of whey protein induced by high pressure. Milchwissenschaft,57:650-653.

Jang D S,Cuendet M,Hawthorne M E, et al. 2002. Prenylated flavonoids of the leaves of *Macaranga conifera* with inhibitory activity against cyclooxygenase-2. Phytochemistry,61:867-872.

Ju Z Y,Kilara A. 1998. Aggregation induced by calcium chloride and subsequent thermal gelation of whey protein isolate. Journal of Dairy Science,81(4):925-931.

Kalmerling J P. 2007. Comprehensive Glycoscience from Chemistry to Systems Biology. London: Elsevier.

Karbownik M, Gitto E, Lewinski A, et al. 2001. Relative efficacies of indole antioxidants in reducing autoxidation andiron-induced lipid peroxidation in hamster testes. Journal of Cellular Biochemistry, 81(4): 693-699.

Kasaikina O T, Vedutenko V V, Kashkay A M, et al. 2002. Kinetic model for beta carotene and lipid cooxidation. Oxidation Communications, 25(2): 232-243.

Kathawate L, Sproules S, Pawar O, et al. 2013. Synthesis and molecular structure of a zinc complex of the vitamin K_3 analogue phthiocol. Journal of Molecular Structure, 1048: 223-229.

Kaur N, Gupta A K. 2002. Applications of inulin and oligofructose in health and nutrition. Journal of Biosciences, 27(7): 703-714.

Kawabata K, Yoshioka Y, Terao J J. 2019. Role of intestinal microbiota in the bioavailability and physiological functions of dietary polyphenols. Molecules, 24(2): 370.

Kawamukai M. 2018. Biosynthesis and applications of prenylquinones. Bioscience, Biotechnology, and Biochemistry, 82(6): 963-977.

Kelley D, McClements D J. 2003. Interactions of bovine serum albumin with ionic surfactants in aqueous solutions. Food Hydrocolloids, 17(1): 73-85.

Khan J A, Gijs L, Berger C, et al. 1999. Combinatorial approach to flavor analysis. 1. Preparation and characterization of a S-methyl thioester library. Journal of Agricultural and Food Chemistry, 47(8): 3269-3273.

Kislinger T, Humeny A, Seeber S, et al. 2002. Qualitative determination of early Maillard-products by MALDI-TOF mass spectrometry peptide mapping. European Food Research and Technology, 215(1): 65-71.

Knapen M H J, Braam L A J L M, Teunissen K J, et al. 2015. Yogurt drink fortified with menaquinone-7 improves vitamin K status in a healthy population. Journal of Nutritional Science, 4: e35.

Koh A, De Vadder F, Kovatcheva-Datchary P, et al. 2016. From dietary fiber to host physiology: short-chain fatty acids as key bacterial metabolites. Cell, 165(6): 1332-1345.

Kossmann J, Lloyd J. 2000. Understanding and influencing starch biochemistry review. Critical reviews in Plant Sciences, 19(3): 171-226.

Kraiski A V, Melnik N N. 2012. Low-frequency Raman spectra in water and in weak aqueous solutions. Spatial inhomogeneity in hydrogen peroxide solution. Biophysics, 57(6): 750-756.

Kralova I, Sjöblom J. 2009. Surfactants used in food industry: a review. Journal of Dispersion Science and Technology, 30(9): 1363-1383.

Krinsky N I, Mayne S T, Sies H. 2004. Carotenoids in Health and Disease. New York: Marcel Dekker.

Kubo I. 1999. Molecular design of antioxidative and antimicrobial agents. Chemtech, 29(8): 37-42.

Kurilshikov A, Wijmenga C, Fu J Y, et al. 2017. Host genetics and gut microbiome: challenges and perspectives. Trends in Immunology, 38(9): 633-647.

Kuroda M, Miyamura N. 2015. Mechanism of the perception of "kokumi" substances and the sensory characteristics of the "kokumi" peptide, γ-Glu-Val-Gly. Flavour, 4(1): 1-3.

Kurosu M, Begari E. 2010. Vitamin K2 in electron transport system: are enzymes involved in vitamin K2 biosynthesis promising drug targets? Molecules, 15(3): 1531-1553.

Laing D G, Jinks A. 1996. Flavour perception mechanisms. Trends in Food Science & Technology, 7(12): 387-389.

Lamuel-Raventos R M, Onge M P S, 2016. Prebiot biotics and immune hea microbiota. Critical Reviews in Food Science and Nutrition, 57: 3154-3163.

Lass A, Zimmermann R, Oberer M, et al. 2011. Lipolysis-A highly regulated multi-enzyme complex mediates the catabolism of cellular fat stores. Progress in Lipid Research, 50(1): 14-27.

LeBlanc J G, Chain F, Martín R, et al. 2017. Beneficial effects on host energy metabolism of short-chain fatty acids and vitamins produced by commensal and probiotic bacteria. Microbial Cell Factories, 16(1): 79.

LeBlanc J G,Milani C,de Giori G S,et al. 2013. Bacteria as vitamin suppliers to their host:a gut microbiota perspective. Current Opinion in Biotechnology,24(2):160-168.

Leboucher A,Pisani D F,Martinez-Gili L,et al. 2019. The translational regulator FMRP controls lipid and glucose metabolism in mice and humans. Molecular Metabolism,21:22-35.

Lee J,Lee S,Choe E, et al. 2000. Lipid changes of freeze-dried spinach by various kinds of oxidation. Journal of Food Science,65(8):1290-1295.

Lehtinen P,Kiiliainen K,Lehtomaki K, et al. 2003. Effect of heat treatment on lipid stability in processed oats. International Journal of Dairy Technology,37(2):215-221.

Lenhert S, Sun P, Wang Y H, et al. 2007. Massively parallel dip-pen nanolithography of heterogeneous supported phospholipid multilayer patterns. Small, 1(3): 71-75.

Li S S, Williams Y, Topp T D, et al. 2008. Protein conformation in amorphous solids by FTIR and by hydrogen/deuterium exchange with mass spectrometry. Biophysical Journal, 95(12): 5951-5961.

Li X P,Chen Y,Li S Y,et al. 2019. Oligomer procyanidins from lotus seedpod regulate lipid homeostasis partially by modifying fat emulsification and digestion. Journal of Agricultural and Food Chemistry,67(16):4524-4534.

Li X P,Sui Y,Wu Q A,et al. 2017. Attenuated mTOR signaling and enhanced glucose homeostasis by dietary supplementation with lotus seedpod oligomeric procyanidins in streptozotocin (STZ)-induced diabetic mice. Journal of Agricultural and Food Chemistry,65(19):3801-3810.

Li X P,Wu Q,Sui Y,et al. 2018. Dietary supplementation of A-type procyanidins from litchi pericarp improves glucose homeostasis by modulating mTOR signaling and oxidative stress in diabetic ICR mice. Journal of Functional Foods, 44:155-165.

Liu Z, Jiao Y, Wang Y, et al. 2008. Polysaccharides-based nanoparticles as drug delivery systems. Advanced Drug Delivery Reviews, 60(15): 1650-1662.

Lopes S M S,Krausová G,Carneiro J W P,et al. 2017. A new natural source for obtainment of inulin and fructo-oligosaccharides from industrial waste of *Stevia rebaudiana* Bertoni. Food Chemistry,225:154-161.

Maccabe A P,Orejas M,Tamayo E N, et al. 2002. Improving extracellular production of food-use enzymes from *Aspergillus nidulans*—Review. Journal of Biotechnology,96(1):43-54.

Mahian O,Kolsi L,Amani M,et al. 2019. Recent advances in modeling and simulation of nanofluid flows-Part I:Fundamentals and theory. Physics Reports,790:1-48.

Maity T,Chauhan O P,Shah A, et al. 2011. Quality characteristics and glass transition temperature of hydrocolloid pre-treated frozen pre-cut carrot. International Journal of Food Properties,14(1):17-28.

Maity T,Saxena A,Raju P S. 2018. Use of hydrocolloids as cryoprotectant for frozen foods. Critical Reviews in Food Science and Nutrition,58(3):420-435.

Marangoni A, Narine S. 2002. Physical Properties of Lipids. New York: Marcel Dekker Inc.

Maroulis Z B, Saravacos G D, Krokida M K, et al. 2002. Thermal conductivity prediction for foodstuffs: effect of moisture content and temperature. International Journal of Food Properties,5:231-245.

Maruyama Y,Yasuda R,Kuroda M,et al. 2012. Kokumi substances,enhancers of basic tastes,induce responses in calcium-sensing receptor expressing taste cells. PLoS One,7(4):e34489.

Masae Takahashi,Masako Shimazaki,Jun Yamamoto. 2001. Thermoreversible gelation and phase separation in aqueous methyl cellulose solutions. Journal of Polymer Science. Part B:Polymer Physics,39(1):91-100.

Matsumoto J J. 1980. Chemical Deterioration of Muscle Proteins During Frozen Sorage. Washington:American Chemical Society.

McClements D J,Bai L,Chung C. 2017. Recent advances in the utilization of natural emulsifiers to form and stabilize emulsions. Annual Review of Food Science and T echnology,8:205-236.

McClements D J,Gumus C E. 2016. Natural emulsifiers—Biosurfactants, phospholipids, biopolymers, and colloidal particles:molecular and physicochemical basis of functional performance. Advances in Colloid and Interface Science, 234:3-26.

McClements D J. 2018. Recent developments in encapsulation and release of functional food ingredients:delivery by design. Current Opinion in Food Science,23:80-84.

McGregor R. 2004. Taste modification in the biotech era. Food Technology,58(5):24,26,28-30.

Meng Q L,Long P P,Zhou J E,et al. 2019. Improved absorption of β-carotene by encapsulation in an oil-in-water nanoemulsion containing tea polyphenols in the aqueous phase. Food Research International,116:731-736.

Mesias M,Morales F,Delgado-Andrade C. 2019. Acrylamide in biscuits commercialised in Spain:a view of the Spanish market from 2007 to 2019. Food & Funct,10:6624-6632.

Mezzenga R,Fischer P. 2013. The self-assembly,aggregation and phase transitions of food protein systems in one,two and three dimensions. Reports on Progress in Physics,76(4):046601.

Mezzenga R,Schurtenberger P,Burbidge A,et al. 2005. Understanding foods as soft materials. Nature Materials,4 (10):729-740.

Mills E L,Kelly B,Logan A,et al. 2016. Succinate dehydrogenase supports metabolic repurposing of mitochondria to drive inflammatory macrophages. Cell,167(2):457-470,e13.

Minton A P. 2000. Implications of macromolecular crowding for protein assembly. Current Opinion in Structural Biology,10(1):34-39.

Mohammed O F,Pines D,Dreyer J,et al. 2005. Sequential proton transfer through water bridges in acid-base reactions. Science,310(5745):83-86.

Moreau R A,Nyström L,Whitaker B D,et al. 2018. Phytosterols and their derivatives:structural diversity,distribution,metabolism,analysis,and health-promoting uses. Progress in Lipid Research,70:35-61.

Moreau R A,Nyström L,Whitaker B D,et al. 2018. Phytosterols and their derivatives:structural diversity,distribution,metabolism,analysis,and health-promoting uses. Progress in Lipid Research,70:35-61.

Moreno F J,Molina E,Olano A, et al. 2003. High-pressure effects on Maillard reaction between glucose and lysine. Journal of Agricultural and Food Chemistry,51(2):394-400.

Morrison D J,Preston T. 2016. Formation of short chain fatty acids by the gut microbiota and their impact on human metabolism. Gut Microbes,7(3):189-200.

MRCOphth N N, FRCOphth D C B. 2008. Pigment dispersion syndrome and pigmentary glaucoma—A major review. Clinical & Experimental Ophthalmology, 9(36): 868-882.

Mullin J W. 2001. Crystallization. 4th ed. Oxford: Butterworth-Heinmann.

Myhara R M, Sablani S S, Al-Alawi S M, et al. 1998. Water sorption isotherms of dates:modeling using GAB equation and artificial neural network approaches. Lebensmittel-Wissenschaft und-Technologie, 31(7-8):699-706.

Nagy-Gasztonyi M,Kardos-Neumann A,Biacs P A. 2000. Potential indicator enzymes at broccoli blanching technology. Acta Alimentaria,29(2):181-186.

Nahon D F,Harrison M,Roozen J P. 2000. Modeling flavor release from aqueous sucrose solutions,using mass transfer and partition coefficients. Journal of Agricultural and Food Chemistry,48(4):1278-1284.

Nawaz A,Bakhsh javaid A,Irshad S,et al. 2018. The functionality of prebiotics as immunostimulant:evidences from trials on terrestrial and aquatic animals. Fish & Shellfish Immunology,76:272-278.

Nelms S E,Galloway T S,Godley B J,et al. 2018. Investigating microplastic trophic transfer in marine top predators. Environmental Pollution,238:999-1007.

Nikolaivits E,Dimarogona M,Karagiannaki I,et al. 2018. Versatile fungal polyphenol oxidase with chlorophenol bioremediation potential:characterization and protein engineering. Applied and Environmental Microbiology, 84 (23): 0099-2240.

Nishimura T,Egusa A S,Nagao A,et al. 2016. Phytosterols in onion contribute to a sensation of lingering of aroma,a *koku* attribute. Food Chemistry,192:724-728.

Nishinari K. 2009. Texture and rheology in food and health. Food Science and Technology Research,15(2):99-106.

Noble A C,Ebeler S E. 2002. Use of multivariate statistics in understanding wine flavor review. Food Reviews International,18(1):1-21.

Nowak A P,Breedveld V,Pakstis L,et al. 2002. Rapidly recovering hydrogel scaffolds from self-assembling diblock copolypeptide amphiphiles. Nature,417(6887):424-428.

Nowak D. 2002. Heat and mass transfer during infrared drying of apple slices. Ph. D. Thesis. Warsaw:Warsaw Agricultural University (SGGW).

O'Brien J,Morrissey P A. 1989. Nutritional and toxicological aspects of the Maillard browning reaction in foods. Critical Reviews in Food Science and Nutrition,28(3):211-248.

Osorio D, Vorobyev M. 2008. A review of the evolution of animal colour vision and visual communication signals. Vision Research, 48(20): 2042-2051.

Ott A,Hugi A,Baumgartner M, et al. 2000. A sensory investigation of yogurt flavor perception:mutual influence of volatiles and acidity. Journal of Agricultural and Food Chemistry,48(2):441-450

Owen R,Fennema O. 2017. Food Chemistry . 5th ed. Boca Raton:CRC Press.

O'Keefe S F. 2002. Nomenclature and classification of lipids. *In*: Akoh C C, Min D B, Food Lipids, Chemistry, Nutrition and Biotechnology. New York: Marcel Dekker, Inc.

Pang X Q,Zhang Z Q,Duan X W, et al. 2001. Influence of pH and active oxygen on the stability of anthocyanins from litchi pericarp. Acta Horticulturae,558:339-342.

Pashminehazar R,Kharaghani A,Tsotsas E. 2016. Three dimensional characterization of morphology and internal structure of soft material agglomerates produced in spray fluidized bed by X-ray tomography. Powder Technology, 300:46-60.

Pei Y Q,Wan J W,You M,et al. 2019. Impact of whey protein complexation with phytic acid on its emulsification and stabilization properties. Food Hydrocolloids,87:90-96.

Peng G, Chen X, Wu W, et al. 2007. Modeling of water sorption isotherm for corn starch. Journal of Food Engineering, 80(2): 562-567.

Peres I,Rocha S,do Carmo P M,et al. 2010. NMR structural analysis of epigallocatechin gallate loaded polysaccharide nanoparticles. Carbohydrate Polymers,82(3):861-866.

Perrett S,Zhou J M. 2002. Expanding the pressure technique:insights into protein folding from combined use of pressure and chemical denaturants. Biochimica et Biophysica Acta,1595(1/2):210-223.

Perry N B,Anderson R E,Brennan N J, et al. 1990. Essential oils from Dalmatian sage (*Salvia officinalis* L.):variations among individuals, plant parts, seasons, and sites. Journal of Agricultural and Food Chemistry, 47 (5): 2048-2054.

Peter K,Vollhardt C,Neil E. 2018. Schore,Organic Chemistry:Structure and Function. 8th ed . New York:W H Freeman & Company.

Pettinati I,Brem J,McDonough M A,et al. 2015. Crystal structure of human persulfidedioxygenase:structural basis of ethylmalonic encephalopathy. Human Molecular Genetics,24(9):2458-2469.

Pool H,Mendoza S,Xiao H,et al. 2013. Encapsulation and release of hydrophobic bioactive components in nanoemulsion-based delivery systems:impact of physical form on quercetin bioaccessibility. Food & Function,4(1):162-174.

Poulsen M W,Hedegaard R V,Andersen J M,et al. 2013. Advanced glycation endproducts in food and their effects on health. Food and Chemical. Toxicology,60:10-37.

Poulsen M W,Hedegaard R V,Andersen J M,et al. 2013. Advanced glycation endproducts in food and their effects on health. Food and Chemical Toxicology:an International. Journal Published for the British Industrial Biological Research Association,60:10-37.

Pradzynski C C,Forck R M,Zeuch T,et al. 2012. A fully size-resolved perspective on the crystallization of water clusters. Science,337(6101):1529-1532.

Prasad N S K. 2002. An overview of developments in food additives. 1. Thickeners & stabilisers and sweeteners. Chemical Weekly,47(40):155-161.

Prasad N S K. 2002. An overview of developments in food additives. 2. Fat substitutes,fragrance & flavours,emulsifiers enzymes and colors. Chemical Weekly,47(41):165-170.

Prasad N S K. 2002. An overview of developments in food additives. 5. The food additives industry. Chemical Weekly, 47(44):165-167.

Prasad N S K. 2002. An overview of developments in food additives. 11. Antioxidants. Chemical Weekly, 47(50): 161-168.

Prasanna B M,Vasal S K,Kassahun B, et al. 2001. Quality protein maize review. Current Science,81(10):1308-1319.

Pszczola D E. 2001. From soybeans to spaghetti:the broadening use of enzymes. Food Technology,55(11):54,56,58, 60,62.

Pénicaud C,Achir N,Dhuique-Mayer C,et al. 2011. Degradation of β-carotene during fruit and vegetable processing or storage:reaction mechanisms and kinetic aspects:a review. Fruits,66(6):417-440.

Quilez J, Garcia-Lorda P, Salas-Salvado J. 2003. Potential uses and benefits of phytosterols in diet: present situation and future directions. Clin Nutr, 22:343-351.

Quintero D, Velasco Z, Hurtado-Gomez E, et al. 2007. Isolation and characterization of a thermostable β-xylosidase in the thermophilic bacterium *Geobacillus pallidus*. Biochimica et Biophysica Acta, 1774(4):510-518.

Raben A,Agerholm-Larsen L,Flint A, et al. 2003. Meals with similar energy densities but rich in protein,fat,carbohydrate or alcohol have different effects on energy expenditure and substrate metabolism but not on appetite and energy intake. The American Journal of Clinical Nutrition,77:91-100.

Rakete S,Klaus A,Glomb M A. 2014. Investigations on the Maillard reaction of dextrins during aging of pilsner type beer. Journal of Agricultural and Food Chemistry,62(40):9876-9884.

Raschke T M. 2006. Water structure and interactions with protein surfaces. Current Opinion in Structural Biology,16 (2):152-159.

Reno M J,Prado M E T,de Resende J V. 2011. Microstructural changes of frozen strawberries submitted to pre-treatments with additives and vacuum impregnation. Ciência e Tecnologia De Alimentos,31(1):247-256.

Renzone G,Arena S,Scaloni A. 2015. Proteomic characterization of intermediate and advanced glycation end-products in commercial milk samples. Journal of Proteomics,117:12-23.

Rezaei A,Fathi M,Jafari S M. 2019. Nanoencapsulation of hydrophobic and low-soluble food bioactive compounds within different nanocarriers. Food Hydrocolloids,88:146-162.

Ringø E,Olsen R E,Gifstad T Ø, et al. 2010. Prebiotics in aquaculture:a review. Aquaculture Nutrition,16(2): 117-136.

Roberts D D,Milo C,Pollien P. 2000. Solid-phase microextraction method development for headspace analysis of volatile flavor compounds. Journal of Agricultural and Food Chemistry,48(6):2430-2437.

Rocha S,Ramalheira V,Barros A, et al. 2001. Headspace solid phase microextraction (SPME) analysis of flavor compounds in wines. Effect of the matrix volatile composition in the relative response factors in a wine model. Journal of Agricultural and Food Chemistry,49(11):5142-5151.

Rodríguez S D,von Staszewski M,Pilosof A M R. 2015. Green tea polyphenols-whey proteins nanoparticles:Bulk,interfacial and foaming behavior. Food Hydrocolloids,50:108-115.

Roper H. 2002. Renewable raw materials in Europe—Industrial utilisation of starch and sugar review. Starch,54(3-4): 89-99.

Ruan R, Almaer S, Zhang J. 1995. Prediction of dough rheological properties using neural networks. Cereal Chemistry, 72(3): 308-311.

Russell R M, Baik H, Kehayias J J. 2001. Older men and woman efficiently absorb vitamin B_{12} from milk and fortified bread. Journal of Nutrition, 131(2): 291-293.

Sajilata M G, Singhal R S, Kamat M Y. 2008. The carotenoid pigment zeaxanthin—A review. Comprehensive Reviews in Food Science and Food Safety, 1(7): 29-49.

Sanz M, Carmona J M, Lopez-Bote C J. 2002. Quantitative effect of dietary fatty acids on fatty acid composition and fat firmness in broilers. Archiv Fur Geflugelkunde, 66: 211-215.

Saraoa L K, Arora M. 2017. Probiotics, prebiotics and microencapsulation: a review. Critial Reviews in Food Science and Nutrition, 57(2): 344-371.

Sauer K, Yano J, Yachandra V K. 2005. X-ray spectroscopy of the Mn_4Ca cluster in the water-oxidation complex of Photosystem II. Photosynthesis Research, 85(1): 73-86.

Schaafsma G. 2000. The protein digestibility-corrected amino acid score. The Journal of Nutrition, 130(7): 1865-1867.

Scott K P, Gratz S W, Sheridan P O, et al. 2013. The influence of diet on the gut microbiota. Pharmacological Research, 69(1): 52-60.

Sellek G A, Chaudhuri J B. 1999. Biocatalysis in organic media using enzymes from extremophiles. Enzyme and Microbial Technology, 25(6): 471-482.

Sen D, Gosling A, Stevens G W, et al. 2011. Galactosyl oligosaccharide purification by ethanol precipitation. Food Chemistry, 128(3): 773-777.

Seto H, Jinnai Y, Hiratsuka T, et al. 2008. Studies on A new biosynthetic pathway for menaquinone. Journal of the America Chemical Society, 130(17): 5614-5615.

Shintani D, DellaPenna D. 1998. Elevating the vitamin E content of plants through metabolic engineering. Science, 282(5396): 2098-2100.

Shiota M, Ikeda N, Konishi H, et al. 2002. Photooxidative stability of ice cream prepared from milk fat. Journal of Food Science, 67(3): 1200-1207.

Shrivastava R, Das A K. 2007. Temperature and urea induced conformational changes of the histidine kinases from *Mycobacterium tuberculosis*. International Journal of Biological Macromolecules, 2(41): 154-161.

Shyu Y S, Hsiao H I, Fang J Y, et al. 2019. Effects of dark brown sugar replacing sucrose and calcium carbonate, chitosan, and chitooligosaccharide addition on acrylamide and 5-hydroxymethylfurfural mitigation in brown sugar cookies. Processes, 7(6): 360.

Simmons D S. 2016. An emerging unified view of dynamic interphases in polymers. Macromolecular Chemistry and Physics, 217(2): 137-148.

Singh R K, Chang H W, Yan D, et al. 2017. Influence of diet on the gut microbiome and implications for human health. Journal of Translational Medicine, 15(1): 1-17.

Singh R S, Singh R P, Kennedy J F. 2016. Recent insights in enzymatic synthesis of fructooligosaccharides from inulin. International Journal of Biological Macromolecules, 85: 565-572.

Siri-Tarino P W, Chiu S, Bergeron N, et al. 2015. Saturated fats versus polyunsaturated fats versus carbohydrates for cardiovascular disease prevention and treatment. Annual Review of Nutrition, 35: 517-543.

Slobodanka D M, Marianne P C, Peter B. 2004. Effect of pH and ionic strength on the cytolytic toxin Cyt1A: a fluorescence spectroscopy study. Biochimica et Biophysica Acta, 1699(1-2): 123-130.

Song Y H, Liu L, Zhao Y B, et al. 2019. Effects of oleic acid on the formation and kinetics of N^{ε}-(carboxymethyl)lysine. LWT, 115: 108160.

Sorokoumova G M, Selishcheva A A, Tyurina O P, et al. 2002. Effect on nonmembrane water-soluble proteins on the structural organization of phospholipids. Biophysics, 47(2): 257-265.

Soukoulis C, Cambier S, Hoffmann L, et al. 2016. Chemical stability and bioaccessibility of β-carotene encapsulated in sodium alginate O/W emulsions; impact of Ca^{2+} mediated gelation. Food Hydrocolloids, 57; 301-310.

Stabler S P. 2001. Present Knowledge in Nutrition. 8th ed. Washington; ILSI.

Stahl J E, Ellinger R H. 1971. The use of phosphates in the baking industry. *In*; Deman C J M, Melnychyn P. Symposinm; Phosphates in Food Processing. New York; AVI Publishing Co.

Steiner B M, McClements D J, Davidov-Pardo G. 2018. Encapsulation systems for lutein; a review. Trends in Food Science & Technology, 82; 71-81.

Sun C H, Gunasekaran S. 2010. Rheology and oxidative stability of whey protein isolate-stabilized menhaden oil-in-water emulsions as a function of heat treatment. Journal of Food Science, 1(75); C1-C8.

Sun P, Wang T, Chen L, et al. 2016. Trimer procyanidin oligomers contribute to the protective effects of cinnamon extracts on pancreatic β-cells *in vitro*. Acta Pharmacologica Sinica, 37(8); 1083-1090.

Tahara Y, Toko K, 2013. Electronic tongues—A review. IEEE Sensors Journal, 13(8); 3001-3011.

Tan Y B, Liu J N, Zhou H L, et al. 2019. Impact of an indigestible oil phase (mineral oil) on the bioaccessibility of vitamin D3 encapsulated in whey protein-stabilized nanoemulsions. Food Research Internation, 120; 264-274.

Tandon D, Haque M M, Gote M, et al. 2019. A prospective randomized, double-blind, placebo-controlled, dose-response relationship study to investigate efficacy of fructo-oligosaccharides (FOS) on human gut microflora. Scientific Reports, 9; 5473.

Tang C E, Xie B J, Sun Z D. 2017. Antibacterial activity and mechanism of B-type oligomeric procyanidins from lotus seedpod on enterotoxigenic *Escherichia coli*. Journal of Functional Foods, 38; 454-463.

Tang C E, Xie B J, Zong Q, et al. 2019. Proanthocyanidins and probiotics combination supplementation ameliorated intestinal injury in *Enterotoxigenic Escherichia coli* infected diarrhea mice. Journal of Functional Foods, 62; 103521.

Tapsell L C. 2002. Fat in food and the obesity epidemic—Review. Food Australia, 54(11); 497-500.

Tarvainen M, Fabritius M, Yang B R. 2019. Determination of vitamin K composition of fermented food. Food Chemistry, 275; 515-522.

Tattiyakul J, Naksriarporn T, Pradipasena P. 2012. X-ray diffraction pattern and functional properties of *Dioscorea hispida* dennst starch hydrothermally modified at different temperatures. Food and Bioprocess Technology, 5(3); 964-971.

Thämer M, De Marco L, Ramasesha K, et al. 2015. Ultrafast 2D IR spectroscopy of the excess proton in liquid water. Science, 350(6256), 78-82.

Tocilj A, Munger C, Proteau A, et al. 2008. Bacterial polysaccharide co-polymerases share a common framework for control of polymer length. Nature Structural & Molecular Biology, 15; 130-138.

Toelstede S, Dunkel A, Hofmann T. 2009. A series of kokumi peptides impart the long-lasting mouthfulness of matured Gouda cheese. Journal of Agricultural and Food Chemistry, 57(4); 1440-1448.

Tokuriki N, Kinjo M, Negi S, et al. 2004. Protein folding by the effects of macromolecular crowding. Protein Science, 13(1); 125-133.

Tomas-Barberan F, Espin J C. 2001. Phenolic compounds and related enzymes as determinants of quality in fruits and vegetables. Journal of the Science of Food and Agriculture, 81(9); 853-876.

Torres D P M, do Pilar F G M, Teixeira J A, et al. 2010. Galacto-oligosaccharides; production, properties, applications, and significance as prebiotics. Comprehensive Reviews in Food Science and Food Safety, 9(5); 438-454.

Tufail M, Chand N, Rafiullah R, et al. 2019. Mannanoligosaccharide (MOS) in Broiler Diet during the Finisher Phase; 2. Growth Traits and Intestinal Histomorpholgy. Pakistan Journal of Zoology, 51(2); 597-602.

Ubbink J, Burbidge A, Mezzenga R. 2008. Food structure and functionality; a soft matter perspective. Soft Matter, 4(8); 1569-1581.

Ueda Y, Sakaguchi M, Hirayama K, et al. 1990. Characteristic flavor constituents in water extract of garlic. Agricultural and Biological Chemistry, 54(1); 163-169.

Ueda Y,Tsubuku T,Miyajima R. 1994. Composition of sulfur-containing components in onion and their flavor characters. Bioscience,Biotechnology,and Biochemistry,58(1):108-110.

Uematsu Y,Hirata K,Suzuki K,et al. 2002. Survey of residual solvents in natural food additives by standard addition head-space GC. Food Additives & Contaminants,19(4):335-342.

Uquiche E,Huerta E,Sandoval A,et al. 2012. Effect of boldo (*Peumus boldus* M.) pretreatment on kinetics of supercritical CO_2 extraction of essential oil. Journal of Food Engineering,109(2):230-237.

Uribarri J,Woodruff S,Goodman S,et al. 2010. Advanced glycation end products in foods and a practical guide to their reduction in the diet. Journal of the American Dietetic Association,110(6):911-916. e12.

Vaaje-Kolstad G, Westereng B, Horn S J,et al. 2010. An oxidative enzyme boosting the enzymatic conversion of recalcitrant polysaccharides. Science, 330 (6001): 219-222.

Vaitheeswaran S,Yin H,Rasaiah J C,et al. 2004. Water clusters in nonpolar cavities. Proceedings of the National Academy of Sciences of the United States of America,101(49):17002-17005.

van de Wouw M,Boehme M,Lyte J M,et al. 2018. Short-chain fatty acids:microbial metabolites that alleviate stress-induced brain-gut axis alterations. The Journal of Physiology,596(20):4923-4944.

van der Sman R G. 2012. Soft matter approaches to food structuring. Advances in Colloid and Interface Science,176-177:18-30.

Varghese B,Naithani S C. 2002. Desiccation-induced changes in lipid peroxidation,superoxide level and antioxidant enzymes activity in neem (Azadirachta indica A Juss)seeds. Acta Physiologiae Plantarum,24(1):79-87.

Viegas A,Manso J,Nobrega F L,et al. 2011. Saturation-transfer difference (STD) NMR:a simple and fast method for ligand screening and characterization of protein binding. Journal of Chemical Education,88(7):990-994.

Vilgis T A. 2015. Soft matter food physics:the physics of food and cooking. Reports on Progress in Physics Physical Society (Great Britain),78(12):124602.

Vistoli G,De Maddis D,Cipak A, et al. 2013. Advanced glycoxidation and lipoxidation end products (AGEs and ALEs):an overview of their mechanisms of formation. Free Radical Research,47(Suppl 1):3-27.

Vittadini E,Dickinson L C,Chinachoti P. 2002. NMR water mobility in xanthan and locust bean gum mixtures:possible explanation of microbial response. Carbohydrate Polymers,49(3):261-269.

Vlassara H. 2005. Advanced glycation in health and disease:role of the modern environment. Annals of the New York Academy of Sciences,1043(1):452-460.

Vogt L,Meyer D,Pullens G,et al. 2015. Immunological properties of inulin-type fructans. Critical Reviews in Food Science and Nutrition,55(3):414-436.

von Staszewski M,Ruiz-Henestrosa P V M,Pilosof A M R,2014. Green tea polyphenols-β-lactoglobulin nano complexes:Interfacial behavior,emulsification and oxidation stability of fish oil. Food Hydrocolloids,35:505-511.

Wall R,Ross R P,Fitzgerald G F,et al. 2010. Fatty acids from fish:the anti-inflammatory potential of long-chain ω-3 fatty acids. Nutrition Reviews,68(5):280-289.

Walraj S,Gosal W S,Ross-Murphy S B. 2000. Globular protein gelation. Current Opinion in Colloid & Interface Science,5(3-4):188-194.

Wang J Y,Bie M,Zhou W J,et al. 2019. Interaction between carboxymethyl pachyman and lotus seedpod oligomeric procyanidins with superior synergistic antibacterial activity. Carbohydrate Polymers,212:11-20.

Wang J Y,Zhang W J,Tang C E,et al. 2018. Synergistic effect of B-type oligomeric procyanidins from lotus seedpod in combination with water-soluble *Poria cocos* polysaccharides against *E. coli* and mechanism. Journal of Functional Foods,48:134-143.

Wang J, Zhang Q, Zhang Z,et al. 2008. Antioxidant activity of sulfated polysaccharide fractions extracted from *Laminaria japonica*. International Journal of Biological Macromolecules, 2(42): 2127-2132.

Wang W L,Chen M S,Wu J H,et al. 2015. Hypothermia protection effect of antifreeze peptides from pigskin collagen on freeze-dried *Streptococcus thermophiles* and its possible action mechanism. LWT - Food Science and Technology, 63(2):878-885.

Wang X D. 2009. Biological activities of carotenoid metabolites//Britton G,Liaaen-Jensen S,Pfander H. Carotenoids Volume 5:Nutrition and Health. Basel:Birkhauser Verlag.

Wei H F,Wang L,Zhao G H,et al. 2018. Extraction,purification and identification of menaquinones from *Flavobacterium meningosepticum* fermentation medium. Process Biochemistry,66:245-253.

White P J,Broadley M R. 2009. Biofortification of crops with seven mineral elements often lacking in human diets—iron,zinc,copper,calcium,magnesium,selenium and iodine. New Phytologist,182(1):49-84.

Wintzheimer S,Granath T,Oppmann M,et al. 2018. Supraparticles:functionality from uniform structural motifs. ACS Nano,12(6):5093-5120.

Wnorowski A,Yaylayan V A. 2002. Prediction of process lethality through measurement of Maillard-generated chemical markers. Journal of Food Science,67(6):2149-2152.

Wojciech B, Piotr B, Jerzy M,et al. 2008. NMR structure of biosynthetic engineered human insulin monomer B31^Lys^-B32^Arg^ in water/acetonitrile solution. Comparison with the solution structure of native human insulin monomer. Biopolymers, 89(10):820-830.

Wolke C T,Fournier J A,Dzugan L C,et al. 2016. Spectroscopic snapshots of the proton-transfer mechanism in water. Science,354(6316):1131-1135.

Wollny M, Peleg M. 1994. A model of moisture-induced plasticization of crunchy snack based on Fermis distribution function. Journal of the Science of Food and Agriculture,64(4):467-473.

Wright S, Jeffrey S. 2006. Pigment markers for phytoplankton production. The Handbook of Environmental Chemistry, 2:71-104.

Wroltsad R E. 2005. Current Protocols in Food Analytical Chemistry. New York: John Wiley & Sons.

Wu B C,Degner B,McClements D J. 2014. Soft matter strategies for controlling food texture:formation of hydrogel particles by biopolymer complex coacervation. Journal of Physics:Condensed Matter,26(46):464104.

Wu C J,Wang L,Guo X B,et al. 2019. Simultaneous detection of 4(5)-methylimidazole and acrylamide in biscuit products by isotope-dilution UPLC-MS/MS. Food Control,105:64-70.

Wu Q,Luo Q,Xiao J S,et al. 2019. Catechin-iron as a new inhibitor to control advanced glycation end-products formation during vinegar storage. LWT,112:108245.

Wu S F,Liu L L,Ding W H. 2012. One-step microwave-assisted headspace solid-phase microextraction for the rapid determination of synthetic polycyclic musks in oyster by gas chromatography-mass spectrometry. Food Chemistry, 133(2):513-517.

Wu W,Tao N P,Gu S Q. 2014. Characterization of the key odor-active compounds in steamed meat of *Coilia ectenes* from Yangtze River by GC-MS-O. European Food Research and Technology,238(2):237-245.

Wu Y L,Chen L W,Xian Y P,et al. 2019. Quantitative analysis of fourteen heterocyclic aromatic amines in bakery products by a modified QuEChERS method coupled to ultra-high performance liquid chromatography-tandem mass spectrometry (UHPLC-MS/MS). Food Chemistry,298:125048.

Yamsaengsung R,Moreira R G. 2002. Modeling the transport phenomena and structural changes during deep fat frying. Part Ⅰ. Model development. Journal of Food Engineering,53(1):1-10.

Yamsaengsung R,Moreira R G. 2002. Modeling the transport phenomena and structural changes during deep fat frying. Part Ⅱ. Model solution & validation. Journal of Food Engineering,53(1):11-25.

Yan F,Polk D B. 2011. Probiotics and immune health. Current Opinion in Gastroenterology,27(6):496-501.

Yang N,Duong C H,Kelleher P,et al. 2019. Deconstructing water's diffuse OH stretching vibrational spectrum with cold clusters. Science,364:275-278.

Yeh S L,Wu S H. 2006. Effects of quercetin onβ-apo-8′-carotenal-induced DNA damage and cytochrome P1A2 expression in A549 cells. Chemico-Biological Interactions,163(3):199-206.

Yi J A,Fan Y T,Yokoyama W,et al. 2016. Thermal degradation and isomerization of β-carotene in oil-in-water nanoemulsions supplemented with natural antioxidants. Journal of Agricultural and Food Chemistry,64(9):1970-1976.

Yi J A,Liu Y X,Zhang Y Z,et al. 2018. Fabrication of resveratrol-loaded whey protein – dextran colloidal complex for the stabilization and delivery of β-carotene emulsions. Journal of Agricultural and Food Chemistry,66(36):9481-9489.

Yilmaz E,Scott J W,Shewfelt R L. 2002. Effects of harvesting maturity and off-plant ripening on the activties of lipoxygenase,hydroperoxide lyase,and alcohol dehydrogenase enzymes in fresh tomato. Journal of Food Biochemistry,26:443-457.

Young A,Phillip D,Lowe G. 2004. Carotenoid antioxidant activity//Krinsky N I,Mayne S T,Sies H. Carotenoids in Health and Disease. Boca Raton:CRC Press.

Zembyla M,Murray B S,Radford S J,et al. 2019. Water-in-oil Pickering emulsions stabilized by an interfacial complex of water-insoluble polyphenol crystals and protein. Journal of Colloid and Interface Science,548:88-99.

Zeuthen T. 2001. How water molecules pass through aquaporins. Trends in Biochemical Sciences,26(2):77-79.

Zhang G, Foegeding E A. 2003. Heat-induced phase behavior of blactoglobulin/polysaccharide mixtures. Food Hydrocolloids, 17(6): 785-792.

Zhang R J,Wu W H,Zhang Z P,et al. 2017. Effect of the composition and structure of excipient emulsion on the bioaccessibility of pesticide residue in agricultural products. Journal of Agricultural and Food Chemistry,65(41):9128-9138.

Zhang T, Nguyena D, Franco P. 2008. Enantiomer resolution screening strategy using multiple immobilised polysaccharide-based chiral stationary phases. Journal of Chromatography A, 1191(1-2):214-222.

Zhang X H,Qi C,Zhang Y R,et al. 2019. Identification and quantification of triacylglycerols in human milk fat using ultra-performance convergence chromatography and quadrupole time-of-flight mass spectrometery with supercritical carbon dioxide as a mobile phase. Food Chemistry,275:712-720.

Zhao C J,Schieber A,Gänzle M G. 2016. Formation of taste-active amino acids,amino acid derivatives and peptides in food fermentations—A review. Food Research International,89:39-47.

Zhong W H,Qian K J,Xiong J B,et al. 2016. Curcumin alleviates lipopolysaccharide induced sepsis and liver failure by suppression of oxidative stress-related inflammation via PI3K/AKT and NF-κB related signaling. Biomedicine & Pharmacotherapy,83:302-313.

Zhou H X,Rivas G, Minton A P. 2008. Macromolecular crowding and confinement: biochemical,biophysical, and potential physiological consequences. Annual Review of Biophysics,37:375-397.